中国林业事业的先驱和开拓者

乐天宇 吴中伦 萧刚柔 袁嗣令 黄中立 张万儒 王正非年谱

王希群 江泽平 王安琪 郭保香 ◎ 编著

乐天宇：著名农林生物学家、教育家、科学家，陕甘宁边区林务局局长

吴中伦：著名林学家、森林生态学家、森林地理学家，中国科学院学部委员

萧刚柔：著名昆虫学家，农业教育家，中国森林昆虫学的奠基人

袁嗣令：著名森林病理学家，中国森林病理学的奠基人

黄中立：著名林学家，森林经理学家

张万儒：著名森林土壤学家

王正非：著名森林气象学家，中国森林气象学的奠基人

中国林业出版社
China Forestry Publishing House

图书在版编目（CIP）数据

中国林业事业的先驱和开拓者/王希群等编著.--北京：中国林业出版社，2022.3
ISBN 978-7-5219-1499-3

Ⅰ.①中... Ⅱ.①王... Ⅲ.①林业—先进工作者—年谱—中国 Ⅳ.①K826.3

中国版本图书馆CIP数据核字（2021）第281406号

中国林业出版社·建筑家居分社

责任编辑 李 顺 王思源 薛瑞琦

出 版	中国林业出版社
	（100009 北京市西城区刘海胡同7号）
网 站	http：//www.forestry.gov.cn/lycb.html
印 刷	北京博海升彩色印刷有限公司
发 行	中国林业出版社
电 话	（010）83143569
版 次	2022年3月第1版
印 次	2022年3月第1次
开 本	787mm×1092mm 1/16
印 张	85.25
字 数	1430千字
定 价	498.00元（全4册）

中国林业事业的先驱和开拓者
乐天宇、吴中伦、萧刚柔、袁嗣令、黄中立、张万儒、王正非年谱

编著者

王希群　中国林业科学研究院

江泽平　中国林业科学研究院

王安琪　旅美学者

郭保香　国家林业和草原局产业发展规划院

集合同志,
　　共谋中国森林学术及事业之发达!

凌道扬
1917年2月12日

中国林业事业的先驱和开拓者
乐天宇、吴中伦、萧刚柔、袁嗣令、黄中立、张万儒、王正非年谱

前 言

2016年7月18日，组织把我从国家林业局林产工业规划设计院调到中国林业科学研究院工作，林业科技信息研究所的一位领导给我介绍说："中国林业科学研究院是中国林业科学研究的国家队"，是的，到了中国林业科学研究院，就要对得起国家队这个称号，国家队就要有个国家队的样子，中国林业事业的先驱和开拓者陈嵘、韩安、郑万钧、唐燿、乐天宇、吴中伦、成俊卿、萧刚柔、袁嗣令、黄中立、张万儒、王正非就是这个国家队的杰出人物，他们为中国林业科学事业的发展付出了毕生心血，已经为我们树立了榜样，缔造了科学的精神。中国林业科学研究院从时间跨度上有三个里程碑的事件，一是1941年7月，国民政府农林部在重庆成立中央林业实验所，所长韩安；二是1953年1月，中央人民政府林业部在北京成立中央林业部林业科学研究所，所长陈嵘；三是1958年10月，经国务院科学规划委员会批准正式成立中国林业科学研究院，院长张克侠。我1984年考取北京林学院，父亲就让我向陈嵘、郑万钧、梁希三位林学家学习，他们也是我最早知道的三位林学家名字，也知道了林学家这个名词。

奋斗是人类的精神，孙中山先生生前多次题写"奋斗"二字。在20世纪中国科学的大变迁中，中国林业科学研究院这个国家队出现了一批具有重要成就的林学家、科学家，他们是劳动者、思想者，更是奋斗者，其中包括：

乐天宇：著名农林生物学家、教育家、科学家，南泥湾的发现者、开垦倡议人；

吴中伦：著名林学家、森林生态学家、森林地理学家，中国科学院学部委员；

萧刚柔：著名昆虫学家，农业教育家，中国森林昆虫学的奠基人；

袁嗣令：著名森林病理学家，中国森林病理学的奠基人；

黄中立：著名林学家，森林经理学家，中国木材计量标准基础的奠基人和林业遥感科研事业的开拓者；

张万儒：著名森林土壤学家；

王正非：著名森林气象学家，中国森林气象学的奠基人。

森林是人类诞生地和摇篮。长期性、综合性、地域性是林业科学研究的基本特点。1962年1月16日至28日，吴中伦先生根据黄山的自然、社会、经济、地域优势在广州召开的全国林业科学技术会议上提出《建立黄山林业科研试验基地的初步意见》，之后中国林业科学研究院提出《关于建立试验基地的意见》，指出近年来林业科学研究工作在实践的过程中深深体会到森林"长期性、综合性、地域性"的特点，要想掌握森林生长发育的规律，必须建立各种类型的林业试验场，作为林业科学研究的永久场所。现在植树造林已经变成国家行动，森林要靠国家来经营，一切都变得容易多了，效果也会变得更好，看看百年以来山西的国有林区的管理体系，一切都明白了。造一片林，留一班人，建一个场，兴一个业，也是这个道理。植树造林本来是林场的本职工作，而现在国有林场造林工作、经营工作还要向社会招标，这不符合林业生产的规律。郑万钧先生曾强调："林业科研要面向生产，开展综合研究，协同攻关，解决林业生产实际问题"，他在晚年生病期间，还亲自起草了《办好林场的几项技术管理工作》，并提出了在全国不同地区开展试验林、示范林综合性试验研究的建议和工作方法。

林业工作有多苦，取得林业成就有多难，一般人是很难想象的，看看这些先驱和开拓者所取得的成就，哪位不是几十年如一日，辛勤耕耘、潜心钻研的结果。观复博物馆有一元代磁州窑褐彩花卉诗文大罐，上书：清（青）山绿水好风光。在祖国这块美丽的土地上，乐天宇、吴中伦、萧刚柔、袁嗣令、黄中立、张万儒、王正非，他们不仅是林业科学的专家，而且是自然科学的专家，在中国科学家队伍中都有自己的位置，他们是中国林业科学国家队的突出代表，是青山绿水好风光的贡献者。我们正是通过年谱，看到他们如何在中国林业的发展中发现问题、研究问题、解决问题，找到自己的位置，确立自己的位置；同时我们也通过学习来发现问题、研究问题、解决问题，再找到自己的位置，确立自己的位置，奋斗、奋斗、再奋斗，循环往复，以至无穷，把中国林业科学技术的水平从一个高度推向另一个高度，这也是我们编写年谱的一个重要意义。

森林是人类生存和发展的生态载体、自然载体。林业是国家的长期利益、长期事业。森林是可以通过经营管理实现越来越多、越来越好的一种国家资源。历史告诉我们，林业的几次失误都是重大的失误，往往会带来倍增效应，因此林业和森林问题更应该受到关注和研究。1924年1月1日，金陵大学《农林新报》在南京创刊，芮思娄（J. H. Reisner）在发刊词中这样写道："谈到我们金陵大学的农林科，是前科长裴义理（Joseph Bailie）先生一手创办的，裴先生在1912年至1913年，筹办赈济中国水灾的事务，足迹历各省。看见中国地方，童山濯濯，一片荒郊，他就生了一种极深的感触，以为像中国这种情形，赶速要紧改良农业，提倡造林。在大学里应当添设农林一科，造就农林业专门人才，供给社会上的需求。这样做去，中国或者可以减少灾荒呢。"他们起初的想法就这么简单。国家的事业要靠国家来经营管理。我国是一个森林资源不多的国家，却是消耗森林资源非常多的国家。单就纸张而言，通常每生产1吨的纸张就要消耗木材3.1立方米（唯有纤维长的优质木材才能生产出好纸张），而一般人均年用纸量0.1~0.3吨，可以算出中国需要纸张和消耗木材量是一个巨大的数字，因此，要从国家可持续发展的高度、从制度上减少纸张的消耗、减少资源的浪费。培育高质量森林资源是林业一切工作的根本，林业工作最复杂、最漫长，最需要讲求科学和尊重自然规律，也最需要传承，要一代跟着一代干，这样中国林业科学研究才有希望，中国林业才有希望。而国家队就是脚踏实地，勇攀高峰，科学树木，厚德树人。我们要时时想到我们所做的事要对得起中国林业科学研究的国家队这样的称呼。

欲为大树，不与草争；欲为苍鹰，不与鸟鸣。乐天宇、吴中伦、萧刚柔、袁嗣令、黄中立、张万儒、王正非，他们不因小事而困扰，一心一意治学终其一生，为中国林业的发展提供科学支撑，终成国家队和整个行业的大师。

历史是最好的教科书，成功是成功者之母，从一个成功走向另一个成功。我们向中国林业事业的先驱和开拓者学习，就是要沿着中国林业事业的先驱和开拓者所开辟的道路前进，把汗水洒在加快林业发展、建设生态文明、打造美丽中国的征途上，为实现绿水青山、蓝天白云而努力工作。

王希群
2020年4月15日于中国林业科学研究院

中国林业事业的先驱和开拓者
乐天宇、吴中伦、萧刚柔、袁嗣令、黄中立、张万儒、王正非年谱

目 录

前言

乐天宇年谱 / 001

吴中伦年谱 / 043

萧刚柔年谱 / 115

袁嗣令年谱 / 147

黄中立年谱 / 173

张万儒年谱 / 207

王正非年谱 / 243

后记　　　 / 277

乐天宇年谱

乐天宇（自中国人民政治协商会议宁远县委员会）

● 1900 年（清光绪二十六年）

1月20日，乐天宇（Le Tian-yu），原名天燏、天愚，也用名乐震智，出生于湖南省宁远县麻池塘村一个绅士家庭，父亲乐罗汉。

● 1914 年（民国三年）

2月，北洋政府教育部以"教授高等农业学术，养成专门人才"为办学宗旨，将农科大学改组为独立的"北京农业专门学校"，成为与北京大学同属于教育部的北京国立八校之一。

● 1916 年（民国五年）

是年，乐天宇考入长沙市立第一中学，并接受进步思想。

● 1919 年（民国八年）

12月6日，按照长沙学界联席会议的决定，长沙各校学生实行罢课，乐天宇参加罢课斗争。

● 1920 年（民国九年）

11月，在李大钊的指导下，由中共北京支部成员、北京大学学生邓中夏、张国焘、罗章龙、刘仁静等负责发起，北京社会主义青年团在北京大学学生会办公室召开成立大会。

● 1921 年（民国十年）

9月，北京农业专门学校录取新生58名，有乐天宇、杨开智、罗铭勋、李启耕等。杨开智，曾用名杨子珍，湖南省长沙县人。1898年10月生，北京农业专门学校社会主义研究小组三名创建者之一，革命烈士杨开慧同志的胞兄。1921年考入北京农业专门学校农学科。1927年后历任湖南省建设厅所辖常德山森林局局长、中央林区管理局牛首山林场技术员兼管理员、湖南省建设厅技士、湖南省农业改进所技士、中茶公司总技师兼茶师、湖南省农业厅技正兼研究室主任等职。中华人民共和国成立后历任湖南省茶业公司副经理、湖南省茶叶经营处副处长等职。1959年后曾长期因病休养。是第五届全国政协委员，第三、四届湖南省政协委员（后被选为湖南省政协副主席）。1982年1月26日去世，享年84岁。

1922年（民国十一年）

是年初，在邓中夏同志的帮助下，北京农业专门学校成立农大社会主义小组，成员有杨开智、乐天宇、蒋文孝，杨开智任小组长。邓中夏，字仲澥，又名邓康，湖南宜章人，1894年10月5日生。中国共产党第二届、五届中央委员，第三届、六届中央候补委员，中央临时政治局候补委员。马克思主义理论家，工人运动的领袖。少年时代曾就读于长沙湖南高等师范文史专修科。1917年入北京大学国文门学习。1920年10月参加北京的共产党早期组织。1923年参加创办上海大学，任教务长。1925年中华全国总工会成立后，任秘书长兼宣传部长，参与组织领导省港大罢工。大革命失败后，参加党的八七会议，被选为中央临时政治局候补委员。1928年赴莫斯科，任中华全国总工会驻赤色职工国际代表。1930年回国后被任命为中央代表赴湘鄂西根据地，任湘鄂西特委书记、红二军团（后改为红三军）政委、前敌委员会书记、中央革命军事委员会委员。1932年到上海任全国赤色互济会总会主任兼党团书记。1933年5月被捕，9月21日英勇就义。

4月初，北京社会主义青年团有成员55人，有：邓中夏、高君宇、罗章龙、刘仁静、张国焘、宋价、顾文萃、王伯时、郑振铎、徐六几、张作陶、陈德荣、李一志、顾文仪、徐文义、郭文华、何孟雄、缪伯英、范鸿劼、朱务善、黄日葵、陈廷璠、湛小岑、王永禄、易道尊、王复生、祁大鹏、杨人杞、陈为人（仁）、李骏、李实、罗汉、黄绍谷、王有德、高崇焕、吴汝铭、周达文、刘维汉、李梅羹、杨开智、乐天宇、蒋文孝等。

7月13日，《晨报副刊》2～3页刊载乐天愚《罗道庄上作》。

是年冬，华侨林育仁带回300粒橡胶种子经过海南文昌清澜港返乡回雷州半岛种植，成功种植胶树270棵并出胶，一处种在徐闻县城居民区，已无存；另一处则在西埇村口的橡胶林。

是年，武昌佛学院由太虚创办并任院长，首任董事长梁启超，院址在武昌城望山门内千家街。释太虚（1890年1月8日—1947年3月17日），法名唯心，字太虚，号昧庵，俗姓吕，乳名淦森，学名沛林，原籍浙江崇德（今浙江桐乡），生于浙江海宁，近代著名高僧。民国七年（1918年）从日本回国后，在上海与陈元白、章太炎、王一亭诸名士创设"觉社"，主编《觉社丛书》。翌年改《觉社

丛书》为《海潮音》月刊，持续办刊 30 多年，从未中辍，成为中国持办时间最长，普及影响最广的佛教刊物。民国十一年（1922 年），太虚受聘任湖南大沩山寺住持，随后于武昌创办武昌佛学院，招收缁素佛教青年入院修习佛学，培育一批德学兼备的僧伽人才。

1923 年（民国十二年）

3 月 8 日，经批准北京农业专门学校改为国立北京农业大学，同时批准公布学校的组织大纲，该组织大纲共分七章二十九条，在第一章"定名"即规定"本大学定名为国立北京农业大学"。章士钊任国立北京农业大学第一任校长。

1924 年（民国十三年）

1 月，根据中共北京地委的指示，北京农业大学青年团团支部和全体团员经批准转为中共党支部和党员，乐天宇任第一任中共北农大党支部书记，其后任中共北京西郊区委书记。

1925 年（民国十四年）

6 月，乐天宇从北京农业大学林学科毕业。林学科毕业生有李良韬、田均、周斐、杨绍荣、李汝霖、郭兆兴、韦瑞星、张祖华、薛栋臣、管琦、陈安国（伯宣）、徐人介、郭汝梅、罗铭勋、李澂、王英才、乐天燏（天宇）、汪兆熊、夏傅鸿、阚文藻（20 名）；杨开智等 25 名毕业于农学科。毕业后乐天宇领导西部区工人、农民、学生等参加"三一八"运动，后被通缉，转移到张家口做农运、学运工作，出任过中共北京西郊区委书记、张家口地委农委书记。在张家口，乐天宇以西北督办署实业厅林业技术员的公开身份为掩护，从事农民运动，组织农民协会，会员发展到 600 余人。

1926 年（民国十五年）

3 月 5 日，乐天宇、唐雍献之子乐燕生出生于北平。乐燕生后来在河北机电学院工作。

6 月，唐雍献（伯雍）从北京农业大学农学科毕业。

是年冬，乐天宇奉中央之命调回湖南，被派回他的家乡宁远县。

1927年（民国十六年）

1月，南方革命运动高涨，乐天宇奉党组织之命回到家乡宁远县特别支部领导农民运动。

2月，乐天愚《对于农大刺槐林之批评——关于腐殖质土的造成》刊于《农大旬刊》1927年20期8~10、16页。

4月，宁远县农民协会第一次代表大会召开，正式成立宁远县农民协会，乐天宇被推选为宁远县农民协会执行委员会委员长。因农民运动受挫，乐天宇携妻子唐雍献及儿女到安徽省六安农业学校任教。

5月26日，湖南零陵国民党驻军团长王德光接湖南省政府电报命令，立即开展军事行动布置戒严屠杀，将驻扎在祁阳的三营，驻扎在阳明山的二营秘密调回零陵，借口26日傍晚阳明山（唐淼部队）农军"攻打零陵城"为由，发动了酝酿已久的反革命叛变。由于当时的电报代码中为"宥"，故将1927年5月26日零陵发生的国民党反动派屠杀革命人士，破坏革命活动的事件定为"宥日事变"。乐天宇外出避难时被国民党逮捕，押解到长沙陆军监狱。敌人以各种酷刑逼供，乐天宇始终守口如瓶，严守党的秘密，被判处死刑，经多方营救，改判10年徒刑。

6月，河南公立农业专门学校与河南政法专门学校、中州大学合并，成立国立开封中山大学，河南公立农业专门学校成为国立开封中山大学的农科，7月，国立开封中山大学易名为河南省立中山大学，11月，郝象吾任农科主任。

1928年（民国十七年）

是年，河南中山大学农科设农业推广部，出版学术刊物《河南中山大学农科》。

1929年（民国十八年）

是年，河南中山大学农科主任郝象吾主任离任，王陵南继任。

1930年（民国十九年）

7月27日，红军攻打长沙，乐天宇与难友趁机冲出长沙司禁湾，找到红三军团司令部，红军第八军军长何长工、政委邓乾元接见了乐天宇。

8月，河南中山大学校务会议决定，将河南中山大学改名为河南大学，呈民国河南省政府核示。同年9月7日，河南省第三届议会议决，批准将河南中山大学改名为河南大学。13日，河南省政府颁发河南大学印章及校长职章，张仲鲁仍任校长。河南中山大学农科改名为省立河南大学农学院，设农艺、森林、畜牧3系，郝象吾任农学院院长。

● 1931年（民国二十年）

1月，乐天宇在经岳父唐叔平委托朋友的介绍下，到河南大学农学院任教，并兼任推广部主任。唐叔平，湖南东安人，黄埔军校第二十一期毕业生。

6月15日，乐天宇、唐雍献之女乐豫生出生于河南。乐豫生毕业于北京大学生物系，后在河北省农业科学院土壤肥料研究所工作。

8月，乐天愚著《白皮松产地之今昔观（提要）》收入中国科学社编《中国科学社第十九次年会纪事录》13~14页。

9月，河南大学农学院郝象吾院长离任，万晋任农学院院长。万晋（1896—1973年），河南罗山人，农业教育家、林业与水土保持学家，测树学专家。1912年考入开封河南留学欧美预备学校，1918年以公费留学资格入美国耶鲁大学攻读林学，1924年获耶鲁大学林学硕士学位。同年5月回国，曾任北京大学农学院教授；1927年8月开始长期执教于河南大学农学院，历任河南大学农学院院长、教授，黄河水利委员会林垦处处长，重庆农本局（国民政府为调整粮、棉、纱、布市场而设立的全国性的农业金融）调整处处长，河南救济分署技正兼技术室主任，上海善后管理委员会技正，中华林学会、中国水利工程学会、中国植物学会、中国水土保持学会会员；中华人民共和国成立后，先后任北京农业大学、北京林学院、河南农学院教授。

9月，太虚大师应陕西朱子桥、康寄遥等居士的邀请，到西安弘化。9月下旬，赴陕西途中，经过郑州，开封的佛教界人士来电欢迎，并推出净严法师，及袁西航、马一乘、余乃仁等居士到郑州迎请，太虚大师乃为之折往开封一行。

11月3日上午，应河南省立水利工程学校及河南大学农学院邀约，在水专大礼堂，太虚讲《对于学生救国之商榷》，慧轮记。

4日上午，太虚在河南大学讲《佛法之四现实观》，乐天愚记；下午，各界假人民会场开欢迎大会，刘峙主席夫妇等均来与会，听众逾万，大师讲《中国之危机及其救济》,净严、化城、心海合记。翌日,太虚离开封西行。

12月,太虚讲、乐天愚记《佛法之四现实观》刊于《海潮音》1931年第12卷第12期43～46页。

12月,《中华农学会报》1931年105、106期合刊中《第十五届年会记事》载宣读论文:河南大学农学院乐天愚《树木耐阴性之研究及其新试验之报告》。

● 1932 年(民国二十一年)

8月,乐天愚《心经的新观察(摩诃般若波罗蜜多心经观想浅释)》刊于《海潮音》1932年第13卷第8期34～39页。

12月1日,河南省建设厅将原有各农林场局裁并为五个农林局。把原有之开封园艺试验场、商丘麦作试验场、郑州模范林场第一林务局合并为河南省第一农林局。信阳稻作试验场与第五区林务局合并为河南省第二农林局。以先前之南阳蚕桑试验场与第四区林务局合并为河南省第三农林局。以洛阳棉作试验场与登封第三林务局合并为河南省第四农林局。把辉县畜牧试验场、汲县杂谷试验场与第二区林务局合并为河南省第五农林局。乐天宇到河南第五区农林局工作,任第五区农林局局长。

● 1933 年(民国二十二年)

2月11日,乐天宇、唐雍献之女乐瑾玖(乐汴生)在河南开封出生。

4月,《农林季刊》在开封创刊,由河南省建设厅农林季刊编辑委员会编辑发行、开封新豫印刷所刊印。乐天愚《河南农业之新出路》刊于《农林季刊》1933年第1卷第1期55～57页。

7月,乐天愚《在豫北旧农村中最近之新农业推广》刊于《农林季刊》1933年第1卷第2期10～16页。

12月,乐天愚《中道与天地人生》刊于《中道》1933年第1期115～116页;同期,乐天愚《复兴农村首在孝弟力田论》刊于116～121页。

● 1934 年(民国二十三年)

1月,《河南建设》在开封创刊,季刊,属于综合类刊物,河南省建设厅编

辑委员会编辑并发行。乐天愚《豫北牲畜表证农家之相互竞进》刊于《河南建设》1934年创刊号43～45页。

5月,方汉城原著、王正平修订《橡胶》(现代工业小丛书)由商务印书馆出版。

7月,乐天愚到达湖北武昌。

8月,《震铎》创刊于湖北武昌,由武昌东方文化研究院负责编辑出版发行。《震铎》1934年8月2页刊登照片《导师太虚大法师、导师乐天愚先生、院长唐大圆先生、陈董事经畬先生、王董事述曾先生》。同期,乐天愚《中道与天地人生》刊于24～25页,乐天愚《天愚诗二首》刊于114页。

8月24日至27日,中华农学会第17届年会在南京中山门外孝陵实业部中央农业试验所新建之实验室举行,北平大学农学院刘运筹院长出席会议,宣读论文的有梁希《松脂试验》、乐天宇《白松产地之今昔观》等。

• 1935年(民国二十四年)

1月,乐天愚《树木耐阴量之研究及其试验报告》刊于《科学时报》1935年第2卷第1期1～6页。

3月,乐天宇在山西省陵川县太行山果松岭采集植物标本。

10月21日,国民政府司法行政部训令(训字第五三三七号):令最高法院检察署检察长郑烈:为奉令准行政院咨据河南省政府呈请通缉前第五区农村局长乐天愚归案清理交代一案文。

• 1936年(民国二十五年)

1月,乐天愚 "*A Statement of the Hybrid Pine-Pinus Tabulaeformis* var. *taihanshanis, Recently Discovered at Taihanshan, Honan, China*" 刊于《中华农学会报》1936年第144期67～68页。

6月24日,乐天宇、唐雍献之女乐湘生生于湖南衡阳。

是年秋,乐天宇在湖南衡阳东洲的私立船山中学校长雷铸寰的支持下,创办湖南衡阳船山高级农业职业学校,乐天宇担任主事,不久即停办,仍改为船山中学。雷铸寰(1884—1941年),湖南东安人。早年入时务学堂、求实学堂肄业。字孟强,东安花桥人。1906年毕业于湖南高等实业学堂理科,同年加入同盟会。辛亥革命后，参加护法战争。北伐战争时期，任国民党湖南省党部第二届主任委员，支持共产党的政治主张，制定湖南省国共合作的第一个施政纲领《湖南省行政大纲》。"马日事变"后，主持湘南汽车路局，为发展湘粤、湘桂交通作出了贡献。他一生热心办学，致力于教育事业。辛亥革命前，与雷发声将家乡花山庵子改办为学堂，开东安办新学之先河。1913 年，与宾步程等创办濂溪中学（后改为湘南第十三联合中学），并担任校长 6 年。1921 年，与任凯南创办大麓中学，任校长。1925 年出任船山中学校长。同年，将湖南当时的工、商、法政三所学校合并为湘南大学，出任首任校长。抗战前夕，把船山中学改办为船山高级农业学校；抗战时期，将该校迁至东安花桥；抗战胜利后，又将该校迁至冷水滩。1941 年病逝，享年 58 岁。

是年冬，乐天宇带领船山高级农业职业学校学生到南岳山实习。

● 1937 年（民国二十六年）

2 月，党组织通知，调乐天宇到西安做统战工作，离开私立船山高级农业职业学校。乐天宇到陕西省林务局任技术科长。

3 月，《农业建设》在湖南创刊，湖南第二农业试验场推广股编辑组编辑，第二农业试验场事务所发行，1938 年 7 月一度停刊。

6 月 2 日，陕西林务局技术科科长乐震智《各县林务视察报告——临潼》刊印。

7 月 1 日，陕西省林务局、《陕西林讯》编辑《陕西林讯》（半月刊）第一期出版。乐震智、程定一《视察平民林场》刊于《陕西林讯》1937 年第 1 期 7～12 页。

8 月 1 日，乐震智、程定一《各县林务视察报告（1 临潼；2 潼关）》刊于《陕西林讯》1937 年第 3 期 13～16 页。

8 月 15 日，乐震智《敌人炮火中之华北三大农林侵略政策》刊于《陕西林讯》1937 年第 4 期 5～6 页；同期，乐震智《各县林务视察报告（3 大荔县；4 平民县）》刊于 12～13 页。

是年夏，抗日战争爆发，国共两党合作抗日，韩安在陕西林务局技术科科长乐天宇的陪同下，前往西安八路军办事处与林伯渠等会面，协商在陕北解放区设立林务分局之事，后因故未能实现。

9 月，乐天愚《敌人炮火中之华北三大农林侵略政策》刊于《农业建设》1937 年第 1 卷第 7 期 4～5 页。

9月1日，乐震智、程定一《各县林务视察报告（5 长安县）》刊于《陕西林讯》1937年第5期11~13页。

9月15日，乐震智《造林定律之旧话重提》刊于《陕西林讯》1937年第6期6~7页，同期，乐震智、程定一《各县林务视察报告（6 朝邑县；7 华阴县）》9~11页。

10月15日，乐震智、程定一《盩厔伐木运材调查》刊于《陕西林讯》1937年第8期3~5页，同期，乐震智、程定一《各县林务视察报告（7 华县；8 渭南县）》刊于12~14页。

11月，乐震智、程定一《西楼观林场视察报告》刊于1937年《陕西林讯》第11期。

11月15日，陕西林务局技术科科长乐震智到西北农林专科学校、关山林区、槐芽林场等地调查，年底结束。

12月，《吹万草偶存赠诸同学、赠乐震智主事》刊于汉口佛教正信会宣化团发行《正信》1937年第10卷第6期8页。

1938年（民国二十七年）

4月12日，由陕西省民政厅、建设厅等单位16人组成黄龙山垦区调查团，对黄龙农业、林业、畜牧、水利、交通、土壤、植物等项目进行调查，历时10天，乐震智、何敬真参加调查。

4月，乐震智、何敬真《陕北林务视察报告》刊印，之后何敬真任四川金陵大学农学院新都区农业推广区主任。何敬真（1902—2004年），福建漳浦人，中共党员，森林学家、植物分类学家、植物地理生态学家。1931年金陵大学农学院森林系毕业。1931—1934年任福建私立集美高级农林学校教务主任、校长，福建漳浦县立初级农业职业学校任园艺科主任。1934—1938年任陕西省林务局森林技师兼草滩林场场长，《陕西林讯》编辑。1938—1940年任四川金陵大学农学院新都区农业推广区主任。1940—1946年任四川私立铭贤学院讲师、副教授兼森林组主任，期间留学美国农业部水土保持局学习水土保持及草原管理。1946年后任四川私立铭贤学院农艺系教授，兼四川省农业改进所垦殖科森林组技正。中华人民共和国成立后，历任华南亚热带特种林业研究所生态造林室第一主任、中国热带农业科学院原热带经济植物园主任、热作系主任、热作所所长，第三、第五届全国人大代表，享受国家的政府特殊津贴。20世纪50年代初至60年代初期，何敬真主持制定了橡胶宜林地选择标准，深入广东（含海南）、广西、云南考察，曾作为总指挥，在福建省诏安县培训了100多人组成的选择橡胶宜林地的队伍。著有《华南垦区防护林及覆盖植物调查研究总结》《防护林及覆盖植物总结报告》《徐闻茂名覆盖作物种类引种试验》《福建热带作物科学技术考察报告》等选择橡胶宜林地的指导性文件，为我国橡胶北移栽培做出了重要贡献。

7月，何敬真任四川金陵大学农学院新都区农业推广区主任，《陕西林讯》停刊，共出19期。

10月，乐天愚讲、陈桂升记《关山山林概况》刊于《西北农专周刊》1938年2卷第10期1～7页。

10月25日，武汉沦陷。

● 1939年（民国二十八年）

11月，乐天宇来到向往的延安（据李锐同志回忆，他和乐天宇是由西安同乘一辆车到延安的），被分配到边区政府建设厅工作。

是年，陕甘宁边区政府建设厅组织李世俊、乐天宇、何敬真、李有樵等赴延安、安塞、志丹、绥德、米脂、榆林等地进行了经济木本植物调查，采集标本200余份，得主要树木20余种。

● 1940年（民国二十九年）

2月15日，《中国文化》在延安创刊，其中创刊号刊载毛泽东《新民主主义的政治与新民主主义的文化》、艾思奇《论中国的特殊性》、周扬《对旧形式利用在文学上的一个看法》、吴玉章《文学革命与文字革命》、何思敬《论孙中山先生的思想的研究问题》、冼里海《民歌与中国新兴音乐》、萧三《高尔基的社会主义的美学观》、何其芳《一个泥水匠的故事:(诗歌)》、乔木《读书随感（一、二）:一，好久看不见张君劢先生的哲学议论了……》、夏风《打场:(木刻)》、胡蛮《鲁迅对于民族的文化和艺术问题的意见》、陈伯达《杨子哲学思想》、沙汀《记贺龙将军》。

4月，乐天宇提出《陕甘宁边区森林考察团工作计划》，得到党中央财政经济部部长李富春的重视和提供480元经费支持。

6月，乐天宇组成6人的陕甘宁边区森林考察团，成员为林山、江心、郝笑天、曹达、王清华等，由乐天宇率领，6月14日从延安出发，途经甘泉、志丹等15个县，东自固临、西至曲子、南至淳耀、西北到志丹，考察九源、洛南、华池、分水岭、南桥山、关中、曲西7个林区，7月30日返回延安。考察团了解南泥湾、槐树庄、金盆湾一带的植物资源和自然条件，并收集植物标本2000余份。根据考察资料撰写《陕甘宁边区森林考察报告》，详细介绍了陕甘宁边区森林资源状况，提出建设边区、开垦南泥湾的建议。

● 1941年（民国三十年）

1月，乐天宇《遗传正确应用之商讨》刊于《中国文化》1941年第3卷第1期37～39页。

1月，延安自然科学院大学部分为物理（后改为机械）、化学（后改为化工）、生物（后改为农业）、地矿（后因师资不足合并到化工系）4个系，分别由阎沛霖、李苏、乐天宇、张朝俊担任系主任。乐天宇兼陕甘宁边区林务局局长。边区政府建设厅技术人员等级及津贴表（根据党政军商定之技术人员待遇规定由审查委员会提出经厅长核准），林务局乐天宇、孙德山、贾江心等级分别为1、3、1级，呈请津贴分别为95元、70元、95元。

2月6日，延安《新中华日报》报道：中国农学会成立于边区农业学校。在朱德总司令的帮助下，由乐天宇、李世俊、陈凌风、方悴农等发起，在延安成立中国农学会，有会员30余人，乐天宇任第一届主任委员。

9月1日，延安自然科学院举行开学典礼并正式上课。

11月，延安陕甘宁边区生物学会在自然科学院成立，负责人陕甘宁边区农业局局长兼光华农场场长陈凌风、延安自然科学研究院农业科主任、陕甘宁边区林务局局长乐天宇。

12月13日，延安《解放日报》发表延安生物学会《注意边区的水土保持工作》一文，建议边区"在森林方面，凡在倾斜度45度以上的坡地都划作林地，不准放牧和耕垦。对原有的森林要合理的开发利用和保护，在河沟两岸及冲刷厉害的地区要培植防冲淤防风林"，还建议"必须在农林机构体系中设立专司推动这些工作的职务，不然空言提倡必然没有成就"。

是年至1943年，乐天宇3次率领全体师生考察边区植物资源，撰写《陕甘宁盆地植物志》，全面总结记载了陕甘宁边区的自然情况、植物资源、森林资源，阐述西北地区森林的演变过程。

● 1942年（民国三十一年）

7月1日，《解放日报》刊载乐天宇《本边区梨子、苹果的主要病虫及防治》。

7月23日，《解放日报》刊载乐天宇《陕甘宁边区森林考察团报告》。

7月29日，《解放日报》刊载乐天宇《读延安干部学校的决定》。该文就两年来延安自然科学院在教育组织、教育方法、作风三方面的问题谈了自己的看法，直言不讳地提出"我们应该将理论应用到实际""施行实事求是的方法"，在延安教育界引起广泛关注。

8月至11月（每月30日），《解放日报》载乐天宇《陕甘宁边区药用植物志》。

9月9日，《解放日报》发表《积极推行"南泥湾政策"》的社论，号召各根据地学习三五九旅的经验。

是年，乐天宇《植物单宁材料的初步试验报告》（内部资料）刊印。

● 1943年（民国三十二年）

1月30日，《解放日报》刊载乐天宇《怎样选择公营农场及屯田地区》，文中指出：在边区的农业特点下，选择农场至少要具备气候、土地、阳光、水湿、交通5个基本因素，供机关、部队开设农场之参考。

3月16日，中共中央西北局决定，延安大学、鲁艺、自然科学院、民族学院、新文学干部学校合并，名称仍为延安大学，校址设在延安桥儿沟"鲁艺"原址，校长仍为吴玉章。大学下设鲁艺、自然科学院、社会科学院、民族学院、新文字干部研究班、中学部。其中鲁艺下设戏剧、音乐、美术、文学4个系；自然科学院下设化工、机械、农业3个系。

● 1944年（民国三十三年）

4月7日，中共中央西北局决定，延安大学与行政学院合并，周扬为延安大学校长。校址设在行政学院原址南门外。大学下设行政学院、鲁艺、自然科学

院、医学系、短期培训班。其中行政学院下设行政系、财经系、教育系、司法系；鲁艺下设文学系、戏剧音乐系、美术系；自然科学院下设农业系、机械工程系、化学工程系。师生员工 2124 人，其中学员 1302 人。

9 月，乐天宇带生物学会会员在陕西陕甘盆地采集植物标本。

● 1945 年（民国三十四年）

11 月 13 日，延安《解放日报》刊登乐天宇《边区的农业气候与护林造林运动》。

12 月，晋冀鲁豫边区政府组成以杨秀峰为主任的北方大学筹备委员会。

● 1946 年（民国三十五年）

1 月 5 日，北方大学在邢台市西关正式成立，分设行政学院、工学院、农学院、医学院、文教学院、财经学院。

是年冬，乐天宇奉命撤离延安，到太行山根据地的山西省长治县任北方大学农学院院长。

● 1947 年（民国三十六年）

3 月，晋冀鲁豫边区政府北方大学成立农学院，由原延安自然科学院生物系（农业系）主任乐天宇任院长，院址设于边区的山西长治农场，主要培养农、林、牧、副业技术人员，农学院设农业化学系、经济植物系及畜牧兽医、糖业两个专修科，乐天宇任北方大学农学院院长，至 1948 年 11 月。

● 1948 年（民国三十七年）

5 月，党中央决定，将华北联合大学与北方大学合并成立华北大学，由吴玉章同志任校长，范文澜同志和成仿吾同志任副校长。

6 月 16 日，北方大学农学院以经济植物系为基础，在太岳林区管理委员会（1942 年中共太岳行署岳北专署设立的林业专管机构）的合作下，正式成立森林专科学校，校址选在富有教学标本与实验场所的灵空山圣寿寺（山西省沁源县），专业有森林化学、森林管理、林产品制造，原定学制为 3 年，彭尔宁任校长，太岳林区管理委员会主任韩殿元兼任名誉校长。8 月 8 日正式开学，校名为：华北

大学农学院森林专科学校（公章印文：华大农学院植物系森林专科学校之章，当时简称为灵空山森林专科学校或华北森林专科学校）。

7月，北方大学和华北联合大学正式并成华北大学，由吴玉章任校长，原北方大学农学院也改称华北大学农学院。

8月，华北大学举行隆重开学典礼，华北大学下设四个部和两个学院，即华大一部、华大二部、华大三部、华大四部、华大工学院和华大农学院。华北大学农学院初设农艺、经济植物、畜牧兽医及糖业四个系，乐天宇任院长。

8月，苏联召开全苏列宁农业科学院会议，又称"八月会议"，李森科在大会上宣读《论生物科学现状》的草稿，以已经去世的苏联著名园艺家米丘林的名字命名了自己的"学说成果"，称之为"米丘林遗传学"。伊凡·弗拉基米诺维奇·米丘林（1855年10月27日—1935年6月7日），俄罗斯园艺学家。生于俄国梁赞州普龙斯克县，其曾祖父、祖父和父亲均爱好园艺。1872年在普龙斯克县立小学毕业，小学毕业后因贫困便辍学。1875年开始在科兹洛夫铁路站当了一名职员，开始把节省下来的钱用于园艺研究，后奠基了"米丘林学说（米丘林遗传学）"。十月革命后，他的工作受到列宁的重视。1935年被选为苏联科学院名誉院士。著有《工作原理与方法》《六十年工作总结》等。

12月30日，军事管制委员会文化接管委员会决定北京大学农学院师生转移到良乡。

12月31日，北京大学农学院俞大绂院长等教职工学生整理仪器、图书。当晚，由解放军准备大车20辆、由张鹤宇，白山带领乘车到丰台，转乘火车，前往良乡。

是年，乐天宇《发动晋冀鲁豫边区种甜菜的办法》（内部资料）由华北大学农业生物学研究室出版部刊印。

是年，乐天宇《自然规律的遗传法则——遗传正确应用的商讨》（内部资料）由华北大学农业生物学研究室出版部刊印。

是年，乐天宇《新遗传学讲义》由华北大学农业生物学研究室出版部刊印。

是年，Ching Chun Li "*POPULATION GENETICS*"《群体遗传学导论》（321页），由 National Peking University 出版。

● 1949 年

1月1日和2日，北京大学农学院职工分两批到达良乡。到达良乡的教师有俞大绂院长，李景均、陈锡鑫二位系主任，汪菊渊、冯兆林副教授，姜秉权、华孟、陈道、申宗圻讲师，还有讲师、助教8人，有卢宗海、涂长晟、夏荣基、申葆和、孙文荣、周启文、刘仪、吴汝焯，职员有董维朴，学生有虞佩玉、刘鹤时、杨一清、叶辰瀛，还有从城里自己来良乡的汪国益，附属小学教师严以宁、张文英，另外还有汪菊渊、陈锡鑫、姜秉权、申葆和的家属7人，工友6人。到良乡的人员总计38人。

1月31日，北平和平解放。

3月25日，中共中央机关和中国人民解放军总部由河北省平山县迁到北平。

5月，华北大学农学院院部由石家庄迁到北京。

5月14日，全国科学会议筹备会第一次预备会议在北京饭店举行，议题为筹划召开中华全国自然科学工作者代表会议（简称科代会），推选出席中国人民政治协商会议代表，团结和发动全国科学工作者从事新中国的建设。会议确定由中国科学社、中华自然科学社、中国科学工作者协会以及东北自然科学研究会四个团体发起，邀请国内科技界知名人士及各地区有关机构和团体代表共同组成科代会筹备委员会。

6月1日，华北高等教育委员会在北平成立。董必武为主任委员，张奚若、周扬为副主任委员，董必武、张奚若、周扬、马叙伦、李达、许德珩、吴晗等9人为常务委员，郭沫若、吴玉章、徐特立、马寅初、黄炎培、范文澜、成仿吾等40人为委员。

7月，辅仁大学农学院并入北京大学农学院。

7月13日至18日，中华全国自然科学工作者代表会议筹备会正式会议在原中法大学礼堂举行。周恩来等领导同志出席大会并讲话。中华全国第一次自然科学工作者代表大会筹备委员会成立，通过了筹备委员会简章及代表产生条例，并推选出参加新政治协商会议的正式代表15人，候补代表2人。其中，正式代表为梁希、李四光、侯德榜、贺诚、茅以升、曾昭抡、刘鼎、严济慈、姚克方、恽子强、涂长望、乐天宇、丁瓒、蔡邦华、李宗恩，候补代表为靳树梁、沈其益。

9月10日，华北高等教育委员会召开党组会议，商议农学院合并问题，由秘书长张宗麟报告，中央指示北大、清华、华大3个农学院合并，讨论并决定筹备组成合并委员会。

9月14日，高教会召开党政负责人会议，由钱俊瑞主持并传达了中央关于农业院校合并的指示，出席会议的有张宗麟、曾昭抡、汤用彤、吴晗、周培源、叶企孙、俞大绂、汤佩松、乐天宇、王志民、扬舟、谭元堃、何东昌、朱振声、周大激。

9月16日，高教会召开农业大学筹备委员会第一次会议。宣布筹委会由钱俊瑞担任主任委员。委员张宗麟、张冲、曾昭抡、周培源、乐天宇、俞大绂、汤佩松、黄瑞纶、戴芳澜、张肇骞、扬舟、姜秉权、朱振声、方梅、顾方乔、陆明贤。常务委员会委员为钱俊瑞、张宗麟、张冲、乐天宇、俞大绂、汤佩松、黄瑞纶。常委会议秘书3人：周大激、朱振声、赵纪。

9月，北京大学农学院招生，录取新生259人，实际报到注册140人。其中农艺学系41人，园艺学系16人，昆虫学系9人，植物病理学系7人，森林学系18人，农业化学系6人，土壤肥料学系7人，畜牧学系25人，兽医学系11人。

9月21日至30日，乐天宇作为中华全国自然科学工作者代表之一，参加在北京隆重召开的中国人民政治协商会议第一届全体会议。

9月29日，中央决定北京大学、清华大学、华北大学三所大学的农学院合并，组建成新中国第一所多科性、综合性的新型农业高等学府。

12月，华大农学院植物系森林专科学校奉命迁至河北省宛平县（今北京市海淀区，当时简称为金山森林专科学校）北安河村秀峰寺、响堂，1950年3月完成搬迁，由北京农业大学接办，并增设林业干部训练班，殷良弼教授兼任森林专修科及林业干部训练班主任，凌珍（凌大燮）、彭尔宁任副主任。4月17日在新址开学，至1951年7月完成学业，毕业后大部分被分配到北京市、河北省、山西省以及内蒙古自治区等地林业部门，少数留校或在林业部所属单位。1952年10月并入北京林学院（现北京林业大学），殷良弼先后任学院筹备组副组长和第一任教务长。

12月12日，中央人民政府教育部高一字第215号令：委派乐天宇、俞大绂、汤佩松、沈其益、徐纬英、熊大仕、张鹤宇、戴芳澜、黄瑞纶、刘崇乐、陈锡鑫、徐硕俊、周家炽、高惠民、陆近仁、韩德章及讲师、助教代表（扬舟、梁正兰、马藩之、周大澂、刘含莉、朱振声）和学生代表（顾方乔、金骥、阎龙

飞）共25人为该校校务委员，组成校务委员会，并以乐天宇、俞大绂、汤佩松、沈其益、徐纬英、熊大仕、张鹤宇及讲师助教校委推选一人，学生校委推选一人，共九人为常务委员，以乐天宇为主任委员，俞大绂、汤佩松为副主任委员，沈其益为教务长，徐纬英为副教务长，熊大仕为秘书长，自即日起到职视事。

12月，北京农业大学校务委员会主任委员乐天宇兼北京农业大学党总支书记，至1951年3月。

12月17日，乐天宇为首的北京农业大学校务委员会宣布就职，筹备委员会宣告结束。教育部副部长钱俊瑞代表教育部向农大师生表示祝贺并讲话，他说"今天全中国范围内，以这样大的力量，办这样的学校是头一个。中央人民政府对这个学校方针与实施给以重大注意，我们建设这个学校，对中国农业及农业教育要树立新的榜样"。同时全校讨论关于新的农业大学名称问题。

是年，乐天宇《米丘林生物学的哲学基础》由华北大学农学院农业研究室印刷。

是年，乐天宇《生物种内种间关系》由华北大学农学院农业研究室印刷。

● 1950年

1月，华北大学农学院院长乐天宇、讲师秦尔昌《新遗传学讲话——新遗传学——大众的科学》刊于《科学大众》1950年第1期第24～27页。

2月18日，中国米丘林学会首届年会在北京农业大会举行第6届年会，20日结束。出席年会的有该会各地分会、各有关学校、机关团体和劳动模范共44人。会议第一日由该会名誉主席范文澜报告该会成立经过，该会理事长乐天宇报告该一年来的工作。

3月7日，《光明日报》第1版刊登《翦伯赞乐天宇廖梦醒等访苏联三教授》。

3月，北京农业大学主委乐天宇、讲师秦尔昌《变异·生长·发育》刊于《科学大众》1950年第2期第59～61页。

3月12日，北京农业大学李景均带着4岁的女儿和夫人克拉拉通往罗湖桥到达香港，之后美国领事馆破例给李景均一家签证赴美，李景均抵达美国之后，一直在匹兹堡大学（University of Pittsburgh，PITT）任教。李景均（Ching Chun

Li，C C Li，1912—2003年），遗传学家、生物统计学家，人类遗传学的开拓者。天津人。1932年考入金陵大学农学院，1936年毕业后赴美国康乃尔大学攻读遗传学和生物统计学，获博士学位。1941年回国，先后任广西大学农学院教授、金陵大学农学院教授、北京大学农学系教授兼系主任。1951年赴美，历任美国匹兹堡大学生物统计系教授、系主任、校座教授。美国人类遗传学会主席。李景均被称为"中国遗传学之父"，代表著作有《群体遗传学导论》。

4月至5月，乐天宇组织北京农业大学农学、土壤、森林、畜牧、兽医、园艺、农业经济7个系的教授、讲师参加的"东北工作团"前往哈尔滨、佳木斯、密山等垦区进行实地考察，协助当地驻军安排春耕，推广生产技术，制定长远发展规划，合理进行森林采伐、封山育林、荒山造林、建设草原和农田防护林带、兴建排灌系统以及发展畜牧业等。

4月8日，中央人民政府教育部高三字第266号通知正式命名为北京农业大学。

6月，农大新遗传学小组乐天宇、徐季丹、陈秀夫、梁正兰、李继耕、叶晓、秦尔昌、刘及时、徐纬英《一般的规律》刊于《科学大众》1950年第6期第211～214页。

9月，乐天宇组织北京农业大学"西北工作团"，对大西北进行了考察，提出了适合当地发展农林牧业的意见。

10月15日，《中国米丘林学会会刊（第1卷第2期）》由中国米丘林学会编辑部编印，其中1～4页刊登乐天宇《米丘林生物科学的哲学基础——8月2日在中国科学院主办暑期自然科学学习会的讲演》。

11月，《吴征镒自定年谱》载：吴征镒由中央农业部、高等教育部借调，率14人的工作团在北京农业大学调查"乐天宇事件"。

11月至1951年5月，广东省、国家林业部和中国科学院先后组织橡胶考察团、橡胶督导团和综合考察队，中共中央华南分局第一书记、广东省政府主席叶剑英亲自带领苏联专家组，到海南和雷州半岛考察橡胶资源和橡胶生产情况，制定橡胶业发展计划。

● **1951年**

1月，吴体仁编著《热带经济植物——橡胶树》由中南联合出版社出版。

1月，乐天宇《中国分枝小麦的选种栽培略述》刊于《科学通报》1951年第1期第62~63页。

2月，中国林学会第一届理事会成立，理事长梁希，副理事长陈嵘，秘书长张楚宝，副秘书长唐燿，常务理事王恺、邓叔群、乐天宇、陈嵘、沈鹏飞、张昭、张楚宝、周慧明、郝景盛、梁希、唐燿、殷良弼、黄范孝。

2月18日，米丘林学会1951年年会在首都西郊北京农业大学礼堂开幕，米丘林学会各地会员、农村分会的劳动英雄、农业科学工作者、学生、附近农民共四百多人参加会议，乐天宇主持会议。

3月，北京农业大学新遗传学小组乐天宇、徐季丹、陈秀夫、梁正兰、李继耕、叶晓、秦尔昌、刘及时、徐纬英、陈宜谦《新遗传学讲话·四 授粉和受精》刊于《科学大众》1950年第Z1期24~30页。

3月，乐天宇同志被解除北京农业大学校务委员会主任委员的职务，不再担任北京农业大学总支书记，调中国科学院工作，负责筹建并担任中国科学院遗传选种馆（遗传研究所）馆长。

4月，中国共产党中国科学院支部讨论了中国科学院前遗传选种实验馆馆长乐天宇同志所犯的错误。支部大会认为：这个错误的性质是属于严重的无组织无纪律，严重的脱离群众的学阀作风，以及学术工作上的严重的非马克思主义倾向，为了进一步批判乐天宇同志在生物科学工作上的错误，政务院文化教育委员会计划局科学卫生处会同中国科学院计划局在本年四月至六月间先后召集了三次生物科学工作座谈会。还讨论了目前生物科学的状况及其中若干问题，并对今后工作交换了初步的意见。参加这三次座谈会的有竺可桢（中国科学院），赵沨、孟庆哲、何祚庥（政务院文化教育委员会计划局），耿光波、陈仁（中央农业部），张景钺、刘次元（北京大学），周家炽、姜炳权、朱振声（北京农业大学），陈凤桐、祖德明（华北农业科学研究所），钱崇澍、吴征镒（中国科学院植物分类研究所），乐天宇、徐纬英、梁正兰、胡含（中国科学院遗传选种实验馆），李健武（清华大学），金成忠（中国科学院植物生理研究室），黄作杰、孙济中（中国科学院达尔文主义研究班），恽子强、丁瓒、汪志华、何成钧、简焯坡（中国科学院编译局及计划局）等人。

5月，北京农业大学新遗传学小组乐天宇、徐季丹、陈秀夫、秦尔昌、刘及时、徐纬英、梁正兰、陈宜谦、叶晓、李继耕《环境与生物》刊于《科学大众》

1951 年第 Z2 期 77 ~ 79 页。

6 月 13 日，政务院批准成立中国科学院遗传选种实验馆，乐天宇任馆长，实验馆以乐天宇创办的北京农业大学农业生物研究室的部分人员为基础建立。

6 月，中国科学院遗传选种实验馆乐天宇《米丘林生物科学开始走入实践的一年》刊于《科学通报》1951 年第 11 期 1195 ~ 1197 页。

7 月，中国科学院建立遗传选种实验馆，馆长乐天宇，人员 30 人，其中技术人员 11 人。

7 月，方汉城原著、王正平修订《橡胶》（现代工业小丛书）由商务印书馆第 4 版。

8 月初，时任广东省人民政府主席的叶剑英，带领中山、武汉、金陵等大专院校的教授，专家及技术人员，到湛江进行橡胶种植勘察调研，来到徐闻，见到林育仁的胶树，兴奋无比，高兴地说："有胶树存活，就说明不是禁区，粤西种胶大有可为"。

8 月 15 日，《中国米丘林学会会刊（第 1 卷第 3 期）》由中国米丘林学会编辑部编印，其中 13 ~ 15 页刊登乐天宇《论生活力与品种"保纯"问题》。

8 月 31 日，中央人民政府政务院第 100 次会议作出《关于扩大培植橡胶树的决定》。

11 月，作为华南橡胶垦殖基地指挥决策机构的华南垦殖局在广州成立（次年迁至湛江市），下辖高雷、广西、海南三大垦区。叶剑英兼任局长，李嘉人、陈漫远、易秀湘、冯白驹兼任副局长。

• 1952 年

1 月 1 日，华南垦殖局海南分局成立，海南区党委书记、行署主任冯白驹兼任局长，局机关驻海口市，领导全岛橡胶垦殖开发工作。

1 月，梁希《我对于乐天宇同志所犯错误的感想》刊于《生物学通报》1952 年第 1 期 10 页。

1 月 15 日，乐天宇主讲《遗传选种要义·上册》（中南米丘林学术讲习会讲义）由中南农业科学院刊印。中南米丘林学术讲习会教研组组员乐天宇（组长）、何定杰、曾省之、王仲彦、章锡昌、柯象寅、杨惠安、吴熙载（校阅）、胡含（秘书）。

2月25日，乐天宇主讲《遗传选种要义·下册》（中南米丘林学术讲习会讲义）由中南农业科学院刊印。

3月，华南垦殖总局广西垦殖分局特派专人送橡胶树实生苗200株，指定广西柳州沙塘广西桐油研究所派专人负责试种。

4月至6月，政务院的文化教育委员会计划局科学卫生处（以下简称文委科学卫生处，它与中共中央宣传部科学处是一套人员两块牌子），会同中国科学院计划局，在北京召开了三次生物科学工作座谈会，批判乐天宇同志在生物科学工作上的错误，讨论国内生物科学的状况，并对今后工作交换意见。

5月31日，竺可桢副院长到遗传选种实验馆，宣布撤销乐天宇馆长职务。

5月，乐天宇受党内留党察看处分。《人民日报》用整版篇幅发表了长文，此文五分之二的篇幅是批判乐天宇的。

6月29日，《人民日报》第3版发表长篇署名文章《为坚持生物科学的米丘林方向而斗争》，同版刊登梁希《我对于乐天宇同志所犯错误的感想》。

7月，华南垦殖局根据中共中央关于天然橡胶发展要"种得多，种得快，种得好"的指示，结合当时的国际形势和华南所处的地理环境，确定了"先大陆后海南，先平原后丘陵，先机器后人力"的天然橡胶发展方针。同年12月，遵照中共中央的指示，又确定了"大力增产种子，扩大植胶面积，力争早割胶、多产胶"的总要求。

7月乐天宇《论造林工作上树种内及树种间的关系问题》刊于《中国林业》1952年第7期21~22页。

9月，中国科学院遗传选种实验馆更名为中国科学院遗传栽培研究室，研究室负责人冯兆林，隶属中国科学院植物研究所。

9月，我国同苏联正式签订了《中苏关于橡胶技术合作协议》。地处热带的海南，自然成为产业发展首选之地。

10月，北京农业大学森林专修科及林业干部训练班并入北京林学院。

11月初，乐天宇教授、齐雅堂教授、张耀宗先生和贺子静教授，专程到广西桐油研究所检查橡胶树试种工作。

11月下旬，广西农林厅和广西垦殖分局联合转达林业部通知：撤销广西桐油研究所，全体科技人员和试验工人并入华南特种林业研究所。

是年，乐天宇《遗传选种要义》由中南农业科学研究所刊印。

1953 年

是年初,林垦部根据中央发展天然橡胶的需要,决定以广西桐油研究所、重庆工业试验所橡胶组的人员和设备为基础,并从有关科教单位抽调一批专家和分配应届毕业生组建研究所,开始筹建时起名特种林业研究所,筹备委员会主任是由华南垦殖局李嘉人副局长兼任,副主任委员由乐天宇、彭光钦、林西3位同志担任。研究所内设培育部、化工部和行政部。培育部下设五个研究室:一室生态造林、二室土壤肥料、三室生理解剖、四室植物保护、五室遗传育种5个研究室,第一副所长乐天宇教授兼培育部主任,何敬真教授任生态造林室主任。李嘉人(1914—1979年),广东台山县人。1933年参加中国社会科学家联盟。次年毕业于中国新闻学院。1935年东渡日本在东京大学读书,1937年抗日战争爆发,李嘉人回到祖国,在广州等地从事抗日活动。1938年加入中国共产党。曾任中共台山县委书记、中共中央香港分局政治秘书、中共粤港工委群众工作委员会副书记。解放战争初期,李嘉人根据中共党组织的指示,到香港任中共中央香港分局(后称华南分局)政治秘书,协助香港分局书记方方工作。中华人民共和国建立后,他先后任中共中央华南分局委员、秘书长。随后任华南垦殖局副局长、局长,为开创与发展中国橡胶事业做了大量工作。1958年以后,任中共广东省委委员、常委,广东省副省长,中山大学党委第一书记、副校长、革命委员会主任、校长,中共广东省委党校第一副书记、第一副校长,广东省革命委员会副主任。他长期参与广东省文教事业的领导工作,坚决贯彻党的路线、方针和政策,认真做好统一战线和团结教育知识分子的工作,努力办好和发展文教事业。70年代中期,他受教育部的委托,率领中山大学学术代表团到美国访问,打开了中美高等教育、学术交流活动的局面。还先后当选为第一、二、三、五届广东省人民代表大会的代表。

2月,А.П.谢尼阔夫(А.П.Шенников)原著,王汶译,乐天宇校订《植物生态学》(原著系苏联高等教育部审定为大学教本)由新农出版社出版。

2月,《垦荒规程》《积肥规程》《覆盖植物种植规程》《防护林营造规程》《橡胶抚育与定植规程》《三叶橡胶种子的采收鉴定与装运技术规程》由华南垦殖局编印。

3月,徐广泽编著《橡胶树育种讲义》由华南垦殖局编印。

3月,曾友梅编写《橡胶树解剖与生理讲义》(1~3册)由华南垦殖局刊印。

3月,徐燕千《橡胶造林及抚育讲义》由华南垦殖局刊印。

3月，沈鹏飞《橡胶林经理讲义》由华南垦殖局刊印。

4月中旬，华南垦殖局特种林业研究所筹委会副主任乐天宇带领培育部科研人员从广州出发，到华南垦殖局下属的广西、粤西、海南的农垦分局的橡胶试种点及老胶园作一次科学考察，历时半年。参加考察有齐雅堂（培育部副主任）、贺子静、尤其伟、曾友梅、邓励等老专家，中青年有覃泽夏、张耀宗、庞廷祥、丘燕高、张开明、平正明等，罗洪中是事务长，广东省公安厅派了一位科长同行。10月考察结束之前，乐天宇已有事先期回到广州，完成《橡胶栽培——森林抚育法》。

4月，乐天宇《生物哲学论评》由新农出版社出版。

9月，乐天宇《生物种内种间关系》由新农出版社出版。

• 1954年

3月，华南热带林业科学研究所在广州沙面珠江路44号（原英国驻广州总领事馆地址）正式成立，所长由李嘉人兼任，副所长乐天宇、彭光钦和林西。不久乐天宇教授患病，因气候条件不适应，返回北京治疗。之后回到林业部林业科学研究所任研究员。

4月，华南热带林业科学研究所业务工作由何敬真、江爱良、肖椿前教授共同主持，至1956年3月，联合中国科学院、中央气象局、广东农科院、华南热作所、粤西农垦局、云南热作所6个单位共29人，其中，华南热作所17人到徐闻试验站（粤西试验站前身）驻点。

12月，华南热带林业科学研究所随同华南垦殖局从林业部划归农业部领导，改名为华南热带作物科学研究所。

12月，乐天宇、徐纬英《森林选种及良种繁育学》由中国林业出版社出版。

• 1955年

10月28日至31日，北京农业大学举办米丘林诞辰100周年纪念大会，乐天宇主持会议。

11月，乐天宇《为更好地学习苏联农业科学而纪念米丘林》刊于《农业科学通讯》1955年第11期619～620页。

是年，乐天宇《植物生态因子相互关系的基本规律》由中央林研所刊印。

是年，C.C. Li "*POPULATION GENETICS*"《群体遗传学导论》在 Chicago 再版。

1956年

1月，中共中央召开知识分子工作会议，周恩来在报告中发出"向科学进军"的号召。

3月，国务院集中各方面精英人物着手编制科学发展十二年长期规划。

4月，李森科辞去苏联农业科学院院长职务。同时，苏联科学院宣布恢复瓦维洛夫的名誉，并准备出版他未能出版的著作。瓦维洛夫（Николай Иванович Вавилов，1887—1943年），苏联植物育种学家和遗传学家。他对植物免疫学的研究使他去深入研究栽培植物及其近缘野生种的种内分类学，其研究成果被收入到分多卷出版的《应用植物遗传与育种文集》中，并由此而成为研究栽培植物的苏联学派。他是公认的对植物种群研究作出最大贡献的学者之一。

6月，乐天宇《植物生态因子相互关系的基本规律》刊于《林业科学》1956年第3期185～213页。

7月4日，国务院以〔1956〕国议周字第51号公布《关于工资改革中若干具体问题的规定》。全国工资改革方案专业技术人员的最高级被定为一级，乐天宇、陈嵘被批准为林业部林业科学研究所一级研究员，阳含熙为三级研究员。

9月，M、J 狄克曼著《三叶橡胶研究三十年》由热带作物杂志社出版，原书出版于1951年。

11月，乐天宇《植物品种专用光合光量计的新装备及其对农林丰产技术上的应用》刊于《农学报》1946年第7卷第4期399～407页。

1957年

3月，乐天宇《植物种间种内关系以及种的变化从属于外界生态关系的变化》刊于《自然辩证法研究通讯》1957年第1期50～55页。

6月，乐天宇、徐纬英著，钱崇澍、陈嵘校《陕甘宁盆地植物志》由中国林业出版社出版。

1958 年

2月,乐天宇《论生物品种生态型的研究方法及其意义》刊于《农业学报》1958 年第 9 卷第 1 期。

4月,乐天宇《植物生态学》由中国林业出版社出版。

10月27日,中国林业科学研究院正式成立,院长张克侠。

1959 年

1月,中国科学院华南生物资源综合考察队第一大组《桂西南百色县自然条件、自然区划及橡胶宜林地的选择(初稿)》油印本刊印。

2月,乐天宇、徐纬英《森林选种及良种繁育学》由中国林业出版社再版。

6月,乐天宇《米丘林遗传学在创造快速生长新树种方面的新成就》刊于《林业科学》1959 年第 3 期 99~100 页。

10月,乐天宇《植物生态学》由中国林业出版社再版。

1960 年

2月,乐天宇当选为中国林学会第二届理事会理事。

1961 年

12月,毛泽东主席作《七律·答友人》:九嶷山上白云飞,帝子乘风下翠微。斑竹一枝千滴泪,红霞万朵百重衣。洞庭波涌连天雪,长岛人歌动地诗。我欲因之梦寥廓,芙蓉国里尽朝晖。

1962 年

6月,乐天宇在陕西陕甘盆地采集植物标本。

7月,乐天宇《培养全国森林地形降雨排除旱魃的研究和建议》由中国林业科学研究院科学技术情报室刊印。

10月,乐天宇带着五人科学考察组到湖南九嶷山考察。

12月,中国林学会第三届理事会成立,理事长李相符,副理事长陈嵘、乐天宇、郑万钧、朱济凡、朱惠方,秘书长吴中伦,副秘书长陈陆圻、侯治溥。侯治溥(1918—1993 年),直隶(今河北)高阳人,1956 年加入中国共产党。1939

年毕业于北京大学农学院森林系。曾任北京大学农学院讲师、华北林业试验场技士。中华人民共和国成立后，历任中国林业科学研究院亚热带林业研究所所长、林业研究所所长、副院长、研究员，《林业科学研究》主编。中国林学会第二届常务理事、第三届副秘书长、第四届理事。从事造林科学研究。发表有《长白山林区森林立地条件及落叶松的更新》《用于林木育种的一些统计方法》等论文，编著有《树木育种的常用田间试验设计及统计分析》。

1963 年

2月14日，中国林学会1962年学术年会提出《对当前林业工作的几项建议》。建议包括：①坚决贯彻执行林业规章制度；②加强森林保护工作；③重点恢复和建设林业生产基地；④停止毁林开垦和有计划停耕还林；⑤建立林木种子生产基地及加强良种选育工作；⑥节约使用木材，充分利用采伐与加工剩余物，大力发展人造板和林产化学工业；⑦加强林业科学研究，创造科学研究条件。建议人有：王恺（北京市光华木材厂总工程师）、牛春山（西北农学院林业系主任）、史璋（北京市农林局林业处工程师）、乐天宇（中国林业科学研究院林业研究所研究员）、申宗圻（北京林学院副教授）、危炯（新疆维吾尔自治区农林牧业科学研究所工程师）、刘成训（广西壮族自治区林业科学研究所副所长）、关君蔚（北京林学院副教授）、吕时铎（中国林业科学研究院木材工业研究所副研究员）、朱济凡（中国科学院林业土壤研究所所长）、章鼎（湖南林学院教授）、朱惠方（中国林业科学研究院木材工业研究所研究员）、宋莹（中国林业科学研究院林业机械研究所副所长）、宋达泉（中国科学院林业土壤研究所研究员）、肖刚柔（中国林业科学研究院林业研究所研究员）、阳含熙（中国林业科学研究院林业研究所研究员）、李相符（中国林学会理事长）、李荫桢（四川林学院教授）、沈鹏飞（华南农学院副院长、教授）、李耀阶（青海农业科学研究院林业研究所副所长）、陈嵘（中国林业科学研究院林业研究所所长）、郑万钧（中国林业科学研究院副院长）、吴中伦（中国林业科学研究院林业研究所副所长）、吴志曾（江苏省林业科学研究所副研究员）、陈陆圻（北京林学院教授）、徐永椿（昆明农林学院教授）、袁嗣令（中国林业科学研究院林业研究所副研究员）、黄中立（中国林业科学研究院林业研究所研究员）、程崇德（林业部造林司副总工程师）、景熙明（福建林学院副教授）、熊文愈（南京林学院副教授）、薛楹之（中国林业科学研究院

林业研究所副研究员)、韩麟凤(沈阳农学院教授)。

2月,根据中国科协意见,中国林学会召开在京理事会议,决定在常务理事会下设4个专业委员会,即林业、森工、普及委员会和《林业科学》编委会,陈嵘任林业委员会主任委员,郑万钧任《林业科学》编委会主编。《林业科学》北京地区编委会成立,编委陈嵘、郑万钧、陶东岱、丁方、吴中伦、侯治溥、阳含熙、张英伯、徐纬英、汪振儒、张正昆、关君蔚、范济洲、黄中立、孙德恭、邓叔群、朱惠方、成俊卿、申宗圻、陈陆圻、宋莹、肖刚柔、袁嗣令、陈致生、乐天宇、程崇德、黄枢、袁义生、王恺、赵宗哲、朱介子、殷良弼、张海泉、王兆凤、杨润时、章锡谦,至1966年。

4月30日,《人民日报》刊载乐天宇《森林在发展农业中的重大作用》。

12月,乐天宇《从支配植被的分布和结构来管理国家气候》刊于《植物生态学与地植物学丛刊》1963年第1卷第1~2期166~167页。

是年,乐天宇《应用不同生态型的杉木杂交取得杂种优势的研究》由中国林业科学研究院科技情报室刊印。

● 1964年

5月,乐天宇《生态型及其有机体的生活规律》由中国林业科学研究院林科所遗传选种室刊印。

5月,乐天宇《森林在发展农业中的重大作用》收入《人民日报·农业科学文选》(人民日报出版社)1964年第2辑13~24页。

● 1965年

3月,乐天宇著《植物生态型学》由科学出版社出版。

6月,乐天宇《克制新疆干旱气候发展农牧业生产》刊于《新疆农业科学》1965年第11期431~432页。

● 1966年

1月,乐天宇《运用无生命而富有生命力的物质选育新的有机体》刊于《新疆农业科学》1966年第2期57~59页。

1969 年

是年初秋，乐天宇被下放到广西邕宁"五七干校"接受劳动改造。

1971 年

3月16日，中国农业科学院和林业科学研究院两院合并，名称为"中国农林科学院"，乐天宇又被转至辽宁兴城"五七干校"继续接受"审查"。

是年冬，乐天宇患严重肺病，被允许回北京治疗。

1973 年

3月，原中国林业科学研究院"五七干校"学院陆续回到北京。

4月10日，中国农林科学院林业研究所筹备组在中国林业科学研究院院址正式成立。

1974 年

是年，中国农林科学院党委做出对乐天宇问题的结论。

1975 年

是年，乐天宇《反蒙诺教义——对蒙诺著〈偶然性与必然性〉的批判，为纪念〈自然辩证法〉出版100周年》刊于1975年《批判蒙诺通讯》。

1976 年

是年秋，中国农林科学院党委决定给予乐天宇平反，恢复党籍。

1978 年

8月26日，乐天宇先生写给中国科学院院士朱洗教授家人，谈及自身情况。

12月18日至22日，中国共产党第十一届中央委员会第三次全体会议在北京举行。会后乐天宇的冤案得到平反，恢复名誉和原工资级别待遇，但未安排工作，令其离休。

1979年

5月,乐天宇著《种性遗传学》由中国种性学研究小组刊印。

9月25日,乐天宇等12位旅京及住省的"九嶷山爱好者",起草《开辟九嶷山旅游事业的建议》,呈报湖南省旅游局和宁远县委,就九嶷山区的经济发展、文物保护和逐步开展旅游事业提出宝贵建议,期待九嶷山区出现"五风十雨唐虞世,万紫千红家国春"的憧憬。乐天宇先生又亲手写了《九嶷山泪竹(斑竹)自然保护区条例》。

1980年

10月,乐天宇回到宁远九嶷山区,立志要办三件大事:一是建立斑竹自然保护区;二是修复舜庙;三是创办九嶷山学院。乐天宇带着平反时补发的5万元工资自费创办一民办大学——九疑(嶷)山学院。

10月,九嶷山学院正式成立。

1981年

2月9日,乐天宇80岁生日,乐天宇写下《八十生日告儿女书》。《羊城晚报》2016年2月24日全文刊登《八十生日告子女书》。以下是乐天宇80岁生日时写给子女的,谈如何为人处世,于今有借鉴意义。我活到八十岁,有些为人处世的道德积累,因此,以"四人帮"的险恶,极意的迫害,也未弄死我。特别法庭成立,受审判员的是黄永胜之流(此人"文化大革命"期间私设公堂迫害于我)。我则如莲花出水,卓立人间,心情始终是愉快的。"君子爱人以德",也包括爱子女在内,又岂能爱子女以私么?反过来,子女爱亲以德,又岂能爱亲以利么?"饿死事小,失节事大"。人生有个节,节就是处世的规律,失掉这个规律,就早晚要碰钉子。规律也就是道德。"八仙过海",他们怎么能战胜海妖,过得海去呢?他们有道德、有正义、光明磊落,正义填胸,理直气壮。海妖怎么失败呢?海妖拦路图利,妨碍八仙去蓬莱岛的去路,有损于道德,即是失掉了为人处世的规律,有愧于心,理曲气衰,终于打了败仗,丢了脸。我家宜各立志,为人类做贡献,光是搞生活,是无人生气味了!生活过得去就行了,不必太讲究。你们祖父生活是好的,隔壁住的九公公,生活是苦的,但九公公活到九十多岁,你们的公公只活到七十岁(开筠全知此事)。我们应以这个对比。我年幼、年壮时,

生活是朴素的,是苦的(在监狱过了三年多,在老区过了十多年),年老时,倒有一个好的生活了。但仍是俭省,节存下钱,办一所大学,留给后人,也培育了许多人才,为人类尽到义务,心也宽了。以钱财留给子孙,是害了子孙,使子孙有依赖之心,养成贪图享受之罪,是不可以的(我培养子孙,花些钱上学,倒是可以的)。关于钱的问题,为人处世的问题,大致是如此。也就是道德问题。敢于相信"饿死事小,失节事大"的人,她(他)就不会饿死,她反得到了世人的奉养,以至长寿健康。智慧的培养,也从德育中来,有些投机取巧、盗窃别人研究成果的人,终是会失败的,在智慧中,没有天才,而是要抱负"铁杆磨绣针,功到自然成"的精神。教子孙要严肃,也要天机活泼(不是投机取巧的活泼)。要子孙守规律(社会的规律、即为人处世的规律),立志为人类谋幸福,要有大的抱负,为国为民,不要单为自己。有了大的抱负,则这些智慧是为人民的,为人类谋幸福的,而不是为营私自利的。"生于忧患,死于安乐"这是一个为人处世的规律。也就是"居安思危"的规律,在日常生活上,时常要如此。否则祸害随时来袭,自己则会缺乏精神的准备,容易受害。晚上睡觉时,都要成为习惯的,查查窗户、门扇是否拴好?也即"居安思危"的意义。这也是一个自卫的规律。人,不可"宴安沉毒",日常生活,要研究怎样过得经济,过得合于健康,但不可过于讲究(即沉毒于小生活之中),专力搞生活,忽略了大的志气。古人说:"养其大体为大人,养其小体为小人。"(小体即是私生活)应该是常有大的抱负,养其大体成为伟大的人物。所以古人说:"宴安,沉毒,不可怀也。"小孩们的教育培养,要仔细、要严肃、要以身作则。健康的锻炼,每天都应有,操劳家务,也是一种健康锻炼。劳动是健康的源泉,好逸恶劳,是致病的总因。我担心小孙们的科学学好了,体质搞坏了,这就再大的学问,也就没有用了。健康是一种人生美德,光明磊落,则心情愉快,可以除病长寿。阴暗丧沮,则是败德之象,亦致病总因(癌症多由此而来)。小孩习惯于怄气,仍是致病之一因。应该养成天机活泼(而不是投机取巧),蓬勃健壮。我在九疑山做成三件大事,留给后人。创办一所大学,培养人才。将山林养好,使人民受其利益。建筑一个纪念虞舜的庙宇,以崇人间的道德,以垂后世。有机会盼你们回老家去景仰一番,以培养养其大体的意志,勉励你们的前途。乐天宇

3月1日,九嶷山学院文化补习班开班,由时任湖南省政府参事、长沙高级教师刘养玄等任教。

6月23日,《北京日报》第3版刊登乐天宇《忆大钊同志二·三事》。

9月1日,九嶷山学院开学,招收文史系、农林系、医学系100多名新生,九嶷山学院校训:贵自学、敦品德、勤琢磨、爱劳动,乐天宇教授任董事长、院长。

9月2日,《文汇报》第2版刊登《乐天宇教授主动赴山区办学》。

9月,北京市常委会文史资料委员会《文史资料选编第十一辑》由北京出版社出版,其中1～44页刊登乐天宇口述、赵庚奇、梁湘汉整理《我所知道的北京地委早期革命活动》。

12月13日,全国政协副主席萧克上将,在有关领导的陪同下,专程上九嶷山看望在此办学的乐天宇教授及九嶷山学院的全体师生,给师生们作报告,并题写校名。

• 1982年

9月,中国人民政治协商会议河北省委员会文史资料研究委员会编《河北文史资料选辑 第8辑》由河北人民出版社出版,其中84～108页收入乐天宇《大革命时期张家口地区革命活动的回忆》。

10月,乐天宇在九嶷山学院组织祖国四大优良科学传统座谈会。

12月,乐天宇、花慎良、于系民《小气候的改善与管理》由农业出版社出版。

• 1983年

4月,乐天宇《关于毛主席〈七律·答友人〉的通信》刊于《信阳师范学院学报(哲学社会科学版)》1983年第1期35页。

12月5日,乐天宇、胡传机完成《生态系统经济学初论》(15页)。

是年冬,乐天宇终因长期艰苦生活和超负荷的工作,积劳成疾住院。

• 1984年

3月,乐天宇回到九嶷山学院,继续工作。

7月15日,乐天宇因患脑出血在湖南宁远病逝,终年84岁。乐天宇与第一任妻子张氏(1920年左右去世)生有一女乐开均(乐开筠、2009年去世);

与第二任妻子唐雍献（衡阳人，毕业于湖南省立衡阳第三女子师范学校，1978年去世）生有子女五人，分别为长子乐燕生、次女乐雁生（1968年去世）、三女乐豫生、四女乐瑾玖（乐汴生）、五女乐湘生；第三任妻子徐纬英（2009年2月6日去世）。乐天宇部分骨灰安放于北京八宝山革命公墓，部分骨灰撒在九嶷山。

8月15日，乐天宇同志治丧办公室《乐天宇同志生平》印发。乐天宇同志是中国共产党优秀党员、忠诚的共产主义战士，是农林战线上著名的科学家（一级研究员）和教育家。乐天宇同志一九〇〇年一月二十日生于湖南省宁远县麻池塘村。一九一六年考入长沙第一中学，参加了当时毛泽东同志领导的驱汤（乡铭）驱张（敬尧）等进步运动。一九二〇年考入北平农业大学，参加了社会主义研究小组。一九二二年加入中国社会主义青年团（后改为共产主义青年团），担任农大团支部书记，在课余期间，研究工农运动并到北平西郊作农运工作，在"沙基惨案""五卅惨案"发生后，组织过西郊农民参加声势浩大的反帝爱国的天安门大会和示威游行。一九二五年秋，在中共北方局党校学习，后担任北京西部区委书记。一九二六年春曾领导西部区工人、农民、学生等参加"三一八"运动，后被通缉，转移到张家口做农运、学运工作。一九二七年土地革命时期，党组织派乐天宇同志到湖南省宁远县特支领导农民运动，选为县农协委员长。"马日事变"后被捕。一九三〇年七月红军攻打长沙后被营救出狱，曾担任中国工农红军二方面军红军日报记者。一九三一年一月到河南大学农学院任教，后在河南第五区农林局工作，期间曾为爱国将领吉鸿昌介绍去许多进步青年。一九三五年在湖南衡阳船山农校任教，一九三六年到陕西省林务局任技术科长，积极寻找组织。一九三七年，通过八路军驻西安办事处与党组织取得联系。一九三八年组织上派他在西安做统战工作，后调往延安。一九三九年后任延安自然科学研究院农科主任（后生物系主任）并兼任陕甘宁边区林务局局长，他曾考察边区各县的林业，参与开发南泥湾等地的具体规划工作，后任延安生物研究所所长，积极从事边区农林方面的教育和科研工作。在解放战争时期，一九四六年任北方大学和华北大学农学院院长。一九四九年九月作为全国第一次自然科学工作者代表大会筹备委员会代表出席了中国人民政治协商会议第一届全体会议。一九四九年十月新中国成立后，任北京农业大学校务委员会主任兼党支部书记。一九五一年任中国科学院遗传选种实验馆馆长，华南热带作物科学研究所筹备委员会副主任，中华全国自然科学专门学会联合会常务委员。一九五四年任中国林业科学研究院一级研究员。期间，曾任第四届全国政协委员、中国林学会第三届副理事长。乐天宇同志热爱社会主义祖国，关心祖国绿化，一九八〇年回家乡考察，向地方政府倡议，成立了九疑山泪竹自然保护区。他热爱党的教育事业，晚年还在家乡自费创办九疑山学院，积极为"四化"建设培养人才。乐天宇同志在九疑山办学期间，因积劳成疾，突患脑出血，经抢救无效，于一九八四年七月十五日凌晨在湖南省宁远县不幸逝世，终年八十四岁。乐天宇同志是我党的一位老党员、老同志，也是我国农林方面著名的科学家，他在长期的教育和科学研究活动中为党在农林方面培养了大批人才；他在科学上，造诣较深，著有《陕甘宁盆地植物志》《植物生态型学》《植物生态学》《杨树选种学》等，他的研究成果得到学术界的重视，对我国农林教育和科学事业做出了重要贡献。乐天宇同志的一生是革命的一生，他坚信共产主义，为共产主义事业的实现，奋勇向前。他在革命的征途中历经坎坷，早在敌人的白色恐怖下坐过牢，受尽敌人的严刑拷打，在"文化大革命"中，受过林彪、"四人帮"反革命集团的严重迫害，在受迫害时仍坚信党、依靠党。粉碎"四人帮"后他得到了平反，恢复了名誉。乐天宇同志拥护党的十一届全会以来的路线、方针、政策，坚持四项基本原则，兢兢业业，勤勤恳恳，认真负责，艰苦朴素，为社会主义革命和社会主义建设献出了毕生的精力和宝贵生命。乐天宇同志的逝世，使我们党失去了一位老党员、老科学家、老教育家，是农林教育和科学事业上的一大损失。乐天宇同志为人民服务的精神，值得我们学习，他为党为人民所作的业绩，值得我们永远怀念。乐天宇同志治丧办公室 一九八四年八月十五日

8月23日，《人民日报》第2版刊登《乐天宇骨灰安放仪式在京举行》。新华社北京8月21日电 中国共产党优秀党员、忠诚的共产主义战士、我国农林战线上著名的科学家和教育家、中国林业科学研究院一级研究员乐天宇，因患脑出血，抢救无效，于1984年7月15日在湖南省宁远县不幸逝世，终年八十四岁。乐天宇同志的骨灰安放仪式今天下午在北京八宝山革命公墓礼堂举行。乌兰夫、王震、萧克等送了花圈。全国政协、中央办公厅、中央组织部、教育部、林业部、农牧渔业部和中共湖南省委等也送了花圈。乐天宇同志是中国共产党的一位老党员，他1920年考入北平农业大学，1922年加入中国社会主义青年团（后改为共产主义青年团），1924年转为中国共产党党员。新中国成立前，乐天宇同

志曾任中共北平西郊区书记、延安自然科学研究院农科主任、北方大学和华北大学农学院院长等职。新中国成立后，他曾任北京农业大学校务委员会主任委员兼党总支书记、中华全国自然科学专门学会联合会常务委员、第四届全国政协委员、中国林学会第三届副理事长等职。乐天宇同志是我国农林方面著名的科学家，他在长期的教育和科学研究活动中为党在农林方面培养了大批人才、他在科学上，造诣较深，著有《陕甘宁盆地植物志》《植物生态型学》《植物生态学》等，他的研究成果得到学术界的重视，对我国农林教育和科学事业做出了重要贡献。

● 1985 年

6 月，乐天宇《何孟雄烈士早期革命事迹》刊于《湖南党史通讯》1985 年第 6 期 30~32 页。

7 月，九嶷山学院第一届毕业生顺利毕业之际，全国各地用人单位闻讯纷纷来学院索要毕业生。中共韶关市委、市政府办公室发文安排了 61 名中文、医学、农林生物专业的同学到韶关工作。

7 月 15 日，中共宁远县委、县人大常委、县政府、县政协联合召开学习乐天宇同志革命精神座谈会。

7 月，乐天宇同志治丧办公室《乐天宇教授晚年》由中国人民政治协商会议宁远县委员会刊印。

7 月，乐天宇、胡传机《生态系统经济学初论》刊于《武汉大学学报：哲社版（武汉）》1985 年第 4 期 21~26 页。

● 1986 年

1 月，中共临澧县委编《怀念林伯渠同志》由湖南人民出版社出版，其中 228~230 收入乐天宇《我对林老在西安的回忆》。

8 月，中共宁远县和党史资料征集办公室编《宁远党史资料选辑 第 1 辑》刊印，其中 60~63 页收入乐天宇《大革命时期宁远的农民运动》。

● 1987 年

4 月 2 日，萧克将军在京召见九嶷山学院院领导，动情地说：乐老八十高龄

在九嶷山办学精神可贵，我们支持乐老办学，赞助九嶷山学院，一是发掘九嶷山地区的历史文物；二是提高五岭地区群众的科学文化水平。学院的教学质量不能降低，学生要经过严格的考试入学，毕业要达到大专水平。萧克将军的一席话，也点出了乐天宇教授办学真谛是为了开发九嶷山地区悠久历史文化资源，特别是帝舜文化，为了提高当地群众的科学文化水平。

- **1988 年**

12 月，苏吉生《乐天宇先生传略》刊于《零陵师专学报》1988 年第 4 期 24～26 页。

- **1989 年**

8 月，金善宝主编《中国现代农学家传 第 2 卷》，其中 89～100 页载《农学家乐天宇》。

- **1990 年**

9 月，中国林业人名词典编辑委员会《中国林业人名词典》（中国林业出版社出版）著录乐天宇[1]：乐天宇（1900—1984 年），林学家。湖南宁远人。1924 年加入中国社会主义青年团，1924 年转入中国共产党。1925 年毕业于北平农业大学，曾任延安自然科学研究院农科主任，延安自然科学研究院生物研究所所长，北方大学农学院院长，华北大学农学院院长。中华人民共和国成立后，历任北京农业大学校务委员会主任委员兼中共北京农业大学校委会党总支书记，中国科学院遗传育种实验馆馆长，中国林业科学研究院研究员，是中华全国自然科学专门学会联合会专门委员，第三届全国政协委员，中国林学会第三届副理事长。与徐纬英合著有《陕甘宁盆地植物志》，著有《植物生态型学》《植物生态学》。

- **1991 年**

5 月，徐友春主编《民国人物大辞典》由河北人民出版社出版，收录有关人物 12000 余人。《民国人物大辞典（下）》第 2414 页收录乐天宇：乐天宇（1900—1984 年），湖南宁远人，1900 年（清光绪二十六年）生。早年，就读于

---

[1] 中国林业人名词典编辑委员会. 中国林业人名词典 [M]. 北京：中国林业出版社，1990：61.

北京农业大学。1922年，加入中国社会主义青年团。1924年，转入中国共产党。曾任中共北平西郊区委书记、延安自然科学研究院农科主任、私立北方大学和私立华北大学农学院院长。中华人民共和国成立后，历任北京大学校务委员会主任委员、中国林业科学院研究员、中华全国自然科学专门学会联合会常委、中国林学会副理事长、全国政协委员。1984年7月15日，病逝于湖南，终年84岁。著有《陕甘宁盆地植物》《植物生态学》等。

6月，中共北京市委党史研究室编《北京革命史回忆录 第1辑》由北京出版社出版，其中364～366页收入《乐天宇同志的回忆》。

1996年

1月，中国科学技术协会编《中国科学技术专家传略：农学编：综合卷（一）》由中国科学技术出版社出版。其中收录张謇、许璇、李仪祉、过探先、邹秉文、钱天鹤、赵连芳、辛树帜、沈宗瀚、张心一、陈翰笙、陈凤桐、万国鼎、乔启明、汪厥明、须恺、莫定森、张德粹、乐天宇、李世俊、张克威、吕炯、杨显东、沙玉清、王毓瑚、石声汉、王鹤亭、粟宗嵩、张季高、余友泰、李翰如、王万钧、曾德超、陶鼎来、陈秉聪等35位。

1997年

9月，赵海洲《发现南泥湾的前前后后》刊于《世纪》1997年第5期28～31页。

2000年

4月，罗仲全编著《中共一大代表李汉俊》由四川人民出版社出版，其中151～152页收入乐天宇《我所了解的李汉俊同志的情况》。

8月，肖舟《发现南泥湾的前前后后》刊于《党史文苑》2000年第4期34～37页。

2002年

3月，湖南省炎陵县档案史志局编《统一战线的忠诚战士郭春涛》由团结出版社出版，其中108～111页收入乐天宇《忆和郭春涛共同战斗的岁月》。

6月，在北京人民大会堂，全国民办高等教育委员会主任刘培植亲手向九嶷山学院负责人授予"新中国第一所民办大学"的牌匾。

8月，湖南省教育厅发文，同意九嶷山、冷水滩两分院合并，并冠名湖南九嶷山专修学院。

2004 年

2月，徐纬英《我丈夫发现了南泥湾》刊于《中国老区建设》2004年第2期40～41页。曹晖《为了周总理的嘱托——乐天宇的妻子徐纬英其人》刊于42页。

2005 年

6月，湖南省政府正式批复永州市人民政府，同意在原专修学院的基础上建立湖南九嶷山职业技术学院，纳入普通高等学校序列。

8月，许增华主编《百年人物 1905—2005》（中国农业大学百年校庆丛书）出版，其中第194页收入乐天宇。乐天宇（Le Tianyu），原名天燏、天愚，又名天遇，湖南省宁远县人。生于1900年1月20日，卒于1984年7月15日，享年84岁。中国共产党的优秀党员，忠诚的共产主义战士，无产阶级革命家，农林科学家、教育家，中国农民运动的先驱者之一。乐天宇于1920年考入北京农业专门学校林学科，此间成为共产主义运动的积极追随者。他与杨开智、蒋文成立了三人"社会主义研究小组"。1922年，本校第一个青年团支部建立，他担任第一任团支部书记。1924年1月，全体团员转为中国共产党党员，青年团支部被批准转为党支部，他担任第一任党支部书记。1925年，他于北京农业大学毕业后，曾任中共北京西郊区委书记，是爱国运动的中坚者之一。1939年，延安自然科学研究院成立，他被任命为农业科主任兼陕甘宁边区林务局局长。1947年3月，他担任北方大学农学院院长。1948年11月，北方大学农学院改为华北大学农学院，他仍担任院长。1949年12月，他出任北京农业大学校务委员会主任委员兼党总支书记。1951年3月被调往中国科学院工作。1954年调任中国林业科学研究院研究员、一级研究员。1981年，他创办了全国第一所民办公助、自费上学、不包分配的新型大学湖南九嶷山学院，亲任院长。此外，他还曾兼任一些社会与学术职务。乐天宇在本校早期创建社会主义研究小组、第一个青年团支部和第一个党支部过程中,起着举足轻重的作用。上述组织的建立,标志着马克思主义在本校开始传播。在创建革命组织、发动并领导学生运动与农民运动的工作中,他作为主要组织者发挥了很大的作用,表现颇为出色,做出了不可磨灭的功绩。乐天宇在延安工作期间,为开发解放区的农林业,为创办解放区的农业教育,做出了历史性贡献。他在北方大学农学院和华北大学农学院任职期间,为革命根据地农林科技人才的培养做出了重要贡献。在办学方面,形成了独具特色的教育体制、教育制度与教育方法。乐天宇在担任北京农业大学校务委员会主任委员兼党总支书记期间,继续发扬延安精神和华北大学农学院的优良作风,其领导思想、教育理念、学术观点与工作作风,曾对本校乃至全国教育界、学术界都产生过很大的影响。其间曾发生著名群体遗传学家、人类遗传学家,原北京大学农学院教授兼农艺学系主任李景均因被停开了所讲"遗传学"等课程而被迫出走所引发的震惊中央、震惊全国的"农大事件",在本校、在社会上引起极大震动,学校教学秩序一度被打乱。中央派出调查组,提出对"农大事件"的处理意见。乐天宇作为革命家、科学家、教育家,其一生既有辉煌、有灿烂,也有坎坷、有失落;既有卓越功绩,也有严重错误。但是,无论是在何种情况下,他都坚信党、依靠党。他在农林科学方面有较深的造诣。(刘建平执笔)

9月,曾松亭《毛泽东的九嶷山友人乐天宇》由东方出版社出版。

2007年

9月,中国农业大学档案与校史馆编《农大英烈》由中国农业大学出版社出版,其中90～92页收入乐天宇《反帝反封建的革命运动在京郊(1959年)摘抄》、乐天宇口述《我所知道的中共北京地委早期的革命活动(摘抄)》。

2009年

8月,张藜、郑丹《我们在中宣部科学处黄青禾、黄舜娥先生访谈录》刊于《科学文化评论》2009年第6卷第4期65～85页。

2月6日,我国林木遗传育种的奠基人与开拓者之一、杨树及油橄榄专家徐纬英研究员辞世,享年93岁。徐纬英,原名徐伟英。1916年出生于江苏金坛,1939年加入中国共产党,1940—1946年先后在延安自然科学院、华北大学农学院从事农业技术研究和生物科学教学工作。中华人民共和国成立后,历任北京农

业大学副教务长、教授，中国林业科学研究院林业研究所副所长、院分党组成员，中国林学会第二、三届常务理事，中国林学会遗传育种专业委员会第一届主任委员，国际杨树委员会第十七届执委。是我国林木遗传改良研究的开创者之一，杨树育种、油橄榄引种的奠基人。1979年获全国三八红旗手称号。主持培育的合作杨、群众杨、北京杨等优良品种，成为中国北方地区防护林、杨树丰产林的主栽品种，先后获得全国科学大会奖和国家科技发明二等奖。主编《杨树》《杨树选种学》。

● 2010年

1月22日，《人民日报》海外版第7版刊登李时平《萧克与新中国首所民办大学》。文中称：九嶷山学院是新中国成立后北京农业大学第一任校长乐天宇教授在20世纪80年代初回湘南山区创办，当时被誉为"80年代的抗大"。学院在极其困难的条件下，为祖国培养了大批人才，这其中也凝聚着萧克将军的一片心血。

5月，湖南九嶷山专修学院由民办转为公办，并与湖南潇湘技师学院合并，归湖南省教育厅和永州市人民政府共管，实行两块牌子一套人马。至此，九嶷山学院，走完民办学院的历程而归顺公办。

9月1日，《中国绿色时报》第4版刊登王希群、王占勤、王治明、李润强《中国共产党创建的第一所林业专门学校》。

● 2011年

11月，薛攀皋《科苑前尘往事》出版，其中收入《"乐天宇事件"与"胡先骕事件"》《"百花齐放，百家争鸣"方针救了植物学家胡先骕》。该书立足于大量的第一手资料，介绍了当代中国历史上发生的若干重大科学事件，以期缕析历史事实、揭示内幕并总结经验教训；此外，作者还针对科学史研究中某些流行的错误论断或模糊观点进行了考证研究，力求给出有说服力的新结论。薛攀皋，1927年生于福建省福清县，1951年毕业于福州大学生物系，同年分配到中国科学院院部，从事生物学科研组织管理工作，直至退休，退休前为研究员级高级工程师，曾任中国科学院生物学部副主任。退休后从事中国现代科学史，尤其是生物学史的研究，在《中国科技史杂志》《自然辩证法通讯》《炎黄春秋》《中国科学院院刊》《科技中国》等刊物上发表文章数十篇，主编有"当代中国"丛书之《中国科学院·第五编》《国外生物技术研究与开发工作进展》《中国生物技术机构和人员名录》等。

● **2012 年**

1 月，曾松亭《毛泽东的九嶷山友人乐天宇》由东方出版社再版。

3 月，江心、王希群、郭保香、胡涌、刘长海《陕甘宁边区林业发展史研究（1937—1950）》刊于《北京林业大学学报（社会科学版）》2012 年第 1 期 1～24 页。

3 月，乐天宇《陕甘宁边区森林考察团报告书（1940 年）》刊于《北京林业大学学报（社会科学版）》2012 年第 1 期 25～34 页。

● **2014 年**

7 月，刘国能《毛泽东称他"九嶷山人"（上）——乐天宇仙逝 30 周年祭》刊于《档案时空》2014 年第 7 期 11～14 页。

9 月，刘国能《毛泽东称他"九嶷山人"（下）——乐天宇仙逝 30 周年祭》刊于《档案时空》2014 年第 9 期 18～21 页。

10 月 16 日，乐天宇纪念馆布展开工仪式在宁远县九嶷山学院内举行，宁远县人民政府和县委宣传部分管领导、九嶷山乡人民政府代表及乐天宇后裔参加开工仪式，仪式简洁，气氛热烈。展览馆面积约 600 平方米，以"革命先驱，农林功臣，育才老骥"为主题，分别设立四个分馆即乐天宇生平陈列馆、生平事迹影视馆、乐天宇书画纪念馆和九嶷山学院校史馆。其中乐天宇生平陈列馆分"序言""少年立志、学运先驱""农运领袖、投身革命""奔赴延安、农业救国""科教楷模、农林兴国""情系九嶷、老骥育才""缅怀先贤、共襄复兴"七个篇章，以乐天宇人生成长经历和伟大革命精神为陈列展示主线，尽可能客观、真实地展示乐天宇的成长历程和历史功绩，以及乐天宇之所以成为我国早期杰出的无产阶级革命家、农林科学家、教育家和毛泽东的好朋友的历史背景，全面展现在新中国成立建国初期和改革开放初期的一位不能被人们忘记的历史人物，一位颇具建树的湘籍早期革命家，农林科学家和教育家，以缅怀先人、教育当代、启育后代。

2016 年

1 月，乐天宇纪念馆开馆。

5 月，《乐天宇发现南泥湾》刊于北京《百年潮》2016 年第 5 期 79 页。

2018 年

2 月，边际《谁发现了南泥湾》刊于《党史纵览》2018 年第 2 期 53～54 页。

2019 年

1 月 6 日，湖南省宁远县委、县政府举办大型纪录片《人民教育家乐天宇》启动仪式活动。

吴中伦年谱

吴中伦（自中国林业科学研究院）

吴中伦年谱

● 1913 年（民国二年）

8 月 29 日，吴中伦（吴仲伦，Wu Chung-Lwen，Wu Zhonglun，C. L. Wu），字季次（曾用名吴季次），出生在浙江省诸暨县枫桥镇东畈村，从小就随父农作，5 岁丧母，11 岁丧父，家庭背景祖上实际是一个没落地主。吴中伦兄弟姐妹共七人，四男三女，四男吴中（？）、吴中声、吴中量、吴中伦。二哥吴中声，民国期间曾担任浙江诸暨枫桥镇全堂乡乡长，1952 年被管制。三哥吴中量，毕业于江苏省立第一造林场林业专修班，曾任江苏省植树造林专员。中华人民共和国成立后，曾到武汉大学农学院森林系工作，任磨山林场场长（1935 年武汉大学在东湖磨山一带购置了 5000 多亩*农田果园和林场，其中磨山林场 2334 亩，1952 年归华中农学院农场管理委员会，1954 年移交给东湖风景区），1952 年 10 月院系调整后任华中农学院森林系讲师（和陈植先生一个教研室），1955 年 7 月带学生到庐山实习，8 月突发疾病在庐山去世。曾撰写《果树夏季的修枝》《果园更新法》《西南公路植树问题之商讨》《水仙风信子及郁金香等的栽培法》《清明植树节的我见》《美国植树节的概况》。陈植在《观赏树木学》自序中写道："在属稿及付印中，承陈师宗及陈封怀、俞德俊、侯宽昭、吴中量诸先生惠予指教，或俯赐审阅，均所心感，并致谢意"。同年 9 月华中农学院森林系并入南京林学院后，南京林学院照顾其爱人方庆云（1911—2005 年）在南林印刷厂从事发行工作，至退休。

3 月，中华森林会在南京创办季刊《森林》杂志，由中华森林会学艺部编辑发行。《森林》创刊号 1921 年 3 月出版，为第 1 卷第 1 号。创刊号共设 6 个专栏：一、图画，刊登 2 则消息；二、论说，刊登 3 篇文章；三、评述，刊登 5 篇文章；四、专著，刊登 4 篇文章；五、调查，刊登 4 篇文章；六、世界林业信息，刊登 7 则消息。共 108 页，由济南启明印刷社印刷。在《森林》创刊号刊登了中华森林会理事长凌道扬的两篇文章，一是论说专栏《振兴林业为中国今日之急务》，一是专著专栏《森林与旱灾之关系》，这两篇文章在凌道扬林学思想中都占有重要的地位。

5 月，《天坛林艺试验场森林苗圃图》刊于《农林公报》第 2 卷 第 14 期 3 页。

● 1925 年（民国十四年）

是年，吴中伦父亲去世后，随家人到上海私营华南农场当练习生（学徒工），

---

* 1 亩 =1/15 公顷（hm^2）。

由此对园艺和林木产生浓厚兴趣。

1930 年（民国十九年）

4 月，W.C.Cheng（郑万钧）"*A Study of The Chinese Pines*"《中国松属之研究》刊于《中国科学社生物研究所论文集》1930 年第 6 卷第 2 期 5～21 页。

9 月，吴中伦入杭州笕桥浙江大学农学院高级农业职业中学学农艺。

1932 年（民国二十一年）

2 月 25 日，吴中伦《浙江农学院植物园的过去和将来》刊于《国立浙江大学校刊》。国立第三中山大学劳农学院（浙江大学农学院）植物园是我国植物学开拓者钟观光创立的全国第一所植物园，是中国大陆第一个按照植物分类系统排列的现代植物园，始建于 1927 年 8 月，1929 年正式建成称国立浙江大学农学院植物园，由于植物园的地点设在杭州市郊的笕桥，故农学院植物园又称笕桥植物园。

1933 年（民国二十二年）

7 月，吴中伦从浙江大学农学院高级农业职业中学毕业，到中国科学社生物研究所当练习生，每月薪水 30 元。

是年秋，吴中伦跟随郑万钧到安徽黄山采集制作大量标本，事后写成《黄山植物采集记》，在《中央时事周报》连载发表。

1934 年（民国二十三年）

是年春，中央大学农学院林科主任张福延教授得知国民政府因班洪事件，将派遣一个中缅边境考察团，前往中缅边境勘察，代表团由参谋本部任命一位李参谋，外交部任命周汉章组织大地测量员和医务人员若干人参与。张福延是云南剑川人，得此消息，建议利用这一机会派科学工作者一同前往，调查云南自然资源并采集植物标本，建议被采纳，决定由中央大学和中国科学社生物研究所各派一人参加。中央大学委派农学院林科助教陈谋前往，中国科学社生物研究所派年轻的练习生吴中伦同行。陈谋、吴中伦 2 人于 1934 年 6 月 29 日抵达河口，然后到达昆明，由云南省教育厅派遣严发春等人协助，从昆明出发，在楚雄、大理（陈氏在此患病）、宾川、蒙化（今巍山）、漾濞、永昌（今保山）、龙陵、芒市（今潞西）、遮放坝（今属畹町市）、镇康、孟定（今属耿马县）、佛海（今勐海）、车里（今景洪）、峨山、呈贡各地采集；尔后于1935年5—6月间返回昆明，采获标本3000余号。陈谋在采集途中病故，但吴所采标本均用陈氏名字记载。这些标本一部分存放于中国科学社生物研究所，在抗日战争期间，该所标本馆被炸毁，其他一部分标本则保存在中央大学农学院森林系和云南农业学校（后转到中国科学院昆明植物研究所）（唇形科）等。陈谋（1903—1935年），字尊三，浙江诸暨人，植物学家，原中央大学农学院森林系助教，中国近代史上最早一批植物标本采集家之一。1934年在我滇缅边境南段班洪地区发生班洪事件，由外交部派周汉章为云南边地调查专员来云南调查，陈谋与中国科学社生物研究所吴中伦合组植物采集队随该调查团于同年6月10日由南京出发，7月1日抵昆明，因奔波劳累，久病成疾，1935年4月27日由普洱到墨江途中距县城约十余华里之处，年仅32岁的陈谋先生不幸与世长辞。陈谋与赵兰亭育有三个女儿，其中三女儿名陈紫惠。为纪念陈谋先生的突出贡献，民国25年（1936年）中央大学耿以礼教授将陈在云南所采的禾本科新植物定名为陈谋野古草（*Arundinella chenii* Keng）；同年，中央大学郑万钧教授将陈在云南宾川所采的椴树科和卫矛科新植物分别定名为陈谋椴、鸡山椴（*Tilia chenmouri* Cheng）和陈谋卫矛（*Euonymu chenmouri* Cheng）。1961年中国科学院植物研究所唐进、汪发缵教授将陈谋在云南大理采的莎草科的新植物定名为陈谋草（*Scirpus chenmouri* T.Tang et F.T.Wang）。1966年南京药学院孙雄才、南京药物研究所胡俊镤将陈在云南巍山所采的唇形科新植物定名为陈谋香茶草（*Plectranthus chenmouri* Sun ex C.H.Hu）。

4月，吴中伦《黄山采集记》刊于《中央时事周报》1934年第3卷第13期18~19页。

4月，吴中伦《黄山采集记（二）》刊于《中央时事周报》1934年第3卷第14期17~18页。

4月，吴中伦《黄山采集记（三）》刊于《中央时事周报》1934年第3卷第15期11~12页。

4月，吴中伦《黄山采集记（四）》刊于《中央时事周报》1934年第3卷第16期17~18页。

5月，吴中伦《黄山采集记（五）》刊于《中央时事周报》1934年第3卷第17期20～22页。

5月，吴中伦《黄山采集记（六）》刊于《中央时事周报》1934年第3卷第18期17～18页。

5月，吴中伦《黄山采集记（完）》刊于《中央时事周报》1934年第3卷第19期13～14页。

● **1935年（民国二十四年）**

8月，吴中伦在安徽黄山采集植物标本。

● **1936年（民国二十五年）**

9月，吴中伦考入金陵大学农学院植物系，同时仍在中国科学社生物研究所继续工作。

是年，陈嵘编写金陵大学讲义《森林地理》。

● **1937年（民国二十六年）**

9月，吴中伦转至金陵大学农学院森林系学习。

10月，郑万钧、吴中伦《经济树木与国防》刊于《科学》1937年第21卷第9/10期683～692页。

● **1938年（民国二十七年）**

4月，吴中伦《两峨森林初步观察》刊于《农林新报》"The Bulletin of Agriculture and Forestry, Bull. Agr. & For." 1938年第15卷第27期16～20页。

6月，吴中伦《两峨森林初步观察（续）》刊于《农林新报》1938年第15卷第28～29期41～45页。

8月，吴中伦在四川峨眉山等地采集植物标本。

● **1939年（民国二十八年）**

3月，吴中伦《两峨森林初步观察（续十五卷廿八、九期）》刊于《农林新报》1939年第16卷第3～5期30～44页。

7月，吴中伦《成都市木本植物之初步调查》刊于《农林新报》1939年第16卷第17～19期22～30页。

● 1940年（民国二十九年）

8月，吴中伦在四川宝兴等地采集植物标本。

是年冬，吴中伦毕业于金陵大学森林系，先留校任教，不久被农林部林业测勘团邀请参加该团工作。

● 1941年（民国三十年）

1月，周映昌、顾谦吉《中国的森林》（文史丛书之二十七）由商务印书馆出版。

3月，吴中伦《青衣江流域之森林》刊于《农林新报》第7、8、9期14～38页。青衣江又称雅河，古称大渡水、沫水、平羌江。因流经古代青衣羌国和青衣县（今名山县和芦山县境），故名。大渡河支流，在四川省中部。上源由宝兴河、天全河、荥经河三河组成。宝兴河发源于宝兴县东北巴朗山南麓，流至芦山县芦阳镇南纳芦山河，至飞仙关纳天全河后始称青衣江。东南流经雅安、洪雅、夹江等市县，在洪雅县纳花溪河，到乐山市草鞋渡入大渡河，长276千米，流域面积1.2万平方千米。

8月，吴中伦到西康天宝采集植物标本。

10月，《中华林学会会员录》刊载：吴中伦为中华林学会会员。

10月，吴中伦《青衣江流域之森林》刊于《全国农林试验研究报告辑要》1941第1卷第5期136页。

是年，吴中伦《青衣江流域之森林》（金大农院森林资源丛书）刊印。

● 1942年（民国三十一年）

是年春，吴中伦到重庆，在成都时曾到岷江至岷江上游孟屯沟调查森林，此次调查与黄炎培、傅焕光同行，吴中伦称获益匪浅。

3月，傅焕光被任命为国民政府农林部水土保持实验区主任，辗转5个月。8月，他在甘肃省天水开办农林部水土保持实验区。之后陆续招聘了叶培忠、蒋德麒、黄希周、张绍钫、张德常、吴敬立、徐学训、魏章根、吴中伦、董新民、

吕本顺、闫文光、薛志忠和若干助理技术人员组成技术班子。还聘请任承统、牛春山、袁义生、袁义田等指导协助工作。

7月，吴中伦在四川理县采集植物标本。

12月，傅焕光带领吴敬立、吴中伦、吕本顺等进行小陇山林区调查，历时1个月，完成《小陇山林区勘察报告及初步管理办法》《小陇山林场土地经营计划草案》。文中建议将小陇山林区划归天水水土保持实验区作为水源林保护试验区。

● 1943年（民国三十二年）

4月，吴中伦由甘肃天水回到重庆，任重庆山洞建川煤矿公司技术员，从事采种育苗和抚育改造次生林等工作。

5月，吴中伦《青衣江流域之森林》刊于《康导月刊》1943年第5期6～88页。

8月，吴中伦任中央大学树木园技术员，为农林部林业测勘团编写杉木考察报告，从事采种育苗和抚育改造次生林等工作，至1945年。

● 1944年（民国三十三年）

1月，吴中伦《西北棉蚜虫冬季寄主之发现》刊于《农业推广通讯》1944年第6卷第1期65页。

2月，吴中伦《西北棉蚜冬季寄主之发现》刊于《全国农林试验研究报告辑要》1944年第4卷第1、2期12页。

8月，吴中伦参加清华第六届留美公费生考试和英国庚款留英公费考试，均被录取。

9月2日，周映昌、邓叔群《甘肃森林现况之观察及今后林业推进之方针》刊于《农林新报》1944年第21卷第25～30期合刊21～22页。

12月，吴中伦《川康天然林之重要性》刊于《川康建设》1944年第1卷第5～6期22～45页。

● 1945年（民国三十四年）

是年春，吴中伦任云南大学农学院植物学讲师。

7月，周映昌《农业调查：洮河森林现况之观测》刊于《农业推广通讯》

1945年第7卷第7期25～29页。从1944年开始，周映昌、邓叔群在洮河考察和观测森林，并系统采集植物标本，这是我国开展森林定位观测之始。

8月，吴中伦赴美国留学。当时清华大学聘请著名林学家梁希和李顺卿作为他的国内导师。出发前，梁希教授赋诗相赠《送吴中伦君赴美》："大火西流七月光，碧天无语送吴郎。定知三载归来后，苍海茫茫好种桑。"以此勉励他学成回国后为祖国发展林业效力。但因受抗日战争影响当时未能成行。直到1946年1月才取道印度加尔各答赴美。

● 1946年（民国三十五年）

1月，吴中伦到达美国在耶鲁大学进修。

4月，中央林业实验所迁至南京，位于重庆歌乐山的中央林业实验所所址改建为西南工作站。离开重庆时，所长韩安题摩崖石刻"中林峯"，意欲要求大家努力攀登中华林业科技的高峰。摩崖石刻160厘米×100厘米，石刻文字：中华民国卅五年四月 中林峯 农林部中央林业实验所所长韩安题。吴中伦生前曾多次提及此事。

● 1947年（民国三十六年）

是年夏，吴中伦在耶鲁大学J.H.卢兹（J.H.Lutz）教授指导下获得林学硕士学位。之后转到杜克大学（Duke University）在C.F.科斯琴（C.F.Korstian）教授指导下继续深造。

● 1948年（民国三十七年）

是年，吴中伦考察哈佛大学阿诺德树木园（Arnold Arboretum of Harvard University），从植物分类学家Alfred Rehder（1863—1949年）处得到松类菌根的知识和作用，后又到美国国家标本馆查阅中国裸子植物标本。

● 1949年

12月18日，中华人民共和国中央人民政府政务院总理周恩来通过北京人民广播电台，热情地向海外知识分子发出"祖国需要你们"的号召，代表新中国政府邀请散落在世界各地的海外知识分子回国参加建设。

吴中伦年谱

● 1950 年

1月，吴中伦在杜克大学通过博士答辩，获得博士学位，博士学位论文题目 "Forest Regions in China with special Reference to the Natural Distribution of Pines"《中国的森林分区——兼论松属的自然分布》，就是对中国森林地理分布规律的第一篇论述。

1月，黄河委员会研究室召开水土保持座谈会，明确提出"水土保持是黄河流域的主要工作之一"，同年成立了西北黄河工程局，组织沟壑治理查勘。

2月底，吴中伦从美国回到青岛，之后到北京中华人民共和国林垦部工作，担任工程师。

3月至9月，淮河水利工程总局组织查勘队分别查勘皖北、豫东黄泛区及淮河干支流、入海水道的基本情况，并编写详细查勘报告，吴中伦参加黄泛区考察。

8月，吴中伦《黄泛区调查报告》刊于中央人民政府林垦部编印《中国林业》1950年第1卷第3期61～85页。

9月，吴中伦在甘肃天水麦积山等地采集植物标本。

● 1951 年

2月3日，中央人民政府农垦部梁希部长主持第三次部务会议讨论中央林业实验所组织机构问题。机构被定名为"中央林业实验所"（后被改为"中央林业研究所"，简称"林业所"），并成立中央林业实验所筹备委员会。张庆孚、黄范孝分别任筹备委员会正、副主任，委员有周慧明、张楚宝、吴中伦、江福利、贺近恪5人。筹委会下设秘书处，江福利担任主任，贺近恪为副主任。秘书处下设行政、技术两组，江福利兼任行政组长，贺近恪兼任技术组长。

4月，吴中伦到海南岛考察巴西橡胶发展问题，提出在我国发展橡胶的建议，获得上级支持，编写《巴西橡胶栽培技术》一书。

是年，吴中伦与钱崇澍之二女钱南芬结婚。钱崇澍，基督教家庭，育二子德莱（字北山，后改名钱燕文，出生于1923年6月16日）、德杞（字南山，1925年3月4日生于北京）；二女南芬（1920年10月生于浙江海宁）、培芬，均毕业于复旦大学。钱崇澍弟钱崇润，育六女，归芬嫁裴鉴。

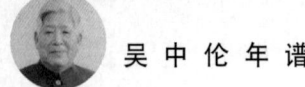
吴 中 伦 年 谱

1952 年

1月，东北人民政府作出《关于营造东北地区西部防护林带的决定》。东北防护林带东起辽东半岛和山海关，北至兴安岭以南的富裕、甘南，长1100余公里，最宽300余千米，包括60余县，受益面积约40余万平方千米。该决定是针对东北西部自然环境恶劣，生活在这里的广大农民饱受恶劣环境的困扰，每到春季，风沙袭来时，农民们就得躲避，出现"沙进人退"的局面，中共东北局副书记林枫了解情况后，组织专家经过调研，向东北人民政府提出营造西满防护林规划的建议。为了组织实施这个决定，东北人民政府农林部林政局组织林业界的专家和科技人员对东北森林的分布进行实地勘查，并委托沈阳农学院、哈尔滨农学院培训400余名调查人员。在中共各级组织和政府的领导下，在群众的努力下，这个计划逐步得以实施，对东北西部地区增加林产资源，防风固沙，改善生态环境，以至培养人才都起了重要作用。吴中伦参加了东北人民政府农林部林政局组织的东北西部防护林考察。

6月，马骥编著《中国的森林》（中国富源小丛书）由商务印书馆出版。

6月，吴中伦《怎样选择树种》刊于《中国林业》1952年第8期22~24页。

是年，吴中伦编写人民大学讲义《林学概论》。

是年，吴中伦与侯治溥等考察杜仲栽培技术，提出建立4个国营杜仲林场的建议。湖南慈利南山坪乡村民符星益屋前有一株杜仲树，1952年3月苏联林业专家贾兰迪尔前往考察鉴定，胸围4.98米，认定此树生长至少在千年以上，被誉为"世界杜仲之王"。

1953 年

6月，林业部成立森林航测队，即在黑龙江省大海林业局进行了航测和森林调查试点，黄中立参加这项具有重要意义的工作，短短几个月内就查清了这个林业局的森林资源，取得了第一手资料，精度符合要求，并编制了相片平面图和林相图，这是中国利用航空测量清查森林资源的成功尝试。

9月10日，中国林学会在林业部召开米丘林科学讨论会，郝景盛、吴中伦、张正昆、侯治溥作报告。

是年，吴中伦开始组织林业区划研究，并进行区划调查。

吴中伦年谱

• 1954 年

6月,钱崇澍、吴中伦《黄河流域的植物分布状况》刊于《地理学报》1954年20卷第3期267~278页。

12月,林业部林业区划研究组《全国林业区划草案》由林业部林业区划研究组编印,由吴中伦主持完成。《中国林业区划(草案)》是我国第一部林业区划著作,根据森林、地形、气候、人口、交通、劳动力分布等条件将全国划分为18个林区,对每个林区都简要论述了区域范围、自然因子、社会经济特点以及农、林、牧各行业应占的比重,对当时的28个省(自治区)逐一提出分区意见,以地名—地貌特征—林种予以命名,并逐一提出各区的保护、发展和利用建议。吴中伦强调,要从中国复杂的自然条件、自然地理特点和历史社会经济状况出发进行区划,找出因地制宜对策,切忌简单化、概念化。草案成为我国1983年、1987年《中国林业区划》蓝本。

• 1955 年

1月31日,周恩来、陈毅、李富春组织召开科学技术工作人员会议,动员制定十二年科学发展的远景规划。

3月,中华人民共和国林业部调查设计局航空测量调查队、苏联农业部全苏森林调查设计总局特种综合调查队编《大兴安岭森林资源调查报告(第一至八卷)》刊印。

6月,吴中伦(Wu CHUNG-LWEN)《杉木分布的初步研究》"Distribution of Cunninghamia Lanceolata"刊于《地理学报》"Acta Geographica Sinica" 1955年21卷第3期273~285页。

11月,吴中伦《我国造林业的成就》刊于《生物学通报》1955年第11期29~32页。

12月29日,中国科学院院务常务会议讨论生物学地学部提出的《中国自然区划工作进行方案》,同意组织"中国科学院自然区划工作委员会",以竺可桢为主任委员,涂长望、黄秉维为副主任委员,委员有地理、地质、气象、土壤、动物、植物等学科领域的专家,以及国家计委、农业部、林业部、水利部、地质部代表。自然区划研究,目的在于提供国家规划生产力合理分布的科学根据,它是科学院第一个五年计划期间的11项重要的自然科学研究工作之一。

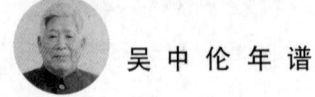

是年,吴中伦、乐天宇等在黔东南开展科学研究,把黔东南杉木划为一个独特的地理生态型,称赞那里的杉木"干条通直,材质致密,经久耐用,成为上等木材"。

是年,吴中伦等完成全国林业区划研究,著《中国林业区划草案》。

● 1956 年

1月,国务院开始编制《1956—1967年科技发展规划》(即《十二年科学技术发展规划》),由周恩来、陈毅负责组织,范长江以科学规划小组组长身份主持。

1月,吴中伦调任中央林业部林业科学研究所研究员。

1月,吴中伦《中国森林地理自然分区总论》(林业部林业科学研究所研究报告1956年营林部分)由林业部林业科学研究所刊印。

2月,吴中伦《怎样种毛竹》由中国林业出版社出版。

2月,吴中伦编《种植杉木支援国家建设》由中国林业出版社出版,该书是吴中伦在南方七省(自治区)进行杉木生长调查的总结。

2月,吴中伦《怎样植树造林》刊于《生物学通报》1956年第2期40~43页。

2月2日,《人民日报》第3版《政协第二届全国委员会第二次全体会议列席人员名单》(三、中央国家机关列席人员名单)林业部:吴中伦、陈嵘、黄范孝。

2月21日,《人民日报》报道:2月20日,全国总工会发出《关于召开全国先进生产者代表会议的通知》,其中明确规定了代表的条件:①提前完成第一个五年计划规定指标的先进生产者;②达到优等质量指标的先进生产者;③在学习与推广先进经验或在掌握先进技术试制新产品方面有成就的先进生产者;④在节约方面有优良成绩的先进生产者;⑤优秀的合理化建议者和合理化建议工作的组织者;⑥能够经常帮助达不到定额的工人提高到先进生产水平的先进生产者;⑦先进的工程技术人员和职员;⑧在工作中有优秀成绩的先进工作者(如优秀的教育工作者、科学工作者、商业工作者等);⑨先进小组、车间、企业的代表。

3月14日,国务院科学规划委员会成立,由周恩来亲自领导,陈毅、李富春、聂荣臻执行具体的组织工作。并邀请了全国600多位科学家和以拉札连柯为首的18位苏联专家参与规划的制定工作。

3月18日，毛主席在中南海听取林业部李范五、雍文涛汇报林业工作。

3月，吴中伦《把伟大祖国绿化起来》刊于《科学大众》1956年第3期98～100页。

4月，中华地理志编辑部《中国自然区划草案》（中华地理志丛刊创刊号）由科学出版社出版。

4月30日，全国先进生产者代表会议在北京体育馆开幕，全国总工会主席赖若愚主持大会，李富春致开幕词。吴中伦被评为全国劳动模范。

8月，吴中伦（Wu Chung-Lwen）《中国松属的分类与分布》"The Taxonomic Revision and Phytogeographical Study of Chinese Pines" 刊于《植物分类学报》"Acta Phytotaxonomica Sinica" 1956年第5卷第3期131～163页。该文是我国松属分类与分布研究时间较早、较完整、具有重要学术价值的专著，为我国植物地理学先驱论文之一，揭示了松属树种地理环境的多样性，弄清了分布范围，对以前松树的命名进行了若干修正。文中吴中伦将黄山松作为琉球松的变种进行了重组（*P. luehuensis* Mayr var. *huangshanensis* Wu），中文名仍为黄山松。

8月，中华人民共和国林业部森林经营局编《森林经营参考资料》由中国林业出版社出版，其中收入吴中伦《造林学讲义》。

9月19日，吴中伦、黄东森赴匈牙利参加杨树会议。

11月，吴中伦《中国的杉木》刊于《科学大众》1956年第11期498～499页。

12月，《1956—1967年科学技术发展远景规划纲要》（简称《十二年规划》）经中共中央、国务院批准执行，并在全国科技大会上将农业区划确定为108项重点科技攻关项目的第一项课题。

是年，吴中伦《中国林业区划草案：中国自然情况》由林业部造林设计局刊印。

1957年

1月，林业部林业科学研究所编译委员会编《苏联林业考察团及捷克农业科学代表团玛尚院士：考察中国林业报告集（1956年4—6月）》由林业部林业科学研究所刊印。包括前言、В.Я.考尔达诺夫《苏联造林经验和对中国林业工作的几点意见》、В.Я.考尔达诺夫《造林技术设计与干旱地区造林技术》、С.М.莫沫特《乌兹别克共和国固沙造林经验介绍》、С.М.莫沫特《乌兹别克共和国山区造林工作》、С.М.莫沫特《关于造林密度问题》、Н.Я.洛巴捷耶夫《苏联草原地区造林的经验》、Н.Я.洛巴捷耶夫《沙荒栽种松树和橡树的问题》、Н.Я.洛巴捷耶夫《对于天水水土保持林的几点意见》、Н.Я.洛巴捷耶夫《旅大市林业座谈会上的谈话》《考察团在林业部座谈会上的讲话》《考察团在我国各地考察简记》、鲍古斯拉夫·玛尚院士《捷克斯洛伐克共和国农林业生产的自然条件》《对我国林业工作的建议》。

1月17日，林业部同意中央林业部林业科学研究所成立11个研究室。植物研究室，由林刚任主任；形态解剖及生理研究室，由张伯英任主任；森林地理研究室，由吴中伦任主任；林木生态研究室，由阳含熙任主任；遗传选种研究室，由徐纬英任主任；森林土壤研究室，由阳含熙任主任；造林研究室，由侯治溥任主任；种苗研究室，由侯治溥任主任；森林经理研究室，由黄中立任主任；森林经营研究室，由王宝田任副主任；森林保护研究室，由王增思、薛楹之负责。

3月2日，吴中伦加入中国共产党。

6月28日，吴中伦在陕西秦岭采集植物标本。

7月，吴中伦在陕西秦岭、四川雅江采集大量植物标本。

8月10日，国务院科学规划委员会向林业组发布国家重要科学技术任务1957年主要项目，第47项任务名单一览表中林业组成员14人，其中林业所有2人（陈嵘、侯治溥）；研究负责人17人，其中林业所9人（阳含熙、张伯英、王兆凤、吴中伦、徐纬英、黄中立、王宝田、王增思、薛楹之）。

• 1958 年

1月，吴中伦（森林地理研究室）《中国森林地理自然分区总论》（林业部林业科学研究所研究报告1956年营林部分）由林业部林业科学研究所刊印。

1月，吴中伦《日本提高木材生产量的措施》刊于《林业科技通讯》1958年第2期9页。

5月，吴中伦《栽树有哪些好处》刊于《安徽林业》1958年第5期23～25页。

5月，《全国农业发展纲要》通过，在其基本任务中提到大力开发利用森林资源，大量增产木材。

6月，林业部决定与苏联专家合作进行实地考察，成立中苏林业专家组成的

考察团，进行西南高山区综合考察，吴中伦任中方队长，参加者有林学、生物、土壤、地质、地理、环境、气候、历史、经济、社会、文化等自然科学和社会科学专家 100 多人。考察查明了中国西南高山森林植物、土壤垂直分布带谱，以及区域分布规律、树种生物学和森林生态特性、森林生长与更新演替等规律，第一次对西南高山森林进行了全面区划，并对采伐方式、更新方法、自然保护和水土保持等经营方向、技术措施提出了实施意见。

6 月 7 日，中国科学院副院长竺可桢会见吴中伦等西南高山区综合考察团相关中苏专家。

6 月至 8 月，吴中伦在四川省汶川县、理县米亚罗、马尔康县、理县采集大量植物标本。

6 月，吴中伦《竹子》刊于《科学大众》1958 年第 6 期 246 页。

9 月，中央林业部林业科学研究所吴中伦同志参加国际林业经济会议。

9 月 10 日，林业部报请国务院科学规划委员会，要求成立中国林业科学研究院。

10 月 20 日。国务院科学规划委员会复函林业部：同意正式成立中国林业科学研究院。

10 月 27 日，中国林业科学研究院正式成立。

11 月，《植物生态学与地植物学资料丛刊》（第一辑）创刊，成立第一届编委会，主编李继侗，编委刘慎谔、曲仲湘、仲崇信、汪振儒、阳含熙、吴征镒、吴中伦、林英、侯学煜、崔友文、张宏达、钱崇澍。

11 月，经林业部批准，成立中国林业科学研究院第一届党委会。

11 月，中国林业科学研究院李万新、阳含熙研究员和中国科学院沈阳林业土壤研究所李万英研究员参加苏联在莫斯科召开的全苏提高森林生长量会议。中国代表团李万新、阳含熙和李万英同志都在会上作了报告，会议宣告组织一个社会主义阵营的提高森林生长量委员会，主席国是苏联，副主席国是民主德国、波兰和中国。

12 月 13 日，中央林业部林业科学研究所接中国科学院自然区划工作委员会邀请苏联专家一起讨论"中国自然区划中关于气候区划部分"的邀请函。陶东岱副所长批示，请吴中伦研究员参加，此前，吴中伦已参加土壤组、植被组的讨论。

12月，吴中伦《我们应该种什么树？》刊于《地理知识》1958年第12期298～300页。

是年，吴中伦对大别山的林木和黄山松等生态特性进行了调查研究。

是年，中苏西南高山林区森林综合考察队《川西高山林区森林采伐方式和更新技术的综合考察报告》刊印。

• 1959年

1月6日，张克侠任中国林业科学研究院院长。

3月10日，吴中伦《对于大地园林化的初步意见》刊于《林业科学技术快报》1959年第14期1～4页。

5月，吴中伦《园林化树种的选择与规划》刊于《林业科学》1959年第2期85～111页。

6月，吴中伦《园林化树种的选择与规划（续）》刊于《林业科学》1959年第3期241～251页。该文为我国的园林绿化树种规划提出了例证，我国的园林树种调查由此拉开了序幕。

6月，吴中伦在云南中甸等地采集大量植物标本。

7月，中苏林业考察队吴中伦、徐家骅、邹洪炎等和3位苏联专家从成都到雅江沿途考察，采集植物标本500多号。在雅江剪子湾山作了林型调查。野外工作两日后即返，循原路回成都。后由吴中伦执笔写有《从成都到雅江的森林踏查报告》。

8月，吴中伦在陕西省秦岭采集植物标本。

10月28日至11月14日，林业部在甘肃天水召开"北方十四省区市天然次生林经营工作会议"，随后，以吴中伦为首的中国林业科学研究院和甘肃省的专家团队，在小陇山开展栎类天然次生林抚育探索。

10月，中苏西南高山林区森林综合考察队《川西高山林区森林采伐方式和更新技术的综合考察报告（1958）》刊于《林业科学》1959年第5期337～362页。

12月，吴中伦《川西高山林区主要树种的分布和对于更新及造林树种规划的意见》"On the Distribution and Choice of Important Tree Species for Regeneration and Reforestation in the Mountainous Area of Western Szechuan"刊于《林业科学》1959年第6期465～478页。

12月，中国科学院自然区划工作委员会《中国综合自然区划（初稿）》《中国气候区划（初稿）》《中国土壤区划（初稿）》《中国潜水区划（初稿）》《中国动物地理区划与中国昆虫地理区划（初稿）》《中国水文区划》《中国地貌区划（初稿）》由科学出版社出版。1956年制定的十二年规划中，第一项重点任务即为中国自然区划和经济区划。竺可桢先生任中国自然区划委员会主任委员，凝聚全国地学和生物学家近50人。金善宝、钱崇澍、伍献文、曾承奎、吴征镒、郑作新、黄汲清、张文佑、马溶之、侯学煜、张宝堃等老一辈科学先驱们都大力支持、积极参加，阵营非常强大。同时还聘请苏联科学院A.A.格里哥里也夫副院长、柯夫达通讯院士和萨莫依洛夫教授等来华指导工作。该项研究启动后，组织有关学科人员进行中国地貌、气候、水文、潜水、土壤、植被、动物、昆虫的区划及综合自然区划的工作，借以勾划出全国的自然面貌的相似性和差异性。各项区划间保持一定的联系和协调。自然区划主要为农、林、牧、水利等事业服务。这次中国自然区划取材止于1957—1958年，编制了气候、水文、地貌、土壤、植被、动物、地下水和综合自然共8种全国1∶400万区划图件，完成了相关的8部专著，259万字，并促进了全国植被、土壤、土地利用、土地资源等1∶100万～1∶400万专题类型地图的编制。后来各地区进行各种自然区划，其体系多借鉴于此而各有发展与变通。

12月，西北主伐更新研究组（执笔人徐家骅）《甘肃洮河高山林区森林采伐方式和更新方法考察报告》[研究报告 代号：营61（70）]由中国林业科学研究院林业研究所刊印。

• 1960年

1月，中国科学院自然区划工作委员会《中国植被区划（初稿）》由科学出版社出版。

1月，邓静中、孙承烈等《中国农业区划方法论研究》由科学出版社出版。

2月，吴中伦任中国林学会第二届理事会常务理事。

3月8日，中国林业科学研究院召开全院职工大会，林业部副部长兼中国林业科学研究院院长张克侠宣布，林业科学研究所任务是：林木改造大自然，用最新技术改造林木，扩大生产和生活所需的森林资源，经营管理，保护森林。陈嵘任林业科学研究所所长，徐纬英、吴中伦任副所长；木材所所长李万新（兼）、副所长朱介子；林化所所长樊建平、副所长全复；机械所副所长杨义；经济所副所长宋莹。南京林研所所长郑万钧（兼）。

3月8日至5月18日，中国林业代表团一行7人参加莫斯科中苏科技合作会议。代表团由中国林业科学研究院陶东岱秘书长率领，代表团成员有林业部同志、林科院吴中伦、张万儒、潘志刚同志，情报室王瑜同志出任翻译。此次中苏科技合作会议内容是关于合作项目中第122项的第12方面第八项关于"中国西南高山林区森林植物条件、采伐方式和集材技术研究"的总结。

6月16日，国家科学技术委员会批准成立南京林业研究所、林产化学工业研究所、林业经济研究所和林业机械研究所。

8月，吴中伦再次带领250余人，到大兴安岭林区进行综合考察研究，他们当年提出的采伐、更新等营林措施，是把营林技术方案建立在林学基础研究之上的成功范例，为大兴安岭林区编制开发建设规划方案提供了科学依据和技术指导，其中3项成果被国家科委列为1964年全国重大科研成果之一。

是年，В.В.Горбунова "*ГЕОГРАФИЯ ЛЕСНЫХ РЕСУРСОВ ЗЕМНОГО ШАРА*"《世界森林资源地理》由 ИНОСТРАННОЙ ЛИТЕРАТУРЫ 出版。

● 1961年

2月6日，中国林业科学研究院林业研究所副所长吴中伦主持全国核桃座谈会议，讨论有关核桃优质丰产技术及1961—1962年的工作安排。

2月20日，国家科学技术委员会通知林业研究所：同意林业所副所长吴中伦同志为国家科学技术委员会橡胶热带作物专业组组员。

6月15日，林业研究所副所长吴中伦到安徽黄山，研究林业研究所在黄山设置试验基地问题。

8月，吴中伦在四川采集植物标本。

9月，《中国植物志》编委会第二次会议在北京举行，出席会议除23名委员外，还邀请各有关大专院校及植物研究机关的代表20余人参加，其中有中国科学院植物研究所王文采、关克俭，南京药学院孙雄才，北京师范大学乔曾鉴，杭州大学吴长春，中国林业科学院吴中伦，厦门大学何景，南京师范学院陈邦杰，华东师范大学郑勉，中山大学张宏达，中国科学院西北生物土壤研究所崔友文，东北林学院杨衔晋，北京医学院诚静容等。

1962 年

1月,吴中伦《关于永续作业和全面建设林区的商榷》刊于《中国林业》1962年第1期29~32页。

2月,(英)欧斯汀(H.J.Oosting)著,吴中伦译,钱崇澍校《植物群落的研究》由科学出版社出版。

2月3日,《光明日报》第1版第1条刊登《营造速生丰产林 发展木本油料——全国林业科学技术会议在广州召开》。

2月,中国林业科学研究院吴中伦在广州召开的全国林业科学技术会议上提出《关于建立试验基地的意见》,指出近年来林业科学研究工作在实践的过程中深深体会到森林"长期性、综合性、地域性"的特点,要想掌握森林生长发育的规律,必须建立各种类型的林业试验场,作为林业科学研究的永久场所。

3月,陈嵘《中国森林植物地理学》由农业出版社出版。

3月10日,《1963—1972年科学技术发展规划编制方法》(修正稿)刊印。

6月9日,中国林业科学研究院郑万钧副院长邀请中国科学院微生物研究所邓叔群以及林业研究所吴中伦、阳含熙、袁嗣令等专家座谈浙江省东部地区松稍螟问题。

6月15日,吴中伦赴安徽黄山,调研中国林业科学研究院研究所华东试验基地选址问题。吴中伦根据黄山的自然、社会、经济、地域优势,提出《建立黄山林业科研试验基地的初步意见》。

7月20日,国务院副总理谭震林召集林业部惠中权副部长及有关同志研究关于建立小陇山实验林区时,对次生林培育利用工作和甘肃省小陇山林区的建设问题,作了重要指示。随后,以吴中伦为首的专家团队,在小陇山开展天然次生林抚育探索。

9月26日至27日,国家科学技术委员会林业组主持召开林业组扩大会议,讨论《林业科学技术十年规划(草案)》。会上林业研究所陈嵘所长就营林学科的规划发表了讲话,规划的起草人员主要有陈嵘、吴中伦、徐纬英、侯治溥等。规划中提出了用材林和经济林速生丰产,各种防护林的营造和防护效益的提高,森林的合理经营,以及"四旁"植树等方面的研究内容。

12月,中国林学会第三届理事会成立,理事长李相符,副理事长陈嵘、乐天宇、郑万钧、朱济凡、朱惠方,秘书长吴中伦。

● 1963 年

1月，吴中伦、侯治溥、陈建仁赴浙江杭州与浙江省农林厅协商中国林业科学研究院华东试验基地选址问题。

1月，吴中伦《大力发展马尾松》刊于《中国林业》1963年第1期18～21页。

2月7日至3月3日，中共中央、国务院在北京召开全国农业科学技术工作会议，林业组扩大会议着重讨论《林业科技十年规划》，以及20年林业建设设想和重大林业技术政策。

2月14日，中国林学会1962年学术年会提出《对当前林业工作的几项建议》。建议包括：①坚决贯彻执行林业规章制度；②加强森林保护工作；③重点恢复和建设林业生产基地；④停止毁林开垦和有计划停耕还林；⑤建立林木种子生产基地及加强良种选育工作；⑥节约使用木材，充分利用采伐与加工剩余物，大力发展人造板和林产化学工业；⑦加强林业科学研究，创造科学研究条件。建议人有：王恺（北京市光华木材厂总工程师）、牛春山（西北农学院林业系主任）、史璋（北京市农林局林业处工程师）、乐天宇（中国林业科学研究院林业研究所研究员）、申宗圻（北京林学院副教授）、危炯（新疆维吾尔自治区农林牧业科学研究所工程师）、刘成训（广西壮族自治区林业科学研究所副所长）、关君蔚（北京林学院副教授）、吕时铎（中国林业科学研究院木材工业研究所副研究员）、朱济凡（中国科学院林业土壤研究所所长）、章鼎（湖南林学院教授）、朱惠方（中国林业科学研究院木材工业研究所研究员）、宋莹（中国林业科学研究院林业机械研究所副所长）、宋达泉（中国科学院林业土壤研究所研究员）、肖刚柔（中国林业科学研究院林业研究所研究员）、阳含熙（中国林业科学研究院林业研究所研究员）、李相符（中国林学会理事长）、李荫桢（四川林学院教授）、沈鹏飞（华南农学院副院长、教授）、李耀阶（青海农业科学研究院林业研究所副所长）、陈嵘（中国林业科学研究院林业研究所所长）、郑万钧（中国林业科学研究院副院长）、吴中伦（中国林业科学研究院林业研究所副所长）、吴志曾（江苏省林业科学研究所副研究员）、陈陆圻（北京林学院教授）、徐永椿（昆明农林学院教授）、袁嗣令（中国林业科学研究院林业研究所副研究员）、黄中立（中国林业科学研究院林业研究所研究员）、程崇德（林业部造林司副总工程师）、景熙明（福建林学院副教授）、熊文愈（南京林学院副教授）、薛楹之（中国林业科学研究院

林业研究所副研究员)、韩麟凤(沈阳农学院教授)。

2月,根据中国科协意见,中国林学会召开在京理事会议,决定在常务理事会下设4个专业委员会,即林业、森工、普及委员会和《林业科学》编委会。《林业科学》北京地区编委会成立,陈嵘任林业委员会主任委员,郑万钧任《林业科学》编委会主编,编委陈嵘、郑万钧、陶东岱、丁方、吴中伦、侯治溥、阳含熙、张英伯、徐纬英、汪振儒、张正昆、关君蔚、范济洲、黄中立、孙德恭、邓叔群、朱惠方、成俊卿、申宗圻、陈陆圻、宋莹、肖刚柔、袁嗣令、陈致生、乐天宇、程崇德、黄枢、袁义生、王恺、赵宗哲、朱介子、殷良弼、张海泉、王兆凤、杨润时、章锡谦,至1966年。

2月7日至3月7日,中共中央、国务院在北京召开全国农业科学技术工作会议,其中林业组扩大会议着重讨论《林业科技十年规划》以及20年林业建设设想和重大林业技术政策问题。

2月8日至3月31日,全国农业科学技术工作会议在北京召开,共有1200多位农业科学技术专家、党政机关有关部门负责人、各地科学技术协会和科研机关及高等院校负责人参加,会议分为四个阶段进行:"第一段,分组审定农业方面十年科技发展规划中的十个专业规划;第二段,交换关于20~25年农业技术改革规划的意见;第三段,分组草拟6个专题规划;第四段,讨论地方科委的工作,着重讨论支援农业的问题,讨论和安排农业科技普及工作等"。

3月,国家科学技术委员会和农业部等组织制定发布《1963—1972年农业科学技术发展规划纲要》。

4月至6月,中国林学会组成代表团首次出访芬兰、瑞典。代表团由荀昌五带队,吴中伦等参加,回国后,代表团撰写了长达15万字的调查报告,比较全面地介绍了芬兰、瑞典两国林业生产、科研、教学概貌,吴中伦主持召开了北欧林业考察报告会。

5月,吴中伦《安徽黄山黄山松的初步观察》"Notes on Hwangshan Pine of Hwangshan, Anhwei Province" 刊于《林业科学》1963年第8卷第2期114~126页。

6月12日,根据1962年谭震林副总理的倡导,甘肃小陇山林业实验局成立,按照北欧三国的经营经验,进行森林的集约经营、永续利用的试验研究工作。

7月,中国林业科学研究院《西南高山林区森林综合考察报告》[研究报告

代号 营63（13）]由中国林业科学研究院刊印。

10月9日至17日，中国林学会在黑龙江哈尔滨举办现有林经营学术讨论会，吴中伦主持会议，会议提出《现有林经营学术讨论会建议书》。

10月20日，林业研究所侯治溥主任、陈建仁副主任受院长张克侠委派在7月上旬再赴浙江省选择华东林业试验基地考察的基础上，向院提交了《选择华东林业试验基地报告》，认为：富阳县红旗林场的条件较好，适合建立中国林科院华东林业试验基地。

12月，吴中伦在海南省尖峰岭站前采集大量植物标本。

是年，国家科委和林业部制定完成《1963—1972年林业科学技术发展规划（草案）》，将天然次生林经营列为研究课题。

● 1964 年

2月10日，中共中央、国务院批转了林业部、铁道兵《关于开发大兴安岭林区的报告》。中央指出：开发大兴安岭林区是发展我国国民经济的一个极为重要的任务，也是一项十分艰巨的工作。中共中央、国务院批转林业部、铁道兵《关于开发大兴安岭林区的报告》：国家经委、计委、国务院农林办公室，林业部党组、总参谋部、铁道兵司令部、华北局、东北局、黑龙江省委、内蒙古自治区党委，并告国务院工交各部党组、党委：中央批准林业部、铁道兵《关于开发大兴安岭林区的报告》，现在转发给你们。开发大兴安岭林区，是发展我国国民经济的一项极为重要的任务，也是一项十分艰巨的工作。鉴于过去几次试图开发，进去后都未站住脚，这次我们既然下决心进去，就一定要站住脚，一定要取得全胜。为了保证开发任务的顺利完成，在大部队进入林区以前，必须做好勘察设计工作和各项准备工作。对于林区职工的粮食、生活用品的供应，以及商业网点、居民点的设置，也要事先做出整体规划和具体安排。开发大兴安岭林区所需投资和设备、材料，由国家计委纳入长期计划和年度计划。对于这项工作，各有关地方和有关部门应当大力予以协助。中央责成国家经委负责督促检查并组织好各方面的协作。中央同意报告所提组织开发大兴安岭的会战指挥部，并决定由郭维城同志担任指挥，张世军同志担任副指挥。指挥部成立党委，由罗玉川同志担任书记兼政委。指挥部由林业部直接领导，同时接受黑龙江省委和内蒙古自治区党委的领导。至于铁道兵担负的工程任务，同时接受铁道兵党委的领导。为了在

吴中伦年谱

今年做好施工准备工作，同意增拨林业部专项投资两千万元，由国家计委予以安排。中共中央 国务院 一九六四年二月十日

2月，吴中伦在海南省尖峰岭采集大量植物标本。

2月26日，中国林业科学研究院以〔1964〕林院办字第55号文件通知建立中国林业科学研究院亚热带林业科学研究站（简称亚林站），即日起启用新章。

3月14日，《人民日报》第5版刊登吴中伦《我国林业生产和建设的若干问题》。

4月9日，中国林业科学研究院同意将南京林业研究所搬至富阳县，废除原南京林业研究所公章。

5月，党中央和国务院派遣铁道兵部队赴大兴安岭林区，以"会战"方式进行全面开发与建设工作。为适应这次大会战的需要，林业部领导指示部属林科院和调查规划局综合队共同组织队伍，赴大兴安岭林区对兴安落叶松林的采伐方式和更新方法进行深入调研。以中国林科院林研所副所长吴中伦为队长，黄中立和综合队翟中兴为副队长，黄中立兼测树组组长。参加单位还有内蒙古林学院、内蒙古林科所和东北林学院等，共90余人组成了"大兴安岭森林采伐更新调研队"，包括的专业有育林、测树、土壤、植被、病虫害、经济、水文和气象。全队共分3个综合组，分别在根河、甘河、绰尔和阿尔山等林业局进行综合调研；另组织两个调查队到塔河和满归进行考察；还派出少数人员到图里河、加格达奇、伊图里河、乌尔其汗等林业局作补充调查；在根河等地进行了短期定位观察，并在一些局调研有关采伐更新经济指标，外业从5月开始，到9月结束，内业10月开始，1965年春结束，完成《大兴安岭林区主要森林类型的采伐方式和更新措施草案》《大兴安岭林区速生丰产林营造措施》等。大兴安岭森林采伐更新调研为大兴安岭林区提出了科学的开发建议方案，该项目的三项研究成果1965年被国家科委列为全国重要科技成果。

5月，吴中伦在内蒙古根河采集植物标本。

6月20日，《成果公报》第8期公告《西南高山林区森林综合考察报告》，完成人吴中伦、毕国昌、潘志刚，完成单位中国林业科学研究院林业研究所。本报告是根据两年（1958—1959）野外综合调查考察所得到的大量野外记录、标本、样品，经整理、分析、鉴定研究所完成的综合性考察报告。全书共分四篇。

第一篇总论述及全林区的自然地理背景、森林区划、主要森林类型及对营林措施的建议。第二篇是川西部分。第三篇是云南西北部分。在二、三篇中分别论述自然地理、主要森林类型、森林土壤及育林等方面。第四篇包括峨边林区高山针叶林调查报告，成都到雅江的森林调查报告，西南高山林区云杉、冷杉林分结构初步研究，西南高山林区主要树种的特性包括云杉属、冷杉属、高山松、落叶松属及高山栎等，该林区林下及迹地主要植物简述，川西高山林区的苔藓植物；川西高山林区主要立木腐朽菌调查报告及西南高山林区植物名录包括苔藓、蕨类植物及种子植物共159种。

12月21日至1965年1月4日，第三届全国人民代表大会第一次会议在北京举行，吴中伦作为黑龙江省的代表当选为全国人大代表参加会议。

1965 年

3月25日，国家计划委员会（〔1965〕经建信字213号）《同意在大兴安岭林区会战指挥下成立大兴安岭林区管理局和铁道兵指挥所》。

1966 年

3月30日，吴中伦兼任中国林业科学研究院亚热带林业科学研究站站长，任职至1967年。

4月1日，中国林业科学研究院亚热带林业科学研究站召开党支部改选会议，吴中伦、孙超、陈建仁、郭效让、邹德士、吕志祥、石太全7人当选为支委会成员。

1969 年

6月，吴中伦在云南省中甸县采集植物标本。

9月，中国林业科学研究院派出第三批"五七干校"学员，林业研究所副所长吴中伦等一批从国外留学归国的科技人员到干校参加劳动。

1970 年

6月，中央决定在将大批企业、事业单位下放的同时，精简国务院机构。根据1970年6月22日中共中央批准的精简方案，农业部、林业部、农垦部、水产部、国务院农林办公室、中央农林政治部 6 单位合并组成农林部。

8 月 23 日，中国农业研究院、中国林业科学研究院合并，成立中国农林科学研究院。

● 1972 年

10 月 4 日至 18 日，第七届世界林业大会在阿根廷首都布宜诺斯艾利斯召开。大会的主题是"当今世界林业的中心问题"。农林部副部长梁昌武率中国林业代表团出席了会议。会后考察意大利，吴中伦从意大利成功引进美洲黑杨 2 个无性系。

● 1973 年

4 月，吴中伦获《大兴安岭地区社会主义先进集体劳动模范》。

8 月，中国科学院陆地生态系统科研规划（1979—1985 年）（〔1979〕科发字 0133 号文件），确定中南林学院承担"亚热带杉木人工林生态系统结构、功能与生物生产力"课题的协作研究，潘维俦主持筹建中南林学院林业生态研究室，在湖南会同建立中国第一个杉木人工生态系统定位观测研究站。潘维俦（1931—1988 年），1931 年 3 月生，湖南省锦屏县城关王寨人，1950 年 9 月考入南昌大学森林系，1954 年 7 月毕业到湖南农学院林学系任助教，1978 年晋升为副教授，任中国林学会森林生态专业委员会常务委员和中国林学会林业水文及流域治理专业委员会筹备组组长、中南林学院副院长等职，第六届全国人大代表。1963 年湖南农学院合并到广州成立中南林学院，他在全国林学会现有林专题研究会上做了《杉木人工林群体结构规律及其在营林上的应用》的报告。1978 年潘维俦主持筹建中南林学院林业生态研究室，在湖南会同建立中国第一个杉木人工生态系统定位观测研究站，利用系统生态学的观点和方法开展森林生态系统研究，首次在国内发表森林生物量及生产力的论文《杉木人工林生态系统中的生物量及其生产力的研究》，找到影响杉木速生丰产和限制杉木成林的一些生理因素和指标，获湖南省科学大会成果奖，同年晋升为副教授。1984 年 2 月，出任中南林学院副院长（主持工作），着手学校机构、教学与科研改革，受林业部表扬并予推广。1986 年 8 月晋升为教授，1988 年 6 月 26 日，潘维俦突然昏倒在研究生毕业论文答辩会上，抢救无效去世，终年 57 岁。

10月，吴中伦《我国的林区》刊于《人民画报》1973年第10期44～45页。

1974年

8月，在四川峨边文坝采集植物标本。

是年，吴中伦任中国农林科学院森林工业研究所负责人，任职至1978年。

1975年

3月，国务院转《农林部、四川省革委会关于四川省珍贵动物保护管理情况的调查报告》，文件指出：在珍贵动物主要栖息繁殖地区，要划为自然保护区，加强保护区的建设，本着精简的精神，充实保护区的管理机构。所需经费、物资、设备等纳入国家计划。严禁乱捕滥猎，严禁破坏自然保护区，切实做好资源保护工作。

7月，由中国科学院成都生物研究所和中国科学院植物研究所、四川农业大学印开蒲、汤彦承等5人组成四川西部植被调查队，专门对南坪九寨沟进行了调查。

是年，吴中伦参加农林渔业部工作组对阿坝藏族自治州南坪县九寨沟进行考察，得出"九寨沟不仅蕴藏了丰富、珍贵的动植物资源，也是世界上少有的优美景区"的结论。吴中伦教授在考察九寨沟的过程中，因为震惊于九寨沟的美景，上书要求四川省政府及省林业厅对九寨沟进行保护，之后四川省林业厅立即发文：九寨沟则查洼、日则沿沟200米以外才准予砍伐。邓一著《永远的九寨沟》2009年12月由中国林业出版社出版，其中16页写道：吴中伦教授对九寨沟的评价成了我们呼吁的重要依据。九寨沟主要由3条大山沟组成，即树正沟、日则沟和则扎洼沟。

1976年

是年，吴中伦访问丹麦。

1977年

8月19日，中国农林科学院森林工业研究所正式成立。

9月15日至23日，农林部在河南召开华北中原地区平原绿化现场会。参加

吴中伦年谱

会议的有河北、山西、山东、河南、内蒙古、陕西、北京、天津、江苏、安徽10省（自治区、直辖市）农林（林业）局的负责同志，44个地区（盟、市）和220个县（旗）的负责同志，中央有关部委、华北协作区、科研、新闻单位的同志，共350人。

12月，陈灵芝《中国森林多样性及其地理分布》由科学出版社出版。

12月，中国航空学会、中国地理学会、中国林学会、中国金属学会、中国动物学会5个学会的学术年会在天津召开。吴中伦作为林学会的主要领导人之一，为恢复中国林学会作出了积极的贡献。

是年，吴中伦荣获芬兰林学会奖章。艾莫·卡罗·卡扬德（Aimo Kaarlo Cajander，Cajander A.K.），芬兰林业科学创始人。1879年4月4日生，1901年毕业于赫尔辛基大学。后去德国学习，1908年成为芬兰的第一位造林学教授。他创建了芬兰林学会，成为第一任主席。1918年芬兰独立战争后，受命就任芬兰国家林业委员会主任。1922—1939年间曾数度出任芬兰总理，并长期担任芬兰国会议员。通过在卡累利阿东部、德国、西伯利亚的调查，他发展了自己的森林类型理论，认为天然植被和环境（土壤、气象等）条件是一致的，因此可以用林下指示植物和它所反映的有代表性的森林类型划分立地条件，并估测林地生产力。他在1909年发表了《森林类型》一书，1913年又出版了《沼泽地森林类型》。此外还有科技和科普著作400余种，其中较有名的是《造林学》和《树木学》。卡扬德1926年在美国伊萨卡召开的国际植物学大会上和1936年在匈牙利布达佩斯召开的第2届国际林业研究组织联盟大会上，均当选为名誉主席。他至少是50个学会和联盟的通讯会员或名誉会员。有6种植物以他的名字命名。1943年1月21日逝世。

1978年

3月16日，国务院发出通知，经党中央批准，成立国家林业总局、国家水产总局、国家农垦总局，直属国务院，由农林部代管。

4月24日，国家林业总局正式成立，罗玉川为国家林业总局局长。罗玉川（1909—1989年）河北省满城县人。原名宋洪儒。就读河北省立天津第一师范，1930年3月加入中国共产党，土地革命战争时期，任中共保西满城特支书记，后在河北省安新县新安乡村师范学校，以教员身份为掩护从事地下革命活动。抗日战争时期，任中共晋察冀满城县工委书记、中共晋察冀第三地委宣传部部长、中共冀中区第四地委书记、中共冀中区第五地委组织部部长、中共冀中区第八地委组织部部长。解放战争时期，任冀中行政公署主任、冀中区党委委员、冀中支前后勤司令部政委、河北省人民政府副主席等职。中华人民共和国成立之后，他历任农业部副部长、党组书记，中共平原省省委副书记、省人民政府副主席，林业部、森林工业部第一副部长、党组书记，农林部副部长兼国家林业总局局长，林业部部长、党组书记，林业部顾问。他是第二、三、四、五届全国人民代表大会代表，中国共产党第八、十一、十二次全国代表大会代表，在第十二、十三次党的全国代表大会上当选为中央顾问委员会委员。2009年9月10日全国绿化委员会副主任、国家林业局局长贾治邦在纪念罗玉川诞辰100周年座谈会的讲话中讲道：罗玉川同志是中国共产党的优秀党员，久经考验的忠诚的共产主义战士，无产阶级革命家，新中国林业建设事业的开拓者和卓越领导人，中共中央原顾问委员会委员，原林业部部长、党组书记。他毕生为中华民族的独立和中国人民解放，为社会主义现代化建设和林业事业作出了不可磨灭的重大贡献，赢得了人民的崇敬和爱戴。

4月25日，中国林业科学研究院领导机关和林业所、木工所迁回中国林业科学研究院原址办公，中国农林科学院森林工业研究所的人员分别并入相关研究所。

5月，中国林业科学研究院林业研究所吴中伦到辽宁省本溪市林业研究所考察草河口红松林。

5月，国务院批准恢复中国农业科学院和中国林业科学研究院，分别任命金善宝为中国农业科学院院长、郑万钧为中国林业科学研究院院长。

5月9日，中国林业科学研究院召开职工大会，李万新宣布，任命梁昌武为中共中国林业科学研究院分党组书记，郑万钧为院长，陶东岱、李万新、杨子争、吴中伦、王庆波为副院长。

6月27日至7月4日，中国林学会在广西桂林举行泡桐学术讨论会，会议交流了泡桐引种栽培、病虫发生发展规律及防治措施以及泡桐木材性质、加工工艺等方面的科研成果、生产技术经验，并进行了热烈讨论。吴中伦主持召开泡桐学术讨论会，并提出《关于大力发展泡桐的建议》，引起社会各界的高度重视，使我国泡桐科研工作得到了很大发展。

7月，中国科学院成都生物所的印开蒲等人第三次进入九寨沟，看到沟内森林被采伐和破坏的现状已触目惊心，诺日郎瀑布、五彩池附近的森林已基本被砍伐光。由于失去森林的庇护，长海、五彩池等海子的水位急剧下降，108个海子中已有1/3干涸。

8月26日，中国科学院成都分院生物所印开蒲撰写《中国科学院成都生物所关于建议在四川建立几个自然保护区的报告》，报告中建议将九寨沟列为第二个急需建立的保护区，提出在九寨沟建立自然保护区的意见。随后，四川省委指示省林业厅和中科院成都分院生物所共同制定包括九寨沟在内的新建自然保护区的具体规划。

8月，吴中伦《平原绿化的意义和赶超国际先进水平的目标》刊于《林业科技资料》1978年第4期6～7页。

9月5日至12日，国家林业总局在山东兖州召开第二次华北中原地区平原绿化现场会议，与会代表参观了山东省兖州、聊城、冠县的绿化现场。吴中伦《平原绿化的意义和赶超国际先进水平的目标》收入《第二次华北中原地区平原绿化现场会议》文集。

10月16日至28日，第八届世界林业大会在印度尼西亚首都雅加达召开，参加这次大会的有来自104个国家和14个国际组织的代表共约2000人，其中正式代表1200人。大会的主题是"森林为人民"，深入地研究了林业如何才能最好地为人类、个人和集体服务，因此大会宣告，为了全世界人民的使用和享受，世界森林必须在永续经营的基础上加以维护。国家林业总局副局长汪滨率中国林业代表团出席了会议，代表团10月12日离开北京，14日到印度尼西亚首都雅加达。大会于10月16日开始，28日结束，中国林业科学研究院副院长吴中伦参加会议。

11月初，农林部林业总局有关领导和四川省革委会副主任刘海泉电话通知四川省林业厅和成都生物所，要这两家单位共同就关于在四川建立自然保护区的问题正式向四川省革委会作一个报告。经协商，由生物所印开蒲执笔撰写报告，报告经林业厅胡铁卿作修改后，由两家共同上报四川省革委会。在报告中首次对九寨沟自然保护区的四周范围和面积进行了确定。

11月30日，四川省林业厅下令停止在九寨沟伐木。

12月15日，国务院批转国家林业总局《关于加强大熊猫保护、驯养工作的报告》（国发〔1978〕34号文件），批准建立南坪县九寨沟自然保护区管理所。1994年7月林业部以林函护字〔1994〕174号文确认九寨沟等四处自然保护区为国家级自然保护区。

12月，中国林学会第四届理事会成立，名誉理事长张克侠、沈鹏飞，理事长郑万钧，副理事长陶东岱、朱济凡、李万新、刘永良、吴中伦、杨衔晋、马大浦、陈陆圻、王恺、张东明，秘书长吴中伦（兼），副秘书长陈陆圻（兼）、范济洲、王恺（兼）、王云樵。

是年，吴中伦组织和领导我国专家首次对杉木产区区划、立地类型划分和立地评价进行综合系统研究，把全国杉木产区划分为北、中、南"三带"，并提出按照不同带以及带内的不同立地，安排经营措施和预测产量，规划杉木商品材基地。在此研究基础上吴中伦主编《杉木》，对发展杉木生产具有重要影响。

● 1979年

1月8日，中国林学会、中国土壤学会、中国植物学会等学会的19位著名专家学者联名向方毅、王任重副总理并邓副主席上书，建议收回林业部森林综合调查大队，在北京建立森林经理（调查设计）研究所。19位著名专家学者是：郑万钧（中国林业科学研究院院长、中国林学会理事长、研究员）、李连捷（北京农业大学教授、中国土壤学会常务理事、北京土壤学会理事长）、陶东岱（中国林业科学研究院副院长、中国林学会副理事长）、朱济凡（中国科学院林业土壤研究所副所长、中国林学会副理事长）、李万新（中国林业科学研究院副院长、中国林学会副理事长）、吴中伦（中国林业科学研究院副院长、中国林学会副理事长兼秘书长）、杨子铮（中国林业科学研究院副院长、中国林学会理事）、侯学煜（中国科学院植物研究所生态室主任、中国植物学会常务理事、研究员）、侯治溥（中国林业科学研究院林业研究所副所长、研究员）、阳含熙（中国科学院自然资源综合考察委员会研究员、中华人民共和国"人与生物圈委员会"秘书长）、吴传钧（中国科学院地理所研究员）、陈述彭（中国科学院地理所研究员）、范济洲（北京林业大学教授、中国林学会副秘书长）、徐纬英（中国林业科学研究院林业研究所副所长、研究员）、肖刚柔（中国林业科学研究院林业研究所副所长、研究员）、张英伯（中国林业科学研究院研究员）、黄中立（中国林业科学研究院研究员）、程崇德（国家林业总局副总工程师）、杨润时（国家林业总局副总工程师）。

1月12日，中共中央组织部任命吴中伦为国家林业总局副总局长。

1月23日，经中国林学会常务委员会通过，改聘《林业科学》第三届编委会，主编郑万钧，副主编丁方、王恺、王云樵、申宗圻、关君蔚、成俊卿、阳含熙、吴中伦、肖刚柔、陈陆圻、张英伯、汪振儒、贺近恪、范济洲、侯治溥、陶东岱、徐纬英、黄中立、黄希坝，至1983年2月。

2月13日，国家林业总局副总局长、中国林业科学研究院副院长吴中伦在西安为陕西省林业职工作"参加第八届世界林业大会"的报告。报告分四部分：①第八届世界林业大会概况介绍；②大会讨论的几个主要问题；③在印度尼西亚的参观见闻；④几点体会和感想。

2月15日，吴中伦到陕西省安南县五台考察日本落叶松生长情况。

2月16日，中共中央、国务院决定撤销农林部，成立农业部、林业部，任命罗玉川为林业部部长，雍文涛为副部长。

2月17日至23日，第五届全国人民代表大会常务委员会第六次会议在北京举行，林业总局局长罗玉川在会上提请审议《中华人民共和国森林法（试行草案）》和对"决定以每年3月12日为我国植树节"进行说明后，大会予以通过。

2月23日，第五届全国人大常委会第六次会议，根据国务院总理提出的议案，为了加强对林业工作的领导，设立林业部，同时将农林部改名为农业部。

3月，国家林业总局吴中伦《关于黄土高原水土保持工作的几点初步意见》收入陕西省科学技术情报研究所编《黄土高原水土保持农林牧综合发展科研工作讨论会资料选编》170～172页。吴中伦在《关于黄土高原水土保持中的几点意见》中提出，黄土高原生产建设方针，应按不同类型地区区别对待。

3月21日，中国环境科学学会经中国科学技术协会批准成立，选举产生第一届理事会，顾问白希清、吴学周、芮沐、赵宗燠、柳大纲、黄秉维，理事长李超伯，副理事长马大猷、过祖源、刘东生、曲仲湘、李苏、陈西平、郭子恒、曾呈奎。吴中伦当选为理事，至1984年1月。

4月，国家农委开会，决定搞全国大农业（农业、林业、农垦、农机、水利、水产、气象等）的区划工作。

4月，林业部森林综合调查大队回迁北京，同时将林产工业设计院留在北京的航测室收回，扩建为林业部调查规划设计院。

4月，吴中伦《对陕西省林业工作的一些初步想法》刊于《陕西林业科技》

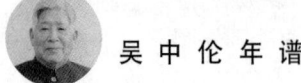

1979 年第 3 期 22～26 页。

4 月，文焕然《试论历史时期中国森林的分布及其变迁》（征求意见稿）由中国科学院地理研究所历史地理组刊印。文焕然（1918—1986 年），历史地理学家。中国农工民主党党员。湖南省益阳县人，出身于教师家庭。1939 年湖南蓝田长郡中学高中部毕业后，考入浙江大学文学院史地系，毕业后考取浙江大学史地研究所谭其骧教授的研究生。后任中国科学院、国家计委地理研究所研究员，中国地理学会历史地理专业委员会委员。

5 月，吴中伦被聘为中华人民共和国国家科学技术委员会农业生物学科组副组长。

5 月 3 日至 5 日，中国林学会副理事长陶东岱、吴中伦，副秘书长范济洲等与中日科学技术交流协会访华团部分团员座谈，会上中日两国科技工作者互相介绍两国林业科技发展情况，并商谈互访问题。

6 月，《中国森林》编辑委员会召开第一次会议，就编写的指导原则及应纳入本书的内容进行了研究，提出了志学结合，寓学于志的指导思想。并认为志为论述森林类型，在记述森林类型时探讨其地理分布、生态环境、组成结构、生长发育、更新演替等的规律，这些作为学的内容。根据这些规律提出该森林类型对我国国民经济的评价和经营管理的意见。为使这本专著能形成一个比较完整的森林生态体系，在总论中还编入了森林的自然地理环境、森林变迁史、森林地理分布规律、森林资源、森林昆虫、森林病害、森林植物区系、森林分区以及森林分类等章。本书共分四卷出版，第一卷包括绪论及自然地理、森林变迁、森林地理分布、森林资源、森林动物、森林昆虫、森林病害、森林植物区系、森林分区、森林分类各章；第二卷为针叶林；第三卷为阔叶林；第四卷为竹林、灌木林、经济林和中拉、拉中的动植物和病菌名录等。

7 月 10 日，根据国家科委于光远同志的意见，中国林学会对于川西森林遭到破坏的问题召开座谈会，应邀到会的有林业、森林生态、森林土壤、水保及水文等有关方面的科技人员共 17 人，会议由中国林学会副理事长、中国林业科学研究院副院长吴中伦主持，中国林学会副理事长、中国林业科学研究院副院长陶东岱同志以及林业部造林局副局长黄枢同志也参加了会议，会议提出对川西森林遭到严重破坏的意见。之后 1979 年 8 月 24 日《光明日报》刊登于光远《从讨论保护川西森林说起——给〈光明日报〉辑的一封信》。

7月31日,《光明日报》刊登何酒维《长江有变成第二黄河的危险》。

8月24日至31日,林业部在河北省保定市召开第三次华北中原地区平原绿化会议。会议根据中共中央关于农业问题的两个文件和《森林法(试行)》的有关规定,研究平原绿化工作和植树造林政策问题。

9月17日至19日,《林业科学》编辑委员会第一次全体会议于在青岛市召开,这次会议是新的编辑委员会成立以来的第一次全体会议,也是《林业科学》自1955年创刊以来第一次全体编委会议。会议的主要目的,是总结办刊以来的成绩和经验,并找出差距,讨论今后怎样进一步提高刊物质量,为加速实现林业科技现代化作出更大贡献。今年是全国工作重点转移到社会主义现代化建设方面来的第一年,这次会议在这样的形势下召开,意义就更为重大。本届编委共64名,除因事请假者外,出席这次会议的编委共40名。主编郑万钧同志因病未出席会议。中国林学会副理事长、《林业科学》副主编吴中伦同志主持开幕式,中国林学会副理事长、《林业科学》副主编陶东岱同志致开幕词。

9月,林业部在新乡开会,讨论全国林业区划工作。

10月7日,中国林学会在北京举办川西森林破坏问题座谈会,吴中伦主持会议。

10月,中国林业科学研究院科技情报研究所《中国林业科技三十年(1949—1979)》由中国林业科学研究院科技情报研究所刊印,中国林业科学研究院郑万钧作序,其中16~24页收录吴中伦《中国林木驯化的进展》。

11月15日至21日,中国林学会在杭州召开树木引种驯化学术讨论会,同时成立树木引种驯化专业委员会,其宗旨为探讨学科发展理论,总结交流实践经验,服务国家经济发展和生产建设,为学术讨论、科技交流提供良好平台,会议由副理事长吴中伦主持。会议选举产生林木引种驯化专业委员会第一届委员会,主任委员吴中伦,副主任委员徐纬英、朱志淞,秘书长潘志刚,常务委员涂光涵、董保华。

11月27日至12月3日,中国林学会与中国生态学学会联合在昆明召开森林生态学术讨论会,同时召开中国生态学学会第一届全国会员代表大会,大会一致推选马世骏为理事长,侯学煜、李冠国、刘健康、吴中伦、夏武平、熊毅、阳含熙、张树中、张新铭、朱彦丞为副理事长。会议期间,成立中国林学会森林生态专业委员会,会议由朱济凡副理事长主持。大会推选主任委员吴中伦,副主任

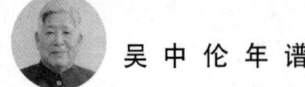

委员朱济凡、侯学煜、汪振儒、阳含熙、王战,秘书长蒋有绪,副秘书长冯宗炜、李文华。

12月9日,日本中国农业农民交流协会(简称日中农交)会长八百板正来京访问,郑万钧理事长会见并进行协商,双方决定在1980年进行互访。

● 1980年

1月,林业部成立林业部科学技术委员会第一届委员会,主任委员雍文涛,副主任委员梁昌武、杨天放、杨延森、郑万钧;秘书长刘永良。委员雍文涛、张化南、梁昌武、张兴、杨天放、张东明、杨延森、赵唯里、汪滨、杨文英、吴中伦、陶东岱、王恺、李万新、侯治溥、张瑞林、徐纬英、刘均一、肖刚柔、范学圣、高尚武、贺近恪、关君蔚、黄枢、马大浦、程崇德、梁世镇、董智勇、郝文荣、涂光涵、牛春山、杨廷梓、吴中禄、李继书、任玮、徐国忠、刘松龄、韩师休、黄毓彦、杨衔晋、王凤翥、王长富、王凤翔、周以良、沈守恩、范济洲、余志宏、陈陆圻、邱守思、申宗圻、朱宁武、林叔宜、李树义、林龙卓、徐怡、吴允恭、刘学恩、沈照仁、刘于鹤、陈平安。

2月,吴中伦《保护森林 绿化祖国》刊于《家庭生活指南》1980年第2期3页。"穷山恶水"是一句说明破坏生态平衡因果关系的至理名言。山上没有森林就丧失了涵养雨水的能力,就会招致土壤的侵蚀,这样,下游、平原盆地的农田就有水旱之患,不能稳产高产,江河湖泊难免淤积泛滥,影响水利、航运和淡水养殖。近年来,长江流域山区的森林不断遭到破坏,造成大面积的童秃岭,并使四川的"天府之国",江南的"鱼米之乡"濒于危险的境地。当前破坏森林最突出的是毁林开荒,这主要是山区的一些领导不认识毁林开荒增产粮食是一时的、局部的,而破坏粮食增产是长期的、深远的,这是"饮鸩止渴"、贻祸子孙的做法。其次是滥伐。有些山区,许多部门争先进山砍树,而不做更新工作,结果是"山穷水尽"。破坏森林的原因很多,但很大程度上是由于一些领导和群众,缺乏森林知识造成的。我们林业科学工作者,有责任向广大干部和群众普及林业知识,使他们认识破坏森林的危害性,共同为保护森林,创造更美好的环境而努力。

2月,吴中伦《我国林业科学研究三十年》刊于《中国林业》1980年第2期8~10页。

3月15日至23日，中国科学技术协会第二次全国代表大会在北京召开。中国林学会选举吴中伦、王恺、陈陆圻、杨衔晋、陈桂升、朱容6位代表出席会议，吴中伦、陈陆圻当选为中国科协第二届全国委员会委员。

是年初，国家农业委员会决定编撰出版《中国农业百科全书》，并开始进行筹备工作，6月成立《中国农业百科全书》编撰出版领导小组和总编辑委员会，负责领导和指导编撰出版工作，并责成农业出版社设立中国农业百科全书编辑部，从事具体工作。

3月5日，《光明日报》第一版刊登《三十多个国家的首都今日同时发表〈世界自然保护大纲〉》、本报评论员《动员起来保护大自然》；第二版刊登《世界自然保护大纲》概要、中国生态学会理事长马世骏《利用自然护养自然》、中国林学会副理事长吴中伦《保护好自然资源——森林》。

4月2日至8日，为贯彻中国科协第二次全国代表大会的精神，总结交流学会工作经验，修改中国林学会会章和奖金条例，明确学会今后工作方针任务，中国林学会在北京召开了新中国成立以来第一次学会工作会议。出席会议的有全国各省（自治区、直辖市）林学会的领导和工作人员以及有关单位的代表共70余人。中国林学会理事长郑万钧，副理事长陶东岱、李万新、吴中伦、陈陆圻、王恺，北京林学院党委书记王友琴、中国林业科学研究院副院长杨子争等同志出席和参加了会议。会议期间，中国科协副主席刘述周同志到会讲了话。刘述周同志在讲话中强调了林业的重要性，特别指出林业在陆地生态平衡中起到的重要作用。但是林业的重要性尚未被广大群众理解和重视，当前森林仍在遭到破坏，迫切需要抢救。他殷切希望各级林学会在抢救林业事业中发挥积极作用。林业部副部长梁昌武同志参加了闭幕式，并讲了话。他说，两年多来，中国林学会和各级林学会做了大量工作，对促进林业建设事业的发展，起到很好的作用。林业建设中问题很多，如林木速生丰产问题、发展薪炭林解决能源问题，等等，希望大家要进一步做好学会工作，重视这些问题，在林业现代化建设中作出更大的贡献。会上陈陆圻副理事长传达了中国科协第二次全国代表大会的精神，与会代表结合自己的工作实践，围绕着学会的性质与今后的方针、任务等有关问题进行了认真的讨论。

5月26日至30日，中国林业科学研究院副院长吴中伦、林业部外事司副处长杨禹畴以观察员身份出席了粮农组织第五届会议，会议讨论了木材能源和林业发展的战略方针。

6月27日至30日,由美国林业工作者学会理事长迪卡尔曼率领的美国林业考察团一行7人,在中国林学会副理事长吴中伦的陪同下到湖南省进行了林业考察。考察团着重考察了湖南省林科所和株洲的朱亭林区。考察后,与省林业科技工作者进行了座谈。考察团参观了省林科所林木引种区,并分析了美国红杉的生长情况。

9月中旬至11月中旬,吴中伦随林业部雍文涛部长率领的中国林业代表团,对美国、新西兰、澳大利亚林业进行了比较系统的考察。

10月11日,杜梦纲、王汉生、汪振儒、吴中伦、雍文涛、黄枢、黄毓彦、李昌鉴等参观圣赫伦斯大大山在Portland机场合影,回国后,12月6日林业部向国务院呈报了《美国、新西兰、澳大利亚三国林业见闻》。

9月至1981年1月,为了贯彻国务院1980年20号文件的要求,正确认识海南岛的生态环境,是关系到海南岛今后开发及大农业建设方向等问题的关键,中国农学会、中国林学会等,联合对海南岛大农业建设与生态平衡进行综合科学考察,吴中伦参与组织考察。

10月11日,《人民日报》2页刊登《他关心的是绿化大地——记林业科学家吴中伦》。

11月3日至10日,中国科协在湖南株洲主持召开了热带亚热带山地丘陵建设与生态平衡学术讨论会。这是由来自11个全国性学会和15个省(自治区、直辖市)的农学、林学、生态、植物、动物、气象、土壤、地理、水利、水产、环保、经济等方面专家、教授、科技工作者325人参加的一次学术界盛会。会议的目的是多学科分析我国热带亚热带山地丘陵地区生态平衡严重失调和生产建设发展落后的现状和原因,并针对其生态学的和社会经济的因素,探讨合理开发利用和建设这一地区,恢复生态平衡,发挥自然优势,提高生物生产力,使这个地区尽快富裕起来的途径。会上,一些科学家建议,组织一次专门探讨海南岛建设与生态平衡的综合考察和学术会议。

11月13日到18日,全国第三次水杉、池杉、落羽杉科技协作会议在浙江省杭州市召开。参加这次会议的有浙江、江苏、湖北、湖南、陕西、山东、安徽、江西、广东等省、地、县林科所、林业局、国营及社队林场,南京林产工业学院、华中农学院、浙江林学院以及辽宁省旅大市园林局等36个单位的代表共48人。浙江省同时召开了"三杉"科技会议。会议收到学术论文和研究报告38

篇。会议期间浙江省林业局王宪恩局长、中国林业科学研究院吴中伦副院长到会作了报告。

11月，中国科学院学部委员公布1980年当选学部委员，生物学部有鲍文奎、蔡旭、曹天钦、陈华癸、陈中伟、方心芳、高尚荫、侯学煜、黄祯祥、黎尚豪、李竞雄、梁栋材、梁植权、刘建康、娄成后、陆宝麟、马世骏、钮经义、蒲蛰龙、邱式邦、裘维蕃、沈善炯、沈允钢、施履吉、谈家桢、唐仲璋、汪堃仁、王德宝、王伏雄、王世真、王志均、吴旻、吴阶平、吴中伦、谢少文、熊毅、徐冠仁、阎逊初、杨简、姚鑫、俞德浚、曾呈奎、张致一、赵善欢、郑国锠、郑作新、周廷冲、朱既明、朱壬葆、朱祖祥、庄孝僡、邹冈、邹承鲁。

是年，吴中伦被美国林业工作者学会选为名誉会员。

● 1981年

3月2日，《人民日报》第3版刊登吴中伦（中国林业科学院副院长）《好好保护水源林》。文中提出：水源林亦称水源涵养林，是营造在河流分水岭和集水区的防护林。它可以减少地表径流，调节河流水量，防止土壤冲刷。经营上一般保持茂密的林冠和丰富的枯枝落叶层，绝对避免较大面积的采伐。水源林如果遭毁坏或得不到妥善经营，农业生产的基本条件——土壤就会受到侵蚀、破坏，水源就会失调。因而，保护管理好水源林是林业部门和各级领导的共同责任。为了保护和管理好水源林，现提出以下几点建议：一、加强宣传教育，普及科学知识。二、坚决制止滥伐、滥垦、滥牧。三、恢复并加强护林防火的制度和组织。四、水利建设、水土保持工作要贯彻工程措施与生物措施结合的原则。五、加强对水源林的科学研究和成果的推广。

3月至4月，海南岛大农业建设及生态平衡综合考察开展第一阶段的考察。

3月12日，应中国林科院邀请，国际林协主席里斯在林科院吴中伦副院长的陪同下到林化所参观，贺近恪所长热情接待了贵宾并陪同参观了陈列室和一部分实验室并进行了交谈。

5月5日，经国家科委、国家农委和中国科协商定，委托中国林学会、中国生态学会、植物学会、地理学会、热作学会等16个全国学会组织自然科学、经济学家等开展海南岛农业建设与生态平衡综合考察工作，由童大林、何康、刘述周、林勃氏、黄秉维、马世骏、侯学煜、阳含熙、吴中伦、朱济凡、黄宗道

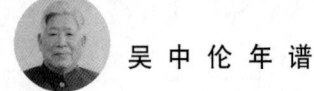
吴中伦年谱

等同志组成领导小组，整个工作分为准备资料、科学考察和学术会议三个阶段。第一阶段为准备阶段（1981年5月1日至31日），第二阶段为学术考察阶段（1982年2月1日至30日），第三阶段为学术讨论阶段（1983年5月26日至5月1日）。

5月，吴中伦作为海南岛学术考察（1981—1982）负责人之一，吴中伦亲自撰写了《对海南岛大农业建设与生态平衡的若干建议》，最后由考察组提出《海南岛大农业建设的几点建议》，引起了中央领导的高度重视。

5月10日，《中国科学院学部委员证书》：吴中伦同志于一九八○年十一月当选为中国科学院生物学部学部委员 特颁发此证 中国科学院（印）一九八一年五月十日

6月13日，国务院学位委员会第二次会议，通过国务院学位委员会学科评议组成员名单。农学评议组有马大浦、马育华、王广森、王恺、方中达、史瑞和、邝荣禄、朱国玺、朱宣人、朱祖祥、任继周、许振英、刘松生、李竞雄、李连捷、李曙轩、杨守仁、杨衔晋、吴仲伦、吴仲贤、余友泰、邱式邦、汪振儒、沈隽、陈华癸、陈陆圻、陈恩凤、范怀中、范济洲、郑万钧、郑丕留、赵洪璋、赵善欢、俞大绂、娄成后、徐永椿、徐冠仁、黄希坝、盛彤笙、葛明裕、蒋书楠、鲍文奎、裘维蕃、熊文愈、蔡旭、戴松恩。

6月，《中国农业百科全书》编撰出版领导小组和总编辑委员会，成立负责领导和指导编撰出版工作，并责成农业出版社设立中国农业百科全书编辑部，从事具体工作。1982年国家农业委员会撤销后，全书编撰出版工作由农牧渔业部主管，与林业部、水利电力部、机械工业部、国家气象局等有关部局协作，保证工作的顺利进行，吴中伦担任《中国农业百科全书·林业卷》编委会主任。

8月8日至15日，中国林学会第二届森林生态专业委员会暨森林生态系统定位研究方法学术讨论会议在东北林学院（黑龙江省哈尔滨市）召开。出席会议的代表共116人，其中正式代表94人，列席代表22人。他们来自全国科研、教学、生产、新闻、科技情报、出版等60多个单位；会议收到学术论文92篇。

9月6日，国际林业研究组织联盟（International Union of Forest Research Organizations，IUFRO）在日本京都市国立京都国际会馆召开第17届大会，为期一周。这次大会是国际林协80年的历史上第一次在亚洲召开的大会，大会的主题是"明日之森林来自今日之研究"，吴中伦被推荐为国际林业研究组织联盟

第17届理事会中国副代表。

11月26日,国务院批准中国林业科学研究院为首批具有博士、硕士学位授予权的学校,博士学位授予学科专业为森林植物学和森林生态学,博士生导师郑万钧和吴中伦。

11月至12月,海南岛大农业建设及生态平衡综合考察开展第二阶段的考察,吴中伦对海南岛尖峰岭进行了考察。

12月13日,五届全国人大四次会议讨论通过《关于开展全民义务植树运动的决议》。从此,全民义务植树运动作为一项法律开始在全国实施。

是年,《植物生态学与地植物学资料丛刊》成立第二届编委会,主编侯学煜,副主编王献溥、陈昌笃、武吉华,常务编委于拔、曲仲湘、李世英、李来荣、汪振儒、林英、周以良、姜恕,编委方正、王战、阳含熙、刘昉勋、朱彦承、孙祥钟、仲崇信、刘照光、李博、李治基、杜庆、宋永昌、吴中伦、吴征镒、陈庆诚、何绍颐、张宏达、张佃民、张经炜、张振万、卓正大、周光裕、周纪纶、金鸿志、林鹏、郑慧莹、姜汉侨、胡式之、祝廷成、钟章成、章绍尧、黄威廉、韩也良、蒋有绪,编辑金鸿志、宋书如、张昌祥。

是年,林英《江西森林植被的地理分布》(第二次中国植被分类分区及制图学术工作会议资料)由江西大学生物系刊印。

● 1982年

1月,吴中伦《植树节谈森林覆盖率》刊于《森林与人类》1982年第1期2～4页。

2月,吴中伦主编《热带亚热带山地丘陵建设与生态平衡学术论文集》由科学普及出版社出版。

2月27日,国务院颁布《关于开展全民义务植树运动的实施办法》(国发〔1982〕36号)。

2月,吴中伦《森林的价值和功能》刊于《中国地理(剪报资料)》1982年第2期17～19页。

3月,吴中伦、李贻铨《中国林业研究及其前景》刊于《湖北林业科技》1982年第1期3～6页。

3月,吴中伦《也谈森林与洪水》刊于《农业经济问题》1982年3期

34～35页。

3月10日，中国林学会和中国科协、中华全国总工会、共青团中央、全国妇联、中国国土经济研究会6个单位在北京政协礼堂举行科学造林绿化祖国的报告会。会议由中国科协副主席裴丽生主持，国土学会副理事长石山和中国林业科学研究院侯治溥研究员作了报告，会议向全国发出《科学绿化祖国倡议书》。童大林、雍文涛、罗玉川、马玉槐、张磐石、梁昌武、郝玉山、吴中伦等出席了会议。

4月，吴中伦《发刊词》刊于《热带林业科技》1982年第1期1页，同期，吴中伦《对海南岛森林的初步认识和林业建设的意见》刊于《热带林业科技》1982年第1期2～7页。

6月，林业部林业区划办公室《中国林业区划（上、下册）》（讨论稿）刊印。

6月，吴中伦《丰富多样的森林类型》刊于《森林与人类》1982年第2期5～8页。

8月31日至9月3日，中国林学会树木引种驯化专业委员会在杭州举办树木引种驯化学术讨论会，吴中伦主持会议。

9月，吴中伦在甘肃省林业局副局长何尚贤、中国林业科学研究院林研所崔森、助理研究员刘星成陪同在党川林场考察。

12月21日至26日，中国林学会第五次代表大会在天津举行，选举五届理事会理事长吴中伦，副理事长李万新、陈陆圻、王恺、吴博、陈致生，秘书长：陈致生（兼），副秘书长杨静，常务理事王恺、王明麻、任玮、冯宗炜、吴博、吴中伦、李万新、陈陆圻、陈致生、张观礼、周以良、范济洲、高长辉，顾问荀昌五、陶东岱、杨衔晋、朱济凡、程崇德、刘成训，理事于溪山、王恺、王战、王九龄、王凤翔、王业遽、王希蒙、王明麻、王景祥、尹秉高、方建初、布彦、白崑、白云祥、龙庄如、冯宗炜、邝炳朝、任玮、华践、刘榕、刘兰田、刘守绳、刘振东、刘清泉、关文安、关君蔚、孙丕文、邢劭朋、朱志淞、朱维新、陆平、陈威、陈平安、陈陆圻、陈致生、陈统爱、沈流、沈照仁、吴博、吴广勋、吴中伦、吴志曾、吴维垣、吴德山、李霆、李万新、李文杰、李幼荟、李含英、李金升、李家佐、李耀阶、辛业江、杨正昌、杨玉波、杨芳华、张汉豪、张观礼、严赓雪、林密、周以良、周重光、周乾峰、范济洲、郑树萱、娄匡人、赵

师抃、赵树森、胡芳名、贺近恪、柯病凡、俞新妥、高呼、高长辉、徐捷、徐永椿、聂皓、唐广仪、涂光涵、莫若行、黄中立、黄家彬、黄毓彦、梁昌武、阎树文、曹裕民、韩师休、傅圭璧、蒋建平、程绪柯、彭德纯、詹昭宁、廖桢、熊文愈、蔡灿星、蔡学周、蔡霖生。会上第一次颁发了中国林学会学术奖,吴中伦《中国国外树种引种概论》获中国林学会学术二等奖。

12月,中国林业出版社编《森林与水灾》由中国林业出版社出版,其中第43~49页收入吴中伦《也谈森林与洪水》。

● 1983年

1月,林业区划研究会成立,选举第一届理事会,董智勇任理事长,张肇鑫、王耕今、侯学煜、吴中伦、范济洲、刘于鹤、张华龄任副理事长,王炳勋任秘书长。

1月,吴中伦《浅谈混交林与纯林》刊于《中国林业》1983年第1期32~34页。

3月,《林业科学》第四届编委会成立,主编吴中伦,副主编王恺、申宗圻、成俊卿、肖刚柔、沈国舫、李继书、徐光涵、黄中立、鲁一同、蒋有绪,至1986年1月。

3月23日至27日,中科院生态系统研究站工作会议在北京友谊宾馆召开,参会代表57人,其中有《人与生物圈委员会》的阳含熙,生物学部的宋振能、张经纬、韩存志,动物所的马世骏、朱靖、陈永林、李世纯、贺一平,植物所的王献溥、姜恕、陈佐忠、杜占池,地理所的黄秉维、张荣祖、邱宝剑,综考会的赵献英、韩进轩,南京土壤所的蔡蔚祺,华南植物所的何绍颐、余作岳,西北高原生物所的夏武平、皮南林、郑生武、周新民、王德须,沈阳林业土壤所的程伯荣、赵大昌、徐振邦、崔启武、雷丙恒、许光辉,新疆生物土壤所的张鹤年,昆明分院生态室的马德三、游承侠,中国林业科学研究院的吴中伦,内蒙古大学的李博、刘钟龄、杨持、杨在中、郝敦元、陈敏,内蒙古农牧学院的李绍良,内蒙古林学院的穆天民,东北师大的朱廷成,吉林师大的张一,内蒙古自治区的昭那斯图、朝克巴图、乌力吉、苏德那木,吉林省的李真宪、夏景岐、杨野、郑桂枝等。吴中伦发言中指出:要点面结合,点要深,面要广,要根据生产中的问题做些工作。最后,马士骏作大会总结报告:①生态系统属于应用基础研究,在此基

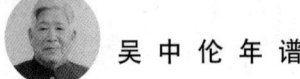

础上提高生产力；理论与应用研究要同时考虑，分清情况进行安排。应用研究成果要尽快推广到生产中去；②为多学科联合作战，所以要有健全的领导班子，行政组织要健全；③要有系统的思想，各学科要协调，要长期坚持，发扬吃苦耐劳的精神；长期与近期、室外与室内要结合；④在"六五"拿出成果，为生态系统研究奠定基础；⑤提出本项目的总体设计和各课题的研究进程，试行课题负责制；⑥密切与地方部门的协商。

3月，吴中伦编《国外树种引种概论》由科学出版社出版。该书由吴中伦、潘志刚、于中奎编写，分总论及各论两部分。总论简单阐明引种历史，引种原则及引种一般技术要求及注意事项。各论共收集乔灌木树种570种。大部分树种列述该树种在原产地的生态环境、生长情况。有些树种还列述该树种在其他国家的引种概况，各树种在国内生长情况也作了扼要记述。

4月，吴中伦在茂汶岷江河谷采集植物标本。

5月27日至6月1日，海南岛大农业建设与生态平衡学术讨论会在广东省广州市召开，这次会议是在中国科协主持下，由国家科委、原国家农委和广东科协共同负责，组织了中国林学会、生态学会、地理学会、气象学会、水利学会、热作学会、农学学会等16个学会和中国社会科学院的近百名专家教授到海南岛进行实地考察，经过一年多酝酿，共同筹备下召开的。农牧渔业部部长何康，中国科协书记处书记田夫、中共广东省委书记林若、省委常委杜瑞芝到会讲了话，参加会议的有全国性和地方性学会22个，全国知名专家、教授和科学工作者以及农牧渔业部、林业部、海南区和县党政领导共230余人，其中包括中国科学院学部委员马世骏、黄秉维、吴中伦以及著名科学家阳含熙、朱济凡、黄宗道、唐永銮、林英、张宏达、钟功甫等。这次学术会议是新中国成立以来第一次组织的多学科、综合性的大规模学术活动。作为海南岛学术考察负责人之一，吴中伦撰写《对海南岛大农业建设与生态平衡的若干建议》，最后由考察组提出《海南岛大农业建设的几点建议》，引起了中央领导的高度重视。

6月，吴中伦在四川省茂汶羌族自治县采集植物标本。

6月，吴中伦《中国林学会的过去和未来》刊于《森林与人类》1983年第2期2～3页。

6月4日至22日，中国人民政治协商会议第六届全国委员会第一次会议在北京召开，吴中伦作为科学技术界委员当选并参加会议。

7月6日,中国林学会召开纪念梁希百年诞辰筹备会议,罗玉川、雍文涛、李万新、刘学恩、周慧明、张楚宝等参加了会议,会议由吴中伦主持,会议研究了编写《梁希文集》《梁希纪念集》和纪念大会等问题。

7月,吴中伦当选第二届林业部科学技术委员会委员,至1986年12月。

8月,中国科学院学部委员、中国林业科学研究院研究员、中国林学会理事长吴中伦教授,到山东省泰安地区、临沂地区进行了一次专业考察。

9月24日,调整后的全国农业区划会议召开了第一次会议,由宋平同志主持,杜润生、何康同志等11人出席。会议的主要议题是①听取并审议农业区划委员会办公室关于全国农业区划工作和全国农业区划办公室主任会议情况的汇报;②研究建立科学顾问组和调整专业组;③关于召开第三次全国农业区划会议问题。成立农业区划委员会科学顾问组,组长卢良恕,副组长周立三,成员黄秉维、程纯枢、孙颔、吴中伦、谢家泽、俞德浚、沈煜清、邓静中、关玉瓒。

10月,吴中伦《沉痛悼念郑万钧同志》刊于《森林与人类》1983年第5期25~27页。

12月15日,首都各界隆重纪念梁希诞辰100周年。纪念会由全国政协、九三学社中央、中国科学技术协会、中国林学会、中国农学会联合举行。全国人大常委会副委员长、九三学社中央主席许德珩主持纪念会,中共中央政治局委员方毅、政协全国委员会副主席周培源以及中国林学会理事长吴中伦、中国农学会会长卢良恕先后在会上讲话。

12月,林英《江西森林的地理分布》刊于《江西大学学报》1983年第7卷第4期1~18页。

1984年

1月,吴中伦《梁希同志是我国林业教育的奠基人》刊于《中国林业教育》1984年第1期2~3页。

1月,吴中伦《对泡桐的认识和今后工作的初步意见》刊于《泡桐》1984年试刊号2页。

1月4日,中国环境科学学会选举产生第二届理事会,顾问于光远、过祖源、过基同、买永彬、曲仲湘、吴中伦、吴锦、芮沐、汪寅人、陈绎勤、张书农、杨铭鼎、费孝通、赵宗燠、胡汉升、陶葆楷、顾康乐、曾呈奎、薛葆鼎,第

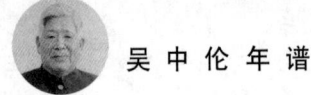# 吴中伦年谱

二届理事会理事长李景昭,副理事长曲格平、马世骏、陈西平、蔡宏道,秘书长曲格平(兼),副秘书长朱钟杰(专职常务)、郭方、刘天、舒惠芬;常务理事马大猷、马世骏、凡明、王文兴、王德铭、方丹群、刘天齐、刘培桐、刘静宜、朱钟杰、朱震达、曲格平、李苏、李国鼎、李宪法、李家瑞、李景昭、余贻骥、吴宏美、吴宝铃、吴鹏鸣、陈西平、金瑞林、张家麟、章申、郭方、段伯萍、胡家骏、钮式如、夏家淇、高拯民、盛愉、舒惠芬、蔡宏道、傅立勋、宋昌龄,至1990年12月。

3月1日,中共中央、国务院做出《关于深入扎实地开展绿化祖国运动的指示》,其中有:为了满足国内外关心我国绿化事业,愿意提供捐赠的人士的意愿,成立中国绿化基金会。

3月31日,中国林学会理事长、著名林学家吴中伦在国土经济学研究会上作了题为《林业生产建设与国土整治》的发言。

3月27日至4月1日,中国生态学学会第二届全国会员代表大会在桂林召开,大会一致推选马世骏为理事长,李冠国、林英、曲格平、夏武平、阳含熙为副理事长,方心芳、费鸿年、侯学煜、罗钰如、蒲蛰龙、曲仲湘、王战、吴中伦、熊毅、朱济凡为顾问。

3月14日,《人民政协报》第2版刊登雅黎《为了振兴祖国的林业——记全国政协委员、中国林学会理事长吴中伦》。

6月,吴中伦《祝贺〈浙江林学院学报〉创刊》刊于《浙江林学院学报》1984年第1卷第1期1页。

7月2日至7日,中国林学会树木引种驯化专业委员会与中国林木种子公司在广东省遂溪县举办全国树木引种驯化经验交流会,参加会议的有来自全国各省(自治区、直辖市)、市林业厅(局)的代表和有关的林业生产、科研单位和院校,以及植物园、树木园的专家和科技人员,共148人。中国林学会理事长吴中伦主持会议,并作了题为《林木引种工作的回顾与设想》的报告。

8月8日至15日,中国林学会第二届森林生态专业委员会暨森林生态系统定位研究方法学术讨论会在哈尔滨市召开,这次会议主要任务是:一、讨论在科技改革的新形势下,森林生态研究如何为我国四化建设服务以及发展我国森林生态学的问题;二、结合国家任务、课题项目和生态学理论,交流森林生态系统定位研究方法、实验手段和已取得的学术成果;三、选举产生第二届森林生态专业委员会。

8月,吴中伦《祖国林业在前进》刊于《森林与人类》1984年第4期2～3页。

8月,林业部在北京召开"全国林业出版工作会议",并聘请了67位专家、教授为中国林业出版社的特约顾问和特约编审。王恺、吴中伦、陈陆圻、王战、汪菊渊、王长富、阳含熙、刘学恩8人被聘为第一届中国林业出版社特约顾问。

9月20日,第六届全国人民代表大会常务委员会第七次会议通过《中华人民共和国森林法》,自一九八五年一月一日起施行。

9月27日,中国绿化基金会(China Green Foundation)召开第一届理事会宣告成立。中国绿化基金会第一届理事会名誉主席乌兰夫,顾问黄华,主席雍文涛,副主席许家屯、马玉槐、柴泽民,理事(16人)王化云、庄希泉、许涤新、汪滨、汪菊渊、吴中伦、罗玉川、胥光义、张平化、张宝顺、侯学煜、秦仲方、黄甘英、焦若愚、蒋毅、蔡若虹,秘书长汪滨。中国绿化基金会(China Green Foundation)是根据中共中央、国务院1984年3月1日《关于深入扎实地开展绿化祖国运动的指示》中,"为了满足国内外关心我国绿化事业,愿意提供捐赠的人士的意愿,成立中国绿化基金会"的决定,由乌兰夫等国家领导人支持,联合社会各界共同发起,经国务院常务会议批准。

10月3日,吴中伦题词《敬祝建德林场60年庆祝活动胜利进行》:建德林场是个历史悠久而卓有成绩的林场。上月得机会泛舟七里泷,绝览两岸青山,松杉并茂,嘉木葱郁是难得的一个良好国营林场。林场是林业的基层生产组织,只有办好林场,林业才能发展,木材和多种林产就能源源不断提供国民经济建设和人民生活的需要;就能维护良好的生态平衡,美化山河,使人民有一个优美的生产和生活环境。吴中伦 1984.10.3 建德林场是浙江省建立的第一个国营林场,始于1924年7月在浙江省立甲种森林学校的旧址上建立的浙江省立第一模范林场,场长郑畦,经营乌龙山10255亩山地。1928年3月与浙江省第二苗圃合并,称浙江省立第一造林场,1928年11月改称浙江省第二林场建德分场,1932年12月改组为浙江省农业改良总场建德林场,1934年2月改名建德林场,归省建设厅领导,1940年3月改称为浙江省农业改进所建德林业改进区,1946年1月改称为浙江省农业改进所建德林场。1949年5月,建德解放,浙江省农业改进所建德林场与县农业推广所合并,建立建德农林场,1950年2月改名为浙江省建德林场,属浙江省农业厅领导。1984年经营面积11.4811万亩。

10月,吴中伦主编《杉木》由中国林业出版社出版,是一部体现我国杉木育林理论和实践最完整、最系统的著作。本书共分二十章。第一章 绪论，论述杉木人工林的历史、现状、前景和有关杉木的科学研究；第二章 杉木的地理分布以及杉木在其他国家的引种栽培；第三章 杉木的分类学特征及形态解剖；第四章 杉木的生态；第五章 杉木生长发育及林分结构；第六章 杉木选种、育种；第七章 杉木的种子；第八章 杉木育苗技术；第九章 杉木产区区划及商品材基地建议；第十章 造林地选择；第十一章 造林密度及混交；第十二章 整地；第十三章 造林方法；第十四章 幼林抚育管理；第十五章 林粮间种；第十六章 杉木林间伐；第十七章 杉木林主伐及更新；第十八章 杉木虫害防治；第十九章 杉木病害防治；第二十章 杉木木材。

10月，华北树木志编写组编写《华北树木志》由中国林业出版社出版。吴中伦撰写《华北树木志》绪论。《华北树木志》完成人宋朝枢、茛哲新、张剑樵、马骥、李森、杨健君、张清华、周世权、金佩华、宋亦军、吴中伦，完成单位中国林业科学研究院林业研究所。《华北树木志》经过深入细致的野外调查、标本采集，查清了华北地区树木资源，增加了一些树种种类的新分布、新记录，提供了一些有发展前途的新的造林绿化树种和有开发利用价值的经济树种。全书共记载了华北地区野生与栽培木本植物89科，245属，799种和199个变种与类型。它填补了华北地区教学、科研与生产实际的资料不足，为收集保护和开发利用这一地区树种资源提供了科学依据，对我国树木学的发展和地方树木志的编写起了推动和指导作用。

11月18日，林业部董智勇副部长和河南省胡廷积副省长就如何在郑州筹建全国泡桐研究中心问题，经过协商达成了协议，协议规定：泡桐研究中心以林业部为主，部、省双重领导，人事、财务、物资、基建和业务技术领导以林业部为主，党的关系归地方。河南省林业厅协助林业部处理日常管理工作。林业部直接负责泡桐研究中心的基建投资、科研三项费和仪器、设备购买费。

12月5日，国家科委根据林业部〔1984〕林函305号文件的请示，以〔1984〕国科发管字1194号文件批复同意在河南省建立林业部郑州泡桐研究中心，该中心为林业部直属事业单位，实行部、省双重领导，以林业部为主体的领导体制。

是年，《杉木产区区划宜林地选择及立地评价》获1984年林业部科技成果三等奖。完成人吴中伦、侯治溥、盛炜彤、刘景芳、童书振、李海芳、叶淡元、陈缓柱、来家学、陈孔仁、张水松、陈章、蒋建屏、陈廉杰、张承芬、陈佛寿，完成单位中国林业科学研究院、广东林科所、广西林科所、湖南林科所、江西林科所。杉木是我国南方造林面积最大的速生用材树种,为了解决杉木商品材基地的规划、宜林地选择等问题,在对产区区划、林区立地类型划分应用和立地评价三个方面进行综合系统的研究基础上,提出了本项成果。(1)产区区划:按照杉木产区区划分为三带、五区、五个亚区、在此基础上提出了16片重点商品材基地的规划建议。(2)立地类型划分:在产区之下又按照地貌、岩性、局部地带及土壤条件划分类型区(亚区)、组及立地类型,并按此逐级控制的分类系统,提出了在林场的应用办法。(3)地位指数表编制:第一次编制了全国杉木(实生)地位指数表和区域性多因子数量化地位指数表用预测林分生长和林地生产力。上述三个技术内容是一个整体,可以为杉木商品材基地的布局和造林设计提供可靠的科学依据和具体方法,从而可以避免杉木造林的盲目性,提高造林的成活率、保存率和林木生长量。杉木产区区划及重点商品材基地规划建议已经作为全国及各省规划杉木商品材基地的依据之一。立地类型划分及立地评价已分别在江西分宜县、贵州黎平、锦屏县、福建松溪县等地的四个林场进行应用和验证。运用本研究成果中提出的技术路线和方法,并配合其他一般营林措施,可以避免或减少在杉木基地布局,造林地选择及设计育林措施上的盲目性,提高杉木造林的成效,避免"小老树"林的产生。

• 1985 年

2月26日,国务院学位委员会在北京召开第六次会议,会议审议通过了国务院学位委员会第二届学科评议组成员名单,吴中伦被聘为国务院学位委员会第二届科学评议组(林学分组)成员。

3月11日,由中国林学会、北京林学会、首都绿化委员会、共青团中央、中央绿化委员会、北京林学院6个单位联合在植树节前夕举行提高造林质量报告会,吴中伦出席会议。

4月,吴中伦《我国热带范围划分的商榷》刊于《热带林业科技》1985年第1期1~2页。

5月,经全国自然科学名词审定委员会同意,中国林学会成立林学名词审定工作筹备组,并制定《林学名词审定委员会工作细则》。

6月,吴中伦编《浅谈造林》由科学普及出版社出版。

9月，吴中伦《对国际森林年重要性的认识》刊于《河南林业》1985年第3期7~8页。联合国粮农组织宣布1985年为国际森林年。这一宣布得到许多国家的积极响应，因为它是关系到维护全人类美好生活环境的大事。世界上的森林面临着急剧减少，如不迅速采取有效措施，制止对森林的破坏并加强植树造林，全球性的生态平衡将难免失控而威胁人类的生活与生存。就我国来说，情况同样是严重的。我们要采取有力的措施制止破坏森林，并大力植树造林。

9月，吴中伦考察贵州梵净山林区，考察的路线从黑湾（海拔500米）溯沟而上到鱼坳（1100米），然后登云梯顺山梁直上，经茴香坪（1780米）、万宝岩（2100米）到金顶（2493米），沿途考察了森林类型、林分组成和结构及树种的垂直分布，作了简略的路线记录。之后吴中伦完成《对梵净山保护区建设的几点建议》。

10月，吴中伦《积极响应"国际森林年"的号召》刊于《热带林业科技》1985年第3期39页。

11月17日至22日，《林业科学》编委会在杭州召开庆祝创刊30周年纪念会暨全体编委会议，会议由主编吴中伦主持。

12月13日至18日，中国林学会第六届理事会理事长吴中伦，副理事长王恺（常务副理事长）王庆波、冯宗炜、陈陆圻、吴博、周正、陈统爱，秘书长唐午庆，常务理事马联春、王恺、王庆波、王明麻、冯宗炜、阎树文、陈陆圻、陈统爱、吴博、吴中伦、周正、周以良、张观礼、唐午庆、高长辉、袁有德，顾问王战、汪振儒、范济洲、阳含熙、徐燕千，理事马忠良、马联春、王恺、王九龄、王沙生、王庆波、王希蒙、王明麻、王贺春、王清泉、王景祥、王镇兴、毛子沟、尹秉高、牛树元、冯林、冯宗炜、龙庄如、史济彦、那木、全复、朱容、华践、孙丕文、刘永龙、刘玉萃、刘守绳、刘清泉、阎吉哲、阎树文、邢劭朋、陈威、陈陆圻、陈统爱、宋增、宋喜观、李蓬、李文杰、李幼蓁、李延生、李宽胜、吴博、吴广勋、吴中伦、吴天栋、吴国蓁、吴维坦、邹年根、沈国舫、杨芳华、周正、周以良、周政贤、林密、张万儒、张汉豪、张观礼、张华龄、张昌兴、张重忱、屈金声、金祥根、范福生、赵林、赵师抃、赵树森、施天锡、娄匡人、欧阳绍仪、钟伟华、贺近恪、胡芳名、郑世锴、郑树萱、柯病凡、俞新妥、唐午庆、容汉诠、高长辉、袁有德、徐纬英、涂忠虞、曹宁湘、曹再新、黄宝龙、鲁一同、蒋有绪、蒋祖辉、彭德纯、詹昭宁、管中天、潘文斗、樊俊，在第六次全国会员代表大会上，与会 160 余位林业专家、学者对我国森林资源持续下降问题深感忧虑。大家分析了下降原因，提出《扭转森林资源下降的紧急建议》，供中央领导决策参考。

12 月 27 日至 28 日，中国林学会学术部在北京举办公元 2000 年我国林业发展预测论证会，吴中伦主持会议。

• 1986 年

2 月，《林业科学》第五届编委会成立，主编吴中伦，常务副主编鲁一同，副主编王恺、申宗圻、成俊卿、肖刚柔、沈国舫、李继书、蒋有绪，至 1989 年 6 月。

6 月，以吴中伦为首的 25 名林业科学家出席中国科协第三次全国代表大会。他们怀着为"四化"建设贡献才智的赤诚之心，向大会并中共中央、国务院提出了《扭转森林资源下降的紧急建议》。中国科协第三次代表大会专出一期简报刊载此项建议，《中国科技报》全文刊登，对引起人们进一步重视保护发展森林资源起到了积极作用。

9 月，吴中伦《对梵净山自然保护区建设的几点建议》刊于《贵州林业科技》1986 年第 3 期 10～11 页。

9 月，吴中伦到延安树木园主持黄土高原树种资源搜集引种试验研究成果鉴定会并考察园内树木生长情况，之后到陕西楼观台考察。

10 月，吴中伦在内蒙古林科院树木园调研考察。

12 月，吴中伦当选第三届林业部科学技术委员会委员。

• 1987 年

1 月，吴中伦《我国亚热带林业生产建设的特点与前景》刊于《亚热带林业科技》1987 年第 1 期 1～4 页。

3 月，第一届林学名词审定委员会正式成立，顾问吴中伦、王恺、熊文愈、申宗圻、徐纬英，主任陈陆圻，副主任侯治溥、阎树文、王明麻、周以良、沈国舫，委员于政中、王凤翔、王礼先、史济彦、关君蔚、李传道、李兆麟、陈有民、孟兆祯、陆仁书、柯病凡、贺近恪、顾正平、高尚武、徐国祯、袁东岩、黄希坝、黄伯璠、鲁一同、董乃钧、裴克，秘书印嘉祐。

吴中伦年谱

3月,吴中伦《对浙江林业建设的浅见》刊于《浙江林业科技》1987年第2期1页。文中认为：浙江是一个多山的省份。通俗地说,全省地形可以概括为"七山一水两分田"。利用好,保护好占土地面积百分之七十的山地是建设美丽富饶的浙江省的关键和基础。山地的利用和维护首先要科学地发展林业。山地得到充分利用和妥善经营,也就保护了"一水两分田",全省就会有一个青山绿水,鸟语花香的美好舒适环境。

6月2日,《人民日报》第3版刊登傅威海《吴中伦等十位林业科学家提出重大建议,大兴安岭火灾损失可部分挽回,护林手段现代化再也不容忽视》。

6月23日,杨延森、吴中伦、曾昭顺、沈国舫等28人组成的林业专家组赴大兴安岭灾区调查研究火灾后恢复森林生态问题。

8月,《浙江林业科技》1987年第4期《中国林学会理事长吴中伦建议建立指导林业的科学管理体系》。中国林学会理事长吴中伦最近提出建议,希望在我国尽快建立起指导林业的科学管理体系。吴理事长认为,全国森林面积缩小、森林资源减少、生态平衡严重失调和木材供应极端紧张的主要原因是：1. 指导思想上的缺失。2. 木材价格不合理。3. 林权不清,执法不严。4. 不是科学培育和经营森林,而是搞形式主义。针对上述问题,吴中伦理事长建议：第一,对林业要有正确的指导思想,不能把森林当作矿产一样对待。第二,确定林价,调整不合理的木材价格,使林区增加收入,以利林区经营管理。第三,划清林权,认真贯彻执行《森林法》,坚决制止乱砍、滥伐,切实保护好森林。第四,建立指导林业的科学管理体系。当前重要的是发挥大批林业专业人才的作用。第五,广泛宣传保护发展林业的重要性,宣传森林对国民经济、生态效益、社会效益等方面的功能。

8月17日至23日,由中国林学会、联合国教科文组织驻北京办事处、中国人与生物委员会（MAB）、东北林业大学联合筹办的森林水文研究方法研讨会在中国哈尔滨市东北林业大学召开。中国林学会理事长、中国科学院学部委员吴中伦先生,联合国教科文组织驻北京办事处主任泰勒先生参加并主持了会议。来自4个国家的50多位专家、学者就森林水文学的研究方法和目前森林水文学研究中存在的问题进行了深入的讨论。会议期间,代表们考察了东北林业大学帽儿山实验林场和生态实验站的森林水文研究工作,并就东北林业大学的两个生态站所做的水文研究工作作了满意的评价,同时提出了宝贵的建议。

9月,吴中伦《我国森林资源现状分析和发展对策》刊于《林业工作研究(资料专辑)》1987年第9期1~9页。

11月,《中国林学会成立70周年纪念专集(1917—1987)》刊登《中国林学会第五、六届理事会名誉理事长——吴中伦传略》。原文为:中国当代森林生态学家、森林地理学家。浙江省诸暨县人。生于1913年8月29日。1940年毕业于金陵大学农学院森林系,后赴美国学习,1947年获美国耶鲁大学林学硕士学位,1949获美国杜克大学林学院博士学位。回国后任林垦部、林业部造林局总工程师。1956年以后相继任中国林业科学研究院研究员,并兼任过副所长和副院长等职。1962年任中国林学会第三届秘书长,1978年被选为中国林学会第四届副理事长(兼秘书长),1978年12月、1985年12月两次被选为中国林学会第五届和第六届理事长。1979年获芬兰林学会奖状和奖章。1980年当选为中国科学院生物学部委员。此外,吴中伦还兼任《林业科学》主编和《热带林业科技》《中国科学》《植物生态学和地植物学丛刊》的主编或编委,并担任过《农业大百科全书》林业卷编委会主任。

11月,吴中伦《森林资源现状分析和发展对策》刊于《内部文稿》1987年第11期18页。

11月,吴中伦《我国亚热带林业生产建设的特点与前景》刊于《亚热带林业科技》1987年第4期1页。

12月,中华人民共和国林业部林业区划办公室《中国林业区划》由中国林业出版社出版。

11月15日至12月1日,刘广运副部长率领中国林业代表团访问了美国,并签署了《中华人民共和国同美国内政部关于自然保护与交流合作议定书》。吴中伦参加访问并先后在耶鲁大学等5个院校分别作了2~5次学术报告,为中国与世界各国科学家建立友谊作出贡献,受到国际林学界的称赞。

● 1988年

1月25日至26日,国际行动理事会在葡萄牙里斯本召开全球森林消减趋势讨论会,会议由瑞典前首相乌尔斯滕主持,参加会议的有来自瑞典、葡萄牙、美国、联邦德国、英国、加拿大、波兰、尼日利亚、马来西亚、西班牙、巴西、意大利、日本和中国的政治活动家及生态学、林学、气象学等方面的专家共20多

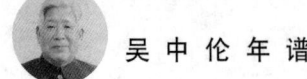

人，吴中伦参加会议。

2月2日至3日，中国林业科学研究院第三届学术委员会第一次会议在北京召开。会议由学术委员会主任委员陈统爱主持。第三届学术委员会成员李文华、裘维蕃、侯学煜、李连捷、吴中伦、黄枢、李继书、李石刚、吴博、邱守思、徐化成、周正、王恺、侯治溥、刘于鹤、陈统爱、洪菊生、马常耕、张万儒、盛炜彤、王世绩、蒋有绪、陈昌洁、竺兆华、肖江华、方嘉兴、卢俊培、赖永棋、刘德安、王华缄、杨民胜、成俊卿、何乃彰、董景华、王培元、王定选、宋湛谦、金锡侏、唐守正、朱石麟、施昆山、曾守礼、王棋等43人。李文华、曾守礼、王棋、王定选等同志请假未参加会议。学术委员会主任委员刘于鹤，副主任委员吴中伦、陈统爱，常务委员刘于鹤、吴中伦、陈统爱、王恺、侯治溥、黄枢、洪菊生，秘书吴金坤。刘于鹤主任委员作了第二届学术委员会的工作总结。

3月下旬，为尽快控制松突圆蚧蔓延危害，中国科协委托中国林学会牵头，组织30多名专家赴粤考察松突圆蚧虫害。吴中伦、马世俊、肖刚柔等生态、生物防治、昆虫等学科的专家在广东省惠东、珠海、中山、宝安等县市进行了现场考察。在考察论证的基础上，专家们将提出治理松突圆蚧的可行性方案，为更好、更快地治理600多万亩受害松林提供科学依据。

3月24日至4月10日，中国人民政治协商会议第七届全国委员会第一次会议在北京召开，吴中伦当选农林界委员并参加会议。

3月，吴中伦《怀念陈嵘老师》《林业科学》1988年第1期124～126页。《林业科学》摘要：陈嵘教授是我国著名林学家、教育家，林学著作甚丰，是我国现代林业科学的开拓者。新中国成立前曾任第一届中华农学会会长兼总干事长，并长期担任金陵大学教授、系主任等职。新中国成立后不久，即被选为中华全国科学技术普及协会林学组主任委员，以后任林垦部中央林业研究所所长，中国林学会第一、二、三届副理事长，第三届代理事长，并长期担任中国林学会学术刊物《林业科学》主编，九三学社中央科技文教委员会委员。1960年当选为全国政协第三届委员。1988年3月2日是已故陈嵘教授百年诞辰。为了学习陈嵘教授热爱党热爱祖国，一生为祖国林业科学事业献身的崇高品德，中国林学会决定开展纪念陈嵘教授百年诞辰的活动。为此，本刊特请中国林学会理事长、《林业科学》主编、中国科学院学部委员、著名林学家吴中伦教授和树木学家洪涛研究员分别撰写文章，以资纪念。

吴中伦年谱

4月，吴中伦《国际行动理事会在里斯本召开全球森林消减趋势讨论会》《世界林业研究》1988年第2期92～93页。

4月，吴中伦《世界毁林趋势及其原因和后果》刊于《世界林业研究》1988年第2期26～32页。文中认为：全球森林每年销毁达1100万公顷，主要是发展中国家的热带森林，温带森林变化不大，有些国家还有所增加。但面临着酸雨的危害，造成部分地区森林片状衰亡。森林销毁的原因是：（1）滥伐而不更新；（2）砍伐森林转为农业用地或牧场；（3）砍伐大量燃料用材。森林大幅度消减后所带来的后果：（1）影响气候变化，使全球性水文循环失调，改变了大气的组成，增加大气中二氧化碳含量，造成增温；（2）加剧水源区土壤侵蚀，造成河流下游泥沙淤积；（3）不少动植物物种濒临灭绝。

4月7日，七届一次全国人大、政协会议期间，中国农业工程学会和《农村实用工程技术》编辑部联合召开座谈会，邀请部分政协委员畅谈我国新时期农业发展与农业工程的任务，座谈会由政协委员、中国农业工程学会副理事长陶鼎来主持，吴中伦应邀参加座谈会。

6月，吴中伦作为农林界委员当选为全国政协第七届委员。

6月，吴中伦《建设三大林区是环境保护的战略措施》刊于《森林与人类》1988年第3期2～4页。

6月，吴中伦《参加国际行动理事会"全球森林消减趋势"讨论会的报告》刊于《林业科学研究》1988年第3期349～350页。

7月，江泽平从北京林业大学森林生态学硕士研究生毕业，论文题目《北京西郊山区油松人工林的水分关系及其生产力》，指导教师董世仁。

9月，江泽平考取中国林业科学研究院森林生态学专业博士生，师从吴中伦。

10月，吴中伦在四川采集披针叶胡颓子等标本。

是年冬，由吴中伦院士提名，中国林业科学研究院党组支持，任荣荣由湖南调北京任中国林业科学研究院副院长吴中伦秘书，之前于中奎、王豁然先后担任吴中伦秘书。

是年，杜克大学林业与环境学院授予吴中伦 CHARLES W.RALSTON AWARD（杰出校友奖）。Charles W.Ralston 博士、教授曾长期担任杜克大学林学院院长，后以他的名字命名杰出校友奖。

● 1989年

1月，中国林学会第七届常务理事会理事长董智勇，副理事长吴博（常务）、刘于鹤、沈国舫、周正、王明庥、冯宗炜、朱国玺，秘书长唐午庆，副秘书长马忠良，名誉理事长吴中伦，顾问汪振儒、范济洲、王战、阳含熙、徐燕千、王恺、陈陆圻、周以良、张楚宝、王庆波。吴中伦任中国林学会第七届委员会工作委员会名誉主任，刘永龙任主任，刘效掌、贺庆棠、王增元、李岩泉任副主任。

1月，中国科学院学部委员、中国林学会理事长吴中伦《刹住滥伐盗伐歪风扭转森林消减危机》刊于《大自然》1989年第1期24页。

4月，《中国农业百科全书·林业卷》（上、下册）由农业出版社出版，该书是在林业部的主持下，林业卷编辑委员会由梁昌武任顾问。吴中伦任主任，范福生、徐化成、栗元周任副主任，王战、王长富、方有清、关君蔚、阳含熙、李传道、李秉滔、吴博、吴中伦、沈熙环、张培杲、张仰渠、陈大珂、陈跃武、陈燕芬、邵力平、范济洲、范福生、林万涛、周重光、侯治溥、俞新妥、洪涛、栗元周、徐化成、徐永椿、徐纬英、徐燕千、黄中立、曹新孙、蒋有绪、裴克、熊文愈、薛纪如、穆焕文任委员，历时8年，组织400多位专家、学者编撰和审定完成。其中收录的林业科学家有：戴凯之、陈嵘、梁希、陈嵘、郝景盛、沈鹏飞、刘慎谔、郑万钧、叶培忠、杨衔晋、吴中伦、马大浦、牛春山、汪振儒、徐永椿、王战、范济洲、徐燕千、熊文愈、阳含熙、关君蔚、秉丘特.G（Pinchot Gifford，吉福德·平肖特）、普法伊尔.F.W.L.（Pfeil, Friedrich Wilhelm Leopold，菲耶勒·弗里德里希·威廉·利奥波德）、本多静六、乔普.R.S.（Robert Scott Troup，罗伯特·斯科特·特鲁普）、莫洛作夫，γ.ф.（Морозов，γ.ф.），苏卡乔夫.В.Н.（Владимир Николаевич Сукачёв，弗拉基米尔·尼古拉耶维奇·苏卡乔夫）、雷特.A（Alfred Rehder，阿尔弗雷德·雷德尔）。《中国农业百科全书·林业卷》全书共分16部分：林业总论、树种、树木生理、森林生态、自然保护区、林木育种、造林、森林经理、测树、林业遥感、森林防火、森林病理、森林昆虫、野生动物、竹类营林机械。共有1378个条目，插图976幅。书后附有条目分类目录、条目汉字笔画索引、条目外文索引、内容索引、林业常见生物拉丁文和汉文名称对照、中国林业大事年表。其中第677页载吴中伦。

4月，吴中伦《林业区划工作的回顾与展望》收入《农业资源调查和农业区划工作全面开展十周年科学报告会》89～91页。

吴中伦年谱

5月，吴中伦《林业区划工作的回顾与展望》刊于《农业区划》第10卷第2期31~32+14页。

7月，《林业科学》第六届编委会成立，主编吴中伦，副主编王恺、刘于鹤、申宗圻、冯宗炜、成俊卿、肖刚柔、沈国舫、李继书、栾学纯、鲁一同、蒋有绪，至1993年7月。

9月23日至11月8日，吴中伦应美中学术交流委员会邀请，到耶鲁大学林业与环境学院开展考察访问并进行学术交流，完成《赴美访问及学术交流简报》。

10月13日，《山西日报》报道，山西省垣曲县七十二混沟之间发现1.2万多亩原始森林，是黄土高原历史上森林茂密的有力见证，对黄河中下游人类活动、森林历史演变的研究具有重要科学价值。

10月21日，《中国林业报》第3版刊登吴中伦《振兴林业扩大森林资源之我见》。其中提出：林区是林业生产建设的主战场。我国林区地域辽阔，森林生长自然条件优越，树种和森林资源丰富多样。就东北林区、西南林区和南方山地林区来说，宜林地达2亿公顷以上，扣除部分难以开发经营的地段，也有1.5亿公顷，其中至少有10%是林木生产力高的土地，也就是说，有1500万公顷土地可以培育速生丰产林。我们只要把三大林区建设经营好，就能源源生产充足的木材和丰富的多种林产品。另一方面，更要看到流经这些林区江河的中下游都是适宜农业生产的平原、盆地和川地，江河两岸有许多大中城市。建设好林区对全国发挥的生态效益和社会效益将超过木材和林产品的经济效益。

11月8日至12日，由中国林学会树木引种驯化专业委员会和中国林木种子公司联合主持召开了"全国林木引种学术讨论会"。参加会议的有来自全国20个省（自治区、直辖市）的科研、生产、管理、教育部门共61名代表。学部委员吴中伦教授担任会议领导小组组长，在大会上作了"中国树木引种和科学研究的回顾与展望"的主题报告。期间组建中国林业科学研究院林业所林木引种研究室，和林业部种子公司合作建立全国性树木引种网络，与很多国家建立交换关系。11日，吴中伦到浙江省林业科学研究所参观指导，听取浙江省林科所近几年深化科技改革的情况汇报，由胡鹤龄副所长陪同参观了竹类标本室、竹种园和笋用林试验基地。

11月16日至19日，中国林学会首届青年学术讨论会在北京召开。来自全国21个省（自治区、直辖市）的50名代表，向全国青年林业科技工作者发出倡

议：用青春筑起中华绿色长城。中国林学会向胡兴平、周新华等14名取得优异成绩的青年科技工作者颁发了"中国林学会首届青年科技奖"。中国林学会名誉理事长吴中伦、理事长董智勇、副理事长沈国舫、刘于鹤以及著名生态学家阳含熙等出席了会议。

12月，吴中伦《浅论中国农用林业》刊于《泡桐与农用林业》1989年第2期63～65页。

● 1990年

6月13日，中国绿化基金会第二次理事会议召开，万里任基金会名誉主席，黄华任顾问，雍文涛任主席，周南、马玉槐、柴泽民任副主席，于珍、马玉槐、古元、田一农、刘广运、冯军、边疆、孙平化、庄炎林、许乃炯、朱高峰、汪滨、汪菊渊、吴中伦、李焕之、周干峙、周南、周冠五、杨文英、杨纪珂、杨珏、金鉴明、费志融、钮茂生、胥光义、侯学煜、柴泽民、袁晓园、徐柏龄、黄甘英、黄志祥、黄胄、童赠银、蒋毅、焦若愚、雍文涛、谭立明、霍震霆38人为理事。秘书长汪滨，副秘书长杨文英、白泰雪（兼办公室主任）。

7月，周以良、李世友等著《中国的森林》（中国地理丛书）由科学出版社出版。

8月，吴中伦《对"科技兴林"的战略和关键的设想》刊于《中国林业》1990年第8期14～15页。

9月，《中国大百科全书·农业卷》出版。全卷共分上、下两册，共收条目2392个，主要内容有农业史、农业综论、农业气象、土壤、植物保护、农业工程、农业机械、农艺、园艺、林业、森林工业、畜牧、兽医、水产、蚕桑15个分支学科。《农业卷》的编委由80余名国内外著名的专家组成，编辑委员会主任刘瑞龙，副主任何康、蔡旭、吴中伦、许振英、朱元鼎，委员马大浦、马德风、方悴农、王万钧、王发武、王泽农、王恺、王耕今、石山、丛子明、冯秀藻、朱元鼎、朱则民、朱明凯、朱祖祥、刘金旭、刘恬敬、刘锡庚、刘瑞龙、齐兆生、吴中伦、许振英、任继周、何康、李友九、李庆逵、李沛文、陈华癸、陈陆圻、陈恩凤、沈其益、沈隽、余友泰、武少文、俞德浚、陆星垣、周明群、张季农、张季高、贺致平、胡锡文、娄成后、钟麟钟、俊麟、侯光炯、侯治溥、侯学煜、柯病凡、范济洲、郑丕留、费鸿年、梁昌武、梁家勉、徐冠仁、高惠民、陶鼎来、

吴中伦年谱

袁隆平、奚元龄、郭栋材、常紫钟、储照、曾德超、盛彤笙、粟宗嵩、杨立炯、杨衔晋、黄文沣、黄宗道、黄枢、裘维蕃、熊大仕、熊毅、赵洪璋、赵善欢、蒋次升、蒋德麟、薛伟民、蔡旭、樊庆笙、戴松恩。金善宝、郑万钧、程绍迥、扬显东任顾问。《林业》分支编写组主编侯治溥,副主编熊文愈、周重光、黄中立,成员王松龄、任宪威、刘亢本、吴静如、杨玉坡、周晓峰、徐化成、徐燕千。

9月,吴中伦获国家特殊津贴。

9月,中国林业人名词典编辑委员会《中国林业人名词典》(中国林业出版社出版)著录吴中伦[2]:吴中伦(1913—),林学家。浙江诸暨人。1957年加入中国共产党。1940年毕业于金陵大学农学院森林系,1947年获美国耶鲁大学林学硕士学位,1950年获美国杜克大学林学院林学博士学位。回国后,历任中华人民共和国林业部总工程师,中国林业科学研究院副院长、研究员,国家林业总局副总局长。是中国科学院生物学部委员,第三届全国人大代表,第六届全国政协委员,国务院学位委员会第一、二届农学评议组成员,中国林学会第二届常务理事,第三届秘书长,第四届副理事长,第五、六届理事长,《林业科学》主编,《农业大百科全书》林业卷编委会主任。专长造林、森林植物和森林地理,曾领导组织了西南高山林区、大兴安岭林区的多学科综合考察,研究制订的大兴安岭林区的森林区划、林型分类、采伐方式、更新方法和育林技术等方案,被国家科委列为1965年全国重点科技成果,主编有《杉木》《国外树种引种概论》,译有H.J.欧斯汀著《植物群落的研究》。

10月,吴中伦《加强主要林区建设——发展森林资源,发挥森林生态效益》收入《中国科学院院刊》1996年第5期。中国科学院咨询课题组开展了"加强主要林区建设"咨询课题研究,出版了《加强主要林区建设——发展森林资源,发挥森林生态效益》的咨询报告,并将报告寄给钱学森指正。钱老复函称:"读后深受教益"。

12月,吴中伦、汪菊渊《〈中国梅花品种图志〉评介》刊于《中国园林》1990年第4期13页。

• 1991年

1月15日至16日,山西西部黄土高原综合治理优化开发科学考察成果论证会在山西太原召开,中国科学院学部委员、植物研究所研究员侯学煜,中国科学

---

[2] 中国林业人名词典编辑委员会. 中国林业人名词典[M]. 北京:中国林业出版社,1990:162-163.

院学部委员、中国林业科学研究院研究员吴中伦，中国科学院学部委员、研究员陈述彭等33位农业、林业、水保、生态、经济、地理、土壤、环保、系统工程等方面的专家，联名向国家提出《关于山西西山地区作为国家级生态经济实验示范区的建议》。

3月12日，《中国林业报》第3版刊登吴中伦《发动群众办好林场》。其中提出：办林场就要搞好规划设计，实行科学造林，林场可以起示范作用，这样就可以把植树造林建立在科学的基础上。

3月，天目森林旅游保健学会在浙江临安县成立，学会由浙江省临安县林业局负责，会员来自中国林业科学研究院、中国林业出版社、浙江林学院、浙江省林干校、杭州市林水局、千岛湖旅游管理局、天目山管理局以及临安县有关的10多个部门，林业部副部长刘广运、著名林学家吴中伦为学会名誉理事长，浙江林学院教授刘茂春为理事长。

5月，中国科学技术协会编《中国科学技术专家传略·农学编·林业卷（一）》由中国科学技术出版社出版。其中关于吴中伦的介绍刊载于第446～460页。林业卷（一）所载人物有：韩安、梁希、李寅恭、陈嵘、傅焕光、姚传法、沈鹏飞、贾成章、叶雅各、殷良弼、刘慎谔、任承统、蒋英、陈植、叶培忠、朱惠方、干铎、郝景盛、邵均、郑万钧、牛春山、马大浦、唐燿、汪振儒、蒋德麒、朱志淞、徐永椿、王战、范济洲、徐燕千、朱济凡、杨衔晋、张英伯、吴中伦、熊文愈、成俊卿、关君蔚、王恺、陈陆圻、阳含熙、黄中立共41人。

5月，吴中伦《谈谈生物学的前景》刊于《生物学通报》1991年第5期1～2页。

5月17日至18日，由中国林科院林研所、贵州农学院林学系、黑龙江林科院林研所、林业部调查规划院造林经营室共同承担的"用材林基地分类、评价及适地适树研究"专题在北京通过林业部鉴定。鉴定会由林业部顾锦章司长、刘效章副司长等主持，鉴定委员会由北京农业大学林培教授、林业部黄枢教授级工程师、中国林科院吴中伦、侯治溥、刘于鹤研究员等13名高级专家组成。

6月21日，《中国林业报》第3版刊登吴中伦《缅怀李范五同志》。

8月，江泽平从中国林业科学研究院森林生态学专业博士毕业，论文题目《麻栎（*Quercus acutissima*）、栓皮栎（*Q. variabilis*）及小叶栎（*Q. chenii*）的生态地理学》，获理学博士学位，指导教师吴中伦、蒋有绪。

是年,《华北树种资源的研究——华北树木志》获1991年林业部科技进步三等奖。完成人宋朝枢、苌哲新、张剑樵、杨健君、李森、马骥、孙丕炜、周世权、金佩华、吴中伦、张清华、卢炯林、梁书宾、王汝诚、马恩伟、朱元枚,完成单位中国林业科学研究院林业研究所、河南农业大学、河北林学院、北京林业大学、北京医科大学,完成时间1975年5月—1984年12月。通过八年的调查研究,查清了华北地区树种资源,《华北树木志》,共计100余万字,共分3部分论述,第一部分为华北地区自然概况,为林业区划提供科学依据。第二部分为华北树木分科检索表,便于读者鉴别科、属的差异。第三部分为科属种的叙述,华北地区树种资源共89科,245属,799种和199变种及变型。每种分别按中名、地方名、拉丁名、形态特征、生态习性、地理分布及经济价值等,并附有733幅形态插图,后附中名和拉丁名索引及词释。采用系统分类的研究方法,调查采集和鉴定,广泛向全国80个单位和专家进行征审,修改,达到主要技术指标和出版要求。以地区性为单元编写树木志本身就是创新点。《华北树木志》的出版,对地方树木志的编写和树木资源调查研究起了很大的推动和指导作用。《华北树木志》自1984年出版以来,为林业畅销书之一,中国林业出版社列为优秀图书参加全国优秀科技图书展览。该书已成为华北地区的林业、园林生产部门和科研、教学单位重要的科技工具书和参考书,5000册早已售完。《华北树木志》出版,对推动地方树种资源调查研究起到了带头作用,以本书的理论为指导,学术思想为依据,编著形式为模式,结合当地情况,编著地方树木志,近10年来,全国各地先后出版10几本地方树木志,如《黑龙江树木志》等。

是年,吴中伦《浅论兴林治水》刊于《森林与人类》1991年特刊10~11页。

● 1992年

3月26日,吴中伦参加全国政协七届五次会议。

3月10日,邮电部发行了一枚百山祖冷杉特种纪念邮票,并在百山祖冷杉的原产地浙江庆元举行百山祖冷杉特种纪念邮票首发式,与此同时,庆元县人民政府、庆元县林业局、庆元县百山祖自然保护区等单位在林业部、浙江省林业厅和丽水市林业局的指导下,在庆元县召开了"拯救百山祖冷杉研讨会"。来自北京、上海、云南、江苏和浙江等地的30余名代表以及百山祖冷杉的发现者吴鸣翔,特种邮票设计者曾孝濂同志参加了会议。学部委员吴征镒教授、中国林科院吴中伦教授作了书面发言。

4月18日,"吕梁地区生态农业总体规划"鉴定会议在北京科技会堂召开,吕梁地委书记王文学到会,参会人员40人,著名专家吴中伦、刘国光、卢良恕等17人组成鉴定委员会,边疆任主任委员。通过评审一致认为:这个规划在国内同类工作中处于领先水平,并达到国际先进水平。原中顾委委员杜润生和裴丽生先后在会上讲话。

6月,吴中伦《发展林业生产的对策》刊于《中国行政管理》1992年第6期35~36页。文中提出:林业生产建设概括说有两大目标:第一,生产木材和多种副产品。木材是林业生产最主要的产品,林业生产更多、更好、品种齐全的木材和多种林产原料,经过加工制造成为市场需要收益高的商品,为国家,为林区创造财富。第二,生态效益和社会效益。发挥森林涵养水源、保持土壤、调节气候、防风固沙等方面的生态功能为此经营培养各种防护林体系,净化空气,美化环境,开展城乡居民点和四旁绿化,兴建各种类型的森林公园,建立美丽舒适的生活环境。

6月8日,甘肃小陇山建局三十周年庆祝表彰大会在甘肃小陇山管理局礼堂举行,中国林业科学研究院吴中伦应邀参会。

8月,《邓叔群先生逝世二十周年林业部森林病理进修班创办三十周年纪念文集》刊印,吴中伦作序言,刊于1~6页。

12月,吴中伦《〈黑荆树及其利用〉一书之我见》刊于《林产化学与工业》1992年第4期314~342页。《黑荆树及其利用》是一本具有重要生产意义和丰富科学内容的专著。本书由20多位中国和国外有关黑荆树专家编写而成。其中有著名的黑荆树专家和优秀年轻科学家。虽然,这是一本集体创作的著述,但编排合理,序列清晰,成为一本内容丰富,系统性强的专著。国外专家的论文,由中国专家翻译成中文,内容翔实,文笔流畅。黑荆树是多用途而又速生的优良树种。

是年,朱至清、王敬驹、孙敬三、钱南芬、王玉秀、桑建利、路铁刚、匡柏健等《禾谷类高效细胞组织培养基》获中国科学院科技进步一等奖。钱南芬是钱崇澍的二女儿,吴中伦的夫人。《中国植物花粉形态》由王伏雄、钱南芬、张玉龙、杨惠秋撰写,1960年出版第一版,署名为中国科学院植物研究所形态室孢粉组,后经过较大增订,于1995年出版第二版,署名恢复为前面作者。

是年,中国林学会森林生态专业委员会改为中国林学会森林生态分会。

● 1993 年

1月19日,《中国林业报》第3版刊登吴中伦《祝愿林业生产建设宏图大展》。文中提出:新年伊始,加速发展经济建设,加快改革开放的形势越来越好。林业生产建设要抓住这个难逢的机遇,创造出具有中国特色的社会主义现代化林业生产新局面。林业生产方面很多,现在浅谈以下三点。第一,发掘林业生产的巨大经济潜力,为发展国民经济,繁荣农村,特别是山区农村经济做出贡献。第二,发挥森林生态系统维护生态平衡的功能。第三,森林能维护并改善环境,为日益发展的旅游业提供"山青水秀,鸟语花香","泉涓涓而始流,木欣欣以向荣",四时之景不同,使人流连忘返,创造出有益身心健康的景观和生境。

2月,吴中伦《森林防御自然灾害的功能》刊于《现代化杂志》1993年第15卷第2期16～17页。

5月25日至28日,中国林学会第八次会员代表大会在福建厦门召开。北京林业大学校长沈国舫当选为第八届常务理事会理事长,刘于鹤(常务)、陈统爱、张新时、朱无鼎副理事长,甄仁德当选为秘书长。中国林学会第八届理事会第一次全体会议一致通过吴中伦为中国林学会名誉理事长,授予王庆波、王战、王恺、阳含熙、汪振儒、范济洲、周以良、张楚宝、徐燕千、董智勇为中国林学会荣誉会员称号。会上颁发第二届中国林学会梁希奖和陈嵘奖,对从事林业工作满50年的84位科技工作者给予表彰,有北京市林学会吴中伦、赵宗哲、王兆风、王长富、范济洲、汪振儒、张正昆。

7月6日,《中国林业报》第3版刊登吴中伦《要切实保护好灌木林》。文中认为:中国灌木林面积很大,目前还没有进行详细系统的调查研究,而只是从中寻找一些已经知道可以利用的物种。可以说,我们往往是采取破坏性和竭泽而渔的办法对其利用。乱采乱掘滥伐不但毁坏植被,而且严重破坏地表,引起强烈水土流失和风蚀,后果不堪设想。同时还提出,随着经济的发展,灌木林也将成为开发对象之一。但我们对灌木林的起源、演替、组成、结构、生态特性还是知之不多,了解不深。当务之急要明确灌木林的管理领导体系,严格控制灌木资源开发利用,尽快制订灌木林管理保护法规。

8月,《林业科学》第七届编委会成立,主编吴中伦(至1995年8月),常务副主编沈国舫,副主编王恺、申宗圻、刘于鹤、肖刚柔、陈统爱、顾正平、唐守正、栾学纯、鲁一同、蒋有绪,至1997年10月。

8月27日，吴中伦迎来80岁寿辰，为祝贺吴老寿辰，中国林学会、中国林业科学研究院召开座谈会。林业部部长徐有芳委托部党组成员科技司司长刘于鹤向吴中伦祝贺并宣读了贺信。贺信说：数十年来，您为发展我国的林业科学事业，作出了重要的贡献。您一贯以勤奋刻苦、注重实践、认真严密、知识面宽而著称。靠自身顽强的拼搏，由一名贫苦村童成长为国内外著名的林学家、森林生态学家。徐部长在信中强调说：当前，我国林业建设正处在一个新的发展时期。为抓住机遇，用好机遇，发展"高产、优质、高效、持续林业"，必须依靠科学技术，充分发挥科学技术第一生产力的作用。与吴中伦一起工作过的30余专家参加了会议。沈国舫、顾正平和于志民在会上讲了话，并分别代表中国林学会及中国林业科学研究院、北林大和北京市林学会送了贺礼。吴中伦先生表示，为振兴我国林业、繁荣林业科学技术事业继续做出应有的贡献。

● 1994年

1月，吴中伦《我国林业发展的若干政策思路》刊于《林业科技通讯》1994年第1期1页。

8月，应台湾"中华农业发展基金会"的邀请，中国林业科学研究院研究员吴中伦，中国农学会常务理事王前忠和上海市程绪珂组成农林园组到台湾进行考察，从南到北，经历了6个市8个县，参观访问考察了32个单位，行程1500多千米。

9月，吴中伦从台湾回到广州，与徐燕千教授、张宏达教授在广东天井山林场考察。

10月12日，新型植物生长调节剂国际培训结业仪式举行，中国科学技术协会副主席、ABT基金会主席何康，中国科学院院士、中国林学会名誉主席吴中伦，中国工程院院士、中国林业科学研究院ABT研究开发中心主任王涛等，在热烈的掌声中，代表国家科委成果司和林业部科技司，向为推广应用ABT生根粉做出突出贡献的外国机构和个人颁发了证书、锦旗和奖品。获奖的机构有科特迪瓦高等教育和科学研究部、马来西亚郑棣有限公司、尼泊尔揣布温大学生物系、泰国皮契园艺中心产品改良部和越南河内大学生物学院。越南的吴阮武、尼泊尔的杰西和泰国的苏拉察获一等奖，马来西亚的林源德等3人获二等奖，尼泊尔的瑞特、法坦等6人获三等奖。

10月，吴中伦《庆祝亚林所建所30周年》刊于《林业科学研究》1994年专刊1～5页。

11月1日，林业部全国林木良种审定委员会成立，全国林木良种审定委员会顾问吴中伦、徐纬英，主任委员祝光耀，副主任委员王棋、刘效章、洪菊生、霍信璟。

是年，吴中伦完成《中国森林分区（修改稿）》。

1995年

1月，吴中伦《对广东省林业生产建设的几点浅见》刊于《林业科技管理》1995年第1期9～11页。

2月7日，《中国林业报》第3版刊登吴中伦《林业建设的三大阵地及其前景》。林业是以林木、木本植物为生产对象的。按照规划原则，林木应尽量在山坡地上种植；农业区的路旁、水旁、村旁也可以有计划地种植林木；城市和郊区也应利用空闲地发展林业。这三者应是林业建设的三大阵地，分别称为山地林业、田园林业和城市林业。

5月12日，吴中伦因病在北京逝世，终年82岁。

5月22日《人民日报》第4版刊登《中国科学院院士吴中伦逝世》。新华社北京5月19日电 中国科学院院士，原国家林业总局副总局长，中国林业科学研究院原副院长、研究员吴中伦，因病医治无效，于1995年5月12日在北京逝世，终年82岁。吴中伦先生1913年8月28日生于浙江诸暨，1940年毕业于金陵大学农学院森林系，1946年1月赴美留学，1950年在美国杜克大学获博士学位后回国，任林业部造林局工程师、总工程师。他1956年调中央林业科学研究所任研究员、研究室主任，1957年加入中国共产党。1959—1982年，他先后任中国林业科学研究院林业科学研究所副所长、国家林业总局副总局长、中国林业科学研究院副院长，1980年当选为中国科学院学部委员（后改为院士）。他是第三届全国人大代表，第六、七届全国政协委员；中国林学会第五、六届理事长，第七、八届名誉理事长。吴中伦先生从事林业科学研究工作数十年，对中国森林、主要树种和森林类型的分类和地理分布规律，以及森林与生态因素的相互关系进行了深入的研究，取得了开创性的重要成果，共撰写9部著作和120余篇学术论文。他在培养我国林业科研人才、发展我国与国际林业界的学术交流、促进

我国林学学科发展中做出了重要贡献。

5月23日,《中国林业报》第1版刊登《中国科学院院士吴中伦逝世》。我国著名的林学家和森林生态学家,中国科学院院士,原国家林业总局副总局长,中国林业科学研究院原副院长、研究员吴中伦,因病医治无效,于1995年5月12日23时50分在北京逝世,终年82岁。吴中伦先生1913年8月28日生于浙江诸暨,1940年毕业于金陵大学农学院森林系,后留校任教。1946年1月赴美留学,1947年在耶鲁大学林学院获硕士学位。1950年在美国杜克大学获博士学位后回国,任林业部造林局工程师、总工程师。1956年调中央林业科学研究所任研究员、研究室主任。1957年加入中国共产党。1959—1982年,先后任中国林业科学研究院林业科学研究所副所长、国家林业总局副总局长、中国林业科学研究院副院长。1980年当选为中国科学院学部委员(后改为院士)。他是第三届全国人大代表,第六、七届全国政协委员;中国林学会第五、六届理事长,第七、八届名誉理事长。曾被聘为国务院学位委员会第二届学科评议组(林业分组)成员、国家科学技术委员会农业生物学科组副组长、中国绿化基金会理事。他还曾担任《林业科学》《热带林业科技》主编,《中国科学》《科学通报》《植物生态学与地植物学丛刊》《世界林业研究》等学报和刊物的编委和顾问等职。吴中伦先生从事林业科学研究工作数十年,对中国森林、主要树种、森林类型的分类和地理分布规律,以及森林与生态因素的相互关系进行了深入的研究,特别是在大型林业综合考察,松树、杉木、泡桐等重要用材树种的生态习性,松属分类和地理分布,林木引种驯化,杉木商品材基地建设等研究方面都取得了开创性的重要成果,共撰写9部著作和120余篇学术论文。他在培养我国林业科研人才、发展我国与国际林业界的学术交流、促进我国林学学科发展中做出了重要贡献。

5月25日,《中国林业报》第1版刊登《向吴中伦同志遗体告别:林业部和有关方面领导同志参加告别仪式或送了花圈》。记者潘巧珍报道:5月19日上午,首都各界人士500余人,怀着沉痛的心情,来到八宝山革命公墓,向中国共产党的优秀党员、中国著名林学家、森林生态学家、中国科学院院士、中国林业科学研究院原副院长、研究员吴中伦同志的遗体告别。吴中伦同志是1995年5月12日在北京逝世的,终年82岁。林业部副部长王志宝、刘于鹤,部党组成员、中纪委驻林业部纪检组组长李昌鉴参加了遗体告别仪式。参加告别仪式的还有沈茂成、蔡延松、马玉槐、唐子奇、汪滨、刘琨、王殿文、林渤民等;中国工程院院

吴中伦年谱

士王涛、王明庥也参加了告别仪式。国务院学位委员会、中国科学院、中国科学技术协会、全国绿化委员会、林业部、林业部党组、中国林学会以及浙江省林业厅、中共浙江省诸暨市委、诸暨市政府、北京市林业局等102个单位送了花圈。正在大兴安岭指挥扑火的林业部部长徐有芳送了花圈。送花圈的还有高德占、雍文涛、何康、杜润生、于光远、徐冠华、金善宝、卢良恕、孙鸿烈、裴丽生等148人。澳大利亚林研所、台湾大学森林系及林研所、台湾金陵大学台北市校友会和一些国外专家、友人发来了唁电。吴中伦同志学识渊博,造诣精深。在长达60余年的林业工作中,他以锲而不舍的拼搏精神,为实现我国林业现代化和发展林业科技事业呕心沥血,奋斗终生,做出了重大贡献。他一贯热爱中国共产党,热爱人民,热爱社会主义,坚持四项基本原则,具有坚强的无产阶级党性。他一贯顾全大局,坚持原则,维护团结,遵纪守法,严以律己,廉洁奉公,谦虚谨慎。他始终坚持实事求是的原则,保持严谨的科学态度和踏实细致的工作作风。他联系群众,以身作则,赢得了林业科技界的敬佩。他德高望重,堪称林业科技界的一代师表。

8月,吴中伦《建议松树为中国国树》刊于《国土绿化》1995年第4期43页。中国树木种质资源丰富,仅乔木就2000多种,但唯有松树具有其他树种不及的优越特性。其一,松树的雄姿是国家的象征,不畏艰险是中华儿女自强不息精神的写照。她主干挺拔,高可达70米,象征着中华民族屹立于世界民族之林的雄姿。寿命长达5000年以上,在中国千年以上的古树随处可见,松树四季常绿,这将预示着祖国的共产主义事业万古常青。其二,松树文化历史悠久,是中国传统文化遗产的一个重要组成部分。自秦始皇救封泰山"五大夫"松以来,松树在中国人民的观念和社会心态中有不可取代的地位。人们常用"松竹梅"岁寒三友比喻人的高尚品德,用"松、鹤"祝贺健康长寿等等。其三,松树遍布全国,是中国土生土长的树种。"松树"作为松属树种的统称,广泛地被群众接受。美丽的"黄山松""长白美人松",优良的用材树种"红松"等都统称为"松树"。原产中国的松树有23种和10个变种,其中特产中国的有14个种和9个变种,广泛分布于我国31个省(自治区、直辖市),从海岸到高山都有生长,分布最高的可以到海拔4000米。我国疆域辽阔,气候、土壤等环境条件变化万千,没有一个植物学意义上的单纯的树种能在全国广泛分布。但松属树种能在全国普遍栽培。松树繁殖容易,管护方便。它结实量大,种源丰富,成苗率很高,可用

 吴中伦年谱

小苗，甚至芽苗上山造林，造林成活率高，5年左右郁闭。松树还可以用飞播造林，能迅速覆盖荒山荒地。松树郁闭后，不需要很多管理就能成林、成材。立地优越，管理较好的地段可用较短时间培育成中、大径级的栋梁之材。其四，松树的社会效益和经济效益显著。松树具有重要的生态价值和景观价值。松树所形成的森林面积约占中国森林总面积的22%。加上松树对环境的适应性广，在贫瘠土壤和高海拔地区（如黄山松、高山松）均能生长，所以对于保护中国的生态环境、维护生物多样性与森林的持续利用均有重要意义，对中国21世纪林业会产生深远的影响。松树生长快、产量高，木材是优质的建筑、造船、家具、造纸等原料；其副产品松脂是重要的化工原料，松树花粉、松籽等是美味佳品和保健食品。我认为松树作为国树最合适。（摘自中国科学院院士吴中伦先生在"人大"的提案）。

9月，《悼念〈林业科学〉主编吴中伦研究员》《林业科学》1995年第5期480页。中国著名林学家、森林生态学家，中国科学院院士，中国林业科学研究院研究员，中国林学会名誉理事长吴中伦先生，因病于1995年5月12日在北京逝世，享年82岁。吴中伦先生1913年8月28日生于浙江诸暨。1940年毕业于金陵大学农学院森林系。1946年赴美国留学，1947年获耶鲁大学林学院硕士学位。1950年在美国杜克大学获博士学位后回国，曾任林业部造林局工程师、总工程师。1956年调中国林业科学研究所担任过研究员、研究室主任、副所长。1957年加入中国共产党。1978至1982年间，还担任过国家林业总局副总局长，中国林业科学研究院副院长。1980年当选为中国科学院生物学部委员。他还是第三届全国人大代表，第六、七届全国政协委员，中国林学会第五、六届理事会理事长，第七、八届名誉理事长。吴中伦先生学识渊博，造诣精深。1954年写出的《中国林业区划草案》是我国第一部林业区划著作；1956年发表的《中国松属的分类与分布》具有重要的学术价值；他是我国林木引种驯化的开拓者之一，编写的《国外树种引种概论》是我国第一部引种驯化专著；他还主编了《杉木》一书，对发展我国杉木生产具有重要影响。他还曾任《中国农业百科全书·林业卷》编委会副主任，《中国农业百科全书·林业卷》主编，《中国森林》主编等。吴中伦先生十分重视学会工作，积极组织科学工作者为林业建设献计献策。在担任《林业科学》第四、五、六七届编委会主编期间，《林业科学》有了长足的进步与发展。明确提出了《林业科学》要面向林业经济建设，突出国家重点林业项目研究成果的报道，重视基础理论研究，反映我国林业学术水平，使论文质量有了很

大提高。吴中伦是中国共产党的优秀党员,积极拥护党的十一届三中全会以来的各项方针政策。强调科研工作必须结合生产,为林业建设服务。我国的林区几乎都有他的足迹。工作中一丝不苟,始终保持严谨的科学态度和踏实的工作作风。为人正直,生活简朴,廉洁奉公,谦虚谨慎。他德高望重,堪称林业科技界的一代师表。他的逝世是我国林业的重大损失。《林业科学》编辑委员会1995年5月

10月,黄鹤羽《中国林业科技界一代师表——吴中伦》刊于《植物杂志》1995年第5期40~41页。

是年,《杉木自然分布区和栽培史》获1995年湖南省林业厅科技进步三等奖,完成人吴中伦、程政红、侯伯鑫、洪菊生。杉木是我国特有的重要用材树种,栽培利用历史悠久。本项目采用野外考察与查阅文献相结合的方法,利用林学、古植物地理学、孢粉学、农林业考古学、古文字学、民族学、民族历史语言学、地名学、训诂学等,综合研究方法研究杉木栽培史,在国内为首次,国际上亦不多见。本项目依据大量资料,提出杉木起源于晚侏罗纪或早白垩纪东亚环太平洋地区,现代地理分布区是第四纪冰川后的残遗中心区;杉木栽培源于距今0.8万~1.2万年,我国南方史前农业火耕期,已有8000年以上栽培利用历史,杉木生产经历了萌芽—插条—实生苗造林的技术演变,插条与萌芽无性历史时期是主流;萌芽更新是杉木林群落天然更新的主要方式,历史时期曾存在杉木天然林,它是受火灾控制的偏途顶级群落。专家评议,上述观点均为首次提出,填补了杉木基础理论研究的空白,其成果居同类研究的国际先进水平。

1996年

6月,吴中伦、洪菊生、侯伯鑫、陈佛寿、程政红《〈左传〉"杞"考》刊于《湖南林业科技》1996年第2期1~4页。

8月29日,《中国林业报》刊登《征集〈吴中伦文集〉资料启事》:吴中伦先生是我国著名的林学家、森林生态学家和森林地理学家。为了纪念他对发展我国林业和林业科技事业做出的突出贡献,中国林业科学研究院决定编辑出版《吴中伦文集》。该"文集"主要收录吴先生学术论文和在不同场合的讲话文章,反映吴先生的学术成就和林业思想的学术论文、讲话、报刊文章、考察报告、重要书信、应他人之邀所作的序言以及重要的题词照片与复印件。恳请拥有以上资料的单位和个人与中国林业科学研究院联系。

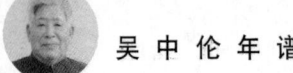

12月，刘东来、吴中伦、阳含熙、陈昌笃、赵献英、王勋陵、王梦虎、王敬明等《中国的自然保护区》由上海科技教育出版社出版。

12月，孙立元、任宪威主编《河北树木志》由中国林业出版社出版。本书共记载河北省（含北京和天津的野生种）乔木、灌木和木质藤本77科625种150变种和变型。吴中伦撰写《华北树木志》绪论。

● 1997年

3月，江泽平、王豁然、吴中伦《论北美洲木本植物资源与中国林木引种的关系》"North American Trees Qrown in China"刊于《地理学报》1997年第2期169～176页。

6月，《中国森林》编辑委员会编《中国森林》（第一卷：总论）由中国林业出版社出版。该卷为全书之纲，内容包括绪论及自然地理、五千年的森林变迁史、中国森林的地理分布规律、森林资源、森林动物、森林昆虫、森林病害、森林植物区系、森林分区、森林分类等重要章节。全书包括序、前言、绪论、第一篇 总论、第一章 中国自然地理环境、第二章 中国森林的变迁历史、第三章 中国森林的地理分布规律、第四章 中国森林资源、第五章 中国森林动物、第六章 中国森林昆虫、第七章 中国森林病害、第八章 中国森林植物区系、第九章 中国森林分区、第十章 中国森林分类。

● 1998年

10月，中国林业科学研究院《吴中伦文集》编辑委员会编《吴中伦文集》由中国科学技术出版社出版。《吴中伦文集》包括第一部分 综论，第二部分 森林地理，第三部分 森林资源，第四部分 森林生态，第五部分 林业生产，第六部分 营林技术，第七部分 序文、日记及其他。

● 1999年

6月，《中国森林》编辑委员会编《中国森林》（第二卷：针叶林）由中国林业出版社出版。本卷系统全面地阐述了我国针叶林105个森林类型。以森林志和森林学为特点，对每个森林类型的地理分布、生态环境、组成结构、生长发育、更新演替、评价及经营措施等进行科学总结，为森林经营管理和发挥森林的生吴中伦年谱

态、经济效益提供科学依据。第二篇 针叶林 包括第一章 落叶针叶林、第二章 常绿针叶林、参考文献。

● 2000年

6月,《中国森林》编辑委员会编辑《中国森林》(第三卷:阔叶林)由中国林业出版社出版。该卷系统全面地阐述了我国阔叶林206个森林类型。以森林志和森林学为特点,对每一个森林类型的地理分布、生态环境、组成结构、生长发育、更新演替、经营措施等进行科学论述。第三篇 阔叶林 包括第一章 落叶阔叶林、第二章 常绿落叶阔叶混交林、第三章 常绿阔叶林、第四章 硬叶林、第五章 季雨林、第六章 雨林、第七章 珊瑚岛常绿林、第八章 红树林、参考文献。

12月,《中国森林》编辑委员会编辑《中国森林》(第四卷:竹林、灌木林、经济林)由中国林业出版社出版。本卷系统全面介绍了我国竹林49个类型,灌木林53个类型,经济林51个类型。分别介绍这些类型的地理分布、自然环境、组成结构、生长发育、经营措施等内容,为森林经营管理和发挥森林生态、经济、社会效益提供科学依据。第四篇 竹林 包括第一章 散生竹林、第二章 混生竹林、第三章 丛生竹林;第五篇 灌木林(灌丛)第一章 旱生灌木林(灌丛)、第二章 中生灌木林、第三章 湿生灌木林、第四章 高寒灌木林;第六篇 经济林 第一章 油料林、第二章 干果林、第三章 香料林、第四章 药材林、第五章 工业原料林、第六章 条编林;参考文献;植物中文名;拉丁名对照表;植物拉丁名、中文名对照表;动物中文名、拉丁名对照表;动物拉丁名、中文名对照表;树木病害中文名、拉丁名对照表;树木病害拉丁名、中文名对照表。

12月,由吴中伦主编,260多位专家学者编撰的《中国森林》历时22年,全部出版,《中国森林》还包括各地区出版的系列专著。

● 2001年

2月2日,国家林业局在北京召开《中国森林》系列专著出版工作座谈会。《中国森林》共分四卷,总计360多万字。第一卷包括绪论及自然地理、森林变迁、森林地理分布、森林资源、森林动物、森林昆虫、森林病害、森林植物区系、森林分区、森林分类各章;第二卷为针叶林;第三卷为阔叶林;第四卷包括竹林、灌木林(灌丛)、经济林和动植物及病菌名录等。从1979年6月《中国

森林》编辑委员会召开第一次会议到2000年12月该书的最后一卷出版，这套系列专著的编撰出版历时22年。除这四卷外，《中国森林》系列专著还包括各地区出版的《森林》。目前，各地区已出版24本《森林》，《广西森林》即将出版。据统计，各地区《森林》总计1925万字，1000多人参加了编写工作。《中国森林》是一部指导森林培育、森林经营和森林管理的基础性应用专著。该书的编写内容和方法，在我国是空前的，在世界上也是罕见的。参加本书编撰的所有同志都兢兢业业、任劳任怨，付出了大量精力和心血。《中国森林》全书科学地表述了近500个森林类型（林系或林系组），充分反映了中国森林分布的特点和复杂性。书中采用了大量第一手调查资料，并附有照片、图表等，是一部内容丰富、资料翔实的巨著。该书始终坚持志学结合，寓学于志的编写指导思想，即坚持中国森林志和中国森林学相结合，寓森林学于森林志之中。所谓志就是按照群落生态学理论和志书要求，准确地记述覆盖在中国国境内的森林植被类型；所谓学就是把森林生态学及其相关学科理论贯穿全书。所以该书的资料性、科学性和实用性都很强。

2002年

1月，沈其益、吴中伦、欧世璜等著《中国真菌学先驱·邓叔群院士》由中国环境科学出版社出版。

6月，吴中伦《缅怀尊敬的邓叔群先生》刊于《中国科技史料》2002年第2期92～95页。

2006年

1月，吴中伦著《吴中伦云南考察日记（1934.6.29—1935.3.31）》（以下简称《日记》）由中国林业出版社出版。这部写于70年前，内容丰富的《日记》，不仅在当代林学界，即使在中国科学史上也实属罕见。作者以其严谨的科学态度，翔实记录了云南的山川风貌、自然环境、森林资源、植物种群等情况，还用优美的文笔描绘了云南边疆的社会经济、科学教育、人文地理、工商交通、民族风情等鲜为人知的历史史实。因此，这部《日记》无论对研究自然科学特别是林业科学，还是对研究社会科学都具有重要的学术价值。在中外历史上，我国明代大地理学家徐弘祖的《徐霞客游记》，英国生物学家达尔文的海上航行日记，可谓

吴中伦年谱

具有重大科学价值日记的代表作。我们深信《吴中伦云南考察日记》的出版必将在自然科学、社会科学、史志学等方面，同样会产生深远影响。"以史为鉴，可知兴替；以人为鉴，可明得失。"《日记》如实地记述他青年时代的事迹和学术成就，以及奉献科学的诚挚精神和爱国热忱，都是很值得当代年轻人、特别是青年科技工作者认真学习的。

5月，李荣高《林学家吴中伦与〈云南考察日记〉》刊于《云南农村经济》2006年第5期114～116页。吴中伦（1913—1995年），著名森林生态学家、森林地理学家。浙江诸暨人，1913年8月29日生。曾任中国林业科学研究院学术委员会副主任、研究员、博士生导师。1940年毕业于金陵大学林学系。1946—1950年赴美国留学，先后获美国耶鲁大学硕士学位和杜克大学林学博士学位。中国林业科学研究院研究员。任中国林业科学研究院副院长、中国林学会理事长等职，为中国科学院生物学部委员。长期从事造林学、森林生态学、森林地理学的研究，曾对中国主要林区进行广泛的调查和研究。五六十年代主持西南高山、大兴安岭的森林综合考察，领导《中国林业区划草案》的制订。主要著作有《中国森林》《国外树种引种概论》《杉木》等。对中国主要林区和造林区进行了广泛的考察，对重要用材树种的分类、地理分布、生态习性进行了研究，对中国西南部林区和大兴安岭林区的区划、林型分类、采伐方式、更新和育林技术做了深入的探讨，从而对国土绿化、园林化、保护水源林、发展薪炭林等提出了积极的建议。在树木引种驯化的理论和实践上，促进了中国引进国外松和其他优良树种的工作。1995年，林业总局原副局长，中国林学会原理事长吴中伦在北京逝世，终年82岁。

• 2009 年

2月，吴中伦《中国绿化之父傅焕光》刊于《金陵瞭望》2009年第2期22～23页。

• 2010 年

3月3日，《中国绿色时报》第4版刊登王希群《摩崖石刻"中林峰"》。

• 2012 年

3月，《20世纪中国知名科学家学术成就概览：农学卷：第二分册》由科学出版社出版，其中 485～494 页载吴中伦。国家重点图书出版规划项目《20 世纪中国知名科学家学术成就概览》，以纪传文体记述中国 20 世纪在各学术专业领域取得突出成就的数千位华人科学技术和人文社会科学专家学者，展示他们的求学经历、学术成就、治学方略和价值观念，彰显他们为促进中国和世界科技发展、经济和社会进步所做出的贡献。农学卷记述了 200 多位农学家的研究路径和学术生涯，全书以突出学术成就为重点，力求对学界同行的学术探索有所镜鉴，对青年学生的学术成长有所启迪。本卷分四册出版，第二分册收录了 51 位农学家。

2018 年

9 月 28 日，《中国绿色时报》刊登王建兰《吴中伦：中国森林地理奠基者》。吴中伦（1913—1995 年），浙江诸暨人。中国著名林学家、森林生态学家、森林地理学家，中国科学院学部委员（院士），全国劳模。是我国林业区划、林木引种驯化、把林学理论成功应用于中国林业建设的开拓者之一，在中国森林地理方面作出了奠基性的贡献。曾任中国林业科学研究院副院长，中国林学会理事长，第三届全国人大代表，第六、第七届全国政协委员。

10 月 27 日，中国林业科学研究院在建院 60 周年纪念大会暨现代林业与生态文明建设学术研讨会开幕式上，授予 47 位院内专家"中国林业科学研究院建院 60 年科技创新卓越贡献奖"，他们分别是郑万钧、吴中伦、王涛、徐冠华、蒋有绪、唐守正、宋湛谦、蒋剑春、洪菊生、许煌灿、黄铨、花晓梅、赵守普、黄东森、赵宗哲、陈建仁、路健、徐纬英、奚声珂、张宗和、郭秀珍、张万儒、白嘉雨、傅懋毅、杨民权、鲍甫成、萧刚柔、曾庆波、盛炜彤、郑德璋、彭镇华、江泽慧、顾万春、慈龙骏、杨忠岐、张建国、张绮纹、姚小华、李增元、周玉成、裴东、刘世荣、陈晓鸣、鞠洪波、苏晓华、于文吉、崔丽娟。

萧刚柔年谱

萧刚柔（自中国林业科学研究院）

 萧刚柔年谱

- **1918 年(民国七年)**

2 月 1 日,萧刚柔(肖刚柔,Xiao Gangrou,Hsiao Kang-Jou),出生于湖南省洞口县。萧刚柔父亲萧隆源、母亲曾仁娥;有姐姐萧秋灵、萧菊秀、萧玉贞、萧兰贞,弟弟萧士国;萧刚柔夫人杨秀元。

- **1934 年(民国二十三年)**

7 月,萧刚柔从湖南私立修业农业职业学校(1934 年 8 月更名湖南私立高级农业职业学校,1950 年 7 月改名湖南省立修业农林专科学校,1951 年 3 月湖南省立修业农林专科学校与湖南大学农业学院合并组建为湖南农学院,1994 年 3 月更名为湖南农业大学)毕业到长沙岳麓山湖南省立林务局任实习生,至 1937 年。

- **1937 年(民国二十六年)**

是年,萧刚柔考入安庆安徽大学农学院。

- **1938 年(民国二十七年)**

是年上半年,萧刚柔到广西柳州沙塘广西大学农学院读书。
10 月,萧刚柔转入广西宜山浙江大学农学院学习,至 1941 年 6 月。

- **1941 年(民国三十年)**

7 月,萧刚柔从浙江大学农学院植物病虫害系(昆虫组)毕业,获学士学位,之后到贵州遵义中国蚕桑研究所从事桑树害虫研究,任中国蚕桑研究所助理员,至 1942 年 8 月。

- **1942 年(民国三十一年)**

8 月,萧刚柔应聘到湖北恩施湖北省立农学院任助教,与教授李凤荪、讲师邓克奠共同建立了湖北省立农学院植物病虫害系,至 1944 年 8 月。
8 月暑假,萧刚柔深入鄂西各县进行害虫调查。
8 月,浙江大学增设理科研究所生物学部和农科研究所农业经济学部。

1943 年（民国三十二年）

9月，萧刚柔《蚋之吸血习性初步观察》刊于《新湖北季刊》1943年第3期42～154页。

1944 年（民国三十三年）

8月，萧刚柔到湖南省立安江农校任教员，至1945年3月。

10月12日，中国昆虫学会在重庆中华农学会所成立，主要发起人有邹秉文、邹树人、秉志、张巨伯、吴福桢、邹钟琳、蔡邦华、刘崇乐、陈世骧、忻介六等，到会者共50余人，吴福桢任首届理事长，首届理事会主要成员：邹钟琳、吴福桢、蔡邦华、于菊生、冯敩棠、忻介六、柳支英、曾省、李凤荪、陈世骧、何琦。吴福桢（1898—1996年），昆虫学家，江苏武进人。1921年毕业于东南大学农科病虫害系。1926年获美国伊利诺伊大学科学硕士学位。曾任东南大学、金陵大学、中央大学、中山大学、浙江大学教授，中央农业实验所技正、副所长。1944年与其他昆虫学家共同发起成立中华昆虫学会，任第一、二届理事长。中华人民共和国成立后，历任华东病虫防治研究所所长，宁夏农业科学院植物保护研究所研究员，中国昆虫学会第二届副理事长，中国植物保护学会第二届理事、第三届顾问。中国农工民主党党员，第五、六届全国政协委员。长期从事农业昆虫分类与害虫防治的研究。1959年起，用十年时间基本查清了宁夏农业昆虫的种类、分布及生活习性；发现国内昆虫新种三十个、世界新种八个，填补了我国昆虫资源调查的空白。参加《中国经济昆虫志》的编写工作，著有《宁夏农业昆虫图志》。

10月，李凤荪、萧刚柔《鄂西害虫之防治》刊于《农业推广通讯》1944年第10期27～28页。李凤荪（1902—1966年），昆虫学家。1930年毕业于金陵大学农林生物系。1936年获美国明尼苏达州立大学农业昆虫学硕士学位。中华人民共和国成立后，历任湖南大学农学院教授、院长，湖南林学院教授，中南林学院教授，1956年任中国科学院农学部学部委员。是中国昆虫学会北京总会常务理事，湖南分会理事长，湖南省科协副主席。著有《中国经济昆虫学》《中国乡村寄生虫学》《中国棉作害虫》《蚊虫防治法》《李凤荪昆虫文集》等。

1945 年（民国三十四年）

2 月，李凤荪、萧刚柔《鄂西害虫调查》刊于《民主与科学》1945 年第 1 卷第 2 期 13～16 页。

3 月，萧刚柔到四川省农业改进所任技士，从事川南两季稻螟虫研究及成都郊区螟虫调查与防治，至 1946 年 7 月。

3 月，李凤荪、萧刚柔《鄂西害虫调查（续）》刊于《民主与科学》1945 年第 1 卷第 3 期 15～19 页。

9 月，抗日战争胜利，湖北省立农学院迁回武昌。

1946 年（民国三十五年）

是年初，萧刚柔任湖南长沙农业改进所技士。

7 月，萧刚柔考取浙江大学理科研究所研究生，研究昆虫生理。

8 月，萧刚柔《川南两季稻三化螟生活史及其防治（上）》刊于《农业推广通讯》1946 年第 8 卷第 8 期 29～30 页。

9 月，萧刚柔《川南两季稻三化螟生活史及其防治（中）》刊于《农业推广通讯》，1946 年第 8 卷第 9 期 20～22 页。

10 月，萧刚柔回浙江大学理科研究院攻读研究生，1948 年 7 月。

10 月，萧刚柔《川南两季稻三化螟生活史及其防治（下）》刊于《农业推广通讯》1946 年第 8 卷第 10 期 18～19 页。

12 月，萧刚柔《川南两季谷三化螟及二化螟生活史之观察》刊于《川农所简报》1946 年第 7 卷全期 86～103 页。

1948 年（民国三十七年）

8 月，萧刚柔留学美国，在美国爱阿华州立农工学院研究院研究昆虫生理。

1949 年

10 月，湖南省立克强学院与湖南师范学院、湖南商学院、湖南省立音乐专科学校、私立民国大学合并为湖南大学，湖南省立克强学院改为湖南大学农业学院，分农艺、农经、植物病虫害三系，李凤荪任湖南大学农学院教授、院长。

1950年

2月，12个自然科学学会在北京联合召开年会，昆虫学会的代表参加，会上草拟了《中国昆虫学会章程（草案）》，中华昆虫学会改称中国昆虫学会，冯兰洲任理事长。

8月，萧刚柔从美国爱阿华州立农工学院研究院毕业，获理学硕士。

10月，萧刚柔回国，到长沙任湖南大学农学院教授，至1951年3月。

1951年

3月，《湖南农学院院刊》创刊，萧刚柔《666粉剂毒杀竹蝗工作经过》刊于《湖南农学院院刊》1951年（创刊号）20～28页。

3月9日，湖南省立修业农林专科学校和湖南大学农业学院合并组建湖南农学院。萧刚柔任湖南农学院植物病虫害系教授，至1951年8月。

5月8日，中央人民政府内务部向中国昆虫学会颁发了社会团体登记证书。

9月1日，中国昆虫学会在辅仁大学召开第一次全国会员代表大会，选举冯兰洲为中国昆虫学会第一届理事会理事长，朱弘复为秘书长。冯兰洲（1903—1972年），昆虫学家，医学寄生虫学家，中国医学寄生虫学的奠基人之一，山东临朐人。冯兰洲1920年毕业于益都县守善中学。1929年毕业于山东济南齐鲁大学医正科。1929—1933年在北京协和医学院寄生物学系任助教。1933年8月到英国利物浦热带卫生学院进修半年。1934—1937年在北京协和医学院寄生物学系任讲师。1937—1942年在北京协和医学院寄生物学系任助教。1942—1947年任北京大学医学院寄生虫学教研室主任教授，兼任天津东亚毛织厂附属药厂研究员。1947—1952年任北京协和医学院寄生物学系教授。1950年任中国科学院研究员及医学昆虫室主任。1952—1956年在北京协和医学院寄生物学系任主任教授。1957年被选为中国科学院生物学部学部委员。1958—1960年任中国医学科学院所属上海寄生虫病研究所所长、教授。1960—1972年任北京协和医学院寄生物学系主任、教授。确定了我国疟疾和丝虫病的主要蚊虫媒介，并对媒介白蛉传播黑热病的作用进行了深入研究，为防治我国主要的寄生虫病提供了科学依据和理论基础参与拟订了《寄生物学名词》《无脊椎动物名词》《昆虫学名词》《蜱螨学名词》等。1972年1月24日因心脏病在京逝世。

8月，萧刚柔任武汉大学农学院教授，至1952年2月。

1952 年

2 月，萧刚柔回湖南农学院任教授，1952 年 10 月。

9 月 22 日，教育部院校调整，以武汉大学农学院、湖北省农学院的整体和原中山大学、南昌大学、河南大学、广西大学、湖南农学院、江西农学院的部分系（科）组建成立华中农学院，校址设在湖北省农学院原址宝积庵，萧刚柔任华中农学院植保系教授，兼农虫教研室主任，至 1957 年 1 月。

是年，萧刚柔参加中南爱国卫生运动委员会工作，主持武汉市及其附近地区有关细菌、昆虫调查，采集、制作了不少昆虫标本，并鉴定出一部分昆虫学名。

1953 年

1 月 1 日，中央林业部林业科学研究所成立，所长陈嵘。

1954 年

是年，华中农学院成立植物保护系，普通昆虫学成为主干课程，是全系必修的专业基础课程，内容涉及昆虫外部形态、生物学、内部解剖及分类学，主讲教师姚康教授、萧刚柔教授、王家清副教授、吴美禾老师，开课学时 200 学时，其中实验 80 学时，教学实习 2 周。

1955 年

12 月 8 日，中央林业部林业科学研究所以林秘字〔1955〕498 号文报请林业部备案。林业科学研究所为适应工作发展的需要，经研究拟将森林病害、森林昆虫及森林防火 3 个研究组从造林系抽出，成立森林保护，暂由薛楹之、王增恩临时负责。林业科学研究所研究机构由 4 系改为 6 个研究室，即：森林植物研究室、造林研究室、森林经理研究室、森林保护研究室、木材研究室、林产化学研究室。

1956 年

12 月，华中农学院教授萧刚柔《水稻螟虫的防治方法》收入中国共产党湖北省委员会办公厅编辑《农业生产先进经验 第 2 集》53～57 页。

1957 年

1月17日,林业部同意中央林业部林业科学研究所成立11个研究室:植物研究室,由林刚任主任;形态解剖及生理研究室,由张伯英任主任;森林地理研究室,由吴中伦任主任;林木生态研究室,由阳含熙任主任;遗传选种研究室,由徐纬英任主任;森林土壤研究室,由阳含熙任主任;造林研究室,由侯治溥任主任;种苗研究室,由侯治溥任主任;森林经理研究室,由黄中立任主任;森林经营研究室,由王宝田副主任;森林保护研究室,由王增恩、薛楹之负责。

2月,萧刚柔调任中央林业部林业科学研究所森林保护研究室任研究员兼室主任,至1971年11月。

5月,华中农学院植物保护系萧刚柔、杨秀元《一种皮箱害虫的初步报导》刊于《昆虫知识》1957年第2期71~72页。

9月,北京林学院开办全国森林昆虫教师进修班(至1958年),原来聘请苏联著名昆虫学家、生物学博士C.C.普洛佐洛夫讲学,苏联专家回国后,学员们的毕业论文都在萧刚柔的指导下完成。

11月,(苏)B.波波夫,H.M.特鲁什金娜著;肖刚柔、陈敏仁译《农药杀虫杀菌剂与无机肥料的鉴定》由化学工业出版社出版。

是年,肖刚柔、泰锡祥等完成《应用杀虫烟剂防治马尾松毛虫和黄脊竹蝗方法》,工作时间1956年冬至1957年,本成果研制成林研——5786杀虫烟剂和(6)Ⅲ-A杀虫烟剂,在林间防治效果好,对马尾松毛虫3~4龄幼虫所致死平均死亡率在83%以上,防治黄脊竹蝗3~4龄跳蝻,可达100%死亡率。

1958 年

1月,萧刚柔也使用肖刚柔名。

1月,肖刚柔、泰锡祥、伍敦祥《林研——5786杀虫烟剂配制成功》刊于《林业实用技术》1958年第6期2页。

3月,中华人民共和国林业部林政司森林保护处《杀虫烟剂在林业上的应用》由中国林业出版社出版,由秦锡祥、伍敦祥、萧刚柔著。

4月,林业部林业科学研究所萧刚柔、秦锡祥、伍敦祥,林业部经营局方思诚、邱守思、刘绍铮,湖南省林业厅王本仁《两种杀虫烟剂对马尾松毛虫和黄脊竹蝗的防治研究》刊于《林业部林业科学研究所研究报告(营林部分)》(1957

年第 1 号）。

6 月，杨秀元、萧刚柔《向日葵大害虫——桃蛀螟（Dichocrocis punctiferalis Guénée）的初步研究》刊于《应用昆虫学报》1958 年第 2 期 109～135 页。

6 月，萧刚柔编著《水稻害虫》由农业出版社再版。

10 月 27 日，中国林业科学研究院正式成立，院长张克侠。

是年，萧刚柔到内蒙古克什克腾旗白音敖包从事云杉扁叶蜂研究，采取以烟剂为主的防治方法，基本上控制了虫害。

● 1959 年

是年，萧刚柔任中国林业科学研究院林业科学研究所森林昆虫研究室研究员。

4 月，中国科学院昆虫研究所主编《昆虫学集刊（1959）》由科学出版社出版，其中 38～45 页收入肖刚柔《竹蝗研究与防治》。

9 月，北京林学院森林昆虫学教师进修班《森林害虫初步研究报告》由科学出版社出版。

10 月，北京林学院主编《森林昆虫学》由农业出版社出版，该书是总结当时我国森林昆虫研究成果，系统向森保专业及林业专业学生教授森林昆虫学的有关知识的第一本较完整的教材，无疑在我国森林保护人才的教育培养方面，起着有益的启蒙作用，由蔡邦华、萧刚柔教授主持，组织全国森林昆虫专家张执中、田恒燕、黄旭昌、任作佛、吴次彬、黄竟芳、范迪等编著，此外，伍佩珩、马文良、李宽胜、文守易、王德明、邓陈仁、王希蒙、章荷生、陈芝卿、毛行园、阎俊杰、于诚铭、许维谨、李桑君等同志也参与了部分工作。全书各章所附插图除极少部分外，均由高其毅、田恒德同志共同完成。

10 月，罗敬业、肖刚柔《武汉地区水稻螟虫生活习性及发生规律观察初报》刊于《华中农学院学报》1959 年第 3 期 97～109 页。

10 月，中国林业科学研究院林业科学研究所森林保护研究室昆虫组编著《森林昆虫论文集 第一集》由科学出版社出版，萧刚柔、王贵成、伍敦祥《内蒙云杉扁叶蜂生物学及其防治的初步研究》收入 224～257 页。

11 月 13 日，中国林业科学研究院以林院保字〔1959〕第 230 号文发给北京林学院：同意你院聘请肖刚柔先生为森林保护专业研究生导师。

是年至 1961 年，萧刚柔从事应用航空化学防治落叶松花蝇的研究，取得了应用飞机喷药防治这种害虫的一整套技术和经验。

● 1961 年

3 月 10 日至 17 日，中国林业科学研究院林业科学研究所与林业部保护司共同召开森林保护会议，保护室主任萧刚柔参加会议。

3 月 23 日，中国林业科学研究院林业科学研究所副所长徐纬英、造林室主任阳含熙、保护室主任萧刚柔一同到河南省考察睢杞试验基地，布置试验工作。

5 月，中国昆虫学会理事会根据全国科协《关于学会今后一个时期工作的几点意见》的规定，在机构组织上进行了改革。其中，充实理事会：第一届理事会的理事为 15 人，在反右运动中有几人出缺，与日益发展的繁忙会务不相适应，经与有关方面联系，按照《几点意见》决定扩大理事名额为 39 人，以充实本届理事会。名单为：陈世骧、朱弘复、龚坤元、岳宗、蔡邦华、刘崇乐、高墨华、周明牂、曹骥、柳支英、萧采瑜、吴征鉴、林昌善、萧刚柔、吴宏吉、曾省、傅胜发、邹钟琳、杨惟义、任明道、张若蓍、李俊、马世骏、钦俊德、赵养昌、孙本钟、冯兰洲、何琦、杨平澜、黄其林、祝汝佐、赵善欢、蒲蛰龙、陈常铭、李隆术、张学祖、吴福桢、朱象三、忻介六，理事长陈世骧，秘书朱弘复，副秘书长岳宗。

8 月 7 日，中国林业科学研究院林业科学研究所萧刚柔被中国昆虫学会聘为《昆虫学报》编委、经济昆虫委员会委员。

● 1962 年

1 月 11 日，中国林业科学研究院公布在京单位科级以上（所一级另行公布）领导干部职务。其中有阳含熙（造林室主任）、黄中立（经营室主任）、张英伯（树改室主任）、萧刚柔（森林保护室主任）、袁嗣令（森林保护室副主任）、薛楹之（航空化学灭火室副主任）等。

4 月 25 日，中国林业科学研究院分党组研究决定，将林业科学研究所森林保护室分为森林昆虫研究室、森林病害研究室，萧刚柔任森林昆虫研究室主任，袁嗣令任森林病害研究室副主任，航空化学灭火室改为航空化学灭火研究室，薛楹之任航空化学灭火研究室副主任。

11月15日，严静君、徐崇华、肖刚柔、丁道模、沈光普、宗林生《关于1960—1962年马尾松毛虫数量变动规律的研究》刊于《中国昆虫学会1962年学术讨论会会刊》。

11月，肖刚柔《中国腮扁叶蜂亚科昆虫研究（膜翅目、扁叶蜂科）》收入《中国昆虫学会1962年学术讨论会会刊》。

是年至1966年，肖刚柔对马尾松毛虫的生物学、种群动态、预测预报及防治方法作了比较深入的研究，研究结果多已应用于生产。

• 1963 年

2月，根据中国科协意见，中国林学会召开在京理事会议，决定在常务理事会下设4个专业委员会，即林业、森工、普及委员会和《林业科学》编委会。《林业科学》北京地区编委会成立，陈嵘任林业委员会主任委员，郑万钧任《林业科学》编委会主编，编委陈嵘、郑万钧、陶东岱、丁方、吴中伦、侯治溥、阳含熙、张英伯、徐纬英、汪振儒、张正昆、关君蔚、范济洲、黄中立、孙德恭、邓叔群、朱惠方、成俊卿、申宗圻、陈陆圻、宋莹、肖刚柔、袁嗣令、陈致生、乐天宇、程崇德、黄枢、袁义生、王恺、赵宗哲、朱介子、殷良弼、张海泉、王兆凤、杨润时、章锡谦，至1966年。

3月，肖刚柔《中国腮扁叶蜂亚科昆虫研究（膜翅目、扁叶蜂科）》刊于《林业科学》1963年第1期15～28页。

11月，肖刚柔《水稻害虫（修订版）》由农业出版社出版。

• 1964 年

4月，北京林学院森林保护专业研究生李镇宇毕业，留校任教。

6月，肖刚柔、严静君、徐崇华、丁道模、沈光普《马尾松毛虫（*Dendrolimus punctatus* Walker）发生动态的研究》刊于《林业科学》1964年第3期1～20页。

7月8日至10日，中国昆虫学会成立20周年庆祝大会在北京举行，以学术活动方式进行庆祝纪念，并举办昆虫学会史料展览，老中青会员欢聚一堂，隆重庆祝。这次大会与中国动物学会成立30周年大会同时召开，开幕典礼联合举行，中国科学院生物学部童第周主任为执行主席，宣布大会开幕；秉志教授致开幕词。

会议推举了新的理事会，陈世骧★任理事长，朱弘复★任秘书长，龚坤元★、岳宗★任副秘书长，蔡邦华★、刘崇乐★、高墨华★、周明牂★、曹骥★、柳支英★、萧采瑜、吴征鉴、林昌善★、萧刚柔★、吴宏吉、曾省、傅胜发、邹钟琳、杨惟义、任明道、张若蓂、李俊、马世骏、钦俊德、赵养昌、冯兰洲、何琦、杨平澜、黄其林、祝汝佐、孙本忠、赵善欢、蒲蛰龙、陈常铭、李隆术、张学祖、吴蔼桢、朱象三、忻介六（有★者为常务理事）。

● 1965 年

是年，萧刚柔任中国林业科学研究院林业研究所研究员。

● 1969 年

9 月，中国林业科学研究院派出第三批"五七干校"学员，林业研究所副所长吴中伦等一批从国外留学归国的科技人员到干校参加劳动。

● 1971 年

8 月，《森林保护手册》由农业出版社出版。

11 月，萧刚柔调任河北衡水地区农科院工作，至 1977 年 4 月。

● 1972 年

1 月，《林业病虫防治手册》由农业出版社出版，徐天森参加编写。

10 月，中国科学院在兰州举行"珠穆朗玛峰地区科学考察总结"会议。在这次会议的基础上，中国科学院为青藏高原考察制订了一个长期、系统、全面的计划，即《中国科学院青藏高原综合科学考察规划》，其中心任务是"阐明高原地质发展的历史及隆升的原因，分析高原隆起后对自然环境和人类活动的影响，研究自然条件与自然资源的特点及其利用改造的方向和途径"，并于 1973 年成立以冷冰为队长、孙鸿烈为副队长的中国科学院青藏高原综合科学考察队，组织了院内外 23 个单位，共 75 名科学工作者，包括地质、冰川、地理、生物、农业、林业、水利等 22 个学科，拉开了对青藏高原进行大规模综合科学考察的序幕。从 1973—1980 年，考察队先后组织有关研究所、高等院校、生产部门等数十个单位，40 余个专业，770 余人次参加考察研究工作。考察区域从喜马拉雅山脉到藏北无人区，从横断山区到阿里高原，考察队员的足迹几乎遍布青藏高原全境。他们克服了各种艰难困苦，获得了数以万计的第一手科学资料。例如：发现了多条蛇绿岩带、喜马拉雅地热带、三趾马动物群化石、恐龙化石、盐类矿床和油气显示；观测到珠峰旗云、珠峰地面的强力加热作用，冰川风；采集到野生大麦和野生小麦、7 个植物新属、300 多个植物新种，以及 20 个昆虫新属、400 多个昆虫新种，缺翅目昆虫的发现填补了一个"目"的研究空白。经过 5 年的野外工作和近 4 年的室内总结，撰写出版了《青藏高原综合科学考察丛书》，共 31 部 42 册约 1700 万字。1978 年全国科学大会上，中国科学院青藏高原综合科学考察队受到国务院嘉奖。

● 1973 年

6 月，《森林保护手册》由农业出版社出版第二次印刷。

● 1974 年

11 月 10 日至 16 日，肖刚柔参加农林部在杭州召开的防治松毛虫经验座谈会。

● 1977 年

5 月，肖刚柔调回中国林业科学研究院林业研究所任研究员。

7 月，肖刚柔《日本松树主要害虫及防治方法》刊于《林业科技通讯》1977 年第 7 期 36 页。

9 月，肖刚柔《美国南部种子园害虫的防治》刊于《林业科技通讯》1977 年第 9 期 35 页。

● 1978 年

4 月 25 日，中国农林科学院林业研究所更名为中国林业科学研究院林业研究所，随中国林业科学研究院机关同时迁回万寿山后中国林业科学研究院原址。所长侯治溥，副所长徐纬英、史宗濂、萧刚柔、崔连山、赵尚武，书记王庆波。萧刚柔任职至 1981 年。

5 月 9 日，中国林业科学研究院召开职工大会，宣布院机构设置和人事安排，任命梁昌武为中共中国林业科学研究院分党组书记，陶东岱为副书记，郑万钧、李万新、杨子争、吴中伦、王庆波为委员，郑万钧为院长。

5 月，萧刚柔任中国林业科学研究院林业研究所研究员、副所长，兼森林昆虫研究室室主任，至 1981 年。

11 月 24 日至 12 月 1 日，中国林学会在武汉召开森林害虫生物防治学术讨论会，会议由理事萧刚柔教授主持。

12 月，中国昆虫学会在广东省广州市召开 1978 年年会，增选陈世骧为理事长，朱弘复为副理事长兼秘书长，蔡邦华、邹钟琳、吴银桢、柳支英、周明牂、蒲蛰龙、赵善欢任副理事长，龚坤元、岳宗任副秘书长，吴征鉴、曹骥、萧刚柔、吴宏吉、任明道、马世骏、林昌善、钦俊德、赵养昌、张若蓂、杨平澜、祝汝佐、陈常铭、李隆术、张学祖、朱象三、忻介六、康子文、陈仲梅、孟庆华、李贵真、周尧、李丽英、李友才、陆宝麟、徐荫祺、温廷桓、黄可训、钱传范、胡少波、束炎南、郎所、陈德明、陈永林、赵建铭、孟祥玲、王大翔、刘维德、赵修复、屈天祥、傅守三、李根君、李宗池、章士美、陈方洁、张孝羲、程振衡、林郁、齐兆生、甘运兴、程暄生、陈瑞鹿、贺钟鳞、王焘、印象初、刘长富、相里矩、徐顺侬、张履鸿、邱式邦、邱守思，西藏一名。

是年，中国科学院动物研究所分类研究室建议萧刚柔组织人员承担中国整个叶蜂类的分类研究。

是年至 1980 年，萧刚柔主持《马尾松毛虫及赤松毛虫研究》。

● 1979 年

1 月 8 日，中国林学会、中国土壤学会、中国植物学会等学会的 19 位著名专家学者联名向方毅、王任重副总理并邓副主席上书，建议收回林业部森林综合调查大队，在北京建立森林经理（调查设计）研究所。19 位著名专家学者是：郑万钧（中国林业科学研究院院长、中国林学会理事长、研究员）、李连捷（北京农业大学教授、中国土壤学会常务理事、北京土壤学会理事长）、陶东岱（中国林业科学研究院副院长、中国林学会副理事长）、朱济凡（中国科学院林业土壤研究所副所长、中国林学会副理事长）、李万新（中国林业科学研究院副院长、中国林学会副理事长）、吴中伦（中国林业科学研究院副院长、中国林学会副理事长兼秘书长）、杨子铮（中国林业科学研究院副院长、中国林学会理事）、侯学煜（中国科学院植物研究所生态室主任、中国植物学会常务理事、研究员）、侯治溥（中国林业科学研究院林业研究所副所长、研究员）、阳含熙（中国科学院自然资源综合考察委员会研究员、中华人民共和国"人与生物圈委员会"秘书长）、吴传钧（中国科学院地理所研究员）、陈述彭（中国科学院地理所研究员）、范济洲（北京林业大学教授、中国林学会副秘书长）、徐纬英（中国林业科学研究院林业研究所副所长、研究员）、肖刚柔（中国林业科学研究院林业研究所副所长、研究员）、张英伯（中国林业科学研究院研究员）、黄中立（中国林业科学研究院研究员）、程崇德（国家林业总局副总工程师）、杨润时（国家林业总局副总工程师）。

1月23日，中国林学会经常务理事会通过改聘《林业科学》第三届编委会。主编郑万钧，副主编丁方、王恺、王云樵、申宗圻、成俊卿、关君蔚、吴中伦、肖刚柔、阳含熙、汪振儒、张英伯、陈陆圻、贺近恪、侯治溥、范济洲、徐纬英、陶东岱、黄中立、黄希坝，共有编委65人。

是年初，中国林业科学研究院林业研究所恢复学术委员会，成立第一届学术委员会，委员侯治溥、徐纬英、崔连山、张英伯、黄中立、萧刚柔、袁嗣令、高尚武、马常耕、宋朝枢、潘志刚、赵天锡、蒋有绪。

4月，林业部森林综合调查大队回迁北京，同时将林产工业设计院留在北京的航测室收回，扩建为林业部调查规划设计院。

8月5日到11日，国际植物保护会议第四次大会在美国首府华盛顿召开，中国植保学会由沈其益、赵善欢、朱宏复、齐兆生、萧刚柔、柯冲、周广源和裘维蕃组成，沈其益任团长、裘维蕃和朱宏复分任植病和昆虫秘书，周广源为代表团翻译兼干事。

10月，中国林业科学研究院科技情报研究所《中国林业科技三十年（1949—1979）》中国林业科学研究院科技情报研究所刊印，其中283～298页收录萧刚柔《我国森林昆虫研究的回顾与展望》。

10月12日至17日，中国林学会在北京召开林业科学技术普及工作会议，产生第四届普及工作委员会。会上交流经验，制定计划，健全组织机构，制定科普工作条例。会议由副理事长，科普工作委员会主任委员陈陆圻主持。科普工作委员会由80位委员组成。主任委员陈陆圻，副主任委员程崇德、常紫钟、李莉、高尚武，常务委员王恺、汪振儒、肖刚柔、陈致生、关君蔚、关百钧、孟宪树、吴博。

11月10日至16日，中国林学会森林病害专业委员会筹备组在西安召开林木钻蛀性害虫学术讨论会，肖刚柔主持会议。

● 1980 年

1月，林业部成立林业部科学技术委员会第一届委员会，主任委员雍文涛；副主任委员梁昌武、杨天放、杨延森、郑万钧；秘书长刘永良。委员雍文涛、张化南、梁昌武、张兴、杨天放、张东明、杨延森、赵唯里、汪滨、杨文英、吴中伦、陶东岱、王恺、李万新、侯治溥、张瑞林、徐纬英、刘均一、肖刚柔、范学圣、高尚武、贺近恪、关君蔚、黄枢、马大浦、程崇德、梁世镇、董智勇、郝文荣、涂光涵、牛春山、杨廷梓、吴中禄、李继书、任玮、徐国忠、刘松龄、韩师休、黄毓彦、杨衔晋、王凤翯、王长富、王凤翔、周以良、沈守恩、范济洲、余志宏、陈陆圻、邱守思、申宗圻、朱宁武、林叔宜、李树义、林龙卓、徐怡、吴允恭、刘学恩、沈照仁、刘于鹤、陈平安。

8月，世界第十六届国际昆虫学会议在日本京都召开，中国出席会议的代表有蔡邦华、肖刚柔、周尧、杨平澜、忻介六、马世骏、钦俊德、甘运兴等。

8月，严静君、周淑芷、肖刚柔《应用灯光诱杀马尾松毛虫》刊于《昆虫学报》1980年第4期381~388页。

11月8日至13日，中国林学会学术部在厦门举办利用病毒防治林木害虫学术讨论会，肖刚柔主持会议。出席会议代表61人，收到论文、研究报告共40篇。中山大学蒲蛰龙、中国农科院吕鸿声和复旦大学乐云仙应邀到会分别作昆虫病毒流行病学、昆虫病毒研究国内外动态以及昆虫病毒研究基本技术的报告。

● 1981 年

3月16日至20日，森林害虫综合治理学术讨论会在云南省昆明市召开，来自全国25个省（自治区、直辖市），包括教学、科研、生产、新闻、出版单位的代表共169名（其中列席代表69名）参加了这次会议，会议收到各种论文共142篇。会议由中国林业科学研究院林研所副所长肖刚柔教授主持开幕式。中国科学院动物研究所所长蔡邦华教授首先在大会上作了开幕发言。会议期间，中共云南省委副书记高治国和省科委副主任、省科协主席李雨枫等同志专门到会看望了全体与会代表。云南省科协副主席苏音同志在开幕式上讲话，肖刚柔、李天生

萧 刚 柔 年 谱

《谈谈松毛虫的综合管理问题》收入中国昆虫学会林虫组编辑《森林害虫综合管理》（云南林业厅印刷）48～51页。

4月20日至6月25日，中国杨树委员会主任委员梁昌武会同中国林业科学研究院林业科学研究所副所长徐纬英、肖刚柔、袁嗣令、赵宗哲、陈炳浩等14人组成了平原农区杨树综合考察组，对华北平原、江汉平原、洞庭湖区的河北、山东、河南、湖南、湖北5个省，10个地区，30个县进行了平原农区林业考察。考察方法为一般考察和典型调查相结合，考察后整理出17万字的调查资料，于10月以内部刊物《平原农区林业》提供给全国第五次平原农区绿化会议，会后向林业部提出建立平原农区杨树商品材基地的建议。

6月，肖刚柔、黄孝运、周淑芷《黑松叶蜂属Ⅳ esDdipri 仰三新种记述（膜翅目、广腰亚目、松叶蜂科）》刊于《林业科学》1981年第17卷第3期247～250页。

10月，中国科学院青藏高原综合科学考察队《西藏昆虫（第一册）》由科学出版社出版。

• 1982年

2月，中国科学院青藏高原综合科学考察队《西藏昆虫（第二册）》由科学出版社出版，肖刚柔、吴坚编写《树蜂科》（347～350页）。

10月，中国昆虫学会在江苏省南京市召开第三次全国会员代表大会，根据本会章程推定朱弘复为中国昆虫学会第三届理事会理事长，蒲蛰龙、赵善欢、赵建铭、忻介六、陆宝麟为副理事长，龚坤元（秘书长）、陈仲梅、孟祥玲（副秘书长）、马世骏、束炎南、萧刚柔、林昌善、曹骥、管致和为常务理事，组成常务理事会。会议决定成立林业昆虫专业委员会，负责人萧刚柔、邱守思、曹诚一。

11月，Hsiao Kang-Jou "Forest Entomology in China : A General Review" 刊于 "Crop Protection" 1982年第1卷第3期359～367页。

是年，肖刚柔任中国林业科学研究院林业研究所研究员兼室主任，至1988年。

• 1983年

3月，《林业科学》第四届编委会成立，主编吴中伦，副主编王恺、申宗圻、成俊卿、肖刚柔、沈国舫、李继书、徐光涵、黄中立、鲁一同、蒋有绪，至1986年1月。

3月，中国林业科学研究院主编《中国森林昆虫》由中国林业出版社出版，编辑委员会委员有蔡邦华、萧刚柔、于诚铭、田泽君、李亚白、李亚杰、李周直、李宽胜、张执中、徐天森、彭建文。该书是我国第一部大型森林昆虫专著，是在著名昆虫学家蔡邦华、森林昆虫学家肖刚柔主持下，由全国二百多位从事森林昆虫研究的科教人员编写而成。该书介绍了中国森林昆虫的全貌，介绍森林害虫444种、天敌昆虫31种、林区资源昆虫多种，是中华人民共和国成立以来我国30余年森林昆虫研究的成果。

3月，肖刚柔、周淑芷、黄孝运《叶蜂科（Tenthredinidae）两新种（膜翅目：广腰亚目）》刊于《林业科学》1983年第19卷第1期46～49页。

5月，肖刚柔、吴坚《丽松叶蜂属（Augomonoctenus）一新种（膜翅目：松叶蜂科）》刊于《林业科学》1983年第19卷第2期141～144页。

6月，肖刚柔、黄孝运、周淑芷《中国松叶蜂属（Diprion）昆虫研究（膜翅目 广腰亚目 松叶蜂科）》刊于《林业科学》1983年第19卷第3期277～283页。松叶蜂属（Diprion Schrank）昆虫的幼虫以松、云杉、冷杉或落叶松针叶为食，有时为害相当严重。据记载广东省郁南县马尾松林1980年被六万松叶蜂（Diprion liuwanonsi ssp.nov.）为害，面积达2000余亩。本属昆虫世界上已记载6种，中国过去没有记载。近年来在广东、广西、云南、浙江、江西、辽宁等省（自治区）收集到此属标本若干，经鉴定发现4新种和1新记录。模式标本均保存在中国林业科学研究院林业科学研究所昆虫标本室。

10月19日至23日，第五次全国平原绿化会议在郑州召开，会议提出开展植树造林，是整治国土，建设良好的自然生态环境的重大战略措施，是我们国家的既定国策。

12月，肖刚柔《澳大利亚农林害虫生物防治概况》刊于《昆虫天敌》1983年第5卷第4期251～256页。

12月，《林业科学：昆虫专辑》（1983）刊行。萧刚柔、吴坚《中国树蜂科昆虫研究（膜翅目，广腰亚目）》刊于《林业科学》1983年（昆虫专辑）1～29页。萧刚柔、吴坚《防治天牛的有效天敌·管氏肿腿蜂》刊于81～84页。

• 1984 年

3月8日，中国林学会在京扩大常务理事会讨论通过，同意成立中国林学会森林昆虫分会专业委员会。

8月，萧刚柔被聘为第二届中国林业出版社特约编辑。

8月，肖刚柔、黄孝运、周淑芷《中国松叶蜂科（Diprionidae）昆虫研究（膜翅目 广腰亚目）》刊于《林业科学》1984年第20卷第4期366~371页。

9月26日，萧刚柔为中国共产党预备党员。

9月，萧刚柔、吴坚《长颈树蜂属一新种（膜翅目：长颈树蜂科）》，刊于《昆虫分类学报》1984年第1期133~135页；同期，萧刚柔《云南腮扁叶蜂亚科两新种（膜翅目：扁叶蜂科）》刊于137~140页；萧刚柔、周淑芷、黄孝运《云南松叶蜂科七新种（膜翅目：广腰亚目）》刊于141~150页。

是年，萧刚柔、周淑芷、黄孝运著《1979—1984年中国膜翅目广腰亚目新种和新记录名录》1984年由中国林业科学院森林保护研究所刊印。

• 1985 年

3月，肖刚柔、黄孝运、周淑芷《中国松叶蜂科（Diprionidae）昆虫研究（膜翅目广腰亚目）（续）》刊于《林业科学》1985年第21卷第1期30~43页。

7月，萧刚柔《中国森林害虫生物防治研究利用近况》刊于《生物防治通报》1985年第2期25~35页。

8月，中国昆虫学会编《中国昆虫学会成立四十周年庆祝大会暨学术讨论会会刊（1944—1984）》刊印，其中51页载萧刚柔《森林昆虫专业组学术讨论小结》。

9月26日，肖刚柔批准为中国共产党正式党员。

10月20日至27日，中国林学会森林昆虫专业委员会成立大会暨森林害虫综合防治学术讨论会在甘肃省兰州市召开，萧刚柔主持会议。会议代表140多人，收到论文120多篇。会上宣布中国林学会森林昆虫专业委员会成立，有委员37人，中国林业科学研究院肖刚柔教授任主任委员，湖南省林科所彭建文副研究员、林业部邱守思处长和北京林业大学张执中副教授任副主任委员。委员会下设昆虫分类、综防、检疫、种实害虫、资源昆虫、化防、生态、天敌和病原等9个专业学组。

1986 年

2月，《林业科学》第五届编委会成立，主编吴中伦，常务副主编鲁一同，主编王恺、申宗圻、成俊卿、肖刚柔、沈国舫、李继书、蒋有绪，至1989年6月。

3月，孙明雅、奚福生、刘政主编《马尾松毛虫天敌图志》由广西人民出版社出版，肖刚柔作序。

6月，张旭、肖刚柔、卢崇飞、李天生《马尾松毛虫落粪及有关因子与种群密度关系的研究》刊于《林业科学》1986年第22卷第3期252～259页。

6月，王敏生、肖刚柔、吴坚《中国铺道蚁属（膜翅目：蚁科）昆虫研究》刊于《林业科学研究》1988年第3期264～274页。

8月，萧刚柔、周淑芷、黄孝运《中国扁叶蜂及叶蜂各一新种（膜翅目：扁叶蜂科、叶蜂科）》刊于《林业科学》1986年第22卷第4期356～359页。同期，梁其伟、萧刚柔《几种数学方法在马尾松毛虫预测预报上的应用研究》刊于360～367页。萧刚柔采用经验指数预测法研究江西贵溪县马尾松毛虫发生与当地温雨系数时发现：5月份的温雨系数，若显著高于历史平均值，当年第一代松毛虫就会大发生；若低于历史平均值，则第一代数量减小，不会猖獗成灾。8月份的温雨系数若高于历史平均值，下年春季越冬代会猖獗成灾；若低于历年平均值，则下年春季越冬代不至于猖獗成灾。

10月3日，中国林业科学研究院亚热带林业科学研究所成立第一届专业技术职务评审委员会，由杨培寿、马常耕、盛炜彤、张万儒、萧刚柔、林少韩、陈益泰、周国章、石太全9人组成。

11月，郑儒永参与主持实地考察和主编出版《西藏真菌》一书，引起国际学术界瞩目，获1986年中国科学院科学技术进步奖特等奖，萧刚柔参与实地考察和编著并获奖。

1987 年

2月，梁其伟、萧刚柔、李天生《试用大气环流、海温因子对马尾松毛虫大发生进行长期预报》刊于《林业科学》1987年第23卷第1期24～28页。本文应用逐步判别方法分析108个大气环流，海温因子与湖南省郴州地区马尾松毛虫大发生的关系，并建立了长期预报方程。方程对过去27年进行回报，准确率达96%，对未参加构造方程的最近4年进行预报检验，全部正确。

3月10日，中国昆虫学会在湖北省武汉市召开第四次全国会员代表大会，选举朱弘复为中国昆虫学会第四届理事会理事长，刘孟英为秘书长，萧刚柔当选为常务理事。

3月，中国科学院动物研究所主编《中国农业昆虫》由农业出版社出版，其中肖刚柔、黄孝运、周淑芷、吴坚编写《叶蜂科（Argidae）》。

3月，云南省林业厅、中国科学院动物研究所主编《云南森林昆虫》由云南科学技术出版社出版，其中萧刚柔编写广腰亚目、扁叶蜂科，萧刚柔、吴坚编写树蜂科、长颈树蜂科，萧刚柔、黄孝运、周淑芷编写松叶蜂科。

6月，萧刚柔《中国叶蜂科一新属（膜翅目：广腰亚目）》刊于《林业科学》1987年第23卷第3期299～302页。同期，吴坚、萧刚柔《曲颊猛蚁属一新种（膜翅目：蚁科）》刊于303～305页。

8月，徐天森主编《林木病虫防治手册》（修订本）由中国林业出版社出版，萧刚柔作序。徐天森，中国林业科学研究院亚林所副研究员，江苏省人，1932年8月出生，1957年毕业于南京农学院，从事森林病虫害防治工作。1958年起研究竹笋害虫，1972年后研究竹叶害虫、竹枝干害虫及竹子害虫综合防治，发表竹子害虫方面论文简报40余篇。主持竹卵园蟓和五种危害竹子螟蛾及其综合防治两项研究获部科技三等奖，主持竹螟防治研究天敌利用获浙江省科技三等奖；主编《林业病虫防治手册》。

12月，《林业科学：昆虫专辑》（1987）刊行。萧刚柔《中国腮扁叶蜂亚科四新种（膜翅目，扁叶蜂科）》刊于《林业科学》1987年（昆虫专辑）1～3页；萧刚柔、吴坚《中国棱角肿腿蜂属一新种（膜翅目：肿腿蜂科）》刊于8～10页。

• 1988年

3月，萧刚柔退休。

7月，中国林业科学研究院昆虫学硕士王常禄毕业，论文题目《中国弓背蚁属（膜翅目：蚁科）》，指导导师萧刚柔、吴坚。

8月，萧刚柔《长节叶蜂属一新种（膜翅目、广腰亚目）》刊于《林业科学》1988年第24卷第4期410～413页。

10月，《中国林业科技三十年（1949—1979）》由中国林业科学研究院科学情报研究所刊印，其中 184～199 页收入萧刚柔、陈昌洁、严静君、周淑芷《建院三十年森林昆虫研究的概况》。

• 1989 年

4 月 14 日，应美中学术交流委员会美方和芬兰赫尔辛基大学、芬兰科学院的邀请，中国林业科学研究院林业研究所萧刚柔研究员以访问研究教授的身份，分别访问了美国（4 月 14 日至 6 月 14 日）和芬兰（6 月 15 日至 8 月 18 日）。由于两国接待单位，美国亚利桑那大学林学院的 M.R.Wagner 教授和芬赫尔辛基大学农林动物系主任 M.Nuorteva 教授等人的安排周到，关怀备至，使这次访问非常顺利，取得了成功。

6 月，王常禄、萧刚柔、吴坚《中国弓背蚁属（膜翅目：蚁科）昆虫研究》刊于《林业科学研究》1989 年第 3 期 221～228 页。

7 月，《林业科学》第六届编委会成立，主编吴中伦，副主编王恺、刘于鹤、申宗圻、冯宗炜、成俊卿、肖刚柔、沈国舫、李继书、栾学纯、鲁一同、蒋有绪，至 1993 年 7 月。

8 月，王常禄、萧刚柔、吴坚《中国弓背蚁属（膜翅目：蚁科）昆虫研究（续）》刊于《林业科学研究》1989 年第 4 期 321～328 页。

10 月，吴坚、萧刚柔《扁胸切叶蚁属一新种（膜翅目：蚁科）》刊于《昆虫分类学报》1989 年第 11 卷第 3 期 239～241 页。

10 月，萧刚柔讲述：1977 年春，他带着研究森林昆虫的手稿和制作的叶蜂标本到湖北省林业厅求职归队，想到湖北省林业科学研究所继续从事森林昆虫，得到的答复是可以安排到湖北省太子山林管局下面的林场做一名专业技术干部。之后，他继续北上到北京拜访中国林业科学研究院郑万钧院长，郑万钧看到他的手稿和制作的标本后十分惊讶，答应立即着手给他办理调动手续，安排他到中国林业科学研究院林业研究所专门从事森林昆虫研究工作。

10 月 9 日至 14 日，中国林学会森林昆虫专业委员会在乌鲁木齐市举行第二次学术讨论会，同时进行换届选举，萧刚柔任中国林学会森林昆虫专业委员会第二届主任委员。24 个省（自治区、直辖市）的林业科研、教学和生产单位的 98 位同志参加了会议。会议收到论文和论文摘要 136 篇。代表们围绕控制森林虫害，为公元 2000 年林业发展目标服务这一主题进行交流和讨论，着重对森林害

虫的综合管理、昆虫病原微生物和种实害虫的防治，以及资源昆虫等方面的研究成果及发展趋向进行了研讨。

● 1990 年

3月1日，北京昆虫学会成立四十周年学术讨论会在北京举行，中国森林昆虫学会理事长萧刚柔先生贺词。萧刚柔《中国丝叶蜂亚科（膜翅目：叶蜂科）昆虫研究》、萧刚柔《中国经济昆虫志（膜翅目：广腰亚目）》收入《北京昆虫学会成立四十周年学术讨论会论文摘要汇编》。

8月，萧刚柔《中国森林昆虫研究的回顾与展望》收入《中国昆虫学会首届全国青年昆虫工作者学术讨论会论文摘要集》5～6页。

9月，中国林业人名词典编辑委员会《中国林业人名词典》（中国林业出版社出版）283页著录萧刚柔[3]：萧刚柔（1918—），森林昆虫学家。湖南洞口人。1984年加入中国共产党。1941年毕业于浙江大学植物病虫害系，1949年获美国爱阿华州立农工大学硕士学位。回国后，历任湖南农学院教授、华中农学院教授，中国林业科学院林业研究所副所长、研究员。是中国昆虫学会第二、三、四届常务理事，中国昆虫学会林虫组组长，中国林学会第二、四届理事，中国林学会第一届森林昆虫专业委员会主任委员，《林业科学》副主编。从事森林昆虫教学和科研工作，尤长于叶蜂类昆虫分类区系研究，已发表51个新种，一个新属。发表有《竹蝗研究与防治》，与他人合撰发表有《马尾松毛虫发生动态的研究》等论文，主编有《中国森林昆虫》。

9月，《中国大百科全书·农业卷》出版。全卷共分上、下两册，共收条目2392个，主要内容有农业史、农业综论、农业气象、土壤、植物保护、农业工程、农业机械、农艺、园艺、林业、森林工业、畜牧、兽医、水产、蚕桑15个分支学科。《农业卷》的编委由80余名国内外著名的专家组成，编辑委员会主任刘瑞龙，副主任何康，蔡旭、吴中伦、许振英、朱元鼎，委员马大浦、马德风、方悴农、王万钧、王发武、王泽农、王恺、王耕今、石山、丛子明、冯秀藻、朱元鼎、朱则民、朱明凯、朱祖祥、刘金旭、刘恬敬、刘锡庚、刘瑞龙、齐兆生、吴中伦、许振英、任继周、何康、李友九、李庆逵、李沛文、陈华癸、陈陆圻、陈恩凤、沈其益、沈隽、余友泰、武少文、俞德浚、陆星垣、周明群、张

---

[3] 中国林业人名词典编辑委员会. 中国林业人名词典[M]. 北京：中国林业出版社，1990：283.

季农、张季高、贺致平、胡锡文、娄成后、钟麟钟、俊麟、侯光炯、侯治溥、侯学煜、柯病凡、范济洲、郑丕留、费鸿年、梁昌武、梁家勉、徐冠仁、高惠民、陶鼎来、袁隆平、奚元龄、郭栋材、常紫钟、储照、曾德超、盛彤笙、粟宗嵩、杨立炯、杨衔晋、黄文沣、黄宗道、黄枢、裘维蕃、熊大仕、熊毅、赵洪璋、赵善欢、蒋次升、蒋德麟、薛伟民、蔡旭、樊庆笙、戴松恩。金善宝、郑万钧、程绍迥、杨显东任顾问。《植物保护》分支编写组主编周明烊，副主编裘维蕃、萧刚柔。

10月，萧刚柔《芬兰有害生物的生物防治近况》刊于《生物防治通报》1990年第6卷第3期143～145页。

12月，萧刚柔《中国叶蜂四新种（膜翅目，广腰亚目：扁叶蜂科、叶蜂科）》刊于《林业科学研究》1990年第6期548～552页。

● **1991年**

8月，王常禄、吴坚、萧刚柔《日本弓背蚁生物学特性及捕食马尾松毛虫作用的研究》刊于《林业科学研究》1991年第4期405～408页。

10月，萧刚柔、黄孝运、周淑芷、吴坚、张培义《中国经济叶蜂志（1）：膜翅目广腰亚目》由天则出版社出版。

11月4日至8日，中国林学会森林昆虫专业委员会在四川省成都市召开了松毛虫、天牛综合管理学术讨论会。参加会议的专家、教授、科技人员共计86人，会议由北京林业大学张执中先生主持，中国林业科学研究院萧刚柔先生致开幕词。会上由黄竞芳、李天生、薛贤清等七位从事天牛、松毛虫研究并卓有成效的专家，代表不同领域，做了大会专题汇报发言。

● **1992年**

4月，萧刚柔主编《中国森林昆虫》（第二版）由中国林业出版社出版。主编萧刚柔，编委于诚铭、王淑芬、田泽君、张执中、张培义、李宽胜、李亚白、李周直、李运惟、吴次彬、吴坚、杨秀元、周嘉熹、徐天森、萧刚柔、黄金义、彭建文。本书总结了1990年前中国森林昆虫研究的成果，包括森林昆虫研究概况、发育变态和行为、分类等，共计编入昆虫13目141科824种。

4月，肖刚柔《小黑叶蜂亚科一新种（膜翅目 叶蜂科）》刊于《林业科学》

1992 年第 28 卷第 2 期 128～130 页。

4 月，萧刚柔《两种危害松类的新叶蜂：膜翅目 广腰亚目 松叶蜂科》刊于《林业科学研究》1992 年第 2 期 193～195 页。

9 月，萧刚柔《近年来我国森林昆虫研究进展》刊于《中国森林病虫》1992 年第 3 期 36～43+35 页。

• 1993 年

5 月，萧刚柔《一种危害鹅掌楸的新叶蜂》刊于《林业科学研究》1993 年第 2 期 148～150 页。

6 月，萧刚柔《中国林学会森林昆虫学会成立以来我国森林昆虫研究的回顾与展望》刊于《林业科学研究》1993 年 6 月（专刊）Ⅰ～Ⅱ，70～77 页。

10 月，萧刚柔享受政府特殊津贴。

12 月，萧刚柔《叶蜂科两新种记述（膜翅目，叶蜂科）》刊于《林业科学研究》1993 年第 6 期 618～620 页。

11 月 11 日至 15 日，中国林学会森林昆虫学会在北京举行换届选举暨第三届第四次学术讨论会，来自全国 25 个省（自治区、直辖市）的林业科研、教学和生产单位的 102 位代表参加了会议。上届学会副理事长兼秘书长陈昌洁先生主持开幕式，理事长萧刚柔先生致开幕词。

12 月，萧刚柔《危害竹子的真片胸叶蜂属一新种（膜翅目：叶蜂科）（膜翅目：扁叶蜂）》刊于《林业科学研究》1993 年（专刊）第 51～53，65～67 页。

• 1994 年

2 月，中国林业科学研究院成立森林保护研究所。

3 月，Xiao Gang-Rou "*Redescription of the Genus Cladiucha（Hymenoptera：Tenthredinidae）and Descriptions of Two New Species From China*" 刊于 "*Journal of the Beijing Forestry University（English edition）*" 1994 年第 3 卷第 1 期 15～22 页。

9 月，肖刚柔《危害樱桃的一种新叶蜂（膜翅目：叶蜂科 丝角叶蜂亚科）》刊于《林业科学》1994 年第 30 卷第 5 期 3 页。

10 月 24 日，河北林学院阎浚杰教授和课题组成员经过 19 年潜心研究完成的"树种合作防御天牛危害的宏观模式"课题，在河北省秦皇岛市海滨林场通过鉴定，中国科学院院士、中国昆虫学会理事长钦俊德，原中国森林昆虫学会理事长、中国林业科学研究院研究员萧刚柔等23位专家参加了鉴定会。

12月，萧刚柔、张友《危害油松的一种新叶蜂（膜翅目：松叶蜂科）》刊于《林业科学研究》1994年第7卷第6期663～665页。

1995年

1月，萧刚柔不再使用肖刚柔名。

5月2日至3日，中国林学会资源昆虫专业委员会召开第四届学术讨论会中国林学会森林昆虫分会资源昆虫专业委员会第四届资源昆虫学术讨论会在昆明中国林业科学研究院资源昆虫研究所召开。来自6省（自治区）23个单位和该所部分科技人员60多人参加了会议。

8月，萧刚柔《天牛的两种新寄生天敌·川硬皮肿腿蜂及海南硬皮肿腿蜂（膜翅目：肿腿蜂科）》刊于《林业科学研究》1995年第8期1～5页。

10月，萧刚柔《丝角叶蜂属一新种（膜翅目：叶蜂科）》刊于《林业科学研究》1995年第8卷第5期497～499页。

10月，萧刚柔《天牛的两种新寄生天敌》收入《全国生物防治学术讨论会论文摘要集》1995年80页。

1997年

9月，萧刚柔著《拉汉英昆虫蜱螨蜘蛛线虫名称》。主编萧刚柔，编委萧刚柔、杨秀元、吴坚、吴钜文、姜在阶、叶宗茂、杨宝君、李枢强。该书共收集词条50000余条，包括1996年底前发表的有关类群和种类，由各方面的专家对各类群名称进行了订正，解决了长期以来名称混乱问题。

11月18日，《中国林业报》第3版刊登萧刚柔《充分发挥森林的生态效益》。

11月，《林业科学》第八届编委会成立，主编沈国舫，常务副主编，副主编唐守正、洪菊生，副主编王恺、刘于鹤、申宗圻、肖刚柔、陈统爱、郑槐明、顾正平、蒋有绪、鲍甫成，至2003年2月。

1998 年

3月，徐文铎、刘广田主编《内蒙古白音敖包自然保护区沙地云杉林生态系统研究》由中国林业出版社出版，其中收入229～238页萧刚柔、王贵成、伍敦祥《沙地云杉林扁叶蜂的研究》。

3月，萧刚柔《介绍两种新森林害虫》刊于《森林病虫通讯》1998年第1期1～2页。

9月，中国科学技术协会编《中国科学技术专家传略：农学编：植物保护卷2》出版。其中190～196刊《萧刚柔》。萧刚柔，昆虫学家，农业教育家，中国森林昆虫学奠基人之一。他主张以林业防治为基础，做好预测预报，正确使用防治方法。对竹蝗、松毛虫、叶蜂的研究和防治有较大贡献。他是中国叶蜂分类研究的先驱者之一，发表了叶蜂新属1个，新种67个。

9月，萧刚柔、曾垂惠《危害马尾松的一种新叶蜂（膜翅目：扁叶蜂科）》刊于《林业科学研究》1998年第11卷第5期488～490页。

10月，张士美《西藏农业病虫及杂草1》由西藏人民出版社出版，其中第307～314页收入萧刚柔、周淑芷、黄孝运《膜翅目：广腰亚目》。

是年，《中国森林昆虫》获林业部科技进步二等奖，中国林业科学研究院森林生态环境与保护研究所萧刚柔。本书总结了1990年前中国森林昆虫的研究的成果。包括森林昆虫研究概况、发育变态和行为、分类等。共计编入13目141科824种昆虫。

1999 年

11月，《绿色里程 老教授论林业》编委会编《绿色里程 老教授论林业》由中国林业出版社出版，其中166～169页收入萧刚柔《几十年来研究森林昆虫的一点体会》，在总的体会中谈道：根据可持续发展（sustainable development）的概念，可持续林业（sustainable forestry）是可持续发展的一个组分；可持续森林保健（sustainable forest health）又是可持续林业的一个组分，森林昆虫防治又是可持续森林保健的一个组分。这样，要做好森林昆虫防治就必须造好林，管好林，使森林生态系统保持相对平衡，森林昆虫就不会大发生。

是年，《中国森林昆虫》获国家科技进步奖二等奖。完成人萧刚柔、吴坚、李周直、温晋、李运惟、李亚白、黄金义、张培毅，完成单位中国林业科学研究

院森林生态环境与保护研究所、中国林业出版社。全书分总论和各论两大部分。《中国森林昆虫》1992年由中国林业出版社出版,《中国森林昆虫》(第二版)是有关森林保护的重要理论专著。它系统总结了1990年以前中国森林昆虫的研究成果。全书分总论和各论两大部分。总论介绍了中国森林昆虫的研究状况和中国森林昆虫发生与危害情况,论述了昆虫的结构、昆虫的发育和行为、昆虫的分类、森林害虫发生与环境的关系、森林昆虫种群及其动态、森林昆虫群落、森林害虫预测预报、森林害虫防治原理与方法、森林害虫综合管理等。各论部分按分类系统排列,分别论述了与森林有关的昆虫纲的直翅目、竹节虫目、网翅目、等翅目、同翅目、异翅目、蓟马目、脉翅目、鞘翅目、双翅目、鳞翅目、膜翅目等12个目,螨类的真螨目,共计收入13目141科824种昆虫(含螨类)。每种昆虫分别记述了分布、寄主、形态特征、生物学特性,并按科或属记述了防治方法以及天敌的保护和利用。该专著具有如下几个突出特点:(1)本书是对我国几十年研究理论和实践的系统总结,系统地完善了森林昆虫研究的理论,特别是关于综合管理的思想、方法、模型等已经达到国际先进水平。(2)收录了中国主要森林昆虫824种,较第一版增加了2目44科402种。(3)根据综合管理的思想,不再将昆虫人为地分为益虫、害虫、资源昆虫,而是按其分类系统编写。(4)对每个虫种的形态特征、生物学特性和预测预报增添了新的内容。而对防治方法以及天敌的保护和利用,则采用统一通性保留特性的原则记述。该专著出版后,受到了有关各界人士的广泛好评。它在指导森林昆虫研究以及相关学科研究方面发挥了巨大而积极的作用,在科研、教学、生产中被广泛引用,成为该领域的经典著作。

● 2000 年

12月,萧刚柔《中国扁叶蜂订正名录(膜翅目:扁叶蜂科)》"A Revisional List of the Chinese Pamphiliids (*Hymenoptera* : *Pamphiliidae*)"刊于《森林病虫通讯》2000年第6期3~5页。

● 2002 年

7月,萧刚柔编著《中国扁叶蜂(蜂膜翅目:扁叶蜂科)》由中国林业出版社出版。本书对中国已知扁叶蜂科昆虫种类及分布、生物学特性、经济重要性及防治方法作了总的概述,介绍了外部形态术语,又对单个虫种的学名、形态特

征、分布、寄主植物、生物学特性作了叙述。

12月，萧刚柔《序》刊于《中国森林病虫》2002年第21卷第A1期2页。

● **2003年**

5月，黄邦侃主编《福建昆虫志 第7卷》由福建科学技术出版社出版，其中萧刚柔编写长节叶蜂科、扁叶蜂科、松叶蜂科、树蜂科、茎蜂科、肿腿蜂科，魏美才、聂海燕、萧刚柔编写叶蜂科。

7月，高瑞桐主编《杨树害虫综合防治研究》由中国林业出版社出版，其中238～239页收入萧刚柔、吴坚《防治天牛的有效天敌——管氏肿腿蜂》。

● **2004年**

9月，《林业科学研究》第五届编辑委员会成立，盛炜彤任主编，徐纬英、萧刚柔、高尚武、洪菊生任顾问。

● **2005年**

2月，萧刚柔、陈天林《中国纽扁叶蜂属一新纪录种（膜翅目，扁叶蜂科）》刊于《林业科学研究》2005年第1期84～85页。

2月，萧刚柔、赵常胜《危害红松的阿扁叶蜂属中国一新纪录种（膜翅目，扁叶蜂科）》刊于《中国森林病虫》2005年第24卷第1期13～14页。

2月，萧刚柔、陈天林《中国纽扁叶蜂属一新纪录种（膜翅目，扁叶蜂科）》刊于《林业科学研究》2005年第18卷第1期84～85页。

8月22日，萧刚柔逝世。萧刚柔、杨秀元育一女陆小平。

8月24日，《中国林业报》第3版刊登《讣告》。中国共产党优秀党员、我国著名森林昆虫学家、中国林业科学研究院森林环境与保护研究所研究员萧刚柔先生，因突发心脏病，经抢救无效，于2005年8月22日2点50分，在北京逝世，享年88岁。萧刚柔先生治丧小组　2005年8月22日

8月，中国林业科学研究院森林生态环境与保护研究所周淑芷《深切怀念萧刚柔先生》。萧刚柔先生，生于1918年，早年留学美国，50年代初，抱着满腔的爱国热情，冒着危险，回到祖国，为我国昆虫和森林保护科学事业贡献了毕生精力。我作为萧先生的学生和助手，有幸在他的身边工作多年，从他那里，我和

萧刚柔年谱

我的同事们一起得到了一笔宝贵的精神财富。2005年8月22日,萧先生匆匆地离我们而去了。但他的音容笑貌将伴我终生。他的精神,他的业绩将与祖国的科学事业同在。萧先生是我国森林昆虫学科的奠基人之一,是中国林业科学研究院森保学科的第一代带头人。几十年来,我们的国家经历了那么多的风雨,那么多的变化,萧先生却是坚持不渝,醉心于他钟爱的科学事业,从未放弃,从不懈怠。上五七干校,多少东西都扔下了,唯有书还是带在了身边。林科院下放河北,他把家丢在衡水,只身流离在外数年,参加了《英汉林业科技词典》的编译。"文革"结束,为了恢复林科院,他奔走呼号,不遗余力。他毫不犹豫地放弃进京工作的机会,林科院不恢复,自己决不先走。退休以后,他不拿返聘费,却照常工作,无论严冬酷暑,孜孜不倦。直到逝世前一天,仍在忙于编写《中国森林昆虫》第3版。萧先生主持森保学科多年,对中国森保学科的创建和发展做出了卓越的贡献,退休后仍然关注学科发展趋势,支持后继学科带头人的工作。他以几十年的不懈努力,取得了丰硕的科研成果,发表了大量学术论文,写下了好几部传世之著;他亲自带出的研究生,在国内外均已成为科技骨干。萧先生以实实在在的业绩在中国和国际昆虫及森保学界获得了崇高的学术地位。萧先生严谨的治学作风堪称典范。身为高级专家和老前辈,他在研究工作中仍然坚持亲力亲为。在职时,身先士卒,到第一线调查研究、蹲点,直至八旬高龄,仍逐期阅读期刊,亲自看显微镜,亲手作标本。他对研究工作认真严肃,不容丝毫马虎。他认为目标不明确的项目和经费,即使伸手可得也不要。他审阅论文,从来都是逐字逐句地修改。他对助手、学生的聪明才智极为珍爱,但对其缺点、过失从不姑息。他力主授予技术职称和学位时严格要求,以维护我国技术资格的水准和严肃性。萧先生是一位诲人不倦的师长,向他求教的人都能得到热心的指教;他为人耿直,对不良现象敢于批评,不讲情面,从不明哲保身,又是一位严格的长者。个人生活朴素节俭,但在国家遭受灾害或周围同事遇到困难时,却能慷慨解囊。他的人格力量赢得了几辈人的尊敬,成为许多人心目中的楷模。萧先生的一生是朴素而深沉的。他享受的是普通人的衣食住行,他做的是实实在在的学问,他所遵循的是每个科技工作者都讲得出的信条,难能可贵的是,他不让信条沦为空谈和套话,而是身体力行,他是那样的真诚,那样的执着,那样的始终如一。他以毕生的努力,使这些老生常谈的信条在悠悠岁月中显示出了颠扑不破的生命力,放出了夺目的光辉。安息吧,敬爱的先生,您的身后会有众多后来人!周淑

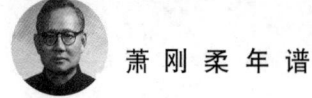 萧 刚 柔 年 谱

芷 中国林业科学研究院森环保所

9月,《林业科学》2005年第5期210页刊登《原〈林业科学〉副主编萧刚柔先生逝世》。中国著名昆虫学家、森林保护学家、原《林业科学》副主编萧刚柔先生因突发心脏病,抢救无效,于2005年8月22日在北京逝世,享年88岁。萧刚柔先生是我国森林昆虫学的创始人之一,毕生从事森林昆虫学方面的研究,为我国森林昆虫学科的发展和森林保护事业做出了卓越的贡献。1963—1966年,萧刚柔先生担任《林业科学》第二届编委会编委,1979—2003年担任《林业科学》第三至八届编委会副主编,负责对森林保护方面论文的复审工作。在任期间,萧刚柔先生对《林业科学》投入了极高的热情和心血。对论文,他从研究目的、方法、结果及结论与分析等方面严格审稿,一丝不苟;英文摘要、图表英文对照、物种学名等更是严格把关,一一审校;对期刊,他非常注重和强调《林业科学》的学术权威性,主张《林业科学》要在论文质量、编校质量以及印刷装帧质量等各方面都要代表中国林业科学研究的最高水平;对编辑部的工作他也是十分关心,经常与责任编辑进行交流,把发现的问题一一指出,并详细地列出勘误表,充分体现了老一辈科学家崇尚科学、严谨求实的道德风范。萧刚柔先生永远活在我们心中!《林业科学》编辑部

10月,《林业科学研究》2005年第18卷第5期505~509页刊登周淑芷《深切怀念萧刚柔先生》。

● 2008年

1月6日至9日,来自全国20多个省(自治区、直辖市)、67家单位的150多名代表聚会陕西杨陵,就林业有害生物无公害防治技术产业化发展及对策进行深入研讨,会议形成了国家林业生物防治事业发展的建议。以我国著名昆虫学家、森林昆虫学界创始人之一萧刚柔命名的"萧刚柔基金会"也在研讨会上宣布成立。1月7日,经中国林学会森林昆虫分会常务理事会议通过并上报中国林学会批准,"萧刚柔森林昆虫奖"基金在陕西杨凌召开的"全国林业有害生物无公害防治技术产业化发展及对策研讨会"上宣布正式成立。设立该基金旨在纪念我国著名的昆虫学家、森林昆虫学创始人萧刚柔先生一生为森林昆虫学、森林昆虫学科和森林保护事业发展做出的杰出贡献,并继承其未竟事业。该基金主要用于奖励在林业昆虫和森林保护研究等方面取得的科技成果、优秀学术论文,以及表

彰在林业昆虫科研教学中做出突出贡献的广大青年科技工作者，激励和调动广大森林保护科技工作者的积极性和创造性，促进森林保护科技后备人才的成长，推动森林保护事业的发展。

2013 年

10月15日至19日，中国昆虫学会2013年年会在贵州省贵阳市召开，中国昆虫学会林业昆虫专业委员会、中国昆虫学会资源昆虫专业委员会和中国林学会森林昆虫分会联合主办了"林业有害生物防控与生态民生安全学术研讨会"，会上宣布了中国林学会森林昆虫分会首届萧刚柔森林昆虫奖，共有9名青年科技工作者获此殊荣，其中北京林业大学邓望等3名同志获一等奖，北京林业大学宗世祥等6名同志获二等奖。

2017 年

12月23日，中国林学会森林昆虫分会、中国林科院森环森保所联合在北京举行萧刚柔先生百年诞辰纪念会暨"叶蜂树蜂学术研讨会"。中国林业科学研究院副院长肖文发，中国林业科学研究院森环森保所副所长赵文霞、王小艺，国家林业局造林司原总工吴坚研究员，森林昆虫分会主任委员、北京林业大学副校长骆有庆教授、全国部分地区森林昆虫学界专家学者、萧刚柔的学生及萧先生女儿陆小平、生前好友50余人、出席纪念会。肖文发回忆了与萧刚柔先生共同工作的经历，高度评价了萧先生的学术成就、敬业精神和治学风格，并强调，萧先生为我国森林昆虫学科发展和森林保护事业做出了卓越贡献，号召大家要学习、继承和发扬优良传统，为学科的发展壮大贡献力量。中国林科院森环森保所负责人介绍了萧先生生平，并展示了萧先生生前影像资料，生动再现了老专家矢志不渝、百折不挠的科学精神，让在场人员深受教育和感动。缅怀萧刚柔先生座谈会上，萧先生女儿陆小平女士对纪念会的召开表示感谢，追思过去，为大家讲述了一位严于律己、宽于待人的老学者，一位以身作则、身体力行的老前辈，一位舍小家、为大家的老先生。萧先生的几位学生回忆了与恩师的过往回忆，感恩萧先生诲人不倦、甘当伯乐，培养了一代又一代森林昆虫和森林保护科研工作者并成为各个工作岗位的骨干力量。萧先生生前的几位同事都深情回顾了与萧先生一起工作的点滴，勉励大家发扬萧先生的处世风格、为人情怀和科学精神，生命不息，探索不止。会上宣读了第二届萧刚柔森林昆虫奖获奖者名单，与会专家为 9 名青年研究人员颁发了第二届萧刚柔森林昆虫奖。

● **2018 年**

5 月 30 日，徐梅卿《永远怀念我国森保学科第一代学术带头人——纪念萧刚柔先生诞辰 100 周年》刊于《中国老教授协会林业专业委员会通讯》2018 年第 2 期 54～61 页。

10 月 27 日，中国林业科学研究院在建院 60 周年纪念大会暨现代林业与生态文明建设学术研讨会开幕式上，授予 47 位院内专家"中国林业科学研究院建院 60 年科技创新卓越贡献奖"，有郑万钧、吴中伦、王涛、徐冠华、蒋有绪、唐守正、宋湛谦、蒋剑春、洪菊生、许煌灿、黄铨、花晓梅、赵守普、黄东森、赵宗哲、陈建仁、路健、徐纬英、奚声柯、张宗和、郭秀珍、张万儒、白嘉雨、傅懋毅、杨民权、鲍甫成、萧刚柔、曾庆波、盛炜彤、郑德璋、彭镇华、江泽慧、顾万春、慈龙骏、杨忠岐、张建国、张绮纹、姚小华、李增元、周玉成、裴东、刘世荣、陈晓鸣、鞠洪波、苏晓华、于文吉、崔丽娟。

● **2020 年**

12 月，萧刚柔、李镇宇《中国森林昆虫》(第三版)由中国林业出版社出版。本书共收录了我国近 600 种森林昆虫，介绍了每种昆虫的分类地位、危害症状、分布范围、寄主植物、形态特征、生物学特性和防治方法，包含了彩色图片 2000 余张，并附有寄主植物名录、天敌名录、拉丁学名索引、中文名称索引。与第二版(增订本，1992 年出版)相比变化较大，第三版有以下变化：①昆虫分类采用了最新的科研成果；②图片全部采用原色图片，更有利于昆虫外部形态特征的识别；③增加了我国特有的资源昆虫内容，尤其是在防治方法中介绍了我国近 500 种天敌昆虫；④化学防治中采用绿色环保药剂，更加符合绿色发展的要求；⑤在书后增加了寄主植物名录、天敌名录，便于读者进行交互检索；⑥增加了英文版。

袁嗣令年谱

袁嗣令(自中国林业科学研究院)

袁嗣令年谱

● 1919 年（民国八年）

5月21日，袁嗣令（袁嗣龄, Yuan Tzuling, Yuan Siling, Yuan SL），出生在浙江省宁波市一个知识分子家庭，信基督教。袁嗣令祖父袁可法、祖母袁王氏，父亲袁九皋，母亲袁张氏，有姐袁珠美、袁瑢美、袁珠英，弟袁嗣良、袁嗣定，妹袁嗣礼、袁申美。

● 1921 年（民国十年）

8月，田庆美生。

● 1934 年（民国二十三年）

9月，袁嗣令考取宁波浙东中学。

是年，（苏）瓦宁（С.И.Ванин）著《森林植物病理学》出版。斯蒂芬·伊万诺维奇·瓦宁（Stepan Ivanovich Vanin, S.I.Vanin），苏联科学家，著名森林植物病理学家和木材学家，被认为是苏联森林植物病理学的奠基人。1891年1月11日生于俄罗斯梁赞州车里雅宾斯克（Kasimovsky, Ryazan Oblast, Ruslan），1902—1909年在教区学校和卡西莫夫完成小学教育，并在卡西莫夫中学机械学校完成中学教育。1910年进入圣彼得堡林学院（林业研究所）学习，并在 A S Bondartsev 教授的指导下，在圣彼得堡帝国植物园中央植物病理站实习，1914年完成了一本寄生虫和危害木材的第一本书，1915年毕业并获得学士学位。之后在著名林学家 G F 莫洛佐夫的指导下完成研究并取得了最高工程师文凭。1917—1919年在圣彼得堡帝国植物园中央植物病理站担任研究人员，1919年担任站长助理，1919年3月调到沃罗涅日农学院工作，他开始讲授农业和森林植物病理学课程同时进行科学研究，1922年回到列宁格勒林学院担任助教一直到教授，1924年担任植物病理系和木材科学系主任，1930年领导并创办了单独的木材科学系。1931年他汇集10年的研究成果编写了第一本《森林植物病理学》"Forest Phytopathology"科教书，1934年出版了《木材学》，在木材科学实验中，他研究了木材的物理、机械和化学特性，特别是高加索和卡里米亚的乔木和灌木的木材。1935年瓦宁在没有经过论文答辩而基于一系列科学著作而被授予农学博士学位。1938年他和 S E Vanina 发表了一系列古代世界家具的文章，他还在"Natura"上发表了关于古埃及和巴比伦的花园和公园的论文。他一生写了140

多篇论文、专著、教材,很多作品多次修订和重新出版,被翻译成多国文字。他是苏维埃社会主义共和国功勋科学家,并获得斯大林奖。1950 年 2 月 10 日猝然去世。

1936 年(民国二十五年)

7 月,袁嗣令《我们的化学实验》刊于《浙东》1936 年第 1 卷第 7 期 15 页,袁嗣令《我们参加二区运动会》刊于 17 页。《浙东》系宁波浙东中学校刊,由宁波浙东中学校编辑。

8 月,袁嗣令《英雄们的学校生活》刊于《浙东》1936 年第 1 卷第 8 期 58~60 页。

9 月,袁嗣令《参加华东基督教各中学夏令营会记》刊于《浙东》1936 年第 2 卷第 1 期 21~23 页。

1937 年(民国二十六年)

8 月,《一九三七级毕业同学摄影:袁嗣令》《浙东》1937 年第 2 卷第 8 期 1 页,袁嗣令《我们的救国运动》刊于 38~41 页。

9 月,袁嗣令毕业于宁波浙东中学,考入上海沪江大学。

1938 年(民国二十七年)

是年夏,袁嗣令从上海沪江大学肄业,赴重庆考入浙江大学病虫害系,到广西宜山入学。

1939 年(民国二十八年)

5 月 30 日,德国著名林学家和真菌学家罗伯特·哈蒂格(Robert Hartig)诞辰 100 周年。罗伯特·哈蒂格 1882 年出版的《树病学》一书是世界上第一本林木病理学教材,标志着林木病理学的诞生,他本人被推崇为林木病理学的创始人,1901 年 10 月 9 日在德国慕尼黑去世。

12 月,袁嗣令《浙大暑期下乡工作记(未完)》刊于《宇宙风》1939 年第 89 期 191~195 页。

 袁嗣令年谱

- **1940 年（民国二十九年）**

  1 月，袁嗣令《浙大暑期下乡工作记（续）》刊于《宇宙风》1940 年第 90 期 233～236，240 页。

  2 月，于斌主、袁嗣令《欧战扩大的范围与中国抗战的前途》刊于《宇宙风》1940 年第 103 期 109～112 页。

- **1941 年（民国三十年）**

  5 月，袁嗣令《浙大在湄潭》刊于《宇宙风》1941 年第 114 期 187～188 页。

- **1942 年（民国三十一年）**

  7 月，袁嗣令浙江大学病虫害系，是该届毕业的唯一植病组学生。

  8 月，袁嗣令任四川宜宾直接税局职员，至 1943 年 1 月。

- **1943 年（民国三十二年）**

  2 月，袁嗣令任贵阳直接税局职员，至 1943 年 6 月。

  7 月，袁嗣令任贵阳振亚实业公司职员，至 1943 年 9 月。

  10 月，袁嗣令回家省亲途中停留，至 1944 年 2 月。

- **1944 年（民国三十三年）**

  3 月，袁嗣令因病住宁波华美医院，至 1944 年 4 月。

  5 月，袁嗣令闲住家中养病，至 1944 年 8 月。

  9 月，袁嗣令重返内地，黔桂诊断，再回上海，至 1945 年 1 月。

- **1945 年（民国三十四年）**

  2 月，袁嗣令料理父丧，至 1945 年 3 月。

  4 月，袁嗣令到浙江三门县立中学任教员兼县府外事秘书，至 1945 年 9 月。

  10 月，袁嗣令到宁波浙东中学任教导主任，至 1946 年 1 月。

- **1946 年（民国三十五年）**

  2 月，袁嗣令到上海任基督教上海青年会全国协会（今西藏南路 123 号）干

事,至 1946 年 4 月。

5 月 7 日和 11 日,国民政府即决定继续选派自费留学生出国,并组织全国性的公费留学生考试选派工作,先后公布《自费生留学考试章程》和《公费生留学考试章程》,决定本年度无论公费生还是自费生均须通过留学考试合格,方可出国。

5 月,袁嗣令到南京任基督教南京青年会干事,至 1946 年 8 月。

是年夏,袁嗣令通过教育部出国考试。

9 月,袁嗣令到杭州任基督教杭州青年会干事,至 1947 年 6 月。

11 月,《教育部三五年度自费留学考试录取名单》公布:植物病虫害(五名):莫浣超、吕能衡、伍兆诏、袁嗣令、贺锺麟。

• 1947 年(民国三十六年)

8 月,袁嗣令赴美留学到密苏里州立大学,师从密苏里州立大学 C.M.Tuker 及 E.S.Luttrell。

10 月,《中国植物病理学会简史》刊于《中华农学会通讯》1947 年第 79、80 期 23 页。

• 1948 年(民国三十七年)

6 月,袁嗣令《加拉瀑布之游:美国通讯》刊于《西风(上海)》1948 年第 107 期 405 ~ 406,411 页。

• 1949 年

8 月,袁嗣令在密苏里州立大学完成学业,获硕士学位回国。

9 月,袁嗣令在北京接洽工作岗位(河南农学院)后,在杭州等待开学,至 1950 年 1 月。

是年,中国植物病理学会在北京召开第一次复会会议和第一次植物病理学术会议,推选戴芳澜教授为临时理事长,筹备召开新的第一届全国代表大会。

5 月,民众同盟河南大学区分部成立,王毅斋教授为负责人,戴汤文、焦大明为秘书。

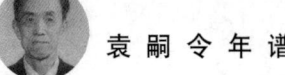

袁嗣令年谱

• 1950 年

2 月，袁嗣令到河南开封任河南农学院副教授，至 1954 年 1 月。

5 月，赵树材任中共河南农学院党总支部书记，至 1953 年 11 月。赵树材（1919—1987 年），河北省曲阳县人，中共党员，历任河北省曲阳县青救会委员，曲阳县立第一中学校长、党支部书记，曲阳县文化界抗日救国会主任，曲阳县教育科长，中共北平市委学生工作委员会委员，中共晋察冀中央城工部干事，豫西行署干部学校教导主任，河南大学教务科长，河南农学院办公室主任、院长助理、党组书记、党委常委，郑州工学院党委常委、副院长、党的核心小组副组长等职。

是年夏，袁嗣令在河南农学院由赵树材、王毅齐介绍加入中国民主同盟。

9 月 14 日，由中国科学院微生物所王云章等植物病理工作者发起成立北京市植物病理学会。

10 月，河南大学农学院植物病虫害系成立，招收本科生和专科生，系主任陈兆镏，设病害组和虫害组。病害组负责人袁嗣令教授，该组还有段兆麟教授、孟亦鲁讲师、王鸿照讲师，新留校的毛德富和李秀生。

是年，河南大学农学院植物病虫害系袁嗣令教授编写完成《植物病害防治》。

是年，袁嗣令被选为中国植物病理学会会员，成为中国植物病理学会河南省分会筹备人，并筹建中国农学会河南分会。

• 1952 年

9 月 22 日，武汉大学农学院和湖北省农学院全体师生员工齐集武昌宝积庵召开华中农学院成立大会。全国高等学校院系调整，以武汉大学农学院、湖北省农学院的整体和原中山大学、南昌大学、河南大学、广西大学、湖南农学院、江西农学院的部分系（科）组建成立华中农学院，袁嗣令从河南大学农学院到华中农学院任教。

9 月，袁嗣令《植物病害防治》由新农出版社出版。

• 1953 年

2 月，中国植物病理学会在北京中国科学院召开了第一届全国代表大会，戴芳澜教授当选为理事长。

3月，教育部批准，华中农学院成立农学系、园艺系、土化系、畜牧兽医系、林学系，分别由许传桢、章文才、陈华癸、秦礼让、陈桂陞任系主任。

5月，袁嗣令《植物病害防治》由新农出版社再版。

1954年

1月4日，中央林业研究所所务会议确立林业研究所组织机构并上报审批，其中业务上分为造林系、森林经理系、木材工业系、林产化学系4个系，林业部于4月2日批复。

2月，华中农学院成立植保系，袁嗣令，任植保系副教授，负责病害组，为植保系病害各课程浸液标本的重新鉴定整理、教学挂图的配制，以及研究用相机的购置。同时在武昌九峰林场进行药剂防治试验，得到初步效果。

8月，高等学校交流讲义《森林病理学》由商务印书馆出版。

1955年

5月，朱弘复《中国昆虫学会参加了全国科联领导的农林学科七学会1955年学术讨论会》刊于《昆虫知识》1955年第2期53～55+91页。全国科联号召各学会开展学术活动，在1954年初举行的农组六学会学术讨论会的经验和基础上继续举行了农林学科七学会1955年学术讨论会。这次会议在中央农业部、中央林业部和中国科学院积极支持下进行了几个月的筹备工作，参加的有农学、林学、园艺学、植物病理学、昆虫学、土壤学、畜牧兽医学7个学会。

9月，南京林学院新组建森林保护室，袁嗣令由华中农学院调任南京林学院副教授、森保研究室主任。袁嗣令从头筹备，完成了实验室设计与施工，建立标本室和全套教学挂图，购置各种期刊和仪器，使南京林学院病虫、鸟兽各课程设施和科研条件成为全国一流水平。

12月8日，中央林业部林业科学研究所以林秘字〔1955〕498号文报请林业部备案。林业科学研究所为适应工作发展的需要，经研究拟将森林病害、森林昆虫及森林防火3个研究组从造林系抽出，成立森林保护，暂由薛榅之、王增恩临时负责。林业科学研究所研究机构由4系改为6个研究室，即：森林植物研究室、造林研究室、森林经理研究室、森林保护研究室、木材研究室、林产化学研究室。

1956 年

12 月，（苏）瓦宁（С.И.Ванин）著，朱健人、周仲铭译《森林植物病理学》由中国林业出版社出版。

1957 年

1 月 14 日，由林业部造林局与中央林业部林业科学研究所共同主持召开林业科学研究规划座谈会，撰写了 1957 年林业科学研究工作要点，袁嗣龄参加。

7 月 5 日，林业部六次院务会议决定：中央林业部林业科学研究所成立 7 个研究室，其中南京林业研究室设在南京林学院林业系，室主任郑万钧。

12 月，南京林学院袁嗣龄副教授等完成《马尾松苗猝倒病与杉木苗立枯病防治试验》，起止时间 1956 年 2 月至 1957 年 12 月。

1958 年

7 月，中国林业科学研究院南京林业研究室成立。

8 月 23 日，袁嗣龄《肃反学习笔记》记载：1947 年在美国曾由冯玉祥先生介绍加入民盟，冯遇难后，失去联系。

10 月 27 日，中国林业科学研究院正式成立，院长张克侠。

1959 年

3 月，中国林业科学研究院林业科学研究所遗传选种研究室《杨树》由中国林业出版社出版。

9 月，华东华中区高等林学院（校）教材编审委员会编著《森林病理学（初稿）》（华东华中区高等林学院教学用书）由中国林业出版社出版。

10 月，袁嗣令调任中国林业科学研究院南京林业研究室副研究员，至 1961 年 11 月。

11 月，袁嗣令编著《森林病理学》由高教出版社出版。

1960 年

3 月 17 日至 25 日，林业部在郑州市召开全国森林保护工作会议。

6 月 16 日，国家科学技术委员会批准成立南京林业研究所、林产化学工业研究所、林业经济研究所和林业机械研究所。

1962 年

1月11日，中国林业科学研究院公布在京单位科级以上（所一级另行公布）领导干部职务。其中有阳含熙（造林室主任）、黄中立（经营室主任）、张英伯（树改室主任）、萧刚柔（森林保护室主任）、袁嗣令（森林保护室副主任）、薛楹之（航空化学灭火室副主任）等。

2月，北京林学院森林保护教研组编《森林植物病理学》由农业出版社出版。本教材由北京林学院森林保护教研组负责编写，参加编写工作的有周仲铭、沈瑞祥、徐明慧、王昌温、杨旺、韩良辅、韩光明等同志，最后由周仲铭同志统一审阅，南京林学院李传道同志参加了部分教材的审查工作。

4月25日，中国林业科学研究院分党组研究决定，将林业科学研究所森林保护室分为森林昆虫研究室、森林病害研究室，萧刚柔任森林昆虫研究室主任，袁嗣令任森林病害研究室副主任，航空化学灭火室改为森林防火研究室，薛楹之任航空化学灭火研究室副主任。

6月9日，中国林业科学研究院郑万钧副院长邀请中国科学院微生物研究所邓叔群以及林业研究所吴中伦、阳含熙、袁嗣令等专家座谈浙江省东部地区松稍螟问题。

7月19日，袁嗣令到北京中国林业科学研究院工作，转为四级副研究员，任森林病理室副主任。

8月10日，袁嗣令由中国林业科学研究院林业研究所森林病理室副主任提升为主任。

12月，《北京市林学会1962年学术年会论文摘要》由北京林学会刊印，其中收入中国林业科学研究院袁嗣令《浙江毛竹枯梢问题》和中国林业科学院袁嗣令、张能唐、翁月霞、花锁龙、刘惠珍、蒙美琼《油茶炭疽病研究》。

1963 年

2月14日，中国林学会1962年学术年会提出《对当前林业工作的几项建议》。建议包括：①坚决贯彻执行林业规章制度；②加强森林保护工作；③重点恢复和建设林业生产基地；④停止毁林开垦和有计划停耕还林；⑤建立林木种子生产基地及加强良种选育工作；⑥节约使用木材，充分利用采伐与加工剩余物，大力发展人造板和林产化学工业；⑦加强林业科学研究，创造科学研究条件。建议人有：王恺（北京市光华木材厂总工程师）、牛春山（西北农学院林业系主任）、史璋（北京市农林局林业处工程师）、乐天宇（中国林业科学研究院林业研究所研究员）、申宗圻（北京林学院副教授）、危炯（新疆维吾尔自治区农林牧业科学研究所工程师）、刘成训（广西壮族自治区林业科学研究所副所长）、关君蔚（北京林学院副教授）、吕时铎（中国林业科学研究院木材工业研究所副研究员）、朱济凡（中国科学院林业土壤研究所所长）、章鼎（湖南林学院教授）、朱惠方（中国林业科学研究院木材工业研究所研究员）、宋莹（中国林业科学研究院林业机械研究所副所长）、宋达泉（中国科学院林业土壤研究所研究员）、肖刚柔（中国林业科学研究院林业研究所研究员）、阳含熙（中国林业科学研究院林业研究所研究员）、李相符（中国林学会理事长）、李荫桢（四川林学院教授）、沈鹏飞（华南农学院副院长、教授）、李耀阶（青海农业科学研究院林业研究所副所长）、陈嵘（中国林业科学研究院林业研究所所长）、郑万钧（中国林业科学研究院副院长）、吴中伦（中国林业科学研究院林业研究所副所长）、吴志曾（江苏省林业科学研究所副研究员）、陈陆圻（北京林学院教授）、徐永椿（昆明农林学院教授）、袁嗣令（中国林业科学研究院林业研究所副研究员）、黄中立（中国林业科学研究院林业研究所研究员）、程崇德（林业部造林司副总工程师）、景熙明（福建林学院副教授）、熊文愈（南京林学院副教授）、薛楹之（中国林业科学研究院林业研究所副研究员）、韩麟凤（沈阳农学院教授）。

2月，根据中国科协意见，中国林学会召开在京理事会议，决定在常务理事会下设4个专业委员会，即林业、森工、普及委员会和《林业科学》编委会。《林业科学》北京地区编委会成立，陈嵘任林业委员会主任委员，郑万钧任《林业科学》编委会主编，编委陈嵘、郑万钧、陶东岱、丁方、吴中伦、侯治溥、阳含熙、张英伯、徐纬英、汪振儒、张正昆、关君蔚、范济洲、黄中立、孙德恭、邓叔群、朱惠方、成俊卿、申宗圻、陈陆圻、宋莹、肖刚柔、袁嗣令、陈致生、乐天宇、程崇德、黄枢、袁义生、王恺、赵宗哲、朱介子、殷良弼、张海泉、王兆凤、杨润时、章锡谦，至1966年。

8月，袁嗣令《国内外杨树病害研究概况》《浙江毛竹枯梢问题》由中国林业科学研究院林业科学研究所刊印。

10月,袁嗣令、张能唐、刘惠珍、花锁龙、刘惠珍、蒙美琼《油茶炭疽病研究》刊于《植物保护学报》1963年第2卷第3期253~262页。油茶炭疽病引起落花、落蕾、落果及落叶。病落果率约为全年总落果率的60%,根据标准株平均统计,病落蕾率占总落蕾率的26%~45%。通过菌种形态比较与接种试验,肯定病原与茶叶上云纹叶枯病菌系同一种为 Colletotrichum camelliae Massee。其无性世代发生在寄主各部位,呈现不同症状,有性世代仅出现在连续阴雨一个月以上的枝梢及花蕾的病斑上。分生孢子具有抗旱及抗低温能力,但不能忍受冰冻温度。初次侵染来源为枝干的溃疡斑及病蕾蕾痕,经春雨浸湿大量产生,通过雨中风力广泛传布。干燥气流在传病上不起作用。夏、秋晨间露水滴溅也可使病菌孢子扩散侵染。根据湘西怀化县长期观察试验,象鼻虫在传病上并不是重要因素。各地区温差影响发病迟早,湿差影响严重度,雨天日数决定落蕾、落果的数量与时期。品种抗病性差异除形态特征外(气孔数量、角质层厚薄等),可能与表皮细胞层次与缀密度以及细胞的内含成分有关,果形及色泽与抗病性差异无实质关系。小果型品种(湖南珍珠子、苦槠子、江西宜春中子)的抗病性可能由上述的特性决定。

• 1964 年

6月,吉林市林学会邀请中国林业科学研究院病理室研究员袁嗣令作题为《落叶松早期落叶病》学术报告,参加学术报告会科技人员近百名。

7月,袁嗣令《国内外杨树病害研究概况》[中国林业科学院情报所科技资料(总5)]由中国林业科学研究院林业科学技术情报研究所刊印。

7月,向玉英、徐梅卿、袁嗣令《杨苗紫根腐病 [Rhizotonia crocorum (Pers.) DC.] 研究初报》收入中国林业科学研究院、河南省睢杞试验林场《研究初报》46~53页。

8月至9月,中国林业科学研究院副院长郑万钧教授、病理室主任袁嗣令副研究员、南京林学院叶培忠教授、中国科学院林业土壤研究所王战研究员、沈阳农学院张际中教授等到辽宁草河口试验林考察红松、落叶松人工林生长及其病虫害防治工作。

10月27日,袁嗣令、张威铭、白利玉、赵旭、常謇、张速寿《落叶松早期落叶病子囊孢子扩散形式及药剂防治试验初步研究》[研究简报森保(总)第5

号]由吉林省林业科学研究所科学技术情报室印。

是年,袁嗣令《关于油茶炭疽病的讨论》收入江西省科学工作委员会、全国油茶研究协作组《油茶研究协作组一九六三年学术会议资料汇编》246～248页。

• 1965年

4月,袁嗣令《松苗猝倒病》《油茶炭疽病》收入森林病虫丛书编辑、农业出版社出版《森林病虫(第一辑)》69～92页和53～68页。

4月,袁嗣令、张能唐、翁月霞、花锁龙《砍除严重老病株防治油茶炭疽病》刊于《植物保护学报》1965年第2期。

7月,袁嗣今、张威铭、白利玉、赵旭、常謇、张连寿《落叶松早期落叶病子囊孢子扩散形式及药剂防治初步研究》刊于《植物保护学报》1965年第4卷第2期185～189页。

• 1966年

12月,袁嗣龄副教授等完成《马尾松蓝变材防治试验》,起止时间1966年3月至12月。

• 1969年

9月,中国林业科学研究院派出第三批"五七干校"学员,林业研究所副所长吴中伦等一批从国外留学归国的科技人员到干校参加劳动。

• 1971年

12月,袁嗣令在张家口农业高等专科学校(张家口农专)重新执教农作物病害课程,后被任命为农学专业科主任,至1977年4月。

• 1978年

5月9日,中国林业科学研究院召开职工大会,宣布院机构设置和人事安排。任命梁昌武为中共中国林业科学研究院分党组书记,郑万钧为院长。

5月,中国林业科学研究院恢复,袁嗣令调回北京中国林业科学研究院林业研究所工作,承担泡桐丛枝病课题,组成全国泡桐协作网。

8月，袁嗣令编译《植物内的类菌质体》刊于《林业科学研究》1978年第4期53～68页。

12月，袁嗣令、宋丽亭、黄照清、李秀生《利用光学显微镜观察泡桐丛枝病的类菌质体》刊于《微生物学报》1978年第18卷第4期310～311页。

● 1979年

1月5日，《中国林业科学研究院学术委员会聘书》：兹聘请袁嗣令同志为我院学术委员会委员。中国林业科学研究院（印章）一九七九年一月五日

是年初，中国林业科学研究院林业研究所恢复学术委员会，成立第一届学术委员会，侯治溥、徐纬英、崔连山、张英伯、黄中立、萧刚柔、袁嗣令、高尚武、马常耕、宋朝枢、潘志刚、赵天锡、蒋有绪。

3月8日，《中国林学会聘书》：兹聘请袁嗣令同志为《林业科学》编委会编委。中国林学会（印章）一九七九年三月八日

4月，袁嗣令、宋丽亭、黄照清、李秀生《观察泡桐丛枝病类菌质体的方法》刊于《河南农林科技》1979年第3期20～21页。

6月3日至10日，中国林学会在成都召开全国森林病害学术讨论会，提出关于加强林木病害检疫工作的建议。会议由副理事长王恺总工程师主持。会上成立了森林病害专业小组，推选袁嗣令、李世光、任玮、李传道、赵震宇、陈守常、景耀、贺正兴、谌谟美、郭秀珍、王庄、刘世骐、周仲明、沈瑞祥、狄原勃、邵力平、高雅为委员，推推选袁嗣令为主任委员，北京农业大学陈延熙教授为名誉主任委员。袁嗣令、宋丽亭、黄照清、李秀生《参与泡桐丛枝病类菌质体的分离与培养》(11页)、《泡桐丛枝病类菌质体在病树内分布的初步观察》(12页)、《利用光学显微镜观察泡桐丛枝病的类菌质体》(4页)收入《全国森林病害学术讨论会材料之一》。

10月，中国林业科学研究院科技情报研究所《中国林业科技三十年（1949—1979）》由中国林业科学研究院科技情报研究所刊印，其中321～329页收录袁嗣令《一个空白学科的成长——森林病害的研究》。

11月27日至12月3日，中国林学会在浙江杭州举办林木引种驯化学术委员会成立暨森林生态学术讨论会，吴中伦主持会议。会议选举吴中伦为林木引种驯化学术委员会主任委员，朱志淞、徐纬英为副主任委员。

11月27日至12月3日，中国林学会与中国生态学会在昆明联合召开森林生态学术讨论会，会议由朱济凡副理事长主持，成立中国林学会森林生态专业委员会。主任委员吴中伦，副主任委员朱济凡、侯学煜、汪振儒、阳含熙、王战，秘书长蒋有绪，副秘书长冯宗炜、李文华。

12月7日，《农业出版社聘书》：袁嗣令同志，为繁荣农业出版工作，特聘请您为特约编审。此致 敬礼 农业出版社（印章）一九七九年十二月七日

● 1980 年

2月1日，《中华人民共和国林业部聘书》：兹聘请袁嗣令为全国高等林业院校森林病虫害防治专业教材编审委员会委员。部长罗玉川 中华人民共和国林业部（印章）一九八〇年二月一日

2月26日至29日，《英汉植物病理学辞典》编委会在北京召开了第一次会议。主编裘维蕃，副主编陈善铭、方中达、范怀忠、王焕如、陈延熙、季良，编委蒋震同、吴友三、李扬汉、曾士迈、刘宗善、尹莘耘、韩熹莱、袁嗣令、陆家云、张明厚、范广业、陈品三、魏宁生、洪锡午、谌谟美、姚耀文、何礼远、鲁素云、狄原渤、梁训生、韩金声。审委俞大绂、陈鸿建、陆大京、王鸣岐、王云章、周宗璜、沈其益、仇元、周家炽、扬新美、林传光、王清和、王铨茂、王庄。

3月15日，袁嗣令应宁夏农学会和宁夏医学院邀请来宁夏讲学，在宁夏农学院讲授《森林病理学的现状和展望》。

6月，袁嗣令《林木新病原——类菌质体与类列克斯氏体》刊于《林业病虫通讯》1980年第2期35～41页。

9月，李秀生、黄照清、宋丽亭、袁嗣令《泡桐丛枝病的防治技术与效果》刊于《林业病虫通讯》1980年第3期1980年7～10页、袁嗣令《综论林木病害的发生与防治》刊于25～28页。

11月4日至12日，在联合国粮农组织主持下，第16届国际杨树会议在土耳其伊兹密尔举行，会议期间全体代表参观了土耳其的杨树苗圃、人工林、杨木加工厂和杨树研究所，11月13日大会在伊兹密特（ISMIT）闭幕。参加这届会议的国家有法国、意大利、罗马尼亚、土耳其、加拿大、西班牙、突尼斯等16个国家68名代表。以涂光涵和赵天锡为首的中国杨树代表团共6人也出席了这

次会议。涂光涵副总工程师被选为大会副主席,并代表中国杨树委员会就《中国杨树生产与科研概况》作了大会发言,袁嗣令教授就我国杨树病虫害做了介绍。袁嗣令在意大利考察期间得悉国内正在大力推广的引种杨树(I-63、I-69)因染花叶病毒在国外已被淘汰。

1981 年

4月20日至6月25日,中国杨树委员会主任委员梁昌武会同中国林业科学研究院林业科学研究所副所长徐纬英、肖刚柔、袁嗣令、赵宗哲、陈炳浩等14人组成了平原农区杨树综合考察组,对华北平原、江汉平原、洞庭湖区河北、山东、河南、湖南、湖北5个省,10个地区,30个县进行了平原农区林业考察。考察方法为一般考察和典型调查相结合,考察后整理出17万字的调查资料,于10月以内部刊物《平原农区林业》提供给全国第五次平原农区绿化会议,会后向林业部提出建立平原农区杨树商品材基地的建议。

5月,袁嗣令《法国及意大利的杨树病害——中国杨树考察组赴意、法等国考察简介(二)》刊于《林业科技通讯》1981年第4期30~33页。

10月,中国植物病理学会在青岛举行了第二届全国会员代表大会,选举俞大绂教授为理事长。

1982 年

1月,裘维蕃主编《植物病理学译丛(4)》由农业出版社出版,其中44页载 G.N.Agrios《行道树与观赏树木的病毒病与菌原体病》由袁嗣令译自"*Journal of Arboriculture*" 1975年第1卷第3期41~47页。

6月24日至7月20日,为了适应生产急需,提供咨询,中国林学会森林病虫专业委员会组织国外引种松树考察(主要是湿地松的褐斑病),由袁嗣令、李传道、樊尚仁、林志伟、吴纪才等6人组成调查组,到广西南宁、云南楚雄、贵州安顺、湖南郴州等地进行考察。此行,对推动森林病害学科的活动和生产,起到了一定参谋作用。

7月,中国林业科学院林业研究所森林保护专业硕士研究生张志华毕业,论文题目《杨树花叶病毒的酶联免疫吸附分析》,指导教师袁嗣令。

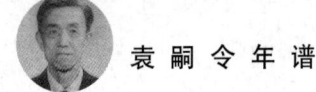

袁嗣令年谱

1983年

3月，中国林业科学研究院教授袁嗣令等到嘉鱼考察杨树。

6月，中国林业科学研究院森林保护硕士研究生孙丽娟、钟建文毕业，论文题目《泡桐花叶上两种病毒分离物的部分生物学、血清学及理化特性研究》和《油茶炭疽病病原侵染规律及内吸药剂防治的探讨》，指导教师袁嗣令。

9月18日至23日，袁嗣令在河南省许昌地区参加河南省农林科学院组织的《泡桐丛枝病防治技术推广》成果鉴定会。

9月26日至28日，全国杨树病虫害防治第一次座谈会在山东兖州召开。东北、西北、华北地区有关省（自治区、直辖市）及安徽、江苏、湖北、湖南共19个省（自治区、直辖市）的91位代表参加了会议，会上听取了中国林业科学研究院袁嗣令等专家关于国外杨树病虫害研究及防治情况，并参加山东省林业厅组织的《泡桐丛枝病防治技术》成果鉴定会。

10月23日至28日，中国林学会森林病害学组在福建厦门召开第二次森林病害学术讨论会，正式代表69人，列席代表47人，共约130人，收到论文200多篇，讨论会突出了综合防治森林病害方法。新学科有所发展，如林木病毒、林木线虫等；新技术有了应用，如激光、酶联免疫吸附法等。第二届学术会议上，鉴于委员中因工作调动及健康等原因，人选略有变动。委员有刘世祺、任玮、李传道、邵力平、赵震宇、沈瑞祥、陈守常、周仲铭、邱守思、高雅、贺正美、曾大鹏等17人，推选袁嗣令为学组主任委员，周仲铭为副主任委员。

1984年

是年，袁嗣令、张志华编著《林木病毒学》由四川省永川森林病虫防治试验站刊印。《林木病毒学》包括前言、序、主要植物病毒病缩写、第一章白病毒发现至病毒学、第二章病毒是病害的诱因、第三章病毒病症状、第四章病毒命名与分类、第五章为害林木多年生植物的病毒类群、第六章高等植物病毒类群及其各亲缘种、第七章乔灌木病毒病、第八章病毒的传递、第九章病毒与电子显微镜、第十章病毒的理化特征、第十一章病毒对植物代谢的影响、第十二章病毒与植物细胞内含体、第十三章病毒与分子遗传学、第十四章免疫组织化学、第十五章血清学、第十六章病毒病防治、第十七章黄瓜花叶病与杨树花叶病专论、参考资料，共114页。

6月，Yuan T.L. "*Some Studies on Witchesbroom Disease of Paulownia in China*" 刊于 "*Int.Jour.Today and Tomorrow Printers & Publishers, NewDelhi, India, Tropical Diseases*" 1984年第2期181～190页。

7月，袁嗣令《国内外杨树病害研究概况》由四川省永川森林病虫防治试验站油印。

8月3日至24日，中国林学会森林病害专业委员会和新疆林学会联合组织新疆杨树病害考察，袁嗣令主持考察。

8月23日，袁嗣令在乌鲁木齐新疆林业科学研究所参加新疆维吾尔自治区林业厅组织的《新疆主要林区森林病害区系调查研究成果》成果鉴定会。

8月，袁嗣令被聘为第二届中国林业出版社特约编辑。

9月，袁嗣令《榆枯萎病鉴定方法》刊于《森林病虫通讯》1984年第3期41～42页。

12月，中国林业科学研究院主编《中国森林病害》由中国林业出版社出版。《中国森林病害》编辑委员会王云章（中国科学院微生物所）、王永民（吉林省林科所）、任玮（云南林学院）、邵力平（东北林学院）、李传道（南京林产工业学院）、李秀生（河南农学院）、陈守常（四川省林科所）、周仲铭（北京林学院）、赵震宇（新疆八一农学院）、梁子超（华南农学院）、袁嗣令（中国林业科学研究院）、谌谟美（中国林业科学研究院）、谭松山（中南林学院）。该书记载病害119种，每种病害都附有一幅彩色症状图及黑白病原形态图。所有主要用材树种，经济树种的重要病害，到执笔时为止的研究进展，均已列入。涉及的病害有知之已久的，也有新报道的。病原包括真菌、细菌、病毒、菌原体、线虫及大气污染。发病部位包括叶病、根病、干病及腐朽等，内容较新且丰富。

12月，袁嗣令《也谈林木病虫害防治》刊于《吉林林业科技》1984年第6期32～33页。文中写道：林木病虫害问题随着新中国经济建设的发展和木材的供不应求，引起了广泛注意，这是好事。但新中国成立以来，整个林业系统，特别是某些管理机构，把林木病虫与造林经营隔裂开来的现象十分严重。以为造林就是刨坑种树，经营就是采伐利用，而病虫害问题多半是奈到病虫害大发生时作为临时措施的消防队，在这种指导思想下抓的是药。没有一个完整思想，没有把造林、育林、经营工作与病虫害防治自始至终紧密联系起来。说得根本一点，这是病虫害知识贫乏的结果。

12月，中国林学会林病考察组袁嗣令《新疆杨树病害考察报告》刊于《新疆林业科技》1984年第4期6～7，20页。

● 1985年

3月，中国林业科学研究院袁嗣令一行到湖北谷城黄家洲考察西德和法国杨树新品种栽培和生长情况。

3月19日至23日，北京市植物病理学会第五届年会在北京市怀柔区召开，袁嗣令当选为常务理事。

10月，中国林业科学研究院病理研究室袁嗣令应邀到贵州榕江进行森林病害考察，并作杨树引种工作指导，之后到毕节林科所进行讲学。

10月22日至7日，中国植病学会在北京举行了第三次全国代表大会，总结"六五"期间的成就并商讨"七五"期间的工作。出席这次大会有来自全国29个省（自治区、直辖市）的植物病理学工作者400余人。大会收到了论文700余篇，分6个学术组宣读了163篇。这次大会本着理论联系实际的精神，贯彻教学、科研和生产相结合的方针，除进行学术报告外，生产部门的代表介绍了"六五"期间病害防治经验和成果。全国科协斐丽生和农牧渔业部相重阳副部长到会作讲话。会议还修改了会章、并选举出新的理事会。裘维蕃教授当选为理事长，同时在中国植物病理学会下设5个专业委员会，袁嗣令当选为理事。

11月7日至12日，中国林学会森林病理专业委员会成立大会暨热带、亚热带经济林木病害和进口松病害学术交流会在云南省昆明市召开。参加会议的有教学、科研、生产等单位的代表80多人。加拿大多伦多大学森林系V.J诺丁教授也应邀参加会议。会议收到论文约70篇。会议期间，原中国林学会森林病理专业小组对1979年第一届林病学术会议以来的工作、学术交流情况作了总结汇报，并宣布中国林学会森林病理专业委员会正式成立。委员会召开了第一次委员会议，对今后开展学术活动作了安排，计划在1986年召开三北防护林病害交流会，1987年召开森林病理学术年会。推选袁嗣令任理事长，周仲铭任副理事长，邀请陈延熙为顾问，并决定在委员会下设用材、经济林和观赏植物三个病害专业组。委员会下设3个专业组：用材林组，组长景耀，副组长何平勋、米熙樵；经济林组，组长陈守常，副组长翁月霞、吴光金；观赏花卉组，组长张健如，副组长雷增普。

10月，袁嗣令《单克隆抗体技术与林木病害》刊于《森林病虫通讯》1985年第3期39~40页。文中写道：近年来，国际生物学科发展了一项新技术——单克隆抗体技术，这项技术被誉为免疫学的一次革命，不仅对农业植物病理学和农作物抗病育种有深远的影响，并且使免疫学、病毒学、细菌学、肿瘤学、药物学、分子生物学、兽医学的理论和实践产生变革。毫无疑问，这将把人类的生活和科学技术推向一个新的高度。因而，亦会对森林病理学这个农业植病的分支发生影响。

10月，贵州省毕节地区林学会邀请中国林业科学研究院的袁嗣令研究员到毕节作学术报告开展林业技术咨询。

1986年

4月，袁嗣令、张志华《类菌原体与漆树绣瘤病》刊于《森林病虫通讯》1986年第1期22页。

9月14日至20日，中国林学会"三北防护林病害学术讨论会"在山西定襄举办，袁嗣令主持会议。会后组织了新疆考察，袁嗣令、李传道、周仲铭、项存悌、张紊轩、景耀、文守易、赵震宇、刘振坤等10人参加。

10月，中国林业科学研究院袁嗣令研究员应贵州省毕节地区邀到毕节地区内考察森林病虫防治及其检疫对象，原以为区内有检疫对象——松材线虫，经考察否定此说法。

11月15日，袁嗣令到吉林林学院讲学。

1987年

3月，袁美珠、袁溶美、袁嗣令、袁嗣良、袁嗣礼、袁申美兄妹们捐资在宁波大学设立"袁九皋先生清寒奖学金"。

5月，王辉、田志伟、袁嗣令、孙福生、麻左力《假彩色编码在漆树瘿瘤病MLO电镜片上的应用》刊于《科技通报》1987年第2期10~12页。

6月23日，中国林业科学研究院林业科学研究所袁嗣令、王贵成、连友钦3人作为国务院大兴安岭森林大火考察团成员，赴大兴安岭实地考察大火的危害情况以及灾后的森林恢复问题。

10月，袁嗣令、孙福生、麻左力《油桐黑果病初报》刊于《植物病理学报》1987年第3期51页。

● 1988 年

3月，袁嗣令退休。

5月，徐玮英主编《杨树》黑龙江人民出版社出版，其中袁嗣令编写第九章《杨树病害及其防治》载于 297～327 页。

8月20日至27日，第五届国际植物病理会议在日本京都召开，这是第一次在亚洲地区召开的植病会议，参加的代表2069人，来自72个国家或地区。其中，日本的代表占一半，中国代表58人。

12月，袁嗣令《1986年森林病理研究》收入高明寿、钱或境主编《1987年中国林业年鉴》。森林病理学是由植物病理学分支出来应用于林业的新兴学科，它的涉及面很广，诸凡引起森林植物病害的病原微生物或超微生物，都是它的研究范畴。林木真菌研究：我国林木真菌的研究，基础于一般植物真菌区系，以后逐步转移到林木病原真菌区系。1939年出版的《中国高等真菌志》就是20世纪30年代开始的一个汇总材料。而完整的全国森林病害资料，则是80年代由林业部组织的《全国森林病虫害普查》中的森林病害内容。就其深度讲，这些年来比较突出的有：《林木病原镰刀菌（Fusarium）研究》（南京林业大学张素轩等，1983）；《杨树叶锈病菌（Melampsora）种类及寄主范围的研究》（北京林业大学袁毅，1982）；《小兴安岭自然保护区真菌区系》（东北林业大学潘学仁，1985）；《新疆胶锈菌属（Gymnosporangium）分类研究》（新疆八一农学院赵震宇，1985）；《中国韧革菌（Stereaceae）研究》（中国林业科学研究院郭正堂，1987）；《油茶软腐病菌（Agaricodochium camelliae）定名》（中国科学院微生物研究所等，1981）等。这些研究和调查，使我国林木真菌病原有了广泛而扎实的基础资料。以江西省为例，已从207种树种调查出真菌病516种。林木细菌病害研究：已进行过研究的有：《杨树根癌病的病原鉴定》（Agrobacterium tumefaciens）（中国林业科学研究院张锡津，1983）；《桉树青枯病》（Pseudomonas）（广西林业科学研究所曹季丹等，1983）；《油茶青枯病》（Pseudomonas solanacearum）（广西三门江林场石升枝等，1983）；《观光木青枯病》（P. solancearum var. asiatica Stapp.）（中南林学院谢宝多等，1983）；《枣缩果病》（Erwinia iujubovora Wang et al）（中国科学院微生物研究所、河南新郑枣树研究所等，1987）。这些都为解决生产问题提供了理论依据。林木病毒研究：随着病毒学的迅速发展，以及林木与植物病毒的密切相关性，林木病毒研究已经有了起步。反映在重要树种上的有：《杨叶花叶病毒的酶联免疫吸附研究》(ELISA)(中国林业科学研究院，1982)；《泡桐花叶病毒两种分离物的生物学、血清学及理化特性研究》(中国林业科学研究院，1983)。前者为杨树花叶病毒在我国的存在，以及诊断手段提供了线索。后者为我国主要产烟区的烟桐相互关系与防治发展提供了理论根据。菌原体病害研究：是近年迅速发展起来的一个分支学科，菌原体病害在林木上造成经济损失很大。泡桐丛枝病在华北引起广泛重视，目前已经有一整套综合防治方法（中国林业科学研究院，河南及山东有关省所、站，1983）。刚竹丛枝的研究，改变并充实了多年袭用的"真菌病"的说法（上海师范大学丁正民，1983）。杨皱叶的研究，改变了过去"螨类引起"的结论（中国林业科学研究院张锡津，1983）。漆苗瘦瘤的研究亦证实由菌原体（MLO）引起（中国林业科学研究院袁嗣令，1986）。林木线虫病研究：近年已有良好进展。《15种根结线虫病病原鉴定》《根结线虫新种（松树）》《根结线虫新种（象耳豆）》等（中国林业科学院杨宝君，1983），都是新的报道。菌根研究菌根在理论上的探讨，在国内近年才受重视。从外生菌根的真菌形态分类，已逐步进至内生菌根的真菌分类与培养。对菌根促进林木生长的生态关系，在吸收土壤中P、K的作用上有了关注。森林病害生物防治：在我国已经有了一些实际应用：两种抗生细菌（假单孢P.751与蜡状芽孢杆菌蕈状变种BC752）的培养成功，已应用于杜仲烂皮、杉炭疽、松赤落叶、泡桐苗炭疽以及牧草病害，甚至还能防治马尾松及文山松毛虫（贵州林业科学研究所胡炳福，1985）。油茶黑胶粉虱虫生菌扁座壳孢（*Aschersonia*）能防治煤污病（浙江科学院亚热所陈祝安等，1986）。芽孢杆菌（*Bacillus subtilis*）防治油茶炭疽花器侵染（中国林业科学研究院曾大鹏等，1983）。多主芽枝霉（*Cladosporium*）防治落叶松褐锈病冬孢子产生（东北林业大学邵力平等，1983）。以上都是理论联系生产的结果。发病条件研究：从环境因素对于林木病害发生、发展的影响中，已经注意到了生理、生化变化的重要性。一些病害研究，已经接触到了这个领域。例如，常见的杨树溃疡病，是与其皮层缺水与苗木带菌有关。杉木抗细菌性叶枯，是与其内在植物保卫素（Phytoalexins）有关等。四川东部华山松大面积"枯死"，实质为生理、生态因素，除了一个山凹直接受SO_2烟熏致死外。而大兴安岭大火后所反映的病害问题，将会是真菌生态的变化。为此，微生物生态将逐步成为一个学科。它已经反映在目前已酿成重大问题的病害上，也将落实在许多病害的综合防治措施上。今后方向：森林病理学在基础理论研究的力量、数

量和质量上都还嫌薄弱。反映在全国病害普查中的病原鉴定很少到种。新学科的发展，在人力与水平上都跟不上形势。今后主攻项目应是结合基因工程、细胞工程、酶工程和发酵工程，以及近年在血清学、免疫学上的重大进展，渗透融合到这个学科的重大病害问题内。

12月5日，美籍华人袁嗣良一行到宁波大学考察，决定继续捐设"袁九皋清寒奖学金"。

• 1989 年

是年，Yuan T.L. *"Diseases of Treescaused by Mycoplasma-like Organisms in China In Plant Diseases Caused by Fast Idiousprokaryotes"* 刊于 *"Today&Tomorrow Printers&Publishers Co., India."* 1989 年 31～36 页。

是年，《关于大兴安岭北部特大火灾区恢复森林资源和生态环境考察报告》获得1989年林业部科技进步二等奖，完成单位中国科学院、中国林业科学研究院、中国农业科学院、北京农业大学、北京林业大学、东北林业大学、林业部森林工业司，主要人员杨延森、吴中伦、曾昭顺、沈国舫、冯宗炜、关君蔚、袁嗣令、王在德、何希豪、由国务院大兴安岭灾区恢复生产重建家园领导小组组织28名专家组成综合考察组，在火灾扑灭后及时进行考察。考察报告对灾区的受害情况、中幼林的损失、北四局（塔河、图强、阿木尔、西林吉）恢复森林资源和生态环境的艰巨性等都作了较确切的估价。报告指出火烧后大径级木材95％能利用，强调用五年时间清理火烧木，防止病虫害蔓延；火烧迹地森林资源恢复问题，报告的结论是：条件是存在的，只要措施得当，还能恢复好，强调重灾区采取人为措施进行植苗造林，提高林分质量是可能的。报告还提出火烧木收益所得全部用于资源更新恢复等要求。

9月，复旦大学遗传学研究所编《桃李集 献给谈家桢教授八十寿辰和执教六十年》，其中第38～39页收入袁嗣令《泡桐丛枝病的研究》。

• 1990 年

8月，英汉植物病理学词汇编辑委员会《英汉植物病理学词汇》由农业出版社出版，裘维蕃主编。

9月，中国林业人名词典编辑委员会《中国林业人名词典》（中国林业出版

社出版）261 页著录袁嗣令[4]：袁嗣令（1919— ），森林病理学家。浙江宁波人。1949 年加入中国民主同盟。1942 年毕业于浙江大学病虫害系。1949 年获美国密苏里州立大学研究院农学硕士学位。回国后，历任南京林学院副教授，中国林业科学研究院林业研究所副研究员、研究员。是中国林学会第一届森林病理专业委员会主任委员，中国植物病理学会第三届理事。著有《森林病害防治》《森林病理学》，主编有《中国森林病害》。

9 月，龚祖垅等编著《中国植物类菌原体图谱》由科学出版社出版。

1991 年

11 月，林雪坚、吴光金编《林木病毒学》由中南林学院病理室刊印。

是年，袁嗣令应邀赴南澳大利亚省访问、合作。

1992 年

8 月，《邓叔群先生逝世二十周年林业部森林病理进修班创办三十周年纪念文集》刊印，袁嗣令作序。森林病理进修班同学：马文春、牛步泉、王永民、王淑掀、王淑英、支存定、白利玉、冯学渊、刘宝林、刘振荣、刘碧荣、孙宝贵、伍忠和、闫慧如、许汉金、巨鸿、陈立君、陈则娴、陈须文、陈盘心、何平勋、李志芳、李桂林、李晓眠、时全昌、佟颖、吴光金、吴研然、肖友星、张威铭、张教盛、范翠姬、季瑞盈、林桂英、林捷能、罗晋灶、胡炳福、项存悌、赵旭、赵自义、钟孝武、顾荣邦、顾福民、徐梅卿、常謇、黄飞龙、黄天章、景耀、彭石冰、曾德蓉、薛奕经。

10 月 19 日，宁波大学袁九皋奖学金的捐赠人之一袁嗣令夫妇到校访问并会见了获奖学生。"袁九皋先生清寒奖学金"由袁嗣令兄妹捐设。

11 月上旬，中国林学会森林病理学会在西安举行第四次学术讨论会暨换届举行。会议收到论文 245 篇，涉及松、杉、杨、桉、油桐、板栗、杜仲等 40 多种用材、经济、观赏木本和草本植物病害防治试验进展情况。到会的专家学者共 180 人，分别来自从中央到基层的各科技、生产、教学单位。会议期间进行了中国林学会森林病理学会理事会换届选举，北京林业大学沈瑞祥当选为第三届理事会理事长，中国林业科学研究院曾大鹏副研究员当选为副理事长，徐梅卿高级工

---

[4] 中国林业人名词典编辑委员会. 中国林业人名词典 [M]. 北京：中国林业出版社，1990：261.

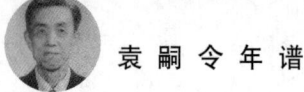

程师当选为秘书长，袁嗣令研究员为名誉理事长。

• 1993 年

12 月，贵州遵义林学会邀请中国林业科学研究院植物病理学家、研究员袁嗣令在遵义地区林科所作国内外病虫害防治研究专题学术报告。

• 1995 年

6 月，袁嗣令、S.J.Makuku《持续利用"哈露华"昆虫资源——津巴布韦诺努梅迪佐社区参与管理剖析》刊于《林业与社会》1995 年第 3 期 43 页；袁嗣令、"*Theodoro Lopez Vasquez*"《哥斯达黎加的一个乡村社区》刊于 47 页。

是年，国际植物病理学术界提出将类菌原体（Mycoplasma like organisms）改名为植物菌原体（Phytoplasma）。

• 1996 年

1 月，袁嗣令主编《中国乔、灌木病害》由科学出版社出版。

9 月，中国科学技术协会编《中国科学技术专家传略：农学编：植物保护卷 2》由中国科学技术出版社出版。其中 251～258 页载袁嗣令。袁嗣令，森林病理学家。在松苗猝倒病、油茶炭疽病、落叶松早期落叶病、泡桐丛枝病、杨树花叶病等研究中有较深造诣。他强调以营林技术为主的林病综合防治。他在农、林病害教学上，作出了重要贡献。

9 月 10 日，《中国林业科学研究院森林保护研究所决定》：袁嗣令教授：经所长办公会议研究决定，由您担任"中国森林病害（修订版）"主编，由您主持并决定一切编委会日常工作。望尽快落实好编辑委员会组成及书目内容及分工等事宜。工作中如遇到困难请及时通报所领导，以便帮助支持您的工作。致礼！中国林业科学研究院森林保护研究所（印章）1996 年 9 月 10 日

10 月 24 日至 28 日，中国林学会与中国林业科学研究院联合在北京召开第五届国际植物菌原体研讨会，来自意大利、美国、澳大利亚、日本、印度、马来西亚、泰国、印度尼西亚以及中国的 65 位学者参加了会议，袁嗣令作为会议组织者被推选为会议主席，中国林业科学研究院编《第五届国际植物菌原体研讨会论文摘要集》刊印。

10月，袁嗣令《中国森林病害四十年》由中国林业科学研究院印行。袁嗣令先生是我国森林病理学的创始人之一，先后编著了《植物病害防治》《森林病理学》《国内外杨树病害研究概况》《林木病毒学》《杨树病害及防治》《菌根研究的方法及原理》《40年来林木病害科研工作发展概况》《中国乔、灌木病害》《油橄榄病虫害及其防治》、"Diseases of Trees Caused by Mycoplasma-like-Organisma in China"《我国树木类支原体病》和"Diseases of Forest Trees, Fruit Trees and Agroforestry Cropa of China"《中国林木、果树和农林作物病害》等著作。

● 2000年

2月，袁嗣令《科学新颖实用——评一本植（森）保新书》刊于《林业科学研究》2000年第1期1页。徐志华主编《果树林木病害生态图鉴》由国家科学技术学术著作出版基金资助中国林业出版社出版。

● 2018年

4月25日，袁嗣令去世。袁嗣令、田庆美夫妇育二子一女袁敏之、袁维之、袁维亚。《中国林业科学研究院森环森保所讣告》。袁嗣令，研究员，著名森林病理学家，民盟，因病医治无效，于二〇一八年四月二十五日十时五十八分去世，享年九十九岁。遵照家属意愿，丧事从简。特此讣告。中国林业科学研究院森环森保所 二〇一八年四月二十五日

黄中立年谱

黄中立(由中国林业科学研究院林业科技信息研究所赵巍提供)

黄中立年谱

- **1918年（民国七年）**

  6月7日（农历四月廿九日），黄中立（ZhōngLì HUANG）生于湖北省汉口市，祖籍安徽休宁，祖父黄光耀专攻数学，著有《东观商数学》，黄中立父辈兄弟俩均为数学教员，母亲杨玉棠。黄中立有姐黄立佩、弟黄道立、弟黄自立、妹黄元、妹黄武瑛。

- **1924年（民国十三年）**

  9月，黄中立在汉口第二小学学习，至1930年6月毕业。

- **1925年（民国十四年）**

  8月，黄中立弟黄道立生，1951年武汉大学历史系毕业。曾任湖北师范学院教员、华中师范大学历史系教授，曾任湖北省世界史学会副会长，湖北省地方志学会副会长，中国地方志协会理事，《中国大百科全书》地方志专家组成员。

- **1930年（民国十九年）**

  9月，黄中立在汉阳第十二中学校读书，至1931年6月。

- **1931年（民国二十年）**

  9月，黄中立转入汉口第一中学，1933年6月初中毕业。

- **1932年（民国二十一年）**

  是年，黄中立二弟黄自立生，曾任兰州西北交通学校教员。

- **1933年（民国二十二年）**

  9月，黄中立考取汉口市第一中学高中部，1936年7月高中毕业，与潘祜周同学。

- **1936年（民国二十五年）**

  8月，黄中立在南京中央警官学校学习，至1936年9月。

10月，黄中立考入安徽大学农艺系，至1937年7月，上一年级，与金声玉同学。

● 1937年（民国二十六年）

9月，黄中立由安徽大学转入武昌武汉大学农艺系，至1938年1月，上一年级，与梁世镇同学。

5月15日，L.C.Dunn（黄中立译）《遗传之机能》刊于安徽大学农学院安大农学会编辑《安大农学会报》第1卷第2期127~140页。

● 1938年（民国二十七年）

2月，黄中立随武汉大学农艺系到嘉定学习，至1938年8月，与梁世镇同学。

10月，因抗日战争学校内迁，武汉大学与中央大学农学院合并，黄中立转入中央大学农学院森林系学习，与贾铭钰同学。

● 1941年（民国三十年）

5月19日，中央大学森林系江良游、贾铭钰、任玮、斯炜、黄中立五名学生毕业，梁希先生《赠森林系五毕业生同学》诗："一树青松一少年，葱葱五木碧连天。和烟织出森林学，写在巴山山那边"，梁希先生把5名同学比作5棵青松，5木正好构成"森林"，巧妙的构思中蕴涵了老师对学生殷切希望和深厚的感情。

7月，黄中立从中央大学森林系毕业，到中央林业实验所任技佐，至11月。

9月，黄中立《金佛山一带土壤及森林分布之初步观察》刊于《林钟（金佛山专号）》1941年第1卷第3期。

10月，黄中立、李寅恭《重庆市木材市场概况》刊于《林学》1941年第7期38~67页。

11月，黄中立任岷县甘肃水利林牧公司技术员，兼岷县高级农业职业学校教员，至1942年8月。

● 1942年（民国三十一年）

9月，黄中立任岷县高级农业职业学校教员，至1943年3月。

 黄 中 立 年 谱

- **1943 年（民国三十二年）**

    4 月，黄中立回重庆任中央农林部林业司科员，至 1947 年 9 月。

    4 月，黄中立《覆土深度与栾树种子发芽之关系》刊于《林学》1943 年第 9 期 40～49 页。该文还刊于《全国农林试验研究报告辑要》1943 年第 3 卷第 1～2 期 14～15 页。

    12 月，黄中立加入国民党，1944 年与国民党失去联系。

- **1944 年（民国三十三年）**

    4 月，李顺卿、黄中立《西北荒山造林》刊于《林学》1944 年第 3 卷第 1 期 4～13 页。

- **1945 年（民国三十四年）**

    是年，中央林业实验所成立森林经理系。

- **1946 年（民国三十五年）**

    1 月，黄中立《枞栎，苏联发明无节木材培育新方法》刊于《林讯》1946 年第 3 卷第 1 期。

    5 月 7 日和 11 日，国民政府决定继续选派自费留学生出国，并组织全国性的公费留学生考试选派工作，先后公布《自费生留学考试章程》和《公费生留学考试章程》，决定本年度无论公费生还是自费生均须通过留学考试合格，方可出国。

    11 月，《教育部三五年度自费留学考试录取名单》公布：森林（八名）：陈启岭、袁同功、黄中立、阳含熙、葛明裕、黄有稜、成俊卿、王业遽。

- **1947 年（民国三十六年）**

    2 月，黄中立《樟树与樟脑》刊于《中农月刊》第 8 卷第 2 期 1～13 页。

    4 月，黄中立参加国民政府教育部第二届公费留学讲习会。

    5 月，董新堂、黄中立、狄福萃《我国林业经济概况》刊于《中农月刊》1947 年第 8 卷第 5 期 43～54 页。

    9 月，黄中立考取公费留学加拿大多伦多大学林学院研究生，赴加拿大多伦多大学林学院学习，与袁同功同学。

黄中立年谱

● **1948 年**

是年，黄中立考入加拿大多伦多大学林学院专攻森林经理。

● **1949 年**

4 月，黄中立从加拿大多伦多大学林学院毕业，获硕士学位。

8 月，黄中立任加拿大多伦多大学助理研究员，至 1949 年 10 月。

9 月 27 日，根据 1949 年中国人民政治协商会议第一届全体会议通过的《中华人民共和国中央人民政府组织法》第十八条的规定，1949 年 10 月中央人民政府政务院设置中央人民政府林垦部，主管全国的林业工作。林垦部设四司一厅：林政司、森林经理司、造林司、森林利用司和办公厅。黄范孝任森林经理司司长。黄范孝（1896—1969 年），字礼迁，森林经理专家，江西省宜黄县凤岗镇人。1921 年毕业于江西省农业专科学校林学系，被选派公费赴日本留学，在日本中央林业试验场从事研究工作。4 年后由日本返回江西省立农专任教，升任该校林学系主任，后任江西庐山林业实验场场长，河南信阳林业试验场场长，不久又回江西任农专校长。抗日战争期间，在广州中山大学林学系任系主任、教授。在江西农专和广州中山大学执教达 20 余年，编写了大量教材。抗战胜利后，任台湾地区林务局技术室主任。1948 年上半年，他接到好友梁希的信，要他火速回大陆。他以家父病危告假，匆促回到江西，出任江西农林试验场场长。南昌解放后，他仍任江西农林试验场场长。1949 年 9 月，调中央人民政府林业部，任森林经理司司长（后改为森林调查设计局，任局长）。1958 年被划为右派分子，1960 年调贵州省林业厅任高级工程师。他为中国林业发展做了大量工作。1969 年因病逝世于贵阳。

● **1950 年**

是年初，根据中央人民政府《关于全国林业工作的指示》精神，东北人民政府农林部决定组建林野调查队，并责成农林部林政局在原辽东省沈阳市开始建队的筹备工作。

3 月和 8 月，东北人民政府林政局委托沈阳农学院举办两期森林调查干部训练班（简称林训班），目的是为建队培养一批专业技术人员。1950 年 10 月，抗美援朝战争爆发，沈阳农学院并入在哈尔滨的东北农学院，林训班也转由东北农学院举办。林训班学员主要来自东北地区和京津地区初中以上文化的学生、社会青年和一部分在职人员,共360余人。林训班开设的课程除了政治、数学等基础课外,还开设了测量学、测树学、树木学、森林调查学等专业课。在完成理论学习之后,第一期学员于1950年10月至12月到黑龙江带岭林区实习。在此期间,林政局成立了林野调查科,任命宋文中为调查科长,张立勋为大队长,高宪斌为技术负责人,经过几个月的努力,林野调查队顺利完成了从思想上、人力上和组织上的各项筹备工作。1950年12月第一期林训班108名学员毕业全部加入调查队,宣告东北人民政府农林部林政局林野调查队诞生,队址设在沈阳市北陵附近东北人民政府农林部院内。

5月,应梁希部长邀请,黄中立回国,到林垦部森林经理司任组长,至1952年2月。

5月,中央人民政府政务院《关于全国林业工作指示》中,责成林垦部训练森林调查测量干部600名,组成调查队,进行重点林区调查。

9月,东北林务管理局《木材材积表》由东北人民政府农林部林业局刊印。

10月,《木材材积表》(原木 方材 板材 立木)由森林工业总局刊印。

● 1951年

5月,林垦部颁发《林野调查规格》。其主要内容包括地况调查,有地理位置、地势、气候、林区面积、土地(基岩、土壤)、地利级、地位级、地被物等八项调查标准。

11月,中央人民政府林业部编印《中国主要树木生长量汇编 第一辑》,由黄中立执笔。

11月5日,中央人民政府委员会第十三次会议决定,将中央人民政府林垦部更名为中央人民政府林业部,其所管辖的垦务工作移交给中央人民政府农业部负责。部机关仍设四司一厅,未作变动。

● 1952年

1月,黄中立在北京参加中国国民党革命委员会。

3月,黄中立任林业部森林经营司任科长,至1953年3月。

4月,黄中立《龙泉码价与杉木材积关系——武汉市鹦鹉洲杉木材积调查报告》刊于《自然科学》1952年第2卷第2期191～201页。该文对龙泉码价作了多方考证和通过实际量测数据，揭示了各项因子间的相互关系，并拟合了码价与眉围、码价与材积的数学关系式，这是研究祖国测树学宝贵遗产的一篇重要文章。

10月，黄中立《苏联方格调查法的优点》刊于《中国林业》1952年第10期27~30页，同期黄中立《对苏联原木材积表规律性的认识》刊于40~44页。

12月，中央人民政府林业部编印《中国主要树木生长量汇编　第二辑》，由黄中立执笔。

12月，中央人民政府林业部编《林野调查手册》刊印。《林野调查规格》和《林野调查手册》为开展全国森林资源调查奠定了技术规程基础。

12月，中央人民政府林业部编印《木材材积表（原木）》。

是年，黄中立以苏联国家标准《原木材积表》为蓝本，改编成为我国第一个《全国通用原木材积表》，由林业部颁布实施。

● 1953年

1月1日，中央林业部林业科学研究所正式成立，陈嵘任所长。

2月，为适应国家林业建设的需要，中央人民政府林业部决定以东北人民政府农林部林政局林野调查总队为班底，组建两个国家级森林调查队伍，即林业部调查设计局森林调查第一大队和第二大队，其中一大队移驻黑龙江省哈尔滨市，二大队留驻营口。

2月，赵宗哲著《实用测树学》由中华书局出版。赵宗哲（1914—2008年），造林学家。直隶（今河北）满城人。1936年毕业于河北农学院森林系。1956年加入中国共产党。曾任中央大学教员。中华人民共和国成立后，历任北京农业大学副教授，新疆八一农学院副教授、森林系主任，新疆林业科学研究所副所长，1961年起任中国林业科学研究院林业研究所造林室主任、副研究员、研究员，中国林学会第二届常务理事。从事农田防护林的研究与教学工作。发表有《新疆沙漠概况及其改造利用》《我国农田防护林营造经验及经济效益的评述》等论文，著有《实用测树学》《苏联中亚的固沙造林》。

3月16日至23日，全国林业调查会议在北京召开，这是第一次专门研究全国林业调查工作的会议，林业部副部长李范五作报告，梁希部长做总结。会议确定了"在国有林区有目的有步骤地大力开展森林经理调查，继续完成森林资源调查，在宜林地，有重点地进行关于造林、迹地更新、封山育林的调查，并做好设计工作，以便解决大面积的采伐和造林问题"的方针。

4月，黄中立任林业部调查设计局科长、工程师，至1956年8月。

5月，黄中立《更新迹地调查方法》刊于《中国林业》1953年第5期16~21页。

6月，林业部成立森林航测队，即在黑龙江省大海林业局进行了航测和森林调查试点，黄中立参加这项具有重要意义的工作，短短几个月内就查清了这个林业局的森林资源，取得了第一手资料，精度符合要求，并编制了相片平面图和林相图，这是中国利用航空测量清查森林资源的成功尝试。

● 1954年

1月4日，中央林业部林业科学研究所常务会议确定中央林业部林业科学研究所组织机构：行政上成立所长办公室、图书资料室、仪器室、秘书科（含人事工作）、计划科、总务科。业务上分4个系即造林系、森林经理系、木材工业系、林产化学系。

1月，林业部决定将林业部调查设计局森林调查第二大队更名为林业部调查设计局森林经理第二大队，4月迁址到原辽东省林校校址（现辽宁省抚顺市城北），大队长关成发，副大队长梁庭辉、谢根柱。

1月27日，中共中央、国务院批准成立大兴安岭特区。特区的主要任务为开发大兴安岭林区，由林业部直接领导，同时接受黑龙江省和内蒙古自治区领导。

3月5日至17日，林业部在北京召开了全国（第二次）林业调查设计工作会议，梁希部长做《调查工作者当前的责任》的报告，其中讲道：林业调查设计工作者，是林业的开路先锋，也可以说是林业的"开山祖师"。

3月25日至4月14日，林业部副部长李范五在北京主持召开了二大队编制的《长白山森林经理施业案》审查会，林业部调查设计局局长刘均一作了长白山森林情况与经营措施的报告，林业部部长梁希作了重要讲话。《施业案》经林业部审查批准后实施。长白山林区森林经理调查，为我国培养了一批专业技术骨干力量，也为我国森林经理事业开辟了一条崭新道路。

4月16日，国家决策将"森林航测"列为苏联援建的156个项目之一，请

黄中立年谱

苏联专家来华援助一两年，在我国大小兴安岭等国有原始林区开展森林航空摄影测量和森林资源航空调查。这样既有利于完成国有原始林区开发建设的基础工作，又能培养我国自己的森林调查设计队伍。为配合苏联援建项目顺利实施的队伍，林业部调查设计局森林航空测量调查大队在黑龙江省齐齐哈尔市宣布成立，下设航空摄影、航空调查和地面综合调查3个分队，总人数402人，队长白郡，副队长王全茂、谢挺、田宝银、马琨。白郡，原名黄德立，1922年12月生，湖北枣阳人。1938年入陕北公学分校、晋东北抗大一分校学习，1941年加入中国共产党。1938年8月至1945年9月任八路军一二九师政治部干事、中国人民解放军吉林军区供给部科长、第四野战军五十军一五〇师供给部副部长。中华人民共和国成立后，任中南军政委员会农林部秘书科科长、计划处副处长，1953年任中央人民政府林业部森林工业司办公室副主任，1954年4月至1954年5月任森林航空测量调查大队队长，1954年5月至1957年2月任林业部调查设计局综合调查处处长，1957年2月至1977年任林业部调查规划局副局长，1977至1984年任林业部林产工业规划设计院党委副书记、副院长，2013年3月29日去世，享年91岁。

4月，林业部编《木材材积表（增订版）》由中国林业出版社出版。

6月，（苏）谢尔盖耶夫（П.Н.Сергеев）著，华敬灿、张桦龄等译《测树学》由中国林业出版社出版。

7月1日，林业部调查设计局编辑出版的内部刊物《林业调查设计》创刊（月刊）。

8月，黄中立《介绍测树学》刊于《中国林业》1954年第8期36～37页。

9月，中央人民政府林业部调查设计局编《中国主要树木生长量汇编 第三辑》由中国林业出版社出版，由黄中立执笔。

9月24日，由林业部提出、经中央财政经济委员会在1954年批准试行《木材规格及木材检尺办法》由中国林业出版社出版发行，在全国各行各业基本建设领域中广泛使用。

11月30日，中央人民政府林业部改名为中华人民共和国林业部。林业部机关设：办公厅、计划司、财务会计司、人事司、教育司、劳动工资司、木材生产局、森林经营局、林产工业局、造林局、技术委员会、基本建设局、供销局、监察局。

12月，姚开元、黄中立等《林野调查设计》刊于《中国林业》1954年第12期。

• 1955年

1月，林业部在北京召开全国第三届林业调查设计工作会议，林业部调查规划局刘均一副局长主持会议，会议提出仍须贯彻"大力进行森林资源调查，在国有重点林区进行森林经理工作，集中进行水源林、防护林与经济林勘测设计工作"的方针。

4月，林业部调查设计局森林航空测量调查大队建制撤销，在黑龙江省齐齐哈尔市宣布，将航空摄影分队、航空调查分队合并，成立森林航空测量调查队。

10月，（苏）Н.П.阿努钦《测树学》由中国林业出版社出版。Н.П.阿努钦，1902年4月26日生于沃罗哥兹克州一个农民家庭。1925年毕业于列宁格勒林学院，曾任该院里新教学实验施业区主任及木材加工厂厂长。1929年到莫斯科任俄罗斯加盟共和国国有林中央管理局林业科学会会长，兼任中央林业实验站测树实验室主任及莫斯科林学院副教授。在此期间主持编制苏联第一批主要树种材积表。1931年任全苏木材科学研究所秘书，编制出苏联第一个材种表和出材量表，拟定出森林工业中的测树原则——森林调查的新方向。1935年他被授予科学技术副博士学位，1939年被授予博士。1937年任西伯利亚林学院副院长及测树教研室主任。1941年加入苏联共产党。1943—1948年任苏联国家林业总局局长及莫斯科林学院测树教研室主任。此间他拟定了国家林价的理论，1949年在苏联第一次通过林价。1949—1960年任莫斯科林学院副院长兼测树学教研室主任。1960—1964年兼任苏联列宁农业科学院森林学和森林土壤改良研究室的科研秘书及全苏林业和林业机械化科学研究所所长。1956年阿努钦被选为通讯院士，1967年为苏联列宁农业科学院院士。1971—1984年均任莫斯科林学院测树和森林经理教研室主任。在苏联高等林业院校使用他写的教科书《测树学》《森林经理学》《森林工业和林业调查原则》。《测树学》在苏联出版五次，并被一些国家（包括中国）翻译使用。他在测树学和森林经理学的理论和实践方面的主要贡献：用列线图确定林分调查因子，按树干侧表面积确定林分生长量，设计了棱镜角规及光学测高器，向生产建议最佳采伐年龄和森林主伐利用量的计算公式，林区森林蓄积量的计算方法及实现森林永续利用的理论等，其中一些理论与方法概括于《组织林业的理论与实践》（1977年）一书中阿努钦的一系列著作都把数学、电子计算机技术应用于林业中，他是苏联用统计方法计测森林的作者之一。他在美国、西班牙、阿富汗参加过国际林业会议并作报告。曾荣获捷克斯洛伐克最高农业金质奖章，在芬兰被选为芬兰林学会通讯院士，在匈牙利被索普罗斯克大学授予名誉教授。他作为苏联国家机关（苏联国家计委、国家科委、苏联国家林业总局）的高级专家，曾解决许多有关林业和森林利用方面的尖锐问题。苏联政府高度评价阿努钦院士的劳动，授予他列宁勋章、两枚劳动红旗勋章和人民友谊奖章。他完成了250多部著作，培养了5个博士，40个副博士（其中有中国4名）。《测树学》《森林经理学》《森林工业和林业调查原则》《组织林业的理论与实践》等是阿努钦一生中几部有影响的著作。1984年6月7日逝世，享年81岁。

12月，中华人民共和国林业部森林调查设计局森林经理处编《森林调查员手册》由中国林业出版社出版。

12月8日，中央林业研究所森林经理系扩充为森林经理研究室。

是年，黄中立任中央、林业部森林经理司经理科科长，调查设计局工程师、研究设计科科长。

● 1956年

3月，景熙明、齐学贤《材积直线法调制材积表的探讨——福建马尾松立木材积表的制作》刊于《林业科学》1956年第1期第22~32页。

5月，中国青年出版社编辑出版的《把绿化祖国的任务担当起来》，是陕西、甘肃、山西、内蒙古、河南五省（自治区）青年造林大会文件汇编，包括新民主主义青年团中央书记处书记胡耀邦向大会宣读了中共中央致大会的贺电，胡耀邦和林业部副部长罗玉川、黄河水利委员会主任王化云在大会上作报告。

8月，黄道年、王颉修、黄中立《对"材积直线法调制材积的探讨"一文的意见》刊于《林业科学》1956年第4期103~108页。

8月，黄中立从林业部调查设计局调中央林业部林业科学研究所工作，任研究员。

是年，林业部调查设计局《西南地区云南松、云杉、冷杉生长过程表、材积表、材种表、出材量表》刊印。

1957 年

1月17日，林业部同意中央林业部林业科学研究所成立11个研究室，植物研究室，由林刚任主任；形态解剖及生理研究室，由张伯英任主任；森林地理研究室，由吴中伦任主任；林木生态研究室，由阳含熙任主任；遗传选种研究室，由徐纬英任主任；森林土壤研究室，由阳含熙任主任；造林研究室，由侯治溥任主任；种苗研究室，由侯治溥任主任；森林经理研究室，由黄中立任主任；森林经营研究室，由王宝田副主任；森林保护研究室，由王增思、薛楹之负责。

1月，黄中立《读"森林资源调查内业资料汇编"以后》刊于《林业调查设计》1957年第1期1~4页。

3月，黄中立《我国杉木材积生产率等问题的探讨》刊于《林业科学》1957年第1期1~4页。

6月，黄中立《原木材积表制法及原理》由中国林业出版社出版。他在绪言中写道：在木材生产及木材供销方面通用度量木材体积的工具就是原木材积表及原条材积表。这些表在形式上是一本印制好的表格，表中列举了许多材积数字。这些表相当于一根大的度量材积的尺。由于数字太多，不能全刻在尺面上，只好将检尺直径、材长及相当的木材材积，由小到大，有规律地列成表格，如果所量得的材长及检尺直径数字合乎表上的数字，便可以立刻查表得出材积，不必耗费很多的时间去计算。表上的材积数字既然是被当作一项标准看待，那么它们的来源、编制方法、计算原理及其科学根据等等就必然是许多林业工作及木材工作同志所关心而希望了解的。在这里仅就几年来从事这项工作所得到的一些体会作简要的介绍。

8月，黄中立《"我国杉木材积生长率等问题的探讨"一文的几点要求》刊于《林业科学》1957年第4期112~113页。

8月10日，国务院科学规划委员会向林业组发布国家重要科学技术任务1957年主要研究项目。第47项任务一览表名单中有林业组成员14人，其中林业所有2人（陈嵘、侯治溥）；研究负责人17人，其中林业所有9人（阳含熙、张英伯、王兆凤、吴中伦、徐纬英、黄中立、王宝田、王增恩、薛楹之）。

1958 年

5月，林业部林业建设局编《通用立木材积表》由中国林业出版社出版。

6月，中华人民共和国林业部森林调查设计局森林经理处编《森林调查员手册》由中国林业出版社出版。

8月，黄中立主持《杉原木材积表编制问题的研究》，12月完成，并根据杉原木实测材积编制了林标LY 104—60《杉原木材积表》，1960年由林业部颁布实施。

10月27日，中国林业科学研究院正式成立，院长张克侠，吴中伦、黄中立等由林业部调到中国林业科学研究院工作。

11月，中华人民共和国林业部编《中华人民共和国林业部杉原木材积表》由中国林业出版社出版，该标准由黄中立执笔。

12月，中央人民政府林业部调查设计局编《中国主要树木生长量汇编 第四辑》由中国林业出版社出版，由黄中立执笔。

12月10日，林业部部长梁希逝世。

● 1959年

5月31日，黄中立《地球测量仪》刊于《林业科技通讯》1959年第30期12页。

是年冬，林业部撤销调查设计局和基本建设局建制，地面综合调查队划归中国林业科学研究院。

12月，中华人民共和国林业部编《中华人民共和国林业部杉原木材积表》由中国林业出版社一版三印。

● 1960年

2月，黄中立被选为中国林学会第二届理事会理事。

3月，为编制《神农架林区开发总方案》，林业部综合调查队湖北二分区与湖北省林业勘测大队，组建了神农架森林综合调查队。

3月8日至5月18日，中国林业科学研究院由陶东岱秘书长率团（7人）赴苏联莫斯科，讨论中苏科学技术合作122项第十二方面第八项"中国西南高山林区森林植物条件、采伐方式及集采技术研究"的相关事宜，代表团成员有林业所吴中伦、潘志刚、张万儒。

4月，中国林业科学研究院林业研究所森林经营研究室《西南林区冷杉复层林生长的研究（摘要）》刊于《林业科学》1960年第2期150～151页。本项研究对云南西北部潍西沙马公林区长苞冷杉（*Abies georgei*）及四川西部岷江林区柔毛冷杉（*Abies faxoniana*）两种复层林设置标准地共36块，先是确定其林型，并对其土壤、植物、更新情况、生长情况进行调查研究，随即从各项测树因子分析不同林层及不同世代林木生长的规律。二是关于林型及土壤调查，系根据林业部综合队原有的基础加以鉴定，并区别各个标准地所属林分不同的性质。

6月，林业部将森林航空测量分队和森林航空调查队合并，成立林业部森林综合调查大队，下设5个中队，田雨林任森林综合调查大队队长。

7月，中华人民共和国林业部编《杉原木材积表（中华人民共和国林业部部颁标准）》林标（LYB 104—60）由中国林业出版社出版，该标准由黄中立执笔。

是年，中国林业科学研究院林业科学研究所森林经营研究室《研究报告 营林部分第5号 西南林区冷杉复层林生长的研究》刊印，共69页，该报告由黄中立执笔。

是年，黄中立等对《全国通用原木材积表》进行全面修订后，1961年由林业部正式定名为LYB 108—61《原木材积表》。

● 1961年

8月，中华人民共和国林业部部分标准《原条材积表 林标》（LYB 107—60）和《原木材积表 林标》（LYB 108—61）由农业出版社出版，黄中立执笔。

9月，北京林学院森林经理教研组《测树学》（高等林业院校交流讲义）由农业出版社出版。

是年，黄中立《中国森林资源分析》[研究报告营林（61）74]由中国林业科学研究院林业研究所经营研究室刊印。

● 1962年

5月，中国林业科学研究院林业科学研究所森林经营研究室田景明、王启睿、华网坤《原木材积表编制方法的研究》刊于《林业科学》1962年第2期155~162页。

7月，中华人民共和国林业部颁发《国营林场造林档案管理办法》和《国营林场经营管理工作档案办法》。

1963 年

2月，根据中国科协意见，中国林学会召开在京理事会议，决定在常务理事会下设4个专业委员会，即林业、森工、普及委员会和《林业科学》编委会。《林业科学》北京地区编委会成立，陈嵘任林业委员会主任委员，郑万钧任《林业科学》编委会主编，编委陈嵘、郑万钧、陶东岱、丁方、吴中伦、侯治溥、阳含熙、张英伯、徐纬英、汪振儒、张正昆、关君蔚、范济洲、黄中立、孙德恭、邓叔群、朱惠方、成俊卿、申宗圻、陈陆圻、宋莹、肖刚柔、袁嗣令、陈致生、乐天宇、程崇德、黄枢、袁义生、王恺、赵宗哲、朱介子、殷良弼、张海泉、王兆凤、杨润时、章锡谦，至1966年。

4月，H.E.Seely、方有清《航测在森林调查中的应用》刊于《林业实用技术》1963年第18期3～6页。

6月，林业部成立森林航测队，立即在黑龙江省大海林业局进行了航测和森林调查试点，黄中立参加并短短几个月内就查清了这个林业局的森林资源，取得了第一手资料，精度符合要求，并编制了相片平面图和林相图，这是中国利用航空测量清查森林资源的成功尝试。

11月，中华人民共和国林业部颁发《国营林业局、场建立森林资源档案制度的规定》和《关于森林资源统计制度的规定》。

1964 年

2月10日，中共中央、国务院批转了林业部、铁道兵《关于开发大兴安岭林区的报告》。中央指出：开发大兴安岭林区是发展我国国民经济的一个极为重要的任务，也是一项十分艰巨的工作。

3月，黄中立《森林更新调查及鉴定标准》刊于《林业科学》1964年第9卷1期1～31页。森林更新的质量鉴定标准是森林更新调查得出确切论断的重要依据。鉴定标准一般包括单位面积株数和苗木分布情况两项因素。文中对于现在苏联及我国比较通用的聂斯切洛夫教授森林更新株数标准以及其他十余种标准进行了分析比较，认为该项标准首先应分别树种，分别林型或地位级，参照林分生长过程表上的林分株数生长过程来编制。具体做法是以林分每公顷株数及平均胸径关系曲线为准绳，选定介于因林分郁闭自然死亡而株数减少的速度与株数完全不减少之间的速度，作为更新林分最常出现的株数减少的速度；再预定以5厘米、

10厘米、15厘米、20厘米作为郁闭时林分平均胸径,从对数图纸所绘曲线上四个点出发,便可以作出四条平行线,将各树种各地位级更新林分株数变异情况规划为五个部分,作为鉴定更新的五个等级,在每个等级以内可以预测该更新林分郁闭的年度,郁闭胸径以及郁闭时林分的每公顷株数。根据这种方法已将我国现已编成林分生长过程表的十几种树木54个分地位级或林型的表都编订各级更新株数标准数字,并求出216个相应的关系式。关于调查幼苗和幼树的分布,一般以采用立木度这项指标较好。立木度是更新林分将来能否郁闭成林的指标,可以在用小样地对同一林分进行多次抽样时,样地内出现"有","无"更新苗的百分数来表示。本文认为这类小样地应以圆形而其面积接近于该更新树种近熟林时期单株的平均树冠面积为合适。在更新林分逐渐郁闭的过程中,各次调查的立木度也逐步增加,直到林分郁闭,立木度等于百分之百时为止。更新林分的立木度也可以与成林的立木度联系起来,虽然两个指标的依据不同,但可以互相结合,然后便可以引导更新林分逐步走上及时抚育、合理经营的道路。文中并提出关于两种以上树种或两种以上不同测树因子更新林分复合立木度的计算原理和方法。最后关于森林更新调查方法分别不同的更新方式提出各种要求及改进意见。

5月,党中央和国务院派铁道兵部队赴大兴安岭林区,以"会战"方式进行全面开发与建设工作。为适应这次大会战的需要,林业部领导指示部属林科院和调查规划局综合队共同组织队伍,赴大兴安岭林区对兴安落叶松林的采伐方式和更新方法进行深入调研。以中国林科院林研所所长吴中伦为队长,黄中立和综合队翟中兴为副队长,黄中立兼测树组组长。参加单位还有内蒙古林学院、内蒙古林科所和东北林学院等,共90余人组成了"大兴安岭森林采伐更新调研队",包括的专业有育林、测树、土壤、植被、病虫害、经济、水文和气象。全队共分3个综合组,分别在根河、甘河、绰尔和阿尔山等林业局进行综合调研;另组织两个调查队到塔河和满归进行考察;还派出少数人员到图里河、加格达奇、伊图里河、乌尔其汗等林业局作补充调查;在根河等地进行了短期定位观察并在一些局调研有关采伐更新经济指标,外业从5月开始,到9月结束,内业10月开始,1965年春结束,完成《大兴安岭林区主要森林类型的采伐方式和更新措施草案》《大兴安岭林区速生丰产林营造措施》等。

8月10日,中共中央、国务院批准在大兴安岭会战区成立大兴安岭特区人民委员会(省辖市级),受会战指挥部和行政区所在省(自治区)双重领导,地方行政工作受黑龙江省政府领导。罗玉川担任大兴安岭林区开发建设会战指挥部党委书记、政治委员和大兴安岭特区区长。

● 1965 年

6 月，北京林学院董乃钧、唐宗祯编写《利用航空照片进行森林分层抽样调查》由林业部西南林业勘察设计总队第六大队翻印。

是年，黄中立任中国林业科学研究院林业研究所研究员。

是年，林业部机关设：办公厅、计划司、财务司、木材生产司、林产工业司、造林司、森林保护司、技术司、劳动工资司、教育司、对外联络司、调查规划局、基本建设局、国营林场管理总局、设备器材管理总局、宣传处和林业部政治部以及中监委派驻监察组。

● 1967 年

是年，黄中立任中国林业科学研究院林业研究所四级研究员，工资 207 元。

● 1969 年

7 月，林业部军管会决定，将林业部调查设计局森林航空测量调查大队下放到大兴安岭地区加格达奇，并更名为黑龙江省大兴安岭地区林业勘测设计大队。

● 1971 年

1 月 30 日，《干部登记表》载：黄中立任中国林业科学研究院林研所森林经理室主任。

11 月，黄中立全家从中国林业科学研究院下放到河北省兴隆县。

● 1972 年

3 月，《林业勘测规划》（内部资料）创刊，由黑龙江大兴安岭地区勘测设计大队主办。

是年，黄中立在河北省兴隆县林业局任技术员。期间黄中立主动承担全县森林资源清查总指挥工作，组织兴隆县一类资源清查和 8 个国营林场的二类资源清查。

是年,《森林调查技术(一)》刊印,由周昌祥、方有清等编写。周昌祥,江苏江都人,1935 年出生于安徽巢湖,1952 年毕业于中央人民政府林业部干部管理学校森林经理科,1982 年加入中国共产党。历任林业部航测队车间主任、黑龙江大兴安岭地区调查规划大队生产科科长、林业部调查规划局综合业务处副处长、林业部资源司调查规划处处长,1985 年 1 月至 1995 年 11 月任林业部调查规划院院长(1990 年至 1994 年 2 月兼院党委书记)、教授级高级工程师。是中国林学会常务理事,中国林学会森林经理分会一届理事,第二、三、四届副理事长。1977 年与他人共同主持首次西藏森林资源清查工作,首次将陆地卫星图像等先进技术应用到森林调查中获全国科学大会奖。编著有《森林调查技术(一)》,与他人合译《森林资源清查》。

• 1973 年

1 月,农林部(73)农林(林)第 3 号文件,提出:在"四五"期间内,准确迅速查清我国森林资源,为制定林业方针和各种计划提供科学依据。并决定由原林业部综合队牵头,分别在大兴安岭吉文林业局(北方点)和湖南会同县(南方点)进行森林资源清查试点,探索国家林业资源清查的技术方法。

3 月,全国森林资源清查——北方试点(大兴安岭吉文林业局)开始。试点面积 23 万公顷,由大兴安岭地区勘察设计大队主持,总负责人朱俊凤、龚金玲、李留瑜。参加试点人员来自,北方 14 个省(自治区、直辖市),11 个大专院校,50 多个单位,共计 264 人,这是森林调查史上,参加人数最多,专家最多,单位最多的一次历史性的大会师,其中云南林学院于政中、关毓秀、符伍儒、董乃钧、周沛村等 10 名专家、教授,南京林产工业学院林昌庚、陆兆苏、方有清等六名教授,东北林学院马建维、陈华豪,还有新疆八一农学院、内蒙古林学院、甘肃农业大学、河南农业大学、沈阳农学院和各省的调查队,行政机构人员参加了试点。

4 月,河北省兴隆县林业局《用累高法及望远速测镜测定立木材积及林分蓄积》刊于《林业勘查设计》1973 年第 1 期 27~30 页。

8 月,全国森林资源清查——南方试点(湖南会同县)开始。由大兴安岭地区勘察设计大队与湖南省林业勘测设计院共同主持,负责人为龚金玲、陈振邦等,在湖南省会同县进行全国森林资源清查的南方试点,并通知全国各省(自治区、直辖市)林业厅局派人参加试点工作。调查工作主要考虑到:①我国的森林

调查工作一般分为：国家森林资源清查、规划设计调查和作业设计调查三类。这次调查主要是试验适应当前需要的国家森林资源清查方法。②在森林资源清查技术工作中应用数理统计学的原理，即采用统计抽样调查方法。③设置必要的固定样地，为今后建立连续森林资源清查体系摸索经验。参加本次试点的人员包括26个省（自治区、直辖市）的林业调查设计工作者、22个农林院校的教师以及会同县各公社的林业员共240余人。组织了15个调查小队和3个专业队（一个编制材积表小队、一个试验小队、一个照片判读小队），约60个调查工组（每工组为3～4人）。试点工作从1973年4月底开始筹备，8月下旬至9月下旬完成外业工作。在这期间，共完成面积成数样点2275个，系统抽样样地850个，杉木和马尾松的测高及直径生长量调查材料600多株，角规测树点260多个。内业工作从9月下旬开始至10月20日完成。通过对整个工作成果的分析，这次试点取得了满意的结果，全县森林总蓄积的精度为90%，达到了预定的要求。

是年，吉林省林业勘测第二大队《森林调查数表》刊印。

• 1974 年

6月，广西林业勘测设计队、广西农学院林学系编《森林调查手册》刊印。

10月，河北省兴隆县林业局寿王坟林场《显微测树仪试制成功》刊于《林业勘察设计》1974年第3期49～51页。

12月，河北省兴隆县林业局《用累高法及望远速测镜测定立木材积及林分蓄积》刊于《林业勘查设计》1974年第12期23～26页。

是年，N.A.奥塞拉《森林资源清查》由大兴安岭地区勘察设计大队刊印。

• 1975 年

6月，东北林学院林学系调查规划教研组《森林抽样调查基础知识讲座（一）》刊于《林业勘测规划》1975年第3期29～35页，《森林抽样调查基础知识讲座（二）》刊于1975年8月第4期39～42页，《森林抽样调查基础知识讲座（三）》刊于1976年3月第1期44～46页，《森林抽样调查基础知识讲座（四）——连续森林资源清查——连续抽样》刊于1976年4月第2期46～53页。上文均由马建维完成。

10月，河北省兴隆县林业局《用材树种公式化的立地指数曲线》刊于《林

业勘查设计》1975年第3期38～39页。

12月，黑龙江省大兴安岭地区森林调查规划大队编《森林调查常用数表》由农业出版社出版。

• 1976年

2月，东北林学院林业系森林调查规划组、黑龙江省森调二七大队《森林调查规范（四）：森林抽样调查》刊印。

3月，河北省兴隆县林业局寿王坟林场《显微测树仪的试用》刊于《林业勘察设计》1976年第1期39～41页。

• 1977年

5月，河北省兴隆县林业局《林场经营活卡设计原理及使用说明》刊于《林业勘查设计》1977年第2期29～34页；同期，黄中立《国外森林经理等方面运用数模型概况》刊于34～40页。

12月19日，为了发展林业遥感调查技术，农林部林业局、科教局召开林业遥感调查技术协作座谈会。参加会议的有农林部设计院、农林科学院林研所、吉林大学、吉林省林研所、大兴安岭地区林业调查规划大队及东北、南京、云南林学院等科研设计部门代表共31人。

是年，黄中立从河北省兴隆县林业局调任中国林业科学研究院林业科学所（保定）森林经理研究室主任，至1983年。

是年，《全国森林资源统计》（1973—1976）由国家林业总局刊印。以县为单位组织开展了第一次全国森林资源清查。这次清查侧重于查清全国森林资源现状，除部分地区按林班、小班开展资源调查外，大部分采用了抽样调查方法。

• 1978年

1月，黑龙江省大兴安岭地区森林调查规划大队主编《森林调查手册》由农业出版社出版。

5月9日，中国林业科学研究院召开职工大会，宣布院机构设置和人事安排，任命梁昌武为中共中国林业科学研究院分党组书记，郑万钧为院长。

5月，中国林业科学研究院恢复建制，黄中立调任中国林业科学研究院林业科学研究所（北京）森林经营、森林经理研究室主任、研究员，成立林业遥感组。

5月，兴隆县林业局六里坪林场《油松林疏伐标准简捷取样办法》刊于《河北林业科技》1978年第2期6～10页；同期，河北省林业专科学校、河北省兴隆县林业局、河北省兴隆县六里坪林场、河北省承德县北大山林场（黄中立、郑均宝执笔）《油松林疏伐试用标准》刊于11～21页。

7月2日至8日，国际摄影测量委员会和国际林业研究组织协会在民主德国弗莱堡（Freiburg, F.R. Germany）召开了"对地球资源与被害环境观测和清查国际遥感讨论会（Proceedings of the International Symposium on Remote Sensing for Observation and Inventory of Earth Resources and the Endangered Environment）"，会议出版3本论文集，共收录186篇论文。

10月，《遥感技术在林业基地规划中应用研究报告》（初报）由遥感技术在林业基地规划中应用试验组刊印。遥感技术在林业基地规划中应用试验组参加单位和人员有：负责单位云南林学院范济洲、于政中、曹宁湘、游先祥、李芝喜，参加单位辽宁省林业勘测设计院陶振邦、李万祥、池元兆、牛玉姣、郑美丽、贾士瑞、张宝奇，中国林业科学研究院林业研究所张智鹏、李继泉，大兴安岭林业调查规划大队陈显才、郭生官、叶茂春、韩学吉，国家林业总局朱秋，南京林产工业学院陆兆苏，东北林学院马建维，福建林学院林杰、陈平留，河北林业专科学校郝祖渊，山西农学院詹昭宁，黑龙江省扎兰屯林校方旭东，辽宁省林校李昌言、陈芳景，新疆八一农学院周林生、李同发，云南省森林调查局管理处聂成立、胡万钧，辽宁省林业科学研究所关庆如。

12月21日至28日，在天津召开的中国林学会第四届理事会上，范济洲当选为中国林学会第四届理事会理事并任副秘书长。会议决定由杨衔晋、范济洲、江福利、陈陆圻等同志组成中国林学会林业教育学会筹备小组。同时，为团结广大科技人员，推动森林经理工作的开展，在范济洲的倡导下，中国林学会召开了森林经理专业委员会暨森林调查规划学术讨论会，成立森林经理专业委员会，范济洲任主任委员，杨润时、刘于鹤、黄中立任副主任委员。

12月，《国外林业科技资料》（遥感在林业中的应用专集）由中国林业科学研究院情报所刊印。

● 1979 年

1月8日，中国林学会、中国土壤学会、中国植物学会等学会的19位著名专家学者联名向方毅、王任重副总理并邓副主席上书，建议收回林业部森林综合调查大队，在北京建立森林经理（调查设计）研究所。19位著名专家学者是：郑万钧（中国林业科学研究院院长、中国林学会理事长、研究员）、李连捷（北京农业大学教授、中国土壤学会常务理事、北京土壤学会理事长）、陶东岱（中国林业科学研究院副院长、中国林学会副理事长）、朱济凡（中国科学院林业土壤研究所副所长、中国林学会副理事长）、李万新（中国林业科学研究院副院长、中国林学会副理事长）、吴中伦（中国林业科学研究院副院长、中国林学会副理事长兼秘书长）、杨子铮（中国林业科学研究院副院长、中国林学会理事）、侯学煜（中国科学院植物研究所生态室主任、中国植物学会常务理事、研究员）、侯治溥（中国林业科学研究院林业研究所副所长、研究员）、阳含熙（中国科学院自然资源综合考察委员会研究员、中华人民共和国"人与生物圈委员会"秘书长）、吴传钧（中国科学院地理所研究员）、陈述彭（中国科学院地理所研究员）、范济洲（北京林业大学教授、中国林学会副秘书长）、徐纬英（中国林业科学研究院林业研究所副所长、研究员）、肖刚柔（中国林业科学研究院林业研究所副所长、研究员）、张英伯（中国林业科学研究院研究员）、黄中立（中国林业科学研究院研究员）、程崇德（国家林业总局副总工程师）、杨润时（国家林业总局副总工程师）。

1月23日，中国林学会经常务理事会通过改聘《林业科学》第三届编委会。主编郑万钧，副主编丁方、王恺、王云樵、申宗圻、成俊卿、关君蔚、吴中伦、肖刚柔、阳含熙、汪振儒、张英伯、陈陆圻、贺近恪、侯治溥、范济洲、徐纬英、陶东岱、黄中立、黄希坝，共有编委65人。

是年初，中国林业科学研究院林业研究所恢复学术委员会，成立第一届学术委员会，委员有侯治溥、徐纬英、崔连山、张英伯、黄中立、萧刚柔、袁嗣令、高尚武、马常耕、宋朝枢、潘志刚、赵天锡、蒋有绪。

3月，《林业科学》编委会主编郑万钧，副主编丁方、王恺、王云樵、申宗圻、关君蔚、成俊卿、阳含熙、吴中伦、肖刚柔、陈陆圻、张英伯、汪振儒、贺近恪、范济洲、侯治溥、陶东岱、徐纬英、黄中立、黄希坝，至1983年2月。

4月，经国务院批准，林业部调查设计局原建制（林业部森林综合调查大

队）迁回北京，林业部决定恢复调查规划局，并以这支队伍为基础，扩建为林业部调查规划院，刘均一任（局长）院长、党委书记。刘均一，1914年3月生于陕西省临潼县，1929年3月在开封黎明中学参加革命工作。革命战争年代，1931年任赤色革命互济会支部书记，西安反帝大同盟省委书记，北京反日大同盟华北特委书记，延安抗大政治教员，抚顺总工会秘书长等职。中华人民共和国成立后，1952年任东北人民政府林业部副秘书长兼林政处处长、中央人民政府林业部调查设计局副局长、森林经理局局长、云南省林业厅党组书记、副厅长，林业部调查规划局（院）副局长、局长、党委书记等职。1982年离职休养。1991年6月4日在北京逝世，享年77岁。

● 1980年

1月，黄中立《从森林经理的角度试谈林业建设现代化》刊于《林业勘察设计》1980年第1期。

4月28日，由联合国粮农组织援助中国林业部在哈尔滨东北林学院举办"在森林调查中应用遥感技术的训练班"，经过一个多月的课堂教学与实习之后，6月17日结束。

5月，中国林业科学研究院林业科学研究所森林经理研究室著《林业专业档案》由农业出版社出版，该书由黄中立编著。

5月，中国林业科学研究院林业研究所黄中立、张智鹏、王松令完成《黑龙江省林业区划研究》。

11月，林业部调查规划院主编《森林调查手册》由中国林业出版社出版，参加编写工作的有林业部调查规划院、北京林学院、东北林学院、南京林产工业学院、河北林业专科学校和河北沧州南大港农场等单位。第一篇穆信芳、姚运高，第二篇陈学文，第三篇谢兆良、方有清、马建维、唐宗祯，第四篇关玉秀、马建维、董乃钧、陈振杰，第五篇李贻铨、刘寿坡，第六篇蒋有绪，第七篇汪祥森，第八篇李传道、唐祖庭、李周直、王福林等，王洪清、戴凤梅等绘图。森林调查适用技术的调研——《森林调查手册》获1990年林业部科学技术进步奖三等奖，完成人穆信芳、关玉秀、马建维、方有清、谢兆良，完成单位林业部调查规划设计院、北京林业大学、中国林业科学研究院、东北林业大学、南京林业大学。穆信芳，林业部调查规划设计院高级工程师，浙江省人，1934年6月出生，

1954年毕业于北京林学院,长期从事测树制表、科技情报、综合农业开发等工作,完成了多项生产和科研任务,并被派往越南任援助专家两年。主持森林调查应用技术调研,《森林调查手册》获部科技进步三等奖。在主持全国林业调查规划科技情报网工作中,组织工作出色,并有多篇译文发表。1992年享受政府津贴。曾出版《森林多种资源清查和生长预测》(郭德友、穆信芳等编译)、《森林调查手册》。

12月10日,中国林学会森林经理专业委员会,在北京由范济洲主任委员主持召开了全体委员会议。会上研究了今后专业委员会学术活动事宜,增选了委员和常委,一致推举沈鹏飞、杨延森、刘均一三位同志为名誉主任,成立测树遥感专业组和森林经理及资源管理专业组,讨论了建立森林经理科研协作和永续利用试验点,并准备与部调查规划院联合主办《林业调查规划》学术刊物,会议还决定出版《中国森林经理》一书,由黄中立同志担任主编,范济洲同志担任顾问。中国林学会朱容同志,中国林业出版社宫连城同志应邀出席了会议。中国林学会森林经理专业委员会组成人员名单:名誉主任委员沈鹏飞、杨延森、刘均一;主任委员范济洲;副主任委员黄中立、杨润时、刘于鹤、吕军;常务委员于政中、白云庆、刘于鹤、关毓秀、李海文、刘之本、吕军、杨润时、张昂和、陈伯贤、林昌庚、林龙卓、范济洲、黄中立、徐国祯、陆兆苏、董乃钧。秘书张昂和、李海文、朱俊风、詹昭宁、曹再新;委员马建维、方有清、王永安、王松令、王正刚、尹太龙、朱俊凤、田景明、阎端符、刘世荣、关大澄、成子纯、曲永宁、沙琢、宋明辉、宋文中、李增金、李承彪、李留瑜、李兰田、李万杰、吴会国、吴富祯、祁述雄、易淮清、周昌祥、周崇友、林杰、林文芳、陈霜生、陈振杰、张英山、杨芳华、邸维营、姜孟霞、唐宗祯、钱本龙、郝纪鹤、曹宁湘、曹再新、高永录、郭有德、郭养濡、詹昭宁、颜文希、潘文斗、穆可培。

12月,《林业中的遥感》(国外林业科技)由中国林业科学研究院情报所刊印,共140页。董乃钧《林业遥感技术的评述》(1~5页),R.C.Heller《自然资源遥感评述》(6~12页),K.T.Kriebel《遥感应用的反射术语》(13~14页),G.Maracci《联合研究中心采用的光谱特征测定技术:主要问题和基本考虑》(15~19页),G.K.Moore《用重氮盐彩色软片增强陆地卫星影象》(20~26页),荒木春视《环境调查与多光谱象片》(27~37页),В.И.Солодухин《森林断面的激光航空摄影》(38~39页),J.A.Howard《潮湿热带地区(主要参考塞

拉利昂）高空航空摄影的作用和应用》（40～55页），Von B.Rhody《用70毫米立体摄影机拍摄的大比例尺象片量测调查森林》（56～62页），B.Rhody《在参照地面摄影测量的情况下联合使用大比例尺35毫米和70毫米连续抽样摄影的清查方法》（63～68页），Torleiv Orhang《应用陆地卫星数字影象的森林资源清查》（69～83页），C.M.Ribeiro Garniro 等《西德编制森林分布图的多波段卫星数据定性和定量判读》（84～92页），Y.J.Lee《用陆地卫星象片估计皆伐面积是否可靠？》（93～96页），M.L.Benson 等《澳大利亚应用陆地卫星图象数字分析法绘制主要森林火灾范围和林火强度图》（97～104页），А.И.Мелуа《林火动态和后果的宇航指示》（105～107页），W.M.Ciesla 等《用彩色或彩色红片外清查针叶林小蠹虫致死的死亡率》（108～113页），Margareta Ihse《根据航空象片判读测绘瑞典植被图》（114～119页），A.G.Dodge《用卫星资料绘制森林类型图》（120～127页），J.Beaubien《利用卫星资料绘制森林植被图》（128～129页），P.Glgnac《卫星资料在绘制魁北克森林公路图中的应用》（130～132页），G.T.Foggin《从航空象片上预测坡面的稳定性》（132～140页）。

• 1981年

4月，黄中立《对森林永续经营利用的新近认识》刊于《林业勘查设计》1981年第1期14，15～18页。

12月，中国林业科学研究院科技情报研究所选编《第八届世界林业会议论文选集》由中国林业出版社出版，其中40～45页收入美国 Charles C.Van Sickle 著，黄中立译《森林资源清查：目标不断变化的一项工作》；83～91页收入德意志联邦共和国 H.Loffler 著，黄中立译《采伐对森林经营的影响》。

• 1982年

5月，黄中立《森林能源库》刊于《新疆林业》1982年第2期41页。

6月26日，国务院批准林业部机关设：办公厅、计划司、财务司、造林经营司、资源司、森林保护司、林政司、科学技术司、教育司、人事司、外事司、宣传司、林业工业局、行政司、老干部管理局。

6月，中国林业科学研究院森林经理硕士生张祥平毕业，论文题目《多层光谱测量及其在遥感中的应用》，指导导师黄中立、张玉贵。

9月8日，黄中立完成《森林经理的急务在于系统求实》(16页)，见中国林学会1982年森林经理学术讨论会论文。

9月，黄中立完成《试谈林业投资评价》(9页)，见中国林学会1982年森林经理学术讨论会论文。

9月20日至27日，中国林学会1982年森林经理学术讨论会在长沙召开，这是继1978年"天津会议"和1980年"北京会议"之后的第三次全国性森林经理学术讨论会。森林经理专业委员会名誉理事长刘均一，委员会主任范济州教授，副主任黄中立研究员，湖南省林学会理事长刘宗舜参加并讲话。

11月，中国林学会森林合理经营永续利用学术讨论会论文选集编辑委员会主编《森林合理经营永续利用（中国林学会森林合理经营永续利用学术讨论会论文选集）》由中国林业出版社出版，其中67~73页收入黄中立《管窥森林永续经营的新发展》。

12月，黄中立《森林经理中电算应用》刊于《林业勘查设计》1982年第4期9~15页。

12月，黄中立被选为中国林学会第五届理事会理事。

1983年

2月，中国社会科学院农业经济研究所、全国林业经济研究会《全国林业发展战略探讨》刊印，其中65~69页收入黄中立《加速绿化 尽快成材》。

3月，《林业科学》第四届编委会成立，主编吴中伦，副主编王恺、申宗圻、成俊卿、肖刚柔、沈国舫、李继书、徐光涵、黄中立、鲁一同、蒋有绪，至1985年12月。

4月，黄中立《加速绿化 尽快成材》刊于《林业经济问题》1983年第1期13~18页。

4月，黄中立《林业的科学管理》刊于《云南林业调查规划》1983年第1期1~6页。林业的科学管理，具体说是林业的科学化管理。一、对于科学化的理解。一般说，科学化与现代化在很多地方不容易截然分开。这里有四种理解：1.科学化就是要及时化（updating）。说得通俗些，就是发现问题及时，了解情况及时和解决问题及时。2.科学化就是要摩登化（Modernising）。广义的摩登化就是现代化（Modernization），说通俗一点就是赶先进嘛！过去有一个时期，欧洲比我们先进，西洋比我们先进，我们于是就曾经叫过，要什么欧化（Europeanization）、西洋化（Westernaion）等，现代化便是从这些字演绎出来的。3.科学化就是要应时化（Contemporarized）。指科学进展要与先进国家相适应或并驾齐驱的问题，这里面包括一个程度的比较，具体说有以下四项：（1）生产效率水平，各项技术及经济指标水平是否与国际水平相称，差距如何？（2）消耗水平及人均数字是否与国际水平相称。（3）几项林业建设比值的水平有些指标的比值可以直接反映科学化经营管理的水平。（4）科学化就是要尖端化（Sophistieated）林业经营管理上往往离不开先进的甚至尖端的科学技术及设备。例如及时性很强的讯息收集系统离不了陆地卫星及相应的传感器。及时性很强的图像分析，制图及决策系统又离不开电算。二、关于自然规律和经济规律。这两方面的规律是客观存在的，不能由主观意志来加改变，问题是要认识这些规律，研究分析这些规律，掌握它，为我所用，作出决策，形成生产力。1.林业方面的自然规律。（1）小水库。（2）后备土地资源库。（3）养气库。（4）物料库。（5）基因库。（6）能源库。三、科学化林业管理的主要内容。林业经营管理是人类按愿望或要求，将所选定的措施加诸客观对象——森林，以取得对人类有利或最有利后果的过程。这里面是三个内容，要求、措施和决择是否科学化或科学化的程度就直接影响到经营管理的后果。1.科学化的思想。2.科学化的措施。3.科学化的经营管理系统。除了科学化的思想方法，科学化能落实其经济效益的措施外，科学化林业管理的另一主要内容便是建立严密的经营管理系统，这是从业务结构和组织机构上落实科学化管理的重要手段。在管理工作进展过程中产生问题如何解决，产生偏差如何纠正以及后果的评定等都靠这一系统来作。比较完善的系统按其性质还可以分为三部分：（1）问题系统。（2）讯息系统。（3）决策系统。四、几点想法。根据我国目前林业状况，要达到高度科学化的管理还有一定距离。由于我国是社会主义制度，只要下决心是能够集中力量短期内缩小这项差距的。有几点想法可能有助于改善这种状况：1.一本账。我国林业系统上下单位的统计数据，特别是资源数据，最好是一个时期内只有一本账，这本账是不断提高其准确度最后实现及时化，这是很重要的一步。2.一股绳。如果行政人员和技术人员很好地拧成一股绳，就能有比较接近的科学化思想，比较统一的科学化措施和比较完善的科学化管理系统。这在林业基层单位尤其重要。3.一条心。如果全体林业职工和林区群众都对林业建设的自然规律和经济规律有了认识，为了祖

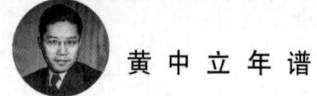

国的繁荣和子孙万代的福利,一条心来搞好林业,又何愁科学化的林业管理不能早日实现呢?

5月,黄中立《林业投资评价小议》刊于《林业调查规划》1983年第2期5~8页。摘要:在胡耀邦同志代表党中央向十二大所作的报告中提出:"从1981年到20世纪末的20年,我国经济建设总的奋斗目标是,在不断提高经济效益的前提下,力争使全国工农业的年总产值翻两番……"这个总目标,既包括速度问题又有经济效益问题。我们林业调查规划工作,过去一段时间考虑属于"速度"性质的问题多一些,考虑经济效益方面的问题少。现介绍几篇黄中立先生的有关经济效益评价的论文和译文及有关的通讯函件,对我国今后进行这方面的研究和工作会有帮助。这里只是一个开端,并希望从此引起大家的兴趣将开展广泛的讨论和研究。

6月,中国林业科学研究院森林经理硕士生李荣伟毕业,论文题目《应用线性规划进行森林采伐调整的研究——兼论"蓄积量持续时间"等指标在采伐量论证中的意义》,指导导师黄中立。

7月,黄中立当选第二届林业部科学技术委员会委员。

7月16日,黄中立在安徽滁县因心脏病突发不幸逝世,终年66岁。黄中立、刘大敏(北京市第六十七中学)夫妇育四女一男,黄松、黄楠、黄桦、黄怡和黄盛。黄中立,森林经理学家。祖籍安徽休宁,1918年6月7日出生于湖北省汉口市。祖父黄光耀专攻数学,所著《东观商数学》一书,在当时颇有影响。黄中立深入林区考察,开展了多方面的试验研究,包括森林分布、林分结构、树种特性的分析,造林、育林技术的研究,以及林业经济问题的探讨等,发表了《金佛山一带土壤及森林分布之初步观察》《木材中螺旋纹理之观察》《覆土厚度与栎树种子发芽的关系》《苏联发明无节木材培育新方法》《西北荒山造林》以及《中国林业经济概况》等文章。他毕生致力于森林经理、测树、林业遥感等方面的科学研究。著有《原木材积表制法及原理》和《林业专业档案》等有关论著,奠定了中国木材计量标准基础,开拓了中国林业遥感科研事业。

10月,《林业调查规划》1983年第5期35页刊登《沉痛悼念黄中立同志》。林业部科学技术委员会常务委员、中国林学会理事、森林经理专业委员会副主任、中国林业科学研究院研究员、院学术委员会委员、林研所学术委员会副主任、森林经理研究室主任黄中立同志,因连续工作,过度劳累,引起心脏病突

发,不幸于1983年7月16日9时45分逝世,终年66岁。黄中立同志的逝世,是我国林业战线的重大损失,使我们失去了一位在中、外都有影响、威望很高的林业专家。林业界沉痛悼念这位积极热心的科学事业活动家!黄中立同志1942年毕业于原中央大学森林系,1947年考取公费留学出国,在加拿大多伦多大学林学院深造,获取硕士学位。他拒绝所在大学的聘用,冲破反动势力的封锁,于1950年满怀参加新中国建设的热情毅然回国。三十多年来,黄中立同志对待工作勤勤恳恳,任劳任怨,治学严谨,一丝不苟。黄中立同志在长期的生产和科研活动中积累了丰富的经验,学术上造诣很深,为解决林业技术难关,充实测树、森林经理、林业经济的学科理论,发展林业遥感技术,培养林业科研人才等方面都做出了重要贡献。黄中立同志为振兴祖国的林业事业呕心沥血,献出了毕生的精力,他是我们广大林业工作者的骄傲!他是我们学习的榜样!我们痛悼这位良师益友,我们怀念这位林业前辈,他的业绩与名字将永远留在我们的记忆里!安息吧,黄中立同志!本刊编辑部

10月,黄中立《永续收获经济趋向的一面——从允采效应(ACE)到经济收获最优模型(ECHO)》刊于《林业资源管理》1983年第5期38~42页。

12月,黄中立《永续收获经济趋向的一面——从允采效应(ACE)到经济收获最优模型(ECHO)(续完)》刊于《林业资源管理》1983年第6期34~36页。

12月,《梁希纪念集》编辑组编《梁希纪念集》由中国林业出版社出版,其中95~98页收入黄中立《梁老光耀犹在》。

● 1984年

3月,林业部调查规划院主编《森林调查手册》由中国林业出版社再版。

6月,《林业科学》1984年第3期340页刊登《中国林学会理事、〈林业科学〉副主编黄中立同志逝世》。中国林学会理事、《林业科学》副主编、中国林业科学研究院研究员、林业科学研究院林业科学研究所森林经理研究室主任、林业部科技委员会常委黄中立同志,因心脏病复发医治无效,于1983年7月16日9时45分不幸逝世,终年66岁。黄中立同志1918年出生于湖北省武汉市,民革成员,1942年在原中央大学森林系毕业,1947年公费留学加拿大,获硕士学位,1950年应当时林业部梁希部长邀请,冲破层层封锁回国。三十多年来,黄中立同志为解决林业技术难关,充实测树、森林经理、林业经济的科学理论,发展林业

遥感技术，培养林业科研人才等方面做出了重要贡献。中国林学会 1983 年 8 月

6 月，杨式慈《黄中立先生对河北林业建设的贡献》刊于《河北林业》1984 年第 3 期 33～33 页。

• 1985 年

3 月，中国林学会森林经理文集编辑委员会《森林经理文集》由中国林业出版社出版，其中 182～190 页收入黄中立《森林经理应系统求实》。

8 月，南京林业大学林学系森林调查规划研究室编《林业遥感》（初稿）刊印，由方有清教授编著，为我国第一本林业遥感教材。方有清，江苏南京人，1918 年 2 月出生，1942 年毕业于中央陆地测量学校，长期从事森林航测、林业遥感教学和科研工作，数学、测量功底深厚，实践经验极其丰富。曾任国民政府测量总局科员、中央测量学校助教。中华人民共和国成立后，历任林业部森林经理司、森林调查设计局、森林航测队工程师兼北京林学院林学系讲师。1961 年调南京林学院（南京林业大学）任教员、副教授、教授。参研《陆地卫星影象太原幅农业自然条件目视解译系列图》获 1982 年山西省科技一等奖、1983 年农牧渔业部技术改进一等奖，主持《遥感图象分析方法及其在林业中应用的研究》获 1987 年江苏省科技进步二等奖、1988 年林业部科技进步三等奖，与他人合作主编《森林调查手册》。九三学社社员，曾任中国地理学会环境遥感学会副理事长、中国林学会森林经理学会常务理事。2014 年 10 月 16 日在南京去世。

10 月，（德）洛茨（Loetsch, F.）、（德）哈勒（Harrer, K.E.）著；林昌庚、沙琢译校《森林资源清查》由中国林业出版社出版。

10 月，易淮清《对小班经营法的探讨》刊于《林业调查规划》1985 年第 5 期 11～14 页。小班经营法适用于已建国营林业局、国营林场森林经营水平较高的林区，以及建立用材基地的人工林和次生林地区。其基本条件是，要有永久性的林业区划系统，详细的林况和地况调查，完整的林木生长量、收获量、土壤肥力、地质、水文、林业经济以及交通运输设施等勘察资料，大比例尺图面材料和航片，把森林资源落实到山头地块，分别小班设计经营利用措施。小班经营法在我国许多国营林场进行森林经理建立小班资源档案进行定期监测，按小班组织采伐、次生林改造和造林作业设计取得了一定经验但对大面积天然林区如何进行小班经营法设计尚待实践总结经验。

1987 年

8 月,黄清民编《森林抽样调查》(修订)由南京林业学校刊印。黄清民,1928 年 12 月生,福建文岭人,1987 年任南京林业学校、林业部中等教育研究中心副教授。

1990 年

9 月,中国林业人名词典编辑委员会《中国林业人名词典》(中国林业出版社出版)286～287 著录黄中立[5]:黄中立(1918—1983 年),森林经理学家。湖北武汉人。1952 年加入中国国民党革命委员会。1941 年中央大学森林系毕业。1949 年获加拿大多伦多大学林学院硕士学位。回国后,历任中央人民政府林垦部森林经理司工程师、中央人民政府林业部森林经理司、森林经营司、调查设计局工程师,中国林业科学研究院林业研究所研究员。是中国林学会第二、五届理事,中国林学会第一届森林经理学会副主任委员。毕生从事森林经理和林业遥感的科学研究工作。1960—1961 年先后组织编制了部颁标准《杉原木材积表》和《原木材积表》。撰写发表《我国杉木材积生产率等问题的探讨》《森林更新调查及鉴定标准》等论文,著有《原木材积表制法及原理》《林业专业档案》。

9 月,《中国大百科全书·农业卷》出版。全卷共分上、下两册,共收条目 2392 个,主要内容有农业史、农业综论、农业气象、土壤、植物保护、农业工程、农业机械、农艺、园艺、林业、森林工业、畜牧、兽医、水产、蚕桑 15 个分支学科。《农业卷》的编委由 80 余名国内外著名的专家组成,编辑委员会主任刘瑞龙,副主任何康、蔡旭、吴中伦、许振英、朱元鼎,委员马大浦、马德风、方悴农、王万钧、王发武、王泽农、王恺、王耕今、石山、丛子明、冯秀藻、朱元鼎、朱则民、朱明凯、朱祖祥、刘金旭、刘恬敬、刘锡庚、刘瑞龙、齐兆生、吴中伦、许振英、任继周、何康、李友九、李庆逵、李沛文、陈华癸、陈陆圻、陈恩凤、沈其益、沈隽、余友泰、武少文、俞德浚、陆星垣、周明群、张季农、张季高、贺致平、胡锡文、娄成后、钟麟钟、俊麟、侯光炯、侯治溥、侯学煜、柯病凡、范济洲、郑丕留、费鸿年、梁昌武、梁家勉、徐冠仁、高惠民、陶鼎来、袁隆平、奚元龄、郭栋材、常紫钟、储照、曾德超、盛彤笙、粟宗嵩、杨立炯、杨衔晋、黄文沣、黄宗道、黄枢、裘维蕃、熊大仕、熊毅、赵洪璋、赵善欢、蒋次升、

---

[5] 中国林业人名词典编辑委员会. 中国林业人名词典[M]. 北京:中国林业出版社,1990:286-287.

蒋德麟、薛伟民、蔡旭、樊庆笙、戴松恩。金善宝、郑万钧、程绍迥、扬显东任顾问。《林业》分支编写组主编侯治溥，副主编熊文愈、周重光、黄中立，成员王松龄、任宪威、刘亢本、吴静如、杨玉坡、周晓峰、徐化成、徐燕千。

是年，《森林资源连续清查技术体系的研建》获1989年度国家科技进步二等奖、林业部科技进步一等奖，主要完成人李留瑜、陈振杰、刘于鹤、周昌祥、董乃钧、施斌祥、林昌庚、袁运昌、赵克升、陆静娴、刘龙惠、薛有祝、龚金玲、朱俊凤、李远畴。李留瑜，森林调查技术专家，中国森林调查技术体系的倡导者和中国国家森林资源连续清查技术体系的创建者之一。1929年6月2日生，河北献县人。1950—1952年在河北农学院森林系学习，1952—1954年在北京林学院学习，1954—1959年任林业部森林航空调查队航空调查员，1960—1969年任林业部森林综合调查大队业务组长、规划室负责人、第一中队队长，1970—1978年在黑龙江省大兴安岭地区森林调查规划大队工作，1979—1980年任林业部规划局综合业务组工程师，1981—1990年任林业部调查规划院遥感室主任、副院长、兼总工程师。1990年退休。2017年11月20日去世，享年88岁。著有《英汉—汉英林业资源科技词汇》（1975）、《航空像片判读样片集》（1988）。

● 1991年

1月，易淮清主编《中国林业调查规划设计发展史》由湖南出版社出版。易淮清，1916年2月生，湖南湘乡人，从事森林经理、森林培育的研究工作。1942年毕业于中山大学农学院森林系，任中山大学农学院助教、讲师，1946年派去台湾等地考察，1947年3月在广州市参加中国共产党地下组织中华爱国民主协会进行地下组织活动，在中山大学农学院任森林系讲师，广州市解放后，被派为中山大学协助接管人员。1950年3月被调北京历任中央人民政府林垦部森林经理司副科长、工程师，中央人民政府林业部调查设计局科长、工程师，中华人民共和国林业部森林经营利用司、规划局、经营司工程师，林业部资源司高级工程师、教授级高级工程师。著有《森林经理调查设计规程试行方案》（1954）、《森林资源调查设计规程规划方案》（1955）、《林价与森林较利》（1987）、《中国林业调查规划设计发展史》（1991）。1981年离休，2019年3月5日去世。

5月，中国科学技术协会编《中国科学技术专家传略：农学编：林业卷（一）》由中国科学技术出版社出版，其中关于黄中立载547～557页。林业卷

黄中立年谱

（一）所载人物有：韩安、梁希、李寅恭、陈嵘、傅焕光、姚传法、沈鹏飞、贾成章、叶雅各、殷良弼、刘慎谔、任承统、蒋英、陈植、叶培忠、朱惠方、干铎、郝景盛、邵均、郑万钧、牛春山、马大浦、唐燿、汪振儒、蒋德麒、朱志淞、徐永椿、王战、范济洲、徐燕千、朱济凡、杨衔晋、张英伯、吴中伦、熊文愈、成俊卿、关君蔚、王恺、陈陆圻、阳含熙、黄中立共41人。

1992年

5月，（美）达耶（Duerr，William A.）等著，黄中立等译《森林资源管理——决策原理和实例》由中国林业出版社出版。该书是一项为改进专业教育而进行的北美研究项目的主要成果，分为导论、决策过程、决策的各种模型、森林的效益等五部分，全书共45章，由35位专家撰写。该书翻译者黄中立、陈振杰、赵棨、徐国祯、沙琢。

2000年

12月，裴保华、郑均宝《林学技术与基础研究文集》由中国林业出版社出版，其中298～307页收入黄中立、郑均宝《油松林疏伐试用标准》。

2001年

10月，骆期邦、曾伟生、贺东北等编著《林业数表模型：理论、方法与实践》由湖南科学技术出版社出版。本书由三个部分组成。第一部分为总论，是指导建立和应用模型的理论基础；第二部分为实践中出现的常见问题探讨；第三部分为专题研究实例。骆期邦，1932年4月出生，湖南临武人。林业部中南林业调查规划设计院副总工程师、教授级高级工程师，主要研究林业数表（模型）和森林资源监测，专长于森林计测学。1953年毕业于西北农学院林专并参加工作。湖南省第四届林学会理事，南方森林经理协作组第一届理事会和中南区森林经理研究会第二届理事会理事。先后获湖南省科学大会奖、地市级科技进步三等奖1次、省部级科技进步三等奖3次和二等奖2次、国家科技进步二等奖1次。发表论文、译文50余篇，其中获湖南省林业优秀论文奖2篇，获湖南省自然科学优秀论文二等奖1篇。1986年被林业部授予全国林业调查规划先进称号。享受政府特殊津贴。著有《森林生长量测定方法》（1988）、《南岭山地森林立地分类、

评价研究》(1990)、《林业数表模型：理论、方法与实践》(2001)。2010 年 11 月 11 日去世。

- **2005 年**

  8 月，肖兴威主编《中国森林资源清查》由中国林业出版社出版。

- **2007 年**

  4 月，E. J. UNDSAY "*A Review of : Proceedings of the International Symposium on Remote Sensing for Observation and Inventory of Earth Resources and the Endangered Environment*（*International Archives of Photo-grammetry. Vol. XXII-7*）*2-8 July* 1978，*Freiburg*，*F.R. Germany. Edited by G.*HILDE-BRANDT *and H.-J.* BOEHNEL［*Pp.* 2395（3 *vols.*）.］" 收入 "*Book reviews*" 401 页。

- **2008 年**

  10 月 20 日，《中国绿色时报》第 1 版刊登中国科学院院士、中国林业科学研究院首席科学家唐守正《中国林业科学研究院森林经理学发展 50 年回顾》一文。其中写道：新中国成立初期，森林经理学研究的重点在于奠定我国森林经理的基础和为大规模的森林开发工作服务。在老一辈林学家黄中立先生的指导下，研究了树木形态、编制了我国通用《原木材积表》(LYB 108—61)，出版了黄中立主编的《原木材积表编制法及原理》。森林资源信息管理的核心是林业专业档案管理，早在 20 世纪 60 年代初期，森林经理研究室就开始了在广东雷州等地的试点与推广工作，并且编著了《林业专业档案》一书，为我国森林资源信息管理工作的发展提供了借鉴。

张万儒年谱

张万儒(自中国林业科学研究院)

 张 万 儒 年 谱

● **1843 年（清道光二十三年）**

是年，英国洛桑试验站（Rothamsted Experimental Station，现称 Rothamsted Research，UK，洛桑研究所，简称洛桑站）成立，保存试验站建立的土壤样本，进行的一些长期定位试验延续至今，为农学、土壤学、植物营养学、生态学和环境科学的发展做出了重要贡献。

● **1906 年（清光绪三十二年）**

是年，莫斯科大学土壤学系（Department of Soil at Moscow State University，先称为 Department of Soil Biology）成立，是全世界基础土壤学领域最大的学术研究机构。设有动物、植物、土壤 3 个部门，土壤部门设有 6 个教研组：土壤教研组、土壤物理及改良教研组、土壤地理教研组、农业化学教研组、土壤生物教研组及耕作学教研组。北京农业大学辛德惠（1931—1999 年），土壤学与农业生态学专家，辽宁省开原人，1958 年赴莫斯科大学生物土壤系攻读研究生，1962 年获莫斯科大学生物科学土壤部门副博士学位。1995 年当选为中国工程院院士。承担黄淮海平原区域综合治理国家重点项目两位主要参加人之一，总结提出综合治理旱、涝、盐碱和地下水的综合配套工程技术—浅井—深沟体系。

● **1922 年（民国十一年）**

是年，Lyttleton Lyon T and Buckman Harry O *"The Nature and Properties of Soils"* 由 Macmillan Publishing Co., Inc 出版。

● **1926 年（民国十五年）**

10 月 23 日，张万儒（Zhang W R, Zang Wanru），字宇澄，出生于浙江省嵊县（今嵊州市）富润镇。张万儒父亲张益聪（1904—1982 年），别名高明，1929 年毕业于上海南洋医科大学，1929—1932 年在浙江吴兴福音医院做医生，1932—1933 年在上海红十字会医院做医生，1933—1937 年在苏州更生医院做医生，1937—1944 年任杭州笕桥伪空军军官分校医务所所长，1944-1946 年任昆明市立医院内科主任，1946—1950 年在昆明自设诊所，1951—1982 年任云南省立第一人民医院（原昆华医院）小儿科主任、主任医师。张万儒母亲董秀卿（1906—1984 年）。张益聪与董秀卿育有三子一女，存活两子，张万儒、张万礼。

张万儒年谱

- **1931 年（民国二十年）**

  4 月，张万儒弟张万礼出生。张万礼（1931—2016 年），浙江省嵊县人，1949 年 7 月参加革命工作，同年 9 月加入中国共产党。1952 年浙江大学毕业，留校任教，历任浙江大学电机系助教、讲师、副教授、教研室主任、系副主任、代理主任，杭州计量专科学校副校长、中国计量学院副院长等职。

- **1932 年（民国二十一年）**

  是年，张万儒开始在浙江省嵊县富润镇从宜小学读书。

- **1939 年（民国二十八年）**

  是年，张万儒小学毕业，入浙江省嵊县清波中学读初中。

- **1942 年（民国三十一年）**

  是年，张万儒初中毕业，由于嵊县沦陷，张万儒步行一个月到福建崇安沦陷区青年培训所，学习约 1 年。

- **1944 年（民国三十三年）**

  是年下半年，张万儒从福建崇安回到诸暨陈蔡暨阳中学上高中第一学期。

- **1945 年（民国三十四年）**

  是年上半年，张万儒转学至嵊县中学高中部（支夹弄村）。

  8 月，日本投降后，嵊县中学高中部迁回嵊县城里。

  是年下半年，张万儒转学到杭州树范中学读高中二年级下学期。

  12 月 25 日，中国土壤学会（Soil Science Society of China，SSSC）在重庆北碚召开成立大会，到会会员 37 人，有关单位代表 12 人，通过了会章，确定了学会的任务。第一届理事会由李连捷、熊毅、陈恩凤、侯光炯、叶和才、朱莲青、黄瑞采 7 人组成，候补理事陈华癸、马溶之，会员有 58 人。

- **1946 年（民国三十五年）**

  1 月 5 日，中国土壤学会理事会推选常务理事会，理事长李连捷，书记朱莲

青，会计叶和才。

是年下学期，张万儒又转学至绍兴稽山中学直至高中毕业。

• 1947 年（民国三十六年）

7 月，张万儒参加大学考试不顺。

10 月，张万儒与丁水汀结婚。丁水汀（1926—2021 年 11 月），嵊县春皋中学毕业，1952—1955 年在嵊县北山区小学任教，1956—1988 年任中国林业科学研究院木材研究所实验师。

• 1948 年（民国三十七年）

7 月，张万儒在上海重新参加大学入学考试，考入上海暨南大学中国文学系（奖学金生）。

• 1949 年

5 月，上海解放。

8 月，上海暨南大学并入复旦大学，张万儒由暨南大学转入复旦大学学习，在校期间任复旦大学学生会执行委员，分工负责宣传工作。

12 月 24 日，张万儒长子张建出生。

• 1950 年

8 月，张万儒转系上海复旦大学农业化学系学习。

• 1952 年

6 月，华东农业科学研究所编译委员会主编、孙渠编译《威廉士的土壤学说及其发展近况》由中华书局出版。

8 月，全国高等院校开始院系调整。

9 月，经院系调整，复旦大学农学院整体搬迁至沈阳东陵，成立沈阳农学院，上海复旦大学农业化学系并入沈阳农学院土壤系，张万儒入沈阳农学院土壤系学习。

12 月，苏联农业部水利总局《土壤调查手册（苏联欧洲部分草原及森林草

张万儒年谱

原区）》由中央水利部灌溉总局编印。

是年，Harry O.Buckman and Nyle C.Brady "*The Nature and Properties of Soils：A College Text of Edaphology（5th ed）*" 由 Macmillan Publishing Co. 出版。

• 1953 年

4 月，以中国林业部与技术进出口公司为一方，苏联农业部和全苏进出口公司为另一方，共同签订了 1023154 号合同，决定于 1954 年对我国大兴安岭林区进行林型、土壤、天然更新和病虫害专业调查。

8 月，沈阳农学院第一批毕业生毕业，张万儒由国家统一分配到林业部调查设计局经理处从事森林土壤工作，8 月至 12 月每月工资是 46 元。

是年下半年，张万儒主要参加第三森林经理调查大队白龙江林区森林经理调查工作和筹建森林土壤分析室工作。

• 1954 年

1 月，张万儒每月工资调整为 60 元。

4 月 16 日，为配合苏联援建项目大兴安岭林区专业调查顺利实施，林业部调查设计局森林航空测量调查大队在黑龙江省齐齐哈尔市宣布成立，下设航空摄影、航空调查和地面综合调查 3 个分队、总人数 402 人。其中有刚从东北林学院毕业的常昆、赵克升、王鼎芳、许肇文、闫作新、张万义、沙敬文、白会学，北京林学院的李留瑜、袁运昌、姚运高、李兰田、汪祥森、詹昭宁，此外，还有华中农学院、沈阳农学院、北京大学等院校毕业的杨继镐、李贻铨、张万儒、金开璇、谌谟美、黄孝运、陈舜礼、蒋有绪以及黄志诚、韩起江、李瑞珍、赵志欧、关伯钧等。中方承担此项任务的单位是林业部调查设计局航空测量调查大队地面分队的各专业组，其中林型组组长为蒋有绪，其他成员 7 名；土壤组组长张万儒，其他成员 10 名（刘寿坡、杨继镐、李贻铨、汪家鎕、陈小萱、刘纪昌、李德融、邦忠衡等）；病虫害组组长谌谟美，其他成员 7 名；更新组组长杨玉坡，其他成员 7 名。1954 年 6 月 20 日至 10 月 1 日完成外业调查，1954 年 10 月 4 日至 1955 年 3 月 15 日完成内业，土壤专业组完成《土壤调查报告》（第七卷）。

5 月，张万儒继续筹建森林土壤分析室。

5 月，张万儒参加中苏合作大兴安岭森林土壤调查工作，土壤分析是在中央林业部林业科学研究所土壤分析室完成的，土壤资料的整理是在齐齐哈尔完成的，冬天没有回北京。

7月16日至28日，中国土壤学会在北京召开了重新登记后的第一次会员代表大会和全国土壤肥料技术会议，产生第一届理事会，由马溶之任理事长，秘书黄瑞采，学术熊毅、李连捷，理事朱祖祥、宋达泉、吴守仁、徐叔华、陈方济、陈恩凤、陈华癸、侯光炯、彭家元、谢申。参加会议的有来自各地的全国土壤工作人员280余人。参会代表对土壤分类系统进行了讨论，并在学会会刊《土壤学报》上进行了发表。这次会议成为我国土壤分类系统讨论的开端。

• 1955年

5月，林业部森林综合调查大队接受林业部下达云南西北部和四川木里县林区的专业调查任务，组织了林型、土壤、森林保护和森林更新四个专业组，为开发利用这一林区的森林资源提供科学依据，同时，通过生产实践验证大兴安岭林区的调查方法在本区的适应性。其中土壤专业组由张万儒（组长）、刘寿坡、杨继镐、邦忠衡、陈小萱、汪家鍹、熊惠、李德融等，年底完成森林土壤调查工作才回到北京。

是年下半年，丁水汀调中央林业科学研究所材性室从事木材切片工作。

10月，（苏）威林斯基（Д.Г.Виленский）著《俄国土壤学的奠基者——道库查耶夫·柯斯特切夫·威廉士》由中华全国科学技术普及协会刊印。

• 1956年

3月，熊惠、鞠山见《土壤学》（林业干部训练班适用）由中国林业出版社出版。

6月，中华人民共和国林业部调查设计局编《森林调查内业资料汇编》由中国林业出版社出版，其中265～356页载张万儒等《土壤调查》。

6月，根据林业部调查设计局的指令，林业部森林综合调查大队又派出林型、土壤、森林保护和森林更新四个专业组到小兴安岭南坡林区进行专业调查，其中土壤专业组由张万儒（组长）、李贻铨、邦忠衡等，完成森林土壤调查工作成果《土壤卷》（第三卷）。

10月21日，张万儒长女张萍出生。

是年，张万儒工资调整为每月 90 元。

1957 年

1月17日，林业部同意中央林业部林业科学研究所成立11个研究室，植物研究室，由林刚任主任；形态解剖及生理研究室，由张伯英任主任；森林地理研究室，由吴中伦任主任；林木生态研究室，由阳含熙任主任；遗传选种研究室，由徐纬英任主任；森林土壤研究室，由阳含熙任主任；造林研究室，由侯治溥任主任；种苗研究室，由侯治溥任主任；森林经理研究室，由黄中立任主任；森林经营研究室，由王宝田副主任；森林保护研究室，由王增思、薛楗之负责。

7月，北京市土壤学会由李连捷、彭克明、张乃英、朱连青、刘培桐、徐叔华等发起成立，李连捷任理事长。

7月，张万儒、蒋有绪调中央林业部林业科学研究所学习俄语，同时参加反右运动。

11月，中央林业科学研究所、森林工业科学研究所选派蒋有绪、张万儒、郭秀珍、黄东森、鲍甫成、夏志远、周光化、何源禄、王宗力9位青年科技工作者赴苏联学习深造，张万儒到苏联科学院森林研究所学习进修森林土壤专业，导师 С.В.Зонн 教授。

1958 年

9月，С.К.卓恩著，陆晓森等译《森林对土壤的影响》由中国林业出版社出版。

是年，张万儒在莫斯科苏联科学院森林研究所及莫斯科大学森林土壤专业进修。当时莫斯科大学生物土壤系由动物、植物、土壤3个部门组成，土壤部门有土壤教研组、土壤物理及改良教研组、土壤地理教研组、农业化学教研组、土壤生物教研组及耕作学教研组6个教研组，全部门共有教学人员36人（其中教授、副教授23人、科学研究人员13人）。设备方面有电子显微镜、电子衍射仪、光谱仪、极谱仪、栾琴射线仪、温室、培养室、冷光培养室等，并且兴建新式人工气候室及规模较大的排水采集器。

1959 年

11月25日，侯治溥、杜毫铭《研究报告营林部分第9号 长白山西坡森林土壤及其在森林更新上的特性》由中国林业科学研究院林业科学研究所造林研究室刊印。

12月，张万儒《研究报告1959、1960年营林部分 苏联欧洲部分南泰加林云杉松树林型下几个重要的土壤因子的动态》由中国林业科学研究院林业科学研究所造林研究室刊印。

12月，华东华中区高等林学院教材编委会编著《土壤学附肥料学初稿》（华东华中区高等林学院校教学用书）由中国林业出版社出版。

12月，韦雍时编《土壤学》（中等林业学校试用教材）由中国林业出版社出版。

• 1960年

1月，蒋有绪、张万儒、黄东森、鲍甫成等结束在苏联的进修回国。

3月8日至5月18日，中国林业代表团一行7人参加莫斯科中苏科技合作会议，代表团由中国林业科学研究院陶东岱秘书长率领，吴中伦、张万儒、潘志刚参加，情报室王瑜同志出任翻译。此次中苏科技合作会议内容是关于合作项目中第122项的第12方面第八项关于"中国西南高山林区森林植物条件、采伐方式和集材技术研究"的总结，为期3个月。

6月至8月，张万儒参加大、小兴安岭、长白山林区森林采伐对水土流失及其防治措施的研究。

• 1961年

7月13日，张万儒次女张柯出生。

是年，张万儒主持河南睢杞林场黄泛地加拿大杨人工林下土壤动态的研究。

• 1962年

6月，北京林学院土壤教研组编《土壤学 上下（高等林业院校交流讲义）》（林业、森林保护、水土保持、绿化专业适用）由农业出版社出版。

7月19日，张万儒、蒋有绪等9人晋升为助理研究员。

7月，张万儒《青藏高原东南部边缘地区的森林土壤》刊于《土壤学报》1962第10卷第2期107~144页。

12月，张万儒编《青藏高原东南部的森林土壤及其垂直分布的规律性》由中国林业科学研究院科学技术情报室刊印。

12月，《北京市林学会1962年学术年会论文摘要》由北京林学会刊印，其中收入中国林业科学研究院林业研究所张万儒、曹崇焕、罗孝扬《加拿大杨生长与土壤肥力因子的动态》、中国林业科学研究院林业研究所徐纬英、张万儒、王汉良、唐午庆、裴福庚《应用P32研究磷在加拿大杨生长地区土壤中的移动》、中国林业科学研究院林业研究所张万儒《青藏高原东南部边缘地区的森林土壤》。

是年，张万儒主持参加应用^{32}P、^{86}Rb、^{45}Ca、^{35}S研究磷、钾、钙、硫在北京淋溶褐土中的移动。

是年，张万儒长子张建户口从浙江嵊县富润镇转来北京就学。

● 1963年

3月，С.В.Зонн、张万儒《苏联森林土壤分类的原则及其研究的方法》刊于《林业快报》1963年第14期3～6页。

3月31日至4月5日，黑龙江省首届学术会议在哈尔滨举行，会议论文集《黑龙江省森林土壤学术会议论文（摘要）汇编（第二集）》1～3页收录张万儒、曹崇焕、罗孝扬《加拿大杨生长与土壤肥力因子动态关系的研究》、8～9页收录张万儒《西南高山地区冷杉林下土壤成土过程问题的若干资料》、10页收录张万儒《青藏高原东南部边缘地区的森林土壤》、17～18页收录张万儒《森林土壤定位研究方法》。

10月，张万儒、王汉良、唐午庆、裴福庚《应用P^{32}研究磷在加拿大杨生长地区褐色土中的移动》刊于《土壤通报》1963年第5期50～52页。

10月，张万儒、王汉良、裴福庚、唐午庆《应用P^{32}，Ca^{45}和S^{35}研究磷、钙和硫在北京淋溶褐色土中的移动》刊于《原子能科学技术》1963年第10期841～844页。

11月，张万儒、王汉良、裴福庚、唐午庆《应用S^{35}研究硫在加拿大杨生长地区土壤（褐色土）中的移动》刊于《原子能科学技术》1963年第11期936～940页。

是年，张万儒《森林土壤定位研究方法》由中国林业科学研究院刊印。

是年，张万儒参加四川西部米亚罗林区岷江冷杉林下森林土壤动态研究。

是年，张万儒工资调整为每月106元（8级助理研究员）。

1964 年

3月，С.В.Зонн、张万儒《森林植物对土壤影响的研究现状》刊于《林业快报》1964年第3期8~10页。

3月，В.И.Тцхонов、张万儒《落叶松对乌拉尔山地灰化土影响的特点》刊于《林业快报》1964年13期3~7页。

4月，张万儒《关于西南高山地区冷杉林下土壤形成过程的若干资料（答熊叶奇同志）》刊于《土壤学报》1964年第1期94~97页。

5月，为了全面开发利用大兴安岭林区的森林资源，党中央和国务院决定，由铁道兵司令部和林业部共同组织大兴安岭林区大会战。为此，林业部指定中国林业科学研究院为主，森林综合调查队和有关林业院校、林科所组队，赴大兴安岭林区进行采伐方式和更新方法的调研。大兴安岭林区采伐更新调查队由中国林科院林研所所长吴中伦为队长，森林经理室黄中立和综合队翟中兴为副队长。其中土壤组有张万儒、黄雨霖等，负责大兴安岭采伐更新大会战中的森林土壤调查及森林土壤季节性动态研究。1965年整个调研工作结束。

6月，北京林学院土壤教研组《土壤学》（上、下册）由农业出版社出版。

8月，中国林学会森林土壤农业学术讨论会在四川西昌举行，《中国林学会森林土壤农业学术讨论会会议文件之二》收录中国林业科学研究院张万儒《森林土壤定位研究方法》（92页）。

9月，中国土壤学会森林土壤组组织第一次森林土壤学术讨论会在沈阳召开，王恺主持会议，参会100余人，收到论文91篇。中国林学会、中国土壤学会编《森林土壤学术讨论会论文摘要集》由中国林学会、中国土壤学会刊印。

是年，张万儒编《土壤薄片的磨制方法综述》由中国林业科学研究院林业科学研究所刊印。

1965 年

是年至1966年，张万儒参加大兴安岭牙克石建工局、库都尔林业局四清运动。

1966 年

是年，张万儒在外业调查因病在内蒙古呼伦贝尔牙克石市库都尔镇库都尔职工医院动手术摘除阑尾。

- **1967 年**

  是年至 1968 年，在中国林业科学研究院参加"文化大革命"运动。

- **1968 年**

  是年至 1971 年，张万儒参加广西砧板林科院"五七干校"劳动，全家搬至"五七干校"，户口在北京，工资每月 106 元照发。

- **1969 年**

  是年，Buckland HO and Brady NC "The Nature and Properties of Soils（7th ed）"由 Macmillan Publishing Company 出版。

- **1971 年**

  12 月至 1978 年 5 月，张万儒下放至河北省保定河北农林科学院植保土肥研究所，开始在沧州八里庄从事绿肥改良盐碱土的研究，后来在石家庄栾城从事高产小麦营养诊断研究。全家下放，户口转至保定，张万儒工资每月 106 元照发。其中，1975—1978 年张万儒由林业部抽调石家庄参加恢复筹建中国农林科学院林业研究所的工作，筹建工作进行了三年。

- **1974 年**

  是年，Brady N.C. "The Nature and Properties of Soils（8th ed）"《土壤的本质与性状》由 Macmillan Publishing Company 出版。罗汝英《〈土壤的本质与性状〉一书评介》刊于《土壤》1979 年第 11 卷第 3 期 116～120 页。

- **1976 年**

  2 月，东北林学院《森林土壤学》由东北林学院教材科刊印。

- **1978 年**

  5 月，中国林业科学研究院林业研究所正式成立森林土壤研究室，张万儒晋升副研究员，工资调整为每月 127 元（7 级副研究员），全家回到北京颐和园后中国林业科学研究院。

9月15日，福建林学院林学系曾亮忠《森林土壤及树木的营养诊断技术》由福建林学院林学系刊印。

10月27日至11月5日，中国林学会与中国土壤学会在杭州联合召开第二次森林土壤学术讨论会，会议由郑万钧副理事长主持。会上正式成立森林土壤专业委员会，宋达泉为主任委员，张万儒为副主任委员，委员石家琛、刘寿坡、关君蔚、李昌华、李贻铨、周重光、罗汝英、林伯群、卢俊培、郭景堂、赵其国、许光辉、程仕文、程伯容、张宪武、张献义、赖家琮。森林土壤专业委员会挂靠单位为中国林业科学研究院林业研究所。参加会议的代表来自全国26个省（自治区、直辖市），共108人，收到论文了77篇。主要探讨林木生长与土壤的关系。

是年，张万儒主持编写《中国森林土壤》学术专著（1978—1980年），该书1986年由科学出版社出版；同年，张万儒主持编写《森林土壤定位研究方法》，该书1986年由中国林业出版社出版。

• 1979年

1月，中国土壤学会正式加入国际土壤学会（后更名为国际土壤学联合会，IUSS）。

4月11日，林业部以林科字〔1979〕43号文下发《关于下达1979年林业标准计划的通知》。由林业研究所起草的标准化项目有"主要造林树种种子检验办法""森林土壤分析方法""原条材积表"。

6月，张万儒、黄雨霖、刘醒华、吴静如《四川西部米亚罗林区冷杉林下森林土壤动态的研究》刊于《林业科学》1979年第3期178～193页。

11月，中国土壤学会第四届理事会在成都召开，选举第四届理事会，理事长李庆逵，副理事长陈恩凤、黄瑞采、李连捷，秘书长鲁如坤，副秘书长曾昭顺、李仲明、肖泽宏、林培、刘文政（专职）、蒋惠泉（专职），常务理事朱克贵、朱祖祥、李连捷、李庆逵、陈恩凤、张乃凤、沈梓培、侯光炯、黄瑞采、鲁如坤、熊毅，理事马俊贤、马复祥、王涛宽、叶和才、叶惠民、卢耀曾、朱克贵、朱祖祥、朱显谟、朱莲青、刘大同、过兴先、孙羲、孙鸿烈、杨景尧、李永昌、李正毅、李仲明、李庆逵、李连捷、李实烨、肖泽宏、吴守仁、汪汾、杜孟庸、张乃凤、张万儒、张君常、张宜春、陈自在、陈华癸、陈恩凤、宋达泉、沈梓培、陆发熹、陆申年、何万云、林培、林成谷、林伯群、林景亮、胡济生、姚归耕、侯光炯、侯学煜、姜岩、高惠民、席承藩、黄宗道、黄瑞采、黄震华、崔文采、曾昭顺、董留卿、鲁如坤、熊毅、裴德安、樊庆笙（为台湾地区保留一名理事）。

4月，中南林学院林学系《林业土壤学（第一、二分册）》由中南林学院林学系刊印。

是年，张万儒主持参加卧龙自然保护区森林土壤定位研究（1979—1985年）。

9月，杨承栋考取中国林业科学研究院森林土壤学硕士研究生，研究方向土壤理化，指导教师张万儒。

是年，William L. Pritchett "*PROPERTIES AND MANAGEMENT OF FOREST SOILS*"《森林土壤的性质与管理》由 John Wiley and Sons 出版。

● 1980 年

2月7日至10日，北京土壤学会第三次会员代表大会暨1979年学术年会在北京东郊举行，出席会议的有来自郊区（县）、大专院校、科研等方面的61个单位共157位代表，会议收到论文130篇。理事长李连捷致开幕词，秘书长林培作工作报告，北京市农科院副院长徐督也在会议上讲话。李连捷、张乃凤、侯学煜、胡济生、华孟、李孝芳等同志在大会做了学术报告。

3月，张万儒、王汉良《应用 ^{32}P、^{86}Rb、^{45}Ca 研究磷、铷、钙等营养元素在四川西部米亚罗林区冷杉林下土壤中的移动与分布》刊于《原子能专业应用》1980年第1期48～52页。

3月，张万儒、王汉良《应用 ^{86}Rb 研究铷在杨树生长地区土壤（褐土）中的移动与分布》刊于《核技术》1980年第3期54～57页。

3月，张万儒、王汉良、裘福庚、唐午庆《应用同位素研究磷、铷、钙、硫在华北平原杨树生长地区褐土中的移动与分布》刊于《研究报告》1980年第1期53～63页。

7月，东北林学院主编《土壤学（下册）》（林业专业用）由中国林业出版社出版。

9月，庞鸿滨考取中国林业科学研究院森林土壤学硕士研究生，研究方向森林土壤生态，指导教师张万儒。

是年，张万儒加入中国共产党。

是年,《立地分类和评价》由中国林科院科技情报所刊印。

● 1981年

1月,北京林学院主编《土壤学》(上册)由中国林业出版社出版,向师庆主编。向师庆,1933年8月生,四川万县人,北京林业大学教授、土壤教研室主任、北京市土壤学会理事。1956年毕业于北京林学院,1961年在德国柏林洪堡大学森林土壤和森林立地研究所获博士学位。长期从事森林土壤学、森林立地学和森林生态学研究工作。主要论文有《得莱克莱仙地区立地研究》(洪堡大学,1961年),《图林根盆地泥灰岩发育的土壤》(阿尔不勒西特. 特尔学报,1964年),《论土壤肥力生态相对性》(北京林学院学报,1979年),《北京主要造林树种的根系研究》(北京林学院学报,1981年),《北京地区棕色石灰土的研究》和《华北地区主要针叶林下森林腐殖质类型的研究》(北京林业大学学报,1986年),《灌草丛根系在保护土壤资源上的研究》(北京林业大学学报,1988年),《山西省关帝山地区暗棕壤的研究》(北京林业大学学报,1989年)。主要著作有《土壤学》(中国林业出版社,1982年),译著有《中欧的土壤》和《德国土壤分类》(北京林业大学印,1981年)等。

5月,张万儒、李贻铨、杨继镐、刘寿坡《中国森林土壤分布规律》刊于《林业科学》1981年第2期163~172页。

6月,中国林学会、中国土壤学会森林土壤专业委员会编《森林与土壤》(第二次全国森林土壤学术讨论会论文选)由科学出版社出版。张万儒、黄雨霖、刘醒华等《四川西部米亚罗林区冷杉林下的主要森林土壤》收入该书26~39页。

9月,林业部调查规划院主编《中国山地森林》由中国林业出版社出版。由刘寿坡、汪祥森、陈舜礼、徐孝庆等编著。刘寿坡,1929年2月生,河北献县人,中国林业科学研究院研究员。1954年沈阳农学院土壤农化专业毕业。长期从事森林调查和森林土壤科学研究,作出了显著的成绩,主持编写《中国山地森林》一书1989年获林业部科技进步一等奖。作为第一副主编,参加《中国森林土壤》1990年获林业部科技进步一等奖。参加编写的《中国农业地理系列专著》1987年获中国科学院科技进步一等奖。参加国家"七五"攻关项目用材林基地森林立地分类及质量评价研究,通过国家鉴定,达国际先进水平,部分达国际领先水平。1991年被国务院批准,享受政府特殊津贴。

是年，张万儒主持制订《森林土壤分析方法（国家标准）》（1981—1987年），1988年由中国标准出版社出版。

● 1982 年

7月，（日）芝本武夫著，刘国光译，吴维中校《森林土壤与培肥》由中国林业出版社出版。

8月，杨承栋从中国林业科学研究院毕业，获硕士学位。

是年，张万儒担任国际土壤学会会员。国际土壤学会是一个国际性土壤学学术团体，1924年5月19日成立于罗马，前身为国际土壤学委员会。总部设在荷兰的瓦赫宁根，其主旨在于促进土壤科学各分支学科的发展，支持世界各国土壤学家的研究活动。

10月，中国土壤学会森林土壤组组织第三次森林土壤学术讨论会在重庆召开，参会12余人，收到论文160篇。

11月，中国林学会森林土壤专业委员会在重庆北碚召开以提高森林土壤生产力的途径为议题的讨论会，宋达泉主持会议，100多名代表参加，收到论文81篇。通过交流，大家明确认识到森林土壤只有在森林资源不断扩大，林木速生丰产时才有其生命力。会后，调整森林土壤专业委员会，张万儒为主任委员，程伯容、林伯群、李昌华、罗汝英为副主任委员。

12月21日至26日，中国林学会第五次代表大会在天津举行，会上颁发了中国林学会学术奖，张万儒、李贻铨、杨继镐、刘寿坡《中国土壤森林分布规律》获中国林学会学术三等奖。

● 1983 年

2月，张万儒工资调整为每月160元（6级副研究员）。

6月，张万儒《卧龙自然保护区的森林土壤及其垂直分布规律》刊于《林业科学》1983年第3期254～268。

7月20日至25日，中国土壤学会森林土壤专业委员会组织森林土壤定位研究方法研讨会在吉林长白山自然保护区召开，参会48人，收到论文21篇，张万儒主持会议。

10月，林业部资源司在四川省召开第一次林业专业调查工作会议，会上讨论了用立地类型统一沿用的有林地用林型，无林地用立地条件类型的方法，在县级林业区划规定的林业生产布局和确定的林种经营方向指导下划分立地类型，按类型选择树种进行造林设计，也为今后森林经理试行小班经营法提供了基础技术。会议决定制订"林业专业调查主要技术规定"。

11月，中国土壤学会第五届理事会在西安召开，选举第五届理事会，顾问李连捷、陈恩凤、沈梓培、张乃凤、侯光炯、黄瑞采、熊毅，理事长李庆逵，副理事长朱祖祥、曾昭顺，秘书长文启孝，副秘书长奚振邦、闵九康、林培、林伯群、臧双（专职），常务理事文启孝、朱祖祥、朱克贵、朱显谟、刘更另、刘孝义、李庆逵、李酉开、李仲明、肖泽宏、陆行正、张宜春、张世贤、张万儒、杨运生、赵其国、胡霭堂、黄东迈、曾昭顺、谢建昌。

12月，罗汝英《森林土壤学：问题和方法》由科学出版社出版。罗汝英，森林土壤学家，南京林业大学土壤学教授，1932年生，广东顺德人。1957年毕业于南京农学院土壤农化系。曾任中国土壤学会和中国林学会森林土壤专业委员会副主任。长期从事森林土壤学教学和科研工作。发表《江西省低山区杉木林土壤障碍性条件的判别分析》《南京附近低山丘陵区土壤的发生系列》等论文。著有《苗圃施肥》《森林土壤学》《土壤学》等。

12月21日，庞鸿滨从中国林业科学研究院毕业，获硕士学位，指导教师张万儒。

• 1984年

4月，张万儒、刘寿坡、李贻铨、杨继镐、李昌华《我国山地森林土壤资源及其合理利用》刊印。

4月，张万儒在负责大兴安岭阿木尔林业局火灾区森林更新方式咨询及阿木尔林业局火灾区恢复森林规划设计研究工作中，获中华人民共和国林业部大兴安岭林业管理局"大兴安岭火灾区恢复森林对口支援工作中成绩卓著对口支援先进工作者"荣誉证书。

7月20日至25日，中国土壤学会森林土壤专业委员会在吉林安土组织森林土壤定位研究方法学术讨论会，张万儒主持会议。

8月23日至27日，中国土壤学会森林土壤专业委员会在黑龙江带岭组织土壤分类方法学术讨论会，宋达泉主持会议。

8月，张万儒、刘寿坡、李贻铨、杨继镐、李昌华《我国山地森林土壤资源及其合理利用》刊于《自然资源》1984年第4期9～18页。

8月，张万儒副研究员被聘为第二届中国林业出版社特约编辑。

9月，黄正秋、朱占学考取中国林业科学研究院森林土壤学硕士研究生，研究方向森林土壤生态，指导教师张万儒。

10月，（加拿大）K.A.阿姆森著，林伯群译《森林土壤：性质和作用》由科学出版社出版。

是年，张万儒、许本彤编《森林土壤定位研究方法》由中国林业科学研究院林业研究所森林土壤研究室刊印。

• 1985年

1月，张万儒、许本彤编《森林土壤定位研究方法》由中国林业出版社出版。

7月，中国土壤学会、中国林学会森林土壤专业委员会编《森林与土壤》（第三次全国森林土壤学术讨论会论文选）由中国林业出版社出版。

10月29日至11月4日，由中国林学会森林生态专业委员会和林业区划研究会共同组织和主持的新中国成立以来第一次森林立地分类与评价学术讨论会在贵阳市召开，全国18个省（自治区、直辖市）的科研、教学、调查设计及生产部门的70位代表参加了会议，会议共收到论文55篇，并进行了交流。

12月13日至18日，中国林学会第六次代表大会在郑州举行，张万儒当选为中国林学会第六届理事会理事。会上颁发了中国林学会学术论文奖，张万儒、刘寿坡、李贻铨、杨继镐、李昌华《我国山地土壤情况及其合理利用》获中国林学会学术论文三等奖。

12月20日至25日，中国林学会、中国土壤学会森林土壤专业委员会在北京召开森林土壤分析方法研讨会，到会代表和列席代表55人，会议由中国林学会、中国土壤学会森林土壤专业委员会主任张万儒副研究员主持。本次会议的主要议题是交流森林土壤分析方法经验及讨论森林土壤分析方法（国家标准）校定稿。代表们对森林土壤的采样、物理分析、养分分析、植物分析、水化学分析等问题进行了认真讨论，特别是对一些技术改革的经验进行了充分交流。

是年，北京土壤学会第五届理事会成立，理事长毛达如，副理事长张万儒、陈廷伟，秘书长张有山。

是年，张万儒主持国家重点攻关课题《用材林基地立地分类、评价及适地适树研究（1985—1990年）》，课题经费300万元。

是年，张万儒晋升为研究员，工资为190元。

• 1986年

1月，张万儒、许本彤编《森林土壤定位研究方法》由中国林业出版社出版。

4月，杨承栋、张万儒《卧龙自然保护区森林土壤有机质的研究》刊于《土壤学报》1986年第1期30～39页。

10月3日，中国林业科学研究院亚热带林业科学研究所成立第一届专业技术职务评审委员会，由杨培寿、马常耕、盛炜彤、张万儒、萧刚柔、林少韩、陈益泰、周国章、石太全9人组成。

10月，中国土壤学会森林土壤专业委员会在山西原平组织召开第四次全国森林土壤学术会议，参会110人，收到论文107篇。会议进一步充实了森林土壤专业委员会，杨承栋、张万儒《卧龙自然保护区渗滤水中水溶性有机物质组成结构的研究》收入《第四次全国森林土壤学术讨论会论文集》5页，杨承栋、张万儒《论卧龙自然保护区森林土壤有机质与土壤微生物、土壤酶及生物生产力之间的关系》收入12页，张万儒《横断山脉云杉、冷杉林下的土壤条件》收入87页。

12月，中国林业科学研究院林业研究所编著《中国森林土壤》由科学出版社出版。《中国森林土壤》编辑委员会主编张万儒，副主编刘寿坡、李昌华、李贻铨，编委刘寿坡、李昌华、李贻铨、李德融、芦俊培、杨继镐、张万儒、郭景唐、高以信、黄雨霖。

• 1987年

1月，中国土壤学会森林土壤专业委员会组织"第二次森林土壤生态定位工作会议"在广东鼎山湖召开，参会18人。

1月，张万儒《森林土壤分析方法国家标准》由中国标准出版社出版，标准主要起草人张万儒、叶炳、李西开、袁可能、张国珠。

6月4日,中国林业科学研究院林业研究所《森林土壤分析方法》(国家标准)GB 7830-7892-87发布。完成人张万儒、叶炳、李酉开、袁可能、施培青、许本彤、张国珠、周斐德,完成单位中国林业科学研究院林业研究所、中国科学院沈阳应用生态研究所、北京农业大学土壤农化系、浙江农业大学土壤农化系、中国科学院南京土壤研究所,完成时间1979至1987年6月。《森林土壤分析方法》(国家标准)是由63个国家标准(GB 7830-7892-87)组成的群体,国家标准局1987-06-04发布、1988-01-01实施,整个标准共45万64千字,把它归纳成9个分册,主要内容是:第一分册:森林土壤、植物、水样品的采集与处理,第二分册:森林土壤物理分析,第三分册:森林土壤养分分析,第四分册:森林土壤酸碱性与交换性能分析,第五分册:森林土壤水溶性盐分分析,第六分册:森林土壤矿质全量分析,第七分册:森林土壤微量元素分析,第八分册:森林植物与森林枯枝落叶层分析,第九分册:森林土壤水化学分析。关键技术及创新点:本分析方法包括森林土壤采样与制样技术,森林土壤化学,物理分析技术,森林植物分析技术,森林水化学分析技术等森林土壤比较全面的分析技术,能满足林业科研和生产实际工作所要求的准确度、精确度和速度。本分析方法采用的计量单位均为国内法定单位,国际单位,并对所有计算公式作了调整换算,使分析结果能在国内及国际上进行交流使用。《森林土壤分析方法》(GB 7830-7892-87)自1987年6月4日国家标准局批准发布后,中国标准出版社1987年正式出版,印数为1500~1800套,每套9分册,在出版2~3月后很快全部销完,脱销后经常有人到中国标准出版社及中国林业科学研究院要求复印。据粗略统计,全国森林土壤分析试验室基本上都在使用该套标准,特别是一些全国性研究课题研究中,该方法可以使采集分析的大量数据进行统一处理,取得准确可靠和可以相互比较的分析结果,以使更广泛更有效更充分地利用各项数据,提高了数据利用率及工作质量,并促进国际技术交流。《森林土壤分析方法》国家标准的制订,改进统一了森林土壤分析方法,对降低土壤分析成本,提高土壤分析速度与分析结果的质量,促进国内,国际间技术交流提供了条件,因此,《森林土壤分析方法》(国家标准)的颁布,对森林土壤学科的发展、提高及人才的培养、林业科学研究、林业管理水平,保护自然资源和生态系统将起重要作用。

6月15日,张万儒任林业科学研究所森林土壤研究室主任,李贻铨任副主任,任职至1991年。

9月22日，黄正秋、朱占学从中国林业科学研究院毕业，获硕士学位。

11月，中国土壤学会第五届理事会在南昌召开，选举第五届理事会，顾问朱克贵、朱显谟、李庆逵、李连捷、李酉开、沈梓培、宋达泉、张乃凤、陈恩凤、侯光炯、黄瑞采，理事长赵其国，副理事长朱祖祥、曾昭顺，秘书长谢建昌，副秘书长奚振邦、闫九康、肖笃宁、张有山、臧双（专职），常务理事马同生、文启孝、毛达如、朱祖祥、刘更另、刘孝义、李仲明、林葆、季国亮、肖泽宏、陆行正、张宜春、张世贤、张万儒、唐克丽、赵其国、赵守仁、胡霭堂、黄东迈、曾昭顺、谢建昌，理事丁瑞兴、马同生、马俊贤、毛达如、文启孝、王吉智、石元春、刘更另、刘孝义、刘炜、刘开树、刘勋、刘春堂、刘树基、孙鸿烈、朱祖祥、朱世清、朱安国、朱钟麟、朱胤椿、吕殿青、张有山、张万儒、张世贤、张宜春、闫九康、杜孟庸、李绍良、李述刚、李阜棣、李永昌、李学垣、李仲明、李玉山、李生秀、肖泽宏、沈善敏、沈仲良、何万云、杨玉爱、宋仲耆、金继运、肖笃宁、陆行正、林葆、林成谷、林伯群、赵守仁、季国亮、周祖英、周清湘、青长乐、赵振达、姚家鹏、赵其国、须湘成、姜岩、胡霭堂、俞劲炎、龚子同、奚振邦、袁可能、唐克丽、章士炎、盛士骏、葛旦之、黄东迈、曾昭顺、鲁如坤、谢建昌、喻永熹、詹长庚、楚玉山。其中，森林土壤专业委员会主任张万儒，副主任程伯容、罗汝英、林伯群，秘书刘寿坡、郭景唐。

1988年

2月2日至3日，中国林业科学研究院第三届学术委员会第一次会议在北京召开，由学术委员会主任委员陈统爱主持。第三届学术委员会成员李文华、裘维藩、侯学煜、李连捷、吴中伦、黄枢、李继书、李石刚、吴博、邱守思、徐化成、周正、王恺、侯治溥、刘于鹤、陈统爱、洪菊生、马常耕、张万儒、盛炜彤、王世绩、蒋有绪、陈昌洁、竺兆华、肖江华、方嘉兴、卢俊培、赖永棋、刘德安、王华缄、杨民胜、成俊卿、何乃彰、董景华、王培元、王定选、宋湛谦、金锡侏、唐守正、朱石麟、施昆山、曾守礼、王棋等43人。李文华、曾守礼、王棋、王定选等同志请假未参加会议。学术委员会主任委员刘于鹤，副主任委员吴中伦、陈统爱，常务委员刘于鹤、吴中伦、陈统爱、王恺、侯治溥、黄枢、洪菊生，秘书吴金坤。刘于鹤主任委员作了第二届学术委员会的工作总结。

9月，张万儒被选为中国林业科学研究院第三届学位评定委员会成员。

是年，张万儒参加大兴安岭北坡阿木尔林业局火灾区森林资源更新规划设计方案。

● 1989 年

1 月，张万儒当选为中国林学会第七届理事会理事。

6 月，朱鹏飞、李德融编著《四川森林土壤》由四川科学技术出版社出版。

9 月，由中国林科院林研所和黑龙江省林科院林研所共同承担的《林业部大兴安岭林业公司阿木尔林业局火灾区森林资源更新规划设计》由林业部组成的专家组进行了评审论证，作为《大兴安岭林业公司"五·六"大火灾受灾局恢复森林资源规划设计》的附件上报林业部。

9 月，张万儒负责主持的"七五"国家重点科技攻关专题《用材林基地立地分类、评价及适地适树研究》获中华人民共和国国家计委、国家科委、财政部颁发的阶段成果集体荣誉证书。经国家鉴定，认为该成果对于我国林业建设的宏观决策和用材林基地的规划布局，提高造林经营技术水平具有重大的现实意义和长远意义。有很高的理论水平和实用价值，并在理论上和方法上都有新发展，达到国际先进水平。

10 月，张万儒专题组团赴美国加利福尼亚州考察森林立地，为期 2 周。

11 月，中国森林立地分类编写组编著《中国森林立地分类》由中国林业出版社出版。《中国森林立地分类》分上下篇，上篇介绍立地分类的目的、意义、性质和特点，国外森林立地分类的历史概况，立地分类在我国林业调查中的应用，中国自然地理特征及其分异规律，立地分类的原则、依据和分类系统，立地分类在林业生产中的应用，以南北方为例介绍试点经验，供各地开展立地分类时参照；下篇分 8 个立地区域，介绍 50 个立地区和 166 个立地亚区的地域分异概况。由张万儒、盛炜彤、蒋有绪、周政贤、汪祥森等编著。

12 月，《森林土壤分析方法》获 1989 年国家技术监督局科技进步三等奖。完成人张万儒、叶炳、李酉开、袁可能、张国珠，完成单位中国林业科学研究院林业研究所、中国科学院林业土壤研究所、北京农业大学土化系、浙江农业大学土化系、中国科学院土壤研究所，完成时间 1979 年 11 月至 1985 年 12 月。在《森林土壤分析方法》（国家标准）制定过程中选用方法的基本原则是：(1) 方法原理和分析技术长期以来在林业科研、教育、生产中应用，比较成熟，结果稳定可靠，能满足林业科研和生产实际工作所要求的准确度、精密度和速度；（2）比较适合于我国森林土壤和林业生产的具体情况，并有国产仪器和试剂可供使用。（3）考虑到大多数实验室的仪器、试剂、设备条件和分析技术条件，同一项目选用1~2种分析方法。《森林土壤分析方法》（国家标准）共分九个分册，98个分析项目，170个分析方法，包括：森林土壤、植物、水样品的采集与处理；森林土壤物理分析；森林土壤养分分析；森林土壤酸碱性与交换性能分析；森林土壤水溶性盐分分析；森林土壤与粘粒的全量分析；森林土壤微量元素分析；森林土壤（包括枯枝落叶层）分析；森林土壤水化学分析。《森林土壤分析方法》（国家标准）的研究起草工作历时六年多，全书约40万字，它是我国第一部有关森林土壤分析方面的专著。

12月9日至15日，中国林学会第二次森林立地学术讨论会在浙江省宁波市召开，这次会议由中国林学会森林土壤、林业区划、森林生态、造林和水土保持等五个二级学会联合召开。出席这次会议的专家学者共70多人，会议收到论文44篇。会议由中国林学会森林土壤专业委员会主任张万儒研究员主持。

是年，北京土壤学会第六届理事会成立，理事长毛达如，副理事长张万儒、黄鸿翔、张有山，秘书长刘广余。

● 1990年

1月，中国林学会、中国土壤学会森林土壤专业委员会编《森林与土壤（第四次全国森林土壤学术讨论会论文选编）》由中国科学技术出版社出版。张万儒《横断山脉云杉、冷杉林下的土壤条件》收入该书9~23页。

3月，张万儒获中华人民共和国林业部大兴安岭林业管理局"1989年恢复森林对口技术支援工作中成绩显著"荣誉证书。

5月，张万儒、庞鸿宾、杨承栋、许本彤、李彬、屠星南《卧龙自然保护区植物生长季节森林土壤水分状况》刊于《林业科学研究》1990年第3卷第2期103~112页。

6月，张万儒、杨承栋、许本彤、李彬、屠星南《卧龙自然保护区森林土壤养分状况》刊于《土壤通报》1990年第21卷第3期97~102页。

7月，张万儒、许本彤、杨承栋、李彬、屠星南《山地森林土壤枯枝落叶层结构和功能的研究》刊于《土壤学报》1990年第27卷第2期121~131页。

9月,中国林业人名词典编辑委员会《中国林业人名词典》(中国林业出版社出版)著录张万儒[6]:张万儒(1926—),浙江嵊县人。1980年加入中国共产党。1953年毕业于沈阳农学院土壤系,1957—1960年在苏联科学院森林研究所进修。历任中国林业科学研究院林业研究所助理研究员、副研究员、研究员。是中国土壤学会第五、六届常务理事,北京土壤学会第五届副理事长,国际土壤学会(International Society of Soil Sciences)成员,国际林联(IUFRO)成员。1960年在四川西部米亚罗林设立了我国第一个森林土壤高山定位观测站,开展冷杉林下森林土壤动态研究。与他人合撰有《四川西部米亚罗林区岷江冷杉林下森林土壤动态研究》《中国森林土壤分布规律》等论文,主编《中国森林土壤》《森林土壤分析方法》(国家标准)。

11月,中国林业科学研究院林业研究所《卧龙自然保护区山地森林土壤动态的研究》通过了成果鉴定。完成人张万儒、许本彤、杨承栋、庞鸿宾、李彬、屠星南、李炳伟、沈仲民、杨玲、赵仙南、张晓林、陈真友、祁月清、肖敦俭、杨磊。该成果揭示了我国青藏高原边缘地区森林土壤垂直分布规律及其各垂直带土壤的基本性质结构和功能特征;并在七个垂直分布生物气候带中设置了五个土壤动态定位观测站,系统地测定了土壤有机质、水分、温度、养分、气体及土壤渗滤水中营养状况和动态变化;确定了森林土壤定位观测研究方法。该项成果填补了我国高山森林土壤动态研究的空白、丰富了森林土壤学科的内容,具有很高的学术价值和实际意义。

1991年

1月12日,林业部发出《1990年度林业部科技进步奖公报》(林科字〔1991〕9号文件)。《中国森林土壤的研究》获1990年度林业部科技进步奖一等奖。完成人张万儒、刘寿坡、李昌华、李贻铨、卢俊培、李德融、杨继镐、郭景唐、高以信、黄雨霖,完成单位中国林业科学研究院林业研究所、中国科学院林业土壤研究所、中国林业科学研究院热带林业研究所、林业部调查规划设计院、辽宁省熊岳农业学校、中国科学院南京土壤研究所、北京林业大学、中国科学院计划委员会自然资源综合考察委员会,完成时间1953年10月至1986年12月。《中国森林土壤的研究》是新中国成立以来森林土壤调查研究的总结,是第一部

---

[6] 中国林业人名词典编辑委员会.中国林业人名词典[M].北京:中国林业出版社,1990:183-184.

系统反映我国森林土壤方面的专著。全书共 16 章，1012 页，约 150 万字，并附有我国主要林区森林植物的中文、拉丁文名称对照以及林区地貌、林相、土壤剖面等照片 104 幅。该书论述了我国森林土壤形成条件、森林在土壤形成过程中的作用、森林土壤分类与分布；特别对我国大兴安岭林区、小兴安岭林区、长白山林区、华北山地林区、秦岭林区、神农架林区、四川盆地边缘山地林区、江南山地丘陵林区、海南岛、滇南山地林区、阿尔泰山林区、天山林区、青藏高原北缘（祁连山）林区、青藏高原东北缘（洮河、白龙江）林区、青藏高原东缘（横断山脉北部）林区、青藏高原东南缘（横断山脉南部）林区、青藏高原南缘林区等 16 个重点天然林区的森林土壤形成条件、森林土壤分区与分布、森林土壤基本性质、森林土壤关系等进行了详细论述，该书还全面地阐述了我国森林土壤分布规律、森林土壤基本性质、森林土壤生产力特点及合理利用和改造森林土壤的途径。它填补了我国森林土壤研究的空白，学术上达到国际领先水平。关键技术及创新点：首次系统深入地揭示了我国主要天然林区森林与土壤间的相互关系，阐明了我国森林土壤基本性质及森林土壤资源分布规律，提出了保护和合理利用并改良森林土壤的措施与途径，为发展农林业生产提供了森林土壤方面的系统的理论依据，在我国开拓了一个新的研究领域。本书在章节上，没有按土类进行编写，而是按林区论述，这是和一般土壤著作有所不同的，之所以这样安排，主要是为了森林土壤密切与林业相结合的特点，便于林学家、森林土壤学家们工作时查阅、参考。

2 月，张万儒、许本彤、杨玲、李彬、屠星南、李桂兰《北京西郊白皮松林、油松林、侧柏林下淋溶褐土的研究》刊于《林业科学研究》1991 年第 4 卷第 1 期 91～95 页。

5 月，张万儒《森林土壤研究的进展》刊于《土壤》1991 年第 4 期 214～217 页。

5 月 17 日至 18 日，由中国林业科学研究院林研所、贵州农学院林学系、黑龙江林科院林研所、林业部调查规划院造林经营室共同承担的"用材林基地分类、评价及适地适树研究"专题在北京通过林业部鉴定。鉴定会由林业部顾锦章司长、刘效章副司长等主持，鉴定委员会由北京农业大学林培教授、林业部黄枢教授级工程师、中国林业科学研究院吴中伦、侯治溥、刘于鹤研究员等 13 名高级专家组成。

6月，张万儒、杨承栋、屠星南《山地森林土壤渗滤液化学组成及生物活动强度的研究》刊于《林业科学》1991年第27卷第3期261～267页。

6月，施昆山主编"DEVELOPMENT OF FORESTRY SCIENCE AND TECHNOLOGY IN CHINA"《中国林业科技进展》由中国科学技术出版社出版，其中51～57页刊载 Zhang W R "*A Dvance of The Forest Soil Science in China*"。

8月，张万儒退休，退休后每月工资220元。

9月，中国土壤学会编《中国土壤科学的现状与展望》由江苏科学技术出版社出版，张万儒《卧龙自然保护区森林土壤动态研究》收入该书221～228页。

10月，张万儒获政府特殊津贴。

10月，中国土壤学会第七届理事会在长沙召开，选举第七届理事会。顾问文启孝、王遵亲、朱祖祥、朱克贵、朱显谟、李庆逵、李连捷、李西开、张乃凤、张先婉、陈恩凤、肖泽宏、赵守仁、侯光炯、唐耀先、黄瑞采、曾昭顺。理事长赵其国，副理事长毛达如、沈善敏，秘书长谢建昌，副秘书长肖笃宁、奚振邦、胡思农、张有山、金继运、庄卫民、臧双（专职）、杨柳青，常务理事马同生、毛达如、石元春、刘更另、刘孝义、张万儒、张世贤、张宜春、李仲明、沈善敏、陆行正、林葆、赵其国、胡霭堂、俞劲炎、龚子同、唐克丽、曹志洪、黄东迈、葛旦之、谢建昌。其中，森林土壤专业委员会主任张万儒，副主任林伯群、罗汝英，许广山，秘书刘寿坡、郭景唐。

12月，张万儒、许本彤、杨玲、李彬、屠星南、李桂兰《北京西郊白皮松、油松、柏树林下土壤动态的研究》刊于《林业科学研究》1991年第4卷第6期602～607页。

12月，张万儒《用材林基地森林立地分类、评价及适地适树研究》刊于《林业科学研究》1991年第4卷（增刊立地专辑）1～220页。

12月，张万儒《林业部大兴安岭林业公司阿木尔林业局火灾区森林资源更新规划设计》受到林业部表彰，荣誉证书特发更新（91）第091号。

● 1992年

3月，罗汝英编《土壤学》（全国高等农林专科统编教材）由中国林业出版社出版。

6月，张万儒、盛炜彤、蒋有绪、周政贤、汪祥森《中国森林立地分类系统》刊于《林业科学研究》1992年第5卷第3期251～262页。中国森林立地分类系统以森林生态学理论为基础，采用综合多因子与主导因子相结合途径，以与森林生产力密切相关的自然地理因子及其组合的分异性和自然综合体自然属性的相似性与差异性为依据进行分类。根据上述原则将我国（960×104）km² 的土地，先按综合自然条件的重大差异，分为三大立地区域：东部季风森林立地区域、西北干旱立地区域、青藏高寒立地区域，再根据温度带、大地貌、中地貌、土壤容量分为森林立地带、森林立地区、森林立地类型区、森林立地类型。东部季风森林立地区域分为9个森林立地带、44个森林立地区、107个森林立地亚区；西北干旱立地区域分为干旱中温带、干旱暖温带2个立地带，11个立地区，38个立地亚区；青藏高寒立地区域分为高原寒带、高原亚寒带、高原中温带和高原亚热带5个立地带，10个立地区，17个立地亚区。

10月，中国土壤学会森林土壤专业委员会组织林木速生丰产施肥技术研讨会在安徽祁门召开，参会57人。

12月，中国林学会、中国土壤学会森林土壤专业委员会编《森林与土壤》（第五次全国森林土壤学术讨论会论文选编）由中国科学技术出版社出版，由张万儒，刘寿坡主编。

是年，张万儒主持的国家重点攻关专题《用材林基地立地分类、评价及适地适树研究》获林业部科技进步二等奖。

● 1993年

5月，张万儒当选为中国林学会第八届理事会理事。

5月，中国林学会授予森林土壤专业委员会第二届陈嵘奖（学会工作类）。

8月，《中国土壤系统分类研究丛书》编委会编《中国土壤系统分类进展》由科学出版社出版，张万儒、黄雨霖、屠星南等《中国寒棕壤系统分类的初步研究》收入该书166～169页。

10月，中国土壤学会森林土壤专业委员会组织森林土壤标准学习班在北京召开。

12月，中国林业科学研究院林业研究所《我国森林土壤中苏云金芽孢杆菌生态分布的研究》通过了中国林业科学研究院组织的成果鉴定。完成人张万儒、戴莲音、王学聘、杨光滢，完成单位中国林业科学研究院林业研究所、中国林业

张 万 儒 年 谱

科学研究院森林生态环境与保护研究所，完成时间1991年1月至1993年12月。研究了我国从北向南8个森林立地带（寒温带、中温带、暖温带、北亚热带、中亚热带、南亚热带、高原亚热带、热带）所属的13个自然保护区森林土壤样品的采集，共采集样品384个。测定了土壤PH、水分和养分，芽孢杆菌的总数量（个/g干土）分离，观察芽孢杆菌1873个，分离出苏云金芽孢杆菌79株，并对其所属亚种进行了初步鉴定，其平均出土率和分离率分别为14.32和4.21。研究了芽孢杆菌和苏云金芽孢杆菌在森林土壤中分布的规律。进行了79株苏云金芽孢杆菌对6种害虫（杨扁舟蛾、舞毒蛾、马尾松毛虫、黄粉甲、榆蓝叶甲、落叶松叶蜂）的生物测定，对3种鳞翅目森林害虫高效株占分离株的60%，对膜翅目害虫高效株占参试菌株的35%，对两种鞘翅目害虫未显示明显的杀虫活性。上述结果对研究苏云金芽孢杆菌在我国森林生态系中资源的保护，开发和利用具有重要意义。在采集森林土壤样品分布的广泛性、规律性、典型性、研究内容及方法的深入和系统性以及对森林害虫高效菌株筛选等方面均有创新。该项目的完成对研究苏云金芽孢杆菌类细菌杀虫微生物在森林立地系统中资源的保护、开发和利用具有重要的学术意义。筛选出的对杨树和松树主要害虫杨扁舟蛾、舞毒蛾、松毛虫高效苏云金芽孢杆菌菌株，在杀虫剂的研制、生产及林木抗虫育种中必将显示出明显的生态效益、经济效益和社会效益。

• 1994年

10月，张万儒主编《森林土壤生态管理》由中国科学技术出版社出版。张万儒、刘寿坡、盛炜彤等《大兴安岭林管局阿木尔林业局火灾区森林资源更新规划设计方案》收入该书392~423页。

11月，中国土壤学会森林土壤专业委员会组织的人工林地力衰退学术研讨会在北京召开，参会25人，收到论文15篇。

12月，戴莲韵、王学聘、杨光滢、张万儒《我国森林土壤中苏云金芽孢杆菌生态分布的研究》刊于微生物学报1994年第6期449~456页。

是年，张万儒被评为农业部先进工作者。

• 1995年

5月，《中国森林立地类型》编写组编著《中国森林立地》由中国林业出版社出版,由林业部资源林政司詹昭宁主编。在《中国森林立地类型》中,按中国森林立地分类系统对各立地亚区内的分异规律和划分立地类型小区、立地类型组和立地类型的依据及主导因子做了系统的阐述,并且在每个立地亚区内列举了有代表性的、典型的立地类型,详细分析其立地条件性状、特征、适宜的造林树种,并对立地生产潜力指标作了量化表述,从而丰富了整个中国森林立地分类系统从宏观到微观所表达的内容,这也正是《中国森林立地类型》的一个显著特点。在整理立地材料时,进行了必要的加工、提炼,详述中、小地域的地域分异规律对营造林有利的和制约的条件,为应用立地类型时提供了科学依据;同时强调要尽可能列出各立地类型分布地区,以便落实到山头地块(小班),突出它的实用性。詹昭宁,北京林学院第二届毕业生,毕业后分配到林业部综合调查队工作,是我国首批在苏联专家指导下调查研究森林林型的中国林学家之一。1930年8月17日生于南京,广东潮州人,中共党员。曾任林业部资源和林政管理司副总工程师,北京林学会副理事长。从事森林调查规划设计、森林生产力研究、森林公园总体规划工作。1978年发表论文《论我国森林划分地位质量问题》获1979年山西省科技成果三等奖。因参与组织研究《杉木地位指数表的编制技术与应用方法的研究》获1984年林业部科学技术成果三等奖。关于建立各级政府造林绿化责任制的建议获1990年山西省人民政府重大建议奖。1985—1989年主持"中国森林立地分类研究",1988年首次提出中国森林立地分类系统,该成果获1990年林业部科技进步二等奖。1989—1992年主持"中国森林立地类型研究"获1997年林业部科技进步三等奖。1990—1991年主编《西峡模式——南方集体林区森林经理理论与实践》获中国林学会1993年第二届陈嵘学术奖。1993年获国家科委颁发的国家科技成果完成者证书。发表论文、译文、专著等近百篇(部);编著《森林生产力评定方法》(1982)、译著《森林收获量预报》(1986)、主编《中国森林立地分类》(1989)、《中国森林立地类型》(1995)、《西峡模式》(1991)。

11月,张万儒《论森林和土壤相互关系规律性》收入《第六届全国森林土壤学术讨论会论文集》1~21页。

11月,中国土壤学会第八届理事会在杭州召开,张万儒当选为中国土壤学会理事。其中,土壤学名词审定工作委员会主任姚贤良,副主任袁可能、曹升赓,委员丁瑞兴、王坚、史德明、李阜棣、李韵珠、刘良梧、许绣云、许冀泉、沈善敏、张万儒、张耀栋、陈文新、陈子明、杨玉爱、周礼恺、易淑、罗汝英、席承藩、郭鹏程、唐克丽、陆长青、谢建昌。

是年，张万儒主持的国家重点攻关专题《用材林基地立地分类、评价及适地适树研究》获国家科技进步奖三等奖。完成人张万儒、刘寿坡、杨世逸、仲崇淇、徐孝庆、盛炜彤、周政贤、蒋有绪、骆期邦，完成单位中国林业科学研究院林业研究所、贵州农学院、黑龙江省林业科学研究所、林业部调查规划设计院造林经营室，完成时间1986—1990年。该项成果通过对我国东部季风区从寒温带到北热带的14个重点用材林基地，9个造林树种进行了全面深入的森林立地调查研究，建立了我国森林立地分类系统，使我国森林立地分类的理论方法更趋于完善，技术上形成完整体系，使立地分类落实到山头地块；建立了森林立地评价系统，包括地位指数与数量化地位指数模型、标准收获量模型及森林立地与立地质量树种换代评价体系表，使立地评价指标落实到产量；建立了森林立地应用技术系统，包括森林立地分类系统、森林立地分区特征综述、森林立地类型划分、森林立地质量评价、森林立地图的编绘、森林立地调查研究方法、森林立地数据库等。该成果已在东北山地林区、南方丘陵山区用材林基地及世界银行贷款的速生丰产林选地中应用，推广500万hm^2。在整体上达到国际先进水平，在立地分类、立地质量评价及其应用技术紧密结合上达到国际领先水平。关键技术及创新点：（1）森林立地分类、立地质量评价及其应用技术三者紧密结合，使我国森林立地分类、评价与应用在理论和实践上有机的形成了系统、完整的技术体系；（2）应用生态学理论指导的综合多因子立地分类方法原理，建立了符合我国森林自然地理条件的"中国森林立地分类系统"，并解决了微机制作三维立地图的方法；（3）建立了森林立地质量评价系统，编制了系列地位指数表等，解决了多形地位指数曲线模型拟合中国内外遗留的几个问题，提出了解决树种间换代评价上存在问题的一些方法，以及评价落实到产量，提高了立地质量评价精度；（4）建立了用材林基地数据库应用系统。

● 1996年

是年，《杉木林下植物群落对土壤肥力的影响》获1996年林业部科技进步三等奖。完成人盛炜彤、杨承栋、张万儒、姚茂和、焦如珍，完成单位中国林业科学研究院林业研究所，中国林业科学研究院亚林中心，研究时间1989年1月至

1993年10月。该项目研究：（1）不同立地条件、不同年龄林分密度（郁闭度）杉木林下植物种组成、林下植被类型、覆盖度、生物量、优势种和主要植物种的大量元素和微量元素含量。（2）不同间伐强度下林下植被的植物种类、组成、密度、盖度、层次、生物量。（3）研究相似立地条件下，不同林下植被盖度、生物量，对土壤物理性质、化学性质和生物学活性的影响，了解林下植被种类、数量与土壤性质及土壤肥力相关的定量值。本研究成果达到了国际同类研究的先进水平。结果表明：杉木林下植被确实能起到恢复土壤功能，促进林木生长的作用。关键技术：（1）研究了不同立地条件，不同地位指数杉木林下植被的发育，林下植被的种类、株数、高度、盖度、生物量以及林下植被类型等。（2）研究了林下植被与林分密度，间伐强度之间的关系。（3）研究了林下植被对土壤物理性质、化学性质、生化活性、微生物区系等性质的影响。创新点：本课题研究通过控制林分密度进行大强度间伐，并系统的研究杉木林下植被的发育对土壤物理性质、化学性质、生物化学活性及土壤微生物区系等性质的影响，对改良土壤性质，维护和恢复土壤功能，进而达到防止地力衰退的目的，目前在国内尚无系统的专题论述和报导。

1997年

1月，张万儒主编《中国森林立地》由科学出版社出版。《中国森林立地》介绍立地分类的目的意义，性质和特点，国外森林立地的历史概况，中国自然地理特征及其分异规律，立地分类的原则、依据和分类系统，立地分类在林业生产中的应用。同时还介绍50个立地区和166个立地区的地域分异概况。

9月，中国林学会森林土壤专业委员会，中国土壤学会森林土壤专业委员会编《森林与土壤》（第六次全国森林土壤学术讨论会论文选编）由中国科学技术出版社出版。

1998年

9月，张万儒《中国主要造林树种土壤条件》由中国科学技术出版社出版。《中国主要造林树种土壤条件》是一部系统论述我国人工林地土壤的专著，共分22章，详细论述了我国主要造林树种（柚木、桉树、杉木、马尾松、杨树、泡桐、刺槐、油松、华北落叶松、长白落叶松、樟子松、兴安落叶松、思茅松、云

南松、云杉、冷杉、青海云杉、天山云杉、新疆落叶松、柽柳、胡杨）的土壤条件，从生态的角度来阐明土壤与树种间的相互关系规律性，并对其作出评价；内容包括我国主要造林树种的适生土壤类型，土壤条件的分布范围、形态特征、理化基本性质，土壤与树种间的相互关系规律性，林地土壤评价及提高土壤生产力措施等。本书是以大量我国人工林林地土壤调查材料为基础写成的，覆盖面大，资料丰富，系统深入，既有理论意义，又有实用价值，是林业生产建设中十分重要的系统的应用技术基础资料，对造林选地、适地适树、提高林木生产力、发展和恢复森林资源等高效、可持续林业措施发挥重要作用，是林学、土壤、植物、育林、生态、环境、资源等有关专业人员的重要参考书。

是年，《中国森林土壤》获1998年国家科学技术进步三等奖。完成人张万儒、刘寿坡、李昌华、李贻铨、卢俊培，完成单位中国林业科学研究院。《中国森林土壤》一书由中国林业科学研究院林业研究所编著，张万儒研究员主编。全书共16章，1012页，约150万字，并附有我国主要林区森林植物的中文、拉丁文名称对照及林区地貌、林相、土壤剖面等照片104幅。该书论述了我国森林土壤形成条件、森林在土壤形成过程中的作用、森林土壤分类与分布；特别对我国大兴安岭林区、小兴安岭林区、长白山林区、华北山地林区、秦岭林区、神农架林区、四川盆地边缘山地林区、江南山地丘陵林区、海南岛、滇南山地林区、阿尔泰山林区、天山林区、青藏高原北缘林区、青藏高原东北缘林区、青藏高原南缘林区等16个重点天然林区的森林土壤形成条件、森林土壤分区与分布、森林土壤基本性质、森林与土壤关系等进行了详细论述，该书全面地阐述了我国森林土壤分布规律、森林土壤基本性质、森林土壤生产力特点及合理利用和改造森林土壤的途径，它填补了我国森林土壤研究的空白。《中国森林土壤》一书是新中国成立以来森林土壤调查研究的总结，是第一部系统地反映我国森林土壤方面的专著。

12月，张万儒《我国森林土壤研究进展》收入沈阳农业大学土地与环境学院编、辽宁科学技术出版社的《中国农业资源与环境持续发展的探讨庆贺唐耀教授八十华诞纪念论文集》55～64页。

• 1999年

10月，王学聘、戴莲韵、杨光滢、张万儒《我国西北干旱地区森林土壤中苏云金芽孢杆菌生态分布》刊于《林业科学研究》1999年第5期467～473页。

12月，张万儒、杨光滢《四川西部长江上游天然林森林土壤蓄水量的计量研究》收入《第七届全国森林土壤学术讨论会论文集》1～10页。

11月，《绿色里程 老教授论林业》由中国林业出版社出版，其中18～24页收入刘寿坡、杨继镐《森林土壤研究工作回顾》。

12月，《中国科学技术专家传略：农学编：林业卷（二）》由中国科学技术出版社出版，张万儒入选。《中国科学技术专家传略》分为理学编、工程技术编、农学编和医学编，第二期工程已经出版12卷13册，563万字，记载了1921—1935年间出生的中国现代杰出的科学技术专家744名。

● 2000年

7月，《森林土壤分析方法》由中国标准出版社出版，标准主要起草人张万儒、黄锥、杨光滢、屠星南、张萍。

● 2002年

10月，中国林学会、中国土壤学会森林土壤专业委员会《森林土壤质量演化与调控》（第七次全国森林土壤学术讨论会论文选编）由中国科学技术出版社出版，张万儒、杨光滢《四川西部长江上游天然林森林土壤蓄水量的计量研究》收入49～58页。

● 2004年

1月9日，张万儒退休金调整为3066元。

● 2007年

9月，Brady, Nyle C. and Weil, Raymond *The Nature and Properties of Soils* (14*th ed*)》由Pearson Education, Inc. 出版。

● 2008年

10月，张万儒退休金调整为4796元（每月增加500元政府特殊津贴）。

12月，张万儒被北京土壤学会授予北京土壤学会有突出贡献的土肥工作老科学家。

2009 年

12月，Russell，Edward John "*Soil Conditions and Plant Growth*" 出版。

2010 年

1月1日，张万儒退休金调整为6441元。

6月，林伯群《森林土壤六十年》由科学出版社出版，《森林土壤六十年》分为相对独立又互有联系的3篇：温带天然林森林土壤发生分类的探讨、森林土壤和营林、森林土壤科学发展历程。林伯群，女，森林土壤学家，长期从事森林土壤学的教学和研究工作。1926年4月6日生于四川省夹江县。1944年考入了公费的中央大学农业化学系，1948年毕业获学士学位。1949年11月到沈阳农学院任教，筹建土化专业。1950年10月沈阳农学院迁至哈尔滨，并与哈尔滨农学院合并改名为东北农学院，任东北农学院助教、讲师，从事土壤、农化等课程的教学。1956年任教于东北林学院直至1991年离休。历任土壤（森林土壤）教研组主任，森林土壤研究室主任、讲师、副教授、教授。林伯群在搞好教学工作的基础上，积极开展森林土壤的科学研究，发表了中英文论文50余篇。林伯群十分热心社会工作，只要对发展我国森林土壤学科有利，她都热心去做。她曾任国际土壤学会森林土壤学组副主席；国际林联P3.08委员；中国土壤学会第四、五、六、七届理事兼第五届副秘书长；中国土壤学会、中国林学会森林土壤专业委员会第一、二、三、四、五届副主任；黑龙江省土壤学会第一、二、三、四、五届常务理事。创立了黑龙江省土壤学会森林土壤学组。1964年参与组建中国土壤学会森林土壤学组（后改为森林土壤专业委员会）。她先后主持了黑龙江省首次森林土壤学术讨论会（1963，哈尔滨）、第一届国际森林土壤学术会议（1990，哈尔滨）。1991年11月离休。

2013 年

1月24日，张万儒因病去世。《张万儒生平》：张万儒，研究员。男，汉族，1926年10月29日出生于浙江省嵊县富润镇。中共党员。1948年就读于上海暨南大学中国文学系、1949—1952年就读于上海复旦大学农业化学系、1953年毕业于沈阳农学院土壤系、1957—1960年在莫斯科苏联科学院森林研究所和莫斯科大学进修森林土壤专业。历任中国林业科学研究院林业研究所森林土壤研究室主任、《林业科学研究》常务编委，中国林学会理事、森林土壤专业委员会主任、《林业科学》编委，中国土壤学会常务理事、森林土壤专业委员会主任、《土壤学报》编委，北京土壤学会副理事长，农业部全国土壤普查顾问团成员，英国国际名人传记中心（IBC）遴选顾问委员会成员，美国名人传记研究所（ABI）遴选顾问委员会成员，国际土壤学会（ISSS）会员，国际林协（IUFRO）会员等职。60多年来一直在中国林业科学研究院从事森林土壤学科的应用基础理论研究与科学实践，特别在森林与土壤相互关系规律性研究方面做了大量开创性工作，为中国森林土壤学应用基础研究奠定了基础。先后获得国家级和部级科学技术进步奖共10项，主持的国家重点科技攻关课题"用材林基地立地分类、评价及适地适树研究"1995年获国家科学技术进步奖二等奖，主持的"中国森林土壤研究"1990年获林业部科学技术进步奖一等奖，主持的《中国森林土壤》学术专著1998年获国家科学技术进步奖三等奖；主持编著的学术专著有《中国森林土壤》（科学出版社，1986）、《中国主要造林树种土壤条件》（中国科学技术出版社，1998）、《森林土壤分析方法国家标准》（中国标准出版社，1988）、《森林土壤分析方法行业标准》（中国标准出版社，2000）、《中国森林立地》（科学出版社，1997）、《森林土壤生态管理》（中国科学技术出版社，1994）等12部，其中《中国森林立地》被英国NHBS科技书店在GOOGLE网上推荐为是"全球最好的图书之一"（NHBS——For the best books on earth world wide）；公开发表学术论文80多篇；培养硕士研究生4名以及大量森林土壤方面的高层次人才。为我国森林土壤学科的建立与发展做出了重大贡献。1991年获国务院政府特殊津贴，1994年获农业部先进工作者证书，1999年入编中国科学技术协会主编的《中国科学技术专家传略》农学篇林业卷2、土壤卷2，2006年被美国名人传记研究所（ABI）授予荣誉研究员称号，2008年被评为北京土壤学会有突出贡献的土肥工作老科学家。

1月，Binkley, Dan；Fisher, Richard F *"Ecology and Management of Forest Soils"* 由John Wiley & Sons Inc. 出版。

3月，Peter J. Gregory and and Stephen Nortcliff *"Soil Conditions and Plant Growth"* 由John Wiley and Sons Ltd 出版。

2016 年

是年,Ray R.Weil and Nyle C.Brady "*The Nature and Properties of Soils*(15*th Edition*)"由 Pearson Education,Inc. 出版。

2018 年

10 月 27 日,中国林业科学研究院在建院 60 周年纪念大会暨现代林业与生态文明建设学术研讨会开幕式上,授予 47 位院内专家"中国林业科学研究院建院 60 年科技创新卓越贡献奖",他们分别是郑万钧、吴中伦、王涛、徐冠华、蒋有绪、唐守正、宋湛谦、蒋剑春、洪菊生、许煌灿、黄铨、花晓梅、赵守普、黄东森、赵宗哲、陈建仁、路健、徐纬英、奚声柯、张宗和、郭秀珍、张万儒、白嘉雨、傅懋毅、杨民权、鲍甫成、萧刚柔、曾庆波、盛炜彤、郑德璋、彭镇华、江泽慧、顾万春、慈龙骏、杨忠岐、张建国、张绮纹、姚小华、李增元、周玉成、裴东、刘世荣、陈晓鸣、鞠洪波、苏晓华、于文吉、崔丽娟。

王正非年谱

王正非（王松提供）

王 正 非 年 谱

- **1908 年（清光绪三十四年）**

　　11 月，日本关东都督府观测所（位于大连，日本管理关东州及满铁沿线附属地气象活动的中心机构）在长春设立观测支所，此为长春最早的气象观测机构。

- **1915 年（民国四年）**

　　8 月，王正非（Wang Z F，Wang zhengfei），又名王德政，出生于吉林省德惠县郭家镇孟家村，祖籍山东省，父亲王守邦，母亲王孟氏，系从山东闯关东到达吉林。

- **1919 年（民国八年）**

　　4 月，日本关东都督府观测所长春观测支所改称关东厅观测所长春观测支所。

- **1922 年（民国十一年）**

　　9 月，日本中央气象台测候技术官养成所创建。1951 年 4 月，日本中央气象台测候技术官养成所改为日本中央气象台研修所，1956 年 7 月，日本中央气象台研修所升格为日本气象厅研修所，1962 年 4 月改为日本气象大学校。

- **1924 年（民国十三年）**

　　2 月 2 日，蒋丙然接收并主持胶澳商埠观象台，气象界纷纷函请他主持筹备中国气象学会。蒋丙然（1883—1966 年），1908 年震旦大学毕业后赴比利时让布鲁克斯农业大学（FISAG，Faculté universitaire des sciences agronomiques de Gembloux）学习气象学，1912 年 12 月获博士学位后回国。

　　10 月，凌道扬当选为中国气象学会理事。胶澳商埠观象台台长蒋丙然等人在青岛发起成立中国气象学会，10 月 10 日在胶澳商埠观象台石头楼内召开中国气象学会成立大会，学会以谋求"气象学术之进步与测候事业之发展"为宗旨，选举蒋丙然为会长，彭济群为副会长，竺可桢、常福元、凌道杨、戚本恕、高平子和宋国模 6 人为理事，陈开源为总干事。会议决定中国气象学会会址设在青岛，每年出版一期《会刊》，并通过了"中国气象学会"会章，大会公推张謇、高恩洪、高鲁为名誉会长。同时竺可桢、凌道扬又是 9 名编辑委员之一。胶澳商

王正非年谱

埠观象台1930年10月25日改称青岛市观象台[7]。

是年，王正非入吉林省德惠郭家屯小学读书。

是年，在慕尼黑森林气象研究室工作的鲁道夫·盖格尔（Rudolf Geiger）和A·施莫斯（A.Schmauss）为了进行林内气象要素垂直分布的研究，在德国巴伐利亚的松林中建造第一座森林气象观测塔，进行林分空间气候的全面观测，森林气象研究从此进入到范围较广的领域，开始具备一门独立学科的特点。

● 1927年（民国十六年）

是年，盖格尔（Rudolf Geiger）系统总结以往研究成果并出版专著《近地层气候》"The Climate Near the Ground"，标志着森林气象学成为一门独立的学科。该书用了七章的篇幅论述森林气象学问题，包括提出"森林气象学"的概念和任务，森林结构对小气候（也常常翻译成"微气候"）的影响，择伐和皆伐地气候特征，林缘和林间空地的气流，地表、树干间和林冠层的气象要素分布，森林气象或气候效应与福利作用等，为森林气象的研究奠定了基础。鲁道夫·盖格尔全名为鲁道夫·奥斯卡·罗伯特·威廉姆斯·盖格尔（Rudolf Oskar Robert Williams Geiger），是德国著名的气象学家、气候学家和小气候研究的先驱者。他1894年出生在德国埃尔兰根的一个知识分子家庭，父亲威廉·盖格尔是著名的印度学专家，哥哥汉斯·盖格尔是著名的物理学家。盖格尔1912年在埃尔兰根的基尔大学学习数学，期间由于战争中断，1920年才以论文"古代和中世纪的印度大地测量学"获得博士学位，之后在达姆施塔特技术大学物理研究所工作并开始探索研究气象的方法。1923年，盖格尔来到巴伐利亚州慕尼黑气象台工作并担任森林气象研究室研究助理。1924年建造了第一座森林气象观测塔。1923—1933年，他在慕尼黑大学开展气候对流层空气层的研究，并担任巴伐利亚州慕尼黑气象台观测员，直到1935年。1937—1945年盖格尔任职埃伯斯瓦尔德林学院（现埃伯斯瓦尔德高等专科学校）的气象研究所所长，在第二次世界大战期间曾短期担任海洋气象教师的工作。1948年成为慕尼黑大学气象研究所和森林研究所所长并任全职教授。1958年担任名誉教授仍继续工作并活跃在世界森林气象学界。盖格尔在气象学方面的卓越成就使他1955年当选德意志利奥波第那自然科学院院士，1968年被授予霍恩海姆大学荣誉科学博士学位，1977年

---

[7] 陈学溶. 中国近现代气象学界若干史迹[M]. 北京：气象出版社，2012：133-150.

获冯·歌德基金会彼得·莱内金质奖章。1981年，87岁高龄的盖格尔在慕尼黑去世。盖格尔一生的功绩主要体现在以下几个方面。早在1924年，在慕尼黑森林气象研究室工作的盖格尔和A·施莫斯（A.Schmauss）为了进行林内气象要素垂直分布的研究，在德国巴伐利亚的松林中建造了第一座森林气象观测塔，进行林分空间气候的全面观测，森林气象研究从此进入到范围较广的领域，开始具备一门独立学科的特点。"林分气候"观测林分冠层、树干空间和林地土壤多个层次，尤其是对林冠层的研究，后来发展为冠层气象学。1927年，盖格尔系统总结以往研究成果并出版了专著《近地层气候》"The Climate Near the Ground"，标志着森林气象学成为一门独立的学科，而这比以R.哈格（R. Harger）1764年所著的《造林学》为标志的造林学晚了160多年。《近地层气候》出版之后多次修订再版并被译成英语、西班牙语、俄语和汉语等多种语言，2003年出版了第6版，该书与英国著名微气象学家萨顿（Oliver G. Sutton）教授的《微气象学》"Micrometeorology，1953年"、美国气象学家罗森堡（Norman J. Rosenberg）教授的《微气候：生物环境》"Microclimate : The Biological Environment"，1974年并称为研究小气候的3本经典著作。1918年，德国著名气象学家弗拉基米尔·彼得·柯本（Wladimir Peter Koppen，1846—1940年）首次采用温度与降水的关系作指标，对全球气候进行了分类并明确总结出各类气候的特征，发表了世界上第一个气候分类法完整分类版本。1953年，盖格尔根据老师柯本的理论及自己的研究，总结出柯本——盖格尔气候分类法，简称"柯本气候分类法"，主要划分原则考虑了温度、降水、植被等因素，将全球气候分为5个主要气候带和12个类型。该分类方法气候指标严格、界限明确，分类系统简明，并能反映世界自然植被的分布状况，已成为世界上使用最广泛的气候分类法。1930—1940年，盖格尔还和柯本出版了五卷本《气候学手册》，该系列论著着重从动力学方面研究气候的形成和变化，发展了动力气候学，此外对贴近地面层的小气候研究也逐步精确化和定量化。手册不仅为研究气候提供了宝贵的资料，而且提出了较为完整的气候学研究方法体系，奠定了气候学的基础。盖格尔还把森林对人类及人类环境的良好作用称为森林的福利作用。森林造福人类，具有公益性特点，森林环境是人类生存环境不可缺少的组成部分，也是建设人类更加美好生存环境中最积极、最可塑、最活跃的公益性因素，这种思想为德国进一步明确林业可持续发展的目标提供了一定基础。

● 1930 年（民国十九年）

3 月 1 日，伪满洲国成立，长春观测支所改称新京观测支所。

4 月 16 日，全国气象会议在南京中国科学社图书馆召开，到会各机关代表约 50 余人，由中央研究院院长蔡孑民先生主席致开会辞。

是年，王正非入吉林省农安县立中学读书。

● 1932 年（民国二十一年）

是年春，吉林省立职业学校更名为吉林省立第一工科两级中学，王正非从农安县立中学毕业，到吉林省立第一工科两级中学学习机械。

11 月 1 日，伪满洲国在新京（长春）组建中央观象台，负责掌管气象观测、调查（含高层气象、产业气象、航空气象观测），天象、地震、地磁、水文、潮汐观测，气象预报、研究，测时、报时，历书编制及技术人员培训等各项事务，并统辖关于气象天文事业。

● 1935 年（民国二十四年）

是年，王正非赴日本东京中央气象台测候技术官养成所学习气象。

3 月 23 日，日本、伪满、苏联三方在东京签订让渡中东铁路的协定。

5 月，伪满中央观象台接收了中东铁路所属气象台站。

9 月，陈遵妫《农业气象学》由商务印书馆出版。陈遵妫（1901—1991 年），中国天文学家。字志元，福建福州人。1926 年毕业于东京高等师范学校数学系，同年回国任北京天文馆第一任馆长、中央研究院天文研究所研究员、《宇宙》杂志总编辑，主持《天文年历》编算工作。任中国天文学会总秘书、理事长。中华人民共和国成立后，任中科院紫金山天文台研究员兼上海徐家汇观象台负责人，1955 年筹建北京天文馆，并任馆长。著有《流星论》《大众天文学》《中国古代天文学简史》和《中国天文学史》（四卷）等。

● 1936 年（民国二十五年）

3 月，王正非从日本回国，任新京（长春）中央观象台技士、伪满中央气象台时宪书（历书）主编。

- **1937 年（民国二十六年）**

   12 月 1 日，日本政府对伪满废除所谓治外法权，把南满铁路附属地及关东厅观测所所属的新京（长春）、四平街（四平）、奉天（沈阳）、营口等观测支所，移交伪满中央观象台。

- **1944 年（民国三十三年）**

   9 月，伪满气象业务大改组，在中央观象台之下增设管区观象台，形成四级管理体制。

- **1948 年（民国三十七年）**

   3 月，吉林市解放。

   5 月 6 日东北行政委员会接收吉林省立职业学校，更名为吉林工业专门学校（吉林工专），阎沛霖任校长，王正非到吉林工专任物理教师。

- **1949 年**

   8 月 1 日，中共中央东北局、东北行政委员会发布《关于整顿高等教育的决定》，将长春东北工业研究所（原大陆科学院）改为东北科学研究所，作为全东北高级科学研究机关，武衡任所长。王正非任东北科学研究所副研究员兼光学部主任。

   是年，王正非《正像感光剂研究》收入东北科学研究所《研究报告第一集》。

- **1950 年**

   是年，美籍匈牙利数学家、计算机科学家、物理学家冯·诺依曼（John von Neumann，1903 年 12 月 28 日至 1957 年 2 月 8 日）和美国气象学家、美国国家科学院院士朱尔·格雷戈里·查尼（Jule Gregory Charney，1917 年 1 月 1 日至 1981 年 6 月 16 日）利用刚刚诞生的世界上第一台电子计算机参加数值天气预报试验，成功实现了数值天气预报，作出了第一张数值天气预报图，起到了划时代意义的推动作用。

- **1951 年**

   5 月，（日本）原田 泰著《森林气象学》由朝仓书店出版。

王正非年谱

● **1952 年**

8月,中国科学院东北分院成立,严济慈任分院院长,恽子强任副院长,武衡任秘书长。东北科学研究所隶属中国科学院东北分院领导,改名为中国科学院长春综合研究所。

是年,王正非等对树冠下红松育苗和小气候效应进行研究。

● **1953 年**

3月,在中国科学院副院长竺可桢等倡导下,经中国科学院与农业部协议,由中国科学院地球物理研究所与华北农业科学研究所合作建立了中国第一个农业气象研究机构——华北农业科学研究所农业气象组,吕炯任主任,这是我国第一个农业气象研究机构。吕炯(1902—1985年),字蔚光,江苏无锡人,气象和气候学家,我国现代气候学先驱者之一,农业气象学及海洋气候学的开拓者和奠基人。曾任中央气象局局长、中国科学院地理研究所气候室主任、世界气象组织常务理事。1922年考入东南大学地学系,毕业后到中央研究院气象研究所攻读研究生,师从竺可桢教授,1928年毕业。1930年被派遣赴德国深造,在柏林大学、汉堡大学攻读气候学、海洋学、地质学及农业气象学。1934年学成回国,任中央大学教授、中央研究院研究员,并代理中央研究院气象研究所所长,曾参加我国第一次黄海、渤海海洋调查,负责海洋气象观测。1949年任中国科学院地球物理研究所研究员。1953年去农业科学院筹建农业气象研究室,任室主任。1960年前后曾任中科院地球物理所、地理所、植物研究所地植物学组、农垦部、中国农业科学院、北京农业大学农业气象系、云南西双版纳中苏合作热带森林合作组七个单位学术委员之职。吕炯先生非常关心并积极参加学术团体的活动。早在20世纪30年代他就是中国气象学会和中国地理学会理事。1945—1949年曾担任国际气象组织执行委员、国际海洋气象专门委员会委员。1943—1949年,任中央气象局局长。1949年参加中国民主同盟。中华人民共和国成立后曾任中国气象学会、中国地理学会、中国海洋湖泊学会的理事。中国农学会农业气象研究会成立,他被推为首届理事会名誉理事长,他也是国家科委气象组成员。吕炯先生尽管领导工作庞杂,但从未间断他个人的科学研究工作。

4月,为了进一步地解决东北的重要土壤问题,中国科学院成立东北土壤研究所筹备处。

9月，为了合理开发利用东北地区的森林资源，维护地区生态平衡，中国科学院在哈尔滨成立林业研究所筹备处，由刘慎谔教授承担业务领导。在筹备处期间，由王正非副研究员组建森林气象组，从此开始了我国的森林气象事业。

1954 年

9月至1955年1月，华北农业科学研究所农业气象组举办农林气象学习班（50余人），培养农业气象科研人员，课程有小气候、森林气象学、物候学等。

10月15日，为适应东北地区经济建设的需要，根据中国科学院第35次院务会议决定，由中国科学院林业研究所筹备处、东北土壤研究所筹备处和长春综合研究所农产化学研究室微生物部分合并成立中国科学院林业土壤研究所，朱济凡担任所长兼党委书记，刘慎谔、战宪武、宋达泉为副所长。林业土壤研究所设林业、土壤、微生物三个研究室，刘慎谔、战宪武、宋达泉任主任，王战任林业研究室副主任。森林气象组随迁到沈阳，隶属于林业研究室，王正非任负责人。

1955 年

是年初，中国科学院林业土壤研究所在沈阳院里种植两棵银杏树，银杏树为一雄一雌。

7月，（苏）安泽什金《森林防火》由中国林业出版社出版。

是年，中国科学院林业土壤研究所召开森林防火学术会议，布置开展森林防火的科研工作，朱济凡主持编辑《东北林区森林火灾调查报告汇编》。

是年，中国科学院林业土壤研究所森林气象组王正非等在小兴安岭宜春林区首次进行森林火灾危险性预报实验研究。

是年，中国科学院林业土壤研究所在黑龙江省带岭林区建立了森林气象观测站，张延令任站长，这是我国第一个森林气象观测站。

1956 年

3月，中华人民共和国林业部教育司编写组《气象学》由中国林业出版社出版，主要由赖维屏、林元耕编写。赖维屏系林业部黄村林校气象学教员，林元耕系林业部泰安中等林业学校气象学教员。

4月，中国科学院林业土壤研究所森林气象组王正非主持编制大、小兴安岭及长白山林区的森林危险天气预报，这是中国第一次在主要林区开展有林火监测的业务工作。

7月，苏联科学院森林研究所柯尔达诺夫在中国科学院林业土壤研究所所长朱济凡、研究员王战、副研究员王正非等陪同下，考察草河口红松人工林，认为草河口红松人工林无论在科学理论还是实践上都有很大价值。

8月，王正非《森林火灾危险性预报方法试验初步报告》刊于《林业科学》1956年第4期1~14页。

8月，邓宗文、王正非著《防止森林火灾》由中华全国科学技术普及协会出版。

10月，王正非《森林火灾危险天气预报的经验》刊于《中国林业》1956年第10期7页。

10月11日至14日，中国科学院林业土壤研究所学术委员会成立大会在沈阳举行。参加大会的有全国林业、土壤、微生物方面的科学家、以苏联科学院远东分院副院长斯大钦柯夫为首的苏联代表团以及各方面人士共260多人，大会在中国科学院竺可桢副院长的主持下进行，林业土壤研究所朱济凡所长在会上做了"林业土壤研究所长远计划草案"的报告，会上宣读了林业、土壤、土壤微生物等方面13篇学术论文。其中林业方面的论文有六篇，刘慎谔《关于大、小兴安岭的森林更新问题》、王战《小兴安岭的森林天然更新的初步研究报告》、王正非《森林火灾危险天气预报方法》、邓宗文《东北林区森林防火调查研究报告》、刘媖心《包兰路中卫县固沙造林》、王战《红松直播防鼠害》。

12月，中国科学院林业土壤研究所《森林火险燃烧性及森林火险天气预报》获1956年度中国科学院科技成果二等奖，主要完成人王正非、王战、覃世、邓宗文、薛楹之、杨木区。

是年，王正非等在小兴安岭林区建立了不同林型的森林气象观测站3处，对红松、落叶松等林型小气候变化规律观测站3处，对红松、落叶松的林型小气候变化规律和森林火灾预测预报方法等开展了观测研究。

是年至1958年，王正非等在带岭研究大面积皆伐对林地小气候条件的影响。

是年，中央林业科学研究所成立森林水文气象研究组。

1957 年

5月，中国科学院林业土壤研究所编《护林防火研究报告汇编》由科学出版社出版，成为我国森林防火科学技术方面仅有的参考资料。其中1~37页收入王正非等《东北林区火灾基本情况调查研究报告》，38~52页收入王正非等《森林火灾危险性预报方法试验初步报告》，38~52页收入邓宗文、李水新、陈学人、薛楹之、王正非、郑焕能《化学灭火试验》，61~70页收入王正非、郑焕能《大兴安岭依陆古鲁河森林火灾火场调查报告》，71~74页收入王正非、陈哲人、覃世《小兴安岭鹤岗市附近火场调查报告》，75~84页收入王正非、马春辉、王友芳、覃世《宜春林区化学灭火试验总结报告》。

8月，苏联科学院森林研究所 В.Я.柯尔达诺夫专家在中国科学院林业土壤研究所所长朱济凡、研究员王战、副研究员王正非等陪同下，考察了辽宁省本溪县草河口红松人工林。

是年至1958年，王正非、杨笃生、朱金龙《大兴安岭林区林型燃烧性及火险级标准制定的研究》[8]。

1958 年

8月，王正非、朱廷曜、崔启武、胡国生、朱劲伟、边履刚、杨笃生《森林火灾危险度指标的研究》刊于《科学通报》1958年第16期499~503页。

12月，《中国科学院林业土壤研究所研究报告集（林业集刊）》（第一号）由科学出版社出版，其中1~49页收入王正非《森林火灾危险性预告与天气条件》，50~93页收入王正非、覃世、边履刚、魏菲利、杨笃生《大兴安岭森林燃烧性等级划分以及在防火实践上的应用》，94~99页收入王正非、朱廷曜《雷暴对森林火灾的影响》，100~103页收入王正非、杨笃生《防火障的制造方法及防火效果（初报）》。

1959 年

2月7日，中国科学院林业土壤研究所森林气象组从林业研究室分出，成立森林气象研究室，王正非任副主任。

---

[8] 中国科学院科学情报所研究所编.1957年全国生物科学研究题目汇编 第一分册 生物学[M].北京：中国科学院科学情报研究所编印.

4月,《中国科学院林业土壤研究所研究报告集(林业集刊)》(第二号)由科学出版社出版,其中1~10页收入王正非、王战、覃世《林冠下红松育苗与小气候效应》。

6月,王正非《关于森林防火的科学研究问题》刊于《广东林业》1959年第3期6~9页。

7月,中国科学院林业土壤研究所编辑《护林防火研究报告汇编》由科学出版社再版。

9月10日至18日,中国林业科学研究院、中央气象局及中国科学院林业土壤研究所等44个单位参加的全国第一次森林气象与护林防火学术会议在成都举行,会议对于今后全面开展森林气象与护林防火工作提出了建议,王正非、崔启武参加会议。

9月,王正非《森林火灾预报》刊于《知识就是力量》1959年第9期46~49页。

9月,中国科学院林业土壤研究所开办林业土壤学院,并设立林业系,并招收第一届学员(5年制),1963年7月毕业。1960年9月、1961年9月招收第二、第三届学员,1964年7月林业土壤学院停办,第二、第三届学员转入沈阳农学院等高校学习直至毕业。

是年,王正非《防护林气候效应观测讲义》(森林气象训练班讲义)由森林气象培训班油印。

是年,《森林燃烧性及森林火灾预报方法的研究》,完成单位为中国科学院林业土壤研究所,主要完成人员有王正非、覃世、崔启武、朱廷曜、边履刚、魏菲莉等,主要协作单位有东北、内蒙古及云南、四川省的林业厅(局)和各省(自治区、直辖市)气象局(台)、内蒙古林业科学研究所、黑龙江林业科学院等,工作起止时间1955—1959年[9]。

是年,中国科学院林业土壤研究所林业土壤学院林学系设立森林气象和森林气候专业,由王正非、崔启武、朱廷曜等组织和讲授。

• 1960 年

1月12日,中央气象局依托南京大学创建南京大学气象学院(中央气象局

---

[9] 李溪林. 当代中国林业科学研究进展[M]. 北京:中国农业出版社,1996:294.

直属单位）。

1月，王正非《林业科学中的一门新兴学科——森林气象学》刊于《科学通报》1960年第1期7～8页。森林气象学是研究森林与气象相互作用规律的科学。新中国成立以来，由于国民经济大力发展，任务带动了学科，这门科学才有机会获得发展。1953年中国科学院林业研究所在小兴安岭带岭建立起来了我国第一个森林气象站。自此以后，农林部门、气象部门有关的许多研究所、试验站和北京林学院以及中国科学院林业土壤研究所在防护林气象性能、森林防火、森林对降水量的影响、森林对水土保持的作用等各方面进行了许多工作，获得了显著成绩。但是从系统性和应用的范围来看，森林气象学在我国还是一门年轻的、不很完备的学科。森林气象的研究不仅对森林的防护作用和改造自然有重大意义，就是在林业重要经营措施上，如采伐、抚育、更新以及育苗、造林等，也能作出很多创造性的工作，特别是对火灾、病虫及其他各种气象灾害等防治方面，更不能缺少。它是研究森林改造环境、促进林木速生丰产的重要基础。为适应目前我国社会主义建设的需要，森林气象的研究应包括下列几个方面：1. 森林气象火害方面：主要研究森林火灾的发生蔓延规律，森林病虫害的预测预报以及高温、冷冻、暴风等直接的气象灾害。2. 森林改造自然环境与防护作用方面：主要研究或鉴定森林对于气候变化的影响。3. 森林影响近地面大气层的物理性质变化方面：主要研究有森林覆盖地方与裸露地方的热量平衡差额、水分的垂直交换、根系对于土壤气候的影响，以及宜林地的造林立地条件类型划分的气候条件标准。4. 森林对于陆地水文条件的影响方面：主要研究降水在各种林型中被截留的情况、林地土壤渗入强度、地下水的去留、森林整体的蒸发量的计算以及液体和固体径流量的测定等。5. 森林植物生理气象方面：主要研究大气对于森林本体的机制作用，特别是气象条件对于同化作用、呼吸作用、水分平衡的机制以及幼苗或林木在超常的冷、热、干、湿的情况下的抵抗能力与光的强度和光谱成分在不同郁闭状况下的改变状况的鉴定等。为了完成以上任务，应当根据多快好省的原则进行工作，我们不能采用单一的野外定位试验，因为这样将把研究的时间拖得很长，也不能只采用室内的小规模的人工控制条件的办法进行，因为这样做很可能试验得出的数据，不能完全符合自然的情况。因此，我们要采用大、中、小互相结合的研究方法："大"就是在大自然的条件下进行长期的定位观测或试验；"中"是指在自然条件下利用流动观测队到需要的地方进行1～2个月的短期观测或试验,以补充定位试验的不足;"小"就是在人工气候室或用模型进行多次系列的试验或测定,以补充野外工作的不足。这三种试验结果结合起来,加上各学科的综合分析,在短暂的时期内,可以获得有实用意义的结果。根据我们的了解,这种方法对于森林水文、林木生长、防护林带效益,以及各种气象灾害等试验,都是适用的。

1月,《中国科学院林业土壤研究所研究报告集(林业集刊)》(第四号)由科学出版社出版。

1月,王正非、朱廷曜、朱劲伟、崔启武、周正等开始森林气象学理论研究,至1981年12月,历时22年完成,成果汇总为《森林气象学》。

2月,《中国科学院林业土壤研究所研究报告集(林业集刊)》(第三号)由科学出版社出版。

4月,王正非、余家世、崔启武编著《森林气象观测及森林火灾预报法》由中国林业出版社出版。

5月,黑龙江省林业科学研究院成立,省林业厅副厅长邵均兼所长。

是年,王正非《防护林气候效应观测讲义》由森林气象训练班刊印。

1961年

1月26日,《人民日报》刊登涂长望《关于20世纪气候变暖的问题》。

2月12日,中国科学院林业土壤研究所林业土壤学院院务委员会成立,院长朱济凡,副院长刘慎谔、张宪武,秘书长胡敬夫,委员王铮、姜志、王正非、曾昭顺、黄会一、高拯民,下设办公室,王凯林任副主任。

7月,北京林学院森林气象教研组编《林业气象学》(高等林业院校交流讲义)由农业出版社出版,由陈健、贺庆棠、宋嘉葆、郭楠华、曹仲凯、陆鼎煌等编写,北京林学院副院长杨锦堂撰写前言。

9月15日,中央气象局撤销了农业气象研究室,精简了80%的人员并陆续下放,之后各省贯彻农业气象工作量力而行的方针,有些省的农业气象工作完全或基本"下马"。

12月,全国气象局长会议,王正非参加会议,报告《论林带附近的水汽输送》。

1962年

1月，中国科学院林业土壤研究所森林气象研究室改名气象室，王正非任室主任。

1月8日，辽宁省农林气象会议在沈阳召开，王正非参加会议。

1月11日，中国林业科学研究院公布在京单位科级以上（所一级另行公布）领导干部职务。其中有阳含熙（造林室主任）、黄中立（经营室主任）、张英伯（树改室主任）、萧刚柔（森林保护室主任）、袁嗣令（森林保护室副主任）、薛楹之（航空化学灭火室副主任）等。

1月，王正非《用推计学研究红松生长发育规律的拟议》由辽宁省气象学会刊印。

4月25日，中国林业科学研究院分党组研究决定，将林业科学研究所森林保护室分为森林昆虫研究室、森林病害研究室，萧刚柔任森林昆虫研究室主任、袁嗣令任森林病害研究室副主任，航空化学灭火室改为森林防火研究室，薛楹之任森林防火研究室副主任。

5月，郑焕能、王业遽、郭奎德、佟锡久编《森林防火学》（高等林业院校交流讲义）由农业出版社出版。

6月，王正非、崔启武、王维华《林冠蒸发散的计算》由中国科学院林业土壤研究所刊印。

9月，林芳厚考取中国科学院林业土壤研究所研究生，师从王正非副研究员。

1963年

2月2日，《人民日报》刊载王正非《物理学在农业中的若干应用》。文中提到太阳能的利用、数理方程的应用、农业工厂化问题、土壤物理学问题、水体物理学问题、农业科学研究的物理仪器。最后写道：物理学在农业中的应用问题是很多的，以上只提了与作物有关的一些问题。在未来农业科学工作中，物理学将同育种学、微生物学、遗传学、植物生理学、土壤学、气象学和机械学等组成一个大联合，为农业生产和农业科学理论的发展作出重要的贡献。

4月22日至26日，全国第二届林业气象学术讨论会在沈阳举行，王正非主持会议。由中国气象学会、中国科学院林业土壤研究所和辽宁省气象学会联合召

开了全国林业气象学术会议，参加会议的有各地林业、气象、地球物理、电工、数学等方面的专家，以及高等院校、科研机构和基层试验站等 30 个单位，共 40 余名代表，另有列席代表 20 余名。

5 月 14 日，经教育部和中央气象局批准，南京大学气象学院更名为南京气象学院，下设农业气象系。

5 月 10 日，王正非被中国林学会聘为林业委员会委员。

7 月，王正非《物理学在农业中的若干应用》收入孙渠编、人民日报出版社出版《人民日报·农业科学文选（第一辑）》154～160 页。

7 月，王正非、吴凤生《加强内蒙大兴安岭森林防火技术措施的建议》刊于《内蒙古林业》1957 年第 7 期 1～8 页。

7 月 26 日，王正非被中国地理学会聘为学术委员会委员。

10 月 28 日，王正非被中国科学院聘为中国科学院林业土壤研究所林业委员会委员（干聘字第 0623 号）。

12 月 20 日，黄河水利委员会在郑州召开黄河流域水土保持科学会议，根据国家科委批准，组成西北黄土区水土保持科学研究协作小组，组长赵明甫（黄委会副主任），副组长张耕野（中国科学院西北生物土壤研究所副所长）、蒋德麒（黄委会水科所工程师）；组员王书馨（中国科学院西北生物土壤研究所工程师）、王正非（中国科学院林业土壤研究所副研究员）、王木宗（内蒙古自治区水利厅水土保持局局长）、刘足征（山西省水保所副所长）、任承统（中国农业科学院陕西分院技正）、关君蔚（北京林学院副教授）、安师斌（西北农学院讲师）、吕本顺（黄委会水土保持处工程师）、李远芳（山西省水利厅水土保持局工程师）、罗来兴（中国科学院地理研究所副研究员）、姬应祥（甘肃省水利厅水土保持局副局长）、袁隆（河南省水利厅农田水利局局长）、崔应昆（中国农业科学院助理研究员）、张宗祜（地质部水文地质工程地质研究所工程师）、程增杰（陕西省水利厅水土保持处副处长）、贾振岚（黄委会水土保持处技术科科长），秘书贾振岚、刘万铨。

11 月，国务院发布了《发明奖励条例》和《技术改进条例》。

12 月，《林火"双指标法"》由中国科学院评审授予发明三等奖。

是年至 1965 年，中国科学院地球物理研究所与林业土壤研究所合作进行森林防火研究，地球物理所由顾震潮主持，率领科技人员赴大兴安岭地区开展森林

防火的观测研究工作。

是年,国家重点科研项目《森林气象效应的研究》完成,承担单位中国科学院林业土壤研究所,时间1961—1963年,中国科学院林业土壤研究所主要完成人王正非、朱廷曜、崔启武、王贤祥。

是年底,中国科学院林业土壤研究所组织编写《森林气象学讲义》,王正非主持,参加编写人员有崔启武、朱廷曜、朱劲伟、覃世、毕春庶等。

● 1964 年

6月,王正非、李子华《雷击火引起的森林火灾及预防》刊于《中国林业》1954年第6期45页。

7月,中国科学院林业土壤研究所《中国科学院林业土壤研究所集刊第一集》(创刊号)由科学出版社出版,1~11页收入王正非、崔启武、朱廷曜、王贤祥《论林带附近的水汽输送》,24~32页收入王正非、王贤祥《气象与森林火灾》,33~39页收入王正非、崔启武《森林总体蒸发(散)的测定设计(森林蒸发散研究第一报)》,40~45页收入王正非、崔启武、王维华《森林蒸发散的计算(森林蒸发散研究第二报)》,105~139页收入王正非、王战《小兴安岭带岭林型气象观测及研究》。

12月,全国护林防火会议在内蒙古呼盟海拉尔召开,会议决定,为进一步加强护林防火科研工作的需要成立森林防火研究所。

是年,水利部黄河水利委员会项目《西北黄土地区水利利用与水土保持效益的研究——黄河中游森林对径流量影响的研究》完成,承担单位水利部黄河水利委员会水利科学研究所、中国科学院林业土壤研究所,时间1962—1964年,中国科学院林业土壤研究所主要完成人王正非、崔启武、毕春庶、朱劲伟、甘霖等。

是年,中国科学院科研项目《带岭林区林型小气候与科尔沁沙地固沙林小气候特征的研究》完成,承担单位中国科学院林业土壤研究所,时间1955—1964年,中国科学院林业土壤研究所主要完成人王正非、王战、陈炳浩、赵允惠、李绍忠、崔启武、朱廷曜、张延龄、梁希金、韩树庭等。

是年,王正非著《林业气象的研究现状及今后的发展方向:有关林业气象的论文综合报告》(6页)由中国气象学会刊行。

是年,《国外森林防火资料》由中国林业科学研究院科学技术情报所、中华人民共和国林业部森林经营司刊印。包括《国外森林防火简况》《国外航空护林防火》《美国探测和防治雷击火的方法》《苏联试用植物营造防火带》。

● 1965 年

1 月,王正非主持完成编写《森林气象学(初稿)》。

2 月,经国家科委批准,由中国林业科学研究院航化室(中国林业科学研究院航空化学灭火研究室)和中国科学院林土所防火组(中国科学院林业土壤研究所防火组)为主体正式成立中国林业科学研究院森林防火研究所(简称防火所),归林业部直接领导。中国科学院林业土壤研究所森林气象室从事森林防火研究的科研人员调往林业部嫩江森林防火研究所后,原森林气象室改为森林气象组,重新归属林业研究室。

11 月,为加强大兴安岭林区护林防火的研究,应林业部的要求,以王正非副研究员为首的从事雷击火研究的 12 人调出,组建中国林业科学研究院森林防火研究所,该所是以中国林业科学研究院林业研究所航空化学灭火研究室和中国科学院林业土壤研究所防火研究组的科研人员为基础筹建的,王正非任森林防火研究所副研究员。

是年,《国外森林防火资料(二)》(120 页)由中国林业科学研究院科学技术情报所、中华人民共和国森林保护司编译。包括 1～12 页《欧美等资本主义国家护林防火概况》,13～25 页《加拿大护林防火概况》,26～35 页《日本护林防火概况》,36～39 页《美国护林防火发展简况》,40～46 页《美国大林区在防火方面的备战工作》,47～58 页《美国森林灭火的组织工作》,59～60 页《瑞典护林防火》,61～70 页《苏联护林防火科学技术研究》,71～86 页《森林火灾与大气状况的关系》,87～99 页《双指标森林火险等级预报法》,100～101 页《缓燃植物的研究》,102～116 页《美英等国家应用的化学灭火药剂》。

是年,国家重点科研项目《东北西部内蒙古东部农田防护林气象效应的研究》完成,承担单位中国科学院林业土壤研究所,时间 1960—1965 年,主要完成人王正非、朱廷曜、孙继政、崔启武、朱劲伟、王贤祥、闻大中、梁希金、张惠玉、洪国隆、韩树庭等。

是年,中国科学院和林业部重大科研项目《森林燃烧性和森林防火规划的研

究》完成，承担单位中国科学院林业土壤研究所，时间 1955—1965 年，主要完成人王正非、覃世、魏菲莉、周正、边履刚、齐济燊、毕春庶等。

是年，中国科学院和林业部重大科研项目《森林火险（火灾危险性）天气预报的研究》完成，承担单位中国科学院林业土壤研究所，时间 1955—1965 年，主要完成人王正非、朱廷曜、朱劲伟、崔启武、胡国生、毕春庶等。

是年，中国科学院和林业部科研项目《森林蒸发散研究》完成，承担单位中国科学院林业土壤研究所，时间 1960—1965 年，主要完成人王正非、崔启武、朱廷曜、朱劲伟、王维华、覃世、齐济燊等。

是年，《人工控制天气的研究》完成，承担单位中国科学院林业土壤研究所，时间 1958—1965 年，主要完成人王正非、朱廷曜、朱劲伟、胡国生、李子华等。

● 1966 年

3 月，中国林业科学研究院林业研究所航空化学灭火室与中国科学院林业土壤研究所防火室正式合并，迁往黑龙江省嫩江市扩建成中国林业科学研究院森林防火研究所，杨枢任所长。

是年，《森林火险尺的引进》完成，项目负责人王正非。本湿度法火险尺是美国林务局推广的第 8 号火险尺，具有 100 刻度，计算林外露天的火险是比较方便的工具。根据我国推广火险预报的经验证明，它可以在防火、扑灭火灾等各方面应用，主要有：（1）森林火灾的预防；（2）用于扑救火灾；（3）用于批准用火。

● 1968 年

10 月 16 日，林业部军管会决定：将东北航空护林局、万山实验林场、东北地区森林植物检疫站、东北森林防火研究所、东北林业勘察设计院、林产工业研究所、中国林业科学研究院东北林业研究所、森林调查第十一大队、牡丹江林业学校下放黑龙江省领导；将设在内蒙古、黑龙江、吉林等省（自治区）的航空护林站下放给所在省（自治区）领导（其中加格达奇航空护林站下放大兴安岭特区领导）。

12 月 24 日，林业部军管会决定：将河北省赛罕坝机械林场、雾灵山实验林场、内蒙古自治区白狼实验林场、山西孝文山实验林场、吉林省马鞍山实验林场、安徽省老嘉山机械林场、河南省开封机械林场、甘肃省张掖机械林场、连城实验林场和小陇山实验林业局下放给所在省（自治区）领导。

1969 年

11 月，中国林业科学研究院的森林防火研究所、东北林业研究分所、木材采伐运输研究所、木材工业研究分所和林业机械研究所都下放给黑龙江省。

1970 年

5 月 1 日，农业部、林业部合并，成立农林部。

8 月 23 日，中国农业、林业科学研究院合并，成立中国农林科学研究院。

1972 年

6 月，《国外护林防火资料》（内部资料）由中国农林科学院科学情报所刊印。其中收入王正非《国外森林防治大气污染》《红外线显像探火仪在加拿大森林防火中的应用》。

9 月，《国外林业科技资料——国外护林防火资料》（国外护林防火专辑之二）由中国农林科学院科技情报研究所刊印。其中收入王正非译《飞机喷洒扑灭林火的战术》《火烧是森林经营中的一种工具》《森林阻火剂穿透树冠》《在森林腐殖质中产生活性很高的冰核》。

11 月，中国林业科学研究院森林防火研究所改为隶属于黑龙江省林业科学院，改名为黑龙江省森林保护研究所，成为我国唯一专门从事森林防火、灭火技术研究的机构。

1977 年

3 月，《自然资源》创刊，是报道自然资源综合考察成果的半年刊，且内部发行。

6 月，朱济凡、王正非撰写《制止森林大火意见书》[10]。

1978 年

5 月 9 日，中国林业科学研究院召开职工大会，宣布院机构设置和人事安

---

[10] 董智勇，王战. 朱济凡文集 [M]. 北京：中国林业出版社，1993：175-176.

排，任命梁昌武为中共中国林业科学研究院分党组书记，郑万钧为院长。

6月，《国外林业科技资料（护林防火专辑之四）》由中国林业科学研究院科技情报研究所刊印。

是年，中国林业科学研究院郑万钧商调王正非到中国林业科学研究院专门从事森林气象研究，未果，原因不详。

是年，朱济凡、王正非撰写《森林防火要防大火调查设计初步设想书》。

• 1979年

3月，《自然资源》改为公开发行的季刊，成立《自然资源》第一届编委会，主编阳含熙，副主编冯华德、李孝芳、李驾三，编委马世俊、王正非、王献溥、石玉林、华士乾、那文俊、刘厚培、朱显谟、孙鸿烈、李文华、李连捷、宋达泉、沈长江、吴传钧、杜国垣、陈述彭、陈家琦、郑丕尧、郑丕留、张荣祖、赵训经、赵松乔、侯光良、侯学煜、袁子恭、郭文卿、郭敬晖、席承藩、高惠民、贾慎修、黄让堂、韩湘玲、廖国藩。

4月，云南林学院主编《气象学》（全国高等林业院校试用教材）由农业出版社出版。

8月23日至25日，中国农业气象研究会筹备会在北京召开，吕炯（特邀）、杨昌业（特邀）、江爱良、侯光良、郝春光、张理、宋兆民、李德正、陈健、邓根云、王正非、潘铁夫、宋萍、樊锦沼、董人伦、高亮之、江广恒、李悼、吴崇浩、张丙春、范治源、信乃诠、金沛、陶毓汾等同志出席会议。冯秀藻、郭可展、樊平、谭令娴、习耀国及华南热作研究院同志因故缺席。中国农业科学院院长金善宝同志、副院长鲍贯络同志到会并讲了话。

10月，中国科学院林业土壤研究所朱济凡、王战、伊春林业管理局宫殿臣以及王正非、李景文、郑笑枫在小兴安岭伊春林区丰林、乌敏河、带岭3个林业局12个林场、经营所，就如何经营好现有天然林，实现永续利用的问题进行考察。

12月，王正非被中国科学院自然资源综合考察委员会聘为《自然资源》编委会编委（聘书）。

• 1980年

3月，中国农业气象研究会成立大会和第一届学术讨论会召开，王正非参加

会议并当选为理事。

8月,王正非《森林着火所需能量的估算》刊于《林业科技》1980年第4期25~28页。森林着火必须具备三个要素:可燃物、温度和氧气。在野外条件下,温度是主要的。林地上生长的草本植物燃点较低,约在260℃以上,即可着火,而自燃最高温度在380~400℃之间;木本植物,尤其是乔木碎片的燃点均在360℃以上,自燃温度也较高,约在400~450℃之间,燃点比草本植物高100℃,自燃温度高50℃左右。林地上的枯枝落叶和枯萎的草本植物是主要的引火物。一般情况,高温物体——火源,落在地表上,首先和这些物质接触,引起燃烧。如果可燃物是连续的,则燃烧由初级反应进入次级反应,燃烧过程交替进行,表现其链式反应的全部动力学行为。一个燃烧系统初级反应是决定性的。所谓初级反应就是可燃物受热之后,蒸发掉所含水分,进行热分解,产生可燃性气体,开始自燃。文中通过能量平衡方程、火源分析、可燃性最小引火能量来估算森林着火所需能量,并举例计算步骤:第一步求火源对可燃物预热的有效能量;第二部求相当于火源重的可燃物到达燃点的需热量;第三求可燃性气体燃烧所需最小能量;第四求森林着火所需能量及其与火源有效能量之比。

12月,西北林业学院主编《简明林业词典》由科学出版社出版。其中森林防火部分由黑龙江森林保护研究所王正非、东北林学院郑焕能编写。

1981年

2月,《国外林业科技:林火预报(护林防火专辑之五)》由中国林业科学研究院科技情报所刊印。

4月8日至12日,全国农业气象学术讨论会暨中国农学会农业气象研究会成立大会在北京召开,来自全国农、林、农垦、气象系统和高等院校及中国科学院有关研究所的代表共135人参加会议。农业部何康部长,朱荣、刘瑞龙副部长,中国农学会杨显东理事长,中国农业科学院金善宝院长,中央气象局饶兴局长、程纯枢副局长,中国林业科学院陶东岱副院长等领导同志出席了会议。会上选出了第一届理事会,推举吕炯为名誉理事长,林山为理事长,王正非当选为常务理事。

12月,王正非、朱廷曜、朱劲伟、崔启武、周正完成专著《森林气象学》,历时22年,该书采用数学物理方法,引用国内外最新资料论述森林气象观测和试验方法,对森林热量平衡、水量平衡和动量平衡等基础理论,从原理到规律性作了完整分析,并结合林业生产实践,探讨各种营林措施与气候的关系。

是年,王正非调黑龙江省森林保护研究所,继续开展森林气象和森林防火研究工作。

● 1982 年

4月1日至3日《自然资源》编辑委员会在北京友谊宾馆召开了第一次会议,有28位委员出席了会议。中国科学院自然资源综合考察委员会、自然资源研究会筹备组、科学出版社有关负责同志参加了会议。《自然资源》编辑部的同志列席了会议。会议由主编阳含熙,副主编冯华德、李孝芳、李驾三主持,会议传达了党中央和国务院有关科技发展方针的文件。编辑部简要汇报了两年半的工作和存在的问题。《自然资源》于1977年开始试办,1979年下半年公开发行。两年多来主要发表了有关水、土、生物、气候资源和生态系统等方面的论文和报道。王正非参加会议。

5月,王正非《森林可燃物的燃烧和混合比》刊于《林业科技》1982年第2期18页。

10月9日至14日,中国农学会农业气象研究会和中国林学会在江苏省江都县联合召开全国林业气象学术讨论会(中国第三次森林气象学术讨论会),陶东岱主持会议。会议代表根据我国森林气象的发展和需要,决定成立中国林学会森林气象专业委员会筹备组并推举陶东岱为筹备组组长。参加会议的有林业、气象、农业部门的科研单位和院校代表共118名,会议收到论文和技术材料共102篇。会议对森林气候、森林水文、森林能量平衡、防护林气象、林火气象、大气污染和城市绿化小气候,以及森林影响大气降水等问题进行了讨论,王正非先生等提出了林火强度和林火蔓延特征值的计算方法,代表们认为,该计算方法给开展林火数值预报创造了条件。

10月,(美)罗森堡(N.J.Rosenberg)著,何章起、施鲁怀译《小气候:生物环境》由科学出版社出版。

是年,(美)利查得·李教授著,姚丽华译,唐宗桢校《森林小气候学》由北京林学院刊印。

王 正 非 年 谱

• 1983 年

1月,《自然资源》第二届编委会成立,主编阳含熙,常务副主编冯华德,副主编李孝芳、李驾三,编委马世俊、王正非、王献溥、石玉林、华士乾、那文俊、刘厚培、朱显谟、孙鸿烈、李文华、李连捷、宋达泉、沈长江、吴传钧、杜国垣、陈述彭、陈家琦、郑丕尧、郑丕留、张荣祖、赵训经、赵松乔、侯光良、侯学煜、袁子恭、郭文卿、郭敬晖、席承藩、高惠民、贾慎修、黄让堂、韩湘玲、廖国藩。

是年,中国科学院林业土壤研究所恢复森林气象室,崔启武研究员任主任。崔启武(1934—2009年),湖南益阳人。1950年参加了抗美援朝,1953年考入北京大学物理系气象专业学习,1957年毕业被分配到中国科学院林业土壤研究所(中国科学院沈阳应用生态研究所前身)工作。曾任中国科学院沈阳应用生态研究所生态气候室主任、中国科学院长白山森林生态系统定位研究站业务站长。1983年加入中国共产党。30多年来一直从事森林气象、森林水文和生物数学研究工作。曾在国内外杂志上发表了有关生态数学、森林气象和水热平衡研究论文50余篇,其中SCI论文6篇。获中国科学院自然科学二等奖2项,三等奖2项,培养研究生多名。崔启武先生是我国森林气象学工作的开拓者和奠基者之一,为我国森林气象学和森林水文学学科发展做出了重大贡献。20世纪60年代初在小兴安岭五营林区主持建设了我国第一座森林水量平衡场,观测3年,取得一批珍贵的资料。与此同时,依据大气环流理论,应用水文气象资料估算了黄土高原全部造林后,年降水量可增加7.3%。80年代初期,他提出实验室模拟森林水文功能的研究方向,水文组于1983—1985年在长白山站建立起我国第一座森林水文模拟实验室。通过模拟实验建立了一系列森林水文功能模型,发表在国内外重要水文学和生态学杂志上,引起强烈反响。此外,他对光及能量在森林中的传输也多有建树,为我国生物数学的发展做出卓越贡献。他发展了非线性种群增长的数学模型理论,可应用于微生物种群培养、森林植物、海洋生物等多方面的科学研究、教育和生产活动中。推动了种群生物学的理论发展与实际应用,其中单种群模型,在国际生态学界被称为Cui-lawson(崔-劳森)模型,影响巨大。

6月,东北林学院《东北森林物候气象观测技术标准》刊印。

7月,王正非《山火初始蔓延速度测算法》刊于《山地研究》1983年第2期42~51页。

8月，王正非、刘自强、李世达《应用线性方程确定林火强度》刊于《林业科学》1983年第4期371～381页。森林火灾作为燃烧系统，和森林可燃物的数量、含水量以及分布状态有关，也和当时的蔓延速度和可燃物的燃烧速率有关。按照不同的要素，包括初始燃烧速率、蔓延速度和地表杂草枯枝落叶层单位面积上的负荷量，以确定林火强度。火爬坡时，蔓延速度增加，火强度相应地增加；相反，下坡火的蔓延速度减缓，火强度也相应地变小。根据计算结果，林火强度不超过 1×10^3 千瓦/平方米是低强度，这时1立方米内的可燃物被烧掉的数量不超过3公斤，地表杂草枯枝落叶层的可燃物数量（W0）不超过2.5公斤。即便地表可燃物保持在2.5公斤以下，蔓延速度大于3米/分，火强度均将超过 1×10^3 千瓦/平方米。地被物数量大，火蔓延速度也大的林型中将产生最大的火强度，这和过去的经验是完全符合的。

9月，许慕农、陈炳浩《林木研究方法》（上、下册）由山东省泰安地区林业科学研究所刊印，王正非《森林水文要素的观测方法》刊于（上册）246～261页。

是年，黑龙江森工总局《森林潜在火行为的测算方法》通过成果鉴定。项目起止时间1980—1983年，项目负责人王正非。此方法包括林火蔓延、林火强度等，并结合我国林区的具体需要，采用整理方法确定地表层可燃物数量、可燃物燃烧率、火蔓延速度、森林有效可燃物、林火强度和火焰长度等六指标组合成一整套预测森林潜在火行为的简易方法。在应用方面采用以火报火和工业上炉前分析等概念，使防火和用火人员能够亲眼看见森林的实际燃烧现象和火的主要行为。对于林火预防、计划用火、灭火准备、制定扑火方案以及估算林火损失等具有实际意义。该成果具有国际先进水平。

是年，东北林学院《东北森林物候气象观测技术标准》刊印。

• 1984年

3月12日，王正非获中国林学会长期深入林业基层工作劲松奖。

6月，王正非《森林潜在火行为预测预报》刊于《林业科技》1984年第3期11～15页。

6月，（日）三原义秋等编《实用农业气象学》由广西人民出版社出版。

7月，王正非《目前世界各国护林防火和林火研究概况》刊于《森林防火》1984年Z1期30～36+39页。其中讲道：各国采用的办法大同小异。一般对人

为火源多用宣传教育的方式，预告广大群众爱护林木、保护资源，注意野外用火；另一方面，宣传林火的危害性，不仅给国家社会造成重大经济损失，也对庶民的安全有着极大的危害。

8月8日至15日，中国林学会第二届森林生态专业委员会暨森林生态系统定位研究方法学术讨论会在哈尔滨市东北林学院举行，会议主要任务是讨论在科技改革的新形势下，森林生态研究如何为我国四化建设服务以及发展我国森林生态学的问题；结合国家任务、课题项目和生态学理论，交流森林生态系统定位研究方法，实验手段和已取得的学术成果；选举产生第二届森林生态专业委员会，王正非参加讨论会。

10月，（美）D. A. 豪根（D. A. Haugen）主编《微气象学》由科学出版社出版。本书由美国 D. A. 豪根博士主编，1973年由美国气象学会负责出版，全书共分八章，由美国从事大气湍流以及大气边界层研究工作的著名教授和著名科研工作者撰写的，书中对低层大气的湍流结构、输送规律以及大气边界层物理在70年代初以前获得的新成果作了系统而全面的介绍，引用的实验资料也较新。全书包括序言；第一章 论大气湍流力学 Niels E.Busch；第二章 大气近地面层的湍流输送 Joost A.Businger；第三章 论近地面层湍流 John C.Wyngaard；第四章 塔的微气象学 Hans A.Panofsky；第五章 行星边界层的相似律和尺度关系 H.Tennekes；第六章 行星边界层的数值模拟 M.A.Estoque；第七章 行星边界层的三维数值模拟 James W.Deardorff；第八章 大气湍流的产生和大气污染物扩散的动力学模式的建立 Coleman du P.Donaldson。

11月，（西德）J.Seemann、（苏联）Y.I.Chirkov、（以色列）J.Lomas、（瑞士）B.Primault 合著，亓来福、王馥棠、刘树泽译校《农业气象学》由气象出版社出版。

12月，中国农学会农业气象研究会、中国林学会编《林业气象论文集》由气象出版社出版，该文集主编江爱良、副主编宋兆民以及编委王正非、王利溥、方泽蛟、刘明孝、马雪华、朱劲伟、朱容、李伟光、赵宗哲、陆鼎煌、崔森等负责编辑，其中1~7页收入王正非、宋兆民《林业气象的概念、发展和内容》，157~162页王正非《林火的初期蔓延型及某些估算》。

● 1985 年

1月，王正非、朱廷曜、朱劲伟、崔启武编著《森林气象学》由中国林业出版社出版。

1月，陈大我、刘自强、王正非《林火烈度的计算》获东北林学院第七届学术报告会优秀论文奖。火烈度是王正非先生引用地震强度的概念提出的，即火破坏森林生态环境的程度。

3月，黑龙江省森林保护研究所"重点林火预报"培训班在哈尔滨开办，王正非主持培训班。

3月，林业部护林防火办公室《国外森林防火（专辑之七）赴美考察资料》由大兴安岭地区刊印。

5月，第二届农业气象研究会代表大会在北京召开，选出第二届理事会成员，推举吕炯为名誉会长，何光文为会长，王正非为常务理事。

9月，（荷）高德力安（Goudriaan J.）著，王正非等译《作物微气象学：模拟研究》由科学出版社出版。

5月，陈大我、刘自强、王正非《林火烈度的计算》刊于《东北林学院学报》1985年第2期56～63页。

12月3日至7日，中国林学会在云南昆明联合召开第四次全国林业气象学术讨论会，陶东岱主持会议。会议代表一致同意成立森林气象专业委员会，江爱良任森林气象专业委员会主任委员，宋兆民、贺庆棠、崔启武、崔连山任副主任委员。江爱良（1921—2004年），农业气象学和气候学家，中国科学院地理科学与资源研究所研究员，祖籍福建省福州市。1934年就读于南京中大附属实验中学，1938年就读于重庆南开中学，在家学熏陶和老师培养下，对物理学产生浓厚兴趣，1939年考入西南联合大学物理系，1942年毕业后执教一年，又考入西南联大地质地理气象系（简称地学系），继续深造攻读气象学，于1946年毕业。1947年就职于华北气象台从事资料统计工作，1948年夏研究试作天气预报。1948年秋到中央研究院气象研究所（南京北极阁）工作，在赵九章所长指导下继续从事天气预报和资料分析绘制天气图，1950年后气象研究所等机构合并易名为中国科学院地球物理所，1954年迁京。江先生从工作中感到农业气象可以直接为农业服务，因此对农业气象产生浓厚兴趣。1953年由地球物理所和华北农科所共同创建农业气象研究组，江先生为研究组的重要成员。任职助理研究员。1958年地理所由南京迁北京，由于机构调整江先生调至地理所任职副研究员。80年代初提职为研究员。1984年从地理所调入综合考察委员会，90年代中

期离休后,由综考会气候资源室聘任继续从事研究工作,进行多学科研究。他参与的《黄淮海农田防护林》《中国柑桔冻害防御》《西双版纳橡胶树越冬气候》等项研究分别获省部级二、三等奖。主要著作有《华南植胶区防护林带气象效应的考察报告》(1958)、《西双版纳橡胶树越冬气候》(1976)、《中国柑桔冻害防御》(1981)、《青藏高原对中国气候与农业的影响》(2004)。

12月,中国农学会农业气象研究会著《林业气象论文集》刊行,其中1~6页《林业气象的概念、发展和内容》由王正非、宋兆民撰写。

是年,王正非离休(享受四级教授待遇)。

• 1986年

2月,王正非被中国消防协会聘为森林消防专业委员会委员。

4月,(美)理查德(Richard,L)著,姚启润、赵颂华、王效瑞、孙安键译,赵颂华校《森林小气候学》由气象出版社出版。

4月,王正非、陈大我、刘自强《论生态平衡和林火烈度》刊于《植物生态学与地植物学丛刊》1986年第1期68~75页。

7月5日至11日,由中国科学院林业土壤研究所、英国陆地生态研究所、联合国教科文组织和长白山自然保护局联合发起的《温带森林生态系统的经营和环境保护国际学术讨论会》在长白山下的二道白河镇举行,来自美国、苏联、英国、西德、日本、朝鲜和联合国教科文组织等13个国家和国际组织的32名外国代表和来自全国各地的70名中国学者出席了会议,其中包括美国的福兰克林,英国的杰弗斯,中国的阳含熙和王战等著名学者参加了会议,王正非向大会提交了论文"*Discussion on Ecology Burning Fire*"。

10月,王正非、陈大我、庞锡珍《云南省曲靖地区森林大火分析》刊于《森林防火》1986年第3期10~11+9页。

12月,王正非《用现代新技术科学管理林火》刊于《森林防火》1986年第4期7~9页。

• 1987年

2月,中国林学会林业气象专业委员会成立大会暨1987年学术年会在广东省新会县召开。与会代表85人,交流论文87篇,会议围绕森林小气候及观测方

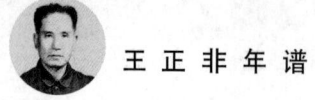
王 正 非 年 谱

法、防护林气象、营林气象、林业气象进行了交流讨论。

5月6日，黑龙江省大兴安岭地区的西林吉、图强、阿木尔和塔河4个林业局所属的几处林场同时起火，引起新中国成立以来最严重的一次特大森林火灾，震惊国内外。由5.88多万军、警、民经过28个昼夜的奋力扑救，于6月2日彻底扑灭。大兴安岭北部特大森林火灾发生于1987年5月6日下午，熄灭于6月2日。初步调查火场总面积为125.5万公顷，其中林地过火面积约88万公顷，烧死林木约2800万立方米（不包括幼林）。贮大场原木、房屋机具、车辆、通信器材、工具以及扑火费用等直接损失竟达五亿多元。

8月，王正非《火烧蔓延速度测算》收入黑龙江省林业科学研究所《营林科技论文集》404～437页。

8月28日至9月1日，在中国灾害防御协会筹委会主持下，全国多种灾害对策研讨会在哈尔滨市召开，与会代表有20人在大会上发了言，就地震、地质、气象、环境、森林火害、城市交通等多种灾害的防治与对策及新技术（遥感等）在灾害监测中的应用广泛进行了讨论，王正非参加了研讨会。

10月27日，为适应国家科技发展的需要，根据中国科学院强化生态资源环境研究的战略部署及中国科学院林业土壤研究所的学科基础和储备，根据中国科学院（87）科发计字1284号关于同意林业土壤所更改名称的批复，中国科学院林业土壤研究所更名为中国科学院沈阳应用生态研究所。

12月，王正非《大兴安岭特大森林火灾的特征与今后的火管理对策》刊于《森林防火》1987年第4期11～14，43页。

• 1988年

2月，王正非《火险级、火行为、火烈度》刊于《消防科学与技术》1988年第1期25～29页。

7月，黑龙江省林业科学研究院森林保护研究所王正非《三指标林火预报法》刊于《生态学杂志》1983年第7卷（增刊）11～15页。同期，王正非《大兴安岭北部森林特大火灾发生、发展、扑救与今后对策》刊于26～29，48页。

12月，中国人民政治协商会议吉林省德惠县委员会文史资料研究委员会编《德惠文史资料第5辑》92～93页刊载《老一代知名工程师简介·王正非》。王正非，又名王德政，1915年8月生于德惠县郭家镇孟家村。9岁时，在郭家

屯小学读书。1930年升入农安县立中学。1931年"九·一八"事变后,因参加抗日活动,被学校开除。1933年春,在郭连郊(郭峰,中顾委委员,辽宁省委书记,王正非的老乡,少时的好友)的鼓励下,到吉林省第一工科学校学习机械,在学校受进步教师阎沛霖、陈承运等人的影响,参加过中共满洲省委领导的抗日爱国运动。1935年到日本东京中央气象台学习气象。回国后,任新京(长春)中央观象台技士直到1945年"八·一五"日本投降。1948年参加革命工作后,曾任吉林工专物理教师,东北科学研究所光化部主任、副研究员,中国科学院沈阳林业土壤研究所、林业部森林防火研究所、黑龙江省林业科学院森林保护研究所研究员。1985年离休(享受四级教授的待遇)。王正非同志自1954年以来,先后对我国森林气象观测,大、小兴安岭的森林火灾发生发展规律,小兴安岭的森林水文,以及黄河流域西北黄土高原水量平衡进行研究。1981年开始对火行为研究,达到国际先进水平,成为国际上这一领域研究的4个流派之一。他提出的火烈度的新概念,受到国内外学者的重视。主要著作有《森林防火》《森林气象学》《森林水文的研究方法》《作物微气象学模拟研究》《森林气象观测及森林火灾预报法》等。王正非自1985年离休后,仍从事研究和著述。1987年5月,当大兴安岭北部发生特大森林火灾时,他不顾70岁的高龄,亲临现场调查,写出《大兴安岭火灾的特征与对策》等多篇论文,颇受黑龙江省领导和有关部门的重视。

12月20日,中国科学院公布《中国科学院自然科学奖励条例》及《实施细则》,设立"中国科学院自然科学奖",这是全国第一个正式颁设的与国家自然科学奖相对应、以奖励科学理论研究成果为奖励客体的省部级科学奖。中国科学院自然科学奖主要奖励在自然科学基础研究和应用基础研究领域取得的具有重大科学价值、对推动科学技术发展有重要意义的科学理论研究成果;分设一、二、三等奖三个奖级,每年奖授一次。

● 1989 年

9月25日,王正非获得黑龙江省科学技术协会从事科技工作45年表彰。

11月,第一届中国科学院自然科学奖颁发,王正非、朱廷曜、朱劲伟、崔启武编著《森林气象学》获中国科学院自然科学三等奖。

1990 年

9 月，B.J.Stocks、王正非《加拿大森林火险级系统概述》刊于《国外林业》1990 年第 3 期 27～30+32+47+26 页。

9 月，中国林业人名词典编辑委员会《中国林业人名词典》（中国林业出版社出版）著录王正非[11]。王正非（1915—），山东黄县人，出生地吉林德惠。1935 年毕业于吉林省第一工科学校。1935—1936 年赴日本东京测候技术官养成所学习。曾任伪满中央气象台时宪书主编。中华人民共和国成立后，历任东北科学研究所副研究员，黑龙江省林业科学院副研究员。是全国农业气象研究会第一、二届常务理事。与他人合著有《森林气象学》《森林气象观测及森林火灾预报法》，合译有《作物微气象学模拟研究》。

10 月，中国气象学会第二十二届全国会员代表大会在青岛举行，会上表彰了盛福尧、王正非、张中、王景文、李懋刚、周恩济、徐淑英、刘钟瑜、陶诗言、莫永宽、黄上松、曹恩爵、胡永昕、毛金鉴、王百成、侯齐本、张丙辰、高由禧、李叔廷、欧阳海、王式中、赵文桐、易仕明、束家鑫等 24 位从事气象工作 50 年以上的老一辈气象工作者和 69 位优秀兼职学会干部。

1991 年

10 月 1 日，王正非获得国务院政府特殊津贴（政府特殊津贴第 91923087 号）。

是年，国家科委、中国科学院项目《森林水文功能与模拟研究》完成，承担单位中国科学院林业土壤研究所，时间 1960—1991 年，主要完成人裴铁璠、崔启武、范世香、韩绍文、迟振文、王正非、史继德、王大铎等。

1992 年

4 月，王正非《通用森林火险系统构型》刊于《林业科技》1992 年第 2 期 23～25 页。

9 月，王正非《通用森林火险级系统》刊于《自然灾害学报》1992 年第 3 期 39～44 页。

10 月，《森林水文功能与模拟研究》获中国科学院自然科学二等奖，主要完成单位沈阳应用生态研究所；主要完成人裴铁璠、崔启武、范世香、韩绍文、迟

---

[11] 中国林业人名词典编辑委员会. 中国林业人名词典 [M]. 北京：中国林业出版社，1990：16.

振文、王维华、孙纪政、朱劲伟、孔繁智、李晓晏、牛丽华、许骏内。之后，中国科学院沈阳应用生态研究所发给王正非《森林水文功能与模拟研究》中国科学院自然科学二等奖证书（沈应生科字 K1009 号）。

• 1993 年

7 月，王正非、刘志忠、董广生、陈大我《控制森林大火系统工程》刊于《自然灾害学报》1993 年第 2 期 35～41 页。

是年，《控制森林大火系统工程》完成，项目起止时间 1990—1993 年，项目负责人王正非。该研究以森林大火发生、发展的监测与预报作为信息系统基础，在理论上对可燃物燃烧速度划分火险等级与火烈度的物理意义和数学推导作了科学的分析与论证，并以气候条件、地形条件和林分结构特点以及以火攻火、以水灭火方法等作为控制阻隔系统的主要依据，同时应用防火、灭火的战略战术和熄灭余火来将整个大火行为过程作为综合而完整的动态系统工程。实质上是将信息、控制和系统三者合而为一。这不仅具有理论意义，而且还具有实际意义，此项技术操作十分简便易行，是属软科学成果。

• 1994 年

3 月 29 日，黑龙江省森林保护研究所《控制森林大火系统工程》通过成果鉴定。《控制森林大火系统工程》主要研究人员王正非、陈大我、刘志忠、董广生。该研究项目以森林大火发生、发展的监测与预报作为信息系统基础，在理论上对可燃物燃烧速度（R_0）划分火险等级与火烈度的物理意义和数学推导作了科学的分析与论证，并以气候条件、地形条件和林分结构特点以及以火攻火、以水灭火方法等作为控制阻隔系统的主要依据；同时应用防火灭火的战略战术和熄灭余火来将整个大火行为过程作为综合而完整的动态系统工程。实质上是将信息、控制和系统三者合而为一。该成果可用于森林大火的监测预报和控制，其技术操作简单易行，可为防火部门采用，推广应用前景广阔。

8 月，关百钧、魏宝麟主编《世界林业发展概论》由中国林业出版社出版，其中 94 页收入周仲铭、张执中、王正非《森林保护》。

1995 年

5月,《控制森林大火系统工程》获黑龙江森工总局科技进步一等奖[森科奖证字(95)第10号]。完成人王正非、陈大我、刘志忠、董广生、赵友红、叶青、高昌海、孙喜民、魏立杰、刘文汉、范玉华 施子臣,完成单位黑龙江省森林保护研究所。该成果以森林大火发生、发展的监测与预报作为信息系统基础,在理论上对可燃物燃烧速度划分火险等级与火烈度的物理意义和数学推导作了科学的分析与论证,并以气候条件地形条件和林分结构物点,以及以火攻火,以水灭火方法等作为控制阻隔系统的主要依据,同时应用防火灭火的战略战术将整个大火行为过程作为综合而完整的动态系统工程。系统的逻辑程序输入 CPU 做出最优化决策。关键在于准确的监测预报,及时控制火源、早期发现、打早打小以及巧用迎面火快速消灭火头控制蔓延。主要理论技术方法有四:(1)取火初使蔓延速度 Ro(m/min)为火基因,按 Ro 显示安全区、警戒区、戒严区指令子系统行动;(2)$Ro = F(R, W, I, H)$ 用函数传递导出火行为分量;(3)开创大火预报逼近法连续预报长、中和短期火险;(4)迎面火操作技术根据火苗高查出点火距离和操作要领。该成果是物理定量预报,有别于国内外的概率法与无量纲的数字指标,并且从理论上解决 W 不能预报和火行为各个分量的简易算法,实际验证要比美国,加拿大的算法优越,并且经济效益巨大。实质上是将信息控制和系统三者合而为一。该项技术操作十分简便易行,是属软科学成果。采用该成果使1992年大兴安岭防火中心资源得救,经济效益超过1000万元;1993年五营林区原始林未受害。该成果可为森林防火部门采用,推广应用前景广阔。据估算,避免和控制一次过火面积 $15hm^2$ 的森林火灾可减少直接和间接损失4亿~13亿元,并为保护生态平衡和社会安定做出重大贡献。

9月29日,王正非夫人李作英因病去世。

10月30日,哈尔滨市《新晚报》第5版刊登《"林火王"传奇》,介绍王正非。

2000 年

5月,高昌海、王正非、韩恒光、赵福生、王德臣、赵玉冬《迎面火点烧技术》刊于《林业科技》2000年第3期32~33页。

2005 年

8月，王正非自题：人生九十不寻常，万分感慨情意昂，燃烧指标供欣赏。老年状，六本专著显辉煌，百篇文章业绩创。丹心换来千峰翠，大小兴安绿意盎。人间正道永不忘。林火基因、燃烧机制、深探索、火烈度、火强度显精深。兴奔百年，寂寞嫦娥舒广袖，细观望，理不乱，当自强。

2006 年

8月8日，王正非因病去世，享年92岁。王正非、李作英夫妇育有四子二女，王兆杰、王兆华、王兆林（后改名王义）、王兆柏、王兆芳、王松。

8月8日，黑龙江省森林保护研究所举行王正非同志追悼会。《悼词》：今天，我们怀着十分沉痛的心情，悼念王正非同志。王正非同志系黑龙江省林业科学院森林保护研究所离休老干部，研究员职称。1985年离休后，享受副厅级待遇。王正非同志因心脏病医治无效，与2006年8月8日上午6时30分不幸逝世享年92周岁。王正非同志，系吉林省德惠县人。生于1915年8月。三十年代初毕业于吉林省立第一科技学校，早年留学日本，1948年10月参加革命工作，曾任吉林省东北工业部吉林工专教员，东北科学研究所物理室主任、副研究员，中国科学院东北分院副研究员，中科院林业土壤研究所森林气象室主任，副研究员，林业部森林防火研究所气象室主任，副研究员，黑龙江省林业科学院森林保护研究所研究员。并在中国林业学会林业气象委员会和中国消防协会森林消防委员会任顾问。王正非同志，是森林防火战线的忠诚战士，在森林防火战线具有一定影响和专业造诣，是我国森林防火科研事业的奠基人之一。1949年即任职为副研究员，是黑龙江省林业科学院1983年职改前6名高级知识分子之一，几十年的工作中，在本研究领域获科研成果5项，论著5部，撰写论文百余篇，培养了大批科技人才，为我国森林防火事业做了大量的工作，做出了重大的贡献。王正非同志离休后，仍然十分关心森林防火事业的发展，多次提出合理化建议，无私地奉献自己的余热，深受广大科技工作者的尊敬。王正非同志，识大体，顾大局，勇于进取。他桃李满天下，他的一生是奋进成功者的一生，是为森林防火事业奉献的一生。现在，王正非同志的逝世使我们失去一位老战友，老同志，使我们森林防火战线失去一位知名的老专家，是我们森林防火事业的损失，我们感到无限悲痛！王正非同志安息吧！ 2006年8月12日 黑龙江省森林保护研究所。

王 正 非 年 谱

- **2008 年**

  7 月，王松编著《丹心换来千峰翠——记我的父亲森林气象学家王正非》刊印。

- **2011 年**

  是年，Rudolf Geiger "*The Climate near the Ground*" 由 Biblio Bazaar 再版。

- **2014 年**

  7 月，王松主编《丹心换来千峰翠（二）——王正非文集》刊印。中国科学院沈阳应用生态所朱廷曜撰写《序言：缅怀我国著名森林气象学家王正非先生》，最后写道：王正非先生作为我国老一辈科学家，忠于祖国科学事业，孜孜以求的探索精神和对人民的责任感，为我们树立了楷模，永远激励我们奋力拼搏，为我国科学事业奉献一切。

中国林业事业的先驱和开拓者
乐天宇、吴中伦、萧刚柔、袁嗣令、黄中立、张万儒、王正非年谱

后 记

  2002年9月，37岁的我回到母校北京林业大学攻读森林培育学专业的博士学位，同时继续研究水杉和玉兰新类群，赶上了好时代，也是个幸运者。10月，中国林业科学研究院洪涛先生给我三本书，一本是郑万钧先生用过的陈嵘《中国树木分类学》（中国图书发行公司南京分公司，1953年），让我好好研读，说史料记载是该书一大重要特色；一本是David Hunt "*Magnolia and their allies*" (International Dendrology Society and The Magnolia Society, 1998年)，说该书代表着世界木兰科的研究水平和方向；一本是David G. Frodin and Rafaël Govaerts "*WORLD CHECKLIST AND BIBLIOGRAPHY OF Magnoliaceae*" (WhilSuble Litho I'rinlers Lld, 1996年)，说该书是世界木兰科植物研究的集成，这三本书对研究红花玉兰新类群有极大的帮助。我在研读过程中，发现《中国树木分类学》夹着一张用中国农林科学院信笺纸写了这些文字，用笔不一，系多次写作，共15行：

  树木学：洪涛、徐永椿、任宪威

  造林学：王九龄（华北造林、首都绿化）

  森林经理：黄中立、董乃钧（林业遥感？重要人选）

  遗传育种：叶培忠

  水土保持：

  木材学：

  林业经济：王长富

  野生动物：鸟类，东林、北师大？

  林业史：

  森林生态（植物地理）：

  树木生理：王世绩？张英伯？王沙生？

  森林土壤：张万儒？

森林气象：王正非，调，未果

森林昆虫：萧刚柔、曹诚一（徐永椿的爱人）

林木病理：袁嗣令

其中，任宪威、王九龄、董乃钧、王沙生是我大学时代的老师，我觉得这张纸肯定有什么特殊的用途，就抄了下来，直到现在我才知道这张纸的用途。

20世纪林业科学教育界的伯乐，不过胡先骕、陈嵘、凌道扬、李寅恭、沈鹏飞、张福延、郑万钧、梁希、李相符、杨衔晋诸君，他们在发现林业科学教育领军人物方面都是有很多、很多的故事，是一个世纪以来中国最伟大的林业教育家。在古代中国，汉代韩婴在《韩诗外传》卷七中写道："使骥不得伯乐，安得千里之足"。唐代韩愈在《马说》写道："世有伯乐，然后有千里马。千里马常有，而伯乐不常有"，这都讲的是伯乐与千里马的关系。在现代中国，画坛伯乐徐悲鸿画有《九方皋》《九方皋相马图》《伯乐相马图》，也都是伯乐与千里马的关系。20世纪中国林业科学教育的发展，也是不断产生伯乐，不断发现千里马的过程。大浪淘沙沉者为金，林业是一个实践性很强的行业和事业，离开实践的林业是不存在的。胡先骕、陈嵘、凌道扬、李寅恭、沈鹏飞、张福延、郑万钧、梁希、李相符、杨衔晋诸君发现的许多人才成了中国林业科学教育不同学科的奠基人或开拓者，正是在他们的努力和带领下，中国林业科学教育不断地从一个辉煌走向另一个辉煌。实际上，胡先骕、陈嵘、凌道扬、李寅恭、沈鹏飞、张福延、郑万钧、梁希、李相符、杨衔晋诸君既是千里马，也是伯乐。跟着大师，你可能是小师，跟着小师，你就是没师。林业科学也是一样，传承极为重要，林业科学技术需要一代又一代的传承。有的人，说你是大师，你就是大师，说你不是大师，你还是大师，如吴昌硕、齐白石一类；有的人，说你是大师，你可能是大师，说你不是大师，你就不是大师，如八面玲珑的"砖家"一类。在林学界，当个专家、学者，既极为容易，又极其艰难。不能把专家、学者培养成一群大忽悠，专家不专，学者不学，教授不教，研者不研。连行书都写不好，就写草书，能成书法家吗？连构图与透视都不懂，提笔就来，能成大画家吗？林业行业也一样，像一些连常见的树木都不认识，就能当森林生态学家、林学家，行吗？真正的林学家都是在苦难中成长的，没吃过苦、没有理论和实践的交流是成长不起来的。现在许多科学研究进入快餐时代，突出表现为弄个项目，没有积累，都敢招呼，熙熙攘攘，编个报告，做个表演，瞬间即逝，浪费国家钱财。洪涛先生说，林科院内的树种，陈嵘、郑万钧、吴中伦三位先生都认识。而现在许多地方的植物志（图谱）、树木志（图谱）都是由一些不认识植物或不认识树木的人编的，终究是科学笑话，这件事应该引起高度重视并且不应该长期存在，林业科学更应该注重基础性和延续性，植物志（图谱）、树木志（图谱）必须有专门人才来编。林业工作既要重视专业功底和专业思维，又要重视实践工作和亲身经历。基层林业工作者也普遍反映，他们采集了大量植物标本没有人能识别，许多植物分类培训班讲植物分类的教师也只能上课而不认识植物，给他几个标本往往说带回去帮助查查，但大多都没有结果。一些重点的高等林业院校、国家科研单位都组织不起来综合科学考察的队伍，而能组织起一个综合科学考察的队伍代表着一个科研单位的综合实力和水平。我们不能把科学研究做成是一个大人带着一群孩子的游戏，林业科学研究往往需要多学科组成的团队。"苦难有多深，人类的荣耀就有多高远"，我们现在的一些科学研究也是如此。

科学研究，我们要有国际视野，同样，我们的一些林业研究成果也需要得到国际世界的关注，这些方面胡先骕、郑万钧、陈焕镛先生已经为后人做出了榜样。郑万钧先生为了培养学风严谨、有真才实学、能扎扎实实做工作的林业人才，谆谆告诫青年同志："读书和做研究工作，一要有事业心，热爱专业，二要专心学习，不甘落后，知难而进，三要虚心向导师学习，四要有坚实的林学基础，要注重实践，要掌握外文"。作为后来人，我的年龄比郑万钧先生小一个甲子，当我退休的时候，我可以负责任地说：我做到了。

林业工作艰苦，我深有体会。乐天宇、吴中伦、萧刚柔、袁嗣令、黄中立、张万儒、王正非是中国林业科学国家队的突出代表，是脚踏实地做林业科学研究的一群人，他们有理想、有信念，他们的成就前无古人，也是他们同时代少有人能及的。他们把活儿做成了绝活，把技术作为了绝技，把学问做成了绝学。我们要学习他们脚踏实地、勇攀高峰、科学树木、厚德树人，这个立于中国林业科学研究院大门内的十六个字，时刻警醒着我们，脚踏实地是第一位的。如果我们看一下陈嵘《中国树木分类学》、郑万钧《中国树木志》的手稿以及吴中伦的科研笔记，就知道我们这一代知识分子离他们那一代知识分子有多远，绝不止五十步、一百步，也明白了苏步青之说、钱学森之问的意义。1992年早春，我到湖北宜昌大老岭林场送中国科学院林业土壤研究所张颂云先生选育用来做试验的日本落叶松苗，正值雪天，山高路滑，危险之极，晚上12点多到达基地驻地。高山驻地极冷，不能入寐，时刻想的事就是何时天明，就怕冻死了早晨看不到日出。实际上，许多林业科学研究都是林业工作的总结，没有什么尖端可言的，需要的是时间的考验和积累，这是林业科学研究的一个重要特点。正如路遥在《平凡的世界》所说的那样：像牛一样劳动、像土地一样奉献。真正的林业工作者都是这样一代一代在前进。但是，我们要认识到：人类这样改造地球，是否问了一声：地球，你愿意吗？保护人类、保护自然、保护地球将成为人类自身需要面临的一个重大问题。

森林利益关系国计民生，至为重大。实现中国林业的可持续发展关键在资源、在投入、在科技、在人才、在管理，林业工作的很多问题都出在只讲科学，但不用科学。知识没用是浪费，学了知识不用也是最大的浪费。有时候我也在想，党和国家给了我们这么好的条件和很多经费让我们做一些很小的事，我们都没认真地去做好，真是感到心痛。在学术界，你研究，我研究，他研究，大家研究，一团和气，这不是一个好的现象，不会有战略眼光，也不会形成团队和产出大的成果，我们到底需要什么？专家、学者都是干出来的，不是评出来的。林业科学研究和医学研究一样，要十分重视临床才行，在电脑上永远也种不出森林，种一棵树比量一棵树重要得多，纸上谈兵不行啊，误国、害民、坑林啊！我们也不能把实验室建成仪器的仓库，仪器是用来开展试验、测定的，科学数据要通过调查、测定获得，不是把样品寄给一个测定机构就完事。我们也不能把大专院校、科研单位办成编写文章的机器，大家的任务就是编文章，那不叫林业科学研究。林业科学研究要有科学性、针对性、系统性、综合性、地域性。林业科学研究要重视基本知识、基本方法、基本技能、基本理论的学习和训练，要掌握英语在林业专业上无障碍交流，不能把科学研究变成编论文、编报告的游戏。

科学研究关键在于探索科学问题，解决科学问题，林业研究尤其是要解决林业生产和发展中的实际问题。什么是基础研究，基础就是大厦最底层看不见的石头，要能撑得起整个建筑体的石头，没用这些石头，再漂亮的建筑只能是昙花一现。在中国林业发展史上，《中国树木分类学》《中国树木志》就是这样的石头。我们林业工作者只有紧紧围绕林业工作的主题——森林，把林业科学技术真真用到林业的实践中，实事求是，落地生根，一代接着一代，林业才有希望、才有未来，才能产生林学家。"路漫漫其修远兮，吾将上下而求索"是战国时期屈原《楚辞·离骚》中的一句，意思说在追寻真理方面，前方的道路还很漫长，但我将百折不挠，不遗余力地去追求和探索。林业科学研究应该有自己独特的研究范式、研究模式，不然就不能称为林业科学研究。现在许多林业科学研究，针对性不强、专业知识准备不足是一个普遍存在的问题。

郑万钧、陶东岱他们尊重人才，脚踏实地，风清气正，律己令人，科教有方，无为而治，成为佳话。唐守正先生曾给我说，1982年他从北京师范大学硕士毕业后由郑万钧院长引进来林科院工作的时候，由于他们有三个孩子，按照当时的政策只能有两个孩子的户口可以随迁入京，为办这事，当时的林科院党委书记陶东岱和林业部副部长雍文涛费尽了周折，使三个孩子落户北京，还帮他把爱人调入林科院，在院里住房特别紧张的情况下给他解决了住房。这个中国林业科学研究院领导与人才的故事已经过去了40年，唐守正1963年7月至1978年9月在吉林林业调查规划院工作，1995年当选为中国科学院院士。

通过这本年谱，回头看看乐天宇、吴中伦、萧刚柔、袁嗣令、黄中立、张万儒、王正非等中国林业事业先驱和开拓者所走过的路、开拓的事业，看看他们的成果、成就，实际上我们林业事业的道路还很长、很长，任务还很艰巨、很艰巨。树木是林业的基础，沈国舫先生2003年曾撰文《大家都来学点树木学知识》，不是说搞林业研究认识十种树就够了的问题，也不是在院子里的标识牌上介绍水杉属于松科的问题，这是科学的基础问题，代表着林业科学的脸面。2002年11月8日《黄河壶口瀑布》小型张发行，采用三维压凸烫金技术印制"与时俱进 一往无前"八个字，看到这枚小型张常常使我耳边响起1939年3月光未然作词、冼星海谱曲的《黄河大合唱》。一天天我走进中国林业科学研究院大门，看到左侧雪松林中矗立的郑万钧塑像，看到水杉，都会激励着我不断向前，并时时告诫自己，与时俱进，一往无前，不管遇到多么大的困难和险阻。

我们为时代讴歌，我们为林业讴歌，我们为中国林业事业的先驱和开拓者讴歌。风云百年路，砥砺铸辉煌。在中国林学会的百年史中，凌道扬、姚传法、梁希、李相符、陈嵘、郑万钧、吴中伦诸领导者都是中国林业事业的先驱和开拓者。翻开中国历史看看，我们这一代又是多么幸运的一代。1991年4月25日，《林业科学》编辑部朱乾坤曾在《中国林学会成立70周年纪念专集1917—1987》扉页上写了这样一句话：风雨七十载，雨露滋后人。这句话又过了三十多年，我们都是受雨露滋润的后人，以此共勉。

本书的编著得到了国家林业和草原局人事司、档案室的同志的帮助，得到了中国林业科学研究院林业研究所贾志清、张柯、查巍巍、吴琼，中国林业科学研究院森林生态环境与自然保护研究所赵文霞、索锦惠和黑龙江省哈尔滨市南岗区建工小学王松的帮助，书中有她们的贡献。

这是我写的最长的一篇日记，并作为后记。

王希群

2021年10月28日于北京朝阳西坝河中里

中国林业事业的先驱和开拓者

胡先骕 郑万钧 叶雅各 陈植 叶培忠 马大浦年谱

王希群 杨绍陇 周永萍 王安琪 郭保香 ◎ 编著

胡先骕：著名植物学家、教育家，中国植物分类学的奠基人
郑万钧：著名林学家、树木分类学家、林业教育家，中国林业事业的开拓者
叶雅各：著名林学家、教育家，中国林业事业的开拓者，
　　　　武汉大学校园规划设计者
陈　植：著名林学家、造园学家，中国杰出的造园学家和现代造园学的奠基人
叶培忠：著名林业教育家、树木育种学家，中国树木育种学的先驱者，
　　　　中国水土保持研究的开拓者
马大浦：著名林学家、林业教育家

中国林业出版社
China Forestry Publishing House

图书在版编目（CIP）数据

中国林业事业的先驱和开拓者/王希群等编著.--北京：中国林业出版社，2022.3
ISBN 978-7-5219-1499-3

Ⅰ.①中… Ⅱ.①王… Ⅲ.①林业—先进工作者—年谱—中国 Ⅳ.①K826.3

中国版本图书馆CIP数据核字（2021）第281406号

中国林业出版社·建筑家居分社
责任编辑　李　顺　王思源　薛瑞琦

出　版	中国林业出版社	
	（100009 北京市西城区刘海胡同7号）	
网　站	http://www.forestry.gov.cn/lycb.html	
印　刷	北京博海升彩色印刷有限公司	
发　行	中国林业出版社	
电　话	（010）83143569	
版　次	2022年3月第1版	
印　次	2022年3月第1次	
开　本	787mm×1092mm　1/16	
印　张	85.25	
字　数	1430千字	
定　价	498.00元（全4册）	

中国林业事业的先驱和开拓者
胡先骕、郑万钧、叶雅各、陈植、叶培忠、马大浦年谱

编著者

王希群　中国林业科学研究院

杨绍陇　南京林业大学

周永萍　南京林业大学

王安琪　旅美学者

郭保香　国家林业和草原局产业发展规划院

集合同志,

共谋中国森林学术及事业之发达!

凌道扬
1917年2月12日

中国林业事业的先驱和开拓者
胡先骕、郑万钧、叶雅各、陈植、叶培忠、马大浦年谱

前 言

南京是中国林业科学教育的重要发祥地。1919年，孙中山先生在《建国方略》中这样称赞南京："南京为中国古都，在北京之前。其位置乃在一美善之地区。其地有高山，有深水，有平原。此三种天工钟毓一处，在世界之大都市诚难觅如此佳境也。"

石城虎踞，钟山龙蟠。1952年7月，创建于1915年的金陵大学森林系（金陵大学林科）和创建于1927年的中央大学森林系（第四中山大学农学院森林组）合并组建华东林学院，成为这一脉息衣钵的继承者。同年9月，中央人民政府林垦部决定，华东林学院院址设在南京，定名南京林学院，这个定名也是有国家高度的。南京林学院（1985年8月更名为南京林业大学）成为当时全国仅有的三所高等林业院校之一。1931年12月2日，梅贻琦在清华大学校长就职演讲中曾说"所谓大学者，非谓有大楼之谓也，有大师之谓也"。在中国林业事业的先驱和开拓者中，胡先骕、郑万钧、叶雅各、陈植、叶培忠、马大浦就是这样的大师。

胡先骕：著名植物学家、教育家，中国植物分类学的奠基人；

郑万钧：著名林学家、树木分类学家、林业教育家，中国林业事业的开拓者；

叶雅各：著名教育家、林学家，中国林业事业的开拓者，武汉大学校园规划设计者；

陈　植：著名林学家、造园学家，中国杰出的造园学家和现代造园学的奠基人；

叶培忠：著名林业教育家，树木育种学家，中国树木育种学的先驱者，中国水土保持研究的开拓者；

马大浦：著名林学家、林业教育家。

历史往往会留给这些有准备的人，同时，这些人也是艰苦奋斗、自强不息的人。胡先骕、陈嵘、郑万钧从树木识别与分类入手，系统研究中国的树木，在建立中国树木分类学的高峰之后，再次将此推向另一个高峰，《中国主要树种造林技术》（1978年版）像德国H. Von Catta 1865年所著《造林学》一样，成为之后百年甚至几百年的中国乃至世界造林技术的一个典范，标志着中国主要树种造林技术已经成熟。《中国主要树种造林技术》《中国树木志》虽没有鉴定或认定为科技成果，但其本身就是科技成果。现在通过不同形式鉴定或认定这样或那样的科技成果，又有多少能成为真正的科技成果；批准、认定这样或那样的学者、专家、科学家，又有多少能成为真正的学者、专家、科学家；学者、专家、科学家和科技成果都是奋斗出来的，科技成果要有积累，是实践过来的。现在专家著书变成了学生编书，成为学生的作业，书出了很多又有什么用呢？有些出书人让学生把资料从互联网上下载下来，简单编辑一下就出版了，这是很可悲的事情！

2018年12月8日，"凌道扬诞辰13周年暨学术思想研讨会"在香港中文大学（深圳）校区隆重召开，参会期间我与南京林业大学博物馆杨绍陇馆长相识，才知道我们都在做同一件事，于是有了联合做这件事的意愿。中国林业事业的先驱和开拓者《胡先骕 郑万钧 叶雅各 陈植 叶培忠 马大浦年谱》就是其中工作的一个部分。

百年树人，郁郁葱葱。南京林业大学是中国林业遗产的最大继承者，继承和发展中国林业遗产的成果并随之放大，也成为南京林业大学最大的特色之一，南京林业大学校史馆在这个方面做了大量的基础工作，也为林业文化遗产保护、利用、研究提供了坚实的基础。2020年5月，以南京林业大学为依托，国家林业和草原局（办函科字〔2020〕21号）同意组建林业遗产与森林环境史研究中心，这也成为南京林业大学发展的一个重要支撑和南京林业大学办学的一个重要亮点。胡先骕、郑万钧、叶雅各、陈植、叶培忠、马大浦，他们既是中国林业文化遗产的创造者，又是中国林业文化遗产的组成部分，是促进林业发展和加快生态建设的精神血液，因此更应该受到重视、传承和讴歌。

历史是文化的载体，文化是历史的血脉，中国林业任重道远。林业科学技术需要传承，传承是林业科学技术的最大创新。程鸿书、胡先骕、陈嵘、凌道扬、韩安、姚传法、梁希、李寅恭、郑万钧等一代林学家不仅重视林业科学教育，而且还是相关政策法规制定的参与者，我们需要从他们的经历中汲取中国林业发展的营养。1993年9月我在南京林业大学见到湖北老乡夏承尧、王明庥，王明庥说："我是叶老的助手，我一直做的都是叶老开拓的工作"，叶老就是叶培忠先生。1994年6月王明庥当选为中国工程院首批院士。2009年8月22日，中国工程院院士陈俊愉先生为叶培忠诞辰110周年题词："育树育人，奋斗终身。埋头苦干，实践创新。恩师叶老的坚毅不拔精神永远是学习的楷模。"叶培忠所做的事业就是我们林业的事业，也是国家的事业，历史一次次证明，传承成为林业发展的巨大力量。

《我的祖国》唱道：这是美丽的祖国，是我生长的地方，在这片辽阔的土地上，到处都有明媚的风光。鉴古知今，研究昨天是为了今天和明天。林业是美丽中国的核心元素和重要支撑，研究、保护、利用林业文化遗产是生态文明建设的重要内容，我们需要把林业文化遗产转换成建设美丽中国，实现中国这片辽阔土地上林业永续发展的直接动力。我1988年从北京林业大学毕业后到湖北工作，在湖北省林业厅和武汉大学都听到叶雅各对湖北林业、对武汉大学做出的奠基性贡献的事迹，许多事迹已广为传颂。

1988年10月初，海南大学校长、时任《湖北森林》主审的林英教授在武汉主持召开《湖北森林》最后审定会时，他把由王咨臣、胡德熙、胡德明、钟焕懈编著的《植物学家胡先骕博士年谱》（一）、（二）（《海南大学学报》1986年第1期、第2期）送给我，并讲了年谱组织编写、刊载过程以及胡先骕先生的精神，提出今后适当的时候需要重新编写《胡先骕年谱》。没想到他们这件事做得竟然是这么不易，期间我也认识了一个"骕"字，一匹中国植物学发展史、林业发展史上自强不息、奋斗不止、刚正不阿的烈马。《植物学家胡先骕博士年谱》是中国第一部植物学家的年谱，也是我们编写《胡先骕年谱》的基础。《叶培忠》《遍洒绿荫：叶培忠纪念文集》《中国植物育种学家叶培忠》是编写《叶培忠年谱》的重要资料，在此特别说明。

王希群

2020年2月写于美国西雅图

中国林业事业的先驱和开拓者
胡先骕、郑万钧、叶雅各、陈植、叶培忠、马大浦年谱

目 录

前言

胡先骕年谱 / 001

郑万钧年谱 / 129

叶雅各年谱 / 217

陈　植年谱 / 241

叶培忠年谱 / 289

马大浦年谱 / 347

后记　　　 / 383

胡先骕年谱

胡先骕（1940年）

1855 年（清咸丰五年）

是年，（英）合信译《博物新编》由墨海书馆出版。合信（Benjamin Hobson，1816—1873 年），清朝英国入华传教士，出生于英国北安普敦郡的威弗德，毕业于伦敦大学，获医学硕士学位。清道光十九年（1839 年）受伦敦会委派来华，在澳门行医传教。清道光二十三年调任伦敦会香港医院院长，并创办医校。清道光二十八年（1848 年）在广州创办惠爱医馆教会医院。清咸丰七年（1857 年）在上海接手雒魏林在仁济医馆的工作。清咸丰九年（1859 年）因身体状况不佳离开中国，并于清同治十二年（1873 年）病逝于英国伦敦。

1857 年（清咸丰七年）

是年，李善兰《植物学》（上、中、下）由墨海书馆刊印。李善兰（1811—1882 年），名心兰，庠名善兰，字竟芳，号秋纫，别号壬叔，浙江海宁硖石人。自幼聪颖好学，从陈奂治经学，但偏嗜数学。9 岁自学通《九章算术》，14 岁通欧几里得《几何原本》前 6 卷。后到杭州参加科举考试，得《测圆海镜》《勾股割圆记》等书，带回家中，潜心钻研，造诣日深。在中国传统数学垛积术和极限方法基础上，发明了"尖锥术"，并据此提出"对数论"。这一独创成果受到西方学者高度评价。清道光二十四年（1844），住在嘉兴陆费家，期间结识江浙一带数学家顾观光、张文虎、汪曰桢等，经常聚集研究数学问题。并频频与外地的数学家罗士琳、徐有壬等通信，切磋学术。咸丰二年（1852），到上海墨海书馆，结识英国学者伟烈亚力、艾约瑟、韦廉臣等，共同探讨数学。与伟烈亚力（Wylie Alexande，1815—1887 年）合作（伟口述，李笔录）翻译了《几何原本》后 9 卷、棣么甘（Augustus de Morgan）《代数学》（我国第一部符号代数学的译本）以及罗密士（E.Loomis）《代微积拾级》，对西方近代数学作了系统介绍。与此同时，翻译了《重学》《谈天》、John Lindley《植物学》（Elements of Botany，韦廉臣、艾约瑟辑译，李善兰笔述），第一次向我国介绍西方近代物理学、天文学、植物学的最新成就。在历时 8 年的翻译过程中，尽心竭力，译文达七八十万字，其中大量科学名词无先例可参考，他反复衡量，仔细斟酌，创译了一大批科学名词，一直沿用至今，为我国近代科学的传播和发展作出了贡献。十一年，应曾国藩之邀入安庆军械所，后又至南京主持金陵书局，积极从事与洋务新政有关的科技学术活动。同治三年（1864）七月，向曾国藩提出刻印自己的译著和所有

数学书籍的要求,得到允诺。次年由曾国藩亲自署签,《几何原本》在南京出版。翌年,又由曾国藩资助,将所有手稿尽数付印,出版《则古昔斋算学》。在安庆曾国藩军中,善兰还得以安心写作《火器真诀》(我国第一部弹道学著作)。七年,经广东巡抚郭嵩焘推荐,赴京任同文馆天文算学总教习,官至户部郎中、总理衙门章京。十年,发表了我国第一篇关于素数的论文《考根数法》,不仅证明了费尔马定理,而且指出了它的逆定理之不存在。在《垛积比类》中,为解决三角自乘垛的求和问题提出了一个恒等式,后被国际间命名为"李善兰恒等式",著名数学家华罗庚对此十分推崇,并在《数学归纳法》中加以引用。善兰是我国教育史上第一位数学教授,在同文馆任教的10余年间,悉心培育了100多位科学人才。

● 1858 年(清咸丰八年)

5月,(英国)韦廉臣辑译,(英国)艾约瑟续译,(清)李善兰笔述《植物学》(8卷本)由墨海书馆刊印。

● 1894 年(清光绪二十年)

5月24日,胡先骕(Hu H-H, Hu Hsen-hsu, Hu Xian-Su),字步曾,号忏庵,生于江西省南昌市的一个官宦家庭,为胡承弼次子,祖籍江西省新建县。胡先骕曾祖父胡家玉(1808—1886年),原名全玉,字琢甫,号小蘧,晚号梦与老人,道光十五年(1835年)中举,二十一年(1841年)中辛丑一甲进士第三名,钦点探花,授翰林院编修,同治三年(1864年)提督贵州学政,后官至太常寺卿,同治十一年(1874年)授都察院左都御史。祖父胡庭风,胡家玉长子,又作庭鸾,号济清,任户部主事,在京城以诗书自娱,多次为他人编纂诗集,英年早逝。胡承弼(1851—1902年),字佑臣,别号墨香居士。承弼由于父亲庭风早逝,祖父家玉教育成材。咸丰六年(1856年),曾在安徽歙县郑晓涵门下读书求学,郑氏非常欣赏他的才华,把女儿嫁给了他,生下长子胡先骐。光绪二年(1876年)丙子科应江西乡试,中第二十一名举人,后官至内阁中书。胡承弼又续娶安徽歙县陈彩芝,生下次子胡先骕。陈彩芝,通经史,谙诗词。

是年,(英)傅兰雅撰《植物须知》刊印。傅兰雅(John Fryer),1839

年8月6日生于英国肯特郡海斯（Hythe）小城，大学毕业后于清咸丰十一年（1861年）受圣公会（Church of England）的派遣到香港就任圣保罗书院院长。两年后受聘任北京同文馆英语教习，清同治四年（1865年）转任上海英华学堂校长，并主编字林洋行的中文报纸《上海新报》。同治七年（1868年），受雇任上海江南制造局翻译馆译员，达28年，翻译科学技术书籍。清光绪二年（1876年）创办格致书院，自费创刊科学杂志《格致汇编》，所载多为科学常识，带有新闻性，设有"互相问答"一栏，从创刊号至停刊，差不多期期都有，共刊出了322条，交流了五百个问题。光绪三年（1877年）被举为上海益智书会总编辑，从事科学普及工作。在中国教学、办刊、译书，在中国教学、办刊、译书，为近代西学东渐做出了巨大贡献。光绪二十二年（1896年）去美国担任加利福尼亚大学东方文学语言教授，后加入美国籍向西方推介中国与中国文化，成为中学西传的重要媒介，1928年7月2日卒于美国加利福尼亚州奥克兰城。

• 1895年（清光绪二十一年）

是年，（英）傅兰雅《植物图说》由上海益智书会出版。

• 1898年（清光绪二十四年）

6月11日，光绪帝颁布《明定国是诏》，正式宣布变法。诏书强调："京师大学堂为各行省之倡，尤应首先举办，著军机大臣、总理各国事务王大臣会同妥速议奏。所有翰林院编检、各部院司员、各省武职后裔，其愿入学堂者，均准入学肄业，以期人才辈出，共济时艰，不得敷衍因循，徇私援引，致负朝廷谆谆告诫之至意。将此通谕知之"。京师大学堂创建被认为是现代中国的起点。

7月3日，光绪批准由梁启超代为起草的《奏拟京师大学堂章程》。任命孙家鼐为第一任管学大臣，负责管理大学堂事务。8月9日又任命美国传教士丁韪良博士担任西学总教习。

9月21日，爆发戊戌政变，百日维新失败，慈禧太后废了光绪帝。大学堂虽然"萌芽早，得不废"，但举步维艰。

11月22日（十月初九日），清政府将地安门内马神庙空闲府第改建而成京师大学堂。

1902 年（清光绪二十八年）

5月，两江总督刘坤一上奏《筹办学堂折》，呈请在江宁府开办师范学堂。

是年，胡先骕父亲胡承弼病逝于南昌旧居，享年四十八岁。

1905 年（清光绪三十一年）

是年，胡先骕奉母命参加科举考试的府试。

是年，《中国学生月报》"The Chinese Students' Monthly"创刊，由美东中国学生会所发起，目的为联络留学生，"留学生散处于各方，声气不易贯通，故有月报。平日所用皆英文，且印刷亦较便，故用英文"。月报出刊一直持续到1931年，是留美学生在美国创办时间最久、影响面最大的英文杂志。它起初只是留学生会成员内部的一份通告，后在顾维钧等人的推动下，很快发展成了杂志。读者除了中国留学生，还包括在美华侨、美国学生、商人、传教士。

1906 年（清光绪三十二年）

是年，科举制度停废，胡先骕得到恩师沈曾植推荐，进入南昌府洪都中学当插班生，开始接受新式教育。沈曾植（1850—1922年），字子培，号巽斋、乙庵、寐叟等，浙江嘉兴人。他博古通今，学贯中西，以"硕学通儒"蜚振中外，誉称"中国大儒"。光绪六年（1880）进士，授刑部主事。后历袭任刑部员外郎、郎中、总理衙门章京、安徽提学使、布政使等职。辛亥革命后竭力拥戴清室，以遗老民身份鬻书为生。沈曾植是著名的学者，擅长辽史、金史、元史、西北地理及古代法律之学，著述颇富。沈曾植的书法艺术影响和培育了一代书法家，为书法艺术的复兴和发展作出了重要贡献。如于右任、李志敏、马一浮、谢无量、吕凤子、王秋湄、罗复堪、王蘧常等一代大师皆受沈书的影响。

1907 年（清光绪三十三年）

5月，上海科学书局编译所《植物学》由上海科学书局发行。

1909 年（清宣统元年）

是年春，胡先骕考入京师大学堂预科，入学不久，被学校选派朝见慈禧太后。

9月，清政府成立中央资政院及各省谘议局。

11月，十六省谘议局代表在上海开会，决定成立国会请愿同志会。梁启超指挥在上海的徐佛苏频频向各省谘议局议员发信，"使其一面努力建议发言，一面运动缩短立宪年限"。

12月，范静生与梁启超等将和平门东顺城街47、48号买下发起成立尚志学会（The Shang Chih Society），主要成员为早期留日学者如梁启超等人，该学会以力谋中国学术及社会事业的改进为宗旨，曾与商务印书馆合作出版《尚志学会丛书》，编辑《哲学评论》杂志。尚志学会在北京和平门内东顺城街开办尚志法政讲习所，听讲者不收学费，经考试合格者，发给毕业证书。在北京辟柴胡同创办"殖边学校"，开设蒙藏语言文学、地理、测绘、英语、俄语、政法、商业、外交及历史等课程，辛亥革命后改为蒙藏学院与蒙藏法商学院。范源濂（1874—1927年），字静生，湖南湘阴人。1898年（清光绪二十四年）考入长沙时务学堂（后并入岳麓书院），与蔡锷、梁启超等同班，后赴日本学习。1912年任南京临时政府教育部次长，旋任总长。次年任开明书局编辑部长。1916年任护国军驻沪委员。7月出任段祺瑞内阁教育总长兼内务总长，重新颁行大学章程，我国大学按专业分科自此始。1918年赴美考察教育。1920年任靳云鹏内阁教育总长，第二年夏辞职。1922年任北京高等师范学校校长。1924年任中国教育文化基金董事会董事、干事长。1926年任北京师范大学首任校长。1927年12月23日病逝于天津，年仅52岁。

10月14日，胡先骕参加京师大学堂组织的光绪帝出殡的送葬队伍。

10月15日，胡先骕参加京师大学堂组织的慈禧出殡的送葬队伍。

● 1910年（清宣统二年）

是年，胡先骕在京师大学预科学习，接受到康有为、孙中山的思想。

● 1911年（清宣统三年）

2月至4月，N. Gist Gee M.A.（祁天锡，Soochow University）原著，邝富灼校订《英文格致读本》"Science Readers"（全5册），由商务印书馆初版。《英文格致读本》壹卷辛亥年二月初版，贰卷辛亥年三月初版，叁卷辛亥年正月初版，肆卷辛亥年四月初版，伍卷辛亥年四月初版。壹卷博物学大纲，贰卷动物学及生理学，叁卷植物学及农学，肆卷化学之实验，物理学之推论，伍卷地质学、天文

胡 先 骕 年 谱

学、地文学。祁天锡在《前言》中指出，传统的中国教育，不重视训练学生对围绕他们周围的自然事物和自然现象产生兴趣，他希望这本读物，能够使他们懂得自然事物和自然现象是可以被理解的，能够帮助他们提高对自然事物的观察力，培养一种随处观察自然的习惯，教师应该唤起学生的心智，而不是仅仅给他们填充事实。

7月下旬，《留美学生年报》创刊于上海。上海中国留美学生会编辑发行，总发行所分别设在美国哥伦比亚大学和上海图书公司。胡彬夏任总编辑。每册约百页，共出3册。创刊号有总编辑胡彬夏女士肖像、留美学生会职员像等。

● 1912年（民国元年）

4月，美国胡尔德原著，奚若、蒋维乔译述《胡尔德氏植物学教科书》由上海商务印书馆初版。该书根据美国胡尔德（John M.Coulter）的"Plant Studies"译述，并参考多种西方和日本植物教科书。奚若，字伯绶，江苏吴县人，中国早期翻译家，1880年6月8日生，1907年毕业于东吴大学，从东吴大学毕业后，他曾留学美国，毕业于奥柏林大学，获文学士。1903年曾任东吴大学格致助教；约在1904年10月至1910年期间，他曾和老编辑蒋维乔一起在商务印书馆编译所担任编辑和翻译工作。1910—1911年间在奥柏林神学院（OBERLIN THEOLOGICAL SEMINARY）以 RICHARD PAI-SHOU YIE 注册，特修硕士学位。1911年完成学业，被授文学硕士学位。1914年8月25日在上海去世。

7月，东吴大学设立生物系，系主任 Gee, Nathaniel Gist（祁天锡），中国高等院校历史上的第一个生物系。1919年，祁天锡的第一个硕士研究生施季言毕业，他不仅是东吴大学的第一个生物学研究生，也是全国第一个生物学硕士。

8月28日，李烈钧任江西省都督，在熊育锡的倡议下，由都督府选派学生留洋，这项建议得到李烈钧的大力赞同和支持，江西省政务会议通过此提案，决定拨公款十万元，选送102人，分赴欧、美、日本留学。

9月2日，由江西省文事局主持，在南昌开设考场，各府区、县优秀青年汇集南昌，进行考试。胡先骕参加其中赴美留学考试，共有16人入选，这些学生多数毕业于南昌熊育锡创办的心远中学，胡先骕名列第5而被录取，同学中有饶毓泰等。饶毓泰（1891—1968年），名佥如、字树人，江西临川钟岭人，中国现代物理学家、教育家，中国现代物理学研究的先驱者，第一届中央研究院院士，第一批中国科学院学部委员。1911年以优异成绩从上海南洋公学（现上海交通大学）毕业，之后考取江西省公费留学。1913—1922年留学美国，获芝加哥大学理学学士学位（1918年），后获普林斯顿大学哲学博士学位（1922年）。1922—1929年任南开大学教授、物理系主任。1929—1932年在德国莱比锡大学、波茨坦大学天文物理实验室从事光谱学研究。1932—1933年任北平研究院研究员。1933—1968年任北京大学物理系教授、系主任（1933—1952年）并兼任理学院院长（1936—1949年）。其中1937—1944年任西南联合大学教授、物理系主任。1944—1947年先后在美国麻省理工学院、普林斯顿大学和俄亥俄大学从事分子红外光谱的实验研究。1948年当选为中央研究院院士。1955年当选为中国科学院数理化学部委员。1968年10月16日逝世于北京。

12月，胡先骕赴美国留学，到达美国时值圣诞节，胡先骕作《美洲度岁竹枝图十首》以志纪念。诗为：二十不得志，翻然逃海滨。乞得种树术，将以疗国贫。临行前（壬子腊月），与王蓉芬完婚。

是年，卢开运《高等植物分类学》由中华书局出版。卢开运，河北大学生物系三位创始人之一（植物学家卢开运；遗传学家林子明，1900—1971年；动物学家王所安，1919—2018年），生物学教授。1898年生，原籍湖北沔阳，后随家庭移居天津，曾就读于南开中学，后入日本农业专门学校，再赴美留学获康奈尔大学生物学学士。1925—1928年就职于燕京大学生物系任植物学讲师，1930年湘雅医科大学复校之初南下担任教职，后任教于北平大学农学院。1949年后任河北大学生物系教授。"文革"被冠以反动学术权威的帽子，遭到抄家。1967年12月31日去世。著有《高等植物分类学》《生物技术（交流教材）》（生物系本科四年级专科二年级用，天津师范学院1957年油印）、《生物技术学》（高等教育出版社1958年出版）等。

● 1913年（民国二年）

1月，江西森林厂成立，设立办事处于庐山东林寺。

4月，江西森林厂改名为庐山森林局，设事务所于庐山讲经台北麓。

10月，庐山森林局撤销，归并于畜牧种植公司。

是年，Wilson, Ernest Henry and Sargent, Charles Sprague "*A naturalist in western China, with vasculum, camera, and gun; being some account of eleven years' travel,*

胡 先 骕 年 谱

exploration, and observation in the more remote parts of the Flowery kingdom"《一个植物学家在中国华西,中国西部自然图谱(全2卷)》由 Methuen & Co., London 出版。Ernest Henry Wilson(厄内斯特·亨利·威尔逊,1876—1930年),英国人。二十世纪初世界著名的园艺学家、植物学家、探险家。威尔逊1899年至1911年曾4次来到中国,3次进入横断山脉考察。威尔逊被西方称为"打开中国西部花园的人",他一共收集了65000多份的植物标本(共计4500种植物),并将1593种植物种子和168种植物的切根带回了西方国家。他引种大量的园林花卉植物,其中有60种以他的名字命名。

是年,Charles Sprague Sargent(Sargent C.S)"*PLANTAE WILSONIANAE, VOLUME I*"《威尔逊华西植物志(第一卷)》由 CHARLES SPRAGUE SARGENT/THE UNIVERSITY PRESS 出版。Charles Sprague Sargent(查尔斯·斯普拉格·萨金特,1841—1927年),早期翻译为佘坚特,出身金融世家,美国植物学家,阿诺德植物园首任园长,被认为是美国植物博物馆的创新者和先驱。

● 1914 年(民国三年)

3月,《留美学生年报》改为《留美学生季报》,在上海创刊,1928年6月停刊,总编辑张贻志,胡先骕任干事。胡先骕(步曾)《阮步兵》刊于《留美学生季报》1914年第1卷(春)143页。张贻志(1889—?年),字幼涵,安徽全椒人,著名经济学家。宣统三年(1911年)8月庚子赔款第三批留美学生。先入美国波士顿麻省理工学院,获化工学士学位;又进哥伦比亚大学学习工商管理,获经济学硕士学位。留美期间,在波士顿的中国留学生曾组织"国防会",张贻志任会长;1919年回国,任芜湖海关监督。中华人民共和国成立后,张贻志定居香港。张贻惠(1886—1946年)和其弟张贻侗(1890—1950年)、张贻志均为著名学者,其家族宗祠在全椒袁家湾老街,门额上石刻"张氏宗祠"四个金字,门上刻一副红对联:祖训传家惟百忍;儿曹留学遍三洲。

4月,胡先骕入加州大学伯克利分校农学院,后转植物系。美国大学学季制(Quarter)是将一学年划分为四个学期,秋季学期、冬季学期、春季学期和夏季学期,每学期10~12周,秋季学期从9月开始,12月中旬结束。冬季学期从1月开始,3月结束。春季学期从4月初开学,6月中旬结束。夏季学期主要是暑假时间或组织暑期学习班,每学期10周左右。

6月10日，由留学美国纽约州倚色佳小镇康奈尔大学的胡明复、赵元任、周仁、秉志、章元善、过探先、金邦正、任鸿隽、杨杏佛（杨铨）9人创议并成立科学社。宗旨为提倡科学，鼓吹实业，审定名词，传播知识，集股400美元创办《科学》杂志，将他们在美国朝夕相习的先进科学技术知识传输给国内，因此《科学》采用股份公司形式，在董事会下设立营业部、推广部、编辑部、总事务所等。任鸿隽（1886—1961年），祖籍浙江归安，出生四川垫江。1904年中秀才。1907年进入上海中国公学。1909年入东京高等工业学校。1909年在东京加入同盟会。1912年中华民国临时政府成立，任总统府秘书处秘书。曾为孙中山草拟《告前方将士文》《咨参议院文》《祭明陵文》等。1916年于康乃尔大学毕业，获学士学位。1918年获哥伦比亚大学化学工程专业硕士学位。1915年与杨杏佛一起在美国成立中国科学社，被选为社长。1920年任北京大学化学教授，后先后任东南大学副校长、四川大学校长、中央研究院总干事兼化学研究所所长。1947年定居上海。中华人民共和国成立后，任鸿隽征得中国科学社理事及全体社员同意，将中国科学社的全部事业——生物研究所、明复图书馆（今卢湾区图书馆馆址）、中国科学图书仪器公司、《科学》杂志、《科学画报》等全部陆续捐献给国家，1960年5月4日全部移交完毕。他作为特邀代表出席第一届中国人民政治协商会议，曾任上海市人大代表、第二、三届全国政协委员、上海科技图书馆馆长、上海图书馆馆长等职。专著有《科学概论》等。

6月，胡先骕《诗别萧叔絅燕京、别汪涤云太学、杂感、巫山高、别晓湘汴梁》刊于《留美学生季报》1914年第1卷第2期119～121页。

7月，胡先骕经杨杏佛介绍加入南社，其诗词创作大多在《南社丛刊》上发表。

8月11日，中国科学社集到第一批股金之后，由赵元任主持召开社员会议，组建科学社董事会，当选的5名董事为任鸿隽（会长）、赵元任（秘书）、秉志（会计）、胡明复和周仁。另由杨杏佛任编辑部部长，过探先任营业部部长，金邦正任推广部部长。

8月，江苏各省立学校校长联名要求在两江师范学堂"设立高等师范学校"。1915年9月，南京高等师范学校正式开学（简称"南高师"），江谦（原江苏教育司司长）为校长。

10月，江西庐山森林局成立，系原庐山森林局的范围从畜牧种植公司划出，

设东林为第一区,黄龙为第二区,湖口为第三区,总事务所设九江城内。

10月,《博物学杂志》在上海创刊,季刊,吴家煦(冰心)为第一任编辑,吴元涤(子修)为第二任编辑,文明书局发行,第1卷第2期起由中华书局发行,第1卷第4期起由上海商务印书馆发行。该刊主要撰稿人有钱崇澍、章鸿钊、和士、张宗绪、薛凤昌、薛德焴、秉志、彭世芳等。1928年10月第2卷第4期停刊。

12月,胡先骕《西美中国学生年会纪事》刊于《留美学生季报》1914年第1卷第4号83~84页;同期,胡先骕《长崎小游记》刊于123~125页。

是年,胡先骕母亲陈彩芝病逝于南昌,享年48岁。

是年,金陵大学(University of Nanking)首设四年制农科,开中国四年制大学高等农业教育之先河,裴义理(Joseph Bailie)任农科科长,1915年任农林科科长,1918—1928年芮思娄(John H Reisner, J. H. Reisner)任农林科美方科长。1930年农林科改为农学院,谢家声任院长。

● 1915年(民国四年)

1月,中国科学社编辑《科学》创刊号在上海发行,月刊,后迁至重庆出版,抗战胜利后又迁回上海,停刊于1949年12月。在编刊《例言》中声明本刊"专以传播世界最新科学知识为帜志",办刊方针为"求真致用两方面当同时并重"。在《发刊词》中倡导民主与科学,全面论述科学在增进物质文明、破除愚昧迷信、增强人类健康和提高道德修养等方面的社会功能。大声疾呼"继兹以往,代兴与神州学术之林,而为芸芸众生所托命者,唯科学乎,其唯科学乎!"表达了"科学救国"的理想。发表文章可归纳为6类:科学通论、各科知识、科学史与科学家、科教事业发展、科学新闻与知识小品。金邦正《森林学大意》刊于《科学》1915年第1卷第1期92~98页。

6月,《留美学生季报》1915年第2卷第2期1页刊登《西美学生会职员摄影:中文书记胡先骕:(照片)》。西美学生会会长凌冰,副会长司徒如坤,英文秘书萧练理,中文秘书胡先骕,会计孙科。凌冰(1891—1993年),字庆藻,号冀东,河南固始人,民国著名教育家、学者、政要。从私立南开学校毕业,于清华留美预备学校赴美留学,先入斯坦福大学、哥伦比亚大学,后入克拉克大学,获教育心理学博士学位。1919年被聘回国,在南开学校内开设大学班,任南开学校大学部第一任教务长;1927年12月至1928年4月在河南省立中山大学(1930年改为省立河南大学,1942年改为河南大学)任校长;1928年6月,经好友陶行知推荐,河南督军冯玉祥任命凌冰为河南省政府委员、教育厅厅长,同年任国民政府外交部条约委员会委员;1929年11月,任中华民国驻古巴国全权公使。后去台湾曾任"立法院"第四届"立法委员"、"行政院"驻美全权代表、纽约商爱罗公司董事长等。中华人民共和国成立后留居美国,1993年逝于纽约,享年102岁。

6月,胡先骕《〈说文〉植物古名今证》刊于《科学》1915年第1卷第6期666～671页。

7月,胡先骕《〈说文〉植物古名今证(续前期)》刊于《科学》1915年第1卷第7期789～791页。

8月,胡先骕《菌类鉴别法》刊于《科学》1915年第1卷第8期926～931页。

10月25日,中国科学社改组为社团,由胡明复、邹秉文、任鸿隽三人起草的《中国科学社总章》得到社员赞成通过,中国科学社宣告正式成立,任鸿隽任社长,宗旨为"联络同志,共图中国科学之发达"。《中国科学社总章》计11章60条,各章次分别为:定名、宗旨、社员、社员权利及义务、分股、办事机关、职员及其任期责任、会费、常年会、选举、附则。章程规定"本社以联络同志共图中国科学之发达为宗旨"。胡先骕加入中国科学社。

10月,Kellog(开洛格)著,胡先骕译《达尔文天演学说今日之位置》刊于《科学》1915年第1卷第10期1158～1163页。根据美国斯坦福大学昆虫学教授开洛格教授对欧洲大陆达尔文主义的反思进行概述,指陈学界"于达氏学术补偏救弊者又掩耳而走,是固步自封不求近益也",盲目接受物力进化之学说。

10月,胡先骕"The Agriculture Outlook in China"《中国农业之前景》刊于"China Student's Monthly"《中国大学生月刊,中国留美学生月报》1915年第1卷第10期295～302页。

中国科学社社员总数123人,其中举名如下:张子高、赵元任、陈衡哲、程孝刚、钱天鹤、钱崇澍、周仁、竺可桢、朱少屏、钟心煊、熊正理、胡先骕、胡刚复、胡明复、胡适、金邦正、顾振、过探先、罗英、梅光迪、秉志、孙洪芬、孙学悟、戴芳澜、唐钺、姜立夫、邹秉文、邹树文、吴宪、杨杏佛、杨孝述、饶毓泰、任鸿隽、侯德榜、何鲁。

1916 年（民国五年）

1月，江西庐山森林局改为庐山林业股份有限公司，不久又改名为中国第一林垦公司。

3月，胡先骕《〈说文〉植物古名今证（三续）》刊于《科学》1916年第2卷第3期311～317页。

3月，胡先骕《忏盦词稿：蝶恋花（四首）、一枝春、天香、海国春、海国春：（题柳亚子分湖旧隐图）》刊于《留美学生季报》1916年第3卷第1期148～150页。

4月，胡先骕被选入Sigma Xi和Beta Kappa名誉会员。

5月，中国科学社通过《中国科学社分股委员会章程》。分股委员会，是本社按不同学科组织社员活动的二级分支机构。首任各股股长有饶毓泰（物理算学）、任鸿隽（化学）、杨杏佛（机械工程）、郑华（土木工程）、邹秉文（农林）、钱崇澍（生物）等。

6月，胡先骕《忏盦诗稿：齐天乐买陂塘（咏雁）（诗词）》刊于《留美学生季报》1916年第3卷第2期165～166页。

6月，胡先骕《江西教育刍议（未完）》刊于《江西教育杂志》1916年第6期8～12页。

6月，胡先骕《忏盦诗稿：美洲度岁竹枝十首、得晓湘书杂赋》刊于《留美学生季报》1916年第3卷第2期159～161页，胡先骕《忏盦诗稿：杂感（集定庵句）》刊于161～162页，胡先骕《忏盦诗稿：烛影摇红（春雨）、声声慢（月下金合欢盛开感赋）（诗词）》刊于166～167页。

7月，Kellog（开洛格）著，胡先骕译《达尔文天演学说今日之位置（续第一卷第十期）》刊于《科学》1916年第2卷7期770～781页。

9月24日，中国科学社南京支社成立，是中国科学社第一个地区性二级机构，过探先、邹树文、钱崇澍为理事，过探先任理事长。

9月，胡先骕《落叶（诗词）》刊于《留美学生季报》1916年第3卷第3期159～160页。

11月，胡先骕在美国加州大学伯克利分校农学院攻读森林植物学已届期满，各科成绩优秀，宣读毕业论文后，经专业教授评定授予农学硕士学位。学成后立即乘海轮归国，11月下旬回到南昌。

是年，中国科学社入社新社员举名：郑晓沧、李仪祉、韦悫、凌道扬、张巨伯、曾昭权、虞振镛、唐鸣皋、李寅恭、桂质廷、刘树杞、胡光麃、茅以升、吴承洛、马名海、陈嵘、胡正详。

是年，Charles Sprague Sargent "*PLANTAE WILSONIANAE, Volume II*"《威尔逊华西植物志》（第二卷）由 CAMBRIDGE THE UNIVERSITY PRESS 出版。

是年，Charles Sprague Sargent "*PLANTAE WILSONIANAE, Volume II–Volume III*"《威尔逊华西植物志》（第二至三卷）由 CAMBRIDGE THE UNIVERSITY PRESS 出版。

● 1917年（民国六年）

2月，胡先骕任庐山森林局副局长，月薪100元。

4月7日，胡先骕长女胡昭文生于南昌王府宅第。

6月，南京高等师范学校创办农业专修科，邹秉文任南京高等师范学校农业专修科首任主任。

9月，胡先骕寄居九江。

10月26日，中国科学社社长任鸿隽和《科学》杂志原编辑部部长杨铨归国，中国科学社本部由此移归国内。

10月，胡先骕译《中国西部植物志》（威尔逊原著）刊于《科学》1917年第3卷10期1079～1092页。该文还刊于《东方杂志》1918年第15卷第8期104～114页，《农商公报》1918年第5卷第4期156～163页。

10月，中国第一林垦公司取消，复改名为江西庐山森林局。

是年冬，胡先骕北上北京谋事，到北京大学谋职未果，在私立法政专门学校教授英文。时蔡元培任北京大学校长，1917年1月蔡元培聘李石曾为生物学教授，由于北京大学无生物学系和生物学专业，只在哲学门给二年级学生讲授选修课生物学通论。李石曾（1881—1973年），河北高阳人。清同治年间军机大臣李鸿藻第三子，中华民国时期著名教育家，故宫博物院创建人，国民党四大元老（吴稚晖、张静江、蔡元培）之一，私立南通大学（Nantung University）首席校董。早年曾发起和组织赴法勤工俭学运动，为中法文化交流做出了很大贡献。

● 1918年（民国七年）

是年春，胡先骕调往江西省实业厅任技术员，回南昌暂住。

胡先骕年谱

2月,《植物学大辞典》由上海商务印书馆初版。《植物学大辞典》为中国第一部有影响的专科辞典,由孔庆莱、吴德亮、李祥麟、杜亚泉、仕就田、周越然、周藩、陈学郢、莫叔略、许家庆、黄以仁、凌昌焕、严保诚13位农学家和植物学家共同编纂。自1907年开始编撰,1918年出版历时12年。此书收载中国植物名称术语8980条,西文学名术语5880条,日本假名标音植物名称4170条,附植物图1002幅,全书1700多页,300余万字。蔡元培为之作序说:"吾国近出科学辞典,详博无逾于此者。"时任苏州东吴大学生物系主任祁天锡为之作序说:"自有此书之作,吾人于中西植物之名,乃得有所依据,而奉为指南焉。"这本厚重的辞书共有四人联袂作序:伍光建、蔡元培、祁天锡和杜亚泉。杜亚泉(1873—1933年),原名炜孙,字秋帆,号亚泉,笔名伧父、高劳,汉族,会稽伧塘(今属浙江绍兴上虞)人。近代著名科普出版家、翻译家。光绪二十四年(1898)应蔡元培之聘,任绍郡中西学堂数学教员。两年后赴沪创办中国近代首家私立科技大学——亚泉学馆,同时创办中国最早的科学刊物——《亚泉杂志》。杜亚泉以其刻苦自习的知识和精益求精的治学精神,主编《植物学大辞典》《动物学大辞典》《小学自然科词书》及大量的各类教科书。蔡元培与杜亚泉是道义相交的挚友,杜亚泉去世后,蔡元培在《杜亚泉君传》中对他的治学精神有一段生动的描绘:"君身顾面瘦,脑力特锐,所攻之学,无坚不破;所发之论,无奥不宣。有时独行,举步甚缓,或谛视一景,伫立移时,望而知其无时无处无思索也。"

4月,江西庐山森林局取消在九江城内的总事务所,设总局于庐山黄龙。

7月,胡先骕受聘南京高等师范学校任农林专修科教授,移居南京。

8月,胡先骕《中国西部植物志》刊于《东方杂志》1918年第15卷第8期104~114页。

8月,科学社由美国迁回中国,落脚于南京高等师范学校校园,并更名为"中国科学社",1920年迁至成贤街文德里新址。

9月,胡先骕结识乡贤前辈陈三立,并多有来往,他对陈氏钦仰有加,称其"生平交尽国内贤豪,奖掖后进,惟力是视",又清节自励,不为金钱所惑,不向强权献媚。

11月,胡先骕《中国西部植物志》刊于《农商公报》1918年第5卷第4期156~163页。

是年，北京大学校长蔡元培聘钟观光为理预科副教授，专门负责植物标本的采集工作兼植物学实习课和讲授植物学。钟观光（1868—1940年），字宪鬯，植物学家，浙江镇海人。1887年考中秀才。曾先后创办过四明实学会、灵光造磷厂和科学仪器馆，以后东渡日本考察教育和实业。1900年任江苏高等学校理化教席，1903年主持蔡元培创办的爱国女校，1915年任湖南高等师范博物学副教授，1916年任北京大学生物系副教授，1927年任浙江大学副教授兼浙江省博物馆自然部主任，1930年任中央研究院自然历史博物馆研究教授。他在北京大学任教期间，进行了系统的植物标本采集研究工作，足迹遍福建、广东、广西、云南、浙江、安徽、湖北、四川、河南、山西、河北等11个省区，采集脂叶植物标本1.6万多种，共15万多号，海产动物标本500余种；木材、果实、根茎、竹类300余种。建立了标本室。开创了用中国学者采集和制作的标本进行分类学研究的历史，1927年在浙江大学任教时，又采集于浙江省东、西天目山，四明山、天台山，南、北雁荡诸山，得植物标本7000多号。同时在浙江大学农学院开辟苗圃，广集各科佳草珍木，分区栽培，为中国植物园事业和园林科学写下了新篇章。1930年后在中央研究院自然历史博物馆，用现代植物学分类方法，对中国古籍中的植物名称，结合调查实践进行研究考证，他为进行《本草纲目》的疏证工作，曾亲赴祁州（河北安国），在野外、园内和市场上研究生药，特别注意药草的异物同名和同物异名。他一生追求进步。早年积极参加蔡元培发起的"中国教育会"，以后又参加孙中山领导的同盟会。1937年抗日战争爆发后，回里继续从事古籍所载植物的考证、注释、著述。著有《理科通证》《旅行采集记》《山海经植物》《近世毛诗植物解》《物贡纪略》《植物古籍释例注解》《中华植物学》《本草疏证》等，受美、日植物研究学者推重。卒后以他姓名命名的植物属名有钟本属、观光本属多种。中华人民共和国成立后，留存旧居的书籍手稿及16柜脂叶标本，由其子钟补求于1955年捐献给中国科学院植物研究所。

● 1919年（民国八年）

1月2日，胡先骕长子胡德熙出生于南昌。

2月，胡先骕《中国文学改良论（上）》刊于上海商务印书馆印行《东方杂志》第16卷3期169~172页。主张"欲创造新文学，必浸淫于古籍，尽得其

精华，而遗其糟粕，乃能应时势之所趋，而创造一时之新文学。"该文还刊于南京高等师范学校校刊《周刊》。

7月，吴伟士（Woodworth，C.W.）讲，胡先骕译《施行法律及应用寄生物防御害虫之问题：美国吴伟士教授讲演一》刊于《科学》1919年第4卷第7期672～675页，同期，吴伟士（Woodworth，C.W.）讲，胡先骕译《应用石灰硫黄液以防除害虫之研究：吴伟士教授演讲二》刊于676～678页。

8月15日至19日，中国科学社在西湖边举行第四次年会，也是回国后的第一次年会，胡先骕当选中国科学社期刊编辑部书记。

是年夏，胡先骕再登庐山，之后举家迁至南京。

9月，吴伟士（Woodworth，C.W.）讲，胡先骕译《应用青酸盐以防除害虫之研究：吴伟士教授讲演三》刊于《科学》1919年第4卷第9期891～893页。

10月，Wilson，E（威尔逊）著，胡先骕译《中国西部果品志》刊于《科学》1919年第4卷第10期1010～1019页。

12月，胡先骕《细胞与细胞间接分裂之天演》刊于《科学》1919年第5卷第1期74～81页。

● 1920年（民国九年）

1月，胡先骕《天择学说发明家沃力斯传》刊于《科学》1920年第5卷第2期213～218页。

是年春，胡先骕携夫人、子胡德熙回到南昌。

2月，胡先骕《辟假"美化"之谬妄（选公正周周报）》刊于《学殖》1920年第1卷第2期61～69页。

3月，威尔逊、胡先骕《中国西部果品志》刊于《农商公报》1920年第6卷第8期158～163页。

3月，胡先骕《欧美新文学最近之趋势》刊于上海新学会编辑《解放与改造》1920年第2卷第15期14～32页。

3月，胡先骕先至新建西山，之后到江西吉安、赣州、宁都、建昌、广信及福建武夷山采集大量标本，后由新村下山，入鄱阳湖，溯赣江抵达南昌，在家整理标本，完成《江西植物名录（附福建崇安县植物）》。

4月，郭秉文在南京高等师范专科学校校务会上提出，在南京高等师范的基础上创办一所国立大学议案，与会委员一致赞同。

5月，（美）佘坚特（Sargent, C.S.）著，胡先骕译《中美木本植物之比较（未完）》刊于《科学》1920年第5卷第5期478~491页。

5月，胡先骕《新文化之真相》刊于《公正周报》1920年第1卷第5期18~24页。

6月，（美）佘坚特（Sargent, C.S.）著，胡先骕译《中美木本植物之比较（续第五卷第五期）》刊于《科学》1920年第5卷第6期623~638页。

8月初，胡先骕从浙江临海出发，经天台、雁荡山、丽水、松阳，9月23日自松阳龙虎岙进入龙泉，10月1日自岩樟乡独源（金源）离开龙泉去遂昌。考察行程为：（松阳）龙虎岙—（龙泉）陂川—溪下—大丘田、库武—盛山后—吴岱—黄庄桥—庙下—竹坑—龙泉县城—傀儡棚—岭脚—陈龚村（郑庄）—独源—（遂昌）王村口。胡先骕先生在龙泉考察9天，写有考察日记9篇，刊登于民国十一年（1922）《学衡》第9、10期，共约1900字。

9月，胡先骕到龙泉考察，胡先骕《浙江采集植物游记》记载他在龙泉考察活动轨迹。他在考察日记中，翔实记叙龙泉的山川风光、茂林修竹、植物资源，还有在龙泉的所见所闻，如当时龙泉宝剑、龙泉青瓷的产销情况、居民生活以及市井风俗等。

9月，胡先骕《欧美新文学最近之趋势》刊于《东方杂志》1920年第17卷第18期117~130页。

11月，南京高等师范专科学校成立生物系，系主任秉志。秉志（1886—1965年），号农山。满族，生于河南开封。中国现代生物学的奠基人和动物学一代宗师，中央研究院院士（1948年），中国科学院学部委员（1955年）。清末举人，为1909年赴美庚子赔款生，先入康奈尔大学农学院，后入韦斯特解剖学与生物学研究所。归国后在南京高师创建生物系。1922年创办并长期主持中国科学社生物研究所，还曾主持创办静生生物调查所。1950年后任中国科学院水生生物研究所、动物研究所研究员。

12月，南京高等师范学校农业专修科并入东南大学，成为东南大学农科，邹秉文仍任首任农科主任。

1921年（民国十年）

1月，胡先骕《浙江植物名录》刊于《科学》1921年第6卷第1期70～101页。

1月，胡先骕《浙江植物名录》由中国科学社刊行。

3月，Tevis，M（特维斯）原著，胡先骕译《有益之微生物与生活质》刊于《科学》1921年6卷3期283～294页。

5月，McClure，D（马克鲁）原著，胡先骕译《科学的返老还童法》刊于《科学》1921年6卷5期536～538页。

5月，胡先骕《南京高等师范学校农科训育之目的及其方法》刊于《教育与职业》1921年第29期1～3页。

6月6日，东南大学在上海江苏省教育会召开董事会，讨论董事会章程，通过《东南大学组织大纲》和编制预算，并一致推荐郭秉文为校长。东南大学特聘胡先骕为农科教授。

6月，胡先骕《浙江植物名录》刊于《科学》1921年第6期70～101页。

是年春末夏初，胡先骕携全家返回南昌。

7月13日，教育部核准《东南大学组织大纲》。

8月27日，教育部核准南京高等师范学校校长郭秉文兼任东南大学校长。东南大学设文、理、教育、农、工等科，并在上海设商科。

10月，胡先骕《吴伟士教授防治美国加省害虫之成绩》刊于《江苏实业月志》1921年第31期5～7页。

11月，祁天锡著、钱雨农译《江苏植物名录》（177页）由中国科学社刊行，上海大同科学社发行所发行。

11月，胡先骕《浙江菌类采集杂记》刊于《科学》1921年第6卷第11期1137～1143页。

11月，胡先骕《江西植物名录（附福建崇安县植物）》刊于《科学》1921年第6卷第11期1144～1171页。

12月，胡先骕《江西植物名录（附福建崇安县植物）》（续第6卷第11期）刊于《科学》1921年第6卷第12期1232～1247页，胡先骕《江西浙江植物标本鉴定名表》刊于1248～1254页。

胡先骕年谱

● 1922年（民国十一年）

1月，东南大学英文系主任梅光迪、生物系教授胡先骕、英语系教授吴宓等在南京创刊《学衡》杂志在上海中华书局出版，据《学衡杂志简章》称，刊物的宗旨是论究学术，阐求真理，昌明国粹，融化新知。以中正之眼光，行批评之职事。胡先骕为中国现代史上重要文化流派"学衡派"创始人之一。《学衡》主编吴宓，主要撰稿人还有王国维、陈寅恪、刘永济等。胡先骕《冬日寄饶树人美洲、辽东林柬杨苏更（诗词）》刊于《学衡》杂志第1期107页。同期，胡先骕《浙江采集植物游记》刊于110、113～118页，胡先骕《书评：评〈尝试集〉》刊于113～118页。

1月，胡先骕《吴伟士教授防治美国加省害虫之成绩》刊于《中华农学会报》1922年第3卷第4期54～55页。

1月，胡先骕《江苏省昆虫局之设创设：吴伟士教授在美国加省治害虫之成绩》刊于《劝业丛报》1922年第2卷第3期194～195页。

2月，胡先骕《一廛：一廛且作江南梦……江上偶成、江上望庐山、春日杂诗（诗词）》刊于《学衡》1922年第2期80～82页；同期，胡先骕《浙江采集植物游记（续）》刊于127～132页；《书评：评〈尝试集〉（续）》刊于142～160页。

3月，胡先骕、佘坚特《浙江植物标本鉴定名表（二）》刊于《科学》1922年第7卷第3期269～273页；同期，胡先骕《浙江温州处州间土民畲客述略》刊于274～283页；《顽石中生存之植物》刊于301～302页；《植物之服药》刊于302～303页。

3月，胡先骕《论批评家的责任》刊于《学衡》杂志1922年第3期44～57页；同期，美国白璧德教授撰、胡先骕译《白璧德中西人文教育谈》刊于《论衡》1922年第3期8～19页；胡先骕《浙江采集植物游记（续）》刊于116～122页；胡先骕《北雁荡、岁暮奉怀然父兼呈简庵、仲通归自美由沪往燕道出金陵聚语半日怅然赋此（诗词）》刊于93～94页。

3月，胡先骕《（甲）农科近况：（一）江苏省委托本科筹备江苏省昆虫局之情形：吴伟士教授防治美国加省害虫之成绩》刊于《农业丛刊》1922年第1卷第2期265～267页。

4月，胡先骕《说今日教育之危机》刊于《学衡》1922年第4期20～29

页,该文对功利主义进行批判:崇尚功利主义之风,自此日甚一日。至有今日廉耻道丧。人欲横行之现象,苟不及时挽救,则日后科学实业愈发达。功利主义之成效愈昭著。国民道德之堕落,亦将愈甚。

4月,胡先骕《浙江采集植物游记(续)》刊于《学衡》1922年第4期99~103页;同期,胡先骕《今日教育之危机》刊于20~29页;胡先骕《书评:评赵尧生香宋词》刊于132~140页;胡先骕《印佛自都以书书讯近状寄此答之俾知故人襟怀澹落生事殊不寂寞非有意招隐也》刊于72页。

5月,胡先骕《生命之起源与生命之特性》刊于《科学》1922年第7卷第5期460~468页。

5月,胡先骕《自松阳县至岱头、朝发白岩、高亭投宿周处士霁光家(诗词)》刊于《学衡》1922年第5期118~119页;胡先骕《西天目、东天目(诗词)》刊于121页。

6月,胡先骕《文录:严几道与熊纯如书札节抄》刊于《学衡》1922年第6期99~104页;胡先骕《南雁荡杂诗即赠陈少文先生(诗词)》刊于《学衡》108~109页;胡先骕《书评:读阮大铖咏怀堂诗集》刊于《学衡》125~133页。

6月,胡先骕《浙江新发现之植物一》《浙江新发现之植物二》刊于《科学》1922年第7卷第6期608~612页。

7月,胡先骕《宿小九华山九华禅禅院、青田舟次口占时洪水初退、永嘉偶题(诗词)》刊于《学衡》1922年第7期78页;胡先骕《齐天乐(鸦)(诗词)》刊于83页;胡先骕《书评:读郑子尹巢经巢诗集》刊于115~124页;胡先骕《浙江采集植物游记(续)》刊于110~114页。

7月,胡先骕,笛而士(Diels, L.)《浙江植物鉴定名表(三)》刊于《科学》1922年第7卷第7期705~706页。

8月,胡先骕《江西浙江植物标本鉴定名表》刊于《科学》1922年第7卷第8期1248~1254页。

8月,胡先骕《文录:严几道与熊纯如书札节抄》刊于《学衡》1922年第8期94~102页;同期,胡先骕《同陈伯严梁慕韩柳翼谋诸前辈太平门外观桃花(诗词)》刊于108页,胡先骕《书评:评金亚匏秋蟪吟馆诗》刊于127~137页。

8月18日,得益于张謇的资助,胡先骕与秉志、钱崇澍等创建中国科学社生物研究所在南京成贤街文德里社址举行开幕典礼,下设动物、植物二部,秉志任所长兼动物部主任，胡先骕任植物部主任，胡先骕领导并参与华东和长江流域各省的植物采集和调查研究工作。

9月，胡先骕《自龙泉至江山杂诗（诗词）》刊于《学衡》1922年第9期116页。

9月，胡先骕、莫礼尔（Merrill, E.D.）、芮德尔（Rehder）、笛而士（Diels）《江西浙江植物鉴定名表（三）》刊于《科学》1922年第7卷第9期958~964页。

10月，胡先骕《书评：评朱古微强村乐府》刊于《学衡》1922年第10期3~11页；同期，胡先骕《浙江採集植物游记（续）》刊于96~101页；胡先骕《梅开五绝、宝鼎现（双十节溢成箫鼓甚盛感赋）（诗词）》刊于92~93页。

11月，胡先骕《植物教学法》刊于《科学》1922年第7卷第11期1181~1191页。

11月，胡先骕《评俞恪士觚庵诗存》刊于《学衡》1922年第11期118~126页。

11月，胡先骕《安福道中、梅树潭（诗词）》刊于《学衡》1922年第11期107、109页。

12月，胡先骕《武功山（诗词）》《江上闲眺（诗词）》刊于《学衡》1922年第12期124~125页；胡先骕《浙江采集植物游记（续）》刊于128~142页。

● **1923年（民国十二年）**

1月，胡先骕《武夷山歌（诗词）》刊于《学衡》1923年第13期124页。

1月，胡先骕著《细菌》（百科小丛书第五辑）由上海商务印馆初版。

2月，胡先骕《书评：读张文襄广雅堂诗》刊于《学衡》1923年第14期121~132页。

2月，胡先骕《哭沈乙庵师（诗词）》刊于《学衡》1923年第14期111~112页。

2月，（美）Jeffrey, E.C（哲勿雷原著），胡先骕译《杂交与天演》刊于《科学》1923年第8卷第2期145~153页。

3月，胡先骕《江西菌类采集杂记》刊于《科学》1923年第8卷第3期311~314页；同期，胡先骕《食铅之木蜂》刊于334页；胡先骕《鼻印认牛之

方法》刊于 334～335 页；胡先骕《美国标准局试验玻璃之法》刊于 335 页；胡先骕《德国灭火之手枪》刊于 335～336 页；胡先骕《灯光下农作物之结实》刊于 336 页。

3 月，胡先骕《玉石洞（诗词）》刊于《学衡》1923 年第 15 期 120 页。

4 月，胡先骕《雩都道中、南城道中、广昌县（诗词）》刊于《学衡》第 16 期 132～133 页。

5 月，胡先骕《自白云隘上岭至伯公坳（诗词）》刊于《学衡》1923 年第 17 期 129 页。

5 月，《农学》（月刊）创刊，由东南大学农科农学编辑部编。胡先骕译《吴博士治蝗谈》刊于《东大农学》1923 年第 1 卷 1 期 99～102 页；同期，胡先骕《说竹荪》刊于 150～152 页。

6 月，胡先骕《通天岩（诗词）》刊于《学衡》1923 年第 18 期 113 页。

6 月，（英）克利弗得著、胡先骕译《信仰之道德》刊于《东方杂志》1923 年第 20 卷第 12 期 70～83 页。

6 月，胡先骕《木兰花慢：重九日作（诗词）》刊于《学衡》1923 年第 18 期 116 页；胡先骕《书评：评胡适〈五十年来中国之文学〉》刊于《论衡》1923 年第 18 期 117～143 页。

6 月，（英国）汤姆森（J.A.Thomson）教授原著《汉译科学大纲（Outline of Science，四卷本）》缩本由上海商务印书馆出版。其中收录胡先骕译作《天演之历史》《人类之上进》《自然史之四》《植物、细菌》《发电发光之生物》《季候之生物学》《蓄养动物之故事》七篇。《汉译科学大纲》由英国著名科学家汤姆生原编著，其中很大程度汲取了积极因素，全面系统地概括了自然科学的基本发展原理。由王岫庐、王璡、朱经农、任鸿隽、竺可桢、秉志、胡先骕、胡明复、胡刚复、段育华、俞凤宾、唐钺、徐韦曼、陆志韦、陈桢、张巨伯、孙洪芬、过探先、杨铨、杨肇燫、熊正理、钱崇澍等合译。

6 月，李积新编辑、胡先骕校订《遗传学》由商务印书馆出版。这是中国学者自己编写最早的《遗传学》教科书，该书首页印有孟德尔照片，并对孟德尔生平作了简要介绍。全书共分 10 章，章末为附说，介绍了植物人工杂交方法，配图 42 幅，并列举参考文献及重要杂志 9 种。

6 月 30 日，胡先骕为自己三十诞辰作《三十初度言志》计七章。

7月1日，北京高等师范学校更名为北京师范大学，李顺卿任博物部生物系主任。

7月3日，东南大学校长办公处通告，校行政委员会决议将南京高等师范学校校牌撤去，南京高等师范学校并入东南大学，农科设生物、农艺、园艺、畜牧、蚕桑、病虫害等系，胡先骕任农科植物学教授兼生物学系主任。

7月，Sinnott, E.W（辛乐德）著，胡先骕译《隔离与物种之变迁》刊于《科学》1923年第8卷第7期732～736页。

7月，胡先骕《哭王然父（诗词）》刊于《学衡》1923年第19期135～136页。

8月，凌昌焕编辑，胡先骕校订《植物学》（现代初中教科书）由上海商务印书馆初版。

8月，胡先骕《春日杂诗（诗词）》刊于《学衡》1923年第20期133～134页。

9月，胡先骕得到陈焕镛的介绍和江西省教育厅的资助，再次赴美前往哈佛大学阿诺德树木园，师从著名植物分类学家杰克（D.G.Jack，1862—1949年）教授，攻读植物分类学博士学位。

9月，胡先骕《龙南县、大庾旅次遇上犹钟君柏森纵谈南中故实形胜极为博洽赠以长句（诗词）》刊于《学衡》1923年第21期122页。

9月，胡先骕《定南下历墟（诗词）》刊于《学衡》1923年第21期122页。

10月，胡先骕著《细菌》（百科小丛书第五辑）由上海商务印馆再版。

10月，凌昌焕编辑，胡先骕校订《植物学》（现代初中教科书）由上海商务印书馆四版。

10月，胡先骕《钟鼓岩（距海开五里属属南华华境）（诗词）》刊于《学衡》1923年第22期84～85页。

11月，胡先骕、邹秉文、钱崇澍合著《高等植物学》由上海商务印书馆初版。内页署名：东南大学农科主任兼植物病理学教授邹秉文、东南大学植物分类学教授胡先骕、东南大学植物生理学教授钱崇澍。全书462页，插图306幅，书末附有英汉名词对照表。书中的内容比较新颖，还改正了以前从国外植物学版本中转译过来的欠妥名称和名词。当时，我国还没有中文本《植物学》教科书，该书即成为国内各大学的主要教材。

11月，编著者凌昌焕编、校订者胡先骕《现代初中教科书植物学》（大学院审定）由上海商务印书馆出版第五版。

11月21日,胡先骕中国科学社第8次年会上当选中国科学社期刊编辑部副主任。

● 1924年(民国十三年)

1月,(英国)汤姆森(J.A.Thomson)教授原著《汉译科学大纲(Outline of Science,四卷本)》(第四册)由上海商务印书馆出版。

1月,胡先骕《书评:评陈仁先苍虬阁诗存》刊于《学衡》1924年第25期119~131页;胡先骕《三十初度言志八章(诗词)》刊于92~94页。

3月,胡先骕《书评:评文芸阁云起轩词抄王幼遐半塘定稿剩稿》刊于《学衡》1924年第27期124~136页。

4月,胡先骕《旅程杂述:(一)海上(二)日本》刊于《学衡》1924年第28期117~132页。

5月,美国众参两院通过第二次退还庚子赔款用于发展中国教育文化事业的议案。

5月,胡先骕《旅程杂诗三十八首(诗词)》刊于《学衡》1924年第29期110~113页。

6月,胡先骕《游东京植物园、游东京护国寺(诗词)》刊于《学衡》1924年第30期122~123页。

7月,胡先骕《文学之标准》刊于《学衡》1924年第31期14~48页;同期,胡先骕《岁暮索居感念然父漫成二解(诗词)》刊于128~129页。

7月,胡先骕《论国人宜注重经济植物学》刊于《科学》1924年第9卷第7期723~729页;同期,胡先骕《增订浙江植物名录》刊于818~847页。

9月17日,为了充分利用庚子赔款,中美两国的有识之士成立中华教育文化基金董事会(China Foundation for the Promotion of Education and Culture,简称中基会),负责管理这项资金,董事会由15位董事组成,独立于中美两国政府之外负责接受、保管、使用美国两次退还庚子赔款共计2100余万美元巨款。大总统曹锟令派颜惠庆、张伯苓、郭秉文、蒋梦麟、范源濂、黄炎培、顾维钧、周诒春、施肇基(以上为中方)及孟禄(Paul Monroe)、杜威(John Dewey)、贝克(John. E. Baker)、贝纳德(Charles R. Bennett)、顾临(Roger S. Greene)(以上为美方)为中华教育文化基金董事会第一届董事。9月18日,在国民政府外交部举行成立会，该会遂告正式成立。10月1日，大总统又令派丁文江董事，合成15人之数，并以颜惠庆为董事长。

9月，胡先骕《读陈石遗先生所辑近代诗钞率成论诗绝句四十首诸家颇有未经见录者（词诗词）》刊于《学衡》1924年第33期139～142页。

9月，胡先骕以一年时间获硕士学位。

10月，胡先骕《春思（诗词）》刊于《学衡》1924年第34期87页；同期，胡先骕《书评：评刘裴村介白堂诗集》刊于116～124页。

10月，H. H. Hu "Notes on Chinese Ligneous Plants" 刊于 "Journal of the Arnold Arboretum" 1924年第5卷第4期227～233页。

12月，胡先骕《说市（诗词）》刊于《学衡》1924年第36期62～63页。

● 1925年（民国十四年）

1月，胡先骕《辛夷树下口占（诗词）》刊于《学衡》1925年第37期84页。

2月，胡先骕《师范大学制评议》刊丁北京《甲寅》1925年第1卷第14期9～12页。

2月，胡先骕《墓场闲步（诗词）》刊于《学衡》1925年第38期118～119页。

3月，胡先骕《雨过（诗词）》刊于《学衡》1925年第39期102页。

5月，胡先骕《断续、蛮语（诗词）》刊于《学衡》1925年第41期123～124页。

5月，胡先骕《留学问题与吾国高等教育之方针》刊于《东方杂志》1925年第22卷第9期15～26页。该文以留学美国之感观和在国内高校执教多年之经验，再次指陈中国高等教育之弊害：吾国高等教育之方针，宜效法英国，以养成人格提高学术为职志，决不可陷于美国化之功利主义中，仅图狭隘之近利。

6月，"Contributions from the Biological Laboratory, Science Sciety of China, Contr Biol Lab Sci Soc China"《中国科学社生物研究所丛刊、中国科学社生物研究所论文集、中国科学协会控制生物实验室文集》创刊，由Biological Laboratory of Science Society of China 编辑出版。Shisan C. Chen（陈桢）"Variation in external characters of goldfish, carassius auratus" 刊于 "Contributions from the biological laboratory of the Science Society of China" 1925年第1期1～64页。

7月，胡先骕获哈佛大学博士学位，博士论文 "Synopsis of Chinese Genera

of Phaenogams with Descriptions of Reprentative Species"（翻译为《中国有花植物属志》《中国植物志属》《中国种子植物科属志》）（上、中、下）。胡先骕旁征博引，充分利用阿诺德树木园的藏品、标本和哈佛大学的丰富藏书，对中国有花植物进行一次全面整理，记录1950篇，3700种中国本土植物，另包括一部分的外来栽培植物，是"关于中国植物学的一项开创性的研究"。从哈佛大学图书馆的信息中可检索出这篇博士论文隶属生物科学之下的植物学。胡先骕在其论文杀青之际，以《中国植物志属书成漫题》赋诗一首：愁听械械夜窗风，灯火丹铅意已穷。末艺剩能笺草木，浮生空付注鱼虫。终知歧路亡羊失，漫诩三年刻楮功。梨枣当灾吾事了，海涛归去待乘风。

6月，H. H. Hu（胡先骕）"*Nomenclatorial Changes for Some Chinese Orchids*"《中国兰科植物新种、中国兰花命名的变化》刊于"NEW ENGLAND BOTANICAL CLUB INC *RHODORA*" 1925年第27卷第318期105～107页。

7月，H. H. Hu "*Further Notes on Chinese Ligneous Plants*" 刊于 "*Journal of the Arnold Arboretum*" 1925年第6卷第3期140～143页。

7月，胡先骕《登西山二绝句、信江归舟口号、坑口旅宿夜谭赠郑君熙文（诗词）》刊于《学衡》1925年第43期135页。

8月，胡先骕《休沐日兀坐森林院林中偶成（诗词）》刊于《学衡》1925年第44期135页。

9月，陆费执、张念恃、胡先骕校《初级生物学》（新中学科教书）由上海中华书局出版。

9月，北京大学生物学系建立，谭熙鸿先生为第一任系主任。

9月18日，北京博物学会发起人（Convener）葛利普和组织秘书（Organizing Secretary）祁天锡发出通告，将于1925年9月21日举行北京博物学会成立大会。9月21日下午5点，在协和医学院解剖楼举行成立大会，确定学会名称为"北京博物学会"（Peking Society of Natural History），学会出版杂志《北京博物学会会志》"The Bulletin of the Peking Society of Natural History"。

10月，H. H. Hu（胡先骕）"*Notes on Chinese Ligneous Plants*"《中国木本植物之记载》刊于"*Journal of the Arnold Arboretum，Journ.Arn.Arb.*"《阿诺德树木园杂志》《阿诺德植物园杂志》1925年第5期227～233页。

12月，H. H. Hu（胡先骕）"*Notes on Chinese Ligneous Plants*"《中国木本植

物之记载》刊于"Journ.Arn.Arb." 1925 年第 6 期 140～143 页。

12 月，胡先骕《东南诸省森林植物之特点》刊于《科学》1925 年第 10 卷第 12 期 1477～1484 页。

12 月，Hu Hsen-hsu *New Species*，"*New Combinations*，*and New Descriptions of Chinese Plants*"《中国植物之新种》刊于"Contr.Biol.Lab.Sci.Soc.China" 1925 年第 1 卷第 2 期 1～5 页。

12 月，胡先骕《楼居杂诗（旅美国作）（诗词）》刊于《学衡》1925 年第 48 期 116～120 页。

是年，胡先骕《浙江植物名录（增订）》由上海大同大学出版。

是年，胡适与胡先骕在上海相遇，二人合影留念，胡适在照片上题字："两个反对的朋友"。在此期间，胡适还热情地邀请胡先骕为他主导编务的《独立评论》写稿。

• 1926 年（民国十五年）

1 月，"The Bulletin of the Peking Society of Natural History，Bull.Peking.Soc.，Nat.Hist."（北京博物学会会志、北京自然历史学会公报、北京博物协会公报）由北京博物学会创刊，每年一卷。

1 月，胡先骕《云间（诗词）》刊于《学衡》1926 年第 49 期 127 页。

2 月，胡先骕《新历除夕（诗词）》刊于《学衡》1926 年第 50 期 141 页。

3 月，胡先骕《中国植物志属书成漫题（诗词）》刊于《学衡》1926 年第 51 期 135 页；同期，胡先骕《书评：评亡龙王然父思斋遗稿》刊于 138～147 页。

3 月，胡先骕《小病累日憩森林院松林下有作（诗词）》刊于《学衡》1926 年第 53 期 140 页。

3 月 27 日，《东南论衡》创刊，每周六出刊，出版第 1 卷第 1 期。胡先骕《东南大学与政党》刊于《东南论衡》1926 年第 1 卷第 1 期 9～14 页。

4 月 3 日，胡先骕《去住》刊于《东南论衡》1926 年第 1 卷第 2 期 17～18 页。

4 月 10 日，胡先骕《诗》刊于《东南论衡》1926 年第 1 卷第 3 期。

4 月，胡先骕夫人王蓉芬不幸逝世。

5 月 1 日，胡先骕《学阀之罪恶》刊于《东南论衡》1926 年第 1 卷第 6 期 4～10 页。

6月19日,胡先骕《天灾人祸与神权》刊于《东南论衡》1926年第1卷第13期。

6月,胡先骕辞去东南大学教职,在中国科学社生物研究所专职从事植物学研究。

7页,胡先骕经舟山、香港到广州,参加中国科学社年会,讨论发展中国科学事业,开展科学工作等问题。

7月17日,胡先骕《英人之愚呆》刊于《东南论衡》1926年第1卷第17期。

8月7日,胡先骕《文苑》刊于《东南论衡》1926年第1卷第20期。

8月,胡先骕著《细菌》(百科小丛书第五辑)由上海商务印馆三版。

8月,胡先骕《休沐郊遊感兴即寄程柏庐王简盦吴雨僧梅迪生(诗词)》刊于《学衡》1926年第56期135页。

9月,胡先骕《海风(诗词)》刊于《学衡》1926年第57期125页。

10月,胡先骕出席在日本东京召开的第三届太平洋科学会议,Hu Hsen-hsu "*A Preliminary Survey of the Forest Flora of Southeastern China*"《中国东南诸省森林植物初步之观察》(Abstract)收入 "*Proceedings of the third Pacific Science Conference, Tokyo*"《日本东京第三届太平洋科学会议论文集》第2集1904~1905页。会议期间,胡先骕听到日本学者首次发现举世稀有的川苔草科植物(Podostemonaceae)的报告时,预见中国肯定也有川苔草科植物的分布。

10月9日,胡先骕《致熊纯如先生论改革赣省教育书》刊于《东南论衡》1926年第1卷第29期。

是年秋,静生生物调查所得到中基会资助年金1.5万元,并得到建筑补助费,建造一座两层的实验楼,并添置了不少仪器设备。所长秉志又被聘为中基会的研究教授,胡先骕则任植物部主任,兼植物研究教授,月薪达300元。生物研究所从此有了稳定的经济来源,又添聘两位技师,研究渐渐有了成绩,也逐渐引起学界的注意,以至成为中国现代生物学的摇篮。

10月,Hu Hsen-hsu "*A Preliminary Survey of the Forest Flora of Southeastern China*"《中国东南诸省森林植物初步之观察》刊于 "*Contr Biol Lab Sci Soc China*" 1926年第2卷第5期1~20页。

10月,胡先骕《永夜(诗词)》刊于《学衡》1926年第58期140页。

11月,胡先骕《蜻洲游草》油印本印行,《蜻洲游草》是胡先骕印行的第一部诗集。

● 1927年（民国十六年）

是年春，胡先骕由日本取道威海卫佛海回国，到达北京。在京期间，经五兄胡湛之和张景衍长兄、留日学生张孟真介绍与张景珩女士相识。张景珩（1903—1975年），江西临川人，北京首善医院护士学校毕业，毕业后留院管理财务。

2月，胡先骕、陈焕镛编纂《中国植物图谱》（第1卷）由商务印书馆印刷发行。

3月，胡先骕、殷宏章、薛邦祥《天演论最近的趋向》刊于《南开大学周刊》1927年第46期14～21页。

3月，《南开大学周刊》1927年第46期32～33页刊登《校闻：胡先骕先生讲演天演论》。

4月，胡先骕《泛太平洋学术会议植物组重要论文絜要》刊于《科学》1927年第12卷第4期507～518页；同期，胡先骕《参观日本植物森林研究机关小记》刊于538～543页。

5月，胡先骕《化生说与生命之起源》刊于《科学》1927年第12卷第5期571～583页。

是年夏，胡先骕与张景珩结婚，并携昭文至杭州一游。

9月，中国科学社生物学研究所邹秉文、胡先骕、秉志联名致函中华文化教育基金会董事会干事长范源濂（字静生），建议中基会在北京设立生物调查所。

9月，经胡先骕介绍，王易前往南京任第四中山大学国文系教授。

10月，胡先骕著《细菌》（万有文库第一集一千种）由上海商务印馆出版。

是年，H. H. Hu（胡先骕）"Synoptical Study of Chine Setorreyas"《中国榧属之研究》、R. C. Ching（秦仁昌）"With Supplemetal Notes on the Distribution and Habitat"《附以分布及产地之记述》刊于"Contr Biol Lab Sci Soc China"《中国科学社生物研究所丛刊》1927年第3卷第5号1～37页。

● 1928年（民国十七年）

2月28日，静生生物调查所成立，由胡先骕与秉志等在北京创办。中基会与尚志学会达成共识，共同组建生物调查所，为纪念范源濂先生，以"静生"命名，全称为静生生物调查所（Fan Memorial Institute of Biology），经费由中基会按年度预算拨付。尚志学会将此前范源濂捐助的15万元作为静生生物调查所建设

基金,由中基会负责保管生息。秉志任动物部主任,胡先骕任植物部主任,兼北京大学和北京师范大学生物学系教授,讲授植物学。胡先骕全家移居北平石驸马大街99号。

3月,胡先骕《种子植物分类学之近来趋势》刊于《科学》1928年第13卷第3期315~323页。

4月,中基会致函中国科学社理事会,商借秉志每年两个月到京主持静生生物调查所事务,科学社理事会同意。

4月30日,秉志向中基会干事长任鸿隽推荐胡先骕共同筹办静生生物调查所,他不在北京时,由胡先骕主持所务。

5月,胡先骕、邹秉文、钱崇澍合著《高等植物学》(第四版)由上海商务印书馆出版。

6月9日,中央研究院第一次院务会议在上海东亚酒楼举行,宣告中央研究院正式成立。

7月18日,静生生物调查所委员会成立,由中基会周诒春、任鸿隽、翁文灏、丁文江与尚志学会陈宝泉、王文豹、江庸、祁天锡及范源濂弟范旭东组成,负责对重要事务做出决定。第一次会议在北平南长街22号中基会事务所举行,除江庸和丁文江外,其余委员均出席。会议通过《静生生物调查所委员会章程》《静生生物调查所计划及预算》,推举任鸿隽为委员会主任,翁文灏为书记,王文豹为会计等。秉志提议胡先骕任植物部主任。会议主席说明,秉志不在北平时,由胡先骕代行所长职权。会议决定,静生生物调查所成立日期为10月1日。

9月,H. H. Hu(胡先骕)"*Sinojackia, A New Genus of Styracaceae from Southeastern China*"《捷克木,中国东南安息香科之新属》刊于"*Journ.Arn.Arb.*"1928年第9卷第2、3期130~131页。

10月1日,静生生物调查所成立典礼在石驸马大街83号举行。中基会董事会职员、尚志学会职员、静生生物调查所委员会委员、该所职员、北平博物会职员、各学校生物教授等中外宾客50余人出席。静生生物调查所设动物部和植物部,分别由秉志、胡先骕任主任。植物部成员有唐进、汪发缵、李建藩、冯澄如、张东寅等。冯澄如(1896—1968年),江苏宜兴人,中国现代植物科学绘画的开拓者,中国科学植物(生物)画的创始人。冯澄如从小热爱绘画,他的哥哥与徐悲鸿是同窗,两家往来如邻里,后受聘于南京高等师范学校任国文、史

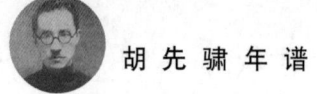

地预科图工教师。南高、东大设立生物系绘制教学用挂图、为生物研究所的研究著作绘制插图，后随胡先骕北上至北平静生生物调查所。胡先骕、陈焕镛、秦仁昌等编撰的《中国植物图谱》《中国森林树木图志》《中国蕨类植物图谱》等为中国学者自己研究中国植物的开山之作。这些图谱中的图绝大部分都是冯澄如一人所绘，图片左下角的"C.R.FengDel, et Lith."，即为"冯澄如画及印"。冯澄如《生物绘图法》1959年1月由科学出版社出版，为中国第一本生物科学绘画法专著。

11月9日，《中央研究院组织法》公布，明定"中央研究院直隶于国民政府，为中华民国最高学术研究机关"，宗旨为"实行科学研究，并指导、联络、奖励全国研究事业，以谋科学之进步，人类之光明"。设立：物理、化学、工程、地质、天文、气象、历史语言、国文学、考古学、心理学、教育、社会科学、动物、植物等14个研究所，中央研究院工作人员控制在500人以内。《中央研究院组织法》第五条规定中央研究院成立评议会，为全国最高学术评议机关，由院长聘任国内专门学者30人组成，院长为议长，院所辖研究所所长为当然评议员。

12月，胡先骕《寿熊纯如丈六十（诗词）》刊于《学衡》1928年第66期134页。

12月，H. Handel-Mazzetti "Reviewed Work：*Icones piantarli m sinicarum*，*Fase. I by HU Hsen-Hsu，CHUN Woon-Young*" 刊于 "Österreichische Botanische Zeitschrift" 1928年第77卷第4期310～311页。

是年，胡先骕《静生生物调查所工作和计划概要》"THE FAN MEMORIAL INSTITUTE OF BIOLOGY AN OUTLINE OF ITS WORK AND PLANS"刊印。

● 1929年（民国十八年）

1月，静生生物调查所所长、美国哈佛大学科学博士胡先骕，中山大学农林植物研究所所长、美国哈佛大学森林学硕士陈焕镛编纂《中国植物图谱》"*Icones Plantarum Sinicarum*"（第2卷）刊印。北京植物学会（Botanical Institute of Peking）赠送《中国植物图谱》第二卷给韩尔礼。韩尔礼[奥古斯汀·亨利，Augustine Henry，1857—1930年，曾担任在大清皇家海关税务司的医官，大量的采集植物标本，成为早期植物学的先驱，与亨利·约翰·艾域士（Henry John Elwes）共同主编《大不列颠与爱尔兰树木志》（共七卷），1907年协助建立剑桥

大学的林学院（School of Forestry）]。

1月，胡先骕《科学社十五周年纪念大会志盛》刊于《清华大学校刊》1929年第34期0～1页。

1月，Hu Hsen-hsu "The Nature of the Forest of Southeastern China"《中国东南部诸森林之特性》刊于"Bull.Peking.Soc.Nat.Hist." 1929年第4卷47～56页。

4月，胡先骕、邹秉文、钱崇澍合著《高等植物学》（第五版）由上海商务印书馆出版。

4月，《静生生物调查所汇报》"Bulletin of the Fan Memorial Institute of Biology"，"Bull.Fan Mem.Inst of Biol." 创刊出版，初为动物植物论文合刊，后分别刊行，至1941年，植物部分出版至第十一卷。

5月16日至25日，第四次太平洋科学会议在荷属印度巴达维亚（今印度尼西亚爪哇）举行，中国派出翁文灏、竺可桢、胡先骕、余青松等人参加会议，均在会上宣读论文。按第三次会议，以中国科学社为中国代表机构的决定，翁文灏作为中国代表出席该会议的各项国际委员会。

6月30日，Hu Hsen-hsu、S.M.、S.D. "Prodromus Flora Sinensis II：Olacaceae Linaceae Sapindaceae"《中国植物长编 幌木科 亚麻科 无患子科》刊于"Contr Biol Lab Sci Soc China" 1929年第3卷第5期1～77页。该文还刊于"Bull.Fan Mem. Inst of Biol." 1929年第1卷第1号11～47页。

8月21日至25日，中国科学社在北平燕京大学举行本社第14次年会，任鸿隽、竺可桢、葛利普、张子高、姜立夫、赵元任、秉志、胡先骕、吴有训、熊庆来等74人到会，宣读论文26篇。葛利普演讲称中国科学社应将科学普及、科学教育和科学研究三者并行，将来成为可与美英之鼎足而成"A、B、C"。

8月，《中央研究院自然历史博物馆丛刊》"Sinensia Contributions from the Metropolitan Museum of Natural History National Research Institute，Sinensia" 创刊于南京，月刊，出版第1卷第1号，中英双语，由中央研究院自然历史博物馆编辑并印行，1934年6月停刊。

8月31日，中国古生物学会创立大会在北平中信堂正式召开，丁文江，葛利普、孙云铸、俞建章、周赞衡等10人到会，由葛利普任主席，通过会章，选举孙云铸为会长，计荣森为书记，李四光、赵亚曾、王恭睦、杨钟健为评议员。同年9月17日在北平兵马司地质调查所召开首次学术讨论会。

9月，陆费执、张念恃、胡先骕校《初级生物学》（新中学科教书）由上海中华书局八版。

10月，胡先骕著、王岫庐编辑《细菌》（万有文库）由上海商务印馆出版。

是年，中国科学社董事会梁启超、严修于年内去世，理事会先后补选吴稚晖、宋汉章为董事，理事会理事竺可祯（会长）、杨孝述（总干事）、周仁（会计）、过探先、王琎、任鸿隽、胡刚复、杨杏佛、叶企孙、秉志、赵元任、翁文灏。生物研究所所长秉志，图书馆主任路敏行，编辑部主任王琎。

是年，胡先骕《经济植物学与中国农业之关系》刊于《农学周刊》1929年第1卷第15、16期。

10月，Hu Hsen-hsu "Two New Species of Corpinnus from Szechwan"《四川鹅耳枥属之二新种》刊于"Journ.Arn.Arb." 1929年第10期154～156期。

12月14日和15日，《北大日刊》1929年第2304、2305期第2页刊登《北大生物学会公开讲演通告：（一）主讲：中国植物学家胡先骕先生》。

● 1930年（民国十九年）

1月，Hu Hsen-hsu "Further Obervation on the Forest Flora of Southeastern China"《中国东南部诸省森林植物进一步观察》刊于"Bull.Fan Mem.Inst of Biol." 1929年第1卷第3期51～63页。

1月，H. H. Hu "Notulae Systematicae ad Floram Sinensem I"《中国植物分类小志（一）》刊于"Journal of the Arnold Arboretum" 1930年第11期48～50页。

1月，中央研究院自然历史博物馆植物技师秦仁昌、静生生物调查所植物部主任胡先骕编纂《中国蕨类植物图谱》（第一卷）"ICONES FILICUM SINICARUM"由中央研究院自然历史博物馆、静生生物调查所合印。

4月，胡先骕编《植物学小史》（万有文库 第1集 王云五主编）由商务印书馆初版。此书主要取材于英国R.J.Harvey-Gibson所著"Outlines Of the History of Botany"。

5月，胡先骕《第四次太平洋科学会议植物组之经过及植物机关之视察》刊于《科学》1930年第4卷第5期683～692页。

5月10日，胡先骕《斯末资将军之全化论》刊于《东方杂志》1930年第27卷第9号85～90页，介绍斯末资及其整体论。在此文中开篇就抨击中国学界对

达尔文《演化论》误解为机械论，误将社会变化理解为物理化学的进化发展，盲从追随线性科学而忘记有机整体的宏观思维。

6月，胡先骕《诗四首：（1）节物、（2）断续、（3）贵溪道中、（4）乌栖铺》刊于《江西旅平学会会刊》1930年六月号84页。

8月，胡先骕著《植物学小史》（万有文库第一集）由商务印书馆初版。

8月15日，中国科学社在青岛开会，胡适参加会议。会议决定编译委员会分作两组，甲组：丁文江、赵元任、陈寅恪、傅斯年、陈源、闻一多、梁实秋；乙组：王季良、胡经甫、胡步曾、竺藕舫、丁西林、姜立夫。

6月，Hu H H "The Importance of Plant Ecology in China and a Suggested Procedure of Study"《植物生态学研究在中国之重要性及其研究计划》刊于"Bull. Dep. Biol. Yenching Univ."《燕京大学生物学公报》1930年第1卷第2期1~6页。

8月16日至23日，第五届世界植物学大会在英国剑桥大学召开，1175人参会。中国首次派出5名代表参会，陈焕镛教授（代表国民政府外交部、中国科学社、中大农林植物所、北平静生所）、秦仁昌教授（中研院自然历史博物馆）、张景钺教授（中央大学）、斯行健教授（中研院地质所古植物学）、林崇真教授（广东省建设厅应用植物学）；胡先骕教授（北平静生生物调查所）虽是正式代表，但因公务忙未能出席。陈焕镛代表中国植物学家向大会致贺词，并在大会上作了题为《中国最近十年来植物科学发展概况》的报告，内容述及我国植物学的发展以及从事教学与科研的中国学者的奋斗开拓精神，博得与会者的兴趣与重视，因而大会将中国植物研究列为重要议题之一。会上，陈焕镛、胡先骕、史德尉教授被选入国际植物命名法规委员会，这是中国植物学家加入国际植物学会及其植物命名法规（International Code of Nomenclature）委员会之开端。艾伯特·牛顿·史德尉（Albert Newton Steward，1897—1959年），美国传教士和著名植物学家，金陵大学植物分类学教授，1921年从俄勒冈农学院毕业获植物学学士学位后与夫人一起来到中国，担任循道卫理公会的教育传教士并在南京金陵大学教授植物学。1926年史德蔚回到美国并在哈佛大学获得生物学博士学位。1930年他再次来到南京并在金陵大学工作20年，教授植物学和采集植物标本，在古根海姆基金资助下，Steward和Elmer Drew Merrill在哈佛阿诺德植物园合作编写《中国扬子江下游维管植物手册》。1951年回到美国后被任命为俄勒冈州立大学植物标本馆馆长和教授。他先后在中国工作26年，在植物学教学和研究中做出重要贡献。

9月，Hu H H "*Botany at the Fourth Pacific Science Conferenss*"《第四次太平洋科学会议上之植物学》刊于私立岭南大学《岭南学报》"*Lingnan Journal*" 1930年第9期323～326页。文中再一次表明并推测我国东南沿海各省，如广东、福建、浙江等多山省、县以及长江上游肯定会有川苔草科植物。1944年2月，厦门大学生物系赵修谦在福建省长汀县东北隅龙门的岩石上采到该科植物1种，1年之后又在汀江流域、晋江和闽江流域发现2种。经鉴定，这3种均为我国特有，即川藻（*Terniopsis sessilis* Chao）、中国川苔草［*Cladopus*（Lawiella）*chinesis* Chao］、福建川苔草（*Cladopus fukiensis* Chao）。1954年林英在海南岛吊罗山的三角山发现川苔草科植物。

是年秋，吴宗慈到江西庐山，掌管江西乐平采矿公司牯岭转运公司。当他得知庐山自清康熙年间后二百多年无人续修山志，便萌发了为庐山修志的强烈愿望，毅然放弃实业。时年吴宗慈已有51岁。在庐山，经过认真调查、亲身履勘、广泛咨访、查阅典籍档案资料，并邀请著名科学家胡先骕、李四光一起，历时四年，完成《庐山志》稿并付印。

10月，H. H. Hu "*Notulae Systematicae ad Floram Sinensem Ⅱ*"《中国植物分类小志（二）》刊于"*Journal of the Arnold Arboretum*" 1930年第11卷第4期224～228页。

10月10日，德国植物学家阿道夫·恩格勒去世。恩格勒（Engler, Adolf Gustav Heinrich, H.G.A.Engler, 1844—1930年），德国植物学家，出生于普鲁士王国的萨根（今属波兰），1866年在弗罗茨瓦夫大学获得博士学位并留校任教，1871年成为慕尼黑植物研究所植物标本采集管理员，1878年担任基尔大学教授并当选为德国自然历史科学院院士，1884年担任布雷斯劳大学（University of Breslau）教授和布雷斯劳植物园主任，1889—1921年担任柏林大学教授和柏林达勒姆植物园（Berlin-Dahlem Botanical Garden）主任。恩格勒对植物分类学具有巨大的贡献，包括从藻类到有花植物的恩格勒分类系统目前仍然被许多植物标本馆和植物志使用。恩格勒创办了《植物分类、发生学和地理学年鉴》"*Botanische Jahrbücher für Systematik, Pflanzengeschichte und Pflanzengeographie*"（ISSN 0006-8152），从1881年直到如今一直在莱比锡出版。其他著作有《植物自然分类》"*Die Natürlichen Pflanzenfamilien*"、《植物界》"*Das Pflanzenreich*"、《地球植被》"*Vegetation der Erde*"、《东非及其附近区域的植物界》"*Die pflanzenwelt Ost-Afrikas und der nachbargebiete*"等。柏林植物园出版的杂志"*Englera*"（ISSN

0170-4818）也是以他命名的，有许多植物的属名也是为纪念他命名的，如沙穗属（*Englerastrum*）、恩格勒豆属（*Englerodendron*）等。柏林植物园 Engler 和 Prantl（1849—1893 年）于 1887—1915 年提出了第一个系统发育分类系统。1913 年他获得伦敦林奈学会颁发的林奈金质奖章，国际植物分类协会于 1986 年为纪念他设立了恩格勒奖章。恩格勒系统是德国分类学家恩格勒（A.Engler）和勃兰特（K.A.E.Prantl，1849—1893 年）于 1897 年在其《植物自然分科志》巨著中所使用的系统，它是分类学史上第一个比较完整的系统，将植物界分 13 门，第 13 门为种子植物门，再分为裸子植物和被子植物两个亚门，被子植物亚门包括单子叶植物和双子叶植物两个纲，并将双子叶植物纲分为离瓣花亚纲（古生花被亚纲）和合瓣花亚纲（后生花被亚纲）。恩格勒系统将单子叶植物放在双子叶植物之前，将合瓣花植物归并一类，认为是进化的一群植物，将柔荑花序植物作为双子叶植物中最原始的类群，而把木兰目、毛茛目等认为是较为进化的类群，把豆目归为蔷薇目下的一个科等，这些观点为现代许多分类学家所不赞同。恩格勒系统几经修订，在 1964 年出版的《植物分科志要》第十二版中，已把双子叶植物放在单子叶植物之前，植物界共有 62 目 344 科，其中双子叶植物 48 目 290 科，单子叶植物 14 目 54 科。

11 月，胡先骕 "*On Chinese of Genus Dactylicapnos*"《中国指草蕨属（*Dactylicapnos*）各种之研究》刊于 "*Bull.Fan Mem. Inst of Biol.*" 1930 年第 1 卷第 12 号。*Dactylicapnos* 现在译为紫金龙属。

11 月 20 日，胡先骕次女胡昭静生于北平石驸马大街 99 号寓所。

是年，中国科学社理事会成员有王琎（会长）、杨孝述（总干事）、周仁（会计）、翁文灏、赵元任、胡刚复、秉志、杨杏佛、丁文江、任鸿隽、竺可祯、胡庶华、孙洪芬、李仪祉、胡先骕。

● 1931 年（民国二十年）

2 月，周岸登《蜀雅》刊印，胡先骕作《蜀雅序》，王易题写《蜀雅》书名。

3 月，（日）西村真次著、张我军译、胡先骕校《人类学泛论》由神州国光社初版。

3 月，《农业周报》1931 年第 1 卷第 9 期 43 页刊登《农界人名录：胡先骕》。

胡先骕，字步曾，江西新建县人，年三十八岁。一九一六年得美国加利福尼亚大学植物学学士，一九二四年得哈佛大学科学硕士；一九二五年得科学博士。SrgmaXi 会员，美国兰科学会通讯会员，第四次太平洋科学会议保存天然纪念物委员会中国代表，万国植物学会学名审定委员。历任江西庐山森林局副局长；江西实业厅技术员；东南大学植物系系主任、教授；中国科学社生物研究所植物部主任。现任北平静生生物调查所植物部主任兼代所长。著有《高等植物学》《中国植物图谱》《中国蕨类植物图谱》《细菌》《植物学小史》《科学大纲诸书》。论文散见中外各书报不具录。

3月，北平研究院植物学研究所《北平研究院植物学研究所丛刊》"Contributions from the Institute of Botany National Academy of Beiping" 出刊第1卷第1号。

4月，中基会出资在文津街3号兴建大厦落成，三层钢筋水泥框架结构，百余间，由所属静生所与社会调查所合用，后社会调查所迁往南京，该建筑全部由静生所使用。

5月，应陈三立之邀，胡先骕赴庐山考察，为新编《庐山志》撰写物产部分。

7月1日，H. H. Hu "Notulae Systematicae ad Floram Sinensem Ⅲ"《中国植物分类小志（三）》刊于"Journal of the Arnold Arboretum"1931年第12卷第3期151～156页。Hu H H "Notulae Systematicae ad Floram Sinensem Ⅳ"《中国植物分类小志（四）》刊于333～336页。

8月，胡先骕编《植物学小史》（百科小丛书 王岫庐主编）由商务印书馆初版。

9月，陈衡哲主编《中国文化论集》刊行，其中收录胡先骕《生物科学》。《中国文化论集》2009年1月由福建教育出版社再版。

11月7日，胡先骕（Hsen Hsu Hu）、蔡希陶（Hse Tao Tsai）"Notes on Some Labiatae from Sczechwan"《中国唇形花科之研究》刊于"Bull.Fan Mem.Inst of Biol."1931年第2卷第13号259～264页。

12月，Hu, H. H.（胡先骕）"Plantae Tsiangianae：Corylaceae"《蒋氏贵州榛科植物志》刊于《中央研究院自然历史博物馆丛刊》1931年第2卷第4期78～93页。Hsen-Hsu Hu（胡先骕）"A New Rehderodendron from Kweichow"《贵州芮德木之一新种》刊于"Sinensia"109～110页。

是年，胡先骕为撰写《庐山志》而到庐山调查时，就感到庐山适合建森林植物园，由此可以实现自己多年来的宿愿。

是年，胡先骕派遣蔡希陶赴云南进行大规模的动植物标本采集，此项工作持续十余年。

● 1932年（民国二十一年）

1月1日，秉志因难以兼顾南北两所（静生所和中国科学社生物研究所），提出辞去静生生物调查所所长职务，改由胡先骕担任静生生物调查所所长。

1月，胡先骕《呈伯庐丈：忠诚格天地豺虎不敢侵乱世求苟全……》刊于福建教育厅教育周刊编辑委员会编辑《教育周刊》1932年百期纪念号110页。

3月18日，Hsen Hsu Hu "Rehderodendron, A New Genus of Styraceae from Szechwan"《木瓜红属，四川安息香科之新属新种》刊于《静生生物调查所汇报》1932年第3卷第5号。

4月，《静生生物调查所、江西省农业院庐山森林植物园第二次年报（1931年）》出刊。森林植物园委员长龚学遂、胡先骕，副委员长金绍基、范锐，会计董时进、程时燉，书记秦仁昌。职员：主任秦仁昌，会计胥石林，技术员汪菊渊、雷震，助理员曾仲伦，练习生冯国楣、刘玉时。庐山森林植物园第二次年会于4月10日在南昌举行。

6月，Hu, H. H.（胡先骕）"Plante Tsiangianae, Corylaceae"《蒋氏贵州榛科植物志》刊于《中央研究院自然历史博物馆丛刊》1932年第3卷第2期79～93页。

7月，H. H. Hu "Notulae Systematicae ad Floram Sinensem V"《中国植物分类小志（五）》刊于"Journal of the Arnold Arboretum" 1932年第13卷第3期333～336页。

9月，Hu, H. H.（胡先骕）"Plantae Tsiangianae: Elaeocarpaceae & Betulaceae"《贵州蒋氏胆八树科及桦木科植物志》刊于《中央研究院自然历史博物馆丛刊》1932年第3卷第3期84～90页。

9月，秦仁昌自欧洲游学回国，入静生所工作。他在欧期间由中基会资助拍摄的1.8万张中国植物模式标本照片底片归静生所收藏。

8月28日，胡先骕《讨论：（二）与汪敬熙先生论中国今日之生物学界》刊于《独立评论》1932年第15期14～21页。

9月，胡先骕撰《双子叶植物分类》序文（英人哈钦松著，黄野萝译 中华教育文化基金董事会编译委员会编辑）。

11月16日，胡先骕《政府任命翁文灏为教育部长感言》刊于《国风半月刊》1932年第1卷第8号35～37页。

11月24日，胡先骕《中国今日救亡所需之新文化运动》刊于南京钟山书局《国风》1932年第9期29～32页，其中写道：虽尽量介绍欧美之思潮，然于欧西文化之精神，并无真确之认识，哺糟啜醨，学之而病。提倡新教育而反使人格教育日趋于破产。

● 1933年（民国二十二年）

1月，静生生物调查所所长、美国哈佛大学科学博士胡先骕，中山大学农林植物研究所所长、美国哈佛大学森林学硕士陈焕镛编纂《中国植物图谱》(Icones Plantarum Sinicarum)（第3卷）由静生生物调查所印行。

1月，杜亚泉《下等植物分类学》和《高等植物分类学》（百科小丛书）由商务印书馆初版。

1月，（英）哈第（M.Hardy）著、胡先骕译《世界植物地理》（百科小丛书 王云五主编）由上海商务印书馆初版。

1月17日，鉴于华北处于日军威胁之下的严峻情势，胡先骕在静生生物调查所委员会第十一次会议上提出在南方建立分所的建议。

5月，胡先骕编《植物学小史》上海商务印书馆国难后1版。

6月，（英）哈第，胡先骕《世界植物地理》刊于《地理杂志》1933年第6卷第6期35页。

6月，（英国）汤姆森（J.A.Thomson）教授原著《汉译科学大纲（Outline of Science，四卷本）》缩本由上海商务印书馆出版。

6月，胡先骕、罗雨秋《四川农村复兴问题之讨论：中国科学社第十八次年会讲词之一》刊于《青年世界杂志》1933年第2卷第4期48～59页。胡先骕、杨吉述、曾慎《提案一束：（二）建议四川省政府组织四川富源调查利用委员会》刊于83～84页。

6月，Hu Hsen-hsu "Distribution of Taxads and Conifers in China"《中国红豆杉

和针叶树的分布》刊于"University of Toronto Press *Proceedings of the Fifth Pacific Science Congress, Canada*"《第五次太平洋科学会议论文集》3273~3288页。

7月，童致棱原编、胡先骕校订《复兴初级中学教科书·植物学》（上册、下册）由商务印书馆出版发行，该教科书的编写内容比较系统和全面，附有插图182幅，被业界认为是当时编写水平最高的教科书之一，也是当时全国各地普遍采用的教科书。

7月，Hu, H. H. "*A Review of the Genus Carpinus in China*"《中国鹅耳枥属的综述》刊于"*Sunyatsenia*" 1933年第1卷第2、3期103~120页。

8月，《科学画报》创刊，在当时众多科普刊物中异军突起，成为至今仍延续发行、影响极为深远的科普读物，也成为中国科学普及的旗帜。

8月16日至21日，中国西部科学院在重庆举行本社18次年会，卢作孚、秉志、周仁、胡先骕、伍连德、戴芳澜、李振翩等100余人到会，收到论文42篇。

8月20日，为了发展祖国现代植物科学事业和使各地广大植物科研人员和教学人员互通声气，促进学术交流，并在社会上普及植物学知识。经胡先骕、辛树帜、李继侗、张景钺、裴鉴、李良庆、严楚江、钱天鹤、董爽秋、叶雅各、秦仁昌、钱崇澍、陈焕镛、钟心煊、刘慎谔、吴韫珍、陈嵘、张珽和林镕19名植物学家发起及筹备，8月20日在四川重庆北碚中国西部科学院召开中国植物学会成立大会，大会通过中国植物学会章程和创办中文季刊《中国植物学杂志》（英文名称为"*The Journal of the Botanical Society of China*"）等提案，推举胡先骕、辛树帜、戴芳澜和马心仪4人为选举委员，负责选举第一届董事、评议员及总编辑事宜。选举结果如下：①蔡元培、朱家骅、秉志、翁文灏、任鸿隽、丁文江、马君武、邹秉文、周贻春为董事；②钱崇澍、陈焕镛、张景钺、秦仁昌、钟心煊、李继侗、刘慎谔为评议员；③胡先骕为《中国植物学杂志》总编辑，张景钺、李继侗、林镕、李顺卿、裴鉴、耿以礼、左景烈、邓叔群、钟心煊、汤佩松、陈焕镛、俞大绂、戴芳澜、董爽秋、马心仪、胡昌炽为编辑员。

8月，胡先骕《论博士考试》刊于《独立评论》1933年64期13~15页。

10月，胡先骕《蜀遊杂感（未完）》刊于《独立评论》1933年第70期13~17页。

11月，胡先骕《蜀遊杂感（续）：（四）四川之经济、（五）裁兵与屯垦》刊于《独立评论》1933年第71期13~19页。

12月，（英）哈第（M.Hardy）著、胡先骕译《世界植物地理》（万有文库第1集 王云五主编）由上海商务印书馆初版。

12月，杜亚泉《高等植物分类学》由商务印书馆出版。

12月，Hu, H. H. "*Phytogeography of Chinese Styraceae*"《中国安息香科之植物地理》刊于《岭南学报》1933年第12期111～113页。

12月，胡先骕再度到江西，出席江西省农业院理事会第一次会议。在会上，他力陈由静生生物调查所与江西省农业院合办庐山森林植物园，得到与会理事们的赞同。回北平后，胡先骕在静生生物调查所委员会第十二次会议上，汇报在江西调查的情况，提出筹设庐山森林植物园议案，以及筹设的方式和预算，原则上得到通过。

是年，周岸登《蜀雅》12卷、《蜀雅别集》2卷由中华书局刊印，胡先骕于1931年2月作《蜀雅序》。

是年，吴宗慈《庐山志》刊印，其中《庐山志》（卷8）收入胡先骕《庐山之植物社会》。

是年，美国洛克菲勒基金会自本年起每年补助生物研究所研究员两名额经费2000余元。并于1935年补助该所新生理学设备费6000元。中国科学社理事会成员：任鸿隽会长，周仁会计，杨孝述总干事，丁文江、王琎（常务）、胡先骕、李仪祉、胡庶华、孙洪芬、翁文灏、赵元任、胡刚复（常务）、秉志（常务）、竺可桢（常务）、李四光。

是年，胡先骕《四川杰出人物卢作孚及其所经营之事业》刊于《为小善周刊》1933年第2卷第17～52期26、28～32页。

1934年（民国二十三年）

1月，《江西教育》1934年第1期147～154页刊登《国产木材之研究与中国农林工程及军备建设上之关系，胡先骕先生讲演》。

2月6日，胡先骕次子胡德耀生于北平西红门2号寓所。

2月，胡先骕《评钱基博〈现代中国文学史〉》刊于《青鹤》1934年第2卷第4期1～8页。

3月，《中国植物学杂志》创刊，由中国植物学会编辑。胡先骕《发刊词》刊于《中国植物学杂志》第1卷第1期1～2页；同期，胡先骕《中国近年植物

学进步之概况》刊于3～10页。《发刊词》：吾国地处温带，北接朔漠，南鄰炎荒，东至海澨，西抵雪古，名山大川，宇内鲜敞，地形气候，变易万千，故植物品汇特多，而禹域有花国之号也。国人复秉先儒格物致知，利用厚生之教，争以多识，鸟兽草木之名为尚，故本草之学特为发达，神农假托，固不足信，然自陶弘景至李时珍，治斯学之人，虽屈指数。至吾其濬，则则駸駸有纯粹科学研究之楷模矣。他如欧公之洛阳牡丹谱范成大之南方草木状，以及吴菌谱苔谱等作，尤见昔人研讨之精，已有欧西学者之科学精神矣。至真正效法欧西之植物学研究，在吾国尚为民国纪元以后之事。至近年则国内斯学之研究甚为发达。专研植物分类学之研究所有四，此外尚有各大学之植物标本室。遂使斯学之进步，有一日千里之势。分类学专家已有多人，皆能独立研究，不徒赖国外专家之臂助。关于中国蕨类植物之研究，且驾多欧美学者而上之。即在具普遍性之形态学、生理学、细胞学诸学科，亦有卓越之贡献。此种长足之进步，殆非二十年前所能梦见者也。然斯学专精之造就，虽亟可称，而普及方面，仍鲜进步。中等学校植物学之教学设备，仍简陋如故也。一般社会对于斯学，仍冷淡如故也。植物学之知识，不能传布于农林园艺界如故也。所以然者，则由于治斯学者，咸汲汲于专业之研究，未暇计及于求斯学之广播。学人散处四方于全体之学会以通声气，供切磋；而专门之论文，又多以欧文发表于各专科之中，为一般社会所不常见；无怪乎专家之研究，对于一般社会影响殊少也。今夏中国植物学会成立于四川北碚西部科学院，会前及会期中同人佥以为欲求植物学之发达，必须提倡专业外之研究，育成一般社会对于植物学之兴趣，则半通俗式之刊物，有今日实有发刊之必要。且在今日之植物学界，虽专门研究多知努力，然对于各级学校之植物学教学法，尚少注意，而纯粹之科学研究与斯学之应用方面，影响甚浅，此殊有负于吾国天赋之植物学宝藏也。纵观欧美诸邦，一般社会人士，合专门学者外，每以植物学之研究为副业，而园艺农林各学科，与其纯粹植物学研究，尤息息相关，交相辅助。故斯学之进步特速，面专门研究之影响于民生国计亦特大，此吾国所宜效法者也。职是之故，同人不揣陋劣，乃有植物学季刊之组织，期以半通俗之文字，介绍斯学之新知。其内容拟暂定为以下诸项：1.最近植物学各门之进步。2.专门论文（半通俗式）。3.世界植物学家小传。4.国内国外植物学界新闻。5.植物采集游记。6.植物学试验和教授方法。7.书报介绍。8.国内外研究论文节要。9.杂组。10.植物学问答。11.会务报告。同人以为季刊内容如此，对于会员会友以及一般爱好斯学者，必有切磋之益，而亦可为农林园艺界之助。惟兹事重大，尚赖同好有以群策群力以襄成盛举为。胡先骕《会务消息：一、本会缘起》刊于111～118页。

3月，胡先骕完成《静生生物调查所设立庐山森林植物园计划书》。

3月22日，在中基会第八十三次执行委员会和财政委员会联席会议上，由干事长任鸿隽提出，讨论并通过在庐山设立森林植物园的议题。据决议，除地皮及开办费由江西省政府拨款外，每年经费1.2万元，由两家平均负担，先行试办三年。创办植物园的各项工作进展顺利，唯独开办费2万元预算还没有获得通过。胡先骕听说这件事后非常着急，就马上给农业院院长董时进写信，说明这个议案对于植物园实施创办至为重要；如果开办费问题不解决，森林植物园等于画饼充饥，也许永远不会实现。他甚至提出"若嫌二万之数过巨，一万五千元亦得。通过后务乞来一正式公函，以便与基金会接洽一切"，"如植物园事因此挫折而不克成立，弟真无面目见人"。

4月，胡先骕讲，罗雨秾记录《四川农村复兴问题之讨论（中国科学社第十八次年会讲词之一）》刊于《科学》1934年第18卷4期461～467页。该文曾刊于《青年世界杂志》1933年第2卷第4期48～59页。

5月中旬，胡先骕派秦仁昌南下，勘察地形。在总面积约一万多亩的园址内，秦仁昌发现约有二千五百亩谷底平地与缓地可供苗圃使用，其土质肥沃，在庐山首屈一指。秦仁昌非常满意，即回北平，向胡先骕汇报南行经过。经过几个月的筹备，8月中国科学社在庐山举行十九次年会，植物园借四方科学家云集庐山的机会，举行成立典礼。

5月，周汉藩著、胡先骕校《河北习见树木图说》由静生生物调查所印行，胡先骕作《序》。

5月，张春霖、周汉藩合著《河北习见鱼类图说》由静生生物调查所印行，胡先骕作《序》。

6月，胡先骕《由庐山东林往黄龙纪游》刊于《弘法社刊》1934年第25期120～121页。

6月，胡先骕《读科学杂志随笔》刊于《独立评论》1934年第104期16～18页。

6月，胡先骕《中国植物科学之现状观：几个有趣味的统计》刊于《中国植

物学杂志》1934年第1卷第2期240～241页。同期，胡先骕《中国植物学会消息：本会第一届年会，将于本年八月二十一日至二十八日，在江西之庐山与中国科学社年会联合举行》刊于242页。

7月，胡先骕著《细菌》（万有文库第一集一千种）由上海商务印馆再版。

7月，童致棱原编、胡先骕校订《复兴初级中学教科书·植物学》（上册、下册）由商务印书馆再版。

7月，中央研究院自然历史博物馆改名为中央研究院动植物研究所，王家楫任所长。

7月，（英）哈第（M.Hardy）著、胡先骕译《世界植物地理》（万有文库）由上海商务印书馆再版。

7月，胡先骕编《植物学小史》（万有文库）上海商务印书馆再版。

7月，Hu H H "Torricelliaceae Hu" 刊于 "Bulletin of the Fan Memorial Institute of Biology : Botany" 1934年第5号311页。Torricelliaceae 为鞘柄木科的学名。

8月，《中央研究院动植物研究所丛刊》（Sinensia）创刊于南京，双月刊，中英双语，由中央研究动植物研究院所编辑并印行，1944年12月停刊。

8月，《中山文化教育馆季刊》创刊于上海，季刊，由中山文化教育馆编辑，中山文化教育馆出版物发行处发行。胡先骕《树木学和木材学之研究与国民经济建设》刊于《中山文化教育馆季刊》1934年创刊号252～255页。

8月，胡先骕《论社会宜积极扶助科学研究事业》刊于《科学画报》1934年第2卷第2期1页。

8月，胡先骕《梅庵忆语》刊于《子曰》1934年第4期20～24页。

8月20日，静生生物调查所在庐山举行庐山森林植物园成立典礼（以下简称庐山植物园）。秦仁昌任主任，主要成员有汪菊渊、雷震、冯国楣、熊耀国等。

8月21日至27日，中国植物学会在江西庐山莲谷举行第一届年会，会议是与中国科学社、中国动物学会和中国地理学会3家学术团体联合召开。植物学会会员宣读论文33篇。与会代表推选胡先骕为中国植物学会首任会长，陈焕镛为副会长。钱崇澍、秦仁昌、辛树帜、李继侗、张景钺、刘慎谔、钟心煊和裴鉴为评议员，张景钺任书记，秦仁昌任会计。经大会用通信法选举李继侗为西文《中国植物学汇报》"Bulletin of the Chinese Botanical Society" 总编辑。由会长推举李良庆为植物学杂志干事。在年会上,胡先骕提议:"现在国内治植物分类学者渐众,理应编纂《中国植物志》。凡编纂各科植物专志者,应同时编纂《中国植物志》"。会议决定创办西文《中国植物学汇报》,并讨论有关办刊原则与办法,特别强调西文《中国植物学汇报》的一切著作限用英语、德语或法语撰写;研究论文(original articles)的接受与发表极其严格,要求研究论文的"内容与各国重要植物学研究内容相等"。这些重要举措决定着该刊从一开始就有便于国际交流的特点,对提升该刊的国际水准和提高我国植物科学在国际学术界的地位也是至关重要的。

9月,胡先骕《植物分类学研究之方法》刊于《中国植物学杂志》1934年第1卷第3期306～317页。同期,胡先骕《会务消息:本会于八月二十一日至二十七日在庐山莲谷开第一次年会,同时联席开会者:中国科学社、中国动物学会、中国地理学会三学术团体,学术空气极为浓厚》刊于351～353页。

9月11日,《四川嘉陵江日报》刊登胡先骕《论社会宜积极扶助科学研究事业》。该文还刊于《科学画报》1934年第2卷第2期1页。

10月27日,胡先骕《植物分类学研究之方法》刊于《出版周刊》商务印书馆1934年新100号1～2页。

12月25日,胡先骕"*Notulae Systematicae ad Floram Sinensem V*"《中国植物分类小志(五)》刊于北平静生生物调查所《静生生物调查所汇报(Botany)》第5卷(植物)第6号305～318页。

12月,卢开运著《高等植物分类学》由上海中华书局出版,胡先骕在北平为卢开运《高等植物分类学》作序。

12月,胡先骕《植物分类学研究之方法》刊于《商务印书馆出版周刊》1934年新第100期1～9页。

是年,沔阳卢开运编、新建胡先骕校《高等植物分类学》由北平琉璃厂东南园内斌兴印书局代印,北平代售处直隶书局、佩文斋、景山书店代售。

是年,《中央研究院二十三年度总报告·动植物研究所报告》载:本所原名中央研究院自然历史博物馆,自本年度七月一日起,为符合本院组织法中所规定之名称起见,乃改为动植物研究所,仍暂分动物植物两组,王家楫任所长,七月到所视事。自然历史博物馆主任钱天鹤、徐韦曼相继辞职。顾问七人:钱天鹤、徐韦曼、秉志、钱崇澍、胡先骕、李四光、李济。

1935 年（民国二十四年）

1 月，Hu H H "Analytical Key to the Genus Carpinus in China"《中国鹅耳枥属的分析鉴定》刊于 "Act. Fauna Univ. Ⅱ. Bot." 1935 年第 1 期 1～10 页。

2 月，胡先骕《南游杂感》刊于《国闻周报》1936 年第 13 卷第 7 期 9～11 页。

3 月，静生生物调查所所长、美国哈佛大学科学博士胡先骕，中山大学农林植物研究所所长、美国哈佛大学森林学硕士陈焕镛编纂《中国植物图谱（第 4 卷）》"Icones Plantarum Sinicarum" 由静生生物调查所印行。

6 月，中央研究院成立第一届评议会，包括由选举产生的聘任评议员 30 位和当然评议员 11 位，任期为 1935 年 7 月 3 日至 1940 年 7 月 2 日。议长蔡元培；秘书翁文灏；当然评议员蔡元培、丁燮林、庄长恭、周仁、李四光、余青松、竺可桢、傅斯年、汪敬熙、陶孟和、王家楫；聘任评议员李书华、姜立夫、叶企孙、吴宪、侯德榜、赵承嘏、李协、凌鸿勋、唐炳源、秉志、林可胜、胡经甫、谢家声、胡先骕、陈焕镛、翁文灏、朱家骅、叶良辅、张云、张其昀、郭任远、王世杰、何廉、周鲠生、胡适、陈垣、陈寅恪、赵元任、李济、吴定良。中央研究院总干事丁文江兼评议会秘书。各组主席物理组李书华、化学组庄长恭、工程组周仁、动物组王家楫、植物组谢家声、地质组丁文江、天文气象组竺可桢、心理组汪敬熙、社会科学组王世杰、历史组胡适、语言考古人类组李济。

6 月，陆费执编《种树法》（民国初中学生文库）由中华书局出版。

6 月，"Bulletin of the Chinese Botanical Society, Bull.Chin.Bot.Soc."《中国植物学汇报》第 1 卷第 1 期正式出版，由中国植物学会编辑发行，发表研究论文 5 篇。Hu H-H（胡先骕）"Notes on the New Distribution of plants in Southeastern China" 刊于 "Bull.Chin.Bot.Soc." 1935 年第 1 卷第 1 期 8～10 页。

7 月，EMIL BRETSOHNEIDER 著，石声汉译《中国植物学文献评论》编译馆出版、商务印书馆印行，该书由胡先骕校阅。埃米尔·布雷特施奈德（Emil Bretschneider，1833—1901 年），著名俄罗斯汉学家，原波罗的海德国人。早年入学爱沙尼亚塔尔图以德语教学的塔尔图大学攻读医学。后出任俄罗斯公使馆驻德黑兰医生。1866—1883 年出任俄罗斯公使馆驻清朝北京医生。1866 年正逢苏格兰汉学家亨利·裕尔的《东域纪程录丛》出版，引起布雷特施奈德对汉学的浓厚兴趣。但他发现西方汉学包括家亨利·裕尔因不识汉语，很少直接引用中文典籍。当时东正教北京传道团拥有一个经多年收集而成的中西文藏书丰富图书馆。布雷特施奈德利用东正教北京传道团图书馆提供的优越条件，潜心研究中世纪中国古典中外交通史文献和中国古代药草和植物学文献。布雷特施奈德还结识当时东正教北京传道团驻京修士大司祭巴拉第·卡法罗夫，伦敦传道会传教士伟烈亚力和英国驻华外交官梅辉立（William Fredrick Mayers）等著名汉学家。

8月，Hu H H "A New Huodendron from Yunnan"《云南的一种新的山茉莉》刊于"Sunyatsenia" 1935年第3卷第1期36~37页。

8月11日至15日，中国植物学会在广西南宁举行第二届年会，会议与中国科学社等5家学术团体联合举行。作为中国植物学会会长，胡先骕在大会上做了著名的学术讲演，主题是探讨东亚和北美东部的植物地理关系。该讲演后来整理成文，于1935年12月在《中国植物学汇报》第1卷第2期上发表，论文题目是《中国和北美东部木本植物的比较》"A Comparison of the Ligneous Flora of China and eastern North America"。这篇研究论文至今仍被广泛引用，属于研究东亚——北美植物间断分布的经典之作。东亚——北美植物地理关系问题是一个重大的科学问题，胡先骕是研究这一科学问题的第一位中国学者。

10月，胡先骕《二十年来中国植物学之进步》刊于《科学》1935年第19卷第10期1555~1559页。

11月，《静生生物调查所汇报》第6卷第4号北平静生生物调查所刊印。内收周宗璜《贵州菌类小志》、胡先骕、曾先奎、李良庆著《青岛与烟台海藻之研究》等论文3篇，英文本，各附中文摘要。

11月14日，Hu H H "Notulae Systematicae ad Floram Sinensem VI"《中国植物分类小志（六）》刊于《静生生物调查所汇报》1935年第6卷第4号167~181页。

12月，Hu Hsen-hsu "A Comparison of the Lingeous Flora of China and EasternNorth America" 刊于 "Bulletin of the Chinese Botanical Society" 1935年第1卷第2期79~97页。

12月，俞德浚译《中国松杉植物之分布：胡先骕博士第五次泛太平洋学术会议论文》刊于《中国植物学杂志》1935年第2卷第4期767~784页。胡先骕（俞德浚译）《中国松杉植物之分布》还刊于《协大生物学报》1939年第1期80~81页。

是年，胡先骕《中国植物照片集》（723页）由静生生物调查所刊印。

是年,《中央研究院二十四年度总报告·动植物研究所报告》载:通信研究员四人:秉志、钱崇澍、钱天鹤、胡先骕。

● 1936 年(民国二十五年)

1 月,《静生生物调查所第七次年报》由北平静生生物调查所刊印,其中有胡先骕《中国西南部植物之新分布》(中国植物学会英文汇报一卷)、《云南之一种之新胡氏木》(广东中山大学农林植物研究季刊三卷)、"Notulae systematicae ad floram Sinensem VI"《中国植物分类小志(六)》(本所汇报六卷)、《中国和北美东部木本植物的比较》(中国植物学会英文汇报二卷)、胡先骕、陈焕镛《中国植物图谱第四卷》(本所出版)。

1 月,胡先骕《朴学之精神》刊于《国风(半月刊)》第 8 卷第 1 期 13～15 页。

1 月,胡先骕《南游杂感》刊于《国闻周报》第 13 卷第 7 期。

2 月,胡先骕《中西医药研究社一周年纪念》《中西医药》1936 年第 2 卷第 1 期 1～2 页。中西医药研究社成立于 1935 年 2 月,社址定于上海,性质为全国性的医药学术团体,以"集中国内医药人才,以科学方法研究医药学术,努力灌输民众医药卫生知识;完全以真理为标的,摈除各种派别上之私见,研究中西医药,以期中国医药学术之改进,复兴中华民族固有健康之精神"为宗旨,积极开展医学活动,助推中国医学。

3 月,胡先骕《论提倡业余科学(上)》刊于《津浦铁路日刊》1936 年第 1508～1533 期 42～43 页,胡先骕《论提倡业余科学(下)》刊于 52～53 页。

3 月,胡先骕《中国亟应举办之生物调查与研究事业》刊于《科学》1936 年第 20 卷第 3 期 212～218 页。

4 月,胡先骕《论社会宜提倡业余科学》刊于《科学》1936 年 20 卷第 4 期 256～258 页。

5 月,H. H. Hu "Smithiodendron, A New Genus of Moraceae"《桑科—新属,梨桑属》刊于《中山大学农林植物研究所专刊》,陈焕镛主编"Sunyatsenia" 1936 年第 3 卷第 2、3 期 106～109 页。

5 月,林森、蒋介石、蔡元培、张人杰、黄郛、孔祥熙、朱家骅、翁文灏、胡适、梅贻琦、熊式辉、卢作孚等 40 人发起为庐山植物园募集建设基金活动。

6月，胡先骕《中国科学发达之展望》刊于北平正风杂志社《正风》1936年第3卷第3期293～295页。

7月，《中华林学会会员录》刊载：胡先骕为中华林学会会员。

8月，《大公报》刊登胡先骕《中国科学发达之展望》。

8月，胡先骕《如何充分利用中国植物之富源》刊于《科学时报》1936年第3卷第10期25～27页。

9月，胡先骕《解决农村问题之另一途径》刊于《海王》1936年第9卷第1期4～5页。

9月，胡先骕《如何充分利用中国植物之富源：八月十八日在燕京大学贝公楼大礼堂演讲》刊于《中国植物学杂志》1936年第3卷第3期1069～1078页。

9月，胡先骕撰写《河北第一博物院半月刊》生物专号序言《博物院之使命……》刊于1936年第121期1页。

10月，胡先骕《近十年回顾之感想（附照片）》刊于《大公报二十五年国庆特刊》1936年10月39页。

10月，胡先骕《中国科学发达之展望》刊于《科学时报》1936年第3卷第10期21～23页；该文还刊于《科学》1936年第20卷第10期790～793页、《工业中心》1936年第5卷第10期472～474页、《海王》1936年第8卷第36期604～605页。

10月，胡先骕《如何充分利用中国植物之富源》刊于胡先骕《科学》1936年第20卷第10期850～858页。

11月，胡先骕《解决农村问题之另一途径（小工业之提倡）》刊于《工业中心》1936年第5卷第11期511～513页。

12月，唐燿著、胡先骕校《中国木材学》由商务印书馆初版，1935年1月胡先骕作《序》。

12月，胡先骕"Sinojohnstonia, A New Genus of Borngiaceae from Szechwan"《紫草科——新属，琼斯东草》刊于"Bull.Fan Mem. Inst of Biol.Bot."1936年第7卷第5号201～204页；胡先骕"Amesiohnstonia, A New Genus of Sapindaceae from Southern China"《无患子科—新属，恩密士林》刊于207～209页；Hu H "Notulae systematicae ad floram Sinensem Ⅶ"《中国植物分类小志（七）》刊于211～218页。

1937 年（民国二十六年）

1月，（英）哈钦松（J.Hutchinson）著，黄野萝译，胡先骕校《双子叶植物分类》由上海商务印书馆初版。

1月，《月报》创办于上海，同年七月十五日终刊，月刊，属于综合类刊物，胡愈之、孙怀仁、叶圣陶等编辑，开明书店出版并发行。胡先骕《中国科学发达之展望》刊于《月报》1937年第1卷第1期166～169页。

2月，《江西省农业院、静生生物调查所庐山森林植物园第三次年报》由北平静生生物调查所刊印。森林植物园委员长龚学遂，副委员长金绍基，会计董时进，书记秦仁昌，委员胡先骕、范锐、程时煃。职员：主任秦仁昌，园艺技师陈封怀，技术员兼会计雷震，练习生冯国楣、刘玉时、杨钟毅、熊明。

2月，胡先骕《关于社会医药问题：医师有协助社会取缔伪药之责任》刊于《中西医药》1937年第3卷第1期6～7页。

2月，胡先骕《笛斑木花之形态》刊于《科学》1937年第21卷2期179页。

3月，胡先骕《中国植物之性质与关系》刊于《中国植物学杂志》1937年第4卷第1期7～25页。

3月，静生生物调查所所长、美国哈佛大学科学博士胡先骕，中山大学农林植物研究所所长、美国哈佛大学森林学硕士陈焕镛编纂《中国植物图谱，(第5卷)》"Icones Plantarum Sinicarum V" 由静生生物调查所印行。《中国植物图谱》分五卷，第1卷1927年，第2卷1929年，第3卷1933年，第4卷1935年，第5卷1937年刊行。

4月，（英）哈钦松（J.Hutchinson）著，黄野萝译，胡先骕校《双子叶植物分类》由上海商务印书馆再版。

5月20日，北平静生生物调查所所长胡先骕致函云南省教育厅龚自知厅长，提出与云南省教育厅合作在昆明创设一植物研究机构的构想。龚自知厅长收到来信后，面呈云南省政府主席龙云，得到龙云批准后，龚厅长给胡先骕回信，赞同胡先骕的提议，并转告云南大学校长熊庆来。

5月，胡先骕《促进工业建设之三要素》刊于《海王》1937年第9卷第20期327～328页。

5月，贾祖璋、贾祖珊著《中国植物图鉴》由上海开明书店初版。

5月，胡先骕 "Chronicle of the biological sciences in China" 刊于 "Tien-Hsin

Monthly"1937年48页。该文综述了秉志等现代生物学家研究古生物学所取得的重要进展,而且报告他本人研究山东山旺中新世植物群的初步结果。

5月,胡先骕《改革中国教育之意见》刊于《国闻周报》1937年第14卷第9期9~12页。

6月,抗战爆发前,中央政治学校重组,胡先骕见王易已属无事状态,便介绍他返回中央大学,因罗家伦不放人而此事未果。

6月,美国加州大学伯克莱(Berkeley)分校的钱耐教授(R. W. Chaney)应邀访华,赴山东省临朐县采集山旺植物化石标本。

7月7日,卢沟桥事变爆发。

7月8日,Hu H H "*Notulae systematicae ad floram Sinensem* Ⅷ"《中国植物分类小志(八)》刊于"*Bulletin of the Fan Memorial Institute of Biology*(Botanical Series)"1937年第8卷第1号。胡先骕"*Sinomerrillia, A New Genus of Celastraceae*"《卫矛科——新属梅乐藤》47~50页。

7月,北平研究院地质调查所杨钟健采得一批山东山旺新生代第三纪中新世古植物化石,邀胡先骕和美国加州大学古生物学家钱耐(R. W. Chaney)共同研究。钱耐由美国抵北平。杨钟健、胡先骕陪同往山东临朐县实地考察,后与胡先骕合作完成《山东山旺系新生代古植物志》,1938年美国卡耐奇研究院印刷,1940年,该书以《中国古生物志》新甲种第一号,总第112号在国内发表。

7月,童致棱原编、周建人改编、胡先骕校订《复兴初级中学教科书·植物学》(上册、下册)由商务印书馆出版发行。

10月,胡先骕《中国之植物富源》刊于《图书展望》1937年第2卷第9~10期43~45页。

是年,胡先骕仍担任北京大学、北京师范大学、中国大学植物学教授,在静生生物所内开设生物实验课。

● 1938年(民国二十七年)

4月6日,云南省主席龙云签署云南省政府指令,责成教育厅、昆明市政府把黑龙潭龙泉公园全部房屋借给农林植物所作为暂时的所址。

5月,胡先骕派蔡希陶赴云南昆明,在尊经阁设立云南农林植物调查所筹备处,主持筹备工作,勘定黑龙潭公园为所址。

6月28日,农林植物所所长胡先骕、筹备人蔡希陶致函云南省教育厅厅长龚自知,报告农林植物所商洽黑龙潭龙泉公园并议在公园内办公等事宜。云南省教育厅根据省政府第五四七次会议议决,自1938年4月起,已按月发给农林植物所经常费国币350元。

6月28日,Hu H H "Notulae systematicae ad floram Sinensem IX"《中国植物分类小志(九)》刊于"Bulletin of the Fan Memorial Institute of Biology(Botanical Series)"1938年第8卷第3号。

6月,钱耐、胡先骕、计荣森《地史地层及古生物:中国山东之中新统植物群(卷一)》刊于《地质论评》1938年第4卷6期488~490页。

7月1日,静生生物调查所与云南省教育厅和云南大学合办云南农林植物研究所,昆明市政府市长翟翚和农林植物所所长胡先骕在昆明签署"昆明市政府与云南农林植物研究所为拨借龙泉公园订立合同",合同共13款,即日起生效。

7月24日,胡先骕、俞德浚等人专程到昆明的正式签订"云南省教育厅和北平静生生物调查所正式签订合办云南农林植物研究所合同",至此农林植物所正式成立,胡先骕任所长,云南大学植物系主任严楚江和汪发缵任副所长,由汪发缵主持工作,俞德浚、蔡希陶任专职研究员。汪发缵(1899—1985年),安徽省祁门县侯潭村人。现代植物分类学家,单子叶植物分类学研究的开拓者和奠基人。中学结业后,他考入东南大学生物系,毕业后一度回乡任教。后应植物学家胡先骕和动物学家秉志之邀,去北平静生生物调查所工作,先后到四川巴郎山、小凉山等处实地调查,致力于中国单子叶植物的研究。民国24年(1935年)10月,他与好友唐进得到中华教育文化基金会的襄助,到欧洲各国进修、考察。3年中走访了英国、法国、德国、瑞士、意大利、奥地利和新加坡等国的博物馆、标本室、植物园,积累了丰富的资料。归国后,随胡先骕去云南农林植物研究所,任副所长兼研究员,并先后在云南大学、复旦大学农学院、林业部林业实验所从事教学和研究。抗日战争胜利后,回到北平研究院植物研究所(原静生生物调查所),与唐进一起开始植物分类学的研究,发现许多新植物,纠正不少前人的谬误,个人或合作发表论文数十篇,受到国际上的重视。1953年汪发缵加入中国民主同盟会,曾任中国科学院民盟支部委员、植物研究所工会主席。

8月,胡先骕《卫予科——新属,梅乐藤》刊于《科学》1938年第22卷第7、8期379页。

8月，胡先骕《中国植物分类小志八》刊于《科学》1938年第22卷第7、8期378～379页。

9月，静生生物所所属的庐山植物园迁昆明，秦仁昌、冯国楣等抵昆，后于年底转迁丽江。俞德浚率队前往德钦、丽江、中甸以及西康等地采集标本；广州中山大学部分内迁澄江。陈焕镛从广州到香港转云南，组队到华宁、昆明、屏边大围山等地采集植物标本。

10月，为避日军占领，庐山植物园工作人员撤往云南，加入云南农林植物调查所。

10月9日，胡先骕幼子胡德焜生于北平四棵树新居。

11月1日，胡先骕、王启无、夏纬琨《中国西南部植物之新分布（二）》静生1938年第8卷第5号335～359页。

11月22日，Hu, H. H, Chaney, R. W "A Miocene Flora from Shantung Province, China, Part Ⅰ"《山旺植物化石》（1~82页）由Carnegie Institution of Washington Publication 出版。

12月，因为战争关系，庐山森林植物园胡先骕和秦仁昌、陈封怀等人在云南丽江建立工作站。

是年，Hu, H. H "Recent Progress on Botanical Exploration in China"《中国植物学研究的最近进展》刊于"Botanical Journal of the Linnean Society, Journ. Royal. Soc."《英国皇家植物园园报》1938年第63卷381～389页。

1939年（民国二十八年）

2月，胡先骕《中国植物分类小志九：中国西南部茶科植物数新种》刊于《科学》1939年第23卷第2期127～128页。

3月15日，胡先骕"Tienmuia, A New Genus of Orobanchaceae from Southeastern China"《天目草，中国东南部列当科一新属》刊于"Bull.Fan Mem. Inst of Biol.Bot."1939年第8卷第9号5～9页。

是年初春，胡先骕秘密南行，经广州、香港，飞抵重庆，为成立不久的云南农林植物研究所筹集经费，3月24日在香港偕王宗清女士拜访蔡元培。

5月，（英）哈钦松（J.Hutchinson）著，黄野萝译，胡先骕校《双子叶植物分类》由上海商务印书馆三版。

6月，H. H. Hu "*On the Genus Gleadovia in China*"《中国的蘸寄生属》刊于 "*Sunyatsenia*" 1939 年第 4 卷第 1、2 期 1～9 页。

7月，Hu Hsen-hsu "*Constituents of the Flora of Yunnan*"《云南植物区系成分》刊于 "*Proceedings of the Sixth Pacific Science Congress，San Francisco，USA*"《第六次太平洋学术会议论文集》第 4 卷 641～653 页。

是年初夏，胡先骕潜返北平，率静生所留守北平人员，借助美国在华势力，维持工作，专心研究。

10 月 15 日，H. H. Hu "*Notes on A New Grex of The Section Osproleon of the Genus Orbanche in China*"《列当属 osproleon 组之一新群》刊于 "*Bull.Fan Mem. Inst of Biol.Bot.*" 1939 年第 9 卷第 4 号 201～266 页。

11 月，胡先骕、王启无、夏纬琨《中国西南部植物之新分布（二）》刊于《科学》1939 年第 23 卷第 11 期 721～724 页。

12 月，计荣森《胡先骕、钱耐〈中国山东省之中新统植物群（卷一）〉》刊于中国地质学会编辑《地质论评》（书报述评）1939 年第 4 卷第 6 期 488～490 页。

12 月，（英）哈第（M.Hardy）著、胡先骕译《世界植物地理》（万有文库第 1、2 集简编）由上海商务印书馆出版。

● 1940 年（民国二十九年）

是年春，胡先骕作《任公豆歌》，陈焕镛发现一种很特殊的豆科植物，创立任公豆属（发表于 1946 年），以纪念著名学者任鸿隽先生，此诗为胡先骕赞颂此事而作。粤中名山多奇峰，烟峦幻出千芙蓉。韶雄远与庾关通，鸟道悬绝稀人纵。千年古木如虬龙，时生佳卉罗珍丛。凤柯纷披叶葱茏，花翔如蝶酡颜红。枝头来三白头翁，宛如幺凤栖刺桐。是乃葛仙鲍姑所未见，名山久閟今初逢。移根瑶圃光熊熊，一洗万国凡卉空。自来珍物不世出，宜著篇什歌丰功。任公德业人所崇，以名奇葩传无穷。彩绘者谁澄如冯，赐名者谁陈韶钟。

2 月，胡先骕潜出北平，3 月中旬由天津至上海，邀秉志一起自日本占领区乘海轮到香港，然后由香港到新会。

3 月 21 日，胡先骕、秉志偕陈焕镛由粤中机场乘飞机一起抵达重庆，出席第一届中央研究院第五次评议会。

3 月 23 日，中央研究院选举第二届评议员，选举结果上报国民政府审核，于 1940 年 7 月正式组成。朱家骅以中央研究院总干事代理院长，兼评议会议长。第二届评议会评议员 30 人：物理数学姜立夫、吴有训、李书华，化学侯德榜、曾昭抡、庄长恭，工程凌鸿勋、茅以升、王宠佑，地质学翁文灏、朱家骅、谢家荣，天文学张云，气象学吕炯，历史学胡适、陈寅恪、陈垣，语言学赵元任，考古学李济，人类学吴定良，心理学唐钺，社会科学王世杰、何廉、周鲠生，动物学秉志、林可胜、陈桢，植物学戴芳澜、陈焕镛（后改钱崇澍）、胡先骕。

3 月底，胡先骕参加中央研究院评议会后，飞往昆明，住黑龙潭云南农林植物调查所，杨惟义代静生生物调查所所长职。杨惟义（1897—1972 年），昆虫学家，江西上饶人。1921 年毕业于南京高等师范学校。1936—1941 年在北平静生生物调查所任技师秘书、代理所长。1949 年后任江西农学院教授、院长。曾在中、法、德等国的博物院专门研究半翅目昆虫的分类和昆虫区系分布在昆虫分类方面，发现了 60 余个新种和新属，对中国半翅目昆虫的研究做出了重要贡献，首倡的"三耕治螟"法，红花田留种改革措施，粮食仓库害虫防治法等，都对农业生产的发展起了促进和指导作用。20 世纪 60 年代初，曾被派往越南帮助培训农业干部，获得胡志明友谊勋章，为增进中越两国人民的友谊做出了贡献。1955 年选聘为中国科学院学部委员。1976 年杨惟义得到平反昭雪，恢复名誉，并于 1979 年 3 月 27 日在南昌市举行了追悼会，高度评价了他忠诚为科学事业奋斗的一生。

3 月 25 日，唐进 "Notes on Five New and Several Other Known Species of Ilex in China"《冬青属之五新种与数种已有名种之记述》刊于 "Bull.Fan Mem.Inst of Biol.Bot." 1940 年第 9 卷第 5 号 245～256 页。

4 月，国民党行政院通过决议，"国立中正大学"直属教育部领导，中正大学的英文缩写 C.C.U.（Chung Cheng University）。

5 月，胡先骕《傀儡戏》刊于《大风（香港）》1940 年第 68 期 2133 页。

5 月 24 日，胡先骕致函龚自知，为签署由静生所、云南省教育厅、云南省经济委员会三家合办农林植物研究所协议事，并通报聘请郑万钧为农林植物研究所副所长。

6 月，Hu, H. H. "Paramichelia, A New Genus of Magnoliaceae"《木兰科之一新属，合果含笑属》刊于 "Sunyatsenia" 1940 年第 4 卷第 3、4 期 142～145 页。

Paramichelia 现译为合果木属。

6月,农林植物所向云南省经济委员会提交《云南农林植物研究所概况》文本,报告农林植物所组织领导、设置部门及工作大纲。本年内,农林植物所补助费由1万元增到2万元。规模增大,人员增加至13人。所长胡先骕(在北平),专职副所长郑万钧,研究员有汪发缵、陈封怀、俞德浚、王启无、刘瑛、张英伯,助理研究员兼绘图员匡可任以及雷侠人(会计)、曾吉光(文书)、梁国贤(事务)、金德福(助理)、邱炳云(采集员),此外还有信差张家书和工人查万生、刘文治、吴家猷、李钟先、李钟嶽。蔡希陶时任龙泉公园主任。

6月,国立中正大学筹备委员会在江西省泰和县正式成立,择定泰和杏岭为校址,由教育部聘请熊式辉、程时煃、邱椿、肖纯锦、罗延光、马博庵、蔡方荫、朱有骞为筹委会正式委员,熊式辉为主任委员。熊式辉举荐了校长人选7人,即陈布雷、蒋廷黻、王世杰、何廉、甘乃光、胡先骕、吴有训。最终,时任中央研究员评议员、中国植物学会会长的胡先骕得到各方首肯,成为国立中正大学的首任校长。

8月15日,胡先骕"Notes on the Fagaceae of Yunnnan"《云南山毛榉科之记述》刊于"Bull.Fan Mem.Inst of Biol.Bot." 1940年第卷10第2号83~111页。

8月26日,国民政府行政院四七八次会议决定任命胡先骕为国立中正大学校长。

9月,国立中正大学创办于江西南昌,设文法、工、农学院,胡先骕署理校长职。中正大学初设工学、农学、文法三院,农学院初设农艺、牧医、森林三系,因教师缺乏,中正大学农学院从江西农学院协调进来大部分教师,由原农业院的教师张明善、卢润孚和白荫元分别任农艺系主任、牧医系主任和森林系主任,周拾禄教授任农学院院长。聘王易为国文系教授,后任文史系主任。郑万钧接任云南农林植物调查所所长。

9月,俞德浚、蔡希陶编译,胡先骕校订《农艺植物考源》(汉译世界名著)由商务印书馆初版。

9月4日,胡先骕在重庆由陈立夫、朱家骅介绍加入国民党。

10月2日,胡先骕抵江西泰和,主持国立中正大学校务。

10月,胡先骕、谢克欧《科学与国防》由桂林国防书店发行,其中收录胡先骕《国防建设与科学》《科学与建国》。

10月上旬，云南省教育厅拨款农林植物研究所房屋竣工，计有陈列室、办公室合为一幢，还有花房、门房、厕所各一间，总计全部造价及围墙地价，共费34184.34元，教育厅出资21632元，余为农林所向其他机关请款补助。

10月31日，Hu, H. H, Chaney, R. W "*A Miocene Flora from Shantung Province, China*"《中国山东省中新世植物群》由 Carnegie Institution of Washington Publication（华盛顿卡耐基研究院507号，147页）出版，其中第一部分于1938年11月22日发表，作者顺序为：Hu, H. H, Chaney, R. W；第二部分于1940年10月31日发表，作者顺序为：Chaney, R.W, Hu, H.H. 该文是为中国新生代植物研究的第一本专著，开拓了我国古植物学研究新领域，是我国乃至远东地区新生代植物研究的划时代性巨著。

10月31日，Chaney, R.W, Hu, H. H. "*A Miocene Flora from Shantung Province, China Part II*"《山旺植物化石》（83～140页）由 Carnegie Institution of Washington Publication 出版。

10月31日，国立中正大学在泰和举办开学典礼，胡先骕正式就任国立中正大学首任校长。共有文法学院（政治、经济、社会教育）、工学院（土木、化工、机电）、农学院（森林、农艺、畜牧兽医）以及教务总务训导三处和研究部、专修班、训练班。

10月31日，熊式辉撰书《本大学奠基石文》：本大学敬奉我民族领袖之名而名之，开创于战时，建立于战地断垣破瓦中，留此轰炸不烂之石，奠其基为巍巍乎我民族复兴之精神堡垒，庄严伟大，百世光辉。中华民国二十九年十月三十一日 熊式辉撰书

10月31日，《国立中正大学校刊》（旬刊）创刊，胡先骕题写刊名，由出版组编辑，刊载学术论文，兼及章则法令、本校新闻，是一种以杂志形式出版的校刊，1949年5月停刊。胡先骕《发刊辞》刊于《国立中正大学校刊》1940年创刊号2页。

11月10日，胡先骕《大学生所应抱之目的及进德修业之方针：中正大学开学讲辞》刊于《国立中正大学校刊》1940年第1卷第2期2～4页。

11月20日，《江西民国日报》第3版刊登1940年10月31日熊式辉撰《国立中正大学创立的意义及今后的希望》。

11月23日，胡先骕复中基会干事长孙洪芬函，商谈静生所代理所长人选，

及为中正大学农学院向中基会申请资助。

11月,《西南实业通讯》1940年第2卷第5期58页刊登《胡先骕〈两植物学试验成功有助农业增产〉》。

11月20日,胡先骕《精神之改造:本校首次国民月会讲辞》刊于《国立中正大学校刊》1940年第1卷第3期5~6页。

11月30日,Hu H H "Notulae systematicae ad floram Sinensem X"《中国植物分类小志(十)》刊于"Bulletin of the Fan Memorial Institute of Biology(Botanical Series)"1940年第10期117~172页。

12月20日,胡先骕《如何获得丰富快乐之人生》刊于《国立中正大学校刊》1940年1卷6期。

12月,Hu,H. H. "On Some Interesting New Genera and Species of Styracaceae in China"《中国安息香科的一些有趣的新属与新种》刊于"New Plate & Silva."1940年第12期146~160页。

是年,胡先骕、钱耐(Hu, H. H., Chaney, R. W.)《中国山东省中新世植物群》"A Miocene Flora from Shantung Province, China"由《中国古生物志》(Palaeontologia Sinica. New Series A No.1)(Whole Series No. 112)1940年新甲种第1号总号第112册刊印,共147页(根据Carnegie Institution of Washington Publication 507再次印刷)。《山东山旺中新世植物群》是一部研究山旺化石植物群的基础著作,共描述30科61属84种植物,为最早系统地进行山旺植物研究的奠基之作。

● 1941年(民国三十年)

1月,胡先骕《建设新中国的基本要素:元旦庆祝会演讲词》刊于《国立中正大学校刊》1941年第1卷第9期3~4页。

1月,胡先骕《三民主义与自然科学》刊于《国立中正大学校刊》1941年第2卷第9期4~9页。

1月,胡先骕《暑期学生应有之进修》刊于《江西青年》1941年第3卷第2期29~30页。

2月,胡先骕《我国战时经济状况及节约运动之重要:总理纪念周讲词》刊于《国立中正大学校刊》1941年第1卷第11期8~9页。

2月，胡先骕《幼稚教育的重要性》刊于中华儿童教育社《活教育》1941年第1卷第1、2期6～7页。

2月1日，《地方建设》在江西泰和创刊，由国立中正大学文法学院地方建设月刊编辑委员会编辑。胡先骕《发刊辞》刊于《地方建设》1941年第1卷第1期3页。

2月，胡先骕《社友文艺：红岩碑歌赠许石枒》刊于《社友》1941年第65、66期8页。

3月，中央研究院第二届评议会在重庆举行第一次年会。为加强与国内外学术界之联系与交流，会议决定发行英文院刊《科学记录》及中文院刊《科学汇刊》，并明确规定：《科学汇刊》专载纯粹科学及应用科学方面有创造性之短篇论文，"俾国内科学工作结果，能早期发表，供国内外学术界之参考"，期间国内外学术交流之重大举措。

3月1日，中正大学《文史季刊》创刊，王易任主编，刊载文史学术论文，胡先骕题写《文史季刊》刊名，1942年3月1日停刊，共出5期。胡先骕《寒光诗集序》刊于《文史季刊》1941年1卷1期61～62页。胡先骕《红岩碑歌赠许石楠、展薛尔 望张竹轩两先生墓（墓在龙泉公园内）、交州行并序、闻豫鄂大捷感赋》刊于63～65页。王易（1889—1956年）语言学家，国学大师，擅长诗词。原名朝综，字晓湘，号简庵，江西南昌人。京师大学堂（北京大学前身）1912年毕业。二十年代初，与彭泽、汪辟疆同时执教于心远大学、北京师范大学、东南大学（1928年更名为中央大学）、国立中正大学，他和汪辟疆、柳诒徵、汪东、王伯沆、黄侃、胡翔冬被称为"江南七彦"。王易多才博学，工宋诗，意境酷似陈简斋，书法初学灵飞经。写有多部著作如《修辞学通诠》。

3月，《汉声》创刊于湖北汉口，月刊，由汉口市政府秘书处宣传科编辑发行，胡先骕《改革中国教育之意见》刊于《汉声》1941年第1期35～38页。

3月，胡先骕《科学与建国》刊于《读书通讯》1941年第23期1～2页。

3月10日，胡先骕到达重庆。

3月13日，中央研究院评议会第二届第一次会议在重庆中央图书馆举行，胡先骕出席会议。

3月26日，胡先骕任国立中正大学校长，同日因公赴重庆。

4月3日，胡先骕致函中华教育文化基金会董事会，因出掌国立中正大学校

长,向中基会提出按例休假一年申请。

4月28日,国立中正大学收到中国国民党中央执行委员会秘书处的公函《据呈拟该校校歌一首应予备查特函复查照由》,该文称"前据呈送该校校歌歌词一首到处,经核尚属可用,应予备查,相应函复,即希查照为荷",批准了校歌歌词。

5月1日,胡先骕从重庆返回泰和中正大学,立即启动《校歌》的谱曲工作。正好《中华民国国歌》曲作者程懋筠当时就在学校兼任教授,教授音乐课,自然是《校歌》作曲的最理想人选。

5月5日,胡先骕校长给程懋筠教授发了《函送本校校歌原词请惠予制谱》,程教授接获中正大学函后,5月7日就为《校歌》谱好了曲。

5月11日,《国立中正大学校刊》第1页刊登中国国民党中央执行委员会秘书处的公函,第二页上刊出了词、曲俱全的《国立中正大学校歌》。《国立中正大学校歌》:作词王易,作曲程懋筠。澄江一碧天四垂,郁葱佳气迎朝曦。巍巍吾校启宏规,弦歌既倡风俗移。扬六艺,张四维,励志节,戒荒嬉。求知力行期有为,修己安人奠国基。继往开来兮,责在斯!

6月,胡先骕讲、程永邃记录《"五五"与"五四"纪念的意义:在本校纪念会讲》刊于《国立中正大学校刊》1941年第1卷第20期4页。

6月,胡先骕《古风十六章》刊于《文史季刊》1941年第1卷第2期55~59页。

6月,胡先骕《读自怡斋诗吊胡翔冬》刊于金陵大学文学院中国文学系《斯文》1941年第1卷第20期22页。

6月,胡先骕《赣风录:周宪民先生录似先曾大父致勒少仲太姻丈书感赋》刊于《江西文物》1941年第1卷第3期19~20页。

6月,胡先骕《战后土地制度之商榷》刊于国立中正大学文法学院地方建设月刊编辑委员会编辑《地方建设》1941年第1卷第4、5期5~6页。

6月,《云南农林植物研究所丛刊》创刊于云南昆明,半年刊,由云南农林植物研究所印行,属于农林专业刊物。龚自如题写刊名,胡先骕致《发刊词》。胡先骕《发刊词》刊于《云南农林植物研究所丛刊》1941年第1卷第1期2~3页。《发刊词》:云南地近赤道之北回归线,属于亚热带,而地势高迥,大部分为高约六千尺之高原。其西北部密迩康藏,雪山山脉遥接喜玛拉耶,海拔常逾万数千尺。地形变化多端，故气候差池亦大。盖其时季虽仅分旱雨，而其气候实兼寒温热三带，复为东亚马来康藏印度四植物区系汇萃之地。以兹三故，其植物种类之繁赜，乃世界之冠矣。其卉木之茂，近百年来滇省乃为欧美各国植物学家园艺家之乐园。频年挟巨资涉重洋，穷幽探险搜奇异者踵相接。探讨益勤，所获益多。今日欧美各国中，殆无不植云南产之卉木者。其所产如杜鹃报春龙胆等美丽冠世者各数百种，百合木兰绿绒蒿等各数十种，其他殆难悉举。然西人之足迹虽穷吾之奥区，而国人之搜讨反寂寂无闻焉，无亦吾人之耻辱乎？静生生物调查所有鉴于此，自民国十九年组队来滇采集，蔡君希陶，俞君季川，王君启无，及其助手，于滇省四境边区先后跋涉探讨于兹十年，所获腊叶标本及卉木种子之多甲于世界。英美各国植物园研究所莫不争以分得一份为珍异，尤以王君在滇南雨林中之采集成绩特著。其发现珍异之新种殆逾数百，新分布之发现亦如之。盖已能超迈前人为我国之学术光矣。予鉴于滇省植物学之研究，尚有待勤探，而静生生物所之研究事业，不能永久集中于一省，乃商请滇省教育厅合组云南农林植物研究所。于兹三载，规模粗具。复得总裁与教育部农林部云南全省经济委员会农产促进委员会各方之资助，经济益裕，乃除纯粹植物学研究外，兼注重滇省农林经济植物之探讨。一年以来，成绩已著。诸研究员搜讨所得，乃有问世之必要，遂有业刊之发行。兹于斯刊问世之初，乃略其经过以弁其端。

6月，H. H. Hu "*A New Genus of Aesculus from Yunnan*"《云南七叶树之一新种，Aesculus wangii Hu ex Fang》刊于《云南农林植物研究所专刊》1941年第1期。

7月12日，中央林业实验所成立于重庆歌乐山，隶属国民政府农林部，韩安在冯玉祥、钱天鹤等举荐下被任命为所长，原中央农业实验所森林系同时并入。

7月31日，胡先骕复函任鸿隽，告之为维持北平静生所与日人周旋，情况不容乐观，主张将所中标本、图书寄存于辅仁大学，而人员南下，到中正大学继续工作。

8月10日，"*Bulletin of Fan Memorial Institute of Biology*"《静生生物调查所汇报》第11卷第2期在北京印行。

8月10日，胡先骕复任鸿隽函，告知在四川乐山开辟木材实验馆之唐燿，应当得到静生所之津贴。

8月，国立中正大学决定在文法学院增设文史系，农学院增设生物系。由于静生生物调查所从庐山森林植物园云南工作站迁回江西，胡先骕决定由静生生物

胡先骕年谱

调查所的人员组成农学院生物系,一套人马,两块牌子,聘任张肇骞任系主任,任职至1943年。张肇骞(1900—1972年),号冠超,浙江温州人,我国著名的植物学和植物分类学家,主要从事亚热带植物分类及生态研究。1916—1920年,就学于浙江省立第十中学(今温州中学),中学毕业后进金陵大学学习。1926年毕业于东南大学生物系,后从事教学工作。1932年赴英国皇家邱植物园留学。1934年回国后从事教学和科研工作。曾任北京大学、清华大学、北京农业大学、浙江大学、江西大学、广西大学教授,中正大学生物系主任,以及北平静生生物调查所技师等职。中华人民共和国成立后历任中国科学院植物研究所和华南植物研究所一级研究员、副所长、代所长,并当选为中国科学院生物学学部委员、中国植物学会副秘书长、广东省植物学会理事长。张肇骞热爱共产党,热爱社会主义祖国。1956年参加中国共产党后,在党内任华南植物研究所总支书记、分党组副书记、党委委员职务。1955年选聘为中国科学院首批学部委员。

9月,胡先骕《微服、御风、开岁感怀、滇越道中、顾一樵宅观奉化手录戚继光语屏幅感赋、闻某君述倭议员语感赋、题卢慎之慎始基斋校书图、达行都、儡傀戏、张总司令自忠挽诗、和陈孝威将军酬罗斯福总统诗四十韵以纪抗战四周》刊于《文史季刊》1941年第1卷第3期63~66页。

9月,王咨臣接受国立中正大学胡先骕聘请,担任国立中正大学文史研究部研究员,同时兼任资料室主任一职,与著名目录学家姚名达先生一道,共同研究目录学。王咨臣(1914—2001年),现代藏书家、目录学家。名迪谞,笔名言取。江西人南昌新建人,早年师从著名目录学家姚名达,后在南昌中正大学任研究员。中华人民共和国成立后在江西省文物工作委员会工作,任江西省文史馆馆员、江西师范学院历史系教授。藏书3万余册,善本、珍本数十种,收藏有李鸿章、曾国藩及近代名人的信札、诗笺千余通,书画数百件。着力收集新建及南昌的乡邦文献、太平天国史料。

10月,胡先骕《秋雨一首》刊于北京《国民杂志》1941年第10期132页。

10月31日,胡先骕《本校成立一周年》刊于《国立中正大学校刊》1941年第2卷第4期7~8页。

10月,《中华林学会会员录》刊载:胡先骕为中华林学会会员。

11月11日,胡先骕《总裁的教育思想》刊于《中正大学校刊》1941年第2卷第5期3~5页。同期,胡先骕讲、程永邃记录《认识我们的学校:在本大学国父纪念周讲》刊于 6 页。

12 月初,日美交恶,太平洋战争爆发。受美国势力保护的中国文化教育机构被视为美国在中国的财产,同样被日军强行占领,当时在北京的燕京大学、协和医学院、北京图书馆和静生生物调查所等皆在此列。

12 月 8 日,日军莜田部队(北支派遣甲第一八五五部队)封闭静生所,驱逐员工。静生所在北京被迫关闭。

12 月,计荣森《钱耐、胡先骕〈中国山东省之中新统植物群〉》刊于中国地质学会编辑《地质论评》(书报述评)1941 年第 6 卷第 5、6 期合刊 439~442 页。

12 月,胡先骕《江西审计分处代处长丘潜夫先生墓志铭》刊于《文史季刊》1941 年第 1 卷第 4 期 60~61 页,同期,胡先骕《南征二百五十韵》刊于 65~67 页。

12 月,胡先骕《序》刊于《赣政十年》(1941 年熊主席治赣十周年纪念特刊)13~16,1 页,胡先骕《天翼熊公治赣十周年纪念(诗词)》刊于纪念特刊 605 页。

是年,胡先骕、谢克欧《科学与国防》(国防丛书)由国防书店发行。

● 1942 年(民国三十一年)

1 月 1 日,江西省三民主义文化运动委员会第三专门委员会编《三民主义文艺季刊》创刊,主编胡先骕,刊载有关文学、诗歌、戏剧等文学艺术类研究文章。创刊号由胡先骕撰发刊词,王易刊发四篇文章:《民族精神论》《三民主义与文艺》《歌词创作研究》与《十年教训歌歌词》。胡先骕《发刊辞》刊于《三民主义文艺季刊》1942 年 3~4 页;胡先骕、程懋筠《元旦庆祝歌(歌曲)》刊于 75 页;胡先骕《建立三民主义文学刍议(上)》刊于 11~17 页。

1 月 1 日,胡先骕《民国三十一年之展望》刊于《国立中正大学校刊》1942 年第 2 卷第 11 期 7~8 页。

1 月,胡先骕、熊育锡、程臻《赣风录:熊天翼主席治赣十周年纪念诗》刊于《江西文物》1942 年第 2 卷第 1 期 25~30 页。

1 月,中基会在重庆召开第一次紧急会议,孙洪芬因办事不力辞去干事长一职,由任鸿隽再次担任干事长。

2 月 25 日,胡先骕得到滇所郑万钧来函,得悉任鸿隽复任中基会干事长,

特驰函庆贺；并对时陷上海之秉志之处境甚为关切，及商讨静生所诸事。

3月，胡先骕《初眺玩桂林郭外诸峰、七星岩、花桥纵眺、龙隐岩、诣良峰雁山公园广西大学、佛光（并引）、再访月牙山有赋、独秀峰、招隐山六洞、题瓶中海棠》刊于《文史季刊》1942年第2卷第1期65～68页。

3月，胡先骕《招隐山六洞、独秀峰》刊于《文史季刊》1942年第2卷第1期65～66页。

3月1日，《正大农学丛刊》创刊，季刊，由国立中正大学农学院编辑，主编周拾禄，1943年6月1日后停刊，刊载农学研究论文。

是年春，胡先骕在中正大学设立静生生物调查所办事处，静生生物调查所人员先后在此兼课的有何琦、唐进、黄野萝、杨惟义、傅书遐、王宗清、周宗璜、陈封怀等。

4月，胡先骕《赣风录：题吴天声祖母朱太夫人围炉课读图卷》刊于《江西文物》1942年第2卷第2期20页。

4月27日，胡先骕主持中正大学纪念周、三民主义青年团成立大会，胡先骕即席讲演，题为《对三民主义青年团之希望》。

6月，胡先骕《赣风录（诗）：题黄晦闻先生蒹葭楼诗》刊于《江西文物》1942年第2卷第3期16页。

6月，胡先骕《经济植物与农业之关系》刊于《正大农学丛刊》1942年第1卷2期2～4页。

6月13日，国立中正大学战地服务团成立，校长胡先骕博士为名誉团长，姚名达教授为团长，文史系讲师王纶为副团长。团员约30人，多为文法学院学生。服务团主要任务为战地救护、宣传、组训、赈济、慰劳和报道六大类。姚显微，号名达，1905年出生于江西兴国县。幼时即潜修国学，江西省立赣县中学毕业后，入上海南洋公学国学专修科。1925年考入清华学校（大学）国学研究院，受业于梁启超、王国维和陈寅恪诸大师门下。著有《目录学》《中国目录学史》《中国目录年表》三部著作。1942年7月7日在新干县与日寇搏斗中英勇牺牲。1943年7月7日在姚名达、吴昌达烈士殉国一周年之际，国立中正大学隆重集会纪念，校长胡先骕赞扬姚名达："绝学有遗著，千秋有定评""英风传石口，大节振江西"。1987年中华人民共和国民政部正式追认姚名达为革命烈士。1990年江西师范大学举行建校50周年校庆时，经中共江西省委宣传部批准，在

校内青蓝湖畔建立"显微亭",亭内刻有姚名达先生生平事迹石碑。1995年11月20日姚名达烈士忠骨也迁葬于此。2002年在纪念姚名达殉国60周年之际,全国人大常委会副委员长雷洁琼为之题词:"抗战捐躯教授第一人"。

6月17日,《江西民国日报》(战地特刊副刊)刊登胡先骕《中正大学组织战地服务团之意义》。

是年夏,国立中正大学在赣县设立分校。

8月,胡先骕《农业论文摘要:农业经济:战后土地制度之商榷》刊于《福建农业》1942年第3卷第3、4期119页。

是年秋,北平静生生物调查所代所长杨惟义、标本采集员唐善康先后来到江西泰和中正大学。

10月12日,国立中正大学举行国父纪念周,胡先骕即席训话,题为《求学与修养》。

11月,胡先骕《民族复兴与文化建设》刊于《国立中正大学校刊》1942年第3卷第5期3~4页。

12月18日,第三战区政治部邓文仪到中正大学讲演,胡先骕首先致辞。

12月21日,胡先骕主持国立中正大学举行总理纪念周,请杨惟义作《杏林三害》之学术演讲。同日,中正大学组织成立歌词研究会,特请胡先骕校长为研究指导,并在成立会上讲演,题曰《学诗规则》,其要点:(一)审言;(二)辩体;(三)谋篇;(四)琢句、练句、练词;(五)造意;(六)陈理;(七)行气;(八)摹象;(九)咀韵;(十)抒情;(十一)写景;(十二)叙事;(十三)用典;逐一指示,例证亲切。

12月,胡先骕《中国之民族精神》刊于《正大月刊》1942年创刊号6~7页。《正大青年》1942年12月1日创刊,月刊,1944年6月1日停刊,正大青年社编辑,刊载社会科学、自然科学论文及文学作品。

● 1943年(民国三十二年)

1月1日,上午九时,国立中正大学全校师生齐集大礼堂,举行元旦庆祝大会,胡先骕主席即席讲演,题为《今年之展望》。

1月,胡先骕《中国生物学研究之回顾与前瞻》刊于《科学》1943年第26卷第1期5~8页。

1月，胡先骕《民主政治与革命青年》刊于《青年时代》1943年第1卷第3期20~21页。

1月21日，《江西民国日报》（江西各界追悼熊纯如先生大会特刊）刊登胡先骕《敬悼熊纯如先生》，文中道："骕之晋接先生，在民国五年自美国归来之后，虽曾与其哲嗣雨生兄在美国同学，然前此并未识先生也。先生归故里，即邀骕至心远及二中任课，于是弟承先生馨颏之时渐多，而知先生之德业亦渐稔"。熊育锡（1868—1942年），字纯如，江西南昌人，系严复得意门生熊元锷的从弟，1921年以后任南昌心远中学校长。1942年11月19日以疾逝于宁都心远中学分校，享寿74岁。

2月，胡先骕《国防科学技术运动特辑：推进国防科学技术运动之重要性》刊于金华《浙江青年》1943年新12期14~15页。

2月，胡先骕《庆祝缔结中英中美新约之意见》刊于《国立中正大学校刊》1943年庆祝签订新约特刊4~5页。

3月，胡先骕《推进国防科学与技术运动之重要性》刊于《资声月刊》1943年第3卷第2、3期1~2页。

4月，胡先骕《青年问题特辑：青年与国防科学》刊于《湖北青年》1943年第2卷第3、4期32~33页。

4月，胡先骕《阐述总理实业计划特辑：中国问题之总解决在实行实业计划》刊于湖南行健半月刊社编辑《行健》1943年第5卷第4期7~9页。

4月11日，胡先骕与蒋梦麟、梅贻琦、竺可桢等校长一同被召往重庆参加第二十五届党政训练班。

4月19日，在重庆参加党政训练班的大学校长们受英国大使西摩（Horace Seymour）邀请喝下午茶，前往者有蒋梦麟、竺可桢、胡先骕、梅贻琦、胡春藻、丁文渊、熊庆来等。蒋梦麟（西南联合大学校务委员会常委）、竺可桢（浙江大学校长）、胡先骕（国立中正大学校长）、梅贻琦（西南联合大学校务委员会常委兼主席）、胡春藻（西北联合大学常委）、丁文渊（同济大学校长）、熊庆来（云南大学校长）。

5月，《正言》创刊于江西泰和，双月刊，胡先骕《中英中美缔结新约之意义》刊于《正言》1943年第1卷第1期3~5页。

5月24日，中华文化教育基金事务所在重庆李子坝召开静生生物调查所委员会三十二年度第二次会议，出席会议的有江庸、胡先骕、谢家声、任鸿隽，会议主席任鸿隽，在会上胡先骕提交了静生生物调查所一九四三年预算，请求中华文化教育基金补助三十万元，并口头报告了所相关事宜。

7月1日，《静生生物调查所汇报》新1卷1号在战时地址中正大学所在地（江西泰和杏领村）印行，卷号从新1卷1号起重新编序。1941年12月25日胡先骕先生写的"FOREWORD"正式出版。H. H. Hu & F. T. Wang（胡先骕，汪发缵）"Four New Species of Pittosporum of China"《四种新海桐》刊于《静生汇报》1943年新第1卷第1号95～104页。

9月29日，蒋介石与熊式辉商量中正大学校长更替之事。熊式辉在当天日记中写道：总裁云：诚然，胡乃一不识事之书生。继询继任人选。

9月，胡先骕《改革中国教育之意见》刊于《真知学报》1943年第3卷第1期127～130页。

10月1日，国立中正大学《南洋》（季刊）创刊，华侨同学会编辑，刊载南洋问题研究论文，1947年3月1日停刊。胡先骕《战后改造南洋侨民教育之方略》刊于《南洋》1944年1卷1期。

10月28日，国民政府派胡先骕、梁栋、梁仁杰等为江西省县长考试典试委员。

11月19日，胡先骕前往吉安，受国民党江西党部之邀，在大礼堂发表《战后世界经济政治之动向》之演讲。

11月22日，国立中正大学举行总理纪念周，胡先骕校长即席训话，对实施宪政给予希望。

11月，胡先骕《科学与建国：民国三十一年，在中央文化运动委员会讲》刊于《文化先锋》1943年第2卷第21期5～7页。

11月30日，胡先骕赴国立中正大学赣县分校，主持开学典礼。

● 1944年（民国三十三年）

1月1日，国立中正大学全校师生集会庆祝元旦，胡先骕主席即席作关于国内外形势的讲演。

3月1日，国立中正大学《正大土木》（季刊）创刊，工学院土木工程系编辑，主要刊载土木建筑、工程力学等方面的论文及译作，1948年5月停刊。胡

先骕《弁言》刊于《正大土木》1944年第1卷第1期。

3月14日,因"民国日报"事件,教育部免去胡先骕中正大学校长。

4月18日,在国立中正大学全校师生举行校长胡先骕热烈的欢送会后,胡先骕愤然离去。此时中正大学校本部拥有专职教师165人,其中教授71人、副教授38人。学院及科系设置增加至3院14个系,在校生人数达1386人。

5月2日,萧蘧署国立中正大学校长职。萧蘧(1897—1948年),江西泰和人,著名经济学家,早年留学美国,获密苏里大学学士学位、康乃尔大学硕士学位,后入哈佛大学经济研究所从事研究工作,与堂兄萧公权、堂侄萧庆云同为旅美名宿,时称"泰和三萧"。归国后,先后担任南开大学经济系主任,清华大学法学院院长、教务长、代理校长,云南大学教务长,西南联大教授。20世纪30年代,他与马寅初、李权时都是中国经济学会常务理事,并称"经济学界三大台柱"。

5月,胡先骕《战后世界政治经济之动向》刊于《国立中正大学校刊》1944年第4卷9期。

6月26日,教育部任萧蘧国立中正大学校长。

6月,国立中正大学第一届毕业生319人毕业。

7月中旬,鉴于欧阳修故里永丰县藤田镇秋江村在中国文化历史上的地位,胡先骕与欧阳祖经、余精一、刘文涛等一起在秋江村创办江西私立正峰中学,胡先骕任名誉董事长,永丰籍国立中正大学政经系教授刘文涛任董事长兼校长。

8月,胡先骕《科学研究与中国新农业之展望》刊于《国立中正大学校刊》1944年第4卷15期。

8月,胡先骕前往江西泰和胡氏宗祠祭祖十余日,并在会堂上着重讲了《生命的意义》。

11月,中国科学社在成都召开多团体联合年会,庆祝建社30周年,胡先骕发表《中国科学社成立三十周年宣言》,指出有鉴于抗战及战后建设之"迫切与紧要",中国对科学的需要更为急切,科学是国家建设最为倚重的基础,必须全力以赴发展科学,并为人类知识视野的扩展做出中国人的贡献,以寻求科学之独立;科学是为人类谋福利快乐而不是侵略杀伐的工具,因此应对科学应用制定善恶标准。

1945 年（民国三十四年）

1月4日，胡先骕致函任鸿隽，欲前往美国考察教育。1月4日任鸿隽复电告知，出洋事不易办到。

是年春，日军进犯南昌，江西省政府及中正大学迁往宁都，胡先骕避难至永丰。

4月30日，福建永安《龙凤》创刊，双月刊，由黄萍荪主编、龙凤月刊社出版发行。该刊为综合性社科刊物，旨在会世之笃行君子，布醇雅务实之交，发经世建国之论，内容涉及时论、哲学、兵学、史地，艺文有游记、随笔、掌故、日录序跋碑铭札记等。胡先骕《龙凤诗存：出塞曲为知识青年从军运动作（诗词）》刊于《龙凤》1945年第1期93页。

4月，胡先骕《忏盦诗：窗外、景物、得美人郭亚策自美来书报以长句、题贺扬灵龙田泣慕记、中秋前一夕杨生惟义陈生对怀彭生鸿绶杨生新史唐君善康侄德孚置酒为寿补祝吾降日感而有作、十三夜步月偶成、九月十八日作、南昌陷敌五年于兹近闻有限月收复之策感而有作》刊于《中国文学（重庆）》1945年第1卷第5期69～71页。

6月，胡先骕《中华民族之改造绪论》刊于《龙凤》1945年第2期19～41页。胡先骕《书平蛮三将题名后即以美郑洞国师长（诗词）》刊于89页。

7月，南京高师、东南大学学生联合发起纪念秉志、钱崇澍六十寿辰、胡先骕五十寿辰，发表征寿金启，并刊翁文灏祝贺诗作。

8月15日，八年抗日战争取得胜利，国立中正大学随即迁往南昌望城岗。

8月，胡先骕《政治改造与教育改造：中华民族之改造之九与十》刊于《龙凤》1945年第3期10～34页，胡先骕《窗外（诗词）》刊于49页；胡先骕《得美人郭亚策自美来书报：以长句（诗词）》刊于49页。

9月5日，胡先骕致函任鸿隽，告拟赴南京，望在南京会晤，相商续办静生生物调查所办法。

10月15日，夏纬琨负责办理接收静生生物调查所手续，静生生物调查所开始恢复。

10月29日，胡先骕"送眷返省"到达南昌。

12月，胡先骕《教育之改造》由《江西南昌大众日报丛书》刊印。

12月4日，美国进化生物学家、遗传学家和胚胎学家托马斯·亨特·摩尔

胡 先 骕 年 谱

根（Thomas Hunt Morgan）因动脉破裂在帕萨迪纳逝世，享年78岁。摩尔根发现了染色体的遗传机制，创立染色体遗传理论，是现代实验生物学奠基人，1933年由于发现染色体在遗传中的作用，获诺贝尔生理学或医学奖。摩尔根，1866年9月25日出生在肯塔基州的列克星敦（Lexington）。在肯塔基州立学院（State College of Kentucky）现在的肯塔基大学（University of Kentuck）接受教育。他在约翰霍普金斯大学（Johns Hopkins University）研究胚胎学，并于1890年获得博士学位。摩尔根自幼热爱大自然。童年时代即漫游了肯塔基州和马里兰州的大部分山村和田野，还曾经和美国地质勘探队进山区实地考察，采集化石。14岁（1880年）时，考进肯塔基州立学院（现为州立大学）预科，两年后升入本科。1886年春以优异成绩获得动物学学士学位，同年秋天，进入约翰·霍普金斯大学学习研究生课程。报到前，摩尔根曾在马萨诸塞州安尼斯奎姆的一家暑期学校中接受短期训练，学到了不少海洋无脊椎动物知识和基本实验技术。读研究生期间，系统地学习了普通生物学、解剖学、生理学、形态学和胚胎学课程，并在布鲁克斯（W.K.Brooks，1848—1908年）指导下从事海蜘蛛的研究。1888年，摩尔根的母校肯塔基州立学院对摩尔根进行考核后，授予他硕士学位和自然史教授资格，但摩尔根没有应聘，继续攻读博士学位。1890年春摩尔根完成"论海蜘蛛"的博士论文，获霍普金斯大学博士学位。1891年秋摩尔根受聘于布林马尔学院，任生物学副教授，1895年升为教授，从事实验胚胎学和再生问题的研究。1903年摩尔根应威尔逊之邀赴哥伦比亚大学任实验动物学教授。从1909年到1928年，摩尔根创建了以果蝇为实验材料的研究室，从事进化和遗传方面的工作。1928年，62岁的摩尔根不甘心颐养天年的清闲生活，应聘为帕萨迪纳（Pasadna）加州理工学院的生物学部主任。他将原在哥伦比亚大学工作时的骨干布里奇斯、斯图蒂文特和杜布赞斯基（T.H.Dobzhansky，1900—1975年）再次组织在一起，重建了一个遗传学研究中心，继续从事遗传学及发育、分化问题的研究。

12月6日，任鸿隽复函，敦促胡先骕速行北上，执掌静生生物调查所之复员工作。

12月22日，中华文化教育基金会函胡先骕，告知被聘为中华文化教育基金会研究教授及相关待遇。聘期一年，至三五年十二月底届满。

是年，胡先骕编《植物学小史》上海商务印书馆渝1版出版。

• 1946年（民国三十五年）

1月3日，胡先骕复中华文化教育基金会函，同意应聘该会植物学教授一职。

1月7日，国立中正大学正式复课。

1月，Chun Woon-Young "A New Genus in the Chinese Flora"《一个新的中国植物属——任豆属》刊于"Sunyatsenia" 1946年第6卷第3、4期195～198页，陈焕镛发现一种很特殊的豆科植物，创立任公豆属，以纪念著名学者任鸿隽先生。

2月，胡先骕《地方制度与地方自治：中国政治之改选实际问题之一》刊于《江西国教》1946年第2卷第3、4期15～17页。

2月，胡先骕《科学在苏联与中国（摘自渝大公报八月二十五日"星期论文"）》刊于成都《科学月刊》1946年第2期21～22页。

3月，胡先骕回北平，主持静生生物调查所复员工作，仅恢复植物部，主要人员有唐进、张肇骞、傅书遐等。

4月，胡先骕《论中国积极研究经济植物之重要》刊于《科学画报》1946年第12卷第7期307页。

5月，HU H H《美国西部之世界爷与万县之水杉》"Sequoia of Western America and Metasequoia of Wanhsien, Szechwan"刊于《观察》1946年第2卷第14期10～11页。

5月15日，胡先骕离开北平到达上海；5月25日由上海到达南京，6月3日到达南昌、庐山。

6月，全面内战爆发。

6月，胡先骕《选习生物学系应有之准备》刊于《读书通讯》1946年第119期12页。

7月15日，《青年与时代》江西南昌创刊，季刊，社科综合性刊物，青年与时代期刊社编辑发行。胡先骕《思想之改造》刊于《青年与时代》1946年第1卷第1期4～11页。

7月，国立中正大学派员对庐山海会寺和南昌东郊青山湖畔老飞机场分别进行考察，为学校选择永久校址。

7月，国立中正大学农学院生物系特聘胡先骕为研究教授，胡先骕赴庐山参加江西暑期学术讲习会。

8月1日,陈封怀主持庐山植物园复员工作。

8月,胡先骕《国家应定专款举办科学研究》刊于《科学画报》1946年第12卷第11期1499页。

9月1日,由知名人士储安平在上海创办时政性政论杂志《观察》(周刊)。1948年12月由国民政府查封。

9月,胡先骕《看看人家,想想自己:科学在苏联与中国》刊于《书报精华》1946年第21期46~47页。

9月14日,胡先骕《未了知之人类》译序刊于《观察》1946年第1卷3期20页,胡先骕提出了他眼中的近世三大著作:"窃谓近代有三大伟大著作,一南非洲联邦内阁总理斯末资(Smuts)将军所著之《全体主义》,一为怀特赫德教授(Prof. A. N. White-head)所著之《科学与近代文明》,一即此书。此三书者,其将影响人类之前途,殆将不下于培根[佛兰西斯培根,(Francis Bacon)]之《新大西洋洲》,牛顿(Isaac Newton)之《算学原理》,与达尔文(Charles Robert Darwin)之《物种原始》焉。"胡先骕、肖宗训合译《未了知之人类》(未刊行,约18万字)。《未了知之人类》是诺贝尔医学奖得主亚历克西·卡雷尔(Alexis Carrel)的著作。卡雷尔自言除去大部分时间在实验室中研究外,一直在观察人类社会,而观察人类社会属于社会科学范畴,故而《未了知之人类》是生物科学与社会科学的综合研究:全书除第二章《人之科学》、第三章《身体与生理的活动》属生物科学外,第一章《对于人类较好知识之需要》、第四章《心灵活动》、第五章《内在时间》、第六章《适应功能》、第七章《个人》和第八章《人之改造》属观察人类社会的研究成果。在此书中,卡雷尔"以生物学家的眼光""从生理构造说起",以科学家的独特理路对现代文明进行了批判,并进而探讨了人类社会的合理路向:人类过于重视物质文明(即胡先骕称之为工艺文明)的研究发展而忽视了精神文明的继承,以致于社会畸形发展。

9月28日,胡先骕《中美英苏之关系与世界和平》刊于《观察》1946年第1卷第5期6~8页。文章指出:"自今日之形势观之,苏联对于中国所加之劫持,与在东欧之争霸权,实足以妨害世界和平之建立。"

10月12日,胡先骕《思想之改造(上)》刊于《观察》1946年第1卷第7期9~12页。

10月19日,胡先骕《思想之改造(中)》刊于《观察》1946年第1卷第8

期 11～13 页。

10月23日，胡先骕出席中央大学教授邀请之午宴，并作《东大精神》之演讲。

10月26日，胡先骕《思想之改造（下）》刊于《观察》1946年第1卷第9期9～11页。

10月，胡先骕先生回到北京，主持静生生物调查所，但是困难重重。

11月，胡先骕聘中正大学教授、生物系主任张肇骞为静生生物调查所植物部技师兼秘书主任。

11月17日，胡先骕致函中央林业实验所所长韩安，提出静生生物调查所与中央林业实验所合作编纂《中国森林植物图志》，并寄唐进起草之合作协议。

12月，胡先骕 "Notes on A Paleogene Species of Metasequoia in China"《记古新世期之一种水杉》刊于 "Bulletin of the Geological Society of China，Bull.Gool.Soc.China"《中国地质学会会志》26期105～107页。该文对化石水杉和现存水杉进行比较，并在文中提到他将和郑万钧联名发表一篇有关水杉现存种（a living species of Metasequoia）的研究论文。

12月，《宇宙文摘》创刊于重庆，月刊，由宇宙出版社负责编辑。胡先骕《科学在苏联与中国》刊于《宇宙文摘》1946年创刊号24～26页。

12月24日，韩安就中央林业实验所与静生生物调查所合作编纂《中国森林植物图志》致信胡先骕。步曾吾兄惠鉴：拜读十一月十七日大教，只悉一一。承示万县水杉及樱桃等，均为中国森林中最佳之木材，嘱为惠寄标本等语，此项标木及种子本所正在搜集中，至拟合刊《中国森林植物图志》事，已由唐进先生初拟草案，兹连同鄙意，一并送上，请予审核见示。兹将意见列后：一、十年可算是长时间，以国事人事之变动，有无缩短可能；二、如将年限决定后，能否将年限平分两节，并将森林树种分作两类，即主要与次要者。然后提高将主要者在第一段年限内出版，次要者在第二段年限内出版。如十年长期，分作一个五年专编主要树类，第二个五年专编次要树类。三、自卅六年起，每年应印出树类量数，印书本数，约需经费若干，各方应如何分认，统请早日列出，以便呈部备案，列入预算。四、其余草案八条内各项细则，应如何修正及上列各项如何酌择？统祈卓裁示复。冬祺 弟韩安 拜复 三五年十二月十四日[1]。

是年，陈封怀任庐山森林植物园主任兼中正大学教授，至1948年。

---

[1] 胡宗刚.静生生物调查所史稿[M].济南：山东教育出版社，2005：199.

1947年(民国三十六年)

1月,胡先骕《论中国今后发展科学应取之方针》刊于《科学时报》1947年第13卷第1期3~5页。

1月,胡先骕《三民主义与自然科学》刊于《四海杂志》1947年第1期5~11页。

1月,胡先骕《生物学与国防》刊于《读书通讯》1947年第125期14页。

1月11日,胡先骕《经济之改造(一)》刊于《观察》1947年第1卷第20期14~16页。

1月18日,胡先骕《经济之改造(二)》刊于《观察》1947年第1卷第21期10~12页。

1月25日,胡先骕《经济之改造(三)》刊于《观察》1947年第1卷第22期11~12页。

1月,胡先骕《国际政治之分析》刊于《文化先锋》1947年第6卷第18期14~19页。

2月,农林部中央林业实验所所长韩安与静生生物调查所所长胡先骕在南京就合作出版《中国森林植物图志》签署协议。

2月1日,胡先骕《经济之改造(完)》刊于《观察》1947年第1卷第23期15~16页。

2月,胡先骕编《植物学小史》(百科小丛书 王云五主编,新中学文库)上海商务印书馆第3版。

3月,胡先骕所长获知云南试种烟草成功,决定贷款1.5亿元,租地280亩,扩大烟草种植面积,年底烟叶获得丰收,还清贷款本息尚有积余。

3月,中央研究院植物研究所《中央研究院植物学汇报》"Botanical Bulletin of Acadernia Sinica"创刊,出版第1卷第1期。

3月,胡先骕《国防科学委员会成立感言》刊于《三民主义半月刊》1947年第10卷第6期5~6页。

4月,胡先骕《内战辩》刊于南昌《问政》杂志创刊号。

5月,胡先骕《三十年来中国科学之进展》刊于《浙赣路讯》1947年第55期4页。

6月1日,胡先骕致函韩安,催促落实合作采集经费,及商讨如何将木材实

验馆由经济部改隶农林部。

6月8日，胡先骕在《经世日报》发表《"顺潮流"亦要"合国情"》。

6月19日，胡先骕在天津《民国日报》发表《再论中美英苏之关系与世界和平》。文章认为："苏俄绝无与中国友好之愿，得寸进尺，割我疆土，杀我人民，掠我物资，阴谋颠覆我政府……将我置于彼魔掌之下。"

6月，胡先骕《国民党之危机》刊于《三民主义半月刊》1947年第10卷第12期1~3页。

7月，胡先骕《要顺潮流亦要合国情》刊于上海联合编译社《现代文摘》1947年第1卷第4期77~78页。

7月17日，胡先骕《观我国历史之演变国人应有建国之信心》刊于《三民主义半月刊》1947年第10卷第9期1~4页。

7月20日，胡先骕《如何拯救当前之高等教育》刊于《独立时论集》1947年81~82页。

8月31日，天津《民国日报》刊登胡先骕《美国对中国所应负之道义之责任及所能援助中国之道》。

9月17日，胡先骕《论整饬县政》刊于《独立时论集》1947年139~140页。

9月27日，胡先骕《生物学战争》刊于《观察》1947年第3卷第5期10~11页。

10月，农林部中央林业实验所出版委员会《林业通讯》创刊，月刊，1948年10月停刊。

10月9日，胡先骕《论一年一次的科学运动周》刊于成都四川省立科学馆编辑并出版《科学月刊》1947年第14期13~14页。

10月中旬，胡先骕登庐山，视察庐山森林植物园的复园工作，与陈封怀相商拟申请美援补助及如何修缮在抗战时期中被毁房舍等。

10月下旬，胡先骕回到南昌，住天灯下寓所。

11月7日至8日，胡先骕在中正大学举行演讲，7日上午演讲《两个世界形成之前后原因》，7日下午演讲《中国之出路》，8日上午演讲《中国之出路》。

12月4日，胡先骕回到北平。

12月，胡先骕《国民党之危机》刊于《现代文摘（上海）》1947年第1卷第12期233~234页。

12月16日，胡先骕再次致函韩安，敦促早日汇下印刷《中国森林植物图志》增加之款。

12月22日，韩安复函胡先骕，就印刷《中国森林植物图志》增加经费，难以办到，嘱以减少印数之策，以便出版。所允在《林讯》刊载胡先骕之文，后因该刊停刊而无果。

是年，胡先骕《大会议程经过：对宪法草案之评论：宪法中基本国策章宜增加积极发展科学研究条文》刊于《国民大会特辑》1947年特辑228～229页。

是年，胡先骕完成《四十年来北京之旧诗人》（手稿，未刊行）。

● 1948年（民国三十七年）

1月，胡先骕《国民党之危机》刊于《现实文摘》1948年第1卷第8期9～10，6页。

1月31日，《益世报》刊登胡先骕《论"二分军事，三分政治，五分经济"之戡乱政策》。

1月，中央研究院植物研究所编《中央研究院植物研究所年报（第1号）》（1944—1947）刊行。

1月，胡先骕《植物学小史》商务印书馆重印。

2月17日，胡先骕致函韩安，告知因经费原因，《中国森林植物图志》不能按原体例出版，只好减少内容。

2月，胡先骕任北京师范大学生物系教授及研究部主任，生物系主任为郭毓彬。郭毓彬（1892—1981年），生物学家、中国近代较早为国家争得荣誉的著名中长跑运动员。字爆文，河南项城人。1909年起相继求学于天津南开中学和南开大学，曾与周恩来同学，1922—1928年在美国葛林乃尔学院和依林诺斯大学攻读生物学。回国后先后任苏州东吴大学、西北联大、西北师范学院、北京师范大学教授兼系主任等职。

3月5日，E. D. Merrill "*Metasequoia, another 'Living Fossil*'" 刊于 "*Arnoldia*" 1948年第8卷第1期1～8页。

3月8日，胡先骕致函蒋英，为筹备纪念陈焕镛创办中山大学农林植物研究所成立二十周年，讨论发起人人选之事。

3月23日，胡先骕与胡适南下出席中央研究院评议会，胡先骕鼓动胡适出来组织社会党和竞选总统。期间，胡适与胡先骕在南京开会合影时，胡适又在合影相片上亲笔题写："皆兄弟也"。

3月，独立时论社编《独立时论集》（第一集 民国三十六年五月至十月）由独立时论社出版，该集收录的文章均系民国三十六年5月至10月间"一些在北平教学的朋友们，利用余暇在国内外发表的文章"。主要是"对重要的时事问题，以独立与公正的立场，发表一点意见"，主要撰稿人有胡适、汪敬熙、朱光潜、王聿修等。其中收录胡先骕《要顺潮流亦要合国情》刊于独立时论社出版《独立时论集》1948年第1期41～43页，同集，胡先骕《如何挽救当前之高等教育危机》刊于85～87页；胡先骕《论整饬县政》刊于139～140页；胡先骕《论一年一次的科学运动周》刊于156～158页；胡先骕《美国对中国所应负之道义责任及所能援助中国之道》刊于119～121页。

3月，胡先骕《论我国今后之外交政策》刊于《文化先锋》1948年第8卷第12期1～2页。

3月，胡先骕、薛纪如《我国植物地理概论》刊于《林业通讯》1948年第6期3～5页。

3月31日，《经世日报》刊登胡先骕《今日自由爱国分子之责任》。

4月，胡先骕《佛教与宋明道学对于中华民族之影响》刊于《文化先锋》1948年第9卷第2期1～8页。

4月25日，胡先骕致函蒋英，嘱向美国有关机构申请出版经费和向中山大学商请其来讲学，以便参加中山大学植物研究所成立20周年纪念会。

5月，胡先骕《国民党如何革新？》刊于上海再造旬刊社编辑《再造》1948年第1卷第9期19页。

5月，胡先骕《国民党应该向左走》刊于《大众新闻》1948年第1卷第9期21页。

5月15日，Hu Hsen-hsu "*Notulae Systematicae ad Floram Sinensem XI*"《中国植物分类小志（十一）》刊于"*Bulletin of the Fan Memorial Institute of Biology n.s.*" 新1卷第2期141～152页。

5月15日，Hu Hsen-hsu、Cheng Wan-chun "*On the New Family Metasequoiaceaeand on Metasequoia Glyptostroboides, A Living Species of the Genus Metasequoia Found in Szechuan*"《水杉新科及生存之新种》刊于"*Bulletin of Fan Memorial Institute of*

Biology n.s."《静生生物调查所汇报》新 1 卷第 2 期 153～161 页。胡先骕和郑万钧在该刊发表活化石水杉的研究论文，向世界宣告发现野生水杉，轰动学术界。

5 月 15 日，Hu Hsen-hsu、Cheng Wan-chun "*Several New Trees from Yunnan*"《云南树木之数新种》刊于《静生生物调查所汇报》第 1 卷第 2 号 191～198 页。Hu Hsen-hsu、Cheng Wan-chun "*New and Noteworthy Species of Chinese Acer*"《中国西南之槭树之研究》刊于《静生生物调查所汇报》第 1 卷第 2 号 199～212 页。

6 月，陈可忠任中山大学校长，重新恢复陈焕镛植物所所长职务。胡先骕发起筹备纪念中山大学植物研究所成立 20 周年纪念会，但未如期举行。

6 月，中国古生物学会《中国古生物学会会刊》创刊。

6 月 7 日，《华北日报》刊登胡先骕《对于立法院之期望》。

6 月 8 日，天津《民国日报》刊登胡先骕《论我国今后之外交政策》。

7 月 3 日，《华北日报》刊登胡先骕《与翁院长一封公开信》。该文还刊于《大众新闻》1948 年第 1 卷第 4 期 22 页。

7 月至 8 月，胡先骕在静生生物调查所邀请张肇骞、唐进、汪发缵、冯澄如等人正式成立社会党。

8 月，王文采从北京师范大学大学毕业，得到留校任三门课的助教，一为动物学家张春霖先生动物分类；一为动物学家张宗炳先生动物组织学；还有一门生物技术。

8 月 8 日，《世界日报》刊登胡先骕《中美英应联合领导东亚联盟》。

8 月，胡先骕《论戡乱动员建国委员会》刊于北平正论社编辑《正论》1948 年新第 8 期 13 页。

8 月，胡先骕著《中国森林植物图志》"*The Silva of China*"第二卷（桦木科与榛科），由农林部中央农林试验所与静生生物调查所联合出版。

9 月，Hu Hsen-hsu "*How Metasequoia, the 'Living Fossil', was Discovered in China*"《"活化石"水杉是如何在中国发现的》刊于"*The Garden Journal of the New York Botanical Garden, Journ N Y Bot Gard*"《纽约植物园期刊》1948 年第 49 期 201～207 页。

9 月 9 日，北平研究院举行成立十九周年纪念日，在中南海怀仁堂召开北平研究院学术会议，决定由院务会议推举学术会议会员，由院聘任。

9月10日，天津《大公报》发表12个教授联名签署的《中国的出路》，又名《社会党政纲》，胡先骕、朱光潜、樊际昌、毛子水、张佛泉、王聿修等都列名其中。

9月19日，胡先骕在天津《民国日报》发表《国民党欲革新须向左走》。

9月23日，胡先骕赴南京参加中央研究院成立20周年纪念会并当选为中央研究院院士。与此同时，由于内战正在如火如荼进行，所以他又与任鸿隽商谈静生生物调查所的南迁事宜。随后，他又以自己的言论为由，要求允许他"携眷南下赴庐山植物园暂住"。

9月24日，中央研究院选举第三届评议员，胡先骕继续当选。

是年秋，北平的共产党地下组织与胡先骕接触，希望他留在大陆。尽管胡先骕"虑及家口甚多，而平时言论又极为共产党所疾视"，但经劝说他还是和地下党的领导见面。据静生所绘图员冯澄如之子冯钟骥回忆，当时出面的是地下党城工部学委书记杨伯箴和中学委书记李霄路。

10月4日，静生生物调查所所长胡先骕致函任鸿隽作该所的南迁准备，称"静生所南迁实属必要"，并认为"然此间教育界人竟有不预备南迁者，北平研究院即不作南迁计，殊可怪也"。

10月15日，中央研究院评议会第二届第四次年会在南京召开，参加会议的有当然评议员朱家骅、李书华、萨本栋、丁燮林、吴学周、周仁、李四光、张钰哲、竺可桢、傅斯年、汪敬熙、陶孟和、王家楫、罗宗洛、赵九章、姜立夫；聘任评议员为姜立夫、吴有训、李书华、侯德榜、曾昭抡、庄长恭、凌鸿勋、茅以升、王宠佑、秉志、林可胜、陈桢、戴芳澜、胡先骕、翁文灏、朱家骅、谢家荣、张云、吕炯、唐钺、王世杰、何廉、周鲠生、胡适、陈垣、赵元任、李济、吴定良、陈寅恪、钱崇澍。

10月18日，胡先骕受浙江大学竺可桢之邀，到杭州浙江大学访问，并作《生命之意义》的演讲。

10月，胡先骕《梅庵忆语》刊于《子曰丛刊》1948年第4期20~24页。

11月9日，胡先骕决定静生生物调查所不南迁，但称其本人必须南下，驻守庐山植物园。

是年，静生生物调查所所长胡先骕编纂《中国森林树木图志 第二册 桦木科与榛科》（共209页）由静生生物调查所、农林部中央林业实验所刊印。

1949 年

1月6日,傅作义举行餐会召集在北平的胡先骕、徐悲鸿、马衡、叶企孙等20余社会名流座谈谋和问题。会上,胡先骕也奉劝傅作义和平解放北平。

1月,中央研究院植物研究所编《中央研究院植物研究所年报(第2号1948)》刊印。

1月31日,中国人民解放军进城接管,北平宣告和平解放,此后北平改称北京。

3月28日,胡先骕致函北平军事管制委员会文化接管委员会,申请借款维持静生生物调查所。此时华北大学农学院迁至北京,负责人乐天宇几经交涉要接收静生生物调查所,但胡先骕并不乐意。

4月25日,中正大学成立临时校务委员会,推选蔡枢衡、吴士栋、戴鸣钟、郭庆棻、严楚江、张明善、刘纯俢为委员,以替代校长林一民走后陷于瘫痪的学校领导机构,并有由师生代表组成的应变委员会协助募集资金和生活必需品,维持师生生活,坚持正常授课。

5月22日,江西南昌解放。

5月下旬,暂设于石家庄的华北大学农学院拟迁往北京,先由乐天宇率领,在静生生物调查所设立办事处,开始接管静生生物调查所。5月底,军事接管委员会文教部曾派乐天宇、吴征镒接收静生所并交华北大学农学院领导。

8月1日,国立中正大学更名为南昌大学,设政治学院、文学艺术学院、理学院、工学院、农学院,共16个系。

9月15日,Hu Hsen-hsu "On Four New Species of Carpinus from Southwestern China"《中国西南部四种新鹅耳枥》刊于《静生生物调查所汇报》1949年第1卷第3号213~218页。Hu Hsen-hsu "Some New Species of Castanopsis from Southern and SouthWestern China"《中国南部与西部锥栗属之新种》刊于219~232页。

11月1日,中国科学院成立。

11月8日,中国科学院党组副书记丁瓒在中国科学院第6次院务汇报会上报告:曾昭抡说胡先骕表示不愿意和华大(华北大学,编著注)合并,而愿意并入中国科学院,最终胡先骕成为中国科学院植物所研究员。

10月19日,中央人民政府委员会第三次会议,任命郭沫若为科学院院长,陈伯达、李四光、陶孟和、竺可桢为科学院副院长。

11月29日，政务院文化教育委员会开会商讨中国科学院院址，胡先骕应邀出席。

12月1日，中国科学院成立静生生物调查所整理委员会。主任钱崇澍，副主任吴征镒，委员丁瓒、黄宗甄、朱弘复、林镕、唐进、乐天宇。接收时该所有16人，所长兼植物部主任胡先骕，技师张肇骞、唐进，副技师夏纬琨，研究员傅书遐，工人6名。收藏高等植物标本约15万号，低等植物3.5万号，木材标本约0.25万号，动物标本30万号。石印机2部，铅印机1部。所有设备、物品搬迁至北平研究院植物学研究所所址动物园内陆谟克堂内。随后，静生生物调查所所址（文津街3号）改为中国科学院院部。

12月14日，静生生物调查所整理委员会在王府大街中国科学院临时办公厅召开第一次会议，由吴征镒主持，出席会议的有乐天宇、黄宗甄、丁瓒、林镕、朱弘复、张肇骞、唐进等，胡先骕应邀列席，出于对静生生物调查所的历史负责，胡先骕作了发言。

12月16日，华北人民政府高等教育委员会接收静生生物调查所，随后成立了以吴征镒为负责人的静生生物调查所整理委员会；12月21日，接收西北科学考察团。

12月9日，云南省政府主席卢汉宣布起义，云南省和平解放。

12月9日，胡先骕向吴征镒推荐秉志为新组建植物所所长。

12月13日，胡先骕正式列入中国科学院职工。

• 1950年

1月，胡先骕《水杉及其历史》"Metasequoia and Its History" 刊于《中国植物学杂志》1950年第5卷第1期9～13页。

1月，《吴征镒自定年谱》载：吴征镒任静生生物调查所整理委员会副主任，重新接管私立静生生物调查所和北平研究院植物研究所，并二所合并为中国科学院植物分类研究所，任研究员兼副所长[2]。

1月5日，竺可桢请钱崇澍任中国科学院静生生物调查所整理委员会，并希望其为新组合之植物所所长。

1月21日，吴征镒向院报送"中国科学院静生生物调查所整理委员会工作

---

[2] 吴征镒自定年谱，http://cywu.kib.cas.cn/wzysp/201606/t20160602_337716.html。

报告",提出"静生生物调查所与北平研究院植物学研究所已正式合并,合并后的研究所拟称植物分类研究所,此后工作为整理新所,故静生所整理委员会至此可告结束。"

1月,Hu H H "Taiwania, the Monarch of Chinese Conifers" 刊于 "The Garden Journal of the New York Botanical Garden, Journ N Y Bot Gard"《纽约植物园期刊》1950年第51期63~67页。

2月,经中南军政委员会批准,南昌大学成立校务委员会,取代改革委员会负责全校领导工作。新成立的校务委员会由刘乾才任主任委员,工学院蔡方荫、农学院杨惟义、理学院郭庆棻、法学院魏东明四位院长担任副主任委员,万泉生、林希谦、杨克毅、李如沆、张天才、张安国、吴士栋、章瑞麟、张杰任委员,魏东明兼秘书长。

2月,俞德浚、蔡希陶编译,胡先骕校订《农艺植物考源》(汉译世界名著)由商务印书馆再版。

2月,黄萍荪主编《四十年来之北京》(第2辑)由上海子曰社出版,其中收入胡先骕《京师大学堂师友记》。

2月2日,植物分类所同仁召开会议,讨论中研院植物所一些非分类人员如饶钦止、邓叔群、王伏雄加入分类所问题。议决在本所正式机构成立之前,临时组织行政小组、工作计划委员会、标本整理小组、图书整理小组,并推定人选。行政小组由吴征镒、林镕、张肇骞组成,吴征镒为召集人;工作计划委员会由胡先骕、吴征镒、林镕、张肇骞、郝景盛、王云章、汪发缵组成,吴征镒为召集人;标本整理小组由唐进、夏纬琨、简焯坡、崔友文组成,唐进为召集人;图书小组由夏纬瑛、吕烈英、王宗训、傅书遐组成,傅书遐为召集人。在会上,胡先骕就新成立的植物分类所的研究工作,应集中人力和财力于分类学研究,并谈自己工作打算。

2月13日,中国科学院批准静生生物调查所和北平研究院植物学研究所合并,成立中国科学院植物分类研究所。同日,工作计划委员会第一次会议,吴征镒主持,林镕、汪发缵、唐进、王云章、郝景盛出席。讨论编纂《河北植物志》的人员、内容、体例、绘图、调查等事宜。

2月,昆明农林植物所由人民解放军代表接收,时有职工21人(其中研究人员2人),土地30亩,工作用房237平方米。原在昆明西站农华农业学校内的北平研究院植物研究所植物园管理人员刘伟心、刘伟光及其所有苗木转入农林植物所。

3月，俞德浚、蔡希陶编译，胡先骕校订《农艺植物考源》（汉译世界名著）由商务印书馆再版。

3月，静生生物调查所植物部与北平研究院植物所合并，组建成中国科学院植物分类研究所，任命钱崇澍为所长、吴征镒为副所长。

3月，胡先骕在《植物分类研究所人员调查表》中填写：个人志愿：从事植物分类学研究，撰写中国森林树木图志，以余力治古植物学。个性与特点：性情和平，诚恳坦白，乐于助人，对于科学与文学有甚大兴趣，不长于行政，畏劳畏烦，适宜于科学研究及教授工作。

4月，中国科学院植物分类研究所接管农林植物所，改名为中国科学院植物分类研究所昆明工作站。

5月2日，中国科学院开会讨论各学科专家名单，决定植物分类学，如下：吴征镒、林镕、胡先骕、耿以礼、陈焕镛、张肇骞、邓叔群、郑万钧、刘慎谔、裴鉴、蒋英、钱崇澍、戴芳澜13人。

5月19日，中央人民政府政务院第33次政务会议通过批准近代物理研究所等15个单位负责人名单，批准对钱崇澍、吴征镒的任命。

6月13日，中国科学院院部迁入文津街三号静生生物调查所原址。

6月20日，中国科学院副院长兼计划局局长竺可桢，在中国科学院第一次扩大院务会议上宣布首批15个研究机构成立。其中植物分类研究所（北京）所长钱崇澍，副所长吴征镒。由北研植物学所和静生生物调查所植物部合并改建，以植物调查和分类学研究为主，也做一部分植物病理和经济植物的研究。研究所在京外有四个工作站：①华东工作站，由中研植物所的分类学、森林学部分从上海迁南京组建而成。②庐山工作站，由庐山森林植物园改建。③昆明工作站，由云南农林植物所和北研植物所云南工作站合并组建。④西北工作站，由设在陕西武功的中国西北植物调查所改建。

7月12日至20日，第七届国际植物学会会议在瑞典斯德哥尔摩举行，会议来函邀请胡先骕担任大会副主席，胡先骕未能前往与会。

7月，胡先骕"*Plant Resources of China*"《中国的植物资源》刊于《科学》1950年第32卷第7期209～214页。

8月，胡先骕"*A New Polyphyletic System of Angiosperms*"《被子植物的一个多元的新分类系统》刊于《中国科学》1950年第1卷第1期243～254页。胡先骕对被子植物的亲缘关系作了重要革新，不仅在目与科的排列上有重大的变更，而且对若干科的分合，也有新的建置。此外，还整理出一幅"被子植物亲缘关系系统图"。其主要论点是被子植物出自多元，即出自15个支派的原始被子植物。这是中国植物分类学家首次创立的一个较新的被子植物分类系统，也是他在中华人民共和国成立后完成的第一篇学术专著。

8月，中国科学院召开植物分类学专门会议，做出决议从速编纂中国植物科属检索表。

9月，中国科学院将静生生物调查所云南农林植物研究所与北平研究院植物学研究所云南工作站合并，组建中国科学院植物分类研究所昆明工作站，蔡希陶任主任。

9月16日，胡先骕出席植物分类所第四次所务会议，选举产生所工作计划委员会和编审委员会，胡先骕被推任为编审委员会主席。

11月11日，华北工学院举行生物演化演讲会，竺可桢任主席，胡先骕作《动植物分布与生物进化》的演讲。

11月27日，胡先骕到中国科学院会晤竺可桢，谈唐燿曾在四川乐山主持木材试验所，现归森林部（林垦部，编著注），其本人愿入科学院事。

12月，黄萍荪《北京史话（上编）》由上海子曰社出版。其中刊登胡先骕长文《北京的科学化运动与科学家》，该文近3万字，介绍12个学术机构以及胡适、傅斯年、陶孟和、陈寅恪、冯友兰、郭沫若、丁文江、翁文灏等一大批著名学者。

● 1951年

3月，经中央宣传部文教委员会批准，由中央文化部与中国科学院共同成立中央自然博物馆筹备委员会，文化部丁西林副部长兼任主任委员，委员包括裴文中、郑作新、张春霖、胡先骕等。

3月，《植物分类学报》创刊，公布第一届编委会，主任钱崇澍，成员陈焕镛、钟心煊、刘慎谔、陈邦杰、秦仁昌、饶钦止、吴征镒、张肇骞、林镕、戴芳澜、郝景盛、侯学煜、王云章。胡先骕、郑万钧（Hu Hsen-Hsu, Cheng Wan-

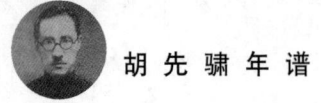

Chun)《拟克林丽木，中国西南部木兰科一新属》"Parakmeria, a New Genus of Magnoliaceae of Southwestern China" 刊于《植物分类学报》1951 年第 1 卷第 1 期 1 ~ 3 页。同期，胡先骕（Hu Hsen-Hsu）《云南山毛榉科补志一》"Additional Notes on the Fagaceae of Yunnan I." 刊于《植物分类学报》1951 年第 1 卷第 1 期 103 ~ 118 页。

5 月，卢开运《高等植物分类学》（大学用书）由中华书局出版。

6 月，胡先骕（Hu Hsen-Hsu）《云南山毛榉科补志二》"Additional notes on the Fagaceae of Yunnan II" 刊于《植物分类学报》1951 年第 1 卷第 2 期 139 ~ 155 页。同期，胡先骕、郑万钧（Hu Hsen-Hsu, Cheng Wan-Chun）《云南木兰科的新种》"New species of Magnoliaceae of Yunnan" 刊于 157 ~ 160 页；胡先骕，陈封怀（Hu Hsen-Hsu, Chen Feng-Hwai）《江西植物小志 I.》"Notulae ad floram kiangsiensem I" 刊于 221 ~ 229 页。

7 月，胡先骕出席中国科学院召开的植物学座谈会并发言，提出每省需有一植物专家，由该地之农学院或农改所的教授担任。

7 月，胡先骕《种子植物分类学讲义》由中华书局初版。该书以英国人哈钦逊的《有花植物科志》的系统为蓝本，增加裸子植物各科，共 361 科，在科的描写中，补充中国产的重要属，内容更为完善。

9 月 13 日，《人民日报》刊登读者王澈来信，批评胡先骕在《北京史话》上所刊之文，有严重政治错误，致使该丛刊停止出版，其主编黄萍荪亦因此蒙受牢狱之灾。

11 月 11 日，胡先骕出席地区植物志及经济植物志小组会议并发言。

11 月，胡先骕、郑万钧（Hu Hsen-Hsu, Cheng Wan-Chun）《拟木莲，木兰科之一新属》"Paramanglietia, a New Genus of Magnoliaceae" 刊于《植物分类学报》1951 年第 1 卷第 3 期 255 ~ 256 页。同期，胡先骕（Hu Hsen-Hsu）《云南一种新芮德木》"A New Species of Rehderodendron from Yunnan" 刊于 329 页，胡先骕（Hu Hsen-Hsu）《湖北一种新木莲》"A New Species of Manglietia from Hupeh" 刊于 335 ~ 336 页。

是年，Lawrence, George H. M. "TAXONOMY OF VASCULAR PLANTS"《维管束植物分类学》由 The Macmillan Company 出版。

● 1952 年

2月，中国科学社修改社章，将宗旨改为"团结同志，继续研究科学，交流经验，并协助生产事业之发展"。

2月20日，胡先骕参加植物分类室思想改造小组学习，在发言中谈及英美等国国家政治制度之好。

2月，胡先骕（Hu, Hsen-hsu）《云南新发现之喙核桃，云南南部发现 Juglandicarya 活植物》"On A Living Species of Juglandicarya Found in South Yunnan"刊于《中国古生物学会会刊（Paleobot）》1952年第1期263～265页。喙核桃 [Annamocarya sinensis（Dode）Leroy、Juglandicarya integrifoliolata（Kuang）Hu]，1种，产越南和我国云南、广西、贵州。

3月至6月，《吴征镒自定年谱》载：中央农业部借调陪同前苏联捷米里亚采夫农业科学院伊凡诺夫院士赴华北、东北、华东、华中、华南等地考察中国农业及其研究机构。首次见到浙江萧山的集约农业和广东顺德的"桑基鱼塘"式的循环农业。在杭州筧桥初识过兴先。回所后参与周总理领导的"知识分子问题"调查研究。抗美援朝开始，与钱崇澍（后简称钱老）、胡先骕（后简称胡老）、林镕等共同鉴定刘慎谔送来的东北地区美军飞机撒下的两种树叶，并写成报告，以反对细菌战。

6月29日，《人民日报》发表加有编者按的长篇文章《为坚持生物科学的米丘林方向而斗争》。

7月中旬，中国科学院（京区）研究人员开展思想改造学习，历时七周，九月初结束。1951年底已动员，因"三反"运动中断。据《中国科学院研究人员思想改造学习总结》称：生物学各所的高级研究人员一般只在所内的小组会上作一、两次检查，听取群众意见。"只有植物分类所研究员胡先骕在研究所的小组会上检讨两次，后在全院研究人员代表大会（约80人）上检讨一次。"

8月13日，胡先骕在植物分类研究所召开的检讨会上作书面检讨，1个半小时，竺可桢出席会议。

8月14日，植物分类研究所召开会议，就胡先骕的自我检讨进行讨论，竺可桢出席并作指示，认为胡先骕应再次检讨。

8月17日，植物分类研究所召开小组长会议，准备胡先骕作第二次检讨，钱崇澍、张肇骞、吴征镒、汪发缵、侯学煜、俞德浚等参加会议。

8月18日，胡先骕在植物分类研究所作第二次检讨。

8月19日，植物分类研究所就胡先骕检讨再次召开检讨大会，形成《坚决和反动思想斗争，彻底划清界线》，其中摘录俞德浚、汪发缵、唐进、吕烈英、匡可任、叶晓、侯学煜、汪发缵、林镕、王寿人、俞诚鸿、吴征镒、钱崇澍的发言。

9月5日，胡先骕在植物分类研究所作第三次检讨。

10月，胡先骕《坚决和反动思想斗争，彻底划清界线》油印和看到夏纬琨、吕烈英、汪发缵等的揭发材料后，说了四个字：众叛亲离。

10月15日，植物分类研究所一九五二年工作计划讨论会在中国科学院院部进行，胡先骕出席会议。

11月15日，中国科学院第43次院长会议决定植物分类研究所改为植物研究所，呈报文委。

12月，钱崇澍、胡先骕、林镕、俞德浚、吴征镒、汪发缵、唐进、匡可任、刘慎谔《美军飞机在朝鲜北部和中国东北撒布两种朝鲜南部特产树叶的报告》刊于《科学通报》1952年S1期132～135页。

是年底，中国科学院植物分类研究所年底调整工资，胡先骕被定级为3级研究员，时年58岁；钱崇澍为特级研究员，69岁；林镕为2级研究员，49岁；吴征镒为3级研究员，36岁。中国科学院植物分类研究所对胡先骕鉴定意见：思改后有一定进步，群众观点重，为人爽直；业务工作积极，知识面广，工作多，但不很踏实，组织能力差[3]。

是年底，中南教育部在武汉召开全区高等院校院系调整会议，南昌大学由党组书记、秘书长魏东明带队，工学院副院长王修寀、总务长戴鸣钟、副教务长谷霁光以及会计科科长欧阳侃随同前往。这次会议由中南教育部副部长徐懋庸主持，中南局宣传部部长赵毅敏作政治报告，主要讲过渡时期总路线。然后讨论院系调整方案，提出取消湖南、广西、南昌三大学校校名，在湖南、广西、江西三省独立设置师范院校。会议后，南昌大学即进入紧张的院系调整阶段，成立了中南区高等院校院系调整委员会南昌分会，吕良、刘乾才、魏东明等14人为委员。按照调整方案，南昌大学工学院机械工程系科、电机工程系并入新成立的华中工学院；土木工程系科并入新成立的中南土木建筑学院；化学工程系科并入华南工学院；理学院物理系、化学系，文法学院文史系、俄文系科并入武汉大学；数学

---

[3] 胡宗刚．胡先骕先生年谱长编[M]．南昌：江西教育出版社，2008：568．

系、生物系并入中山大学；经济系并入新成立的中南财经学院；教育系和师范部教育科、生物科并入湖南师范学院；史地科地理组并入华南师范学院。同时，以体育专修科和师范部体育科为基础成立中南体育学院，院址暂设南昌大学原址（1955年迁武汉）。院系调整期间，邵式平省长请示中央同意，一是将原拟成立江西师专改为江西师范学院，二是保留生物科。

• 1953 年

1月，中国科学院植物分类研究所改名为中国科学院植物研究所（以下简称中国科学院植物所或植物所）。下设高等植物分类、植物生态及地植物、植物形态解剖、植物资源、植物园等五个组。辅助机构有标本室、绘图室、资料室、暗室；北京之外有华东、西北、昆明三个工作站；庐山工作站改为庐山森林植物园。自本年起，无论室内和野外，都"走向集体工作的道路"，大部分人员参与各项调查，野外综合调查有11项之多。

1月23日，中国科学院任命钱崇澍为植物所所长，吴征镒、林镕、张肇骞为副所长。同日，任命戴芳澜为植物研究所真菌植病研究室主任。戴芳澜（1893—1973年），字观亭，湖北江陵人，著名的真菌学家、植物病理学家。康奈尔农学士，1919年获哥伦比亚大学研究院硕士学位。1919年在南京第一农业专科学校任教，后在一家私人农场研究园艺。1921年赴广东省立农业专门学校任植物学和植物病理学教授。1923—1927年任南京东南大学教授。1927—1934年任金陵大学教授。1934—1935年赴美国纽约植物园生化实验室和康乃尔大学植物病理系进行客座研究。1935年回清华大学任生物系教授，兼农业研究所病害组主任，进行真菌分类研究。1945年，清华大学由昆明迁回北平，他任农学院植物病理系主任。1948年当选为中央研究院院士。1950—1957年任北京农业大学教授，其间兼任中国科学院植物研究所真菌植物病理研究室主任。1953年当选为中国植物病理学会理事长和《植物病理学报》主编，中国植物保护学会名誉理事长，民主德国农业科学院通讯院士。1955年被聘为中国科学院学部委员，并当选为常委。1957—1959年任中国科学院应用真菌学研究所所长。1959—1973年担任中国科学院微生物研究所所长。先后当选为第一、二、三届全国人大代表。戴芳澜是中国近代真菌学和植物病理学的主要奠基者，为我国这两个学科的形成和发展作出了开创性的贡献。他早年从事水稻及果树等植物病害的研究，

1927年先后发表《江苏麦类病害》《江苏真菌名录》《中国植物病害问题》等论文，还对江浙两省的水稻病害及其防治进行研探。20世纪30年代后，他专注于真菌研究，在真菌分类学、形态学、遗传学和植物病理学方面多有建树，尤其在白粉菌、鹿角菌、锈菌、鸟巢菌、尾孢菌等菌的分类，竹鞘寄生菌的形态和脉孢菌的细胞遗传学等方面取得大量成果，发表论文和著作50多篇（部）。主要论著有:《竹鞘寄生菌的研究》《脉孢菌的性连锁》《中国白粉菌科的研究》《中国西部锈菌的研究》《中国鸟巢菌目的研究》《中国真菌名录》《中国真菌杂录》《中国经济植物病原目录》《真菌》等。他晚年汇编的《中国真菌总汇》，总结了我国真菌的种类、分布及应用，为中国真菌学的一部巨著，得到日、美同行的关注，获得1978年全国科学大会奖。

2月，《古生物学报》"Acta Palaeontogica Sinica"创刊，第1卷第1期出版。

5月11日，中央人民政府政务院（政文齐字第十二号）批复植物分类研究所改称植物研究所。

9月，胡先骕《经济植物学》由中华书局出版。

10月3日至10月12日，南昌大学前后仅仅十天的时间里完全调整。"以培养工业建设人才和师资为重点，发展专门学院，整顿和加强综合性大学"的调整方针对南昌大学进行全面调整，以文法学院、理学院和师范部的部分师资留给新组建的江西师范学院。

10月，南昌大学撤销。

11月9日，江西师范学院举行首次开学典礼。

12月，集体执笔《中国植物科属检索表》刊于《植物分类学报》1952年第2卷第3期173~338页。《中国植物科属检索表》包括中国高等植物395科，其中苔藓植物106科；蕨类植物52科197属；裸子植物11科41属；被子植物226科2946属。

● **1954年**

1月，胡先骕（Hu Hsen-Hsu）《中国崖豆藤属六新种》"Six New Species of Millettia of China"刊于《植物分类学报》1954年第3卷第3期355~360页。

1月30日，中国科学院院务常务会议通过了学部领导名单，郭沫若院长和竺可桢、吴有训副院长等出任学部主任。钱三强领导新成立的学术秘书处，承担

胡先骕年谱

选聘学部委员的具体工作。中国科学院党组全面领导学部委员的选聘工作。学部委员名单的确定，经过了院党组会议、院务常务会议的反复讨论，再上报中央审查批准。

3月，（苏）塔赫他间（А.Л.Тахтаджян）撰，胡先骕翻译《高等植物系统的系统发育原理》（科学译丛·植物学·第1种）由中国科学院出版。

4月，冯国楣、冯汉英《云南的造林树》由中国科学院出版，胡先骕、蔡希陶为之校订。

4月，胡先骕《种子植物分类学讲义》由中华书局再版。

4月，郑勉《中国种子植物分类学》（上册）由上海新亚书店出版。

4月，中国科学院编译局根据中国植物学会的建议，聘定匡可任、吴征镒、林镕、胡先骕、唐进、夏纬瑛、耿以礼、郝景盛、裴鉴等负责审查《种子植物名称》。

5月，集体执笔《中国植物科属检索表（续）》刊于《植物分类学报》1952年第2卷第4期39～470页。参加本书编纂工作共39人，陈焕镛、侯宽昭、张宏达、何椿年（广州中山大学植物研究所），陈嵘（北京中央林业部林业研究所），蒋英（广州华南农学院），耿以礼、耿伯介（南京大学），方文培（成都四川大学），曾勉（南京华东农业科学研究所），孙雄才（南京华东药学专科学校），徐祥浩（广州华南师范学院），陈立卿（桂林雁山广西农学院经济植物研究所），马毓泉（北京大学），钱崇澍、林镕、张肇骞、吴征镒、胡先骕、郝景盛、汪发瓒、唐进、俞德浚、钟补求、匡可任、崔友文、傅书遐、王文采、黄成就、刘瑛、吕烈英、汤彦承、冯家文、崔鸿宾（中国科学院植物研究所），裴鉴、单人骅、周太炎、刘玉壶（南京中国科学院植物研究所华东工作站），陈封怀（江西牯岭中国科学院植物研究所庐山工作站）。

12月，中国科学院主办的《科学通报》12月号刊载罗鹏、余名仑翻译的来自苏联《植物学杂志》的一篇译文《物种形成问题讨论的若干结论及其今后的任务》，该文总结前一年对李森科关于物种见解的讨论，指出李森科所犯的很多错误。

12月，（英国）勃基尔原著，胡先骕翻译《人的习惯与旧世界栽培植物的起源》（科学译丛）由科学出版社出版。

12月，胡先骕《水杉水松银杏》"Metasequoia, Glyptostrobus and Ginkgo"刊于《生物学通报》1954年12月12～15，57页。

12月，J.哈钦松著，中国科学院植物研究所译《有花植物科志Ⅰ. 双子叶植物》由商务印书馆出版，该书由唐进、汪发缵、关克俭合译，胡先骕校阅部分译稿及检索表。

12月，中国科学院编译局编订《种子植物名称》由中国科学院出版。

是年，胡先骕应他的门人和朋友四川大学方文培和西南师范学院戴蕃瑨之联名函请，编写一本高等学校教科书《植物分类学简编》。该书不仅被作为高等师范学院和高等农林院校学生攻读植物分类学的入门教材，也适合作中学教师和农林干部的参考书。方文培（1899—1983年），中国植物学家。四川忠县（今属重庆）人。曾任中国科学社植物研究所研究员，后赴英国留学。归国后任四川大学教授直至逝世。中华人民共和国成立后，还曾任中科院成都分院学术顾问，当选为中国植物学会名誉理事长、荷兰皇家学会会员、英国皇家学会会员。毕生从事植物学教学和植物分类学的研究。在植物分类学上造诣很深，是槭树科、杜鹃花科分类学专家。先后发表新种近二百个。主要著作有《近时采集之中国杜鹃》《峨眉植物图志》《中国芍药属的研究》及《中国植物志》第46卷。方文培教授历经四十余载创建的四川大学植物标本馆是世界著名的标本馆之一。

是年，《吴征镒自定年谱》载：东德要求与我国合作，组织中德考察队由刘慎谔陪同赴东北考察，初识H. Hanelt。同年，苏联科学院苏卡乔夫（V. N. Sukachev）院士访问北京植物所。科学院成立科学名词审查委员会，与钱老、胡老等共同讨论，选编《中国种子植物名称》。

● 1955年

3月，胡先骕著《植物分类学简编》（高等学校教学用书）由高等教育出版社出版。该书胡先骕认为（第343页）：李森科"关于生物学种的新见解"在初发表的时候，由于政治力量的支持，一时颇为风行。接着便有若干植物学工作者发表论文来支持他的学说；报道黑麦"产生"雀麦，橡胶草"产生"无胶蒲公英，作物"产生"杂草，白松"产生"赤杨，鹅耳枥"产生"榛，松"产生"枞，甚至向日葵"产生"寄生植物列当。但不久即引起了苏联植物学界广泛的批评。自一九五二年至一九五四年各项专业的植物学家先后发表了成百篇的专业论文，对于李森科的学说作了极其深刻的批评，大部分否定了他的论点⋯⋯这场论争在近代生物学史上十分重要。我国的生物学工作者，尤其是植物分类学工作者必须有深刻的认识才不至于被引入迷途。

3月，胡先骕《水杉》刊于《旅行家》1955年3期20页。

5月，J.哈钦松著，唐进、汪发缵、关克俭译《有花植物科志Ⅱ.单子叶植物》由商务印书馆出版，该书由胡先骕校阅部分译稿及检索表。

5月15日，中国科学院院党组最后向国务院报送了235人的学部委员名单。5月31日，国务院全体会议批准了其中的233人。6月3日，周恩来总理签发国务院令，公布首批学部委员名单。

6月5日，《人民日报》刊登中华人民共和国国务院令，公布第一批中国科学院学部委员名单，中国科学院植物研究所钱崇澍、张肇骞、林镕、吴征镒被选聘为中国科学院学部委员，胡先骕落选。《1955年生物学部学部委员名单》（60位）：肖方骏、钱崇澍、梁希、秉志、马文昭、丁颖、陈焕镛、戴芳澜、陈桢、金善宝、张景钺、叶桔泉、胡经甫、陈凤桐、杨惟义、潘菽、李继侗、蔡翘、张孝骞、秦仁昌、王家楫、罗宗洛、梁伯强、冯泽芳、张锡钧、承淡安、诸福棠、伍献文、刘承钊、朱洗、张肇骞、俞大绂、钟惠澜、涂治、刘崇乐、周泽昭、林巧稚、童第周、陈文贵、蔡邦华、邓叔群、林镕、贝时璋、汤佩松、魏曦、郑万钧、侯光炯、沈其震、黄家驷、戴松恩、冯德培、王应睐、李连捷、殷宏章、吴英恺、盛彤笙、李庆逵、陈世骧、吴征镒、赵洪璋。

6月，胡先骕《经济植物手册（上册·第一分册）》由科学出版社出版。

6月，胡先骕、孙醒东《国产牧草植物》（163页）由科学出版社出版。

10月，《吴征镒自定年谱》载：吴征镒参加米丘林诞生一百周年纪念大会。按竺副院长指示，对胡先骕编著《植物分类简编》一书中的某些观点，与林镕一起做他的工作，未正面提出批评。

10月15日，竺可桢、张稼夫、林镕、吴征镒谈胡先骕《植物分类学简编》引起的批评，决定请林镕、吴征镒说服胡先骕，劝他自动改正。

10月23日，竺可桢副院长到中关村会晤秉志先生，谈胡先骕先生《简编》一书的问题。秉志先生明确表示不同意批判胡先骕先生。据竺可桢副院长的当天日记记载："农山（即秉志）认为要步曾（胡先骕）检讨不但不现实，而且无需要。"

10月28日至31日，中国科学院与中华全国自然科学专门学会联合会举办伟大的自然改造者伊·弗·米丘林诞生一百周年纪念会。北京和全国各地生物科学和农业科学工作者1400多人参加大会。根据中宣部的安排，会议对科学院植物所研究员胡先骕进行了有组织的政治批判。此事缘于本年3月高等教育出版社出版的胡先骕著《植物分类学简编》。作者在该书第 20 章关于物种和物种形成的讨论中，引用苏联植物学家的资料，对李森科及其支持者的所谓物种形成的新见解进行批评。作者认为，李森科所说黑麦可以产生雀麦，橡胶草可以产生无胶蒲公英，作物可以产生杂草等等都是没有根据的，是以不可容忍的虚无主义态度对待分类学，害处极大，必须予以根本否定。作者还评论说李森科的新见解一时颇为风行，是由于政治力量支持的结果。胡先骕提醒中国的生物学工作者，尤其是植物分类学工作者"必须有深刻的认识，才不至于被引入迷途"。《简编》出版后，在中国高教系统工作的苏联专家提出严重抗议，认为此书是在政治上诬蔑苏联。原本是学术批评的问题，被上升为反苏反共的政治问题。结果，《简编》一书全部被销毁。10 月 31 日，竺可桢副院长在闭幕式上做会议总结时说：在纪念会中开展了学术思想的批判，特别是对胡先骕先生在《植物分类学简编》一书上的错误思想，进行了一次深刻的批评。

11 月 2 日，《人民日报》公开发表童第周在纪念大会上所作的《创造性地研究和运用米丘林学说为我国社会主义建设服务》报告，《科学通报》（1955 年第 11 期）转载了这个报告。

12 月，胡先骕《经济植物手册（上册·第二分册）》由科学出版社出版。

12 月，胡先骕著《经济植物手册（上册）》由科学出版社出版。

• 1956 年

1 月，中共中央召开知识分子工作会议，周恩来在报告中发出"向科学进军"的号召，会上周恩来代表中共中央做了《关于知识分子问题的报告》，称知识分子是工人阶级的一部分。

2 月，郑勉著《中国种子植物分类学》（中册 第一分册）由科学技术出版社出版。

2 月 8 日，《竺可桢日记》载：适胡步曾来京看病，与谈庐山植物园业务主任事，他推荐叶培忠，南京林学院不放。

3 月，国务院集中各方面精英人物着手编制科学发展十二年长期规划。

4 月 27 日，毛泽东主席谈到胡先骕。1999 年中共党史出版社出版的《陆定一传》，其中 1956 年 4 月 27 日陆定一在中央政治局扩大会议上的讲话记录，原文为：陆定一：从前胡先骕那个文件我也看了一下，他批评李森科的观点很好，

那是属于学术问题,我们不要去干涉比较好。康生插话:我问了一下于光远,他觉得胡先骕是有道理的。胡先骕是反对李森科的,什么问题呢?李森科说:从松树上长出一棵榆树来,这是辩证法的突变,松树可以变榆树(笑声),这是一种突变论。毛泽东问:能不能变?康生答:怎么能变呢?那棵松树上常常长榆树,那是榆树掉下来的种子长出来的。这件事胡先骕反对是对的。毛泽东:那个人是很顽固的,他是中国生物学界的老祖宗,年纪七八十了。他赞成文言文,反对白话文,这个人现在是学部委员吗?定一:不是,没有给。毛泽东:恐怕还是要给,他是中国生物学界的老祖宗[4]。

4月27日,中宣部部长陆定一在中共中央政治局扩大会议上回顾批判胡先骕的事件时说,胡先骕批评李森科学说是对的,"那是属于学术性质的问题,我们不要去干涉比较好"。5月1日,国务院总理周恩来同中国科学院负责人谈科学与政治的关系问题时指出,如果李森科不对,没有理由为李森科辩护,就要向被批评的胡先骕承认错误。

4月28日,毛泽东在中共中央政治局扩大会议上提出:百花齐放、百家争鸣,应该成为我国发展科学、繁荣文学艺术的方针。

4月,胡先骕《我国学者应如何学习米丘林以利用我国的植物资源》刊于《科学通报》1956年第8期18～34页。其中63～71页《笔谈百家争鸣》中收录胡先骕《"百家争鸣"是明智而必要的方针》。

7月,胡先骕《万卷书——二千五百万年前的植物图鉴》刊于《旅行家》1956年第5期,介绍山东山旺古生物化石。

7月,胡先骕《荷花》刊于《旅行家》1956年第7期。

7月1日,中国科学院竺可桢副院长到胡先骕家,代表有关方面,就去年米丘林诞生一百周年纪念会上对他的错误批判,向他道歉;同时,邀请胡先骕出席即将于8月在青岛市举行的遗传学座谈会,这个座谈会是自然科学方面贯彻"百家争鸣"方针而召开的第一个会议。

8月10日至25日,中国科学院和高等教育部邀请各方面有关专家,在青岛召开遗传学座谈会。生物的遗传,是一种非常复杂的生命现象,遗传学是生物科学中牵连很广的一门学科,因此应邀参加座谈会的除遗传学家以外,还有动物学、植物学、微生物学、昆虫学、细胞学、组织学、胚胎学、生理学、生物化学

---

[4] 陈清泉,宋广渭. 陆定一传[M]. 北京:中共党史出版社,1999:414-415.

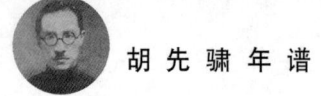

等各方面的专家。他们有的来自科学研究机构,有的来自高等学校。正式出席的有科学院、高等教育部、教育部、农业部、林业部等各个系统的科学工作者 43 人,列席和旁听的先后有 73 人。胡先骕受邀参加了这次会议。

10 月,中国科学院决定新聘任院属单位 21 位著名科学家和人文社会科学学者为特级研究员,他们是:尹赞勋、盛彤笙、吴学周、张大煜、叶渚沛、李薰、朱洗、王家楫、伍献文、童第周、陈世骧、胡先骕、罗宗洛、陈焕镛、赵九章、侯德封、斯行健、罗常培、金岳霖、向达、范文澜(见竺可桢 1956 年 10 月 7 日的日记)。1956 年 7 月 4 日发布实行《国务院关于工资改革的决定》没有设定专业特级,专业技术人员的最高级被定为一级。胡先骕为一级研究员,工资 345 元。

10 月,胡先骕《菊花》刊于《旅行家》1956 年第 10 期。

11 月,胡先骕(Hu Hsen-Hsu)《中国云南山茶科二新属:华核果茶及云南茶》"Sinopyrenanria and Yunnanea, Two New Genera of Theaceae from Yunnan, China" 刊于《植物分类学报》1956 年第 5 卷第 4 期 279～283 页。

12 月,Hu, Hsen-Hsu(胡先骕)"Yunnanea, A New Genus of Theaceae from Yunnan, China" 刊于 "The Rhododendron and Camellia Year Book, Rhod. & Camellia Year Book"《杜鹃花和山茶花年鉴》(The Royal Horticultural Society, London, England 出版)1956 年第 11 卷 105～107 页。

是年,吴征镒、胡先骕、唐进、汪发赞招收研究生周铉(西南师范学院)、胡嘉琪(云南大学)、陈心启(福建农学院)、胡昌序;王伏雄、侯学煜招收研究生潘景丽、王世之。

● 1957 年

1 月,胡先骕《〈栽培植物的起源变异免疫与育种〉评价》刊于《科学》1957 年第 33 卷 1 期。

1 月 18 日,日本植物分类学之父牧野富太郎去世。牧野富太郎,(Makino, Tomitaro, 1862 年 4 月 26 日—1957 年 1 月 18 日),出生于日本高知县。1874 年小学中途辍学,1884 年在东京帝国大学植物教研室当事务员,独自钻研植物学。1893—1910 年任东京理科大学(东京大学理学部)助教,后聘为嘱托,因学历不够,1913 年后当了近 30 年讲师。1939 年辞职自行研究。从事植物分类学研究 50 年,采集植物达 50 万种,新发现命名的有 1000 多种,收集到的变种 1500 余种,

胡 先 骕 年 谱

还绘制了出色的植物图；既从事学术研究又进行一般植物知识的普及工作。主要著作《牧野日本植物图鉴》（1940），关于植物学的著作 30 余部。第二次世界大战后，1950 年被聘为日本学士院会员，1953 年得东京都荣誉市民称号，1957 年获得日本文化勋章，收集的 50 万种植物交给文部省保管，日本人民对他非常尊重，称之为"日本国宝"。为纪念他为日本植物分类学的贡献，于 1958 年成立了高知县立牧野植物园。高知县立牧野植物园位于俯视高知市的五台山上，园内种植了约 3000 种植物而且是以高知县内的原生植物为主，透过这些植物可欣赏到四季不同的美景。

2 月，《植物分类学报》成立第二届编委会，主任编辑钱崇澍，常务编辑由在京委员担任，成员方文培、刘慎谔、匡可任、汪发缵、陈邦杰、陈焕镛、吴征镒、林镕、胡先骕、耿以礼、秦仁昌、郑万钧、张肇骞、裴鉴、蒋英、钱崇澍、戴芳澜、钟心煊、钟补求、饶钦止。

2 月中旬，植物研究所召开第一次学术委员会扩大会议，胡先骕参加会议并提交《中国榆科朴树小志》《中国树木新种小志》《中国山茶科小志》三篇论文。

2 月 18 日，肃反运动结束后，植物研究所对胡先骕作出评语：工作中能完成自己的工作任务，另外积极地写书，其目的是为了名利（他自己说的），因此所写的东西据别的研究员评论，质量很粗糙。对所内的一切学习和会议不参加，不过问，每天下午三点钟上班，五点钟下班。对一些政治思想问题，绝大多数都是采取避而不谈的态度，所以就很少收到他的反映和意见。对国外的一切形势，从表面上看好像无所谓的态度，但内心如何却难以估计。肃反一开始，即要求旅行休假，要到上海、南昌、庐山等处去，企图达到至别处活动的目的和逃避肃反运动。当领导未批准其前往时，又借口有病，未参加运动[5]。

3 月，胡先骕招收研究生胡嘉琪。因云南大学不同意，9 月胡嘉琪转辗调至复旦大学，到年底才至北京就学于胡先骕。胡嘉琪，1932 年出生，1954 年复旦大学生物学系毕业，相继攻读植物生态学和植物分类学两专业研究生毕业，1960 年进入复旦大学生物系工作，一直从事植物生态学和植物分类学的教学和科研工作。曾合作出版中英文，著 3 册，有《黄山植物》（与梁师文主编）、《中国植物志》（第 70 卷．被子植物门 双子叶植物纲 爵床科 苦槛蓝科 透骨草科 车前科）、《安徽黄山植被概况》（与吴玉树合作，云南大学生物系），译著 1 册，在国内外

---

[5] 胡宗刚. 胡先骕生年谱长编 [M]. 南昌：江西教育出版社，2008：588-589.

专业学术刊物和国际会议上发表中英文论文50余篇。

4月1日，胡先骕"Brief Notes on Celtis in China"《中国榆科朴树小志》刊于《科学通报》1957年第6期171页。胡先骕"Brief Notes on Chinese Theaceae. I"《中国山茶科小志I》刊于《科学通报》1957年第6期170页。胡先骕"Kailosocarpus and Parapiquetia. New Genera of Theaceae in Yunnan"《空果茶与拟匹克茶，云南山茶科两新属》刊于《科学通报》1957年第6期170页。

4月16日，胡先骕"Notes on new species of trees of China I"《中国树木新种小志I》刊于《科学通报》1957年第7期208页。

4月，遗传学座谈会会务小组编辑《遗传学座谈会发言记录》由科学出版社出版，其中收录胡先骕1956年在青岛遗传学座谈会上发言。

5月16日，胡先骕《应该设立保护天然纪念物的机构》刊于《科学通报》1957年9期288页。

6月，胡先骕应邀到江西农学院、庐山植物园讲学、做学术报告。8月，胡先骕回京后，江西农学院对其在江西的活动予以整理，交给江西省公安厅，又由江西省公安厅转交公安部；植物研究所也令庐山植物园徐海亭调查胡先骕在南昌的行踪。

6月，胡先骕《橡子和橡树》刊于《旅行家》1957年12期11页。

9月12日，胡先骕参加世界文化名人瑞典博物学家卡尔·林内诞生250周年纪念会，并做报告。

9月12日，中国人民保卫世界和平委员会等编《世界文化名人瑞典博物学家卡尔·林内诞生250周年纪念会》由中国人民保卫世界和平委员会刊印。林奈（Linnaeus），全名卡尔·冯·林奈（Carl von Linné，1707年5月23日—1778年1月10日），过去译成林内，瑞典自然学者，现代生物学分类命名的奠基人。动植物双名命名法（binomial nomenclature）的创立者。自幼喜爱花卉。曾游历欧洲各国，拜访著名的植物学家，搜集大量植物标本。归国后任乌普萨拉大学教授。1735年发表了最重要的著作《自然系统》"Systema Naturae"，1737年出版《植物属志》，1753年出版《植物种志》，建立了动植物命名的双名法，对动植物分类研究的进展有很大的影响。为纪念林奈，1788年在伦敦建立了林奈学会，他的手稿和搜集的动植物标本都保存在学会。在世界顶级学府美国芝加哥大学内还塑有林奈的全身雕像。林奈学会（Linnaean Society）位于英国伦敦皮

卡迪利街的伯灵顿宫（Burlington House, Piccadilly, wi.），建于1778年。瑞典博物学家C.von林奈去世后，他生前收集的大量动植物标本及藏书，被J.E.史密斯（James Edward Smith）所收购，1788年史密斯与R. S. 古迪纳夫（Samuel Goodenough）和T. 马沙姆（T. Mariam）、约瑟夫·班克斯（Joseph Banks）等人共同创立了林奈学会。1802年林奈学会获政府授予的皇家许可证，并迁入伯灵顿宫旧址。在该会1858年7月1日举行的一次学术会议上，宣读了C.R.达尔文和A.R.华莱士关于自然选择的联合论文，由此闻名于世。林奈学会曾开展过广泛的科学活动，并集中于研究古北区的植物和动物。

9月13日，《人民日报》刊登《昨日北京七百多个科学家和科学工作者集会纪念世界文化名人瑞典博物学家林内》：新华社12日讯 世界文化名人、瑞典博物学家卡尔·林内诞生二百五十周年纪念会，今晚在北京共青团中央礼堂举行。七百多名中国的科学家和科学工作者出席了今晚的纪念会。应邀参加纪念会的还有亚洲及太平洋区域和平联络委员会副秘书长何塞·万徒勒里（智利）等人。中国科学院副院长竺可桢在纪念会上致开幕词时说，卡尔·林内（1707—1778年）是近代自然科学史上划时代的人物，恩格斯在《自然辩证法》一书中，曾经称十六、七世纪欧洲近代自然科学萌芽时代为牛顿（1642—1727年）和林内为标志的一个时代。那个时代自然科学最重要的工作，是整理过去所积累的大量材料，使之成一体系。林内竭尽了毕生精力，从事于植物和动物的分类学研究，是近代生物分类学的奠基者。林内在1753年所创的"双名制"拉丁文简洁叙述法，鉴定了数以千计的植物、动物学名，为以后全世界生物学家所采用，从而廓清了过去动植物命名混乱不清的状态。竺可桢说，目前我国正在进行社会主义建设，必得大规模地从事于全国动植物的普查，这一工作正在期待着分类学家发挥巨大的力量。同时，我们也要学习林内毕生同自然界作斗争的精神。应邀出席纪念会的瑞典驻华大使布克接着讲话。他代表瑞典政府和瑞典人民，感谢中国人民保卫世界和平委员会、中国人民对外文化协会、中国科学院和中华全国自然科学专门学会联合会为纪念卡尔·林内所给予的重视和好意。随后，中国植物学会理事汪振儒介绍了林内事略；中国科学院植物研究所研究员胡先骕和动物研究所研究员寿振黄，也分别介绍了林内对近代植物分类学和动物学的贡献。

9月13日，胡先骕 "Linne's Contributions to Modern Systematic Botany"《林奈对近代植物分类学的贡献》刊于《科学通报》1957年17期544页。

10月，胡先骕《谈谈沙漠植物》刊于《旅行家》1957年20期36页。

11月，郑勉《中国种子植物分类学（上册）》由科学技术出版社出版。

12月，胡先骕著《经济植物手册（下册·第一分册）》由科学出版社出版。

● 1958年

1月，胡先骕《植物的新系统学引论》刊于《科学》1958年第1期2～10页。

4月，《科学史集刊》第1期创刊，其中刊有竺可桢《发刊词》、席泽宗《纪念齐奥尔科夫斯基诞生100周年》、《纪念卡尔·林内诞生250周年纪念特辑：竺可桢》《纪念卡尔·林内诞生250周年》、汪振儒《卡尔·林内（1707—1778）事略》、胡先骕《卡尔·林内对近代植物分类学的贡献》、寿振黄《卡尔·林内对于动物学的贡献》等。

7月，杜律尔原著、胡先骕译《试验的与合成的植物分类学》刊于《科学》1958年3期147～155页。

8月，胡先骕《植物分类学简编》（高等学校教学用书，修订本，545页）由上海科学技术出版社出版。

是年，胡先骕按照组织要求写出《交心》（29条）报告、《此次参加整风运动的思想收获》报告，植物研究所作出"对研究员胡先骕的改造计划"。

● 1959年

1月，斯普拉格（T.A.Sprague）原著、胡先骕编译《植物分类学特别有关的被子植物》刊于《科学》1959年第1期50～56页。

3月，中国科学院植物研究所编纂《中国植物照片集》（1、2，共1780页，全照片约计7000种），由中国科学院植物研究所印行。中国科学院植物研究所以秦仁昌1931年在英国邱皇家植物园历时11个月所拍摄中国植物模式标本照片1.8万张为基础，予以精选，出版《中国植物照片集》两巨册，为探明中国植物种类，编制中国植物志也有极大贡献。

4月，郑勉著《中国种子植物分类学（附图）》由南京大学生物系植物资源教研室编印。

4月，郑勉著《中国种子植物分类学（中册）第一分册》由上海科学技术出版社出版。

4月，郑勉著《中国种子植物分类学（中册）第二分册》由上海科学技术出版社出版。

5月，钱崇澍、胡先骕等26位植物学家联名倡议编写《中国植物志》刊于《科学报》。

5月，中国科学院编译出版委员会名词室《拉汉种子植物名称》（补编）由科学出版社出版。

6月，中国科学院植物研究所向中国科学院请示成立《中国植物志》编委会，建议钱崇澍、陈焕镛为主编，编委会由钱崇澍、陈焕镛、秦仁昌、林镕、张肇骞、胡先骕、耿以礼、刘慎谔、郑万钧、裴鉴、吴征镒、陈封怀、钟补求13人组成。

9月7日，中国科学院第九次院务常务会议通过《中国植物志》编委会委员名单。

10月，中国科学院正式批准《中国植物志》编委会委员名单，并于1959年11月11日至14日在北京召开首次会议，会议形成下列文件：①《中国植物志》编委会组织条例；②编辑出版条例和编审规程；③编写规划；④1960—1962年编写及出版规划；⑤编写规格；⑥植物分类学术语表；⑦著者缩写表；⑧引证文献缩写表；⑨被子植物按Engler系统（1936年）的科号与分卷表。编委会第一任主编为钱崇澍与陈焕镛，秘书长为秦仁昌，下设秘书组，长期由崔鸿宾负责组织与管理工作。

11月，冯澄如《生物绘图法》由科学出版社出版，胡先骕担任该书校阅。

是年，胡先骕开始着手编纂《中国植物志》中"桦木科"和"山茶科"。

是年，竹内亮原著《种子植物分类学附图》由吉林师范大学刊印。

1960年

5月5日，中国科学社发布《告社友公鉴》宣告结束，将各种资产等移交政府，中国科学社正式退出历史舞台。

5月25日，胡先骕倾平生所作诗稿，请钱钟书代为选定，逐年编次，题曰《忏庵诗稿》。《忏庵诗》开卷第一篇题为《壮游》的五言长诗，便为整部诗集奠立基调：束发毕经史，薄誉腾文场。下笔摹古健，颇欲追班扬。一时冠盖侣，交口称麟凰。庞眉比长吉，锦句充奚囊。冥契接虞夏，廓我刚柔肠。轩轩寡俗韵，逸兴凌穹苍。遗世每独立,人海空茫茫。二十事壮游,万里浮轻航。坐揽落矶春,旷目小扶桑。胜游不具数,林石穷幽荒。乔松入云汉,杂卉繁清香。骇鹿走层巘,翩鸿戏横塘。间亦棹兰舟,渔歌声琅琅。归梦接华胥,遐心溯羲皇。胸中郁奇气,坌涌成文章。雕镂到肝肾,语意时苍凉。日夕追古欢,忧患能相忘?欢乐未终极,悠然怀故乡。风木增悲怀,松菊荒门墙。尺波惊电谢,岁月空堂堂。人事如转烛,剩此吟身狂。归云杳无尽,泪眼穷高岗。中夜益凄恻,天半鸣哀鸧。乡心日千转,归路万里强。奔走空皮骨,还家及炎阳。相持杂啼笑,愉乐轻侯王。耳悦亲旧言,情亲灯烛光。呼汤事栉沐,换我旧巾裳。久别喜忽聚,宁暇商行藏?平生不解饮,至此亦尽觞。三年改朝市,丘墓多楸杨。追思辄弹泪,坐觉去日忙。频年苦兵燹,万姓横罹殃。陇亩不得耕,粮莠侵稻粱。闾阎满疮痍,民意思偕亡。丧乱迄未休,后顾日方长。笳鼓咽秋空,烽烟远相望。北指战云黑,西耀樵枪黄。治道久弃置,徒知竞戎行。何从觅麟凤?所遇多豺狼。群雄肆争夺,小丑亦跳梁。国情岂可问,譬疾濒膏肓。抚髀空慨叹,壮志徒飞扬!肉食无远谋,何以抚痍疮?身每思奋飞,辄苦病在床。昊天何梦梦,曷禁此如伤!但免沟壑苦,便安粗粝糠。胡为此犹靳,祸乱仍未央。我方铩倦羽,遄返从遐方。目击此烦冤,衷心为低昂。因思遁穷谷,披罗撷群芳。或从鸥夷游,一棹浮沧浪。世乱勋业贱,转眼添鬓霜。何如没草莽,饮啄随寻常?脱然解世网,宇宙供翱翔。此诗作于1916年自美国学成归国之后,胡先骕二十三岁。全诗五十五韵五百五十言,用杜甫原题并步原韵。

12月,胡先骕完成编辑其师沈曾植《海日楼诗集》六卷并撰跋语。

• 1961年

11月13日,任鸿隽逝世,享年74岁。任鸿隽是著名学者、科学家、教育家和思想家,中国最早的综合性科学团体——中国科学社和最早的综合性科学杂志——《科学》月刊的创建人,也是杰出的科学事业的组织领导者,中国近代科学的奠基人,为促进中国现代科学技术的发展做出了重要贡献。

• 1962年

2月17日,《人民日报》刊布胡先骕《水杉歌》。诗前刊有陈毅读后感:"胡老此诗,介绍中国科学上的新发现,证明中国科学一定能够自立且有首创精神,

胡先骕年谱

并不需要俯仰随人。诗末结以'东风伫看压西风',正足以大张吾军。此诗富典实、美歌咏,乃其余事,值得讽诵。一九六二年二月八日。"胡先骕在序言中说:"余自戊子与郑君万钧刊布水杉,迄今已十有三载。每欲形之咏歌,以牵涉科学范围颇广,惧敷陈事实,堕入理障,无以彰诗歌咏叹之美。新春多暇,试为长言,曲实自琢,尚不刺目,或非人境庐掎摭名物之比耶。"

《水杉歌》胡先骕

纪追白垩年一亿,莽莽坤维风景丽。
特西斯海亘穷荒,赤道暖流而温煦。
陆无山岳但坡陀,沧海横流沮洳多。
密林丰薮蔽天日,冥云玄雾迷羲和。
兽蹄鸟迹尚无朕,恐龙恶蜥横婆娑。
水杉斯时乃特立,凌霄巨木环北极。
虬枝铁干逾十围,肯与群株计寻尺。
极方季节惟春冬,春日不落万卉荣。
半载昏昏黯长夜,空张极焰光朦胧。
光合无由叶乃落,习性余留犹似昨。
肃然一幅三纪图,古今冬景同萧疏。
巍升珠穆朗玛峰,去天尺五天为昡。
冰岩雪壑何庄严,万山朝宗独南面。
冈达弯拿与华夏,二陆通连成一片。
海枯风阻陆渐干,积雪冱寒今乃见。
大地遂为冰被覆,北球一白无丛绿。
众芳遁走入南荒,万果沦亡稀剩族。
水杉大国成曹邹,四大部洲绝俦类。
仅余川鄂千万里,遗子残留弹丸地。
劫灰初认始三木,胡郑孳孳继前轨。
忆年远裔今幸存,绝域闻风剧惊异。
群求珍植遍遐疆,地无南北争传扬。
春风广被国五十,到处孙枝郁莽苍。
中原饶富诚天府,物阜民康难比数。

琪花琼草竞芳妍，沾溉万方称鼻祖。
铁蕉银杏旧知名，近有银杉堪继武。
博闻强识吾儒事，笺疏草木虫鱼细。
致知格物久垂训，一物不知真所耻。
西方林奈为魁硕，东方大匠尊东壁。
如今科学益昌明，忆见泱泱飘汉帜。
化石龙胲夸绿丰，水杉并世争长雄。
禄丰龙已成陈迹，水杉今日犹葱茏。
如斯绩业岂易得，密辞皓首经为穷。
琅玉宝笺正问世，东风伫看压西风。

《水杉歌》今译 胡洪涛（刊于《森林与人类》2000 年第 4 期 39～40 页）。

我于戊子年与郑万钧君研究为水杉定名，并公布于世，迄今已有十三年。经常想用诗歌的形式说说这件事，但因牵涉科学范围颇广，怕因论列铺叙过多，使之陷于说理而有失情趣，无以显示诗歌的美感。春节闲时较多，尝试着写了一首长诗。经过一番推敲，也还典雅平实，不太别扭，但怎能与萃取名物精华的人境庐诗章相比呢？

遥想一亿多年前的白垩纪，无垠的大地风光旖旎。
广漠的大陆上横亘着特西斯海，赤道暖流扩散着和暖的空气。
陆地上无崇山峻岭，但见原野起伏，
大海茫茫，纵情流淌，留下众多湿地。
茂林丰草，蔽日遮天，迷茫诡异的云雾，弥漫在太阳周际。
当时地球上尚无鸟兽，只有恐龙和巨蜥奔腾跳跃，横行无忌。
水杉树卓然不凡，高耸入云，环绕北极而立。
蟠枝铁干，十多人才能合围，却要同众树木比个些许差异。
北半球只有春冬交替，春天太阳不落，植物充满生机。
半年是漫长的黑夜，空幻朦胧的光焰经常出现在极地。
植物不能进行光合作用，水杉的叶儿纷纷落地，
古老的习性至今沿袭。
啊，多么肃穆的一幅第三纪图！
看古往今来，萧条零落，冬景无异。

第三纪山河变化巨大，自然界创造化育的运动，

似造物者安在洪炉上的电扇，恣肆鼓风不息。

巍然隆起的珠穆朗玛峰离天尺五，令天公口瞪目眩大为惊奇。

冰凝雪铸何等庄严，众山朝拜，尊为南面第一。

冈达弯拿与华夏两片大陆从此连成一气。

海枯风阻，陆地上升切断暖流，白雪覆盖着永冻带；

冰封千里，茫茫一片，北半球顿失绿意。

山地冰川奔突而来，群芳纷纷向南逃逸。

千种万类惨遭涂炭，所剩无几。

水杉大国顿时化为曹、邻，四大部洲失去了它的同类；

惟有川、鄂弹丸之地，残留着水杉的孑遗。

三木茂首次从劫后余灰中发现水杉，胡先骕、郑万钧继续深入探索为水杉作出准确的定名分类。

亿年前的植物后代幸存人间，异国他邦闻讯万分惊喜；

纷纷引种，精心种植，水杉的美名传遍寰宇。

乘东风扎根五十余国，郁郁苍苍，到处都滋生着水杉的后裔。

富饶的中华大地堪称天府，物产丰富，国泰民安，难以伦比。

仙花异草芬芳争艳，无怪世人称中国为园林之母，它的园林文化使万邦受益。

凤尾蕉和银杏早已名扬四海，近来发现银杉堪称又一奇迹。

上下求索真理是我们读书人的天职，诠释考证草木虫鱼不论巨细。

遵循格物致知的古训，把一事不明视为可耻。

西方有植物分类学的奠基人林奈，东方伟大的植物学家首推东璧。

现代科学日益发达昌盛，其间也飘扬着我泱泱中华的旌旗。

禄丰龙化石在我国首次发现令人刮目，足以与水杉争雄当世。

禄丰龙已是历史的陈迹，水杉却至今繁茂青翠。

这般伟业来之不易，白发人怎能不为它竭尽心力！

精美珍贵的宏篇巨制——《中国植物志》正在出版，

伫立东风中，看西风已奄奄一息。

4月，胡先骕应邀列席中国人民政治协商会议第三届委员会第三次会议，并有提案。

4月，北京师范大学生物系编写，贺士元、刑其华、尹祖堂等编《北京植物志（上册、中册）》由北京出版社出版。贺士元（Ho Shih-yuen），1927年8月4日生于北京，满族，1947年考入北京师范大学生物系，1952年毕业留校，在生物系植物教研室任教，从事植物分类学教学和科研工作，1956年任讲师，1979年任副教授，1988年任教授。曾兼任《中国植物志》第八届编委会委员、《植物分类学报》常务编委、北京农药学会杂草研究会副主任等。他先后主编《北京植物志》《北京植物检索表》《河北植物志》等专著，并参加《中国植物志》第73卷1分册川续断科的编写，编著《华北种子植物区系目录》和《北京植物志》（上、下两卷，1992年修订再版），获1998年第四届全国优秀科技图书三等奖及北京市科技进步三等奖。我国著名的植物分类学家、北京师范大学生命科学学院植物标本室奠基人、北京师范大学生命科学学院贺士元教授，因病医治无效，于2015年2月26日上午5时35分在北京逝世，享年88岁。

9月26日，竺可桢将其《物候学》手稿给胡先骕，请其提意见。

11月，中国科学院自然科学名词编订室施浒编、胡先骕审《种子植物形态学辞典》由科学出版社出版。

1963年

5月，教育部颁布《全日制中学生物学教学大纲（草案）》。按照教育部颁布的《全日制中学生物学教学大纲（草案）》规定，高中生物学的教学取消了《达尔文主义基础》的课程，改教包括有"孟德尔——摩尔根遗传学"等内容的《生物学》。根据1963年的教学大纲，人民教育出版社开始编写具有中国特色的中学植物学课本，聘请胡先骕等生物学家参与审阅和校订，胡先骕对初中植物学课本做了认真、细致地审读和修改，进行了大量的增删。

6月22日，中国科学院植物研究所开展"五反"运动，召集所内科学家座谈，胡先骕在发言中对科学出版社提了许多意见。

7月，胡先骕（Hu Hsen-Hsu）《中国森林树木小志（一）》"*Notulae ad Floram Silvaticam Sinensem* I"刊于《植物分类学报》1963年第8卷第3期197～201页。

7月3日，竺可桢到阜外医院探视胡先骕。

10月，中国植物学会编《中国植物学会三十周年年会论文摘要汇编》由中国植物学会印行，其中收入胡先骕《皱果茶——中国山茶科一新属》。

1964 年

4月，耿以礼《中国种子植物分类学》（上、下册）由南京大学刊印。

7月，胡先骕"The Materials on the Monography of Genus Carpinus Linn. of China"《中国鹅耳枥属（Carpinus L.）志资料》刊于《植物分类学报》1964年第9卷第3期281～298页。

9月，高等学校自然科学学报编辑委员会《高等学校自然科学学报（生物学版）》1964年试刊号第1期由人民教育出版社出版。

11月，J.赫胥黎（J.Huxley）主编、胡先骕等译《新系统学》由科学出版社出版，胡先骕作《译者前言》。其中有《走向新的系统学》（赫胥黎原著）、《栽培植物的新系统学》（瓦维洛夫原著）、《栽培植物的起源与行为》（克伦原著）。

11月，北京大学汪劲武编著《树木花草的识别》由北京出版社出版。汪劲武，1928年5月生于湖南长沙。1949年7月毕业于长沙长郡中学高中。1950年考入清华大学生物学系。1951年入北京大学植物系。1954年毕业于北京大学生物学系，同年留校任教，主要从事植物分类学教学和科研工作。曾获北京市优秀教师奖及国家高教事业有突出贡献的特殊津贴。担任过中国植物学会副秘书长、北京植物学会常务理事。发表《玉竹复合体的研究》（植物分类学报1988年第3期）等论文10篇。《种子植物分类学》（1985年高教出版社）、《怎样识别植物》（1989年科学出版社）等著作11本。《被子植物的起源》（1955年科学出版社）等译著2本。近20年在《植物杂志》《大自然》《中国花卉报》《生物学通报》等报刊上发表科普论文、科普小品文、科学考察记等文章共100多篇，约40万字。

是年，胡先骕《忏庵诗稿》（上、下卷各39页）刊行，钱钟书选订，由柳诒徵序、钱钟书跋，扉页为黄曾樾题署。1963年钱钟书在《忏庵诗稿》所作序跋中说："挽弓力大，琢玉功深。登临游览之什，发山水之清音，寄风云之壮志，尤擅一集胜场"。

1965 年

1月，胡先骕（Hu Hsen-Hsu）《雕果茶属——山茶科一新属》"Glyptocarpa, A New Genus of Theaceae"刊于《植物分类学报》1965年第10卷第1期25～26页。

2月21日，秉志在北京去世。《人民日报》1965年2月24日第2版刊载《全国人大代表、动物学家秉志逝世》新华社二十三日讯 全国人民代表大会代表、中国科学院学部委员、中国动物学会理事长、中国科学院动物研究所研究员秉志，因病于二月二十一日二时十分在北京逝世，享年八十岁。秉志，河南开封人，是我国著名的动物学家，擅长于比较解剖学和神经学。先后在南京、复旦等大学执教。一九二二年在南京创办中国科学社生物研究所，一九二八年在北京建立静生生物调查所。中华人民共和国成立后，先后在中国科学院水生生物研究所和动物研究所研究鲤鱼的系统形态。近五十年来，秉志一直从事动物学的研究，作出了重大贡献。同时，培养出了许多动物学工作者。他把毕生精力献给我国的科学教育和科学研究事业，是我国近代动物学的奠基人之一。秉志治丧委员会由郭沫若、聂荣臻、陈伯达、李四光、韩光、张劲夫、竺可桢、吴有训、武新宇等组成。二月二十七日将在北京嘉兴寺殡仪馆公祭。

4月，胡先骕（Hu Hsen-Hsu）《中国山茶属与连蕊茶属新种与新变种（一）》"New Species and Varieties of Camellia and Theopsis of China（1）"刊于《植物分类学报》1965年第10卷第2期131～142页。

5月11日，高等学校自然科学学报生物学版编辑委员会第一次会议举行。

9月，Fang, Wen-pei（方文培）、Hu, Hsen-hsu（胡先骕）"New Species of Aesculus from China"《中国七叶树属新种》刊于"Acta Sci. Nat. Schol.Superi.Sin.（Biol.）"《高等学校自然科学学报（生物学版）》1965年第3期217～237页。

10月，Hu Hsen-hsu "The Major Groups of Living Being：A New Classification"刊于"Taxon"1965年第14卷第8期254～261页。

12月28日，钱崇澍在北京逝世。《人民日报》1965年12月30日刊登《全国人大常务委员会委员钱崇澍先生逝世》。1965年12月28日，全国人民代表大会常务委员会委员、中国科学院学部委员、中国科学院植物研究所所长钱崇澍先生因患重病医治无效，于1965年12月28日下午7时10分在北京逝世。钱崇澍先生是浙江省海宁县人，享年83岁。29日下午，人大常委会副委员长、中国科学院院长郭沫若，人大常委会副委员长刘宁一，政协全国委员会副主席李四光，以及韩光、张劲夫、竺可桢、吴有训等有关方面负责人，前往医院向钱崇澍先生的遗体告别。

是年，胡先骕完成《中国植物志稿：桦木科与榛科》。

1966 年

4月, Hu H-H "*On Metasequoia*" 在香港《东方地平线》"*Eastern Horizon*" 1966年第5卷第4期26～28页刊出。香港英文刊物《东方地平线》"*Eastern Horizon*",也译为《地平线》, 1960年7月在香港创刊, 月刊。

"*On Metasequoia*" by Hu H-H

In the winter of 1941 Professor Kan Toh of Chungking, while traveling through Szechuan province, noticed a large deciduous conifer growing with two smaller ones of similar type in Wan county. Deciduous conifers are rare and this attracted his attention. But as it was winter he could not collect specimens for study. In 1944 another botanist passed there and succeeded in making collections of specimens which Professor Cheng Wanchuan considered to be something new. In 1946 Professor Cheng sent some specimens to the author, who found them to be similar to the fossil conifer described in a work published by a Japanese palaeobotanist, Professor S. Miki, and termed Metasequoia as its geneic name. When an account of this living fossil was published by me and Professor Cheng as M. glyptostroides, it was a surprise to botanists all over the world, because numerous fossils discovered in circumpolar regions and later on at lower latitudes formerly believed to belong to the famous Sequoia genus now found to belong really to this new and of course of very ancient lineage genus.

Consequently effort, was made to explore thoroughly in search of this new conifer. It was discovered also in Lichuan county of western Hupeh in a locality called Shui-shan-ba, where about 1,000 large and small trees were found. Then large quantities of seeds were collected from this new conifer and distributed to 170 botanical institutions in over 50 countries. They have been widely planted in China of course. Now this tree thrives in the USSR in the north, and in Indonesia in the south. It is a majestic, ornamental as well as useful tree. In 1960 the present author wrote a poem in Chinese in praise of this discovery, which is now for the first time rendered into an English translation by the author himself.

Over one hundred million years ago, in the cretaceous epoch,

The scenery of our world was very beautiful indeed.

The Tethys sea[6] ran through the Eurasian continent up to the North Pole;

Warm currents of the tropical ocean guaranteed mildness of climate.

On land, no mighty peaks of snow-ranges but undulating hills and plains;

Vast seas were surging over the interior land-shelves.

Majestic forests and luxuriant swamp herbage abounded on all lands.

Sunshine was forever shut out by thick clouds and mist.

Mammals and birds had not yet emerged into view;

Only dinosaurs and giant lizards prowled everywhere.

In that age Metasequoias reigned as forest monarchs,

Towering trees luxuriating with circumpolar distribution,

With dragon-like branches and ironclad trunks of immense dimensions,

Dwarfing the other trees all around.

In polar regions seasons alternate only' twixt spring and winter:

In spring the sun never sets, and lush vegetation thrives:

In the alternate half year the North slumbers ever through dark nights;

In the distant horizon flashes only the wonderful aurora-borealis.

Photosynthesis suspended, leaves fell useless,

Hence the deciduous habit was handed down to present time:

Over the Northern hemisphere expands just such a picture of the Tertiary period,

Desolate it looks now as ever in ancient winter.

At a later age an immense cataclysm, a creation pulsation, Stirred up the four comers of earth.

The majestic Mount Jolmo Lungma soared up to the sky:

Icy cliffs and snowy valleys towered over thousands of neighboring lofty ranges;

---

[6] 译者自注: The Tethys sea was an ancient Meditrrancan sea traversing the Eurasian land mass, connecting the Indian Ocean with the northern polar sea.

Gondwanaland[7] and Cathaysia[8] were once again united into one continent.

The inland seas dried, the northward wind was cut off, the hinterland gradually desiccated;

Snow accumulated, and intense cold generated;

Thus the earth was covered with ice sheets and a glacial period ensued;

Over the Northern hemisphere'a boundless white extinguished all verdure.

Remnants of this vegetation steadly migrated southwards,

Millions were destroyed, while handfuls survived.

Metasequoias, mighty kings of old, found their last refuge in a tiny spot in central China.

Miki first studied their fossil remains, Hu and Cheng continued the search.

Miraculously some descendants of these Herculean giants have been preserved!

Glad tidings once announced to distant foreign lands,

Their seeds were eagerly asked for propagation in the north and south;

To fifty countries all over the world they are thus distributed,

Everywhere new tree monarchs will again assert their suprem-acy.

Old China is known as 'Heavenly Kingdom',

Incomparable in her great wealth and teeming population;

Magnificent trees and wonderful flowers were introduced before;

Hence her envious fame as the mother of gardens.

Cycads and ginglco trees were well known of old.

Cathaya[9] being the last addition of a new conifer.

Chinese scholars are reputed for their erudition and diligence,

Devoted to study and research in their rich flora and fauna.

Their motto is 'search for knowledge', and 'study of nature',

Shame they feel if a single natural mystery remains unsolved. The famous herbalist

---

[7] 译者自注: Gondwanaland was the ancient continent separated by the Tethys sea from the Eurasian land mass, including the Indian subcontinent.
[8] 译者自注: Cathaysia was the ancient and mass embracing most of the area of China.
[9] 译者自注: Cathaysia is a new conifer genus discovered by Professors Chun Woon-yung and Kuan Kom-ren.

Li Shift-chen of the East rivaled the great botanist Linneus of the West;
But it's in the present time that the pursuit of scientific studies is steadly advancing.
The Chinese flag ever flutters over all fields of research,
World famous was the Lufengsour discovered in Yunnan;
Metasequoia throve about the same time.
But Lufengsour is known only as fossil remains
While Metasequoia still survives as living trees in our age.
Such discovery is rare indeed, a bountiful reward for scholastic toil.

A great national flora is now in the process of publication;
The East wind will undoubtedly surpass the West wind.

是年,胡先骕《桦木科》脱稿。

• 1967 年

11 月,中国科学院发动批改大运动,胡先骕遭到批判。

• 1968 年

5 月,中国科学院植物研究所停发胡先骕工资,召开胡先骕的批斗会,让胡先骕身披国民党党旗,将生平收藏的书籍书画运至植物研究所。

7 月 16 日,胡先骕在北京病逝。胡先骕有三男二女,胡德熙、胡德耀、胡德焜、胡昭文、胡昭静。据中国科学院植物研究所张宪春统计,胡先骕定名和发表的植物名称(包括全部合格发表的学名,也有少量不合法名称和裸名),共涉及 70 个科的植物,其中 2 个新科,水杉科 Metasequoiaceae Miki ex Hu & Cheng(现归于杉科 Taxodiaceae,也有学者归于柏科 Cupressaceae)和鞘柄木科 Torricelliaceae Hu,新属有 17 个,发表或定名的新种 369 个、新变种 2 个、新组合 31 个。

• 1969 年

10 月,祝延成等《种子植物分类学》由吉林师范大学刊印。

1972 年

9月2日，英国植物学家约翰·哈钦松去世。哈钦松（John Hutchinson），1884年4月7日出生于英国诺森伯兰郡的伯里本，他在达勒姆接受了园艺训练，1904年到皇家植物园做实习园艺师，由于他的绘画能力和对植物分类的认识，1905年被指定到标本室工作，先作为印度部助理，后来成为非洲热带部助理，1915—1919年成为印度部主任，1919—1936年为非洲部主任，然后成为植物园博物馆馆长，1948年退休，但仍然进行显花植物的研究，并出版了两部《显花植物分属》。他于1928—1929年和1930年两次到南非采集植物标本。他制定了一个新的被子植物门的哈钦松分类法，将这些植物分为草本和木本两大类，认为从木兰目演化出木本植物，从毛茛目演化出草本植物，认为这两支是平行发展的，单子叶植物起源于双子叶植物的毛茛目。他的这种分类法目前已经被大多数植物学家所否定，但他对植物形态的精确描述，利用图谱和检索工具的方法仍然被肯定。1934年，他获得圣安德鲁斯大学的名誉博士学位，1944年获得维多利亚勋章，1947年被选为皇家学会院士，1958年，获得达尔文—华莱士奖章，1968年获得林奈金质奖章，在他刚去世前获得OBE勋衔。哈钦松系统哈钦松于1926年和1934年在其《有花植物科志》I、II中所建立的系统。在1973年修订的第三版中，共有111目411科，其中双子叶植物82目342科，单子叶植物29目69科。该系统是英国植物学家哈钦松（Hutchinson）于1926年和1934年先后出版的两卷《有花植物科志》中提出的，1959年和1973年作了两次修订，从原来的105目332科增加到111目411科。哈钦松著有《有花植物科志》一书，分两册于1926年和1934年出版，在书中发表了自己的分类系统。到1973年已经几次修订，原先的332科增至411科。

1974 年

10月9日，胡先骕夫人张景珩去世，享年73岁。

1975 年

4月，北京师范大学生物系编写《北京植物志：单子叶植物》由北京出版社出版。

8月，四川大学生物学植物分类教研室《种子植物分类学基础》刊印。

● 1976 年

9 月，Edmund H. Fulling "*Metasequoia：Fossil and Living*" 刊于 "*Botanical Review*" 1976 年第 42 卷第 3 期 215～315 页。

● 1977 年

9 月，北京大学汪劲武编著《怎样识别植物》由北京出版社出版。

9 月，（英）V.H. 海吾德《植物分类学》由科学出版社出版。

● 1978 年

2 月 24 日，中国科学院植物研究所落实政策、平反昭雪大会举行，俞德浚、于若木、吴兆明等同志在会上发言。

● 1979 年

1 月 3 日，陈封怀被任命为华南植物研究所所长。

5 月 15 日，中国科学院和植物研究所的党政领导代表、各地的生物学家、古植物学家、农学家、语言学家、书法家、文艺家和大、中学教师等各界代表，数百余人在八宝山革命公墓大礼堂举行隆重的悼念仪式，向在我国生物科学事业中作出重大贡献的胡先骕先生表示深切的敬意。

5 月 25 日，中国科学院等单位在北京八宝山革命烈士公墓举行胡先骕先生骨灰安放仪式。

6 月 29 日，中国科学院植物研究所"关于胡先骕历史问题的复查结论"。略云：1940 年在重庆，由陈立夫、朱家骅介绍加入国民党，为国民党特别党员（党政号特字 67914）。1940 年 10 月，被任命为伪国立中正大学第一任校长。胡先骕一生中对发展我国科学事业起了积极作用。1916 年回国后，曾任南京高等师范大学、东南大学、北京大学、北京师范大学教授，曾与秉志先生在南京创办中国科学社生物研究所，在北平创办静生生物调查所并任所长，在江西创办庐山植物园。新中国成立前，国民党反动政府曾企图将静生生物调查所和胡本人迁台。经与我方代表商谈，同意我方接受，并拒绝迁台。新中国成立后，在筹建中国科学院时，能顾全大局，主动将静生生物所址全部腾让给科学院。根据华主席、党中央落实政策的指示，经复查认为，胡先骕属重大政治历史问

题,但党组织已审查清楚了。他一生的主要精力一直是从事科学教育工作。新中国成立以来拥护党的领导,热爱社会主义,在学术上有较深的造诣,对发展中国科学事业,培养科技人才等方面作出了积极的贡献。在林彪、"四人帮"反革命修正主义路线干扰破坏影响下,摧残科学教育事业,打击迫害知识分子,胡是深受其害,被诬陷为"资产阶级反动学术权威",在精神上肉体上受到摧残和折磨。党委决定推倒加在胡先骕身上的"资产阶级反动学术权威"不实之词,恢复名誉[10]。

7月,中国科学院图书馆情报室供稿《国外科学管理基础资料之八:英国皇家学会简史1660年至1960年》由中国科学院计划局编印。英国皇家学会(The Royal Society),全称"伦敦皇家自然知识促进学会",是英国资助科学发展的组织,成立于1660年。该学会的宗旨是认可、促进和支持科学的发展,并鼓励科学的发展和使用,造福人类。英国皇家学会是英国最高科学学术机构,也是世界上历史最悠久而又从未中断过的科学学会,在英国起着全国科学院的作用。

11月,匡可任、李沛琼、郑斯绪《中国植物志》(21卷,杨梅科 胡桃科 桦木科)由科学出版社出版。

● 1982年

7月11日,《江西日报(南昌)》刊登王咨臣《著名植物学家胡先骕》。

● 1983年

8月,胡先骕《水杉歌》刊于《植物杂志》1983年第4期42～43页。

8月,胡先骕与夫人张景珩骨灰一起安葬于庐山植物园。

10月1日至6日,中国植物学会第九届会员代表大会暨五十周年年会在山西省太原市召开。出席这次大会的有来自全国各地的正式代表、特邀代表和列席代表共400多人。大会在回顾中国植物学会五十年来的历史时,也没有提到胡先骕的名字。

---

[10] 胡宗刚. 胡先骕先生年谱长编[M]. 南昌:江西教育出版社,2008:668.

1984 年

7月10日，我国近代植物学奠基人之一、庐山植物园创始人、原中国科学院植物研究所研究员胡先骕教授骨灰安葬仪式在庐山植物园举行。中国科学院、江西省科委和庐山植物园在庐山植物园的松柏区水杉林内，建造胡先骕先生的墓地。墓前耸立着由庐山植物园树立的纪念碑文，上面记载着胡先骕的生平事迹，使人们永远缅怀一生为中国植物科学和教育事业的发展作出杰出贡献的近代植物学家。

9月，《北京植物志（上册、下册）》（一九八四年修订版）由北京出版社出版。

1985 年

6月，汪劲武《种子植物分类学》由高等教育出版社出版。

1986 年

4月，王咨臣、胡德熙、胡德明、钟焕懈《植物学家胡先骕博士年谱（一）》刊于《海南大学学报（自然科学版）》1986年第1期78～94页。这是植物学家、时任海南大学校长林英教授安排发表的，也是中国第一部现代植物学家的年谱。

7月，王咨臣、胡德熙、胡德明、钟焕懈《植物学家胡先骕博士年谱（二）》刊于《海南大学学报（自然科学版）》1986年第2期75～89页。

1987 年

4月，新加坡大学植物系梗萱《胡先骕教授水杉歌笺注》刊于《海南大学学报（自然科学版）》1987年第1期90～92页。

1988 年

10月，海南大学校长林英教授到武汉主持主审《湖北森林》，并将刊于《海南大学学报（自然科学版）》1986年第1期、第2期的王咨臣、胡德熙、胡德明、钟焕懈《植物学家胡先骕博士年谱》带到武汉并给笔者王希群讲述了年谱编写刊发过程。林英（1914—2003年），海南省海口市人。著名生态学家、教育家。1956年加入中国共产党。30年代肄业于北平中国大学生物系，抗战期间转学广

东勤勤大学博物地理系,1941年毕业考取福建省研究院动植物研究所研究生,1943年毕业被提升为助理研究员。先后任国立中正大学森林系讲师,南昌大学生物系副教授。1949年5月参加革命工作,1956年3月加入中国共产党。1957年8月赴苏联国立莫斯科大学进修,后在苏联科学院森林研究所从事科学研究工作,在此期间他跟随苏联著名生态学家、生态系统创始人之一的苏卡乔夫院士深造。1959年回国后担任江西师范学院生物系副主任,江西中医学院药学系主任,江西大学生物系主任、教授,江西大学副校长,党委委员,海南大学校长、名誉校长、教授。1988年8月任海南省第一届人大常委会副主任,第六届民盟中央常委。

● 1991年

5月,徐友春主编《民国人物大辞典》由河北人民出版社出版,收录有关人物12000余人。《民国人物大辞典》上第981页收录胡先骕:胡先骕(1894—1968年),字步曾,号忏庵,江西新建人,1894年(清光绪二十年)生。幼年在家塾读书。11岁,考入新建县学庠生,不久,考入南昌洪都中学,继复考入公立京师大学堂预科。1912年,赴美国留学,入加利福尼亚大学,习农学和植物学。1915年,与留学同学发起组织中国科学社。1916年,获植物系学士学位。历任江西庐山森林局副局长,江西实业厅技术员。1918年,任东南大学农科植物系主任兼教授。后入哈佛大学攻读植物分类学。1924年,获科学硕士学位。1925年,获科学博士学位。毕业回国,曾任公立南京高等师范、省立东南大学、北京大学、北京师范大学教授。1928年,在北平创办静生生物调查所,任所长。1934年,与江西省农业院合办庐山森林植物园。1937年,在昆明与云南省教育厅合办云南农林植物研究所,兼任所长。1940年,曾赴江西泰和担任国立中正大学校长,兼任农学院教授。后任中国植物学会会长,北京博物学会会长,中国科学社理事,中央研究院评议员、院士。黄海化学工业社、江西省农业院理事、国民经济建设委员会专门委员。1943年7月,聘任三民主义青年团第一届中央评议员。1948年4月,当选为中央研究院院士;10月,聘为中央研究院评议会第三届评议员。中华人民共和国成立后,任中国科学院植物研究所研究员。1968年7月16日逝世。终年74岁。著有《菌类鉴别法》《中国松杉植物之分布》《中国树木新种小志》《植物分类学简编》等。

• 1992年

3月24日,美国杰出植物学家阿瑟·克朗奎斯特去世。阿瑟·约翰·克朗奎斯特(Arthur John Cronquist),1919年3月19日出生于美国加利福尼亚州圣何塞,就读于达荷大学南方分校(今爱达荷州立大学),大学期间他师从雷·J.戴维斯进行野外植物学研究,当时戴维斯正在编写《爱达荷植物志》(*Flora of Idaho*),1938年克朗奎斯特获得学士学位,之后,他继续在犹他州立大学读研究生,师从于巴塞特·马圭尔,并于1940年获得硕士学位。由于童年时的一次意外,克朗奎斯特的右臂部分残废,这使他在第二次世界大战期间不适于服兵役,他在明尼苏达大学师从C.O.罗森达尔攻读博士,1944年获得博士学位。他的博士论文是对飞蓬属(Erigeron)的修订。1943年,还在攻读博士期间,他便获得了纽约植物园的一个职位,从事由亨利·A.格利逊主编的《新编布立吞和布朗插图植物志》"The New Britton & Brown Illustrated Flora" 一书中菊科的编写工作。1946年至1948年,克朗奎斯特任教于佐治亚大学,之后又在华盛顿州立大学执教三年。1951年至1952年,他受美国外国援助项目委派,到布鲁塞尔从事植物学研究。之后他重返纽约植物园,并在那里度过了他剩余的职业生涯。1992年3月22日,克朗奎斯特因心脏病突发逝世,当时他正在杨百翰大学的标本馆研究Mentzelia属标本。克朗奎斯特分类法是由阿瑟·克朗奎斯特最早于1958年发表的一种对有花植物进行分类的体系,1968年他出版了他的第一部大尺度的分类学综述,即《有花植物的进化和分类》"The Evolution and Classification of Flowering Plants",该书1988年又出版了修订和扩充的第二版。这部著作同时也是对系统植物学实践的详论。1981年,他的里程碑式的著作《有花植物的综合分类系统》"An Integrated System of Classification of Flowering Plants" 面世。书中把被子植物(有花植物)划分为2纲,11亚纲,64个目和383个科、向下论述到科级水平,每个类群都做了描述和界定,现在还有许多植物学家仍然使用这种分类体系,但大部分科学家都倾向于最新的APGII分类法。他的主要的植物志都采用了克朗奎斯特的这个系统,如《杰普逊手册》《北美洲植物志》《澳大利亚植物志》,此外还有1991年出版的格利逊与克朗奎斯特合编的《维管植物手册》。

5月21日,谭峙军主编《胡先骕先生诗集(忏庵诗稿)》(附年谱)由国立中正大学全体在台湾校友恭印。

1994 年

5月，胡先生诞辰一百周年之时，中正大学湖北校友会出版纪念专刊《胡先骕先生诞辰百年专刊》，王咨臣撰写《胡步曾先生评传》一文，详尽地列出绝大部分的重要书目及文章篇名。

8月，《胡先骕、秦仁昌、陈封怀生平简介汇编》由江西省庐山植物园刊印。

1995 年

8月，张大为、胡德熙、胡德焜编《胡先骕文存（上）》由江西高校出版社出版。

1996 年

5月，张大为、胡德熙、胡德焜编《胡先骕文存（下）》由中正大学校友会刊印。

7月，中国科学技术协会《中国科学技术专家传略——理学编 生物学卷1》由河北教育出版社。其中收录钟观光、钱崇澍、秉志、陈焕镛、吴定良、胡先骕、陈桢、张景钺、李汝祺、胡经甫、李继侗、潘菽、秦仁昌、王家楫、罗宗洛、刘承钊、张作人、饶钦止、伍献文、魏嵒寿、朱洗、童第周、陈立、李先闻、林镕、周先庚、贝时璋、汤佩松、陈世骧、郑作新、冯德培、方心芳、王应睐、吴素萱、殷宏章、赵以炳、高尚荫、曾呈奎、谈家桢、朱弘复、曹日昌、蔡希陶、阎逊初、汪堃仁。

1998 年

7月，张宏达《中国植物志》[49卷第3分册，山茶科（一）山茶亚科]由科学出版社出版。

8月，林来官《中国植物志》[50卷第1分册，山茶科（二）厚皮香亚科]由科学出版社出版。

12月4日至7日，中国植物学会第十二届会员代表大会暨65周年学术年会在深圳市召开。这次大会是中国植物学会在本世纪最后一次大型学术盛会，会议的中心主题就是"迈向21世纪的中国植物学"。本届中国植物学会的盛会选定在深圳市仙湖植物园召开，还有其特定的意义，这就是正值该植物园建园15周年，为此，于12月6日上午的大会期间，深圳市仙湖植物园为了纪念对中国植物学研究的先驱者，园内建立了植物学家塑像群，其中就有钟观光、胡先骕、钱崇澍、陈焕镛、陈嵘、郑万钧、秦仁昌、俞德浚、陈封怀、蔡希陶10位著名植物学家，恰值中国植物学会十二届会员代表大会在此举行期间进行了揭幕。来自国内外数百名植物学家均参加了建园庆祝大会，随后代表们还参观了植物园的园貌等项活动。

● 2003年

10月18日，江西师范大学在瑶湖校区举行新生开学典礼暨新校区二期工程开工仪式，建设先骕楼。

10月，孙启高《胡先骕的古植物学情结》刊于《植物杂志》2003年5期18页。

● 2004年

3月，胡先骕《近世中国农业研究机构概况》刊于《中国科技史料》2004年第25卷第1期1～17页。

6月10日，中正大学江西校友会赣州市工作委员会《赣南校友通讯：胡先骕校长诞辰110周年纪念（1894—2004）》刊印。

● 2005年

5月，胡宗刚《不该遗忘的胡先骕》由长江文艺出版社出版。

6月，姜玉平《静生生物调查所成功的经验及启示》刊于《科学研究》2005年第3期330～336页。其中提道：静生生物调查所为中国近代最为成功的生物学研究机构之一。它之所以成就突出，主要是因为中基会给予稳定的经费资助以及以胡先骕、秉志为代表的生物学家的共同努力。他们适应当时中国生物学发展的客观要求，以实事求是的科学态度选择合适的学术方向与发展战略，树立了不务声华、唯重实践的学风和研究精神，重视与国内外同行的学术合作与交流，进而形成了适合科学成长的良性机制。它成功的理念与经验，对当今中国科学的发展亦不无启迪之处。

2006年

1月,智效民著《八位大学校长 蒋梦麟 胡适 梅贻琦 张伯苓 竺可桢 罗家伦 任鸿隽 胡先骕》由长江文艺出版社出版。

7月,樊洪业《1956年:胡先骕"朽"木逢春》刊于《科技中国》2006年第7期76～79页。

2008年

2月,胡宗刚著《胡先骕先生年谱长编》由江西教育出版社出版。

2009年

5月24日至25日,中正大学、江西师范大学江西校友会、中共新建县委县政府在胡先骕家乡江西省新建县共同主办"纪念胡先骕诞辰115周年暨学术研讨会"。与会专家学者高度评价了胡先骕思想的价值及其对国立中正大学(江西师范大学前身)创办作出的贡献。原中共江西省委书记万绍芬莅临大会,并发表重要讲话,美国、中国台湾、北京大学、南京大学、中国科学院植物研究所、江西省社科院,江西省社联、江西省科技厅等20多个单位发来贺信、贺电,来自全国100多位专家、学者参加。

11月13日,苏联亚美尼亚裔的植物学家亚美因·列奥诺维奇·塔赫他间去世。亚美因·列奥诺维奇·塔赫他间(Армен Леонович Тахтаджян,Armen Leonovich Takhtajan),1910年6月10日出生于舒沙(今属阿塞拜疆),1932年他毕业于第比利斯的苏维埃全国亚热带作物研究院。1938—1948年间,任埃里温国立大学的系主任,其中1944—1948年间还兼任亚美尼亚苏维埃社会主义共和国科学院植物研究院主任。1949—1961年任列宁格勒国立大学教授。1962年起供职于圣彼得堡(列宁格勒)的科马洛夫植物研究所,并从1976年起任研究所所长,直至1986年退休。在研究所工作期间,于1940年首次提出一个被子植物的新分类大纲,这个大纲强调了植物之间的系统发育关系。1950年前他的系统一直不为欧美的植物学家所知。1950年代后期,塔赫他间和著名美国植物学家阿瑟·克朗奎斯特建立了通信联系和合作关系,克朗奎斯特提出的克朗奎斯特系统即深受塔赫他间和科马洛夫研究所其他植物学家的影响。塔赫他间还参与了《亚美尼亚植物志》(第1～6卷,1954—1973年)和《苏联被子植物化石》[*Fossil Flowering Plants of the USSR*（第1卷，1974年）]的撰写。塔赫他间在1971年被选为俄罗斯科学院院士和美国国家科学院外籍院士。他还是亚美尼亚苏维埃社会主义共和国科学院院士，苏维埃全国植物协会主席（1973年），国际植物分类学协会主席（1975年），芬兰科学与文学研究院会员（1971年），德国博物学院"列奥波蒂纳"会员（1972年）和其他许多科学机构的会员。塔赫他间是20世纪植物进化、植物分类学和生物地理学领域最重要的学者之一，他的其他研究兴趣还包括被子植物形态学、古植物学和高加索植物区系。被子植物分类的塔赫他间系统将被子植物处理为一个门（phylum），即木兰植物门（Magnoliophyta），下分两个纲，木兰纲（Magnoliopsida）（即双子叶植物）和百合纲（Liliopsida）（即单子叶植物）。这两个纲再分为亚纲，之下依次是超目、目和科。塔赫他间系统和克朗奎斯特系统相似，但在较高阶元上的处理比较复杂。他偏爱将一些小目和小科分出，以使每个类群的性状和进化关系更易于掌握。塔赫他间系统至今仍有一定的影响力，使用该系统的机构有蒙特利尔植物园等。

　　12月，万绍芬《缅怀中国植物学之父胡先骕》刊于《创作评谭》2009年6期28～29页。全文：胡先骕是世界著名的植物学家，享有"中国植物学之父"的美誉，也是20世纪上半叶著名的教育家、思想家和文化名人。今年是胡先骕先生诞辰115周年，他的故里——江西省新建县举办了一场纪念大会暨学术研讨会，以研究、弘扬胡先骕先生的思想和成就，表达对这位先贤的敬意和缅怀。我有幸应邀参加了这次大会，期间，我阅读了研讨会的论文集，共28篇近20万字。这些文章内容丰富，史料详实，有关于胡先骕先生植物学学术与实践的，有关于其文化与文学成就的，有关于其教育、政治与经济思想的，有关于其人格、家族、生平叙述的，等等，是研究胡先生不可多得的珍贵资料。我为文章内容所吸引，受益匪浅，感慨良多。胡先骕先生是江西第一所综合性大学——中正大学首任校长，为江西高等教育事业作出了开创性贡献。中正大学简称正大，是在1939年抗日战争时期的艰苦岁月里筹建，1940年10月31日正式开办的。首任校长便是由两度留学美国、哈佛大学博士、著名植物学家胡先骕先生担任。胡先骕先生爱国、重教、爱校，为学校的创建和发展作出了历史性贡献，为日后的发展也打下了坚实基础。1945年冬，正大从宁都迁至南昌市郊望城岗。当时全校有1200名学生，设有文、法、理、工、农学院，为国家培养了许多专业人才和进步人士。1948年我就读该校经济系，胡校长已离开正大。我无缘听到他的

胡先骕年谱

授课。因为革命工作的需要，新中国成立前我便离开了学校，但我对他治学治校、为人处事十分景仰，为我们有这样一位热爱祖国、品德高尚、追求真理、崇尚科学、博学多才、蜚身海内外的第一任校长而感到自豪。江西人民怀念胡先骕先生，他为江西做了许多具有历史意义的大事、好事。如：1933年参与创办江西农学院、农科院，为江西农业科学发展奠定了基础；1934年和秦仁昌先生、陈封怀先生创办了我国唯一的亚热带高山植物园——庐山植物园，当时的名称是庐山森林植物园。这座植物园，也是我国第一个用于科学研究为目的的大型的、正规的植物园。后来，庐山作为"世界文化景观"被联合国列入世界遗产，庐山植物园为此是加了重分的。胡先骕先生在中正大学治学严谨，桃李芬芳，尤其在生物学界许多院士、博士、名家多是他的学生。如杨惟义院士、林英教授等，对中国现代植物学贡献很多，影响很大。又如我国著名生物学家，湖南师范大学校长，湖南省政协原副主席、党组书记，中共十二届、十三届中央候补委员、委员尹长民教授，便是胡先骕先生在中正大学的得意弟子。她是我抗日流亡时中学的导师（即班主任），言传身教，令人尊敬。民国时期，胡先骕先生与北大校长蔡元培、清华校长梅贻琦等为全国最著名的八位知名大学校长之一。1948年他当选中央研究院院士，与江西籍吴有训、陈寅恪等院士齐名。胡先生为合理开发和利用我国丰富的植物资源，1916年冬，第一次从美国留学归国，便到浙江、江西、福建山区考察和采集，行程一万多里，获得了数以万计的宝贵腊叶标本。此后，他十几年不断地到多省采集，所得甚丰，使静生生物调查所标本馆成为东亚最大的标本馆，受到国际植物界的重视。他与郑万钧教授共同命名世界珍奇"活化石"水杉更是震惊中外，堪称20世纪科学的重大发现。现在已有八十多个国家，先后从我国引种了这一古老孑遗植物。他是江西植物学者深入实际野外采集调查的第一人，是继钟观光教授之后进行大规模野外采集和调查的全国第二位学者。他认为研究植物学要到大自然中去，要到社会实践中去，不能只是关在屋子里，呆在试验室里，那样是不可能取得多大成就的。正是因为他深入实际，潜心研究，实事求是，艰苦奋斗，无私奉献，他先后发表的论文有150余篇，出版专著近20部。他不仅在植物分类学方面发表了一个新科、六个新属和百数十个新种，而且提出来一个多元的新分类系统，同时在植物地理、植物还原、古植物学和经济植物学方面提出了许多新的见解，为这些学科在我国的发展指出了应遵循的道路，故中外学者公认胡先骕先生是我国近代植物分类学的奠基人。胡先生有许许多多的名副其实,经得起历史检验的第一。吴翼鉴同志在《才气、正气、骨气、勇气、傲气》一文中,仅从才气方面就列举了胡先生的9个"第一";无独有偶,李国强同志在他的文章中也列举了胡先生10个"第一"的非凡成就,这些都说明胡先生是一名富有开拓性和创造性的大师。关于胡先生的教育思想,也是成就非凡。胡先生所论:教育之目的在教人适应生活之环境;注重道德教育,反对功利主义;大学教育,即贵专精,犹贵宏通;为经师人师者、始能育英才;因材施教、各尽其性;大力普及九年义务教育,应以十二年为目标等等,都体现了他对教育改革的思想及与时俱进的精神。毛泽东主席称他为中国生物界的老祖宗;周恩来总理曾说关于遗传学的那次争论,假如李森科的观点错了,那么我们就应该向胡先骕先生道歉;陈毅副总理,钱钟书和陈三立等大师赞誉他。这些都说明对胡先生的学问和人格的推崇。对胡先骕校长我们不无遗憾,他在"文化大革命"等运动中受到了不公正的对待,身心受到严重摧残,许多宝贵藏书也被毁。1968年7月,他73岁含冤去世。1979年5月平反昭雪。1984年7月10日,在庐山植物园的松柏区水杉林内,建造了胡先骕先生的墓地。后来另一位江西籍顶级学术大师陈寅恪也安葬在此,彼此相邻,长眠在宁静的水杉林中,也多少给人们慰藉。当前,全国人民正喜庆共和国60周年,广大干部群众在党中央领导下,深入学习、实践科学发展观,坚持改革开放,坚持民主法治,为国家富强,人民富裕,经济繁荣,社会和谐,建设中国特色社会主义强国而奋斗。我们举行纪念胡先骕诞辰115周年暨学术研讨会,学习弘扬胡先骕博士热爱祖国、崇尚科学、追求真理的高尚精神,研究胡先骕先生多方面的学术成就,是很有意义的。我们不能遗忘这位可敬、可爱的胡先骕大师。我们应该纪念他,缅怀他,学习他!

● 2010年

1月,胡先骕著,张绂注《忏庵诗选注》由四川大学出版社出版。

2月,胡启鹏《胡先骕传》由教育科学出版社出版。

6月,胡迎建、胡江华主编,胡启鹏执行主编《胡先骕研究论文集》由文化艺术出版社出版。

10月,熊盛年、胡启鹏合编《胡先骕诗词全集》由安徽黄山书社出版社出版。

2011年

4月,胡启鹏主编《抚今追昔话春秋——胡先骕的学术人生》由北京燕山出版社出版。其中第一篇《植物学与实践》收入有原江西省委书记万绍芬《缅怀"中国生物学界的老祖宗"胡先骕》,中国科学院王文采院士《"中国分类学之父"的身影》,中国科学院俞德浚院士的《植物分类学家胡先骕》,中国科学院吴征镒院士《抚今追著话春秋》,原海南大学林英校长《胡先骕教授的生平》,原清华大学副校长解沛基《杏岭弦歌》,原湖南师范学院院长尹长民《怀念胡先骕校长》,原江西植物学会会长程景福《胡先骕先师在中国植物学发展史上的杰出贡献》,原江西农业大学副校长章士美《组建昆虫系统生物学的可能性及初步设想》及家属原海南省政协副主席胡楷《忆家兄步曾先生二三事》等15篇文章,主要讲述胡先骕在生物学上的贡献。第七篇《家属回忆》收入胡先骕堂妹、海南大学胡楷副校长《忆家兄步曾先生二三事》,胡先骕长子胡德熙、长媳符式佳《怀念慈父》,次女胡昭静《先君步曾公轶事》,符式佳《缅怀先公翁胡先骕》及《胡昭静访谈录——30年前东方学术界一颗闪亮钜星的殒落》等9篇文章。

11月,薛攀皋《科苑前尘往事》出版,其中收入《"乐天宇事件"与"胡先骕事件"》《"百花齐放,百家争鸣"方针救了植物学家胡先骕》。该书立足于大量的第一手资料,介绍了当代中国历史上发生的若干重大科学事件,以期缕析历史事实、揭示内幕并总结经验教训;此外,作者还针对科学史研究中某些流行的错误论断或模糊观点进行了考证研究,力求给出有说服力的新结论。薛攀皋,1927年生于福建省福清县,1951年毕业于福州大学生物系,同年分配到中国科学院院部,从事生物学科研组织管理工作,直至退休,退休前为研究员级高级工程师,曾任中国科学院生物学部副主任。退休后从事中国现代科学史,尤其是生物学史的研究,在《中国科技史杂志》《自然辩证法通讯》《炎黄春秋》《中国科学院院刊》《科技中国》等刊物上发表文章数十篇,主编有"当代中国"丛书之《中国科学院·第五编》《国外生物技术研究与开发工作进展》《中国生物技术机构和人员名录》等。

2012年

2月,钱伟长总主编,梁栋材本卷主编《20世纪中国知名科学家学术成就概览.生物学卷.第一分册》由科学出版社出版。由科学出版社出版的国家重点

胡先骕年谱

图书出版规划项目《20世纪中国知名科学家学术成就概览》生物学卷中，以纪传文体记述中国20世纪在生物学专业领域取得突出成就的44位生物学家的求学经历、学术成就、治学方略和价值观念等。其中34～39页陈焕镛、79～88页胡先骕、156～167页李继侗、168～176页刘慎谔、189～196页秦仁昌、341～350页邓叔群。

9月，徐文梅《我国生物学界老前辈胡先骕》刊于《生物学通报》2012年47卷9期60～62页。

- 2013年

8月，胡先骕著，熊盛元、胡启鹏编校《胡先骕诗文集》（二十世纪诗词名家别集丛书 全二册）由黄山书社刊印。

- 2014年

5月20日，张书美主编《胡先骕教育思想研讨会——纪念胡先骕先生诞辰120周年论文集》由江西师范大学刊印。

5月24日，中国植物分类学奠基人、中国近代生物学开创者胡先骕诞辰120周年纪念活动暨胡先骕教育思想研讨会在江西师范大学举行。来自台湾中正大学、南京大学等近百位专家学者和胡先骕亲属代表相聚一堂，共同缅怀这位20世纪在江西这片红土地上诞生的巨匠大师，并对其教育思想进行研究、探讨。原中共江西省委书记、原中央统战部副部长万绍芬出席活动并讲话。胡先骕是我省新建县人，是江西第一所综合性大学——原国立中正大学的首任校长，我国著名植物学家和教育家，曾被毛泽东同志称赞为"生物学界的老祖宗"。在当天的纪念活动和研讨会上，与会专家深情回忆了胡先骕矢志教育、热爱祖国、崇尚科学、追求真理的高尚品格和不朽精神，及其对科学、文化、教育所作出的巨大贡献，重温了胡先骕的师表风范、科学成就和教育思想。当日，胡先骕研究所也在江西师范大学成立。

- 2015年

9月，梅国平主编《改革开放以来胡先骕研究文选》由中国社会科学出版社出版。

2016 年

9 月,江西农业大学南区新区(南昌市青山湖区志敏大道江西农业大学南区新区)先骕楼建成并投入使用。

11 月 16 日,《胡先骕全集》编辑研讨会在江西人民出版社多媒体会议中心如期举行。全集总策划北京大学胡德焜教授,主编北京师范大学胡晓江教授,副主编中国科学院上海辰山植物科学研究中心研究员马金双、中国科学院庐山植物园研究员胡宗刚,江西人民出版社总编辑游道勤,以及编辑工作小组成员就如何高质量完成国内第一部系统整理胡先骕著述的大型资料著作《胡先骕全集》的编辑出版工作做了全面、系统的探讨。

2018 年

7 月,崔鹤同《胡先骕的原则》刊于《山东青年(济南)》2018 年 7 期 41 页。

12 月 11 日,香港《文汇报》副刊刊登肖蓟《胡先骕,宛如水杉犹葱茏》,纪念我国老一辈著名植物学家、中国近代植物学奠基人胡先骕先生逝世 50 周年。

2019 年

1 月,曾凡一、曾溢滔《遗传学的春天——纪念中国遗传学会成立 40 周年》刊于《遗传》第 41 卷第 1 期 1～7 页。

10 月,胡先骕《胡先骕手稿撷珍》由开卷文化刊印。《胡先骕手稿撷珍》选取了劫后余存的《中华民族之改造》的第五、第六章节,原大原貌地做宣纸影印,共 50 个筒子页 100 面。

郑万钧年谱

郑万钧（自中国林业科学研究院）

郑万钧年谱

• 1902年（清光绪二十八年）

5月30日（农历四月二十三日），两江总督刘坤一上奏《筹办学堂情形折》，呈请在原设水师学堂、陆路学堂及格致书院外，另建小、中、高等三所学堂。刘坤一病逝后，三江师范学堂由张之洞创办，并于1903年3月开办于江宁府署，同年迁移至北极阁。其后继者魏光焘则主持三江师范学堂的建造，筹措经费，管理师资，招考学生等具体工作。三江师范学堂设理化、农业、博物、历史、舆地、手工、图画诸科，并设速成科。

• 1904年（清光绪三十年）

6月21日，郑万钧（Cheng W J, Wan Chun Cheng, Zheng Wanjun），字伯衡，出生于江苏省徐州市一个商人家庭（现徐州市云龙区徐州市状元街郑家大院）。《徐州郑氏家族简史》：郑茂芳迁居徐州后，遂为徐州人，始祖郑茂芳，二世祖启兰公，三世祖华信公，四世祖绪瓒公，五世祖永光公，六世祖言官公。郑万钧为十世万字辈，父亲郑于恒，母亲郑苏氏，伯父郑于恕，叔父郑于宪，郑万钧有妹郑武英、弟郑万理。郑万钧伯父郑于恕（心如）经营郑福隆酱园，在徐州颇负盛名，曾任徐州商会副会长，郑万钧父亲在家中排行第二，因其伯父无嗣，遂将郑万钧过继给伯父为子，以继承酱园家业。据《徐州史志·徐州清朝中晚期的商业概况》，咸丰五年（1855年）黄河改造北徙之前，徐州漕运相当繁荣，其中徐州酱菜已闻名全国，成为徐州的主要销售商品，而以李同茂酱园、葛洪记酱园、陈广隆酱园、张同和酱园、郑福隆酱园五家最为有名。郑家原居河南，北宋末年迁居苏州洞庭东山，明末迁宿迁，清初因战乱徙居徐州，始祖为郑茂芳。享誉徐州的郑福隆酱园，为郑氏家族积累了财富，至清代同治年间第七代传人郑孝理，置地建院，形成院落体系，后传于第八代传人郑思雅。1912年中华民国成立，郑福隆酱园注册，由郑于恕主持。由于郑家为书香门第，耕读传家，家藏历代名家书画、碑帖、石刻、古玩等，滋养了郑家几代人，郑家子弟多笃学励行，传统文化积淀深厚，培育了几代英才。郑家大院位列徐州户部山八大院之中，是名噪州府的名门望族。

• 1910年（清宣统二年）

是年，美国教会合并汇文书院、宏育书院成立金陵大学堂（University of

郑万钧年谱

Nanking），美国人包文（Arthur John Bowen，1873—1944年）任校长，文怀恩（John Elias Williams，1871—1927年）任副校长。1915年改名为金陵大学校。包文，出生于美国伊利诺伊州尼庞西特，1897年从西北大学毕业，与诺拉·琼斯（Nora Jones）结婚，同年以美会传教士来华，在南京传教并在汇文书院任教。1906年他任南昌教区主理，1908年包文回到南京接任汇文书院院长，1910年宏育书院并入汇文书院，成立金陵大学堂，包文任学堂监督，亲自兼任文科科长，1915年母校西北大学授予包文荣誉法学博士学位，1927年回国后在阿尔塔德纳（Altadena）生活，1944年7月28日在阿尔塔德纳去世。

1912年（民国元年）

10月，上原敬二《应用树木学（造园树木）》（上、下册）由三省堂刊行。

1914年（民国三年）

是年，私立金陵大学首设四年制农科，开中国四年制大学高等农业教育之先河。

1919年（民国八年）

9月，郑万钧在上海震旦大学预科二年级学习，至1920年1月。

1920年（民国九年）

2月，郑万钧在徐州法文学校学习，至1920年6月。

9月，郑万钧考入江苏省第一农校林科，受教于陈焕镛、胡先骕、钱崇澍、陈嵘等。

1921年（民国十年）

是年，郑万钧《暑假期里在地方办贫民小学校的商榷》刊于《青年之友》1921年第1期113～114页。

1923年（民国十二年）

8月，郑万钧兼任江苏省第一农校林科树木学助教，薪水18元。

郑 万 钧 年 谱

- **1924 年（民国十三年）**

1 月，郑万钧《造林须知》刊于《一农半月刊》1924 年第 1 期 12~14 页。

1 月，郑万钧《中国胡桃树之价值及种类》刊于《一农半月刊》1924 年第 2 期 10~12 页。

5 月，郑万钧到安徽省九华山采集植物标本。

8 月，郑万钧从江苏省第一农校林科毕业，经钱崇澍推荐任东南大学生物学系助教，至 1925 年 7 月，薪水 24 元。时东南大学钱崇澍教授常到江苏省第一农校讲课，发现郑万钧勤奋好学，尤爱树木学，于是将郑万钧调到东南大学，破格提升为树木学助理。

8 月至 10 月，郑万钧到浙江省天目山采集植物标本。

是年至 1925 年 10 月，郑万钧先后在江苏省南京紫金山、江宁牛首山、宝华山、句容孔泉山、江浦老山采集植物标本。

- **1925 年（民国十四年）**

10 月，郑万钧到江苏省铜山县（徐海道尹公署驻铜山县）实业局任实业员，至 1926 年 9 月，薪水 25 元。

- **1926 年（民国十五年）**

2 月，《实业厅委任令：委任令杨祖培、郑万钧（二月四日）为铜山县劝业员》刊于《江苏实业月志》1926 年第 3 期 44 页。

10 月，郑万钧到天津任天津棉花干果税务卡长及税卡主任，至 1928 年 2 月，薪水 30 元。

- **1928 年（民国十七年）**

2 月，郑万钧回江苏徐州探亲。

4 月，郑万钧在南京及苏州照应伯父于恕郑福隆酱园生意，至 1929 年 7 月。

5 月，国民政府改第四中山大学为中央大学。

- **1929 年（民国十八年）**

8 月，家族诉讼之后，郑万钧回南京任中国科学社生物研究所植物研究员，

至 1939 年 12 月，薪水 80～120 元。

8 月，郑万钧与钱崇澍到浙江省杭州天目山采集植物标本。

9 月，郑万钧到江苏省江浦县采集植物标本。

11 月，西湖博览会在杭州闭幕后，浙江省政府为保存博览会遗物，以供群众永久参观及研究，经省政府会议议决，聘任陈屺怀为馆长，筹备浙江省西湖博物馆，选择文澜馆、王阳明祠、圣因持罗汉堂及太乙分青室等处为馆址，由浙江省政府直辖。

是年，郑万钧与范志琛结婚。

● 1930 年（民国十九年）

1 月，陈嵘著《中国主要树木造林法》（金陵大学农林丛书之一）由金陵大学农林科树木学标本室出版。

2 月，《中华林学会会员录》载：郑万钧为中华林学会会员。

2 月，浙江省西湖博物馆更名浙江省立西湖博物馆，改隶浙江省教育厅，由王念劬继任馆长。由于布展需要，大量的动植物标本，时任西湖博览会植物部管理员的钟补求委托浙江大学农业院工作的父亲钟观光进行标本采集制作工作，此时的陈谋和钟补勤、张东旭一起负责笕桥植物园的技术工作，主要给植物分类，各区内植物均按科为单位顺序排列，按其生长习性错落有致地种植，每种植物均挂牌标识中文名、古名、拉丁学名及所属科名。

3 月，陈谋受浙江大学农业院指派，前往舟山、乐清、鳌江、南雁荡山、平阳、永嘉、丽水、遂昌一带，行程数千公里，采集鱼类、鸟类以及植物标本数百种，供西湖博物馆使用。

4 月，郑万钧深入川西调查森林、采集标本。郑万钧在《西康东部森林初步之观察》引言中写道：四月杪，行抵康定，当承西康政务委员会，以调查该区之森林见嘱。计所经之地，为雅江、泸定、九龙、丹巴、康定及道孚 6 县。各该县森林之广袤，林木之巨大，并为内地所罕睹。殊足令人惊羡，惜因交通不便未尽利用，此不能不引为叹息者也。

4 月，W. C. Cheng（郑万钧）"*A Study of the Chinese Pines*"《中国松属之研究》刊于《中国科学社生物研究所论文集》1930 年第 6 卷第 2 号 5～21 页。

5 月，钟观光在浙江省舟山市普陀佛顶山慧济寺西侧上海拔 240 米处采集到

一种特别植物标本，1932 年由郑万钧鉴定与定名普陀鹅耳枥（*Carpinus putoensis* Cheng）。

6 月 18 日，郑万钧长子郑斯绪（Sze Hsu Cheng, S. H. Cheng）出生。郑斯绪曾在中国科学院植物所分类室工作，1967 年 4 月去世。

9 月，卢作孚创建中国西部科学院，该院为中国第一所民办科学院，院址最初设在北碚火焰山东岳庙，1934 年迁建北碚文星湾（现重庆市自然博物馆北碚陈列馆内），设理化、地质、生物、农林 4 个研究所以及博物馆、图书馆和兼善学校。

10 月 10 日，德国植物学家阿道夫·恩格勒去世。恩格勒（Engler, Adolf Gustav Heinrich，H.G.A.Engler，1844—1930 年），德国植物学家，出生于普鲁士王国的萨根（今属波兰），1866 年在弗罗茨瓦夫大学获得博士学位并留校任教，1871 年成为慕尼黑植物研究所植物标本采集管理员，1878 年担任基尔大学教授并当选为德国自然历史科学院院士，1884 年担任布雷斯劳大学（University of Breslau）教授和布雷斯劳植物园主任，1889—1921 年担任柏林大学教授和柏林达勒姆植物园（Berlin-Dahlem Botanical Garden）主任。恩格勒对植物分类学具有巨大的贡献，包括从藻类到有花植物的恩格勒分类系统目前仍然被许多植物标本馆和植物志使用。恩格勒创办了《植物分类、发生学和地理学年鉴》"*Botanische Jahrbücher für Systematik, Pflanzengeschichte und Pflanzengeographie*"（ISSN 0006-8152），从 1881 年直到如今一直在莱比锡出版。其他著作有《植物自然分类》"*Die Natürlichen Pflanzenfamilien*"、《植物界》"*Das Pflanzenreich*"、《地球植被》"*Vegetation der Erde*"、《东非及其附近区域的植物界》"*Die pflanzenwelt Ost-Afrikas und der nachbargebiete*" 等。柏林植物园出版的杂志 *Englera*（ISSN 0170-4818）也是以他命名的，有许多植物的属名也是为纪念他命名的，如沙穗属（*Englerastrum*）、恩格勒豆属（*Englerodendron*）等。柏林植物园 Engler 和 Prantl（1849—1893 年）于 1887—1915 年提出了第一个系统发育分类系统。1913 年他获得伦敦林奈学会颁发的林奈金质奖章，国际植物分类协会于 1986 年为纪念他设立了恩格勒奖章。恩格勒系统是德国分类学家恩格勒（A. Engler）和勃兰特（K.A.E.Prantl，1849—1893 年）于 1897 年在其《植物自然分科志》巨著中所使用的系统，它是分类学史上第一个比较完整的系统，将植物界分 13 门，第 13 门为种子植物门，再分为裸子植物和被子植物两个亚门，被子植物亚门包括单子叶植物和双子叶植物两个纲，并将双子叶植物纲分为离瓣花亚纲（古生花被亚纲）和合瓣花亚纲（后生花被亚纲）。恩格勒系统将单子叶植物放在双子叶植物之前，将合瓣花植物归并一类，认为是进化的一群植物，将柔荑花序植物作为双子叶植物中最原始的类群，而把木兰目、毛茛目等认为是较为进化的类群，把豆目归为蔷薇目下的一个科等，这些观点为现代许多分类学家所不赞同。恩格勒系统几经修订，在1964年出版的《植物分科志要》第十二版中，已把双子叶植物放在单子叶植物之前，植物界共有62目344科，其中双子叶植物48目290科，单子叶植物14目54科。

● 1931年（民国二十年）

1月，《中国科学社概况》载中国科学社社员：植物部有钱崇澍（植物所教授兼所秘书）、方文培（助理兼植物采集员）、孙雄才（助理兼标本室管理员）、汪振儒（助理兼植物采集员）、郑万钧（助理兼植物采集员）、王锦（标本室助手）、刘其燮（标本室助手）。

2月1日，W. C. Cheng（郑万钧）"*A New Spruce from Western China*"《西康云杉之一新种》刊于《中国科学社生物研究所论文集（植物组）》1931年第4卷第4期33~34页。

4月23日，郑万钧到浙江省西天目山采集植物标本。

4月，郑万钧开始在西康东部和四川西北部调查高山云杉、冷杉等针叶林的种系和分布。

6月1日，S. S. Chien and Cheng, W. C.（钱崇澍、郑万钧）"*A Few New Species of Chinese Plants*"《中国植物数新种》刊于《中国科学社生物研究所论文集（植物组）》1931年第6卷第7期59~77页。

8月，郑万钧到四川省松潘县采集植物标本。

10月，郑万钧第二次考察川西森林，历时14个月，从小金到丹巴大炮山再到康定。两次考察经过大炮山、折多山、高尔寺山、雅加埂、磨西面、海子山、瓦灰山、鸡丑山、松林口、查基戈等大森林，找到波塔宁、威尔逊、斯密斯等在西康东部采到的所有松杉植物种类，并发现西康云杉、垂枝香柏、雅江勾儿茶等新种，同时发现长苞冷杉、丽江云杉、落叶松等广阔森林。这些考察成果后来充分引用在《中国植物志》第七卷（裸子植物部分）中。

12月，郑万钧《西康东部森林初步之观察（附西康森林平布图）》刊于成都二十四军编辑《边政》1931年第8期122～146页。

1932年（民国二十一年）

1月1日，Cheng, W. C.（郑万钧）"A New Tsuga from Southwestern China"《贵州铁杉之一新种》刊于《中国科学社生物研究所论文集（植物组）》1932年第7卷第1期1～3页。

6月，郑万钧到浙江省天台山采集植物标本。

7月，郑万钧到浙江省临安西天目山采集植物标本。

8月，Cheng, W. C.（郑万钧）"Enumeration of Gymnosperms from Kweichow collected by Y.Tsiang in 1930 and 1931"《蒋氏贵州裸子植物》刊于《中央研究院自然历史博物馆丛刊》1932年第2卷第7号103～108页。

9月，Cheng, W. C.（郑万钧）"Two New Ligneous Plantes from Chekiang"《浙江木本植物之二新种》刊于《中国科学社生物研究所论文集（植物组）》1932年第8卷第1号72～76页。

10月，陈谋应中央大学农学院森林系之聘，担任树木学课程助教。

12月，Cheng, W. C.（郑万钧）"Plantes New Chekiangenses"《浙江木本植物新种》刊于《中国科学社生物研究所论文集（植物组）》1932年第8卷第2期135～142页。

是年，郑万钧次子郑斯琮出生。郑斯琮抗美援朝时参军，后在北空政治部，"文革"后转业，任西苑饭店党委书记。

1933年（民国二十二年）

2月，金陵大学森林系陈嵘著《造林学概要》（中华农学会丛书）由中华农学会出版。

3月，陈谋在江苏句容宝华山北坡发现并采集到宝华玉兰标本，由郑万钧鉴定与定名（Magnolia zenii Cheng），纪念中国任美鳄教授。

5月，Cheng, W. C.（郑万钧）"An Enumeration of Vascalar Plantes From Chekiang I"《浙江维管束植物之记载一》刊于《中国科学社生物研究所论文集（植物组）》1933年第8卷第3期298～306页。

8月20日，由胡先骕、辛树帜、李继侗、张景钺、裴鉴、李良庆、严楚江、钱天鹤、董爽秋、叶雅各、秦仁昌、钱崇澍、陈焕镛、钟心煊、刘慎谔、吴韫珍、陈嵘、张挺、林镕等19人发起成立中国植物学会，假中国科学社第十八次年会在重庆北碚召开之际，举行成立大会。大会通过中国植物学会章程和创办中文季刊《中国植物学杂志》（英文名称为"The Journal of the Botanical Society of China"）等提案，推举胡先骕、辛树帜、戴芳澜和马心仪4人为选举委员，负责选举第一届董事、评议员及总编辑事宜。选举结果如下：①蔡元培、朱家骅、秉志、翁文灏、任鸿隽、丁文江、马君武、邹秉文、周贻春为董事；②钱崇澍、陈焕镛、张景钺、秦仁昌、钟心煊、李继侗、刘慎谔为评议员；③胡先骕为《中国植物学杂志》总编辑，张景钺、李继侗、林镕、李顺卿、裴鉴、耿以礼、左景烈、邓叔群、钟心煊、汤佩松、陈焕镛、俞大绂、戴芳澜、董爽秋、马心仪、胡昌炽为编辑员。

9月，Cheng, W. C.（郑万钧）"The Studies of Chineses Conifers Ⅰ"《中国松杉植物志一》刊于《中国科学社生物研究所论文集（植物组）》1933年第9卷第1期18～23页。同期，Cheng, W. C.（郑万钧）"An Enumeration of Vascalar Plantes From Chekiang Ⅱ"《浙江维管束植物之记载二》刊于58～91页。

9月至10月，郑万钧携同吴中伦到安徽省黄山采集植物标本。

● 1934年（民国二十三年）

1月，郑万钧《西康东部森林初步之观察（附西康森林平布图）》刊于《中国农学会报》1934年第120期67～71页。

2月，《郑万钧演讲：中国木材问题》刊于《中央大学日刊》1934年第1352期2190页。

2月，《郑万钧演讲：中国木材问题（续）》刊于《中央大学日刊》1934年第1353期2194页。

3月，《中国植物学杂志》第1卷第1期在北京正式出版，该刊由中国植物学会编辑发行。总编辑胡先骕先生为刊物的正式出版撰写《发刊辞》，刊物的定位是"半通俗式"，主要任务是普及植物科学知识，培养公众对植物学的兴趣。

5月，Wang Chun Cheng（郑万钧）"A New Loranthus from Kwangsi"《广西槲寄生属植物之一新种》刊于《中央研究院自然历史博物馆丛刊》1934年第4卷

第 11 期 327～328 页。

8月20日，庐山森林植物园举行成立大会，由胡先骕主持，竺可桢、任鸿隽、董时进、梅贻琦、辛树帜和邹树文等学者出席大会，胡先骕被选为董事会董事长，秦仁昌为主任。

9月，郑万钧《中国木兰》刊于《中国植物学杂志》1934 年第 1 卷第 3 期 280～305 页。

是年秋，郑万钧与吴中伦到安徽黄山调查、采集植物标本。

12月，Cheng, W. C.（郑万钧）"Notes on Ligneous Plants of China"《中国木本植物志要》刊于《中国科学社生物研究所论文集（植物组）》1934 年第 9 卷第 3 号 189～205 页。同期，钱崇澍、郑万钧 "An Enumeration of Vascular Plantes From Chekiang III"《浙江维管束植物之记载三》刊于 230～304 页。

12月，郑万钧《中国松及栽培之日本松》刊于南京《科学世界》1934 年第 3 卷第 12 期 1097～1101 页。

是年，郑万钧三子郑斯珮出生，抗美援朝时参军，复员后考入中国科技大学化学系，毕业后在化工研究院工作，"文革"后期去天津大港工作。

● 1935 年（民国二十四年）

4月，郑万钧《中国核桃及山核桃》刊于《科学》1935 年第 19 卷第 4 期 541～549 页。

6月，W. C. Cheng（郑万钧）"Tilia Breviradiata"《椴树新种》刊于《静生生物调查所汇报》1935 年第 6 期 174～175 页。

6月1日，中央大学为陈谋召开追悼会，校长罗家伦亲自主持，并撰写挽联"瘴疠折求真志愿；蛮荒留殉学精灵"。国民政府教育部部长王世杰赠以"勖学忘身"匾额。钱崇澍撰联"蛮烟瘴雨黯征途，倘长驱万里而还，奚似河源探星宿；芄草狲花搜绝徼，有遗泽千秋不朽，忍教马革葬熊溪"。郑万钧撰联"力学廿年，那堪旷代英才疠域奔驰伤永逝；同声一哭，更听五溪烟水碧流清浅咽归魂"。姚开元撰联"为学术而牺牲，恨未完成壮志；是吾侪之典型，允以志悼勋名"。黄建中撰联"痛英才之夭折；为科学而牺牲"。

11月，《中央大学日刊》1935 年第 1567 期 3061 页刊登《校闻：森林学会今日请郑万钧先生演讲》。

郑万钧年谱

12月21日，郑万钧《中国东部森林植物之观察》刊于《农林新报》1935年第12年第36期887~889页。

12月，四川省第一林场、四川省峨眉林业试验场、四川省农林病虫害防治所成立，直属四川省建设厅领导。1942年四川省峨眉林业试验场改组为四川省林业改良场。1950年11月，四川省林业改良场改名为川南峨眉林场。

12月，郑万钧《牡丹》刊于《社友》1935年第48期2~3页。

12月，《科学》1935年第19卷第12期第1930页刊登《中大农学院调查全国森林》。

● 1936年（民国二十五年）

1月，《中央大学日刊》1936年第1591期3158~3160页刊登《演讲：中国东部森林植物之观察：郑万钧先生讲，张楚宝记》。

1月，《中央大学日刊》1936年第1592期3164页刊登《演讲：中国东部森林植物之观察（续）：郑万钧先生讲，张楚宝记》。

5月，中国科学社生物研究所为四川铁路筹委会在四川原始森林中调查枕木资源，由研究员郑万钧负责始终其事，开展资源调查。

5月，郑万钧《西北经济植物述要》刊于《西北文物展览会特刊》（1936年5月号）47~52页。

7月，郑万钧到四川省峨边县采集植物标本，采集标本巨多。

7月，《中华林学会会员录》载：郑万钧为中华林学会会员。

10月，郑万钧到四川省峨眉山采集植物标本。

11月，S. S. Chien、W. C. Cheng、C. Pei（钱崇澍、郑万钧、裴鉴）"An Enumeration of Vascalar Plantes From Chekiang Ⅳ"《浙江维管束植物之记载四》刊于"Contributions from the Biological Laboratory of the Science Society of China"刊于《中国科学社生物研究所论文集（植物组）》1934年第10卷第2号93~115页。同期，W. C. Cheng（郑万钧）"Two New Species of Chinese Ligneous Plantes"《中国木本植物之二新种》刊于167~171页。郑万钧命名陈谋卫矛（*Euonymus chenmoui* Cheng）和长苞椴（*Tilia chenmoui* Cheng），纪念植物学家陈谋。

郑万钧年谱

● 1937年（民国二十六年）

2月，郑万钧《四川峨边县森林调查报告摘要》刊于《科学》1937年第21卷第2期98～113页。该文还刊于《地理教育》1937年第3期51～54页。

2月，郑万钧《峨边森林整理方针》刊于《建设周报》1937年第6期29～60页。

4月，郑万钧、郑兆崧《讲演：四川峨边森林植物群落之观察》《中央大学日刊》1937年第1922期4393～4394页。郑万钧、郑兆崧《演讲：四川峨边森林植物群落之观察（续）》刊于《中央大学日刊》1937年第1924期4400～4402页。

7月，抗战爆发，中国科学社迁往重庆。

7月，《函中国科学社生物研究所：林字第二八三五号（中华民国二十六年六月五日）：函请贵所研究员郑万钧君参加本部湖南莽山森林调查团》刊于《实业公报》1937年第336期45页。

9月1日，陈嵘《中国树木分类学》由中华农学会出版。《中国树木分类学》是中国第一部树木学专著，是一部系统描述树木的著作，长达1191页，分前编、正编和附录三大部分，前编阐述树木分类方法和种子植物的根、茎、叶、花、果等形态，并附有图解。正编中记录我国树木（包括少数国外产的）110科550属2550种，附图1165幅，全书共150万字。《中国树木分类学》在我国树木学的发展过程中起到了开拓作用，为中国现代树木学奠定了基础。该书在很长一段时间内，不仅作为大学教材，而且是树木资源调查、树种鉴定的重要参考书。中华人民共和国成立后，陈嵘又在原基础上，于1953年和1957年两度增补再版。1953年再版时，又增添了补编部分，新增常见树木67种。1957年三版时，又将补编记载的树种增至155种，全书达170万余字。《中国树木分类学》集古今中外树木分类知识之大成，在国内外林学界享有盛誉，对中国现代树木分类学的发展和研究起到承先启后的作用。

10月，中央大学农学院迁到重庆沙坪坝。

10月，郑万钧、吴中伦《经济树木与国防》刊于《科学》1937年第21卷第9、10期683～692页。

9月至10月，郑万钧《经济树木与国防》由中国科学社出单行本。

郑 万 钧 年 谱

11月，金陵大学农学院开始迁移工作，农学院人员及图书仪器标本175箱随校本部一起迁到成都华西坝华西大学。12月3日，最后一批人员从南京撤离。

1938年（民国二十七年）

1月24日，《郑万钧致卢作孚函》：作孚先生赐鉴：日前接钱天鹤先生函，嘱万钧主持经济部农林司林垦科科长职。窃万钧材（才）轻识浅，不谙行政，恐不克胜任。惟际兹国难严重之期，再三思维，又义不容辞，究应如何，乞为裁夺为感。即如接受部令，拟为组织计划完成后，当另荐贤能。万钧之意，将来仍愿尽全力经营峨山林场，以作发展川省林业之依据。尊意以为如何？专肃。敬祝健康！后学郑万钧上 一月廿四日。钱天鹤先生原函附上备阅[11]。钱天鹤（1893—1972年），字安涛，浙江杭县人，1918年获康奈尔大学农学硕士学位。1919年返国，任金陵大学农科教授兼蚕桑系主任。国府迁都南京后，任教育部社会教育司司长，后兼任中央研究院博物馆馆长。1930年任浙江省政府建设厅农林局局长。1931年1月任实业部中央农业研究所筹备委员会副主任。后研究所改名为中央农业实验所。1931年年冬辞职。1933年任中农所副所长。数年间，育成水稻、小麦、棉花等优良品种，在全国推广种植，普遍增产。1935年11月政府为谋全国粮食自给，在中农所内设置全国稻麦改进所，兼任改进所副所长。1937年后政府迁都重庆。1938年1月实业部改组为经济部，任经济部农业司司长。1940年7月国民政府设置农林部，任常务次长。1944年8月在美国租借法案项下，允许中国政府派遣农业技术人员二百人赴美实习，由钱天鹤主持考选。1947年任联合国粮食组织顾问，为期一年。1948年10月任中国农村复兴联合委员会农业组组长。1952年1月改任农复会委员。1969年8月因患轻度中风请准退休。获颁二等景星勋章，美国国际合作总署驻华分署及农复会亦联合赠送奖状，以表彰其致力改进台湾农业之功绩。1972年8月20日逝世于台北宏恩医院，年80岁。

2月，郑万钧兼任重庆国民政府经济部农林司林垦科代理科长，至1938年10月，薪水240元。

4月，Cheng, W. C.（郑万钧）"*A New Chinese Styrax*"《中国野茉莉新

---

[11] 黄立人. 卢作孚书信集[M]. 成都：四川人民出版社，2003：623.

种》刊于《中国科学社生物研究所论文集（植物组）》1938年第10卷第3号242～243页。

4月，中国科学社决定送郑万钧赴法国图卢兹大学森林研究所进修。

7月，郑万钧在四川省峨边县采集植物标本。

8月1日，云南大学农学院宣布成立，建址昆明市呈贡县。应云南大学校长熊庆来邀请，汤惠荪教授任云南大学农学院院长（至1943年），并兼农艺学系主任。张福延任云南大学农学院森林学系主任，至1943年8月。是年，张福延54岁。

9月，郑万钧《四川峨边森林调查报告》刊于《四川之森林》。《四川之森林》（四川资源调查报告之一）由四川省政府建设厅发行。

9月至10月，郑万钧《湖南莽山森林之观察》由中国科学社出单行本。

10月，郑万钧《湖南莽山森林之观察》刊于《科学》1938年9、10期395～490页。

10月，郑万钧赴法国图卢兹大学森林研究所进修。

● 1939年（民国二十八年）

11月，郑万钧完成博士论文"*Les Forets Du Se-Tchouan et Du Si-Kang Oriental*"《四川及西康东部的森林》（法国图卢兹大学博士学位论文62号），经图卢兹大学森林研究所所长H·高森（H.Gaussen）教授审阅，通过答辩并授予科学博士学位，该论文刊于《法国图卢兹大学森林研究报告5辑》1939年第1卷第2号1～233页。

12月，郑万钧回国。应云南大学农学院院长张福延之邀，郑万钧到云南大学农学院森林系任教授，至1944年7月。

是年，郑万钧长女郑鸿仪生。郑鸿仪后在南京江苏省委统战部工作，曾任九三学社江苏省委副秘书长。

是年，Cheng, W. C.（郑万钧）"*Une Espece Nouvelle d'Ulmus Chinois, U. gaussenii*"《中国榆树新种》刊于《法国图卢兹大学森林研究所研究报告》1939年第3号110～111页。

● 1940年（民国二十九年）

1月25日，新建云南农林植物所252平方米办公室竣工。云南教育厅厅长

龚自知题"原本山川,极命草木"刻于大理石上,嵌在平房正面墙上。静生生物调查所调郑万钧到昆明任副所长,增派张英伯任研究员。

3月,郑万钧到四川省峨眉县峨眉山采集植物标本。

4月,郑万钧任峨眉林业试验场代理技正,至1940年8月。

5月24日,胡先骕致函龚自知,为签署由静生生物调查所、云南省教育厅、云南省经济委员会三家合办农林植物研究所协议事,并通报将聘请郑万钧为农林植物所副所长。

6月,农林植物所向云南省经济委员会提交《云南农林植物研究所概况》文本,报告农林植物所组织领导、设置部门及工作大纲。本年内,农林植物所补助费由1万元增到2万元。规模增大,人员增加至13人。所长胡先骕(在北平),专职副所长郑万钧,研究员有汪发缵、陈封怀、俞德浚、王启无、刘瑛、张英伯,助理研究员兼绘图员匡可任以及雷侠人(会计)、曾吉光(文书)、梁国贤(事务)、金德福(助理)、邱炳云(采集员),此外还有信差张家书和工人查万生、刘文治、吴家猷、李钟先、李钟嶽。蔡希陶时任龙泉公园主任。

7月,郑万钧兼任云南农林植物研究所研究员、副所长,至1944年7月。

8月,郑万钧到四川省峨眉县峨眉山采集标本。

9月,《四川大学校刊》1940年第8卷第9期10页刊登《生物学会请郑万钧博士讲演》。

9月,胡先骕出任中正大学校长,郑万钧接任云南农林植物调查所所长。

9月,郑万钧再次被聘为云南大学森林系兼任教授,任职至1941年6月。

9月30日,钟观光病逝,终年73岁。钟观光(1868—1940年),字宪鬯,浙江省镇海县人,中国植物学家,中国第一个用科学方法广泛研究植物分类学的学者,是近代中国最早采集植物标本的学者,也是近代植物学的开拓者。墓址在宁波北仑柴桥九峰山石灰岙。

10月,郑万钧到云南昆明市西山附近采集植物标本。

11月,郑万钧《如何改进四川伐木事业》刊于《川农所简报》1940年第20期1~3页。

12月,郑万钧被聘为云南大学森林系教授,任职至1944年7月,月薪500元。

是年,郑万钧加入中华农学会。

1941年（民国三十年）

2月，抗日战争开始后，中华林学会中断活动，在姚传法等的倡议下，大后方的林学界人士在重庆召开中华林学会第五届理事会，姚传法为第五届理事会理事长，梁希、凌道扬、李顺卿、朱惠方、姚传法为常务理事，傅焕光、康瀚、白荫元、郑万钧、程复新、程跻云、李德毅、林祜光、李寅恭、唐耀、皮作琼、张楚宝为理事。中华林学会名誉理事长：蒋委员长、孙院长、孙副院长、陈部长伯南。名誉理事：于院长、戴院长、翁部长咏霓、张部长公权、陈果夫先生、陈部长立夫、吴一飞先生、朱部长骝先、吴鼎昌先生、林次长翼中、钱次长安涛、邹秉文先生、穆藕初先生、胡步曾先生[12]。同时，中华林学会成立水土保持研究委员会，凌道扬、姚传法、傅焕光、任承统、黄瑞采、葛晓东、叶培忠、万晋和徐善根为委员。中华林学会地址位于东川北碚魏家湾八号。

6月，《云南农林植物研究所丛刊》第1卷第1期出版。《云南农林植物研究丛刊》为云南省教育厅、静生生物调查所合办的刊物，只在民国30年（1941）6月和12月各出1期。

10月，郑万钧《如何改进四川伐木事业》刊于《林学》1941年第7号29~33页。

12月，郑万钧《林业：峨边森林调查报告》刊于《全国农林试验研究报告辑要》1941年第1卷第6期158~159页。

12月，郑万钧《云南冷杉之研究》刊于《云南农林植物丛刊》1941年第1卷第2期29~33页。

是年，中央大学农科研究所增设森林学部，梁希任学部主任，首次招收研究生，成为我国培养林科研究生的开端，招收研究生一名斯炜。

1942年（民国三十一年）

5月，郑万钧到云南昆明市西山附近采集植物标本。

8月，郑万钧再次被云南大学聘为森林系教授，任职至1943年7月。从1942年下学期开始，郑万钧在农学院讲授森林地理课。

9月，上原敬二（林学博士）《应用树木学（造园树木）》（上、下册）由三

---

[12] 中国第二历史档案馆编.中华民国史档案资料汇编［第五辑 第二编 文化（二）］[M].南京：江苏古籍出版社，1998：455.

省堂刊出版。

是年，王启无率队到保山、漕涧、镇康、孟定、班洪及独龙江区域采集植物标本；郑万钧率队到开远、弥勒采集植物标本；汪发缵等在昆明附近采集植物标本。

是年，中央大学农科研究所森林学部招收研究生一名江良游。江良游，木材加工学家。安徽寿州（今寿县人）。1941年毕业于中央大学森林系。1945年入耶鲁大学进修，次年回国，曾任中正大学副教授。中华人民共和国成立后，历任浙江大学副教授，东北林学院、东北林业大学教授兼森林工业系副主任。从事制材学的教学与研究。发表有《划线下锯技术及其实现现代化问题》《木材综合利用问题》等论文。合译有〔苏〕A．H．H皮索斯基《制材学》、〔美〕威利斯顿《制材技术》、（德）F.F.P.科尔曼（F.F.P.Kollmann）、（美）W.A.科泰（Wilfred A.Cote, Jr.）等著《木材学与木材工艺学原理》。

是年，郑万钧四子郑斯琨生于昆明。郑斯琨曾任中国科学院植物所北方工程植物试验与开发基地主任、行政副所长。

● 1943年（民国三十二年）

7月，郑万钧到浙江省杭州采集植物标本。

8月，郑万钧由云南大学农学院院长张福延聘为森林系教授兼系主任，聘期至1944年7月。云南大学《郑万钧应聘书》：兹应云南大学之聘为森林系教授兼主任，并订定并同意如左规约：薪金每月国币五百元，按月支领；每周授课自六小时至九小时；应聘期自民国三十二年八月起至三十三年七月底止；其他事项依照教职员待遇服务规程办理。应聘人郑万钧，民国三十二年八月。

10月，郑万钧《成都平原楠木之研究》刊于《林学》1943年第10号61～64页。

● 1944年（民国三十三年）

3月，中央大学聘郑万钧为森林系教授。

3月，李景文考取中央大学森林系，师从郑万钧教授。1948年3月，李景文完成毕业论文《南京市树木冬态识别方法》。

8月，郑万钧在云南采集植物标本。

8月，郑万钧到重庆任中央大学农学院森林系教授兼系主任，至1946年6月。

12月25日，中国西部科学博物馆开馆典礼暨中国科学社30周年北碚区纪念会联合大会，在重庆北碚举行。

1945年（民国三十四年）

11月，抗战胜利后中央大学农学院森林系返回南京。

1946年（民国三十五年）

1月，中央大学森林系《林钟》复刊。梁希特为此写了复刊词，其中"黄河流碧水，赤地变青山"的宏愿，成为鼓舞和激励一代代南林人潜心树木树人，为祖国林业建设事业不懈奋斗的强大精神动力。

4月，金陵大学师生陆续返回南京。

4月，郑万钧到四川采集植物标本。

8月，郑万钧《中国桧柏新种（法文）》刊于《法国图卢兹大学森林研究所研究报告1辑》1946年第3卷第8期8～12页。

11月，钱崇澍、郑万钧、裴鉴（S. S. Chien、W. C. Cheng、C. Pei）"An Enumeration of Vascalar Plantes From Chekiang Ⅳ"《浙江维管束植物之记载，四》刊于《中国科学社生物研究所论文集（植物组）》1936年第10卷第2号93～155页；《中国木本植物之二新种》"Two New Species of Chinese Ligneces Plantes" 169～171页。

1947年（民国三十六年）

1月，郑万钧《中国树木新属新种（英、拉、中文摘要）》刊于《中央大学森林系研究报告》1947年第1期1～4页。

8月，任美锷《书评：郑万钧著四川与西康东部之森林》刊于《地理学报》1947年第3、4期59～60页。书评是这样开头的：我国植物地理学之研究，自胡先骕先生倡导于前，近年来，成绩蔚有可观，如刘慎谔、郝景盛、李惠林、杨承元等，均有重要论文发表。唯若干重要著作，往往散见于国外专门杂志，不易为国内地理学者所习知，本篇即其中之一。

10月，郑万钧任南京中山陵园植物园主任，至1947年12月。

11月，郑万钧到南京市明孝陵采集植物标本。

郑万钧年谱

11月27日至29日，中华林学会由郑万钧、韩安、程跻云为代表参加中华农学会成立30周年纪念活动，当时中华林学会计有会员500。

12月20日，Cheng Wan-chun "New Chinese Trees and Shrubs"《中国树木之新属新种》刊于《中央大学森林学研究所研究报告》树木学第一号。

12月，中央大学农学院森林学部改名为森林系，森林系内设造林学、森林化学、森林经理学、树木学、森林保护学5个教研室，系务由梁希、郑万钧主持。

12月，郑万钧任中央大学森林系主任。

● 1948年（民国三十七年）

4月，郑万钧在南京市琅琊山采集植物标本。

5月，《中央大学：森林系教授郑万钧在研究水杉的形态学》刊于行政院新闻局《天山画报》1948第5期26页。

5月8日，国民政府"中国水杉保存委员会"第一次会议于南京召开，韩安、郑万钧和胡先骕分别被聘为保存组组长、繁殖组组长和研究组组长。

5月15日，Hu Hsen-hsu、Cheng Wan-chun（胡先骕、郑万钧）"On the New Family Metasequoiaceae and on Metasequoia glyptostroboides, A Living Species of the Genus Metasequoia Found in Szechuan"《水杉新科及生存之新种》刊于"Bulletin of Fan Memorial Institute of Biology n.s."《静生生物调查所汇报》新第1卷第2期153～161页。胡先骕和郑万钧在该刊发表活化石水杉的研究论文，明确了水杉在植物进化系统中的重要地位，向世界宣告发现野生水杉，这一结果得到了国内外植物学、树木学和古生物学界的高度评价，轰动学术界。

5月15日，Hu Hsen-hsu、Cheng Wan-chun "Several New Trees from Yunnan"《云南树木之数新种》刊于《静生生物调查所汇报》新第1卷第2号191～198页。Hu Hsen-hsu、Cheng Wan-chun "New and Noteworthy Species of Chinese Acer"《中国西南之槭树之研究》刊于《静生生物调查所汇报》新第1卷第2号199～212页。

5月19日，郑万钧辞去国父陵园管理委员会植物园主任职务，焦启源继任。

6月，郑万钧《法国庇利牛斯山森林与保土工程之观察》刊于《中华农学会报》1948年第188期37～41页。

7月3日,"中国水杉保存委员会"第二次会议研究筹设"川鄂水杉保护区"。

7月4日,南京《中央日报》刊登《中国水杉保存委员会决组鄂川调查团——由郑万钧等专家参加》。

8月,郑万钧、曲桂龄(即曲仲湘)和华敬灿考察水杉产地,郑万钧、曲桂龄9月中旬返回南京,华敬灿又在产地采集标本两个月。

9月,郑万钧到湖北房县兴头山、恩施利川采集植物标本。

12月,洪涛毕业于金陵大学植物病理学系,获金钥匙奖。

是年,为中山大学农林植物所成立20周年,胡先骕所拟"纪念大会筹备会启事":陈焕镛先生创立中山大学植物研究所二十周年纪念大会筹备会启事。发起人胡先骕、蒋英、吴印禅、钱崇澍、汪振儒、李沛文、陈嵘、周宗璜、孙仲逸、张肇骞、孙雄才、何杰、唐进、唐耀、钟济新、汪发缵、王启无、沈鹏飞、秦仁昌、俞德浚、刘棠瑞、方文培、陈封怀、熊大任、郑万钧、曾勉、侯宽昭、孙祥钟、蔡希陶、吴长春。

是年,马大浦接任中央大学森林系主任。

● 1949年

1月,洪涛接受时任金陵大学植物分类学教授史德蔚博士(Albert Newton Steward)邀请担任其助教,开展植物学和植物分类学教学与研究,至1950年史德蔚离开中国回国,协助史德蔚博士校订《中国扬子江下游维管植物手册(英文版)》。

3月,郑万钧、曲仲湘《水杉坝的森林现状》刊于《科学》1949年第31卷第3期73~78页。

4月,南京解放。

4月,郑万钧任中央大学农学院森林系教授,至7月。

4月,郑万钧到南京市明孝陵采集植物标本。

4月,郑万钧《湖北利川水杉产区的树木新种(英文)》刊于《中国科学与建设》1949年第2期35~36页。

是年,朱政德转入中央大学农学院森林系。

是年,干铎任中央大学森林系主任。

5月,中国人民解放军南京军管会接管中央大学。

郑 万 钧 年 谱

8月8日，根据南京市军管会文教委员会通知，中央大学改名为南京大学。任命梁希为校务委员会主席，小麦育种学家金善宝为农学院院长。当时各系主任为：农艺学系主任黄其林，园艺学系主任熊同和，森林学系主任郑万钧，畜牧学系主任王栋，兽医学系主任罗清生，农业化学系主任刘伊农，农业经济系主任刘庆云，农业工程系主任崔引安。

8月12日，南京市军管会文化教育委员会决定组织南京大学校务委员会，由梁希、潘菽、张江树、涂长望、钱钟韩、谢安祐、胡乾善、金善宝、干铎、蔡翘、高学勤、胡小石、楼光来、吴传颐、韩儒林、陈鹤琴、熊子容、陈谦（讲师代表）、管致中（助教代表）、傅春台、陈又新（学生代表）等21人组成。梁希、潘菽、张江树、涂长望、干铎、管致中、傅春台7人为校务委员会常务委员，梁希为校务委员会主席（11月，梁希调任中央人民政府林垦部部长后，由潘菽继任校务委员会主席），潘菽为教务长，干铎为校务委员会秘书长，涂长望为二部主任，张江树为理学院院长，钱钟韩为工学院院长，金善宝为农学院院长，蔡翘为医学院院长，高学勤为大学医院院长，胡小石为文学院院长，吴传颐为法学院院长，陈鹤琴为师范学院院长。中央大学农学院也随之更名为南京大学农学院。

8月，中央大学改名南京大学，中央人民政府毛泽东主席任命金善宝为南京大学农学院院长。

8月，郑万钧任南京大学农学院森林系教授兼林学系主任，至1952年7月，工资170元。

9月23日，金陵大学农学院教授陈嵘和南京大学农学院郑万钧教授联名《证明文件》。酒诗，字传经，别号子纶，江苏省萧县人。现年四十六岁，民国十年在江苏省第一农业学校毕业，十年至十三年任江苏省第一农业学校农场管理，十七年在北京农业大学农艺系毕业，十七年至十九年任安徽静仁职业学校农场主任，十九年至廿二年任萧县农民教育馆农场主任，廿二年至廿三年任江苏淮安杂谷试验场主任，廿三年至廿六年任萧县乡村示范农场主任，具有种植农作知识经验和技能。特为证明。金陵大学农学院教授陈嵘，南京大学农学院教授郑万钧；南京大学农学院和金陵大学森林系矜印。

9月29日，在中国人民政治协商会议第一届全体会议上通过的《中国人民政治协商会议共同纲领》第三十四条规定林业政策："保护森林，并有计划地发展林业"。

郑万钧年谱

10月19日，中央人民政府委员会举行第三次会议，任命梁希为林垦部部长，李范五、李相符为副部长。

是年，郑万钧加入中苏友好协会。

• 1950年

1月27日，在南京的九三学社社员在南京市政协会议室举行第一次全体社员大会，出席社员32人，大会宣布成立九三学社南京分社，选举产生九三学社南京分社理事会，通过九三学社南京分社暂行社章草案。推举潘菽、金善宝、干铎、高觉敷、赵九章、钱钟韩、刘开荣、吴在东、顾知微9人为理事，潘菽为主任理事，金善宝为副主任理事。分社下设秘书财务组、组织组、学习组、宣传联络组。

1月，南京市人民政府成立中山陵园管理委员会，主任金善宝；委员兼秘书高艺林，委员沈炳儒、姚尔觉、郑万钧、李家文、马凌甫、张文心等17人。陵园管理处处长姚尔觉，任职一年后，改由刘泳菊接任；副处长则一直由高艺林担任。

4月，Cheng, Wan-chun（郑万钧）"New Species of Trees and Shrubs of China"《中国树木新种》刊于《科学》1950年第32卷第8期73～80页。《中国树木新种》曾于1949年12月17日下午在南京10科学团体联合会宣读。

4月，南京大学新民主自由青年团委批准金宝善、郑万钧为中国新民主主义青年团之友。

4月，中央人民政府任命金善宝为华东军政委员会农林部副部长；6月，又任命金善宝为南京市副市长。

6月，郑万钧任中国科学院植物分类组专门委员。

8月5日，《华东军政委员会关于任命郑万钧为本校农学院副院长令》（教秘人字第004621号）：顷奉中央人民政府教育部令。因你校农学院院长金善宝兼职较多，工作繁忙，为此，任命该校教授郑万钧为你校农学院副院长并参加你校校务委员会为委员，希即转饬到职视事并报部备案为要。此令 部长吴有训1950年8月5日。

9月，林垦部和教育部联合发出通知，邀请殷良弼、郑万钧、马大浦、陈嵘、邵均等几位教授到北京开会，专门研究林业教育的发展问题。会议由林垦部

李范五副部长主持,林垦部部长梁希及教育部副部长韦悫在会上发言,指出林业在国民经济建设中的重要意义,并请各有条件的高等学校在短期内培养出一批急需的林业专门人才。

12月,郑万钧在南京由梁希、干铎介绍加入九三学社。

是年,华东农林部山东林业调查队郑万钧等到山东泰山调查林木资源。

是年,郑万钧加入中国教育工会南京市委员会。

1951年

2月,陈嵘参加林垦部召开的全国林业会议,会议期间与沈鹏飞、殷良弼教授倡议组建中国林学会。

2月26日,中国林学会正式宣告成立,成立中国林学会第一届理事会,理事长梁希,副理事长陈嵘,秘书长张楚宝,副秘书长唐燿,常务理事王恺、邓叔群、乐天宇、陈嵘、张昭、张楚宝、周慧明、郝景盛、梁希、唐燿、殷良弼、黄范孝,理事王恺、王林、王全茂、邓叔群、乐天宇、叶雅各、李范五、刘成栋、刘精一、江福利、邵均、陈嵘、陈焕镛、佘季可、张昭、张克侠、张楚宝 范济洲、范学圣、郑万钧、杨衔晋、林汉民、金树源、周慧明、梁希、郝景盛、唐燿、唐子奇、殷良弼、袁义生、袁述之、黄枢、程崇德、程复新、杰尔格勒、黄范孝。

3月,《植物分类学报》创刊,公布第一届编委会,主任钱崇澍,成员陈焕镛、钟心煊、刘慎谔、陈邦杰、秦仁昌、饶钦止、吴征镒、张肇骞、林镕、戴芳澜、郝景盛、侯学煜、王云章。胡先骕、郑万钧《中国西南部木兰科新属》刊于《植物分类学报》1951年第1卷第1期1~3页。

6月,胡先骕、郑万钧(Hu Hsen-Hsu,Cheng Wan-Chun)《云南木兰科的新种》"New Species of Magnoliaceae of Yunnan"刊于《植物分类学报》1951年第2期157~160页。

7月,郑万钧带领南京大学森林系全班到湖南省资水上游武冈、城步、新宁三县林区进行森林调查,期间郑万钧发现长苞铁杉(*Tsuga longibracteata* W. C. Cheng)。

9月,郑万钧、马大浦带领南京大学农学院森林系三、四年级学生到广西南宁集中,参加华南垦殖调查工作。

郑 万 钧 年 谱

11月，胡先骕、郑万钧（Hu Hsen-Hsu，Cheng Wan-Chun）《拟木莲，木兰科之一新属》"*Paramanglietia*，*A New Genus of Magnoliaceae*"刊于《植物分类学报》1951年第1卷第3期255~256页。

是年，郑万钧加入中华全国自然科学普及协会。

• 1952年

2月26日，中国林学会南京分会在南京正式成立，张之宜任理事长，郑万钧、马大浦任副理事长。

7月4日至11日，教育部召开全国农学院院长会议，拟订高等农林院系调整方案，决定成立北京林学院、东北林学院和华东林学院，保留12个农学院的森林系，在新疆八一农学院增设森林系。南京大学与金陵大学两校森林系合并，成立华东林学院，由陈嵘任筹委会主任。南京大学农学院与金陵大学农学院合并，改名南京农学院，中央人民政府任命金善宝为南京农学院院长。

7月，"南京大学建校筹备委员会""南京工学院建院筹备委员会""南京农学院建院筹备委员会""南京师范学院建院筹备委员会"在南京成立，协调各校的建校筹备工作。

7月23日，中央人民政府政务院关于颁发《各级人民政府机关技术人员暂行工资标准表》等8个的通知（政财齐字第104号），规定高等院校教师列为教授、副教授、讲师、教员、助教。

7月，朱政德从南京大学农学院森林系毕业。

9月23日，林垦部批复：华东林学院院址确定设在南京，定名为南京林学院。

9月30日，华东区院系调整委员会转中央教育部通知：华东林学院正式改名为南京林学院。同时成立农林两院筹建委员会，金善宝为主任委员，靳自重、郑万钧为副主任委员。

9月，郑万钧任南京林学院教授、院长，至1961年12月，工资220~300元。

9月，傅立国考入南京林学院林学系。

10月20日，南京林学院和南京农学院正式开学，华东军政委员会教育部提请中央任命金善宝为南京农林学院院长兼南京农学院院长，靳自重为南京农林学院副院长兼南京农学院副院长，郑万钧为南京农林学院副院长兼南京林学院院

长。两院以原金陵大学职员组织行政机关。

11月,中央人民政府任命金善宝为江苏省人民政府委员。

11月17日,中国科学院第50次院务常务会议批准成立华南植物所第一届学术委员会。所长陈焕镛,副所长张肇骞、吴印禅,学术委员会成员丁颖、仲崇信、何康、吴印禅、吴征镒、李庆逵、罗宗洛、陈焕镛、侯宽昭、秦仁昌、张宏达、张肇骞、彭光钦、蒋英、郑万钧、钟济新。

12月22日,中央人民政府林业部第十二次部务会议决定,中央林业研究所改称中央林业部林业研究所。

12月26日,华东军政委员会教育部(通知),华东军政委员会已决定提请中央任命郑万钧为南京林学院副院长,先行到职视事,以利工作。

是年,苏联"дендрология"《树木学》出版。

• 1953年

1月1日,中央人民政府林业部林业科学研究所成立,陈嵘任中央林业部林业科学研究所所长、一级研究员(林业科学研究所只有两位一级研究员,另一位是乐天宇),第一副所长陶东岱(林业部造林司副司长),第二副所长唐燿(中央林垦部西南木材试验馆负责人)。

2月21日,中央林业部林业科学研究所召开全体人员大会,宣布中央林业部林业科学研究所正式成立。会上由参加筹备工作的王宝田同志报告筹建工作;陈嵘所长宣布林业所的办所方针、任务和组织机构。业务上设置造林系(负责人侯治溥)、木材工业系(负责人唐燿副所长兼)、林产化学系(负责人贺近恪)以及编译委员会。

7月,南京林学院林学系造林组首届毕业生林昌庚、周本琳、缪印华留校。缪印华,九三学社社员。江苏南京人,1949年考入中央大学农学院森林系,1953年毕业于南京林学院,先后任南京林学院助教、讲师、副教授,南京林业大学教授,2017年去世。

7月,中央人民政府政务院颁布了《各级人民政府机关技术人员暂行工资标准表》等9种工资标准表。

10月,郑万钧、区炽南《我国桉树生长概况及其木材利用价值》刊于《中国林业》1953年第10期12~13页。

11月，陶东岱任林业部林业科学研究所副所长，至1958年12月。

12月，南京林学院设林学系和森林工业系，分别由干铎教授和袁同功教授任主任。

是年，根据中央人民政府政务院关于颁发《各级人民政府机关技术人员暂行工资标准表》，南京林学院确定郑万钧为教授一级工资。

● 1954 年

2月22日，江苏省人民政府还提议成立设计委员会，遂由南京市人民政府与中国科学院南京办事处联合聘请在南京大专院校的专家学者其计14人，组成中山植物园规划设计委员会。该委员会于3月22日成立，成员有高艺林、吴敬立、田蓝亭、周赞衡、裴鉴、陈封怀、金善宝、程世抚、叶培忠、陈植、郑万钧、曾勉之、周拾禄、盛诚桂。南京市人民政府与中国科学院就中山陵园植物园旧址恢复成立植物园交接办法于1954年8月26日达成并签署。

7月，南京林学院林学系造林组毕业生吕士行、姜志琳、陆兆苏、黄宝龙留校。

8月，郑万钧当选江苏省第一届人民代表大会代表。

8月13日，《新华日报·南京版》刊登江苏第一届人民代表大会第一次会议代表（寄锦生、王琴生、李万德、郑万钧、李家谋、王家乐、郑翔德、胡通祥、斯行健、陆小波、周梅初、沙轶因、唐君远、马志堂、陈中凡、冯景谦、陆崇真、顾怡生、史瑞芬、承澹盦）的发言。

11月13日，中央林业部林业科学研究所召开林业研究座谈会，郑万钧、邓叔群、沈鹏飞、干铎、邵均、李范五以及林业部、高教部领导等19个部门30人代表参加座谈会。会议形成《为组织全国力量从事林业科学研究草议》。

12月3日，高等教育部与林业部研究决定：华中农学院林学系于1955学年调整到南京林学院。

12月15日，根据1953年政务院《关于修订高等学校领导关系的决定》，南京林学院归中央林业部直接管理。

12月16日，国务院任命一部分国家工作人员：金善宝为南京农学院院长，郑万钧为南京林学院副院长。

郑万钧年谱

• 1955 年

3月11日，华南植物所成立第二届学术委员会。所长陈焕镛，副所长张肇骞、吴印禅、李康寿，学术委员会委员丁颖、仲崇信、何康、吴印禅、吴征镒、李庆逵、罗宗洛、陈焕镛、侯宽昭、秦仁昌、张宏达、张肇骞、郭俊彦、彭光钦、蒋英、郑万钧、钟济新。

3月，吴征镒参与植物研究所领导研究培养人才问题，决定选派汤彦承、郑斯绪、张金谈、简焯坡赴苏联进修或学习；选送傅书遐随秦仁昌教授学习蕨类植物分类，陈守良、郭本兆、刘亮等到南京大学耿以礼教授处学习禾本科植物分类，培养植物分类学青年人才。1956年9月选派郑斯绪赴苏联科学院柯马洛夫植物研究所进修，1959年3月回国后一直在中国科学院植物所分类室从事玄参科研究，先后担任分类室党支部书记，副室主任，植物所机关党委委员等职。

4月，高等教育部和林业部批准南京林学院单独建院，分建筹备工作开始进行，并在本年9月迁至太平门外锁金村新校址上课。

4月，郑万钧到四川省峨眉山采集植物标本。

6月1日，《中国科学院学部委员证书》：中国科学院聘任书 兹聘任郑万钧为本院生物学地学部委员 院长郭沫若 中国科学院（印）一九五五年六月一日

6月5日，《人民日报》刊登中华人民共和国国务院令，公布第一批中国科学院学部委员名单，郑万钧教授为中国科学院生物学地学部（后为生物学部）学部委员。中国科学院第一次评选学部委员共设有三个学部，其中生物学地学部共84位委员，其中生物学领域60位，地学领域24位。生物学领域的这60位委员中生物学领域有31位，医学领域有15位委员，农学领域有14位。他们是丁颖、马文昭、王应睐、王家楫、贝时璋、邓叔群、叶橘泉、冯泽芳、冯德培、朱洗、伍献文、刘承钊、刘崇乐、汤佩松、李庆逵、李连捷、李继侗、杨惟义、肖龙友、吴英恺、吴征镒、沈其震、张孝骞、张景钺、张锡钧、张肇骞、陈桢、陈凤桐、陈文贵、陈世骧、陈焕镛、林镕、林巧稚、罗宗洛、秉志、金善宝、周泽昭、郑万钧、承淡安、赵洪璋、胡经甫、钟惠澜、侯光炯、俞大绂、秦仁昌、钱崇澍、殷宏章、涂治、诸福棠、黄家驷、盛彤笙、梁希、梁伯强、童第周、蔡翘、蔡邦华、潘菽、戴芳澜、戴松恩、魏曦。

7月，中国林学会主办的学术刊物《林业科学》创刊，刊名由林业部部长梁希先生题写，陈嵘任主编。

郑 万 钧 年 谱

7月,南京林学院林学系造林组毕业生叶镜中留校任教,施兴华、黄鹏成从南京林学院林学系毕业留校,继续研究生学习,师从郑万钧。

8月,江苏省委组织部,征得中央教育部、组织部的同意,选调南京工学院党委副书记杨致平主持南京林学院党的工作,并兼任行政副院长。杨致平,河南济源人,1913年2月6日生。1931年7月,考入河南辉县百泉乡村师范学校,1935年春师范学校毕业到南京晓庄师范学校实习,后回太康县棉花改进所当杂工。1937年3月在洛阳参加中华民族解放先锋队。1937年底在杨献珍的带领下到达延安进入抗日军政大学四大队学习,1938年4月加入中国共产党,1938年10月任"抗大"五大队任教育干事,并担任支部宣委。1939年秋,随抗大总校东迁。1940年6月到达豫皖苏地区的安徽涡阳麻冢集抗大四分校所在地任抗大四分校一中队政治教员。1945年10月在苏北宝应县界首镇华中雪枫军政大学第四大队任教导员兼政治主任教员。1946年春任华东军政大学三大队训练处处长兼政治主任教员、校政治部政教科长。1948年任第三野战军前卫(前线卫生部)政治部组织科长。1949年8月,"三野"接管南京,任学区党委组织部长。1952年7月任南京工学院党总支书记、建院筹委委员,负责党的组织领导工作,1953年1月任南京工学院第一届党委会副书记兼政治辅导处主任。1955年9月,任南京林学院党委书记兼副院长,1958年3月改任南京林学院党委副书记兼副院长。1972年调任江苏省农科院党组副书记兼副院长。1979年5月调任南京林学院党委副书记兼副院长。1984年离职休养。是江苏省第四、第五届政协委员。2011年2月14日去世。

9月1日,南京林学院由南京丁家桥迁至太平门外锁金村新院址办公。南京林学院仍设林学系和森林工业系,分别由干铎教授和袁同功教授任主任。7个教研组发展到17个教研组,包括造林教研组,主任马大浦;森林学教研组,主任熊文愈;树木学教研组,主任郑万钧(兼);树木育种及森林种苗教研组,主任叶培忠;森林植物病理及森林昆虫教研组,主任袁嗣令;测树及森林经理教研组,主任朱大猷;测量学教研组,主任周蓄源;木材机械加工教研组,主任区南炽朱;森林利用教研组,代主任张景良;技术基础课教研组,主任袁同功(兼);生物学教研组,主任李扬汉(兼);化学教研组,主任李宗岱;数学教研组,主任严春山;体育教研组,主任周名璋;物理教研组,副主任史伯章;俄文教研组,副主任吴起洪;马列主义教研组,主任杨致平(兼)。

郑万钧年谱

9月10日，华中农学院林学系师生，根据高等教育部和林业部通知，调整到南京林学院。

9月12日，南京林学院在太平门外新院址正式上课。

10月，南京林学院成立院基建委员会，郑万钧任主任，陈桂陞、李德毅为副主任。基建办主任仲天恽、副主任尹正斋，重新确定总体规划。该规划以南京林学院林学的特点，建成森林公园式的校园构思设计的，请南京工学院教授、建筑学家杨廷宝和他的助手齐康进行整体规划及工程设计，校园绿化由郑万钧、陈植教授与南京农学院园艺专家共同设计。杨廷宝，字仁辉，现代建筑学家、建筑师和建筑教育家，中国近现代建筑设计开拓者，河南南阳人。1901年10月2日生，自幼受到绘画艺术熏陶。1915年，杨廷宝考入北京清华留美预备学校，1921年留学美国宾夕法尼亚大学建筑系。他在求学期间，多次获得全美建筑系学生设计竞赛的优胜奖。1926年赴欧洲考察建筑，1927年回国加入天津基泰工程公司。他曾在较短的时间内，为东北边防长官张学良设计出营建公寓的方案，打破了外国设计师垄断中国建筑设计的局面。从20世纪20年代后期起，设计有南京的中央医院、中央体育场、中央研究院地质研究所和北京的交通银行、清华大学图书馆扩建工程、京奉铁路沈阳总站等。1932年，他受聘于北平市文物管理委员会，主持古建筑的修缮工作。由他主持的天坛祈年殿等古建筑修缮工程及清华大学等高等学府的建筑整体规划和设计，都达到了很高的水平。1940年起，他兼任中央大学建筑系教授。中华人民共和国建立后，杨廷宝历任南京大学工学院建筑系主任，南京工学院建筑系主任、副院长、建筑研究所所长，江苏省副省长、江苏省政协名誉主席等职。1953年起当选为中国建筑学会第一、二、三、四届理事会副理事长，第五届理事长。1955年当选为中国科学院技术科学部学部委员。1956年南京工学院杨廷宝和刘敦桢任一级教授。杨廷宝在国际建筑学界享有很高威望，1957年和1961年两次当选为国际建筑师协会副主席。他还是中华人民共和国第一至第五届全国人大代表。他从事建筑设计50多年，主持和参加设计过众多的建筑物。20世纪50年代初期设计的北京和平宾馆对中国现代建筑设计颇有影响，此项设计曾受到周总理和中外人士的赞扬；他参加过北京的人民大会堂、人民英雄纪念碑、北京火车站、北京图书馆、毛主席纪念堂等建筑工程方案设计，主持和参加过南京长江大桥桥头堡、江苏省体育馆、雨花台烈士陵园、南京机场候机楼等重大工程的规划和设计。他一生中主持参加、指导设计的建筑工程达100

余个，在中国近现代建筑史上负有盛名。他在建筑设计中十分重视中国国情，注重整体环境，吸取并运用中西建筑传统经验和手法，并在长期创作实践中对现代中国建筑风格进行了不懈的探索。著有《综合医院建筑设计》《杨廷宝水彩画选》《杨廷宝素描选集》《杨廷宝建筑设计作品集》等。1982年12月23日去世。

11月10日，南京林学院郑万钧副院长参加全国科联组织的代表团赴南斯拉夫，出席第四届工程技术联合代表会议。

是年，南京林学院树木学教研组编《南京树木名录》由南京林学院树木学教研组油印。

● 1956年

1月5日，在南京林学院郑万钧由杨致平、李明华介绍加入中国共产党，成为预备党员。

1月，国务院开始编制《1956—1967年科技发展规划》，以邓叔群先生为国务院科学规划委员会林业组组长，郑万钧先生为副组长。

2月8日，南京市委举行首次知识分子入党宣誓大会：市委书记主持大会，并代表省、市委宣布批准王永义、余祖熙、金善宝等25人入党；3月31日，市委举行第二次知识分子入党宣誓大会，198名新党员参加宣誓；在两次入党宣誓大会上宣誓入党知识分子，不少是著名的科学家、教授、工程师、医师。其中有王永仁（鼓楼医院外科主任）、江一麟（省建筑工程局设计院副院长）、余祖熙（永利宁厂工程师）、金超（市工务局副局长、一级工程师）金善宝（副市长、南京农学院院长）、范绪箕（华东航空学院教务长）、胡颜立（南京师范学院总教务长、副教授）、陈祖荫（省卫生厅副厅长兼鼓楼医院院长）、陆聚生（市直属医院外科主任）、程开甲（南京大学副教授）、费燧生（南京电瓷厂工程师）、邹云翔（省中医院副院长）、郑万钧（南京林学院副院长）、赵伟之（地质勘探公司总工程师）、刘明水（二女中校长）、严恺（华东水利学院副院长）、潘菽（心理学家、中科院生物学地学学部委员、南京大学校长）、钱钟韩（南京工学院副院长）、刘敦桢（中科院技术科学学部委员、南京工学院建筑系教授）、罗清生（南京农学院教务长）、高济宇（南京大学教务长）、姜圣阶（永利宁厂副厂长兼总工程师）、江知权（南京化工厂总工程师）、赵金科（中科院古生物研究所副所长）、刘继成（南京保健医院院长）等[13]。

---

[13] 蒋晓星，庄小军.中共南京地方史1949—1978[M].北京：中共党史出版社，2009：243-244.

郑万钧年谱

2月10日,《新华日报》刊登《科学家的道路——记南京林学院副院长郑万钧入党》。

2月10日,高等教育部干部管理司致函杨致平同志(干周字第33号):郑万钧院长提升为教学五级。

2月24日,中共中央政治局会议批准成立国务院科学规划委员会,决定陈毅任主任,李富春、薄一波、郭沫若、李四光任副主任,张劲夫任秘书长。

3月,中华人民共和国林业部教育司组织编写《森林学附树木学》由中国林业出版社出版,徐陶斋、詹子英、窦景新编写,徐陶斋为贵州省林业厅工程师、詹子英为林业部教授、窦景新为山西省林业科学研究所高级工程师。

4月4日,南京林学院召开首次党员大会,选举产生新的总支委员会,杨致平任书记。

5月,郑万钧到四川省峨眉县、峨边县采集植物标本。

5月,黄鹏成担任郑万钧助教。

7月,郑万钧教授任南京林学院院长,干铎教授任副院长。干铎,著名林学家,林学教育家。湖北广济人,1903年4月10日。1918年考入湖北省立外国语学校攻读德语,1923年转入北京大学外语系,两年后考取官费留学日本,1928年毕业于日本东京帝国大学农学部林学实科后在日本农林省目黑林业试验场从事研究工作。1932年回国,继续在北京大学农学院森林系攻读。1932年历任湖北省建设厅技正主任、襄阳林场场长等职。1938年后,在湖北农业专科学校(湖北农学院)任教授、教务主任。1941年任中央大学森林系教授,1949年任中央大学校务维持委员会委员;1949—1952年任南京大学校务委员会秘书长。1953年任南京林学院林学系主任。1956年任副院长。1956年年冬赴苏联考察高等林业教育和林业科学研究工作。1959年任《辞海·林学篇》主编,编著《森林经营规划学》《中国林业技术史料初步研究》,翻译民主德国W. 施耐德(Schneider)所著《测树学及生长量测定法》。1961年8月7日在安徽黄山去世,终年仅58岁。

7月,南京林学院林学系造林专业毕业生缪美琴留校,造林专业朱配演、高荣慧、林业经济施文育继续研究生学习。

7月5日,林业部第六次部务会议决定,依托南京林学院林学系成立南京林业研究室。

7月,中国科学院植物研究所委托郑万钧学部委员(兼研究员)培养从事

郑 万 钧 年 谱

裸子植物研究的人才，郑万钧在南京林学院从应届毕业生中选定傅立国为培养对象。

8月，南京林学院成立院务委员会。

9月22日，经江苏省委文教部批准，中国共产党南京林学院总支委员会从本学年起正式改为中国共产党南京林学院委员会，杨致平兼任党委书记，巫云华任专职副书记。

9月，中央林业部林业科学研究所分为林业研究所（简称林研所）和森林工业研究所（简称森工所，木材工业研究所前身）。

9月，高教部下发的各高校一、二、三级教授名单：南京林学院2级教授3人：叶培忠、马大浦、陈植；2～3级教授1人：干铎。

12月，为编好第一个年度计划，国务院科学规划委员会按照26个方面成立26个专业组：① 综合考察组；② 测量制图组；③ 海洋和气象组；④ 地质矿产组；⑤ 冶金组；⑥ 石油和煤炭组；⑦ 动力组；⑧ 机械组；⑨ 无机化工组；⑩ 重化工组；⑪ 轻工业组；⑫ 建筑组；⑬ 水利工程组；⑭ 无线电和通信组；⑮ 交通运输组；⑯ 原子能组；⑰ 航空组；⑱ 计算技术组；⑲ 电和超声技术组；⑳ 国防问题组；㉑ 农业组；㉒ 林业组；㉓ 医学组；㉔ 计量组；㉕ 基本理论和基础学科组；㉖ 科学情报组。郑万钧兼任国务院科学规划委员会林业组副组长，组织制定《1957—1969年林业科学技术发展规划（纲要）》，进一步推动中国林业科学的发展。

12月22日，《1956—1967年科学技术发展远景规划纲要（修正草案）》公布，这是第一个中长期科技规划，对我国各项科技事业的发展产生了极其深远的影响。林业科技发展规划列于第47项，即扩大森林资源，森林合理经营和利用。《中国植物志》列入《1956—1967年科学技术发展远景规划纲要（修正草案）》。

是年，南京林学院绿化领导小组成立，杨致平任组长，成员有郑万钧、马大浦、陈植、李德毅、叶培忠等，缪印华担任秘书。

1957年

2月9日，中共南京林学院委员会批准郑万钧为正式党员。

2月12日，南京林学院院长郑万钧在中国科学院植物研究所召开的学术讨论会上介绍中国榆属树种和松属树种分类研究的成果。

郑万钧年谱

2月,《植物分类学报》公布第二届编委会,主任编辑钱崇澍,常务编辑由在京委员担任;成员方文培、刘慎谔、匡可任、汪发缵、陈邦杰、陈焕镛、吴征镒、林鎔、胡先骕、耿以礼、秦仁昌、郑万钧、张肇骞、裴鉴、蒋英、钱崇澍、戴芳澜、钟心煊、钟补求、饶钦止。其中方文培、匡可任、胡先骕、耿以礼、郑万钧、裴鉴、蒋英、钟补求为增选委员。

2月16日,《人民日报》刊登《我国榆树松树品种很多 郑万钧介绍榆属和松属树种分类研究工作》。新华社讯 12日,著名树木学家郑万钧在中国科学院植物研究所的学术讨论会上介绍了中国榆属树种和松属树种分类研究的成果,并把他从1940年以来陆续发现的榆树一个新派和九个新种,也在会上作了介绍。植物分类学是一门很重要的基础理论。通过对树种形态形状、地理分布、生态等研究,可以确定每一树种在分类系统中的地位,进而了解它的特性和生长规律,以便确定造林经营技术和充分利用它的经济价值。郑万钧在"中国榆属树种分类研究"介绍中说:榆树是建筑木材,可制作家具,它生长快,习性耐干旱,在内蒙古、华北以及许多石灰岩山地等生长较多,将来在这些地区大量发展榆林以供建筑需要,很适宜的。世界上共有五十种榆树,中国就占二十五种。其中十一种是郑万钧发现的。1936年和1939年,他分别在杭州及宋代文学家欧阳修作的"醉翁亭记"一文中提到过的醉翁亭(安徽滁县)附近发现了榆树的新种,因此就命名为杭州榆和醉翁榆。这两个新种曾在国内外的有关杂志上发表过。到1940年以后,他又陆续发现了昆明榆、琅琊榆、明陵榆等九个新种。此外,郑万钧认为新发现的昆明榆和旱榆应该成为榆属种树中的一个新派——旱榆派,这样,原先世界上共有五个派,现在应该增为六个派了。他编的"中国榆属树种检索表",对研究工作和生产部门都有参考价值。最好的建筑材料之一——松树在我国分布很广。世界上共有八十多种松树,中国占二十多种。郑万钧根据多年来研究调查资料,将松树作了详细分类,可以帮助了解各种松树的特性。郑万钧是南京林学院院长,是发现活水杉的命名人之一。他将陆续对其他主要树木进行研究,以便和有关部门合作编著《中国树木志》《中国森林地理图说》两大巨著。

3月,郑万钧在南京繁育的水杉苗在全国开展推广,赠予邳县县长李清溪水杉苗100棵,使水杉在邳县得到大量种植,到20世纪末邳州已有在70年代栽植的成龄水杉800万株,主要公路旁绿化带达400公里,被誉为"水杉之乡",在全国乃至世界是闻名。

4月，南京林学院特邀苏联科学院森林研究所苏卡乔夫院士作关于物种与生物地理群落学说的学术报告，并参观了树木标本室，鉴定了白桦标本。

5月10日，国务院举行第48次全体会议，会议通过《科学规划委员会工作情况的报告》和科学规划委员会新的负责人选。国务院科学规划委员会主任为聂荣臻，副主任为郭沫若、林枫、李四光、黄敬，秘书长为范长江。

5月23日至30日，中国科学院第二次学部委员大会在北京召开，郑万钧在生物学部大会上发言《为发展林业科学的六项建议》。

6月，郑万钧《山东主要树种造林性质》刊于《中国林业》1957年第3卷第6期14～22页。

7月，南京林学院首届研究生施兴华、黄鹏成毕业。

7月，郑万钧在四川省峨眉山采集植物标本。

7月，国家科委林业组成立，林业组组长邓叔群，副组长张昭、郑万钧、周慧明，组员王恺、朱惠方、刘慎谔、李万新、齐坚如、侯治溥、陈嵘、陈桂陞、秦仁昌、韩麟凤，秘书组设在林研所。1956—1957年，郑万钧兼任国务院科学规划委员会林业组副组长，组织制定1957—1969年林业科学技术发展规划（纲要），进一步推动了中国林业科学的发展。

7月26日，郑万钧致信列宁格勒森林工业学院院长肯金博士，并赠送了中国树种腊叶标本100份和木材标本60份。之前，3月至7月，南京林学院聘请列宁格勒森林工业学院森林学教研室主任、林型学专家柯尔比柯夫讲学，讲授森林学、林型学方面的11个问题。

10月20日，根据国家科学规划委员会的工作部署，全国树木志编写由中国科学院植物所及林业科学研究所负责，要求于1967年前完成。为组织完成此项工作提出以下建议：一是"组织全国树木志编写协助委员会"，在京委员：胡先骕（植物所）、秦仁昌（植物所）、张昭（林业部）、陈嵘（林研所）、吴中伦（林研所）。二是关于全国分区问题。经过各方面往来协商初步拟定10个分区。三是成立"地区树木志编写委员会"。

10月，郑万钧参加中国科学院组织的赴日代表团，参加日本植物学会第75周年纪念活动并做专题报告，在东京还参观了日本林业试验场等。

郑 万 钧 年 谱

• 1958 年

1月，罗宗洛、郑万钧《日本植物学会第75周年纪念会》刊于《科学通报》1958年第2期63~64页。

2月27日至3月2日，南京林学院召开第二次党员大会，王心田任党委书记，杨致平任党委副书记。王心田（1905—1988年），河北省博野县人。1936年毕业于河北农学院森林系，1937年10月参加革命工作，同年加入中国共产党，曾任河北博野县抗日民族统一战线动员委员会主任、县长、副专员，省农林厅副厅长。1949年任天津渤海区农垦管理局局长，1952年任林业部木材调配局副局长，森林经理局局长。1958—1969年任南京林学院党委书记，1958—1962年兼副院长，1962—1968年兼院长，1979—1981年任南京林产工业学院党委书记。兼任江苏省第五届政协委员。1985年获中国林学会表彰从事林业工作50年以上科技工作者《荣誉证书》。

3月15日至20日，林业部在南京林学院召开7省（江苏、浙江、福建、安徽、江西、湖南、湖北）林业科学工作座谈会，会议决定设立南京林业科学研究所。

3月，南京林学院成立勤工俭学指导委员会，郑万钧任主任委员，委员13人。

5月12日，南京林学院向林业部、中共江苏省委报告建所方案，并进行筹建工作，郑万钧任所长。

6月，林业部决定在中央林业科学研究所和森林工业研究所的基础上筹建中国林业科学研究院。

7月1日，南京林业研究所成立。

7月，南京林学院研究生朱配演、高荣慧、魏长生、施文育毕业，林学系森林经营专业毕业生向其柏、易世基、周芳纯、造林专业王章荣考取研究生。

8月，郑万钧到四川省峨眉山采集植物标本。

9月10日，林业部报请国务院科学规划委员会，要求成立中国林业科学研究院。

9月，郑万钧、林昌庚《福建省南平县溪后乡杉木林丰产经验调查研究报告》刊于《福建林业》1958年第9期11~16页。林昌庚，1929年生，林散之次子，祖籍安徽和县乌江镇，生于江苏江浦。1953年7月毕业于南京林学院造林组，留校后赴东北兴安岭森林调查，1959年赴苏联留学。先后任助教、讲师、副教授，南京林业大学测树学教授，1964年提出实验形数作为一种干形指标，它吸取了胸高形数以胸高为测点，及正形数能独立反映干形的优点，应用方便。1987年关毓秀、林昌庚等出版《测树学》，著有《林散之传》，译有《森林资源清查》。享受国务院特殊津贴。2014年因病去世。

10月，郑万钧到南斯拉夫进行访问。

10月，郑万钧当选江苏省第二届人民代表大会代表。

10月，《南林学报》创办，封面白底红字，16开本，内部发行，由南京林学院和南京林业科学研究所编印，编辑委员会由郑万钧、干铎教授等11人组成。首卷学报仅为一期，共载文10篇。包括发刊词和林昌庚《森林分子林木一般树高级表的编制》、林昌庚《皖南杉木树高级立木材积表、制度表的编制》、宜兴山区绿化工作组毛竹小组《毛竹移竹造林成活率调查报告》、叶培忠《杉木与柳杉属间杂交技术报告》、周世锷《南京近郊几种农林鸟类食性初步调查》、郑汉业《松黄小蠹虫 Cryphalus fulvus niijima 的初步观察》、熊文愈《木本缠藤的缠绕生长习性及其对支柱树木的影响》、郑万钧《中国树木学资料榆属五新种》、陈桂升、张景良、胡圣楚、吴达期《江西、湖南马尾松物理力学性质试验报告》、区炽南、张景良、高长炽《华东九种阔叶树材木材物理力学性质试验》10篇论文、报告。其中在68～77页 Cheng, Wan-chun（郑万钧）"*Materials for the Chinese Dendrology : Five New Species of Ulmus*"《中国树木学资料——榆属五新种》将琅玡榆定名为（*Ulmus chenmoui* Cheng），以纪念我国植物学家陈谋。

10月20日，国务院科学规划委员会函复林业部，同意成立中国林业科学研究院，并将林研所、森工所和筹建中的林业机械化研究所交由该院领导。

10月27日，经国务院科学规划委员会批准，林业部成立中国林业科学研究院，简称中国林科院。

12月，陶东岱任林业部林业科学研究院秘书长，至1964年。

12月，经林业部批准成立中国林业科学研究院第一届党委会，常委会由张克侠、刘永良、陶东岱、李万新、陈致生、徐纬英、周在有9人组成，张克侠任书记、刘永良任副书记。

12月11日，《人民日报》刊登《林业部长梁希逝世》：新华社10日讯 中华人民共和国林业部部长、全国人民代表大会代表、中国人民政治协商会议全国委员会常务委员、中华人民共和国科学技术协会副主席、九三学社副主席梁希先生因患肺癌，经医治无效，于12月10日5时在北京逝世，当日入殓，灵柩停放在中山公园中山堂。梁希部长，浙江省吴兴县人，享年七十六岁。梁希部长治丧委员会已于当日成立，经委员会决定于12月14日上午10时在中山堂举行公祭。梁希部长治丧委员会名单：周恩来、王震、邓子恢、刘成栋、李四光、李范五、李相符、李济深、李烛尘、李维汉、沈钧儒、严济慈、季方、竺可桢、陈叔通、陈其尤、罗玉川、金善宝、周培源、周骏鸣、茅以升、郑万钧、俞寰澄、涂长望、马叙伦、徐萌山、习仲勋、郭沫若、许德珩、张克侠、张庆孚、贺龙、彭真、惠中权、傅作义、黄炎培、雍文涛、廖鲁言、潘菽。

12月，南京林学院院长郑万钧、副院长杨致平陪同苏联专家参观访问天目山林学院。

1959 年

1月5日至9日，在林业部领导支持下，南京林学院组织召开华东、华中区7省高等林业院校（系）协作编写教材会议，并成立华东，华中区高等林业院校（系）教材编审委员会，王心田任主任委员。

1月，陈嵘任中国林业科学研究院林业研究所所长，徐纬英、吴中伦为副所长。

1月15日，国家科委以（59）科五范字第33号《关于林业组成员的通知》下发给林业组：同意林业部党组提出的林业组成员调整意见，调整后以张克侠为组长，朱济凡、张昭为副组长，李万新、郑万钧、陶东岱、陈嵘、唐亚子、赵星三、王恺、林一夫、侯治溥、张翼、赵宗哲（八一农学院）、荀昌五为组员。

6月，中国科学院植物所向院请示成立《中国植物志》编委会，建议钱崇澍、陈焕镛为主编，编委会由钱崇澍、陈焕镛、秦仁昌、林镕、张肇骞、胡先骕、耿以礼、刘慎谔、郑万钧、裴鉴、吴征镒、陈封怀、钟补求13人组成。

6月，裸子植物志列为《中国植物志》（第七卷）之后，即开始编纂，南京林学院院长郑万钧到北京主持，傅立国、刘玉壶随往，并调集植物所陈家瑞、崔鸿宾、王文采，武汉植物园傅书遐参加，后傅立国调中国科学院植物研究所参加，9月编纂完成70%，时党内整风运动开始，郑万钧身为南京林学院院长、党委委员必须回校，编纂工作只好停顿。后《中国植物志》编委会多次致函南京林学院，1961年8月郑万钧再次来京主持编纂，初稿于1963年完成，初稿完成后，郑万钧认为松柏部分不够细致，没有刊印。10年后，任中国林业科学院院长的郑万钧自1972年4月着手修订，虽年过七旬，每天仍往西直门外大街植物所内工作，编写人员除原先者外，1972年11月南京林产工学院朱政德、赵奇僧到京参与，1974年底定稿送审《中国植物志》（第7卷）。

6月至7月，郑万钧在四川省峨眉山采集植物标本。

6月，郑万钧、周本琳、林昌庚、张献义、火树华、陈雪尘《福建南平溪后乡杉木林丰产经验调查报告》刊于南京林学院林业科学研究所编印的《南林学报》1959年第2卷第1期59～82页。

6月，郑万钧《福建省南平县溪后乡杉木丰产经验调查研究报告》刊于《湖北林业》1959年第2期14～19页。

7月，南京林学院林学系林业专业毕业生朱守谦、涂忠虞、赵奇僧、孙鸿有、林鑫民、陈冬基考取研究生，林业专业毕业生徐锡增留校。

9月7日，经中国科学院常委会第九次会议批准成立《中国植物志》编辑委员会，主编陈焕镛（中国科学院华南植物研究所）、钱崇澍（中国科学院植物研究所），编委孔宪武（兰州师范学院）、方文培（四川大学）、匡可任（中国科学院植物研究所）、刘慎谔（中国科学院林业土壤研究所）、汪发缵（中国科学院植物研究所）、汪发缵（中国科学院植物研究所）、吴征镒（中国科学院昆明植物研究所）、林镕（中国科学院植物研究所）、郑万钧（南京林学院）、胡先骕（中国科学院植物研究所）、陈封怀（中国科学院武汉植物园）、陈嵘（中国林业科学研究院）、俞德浚（中国科学院植物研究所）、姜纪五（中国科学院植物研究所）、耿以礼（南京大学）、秦仁昌（中国科学院植物研究所）、唐进（中国科学院植物研究所）、张肇骞（中国科学院华南植物研究所）、钟补求（中国科学院植物研究所）、裴鉴（中国科学院南京植物研究所）、蒋英（华南农学院）、简焯坡（中国科学院联络局），秘书秦仁昌。

9月，中国植物学会在北京组织专题学术报告会，特邀南京林学院院长、中国科学院植物研究所兼职研究员郑万钧教授做"裸子植物系统研究"报告。

9月12日，中共南京林学院召开第三次党员大会。王心田任党委书记，杨致平任副书记，王心田、杨致平、郑万钧、李明华、杨克忠、吴雄、尹正斋7人组成常委会。

郑万钧年谱

10月至11月，郑万钧到安徽省宣城县溪口采集植物标本。

12月，张克侠致函南京林学院郑万钧、杨致平、王心田，告知南京林业研究所从江苏省收回，并改为中国林科院的地区性研究所，担任华东地区9省研究工作的协助组织责任。

是年，由于郑万钧主编《树木学》采用英国植物学家赫钦生（J.Hutchinson）的分类系统，洪涛开始研究赫钦生的植物分类系统，并将其与其他几个主要分类系统加以比较和探讨。

● 1960年

1月22日，南京林学院举行科学报告会，郑万钧院长主持会议，林业部副部长陈离到会讲话。

2月2日，中国林业科学院以林科字第22号文报林业部，在南京成立南京林业研究所，并于2月1日启用新印章。

2月27日，江苏省林学会正式成立，由13人组成第一届理事会。郑万钧为理事长，张之宜、干铎、叶绪昌为副理事长，叶绪昌兼秘书长。

2月，中国林学会第二届理事会成立，理事长张克侠；副理事长张昭、朱济凡、陈嵘、郑万钧；秘书长陶东岱，副秘书长李万新；常务理事于甦、王恺、李万新、刘学恩、朱济凡、吕韵、许映辉、江福利、沈鹏飞、陈嵘、陈致生、邵均、汪滨、汪菊渊、吴中伦、张昭、张翼、张克侠、金树源、郑万钧、林一夫、荀昌五、侯治溥、赵宗哲、赵星三、唐子奇、唐亚子、殷良弼、陶东岱、徐纬英、黄枢，理事于甦、王林、王恺、王战、王全茂、王振堂、牛春山、邓叔群、邓宗文、乐天宇、叶雅各、申宗圻、石玉殿、成俊卿、刘成栋、刘学恩、刘慎谔、刘精一、关君蔚、朱介子、朱济凡、朱惠方、许映辉、江福利、邵均、佘季可、齐坚如、李霆、李继书、李万新、吕韵、汪滨、汪振儒、汪菊渊、吴中伦、肖刚柔、陈嵘、陈陆圻、陈桂升、陈致生、陈焕镛、沈鹏飞、陆含章、林刚、林一夫、范济洲、范立滨、张昭、张翼、张克侠、张启恩、张福廷、金树源、郑万钧、杨衔晋、杨云阶、荀昌五、侯治溥、赵宗哲、赵星三、唐子奇、唐亚子、殷良弼、袁义生、陶东岱、徐纬英、涂光涵、秦仁昌、聂皓、黄枢、黄中立、章锡琪、程崇德、傅伯达、彭尔宁、韩麟凤、魏辛。

2月5日到15日，全国林业科学技术工作会议在北京召开，参加这次大会的有来自全国各省（自治区、直辖市）林业厅、科学研究机关、高等院校和中等林校、工厂、林场及人民公社等共161个单位、330位代表，郑万钧参加会议并发言。

3月8日，中国林业科学研究院召开全院职工大会，林业部副部长兼中国林业科学研究院院长张克侠宣布，南京林业研究所所长由郑万钧兼任。

4月，南京林学院森林植物教研组编《植物学（上、下）》由农业出版社出版。

5月，中国林学会在浙江安吉举行第一次毛竹学术讨论会，郑万钧副理事长主持会议。

6月16日，国家科委以（60）科武字第414号文件批复同意中国林业科学研究院成立南京林业研究所、林业化工研究所、林业经济研究所、林业机械研究所。

8月，郑万钧在四川采集植物标本。

9月，南京林学院林学系植物教研组编《木本植物分科检索南京地区主要乔灌木分种检索表》由南京林学院林学系植物教研组刊印。

10月，南京林学院竹类研究室成立，熊文愈任主任。研究室专门从事竹类植物生物学特性，诸如竹类植物生长发育规律、竹林生态与水文、竹类植物生物多样性、竹材解剖与材性、竹林病虫害防治、竹荪菌培育等研究的机构。

是年，南京林学院树木学教研组编《南京玄武湖公园树种名录》由南京林学院树木学教研组刊印。

- **1961年**

3月5日，南京林学院召开第四次党员大会，王心田任党委书记，杨致平任副书记，王心田、杨致平、郑万钧、吴雄、李明华、尹正斋、杨克忠、仲天恽等8人组成常委会。

6月，郑万钧《在林业经营中挖掘增产粮食和油料的潜力》刊于《中国林业》1961年第6期31~32页。

6月，由南京林学院树木教研组主编《树木学（上册）》（高等林业院校试用教科书），广东林学院、云南林学院、东北林学院参加协作，共同编写完成；10月由农业出版社出版。《树木学（上册）》首次采用《中国植物志》（第7卷）"裸子植物系统研究"的初步成果。

7月，南京林学院研究生陈岳武、李云章、孙鸿有、翁俊华、黄铨、林鑫民、涂忠虞、赵奇僧、朱守谦、陈冬基、李伯洲、张全仁、钱士金13人毕业。

8月7日，南京林学院副院长干铎因心脏病在安徽黄山逝世，年仅58岁。

9月，向其柏在南京林学院考取植物生理生化专业留苏研究生。

9月，郑万钧主编《中国树木学》（第一分册）由江苏人民出版社出版，编写人员有南京林学院郑万钧、洪涛、朱政德、黄鹏成、赵奇僧、陈如柏、杨家才和中国科学院植物研究所傅立国。

9月15日，中共中央印发讨论试行的《教育部直属高等学校暂行工作条例（草案）》，共分十章、六十条，简称《高校六十条》或《高教六十条》。

9月，根据《高校六十条》精神，学校开始实行党委领导下以院长为首的院务委员会负责制。系党总支由领导改为对系行政工作起保证监督作用。南京林学院院务委员会组成人员：院长郑万钧，副院长王心田、杨致平，院务委员仲天恽、马大浦、熊文愈、陈桂陞、李传道、郑汉业、张景良、区炽南、徐宗岱、王明馨、尹正斋、胡慰苍、周之江、朱克敏、秦迅、汪安琳、黄律先、黄希坝、张锡煆、周名璋、方明、王心恒、王作舟、郝文荣、洪涛、张素轩、程芝、杨克忠、梁世镇、谢俭风、贺文镕、贾铭钰。

11月7日，根据中央及江苏省委关于甄别工作的指示，对1958年以来被批判的知识分子进行甄别工作。

● 1962年

1月16日至28日，林业部在广州召开全国林业科技工作会议，酝酿讨论林业科技十年规划，贯彻《科研十四条》。

2月5日，郑万钧调任中国林业科学研究院研究员、副院长，至1968年，工资300元。

2月16日至3月12日，林业部副部长兼中国林业科学研究院院长张克侠、副院长郑万钧等5人在广州参加国家科委在广州召开的全国科技会议，31日在中国林业科学研究院全院职工大会上，张克侠院长传达了广州会议精神，副院长郑万钧报告今后十年的科研方向任务计划安排。

3月20日，郑万钧全家由南京迁到北京中国林业科学研究院。

3月，陈焕镛、匡可任《银杉——我国特产的松柏类植物》刊于《植物学

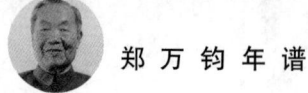

报》1962年第10卷第3期245～247页。

7月19日，中国林业科学研究院召开院务（扩大）会议，郑万钧副院长主持，院领导和院属职能处（室）处长、各研究所室主任、副主任36人参加会议，根据林业部党组确定中国林科院编制人数850人，经过讨论确定各所处、室编制人数。全院正式编制825人，科技情报室编制32人，图书馆8人。根据院内业务情况确定院直属所各研究室作如下调整：林研所内设12个机构，木材所内设5个机构，林业机械所内设5个机构，林化所内设7个机构，紫胶所内设5个机构。经林业部批准成立中国林业科学研究院分党组，常委会由张克侠、郑万钧、张瑞林、陶东岱、徐纬英、朱介子、杨义、陈致生7人组成，张克侠任书记。

9月，向其柏在南京林学院攻读树木学研究生，师从郑万钧。

12月12日至17日，中国林学会在北京举行年会，选举产生第三届理事会，理事长李相符；副理事长陈嵘、乐天宇、郑万钧、朱济凡、朱惠方；秘书长吴中伦，副秘书长陈陆圻、侯治溥；常务理事王恺、牛春山、叶雅各、乐天宇、朱济凡、朱惠方、刘永良、刘慎谔、沈鹏飞、邵均、陈嵘、陈陆圻、陈桂升、吴中伦、李相符、宋莹、张克侠、张瑞林、范济洲、杨衔晋、郑万钧、苟昌五、侯治溥、殷良弼、徐纬英、程崇德，理事王林、王恺、王战、王长富、王启智、牛春山、叶雅各、乐天宇、申宗圻、石惠轩、朱济凡、朱惠方、朱介子、刘永良、刘成训、刘慎谔、江福利、华践、危炯、孙章鼎、李万新、李含英、李相符、李荫桢、肖光、吴中伦、吴志曾、宋莹、沈鹏飞、邵均、陈嵘、陈陆圻、陈桂升、张士修、张克侠、范济洲、杨正昌、杨衔晋、郑万钧、苟昌五、侯治溥、赵仰夫、徐永椿、徐纬英、党怀瑾、袁义生、殷良弼、陶东岱、董南勋、傅焕光、蔡学周、葛明裕、韩麟凤、雷震、熊文愈。

是年，江苏省林学会召开会员代表大会，选举江苏省林学会第二届理事会，张之宜为理事长，马大浦、陈桂陞为副理事长，曾庆先兼秘书长。

• 1963 年

1月，同门受业者郑万钧、邵均、秦仁昌、陈植、邓宗文在北京共祝陈嵘先生七十五岁和钱崇澍先生八十岁寿辰并留影。邓宗文（1902—1964年），江苏江阴人。肄业于私立金陵大学。1933年留学日本东京大学林学部。曾任奉天农业大学、北平大学农学院、中央大学农学院教授。中华人民共和国成立后，历任河

北农学院、山东农学院、北京林学院教授,中国林学会第二届理事。九三学社社员。1964年逝世,终年62岁。著有《实用造林学》《中国主要树木造林法》《林产加工学》。

是年初,根据中国科协意见,中国林学会召开在京理事会议,决定在常务理事会下设4个专业委员会,即林业、森工、普及委员会和《林业科学》编委会,陈嵘任林业委员会主任委员,郑万钧任《林业科学》编委会主编。《林业科学》北京地区编委会成立,编委陈嵘、郑万钧、陶东岱、丁方、吴中伦、侯治溥、阳含熙、张英伯、徐纬英、汪振儒、张正昆、关君蔚、范济洲、黄中立、孙德恭、邓叔群、朱惠方、成俊卿、申宗圻、陈陆圻、宋莹、肖刚柔、袁嗣令、陈致生、乐天宇、程崇德、黄枢、袁义生、王恺、赵宗哲、朱介子、殷良弼、张海泉、王兆凤、杨润时、章锡谦,至1966年。

2月7日至3月3日,中共中央、国务院在北京召开全国农业科学技术工作会议,林业组扩大会议着重讨论《林业科技十年规划》,以及20年林业建设设想和重大林业技术政策。

2月14日,中国林学会1962年学术年会提出《对当前林业工作的几项建议》,建议包括:①坚决贯彻执行林业规章制度;②加强森林保护工作;③重点恢复和建设林业生产基地;④停止毁林开垦和有计划停耕还林;⑤建立林木种子生产基地及加强良种选育工作;⑥节约使用木材,充分利用采伐与加工剩余物,大力发展人造板和林产化学工业;⑦加强林业科学研究,创造科学研究条件。建议人有:王恺(北京市光华木材厂总工程师)、牛春山(西北农学院林业系主任)、史璋(北京市农林局林业处工程师)、乐天宇(中国林业科学研究院林业研究所研究员)、申宗圻(北京林学院副教授)、危炯(新疆维吾尔自治区农林牧业科学研究所工程师)、刘成训(广西壮族自治区林业科学研究所副所长)、关君蔚(北京林学院副教授)、吕时铎(中国林业科学研究院木材工业研究所副研究员)、朱济凡(中国科学院林业土壤研究所所长)、章鼎(湖南林学院教授)、朱惠方(中国林业科学研究院木材工业研究所研究员)、宋莹(中国林业科学研究院林业机械研究所副所长)、宋达泉(中国科学院林业土壤研究所研究员)、肖刚柔(中国林业科学研究院林业研究所研究员)、阳含熙(中国林业科学研究院林业研究所研究员)、李相符(中国林学会理事长)、李荫桢(四川林学院教授)、沈鹏飞(华南农学院副院长、教授)、李耀阶(青海农业科学研究院林业研究所副所长)、陈嵘（中国林业科学研究院林业研究所所长）、郑万钧（中国林业科学研究院副院长）、吴中伦（中国林业科学研究院林业研究所副所长）、吴志曾（江苏省林业科学研究所副研究员）、陈陆圻（北京林学院教授）、徐永椿（昆明农林学院教授）、袁嗣令（中国林业科学研究院林业研究所副研究员）、黄中立（中国林业科学研究院林业研究所研究员）、程崇德（林业部造林司副总工程师）、景熙明（福建林学院副教授）、熊文愈（南京林学院副教授）、薛楹之（中国林业科学研究院林业研究所副研究员）、韩麟凤（沈阳农学院教授）。

3月，国家科学技术委员会和农业部等组织制定《1963—1972年农业科学技术发展规划纲要》。

3月，Cheng, Wan-chun（郑万钧）、Chang, Shao-yao（章绍尧）、Hong, Tao（洪涛）、Chu, Cheng-de（朱政德）、Chao, Chi-son（赵奇僧）《中国经济树木新种及学名订正》"Species Novae et Nomines Emendata Arborum Utilium Chinae"刊于《林业科学》1963年第1期1～14页。

5月，Cheng, Wan-chun（郑万钧）; Duan, Mu-shing（端木炘）; Chao, Chi-son（赵奇僧）《栲属树种志要》"Notes on Castanopsis（D.Don）Spach."刊于《林业科学》1963年第2期186～189页。

5月，郑万钧、朱政德《银鹊树属二新种》"Tapiscia lichunensis W. C. Cheng et C. D. Chu, Tapiscia yunnanensis W. C. Cheng et C. D. Chu"刊于南京林学院林学系《林业科学研究纪要（林学第1号）》1963年第1号；朱政德《秋枫属树种的初步研究》刊于南京林学院林学系《林业科学研究纪要（林学第2号）》1963年第2号。

10月20日，中国林学会理事长李相符逝世，之后由陈嵘代理事长。

是年，2011年12月15日陈植先生遗稿在《一代宗师陈嵘先生》一文载：1963年余受林业部科学研究所之邀赴京参加《中国林业史》编写工作之际，与先师朝夕相见，林科院院长郑万钧同志见先师平日生活太简，并在院内孤身独居，身旁并无家属照顾深感不安，托余代为致意请将师母接来以便改进生活。当春节往其哲嗣振树家中，适值先师卧病在床，当即以万钧同志意见转述，承告"后代教育要紧，自己生活一向简单，过得很好"，嘱以婉言代谢，余以深知先师一生勤俭，自奉甚薄，在宁工作数年间均孤身独居从未携眷。今虽年逾古稀迄未稍变，不便相强。后以《中国林业史》编写工作在京进行，缺乏条件，决计改变

计划移宁进行，遂于三月中旬束装南归，向先师叩别，不料此行竟成永别，思之不胜痛悼[14]。

• 1964 年

1 月，南京林学院树木学教研组主编《树木学（下册）》（高等林业院校试用教科书）由农业出版社出版。编写及工作人员有：主编郑万钧（中国林业科学研究院），编者郑万钧（中国林业科学研究院）、洪涛、朱政德（南京林学院）、梁宝汉（中南林学院）、徐永椿（昆明农林学院），绘图施自耘、王昌、林有润、于伟周，设计插图黄鹏成，校对、编制索引陈如柏。

1 月，南京林学院研究生向其柏、易世基、周芳纯毕业。

1 月，郑万钧在吉林省安图县复兴林场、黑龙江省东宁县闹子沟、辽宁省熊岳县喇嘛洞采集裸子植物标本。

3 月，郑万钧完成《水杉属植物的分布变迁》。

4 月，郑万钧、章绍尧（Cheng Wan-Chun, Chang Shao-Yao）《蜡梅科的新属——夏蜡梅属》"Genus Novum Calycanthacearum Chinae Orientalis" 刊于《植物分类学报》1964 年第 9 卷第 2 期 135~138 页。

6 月 3 日，国家农委在北京召开试验研究中心工作会议，中国林业科学研究院负责林业科学研究中心会议的各项工作，中国林业科学研究院副院长郑万钧向大会汇报了全国林业科学研究中心的布置和做法。会议建议拟在自然区划的基础上，根据各地区林业生产特点，将全国划为六个大自然区，在六个大自然区分别建立林业科学研究中心。

6 月 30 日，国家科委以（64）科五范字第 1022 号《同意增加张瑞林等四同志为林业组成员》通知林业部：一是增聘张瑞林、陶东岱、徐纬英、朱介子等四同志为林业组成员。二是林业组设立常务组，郑万钧同志任常务组副组长，张瑞林、陶东岱、徐纬英、朱介子等四同志为组员。

8 月至 9 月，中国林业科学研究院副院长郑万钧教授、病理室主任袁嗣令副研究员、南京林学院叶培忠教授、中国科学院林业土壤研究所王战研究员、沈阳农学院张际中教授等到辽宁草河口试验林考察红松、落叶松人工林生长及其病虫害防治工作。

---

[14] 陈植.一代宗师陈嵘先生[N].南京林业大学校报，2011-12-15（01）.

9月，中国北部农田防护林学术讨论会议在吉林省白城地区洮南县召开，中国林学会副理事长郑万钧教授主持会议。

9月，中国植物学会在庐山召开了第一届全国引种驯化学术会议，交流了各地水杉的引种情况。

10月，郑万钧到辽宁熊岳喇叭洞、黑龙江东宁县、吉林省安图县采集赤松标本。

10月，郑万钧（Cheng, Wan-chun）《倪藤属的一个种的新称》"A New Name for a Species of Gnetum L."刊于《植物分类学报》1964年第9卷第4期386页。

12月，郑万钧当选为第三届全国人大代表，作为吉林省出席第三届全国人民代表大会的代表。

是年，陶东岱任中国林业科学研究院副院长，至1965年10月。

1965年

1月，郑万钧当选为中国人民政治协商会议第四届全国委员会委员。

5月18日至29日，全国第二次毛竹科研协作会议在浙江省莫干山召开。会议由南京林学院王心田院长主持，中国林业科学研究院郑万钧副院长传达了全国农业科学实验工作会议精神，讨论了毛竹科研队伍革命化和开展以样板林为中心，以专业科学技术队伍为骨干、以群众性科学实验活动为基础的大规模科学实验运动的伟大意义。

11月，陶东岱调任林业部对外司司长，至1974年10月。

1966年

1月，徐纬英任中国林业科学研究院林业研究所副所长（主持工作），吴中伦、侯治溥为副所长。

1月至5月，根据林业部先后几次指示，杨致平、马大浦、仲天恽、宋宝贤、熊文愈等，先后多次去西南、江西、安徽等地区选择新校址。

3月，郑万钧参加全国农业科技协调委员会在广东省东莞县召开的第二次全国农业区划会议，会后即转赴南方几省（自治区、直辖市）了解速生丰产林的科研情况。在广东省先后和广东林科所的科研人员在台山了解湿地松种子园的

郑万钧年谱

建设，在开平调查马尾松飞播造林，在电白博贺港了解木麻黄人工林速生丰产经验，在湛江雷州调查桉树良种造林经验。然后绕道广西，并北上湖南、湖北了解省（自治区）林科所科研开展情况。

9月，中国林业科学院院分党组召开扩大会议，研究抓革命、促生产和接待外地来京革命串联问题。

1967年

4月，郑万钧之子郑斯绪去世，时年36岁。

10月，林业部军管后，派军代表进驻中国林科院。

1968年

4月，李大章在山西省乡宁县采集到一油料植物标本，送郑万钧先生鉴定为翅果油树（*Elaeagnus mollis* Diels）。

9月，中国林业科学研究院革命委员会成立。

10月24日，林业部军管会同意中国林科院革委会先派出10余名同志去广西邕宁县，接收砧板农场和准备干部下放劳动的工作。此后砧板农场即成为中国林科院"五七"干校，大批干部陆续下放去干校。

1969年

9月，中国林业科学研究院革命委员会派出第三批"五七"干校学员，张克侠、郑万钧、张瑞林均到"五七"干校，中国林科院广西砧板"五七"干校革委会成立，当时学员已达580人。

1970年

5月1日，林业部撤销军管，与农业部合并，成立农林部，办公地点设在西单原全国供销合作总社大楼。

8月23日，中国农林科学院筹备小组成立，中国农业科学院、中国林业科学院建制撤销，中国农业科学院并与中国林业科学院合并，正式成立中国农林科学院，设科研生产组，下设综合处、农业处、林业处、畜牧处、水产处，对全院科研计划进行组织管理，同时面向全国，对重大协作项目进行组织协调与管理。

11月，郑万钧任中国农林科学院研究员兼顾问。

11月，郑万钧任中国农林科学院大寨五七科技服务队队员，工资300元。

● 1971年

1月10日，陈嵘病逝于北京，享年84岁。陈嵘病危时，不忘国家林业事业，嘱其子将两万多卷藏书献给林科院图书馆，将7.8万元稿费和利息交给林业部作造林和科研经费，还嘱赠600元作绿化三社小学与建设三社林场之用。陈嵘先生著作甚丰，1918年12月至1919年10月《中华农学会丛刊》（后改名为《中华农学会会报》）连载《中国树木志略》的基础上完成《中国树木学讲义》、1930年出版《中国主要树木造林法》、1933年出版《造林学概要》与《造林学各论》、1934年出版《中国森林史略及民国林政史料》（此书于1951年及1952年两次再版，更名为《中国森林史料》）、1934年出版《中国树木分类学》、1952年出版《造林学特论》、1961年出版《中国森林植物地理学》、1984年出版遗著《竹的种类及栽培利用》9部，撰写论文、文章100多篇。

4月，中国林科院广西砧板五七干校撤销，将中国林科院在广西砧板五七干校的干部转移到农科院辽宁兴城干校。

9月，南京林学院领导体制由属林业部、江苏省双重领导，改为江苏省领导。

● 1972年

4月9日，江苏省革命委员会批复将南京林学院改名为南京林产工业学院。

9月2日，英国植物学家约翰·哈钦松去世。哈钦松（John Hutchinson），1884年4月7日出生于英国诺森伯兰郡的伯里本，他在达勒姆接受了园艺训练，1904年，到皇家植物园做实习园艺师，由于他的绘画能力和对植物分类的认识，1905年被指定到标本室工作，先作为印度部助理，后来成为非洲热带部助理，1915—1919年成为印度部主任，1919—1936年为非洲部主任，然后成为植物园博物馆馆长，1948年退休，但仍然进行显花植物的研究，并出版了两部《显花植物分属》。他于1928—1929年和1930年两次到南非采集植物标本。他制定了一个新的被子植物门的哈钦松分类法，将这些植物分为草本和木本两大类，认为从木兰目演化出木本植物，从毛茛目演化出草本植物，认为这两支是平行发展的，单子叶植物起源于双子叶植物的毛茛目。他的这种分类法目前已经被大多数

郑万钧年谱

植物学家所否定，但他对植物形态的精确描述，利用图谱和检索工具的方法仍然被肯定。1934年，他获得圣安德鲁斯大学的名誉博士学位，1944年获得维多利亚勋章，1947年被选为皇家学会院士，1958年，获得达尔文——华莱士奖章，1968年获得林奈金质奖章，在他刚去世前获得OBE勋衔。哈钦松系统哈钦松于1926年和1934年在其《有花植物科志》Ⅰ、Ⅱ中所建立的系统。在1973年修订的第三版中，共有111目，411科，其中双子叶植物82目，342科，单子叶植物29目，69科。该系统是英国植物学家哈钦松（Hutchinson）于1926年和1934年先后出版的两卷《有花植物科志》中提出的，1959年和1973年作了两次修订，从原来的105目332科增加到111目411科。哈钦松著有《有花植物科志》一书，分两册于1926年和1934年出版，在书中发表了自己的分类系统。到1973年已经几次修订，原先的332科增至411科。

10月4日至18日，以农林部梁昌武副部长为团长的中国林业代表团一行参加在阿根廷首都布宜诺斯艾利斯召开的联合国第七届世界林业大会，会期两个星期。会后，中国林业代表团顺访设在意大利罗马的联合国粮农组织（FAO）林业司，时间为一周，目的是了解FAO林业司情况，为恢复中国在FAO的地位做工作。

10月30日，南京林业学校并入南京林产工业学院。

● 1973年

4月10日，中国农林科学院成立林业研究所筹备组。

5月，郑万钧教授和吴中伦教授在浙江安吉调研毛竹科研和生产工作时，提议在安吉建设一座竹子植物园，为中国农林科学院和安吉县领导所采纳。

6月，南京林产工业学院林学系《国外林业科技资料》（水杉专辑）刊印。

12月，英国植物学泰斗、布朗运动（Brownian motion）的发现者罗伯特·布朗诞辰200周年。罗伯特·布朗（Robert Brown，1773年12月21日—1858年6月10日），出生于苏格兰东海岸的芒特罗兹，在爱丁堡大学学习医学。1800年12月他接受了约瑟夫·班克斯的邀请，登上了马修·弗林德斯指挥的调查者号，前往澳大利亚沿海收集植物标本，同船的还有奥地利植物学画家费迪南德·卢卡斯·鲍尔（Ferdinand Lucas Bauer，1760.1.20—1826.3.17）。1801年12月抵达澳大利亚西海岸，他随后在澳洲用了三年半的时间考察澳洲植物，搜集了3400种标本，其中有大约2000种，都是以前没有人发现过的，但当这些标本被用海豚号船送回英国时，由于船只遇险，大部分标本丧失。布朗没有随标本回英国，一直在澳洲待到1805年5月回国，然后用了5年的时间研究他搜集的材料，鉴定了大约1200种新品种并发表了几种鉴定结果。1810年他出版了系统研究澳大利亚植物的著作《新荷兰的未知植物》。同年他接手"约瑟夫博物库"。1820年约瑟夫·班克斯（英国植物学家、探险家、博物学家，Joseph Banks，1743.2.24—1820.6.19）去世后继承了他的图书馆和植物标本库。1827年博物库成为大英博物馆，布朗被委任为博物馆的植物标本库负责人。1827年在研究花粉和孢子在水中悬浮状态的微观行为时，发现花粉有不规则的运动，后来证实其他微细颗粒如灰尘也有同样的现象，虽然他并没有能从理论解释这种现象，但后来的科学家用他的名字命名为布朗运动。1828年，布朗命名了细胞核，虽然并不是他第一个发现的，但是由他证实了细胞核的普遍存在并命名。1837年大英博物馆的自然历史部被划分为三个部，布朗成为植物学部的部长，一直到他去世，葬于伦敦 Kensal Green Cemetery。

是年底，郑万钧组织力量编写中国造林学专著《中国主要树种造林技术》。

1974年

4月19日，南京林产工业学院举行关于"5·16"问题平反大会。李力代表校党委宣布为84位同志平反，恢复名誉，挽回影响。其余在所属单位进行平反。

11月，陶东岱任中国农林科学院核心组成员，至1978年3月。

12月，由郑万钧倡导并参加在武汉召开的全国首届"三杉（水杉、池杉、落羽杉）协作会议"，对全国水杉发展给予指导。

是年，中国林科院辽宁兴城五七干校撤销，农林部在北京西山大觉寺设立五七干校。

1975年

6月，中国农林科学院在北京召开第一次《中国树木志》编委会会议，成立由郑万钧、陶东岱、仲天悍、刘学恩、杨衔晋5人组成的领导小组，并设立东北、华北、西北、华东华中、西南、华南6个编写组，编辑部设在南京林学院。会议主要邀请全国一些主要的林业科研院校及生产单位的领导、专家参加，人员主要由郑万钧先生提议，有杨衔晋（东北林学院）、王战（中国科学院林业土壤研

究所)、徐永椿(云南林业学院)、曲式曾(西北农学院)、赵良能(四川省林业科学研究院)、朱志淞(广东省林业科学研究所)等,南京林产工业学院有仲天恽、朱政德、向其柏,中国农林科学院有陶宗岱、郑万钧、宋朝枢,农业出版社有刘学恩等,共计30余人。会议期间,农林部副部长罗玉川和梁昌武副部长到会并讲话,提出以郑万钧为主编,组织全国专家、学者共同编辑出版《中国树木志》。大家一致认为这是林业战线的一项基本建设工程,是造福子孙后代的一件大事。

6月,经农林部批准,中国农林科学院河北林业研究所筹建(即中国农林科学院林业研究所)。

7月,洪涛从南京林产工业学院调任宁夏农学院树木学副教授,至1979年11月。洪涛,世界著名的树木学家,毕生从事植物学、植物分类学、树木学教学及科研工作,长达50余年,对全国24个省(自治区、直辖市)的森林及植物进行了标本采集。1923年出生在江苏省扬州市的一个商人家庭,1943年在重庆考入中央大学,1944年转入云南大学,1945年转入四川成都金陵大学植物病理学系,1948年从南京金陵大学毕业后留校,专门从事植物学和植物分类学教学与研究。他对树木分类有独特兴趣,先后担任植物分类学教授史德蔚博士和树木学家陈嵘教授的助教。1952年任南京林学院树木学家郑万钧教授助教,参与编写《树木学教科书》《中国树木学》《树木图谱》《树木学》《中国树木志》《中国主要树种造林技术》。1979年到中国林业科学研究院工作,协助郑万钧教授组织编写《中国树木志》第一、二卷;1983年郑万钧教授去世后继续担任《中国树木志》总编辑,组织编写《中国树木志》第三、四卷;1997年任《中国高等植物》主编之一。2018年1月2日病逝,享年95岁。洪涛发表论文13篇,出版著作14部(含译作),编辑书稿达4 000万字以上,曾任国际树木学会会员,中国林学会树木学分会(专业委员会)第一、二、三届委员会副主任,中国花卉协会牡丹芍药分会顾问等职。洪涛先生自称是中国树木学"终身的助手""永远的编书匠"和"恪尽职守的看门人"[15]。

8月25日至29日,郑万钧到南京林学院参加编撰《中国树木志》和《中国主要树种造林技术》会议,落实相关任务。

9月22日至27日,江苏省农林厅在江都召开水杉生产科技经验交流会,郑万钧、熊文愈参加会议并参观曹王林园场和红旗河堤营造的水杉林带。

---

[15] 王希群,李春义. 树木学家洪涛年谱[J]. 北京林业大学学报(社会科学版). 2019,18(2):1-8.

10月，郑万钧、傅立国、诚静容（Cheng Wan-Chün, Fu Li-Kuo, Cheng Ching-Yun）《中国裸子植物》"Gymnospermae sinicae" 刊于《植物分类学报》1975年第13卷第4期56～123页。

• 1976年

2月，郑万钧、关福临、王木林、李建文到达并常住南京林学院，推动《中国主要树种造林技术》的编写、统稿、审稿。

3月15日至19日，中国农林科学院、南京林产工业学院、农业出版社在南京林产工业学院组织《中国树木志》编写座谈会，讨论造林技术的编写要求。

5月，《中国树木志》编委会编辑室编《中国树木志树种名录》刊印。

6月，《中国树木志》华东华中编写组在湖南衡山召开《主要树种造林技术》40余个树种的稿件审定会，郑万钧和马大浦出席会议。

11月1日至7日，全国第二次水杉、池杉、落羽杉科技协作会议在江苏省扬州地区江都县召开。出席会议的有协作单位湖北、湖南、浙江、安徽、广东、陕西、河南、江苏、上海9个省（直辖市）。邀请单位四川、山东、江西和辽宁4个省市。共13个省（直辖市）的科研、教学、生产等66个单位82名代表，到会代表有领导干部、工人、贫下中农和科技人员。会议由江苏省主持。中国农林科学院郑万钧同志、南京林产工业学院叶培忠同志、江苏省革委会农业局和扬州地区革委会，中共江都县委负责同志到会并讲话。同时，扬州地区还召开林业会议。郑万钧赞誉"江都县为水杉的第二故乡"这是因为江都在繁殖水杉方面确实作出了突出的贡献，仅是曹王林园场培育的水杉苗就曾供应销售全国9个省（直辖市）以及本省39个县、市。

12月，郑万钧在中国农林科学院组织《中国主要树种造林技术》一书的书稿校对。

• 1977年

3月20日至26日，郑万钧、陶东岱在北京主持《中国树木志》编委会第二次（扩大）会议。

7月，农林部函河北省革委会：支持中国农林科学院林业研究所、木材工业研究所在保定市进行筹建，两所定为地师级，编制分别为200人和190人。

8月,在科学和教育工作座谈会上,邓小平同志指出,我们国家要赶上世界先进水平,须从科学和教育着手。科学和教育目前的状况不行,需要有一个机构,统一规划,统一协调,统一安排,统一指导协作。随后,各地方、各部门开始启动规划研究编制工作。

9月,中共中央发布《关于成立国家科学技术委员会的决定》,国家科委成为统管全国科技工作的机构,其任务之一就是要组织编制全国科学技术发展的年度计划和长远规划。

10月27日,中国林学会在北京召开常务理事扩大会议。这是粉碎"四人帮"以后第一次常务理事扩大会议,会议主要讨论常务理事沈鹏飞教授提出的"迅速恢复中国林学会的学术活动"的倡议,并决定年底召开一次年会,提出1978年学术活动计划,会议由副理事长郑万钧主持。

12月,郑万钧《为加速实现林业科学技术现代化而奋斗》刊于《中国林业科学》1977年第4期1～4页。

12月,全国科学技术规划会议在北京召开,动员1000多名专家、学者参加规划的研究制定工作。

● 1978年

1月,中国树木志编委会《中国主要树种造林技术》由农业出版社出版。从1973年底开始,中国农林科学院郑万钧组织力量编写《中国主要树种造林技术》一书,主要是把当时我国林业生产中常用造林树种的造林技术措施总结出来为生产服务,先后组织全国200多个单位、500多位科技人员,包括省地县林业局、林科所、林场、高等和中等林业院校的同志参加,经过3年的努力完成编写并于1978年由农业出版社出版。该书编入中国主要树种210种,共169.5万字,每一树种包括形态特征、分布、生物学特性、各项造林技术、病虫害防治、木材性质和用途等内容,是中国最重要的一部造林专著,可作为中国森林培育学发展的里程碑。《中国主要树种造林技术》获1981年林业部科技成果一等奖和全国优秀科技图书奖。

2月6日,农林部以(78)农林(科)字第12号文件关于恢复"中国农业科学院"和"中国林业科学研究院"建制给国务院的报告,后经国务院批准,恢复中国农业科学院和中国林业科学研究院的建制。

3月，郑万钧当选为中国人民政治协商会议第五届全国委员会委员。

3月18日至31日，中共中央在北京召开全国科学大会。粉碎"四人帮"后，揭批查"四人帮"帮派体系的群众运动取得很大成绩，国内出现了安定团结的政治局面。为制定科学技术的发展规划，表彰知识界的先进单位和先进人物，奖励优秀研究成果，充分调动广大知识分子的积极性、创造性，以便实现党在新时期的总任务，在6000人参加的全国科学大会开幕会上，中共中央副主席、国务院副总理邓小平发表重要讲话，邓小平指出四个现代化的关键是科学技术的现代化，并着重阐述了科学技术是生产力这个马克思主义观点。

3月19日，全国科学大会在北京隆重开幕，郑万钧在主席台上就座。"水杉繁育技术"获全国科学大会奖，水杉的价值凸显，这是自水杉发现之后又一次水杉热。科学大会后湖北省主要领导指示湖北电影制片厂拍摄一部关于水杉的影片，1979年制片厂立即组织专班历经2年完成《水杉》彩色科学普及片拍摄制作，1981年科学普及片在全国放映后，不仅激发了我国种植和保护水杉的热潮，而且湖北成了全国平原绿化学习的榜样，水杉成为我国平原地区种植量最大的树种之一。郑万钧在全国科学大会上被授予"科技战线先进工作者"称号。

3月，全国科学大会审议通过了《1978—1985年全国科学技术发展规划纲要（草案）》。

4月24日，国家林业总局成立。

4月25日，中国林科院领导机关和林业所、木工所迁回中国林科院原址办公，中国农林科学院森工所的人员分别并入相关研究所。

4月，陶东岱任中国林科院副院长，至1982年12月。

5月，国务院批准恢复中国农业科学院和中国林业科学研究院，分别任命金善宝为中国农业科学院院长、郑万钧为中国林业科学研究院院长。

5月4日，中国林业科学研究院召开恢复大会。

5月9日，中国林业科学研究院召开职工大会，宣布院的机构设置和人事安排。任命梁昌武为中共中国林科院分党组书记，陶东岱为副书记，常委会由郑万钧、李万新、杨子争、吴中伦、王庆波；郑万钧为院长，陶东岱、李万新、杨子争、吴中伦、王庆波为副院长。

5月，郑万钧《办好林场的几项技术管理工作》刊于《林业科技通讯》1978年第4期1~4页，26页。

郑 万 钧 年 谱

9月23日至10月12日，国家林业总局在北京昌平县召开全国林业局长会议。会议总结了新中国成立以来林业建设的经验教训，讨论了《森林法（草案）》和林业发展规划，研究了加快发展林业的措施。郑万钧在会上做《关于加速实现林业现代化和林业科学技术现代化的几点意见的报告》。

10月，中共中央正式转发《1978—1985年全国科学技术发展规划纲要》(简称《八年规划纲要》)。《八年规划纲要》提出了"全面安排，突出重点"的方针。《八年规划纲要》包括前言、奋斗目标、重点科学技术研究项目、科学研究队伍和机构、具体措施、关于规划的执行和检查等几个部分，确定了8个重点发展领域和108个重点研究项目。同时，还制定了《科学技术研究主要任务》《基础科学规划》和《技术科学规划》。规划实施期间，邓小平同志提出了"科学技术是生产力"以及"四个现代化，关键是科学技术现代化"的战略思想，为发展国民经济和科学技术的基本方针和政策奠定了思想理论基础。林业项目"林木速生丰产技术研究""木材综合利用技术研究"被列在了规划确定的108个重点研究项目的第7项，旨在通过研究，解决我国森林资源少、生长量低、木材浪费大、综合利用率低以及重采伐、轻造轻抚等问题。1982年，将规划的主要内容调整为38个攻关项目，以"六五"国家科技攻关计划的形式实施，这是我国第一个国家科技计划。

10月27日至11月5日，中国林学会与中国土壤学会联合在杭州召开第二次森林土壤学术讨论会，会议由郑万钧副理事长主持，成立中国林学会森林土壤专业委员会，森林土壤专业委员会主任宋达泉，副主任张万儒。中国林学会副理事长郑万钧同志在会上作了《关于我国林业科学技术现代化和森林土壤工作的任务》报告，会后专门与张万儒谈话，希望能系统开展森林土壤研究。

12月21日至28日，中国林学会1978年学术年会在天津举行，选举成立中国林学会第四届理事会，名誉理事长张克侠、沈鹏飞；理事长郑万钧，副理事长陶东岱、朱济凡、李万新、刘永良、吴中伦、杨衔晋、马大浦、陈陆圻、王恺、张东明，秘书长吴中伦（兼），副秘书长陈陆圻（兼）、范济洲、王恺（兼）、王云樵，常务理事马大浦、王恺、王云樵、刘永良、朱济凡、吴中伦、李万新、陈陆圻、范济洲、郑万钧、杨衔晋、张东明、陶东岱，理事丁方、于溪山、于晓心、马大浦、马佃友、王恺、王战、王凤翔、王凤矗、王云樵、王庆波、王长富、王启智、王继贵、牛春山、方建初、刘榕、刘永良、刘兰田、刘成训、刘松

龄、刘振东、卢志富、白崑、白云祥、乐承三、龙庄如、申宗圻、阳含熙、朱志淞、朱济凡、邢劭朋、江福利、华践、成俊卿、关伯钧、危炯、孙丕文、吴中伦、吴志曾、吴厚扬、李三益、李万新、李云章、李永庆、李金升、李明鹤、李荫桢、李耀阶、汪振儒、肖刚柔、严赓雪、沈流、邵荫堂、陈陆圻、陈桂升、陈致生、范济洲、郑万钧、郑止善、杨子争、杨正昌、杨玉波、杨衔晋、周重光、周家骏、周蓄源、林密、尚久视、张汉豪、张东明、张英伯、张锦波、荀昌五、赵师抃、赵忠仁、赵树森、娄匡人、贺近恪、侯治溥、欧炳荣、柯病凡、俞新妥、陶东岱、徐捷、徐永椿、徐任侠、徐纬英、涂光涵、高呼、高长辉、顾之高、聂皓、殷良弼、梁昌武、曹裕民、曹新孙、黄希坝、黄家彬、黄毓彦、常紫钟、莫若行、钱德骏、程崇德、彭建文、彭德纯、程跻云、程芝、韩师休、韩麟凤、鄂育智、葛明裕、蒋建平、蔡学周、蔡灿星、蔡霖生、熊文愈、廖桢。

12月，中国科学院中国植物志编辑委员会编《中国植物志》（第7卷）由科学出版社出版，主要内容包括：裸子植物门、苏铁纲、苏铁目、苏铁科、苏铁属、叉叶苏铁、台湾苏铁、云南苏铁、四川苏铁、篦齿苏铁、海南苏铁、华南苏铁、银杏纲、银杏目、银杏科、银杏属、银杏、松杉纲、松杉目等。该卷由郑万钧、傅立国主编。

是年，郑万钧亲自将黄中立调任中国林业科学研究院林业研究所研究员，专门开展森林经理和森林遥感研究。

是年夏，郑万钧亲自将萧刚柔调任中国林业科学研究院林业研究所研究员兼室主任，系统开展森林昆虫研究。

是年，郑万钧将袁嗣令调任中国林业科学研究院林业研究所研究员，专门开展林木病理研究。

是年，郑万钧将王世绩、韩一凡从河北林业专科学校调任中国林业科学研究院林业研究所，王世绩任研究员兼生理研究室主任，专门从事树木生理研究。王世绩（1935—1997年），山东烟台人。1954年高中毕业被国家选送到苏联列宁格勒林学院林学系学习，1960年获得森林工程师的称号。回国后被分配在中国林业科学院林业研究所同位素实验室工作，从事林木水分和养分运输的研究。1971年被分配到河北林业专科学校树木生理教研室任教，并参加了毛白杨无性繁殖生根生理技术研究，首次提出了检查根原基方法。1978年中国林业科学研究院林业研究所恢复，他参加并负责国家林业攻关项目，从辽宁、内蒙古到长江流域地区，在使林业基础学科应用于实践的科研上发挥了重要作用。1987—1994年担任林业研究所副所长、所长，1992年任博士生导师先后合作培养博士生4名，1992年获得政府特殊津贴。1997年8月13日，当他代表联合国开发计划署在国内进行项目考察时，因劳累过度心脏病突发，在河南郑州猝然逝世，年仅62岁。

是年，郑万钧商调王正非到中国林业科学研究院专门从事森林气象研究未果，原因不详。

● 1979年

1月8日，中国林学会、中国土壤学会、中国植物学会等学会19位著名专家学者联名向方毅、王任重副总理并邓副主席上书，建议收回林业部森林综合调查大队，在北京建立森林经理（调查设计）研究所。19位著名专家学者是：郑万钧（中国林业科学研究院院长、中国林学会理事长、研究员）、李连捷（北京农业大学教授、中国土壤学会常务理事、北京土壤学会理事长）、陶东岱（中国林业科学研究院副院长、中国林学会副理事长）、朱济凡（中国科学院林业土壤研究所副所长、中国林学会副理事长）、李万新（中国林业科学研究院副院长、中国林学会副理事长）、吴中伦（中国林业科学研究院副院长、中国林学会副理事长兼秘书长）、杨子铮（中国林业科学研究院副院长、中国林学会理事）、侯学煜（中国科学院植物研究所生态室主任、中国植物学会常务理事、研究员）、侯治溥（中国林业科学研究院林业研究所副所长、研究员）、阳含熙（中国科学院自然资源综合考察委员会研究员、中华人民共和国"人与生物圈委员会"秘书长）、吴传钧（中国科学院地理所研究员）、陈述彭（中国科学院地理所研究员）、范济洲（北京林业大学教授、中国林学会副秘书长）、徐纬英（中国林业科学研究院林业研究所副所长、研究员）、肖刚柔（中国林业科学研究院林业研究所副所长、研究员）、张英伯（中国林业科学研究院研究员）、黄中立（中国林业科学研究院研究员）、程崇德（国家林业总局副总工程师）、杨润时（国家林业总局副总工程师）。

1月9日，中国决定恢复研究生制度。

1月23日，中国林学会经常务理事会通过改聘《林业科学》第三届编委会。主编郑万钧，副主编丁方、王恺、王云樵、申宗圻、成俊卿、关君蔚、吴中伦、

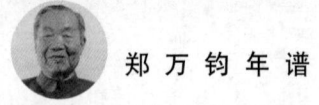

肖刚柔、阳含熙、汪振儒、张英伯、陈陆圻、贺近恪、侯治溥、范济洲、徐纬英、陶东岱、黄中立、黄希坝，共有编委65人。

1月底至2月初，郑万钧到四川省峨眉县峨眉山采集植物标本。

2月，《植物分类学报》公布第三届编委会，主编秦仁昌，副主编王文采、郑万钧、徐仁、路安民、俞德浚，常务编委王云章、汤彦承、肖培根、应俊生、杨兆起，编委于兆英、方文培、王正平、朱格麟、安峥夕、吴征镒、陈德昭、饶钦止、杨衔晋、单人骅、胡嘉琪、郭本兆、高谦、梁畴芬、曾呈奎、曾沧江、傅书遐、魏江春。

2月28日，傅立国、陈家瑞、汤彦承《中国榆科植物志资料》刊于《植物分类学报》1979年17卷第1期45~51页，其中48页刊登郑万钧、傅立国《李叶榆新种——Ulmus prunifolia Cheng et L. K. Fu》。同期，方文培《中国槭科植物志预报》刊于60~86页，其中69页刊登郑万钧《梧桐槭新种——Acer firmianioides W. C. Cheng》。

3月，郑万钧《关于加速实现林业现代化和林业科学技术现代化的几点意见》刊于《湖北林业科技》1979年第1期1~6页。

3月，国家农委和国家科委批准建立11处农、林、牧、渔、热带作物现代化综合科学实验基地，其中，江西大岗山、广西大青山、内蒙古磴口3个基地由中国林科院负责建立。

3月25日，《人民日报》刊登《中国主要树种造林技术》一书出版发行。据新华社北京三月二十四日电 为了指导科学造林，满足全国植树造林的需要，由中国林业科学院院长、著名林业科学家郑万钧主持编写的《中国主要树种造林技术》一书，已由农业出版社出版，在全国发行。

4月，林业部森林综合调查大队回迁北京，同时将林产工业设计院留在北京的航测室收回，扩建为林业部调查规划设计院。

8月，《水杉》摄制组包括编辑熊聘农、摄影杜丰等编制《水杉》台本并与湖北省林业局以及其他相关部门和人员取得联系，在北京香山找到水杉的命名者之一、中国林业科学研究院院长的郑万钧并邀请作为科学顾问，郑万钧接受邀请并对拍摄水杉进行了很好的说明与指导，这对水杉台本的形成起到很好的作用，摄制组回武汉后很快完成了拍摄用的台本初稿。

8月16日，郑万钧致函利川县林科所张丰云，回答水杉发现发表经过，该

郑万钧年谱

文后来发表于1980年10月《利川科技》2期4～5页。张丰云是新中国培养的第一代从事水杉保护和研究的基层林业科技工作者。

9月17日至19日,《林业科学》编辑委员会第一次全体会议在青岛市召开,这次会议是《林业科学》新的编辑委员会成立以来的第一次全体会议,也是《林业科学》自1955年创刊以来第一次全体编委会议,主编郑万钧同志因病未出席会议,中国林学会副理事长、《林业科学》副主编吴中伦同志主持开幕式,中国林学会副理事长、《林业科学》副主编陶东岱同志致开幕词。

9月22日下午,国家农业委员会、农业部、林业部、水利部、农垦部、农业机械部和中央气象局邀请在京的农业科学家、教育家以及早期从台湾、香港和国外归来从事农业科学、农业教育的爱国知识分子的代表举行茶话会,共庆中华人民共和国成立三十周年,鼓励他们同心同德、为加速实现我国农业现代化作出贡献。党和国家领导人王震、方毅、余秋里、陈永贵、胡耀邦等,在十分热烈的气氛中接见与会代表并讲话。在会上发言的有中国农业科学院、中国林业科学研究院、农垦部、北京农业大学、水利水电科学研究院、北京农业机械化学院、中央气象局、水利部、北京林学院和农业机械化研究院的农业科学家和教育家金善宝、郑万钧、郭春华、沈其益、林秉南、曾德超、王宪钊、张含英、申宗圻、马骥。应邀出席茶话会的农业科学家和农业教育家,还有鲍文奎、李竞雄、徐冠仁、程绍迥、郑丕留、娄成后、蔡旭、俞大绂、裘维蕃、李连捷、熊大仕、张心一、朱莲青、邹秉文、王恺、张英伯、吴中伦、范济洲、汪胡桢、覃修典、唐有章、李振宇、陈立、叶桂馨、程刚、席承藩、邓静中、夏世福等,出席茶话会的共181人。

10月,郑万钧为《中国林业科技三十年 1949—1979》作序。其中写道:古往今来的实践经验证明,应用已有的研究成果,学习一切先进经验,实事求是、敢于探索,勇于创新,是我们科学研究工作不断攀登新高峰,勇夺胜利的必由之路。

12月,郑万钧院长再次从宁夏农学院调洪涛到中国林业科学研究院林业研究所工作,任树木学副研究员。

12月,郑万钧院长调王长富任中国林业科学研究院林业经济研究所研究员。

12月27日至31日,中国林学会专业委员会——中国杨树委员会成立大会在北京召开,参加这次大会的有来自林业和轻工造纸系统的15个单位和杨树重

 郑万钧年谱

点栽培地区18个省（自治区、直辖市）的87名代表，大会首先由中国林学会理事长郑万钧同志致开幕词，林业部副部长梁昌武同志和轻工业部王文哲副部长在大会上讲话，大会邀请中国科学院林业土壤研究所研究员王战就《中国杨树资源》做了报告，北京造纸研究所所长杨懋暹做了《发展杨树生产是扩大造纸原料的主要方向》的报告。

12月9日，日本中国农业农民交流协会（简称日中农交）会长八百板正来京访问，郑万钧理事长会见并进行协商，双方决定在1980年进行互访。

● 1980年

1月，林业部成立林业部科学技术委员会第一届委员会，主任委员雍文涛，副主任委员梁昌武、杨天放、杨延森、郑万钧，秘书长刘永良。委员雍文涛、张化南、梁昌武、张兴、杨天放、张东明、杨延森、赵唯里、汪滨、杨文英、吴中伦、陶东岱、王恺、李万新、侯治溥、张瑞林、徐纬英、刘均一、肖刚柔、范学圣、高尚武、贺近恪、关君蔚、黄枢、马大浦、程崇德、梁世镇、董智勇、郝文荣、涂光涵、牛春山、杨廷梓、吴中禄、李继书、任玮、徐国忠、刘松龄、韩师休、黄毓彦、杨衔晋、王凤鬻、王长富、王凤翔、周以良、沈守恩、范济洲、余志宏、陈陆圻、邱守思、申宗圻、朱宁武、林叔宜、李树义、林龙卓、徐怡、吴允恭、刘学恩、沈照仁、刘于鹤、陈平安。

1月，郑万钧《谈谈林业现代化》刊于《中国林业》1980年第1期4~6页。

4月2日至8日，为了贯彻中国科协第二次全国代表大会的精神，总结交流学会工作经验，修改中国林学会会章和奖金条例，明确学会今后工作方针任务，中国林学会在北京召开新中国成立以来第一次学会工作会议。出席会议的有全国各省（自治区、直辖市）林学会的领导和工作干部以及有关单位的代表共70余人。中国林学会理事长郑万钧，副理事长陶东岱、李万新、吴中伦、陈陆圻、王恺，北京林学院党委书记王友琴、中国林业科学研究院副院长杨子争等同志出席和参加会议。会议期间，郑万钧通知《水杉》摄制组并安排参会的与水杉发现有关的王战、薛纪如、华敬灿等同志录制了有关的场面。

6月，国家科委成立自然科学奖励委员会，委员共31人。主任武衡，副主任钱三强、黄辛白，委员王淦昌、王志均、王元一、何东昌、贝时璋、李薰、沈元、汪胡桢、阎沛霖、严济慈、华罗庚、周培源、茅以升、郑万钧、罗沛霖、苏

步青、金善宝、冯德培、曾呈奎、张钰哲、张文佑、张龙翔、黄昆、唐敖庆、程绍迥、程裕淇、梁植权、杨石先、赵宗燠、钱人元、钱学森。

6月，郑万钧到四川采集植物标本。

7月27日至8月2日，中国林学会在北京召开林业教育学术讨论会，同时正式成立中国林学会林业教育研究会。会议由筹委会主任杨衔晋同志致开幕词，陈陆圻同志代表会议领导小组致闭幕词，会议期间选举成立中国林学会林业教育研究会，由51名理事组成第一届理事会。会长杨衔晋；副会长江福利、陈桂升、陈陆圻、范济洲、楼化蓬、廉子真；秘书长范济洲（兼）；秘书罗又青；顾问沈鹏飞、郑万钧、殷良弼。

10月，郑万钧《水杉发现发表经过》刊于《利川科技（水杉专辑）》1980年第2期4～5页。

11月，林业部科学技术委员会和国家科委林业组在北京召开第一次全体委员会议，对1978年和1979年全国林业科技成果进行评审。经过评审有27项林业科技成果获得林业部奖励，其中获一等奖的5项，二等奖的9项，三等奖的13项。《中国主要树种造林技术》获1980年林业部科技成果一等奖，完成人郑万钧，完成单位中国林科院。由我国著名林学家郑万钧为首的二百多位林业教授、专家和科技人员共同编写的《中国主要树种造林技术》专著，是一部林业科研、教学、生产的重要参考书。全书概括全国各地210个主要树种，其中绝大多数是我国乡土速生和珍贵优良树种，少数为适合我国栽培、引入（外来）的优良树种。扼要地介绍了树种形态特征、分布区、适生条件、生物学特性和生长发育过程，着重叙述了适地适树、选育良种、培育壮苗、造林方法、抚育管理和主要病虫害防治等林业技术。还简略介绍了木材性质、林产品利用、经济价值及其主要用途等。

12月5日，《人民日报》第1版刊登《参加林业部科技委员会会议的四十五位林业工作者呼吁：采取措施制止乱砍滥伐，保护森林资源》。来自全国各地的参加林业部科学技术委员会第一次全体会议的我国著名林业专家和林业科技工作者郑万钧、杨衔晋、陈陆圻、陈桂升、程崇德、王战、贺近恪、徐纬英等45位同志，鉴于我国森林破坏严重，以十分沉重的心情，联名向各级领导发出紧急呼吁，建议立即采取果断措施，坚决制止乱砍滥伐，保护森林资源。《呼吁书》特建议：一、中央立即采取果断措施，坚决制止乱砍滥伐，保护森林。责成各地当前要像救火救命一样来抢救森林，要像抓粮食那样来抓林业，要切切实实地实行以法治林。要像世界上先进的国家那样，对森林资源的保护和发展都要有切实的措施，对森林的采伐都要实行严格的管理制度。即使是私有林的采伐，也必须遵守国家颁布的森林法和有关林业管理制度的规定，违者实行法律或经济上的制裁。由于我国森林稀少，更应该有严格的管理制度和切实的保护措施。二、对打死打伤护林人员的案件要认真处理，严惩凶手。否则不足以严肃法纪，制止破坏。三、重新制订有利于发展林业生产的经济政策。当前急需制订合理的木材价格和奖售政策，以及林区农民的口粮政策。木材价格不合理是导致乱砍滥伐的原因之一。当前，一是国家收购价格太低，二是今春提出允许农民议价出售木材，但没有及时加强管理，因而非经营林业的单位乘机大量涌入林区，抢购木材，哄抬木价，促使许多林区大肆乱砍滥伐，破坏森林资源。因此，要制止乱砍滥伐，确保森林资源的安全，必须在加强管理的同时，制订合理的价格政策。四、各地要认真贯彻谁造谁有的政策和护林有功者奖、毁林者罚的政策。迅速处理好山林权属纠纷问题，做好林权发证等工作，稳定山林所有权，长期不变。五、建立和健全林业生产责任制。在实行各种农业生产责任制时，要切实落实林业生产责任制，保护好树木，严禁乱砍滥伐。

12月3日至9日，全国森林合理经营永续利用学术讨论会在北京召开，来自全国的172位森林经营、森林经理和林业管理方面的专家、教授和科技工作者参加会议，会议由中国林学会副理事长朱济凡主持，中国林学会森林经理专业委员会主任范济洲致开幕词，中国林学会理事长郑万钧在病中委托朱济凡同志转达向大会的祝贺与期望。

12月26日，《北京晚报》第1版刊登《"不老松"——访林科院院长郑万钧教授》。

● 1981年

2月27日，国务院学位委员会下发《关于做好学位授予单位审定工作的通知》（学位字009号）。

4月12日，《光明日报》2版刊登余富棠《撰写绿色的篇章——访著名林学家郑万钧教授》。

5月，湖北电影制片厂《电影分镜头完成台本——水杉》定稿油印，16开，共11页，包括水杉发展史、水杉的生态特点、我国林业科技工作者和劳动人民

研究、利用和发展水杉所做出的努力等三个部分。

6月13日，国务院学位委员会第二次会议，通过国务院学位委员会学科评议组成员名单。农学评议组有马大浦、马育华、王广森、王恺、方中达、史瑞和、邝荣禄、朱国玺、朱宣人、朱祖祥、任继周、许振英、刘松生、李竞雄、李连捷、李曙轩、杨守仁、杨衔晋、吴仲伦、吴仲贤、余友泰、邱式邦、汪振儒、沈隽、陈华癸、陈陆圻、陈恩凤、范怀中、范济洲、郑万钧、郑丕留、赵洪璋、赵善欢、俞大绂、娄成后、徐永椿、徐冠仁、黄希坝、盛彤笙、葛明裕、蒋书楠、鲍文奎、裘维蕃、熊文愈、蔡旭、戴松恩。

6月，国务院学位委员会下设林业、森林工业两个学科评议分组，林业部决定成立林业部学位委员会，由27人组成，主任委员郑万钧，副主任委员梁昌武、马大浦、杨衔晋、吴中伦、戈华、陈陆圻。可授予博士学位的有森林生态学、森林经理学、森林植物学、造林学、水土保持学、林产化工业和木材学7个学科专业的汪振儒、王业蘧、熊文愈、范济洲、杨衔晋、郑万钧、周以良、马大浦、关君蔚、黄希坝、吴中伦、葛明裕12位指导教师。

8月，郑万钧（Cheng, Wan-chun）《中国树种分类分布的研究》"Notes on the Scientific Names and Geographical Distribution of Some Chinese Trees"刊于《中国林业科学》1981年第4期453～455页。

8月4日，日中农交协会以日本全国森林组合联合会会长喜多正源为团长的一行10人来中国林学会访问，郑万钧理事长与陈陆圻副理事长亲切会见了日本朋友。

11月26日，国务院批准中国林业科学研究院为首批具有博士、硕士学位授予权的单位，博士学位授予学科专业为森林植物学和森林生态学，博士生指导教师郑万钧和吴中伦。

12月，中国林学会《森林与人类》试刊号出版，郑万钧《法国庇利牛斯山旅雄山谷的水土保持林及保土工程》刊于《森林与人类》1981年试刊号11～12页。

• 1982年

2月，《植物分类学报》公布第四届编委会，主编王文采，副主编汤彦承，顾问秦仁昌、郑万钧，常务编委肖培根、吴鹏程、应俊生、陈祖铿、张金谈、贺士元、洪德元、路安民，编委于兆英、方文培、王云章、王正平、朱维明、朱政

德、朱格麟、吴征镒、杨衔晋、陈守良、陈德昭、李锡文、李秉滔、黎尚豪、郭本兆、徐炳声、俞德浚、高谦、梁畴芬、曾呈奎、曾沧江、傅书遐、魏江春。

3月8日，郑万钧完成《关于我院开展试验林、示范林综合性试验研究的报告》。

7月，《中国植物志》（第7卷）获1982年国家自然科学奖二等奖。完成单位中国林业科学研究院、中国科学院植物研究院、北京医学院、中国科学院华南植物研究所、中国科学院武汉植物研究所、南京林产工业学院；主要成员郑万钧、傅立国、王文采、崔鸿宾、陈家瑞、诚静容、刘玉壶、傅书遐、朱政德、赵奇僧。该项研究进行广泛的野外观察和采集，查阅近200多年来的大量有关文献资料，以及近10万份标本。对前人所发表的中国裸子植物新分类群进行全面、细致的研究，对新发现的新分类群进行反复比较，提出裸子植物新的系统。对我国裸子植物4纲、8目、11科、41属、236种、47变种、43栽培变型进行系统研究，除对每个树种进行详尽的文献考证及形态特征记载外，对其地理分布、生态环境、木材性质及用途也有详细阐述。此外，废弃前人误定的新种32个、错订种约100个。

8月，中国林业科学研究院第一届学位评定委员会成立，郑万钧任主任。

10月5日，中共林业部党组转中共中央组织部通知，中共中央同意下列同志的任职：郑万钧同志为名誉院长，杨文英同志为党委书记，黄枢同志为院长，王庆波同志为党委副书记、副院长，王恺和侯治溥同志为副院长。

10月23日，全国科学技术奖励大会召开，《国家科委自然科学奖励委员会第一号公告》公布：《中国植物志》（第7卷，裸子植物门）获1982年国家自然科学奖二等奖，完成人员郑万钧（中国林业科学研究院）、傅立国、王文采、崔鸿宾、陈家瑞（中国科学院植物研究所）、诚静容（北京医学院）、刘玉壶（中国科学院华南植物研究所）、傅书遐（中国科学院武汉植物研究所）、朱政德、赵奇僧（南京林产工业学院）。

12月，陶东岱离休。

12月26日，中国林学会第五次全国会员代表大会在天津举行，这次全国会员代表大会与庆祝中国林学会成立65周年大会同时召开，是学会发展史上的一件大事，具有深远的历史意义和重大的现实意义。会议向为繁荣我国林业科学和教育事业做出重大贡献，现还健在的老一辈科学家、教育家致以崇高的敬意；对

郑万钧年谱

已故的林学家凌道扬、姚传法、梁希、陈嵘、李相符、朱惠方等前辈表示深切的怀念;对刚去世的林学家殷良弼教授表示沉痛的哀悼。

1982年,在全国林业厅局长会上,郑万钧作《关于加速实现林业现代化和林业科学技术现代化几点意见》的报告。

● 1983年

7月25日,郑万钧在北京病逝,终年79岁。郑万钧病重住院期间,陶东岱多次到医院探望,并互称挚友。

8月1日,郑万钧同志治丧委员会发布《讣告》:中国共产党党员,第三届全国人民代表大会代表,第四、第五届全国政协委员,九三学社中央委员,中国科学院学部委员,一级研究员,中国林业科学研究院名誉院长郑万钧同志,因病医治无效,于1983年7月25日在北京逝世,终年七十九岁。郑万钧同志1904年6月24日生于江苏徐州。1923年毕业于南京江苏第一农校林科,后留校任助教;1924年秋任东南大学树木学助教;1925—1929年在南京任教;1929—1938年任中国科学社生物研究所植物研究员;1939年赴法国都鲁斯大学森林研究所进修,获得博士学位;1940—1944年任云南大学农学院教授兼云南植物研究所研究员、副所长;1944—1949年任中央大学农学院森林学教授;1949—1952年任南京大学农学院林学系教授、系主任;1952—1962年任南京林学院教授、院长;1955年起任中国科学院学部委员;1962—1983年任中国林业科学研究院副院长、院长、名誉院长,中国林学会第四届理事长等职。郑万钧同志是我国著名林学家、教育家、树木学家。郑万钧教授的一生,是献身于祖国林业建设事业的一生。郑老在培养林业建设人才是倾注了满腔心血。为了培养学风严谨、有真才实学、能扎扎实实做工作的林业人才,谆谆告诫青年同志:读书和做研究工作,一要有事业心,热爱专业;二要专心学习,不甘落后,知难而进;三要虚心向导师学习;四要有坚实的林学基础,要注重实践,要掌握外文。几十年来,他培养了许多林业科研和教育人才,他们已成为林业生产、科研、教学中的骨干力量。郑老在森林地理学和树木学的研究方面,学术造诣很深,成就卓著。郑老走遍祖国南北,考察、调查我国的森林,运用辩证唯物主义和达尔文的理论、观点和方法,研究各大区天然林的分类、分布、特性及其发展规律和人工林的生长发育规律,通过调查研究和定位试验,了解森林特性、特征和树种特征,主张用动态的观点研究

森林生态指标、林木生理指标和林业经济指标，从而提出营林技术和管理方法，倡导实验地理学。在树木学研究上他除根据树木外部形态特征及地理分布鉴别树种外，还研究了树种的环境条件、生活习性、适应性能和利用价值，提倡研究细胞染色体的特性、特征、花粉特性及植物解剖结构，并在不同地区，按海拔高度分别设置实验地，成片栽植主要经济树种，用以观察形态变异和不同密度下的生长规律，倡导实验树木学。郑老先后发表了60余篇（部）具有重要科学价值的论文和专著。他主编了《中国植物志》（第7卷，裸子植物门），是根据1959年他对裸子植物的系统进行了深入研究并提出新系统编写成的，这个新系统在纲目科的排列次序与1973年英国科学家所发表的系统是一致的。这部著作1982年荣获中华人民共和国科学技术二等奖，国内、外读者评价这是一部权威著作，极有价值。他组织编写的《中国主要树种造林技术》一书，目前已印刷四万册，广泛交流到世界11个国家和国际组织，被誉为中国林业科学的结晶。郑老主编的《中国树木志》将分四卷出版，这是一部林业科学巨著，是我国林业事业上的基本建设。他命名了约100个树木新种和三个新属，其中1948年与胡先骕先生联名命名发表的活化石——水杉，受到国内、外植物学界、古植物学界高度重视和评价。如今水杉已在世界几十个国家引种，我国已发展到12亿株，增加了我国的森林资源。郑老对我国林业生产的发展和建设始终是萦怀于心，强调林业科研要面向生产，开展综合研究，协同攻关，解决林业生产实际问题。他在晚年生病期间，亲自起草了《办好林场的几项技术管理工作》，并提出了在全国不同地区开展试验林、示范林综合性试验研究的建议和工作方法。郑老为实现我国林业生产、林业科研现代化呕心沥血，奋斗终身，做出了重大贡献。郑老热爱党、热爱人民、热爱社会主义，积极拥护党的十一届三中全会以来各项方针政策。郑老服从组织，顾全大局，平易近人，关心同志，严于律己，廉洁奉公，为人师表。郑老学风严谨，工作积极，诲人不倦，鞠躬尽瘁，将毕生的精力贡献给祖国的社会主义建设事业。郑老德高望重，有其才实学，又非常谦虚谨慎，赢得了林业界的敬佩。郑万钧教授的逝世，是我国科教和林业战线的重大损失，我们万分悲痛。我们要化悲痛为力量，学习郑老的革命精神和优秀品质，为我国社会主义建设事业作出更大的贡献。在郑老病危期间，中央顾问委员会委员罗玉川、雍文涛同志，林业部领导杨钟、刘琨、王殿文、董智勇、马玉槐等同志，都去医院看望，并在郑老病故后慰问了他的家属。遵照郑老生前遗言和家属的愿望，丧事从简，

郑 万 钧 年 谱

不举行遗体告别仪式、不开追悼会。郑万钧同志骨灰盒安放在八宝山革命公墓一室侧面，覆盖党旗。郑老希望大家在党的领导下团结奋进，尽快把我国林业建设事业搞上去，这就是他最大的欣慰。郑万钧同志治丧委员会1983年8月1日

8月12日，《人民日报》刊登《著名林业科学家郑万钧逝世》。据新华社北京8月10日电　著名林业科学家郑万钧同志的骨灰盒，8月10日下午被安放在八宝山革命公墓一室侧面。郑万钧同志于今年7月25日因病医治无效，在京逝世，终年七十九岁。郑万钧同志1956年6月参加中国共产党，曾先后任第三届全国人大代表，第四、五届全国政协委员，九三学社中央委员，中国科学院学部委员，中国林学会理事长，中国林业科学研究院院长，名誉院长等职。

7月，《林业科学》1983年第4期刊登《悼念中国林学会第四届理事长郑万钧教授》。我国著名林学家、教育家、树木学家、中国共产党党员，第三届全国人民代表大会代表，第四、第五届全国政协委员，九三学社中央委员，一级研究员郑万钧教授，因病于1983年7月25日在北京逝世，终年七十九岁。郑万钧教授1904年6月24日生于江苏徐州，1923年毕业于南京江苏第一农校林科，后留校任助教，1924年秋任东南大学树木学助教，1929—1938年任中国科学社生物研究所植物研究员，1939年赴法国都再斯大学森林研究所进修，获得博士学位，1940—1944年任云南大学农学院教授兼云南植物研究所研究员、副所长，1944—1949年任中央大学农学院森林学教授。中华人民共和国成立后任南京大学农学院林学系教授、系主任、南京林学院教授、院长。1956年起任中国科学院学部委员。1962—1983年任中国林业科学研究院副院长、院长、名誉院长，中国林学会第四届理事长等职。郑万钧教授的一生，是献身于祖国林业建设事业的一生。几十年来，他培养了许多林业科研和教育人才，他们已成为林业生产、科研、教学中的骨干力量。郑老在森林地理学和树木学的研究方面，学术造诣很深，成就卓著。他先后发表了60余篇（部）具有重要科学价值的论文和专著。他主编了《中国植物志》（第7卷，裸子植物门），国内、外读者评价这是一部权威著作。他组织编写的《中国主要树种造林技术》一书，被誉为中国林业科学的结晶。他主编的《中国树木志》将分四卷出版，这是一部林业科学巨著，是我国林业事业上的基本建设。他命名了约100个树木新种和三个新属，其中1948年与胡先骕先生联名命名发表的活化石——水杉，受到国内、外植物学界、古植物学界高度重视和评价。郑老为实现我国林业生产、林业科研现代化作出了重大贡献。郑老

在担任中国林学会第四届理事长期间，同时担任《林业科学》学报主编。他虽然已经是七十多岁的高龄，仍不辞辛劳，关心学会工作的开展。他积极主持第四届理事会工作，从而使学会工作迅速得到恢复与发展。他主张学会工作要面向林业生产实际，提倡学术民主，一再强调要提高学术活动的质量，注重学术会议的效果；他认为学报是学会工作中的一个重要方面，要努力办好。他极力主张，学会既要抓好提高工作，也要抓好普及工作，普及工作很重要。郑老热爱党、热爱人民、热爱社会主义，积极拥护党的十一届三中全会以来各项方针政策。他学风严谨，工作积极，有真才实学，又非常谦虚谨慎，赢得了林业界的敬佩。郑万钧教授的逝世，是我国科教和林业战线的重大损失，我们万分悲痛。我们要化悲痛为力量，学习郑老的革命精神和优秀品质，为我国社会主义建设事业作出更大的贡献。中国林学会 1983 年 8 月

10 月，《中国树木志》编辑委员会编、郑万钧主编《中国树木志》（第一卷）由中国林业出版社出版。《中国树木志》编辑委员会领导小组郑万钧、陶东岱、黄枢、仲天恽、刘学恩、杨衔晋。第一卷编辑人员郑万钧、洪涛、朱政德、赵奇僧。第一卷主要内容包括中国重要树种区划、分类检索表和对 25 个科、109 属、827 种、73 个变种、9 个变型、30 个栽培变种的记述。《中国树木志》从下列四方面提供有关资料：①正确识别树种，结合树种的各种特性，为各地造林、森林更新选用优良树种、优良类型提供依据。②根据主要树种及其类型对环境条件的适应性能和生长特性，做好造林树种规划，做到适地适树。这是发展林业生产最重要的一环，是百年大计，必须正确掌握，并结合科学的造林营林措施，使林木能够速生、优质、丰产，达到最高的生产力。③为已经选用的造林树种及其类型提供造林理论和造林技术要点，为利用造林技术资料提供方便。④根据各树种的经济价值以及组成森林的防护效能，提供合理利用树种资源的途径。

● 1984 年

2 月，斯金《林学家郑万钧教授》刊于《植物杂志》1984 年第 1 期 39～41 页。

2 月，郑万钧《水杉——六千万年以前遗存之活化石》刊于《植物杂志》1984 年第 1 期 453～455 页。

9月，王明庥、马大浦、王心田、杨致平、朱济凡《树人树木六十年——纪念郑万钧教授诞辰八十周年》刊于《南京林业大学学报（自然科学版）》1984年第3期1～5页。

● 1985年

12月，《中国树木志》编辑委员会编、郑万钧主编《中国树木志》第二卷由中国林业出版社出版。中国树木志编辑委员会领导小组郑万钧、陶东岱、黄枢、仲天悰、刘学恩、杨衔晋。第二卷编辑人员郑万钧、洪涛、朱政德、黄鹏成、赵奇僧、姚庆渭、火树华、任宪威、林万涛、李秉滔、曲式曾、张若蕙、唐午庆、王木林。第二卷包括被子植物39个科、9个亚科、247个属，每个科、属、种均有形态描述，还有每个种的分布、用途等。

● 1986年

6月23日至27日，中国科协第三次全国代表大会在北京召开，大会由严济慈致开幕词，周培源代表中国科协第二届全国委员会向大会做了题为《团结奋斗，为实现"七五"计划贡献才智》的工作报告。会上周培源率先倡导的由中国科学技术协会主持编纂《中国科学技术专家传略》。总编纂委员会主任先后由钱三强、朱光亚、周光召同志担任；理、工、农、医四大学科编纂委员会主任委员先后由林兰英、张维、裘维蕃、吴阶平等同志担任；300余位中国知名科学技术专家、学者、教授和编辑出版人士组成涵盖各分支学科的卷编纂委员会。《中国科学技术专家传略》分为理学编、工程技术编、农学编和医学编，自1991年起陆续出版。

12月，姚庆渭《落叶树木冬态科属分类的研究》刊于《中等林业教育》1986年12月专辑1～62页。姚庆渭，树木学家，1921年10月8日生，江苏常熟人。1985年加入中国共产党。1942年毕业于中央大学森林系。曾任浙江省建设协会农林组技士、上海格致中学教师。中华人民共和国成立后，历任南京林业学校教务主任，南京林学院副教授，林业部中等专业教育研究中心研究室主任、研究员。他对我国93科270属落叶树木的冬态进行了观察研究，提出了分科分属的依据，并研究了树木营养器官分类、珍稀树种及种子分类。发表有《营养器官维管系统在树木分类上的应用》《江苏省落叶树木的冬态》《松科各属种子的研

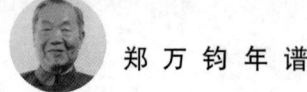

究》《樱花史考》等论文，主编《树木学》（中等林业学校试用教材）、《实用林业词典》，与任宪威、王木林合著《中国落叶树木冬态》。2010年3月24日去世，享年90岁。

• 1987年

11月，《中国林学会成立70周年纪念专集（1917—1987）》刊登《中国林学会第四届理事会名誉理事长——郑万钧传略》。原文为：中国著名林学家、森林植物学家、林业教育家。江苏省徐州府（今江苏省徐州市）人。生于1904年6月24日，卒于1983年7月25日，享年79岁。1923年毕业于江苏省第一农校林科，1929—1938年任中国科学社生物研究所植物学研究员。1939年赴法国图庐兹大学进修，前往庇利牛斯森林研究室考察林业，同年获博士学位。1940—1944年任云南大学农学院教授，并兼任云南植物研究所研究员和副所长。1944—1949年在中央大学农学院森林系任教授。中华人民共和国成立后，1949—1952年任南京大学农学院林学系教授、兼任系主任。1952—1961年任南京林学院教授、兼副院长及院长等职。1955年被选为中国科学院生物学部委员。并从1962年起调任中国林业科学研究院研究员，并兼任副院长。1978—1982年任中国林业科学研究院院长，同期被选为中国林学会第四届理事会理事长。从1982年起任中国林业科学研究院名誉院长，直到逝世。1948年与胡先骕共同发表《水杉新科及生存之新种》，这一"活化石——水杉新种"的发现与研究，博得了国内外植物界及古生物界的高度评价。郑万钧还发现和命名了约有100个树木新种、3个新属。他主编的《中国植物志》（第7卷，裸子植物门），获中华人民共和国科学技术二等奖。郑万钧主编的《中国主要树种选林技术》获林业部1978年科技成果一等奖。他主编的《中国树木志》一、二卷已出版，第三、四卷正在编纂出版中。

• 1989年

4月，中国农业百科全书总编辑委员会林业卷编辑委员会、中国农业百科全书编辑部编《中国农业百科全书·林业卷（上）》由农业出版社出版。林业卷编辑委员会由梁昌武任顾问。吴中伦任主任，范福生、徐化成、栗元周任副主任，王战、王长富、方有清、关君蔚、阳含熙、李传道、李秉滔、吴博、吴

中伦、沈熙环、张培杲、张仰渠、陈大珂、陈跃武、陈燕芬、邵力平、范济洲、范福生、林万涛、周重光、侯治溥、俞新妥、洪涛、栗元周、徐化成、徐永椿、徐纬英、徐燕千、黄中立、曹新孙、蒋有绪、裴克、熊文愈、薛纪如、穆焕文任委员。其中收录的林业科学家有戴凯之、陈嵘、梁希、陈嵘、郝景盛、沈鹏飞、刘慎谔、郑万钧、叶培忠、杨衔晋、吴中伦、马大浦、牛春山、汪振儒、徐永椿、王战、范济洲、徐燕千、熊文愈、阳含熙、关君蔚、秉丘特.G（Pinchot Gifford，吉福德·平肖特）、普法伊尔.F.W.L.（Pfeil, Friedrich Wilhelm Leopold，菲耶勒、弗里德里希·威廉·利奥波德）、本多静六、乔普.R.S.（Robert Scott Troup，罗伯特·斯科特·特鲁普），莫洛作夫，г.ф.（Морозов, г.ф.），苏卡乔夫.В.Н.（Владимир Николаевич Сукачёв，弗拉基米尔·尼古拉耶维奇·苏卡乔夫），雷特.A（Alfred Rehder，阿尔弗雷德·雷德尔）。其中第 785 页载郑万钧。

• 1991 年

5 月，中国科学技术协会编《中国科学技术专家传略——农学编 林业卷 1》由中国科学技术出版社出版。其中收入韩安、梁希、李寅恭、陈嵘、傅焕光、姚传法、沈鹏飞、贾成章、叶雅各、殷良弼、刘慎谔、任承统、蒋英、陈植、叶培忠、朱惠方、干铎、郝景盛、邵均、郑万钧、牛春山、马大浦、唐燿、汪振儒、蒋德麒、朱志淞、徐永椿、王战、范济洲、徐燕千、朱济凡、杨衔晋、张英伯、吴中伦、熊文愈、成俊卿、关君蔚、王恺、陈陆圻、阳含熙、黄中立共 41 人，265~278 页载《中国近代林业开拓者之一——郑万钧》。郑万钧，著名林学家，树木分类学家，林业教育家，中国近代林业开拓者之一。在树木学方面有极深造诣，发表树木新属 4 个。新种 100 多个，其中不少是中国特有的珍稀树种。40 年代中期，他和胡先骕定名的水杉新种，被认为是世界植物学界重大发现之一。他一生著作甚丰，晚年主编的《中国主要树种造林技术》《中国植物志》（第 7 卷）和《中国树木志》第一、二卷出版后，受到国内外林学界的赞誉。

5 月，徐友春主编《民国人物大辞典》由河北人民出版社出版，收录有关人物 12000 余人。《民国人物大辞典下》第 2355 页收录郑万钧：郑万钧（1904—1983 年），号伯衡，江苏徐州人，1904 年（清光绪三十年）生。1923 年，毕业于南京江苏第一农校林科，后任该校林科树木学助教。先后在江苏宜兴山区，浙江

省西天目山，南京紫金山、江宁牛首山、宝华山、句容孔泉山、江浦老山调查研究树木分类，采集树木标本，调查森林组成、林业生产活动。1924年秋，任省立东南大学生物系助教。1929年，任中国科学社生物研究所植物研究员。1939年赴法国，入图庐兹大学森林研究所研究森林地理，获科学博士学位。1940年，任云南大学农学院教授兼云南植物研究所研究员、副所长。1944年，任中央大学农学院森林系教授。1949年，任南京大学农学院林学系教授兼系主任。1951年，加入九三学社。1952年，任南京林学院教授、副院长、院长。1955年，任中国科学院学部委员。1956年，加入中国共产党。1962年，任中国林业科学研究院副院长兼研究员。1970年，任中国农林科学院研究员兼顾问。1978年，任中国林学会理事长、中国林业科学研究院院长兼研究员。曾任第三届全国人民代表大会代表、第四届全国政协委员、中国林业科学学部委员、中国林业科学院院长等职。1982年，获国家自然科学奖二等奖。1983年7月25日，在北京逝世，终年79岁。主编《中国树木学》《树木学》，主持编著《中国主要树种造林技术》，编著《中国植物志》（第7卷，裸子植物门），编辑《中国树木志》等。

6月，唐午庆《一代林学宗师——郑万钧》收入中国人民政治协商会议北京市海淀区委员会文史资料委员会《海淀文史选编 第4辑》26～44页。

• 1992年

1月22日，南巡的邓小平同志在仙湖植物园创始人、主任陈潭清等的陪同下种树和游览，谈论起发现水杉一事。

3月24日，美国杰出植物学家阿瑟·克朗奎斯特去世。阿瑟·约翰·克朗奎斯特（Arthur John Cronquist），1919年3月19日出生于美国加利福尼亚州圣何塞，就读于达荷大学南方分校（今爱达荷州立大学），大学期间他师从雷·J.戴维斯进行野外植物学研究，当时戴维斯正在编写《爱达荷植物志》（Flora of Idaho），1938年克朗奎斯特获得学士学位，之后，他继续在犹他州立大学读研究生，师从于巴塞特·马圭尔，并于1940年获得硕士学位。由于童年时的一次意外，克朗奎斯特的右臂部分残废，这使他在第二次世界大战期间不适于服兵役，他在明尼苏达大学师从C.O.罗森达尔攻读博士，1944年获得博士学位。他的博士论文是对飞蓬属（Erigeron）的修订。1943年，还在攻读博士期间，他便获得

郑万钧年谱

了纽约植物园的一个职位，从事由亨利·A.格利逊主编的《新编布立吞和布朗插图植物志》"The New Britton & Brown Illustrated Flora"一书中菊科的编写工作。1946年至1948年，克朗奎斯特任教于佐治亚大学，之后又在华盛顿州立大学执教三年。1951年至1952年，他受美国外国援助项目委派，到布鲁塞尔从事植物学研究。之后他重返纽约植物园，并在那里度过了他剩余的职业生涯。1992年3月22日，克朗奎斯特因心脏病突发逝世，当时他正在杨百翰大学的标本馆研究 Mentzelia 属标本。克朗奎斯特分类法是由阿瑟·克朗奎斯特最早于1958年发表的一种对有花植物进行分类的体系，1968年他出版了他的第一部大尺度的分类学综述，即《有花植物的进化和分类》"The Evolution and Classification of Flowering Plants"，该书在1988年又出版了修订和扩充的第二版。这部著作同时也是对系统植物学实践的详论。1981年，他的里程碑式的著作《有花植物的综合分类系统》"An Integrated System of Classification of Flowering Plants"面世。书中把被子植物（有花植物）划分为2纲，11亚纲，64个目和383个科向论述到科级水平，每个类群都做了描述和界定，现在还有许多植物学家仍然使用这种分类体系，但大部分科学家都倾向于最新的APGII分类法。他的主要的植物志都采用了克朗奎斯特的这个系统，如《杰普逊手册》《北美洲植物志》《澳大利亚植物志》，此外还有1991年出版的格利逊与克朗奎斯特合编的《维管植物手册》。

5月，经南京林业大学校长办公会研究，确定张世经设计的以水杉树叶、球果为主要构成的图案为学校标志图案（即现在使用的校徽），校徽以水杉树叶、果为主要构成，其寓意主要是为了纪念郑万钧先生。

● 1993年

4月，竺可桢、钱崇澍、秉志、陈焕镛、林镕、秦仁昌、侯学煜、刘崇乐、寿振黄、郑作新、朱济凡、马溶之、席承藩、漆克昌、赵松乔、谢家泽、郑万钧、王兆凤、朱树屏、黄汲清、程裕淇、李悦言、赵家骥、贾慎修《关于自然资源破坏情况及今后加强合理利用与保护的意见》刊于《中国人口（资源与环境）》1993年第1期77～81页。其中摘要为：1963年春，在召开全国农业科技规划会议的时候，产生了一个由竺可桢等24位著名科学家署名的文件——"关于自然资源破坏情况及今后加强合理利用与保护的意见"。这是新中国成立以来我国科学家第一个关于自然资源利用与保护的系统性文件。"意见书"全面地反映了我国资源利用上存在的问题及可能产生严重的后果，着重分析了资源破坏严重的原因，提出了资源开发利用应当树立的正确观点。以及加强资源利用保护方面一系列具体建议。"意见书"的形成距今已30年了，其间还遭到几次不公正的批判。今天，署名的科学家虽然大多数已经作古，但是他们忧国忧民、高瞻远瞩、坚持真理、实事求是的科学态度和大无畏的勇气，永远值得回忆。本刊今天刊登"意见书"全文，缅怀前人，激励后生。

1996 年

8月，Cheng, Wan-chun（郑万钧）; Duan, Mu-shing（端木炘）"*A taxonomic Study on Castanopsis（D.Don）Spach in China*"《中国栲属分类的研究》刊于《林业科学》1996年第32卷第1期11～15页。

1997 年

6月26日，著名农业科学家、教育家、九三学社名誉主席、原中国科学技术协会副主席、中国农业科学院名誉院长、中国科学院院士金善宝同志逝世，享年102岁。

12月，《中国树木志》编辑委员会编、郑万钧主编《中国树木志》（第三卷）由中国林业出版社出版。《中国树木志》编辑委员会领导小组郑万钧、陶东岱、黄枢、仲天恽、刘学恩、杨衔晋、刘于鹤、钱彧境、姚家熹、洪菊生。第三卷编辑人员郑万钧、洪涛、朱政德、赵奇僧、黄鹏成、姚庆渭、火树华、任宪威、林万涛、李秉滔、曲式曾、张若蕙、祁承经、黄全、王德祯、邹惠渝、汤庚国、唐午庆、王木林、吕世建。第三卷是由80多位学者编写的，其内容是依据哈钦松（J.Hutehinson）分类系统被子植物的续篇，包括62个科的乔灌木树种，主要的科有榆科、桑科、椴树科、梧桐科、大戟科、山茶科、杜鹃科、桃金娘科、卫矛科、鼠李科等。对每个科、属、种的特征按顺序分别做了比较详细的记述。每个树种除描述其形态特征之外，还叙述了地理分布、生物学特性、生态学特性、林学特性、繁殖方法及经济利用价值，重要树种还介绍了栽培技术要点，绝大部分树种都配有大幅插图，书后还附有中文名称索引和拉丁学名索引。

郑万钧年谱

• 1998 年

12月4日至7日，中国植物学会第十二届会员代表大会暨65周年学术年会在深圳市召开。这次大会是中国植物学会在本世纪最后一次大型学术盛会，会议的中心主题就是"迈向21世纪的中国植物学"。本届中国植物学会的盛会选定在深圳市仙湖植物园召开，还有其特定的意义，这就是正值该植物园建园15周年，为此，12月6日上午的大会期间，深圳市仙湖植物园为了纪念中国植物学研究的先驱者，园内建立了植物学家塑像群，其中就有钟观光、胡先骕、钱崇澍、陈焕镛、陈嵘、郑万钧、秦仁昌、俞德浚、陈封怀、蔡希陶10位著名植物学家，恰值中国植物学会十二届会员代表大会在此举行期间进行了揭幕。来自国内外数百名植物学家均参加了建园庆祝大会，随后代表们还参观了植物园的园貌等项活动。

12月28日，南京林业大学内梁希铜像落成。

• 2003 年

9月，为纪念水杉这一植物学上的世纪发现，北京植物园在水杉林旁的寿安山下建立水杉亭。水杉亭（"问杉"亭）的匾额是由著名书法家欧阳中石题写，在亭旁的岩石上镌刻有胡先骕先生1962年作的《水杉歌》，并有植物园的题记："1941年我国前辈植物学者于鄂川交界之谋道（磨刀）溪，首见第三纪孑遗植物水杉（胡先骕、郑万钧一九四八年发表），逾三十年，我园得利川良种繁育，又历卅年则乔木森然。根结谷底，干欲凌云，无分巴楚幽燕。更喜隙地仅存活化石，今得广布，前贤后继功不可没。同仁倡构斯亭，并镌《水杉歌》以纪"。在亭中有一个木制的指示牌，记有更为详细的内容，也录于此："水杉是世界珍稀的孑遗植物，远在中生代白垩纪，在地球北半球有广泛的分布。冰期以后，这类植物几乎全部绝迹。1941年水杉被我国植物学家在川鄂交界谋道溪（磨刀溪）发现，1948年由我国著名植物学家胡先骕、郑万钧教授命名。水杉在我国的发现是20世纪植物学研究的重大成果，具有极其重要的科学意义，是中国科学家对植物科学发展做出的巨大贡献。我园于1972年得原分布区利川良种，繁育栽植于樱桃沟内，历经30年，蔚然成林，是我国北方引种水杉最成功的一片林地。应王文采院士和李承森、张治明、傅立国、余树勋、董保华、刘金、孙启高等植物学家的倡议，建造水杉亭（即问杉亭），以此纪念这一重大发现，宣传普及珍稀植物的保护,缅怀为此付出不懈努力的科学家们的功绩,倡导发扬中华民族的精神"。

● 2004 年

5月22日,《中国林学会通讯》2004年第3期(总第155期)刊登《郑万钧先生生平》:6月24日,是我国著名林学家、树木分类学家、林业教育家、中国林学会第四届理事长、中国近代林业开拓者之一郑万钧院士诞辰一百周年。本期开辟专栏,文以记之,以缅怀先生。郑万钧(1904—1983年),著名林学家、树木分类学家、林业教育家。1904年6月24日生于江苏徐州。1924年毕业于江苏省第一农校林科后留校任教,不久调入东南大学,被破格提升为树木学助理。1929年,应聘为中国科学社生物研究所植物学研究员,在这里工作了10年。1939年4月,被选派赴法国图卢兹大学森林研究所进修,同年11月获科学博士学位。1939年12月回国,任云南大学教授,兼云南植物研究所研究员。1944—1949年在中央大学森林系任教授兼主任,1948年兼任中山陵园植物园主任。1949—1952年,郑万钧任南京大学农学院林学系教授、系主任、副院长,1952年全国院系调整后,任南京林学院教授、副院长、院长。1955年被选为中国科学院生物学部委员。1962—1983年历任中国林业科学研究院副院长、院长、名誉院长,1951—1982年历任中国林学会第一届理事,第二、三届副理事长,第四届理事长。郑万钧1952年加入九三学社,1955年加入中国共产党,并当选为全国政协第四、五届委员。郑万钧在生物研究所工作期间,先后在西康东部和四川西北部调查高山云杉、冷杉等针叶林的种系和分布;调查浙江诸暨的香榧和油棉栽培的情况;在浙江龙泉调查杉木和天然林;在湖南宜章调查莽山天然林区的树种组成、分布和生长过程。并多次去天目山、天台山、黄山做森林调查,十年野外调查获得显著的学术成就。他共发表论文20篇。其中,"对川西高山针叶林的组成、分布的论述""莽山天然林对涵养水源的重要作用"等论文至今仍有重要参考价值;"浙江维管束植物"一文一直成为编写浙江植物志的重要参考文献。他还就树木新种发表论文十余篇,不少研究成果被收入陈嵘编撰的《中国树木分类学》中。为水杉定名是郑万钧对植物学的重大贡献。1945年,郑万钧根据当时中央林业实验所技正王战在四川万县磨刀溪采得水杉的枝叶标本和拾得的球果进行研究,认为既不是水松,也不是北美的红杉,而是一新属。1946年,他又

郑万钧年谱

派中央大学森林系技术员两次到该地采得完整的花和球果标本,并连同标本寄往北平静生生物研究所胡先骕教授,托他查阅文献。1947年,二人联名定为活化石水杉属和水杉新种,学名为 Metasequoia glyptostroboides Hu et Cheng,论文于1948年发表,立即成为轰动植物学界的珍闻。这个发现被誉为二十世纪植物学上最大发现,是中国科学家的伟大贡献。郑万钧凝聚毕生研究成果,晚年主编了《中国植物志》(第7卷)、《中国主要树种选林技术》和《中国树木志》一、二卷等三部学术巨著。第七卷从1972年开始编写,于1973年底定稿,1978年出版。它是郑万钧毕生研究我国裸子植物的精髓。此书1981年获林业部科技成果一等奖,1982年获国家自然科学二等奖。郑万钧还组织人员编写《中国树木志》。他提出在中国号称8000种乔灌木中编入志书应不少于5000种,分四卷出版,先制定条例细则,以便统一规格,再以科为单位组织有关专家分工编写。在内容上,以加强志书在林业生产中的应用,体现理论联系实际,科技为生产服务的思想。郑万钧亲自撰写的"中国主要树种区划"是树种各论的一个"纲"。这个"纲"为各地发展林业,适地适树提供了参考依据。《中国树木志》第一卷文稿132.8万字,于1981年定稿。第二卷文稿共200万字,也经他审过一遍,随着他病体越来越差,不能坚持工作,住院期间仍关注《中国树木志》的进展情况。有生之年未能见到他主编的这一巨著的问世,十分遗憾!郑万钧给中国留下了丰富的林学遗产,也留下了宝贵的治学思想和治学方法。郑万钧先生于1983年7月25日在北京病逝,享年79岁。(南京林业大学 朱政德教授)。

6月,《中国树木志》(第四卷)由中国林业出版社出版。《中国树木志》编辑委员会领导小组郑万钧、陶东岱、黄枢、仲天恽、刘学恩、杨衔晋、刘于鹤、钱彧镜、姚家熹、洪菊生、张守攻。第四卷编辑人员洪涛、傅立国、赵奇僧、朱政德、向其柏、黄鹏成、汤庚国、邹惠渝、刘茂春、姚庆渭、黄普华、林万涛、李秉滔、张若蕙、曲式曾、吕世建、王木林。第四卷记载了中国原产的和引种栽培的树种179科近8000种(含亚种、变种、变型、栽培种),主要记载了树种的中文名称(包括俗名)、拉丁学名(包括异名)、形态特征、产地及生境、林学特性、用途,以及中国主要树种区划。

8月2日,中国共产党的优秀党员,忠诚的共产主义战士,中国林科院原副院长陶东岱同志,因病医治无效,在北京逝世,享年93岁。《陶东岱同志生平》:陶东岱(原名陶景岭)同志1911年4月15日生于山东省茌平县陶家桥

村。山东省立第三师范学校师范部毕业。学生时期受"读书会"影响,对共产主义有了初步认识,"九一八"事变后,爱国情绪高涨,参加了学校的志愿义勇军,接受军事训练。"七七事变"后,与其他爱国青年一起组织自卫队,宣传抗日,维持地方治安。1938年3月参加中国共产党。1938年3月至6月任村支书;1938年8月至1940年11月任原博平县委组织部部长、县委书记;1940年12月至1941年9月在中共山东分局党校学习;1941年9月至1942年10月任冀鲁豫远东地委组织部组织科长;1942年11月至1943年7月任临清县委组织部部长;1943年8月至1944年2月任禹城县委书记;1944年3月至1946年8月任聊城县委书记;1947年9月至1949年2月任冀鲁豫第六专署地委委员兼专员;1949年3月至1950年9月任聊城地委副书记兼专员;1950年10月至1952年3月任原平原省人民监察委员会副主任;1952年4月至1953年2月任华北行政委员会农林水利局办公室副主任;1953年3月至10月任中央林业部造林司副司长;1953年11月至1958年12月任林业部林业科学研究所副所长;1958年12月至1964年任林业部林业科学研究院秘书长;1964年至1965年10月任中国林科院副院长;1965年11月至1974年10月任林业部对外司司长;1974年11月至1978年3月任农林科学院核心组成员;1978年4月至1982年12月任中国林科院副院长;1982年12月离休,享受副部级医疗待遇。在职期间他还兼任中国林学会的职务,他曾任中国林学会第二届理事会秘书长,第三届理事会理事,第四届理事会副理事长,第五届理事会顾问。陶东岱同志从1953年任林业部林业科学研究所副所长到成立中国林业科学研究院担任中国林科院秘书长、副院长,长达30年的时间里,他坚持贯彻党的科技发展方针,落实知识分子政策,呕心沥血为中国林科院出成果、出人才、出效益等方面做出了重大贡献。"文革"期间,中国林科院被撤销,人员被下放,为了祖国的林业事业,为了林业科研的发展,他组织人力,多方奔走,积极活动,做了大量卓有成效的工作,得到国务院批准,1978年在北京恢复并重建了中国林科院及其所属的研究所。以他的魄力和求真务实的精神,为中国林科院迎来了科学的春天。之后,又在内蒙古、江西和广西建立了3个实验基地,为中国林科院的发展打下了基础。这一历史性贡献,将永远载入史册,铭记在广大职工心中。他尊重知识,爱惜人才,对新中国成立初期的老专家提供最优惠的工作条件和生活待遇,对每一位职工都给予无微不至的关怀,认真解决他们的实际困难;为重建林科院,他四处网罗人才,并努力争取国家批准

郑万钧年谱

立项，盖起了办公大楼和家属宿舍，从行政、后勤、物资等方面提供保证，使他们全身心地投入科研事业；他最早提出开办英语"四会"班，培养高素质的科技人才，开展国际合作与交流，学习国外的先进科学技术和管理经验；他对每一位离去的同志，不管是科学家还是普通工人，他都亲自去送行，哪怕自己已是90岁高龄。他热爱科研事业，在阶级斗争干扰科研工作的时候，他奋身抵制，坚持贯彻党的科研工作方针，保证科研人员六分之五的工作时间；他关心北京市的绿化工作，看到北京市冬天缺少绿色，在离休以后还组织研究人员开展常绿阔叶乔木树种的研究工作。他密切联系群众，体贴群众疾苦，经常到课题试验点上调查研究，在许多林区、偏远山区和延安老区等地，都留下了他的足迹，在马尔康地区坚持蹲点3个月，深入了解情况，及时解决存在的问题。他光明磊落，刚直不阿，坚持真理，坚持原则，对各级领导干部工作的失职，他都给予最严厉的批评，使他们始终保持警惕，时刻不忘自己的责任。他把对党负责、对人民负责和对工作负责统一起来，他以赤诚之心树立的人格魅力，感召着每一个职工。他淡泊名利，清正廉洁。他是经历了抗日战争、解放战争、社会主义革命和现代化建设的老党员，但他始终保持艰苦朴素的生活作风，始终坚持与人民群众同甘共苦。不论是在生活物资比较匮乏的年代，还是经济条件好转时期，他从不吃请，不收礼；下属单位送来的土特产品，他坚持分给工作人员；他是六十年代的司局级干部，离休以后享受副部级生活待遇，但他一直与普通职工一样，坐班车上下班，他把自己融入普通群众之中，始终保持着与人民群众的密切联系，以自己的平凡和普通，在人们心中树立了共产党员的光辉形象，赢得了人们发自肺腑的尊敬和爱戴。陶东岱同志在半个世纪的革命生涯中，时时以党和人民的利益为重，努力为国家和人民多做贡献。无论是在革命战争年代，还是社会主义建设时期，始终如一地保持着对党的忠诚信念。陶东岱同志的一生是革命的一生，战斗的一生，是为党的路线、为社会主义革命和我国林业事业努力奋斗的一生。陶东岱同志的逝世，使我党失去了一位好党员、好干部，我们失去了一位好领导、好同志。我们要学习他坚定的共产主义信念，高尚的道德品质，廉洁的工作作风。我们要化悲痛为力量，把社会主义现代化建设和林业科研事业以及中国林科院的改革和发展不断推向前进。他的高风亮节，永远活在人们心中。

8月24日，纪念郑万钧先生诞辰100周年暨《中国树木志》四卷首发式在京举行。国家林业局党组成员、中国林业科学研究院院长、中国林学会理事长江泽慧，原林业部副部长刘于鹤出席会议。中国林业科学研究院常务副院长、中国林学会副理事长张守攻主持会议。江泽慧院长说，郑万钧先生是我国著名林学家、树木分类学家、林业教育家，近代林业开拓者之一，是我国老一辈林学家的杰出代表，是我们科教工作者学习的光辉榜样。弘扬老一辈林业科学家求真务实、开拓创新的精神，对于加速我国林业科技进步，努力把我国林业推向快速健康协调持续发展的新阶段具有特别重要的意义。中国科学院植物所傅立国研究员、中国林业科学研究院洪涛研究员、南京林业大学余世袁校长、青年科技工作者代表江泽平研究员、郑万钧先生之孙郑钢博士先后在会上发言。洪涛先生在座谈会上提出发展水杉，为绿化首都北京增光彩的倡议。《中国树木志》是由中国科学院院士、著名树木学家郑万钧教授主编，全国 60 余个科研院校 200 余位专家参加编写的大型工具书。该书全面、系统地研究总结我国树木资源、分类、栽培及利用的成果，是我国树木学研究的一部巨著。它的编辑出版，开辟了我国树木学研究的新时代，标志着我国树木学研究进入该领域的世界行列中，是我国树木学研究的一个重要里程碑。

7 月，江泽慧《在纪念郑万钧先生诞辰 100 周年座谈会暨〈树木志〉第四卷首发式上的讲话》刊于《林业科技管理》2004 年第 3 期 1~3 页。

9 月 8 日，南京林业大学隆重举行郑万钧诞辰 100 周年暨发现水杉 60 周年座谈会。江苏省政府、国家林业局、省参事会、省委统战部、省教育厅、省科技厅、中国林科院、中国林学会等领导以及南林大校领导、郑万钧先生的学生等 280 余人参加座谈会。

12 月，中央大学南京校友会《南雍骊珠：中央大学名师传略》由南京大学出版社出版，其中载《郑万钧》：业师郑万钧教授（1904—1983），字伯衡。著名树木分类专家。江苏徐州人，1904 年 6 月 24 日出生，1983 年 7 月 25 日卒于北京，终年七十九岁。郑师出身于商人家庭，祖父经营酱园，在徐州颇负盛名，曾任徐州商会会长。父亲排行第二，因其兄无嗣，遂将年幼的郑万钧过继给伯父为子，作为酱园的合法继承人，指望他振兴家业。青少年时代，他先就学于徐州一所法国人办的职业学校，后来只身来到南京报考江苏省第一农校林科。这一行动有悖于伯父的期望，限制了对他的经济资助。他为了学业，过着俭朴的学生生活，1923 年他以优异成绩从江苏省第一农校毕业，并留校工作。当时东南大学钱崇澍教授到江苏省第一农校兼课，发现郑师勤奋好学，确有过人之处，

郑万钧年谱

于1924年将他调入东南大学，破格提升为树木学助教。此时他听过许多著名学者，如秉志、陈焕镛等教授的讲课，他有强烈的求知欲望，几年内打下了坚实的理论基础。1929—1938年任中国科学社生物学研究所植物学研究员。在胡先骕教授指导下从事我国森林植物的调查研究。1930—1931年郑师远去西康东部和四川西北部调查高山云冷杉等针叶林的种系和分布。1932—1937年，先后到浙江、江西、湖南、江苏等地调查各地区的树种组成、分布和生长过程。这一阶段的实地调查，大大丰富了他的森林知识，同时跋山涉水的艰苦调查也锻炼了他的意志。1939年郑师赴法国图卢兹大学森林研究所进修，获博士学位。1940—1949年先后任云南大学、中央大学教授，森林系系主任。新中国成立后，先后任南京大学教授、系主任，南京林学院教授、院长。1955年被选为中国科学院学部委员（现改称院士，以下统此）。1956年加入中国共产党。1962—1983年任中国林业科学院副院长、院长、名誉院长。担任过中国林学会第四届理事长。1929—1938年的野外森林调查中，郑师共发表论文二十篇。其中对川西高山针叶林的组成、分布，莽山天然林对涵养水源的重要作用等论述一直有重要参考价值；关于浙江维管束植物的四篇论文成为编写《浙江植物志》的重要文献。经过调查，他发现数十种树木新种，如天目木姜子、天目槭、黄山花楸、白豆杉、普陀鹅耳枥、矩圆叶鹅耳枥、狭叶山胡椒、江浙钓樟等，丰富了我国华东地区木本植物区系成分，不少研究成果编入陈嵘教授主编的《中国树木分类学》。1937年抗日战争爆发，郑师随中国科学社西迁四川。他见到四川森林树种丰富，川西和西康又是我国针叶树如云冷杉、铁杉、落叶松集中分布之地，而前人对此均无研究。他决心在这一领域中下一番功夫，受到生物学研究所胡先骕教授的支持。当时正值国难当头，研究经费不足，川西山高路陡，交通极为不便，又为军阀盘踞、土匪出没之地。郑万钧不避艰险，于1938年春雇了毛驴驮上标本夹等采集工具，毅然步行上路，每天数十里至百十里，前后近一年时间，调查区域遍及大渡河、雅砻江、青衣江、岷江各流域。每到一地均深入林区，常攀登海拔四千米高山，亲自调查采集，实地考察不同坡度、坡向针叶林分布垂直高度的变化，积累了大批标本和第一手资料。在此基础上，他用法文写成《四川及西康东部的森林》手稿。这篇论文汇集了林学、森林植物学、森林地理学的知识和发现，反映了川西森林树种组成和地理分布规律。1939年郑万钧留学法国时，图卢兹大学森林研究所所长H. 高森（Gaussen）教授审阅了这篇论文，对这位中国学者具有如此

 郑 万 钧 年 谱

厚实的理论基础和实际知识表示惊异和钦佩，后以这一论文通过答辩，授予郑师博士学位。回国后，我国著名地理学家任美锷教授见到这一论文时大为称赞，特著文推荐，指出不仅是对林学的贡献，也是对地理学的贡献。郑师后来执教"森林地理学"，每谈到西部高山林区时，对当地针叶林分析透彻，如数家珍。水杉的发现使郑万钧遐迩闻名。1944年中央林业实验所技正王战首次在湖北利川磨刀溪采得枝叶标本，经郑师研究，认为系杉科新植物，因标本不全未能正式命名。次年派人采得花果标本，由郑师和胡先骕教授共同研究，并从文献中查得和日本古植物学家三木茂在日本第三纪地层中发现的化石种十分一致，遂联名与三木茂正式建立水杉新属和命名水杉新种。论文于1948年发表，轰动中外，被认为是二十世纪的重大科学发现。其科学价值在于水杉是一种活化石，祖先在中生代白垩纪分布于北纬80°以北的北极圈，第三纪扩大分布到欧、亚、美北纬35°以北广大地区，当时有十种之多。第四纪北半球发生多次冰期，古水杉大部绝灭，仅此一种残存于我国川鄂边境狭小的天然避难所。1948年以后国外引种遍及欧、亚、非、美各洲五十多个国家，北至阿拉斯加等寒冷地区亦能栽种；国内温带和亚热带平原地区广为栽培，生长迅速，为庭园绿化、四旁植树和防护林的优良树种。新中国成立后，郑师在教学中努力贯彻理论与实际相结合的方针。1950年和1951年两年的暑假，他带领学生赴山东、苏北考察林业，1951年冬，他接受国家任务，带领学生去广西南部开展宜林地调查长达八个月，为祖国发展橡胶栽培事业作出贡献。1952年院系调整后，郑师任南京林学院林学系主任、副院长和院长，虽然行政事务繁忙，他依然坚持教学，亲自为学生上课，带领学生到南京郊区、安徽琅琊山实习。他招收研究生，开设森林地理学、植物拉丁文、裸子植物和壳斗科、樟科等专题讲座并指导论文。他还积极组织开展科研、编写教材等学术活动。例如组织气象、土壤、生态、造林、森林经营等学科的青年教师去福建蹲点，调查总结了南平溪后乡杉木林的丰产经验，测定了当地杉木林二十年生时树高18米，胸径18厘米，每公顷立木材积526立方米；39年生树高29米，胸径约26厘米，每公顷立木材积1170立方米，丰产指标居于全国之冠。论文发表于1959年，以充分的数据分析了杉木林的丰产与多种环境因素和造林技术的关系，总结了造林技术的若干措施，对南方各省营造杉木丰产林有普遍的指导意义。郑师于1962年调到中国林业科学研究院担任副院长、院长。他从调查研究入手，深入南北各地，了解基层开展林业科研的现状以及对促进林

业生产的作用，从而制定发展战略。鉴于我国森林资源贫乏，木材供应短缺，他很重视速生丰产林技术措施的研究。"文化大革命"期间，他利用空闲编写《中国植物志》（第7卷，裸子植物门）。他年近七十还每天带着助手挤公共汽车到中国科学院植物研究所查阅标本和文献资料，并常向助手介绍各类群分类历史、种群关系、分类难度、文献出处、研究方法。该书准确地鉴定了我国全部裸子植物种系，解决了分类难点，澄清了前人的错误，阐明了各种系的地理分布区，为我国裸子植物建立了一个新的分类系统。1982年被评为国家自然科学二等奖，林业部一等奖。1974年，郑师开始组织编写《中国树木志》。他首先编写《中国主要树种造林技术》，把我国当前林业生产中常用树种的造林技术措施总结出来，加以规范化，对指导林业生产具有实用价值，然后再集中力量编写《中国树木志》。为编写《中国主要树种造林技术》，他组织全国二百多个单位、五百多位科技人员，历时三年完成，于1978年出版，同年被评为林业部科技成果一等奖。出版《中国树木志》是郑师多年的夙愿。1978年编写《中国树木志》，作为主编的郑师亲自主写"中国主要树种区划"部分。遗憾的是，他生前未能见到该书的出版。郑师治学严谨，一生重视调查研究，掌握第一手材料，著书立说做到言之有理、言必有据。他共命名发表树木新属四个，新种一百多个，其中不少是我国特有或稀有珍贵树种。他主编的《中国植物志》（第7卷）誉满中外，《中国树木志》在他去世后陆续出版，深受国内外学术界的欢迎。（作者：朱政德）

2006年

6月1日，郑万钧夫人范志琛喜迎百岁生日，中国林业科学研究院领导看望并祝贺范志琛老人健康长寿。

2007年

11月19日，中国林业科学研究院在北京召开郑万钧林业学术思想研究课题组扩大会议暨《郑万钧专集》部分编委会议。全国政协委员、原林业部副部长、中国林业科学研究院原院长刘于鹤，院长张守攻出席会议并做重要讲话。副院长金旻主持会议并通报了课题研究和文集编纂日程初步安排。黄鹤羽同志介绍了郑万钧林业学术思想研究框架。中国林业科学研究院原院长黄枢、中国林学会秘书长赵良平、中国科学院院士蒋有绪等16位老领导和专家出席会议。

郑 万 钧 年 谱

● 2008年

9月8日，中国林业科学研究院组织召开《郑万钧专集》审定会。由中国林业科学研究院、南京林业大学、中国林学会、中国科学院生态所等单位从事植物分类、生态学、树木学等方面研究的专家蒋有绪、冯宗炜、盛炜彤、向其柏、赵良平、汤庚国、洪涛、黄鹏成、凌云、黄鹤羽等组成的《郑万钧专集》编委会成员共20多人出席会议。会议由张守攻院长主持。

10月，《郑万钧专集》由中国林业出版社出版。吴征镒先生在序言中称：郑万钧先生在树木分类学上功底扎实，造诣深厚，是中国名副其实的树木学和森林地理学先驱。书中收录郑万钧的女儿郑鸿仪和儿子郑斯琨回忆父亲的文章《平凡见真情——纪念父亲郑万钧》。

10月12日，南京林业大学在校园举行南京林学院首任院长郑万钧塑像揭幕仪式。江苏省农林厅副厅长、林业局局长夏春胜，南京林学院林学系78级全体返校校友、郑万钧女儿郑鸿仪女士与南京林业大学校党委书记陈景欢、校长余世袁、校党委副书记、副校长万福绪、校党委副书记、纪委书记聂影、副校长施季森、叶国英、曹福亮、赵林等领导出席揭幕式。学校相关部处和学院师生代表、离退休老同志代表参加揭幕式。副校长叶国英主持揭幕式。陈景欢在讲话中讲道：郑万钧先生是我校首任校长，曾任中国林业科学研究院院长，为新中国的植物科学和林业科学的发展作出卓越贡献，为我校的创立和建设、为中国林业教育的发展和人才培养建立卓越功勋。在校园里竖立郑万钧先生塑像，就是要深切缅怀郑万钧先生，也希望借此继承和发扬他的精神，从而激励广大师生员工团结奋斗，奋发向上，开拓奋进，以扎实的工作和优异的成绩，为推进学校高水平研究教学型大学建设做出新贡献，为推动江苏乃至全国经济社会发展作出新业绩。

12月18日，在中国林业科学研究院举行《郑万钧专集》首发式暨郑万钧塑像揭彩仪式。国家林业局党组副书记、副局长李育材出席，并在首发式上发表重要讲话，他说，郑万钧先生是我国林学界德高望重的一代宗师。中国林业科学研究院分党组书记、院长张守攻出席仪式并讲话。南京林业大学党委常委、副校长叶国英，中国林学会常务副秘书长李岩泉，林科院原院长黄枢、中国工程院院士冯宗炜，中国科学院院士、林科院首席科学家蒋有绪，林科院首席科学家慈龙骏、鲍甫成等出席仪式。林科院分党组成员、副院长金旻主持仪式。张守攻院长在讲话中讲道：今年是林科院建院50周年，也是我国著名林学家、树木学家、

郑万钧年谱

林业教育家郑万钧先生署名发表水杉60周年。中国林业科学研究院与南京林业大学共同开展"郑万钧林业学术思想研究"及《郑万钧专集》编撰工作。同时，经中共中央办公厅批准，在中国林业科学研究院京区大院内树立了郑万钧塑像。旨在更好地传承老一辈科学家艰苦奋斗、开拓创新的优良传统，进一步弘扬他们求真务实、锲而不舍的科学精神和淡泊名利、无私奉献的道德风范。塑像由首都规划建设咨询专家、中央美术学院雕塑系公共艺术工作室主任、教授秦璞雕刻，安放在我院雪松园内。塑像整体高2.65米，半身像为青铜铸造，高1米；基座为不锈钢烤漆，高1.65米；正面蚀刻有郑老主编的《中国树木志》等四部巨著造型，背面刻有郑万钧简历。

2009年

3月18日凌晨4时，郑万钧夫人范志琛在北京去世，享年103岁。郑万钧与夫人范志琛育有五子一女，其中一子幼年病故，长子郑斯绪、次子郑斯琮、三子郑斯珮、女儿郑鸿仪、四子郑斯琨。

10月，《中国国家地理》杂志社与中国地理学会公布评选出的30个"中国地理百年大发现"，水杉、银杉、朱鹮等孑遗动植物的发现名列其中。

11月13日，苏联亚美尼亚裔的植物学家亚美因·列奥诺维奇·塔赫他间去世。亚美因·列奥诺维奇·塔赫他间（Армен Леонович Тахтаджян，Armen Leonovich Takhtajan），1910年6月10日出生于舒沙（今属阿塞拜疆），1932年他毕业于第比利斯的苏维埃全国亚热带作物研究院。1938—1948年间，任埃里温国立大学的系主任，其中1944—1948年间还兼任亚美尼亚苏维埃社会主义共和国科学院植物研究院主任。1949—1961年任列宁格勒国立大学教授。1962年起供职于圣彼得堡（列宁格勒）的科马洛夫植物研究所，并从1976年起任研究所所长，直至1986年退休。在研究所工作期间，于1940年首次提出一个被子植物的新分类大纲，这个大纲强调了植物之间的系统发育关系。1950年前他的系统一直不为欧美的植物学家所知。1950年代后期，塔赫他间和著名美国植物学家阿瑟·克朗奎斯特建立了通信联系和合作关系，克朗奎斯特提出的克朗奎斯特系统即深受塔赫他间和科马洛夫研究所其他植物学家的影响。塔赫他间还参与了《亚美尼亚植物志》（第1～6卷，1954-73）和《苏联被子植物化石》（*Fossil Flowering Plants of the USSR*）（第1卷，1974）的撰写。塔赫他间在1971年被选为俄罗斯科学院院士和美国国家科学院外籍院士。他还是亚美尼亚苏维埃社会主义共和国科学院院士，苏维埃全国植物协会主席（1973），国际植物分类学协会主席（1975），芬兰科学与文学研究院会员（1971），德国博物学院"列奥波蒂纳"会员（1972）和其他许多科学机构的会员。塔赫他间是20世纪植物进化、植物分类学和生物地理学领域最重要的学者之一，他的其他研究兴趣还包括被子植物形态学、古植物学和高加索植物区系。被子植物分类的塔赫他间系统将被子植物处理为一个门（phylum），即木兰植物门（Magnoliophyta），下分两个纲，木兰纲（Magnoliopsida）（即双子叶植物）和百合纲（Liliopsida）（即单子叶植物）。这两个纲再分为亚纲，之下依次是超目、目和科。塔赫他间系统和克朗奎斯特系统相似，但在较高阶元上的处理比较复杂。他偏爱将一些小目和小科分出，以使每个类群的性状和进化关系更易于掌握。塔赫他间系统至今仍有一定的影响力，使用该系统的机构有加拿大蒙特利尔植物园等。

● 2011年

1月，王希群、郭保香《郑万钧教授与我国第一部珍稀植物科学普及片〈水杉〉》刊于《中国林业教育》2011年第1期1～6页。

10月，《20世纪中国知名科学家学术成就概览：农学卷：第一分册》由科学出版社出版，其中载陈嵘、沈鹏飞、蒋英、陈植、叶培忠、郝景盛、唐耀、郑万钧等。国家重点图书出版规划项目《20世纪中国知名科学家学术成就概览》，以纪传文体记述中国20世纪在各学术专业领域取得突出成就的数千位华人科学技术和人文社会科学专家学者，展示他们的求学经历、学术成就、治学方略和价值观念，彰显他们为促进中国和世界科技发展、经济和社会进步所做出的贡献。农学卷记述了200多位农学家的研究路径和学术生涯，全书以突出学术成就为重点，力求对学界同行的学术探索有所镜鉴，对青年学生的学术成长有所启迪。本卷分四册出版，第一分册收录了54位农学家。

● 2018年

9月17日，《中国绿色时报》第3版《科技改变林业专版》刊登王建兰、王秋丽《郑万钧：命名活化石 奠基树木志》一文。其中人物档案：郑万钧，1904年生于江苏徐州。1929年，应聘为中国科学社生物研究所植物学研究员。1939

郑万钧年谱

年,被选派到法国图卢兹大学森林研究所学习,获科学博士学位。先后任云南大学教授、中央大学教授兼森林系主任。1948年,和胡先骕发表"活化石"水杉新种。新中国成立后,郑万钧先后任南京大学农学院林学系主任、副院长,南京林学院副院长、院长。1955年被选为中国科学院生物学部委员。1962年调入中国林科院,历任副院长、院长、名誉院长,中国林学会理事长等职。主编《中国植物志》(第7卷)、《中国主要树种造林技术》和《中国树木志》一卷、二卷等巨著。

9月21日,《中国绿色时报》第3版《科技改变林业专版》刊登王建兰《陈嵘:树木分类学奠基人》一文。其中人物档案:陈嵘,1888年生于浙江安吉梅溪镇石龙村。著名林学家、林业教育家、树木分类学家、树木分类学奠基人、我国近代林业开拓者之一。中国林科院林业所第一任所长。毕生从事林业教学、林业科学研究和营林实践工作,培养了大批人才,创办林场7处,为中国林业教学实践和造林绿化事业作出了重大贡献。一生著述甚丰,如《中国树木分类学》《造林学本论》《造林学各论》《造林学特论》等扛鼎之作,受到国内外林学界人士的高度称赞。

10月27日,中国林业科学研究院在建院60周年纪念大会暨现代林业与生态文明建设学术研讨会开幕式上,授予47位院内专家"中国林科院建院60年科技创新卓越贡献奖",他们分别是郑万钧、吴中伦、王涛、徐冠华、蒋有绪、唐守正、宋湛谦、蒋剑春、洪菊生、许煌灿、黄铨、花晓梅、赵守普、黄东森、赵宗哲、陈建仁、路健、徐纬英、奚声柯、张宗和、郭秀珍、张万儒、白嘉雨、傅懋毅、杨民权、鲍甫成、萧刚柔、曾庆波、盛炜彤、郑德璋、彭镇华、江泽慧、顾万春、慈龙骏、杨忠岐、张建国、张绮纹、姚小华、李增元、周玉成、裴东、刘世荣、陈晓鸣、鞠洪波、苏晓华、于文吉、崔丽娟。

叶雅各年谱

叶雅各(自《武汉大学农业班首届毕业同学录》)

 叶雅各年谱

● 1894 年（清光绪二十年）

4月30日，叶雅各（N K Ip），又名叶雅谷，生于广东省番禺县一信奉基督教的家庭。雅各（Jacob）来自《圣经·创世记》，根据圣经记载，雅各为亚伯拉罕孙子，以撒儿子。叶雅各少儿时其父曾在美国旧金山金矿当劳工，随母在家，7岁入私塾读书，及长，其父回国，在粤汉铁路工作积累了一定资本，后在广州开办小型碱矿，家境稍裕，育二子三女，均信仰基督教。叶雅各兄叶梯云，毕业于香港英国皇仁学院铁路专业，1908年与毕业于广州夏葛医学院的同乡姚秀贞（1886—1957年）结婚，之后叶梯云由姚秀贞表哥詹天佑安排北上到京汉铁路公司工作并选为铁路协会候补议员，姚秀贞则在北京西单创办秀贞女医院，林巧稚称她为"我的前辈"，育五男五女均成才。

● 1904 年（清光绪三十年）

是年，格致书院迁至广州市海珠区康乐村，改名岭南学堂，叶雅各到岭南学堂读书。

● 1916 年（民国五年）

是年，叶雅各立志研读森林，由于国内没有森林类专业，入菲律宾大学森林系学习。菲律宾大学是根据菲律宾首届立法机构颁发的第1870号法令（亦称大学宪章）于1908年6月18日创办，实际上是依靠美国人，并按照兰德公司资助大学的模式，为菲律宾人开办的一所大学，开办之初只有美术学院和农学院两个学院，第一任校长是美国人默里·巴特利特博士（Murray Bartlett）。

是年，金陵大学农林科创设植物标本室。金陵大学植物标本室后经钱崇澍、陈焕镛、史德蔚、焦启源、沙凤护、樊庆笙、李扬汉等人相继努力，分赴各地采集，又得到叶雅谷、林刚、任承统、陈嵘等人协助，至1937年初已收藏植物标本达43000余份，复本10万份。

● 1917 年（民国六年）

2月12日，中华森林会在上海成立。金陵大学林科主任凌道扬发起组织成立中华森林会，得到江苏省第一农业学校林科主任陈嵘及林学界其他人士，如金邦正、叶雅各等的支持，宗旨是"本着集合同志，共谋中国森林学术及事业之发

达",凌道扬任理事长。

7月,叶雅各从菲律宾大学赴美国深造,在美国宾夕法尼亚州立大学森林系学习。

1918年(民国七年)

7月,叶雅各毕业于美国宾夕法尼亚州立大学森林系,获科学学士学位,之后入美国耶鲁大学林学院学习。

1919年(民国八年)

5月,金陵大学森林系李顺卿(山东海县)、李代芳(字云轩、山东即墨)、沈义谦(江苏嘉定)、高秉坊(字春如,山东博山)、耿作霖(字雨田,河北晋县)、张通武(江苏南通)、张传经(字伯伦,浙江嘉兴)、张惟澂(字稼荪,浙江嘉兴)、徐淮(字连江,安徽阜阳)、彭克中(河南固始)、黄华(字秋实,浙江嘉兴)、潘学璨(字仲士,安徽怀宁)毕业,共12人获金陵大学林学士。

7月,叶雅各从美国耶鲁大学林学院毕业,获森林学硕士学位。在赴欧考察森林情况后回国,应石瑛邀请到湖北省建设厅工作,至1920年底。

1920年(民国九年)

2月,《苗圃培养及管理浅说》由南京金陵大学农林科编印。

5月,金陵大学森林系方一中(字海平,河南光山)、李蓉(字云五,安徽潜山)、李鲁航(字轲樑,山东长山)、李延泽(山东清平)、吴觉民(字惺阁,安徽宁国)、黄琮(字玉田,河南光州)、温文光(字翰周,广东台山)、鲁佩璋(字白纯,安徽和县)、杨惠(字养晦,云南剑川)、潘文富(安徽和县)、戴宗樾(安徽天长)毕业,共11人获金陵大学林学士。

6月,蒋英考取金陵大学农林科。

是年底,叶雅各到南京任金陵大学农学院教授。据张宪文主编《金陵大学史》(2002)324页载:叶雅各任金陵大学农林科科长[16]。

---

[16] 张宪文.金陵大学史[M].南京:南京大学出版社,2002.

叶 雅 各 年 谱

● 1921年（民国十年）

3月，中华森林会在南京创办季刊《森林》杂志，由中华森林会学艺部编辑发行，撰稿人主要是金陵大学林科的师生，有凌道扬、陈嵘、叶雅各、高秉坊、李顺卿、李代芳、耿作霖、李鲁航、鲁佩璋、林刚、唐翰、秦仁昌等。

5月，金陵大学森林系李继侗（希哲，江苏兴化）、林刚（君武，浙江平阳）毕业，共2人获金陵大学林学士。

8月，《教育对全国专科以上学校调查一览表（金陵大学）》（民国15年5月13日），金陵大学于民国十年八月蒙教育部核准立案，美国耶鲁大学农学硕士芮思娄任农林科教务长；美国耶鲁大学林学硕士叶雅谷担任森林系教员，主要讲授造林、森林经理[17]。

是年，金陵大学林科师生成立金陵大学林学会，作为中华森林会的支部之一，有叶雅各、高秉坊、李顺卿、李代芳、鲁佩璋、吴觉民等共27人，叶雅各为负责人。

是年，叶雅各与刘瑞珍结婚。刘瑞珍，湖北咸宁人，1894年2月生，毕业于上海圣玛利亚女子学校，其父为武昌基督堂圣公会牧师刘藩侯。

● 1922年（民国十一年）

5月，金陵大学森林系朱永庆（余堂，山东即墨）毕业，1人获金陵大学林学士。

6月，叶雅各《女子与森林》刊于《森林》1922年第2卷第2期19～24页。

9月，韩麟凤考取金陵大学农学院森林系。

● 1923年（民国十二年）

1月23日，叶雅各与刘瑞珍长女叶宝宁在南京出生。叶宝宁在上海圣约翰大学读书两年，后到济南山东工学院工作。

5月，金陵大学森林系李德毅（字近仁，安徽滁县）、唐毅（字近仁，浙江宁波）、康翰（字子澄，福建长汀）、郭础（慰农，湖南新田）毕业，共4人获金陵大学林学士。

是年秋，金陵大学农学院森林系成立，叶雅各任金陵大学农学院森林系教授兼系主任秘书，任职至1928年。

---

[17] 南京大学高教研究所校史编写组.金陵大学史料集[M].南京：南京大学出版社：1989，25-26.

1924 年（民国十三年）

1月1日，叶雅各《田野林的利益》刊于《农林新报》1924年第1期1~2页。

5月，金陵大学森林系任承统（字建三，山西忻县）、沈学礼（字立齐，安徽来安）、郝树芝（字端三，山西代县）、孙章鼎（字铸九，安徽合肥）、徐德懋（安徽秋浦）、焦启源（江苏丹徒）、杨方坤（江苏丹徒）、翟全晋（字修三，山西文水）、齐敬鑫（字坚如，安徽和县）、刘华衍（安徽巢县）毕业，共10人获金陵大学林学士。

7月15日，叶雅各与刘瑞珍长子叶绍智在南京出生。叶绍智毕业于武汉大学物理系，到铁科院通信信号研究所工作，并与植物学家、武汉大学教授钟心煊的女儿钟芝明结为连理。

11月，中华林学会举行年会决定：①理事人数改为9人，每年抽签改选1/3；②理事会设总务部、编辑部和募集基金委员会。凌道扬为理事长。陈雪尘、黄希周为总务部正、副主任。林刚为编辑部主任。募集基金委员会委员有沈鹏飞、皮作琼、任承统、刘运筹、庄崧甫、叶雅各、吴觉民、姚传法、韩安、李顺卿、凌道扬、曾济宽、高秉坊、陈嵘、叶道渊、傅焕光和贾成章[18]。

1925 年（民国十四年）

4月，叶雅各《清明植树节》刊于《农林新报》1925年第31期1页。

6月，金陵大学森林系吴清泉（安徽合肥）、秦仁昌（字子农，江苏武进）、刘溶（山西宁武）、刘绍裘（江苏江宁）、蒋英（字菊川，江苏岷山）、谢东山（福建建瓯武）毕业，共6人获金陵大学林学士。

12月27日，叶雅各与刘瑞珍次子叶绍俞在南京出生。叶绍俞毕业于武汉大学生物系，后到暨南大学附属第一医院——广州华侨医院工作。

是年，金陵大学农学院聘请林科专家叶雅各、罗德美及森林系助理员研究山西森林之缺乏情形、山东荒地植林办法以及在黄河流域之种植、安徽森林之改造状况。

1926 年（民国十五年）

4月1日，叶雅各《植树节》刊于《农林新报》1926年第58期1页。

---

[18] 袁宝华.中国改革大辞典上[M].海口：海南出版社，1992：1068.

4月，叶雅各《植树节的感想》刊于《休宁县农会杂志》1926年第4期18～22页。

7月，金陵大学森林系张文达（山东高苑）、葛汉成（字竣倾，安徽滁县）、韩麟凤（吉林双城）毕业，共3人获金陵大学林学士。

8月，叶雅各著《三十种树木的研究》（共70页）由金陵大学青年协会书报部刊印。

9月，金陵大学森林系招收何敬真等。

是年，金陵大学校长包文，文理科教务长夏伟师，农林科教务长芮思娄、过探先，政治系主任贝德士，英文系主任裴德安，物理系主任高德威，国文系主任陈中凡，哲学系主任韩穆敦，生物系主任伊礼克，教育系主任刘靖夫，化学系主任唐美森，林学系主任叶雅各，棉作系主任郭仁风，蚕学系主任顾莹，宗教系主任恒谟，教授共计21人，讲师19人，助教17人，职员46人，在校学生555人（女生2人。）

● 1927年（民国十六年）

是年，叶雅各任南京金陵大学森林系教授兼系主任，对维持森林系起到重要作用。

7月，金陵大学森林系周国华（字树农，江苏溧阳）、叶培忠（江苏江阴）毕业，2人获金陵大学林学士。

● 1928年（民国十七年）

3月22日，石瑛任湖北省建设厅厅长。石瑛，字衡青（1878—1943年）湖北阳新人，中国同盟会会员，民国官员。早年留学比、法，后留学英国，1922年获伯明翰大学冶金博士学位。回国后，历任民国临时政府大总统秘书、国民党一大中央委员、北京大学教授、武昌高等师范大学校长、武汉大学工学院院长兼教授、湖北省建设厅厅长、浙江省建设厅厅长、湖北省参议会议长、南京市市长等职。1943年12月4日病逝。抗战胜利后，灵柩从重庆歌乐山山麓迁葬武昌九峰山，其讲话、文稿汇编《石蘅青先生言论集》。

4月9日，湖北建设厅聘任叶雅各先生为湖北建设厅技正。

4月11日，叶雅各《江苏省森林政策之商榷》刊于《农林新报》1928年第

131 期 1 ~ 2 页。

6 月，《湖北建设月刊》创办于湖北省武昌市，月刊，由湖北建设厅编辑股负责编辑并发行。叶雅各《麦粒黑穗病之预防法》刊于《湖北建设月刊》1928 年第 1 卷第 1 期 40 ~ 43 页。同期，叶雅各《农作物害虫防除法》刊于 43 ~ 50 页，叶雅各《整理湖北农林各场试验之计划》84 ~ 88 页。

7 月，金陵大学森林系鲁慕胜（安徽和县）毕业，获金陵大学林学士。

7 月，南京国民政府大学院正式决定以武昌中山大学为基础筹建武汉大学，任命刘树杞为武汉大学代理校长。

8 月 6 日，国民政府大学院（教育部）院长蔡元培聘任李四光、王星拱、张难先、石瑛、叶雅各、麦焕章为武汉大学新校舍建筑设备委员会委员，李四光为委员长，叶雅各为秘书。

8 月，湖北省民政厅厅长创办湖北省政府民政厅训政讲习班开学，叶雅各主讲《农业经济》。

9 月，叶雅各《武昌县农村调查统计表说明书》刊于《湖北建设月刊》1928 年第 4 期 179 ~ 190 页。

是年秋，湖北省政府建设厅在宝积庵设农林传习所，聘请叶雅各任所长兼农林技正。

10 月，叶雅各前往黄陂、咸宁、蒲圻等县调查农林各项事宜。

11 月，叶雅各、赵学诗《武昌县农村调查统计表说明书（续）》刊于《湖北建设月刊》1928 年第 1 卷第 5 期 143 ~ 166 页。

11 月，武汉大学建筑设备委员会确定以武昌城外风景秀丽的东湖之滨，远离闹市的罗家山（又名落驾山、逻迦山）、狮子山一带为新校址。

12 月，叶雅各《江苏省森林政策之商榷》刊于《农林新报》1928 年第 131 期 1 ~ 2 页。

是年，《中央研究院十七年总报告》载：中央研究院评议会农林学 3 名，候选人有何尚平、谭熙鸿、过探先、陈焕镛、常宗会、邓植仪、叶雅各。

● 1929 年（民国十八年）

1 月 5 日，武汉大学隆重举行开学典礼，国民政府首届立法委员王世杰代表教育部莅临祝贺。

1月8日，叶雅各与刘瑞珍次女叶瑞宁在武汉出生。叶瑞宁毕业于湖北医学院，到武汉市第七医院工作。

1月20日，叶雅各编辑、赵学诗计算《武昌县农村调查统计说明书》刊于《湖北建设月刊》1929年第1卷第5期143～166页。

3月20日，叶雅各《水利、森林、土壤、工力相互之关系与重要》刊于《湖北建设月刊》1929年第1卷第10期21～24页，同期，赵学诗编辑、叶雅各审订《阳新县农村调查统计说明书》刊于189～226页，赵学诗、叶雅各《武昌县农村调查统计表说明书（续）》刊于227～234页。

5月，金陵大学森林系陶玉田、袁义生、黄瑞采毕业。

5月，王世杰正式出任武汉大学校长。

6月，李华、叶雅各《大冶县农村调查统计表说明书》刊于《湖北建设月刊》1929年第1卷第11期193～253页。

8月，王世杰请地质学家李四光、农林学家叶雅各等人来考察，最后择定武昌城东靠近东湖的逻迦山作为校园新址。

10月，《中华林学会会员录》刊载：叶雅各为中华林学会会员。

12月29日，中华林学会假中央模范林区委员会召开二届一次理事会，决议下列事项：推选凌道扬为理事长，陈雪尘、黄希周为总务部正、副主任，林刚、任承统为编辑部正、副主任，姚传法、高秉坊为募集基金委员会正、副委员长，韩安、吴觉民、叶雅各、沈鹏飞、任醇修、李顺卿、刘运筹、曾济宽、傅焕光、贾成章、凌道扬、皮作琼、叶道渊、陈嵘、庄崧甫为委员；本会会址附设于双龙巷中华农学会会所内，每月津贴该会不超过8元，《林学》杂志每2月出一期，印刷费不超过50元；抽签决定各理事任期为：高秉坊、林刚、邵均1年，凌道扬、姚传法、陈雪尘2年，梁希、康瀚、陈嵘3年。

- **1931年（民国二十年）**

7月12日，叶雅各与刘瑞珍三女叶康宁在武汉出生。叶康宁毕业于上海音乐学院，后到武汉市第二师范学校工作。

- **1933年（民国二十二年）**

1月，中国科学社编《中国科学社社员分股名录》第49页载：叶雅各，字

雅谷，广东番禺人，专业森林，地址南京金陵大学，为中国科学社生物科学股农林组社员。

4月，武汉大学农学院筹备处成立，由校长王星拱兼筹备处主任，叶雅各教授任副主任，任期至1936年9月。

7月17日，《武汉日报》第2张第4版《1934年湖北省暑期理科讲习会讲座教授一览表》刊载：叶雅各，曾任金陵大学教授，时任武汉大学生物系教授，耶鲁大学森林硕士。生物组讲座教授讲题为《中学植物学教授上应用之树木》。

8月20日，中国植物学会成立。由胡先骕、辛树帜、李继侗、张景钺、裴鉴、李良庆、严楚江、钱天鹤、董爽秋、叶雅各、秦仁昌、钱崇澍、陈焕镛、陈嵘、钟心煊、刘慎谔、林镕、张珽、吴韫珍等19人发起，假中国科学社第十八次年会在重庆北碚召开之际，举行成立大会。中国植物学会之成立完全是学者自发、由学者自行组织之科学共同体。会议决定编辑出版中文《中国植物学杂志》和西文《植物学会汇报》，学会挂靠在北平静生生物调查所。

9月23日，武汉大学农学院筹备处成立，武汉大学校务会议通过"农学院筹备处组织大纲"，王星拱任筹备处主任，耶鲁大学森林学硕士叶雅各教授任副主任。大纲规定筹备处的任务、职责、人员编制，将棉场、森林苗圃等划拨给筹备处管理，并要求理、工、法各学院在建设与农业有关的学科和开设课程方面给予襄助。

• 1934年（民国二十三年）

3月19日，叶雅各与刘瑞珍四女叶禧宁在武汉出生。叶禧宁毕业于华中师范学院，到武汉市紫阳湖中学工作。

12月，《私立金陵大学农学院概况》由农学院院长室刊印。

• 1935年（民国二十四年）

9月17日，武汉大学从300多名考生中录取20名正取生及10余名备取生开办农业简易班，在武昌徐家棚棉场开始上课。

9月27日，根据教育部的训令，武汉大学第258次校务会议通过"本校设置农业简易班案"，议决"自本年度起设置农业简易班一班，招收初中毕业学生

叶雅各年谱

20余人,两年毕业,除各机关选送者外,概不收学膳费,每年经常费以三千元为度",并推定叶雅各为农业简易班主任。

● 1936年(民国二十五年)

6月,《私立金陵大学农学院毕业同学录》刊印。

8月,武汉大学与平汉铁路管理局续订技术合作协定,其中规定平汉铁路沿线所有各处农林场苗圃,自该年度起均交由武汉大学接收代管并整理扩充。

9月,武汉大学农学院正式成立,下设农艺学系和农业简易班。叶雅各任院长,任职至1938年8月。李先闻任农艺系系主任。李先闻(1902—1976年),祖籍广东梅县,生于四川江津。1914年进入清华留美预备学校,1923年赴美,1926年毕业于普渡大学园艺系,1929年获得康乃尔大学遗传学博士学位。回国后,1931年担任东北大学教授,1932年转任河南大学教授,1935年至1938年任武汉大学农艺系教授、系主任,1938年任职四川省农业改进所,1946年担任中央研究院植物研究所研究员。1948年底到台湾,任职于台湾糖业公司农场,1954年重新筹建中央研究院植物研究所,1962年至1971年担任所长,1971年因病退休。专长为植物细胞遗传学,在水稻、甘蔗的育种改良方面贡献良多。1948年4月当选为第一届中央研究院院士。

10月9日,武汉大学第287次校务会议通过《代管平汉路农林场委员会章程》草案,在鸡公山、武昌县、沙湖三处设立办事处,并推定叶雅各教授等7人为委员,其中以叶雅各为主任委员,李相符为场务主任。李相符(1905—1963年),安徽桐城人。大学文化,16岁在桐城中学读书,因积极参加五四运动而被开除,后转入芜湖第二农业学校学习,毕业后入山东农业专科学校深造。民国十四年(1925年)2月,同王步文等人留学日本帝国大学,次年在东京加入中国共产党,参加中共旅日特别支部活动。回国后,历任浙江大学、武汉大学、四川大学教授,中国民主同盟中央委员兼组织委员会副主委、华中区特派员,从事爱国民主运动。1949年出席中国人民政治协商会议第一届全体委员会议。中华人民共和国成立后任民盟中央常委,林垦部副部长,北京林学院院长。

11月,为了慰劳绥远将士的抗战,学校教职工及学生救国会,发起了捐款活动。全体教职员工又捐集国币2000元,通过汇寄交绥远省主席傅作义收转。学校还推派叶雅各、董审宜两位先生于23日启程到达北平,于24日由北平前往

绥远慰问。

12月15日：武汉三大学通电 武汉大学、华中大学、中华大学三校联名通电中央及全国原文如下：南京中央党部、国民政府暨全国报馆钧鉴：民族自存，端须御侮，巩固国基，首重建设。然御侮必资领袖之主持，建设必秉中枢之策画。我国历年以来，敌寇侵陵，匪患滋扰，深赖蒋公戡乱奠国，励精图治，建设业具端绪，御侮亦已交绥。值兹前方奋战，举国望治之时，乃有张学良称兵作乱，胁主欺众，破坏统一，摇动军心，国法舆情，均难容恕。仰祈我政府大张挞伐，整饬纪纲，寒憝枭心，出元勋于险境，俾抗敌战士，指挥有主。建国方略，措置得人，抒国难于今日，树邦本于来兹，不胜悚切待命之至！陈时、韦作民、王星拱、邹昌炽、成序庠、严士佳、胡竞存、黄秋浦、张资珙、周鲠生、杨端六、陈源、邵逸周、叶雅谷。

• 1937年（民国二十六年）

3月，武汉大学开始动兴建农学院大楼（2017年命名为雅各楼，为了纪念武汉大学农学院院长叶雅各先生而命名），同时代管占地3万亩的平汉路林场，李相符负责林场工作，并编辑出版学术刊物《平汉农林》。

6月，武汉大学农业简易班首届20名学生在完成2年的学业之后顺利毕业，留有《武汉大学农业班首届毕业同学录》，武汉大学农学院现存于世的最早的一本同学录，原件现存于武汉大学档案馆。孙科、居正、于右任、王宠惠、孔祥熙、王世杰、石瑛、何成濬、黄绍竑、罗家伦、蒋梦麟、伍廷飏、吴国桢、方本仁等政界、学界名流，也纷纷为毕业生题词留念。

9月，严家显获明尼苏达大学昆虫学博士学位回国，王星拱校长亲自签发聘书，聘其为农学院教授，是年31岁。严家显与著名学者叶雅各、李先闻、杜树材、李相符一起，成为武汉大学农学院的五大教授。

11月，湖北省立农业专科学校随湖北省政府西迁至恩施五峰山，程鸿书任校长。

• 1938年（民国二十七年）

2月21日，武汉大学第322次校务会上议决，成立迁校委员会，推定杨端六、邵逸周、曾昭安、郭霖、刘迺诚、方壮猷、叶雅各七人组成迁校委员会，杨端六

叶 雅 各 年 谱

（法学院院长、图书馆馆长和教务长）为委员长，邵逸周（总务长）为副委员长，并决定在宜昌、重庆两地设立迁校办事处。武汉大学由武昌迁往四川乐山。

4月11日，叶雅各《江苏省森林政策之商榷》刊于《农林新报》1938年第131期1～2页。

8月，奉教育部令，武汉大学农学院暂行并入中央大学办理。武汉大学农学院60余名同学转入中央大学农学院学习，武汉大学农学院停办。

11月13日，在重庆举行的中华自然科学社年会，讨论"为尽科学团体报国之责任，应从事边境科学考察工作"的议题，最后决定组织"中华自然科学社西南及西北考察团"，到两地进行科学考察。并且推定该社赞助社员教育部长陈立夫、西康省建设厅厅长叶秀峰、编译馆原馆长辛树帜，以及社长杜长明，社友胡焕庸、曾昭抡、屈柏传、江志道等人任筹备委员负责筹备。

1939年（民国二十八年）

6月，川康科学考察启程。川康科学考察是中英庚款董事会委托武汉大学组织，考察团团长为武汉大学理学院院长邵逸周，叶雅各任农林生物组组长。农林组共8人，又分植物、动物和昆虫3组，植物组由叶雅各教授带领，昆虫组由周尧教授带领，组员有郑凤瀛、郝天和等，考察历时5个多月到12月结束，足迹遍及西康省（今四川西部）的雅安、康定、西昌等地，开展森林考察，采集标本，著有《西康农林考察纪行报告》。

10月，林瑞铭辞澳门教会学校培正中学教务主任职，聘叶雅各继任，1940年1月到校视事[19]。

11月10日，湖北省立农业专科学校改组扩大为湖北省立农学院，院长由湖北省教育厅厅长张伯谨兼任，设农艺、园艺、农业经济、农林生物4个系。

1940年（民国二十九年）

1月，叶雅各任澳门培正中学教导主任，至1943年。叶雅各赴澳门，与先期迁居于此的家人团聚。

5月，日军彻底对美属菲律宾、英属马来西亚、英属缅甸和荷属印度尼西亚

---

[19]《培正校史》编委会.培正校史（1889—1994）[M].广州：广州培正中学、广州培正中学董事会、广州培正中学同学会刊印，1994：69.

的占领。

9月，澳门培正中学教务主任叶雅各辞职，委萧维元代行教务主任职务；并聘冼子隆为事务主任。

11月，湖北省立农业专科学校（湖北恩施金子坝）改名为湖北省立农学院。

是年底，叶雅各带领全家离开澳门。

1941年（民国三十年）

是年夏，管泽良接任为湖北省立农学院院长。

10月，《中华林学会会员录》刊载：叶雅各为中华林学会会员。

1943年（民国三十二年）

是年，应广西省立科学馆馆长李四光之请，叶雅各任广西省立科学馆秘书长。1938年秋，李四光与马君武就在梧州广西大学内设立一个科学实验馆，招纳技术人才，从事种种战时必需的物资器材研究的想法，并且得到李宗仁的同意。

1944年（民国三十三年）

8月，日本军队入侵桂林，广西省立科学馆解散。

1945年（民国三十四年）

是年，叶雅各到贵阳美国陆军驻中国战区供应处工程部，任贵阳美国陆军工程处总工程师。

12月，湖北省立农学院迁回武汉武昌宝积庵原址，仍设农艺、园艺、农业经济、农林生物4个系。

12月4日，美国进化生物学家、遗传学家和胚胎学家托马斯·亨特·摩尔根（Thomas Hunt Morgan）因动脉破裂在帕萨迪纳逝世，享年78岁。摩尔根发现了染色体的遗传机制，创立染色体遗传理论，是现代实验生物学奠基人，1933年由于发现染色体在遗传中的作用，赢得了诺贝尔生理学或医学奖。摩尔根，1866年9月25日出生在肯塔基州的列克星敦（Lexington）。在肯塔基州立学院（State College of Kentucky）现在的肯塔基大学（University of Kentuck）接受教育。摩尔根在约翰霍普金斯大学（Johns Hopkins University）研究胚胎学，并于

1890年获得博士学位。摩尔根自幼热爱大自然。童年时代即漫游了肯塔基州和马里兰州的大部分山村和田野，还曾经和美国地质勘探队进山区实地考察，采集化石。14岁（1880年）时，考进肯塔基州立学院（现为州立大学）预科，两年后升入本科。1886年春以优异成绩获得动物学学士学位，同年秋天，进入约翰·霍普金斯大学学习研究生课程。报到前，摩尔根曾在马萨诸塞州安尼斯奎姆的一家暑期学校中接受短期训练，学到了不少海洋无脊椎动物知识和基本实验技术。读研究生期间，系统地学习了普通生物学、解剖学、生理学、形态学和胚胎学课程，并在布鲁克斯（W.K.Brooks, 1848—1908年）指导下从事海蜘蛛的研究。1888年，摩尔根的母校肯塔基州立学院对摩尔根进行考核后，授予他硕士学位和自然史教授资格，但摩尔根没有应聘，继续攻读博士学位。1890年春，摩尔根完成"论海蜘蛛"的博士论文，获霍普金斯大学博士学位。1891年秋，摩尔根受聘于布林马尔学院，任生物学副教授，1895年升为正教授，从事实验胚胎学和再生问题的研究。1903年摩尔根应威尔逊之邀赴哥伦比亚大学任实验动物学教授。从1909年到1928年，摩尔根创建了以果蝇为实验材料的研究室，从事进化和遗传方面的工作。1928年，62岁的摩尔根不甘心颐养天年的清闲生活，应聘为帕萨迪纳（Pasadna）加州理工学院的生物学部主任。摩尔根将原在哥伦比亚大学工作时的骨干布里奇斯、斯图蒂文特和杜布赞斯基（T.H.Dobzhansky, 1900—1975年）再次组织在一起，重建了一个遗传学研究中心，继续从事遗传学及发育、分化问题的研究。

● 1946年（民国三十五年）

3月，武汉大学迁回珞珈山。在校长周鲠生的关心下，恢复农学院提上议事日程，叶雅各任武汉大学住宅管理委员会负责人。

5月，教育部同意武汉大学恢复农学院，叶雅各再次任农学院筹备委员会负责人。

10月，武汉大学恢复农学院，叶雅各继任武汉大学农学院院长，任职至1949年。农学院下设农艺学系和森林学系，原湖北省立农学院教授李凤荪任农艺系主任，焦启源任森林系主任，胡仲紫任农场主任。焦启源（1901—1968年），复旦大学植物生理学教授。江苏镇江人。1923年毕业于金陵大学，1936年获得美国威斯康星大学博士学位。曾任金陵大学、武汉大学、四川大学、华西大学教

授,金陵大学农学院植物系主任。中华人民共和国成立后历任复旦大学植物生理教研室主任,上海植物生理学会副理事长。

1947年(民国三十六年)

1月,《武汉大学教职员录(民国三十六年元月)》刊载:叶雅各任武汉大学复校委员会委员。备注:1935年10月农学院院长兼任。

1948年(民国三十七年)

是年初,武汉大学农学院院长叶雅各聘叶培忠担任农学院森林系教授。

1949年

5月16日,武汉解放,潘梓年随中国人民解放军到达武汉,任中国人民解放军武汉市军事管制委员会文教接管部部长。潘梓年(1893—1972年),马克思主义哲学家,江苏宜兴人。早年在北京大学哲学系学习,后在"五四运动"影响下,积极参加革命活动。1927年加入中国共产党,在党所领导的进步组织上海文委和互济会工作。主编过《北新》等进步刊物和中共江苏省委主办的《真话报》。1933年5月在上海被捕。1937年6月出狱后,积极从事著述,系统传播唯物辩证法原理。抗日战争开始,在南京筹办中国共产党党报《新华日报》和党刊《群众》周刊。1938年《新华日报》在武汉出版,任社长近十年。解放战争期间,任党中央城市工作部研究室主任,中原大学副校长、校长和党委书记,武汉军事管制委员会文教部长。中华人民共和国成立后,任中南军政委员会教育部部长,中南行政委员会文委副主任兼高教局局长,中国科学院哲学社会科学学部副主任兼哲学研究所研究员、所长。被选为第一、二、三届全国人大代表。主要著作有《逻辑与逻辑学》《大家来学点哲学》《新华日报的回忆》《辩证法是哲学的核心》等。"文化大革命"爆发后受迫害入狱,1972年4月10日在秦城监狱含冤病逝,终年79岁。1982年2月,中共中央在北京八宝山为他举行追悼大会,平反昭雪,肯定了他一生的功绩。

5月20日,湖北省人民政府在湖北孝感县成立,随后迁驻武昌,设立农业厅,隶于中原临时人民政府,湖北省人民政府农业厅内设林业科。

5月31日,武汉军事管制委员会文教接管部召开武汉地区公立大中学校校长、教导主任、总务负责人会议，根据"原封不动，各按系统，自上而下"的接管方针以及"积极恢复，逐步整顿，初步改革"的指示，提出了湖北高等学校的接管原则，稳定了学校教职工的情绪，保护了校产。会议决定接办一批高等学校。武汉军事管制委员会文教接管部决定，对比较稳定，办学基础较好的高等学校，接收整顿后予以续办。续办学校有武汉大学、湖北省立医学院和湖北省立农学院3所。对于私立高等学校条件较好的，在登记备案后，允许其继续办理。如华中大学、中华大学、文华图书馆学专科学校和江汉纺织专科学校。私立汉口博医卫生专科学校虽未正式备案，但因办理较好，所设科室也符合社会需要，因而1950年5月拨归中南卫生部领导。

6月上旬，武汉市军管会接受小组接管湖北省立农学院，湖北省农林厅厅长徐觉非兼任湖北省立农学院院长，童世光任副院长，湖北省立农学院增设森林系。

8月，徐懋庸任武汉大学秘书长（后任党组书记）。徐懋庸（1911—1977年），原名徐茂荣，浙江上虞人。幼年家贫，高小毕业辍学。1926年参加第一次大革命，后因政府通缉，逃亡上海，考入半工半读的劳动大学。1932年翻译了《托尔斯泰传》。1933年夏开始写杂文并向《申报·自由谈》投稿。他的杂文笔法犀利，揭露时弊不留情面，批判社会一语中的，因风格酷似鲁迅而以"杂文家"出名。1934年在上海加入"左联"，1935年出版《打杂集》，鲁迅为之作序。同年翻译日本、苏联等国的进步著作。1936年因"左联"解散等问题写信给鲁迅，鲁迅为此发表了《答徐懋庸关于抗统战线问题》。1938年到延安，加入中国共产党。以后任抗大教员及冀察热辽联合大学副校长等职。中华人民共和国成立后，历任武汉大学副校长，中南文化部、教育部副部长，中国科学院哲学研究所研究员。1956—1957年间写杂文100多篇，结集为《打杂新集》。这些杂文依然保持30年代的风格。1957年被错划右派，后改正。著有《徐懋庸杂文集》《徐懋庸回忆录》等。

8月，叶雅各、曹诚克、燕树堂等8位教授职务被解除，军管会负责人要叶雅各见中国人民解放军武汉市军事管制委员会文教接管部部长潘梓年。

10月，徐懋庸任武汉大学副校长，至1953年8月。

10月，中国人民解放军武汉市军事管制委员会文教接管部任命叶雅各任湖北省立农学院森林系教授兼主任，任职至1950年。森林系招收新生37名，10

月 5 日正式上课，森林系教授仅有叶雅各、杨赐福。

12 月 4 日，中央人民政府决定成立中南军政委员会。

1950 年

5 月，湖北省政府正式挂牌为湖北省政府委员会，湖北省人民政府农业厅改名为农林厅，农林厅下设技术室，叶雅各兼任湖北省农林厅技术室主任。期间，叶雅各经过实地调查，在《湖北建设》月刊发表调查报告，大胆揭露林场的一些弊端。指出："各场试验工作多无详细记载，计划书内只略述名称、数量、肥料而已。至于试验目的、要求、方法、费用等，都遗漏殆尽。"报告还着重指出："林场各自为政，重复试验甚多，有的一试再试，试验多年，仍为初步试验。"

7 月，叶雅各调任湖北省农林厅副厅长。

10 月 8 日，林垦部、教育部联合召开林业教育会议，决定在南京大学、金陵大学、安徽大学、武汉大学、中山大学等 7 所大学开办学制为 2 年的林业专修科。

10 月 20 日，《湖北省第一届各界人民代表会议协商委员会主席、副主席及委员名单》中，叶雅各为委员。

10 月，湖北省立农学院改名湖北省农学院，童世光任湖北省农学院院长。

1951 年

2 月 26 日，在梁希、陈嵘、沈鹏飞、殷良弼等倡议下，中国林学会在北京成立，梁希当选为中国林学会第一届理事长，陈嵘当选为副理事长，秘书长张楚宝，副秘书长唐燿，常务理事王恺、邓叔群、乐天宇、陈嵘、沈鹏飞、张昭、张楚宝、周慧明、郝景盛、梁希、唐燿、殷良弼、黄范孝，理事王恺、王林、王全茂、邓叔群、乐天宇、叶雅各、李范五、刘成栋、刘精一、江福利、邵均、陈嵘、陈焕镛、佘季可、张昭、张克侠、张楚宝、范济洲、范学圣、郑万钧、杨衔晋、林汉民、金树源、周慧明、梁希、郝景盛、唐燿、唐子奇、殷良弼、袁义生、袁述之、黄枢、程崇德、程复新、杰尔格勒、黄范孝。

7 月 2 日，中国农学会武汉分会筹委会成立，由 17 人组成，曾省任主任委员，杨开道任副主任委员，叶雅各为筹委会成员。

叶 雅 各 年 谱

- **1952 年**

11月9日,中国农学会武汉分会在武昌宝积庵湖北农学院正式成立。选举杨开道、叶雅各等20余人组成理事会,会址设在湖北农学院,中国农学会武汉分会设林业组,叶雅各为负责人。

- **1953 年**

1月21日,根据中央人民政府《关于改变大行政区人民政府(军政委员会)机构与任务的决定》,成立中南行政委员会,作为中央人民政府在中南的派出机关。

- **1954 年**

5月,湖北省林业局和湖北省森林工业局从湖北省农林厅划出,合并成立湖北省人民政府林业局。

6月26日,湖北省委批准将湖北省农林厅改为湖北省人民政府农业厅,并将农林厅所属之林业、森林工业、水利、水产4个局划出直属省政府领导。湖北省人民政府林业局局长刘复杰。刘复杰,生于1907年12月,安徽六安人,1953年2月至10月任沙市市人民政府市长。曾任中国人民政治协商会议湖北省第一、二、三、四届委员会委员。

是年,中国林学会武汉分会成立,并通过《中国林学会武汉分会会章草案》。

- **1954 年**

4月27日,中共中央通过政治局扩大会议决议撤销大区一级党政机关,各大区行政委员会随同各中央局、分局一并撤销。由于中南行政委员会撤销,中南行政委员会林业部随之撤销,中国林学会武汉分会挂靠到湖北省林业局,后改名为湖北省林学会。

- **1955 年**

3月,湖北省人民政府林业局、湖北省人民政府水利局改为湖北省林业局、湖北省水利厅,叶雅各任林业局局长,陶述曾任水利厅厅长。陶述曾(1896—1993年),字翼圣,湖北省新洲县人。水利工程专家。1921年毕业于北京大学土

叶雅各年谱

木系。曾任河南大学教授、郑州花园口黄河堵口复堤工程总局工程师、国民政府交通部广州港工程局局长、湖北省建设厅厅长。中华人民共和国成立后,历任武汉大学教授,湖北省交通厅、水利厅厅长,湖北省副省长,湖北省第一、二、四届政协副主席和第五至七届人大常委会副主任,湖北省科协副主席,中国土木工程学会副理事长,民革第五、六届中央常委和湖北省委第三至五届主任委员。是第四届在全国人大代表、第二至六届人大政协委员。

10月,叶雅各参加国务院在北京召开的第一次全国水土保持会议。

12月5日,湖北省人民委员会为加强对水土保持工作的领导,成立湖北省水土保持委员会,由副省长刘济荪任主任,陶述曾任副主任,李夫全、李飞、叶雅各、刘伟、冯志陆为委员,由农、林、水部门抽专职干部组成办公室,冯志陆兼办公室主任。办公地址设水利厅,日常工作由水利厅增设水土保持科办理。

• 1958年

1月,湖北省林业局改名湖北省林业厅,林木森任厅长,叶雅各任副厅长。林木森(1914—1991年),原名林承定,安徽省金寨县人,1932年参加中国工农红军,同年加入中国共产主义青年团,次年转入中国共产党,参加了鄂豫皖苏区反"围剿"和长征,后任八路军总司令部交通队指导员。1940年入抗大学习,后任太岳军区军工部主任、鄂豫军区供给部政委。中华人民共和国成立后,历任湖北省粮食厅、林业厅厅长,湖北省农林水办公室副主任,中共湖北省纪委书记,湖北省第五、六届人大常委会副主任,第五、六届全国人大代表。1991年8月7日病逝。

7月30日,《参加湖北省厅局长以上民主人士关于加速根本自我改造学习的部分名单》中有湖北省林业厅副厅长叶雅各。

是年,叶雅各完成《湖北省绿化标准》。叶雅各在《湖北省绿化标准》中,不赞同各地刚在荒山上栽完树就宣布已经绿化的浮夸风,认为"这种宣布,为时太早"。他按荒山、城镇、公园、四旁……提出了不同绿化阶段的各自绿化标准,以资鉴别其绿化程度,评价造林绿化效果。他还经常告诫参加工作的学生和从事林业工作的人,如果反映情况不实,提供的数字没有根据或根据不足,都会贻害林业大事。

1959 年

2月,叶雅各任中国林学会第二届理事会常务理事。

6月25日,叶雅各被选为中国人民政治协商会议湖北省第二届委员会科学技术团体委员。

6月,湖北省暨武汉市植物学会改为湖北省植物学会和武汉植物学会,领导班子和办事机构均不分开,理事长钟心煊、陈封怀,副理事长孙祥钟、叶雅各、饶钦止,秘书长李春祥,理事16人。

7月5日,《光明日报》刊登叶雅各《森林对风调雨顺的关系》。该文开宗明义指出:民以食为天,而食之所赖是靠庄稼。在今天,年成之丰歉,绝大部分要靠风调雨顺。森林和气候有着密切关系,多造林有助于风调雨顺。

7月11日,湖北省林学会成立大会举行,参加学会的8个单位,共116人,由党政领导和技术人员17人组成理事会,下设营林、园林、林主副产品综合利用3个学组委员会。湖北省林学会在原中国林学会武汉地区林学分会和科普工作组基础上成立。

12月17日至27日,中国林学会在北京举行学术年会,会议选举第三届理事会。李相符为理事长,陈嵘、乐天宇、郑万钧、朱济凡、朱惠方为副理事长,吴中伦为秘书长,陈陆圻、侯治溥为副秘书长,叶雅各任常务理事。

1962 年

3月3日至4日,湖北省林业厅召开湖北省林学会第一届理事会,中国林学会武汉分会改名为湖北省林学会,增补理事11名,理事会成员25名,林木森任理事长,陈封怀、孙凌云、杨致远、叶雅各、万流一任副理事长。

12月,叶雅各《群众营造杉木林的先进经验的分析和建议》刊于湖北省林业科学研究所编印《湖北省林业研究报告选集第一集》1~12页。

是年,叶雅各《防治森林虫害策略的新趋势》由湖北省林业局刊印。进入20世纪60年代初,湖北省马尾松松毛虫严重发生,开展了大面积化学药剂灭虫。针对这种状况,叶雅各撰写《防治森林虫害策略的新趋势》一文,把防治森林害虫提高到"如何巩固我们对森林的绝对所有权"的高度来认识,把防治分为3个部分:①测量受害面积和执行控制措施;②野外调查关于昆虫蔓延及其活动情况;③昆虫产生到成灾密度的原因及其计算方法。

1965 年

9 月，赣鄂皖三省毗连地区第八次护林防火、浙闽赣三省毗连地区第六次护林、湘粤赣连界第四次护林联防工作联合会议在南昌召开，湖北省林业厅副厅长叶雅各做了《湖北省与赣、皖毗连地区 1965 年护林联防工作情况》的发言。

1967 年

12 月 24 日，叶雅各在湖北省武汉市去世，享年 73 岁。叶雅各、刘瑞珍夫妇育有两儿四女，叶绍智、叶绍俞、叶宝宁、叶瑞宁、叶康宁、叶僖宁。

1981 年

6 月 28 日，叶雅各夫人刘瑞珍去世，享年 87 岁。湖北省林业厅举办刘瑞珍追悼会。

1990 年

9 月，中国林业人名词典编辑委员会《中国林业人名词典》（中国林业出版社出版）著录叶雅各生平[20]：叶雅各（1894—1967 年），男，广东番禺人，又名叶雅谷。1919 年毕业于美国耶鲁大学森林学院，获硕士学位。1921 年起曾任金陵大学教授、森林系主任，武汉大学生物系教授、工学院院长、农学院院长。1928 年任武汉大学建筑设备委员会委员，参与选定珞珈山校址、制定校园总体规划的工作，并负责造林绿化。1950 年任湖北农学院教授、森林系主任，1951 年起，任湖北省农林厅、林业厅副厅长、省林业局局长。中国林学会第一、二届理事，第三届常务理事。发表《杉木筒状整枝》《杉木是强阳性树种》等论文。

1991 年

5 月，中国科学技术协会编《中国科学技术专家传略——农学编 林业卷 1》由中国科学技术出版社出版。其中收入韩安、梁希、李寅恭、陈嵘、傅焕光、姚传法、沈鹏飞、贾成章、叶雅各、殷良弼、刘慎谔、任承统、蒋英、陈植、叶培忠、朱惠方、干铎、郝景盛、邵均、郑万钧、牛春山、马大浦、唐燿、汪振儒、蒋德麒、朱志淞、徐永椿、王战、范济洲、徐燕千、朱济凡、杨衔晋、张英伯、

---

[20] 中国林业人名词典编辑委员会. 中国林业人名词典[M]. 北京：中国林业出版社，1990：281-282.

吴中伦、熊文愈、成俊卿、关君蔚、王恺、陈陆圻、阳含熙、黄中立共41位。112~122页载《中国近代林业开拓者之一——叶雅各》。叶雅各（1894—1967年），林学家，中国近代林业开拓者之一。他从事高等林业教育和林业科学技术工作朔40余年，注重学以致用，培养了一批林业科技人才。他极力宣传《湖北省绿化标准》，倡导广修林政，开展植树造林，发展林业生产，设计和建设了武汉大学校园及武汉珞珈山地区的造林绿化。他以森林生态学的观点提出了防治森林虫害的战略思想。叶雅各，义名雅谷，1894年4月30日生于广东省番禺县。其父在美国旧金山金矿当劳工。他随母在家。7岁入私塾读书，聪明好学。及长，其父回国，在广州举办小型碱。又少有人重视林业的情况下，他毅然为振兴中国林业献身，选读林学，于1917年又赴美深造。1918年获美国宾夕法尼亚州立大学森林系科学学士学位；1919年又入美国耶鲁大学森林学院学习，获森林硕士学位，奠定他终身致力于林业的基础。1921年，叶雅各离美赴欧考察森林情况后回到祖国，就任南京金陵大学森林系教授兼系主任，时年仅27岁，为中国林学界少数最年轻的教授之一。他痛感中国林业十分落后，要振兴林业，必须首先培养愿为林业奋斗献身的人才，并动员全国有爱林思想的人们共同努力。1928年7月日军进逼桂林，他不顾个人家庭安危，组织职工历尽艰辛将该馆数十箱仪器设备向后方搬迁，至离桂林240公里处，在日军紧迫下把仪器隐藏在南丹地方一个大岩洞中，因而得以保存。当时广西政府特此发给奖状和奖金，嘉奖他公而忘私的精神。中华人民共和国成立后，叶雅各先后担任湖北省农林厅技术室主任、副厅长，湖北省林业局局长，湖北省林业厅副厅长，湖北省林学会第一届副理事长，中国林学会第一、二届理事，第三届常务理事等职。他在年近花甲之时，还以极大热情，经常深入省内外山区林区和林业基层单位进行实地考察。

5月，徐友春主编《民国人物大辞典》由河北人民出版社出版，收录有关人物12000余人。《民国人物大辞典下》第1943页收录叶雅各：叶雅各（1894—1967年），又名雅谷，广东番禺人，1894年（清光绪二十年）生。1919年，毕业于美国耶鲁大学森林学院，获硕士学位。1921年起，任私立金陵大学教授、森林系主任，武汉大学教授、工学院院长、农学院院长。1928年，任武汉大学建筑设备委员会委员，参与选定珞珈山校址、制定校园总体规划并负责造林绿化工作。中华人民共和国成立后，历任湖北农学院教授、森林系主任，湖北省农林厅、林业厅副厅长和林业局局长，中国林学会第一、二届理事和第三届常务理事。为我国现代林业的开拓者之一。1967年逝世，终年73岁。著有《杉木筒状整枝》《杉木是强阳性树种》等论文。

1998年

10月，由华中农业大学校史编委会编辑刊印《华中农业大学校史（1898—1998年）》60页附武汉大学农学院院长简介：叶雅各（1894—1967年），林学家、教授，广东番禺人，1919年毕业于美国耶鲁大学森林系，获硕士学位。曾任金陵大学教授、森林系主任、武汉大学教授、工学院院长，1933年9月至1936年9月任武汉大学农学院筹备处副主任，1936年9月至1938年8月和1946年5月至1949年8月任武汉大学农学院院长。中华人民共和国成立后历任湖北农学院教授、森林系主任、湖北省农林厅副厅长、省林业局局长、省林业厅副厅长等职，曾被选为中国林学会第一、二届理事，第三届常务理事。曾发表有《杉木筒状整枝》《杉木是强阳性树种》等论文。

2003年

5月9日，《武汉大学报》第3版（校园时空：第935期）刊登周绍东《慧眼识珞珈——叶雅各教授二三事》。

2006年

1月，武汉大学校友总会编《武大校友通讯》2005年第2辑（武汉大学出版社）160～168页刊登刘怀俊、王光中《缅怀先贤叶雅各》。

2012年

11月23日，武汉市人民政府公布：武汉大学农学院为历史优秀建筑。

2013年

11月，杨欣欣、肖珊主编《珞珈风雅》由武汉大学出版社出版，其中50页载有中国科学院学部委员查全性《记若干"第一代"武大校友》，其中讲道：叶雅各先生的功绩则主要是"树木武大创建新校舍之际，珞珈山基本上是野坟遍布的光秃荒

山。几乎每一棵如今耸立在校园内的大树，都是当年叶雅各先生筹划和亲自参加种植的。尤为难得的是，他身为生物系教授（后为农学院院长）此后若干年内几乎整日在幼林中巡视，一旦发现有破坏树木之事，立即严肃处理，决不轻饶"。

2014 年

10 月，方方著《方方经典散文》由山东文艺出版社出版，其中 99～112 页刊载《滨湖的大学》一文。文章的开头是这样写的：我写的这座濒临湖边的大学当然是武汉大学。这是世界上最美丽的大学。谈到武汉大学的风景，我想，无论如何，应该从叶雅各这个人写起。他虽然不是武汉大学最重要的人物，但却是确定校址的关键人物，否则武汉大学的美景无从谈起。

2015 年

3 月 20 日，《武汉大学新闻网》收入刘我风《珞珈一叶，化为邓林》，后刊载《校友通讯 2015 年·珞珈记忆》344 页。

12 月 18 日，《武汉大学报》第 4 版刊登李玉安《不要忘却叶雅各》，其中写道：1928 年 7 月，叶雅各受南京国民政府大学院（后改教育部）指派，任"武汉大学新校舍建筑设备委员会"（简称建委会）委员兼秘书，（当时是李四光出任建委会副委员长），同时被聘为武汉大学教授，1936 年任农学院院长，直到抗日战争为止。在这 10 年中，他竭诚协助"建委会"主任。

陈植年谱

陈植（自1931年《农业周报》农界人名录）

陈 植 年 谱

- **1899 年（清光绪二十五年）**

　　6月1日（农历四月廿三），陈植（Chen Zhi），字养材，号逸樵，出生于江苏省崇明县界牌镇河东新宅（今上海市崇明区建设镇白钥村下辖之旭升所在地）。其父陈佩绅（1871—1954 年），字撗夫，22 岁即开始设塾授徒，1905 年入崇明师范传习所学习，一年后毕业，即应北新公学之聘赴外州（即启东县）任教，后任北义乡立第四小学校长。母亲郁氏（1871—1953 年），崇明本地人，家庭妇女，从事耕作。陈佩绅与陈郁氏育有两儿两女，陈婉清、陈植、陈闲清、陈济。

- **1906 年（清光绪三十二年）**

　　是年，陈植七岁，入读私塾。

- **1908 年（清光绪三十四年）**

　　9 月，陈植转到崇明县开明小学学习，后随父入表东小学、启悟小学就读。

- **1911 年（清宣统三年）**

　　9 月，陈植考入崇明县立第一高等小学。

- **1914 年（民国三年）**

　　7 月，陈植以第五高小第一名的优良成绩毕业，由母校第五高小保送升入南京江苏省立第一农业学校学习，预科一年。江苏省立第一农业学校最早为 1896 年张之洞创办的储材学堂，内设交涉、农政、工艺、商务四纲，1898 年改名为江南高等学堂，1899 年改名为格致书院，后改为路矿学堂。1904 年改为江南实业学堂，分农、矿、电工、化工四科，原有蚕科并入蚕桑学堂，商科并入商业学堂。学制四年，教员为外聘之日籍教习。不久又改为江南高等实业学堂。1912—1913 年公布的学制将实业学堂改为实业学校，招收 14 岁以上初中毕业生，学制四年，预科一年。1916 年江南高等实业学校改为江苏省第一甲种农业学校。内分农、林两科，后因学生人数少，农林科不分，学生两科课程皆学。不久，改为江苏省立第一农业学校，校址位于南京三牌楼。

陈植年谱

1915 年（民国四年）

8月，陈植升入江苏省立第一农业学校农林科学习。时任校长为过探先，林科主任为陈嵘，教员有曾济宽、钱崇澍等。过探先（1886—1929年），著名农学家、农业教育家，江苏省无锡人。1910年留学美国，首入美国威斯康星大学，后转入康奈尔大学，专修农学，先后获学士和硕士学位，1915年回国。历任江苏省立第一农业学校校长、东南大学教授、金陵大学教授等职。东南大学农科和金陵大学农林科奠基人，参与中国科学社和中华农学会的创建工作，在开创江苏教育团公有林、建立植棉总场和开拓我国棉花育种工作方面做出重要贡献，是我国现代农业教育和棉花育种事业的开拓者。

1916 年（民国五年）

1月，在过探先和陈嵘等人的努力下，江苏省教育团公有林在浦镇（今南京市浦口老山林场）设立，这是国内农林学校第一个自办实验林场及教育公有林场。江苏省教育团公有林推定江苏省长公署教育科科长卢殿虎为总理，过探先、钟福庆为协理，陈嵘为技务主任。江苏省教育团公有林的成立，开创了我国近代大规模植树造林事业的先河。陈嵘（1888—1971年），浙江安吉人，著名林学家、林业教育家、树木分类学家，中国近代林业的开拓者。1913年毕业于北海道帝国大学林科。1915—1922年任江苏省第一农业学校林科主任。1923年赴美国哈佛大学阿诺德树木园研究树木学，1924年获硕士学位，再赴德国萨克逊林学院进修一年，1925年回国任金陵大学森林系教授兼系主任。1952年金陵大学森林系与南京大学森林系合并建立南京林学院，任筹委会主任，是年秋担任中央林业科学研究所所长。曾于1917年与王舜臣、过探先等发起组织成立中华农学会，并担任第一任会长兼干事长。同年支持凌道扬成立中华森林会，曾任副理事长、代理事长。被公认为中国树木分类学的奠基人。毕生从事林业教育、科学研究和营林实践工作，一生著述甚丰，其代表作有《中国树木分类学》《造林学本论》《造林学各论》《造林学特论》《历代森林史略及民国林政史料（中国森林史料）》等。

1918 年（民国七年）

7月，陈植以第一名成绩从江苏省立第一农业学校毕业。在校时，因品学兼优被评为特优生。

陈 植 年 谱

9月,陈植赴日本留学,先入日本东京高等预备学校学习日本语文并补习其他功课。留学费用一半由母校江苏省立第一农业学校资助,一半自理。

● 1919年(民国八年)

8月,陈植入东京帝国大学林科学习,师从本多静六博士和田村刚博士等。本多静六(1866—1952年),日本林学家、造园学家,被誉为日本"公园之父"和"林学之父"。其在研究古文献时发现了中国明代造园家计成氏造园专著《园冶》一书,并积极地向日本和国际造园界倡导使用计成氏创造的"造园"名称。本多静六是对陈植的治学生涯有着重要影响的学者,在陈植《造林学原论》和《园冶注释》等著作中皆有提及。

● 1920年(民国九年)

7月,陈植《竹笋夜盗虫之预防及驱除法》刊于《中华农林会报》1920年第8期26～35页。

● 1921年(民国十年)

6月,陈植《中日森林植物名称同辨》刊于《中华农学会报》1921年第2卷第7期36～40页。同文刊于《湖北省农会农报》1921年8月第2卷第8期51～56页。

8月,陈植《鸭绿江森林树木之价值及种类》刊于《中华农学会报》1921年第2卷第10期71～82页。

是年,陈植在日本东京帝国大学教授造林兼造园学权威本多静六博士处看到《园冶》一书。

● 1922年(民国十一年)

6月,陈植《林业与今后中国之关系》刊于《森林》1922年第2卷第2期论说15～17页。该文还刊于1922年4月《殖产协会报》第5期。

7月,陈植从日本东京帝国大学农学部林学科毕业归国。

8月,陈植回母校江苏省立第一农业学校任教,并兼任下属林场主任[21]。

---

[21] 南京农业大学史(1902—2004)[M]. 北京:中国农业科学技术出版社,2004:26.

陈 植 年 谱

12月，曾济宽、陈植、张福延《提议各省设立林业试验场案》刊于《中华农学会报》1922年第35期48～54页。曾济宽（1883—1951年），字慕侨，四川省酆都（今丰都）县人，林业教育家。1915年毕业于日本鹿儿岛高等农业学校林科。回国后历任北京农业专门学校林学科教授、江苏省立第一农业学校教员兼林场主任、中山大学森林系教授、中央大学森林系教授等职。1932年5月，任北平大学农学院院长，此后担任国民党北平市党部委员、西北农学院校务委员、西北技艺专科学校校长等职。曾被选为中华林学会募集基金委员会委员和理事会监事。著述甚丰，在35年的工作中正式出版《造林学》(1925年)、《林业经济学》(1927年)和《林政学》(1947年) 3本专著，另外6本专著《造林学各论》(陈嵘编、曾济宽讲述，1917年)、《林产物制造学讲义》(500页，1925年)、《森林植物学讲义》(80页，1926年)、《造园学讲义》(1926年)、《足食教战与提倡区田栽培》(1937年)、《资本主义经济学与社会主义经济学之认识》(1940年)由内部刊印，发表论文《造林和建国的关系》《吾国今后之造林方法》《林产化学之进步与欧美制纸工业》等180余篇，主要涉及林学、土地、教育、政治四个方面。

12月，养材《中国枕木输入》刊于《中华农学会报》1922年第35期80页；同期，养材《日本中国炭从价税免除之请愿》刊于90页。

● 1923年（民国十二年）

1月，陈嵘赴美留学。经陈嵘推荐，陈植继任江苏省教育团公有林技务主任一职。

1月，陈植《对于构与楮之我见》刊于《中华农学会报》1923年第36期19～23页。

3月，养材《我国木材之市况》刊于《中华农学会报》1923年第38期97～98页；同期，养材《德意志赔偿联合国之林木种子及苗木数量》刊于99页。

4月，养材《日本组织林业用语统一调查委员会》刊于《中华农学会报》1923年第39期91～92页。

5月，陈植《菲列宾之木材》刊于《中华农学会报》1923年第40期52～61页；同期，养材《齐齐哈尔木耳集散之状况》刊于110～111页，养材《日本政府关于森林之预算》刊于112～113页。

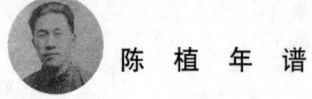 陈 植 年 谱

6月，陈植《油桐之研究》刊于《中华农学会报》1923年第41期34～39。该文还刊于《湖北省农会农报》1923年第2期50～58页。

8月，陈植译《战后欧洲森林国之消长》刊于《中华农学会报》1923年第43期4～8页。

● **1924年（民国十三年）**

是年春，陈植《油桐之研究（附表）》刊于《农智季刊》1924年第1期7～13页。

3月，陈植《为热心营林者进一解》刊于《中华农学会报》1924年第46期1～4页。

5月，陈植《论兵工造林》刊于《中华农学会报》1924年第47期1～4页。

7月，陈植《为热心营林者进一解》刊于《江苏省教育团公有林报告书》1924年第8期43～44页。

7月15日，东南大学农科《农学杂志》1924年第2卷第1期133页刊登《江苏教实联合会农业委员会各组名单》中，森林组：主任 韩安 交通部京汉铁路林务专员；副主任 傅焕光 东南大学农科暨江苏省昆虫局总编辑；委员 姚传法 北京农业大学森林系主任，陈焕镛 东南大学森林学教授，宋廷模 省立第一造林场场长，陈养材 省教育团公有林技师，唐迪先 省立造林场技师，陈嵘 前省立第一农校林科主任，林鉴英 省立第一农校林科教员，洛德美 金陵大学森林教授。

9月，应日本东京帝国大学校友、时任苏州江苏省立第二农业学校校长王舜成之邀，陈植在该校兼授一学期《观赏树木学》课程，至1925年5月。

10月，陈植《江苏省教育团公有林最近概况》刊于《农商公报》1924年第124期21～26页。该文还刊于《新农业季刊》1924年12月3、4期合刊1～9页。

● **1925年（民国十四年）**

3月12日，孙中山在北京因病逝世。临终遗嘱愿葬于南京。以下是医生克礼关于孙中山临终遗嘱之报告：《德医克礼关于孙中山病逝之报告》。孙博士今晨九时三十分安然而逝，神志清明，临终不改。昨日下午发表其对诸事之最后嘱咐，并曾告孙夫人，愿如其友人列宁保存遗体，且愿葬于南京。孙博士之遗体，已移至协和医院施行保存手续。克礼医生 三月十二日。孙中山逝世后，国民党

陈植年谱

驻京中央执行委员会全体会议决定遵照总理遗嘱，在南京紫金山建造总理陵园，并推定汪精卫、林焕廷、宋子文、叶楚伧、邵仲辉、林子超、杨昌白、于右任、戴季陶、张静江、陈去病、孔庸之为葬事筹备委员，委员会主席为张静江，家属代表孙哲生。四月十八日在上海开始召开第一次筹委会会议，推定宋子文、林焕廷、叶楚伧为常务委员，推定杨杏佛为葬事筹备处主任干事。开始总理陵园建设筹备工作[22]。

4月，京都帝国大学在日本国立大学中首次开设了造园学课程。

5月15日，陈植《江苏省教育团公有林最近概况》刊于《农学》1925年第3期87～93页。

是年夏，陈植赴朝鲜和东北考察林业，经北京返宁，为期约一个月。

是年秋，应中华职业教育社创始人、福华丝绸公司董事长冷遹的聘请，陈植承担了镇江伯先公园设计任务。伯先公园是为纪念赵声（伯先）烈士而建，1926年开工建设，占地110亩，耗资20万元，历时5年，于1931年6月落成开放，使荒山冢地一变为江南名园。此后，镇江的省庐庭公园、河滨公园、北固山公园的设计皆出自陈植之手[23]。赵声（1881—1911年），字百先，号伯先。江苏丹徒（今镇江）大港镇人。1903年2月，东渡日本考察，与黄兴结识，同年夏回国，任南京两江师范教员和长沙实业学堂监督。赵声积极宣传革命思想，曾撰写七字唱本《保国歌》。1909年10月，担任广州起义总指挥，并制定具体计划。1910年6月底，与孙中山、黄兴在南洋商决大举之策。1911年3月29日率部赶往广州参加起义未遂。5月18日，怀着壮志未酬的悲愤溘然长逝，年仅30岁。冷遹（1882—1959年），字御秋，江苏省镇江人，军事家、政治家，中华职业教育社创始人、中国民主政团同盟（中国民主同盟前身）和民主建国会创始人。中华人民共和国成立后，历任中央人民政府政务院财政经济委员会委员、华东军政委员会委员、华东水利部部长、华东行政委员会委员、江苏省人民政府副主席、江苏省政协副主席、中国民主建国会中央常委、民建江苏省工作委员会主任委员、中华职业教育社常务理事兼上海分社主任等职。第一、二届全国政协委员，第一、二届全国人大代表。

10月，陈嵘回国担任金陵大学森林系教授兼系主任。

---

[22] 中山陵档案史料选编[M].南京：江苏古籍出版社，1986：2.
[23] 镇江市政协文史资料委员会，陆潮洪著.民国省会那些年[M].北京：中国文史出版社，2010：66.

12月，陈植《满洲之农林概况及日人开发满洲农林业之设施》刊于《东方杂志》1925年第22卷第24期64～77页。《东方杂志》创办于清末（1904年3月）时，终于1948年12月，共44卷819号（期），共发文22442篇、图画12000多幅、广告14000多则等，历时近46年。以"启导国民，联络东亚"为宗旨，是影响最大的百科全景式期刊，是中国杂志中"最努力者"，也是"创刊最早而又养积最久之刊物"（王云五），有"百年老刊""刊中寿星""民国十大善本之一""藏界不倒翁""传世文章最富""澎湃学门，大匠如云""历史的忠实记录者""传世名作""盖代名刊""知识巨擘"等盛誉，影响较大。

● 1926年（民国十五年）

1月，陈植《东北旅行记实（一）》刊于《中华农学会报》1926年第49期83～89页。

是年春，中华农学会委派陈植、林植夫、朱国美、陈方济、朱羲农、汤惠荪等六人为代表，出席在东京明治神宫外苑举办的日本农学会年会，陈植在大会上做专项报告。会后至京都、大阪、九州等地考察。

6月，陈植《东北旅行记实（一）续》刊于《中华农学会报》1926年第51期86～96页。

9月，陈植应聘金陵大学农学院兼任教授，至1930年12月。

11月，陈植《东北旅行记实（续）》刊于《中华农学会报》1926年第52期83～91页。

11月，陈植《市政与公园》刊于《中华农学会报》1926年第48期10～11页。

是年底，陈植与方漱结婚，婚礼在南京通俗教育馆举行。

● 1927年（民国十六年）

1月，陈植《木曾林业概况》刊于《中华农学会丛刊》1927年第53期64～78页，此文系陈植赴日考察归来所写，木曾山位于长野，是日本皇室林野局木曾支局之御料林。同期，陈植《东游日记之一》刊于79～90页。

1月，陈植《改进江苏林业之管见》刊于《江苏建设公报》1927年（创刊号）9～13页。

4月，国民政府定都南京。

陈植年谱

4月，陈植《木曾林业概况（续五十三期）》刊于《中华农学会丛刊》1927年第54期44～54页。

6月9日，国民政府教育行政委员会颁布"大学区制"，将原东南大学、河海工程大学、江苏法政大学、江苏医科大学、上海商科大学以及南京工业专门学校、苏州工业专门学校、上海商业专门学校、南京农业学校（即原江苏省立第一农业学校）等江苏境内专科以上的9所公立学校合并，组建为第四中山大学。国民政府任命江苏省教育厅厅长张乃燕为第四中山大学校长，农科随之改为第四中山大学农学院，任命蔡无忌为院长。

6月，陈植《东游日记之一（续五十三期）》刊于《中华农学会丛刊》1927年第55期59～67页。

6月，江苏省教育团公有林改称为江苏省教育林，陈植升任江苏省教育林场长，任职至1928年1月。

6月27日，总理葬事筹委会第四十八次会议决定筹备陵园计划："陵园计划应组织委员会延聘园林专家共同筹划"[24]。

7月29日，常宗会、张天才前往接收江苏省立第一农业学校，并以江苏省立第一农业学校旧址作为第四中山大学农学院院址，将系改为科，设森林组[25]。

8月，陈植著《造林要义》（第20辑第141种）由上海商务印书馆出版。

9月18日，总理葬事筹委会第五十次会议讨论《陵园计划委员会组织条例》并推定人选。

10月26日，陵园计划委员召开第一次会议，向葬事筹委会提交有关陵园道路的植树、经费、陵园界址等方案[26]。

9月，第四中山大学农学院迁入三牌楼办学。江苏省立第一农业学校自1912设立到1927年合并的15年间，培育了一大批优秀人才，除造园学家陈植以外，还有如著名林学家郑万钧、植物学家秦仁昌、昆虫学家吴福桢等。其中，郑万钧和秦仁昌于1955年当选为中国科学院学部委员。

是年，上原敬二《实验造园树木》由养贤堂出版。上原敬二，1889年2月5

---

[24] 葬事筹委会第四十八次会议记录.中山陵档案史料选编[M].南京：江苏古籍出版社，1986：105.
[25] 南京大学校史编写组.南京大学校史[M].南京：南京大学出版社，1992：91.
[26] 葬事筹委会第五十次、第五十二次会议记录.参见《中山陵档案史料选编》[M].南京：江苏古籍出版社，1986，109、112-113.陈植应是在9月18日葬事筹委会第四十八次会议上被推定为设计委员。

陈 植 年 谱

日出生于东京，1914年7月毕业于东京帝国大学农科大学林学系，1915年担任明治神宫造营局技师，整整3年间作为营造林苑的现场主任，他不断进行尝试和实验，之后在研究生院学习森林美学、造园学、树木科学和建筑学，1920年将其成果归纳成学位论文《神社林的研究》，被授予林学博士。1918年7月创立上原造园研究所，之后担任东京农业大学、东京帝国大学讲师，1923年10月担任帝国复兴院技师，1924年6月创立东京高等造园学校（东京农业大学地区环境科学系造园科学专业的前身）并担任校长，于次年创立"日本造园学会"。之所以这样做，是因为1923年因发生关东大地震，东京有一大半被大火烧毁，上原考虑到搞复兴要像欧美那样，绿色都市计划专家（景观设计师 landscape architect）是不可或缺的。1953年4月担任东京农业大学教授，1974年11月担任东京农业大学名誉教授，1981年10月24日去世。上原是近代日本第一位造园学者，一生出版著作250部，培养了很多造园家，被称为日本造园界的先驱。

● 1928年（民国十七年）

1月，陈植因林场发生被盗伐和军阀残余势力的蓄意破坏等事件，主管机构不加详查，便以"不协舆情"之罪被撤职。后来真相大白，实属蒙冤。

3月12日，《新闻报》第18版刊载陈植《改良植树节之管见》。

4月，陈植《赵声公园设计书》刊于《农学杂志》1928年第2期9～37页。《镇江赵声公园设计书》共分七个部分：绪论、设计之大体方针、公园之区划、局部之设计、植树、杂件、结论，并附有设计图。

5月18日，由姚传法与凌道扬、陈嵘、李寅恭等发起恢复中华林学会，宗旨为"研究林学、建设林政、促进林业"，并推姚传法、韩安、皮作琼、康瀚、黄希周、傅焕光、陈嵘、李寅恭、陈植、林刚10人为筹备委员[27]。姚传法（1893—1959年），字心斋，祖籍浙江省鄞县（今宁波市）人，著名林学家、林业教育家、中国林业事业的先驱者，中华林学会的创办者。1914年毕业于沪江大学理科。1919年毕业于美国丹尼森大学，获科学硕士学位。1921年获美国耶鲁大学，获林学硕士学位。1928年当选为中华林学会首届理事会理事长。历任江苏省第一农业学校森林科主任、东南大学农科教授。1955—1958年任南京林学院教授。在国民政府任职期间，提倡兵工造林，曾参加《森林法》草案的拟订

---

[27] 江苏省地方志编纂委员会. 江苏省志. 林业志[M]. 北京：方志出版社，2000.

陈 植 年 谱

和主持《土地法》的审议工作，主张推行法制，以法治林。

7月，陈植《南京都市美增进之必要》刊于《东方杂志》1928年13号35~43页。

8月，经日本东京帝国大学同学陈觉生介绍，陈植任国民政府农矿部设计委员会专门委员、荐任技士，至1930年12月。

8月24日，经姚传法、金邦正、陈嵘等林学家积极推动和筹备，中华林学会在金陵大学召开成立大会。姚传法、陈嵘、凌道扬、梁希、黄希周、陈雪尘、陈植、邵均、康瀚、吴桓如、李寅恭11人当选为理事，姚传法任理事长。理事会下设总务、林学、林业、林政4个部。黄希周、陈雪尘为总务部正、副主任。梁希、陈植为林学部正、副主任。李寅恭、邵均为林业部正、副主任。凌道扬、康瀚为林政部正、副主任。会址设在南京保泰街12号[28]。

是年夏，陈植倡议并邀集同行成立中华造园学会[29]、[30]。

10月，陈植《造林要义》（第12辑简编500种）由上海商务印书馆出版。

11月，中华林学会召开第二次会议，议决编辑《林学》杂志和林学丛书，会议由姚传法主持，推选陈雪尘、黄希周、陈植3人负责编辑，并向各委员征稿。

11月，陈植《对于兵工林业之管见》刊于《农矿公报》1928年第6期148~156页。

是年，陈植著《观赏树木》（百科小丛书）由商务印书馆出版。

● 1929年（民国十八年）

1月，陈植《造林树种宜如何选定》刊于《森林丛刊》1929年第1期1~20页。

3月，上原敬二《和洋风庭园的做法》由资文堂书店出版。

5月28日，孙中山灵柩运抵南京，于国民党中央党部恭置灵堂。29日、30日、31日三天为公祭日，各界人士前往灵堂公祭。

6月1日，在中山陵举行奉安大典。陈植因参与陵园设计有功而参加了迎

---

[28] 江苏省地方志编纂委员会. 江苏省志. 林业志[M]. 北京：方志出版社，2000.
[29] 杨绍章，陈植. 中国科学技术专家传略. 农学篇. 林业卷[M]. 北京：中国科学技术出版社，1991：187-191.
[30] 黄晓鸾. 中国造园学的倡导者和奠基人——陈植先生[J]. 中国园林，2008（12）：51-55.

椁、瞻仰遗容及奉安大典各种仪式[31]。

6月21日，陈植《首都附近之重要造林树种》刊于《农林新报》1929年第174期第4页。

7月1日，陈植《首都附近之重要造林树种（续）》刊于《农林新报》1929年第175期2～3页。

8月，中华学艺社派陈植、吴文灿等5人为代表赴札幌日本北海道帝国大学参加学术年会。中华学艺社之前身为丙辰学社，诞生于1916年，由陈启修、王兆荣、周昌寿、吴永权等留日学生在日本东京发起成立，以"研究真理，昌明学术，交换智识"为宗旨。1920年总事务所迁上海，1923年改名为中华学艺社，社刊为《学艺》杂志。作为民国时期与中国科学社齐名的综合性科学团体，中华学艺社在科学传播和文化推广上做出了不可磨灭的贡献。

是年秋，陈植受农矿部委托，制定《太湖公园计划》。《太湖公园计划》是我国第一个国家公园计划。陈植在《太湖公园计划》提及建造国立太湖公园的理由是：财力既非一省所能胜任，事业亦非一省所能完成。

是年，李寅恭任江苏教育团公有林林场场长。李寅恭（1881—1956年），安徽合肥人，林学家、林业教育家，中国近代林业开拓者。1927年，应聘任第四中山大学农学院森林组教授，为筹建森林组锐意擘划。1930年任中央大学森林系教授兼系主任，1935年任中华林学会第四届理事会理事兼《林学》编辑部主任，1952—1956年任南京林学院教授，是中国较早研究森林病虫害的学者之一，主要论著有《树木学撷要》《行道树》《树木虫病害之一斑》等。

10月，《中华林学会会员录》刊载：陈植为中华林学会会员。

● 1930年（民国十九年）

1月1日，陈植《造林树种宜如何选定》刊于《农林新报》1930年第193期2～4页。

1月11日，陈植《造林树种宜如何选定（续一）》刊于《农林新报》1930年第194期18～20页。

1月12日（农历民国十八年12月13日），长子陈祖怡出生。

1月21日，陈植《造林树种宜如何选定（续二）》刊于《农林新报》1930年

---

[31] 陈植.《陈植造园文集》[M]. 北京：中国建筑工业出版社，1988：213.

第 195 期 37～39 页。

2 月 1 日，陈植《造林树种宜如何选定（续三）》刊于《农林新报》1930 年第 196 期 54～56 页。

2 月，陈植《太湖公园计画书》由南京大陆印书馆出版。

3 月，陈植《造林须知》由首都造林运动委员会刊印。

3 月，陈植《改进我国林业教育之商榷》刊于《林学》1930 年第 3 期 13～24 页。

4 月 30 日，陈植《改进我国林业教育的商榷》刊于《七项运动》1930 年第 17 期 3～4 页。《七项运动》1930 年 1 月 8 日创刊于南京，周刊，由《七项运动周刊》社编辑发行，社址位于南京洪武街九十六号，1930 年 11 月停刊。国民政府在"训政时期"施行地方自治所推行的七项运动为识字、合作、卫生、造林、造路、保甲和提倡国货。

5 月 7 日，陈植《改进我国林业教育的商榷（续）》刊于《七项运动》1930 年第 18 期 2～4 页。

7 月，陈植《太湖公园计画书》刊于《无锡县政公报》1930 年 32～33 合刊 1～5 页。

7 月，国民政府工商部和农矿部合并成立实业部，林政司扩充为林垦署，主管全国林政事宜，其下设有直属的林业机构。陈植经甄别合格仍以原职任用，仍在林垦署工作，署长由农业司司长徐廷瑚代理，同事有潘赞化、安事农等[32]。

10 月，陈植著《造林要义》（王云五主编 第一集一千种）由上海商务印书馆出版。

10 月，陈植著《观赏树木》（王云五主编 第一集一千种）由上海商务印书馆初版。

11 月 20 日，陈植《为热心营林者进一解》刊于《江苏省教育林刊物（刊物之八）》1930 年 1～4 页。

12 月，陈植著《都市与公园论》（市政丛书）由上海商务印书馆出版。

12 月，陈植《中国造园史略》刊于新中国农学会印行《新农通讯》1930 年第 1 卷第 4 期 1～8 页。

---

[32] 参见：《陈植人事档案》，南京林业大学档案馆。

陈 植 年 谱

• 1931年（民国二十年）

1月，陈植任实业部林垦署荐任技士，任职至12月。

1月，陈植《太湖公园》刊于《旅行杂志》1931年第1期第9～23页。

8月10日，陈植长女陈祖庆出生。

8月，陈植应中央大学之聘，兼任中央大学农学院园艺系副教授，讲授造林学、造园学、观赏树木学等课程，至1933年7月。

10月，陈植《中国造园之史的发展》刊于《安徽建设》1931年第29期138～246页。

11月6日，《农业周报》1931年第1卷第28期42页刊登《农界人名录：陈植》。陈植，字养材，江苏崇明人，年三十三岁。毕业于日本东京帝国大学农学部林学科。历任江苏省立第一、第二农业学校教员；金陵大学教授；江苏省教育团公有林林务主任及场长，江苏省农林委员会委员，农矿部设计委员会专门委员及荐任技士，江苏省农矿厅推广委员会名誉委员，中山陵园计划专门委员。现任实业部荐任技士，及中央大学农学院副教授。著有《造林学要义》《观赏树木》《都市与公园论》《中国木本植物名汇》《造园学概论》《世界林业教育概观》。

是年，陈植由实业部同事潘赞化、谢嗣嬢两人介绍加入国民党。

是年，陈植在中央大学农学院讲授造园学时，以急待参考，曾函请日本东京高等造园学校校长上原敬二博士雇人代录造园学，后因"一·二八事变"发生而中止。

• 1932年（民国二十一年）

是年初，陈植辞去实业部职务，专任中央大学农学院园艺系教职。

6月，日本京都园林协会（京都林泉协会）成立，重森三玲任会长。

12月14日，陈植次女陈祖恬出生。

• 1933年（民国二十二年）

4月，陈植《十五年来中国之林业》刊于《学艺杂志》1933年（百号纪念增刊）41～161页。

7月，因在此前发生的中央大学"易长风潮"中支持学生的行动，并对校方处理事件的看法不一而被解聘[33]。

---

[33] 南京大学校史编写组. 南京大学校史. 南京：南京大学出版社，1992：116-119.

陈 植 年 谱

10月，陈植经同学加同乡好友汤惠荪推荐，获任江苏省地政局技正兼测丈人员训练所教务主任，从南京转到江苏省会镇江工作，至1937年12月。汤惠荪（1900—1966年），名锡福，字惠荪，上海市崇明人，农学家、农业经济学家、农业教育家。1917年毕业于南京江苏省立第一农业学校，同年赴日本鹿儿岛高等农业学校学习。曾任中央政治学校地政学院教授兼研究室主任、云南大学农学院首任院长、国民政府地政部常务次长等职。1963年任台湾省立中兴大学校长。1966年在巡视造林工作时，以身殉职。为纪念汤惠荪，中兴大学将大礼堂改名为惠荪堂，将能高林场改名为惠荪林场，并于林场内殉职地点树立汤公碑，途中设立汤公亭，在台北法商学院建有惠荪南楼及惠荪北楼。

11月，陈植著《观赏树木》由上海商务印书馆再版。

● 1934年（民国二十三年）

1月，陈植《改进江苏农林教育之商榷》刊于《江苏月报》1934年第1期9～11页。

4月，陈植《交通周览与风景建设》刊于《江苏月报》1934年第4期1～2页。同期，陈植《改进江苏农林事业之管见》刊于47～49页。

8月，陈植《改进江苏农林教育之商榷》刊于《农村经济》1934年第8期74～76页。

10月，陈植改任江苏省建设厅技正，兼第四科科长和全省公路植树队总队长。期间拟定林业试验场、强制造林等计划，并主办全省公路植树事宜。

是年，Carroll Brown Malone（卡罗尔·布朗·马隆）"History of the Peking Summer Palaces Under the Ching"《清朝皇家园林史》1934年由伊利诺伊大学出版社出版。该书根据美国国会图书馆所存清代匠作中关于圆明园、万寿山的则例抄本而著，内收大量圆明园和颐和园旧影及铜版画，被誉为研究中国清朝皇家园林的"圣经"。

● 1935年（民国二十四年）

4月1日，陈植《改进江苏林业之商榷》刊于《江苏建设月刊（实业专号）》（上）1935年第4期第17～22页。

4月，陈植《造林运动与教育之关系（在省立镇江师范学校之演讲）》刊于《江苏月报》1935第3卷第4期49～50页。

4月，陈植著《造园学概论》由上海商务印书馆以大学丛书初版，1947年再版。

8月，陈植节译《欧美林业教育概观》由上海商务印书馆刊印。

8月，陈植《江苏省农林事业改进之近况》刊于《江苏研究》1935年第8期17～21页。

8月，陈植受聘担任河南大学农学院院长，因江苏省建设厅不准辞，10月请人代理后，即返苏回建设厅工作。

• 1936年（民国二十五年）

1月25日，陈植《中国造园家考》刊于《江苏研究》1936年第2卷第1期1～4页。

1月30日，陈植三女陈祖悦出生。

2月，陈植《推进江北农村副业声中所应提倡之林业》刊于《江苏建设》1936年第2期15～19页；该文还刊于《江苏研究》1936年第2期11～64页。

3月7日，陈植《造林学研究法（上）（读书指导）》刊于商务印书馆《出版周刊》1936年第171期1～19页。商务印书馆《出版周刊》于1924年1月在上海创刊，由李伯嘉主编，商务印书馆编译所出版部发行，上海商务印书馆出版；1932年1月28日，由于日本侵略军炸毁了商务印书馆在上海闸北的厂房，《出版周刊》被迫中断出版，出版至407期；1932年12月复刊新1期，停刊于1937年7月243期。1937年"七七事变"后，商务印书馆10月迁长沙，将《出版周刊》改名为《出版月刊》，1941年8月停刊。

3月14日，陈植《造林学研究法（下）（读书指导）》刊于《出版周刊》1936年第172期1～13页。

3月，陈植《林业应如何推广》刊于《江苏研究》1936年第3期59～64页。该文4月刊于《江苏建设》1936年第4期18～20页，12月刊于《林学》1936年第6期37～40页。

5月4日，陈植《造林运动应取的方式：要普及化、要民众化、要实际化》刊于《江苏广播双周刊》1936年第23期466～468页。

7月，陈植《造林运动应取的方式：要普及化——要民众化——要实际化》刊于《林学》1936年第5期59～64页。

陈 植 年 谱

7月，《中华林学会会员录》刊载：陈植为中华林学会会员。

• 1937年（民国二十六年）

4月1日，陈植《徐属各县造林计划》刊于《江苏建设月刊》1937年第4卷第4期（林业专号）1~7页；同期，陈植《关于林业推行之管见》刊于10~11页；陈植《江苏省三年来林业之动向》刊于12~19页。

4月，陈植《造林要义：育苗造林及保护》刊于国民经济建设运动委员会《国民经济建设月刊》1937年第4期45~46页。

5月1日，陈植《松毛虫之性状及其防治方法》刊于《林区通讯》1937年第5期3~6页。该文还刊于《江苏广播周刊》1937年第25期5~6页。

6月23日，陈植四女陈祖德出生。

7月7日，日本侵略者发动七七事变，抗日战争全面爆发。

7月12日，陈植《行道树保护问题》刊于《江苏广播周刊》1937年第48期第4页。

9月16日，陈植《国难严重声中合作社应尽的责任》刊于《江苏合作》1937年第30、31期合刊8~9页。

12月，抗日战争蔓延，省会镇江形势岌岌可危，江苏省政府被迫西迁武汉并改组裁员。陈植举家撤退到汉口时，已无职可就，在汉赋闲半年，闭门著书。

• 1938年（民国二十七年）

2月24日，中国垦殖协会成立，常务理事曾济宽、冷御秋、喻育之，理事骆美奂、萧铮、谢作民、黄仲翔、林鹏侠、刘刚甫、钱云阶、丘哲、陈植、熊伯衡、庞镜塘、邱友铮、陶尧阶、沈苑明、韩德举、刘鸣皋；常务监事江游之；监事赵棣华、戴愧生、李德全、刘百闵[34]。

3月，陈植《非常时期我国农业上应有之调整》刊于《东方杂志》1938年第5号5~13页。

5月，陈植《抗战时期调整农业教育之管见》刊于《中央周刊》1938年第19期5~9页。

5月，曾济宽、陈植《战区难民垦殖湖北房县之商榷》刊于《国魂》1938年

---

[34] 蔡鸿源，徐友春. 民国会社党派大辞典[M]. 黄山书社，2012：168.

 陈 植 年 谱

第 5 期 3～5 页。

6 月，经友人介绍，陈植到教育部农业教育委员会担任编辑，全家再迁往重庆，至 1939 年 8 月。

8 月，陈植《抗战时期我国林业问题之商榷》刊于《时事类编》1938 年第 16 期 43～56 页。

10 月，（日）冈大路《支那宫苑园林史考（日文）》1934 年由满洲建筑协会出版。

● 1939 年（民国二十八年）

7 月，云南大学农学院成立，汤惠荪任院长，设农艺、森林两系，张福延任森林系主任。张福延特致函时任校长熊庆来，推荐陈植到云大任职。推荐函内容摘录如下："……林学系确为系务上之迫切需要，至少亦应聘请教授两人，加聘助教一人，除商筹办理林学系各种设备外，对于树木园林场之规划、教材之准备皆为目前所急需，若非目前所急需者，自可从缓罗致，即虽目前所需未得其人，亦应俟物色到确能胜任者而后罗而致之，则教育前途其庶有豸乎。又窃以为吾滇现已成为国防及国际交通之枢纽，并有成为文化中心之倾向，而云大又为南疆固有之最高学府，观瞻所系，对于树木园及林场等之布置，除发挥地方固有之特长外，更宜使之有艺术化。兹推荐敝学友陈养材先生负此方面任务，伊系一专攻造林与造园，学识经验俱优，为汤惠荪兄同乡同学，其经历如何，勿待缕述，即祈聘为林学系教授，至于其他应聘之教授一人，俟仔细斟酌后再为推荐……七月十九日。"[35] 张福延（1891—1972 年），字海秋，云南剑川人，白族，林业教育家。1918 年毕业于日本东京帝国大学农学部林学科。曾任江苏省立第一农业学校教员，北京农业专门学校教授，中央大学农学院副教授、教授、森林系主任，云南大学教授、森林系主任和农学院院长，中华农学会监事等职。中华人民共和国成立后，历任云南大学农学院院长、昆明农林学院林学系教授，著有《中国森林史略》《森林数学》等。

8 月，陈植应聘任云南大学农学院森林系教授，主讲造林学和日文课程，至 1942 年 7 月。

8 月 8 日，农历七月，陈植次子陈祖恺出生。

---

[35] 刘兴育. 云南大学史料丛书 [M]. 昆明：云南大学出版社，2013：112.

陈 植 年 谱

12月，陈植《造林要义》(第12辑简编500种)由上海商务印书馆再版。

12月1日，陈植被聘为云南大学校景委员会委员[36]。

● 1940年（民国二十九年）

是年春，时任教育部部长陈立夫赴昆明视察各高等学校，批给昆明高等八校学生生活补贴费用十万元，筹办合作社及其他生产事业。公推西南联大商学系教授丁佶主办合作社，蔬菜园艺场由陈植负责[37]。

6月，养材《义教应与民教合办》刊于浙江省立宁波民众教育馆编辑并发行《民教岗位》1940年第3卷第3期4页。

是年，陈植兼任云南省资源委员会与云南酒精厂合办之酒精原料农场场长。

是年底，农场迁于昆明大板桥云南酒精厂内，工作人员并入厂内工作，陈植遂辞职，专任云南大学教授。

● 1941年（民国三十年）

10月，陈植夫人方漱于重庆歌乐山中央医院病故，陈植子女六人，除长子随带至云南读书外，其余子女皆托请亲属代养。

10月，《中华林学会会员录》刊载：陈植为中华林学会会员。

● 1942年（民国三十一年）

8月，陈植辞去云南大学教职，担任云南沾益酒精厂厂长，至1943年3月。

9月，上原敬二（林学博士）《应用树木学（造园树木）》(上、下册)由三省堂出版。

● 1943年（民国三十二年）

3月，陈植重返云南大学任教，同时潜心编著《造林学原论》。

9月，陈植任云南大学农学院森林系教授，至1945年4月。

12月11日，陈植《我国风景建设论》刊于《昆明：扫荡报》1943年12月11日第3版。

---

[36] 刘兴育. 云南大学史料丛书（教职员卷）[M]. 昆明：云南大学出版社，2013.
[37] 参见：《陈植人事档案》，南京林业大学档案馆。

陈 植 年 谱

● 1944年（民国三十三年）

3月，陈植《论留学政策》刊于《东方杂志》1944年第40卷第5期39～41页。

3月，陈植《论大学教授》刊于《东方杂志》1944年第40卷第6期19～52页。

5月，陈植《论学术自主》刊于《东方杂志》1944年第40卷第10期14～20页。

6月，陈植《农政泛论》刊于《东方杂志》1944年第40卷第12期20～22页。

8月，陈植《记明代造园学家计成氏》刊于《东方杂志》1944年第40卷第16期34～37页。

9月，陈植《筑山考》刊于《东方杂志》1944年40卷第17期50～57页。

是年秋，陈植长子陈祖怡在昆明考取空军幼年学校。1937年抗日战争爆发，鉴于当时的形势，苏联派驻中国的空军总顾问帕尔霍明科向中国航空委员会建议，是否可以效仿苏联"纳西莫夫"少年海军学校的模式，从抗战长远考虑，设立少年空军学校。建议得到包括周恩来、叶剑英、张治中、白崇禧等国共人士的赞同和支持。1939年，中国航空委员会决定成立少年航校，并命名为"空军幼年学校"。留美回国的教育家汪强先生担任教育长，学校定址于山清水秀、远离战火的四川省灌县（今都江堰市）的蒲阳场。航校面向全国招收十二岁至十五岁的高小毕业生，接受严格的训练，为长期抗战培养空军后备人才。从1940年到1946年，空军幼年学校共招收六期学员二千一百余人，学员遍布祖国各地和海外。当年的学员有的后来成为空军飞行员、民航飞行员和空军将领，有的成为著名科学家、教授、中国科学院院士。

12月15日，陈植《太平洋战争三年来我国林学研究之动态》刊于《学生杂志》1944年第22卷第1期24～33页。

是年，陈植《大学及专科学校林科学生待遇问题之商榷》刊于《昆明：扫荡报》。

是年，陈植《改进农业与农政农学应有之革新》刊于《昆明：扫荡报》。

● 1945年（民国三十四年）

2月，陈植《战后农工并重论》刊于《东方杂志》1945年第41卷第3期18～21页。

4月，陈植因子女均在重庆由亲戚代为抚养，为便于自己照顾，急于回重庆工作。经钱天鹤、盛世才推荐，在重庆国民政府农林部谋得秘书（简任）一职，

陈 植 年 谱

遂辞去云南大学教职到重庆工作,至1946年5月[38]。钱天鹤(1893—1972年),农学家、现代农业科学的先驱者,中央农业实验所的主要创始人。1913年以庚子赔款资送美国康奈尔大学农学院就读,五年后获农学硕士学位,1919年回国。先后任金陵大学农科教授兼蚕桑系主任、国民政府教育部社会教育司司长、浙江省建设厅农林局局长、中央农业研究所副所长、国民政府农林部常务次长、中国农村复兴联合委员会农业组组长等职。

4月,陈植《造林学之内容及其研究之途径》刊于《东方杂志》1945年第41卷第7期38~43页。

7月31日,陈植《树名训诂》刊于《东方杂志》1945年第41卷第14期35~44页。

8月,陈植改任国民政府农林部专门委员。

8月15日,陈植《救济农村衰落应取之路径》刊于《财政经济》1945年第7、8期合刊1~2页。

10月,陈植《李笠翁氏的造园学说》刊于《东方杂志》1945年第41卷第10期45~49页。

10月,抗战胜利后,陈植作为国民政府农林部专门委员被指派为华南特派员接收处专门委员(兼),与华南区特派员张远峰同往广州,参加接收海南岛工作。

12月底,海南岛接收工作告一段落,张远峰返回广州,陈植留在海口处理未了事宜。鉴于海南岛资源丰富,有待开发,便自拟开发海南岛计划,通过国民党高级将领韩练成,选拔和组织日本战俘中专业技术人员四十人,代为分别拟定计划,三个月后告竣,经陈植翻译成中文,油印成册,以期为海南资源开发提供重要参考[39]。

● 1946年(民国三十五年)

3月,陈植《海南岛农业开发之检讨》刊于《东方杂志》1946年第42卷第6期17~25页。

4月,陈植《海南岛林业开发之检讨》刊于《东方杂志》1946年第42卷第7期12~16页。

---

[38] 参见:《陈植人事档案》,南京林业大学档案馆。
[39] 参见:《陈植人事档案》,南京林业大学档案馆。

4月，陈植《海南岛渔业开发之检讨》刊于《东方杂志》1946年第42卷第8期8~36页。

4月，陈植《战后农工并重论》刊于《中农月刊》1946年第4期141~143页。

5月，陈植《海南岛牧业（畜产）开发之检讨》刊于《东方杂志》1946年第42卷第9期12~15页。

6月初，陈植以国民政府农林部专门委员身份兼海南岛办事处主任和广海区渔督处主任，至1948年8月。

7月，陈植《海南岛建设前途之瞻望》刊于《东方杂志》1946年第42卷第13期1~3页。

9月，陈植向国民政府教育部建议于海南岛设立一所高级农业学校，以供开展海南基层农林干部培养之需。经国民政府教育部批准同意设立琼山高级农业学校，并由陈植任筹备主任，至12月。

10月底，陈植离琼返回广州，海南岛办事处主任一职交吴沧达代理，至年底办事处任务结束。

11月1日，陈植、黄雪章于广州结婚，遂后赴南京述职，并建议将海南岛办事处到年底结束。黄雪章女士出身名门，为黄遵宪的孙女。黄遵宪（1848—1905年），汉族客家人，字公度，别号人境庐主人，清朝诗人、外交家、政治家、教育家，被誉为"近代中国走向世界第一人"，出生于广东嘉应州，1876年中举人，历任驻日参赞、旧金山总领事、驻英参赞、新加坡总领事，戊戌变法期间署湖南按察使，助巡抚陈宝箴推行新政。工诗，喜以新事物熔铸入诗，有"诗界革新导师"之称。黄遵宪著有《人境庐诗草》《日本国志》《日本杂事诗》等。

是年，陈植《海南岛民救济与农业建设》刊于海南岛《民国日报》。

● 1947年（民国三十六年）

1月，广东渔督处迁至广州办公。陈植组织广东沿海各地渔民开展战时损失情形的调查，并拟定渔业物资救济办法。

4月，陈植《造园学概论》由上海商务印书馆增订再版。

7月1日，陈植《如何发展广东特产（广东建设研究会座谈会纪录）：广东渔业的发展》刊于《经济建设》1947年第2卷第2期27~29页。陈植《关于广东省五年建设计划特辑：海南岛的农业建设》刊于《广东建设研究》1947年

第2卷第2期40～41页。

8月，经中山大学森林系教授侯过介绍，陈植兼任中山大学农学院教授。侯过（1880—1973年），字子约，原名楠华，广州梅州城北人。书法家、诗人，中国近代林业先驱，性慷慨、质直。2007年10月，侯过被列入广东历史文化名人。1916年毕业于日本东京帝国大学林科。回国后受聘到江西农业专门学校任教授。1923年回广州，历任中山大学农学院教授、院长，长期致力于林业的教学与科研工作。1950年8月出席在北京召开的全国科学工作者会议，应邀参加周恩来总理的宴请。1973年病逝于广州，享年94岁。

● 1948年（民国三十七年）

4月，陈植《海南岛民食问题之解决途径》刊于《东方杂志》1948年第43卷第7期22～35页。

7月3日，陈植《海南岛之渔业》刊于《申论》1948年第1卷第10期13～16页。

7月10日，陈植《海南岛之农业》刊于《申论》1948年第1卷第11期10～15页。

7月24日，陈植《海南岛之林业》刊于《申论》1948年第2卷第1期10～14页。

7月，陈植《海南岛民食问题之解决途径》刊于《东方杂志》1948年第44卷第7期22～25页。

8月，陈植辞去国民政府农林部一切职务，专任中山大学教授，至1949年8月。

8月7日，陈植《海南岛之牧业》刊于《申论》1948年第2卷第3期5～7页。

8月14日，陈植《海南建省问题》刊于《申论》1948年第2卷第4期9～10页。

11月，陈植《海南岛资源之开发》由正中书局出版。

● 1949年

2月，陈植《海南岛新志》由正中书局初版。

3月，陈植《造林学原论》（部定大学用书）由编译局出版。

4月，在中国人民解放军于南京渡江作战之前，国民党的总统府、行政院便迁到广州。南京"四·一"惨案的消息传到中山大学后，中山大学师生举行了一系列声援活动，引起国民政府当局的警惕。南京中央大学、金陵大学等10所大专院校的学生和部分教职员工6000余人举行大游行，要求国民政府接受中国共产党的八项和平条件。游行结束后，回校学生遭到预伏的国民党暴徒的围殴和毒打，被打死和被打重伤致死3人，酿成震惊全国的"四·一"惨案。

5月，国民政府命令中山大学提前结束，即日疏散，此时货币贬值，教授们的生活难以维持，便在国民政府教育部门前组织"拍卖行"活动，此举进一步触碰了国民政府当局的敏感神经。

7月，面临全面崩溃的国民政府不甘心失败，于23日凌晨突然包围了中山大学，逮捕了中山大学师生160多人。陈植时任中山大学教授会常务理事，作为其中重点头目之一被捕入狱，罪状是"煽动罢课，主张暴动"。后经中共地下党组织和各方营救，在舆论的压力下，8月15日才得以释放。中华人民共和国成立后中山大学称之为"七·二三"事件，并将7月23日定为"七·二三"纪念日[40]、[41]。

10月，广州解放前夕，为躲避国民党特务的继续追杀，陈植逃至香港避难，借居亲戚家闭门编著《造园学》。

• 1950年

8月，经陈嵘先生介绍，陈植收到来自南昌大学教授聘书。

9月，陈植赴南昌就职，在南昌大学担任森林系教授，主要讲授造林学（原论和各论）、热带林业、造园学等课程，至1952年10月。

• 1951年

是年，经郑万钧、郝景盛介绍，陈植参加中国植物学会。

是年，陈植在南昌参加中国林学会南昌分会。

是年，陈植被中国园艺学会推举为江西筹备委员会委员及召集人。

---

[40] 梁山，李坚，张克谟. 中山大学校史（1924—1949）[M]. 上海：上海教育出版社，1983：137-140.
[41] 参见：《陈植人事档案》，南京林业大学档案馆.

是年底,在"三反"运动中,因父母的地主身份及家庭背景,陈植被迫进行自我检查和批判。

1952 年

2月,陈植《主要经济树木:其一用材树种(农学小丛书)》和《主要经济树木:其二特用树种(农学小丛书)》由上海商务印书馆出版。

5月,教育部出台《关于全国高等学校1952年的调整设置方案》,调整的主要任务是发展专门学院,首先是工业学院,并整顿与加强综合大学。《方案》公布后,各地即着手进行具体的调整工作[42]。

7月4日至11日,教育部在北京召开全国农学院院长会议,梁希和李范五出席了会议。会议拟定《全国高等农业学校院系调整及专业设置方案》,其中,新成立华中农学院,除了由武汉大学农学院和湖北省农学院全部合并组成外,还有南昌大学农学院、广西大学农学院、中山大学农学院、河南大学农学院的部分系科并入;会议讨论林垦部有关设立林业院校的报告,并决定在华北、东北和华东三个大区设立北京林学院、南京林学院(初定名华东林学院)和东北林学院。

9月,南昌大学农学院森林系并入华中农学院林学系,陈植随院系调整转入武汉华中农学院任教授、造林教研组组长,至1955年9月。

10月,陈植编著《主要经济树木 其二 特用树种》由商务印书馆出版。

1953 年

7月,陈植带南昌大学森林系学生到江西庐山实习,住芦笛岩。

12月,陈植《造林》《护林》由北京中华书局出版。

是年,陈植之弟陈济在上海市镇压反革命运动中被定为历史反革命,送劳改农场改造。陈济,字养民,1902年生,1925年7月入黄埔军校第四期经理大队第二队学习,1926年1月毕业。1928年4月任第六期经理处采办股长(教职员),1928年12月至1929年12月任中央陆军军官学校第七期中校经理教官,后任江苏省民政厅爱国舰舰长。1949年6月2日上海市人民政府公安局水上分局成立,陈济水上分局工作,1953年在上海镇反运动中被定为历史反革命,送到江苏射阳国营新洋农场(1952年12月,江苏省公安厅在射阳划地4万余亩建设

---

[42] 王红岩. 20世纪50年代中国高等学校院系调整的历史考察[M]. 北京:高等教育出版社,2004:185-188.

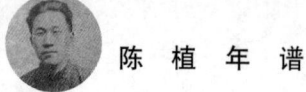 陈 植 年 谱

劳改农场,定名为新洋农场,以收置旧警人员。1955年易名江苏省第三劳动改造管教队,1957年由省公安厅移交给省国营农场管理局,更名为江苏地方国营新洋农场,1969年9月整建制划给兵团,改称为中国人民解放军南京军区江苏生产建设兵团第二师第十二团,1975年6月撤销兵团建制,划归江苏省农垦局。1990年9月成立江苏省农垦新洋农场有限公司,隶属于江苏省农垦集团有限公司)劳动改造。后(1965年?)释放无人接受,重返国营新洋农场至去世,时间不详。育有女儿。之后陈植、陈济母亲、父亲先后去世。

• 1954 年

2月22日,江苏省人民政府提议成立中山植物园规划设计委员会,由南京市人民政府与中国科学院南京办事处联合聘请在南京大专院校的专家学者,共计14人组成,成员有高艺林、吴敬立、田蓝亭、周赞衡、裴鉴、陈封怀、金善宝、程世抚、叶培忠、陈植、郑万钧、曾勉之、周拾禄、盛诚桂。委员会于3月22日正式成立。

12月3日,高等教育部与林业部研究决定:华中农学院林学系于1955学年调整到南京林学院。

12月15日,根据1953年政务院《关于修订高等学校领导关系的决定》,南京林学院归中央林业部直接管理。

• 1955 年

3月15日,陈植出席中国科学院植物研究所南京中山植物园设计委员会第一次会议。

4月,陈植当选江苏省第一届政协委员。

8月,陈植编著、陈封怀校阅《观赏树木学》由上海永祥印书馆出版。陈封怀(1900—1993年),号时雅,祖籍江西省修水县,1900年5月16日生于南京市,植物分类学家。1927年毕业于东南大学生物系,曾留学英国皇家爱丁堡植物园,历任庐山植物园、南京中山植物园、武汉植物园、华南植物园主任、华南植物研究所所长。

9月,华中农学院林学系整体并入南京林学院,陈植转任南京林学院林学系教授。

陈 植 年 谱

10月，南京林学院成立院基建委员会，郑万钧任主任，陈桂陞、李德毅为副主任。基建办主任仲天恽、副主任尹正斋，重新确定总体规划。该规划以南京林学院林学的特点，建成森林公园式的校园构思设计的，请南京工学院教授、建筑学家杨廷宝进行整体规划及工程设计，校园绿化由郑万钧、陈植教授与南京农学院园艺专家共同设计。

12月，陈植《关于中国生物学史》刊于《生物学通报》1955年第12期3～4页。

● 1956年

是年春，由干铎、马大浦两人介绍，陈植加入九三学社。

10月10日，《光明日报》第2版刊载陈植《对我国造园事业的商榷》，改版还刊载陈植《论绿化》。

10月14日，陈植为重印《园冶》作序。受各出版社之托，帮助寻觅《园冶》一书以重印发行。陈植几经周折，终于从陆费执处寻得，并交城市建设出版社按照此前营造学社版重印[43]。陆费执，字叔辰，祖籍浙江桐乡，1892年生于南昌。早年曾就读清华学堂，后赴美国留学读于美国伊利诺依大学，1918年毕业并获农学学士学位，后入美国佛罗里达大学继续深造主攻植物学和园艺学，1919年获农学硕士学位。1913年10月，曾发起组织农科大学最早的校友会并当选为第一届校友会会长，1917年获美国中部留美学生年会的演讲比赛中文冠军，题目是"中国今日宜速组科学学会"。回国后，他曾历任北京农业专门学校教授兼园艺系主任（讲授《作物学》《作物试验》《农学总论》等课程）、北京高等师范学校教授兼生物系主任（1921—1923年）、浙江省第一中学中学部主任及出版委员会委员、私立南通农科大学教务主任、私立南通大学董事、江苏农矿厅技正兼农业推广委员会委员、江苏农矿厅技正兼第一科科长（代秘书）等职。1924年7月，吴耕民、王舜成、葛敬中、胡昌炽、陆费执等人主持《改良推广江苏省园艺计划》。1933年1月，陆费执进中华书局任理事，之后长期担任书局理事会理事，曾兼任书局出版部部长，一度任书局总编辑，1938年7月起为书局上海发行所负责人之一。1950年10月15日，中华书局召开新中国成立后第一次股东常会，陆费执为15位董事之一。编撰出版的教育、农学类、英语

---

[43] 陈植. 园冶[M]. 北京：城市建设出版社，1957.

陈 植 年 谱

工具书等图书甚多，有《热带果品之研究》《新师范农业概要（第一册）》（顾复编、陆费执校，中华书局，1912）、《农业宝鉴》（陆费执、李积新，中华书局，1912）、《植物学（新中学教科书）》（宋崇义、钟衡臧、俞宗振、陆费执，中华书局，1924）、《英华正音词典》（英国 Daniel Jones 硕士著，陆费执、瞿桐岗译订，中华书局，1921）、《中等肥料学》（蒋继尹编、陆费执校，中华书局，1925）、《英华万字字典》（中华书局，1926）、《高中英文生物学》（商务印刷馆，1926）、《跳蚤与苍蝇》（尤其伟、陈家祥、陆费执，中华书局，1926）、《模范英汉会话》（中华书局，1927）、《模范英文尺牍》（中华书局，1927）、《英语课本（第三册）》（中华书局，1927）、《中等畜牧学（新学制农业教科书）》（梁华编、陆费执校，中华书局，1927）、《新师范教科书：农业概要（第二册）》（顾复编、陆费执校，中华书局，1927）、《高级生物学（新中学教科书）》（陆费执 郦福畤编，中华书局，1928）、《英华正音词典》（Danieljones M A 著，译订者陆费执、瞿桐岗，中华书局，1928）、《初级生物学（新中学教科书）》（陆费执、张念恃编，中华书局，1929）、《实地步行杭州西湖游览指南》（陆费执、舒新城，中华书局，1929）、《新师范教科书：农业概要（第三册）》（顾复编、陆费执校，中华书局，1929）、《新师范教科书：农业概要（第四册）》（顾复编、陆费执校，中华书局，1929）、《新师范教科书：农业概要（第五册）》（顾复编、陆费执校，中华书局，1929）、《新师范教科书：农业概要（第六册）》（顾复编、陆费执校，中华书局，1929）、《新中华英语课本》（王祖廉、陆费执，新国民图书社，1930）、《中华汉英大辞典》（陆费执、严独鹤主编，中华书局，1930）、《中等园艺学》（中华书局，1930）、《中等植物育种学（大学院审定）》（徐正铿、陆费执编校，中华书局，1930）、《植物之种子（万有文库）》（商务印书馆，1931）、《小学校高级用新中华园艺课本（第一册）》（怀桂琛、陆费执，中华书局，1931）、《小学校高级用 新中华园艺课本（第二册）》（怀桂琛、陆费执，中华书局，1931）、《小学校高级用 新中华园艺课本（第三册）》（怀桂琛、陆费执，中华书局，1931）、《小学校高级用 新中华园艺课本（第四册）》（怀桂琛、陆费执，中华书局，1931）、《中等农业通论（大学院审定）》（陆费执、陈赓飏，中华书局，1932）、《农业宝鉴》（陆费执等，中华书局，1932）、《三民主义译词解说》（张篷舟、区怀白合编，陆费执校订，南京书店，1932）、《中华棉产改进会月刊（第一卷第十、十一期合刊 二十一年年会专号）》（冯肇傅、陆费执、李国祯、杨逸农、曹诚

陈 植 年 谱

英等著，1932年11月，中华棉产改进会月刊社）、《工业树种植法》（商务印书馆，1933）、《庭园术（民国家庭小丛书第一种）》（童士恺编、陆费执校订，中华书局，1933）、《栽花 上下卷（家庭小丛书第二种）》（童士恺编、陆费执校订，中华书局，1933）、《农业及实习》（中华书局，1935）、《种树法（初中学生文库）》（中华书局，1935）、《小学校高级用 新中华英语课本（第一册）》（王祖廉、陆费执，中华书局，1935）、《农业推广》（陆费执、管义、达许振，中华书局，1935）、《英汉缩语辞典》（陆费执、陈懋烈，中华书局，1936）、《农作学（初中学生文库）》（陆费执、刘崇佑编，中华书局，1936）、《农业及实习（第三册，乡村师范学校适用）》（中华书局，1936）、《农业及实习（第二册）》（中华书局，1937）、《农学要义》（中华书局，1937）、《农艺畜养》（中华书局，1937）、《农业法规汇缉》（中华书局，1937）、《小学校高级用 新中华英语课本（第三册）》（新王祖廉 陆费执编，国民图书社出版、中华书局总发行，1939）、《蔬菜园艺（农业丛书）》（陆费执、顾华孙编，中华书局，1939）、《家禽饲养法（农业丛书）》（龚造时、陆费执编，中华书局，1939）、《二十年栽菊经验》[黄德麟（上海真如黄氏畜植场主人著、陆费执校 上海园艺事业改进协会出版委员会，1947]、《盆景与盆栽》（上海种苗场场长陆费执，中华书局，1950）、《球根植物栽培法》（商务印书馆，1950）、《种薄荷》（中华书局，1950）、《工农生产技术便览：做酒曲和红曲》（陆费执 林其祥编撰，中华书局，1950）、《树苗场的经营》（中华书局，1950）。为配合1929年杭州举办首届西湖博览会，他负责编写的《杭州西湖游览指南》一书于当年在书局初版，对发展杭城旅游经济、普及文化知识起到了积极作用。中华人民共和国成立后，陆费执任上海种苗场场长，为配合知识技能普及工作，年近花甲还亲自为书局的"工农生产技术便览"丛书编撰了《树苗场的经营》《做酒曲和红曲》等书。陆费执还辑有《中国古代农业史料》六编（手稿本现藏于农业遗产研究室，未印行）。陆费执（叔辰）父亲陆费炆（芷沧），母亲吴氏（李鸿章侄女），有大哥陆费逵（伯鸿，中华书局创办人）、二哥陆费堭（仲忻，著名童话作家）。陆费执在20世纪50年代初去世，具体卒年待考。

是年，南京林学院为更好地开展科学研究工作，成立科研机构，负责组织科研工作，干铎、陈植创办南京林学院林业遗产研究室，隶属于林学系，由陈植教授负责研究室工作。因陈植于1959年9月至1961年9月调南京林业科学研究所工作，再加上反右和肃反运动，研究室工作一度中断。

陈 植 年 谱

● 1957年

6月，陈植《对我国造园事业中几个问题的商榷》刊于《文物参考资料》1957年第6期42~45页。

9月，《解放以来林业空前大发展 文抄公陈植却说"一团糟"》刊于《中国林业》1957年第9期19~20页。

11月7日，整风"反右"运动后，南京林学院公布首批教职员下放参加农业劳动锻炼的名单33人，陈植名列其中。

12月，由于陈植在是年春的"鸣放"时期发表过有关"教授治校"等学术观点，在之后开展的"反右派斗争"中，陈植被认定为"极右分子"，同时给予降级降薪处理，由二级教授降为五级教授。其妻黄雪章因受陈植右派分子之牵连，亦被撤去南京林学院图书馆副馆长职务，并连降四级作为普通干部[44]。1957年春，中央发出《关于整风运动的指示》，旨在全党重新进行一次普遍、深入的反官僚主义、反宗派主义、反主观主义的整风运动。鼓励各界人士向中共提意见和建议。

● 1958年

4月25日，林业部在南京林学院召开七省（江苏、浙江、福建、江西、湖南、湖北、河南）林业科学座谈会，确定调一批教师，组成南京林业科学研究所。

10月7日，在肃反运动中，陈植又因右派问题把历史老账翻出来，陈植被进一步定性为"极右分子"和"反革命分子"，给予"撤销教授职务另行分配一般工作，发给生活费用，留校监督改造，控制使用"的处理[45]。

10月9日，陈植被下放至江苏省宜兴县宜城镇人民公社梅园生产大队劳动。为贯彻党的"教育为无产阶级政治服务，教育与生产劳动相结合"的方针，根据江苏省委指示，南京林学院1500名师生，编成8个大队，1个小队，分赴福建、浙江、苏南、苏北、上海等地下放劳动锻炼一年。

---

[44] 参见：《陈植人事档案》，南京林业大学档案馆。
[45] 参见：《陈植人事档案》，南京林业大学档案馆。

陈 植 年 谱

● **1959 年**

3 月，陈植由梅园转移到江苏句容茅山林场劳动。

7 月，陈植回到学校，从事《苏南林业》的编撰工作，指导毛竹研究报告的写作。25 日，陈植正式结束下放任务。

9 月，陈植由南京林学院调至南京林业科学研究所工作，但是人事关系仍保留在南京林学院，至 1961 年。

● **1960 年**

是年，南京林学院接受林业部下达的关于研究和整理中国古代林业技术史的任务，学校决定由干铎主持这一工作，课题名称定为"中国林业科技史料初步研究"，陈植为主要完成人[46]。干铎（1903—1961 年），又名干宣镛，字震篁，湖北广济干仕坑人（今湖北武穴市），九三学社中央委员，林学家、林业教育家、中国当代森林经理学的开拓者。1918 年考入湖北省立外国语专门学校，1923 年转读于北京大学外语系，1925 年赴日本就读于东京帝国大学农学部林学科。三年修业期满，在日本农林省目黑林业试验场从事研究工作，1932 年回国。历任湖北省建设厅技正、襄阳林场场长、湖北农业专科学校教授、中央大学教授等职。1953 年任南京林学院林学系主任，1956 年任副院长。在吸收和引进国外森林经理学说、探索中国式的森林经理方法方面做出重要贡献，主编《森林经营规划学》等具有较高影响力。1961 年 8 月 7 日病逝于黄山。

● **1961 年**

10 月，陈植工作关系从南京林业科学研究所转回到南京林学院。

● **1962 年**

3 月，南京林学院经过甄别，宣布摘去陈植右派分子帽子，但反革命帽子仍保留。陈植夫人黄雪章被提拔为干部业余学校副校长，工资级别较原来仍低两级。

6 月，南京林学院恢复陈植教授职务，为四级教授待遇，时年陈植 63 岁。南京林学院恢复林业遗产研究室，"文革"期间工作再度中断。

---

[46] 南京林业大学校史编写组. 南京林业大学校史（1952—1986）[M]. 北京：中国林业出版社，1989：125.

陈 植 年 谱

- **1963 年**

是年，经陈嵘推荐，受中国林业科学研究院之聘，陈植赴京担任《中国林业史》主编工作。时年陈嵘 75 岁，陈植 64 岁。

- **1964 年**

8 月，干铎主编、陈植修订、马大浦审校《中国林业技术史料初步研究》由农业出版社出版，马大浦撰写序言。

- **1966 年**

5 月，"文化大革命"爆发，教学科研工作中断。

是年，陈植又被列为"反动学术权威"和专政对象，编入劳改队。先后被抄家七次，家中大量藏书、著作遭受严重损失。

- **1970 年**

是年，上原敬二《庭园入门讲座》（10 册）由加岛书店出版。

- **1971 年**

是年，（日）重森三玲《日本庭园史大系》由日本社会思想社出版。重森三玲（1896—1975 年），昭和造园大师，日本现代枯山水开山之祖，由日本社会思想社出齐 30 卷。之后又由其子重森完途整理增补 5 册。将日本庭园从上古到现代，依年代叙述周全，更是附上大量测绘图与照片。

- **1972 年**

4 月 9 日，江苏省革命委员会批复将南京林学院改名为南京林产工业学院。

是年，上原敬二《造园古书丛书》（全 10 卷）由加岛书店出版，《解说园冶》是第 10 卷。

- **1973 年**

1 月，George B. Tobey "*A History of Landscape Architecture：The Relationship of People to Environment*"《风景园林史：人与环境》由 Elsevier Publishing Co.,

陈 植 年 谱

Amsterdam 出版。

● 1974 年

4 月 19 日,根据江苏省委文件精神,南京林产工业学院召开"五·一六"问题平反大会。会上公开宣布为 84 位同志平反,恢复名誉,挽回影响[47]。

是年至 1975 年,上原敬二《造园大系》由加岛书店出版。

● 1977 年

10 月 19 日,陈植夫人黄雪章因病去世。

12 月,陈植当选江苏省第四届政协委员。

● 1978 年

5 月,上原敬二编《造园大辞典(日本造园用语词典)》由加岛书店出版。

是年,南京林产工业学院林业遗产研究室恢复研究工作,凌抚元从吉林林学院调南京林产工业学院林业遗产研究室工作,和陈植一起研究中国林业史。凌抚元(1908—1984 年),又名凌大燮,祖籍安徽怀远(一说凤阳),1908 年出生于浙江杭州的一个书香世家,1932 年毕业于北平大学农学院森林系,曾任北京大学农学院副教授,中国农村经济研究所研究员,《新北京报》社社长。中华人民共和国成立后,改用名凌大燮,历任中央人民政府林垦部干部,吉林林学院(1999 年合并为北华大学)、南京林产工业学院(1985 年更名为南京林业大学)、南京林业学校(后更名为南京森林警察学院)教师,1984 年去世。凌抚元发表有《对林业高等教育的综合意见》《我国森林资源的变迁》等论文 10 余篇,著有《中国古代林政史》《林政学》《中国造林运动之过去现在与将来》等专著。凌抚元兄妹有凌大挺、凌大琦、凌大荣(凌大嵘)和凌大媛。

● 1979 年

3 月,陈植《太湖公园》由无锡园林处翻印。

4 月 16 日,中共江苏省革命委员会教育卫生办公室党组下发《关于改正陈植的右派分子和反革命分子问题报告的批复》(苏革教卫〔1979〕46 号),同意

---

[47] 南京林业大学校史编写组. 南京林业大学校史 (1952—1986) [M]. 北京:中国林业出版社,1989:215.

给陈植平反,恢复政治名誉,恢复教授职称,恢复原工资级别。文件原文为:中共南京林产工业学院委员会:报来关于改正陈植右派分子和反革命分子的报告悉。经研究,同意你们的意见,撤销1958年省委宣传部对陈植同志问题的批复。恢复政治名誉,恢复教授职称,恢复原工资级别。恢复后的工资从一九七八年十月起发给。希予宣布。此复。中共江苏省革命委员会教育卫生办公室党组一九七九年四月十六日

5月,定居美国的长子陈祖怡回国探亲。自1949年父子分别后,时隔30年后再见面。

9月,九三学社南京分社委员会撤销反右时期对于陈植开除社籍的处分。

9月,上原敬二《造园植栽法讲义》由加岛书店出版。

10月,南京林产工业学院恢复林业遗产研究室,设在林学系。

11月,张楚宝从福建林业厅调任南京林产工业学院林业遗产研究室主任,教授。张楚宝,江苏南京人。1910年(清宣统二年)生。1929年8月入私立金陵大学。1930年8月入中央大学农学院森林系,1934年7月毕业,8月留校任助教。1936年3月任国民政府实业部林垦署技士。1938年1月任经济部农林司技士。1941年1月任农林部林业司技士;同年10月至1949年4月,任农林部中央林业实验所技正、简任技正兼林产制造系主任。其间,1945年6月至1946年6月曾赴美国耶鲁大学林学研究院进修。回国后,于1946年加入九三学社。1947年8月至1948年7月任南昌国立中正大学农学院森林系教授。1949年11月至1956年5月任中央人民政府林业部林政司、计划司、森林经营司副司长。1956年6月至1958年3月任森林工业部林产工业局副局长。1958年4月任福建林业厅工程师。1963年1月,任福建森林综合加工厂工程师。1979年11月调任南京林产工业学院(现南京林业大学)教授。1999年6月因心脏病去世。著有《木材废物利用之研究》《森林与建设》《森林副产物的种类和用途》《气压法木材防腐试验装置之设计》等。中华林学会理事、中国林学会第一届常务理事兼秘书长。1988年获中国林学会表彰从事林业工作50年以上的科技工作者《荣誉证书》。

• 1980年

是年,南京林产工业学院林业遗产研究室承担研究和撰写中国近代林业史的科研任务,由凌大燮拟定分章的撰写提纲,确定在时限上以清代道光二十年

陈 植 年 谱

（1840）的鸦片战争为上限，以1949年国民党政府在中国大陆统治结束为下限。由凌大燮、杨绍章、许进以及应聘来校协助工作的外单位退休人员张仲叔、吕大奎、张鸿宾分头收集材料，着手撰写。

● 1981年

1月，〔明〕计成原著，陈植注释，杨伯超校《园冶注释》由中国建筑工业出版社初版。注释《园冶》是陈植先生在《园冶》传播上所做的又一意义重大的工作。计成撰写《园冶》采用的是骈散结合的文体，涉及理论部分多为骈体。骈体与散文用词凝练、论述平铺直叙不同，骈体文辞藻华丽，用典众多，暗含隐喻；而且有时语焉不详，难以追究具体词意。读者必须具有相当的古文功底并且熟识典故才能明了。而对于《园冶》的读者来说，除了古文之外，还需要具备丰富的古建和园林知识。如此种种，造成《园冶》研读不易。陈植先生有感于此，在耄耋之龄花费大量时间注释《园冶》；并请古建园林专家刘敦桢、童寯协助注释建筑名词，杨伯超校订，刘致平校阅，陈从周审阅，终于在1981年由中国建筑工业出版社出版《园冶注释》，引起巨大反响。《园冶注释》出版，使得读者无论出于专业需要还是业余爱好，都可以方便地阅读，极大地推动《园冶》的研究。

6月，陈植《明末文震亨氏的造园学说》收入中国建筑学会建筑史学分会专题资料汇编《建筑历史与理论（第二辑）》108～112页。同期，陈植《造园词义的阐述》收入113～120页。

12月，熊大桐由黑龙江省勃利县林业局调南京林产工业学院林业遗产研究室工作。熊大桐，江西南昌月池熊氏村人，1929年生，1945年9月至1949年2月在中正大学森林系读书，后休学到香港与父母团聚生活，1950年由张楚宝介绍到林垦部工作，1958年4月被划为右派下放到黑龙江省勃利县劳动改造。1981年调南京林产工业学院工作，1987年3月27日被江苏省高等学校教师高级职务评审委员会评审具备副研究员任职资格。1990年4月被退休（住南京无锡东门和平村），之后林业遗产研究室无工作人员，直到1995年撤销。2016年8月29日熊大桐在无锡去世，享年87岁。

 陈 植 年 谱

- **1982 年**

1月，陈植《我国植树节的由来》刊于《森林与人类》1982年第1期4～5页。

2月15日，已经退居二线的林业部罗玉川部长在林业部专门召集一次会议，研究林业史学科发展。会上，南京林学院、北京林学院进行了初步分工，北京林学院侧重古代林业史，南京林学院侧重近代和现代林业史。

7月，陈植、凌大燮《近百年来我国森林破坏的原因初析》刊于《中国农史》1982年第2期15～27页。

是年，陈植《江苏林业史略》由南京林产工业学院刻印。

- **1983 年**

1月，陈植《园冶注释》第二版由台北明文书局出版。

是年春，陈植参加中国园林学会大会并在大会上发言，其中涉及造园与园林之名。

4月，陈植《造园与园林正名论》刊于《南京林学院学报》1983年第1期76～80页。

9月，陈植《中国历代名园记选注》由安徽科技出版社出版。

9月，陈植被重新定级为一级教授[48]。

12月，陈植《怀念梁老叔伍先生》收入《梁希纪念集》。

- **1984 年**

2月，陈植著，刘玉莲、徐大陆、吴诗华、唐绍平增订《观赏树木学（增订版）》由农业出版社出版。

3月，文震亨著，陈植校注，杨伯超校订《长物志校注》由江苏科技出版社出版。

是年，陈祖怡从美国第二次回国探亲。

- **1985 年**

7月，陈植《杉木造林技术的遗产研究》刊于《中国农史》1985年第2期

---

[48] 参见：陈植本人1987年4月24日所填写干部退休审批表，《陈植人事档案》，南京林业大学档案馆。

50～62页。

7月，陈植《对改革我国造园教育的商榷》刊于《中国园林》1985年第1卷第2期51～54页。

8月6日，林业部批准南京林学院更名为南京林业大学。

10月，陈植赴杭州参加国际竹子讨论会。

- 1986年

4月，陈植《保护古树名木编成专志》刊于《森林与人类》1986年第2期22～23页。

6月23日至27日，中国科协第三次全国代表大会在北京召开。会上周培源率先倡导由中国科学技术协会主持编纂《中国科学技术专家传略》。

9月，日本考察团北村信正一行来南京林业大学访问，陈植参加会见并合影留念。

12月，陈植《中国文化艺术对日本古代庭园风格的影响》刊于《中国园林》1986年第4期36～39页。

- 1987年

5月，陈植到镇江故地重游，同济大学陈从周陪同考察镇江的园林及古建筑。陈从周（1918—2000年），原名郁文，晚年别号梓室，自称梓翁，浙江杭州人，中国古建筑园林艺术学家，同济大学教授、博士生导师。早年学习文史，后专门从事古建筑、园林艺术的教学和研究，成绩卓著，对国画和诗文亦有研究。尤其对造园具独到见解，他认为："造园有法而无式，变化万千，新意层出，园因景胜，景因园异。"主要著述有《扬州园林》《园林谈丛》《说园》《中国民居》《绍兴石桥》《春苔集》《书带集》《帘青集》《山湖处处》《岱庙建筑》等。

10月，陈植正式退休，时年88岁。

11月，陈植《对中华农学会及中华林学会之忆》一文收入中国林学会主编、中国林业出版社出版《中国林学会成立70周年纪念专集》。

- 1988年

3月，陈植《追念先师陈嵘》收入《纪念陈嵘先生诞辰一百周年》，由浙江

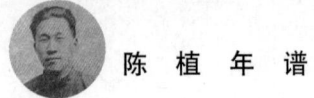

陈 植 年 谱

安吉县政协文史资料委员会编印。

5月,〔明〕计成原著,陈植注释,杨伯超校《园冶注释(第二版)》由中国建筑工业出版社出版。

6月,陈植《陈植造园文集》由中国建筑工业出版社出版。

6月1日,南京林业大学为陈植先生举办陈植先生九十高龄暨执教六十余年庆祝会,南京林业大学赠送一匾:三千桃李仰身教,九十春秋仍笔耕。

6月,林业部教育司主编,杨绍章、辛业江编著《中国林业教育史》由中国林业出版社出版。杨绍章(女)为南京林业大学林业遗产研究室副研究员,一直在林业遗产研究室工作。

7月,陈植《毛竹造林技术遗产的初步研究》刊于《中国农史》1988年第2期48~62页。

9月,陈植《毛竹造林技术遗产的初步研究(续)》刊于《中国农史》1988年第3期60~67页。

是年,陈植撰《悼念先师陈宗一先生》载于《金陵大学建校一百周年纪念册》[49]。

● 1989年

2月,陈植、陈献荣《海南岛新志 琼崖》由海南出版社出版。

5月,江苏省政府决定成立第三届文物管理委员会。委员会由文化、公安、城建、工商、宗教、旅游等部门及7个历史文化名城的33位负责同志和有关专家组成,副省长杨永沂担任主任委员,许京安、王光炜、马莹伯、杜有生任副主任委员,陈植为委员。

7月,南京林业大学林业遗产研究室主编、熊大桐等编著《中国近代林业史》由中国林业出版社出版。

9月20日,陈植逝世于南京。南京林业大学举行陈植教授追悼会。以下为悼词原文:今天我们怀着十分沉重的心情,深切悼念我国林业界老前辈、知名林学家、造园学家、中国园林学会顾问、江苏省第三届文物管理委员会委员、南京林业大学一级教授陈植教授。1989年5月起,陈植同志因患尿毒症住院治疗,终因年高体弱,病情逐渐恶化,经多方医治无效,不幸于1989年9月20日12时05

---

[49] 金陵大学建校一百周年纪念册[M]. 南京:南京大学出版社,1988:206-209.

陈 植 年 谱

分心脏停止跳动，终年90岁。我们为失去一位知名的学者、良师而悲痛万分。陈植同志，字养材，号逸樵。1899年6月1日生于上海市崇明县。1922年毕业于日本东京帝国大学农学部林学科。归国后，任江苏第一农校教员，江苏教育团公有林林务主任，江苏教育林场场长，以后曾任金陵大学、中央大学、云南大学、中山大学教授，河南大学农学院教授兼院长。1950年9月参加革命工作，曾任南昌大学、华中农学院教授。1956年参加九三学社，兼任江苏省第四届政协委员。陈植同志忠诚于人民的教育事业。他执教数十年，桃李满天下，一生学而不厌，勤于笔耕，学识渊博，曾先后讲授过"造林学原论""造林学各论""造园学""观赏树木学""热带林业"等多门课程。陈植同志教学认真，对学生要求严格，对青年教师热情关怀，虔诚指导，对同事虚怀若谷，是一位深受尊敬的林业教育界老前辈。陈植同志一生孜孜于学术研究，老而弥坚，对祖国的林业及造林科技遗产倾注了毕生的心血，直至病危之际，仍在为即将面世的"造园史"巨著筹划修改。陈植同志从30年代起，就不断在各种学术刊物上发表论文，出版专著，在"文革"前已有专著12部，论文数十篇，如"造园学概论""造林学原论""海南岛新志""海南岛资源之开发"等。陈植同志热爱祖国，热爱社会主义，热爱党，他在担任政协委员以来，认真学习党的方针政策，积极参加省市和学校的政治活动，为我省市、我校的文教事业和建设工作出谋献策。陈植同志作风正派，生活简朴，待人宽厚。十年动乱期间，虽身处逆境，仍然坚信党的领导和社会主义道路。年逾古稀，仍笔耕不已，为林业遗产研究科研工作操劳，为祖国林业振兴出力。党的十一届三中全会以后，他由衷的拥护党的路线和一系列方针政策，用他的实际行动为文化建设作出了贡献，在短短的十多年时间中，先后完成并出版了"园冶注释""长物志校注""观赏树木学（修订）""中国历代名园记选注"等著作，为国内外园林界人士所敬仰。陈植同志从事林业工作几十年，业绩卓著，于1984年受到中国农学会的表彰，1985年荣获中国林学会青松奖。陈植同志的一生是热爱林业科学和教育事业的一生，是我党的忠实朋友。今天，我们沉痛悼念陈植同志就是要学习他这些优良品德。让我们化悲痛为力量，在党的领导下，为实现四化，振兴我国林业事业而努力奋斗！陈植教授安息吧！[50]

10月21日，《中国林业报》第3版刊登《知名林学家、造园学家陈植教授逝世》。我国林业界老前辈、知名林学家、造园学家、中国林学会顾问、江苏省

---

[50] 参见：《陈植人事档案》，南京林业大学档案馆。

陈植年谱

第三届文物管理委员会委员、南京林业大学一级教授陈植先生,因患尿毒症,医治无效,于1989年9月20日12时5分逝世,终年90岁。陈植教授1899年6月1日生于上海市崇明县,1922年毕业于日本东京大学农学部林学科。回国后,他曾担任过江苏第一农校教员、江苏教育团公有林务主任,江苏教育林场场长,在金陵大学、中央大学、云南大学、中山大学任教授,在河南大学农学院任教授和院长。1950年参加革命工作,曾任南昌大学、华中农学院教授、南京林业科学研究所研究员、南京林业大学教授。1956年参加九三学社,并担任江苏省第四届政协委员。陈植教授有专著十多部,论文数十篇,主要著作有《造园学概论》《造林学原理》《海南岛新志》《海南岛资源之开发》《园冶注释》《长物志校注》《观赏树学(修订)》《中国历代名园记选注》等。陈植教授从事林业工作几十年,劳绩卓著,1984年受到中国农学会的表彰,1985年荣获中国林学会青松奖。南京林业大学

10月,《著名林学家陈植教授逝世》刊于《南京林业大学学报(自然科学版)》1989第3期109页。

12月,《陈植教授谢世》刊于《中国园林》1989第4期61页。

● 1990年

9月,陈植、杨绍章《江苏林业史略》收入中国林学会林业史学会编《林史文集》67~69页。

● 1991年

5月,中国科学技术协会编《中国科学技术专家传略——农学编 林业卷1》由中国科学技术出版社出版。其中收入韩安、梁希、李寅恭、陈嵘、傅焕光、姚传法、沈鹏飞、贾成章、叶雅各、殷良弼、刘慎谔、任承统、蒋英、陈植、叶培忠、朱惠方、干铎、郝景盛、邵均、郑万钧、牛春山、马大浦、唐燿、汪振儒、蒋德麒、朱志淞、徐永椿、王战、范济洲、徐燕千、朱济凡、杨衔晋、张英伯、吴中伦、熊文愈、成俊卿、关君蔚、王恺、陈陆圻、阳含熙、黄中立共41人。陈植载于187~198页。

5月,徐友春主编《民国人物大辞典》由河北人民出版社出版,收录有关人物12000余人。《民国人物大辞典上》第1367页收录陈植:陈植(1899—

陈 植 年 谱

1989年),字养材,江苏崇明(今属上海)人,1899年(清光绪二十五年)生。毕业于日本东京帝国大学农学部林学科,曾在日本任植产协会副会长及中华农学会驻日本干事。为日本山林会、林友会、日本林学会、东京植物学会、日本庭园协会、日本造园学会、中华农学会、中华林学会、中华学社、开发西北协会、中华造园学会会员。回国后,任江苏省教育团公有林场场长,国民政府农矿部专门委员,实业部荐任技士,总理陵园专门委员,中央大学农学院教授,江苏省土地局技正兼全省土地测量总队长,江苏省建设厅技正等职。1989年逝世。终年90岁。著有《造园学概论》《都市与公园论》《十五年来中国之林业》等。

• 1992年

1月,陈植《中国历代造园文选》由安徽合肥黄山书社出版。

• 1993年

5月25日至28日,中国林学会第八次会员代表大会在福建厦门召开。北京林业大学校长沈国舫当选为第八届常务理事会理事长,刘于鹤(常务)、陈统爱、张新时、朱无鼎为副理事长,甄仁德当选为秘书长。中国林学会第八届理事会第一次全体会议一致通过吴中伦为中国林学会名誉理事长,授予王庆波、王战、王恺、阳含熙、汪振儒、范济洲、周以良、张楚宝、徐燕千、董智勇为中国林学会荣誉会员称号。会上颁发了第二届梁希奖和陈嵘奖,对从事林业工作满50年的84位科技工作者给予表彰,有江苏省林学会张楚宝、周慧明、李德毅、王心田、陈桂升、朱济凡、马大浦、陈应时、陈植、吴敬立、王承鼎。

8月,杨永生、王伯扬主编《建筑师》53期由中国建筑工业出版社出版,其中95、72页收录杨绍章《春蚕到死丝犹在 留得绚丽在人间——缅怀造园学前辈陈植先生》,文章第一句话是:南京林业大学一级教授,我国著名林学家、造园学家陈植先生于1989年离开了我们。值此全国各地造园事业蓬勃兴起之际,使我们又想起了一位终身为祖国造园事业呕心沥血,留下许多珍贵造园财富给后人的学者、长者、生活中的强者陈植教授。杨绍章,女,1931年5月生,四川邛崃人。林业史专家。长期从事森林生态和林业史研究工作。1954年毕业于东北林学院后留校任助教。1955年至1957年到北京林学院林业研究班进修。1959年

 陈 植 年 谱

至1963年在苏联列宁格勒森林工程学院留学,专攻森林生态,获得副博士学位。毕业后到南京林学院林学系竹类研究室专职科研,1978年底升任讲师。1980年10月调入南京林业大学林业遗产研究室工作,1986年11月评为副研究员。1989年4月正式退休。论文和著作有《竹子开花的生态学概况》《江苏古代林业初探》《江苏林业史略》《中国林业教育史略》《中国林业教育史》(中国林业出版社,1988)、《杉木文献引读及检索》(施季森、张增耀、杨绍章编著,上海科学技术文献出版社,1992)。

● 1995年

2月,主编熊大桐,副主编李霆、黄枢《中国林业科学技术史》由中国林业出版社出版,董智勇作《序言》。该书由黄枢、李霆组织编著,编著者熊大桐导言、第1～6章、7.1、8.1、9.1、结束语,李霆7.2、8.2、9.2、9.3.7,黄枢7.3、8.3、9.3,其余部分由易怀清(林业部)、李维绩(林业部)、常铁余(林业部防火办)、李贵令(林业部森保司)、刘克敏(林业部林政保护司)、徐国忠(林业部林业工业局)、祁济棠(中国林业出版社)、尹逢新(林业部)、李继书(林业部林产工业公司)、沈守恩(林业部林产工业公司)、马光靖(中国林业科学研究院林业研究所),责任编辑杜懿玲(中国林业出版社)。李霆(1924—1991年),高级工程师。江西余干人。1946年毕业于中央大学森林系,1953年加入中国共产党。历任河北省永定河造林局副局长,林业部调查设计局防护林处副处长,中共中央西北局农工部林水局副处长、高级工程师,1980年3月任中国林业出版社副社长、副总编辑,中国林学会第二、五届理事。20世纪五十年代初主持河北省永定河下游防护林带的规划设计和施工营造。主编有《当代中国的林业》,合译有《美国木本植物种子手册》。黄枢(1921—年),林学家,造林技术专家,原名黄明枢,曾用名黄舒。广东省台山县人,1944年考入重庆中央大学,大学期间学习成绩优异两度得到中华农学会的奖学金。1946年4月到张家口解放区工作,1947年春在晋察冀边区政府领导下,黄枢等在晋北繁峙县风沙区,组织农民合作营造防风固沙林,首次在华北解放区开展面积较大的防护林建设。1949年初任华北人民政府农业部冀西沙荒造林局局长,同年加入中国共产党。1953年调到林业部造林司工作,先后担任防护林处、用材林处、技术处和造林司的领导工作历时30年。1982—1986年任中国林业科学研究院院长。1986年年已

陈 植 年 谱

65 岁时被调回林业部任第二、三届科学技术委员会副主任委员。他和李霆一起组织编著的《中国林业科学技术史》获"陈嵘学术奖",国家科学技术委员会、国家计划委员会、国家经济委员会授予"国家农业技术政策研究重要贡献奖",国家新闻出版署先后给予"中国大百科全书编纂主要贡献奖",他和沈国舫编著的《中国造林技术》获"全国优秀科技图书奖"。全国政协第八届委员会曾授予"优秀提案奖"。还编写了《中国林业的杰出开拓者——梁希》等著作。1982 年在中共第十二次全国代表大会上当选为候补中央委员,1987 年当选为党的十三大代表。1988 年后任全国政协第七、八届委员。曾兼任中国林学会第一届理事、第二届常务理事,中国花卉协会第一届常务理事,中国绿化基金会理事。

● 1999 年

4 月 18 日,南京林业大学成立风景园林学院,曹福亮任院长。

● 2000 年

是年,据统计 20 世纪,日本出现了一批造园学家,如上原敬二(造园学者、东京农业大学名誉教授)、加藤诚平(林学者、观光学者)、白泽保美(林学者)、田村刚(造园学者、林学者)、本乡高德(造园学者、林学者)、阿部贞著(造园家、作庭家)、龙居松之助(造园学者、造园史家)、井本政信(造园家)、太田谦吉(造园家)、大屋灵城(造园家、造园学者)、折下吉延(造园家、造园学者、园艺学者)、北村德太郎(造园家)、佐藤昌(造园家、造园学者)、铃木忠义(林学者、观光学者)、田阪美德(造园家)、田治六郎(造园家)、丹羽鼎三(造园家、造园学者、园艺学者)、原熙(造园家、造园学者、园艺学者)、平野侃三(造园家)、森一雄(造园家)、吉永义信(造园学者、造园史家)等。

● 2002 年

3 月 20 日,建筑学家陈植逝世,被誉为建筑泰斗。陈植,字直生,1902 年 11 月 15 日生于杭州一书香世家。祖父陈豪(字蓝洲)是清末著名的画家、诗人,绘画精品收入故宫博物院,父亲陈汉第(字仲恕)是杭州求是书院(浙江大学前身)的创办人之一,擅绘松竹,曾长期任故宫博物院委员,直至"卢沟

陈 植 年 谱

桥"事变。陈植自幼受到中国传统文化的熏陶。1915年,陈植考入北京清华学校并结识梁思成,并成为志同道合的朋友,毕业后公派出国留学,在美国宾夕法尼亚大学攻读建筑学。1926年陈植参加美国一个市政厅改建项目"柯浦纪念设计竞赛",一举获得一等奖。1929年陈植放弃考察欧洲建筑的计划,应梁思成之邀回国到东北大学任教,与赵深、童寯合创华盖建筑师事务所,创作了一批在近代中国建筑史上具有影响的作品;1945年之江大学从杭州迁往上海后,陈植兼任建筑系教授,1949年起陈植任之江大学建筑系主任,1951年底受之江大学学生金瓯卜邀请陈植加入正在筹建的第一家国营设计单位——华东建筑设计公司,任总建筑师兼文教设计室主任。1952年全国院系大调整后,之江大学建筑系并入同济大学,陈植到同济兼课。1954年作为中方专家组组长,参与上海中苏友好大厦的设计建造工作,1955年被任命为上海市规划建筑管理局副局长兼总建筑师。1982年后相继担任上海市建设委员会顾问、上海市城乡建设规划委员会顾问、上海市文物保管委员会副主任等。1989年被建设部授予中国工程设计大师称号。他先后参加了上海中苏友好大厦工程、设计了鲁迅墓、主持了闵行一条街、张庙一条街等重点工程设计,对上海市建设做出了贡献。他主持和指导的苏丹友谊厅设计赢得了良好的国际声誉。晚年为上海的文物保护、建设、修志等工作进行了大量调研,取得了系列成果,被誉为建筑泰斗。陈植历任中国建筑学会第一至第四届常务理事、第五届副理事长、第六届顾问,上海市人大第一至第五届代表,全国人大第三至第六届代表,九三学社上海分社副主任委员、中央委员会常务委员、中央参议委员会常务委员等职。建筑学家陈植被业内被称为上海陈植,造园学家被业内被称为南京陈植,互称同名挚友,都以长寿著称。

● 2005年

9月,林广思《回顾与展望——中国LA学科教育研讨(1)》刊于《中国园林》2005年第9期1~8页。文中提道:中国将"造园"改名为"城市及居民区绿化"似乎与行政官员有直接的关系……陈植先生对专业名称的改变感到非常惊讶。

10月,林广思《回顾与展望——中国LA学科教育研讨(2)》刊于《中国园林》2005年第10期73~78页。作者认为:在我国首次缔造造园学课程体系的应该是1931年陈植先生。

陈 植 年 谱

- **2006 年**

　　8 月，陈植《中国造园史》由中国建筑工业出版社出版。

　　10 月，陈植《造园学概论》由中国建筑工业出版社再版。

- **2008 年**

　　12 月，黄晓鸾《中国造园学的倡导者和奠基人：陈植先生》刊于《中国园林》2008 年第 12 期 51～55 页。

- **2009 年**

　　11 月，王绍增《陈植先生纪念》刊于《中国园林》2009 年第 11 期 2 页。同期，段建强、廖嵘《陈植〈造园学概论〉中的"遗产保护"理念》刊于 17～19 页。

　　11 月 14 日，陈植造园思想研讨会暨江苏省园林规划设计理论与实践博士生论坛在南京林业大学举行，国内外的专家学者及风景园林院校师生共计 500 余人参加了会议。南京林业大学书记陈景欢、中国风景园林学会理事长陈晓丽、江苏省建设厅风景园林处处长王健、江苏省教育厅高教处处长蔡华、南京林业大学研究生院院长叶建仁到会致辞。陈景欢、叶建仁介绍了南京林业大学学科建设情况；王健介绍了江苏省风景园林建设成就；蔡华介绍了江苏省高校建设情况；南京林业大学书记陈景欢致辞中指出：本次大会的主题是"传承与交流"，传统是现代的基石，传统文明成果是现代文明发展的源泉，陈植先生一生致力于中国造园史学的研究，是中国造园学的倡导者和奠基人，为纪念陈植先生的杰出贡献，弘扬陈植先生育人不诲，严谨求学的治学精神，在陈植先生诞辰 110 周年之际，南京林业大学风景园林学院举办陈植造园思想国际研讨会是非常有意义的一件事情。陈晓丽从当代风景园林事业面临的机遇与危机出发，呼吁大家学习陈植先生的治学精神。

　　11 月，张青萍主编《传承、交融——陈植造园思想国际研讨会暨园林规划设计理论与实践博士生论坛论文集》由中国林业出版社出版。其中收录了张青萍《传承，我们当继承前辈什么精神遗产》，黄晓鸾《中国造园学的倡导者和奠基人：陈植先生》，芦建国、任勤红《中国造园史——中国古代造园精髓与传承》，赵兵《陈植造园文献分析》，王竞红、刘晓东《解读陈植造园思想中的人文气息》，段建强、廖嵘《陈植〈造园学概论〉中的遗产保护概念》等有关陈植造

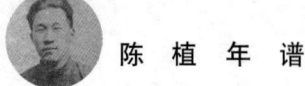
陈 植 年 谱

园思想研究的论文。

12月,《中国园林》2009年第12期50页金荷仙《陈植造园思想国际研讨会暨江苏省园林规划设计理论与实践博士生论坛在南京林业大学召开》称:陈植为著名林学家、造园学家,我国杰出的造园学家和现代造园学的奠基人。主要贡献:陈植对造园科学及林业遗产的研究付出了毕生的心血。已问世的专著达20多部,散见在各类报刊纸志上的论文有数百篇,共500多万字。陈植研究中国造园艺术,编写《造园学概论》,这是中国近代最早的一部造园学专著,奠定了中国造园学的基础,使造园学成为一门独立的学科而跻身于世界科学之林。

● 2010年

9月,赵兵《陈植早期造园文献考证》刊于《中国园林》2010年第9期68~71页。

● 2011年

10月,《20世纪中国知名科学家学术成就概览:农学卷:第一分册》由科学出版社出版,其中载陈嵘、沈鹏飞、蒋英、陈植、叶培忠、郝景盛、唐耀、郑万钧等。国家重点图书出版规划项目《20世纪中国知名科学家学术成就概览》,以纪传文体记述中国20世纪在各学术专业领域取得突出成就的数千位华人科学技术和人文社会科学专家学者,展示他们的求学经历、学术成就、治学方略和价值观念,彰显他们为促进中国和世界科技发展、经济和社会进步所做出的贡献。农学卷记述了200多位农学家的研究路径和学术生涯,全书以突出学术成就为重点,力求对学界同行的学术探索有所镜鉴,对青年学生的学术成长有所启迪。本卷分四册出版,第一分册收录了54位农学家。

12月15日,《南京林业大学校报》电子版第537期载陈植先生遗稿《一代宗师陈嵘先生》一文载:1963年余受林业部科学研究所之邀赴京参加《中国林业史》编写工作之际,与先师朝夕相见,林科院院长郑万钧同志见先师平日生活太简,并在院内孤身独居,身旁并无家属照顾深感不安,托余代为致意请将师母接来以便改进生活。当春节往其哲嗣振树家中,适值先师卧病在床,当即以万钧同志意见转述,承告"后代教育要紧,自己生活一向简单,过得很好",嘱以婉言代谢,余以深知先师一生勤俭,自奉甚薄,在宁工作数年间均孤身独居从未携

眷。今虽年逾古稀迄未稍变，不便相强。后以《中国林业史》编写工作在京进行，缺乏条件，决计改变计划移宁进行，遂于三月中旬束装南归，向先师叩别，不料此行竟成永别，思之不胜痛悼。

2012 年

10 月，孟兆祯著《园衍》由中国建筑工业出版社出版。《园衍》是一部造园学专著，全书共分四篇，包括第一篇 学科第一，第二篇 理法第二，第三篇 名景析要，第四篇 设计实践。

2017 年

2 月，陈植编著《海南岛资源之开发》收入琼崖文库。

3 月 15 日，黄振忠《陈植：中国现代杰出造园学奠基人》刊于《崇明报》第 4 版。

10 月，〔明〕计成原著，陈植注释，杨伯超校订，陈从周校阅《园冶注释（第二版）》（重排本）由中国建筑工业出版社出版，并获 2018 "世界最美的书"银奖。

2018 年

7 月，段建强《"造园"学科初创与传统近代阐释陈植〈造园学概论〉中的"造园学"及"造园"观念》刊于《时代建筑》2018 年第 4 期 38～43 页。

2019 年

11 月，《中国园林》2019 年 11 期刊登张青萍、李霞、刘坤《陈植〈园冶〉研究述评》（113～116 页），李志明、吴丹《造林兴农、风景立国和高等教育发展：陈植早期学术思想研究》（117～121 页），乐志《陈植论著近、现代影响研究——一种基于引文分析的园林史研究范式探索》（122～127 页），张金光、赵兵《陈植都市公园分类观及其对现行公园分类体系的意义》（128～132 页）。

11 月 30 日至 12 月 1 日，纪念陈植先生诞辰 120 周年国际研讨会暨"江南园林历史与遗产保护"江苏省研究生学术创新论坛在南京林业大学举行。陈植先生作为我国杰出的造园学家和现代造园学的奠基人，与陈俊愉院士、陈从周教授

陈 植 年 谱

一起并称为"中国园林三陈"。陈植先生是中国近现代风景园林开拓者,经历并见证了它的发展;编制了中国第一个国家公园规划《太湖公园计划》;撰写了中国近代第一部造园学专著《造园学概论》;对《园冶》作了迄今为止最权威的注释等。通过对陈植先生的追忆及其造园思想的研讨引发国内乃至世界风景园林界关注中国近现代风景园林发展历史、成就及其重大意义。陈植先生家属代表,中国风景园林学会理事长陈重,南京林业大学校长王浩,中国科学院院士、同济大学教授常青,江苏省教育厅研究生教育处副处级调研员邹燕、中国风景园林学会秘书长贾建中、《中国园林》杂志社社长金荷仙等出席开幕式。国内外高校、设计院所专家学者,南京林业大学相关部门、学院负责人,风景园林学院师生代表等近500人参加开幕式。王浩在开幕式致辞中指出,陈植先生是我国著名的林学家和造园学家,是现代造园学的奠基人和中国近代风景园林的开拓者,为我国近代风景园林事业做出了卓越贡献;作为园林事业的传承者,南京林业大学风景园林学科将始终秉承先行者们的遗志,正本清源,继承传统,努力开创中国当代风景园林发展的新局面,为生态文明建设和美丽中国建设作出积极贡献。

叶培忠年谱

叶培忠（自南京林业大学）

 叶培忠年谱

● 1899 年（清光绪二十五年）

11 月 25 日，叶培忠（Yieh P. C，YE Pei-zhong），原名沈培忠，出生于江苏省江阴县东门菜巷街一贫困家庭。父亲沈书成，母亲沈庄氏，共育沈渭源、沈艺梅、沈培忠 3 人。

● 1901 年（清光绪二十七年）

是年，沈培忠父母相继病故，沈培忠和姐姐沈艺梅则由姑母叶沈氏抚养。姑父是擅长喉科的中医，早年去世，夫妇俩育有一女。姑母带着女儿靠给人家缝补浆洗维持生计，收养沈艺梅、沈培忠姐弟二人后，生活更加艰辛，但对于他们姐弟视如己出，爱护有加。

● 1905 年（清光绪三十一年）

9 月 2 日，晚清政府接受袁世凯等人的奏请，下令停止科举。至此，在中国历史上延续 1300 多年的科举制度被废除。

● 1910 年（清宣统二年）

9 月，沈培忠姑母叶沈氏托人帮忙，将沈培忠和沈艺梅送到离家不远的教会学校——励实学堂读书。该学堂系美国基督教传教士李德理于 1907 年在江阴创立，李德理亲任校长。

● 1915 年（民国四年）

是年，沈培忠的姑母叶沈氏病逝。因姑父母膝下无子，为报答姑母的养育之恩，沈培忠接受亲属的意见，做姑母叶沈氏的嗣子，改姓叶，名叶培忠。

● 1916 年（民国五年）

是年，叶培忠在江阴参加基督教，成为基督教教友。

● 1919 年（民国八年）

5 月 4 日，"五四运动"爆发。

5 月，南京金陵大学校发布《南京金陵大学校森林专科简章》。

绪言

森林利益关系国计民生，至为重大，直接为人生日用之所需，间接为地方保安之必要，以故泰东西各国以林与农兼营并务，初无畸轻畸重之弊。学校创为专科，政府视为重政，独中国置之不讲，直接则所需缺乏、漏卮无限，间接则保安寡赖、水旱交灾，今欲急谋振兴势非先事作育森林专门人材不可。本大学校有鉴及此，故于农业专科之外特设森林专科。查俄国职司林政人员多至三万六千二百五十九人，印度一万零五百零八人，德国九十三百人，美国三千九百五十三人，日本二千八百七十二人。由此观之，当知森林所需专门人材为至多，况中国地面之广，大概如彼，森林之缺乏又如此而谓，森林专门科学之教育可须叟缓耶？

本校自森林专科设立后，即经农商部咨派林科中学毕业生来校肄业并津贴常年经费。农商部之外，则有皖鲁滇赣等省亦均派遣学生到校，盖因中国大学内分有森林专科者刻仅本校一处也。今国中有识之士皆恍然于北直水灾实由森林缺乏之故，从此各省林务必当次第奋兴，所需专门人材岂独农商部及皖鲁滇赣等省为急，故不得不将是科从事扩充焉夫。职业教育之设施课程固须完善，然实习方面尤当注意。本校对于林科学生除延聘著名专门森林科学家教授外，育苗则有自设广数十亩之苗圃，造林则有南京近侧义农会经营之紫金山等林场，更于本科第二年夏季赴附近各处实地练习工程测量、森林测量。第三年专赴国中有茂盛森林及育有最大苗圃区域参观，至于平时校外测量试验、校内各项试验无不悉备要之，本校对于作育林专门人材，振兴森林林区私愿聪期无负于国人耳。

简 章

宗旨 作育林业专门人材，振兴中国森林。

资格 中学或农业学校毕业而有普通英文程度者。

学额 自民国七年起每年添招三十名。

学费 第一年银币一百六十元，其后四年每年递加十元膳宿操衣试验等费在内。

课程 列表于后。

第一学年 预科 上学期：化学、国文、英文、物理；下学期：化学、国文、英文、物理。

第二学年 预科 上学期：生物学、化学、英文、地质学、数学；下学期：生物学、化学、英文、数学。

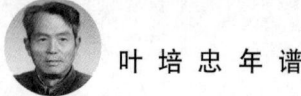

第一学年　本科　上学期：植物学、气象学、林木学、林学本论、土壤学、工程测量、田工试验；下学期：植物学、动物学、昆虫学、林木学、工程测量、田工试验。

第二学年　本科　上学期：种植学、木质学、森林管理学、森林昆虫学、农产学、田工试验；下学期：林产利用学、森林保护学、森林测算学、森林历史、果木学、苗圃试验，本学年内夏期实地练习。

第三学年　本科　上学期：森林测算学、锯木学、森林工程学、森林管理学、森林政治及法律学；下学期：森林经济学、森林治理及预算学、森林调查、实习及赴各处林场参观。

职教员　列表于后

包文　法学博士　校长

文怀恩　神学博士　副校长

裴义理　文学士　科长

克乃文　文学硕士　英文教员

应尚德　文学硕士　生物学教员

李寅　化学硕士　化学教员

刘经庶　哲学硕士　中国文学教员

麦开斐　文学硕士　物理教员

伍恩　英文教员

芮思娄　农学硕士　土壤学教员

吴伟夫　昆虫学博士　昆虫学教员

桑栢　科学硕士　森林教员

凌道扬　林学硕士　森林教员

石平治[51]　森林教员

华女士　英文教员

吴守道　文学硕士　英文教员

杨国锐　书记员

6月5日，《广东省长训令　六道道尹遵照分饬各县布告南京金陵大学森林专科招生文》。现准　金陵大学校长函开。按照敝校鉴于森林之利益、森林缺乏之危

---

[51] 英文名 Shih Ping-chi，Shi Ping Chi，编著者注。

害，特于民国四年春开设林科，教育林学人才，供贵国振兴林业之用。周子廙先生长农商时，将北京林科学生特送敝校肄业，并拨给常年经费以资补助。皖鲁浙赣各省相继资送官费学生。上海森林事务处筹款会股员亦将前青岛森林学校学生送入敝校林科学习，事实昭然，想已早达钧听。窃维森林利益关系国计民生至为重大，直接为人生日用之所需，间接为地方保安之必要，以故泰东西各国以林与农兼营并务，初无畸轻畸重之弊。学校列为专科，政府视为重政，况贵国天时地利颇宜培植森林，至此世界竞争极烈之时，讵可置重政而不为讲究比来内地购用舶来洋木以亿万计，利源外溢，殊堪隐忧。且森林之利不仅恃取木本，凡制造原料取材于森林者，种类极繁，价均昂贵，将来实业大兴，势必产不供求，临渴掘井，何能济用。其他如节制水源、障蔽暴风、调和气候，又为森林之特有之功能。就贵省之山地多于平原而论，可添植之树木甚多，如果林业发达，则山乡之利实能超越于平川也，惟是造林利益近在数年，远在数十年后，非农田之春种秋收可比。小民识浅难与图始非赖政学，两界为之提倡，良难为功。近年植树典礼虽已颁行全国，而教育专门人材处所殊属不多，深恐学识未能完备、办事难期周详，敝校承各省派来，学生日增一日，惟贵省尚缺属缺如能无遗憾，敝校长提倡教育素主普及，况培养林业人才尤为当务之急，审时度势，讵忍偏于一隅，为此，觍缕上陈，务请贵省长派遣相当学生来敝校林科肄业，目下所费无多，将来获益非鲜。素仰贵省长注重民生，热心于教育，若兹事体轻而易举，当必乐于赞成，所有恳派相当学生肄业。敝校林科缘由理合检具简章二本备函送请鉴核，并祈俯允即予示覆施行，实纫公谊，等由连同简章二本函送到署查。该校修业年限定为预科二年、本科三年，入学资格以中学或农业学校毕业而有普通英文程度者为限，其学费第一年银币壹百六十元，其后四年每年递加十元膳宿、操衣、试验等费在内，其余课程办法略载简章。吾粤对于森林之利现正注意提倡，该校为培养林业专门人才，此次添招学生如有资格相符、志愿入学者，立即照章筹备学费，于七月十五日以前具缴相片履历，报由县知事转呈本属署，以凭核明彙送入学。除分布告外，为此令仰该道尹即便遵照分饰所属各县妥为布告周知，仍将办理情形具覆察核核此令。中华民国八年六月五日

6月14日，江阴各学校罢课，声援北京爱国运动。叶培忠等励实中学的青年学生也走上街头游行，并参与抵制日货和查抄日货的行动。

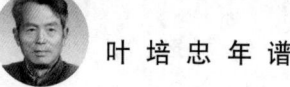 叶培忠年谱

- **1921年（民国十年）**

　　7月，叶培忠以全校第一名的成绩在江阴励实中学毕业。因此前听过林学家凌道扬先生"关于森林与水旱灾害关系"的演讲，深受影响，便立志学习森林，毅然放弃保送到有全额奖学金的杭州之江大学的机会，选择报考南京金陵大学农学院森林系，此举令人感动。鉴于叶培忠的贫困家境，母校励实中学决定以奖学金的方式资助其大学的生活费用，条件是大学毕业后回母校工作。凌道扬（1888—1993年），著名林学家、农学家、教育家、水土保持专家，中国近代林业的开创者和奠基人，中国林学会的前身中华森林会的主要创始人和首任理事长。1912年入美国麻省农业大学，后入耶鲁大学林学院学习，1914年获耶鲁大学林学硕士学位。1915年与韩安等林学家上书北洋政府，倡议以清明节为中国植树节获准。1955年任崇基学院第二任院长，1960年出任香港联合书院院长，香港中文大学的缔造者之一。著作有《森林学大意》《森林学要览》《中国农业之经济状况》等，论文有《振兴林业为中国今日之急务》《大学森林教育方针之商榷》等。

　　9月，叶培忠考入南京金陵大学农学院森林系，时任森林系主任叶雅各。大学期间，叶培忠恩师和学长有陈嵘、凌道扬、罗德民、林刚、李继侗、李德毅、叶雅各等。叶雅各（1894—1967年），著名林学家，中国近代林业的开拓者。1918年获美国宾夕法尼亚大学森林系学士学位，1919年入美国耶鲁大学森林学院学习，获森林硕士学位。1921年回国后，就任南京金陵大学森林系教授兼系主任。1928年7月，叶雅各受南京国民政府指派，任武汉大学新校舍建筑设备委员会委员兼秘书，同时被聘为武汉大学教授，1936年任农学院院长。从1929年起，他按照建委会的规划，设计和建设武汉大学校园及武汉珞珈山地区的造林绿化。

- **1925年（民国十四年）**

　　10月，陈嵘留学回国，受聘担任金陵大学教授兼森林系主任。

- **1926年（民国十五年）**

　　4月11日，美国植物育种家卢瑟·伯班克（Luther Burbank）在加利福尼亚州圣罗莎市去世，享年77岁。伯班克，1849年3月7日出生于美国马萨诸塞州一农场，他的父母有15个孩子，其中他排行13，他接受了高中教育，喜欢母亲

叶培忠年谱

在花园里种植的植物，这可能正是他对植物产生兴趣的地方。伯班克21岁时失去了父亲，继承了他父亲的遗产并用这笔钱在马萨诸塞州的鲁南堡附近购买了一个17英亩的农场。在农场里，他开始了植物育种，并培育出了引以为豪的伯班克马铃薯，一生曾培育出800多个新植物品系。为了纪念伯班克，美国加州就把他生日的那天定为著名的植树节，在植树节当天人们会栽种树木。伯班克所带领的植物繁殖实验为他带来了传遍全世界的名声，他的目标是想要去改良植物的品质并且增加地球上的食物供给。在他的工作生涯中，伯班克引进了800多种新品种的植物，包括200多种水果，许多的蔬菜、坚果和榖粒，还有数百种观赏用的花卉。依照他的愿望，他希望自己的墓穴不要做任何记号，他被葬在黎巴嫩（Lebanon，地中海东岸的共和国）的一颗香柏树下，那是他在1893年种植在他位于圣罗莎小屋前的树。这颗香柏树竖立在卢瑟—伯班克的坟前，宛如一个最明显的标志，一直到1989年由于根部遭受病害才被移开。伯班克的生涯中，位于圣罗莎4亩大的农园是他的室外实验室，在他去世前十年，伯班克先生卖掉了一些土地，也就是现今所存留下来的。伯班克过世后，应伯班克夫人的要求，将农园中心重新设计并且于1960年捐献出来成为一个纪念公园。

是年夏，叶培忠在水土保持任课老师美籍教授罗德民带领下，参加在青岛林场设置径流泥沙试验小区，进行雨水对土壤侵蚀的试验。罗德民（1888—1974年），美国北卡罗来纳州人，1915年毕业于英国牛津大学林业系和地质系。1922年来到中国，受聘担任金陵大学森林系教授，后任山西省铭贤学校教授、国民政府行政院顾问，国际水土保持学科奠基人。1923年在河南、陕西、山西等地调查森林植被与水土流失的关系，1924年和1925年在山西开展水土流失的试验，1926年在山东开展雨季径流和水土流失的研究。1943年4月，国民政府行政院组织农林部、水利委员会、甘肃省建设厅等有关单位，成立西北水土保持考察团，罗德民应邀作为行政院顾问一同考察。

● 1927年（民国十六年）

2月，叶培忠从金陵大学农学院森林系毕业，获林学士学位，并获金陵大学金钥匙奖（此前曾因健康原因，休学一学期）。经系主任叶雅各推荐留校任助教，指导学生木材学实习，以及实验室木材切片解析和植物标本制作。

7月，叶培忠为履行当年对母校的承诺，返回江苏江阴励实中学，不料学校

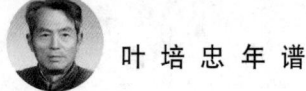 叶培忠年谱

已因战乱而停办。

9月，经金陵大学农学院院长过探先介绍，叶培忠赴广西柳州柳庆垦荒局工作，任沙塘林场场长。当年即带领职工建成苗圃50多亩，培育杉、松、油桐等苗木20多种，并从事荒山造林实践。过探先（1886—1929年），著名农学家、农业教育家，江苏省无锡人。1910年留学美国，首入威斯康星大学，后转入康奈尔大学专修农学。1914年获学士学位后，又以研究育种学的突出成绩获硕士学位。1915年回国后，历任江苏省立第一农业学校校长、东南大学教授、金陵大学教授等职。创办东南大学农科和金陵大学农林科，造就了一批优秀的农林科技教育人才，还在开创江苏教育团公有林、建立植棉总场和开拓我国棉花育种工作方面做出重要贡献。参与中国科学社和中华农学会的创建工作，是我国现代农业教育和棉花育种事业的开拓者。

● 1928年（民国十七年）

是年，叶培忠带领沙塘林场职工垦荒造林，栽植马尾松410亩约2万株。应柳庆垦荒局要求，营造柳州到沙塘公路两旁的行道树获得成功。

● 1929年（民国十八年）

5月，因广西军阀混战，柳城沙塘林场停办，叶培忠返回老家江苏江阴县。

5月，国民政府为保存多国政府和民间组织向中山陵园赠送的名贵花木，决定在中山陵西侧、明孝陵附近建立孙中山先生纪念植物园。

8月15日，经金陵大学陈嵘教授推荐，叶培忠任南京总理陵园纪念植物园筹备助理员，月薪100元。陈嵘（1888—1971年），著名林学家、林业教育家、树木分类学家，中国近代林业事业的开拓者。毕生从事林业教学、林业科学研究和营林实践工作，培养了大批林业人才。早年创办多处林场，亲自设计并参加植树造林活动，为中国林业教学实践和造林绿化事业作出了巨大贡献。在树木分类学和造林学研究领域，取得了突出成就，被公认为中国树木分类学的奠基人。一生著述甚丰，主要著作有《中国树木分类学》《造林学本论》《造林学各论》《造林学特论》《历代森林史略及民国林政史料（中国森林史料）》等。

是年，《南京总理陵园纪念植物园设计图》刊印，设计者陈嵘、傅焕光、秦仁昌、钱崇澍、章君瑜、叶培忠，绘图章君瑜。章守玉（1897—1985），字君瑜，

江苏省苏州市人。新中国首批国家一级教授、著名园艺学家、造园学家和教育家，我国高等学校园林专业创建者，近代花卉园艺学的奠基人。沈阳农业大学园林专业、风景园林学科创始人。1918年留学日本，1919年以优异成绩考入千叶高等园艺学校（现千叶大学），1922年毕业回国；1928年任南京中山陵园园艺股技师，后又任园艺股主任；1939年，任西北农学院园艺系教授，讲授造园学、温室花卉等课程；1946—1949年，先后受聘南京临时大学、中央大学、河南大学，任园艺系教授兼系主任；1949年8月，经毛宗良介绍，进入复旦大学农学院园艺系任教，创建造园专业，并负责组织教学工作；1952年复旦大学农学院（含观赏组造园专业两届19名本科生）调整至沈阳农学院，成立园艺系，章先生任系主任。曾任中国园艺学会理事及理事长，中国建筑学会理事，中国园林学会顾问，辽宁省和沈阳市园艺学会理事长。曾讲授《造园学》《观赏树木》《花卉园艺》《温室园艺》等课程。出版教材《花卉园艺学》《花卉园艺学各论》《温室园艺》《花卉园艺学（上下册）》《花卉园艺（上册）》等。

是年，叶培忠根据在柳城沙塘林场的实践经验，写成《改良我国油桐栽培之意见》刊于《农林新报》1929年第19～21期。

10月，《中华林学会会员录》刊载：叶培忠为中华林学会会员。

• 1930年（民国十九年）

2月，叶培忠《种植油桐之实用法》刊于《林学》杂志1930年第2期29～40页。

5月28日，经总理陵园园林组主任傅焕光推荐，总理陵园管理委员会决定派叶培忠赴英国进修。傅焕光（1892—1972年），著名林学家和水土保持学家，中国近代林业事业开拓者。为创建总理陵园（即中山陵）做出重要贡献，组建中国早期的水土保持机构，是中国水土保持科研事业的创始人。组织领导了杉木林的全面考察，在调查大别山区森林时发现大面积栓皮栎林，撰写《栓皮栎》一书，提出栓皮的加工利用，开拓了中国栓皮工业。为安徽省的林业和水土保持事业做出了重大贡献。

6月28日，叶培忠与蒋文德结为伉俪。蒋文德1907年12月30日生于江苏省江阴县，排行老二。有姐蒋文贤，妹蒋文明。

8月，叶培忠前往英国学习。

叶 培 忠 年 谱

9月,叶培忠在伦敦邱园参观学习2周后,前往爱丁堡皇家植物园和爱丁堡大学研修,专门研修植物园规划、设计和布置、建设与管理,重点学习各种植物的栽培和繁殖技术。

• 1932年（民国二十一年）

2月,叶培忠回国,任总理陵园管理委员会总务处园林组技术员,并开始进行植物园建设工作,至1933年6月。

3月,叶培忠受邀到金陵大学园艺系兼任讲师,讲授造园学和观赏植物栽培学课程,将毕业班学生的实习安排在总理陵园纪念植物园进行。

是年,受陈嵘教授委托,叶培忠在南京试种紫金楠获得成功。

• 1933年（民国二十二年）

是年,叶培忠亲赴各地采集样品,制作植物标本,在植物园建立植物标本陈列馆和研究室。

7月12日,总理陵园管理委员会举行第三十八次委员会议通过决议：加委傅焕光为园林组主任,林祐光为森林布景课主任,王太一为园林生产课主任,叶培忠为植物研究课主任。

10月20日,叶培忠长女叶勤出生。

• 1934年（民国二十三年）

是年春,叶培忠将多种松、杉、柏等针叶树树苗赠送庐山森林植物园,以支援其建设。

7月,叶培忠辞去金陵大学的教学兼职。推荐金陵大学毕业生汪菊渊到庐山森林植物园工作,介绍沈隽和沈葆中到总理陵园纪念植物园工作。

8月,叶培忠《用蓖麻叶作杀虫药剂之研究》刊于《中华农学会报》1934年第126、127期合刊155～156页。

9月19日,叶培忠任总理陵园总务处园林组技师。总理陵园管理委员会第四十一次委员会议记录：出席委员朱培德、林森、居正、孔祥熙、叶楚伧。列席者林槐荣、马湘、傅焕光、陈希平。主席林子超。讨论事项：追认改聘叶培忠君为本会总务处园林组技师,月支250元案。

叶培忠年谱

1935 年（民国二十四年）

3 月 13 日，叶培忠次女叶俭出生。

6 月 7 日，苏联植物育种学家伊万·弗拉基米洛维奇·米丘林（Иван Владимирович Мичурин，Ivan Vladimirovich Michurin）于科兹洛夫逝世。米丘林是苏联卓越的园艺学家，米丘林学说的创始人，苏联科学院名誉院士和苏联农业科学院院士。米丘林，1855 年 10 月 27 日生于俄国梁赞州普龙斯克县。其曾祖父、祖父和父亲都爱好园艺，对米丘林产生很大影响，8 岁时，已能做嫁接和压条工作。1872 年在普龙斯克县立小学毕业，后因家贫小学毕业后便辍学。1875 年在科兹洛夫铁路站当职员，把节省下来的钱租下一块荒废的小园地，开始了园艺实验工作。曾对俄罗斯中部各地果园作过调查，立志改变当地果树低劣的状况。1888 年在科兹洛夫城外 6 公里的地方，买得一片牧场，把原来所有果树苗木都移植到那里。后来又另买了一片荒芜的沙地，建立起新的苗圃，将一些耐寒优良果树品种，在比较瘠薄的土地上进行试验，培育了许多果树品种，如"六百克安托诺夫卡"苹果、蜜饯梨、樱桃等。自 20 岁起从事植物育种工作达 60 年之久，在那里工作到逝世。他提出关于动摇遗传性、定向培育、远缘杂交、无性杂交和驯化等改变植物遗传性的原则和方法，培育出 300 多个果树新品种。十月革命后，他的工作受到列宁的重视。1918 年苏联政府接收了米丘林献出的苗圃。1922 年列宁在给他的电报中说："你在获得新植物的实验上，具有全国意义。"1928 年在苗圃基础上建立了米丘林果树遗传育种站。经过数十年的研究和实践，共育成三百多个果树和浆果植物新品种。1925 年被授予劳动红旗勋章，1935 年被授予列宁勋章，并被选为苏联科学院名誉院士。米丘林学说基本思想：生物体与其生活条件是统一的，生物体的遗传性是其祖先所同化的全部生活条件的总和。如果生活条件能满足其遗传性的要求时，遗传性保持不变；如果被迫同化非其遗传性所要求的生活条件时，则导致遗传性发生变异，由此获得的性状与其生活条件相适应，并在相应的生活条件中遗传下去。从而主张生活条件的改变所引起的变异具有定向性，获得的性状能够遗传。这个学说中关于无性杂交、辅导法和媒介法、杂交亲本组的选择、春化法、气候驯化法、阶段发育理论等，对提高农业生产和获得植物新品种具有实际意义。但是，米丘林关于生活条件的改变所引起的变异具有定向性，获得性状能够遗传的理论，缺乏足够的科学事实根据。当孟德尔的遗传学在苏联受到攻击时，由于米丘林培育出 300 多种新

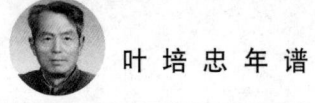

型果树，而受到苏联政府的赞扬。他的杂交理论经李森科发挥后被苏联政府采纳为官方的遗传科学，尽管当时全世界的科学家均拒绝接受这个理论，但仍被强制推行，同时压制和排斥不同的学术观点。20世纪50年代这一理论在苏联、东欧和中国盛行一时，对生物学研究造成了不良影响。米丘林主要著作有《工作原理与方法》《六十年工作总结》等。

10月，叶培忠调查美国山核桃在江苏江阴的生产情况。

是年，叶培忠带领职工营建总理陵园植物园分类植物区、松柏区、树木区、竹林区、药用植物区、灌木区、水生及沼泽植物区和蔷薇花木区等11个区。

● 1936年（民国二十五年）

7月，《中华林学会会员录》刊载：叶培忠为中华林学会会员。

是年，总理陵园植物园基本建成。园内植物标本陈列馆中植物标本数量达1万份，其中种子标本1500种、木材标本200种、药材标本500种。大多系叶培忠等采集于江苏、浙江、江西、安徽、河南、四川等地，少部分标本系国内外交换而来。

● 1937年（民国二十六年）

1月8日，叶培忠三女叶朴出生。

7月7日，卢沟桥事变，中国抗日战争全面爆发。为减少总理陵园植物园损失，叶培忠发动职工，设法保存好植物种质资源。

11月，淞沪会战失败，日军占领上海后继续向西推进。在南京沦陷之前，叶培忠组织职工对重要植物种质资源采取保存措施后，被迫离开南京，向西部转移。

● 1938年（民国二十七年）

2月至7月，经金陵大学同班同学韩麟凤介绍，叶培忠任长沙湖南省立高级农业学校教员，主讲观赏植物及植物繁殖课程。在长沙发现檵木变种，由叶培忠定名为"红花檵木"，学名定为"*Loroprtalum chinense* var.*rubrum* Yieh"。韩麟凤（1903—1995年），黑龙江省双城县人，沈阳农学院林学系首任系主任。1926年毕业于南京金陵大学农学院森林系，毕业后先后在吉林毓文中学、湖南高级农

业职业学校等任教,并担任教导主任、系主任、校长等职。1944年至1946年任金陵大学农学院森林系教授,1948年起任中央林业部经营工程师、副总工程师,1957年12月调入沈阳农学院任教授、林学系主任。曾任中国林学会理事、辽宁省林学会副理事长。主编《东北的林业》一书,被评为1982年全国优秀科技书目。

7月,叶培忠辞去湖南省立高级农业学校职务,赴四川峨眉山就职。

9月,经郑万钧介绍,叶培忠任四川省农业改进所技正兼峨眉山林业试验场主任。期间,开始树木有性繁殖试验研究工作。郑万钧(1904—1983年),著名林学家、树木分类学家、林业教育家,中国近代林业事业开拓者。在树木学方面有极深造诣,发表树木新属4个,新种100多个,其中不少是中国特有的珍稀树种。40年代中期,他和胡先骕定名的水杉新种,被认为是世界植物学界重大发现之一。一生著作甚丰,主要有《中国树木学》《中国主要树种造林技术》《中国植物志(第7卷)》和《中国树木志》(一、二卷)。

11月,叶培忠《香椿树栽培法及其新用途》刊于四川省政府建设厅建设周讯编辑部《建设周讯》1938年第7卷第12期28~30页。

是年,叶培忠与同事郑止善实地考察峨眉山主要森林树种,调查了杉木、柏木、马尾松、油桐、冷杉、铁杉和云杉等树种的生长情况,并进行栽培、繁殖和生产试验研究。郑止善(Cheng, C.S, 1913—1990年),江苏武进人,1936年毕业于金陵大学,后赴美国俄勒冈州大学获硕士学位。曾任四川峨眉山林业试验场技士,财政部贸易委员会桐油研究所副研究员,中央林业实验所技正。中华人民共和国成立后,先后任浙江大学、东北林学院、浙江农学院副教授,浙江林学院副教授、教授。长期从事木材科学与技术的教学与科研工作。

● 1939年(民国二十八年)

1月,郑止善《峨边沙坪区数种主要树种之树干解析》刊于《建设周讯》1939年第7卷第23期1~14页。

● 1940年(民国二十九年)

7月,叶培忠任四川省农业改进所峨眉山林业试验场场长。与郑止善合写了《川西十二种主要林种之树干解析》一文。

叶 培 忠 年 谱

● 1941年（民国三十年）

2月，中华林学会在重庆成立水土保持研究委员会，凌道扬、姚传法、傅焕光、任承统、黄瑞采、葛晓东、叶培忠、万晋和徐善根9人为委员。万晋（1896—1973年），河南罗山人，农业教育家、林业与水土保持学家，测树学专家。1912年考入开封河南留学欧美预备学校，1918年以公费留学资格入美国耶鲁大学攻读林学，1924年获耶鲁大学林学硕士学位；同年5月回国，曾任北京大学农学院教授；1927年8月开始长期执教于河南大学农学院，历任河南大学农学院院长、教授，黄河水利委员会林垦处处长，重庆农本局调正处处长，河南救济分署技正兼技术室主任，上海善后管理委员会技正，中华林学会、中国水利工程学会、中国植物学会、中国水土保持学会会员；中华人民共和国成立后，先后任北京农业大学、北京林学院、河南农学院教授。

6月，叶培忠《美国长核桃在我国之生长及其栽培方法》刊于《中华农学会报》1941年第174期73～78页。

6月，叶培忠《人参栽培法》刊于《农报》第6卷第16～18期354页。

8月，叶培忠接到福建省立农学院聘书后，辞去峨眉山林业试验场场长职务。在赴闽任职途中经重庆，拜访了时任国民政府财政部贸易委员会油桐研究所所长李德毅，被李挽留在重庆任财政部贸易委员会桐油研究所研究员，从事油桐种质资源的收集、栽培、良种繁殖与推广研究。李德毅（1896—1986年），号近仁，安徽滁县人。1922年毕业于金陵大学森林系获林学士学位，留校任教。1929—1932年留学美国加利福尼亚大学研究院，获硕士学位，学成回国后任金陵大学森林系教授。1933年7月至1936年4月任浙江大学农学院院长兼森林系教授，曾任浙江省建设厅林业总场场长、重庆油桐研究所所长兼研究员、农林部参事。1923年在南京加入中华农学会，1933年加入中华林学会，1944年在重庆加入中国水土保持协会和中国农政协会并任理事，1948年在南京加入了中国水杉保存委员会兼理事。1949年后历任金陵大学森林系教授、校务委员会委员、南京林学院林学系教授。1955年加入九三学社。曾任南京市政协委员、江苏省第三、四、五届政协委员。李德毅教授长期从事造林学、水土保持学的教学、科研工作。学识渊博，论著有《对于中国森林保护之管见》《对于提倡村有林之管见》等；翻译《山西森林保存问题之商榷》（W.E.Lowdermilk作），主持编写《水土保持学》等教材；在苏北沿海大丰、射阳等地进行沿海防护林带防护效应的研

究，发表《苏北沿海农田护田林防护效果研究简报》等论文。

10月，《中华林学会会员录》刊载：叶培忠为中华林学会会员。

10月，叶培忠《人参栽培法》刊于《全国农林试验研究报告辑要》1941年第1卷第5期127页。

● 1942年（民国三十一年）

6月，叶培忠作为财政部贸易委员会派出的视察员，赴广西桂江、贺江和柳江流域各桐油生产推广区视察，进行栽培技术指导，并推广良种。

6月，傅焕光受国民政府农林部之命筹建水土保持实验区，进行治理黄河流域水土保持的实验研究。

8月21日，农林部开始水土保持工作，农林部水土保持实验区在甘肃天水正式成立，这是农林部第一个水土保持科学实验机构，傅焕光任实验区主任，提名叶培忠任实验区技正兼营林股主任。

8月，Yieh P. C A "New Variety of Loroprtalum chinense var.rubrum"《檵木之新品种》刊于中央大学 "Hortus Sinicus"《中国园艺专刊》1942年第2期33页。

9月，叶培忠任农林部水土保持实验区技正兼营林股主任，未到任。

10月3日，国民政府农林部部长沈鸿烈到甘肃天水视察，视察期间指定傅焕光、叶培忠、冯兆麟参加次年由行政院顾问、美籍专家罗德民博士率领的西北水土保持考察团。随后，傅焕光通知叶培忠留在重庆做考察团的物资和业务准备，并接待罗德民博士。

11月，应傅焕光写信邀请，叶培忠夫人蒋文德带着3个女儿从上海启程赴甘肃天水。

12月，罗德民博士应聘到我国指导开展水土保持工作到达重庆，凌道扬和叶培忠一起接待罗德民。

● 1943年（民国三十二年）

1月，叶培忠从重庆到达成都，与先行到达的罗德民和凌道扬在华西坝金陵大学进行水土保持考察的各项准备工作。同月，叶培忠妻女蒋文德和3个女儿到达甘肃天水，此时，叶培忠仍在四川。

叶 培 忠 年 谱

3月，W. C. Lowdermilk（罗德民）《水土保持讨论特辑（上）：水土保持之重要：历史上各国给我们的几个教训》刊于《农业推广通讯》1943年第5卷第3期21～26页。

4月，罗德民《水土保持讨论特辑（下）：分工合作与土地利用》刊于《农业推广通讯》1943年第5卷第4期13～14页。

4月，国民政府行政院组织农林部、水利委员会、甘肃省建设厅等有关单位，聘任罗德民为行政院顾问，成立西北水土保持考察团。在考察团中叶培忠独自承担保土植物的考察任务。在水土保持实验区开设水土保持讲习班，罗德民任主讲，叶培忠和徐学训担任翻译。参加西北水土保持考察团的国内水土保持工作者有张乃凤（康奈尔大学学士，威斯康星大学农学硕士，农林部农业实验所土壤肥料组主任）、蒋德麒（金陵大学学士，明尼苏达大学硕士，农林部农业实验所技正）、梁永康（交通大学学士，密歇根大学硕士，农林部农田水利工程处副总工程师）、傅焕光（菲律宾大学学士，农林部中央林业实验所技正，兼水土保持实验区主任）、叶培忠（金陵大学学士，爱丁堡大学研修，农林部水土保持实验区技正）、冯兆麟（金陵大学学士，农林部水土保持实验区技正）、章元义（河北省立工业学院工学士，康奈尔大学硕士，行政院水利委员会技正）、陈迟（浙江大学学士，甘肃农业改进所技正）。西北水土保持考察团从四川成都出发，到双石铺、宝鸡、天水、西安、荆峪沟、大荔、黄龙山、泾阳、六盘山、华家岭、兰州、西宁、湟源、三角城、永昌等地，历时7个多月（4月至11月），行程1万余公里，沿途对有关水土流失现象、水土保持群众经验、土地利用及其对水土流失的影响等方面，都作了调查和记载，并拍摄了照片。考察途中，罗德民三次去天水，帮助筹建了农林部天水水土保持实验区，指导该区拟定了工作计划、选择试验场地、设计布置试验项目，举办了为期1个月的西北水土保持讲习班。同时还拟定了中国开展水土保持工作的设想，起草了《农林部渭河上游水土保持十年计划方案》。

11月，国民政府农林部西北水土保持考察团考察活动结束。叶培忠留在天水，担任农林部水土保持实验区技正兼营林股主任，负责实验区内水土保持科研工作。

是年起，叶培忠在天水开展"柳篱挂淤"试验。

1944 年（民国三十三年）

4月，叶培忠遴选天水沙棘作为"柳篱挂淤"工程主要灌木树种，进行选种和育苗，在吕二沟进行人工扦插示范造林。当年春季带领职工在大柳树沟、吕二沟、码坪等处植树4万余株，营造水土保持林。

7月，经甘肃省气象测候所批准，水土保持实验区设立三级气象测候站。

7月，叶培忠、贾伟良、何宪章编著《光桐品系之初步研究》（17页）由财政部贸易委员会外销物资增产推销委员会桐油研究所刊印。该文后刊于《桐油研究所专刊》（第一号，李德毅主编）及《改进我国油桐栽培之我见》和《改良油桐品种的问题》等文章。

7月25日，叶培忠四女叶素出生。

10月，中英科学合作馆李约瑟博士到达天水水土保持实验区考察，赠送有关水土保持图书资料49册。实验区回赠由叶培忠鉴定并人工繁殖的天水葛藤种子一包。李约瑟（Joseph Terence Montgomery Needham，1900—1995年），英国近代生物化学家、科学技术史专家，其所著《中国科学技术史》对现代中西文化交流影响深远。1922年、1924年先后获英国剑桥大学学士、哲学博士学位。1942—1946年在中国，历任英国驻华大使馆科学参赞、中英科学合作馆馆长。1946—1948年在法国巴黎任联合国教科文组织科学部主任。鲁桂珍（Lu Gwei-Djen，1904—1991年），中国科学技术史专家、营养学博士，祖籍湖北蕲春，其父鲁茂庭为药剂师。鲁桂珍早年在金陵女子大学学生理学，后在上海一家医学研究所专攻生物化学，1936年前往剑桥大学生物化学实验室攻读博士学位，后供职于巴黎联合国教科文组织秘书处。是英国剑桥大学中国古代科技史权威李约瑟主持的《中国的科学与文明》（《中国科学技术史》）项目的重要研究员和作者，1989年9月15日与李约瑟结为伉俪，经常以李约瑟的长期助手、合作者、汉语教师和第二任妻子为人所知。

11月，罗德民《行政院顾问罗德民考察西北水土保持初步报告》刊于《行政院水利委员会季刊》1944年第1卷第4期36～48页。

是年，叶培忠用天水生长的狼尾草属的桹草为母本，以徽县狼尾草和本地狼尾草为父本，用混合授粉法杂交，杂交后代根系强大，生长茂盛，被定名为"叶氏狼尾草（$Pennisetum\ hybriudum$ Yieh F_1）"。

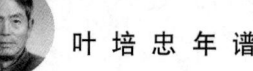

1945年（民国三十四年）

3月，农林部水土保持实验区主任傅焕光离开天水赴美国学习，叶培忠兼任代主任。重点开展了保土方法、保土植物人工繁殖、利用葛藤控制土壤冲刷试验等研究，并开始了大量的牧草引种、繁殖试验和良种推广工作。

6月，叶培忠任农林部水土保持实验区代主任，至1946年9月。

8月1日，叶培忠五女叶和平出生。

8月15日，日本裕仁天皇向全日本广播，接受波茨坦公告，实行无条件投降，结束战争。

11月，叶培忠决定编辑《三年来之天水水土保持实验区》文集，成立文集编委会。

12月，为进一步发挥牧草在水土保持中的作用，叶培忠撰写《葛藤——大地之医生》《改进西北牧草之途径》等文章，后收入于《三年来天水水土保持实验区》文集。《改进西北牧草之途径》主张把种植牧草与水土保持结合起来，建议在西北地区种植牧草，应兼顾饲料价值和保持水土价值，对一些不宜农的地区，应退耕还牧，并从水土保持与发展畜牧两个方面对西北牧草改良问题进行研究。水土保持实验区先后7次从美国引进牧草品种270号，从国内各科研单位及大专院校征集草种，在甘肃、青海等地采集野生草种共计539号。通过多渠道的选种栽培，叶培忠最终推荐68种抗寒耐旱、品质优良的牧草进行扩大繁殖。主要有白花草木犀、黄花草木犀、野牛草、狼尾草、苏丹草、三叶草、小冠花、天水沙棘和葛藤等。

12月，郑止善《五倍子》由正中书局初版。

1946年（民国三十五年）

2月1日，Yeh, P. C, Cheng, C. S "*Studies of Chinese Gallnuts*" 刊于 "*Journal of Forestry*" 第2期121～124页。

2月20日，叶培忠为《三年来之天水水土保持实验区》文集撰写序言，该书为中国水土保持科学研究早期的重要文献。

2月，《三年来之天水水土保持实验区》文集由农林部水土保持实验区刊印。其中包括李司长序（李顺卿）、序（叶培忠）；概况 一、本区南山试验场地形图，二、三年来之天水水土保持实验区；专载 一 罗德民《农林部渭河上游水土保持十年计划方案》，二 傅焕光《水土保持与水土保持事业》，三 蒋德麒《西北

水土保持事业考察报告》，四 叶培忠《葛藤——大地之医生》，五 张德常、高继善《迳流冲刷小区试验三年来之初步报告》，六 徐学训《土地沟状冲蚀之防制》，七 张绍钫、高继善《坡地耕作问题之研讨》，八 魏章根《梯田沟洫之设计与实施》，九 吕本顺《陇南柳篱挂淤之商榷及其展望》，十 叶培忠《改进西北牧草之途径》；附录 一 主要保土植物学名对照表，附录二 本区职员名录。叶培忠在序中写道：三十四年春傅主任因公赴美，部令兼代，深念业巨任重，未遑应命。乃幸萧规有随，竟业未懈，得赖同仁之协力，始复顺利推行。缘本刊编印，即有编辑委员会之成立，经由张绍钫魏章根徐学训王昌诸先生主责，惟印刷困难，铅铸不易，进行中途，几经停顿，时后乃将译编之水土保持名汇暨美国保土局组织各文抽去，历时三月，勉成斯册。

4月，为改良植物品种，叶培忠进行杨树杂交育种和牧草杂交育种等开创性研究工作，取得一定成就。天水人为纪念叶培忠在培育植物新品种的功绩，将他培育的杂交杨树称为"叶氏白杨"，培育的杂种狼尾草称为"叶氏狼尾草"。

9月，傅焕光赴美国学习后回国，在南京任中央林业实验所副所长兼水土保持系主任，叶培忠正式接替天水水土保持实验区主任职务。

10月23日，叶培忠长子叶建国出生。

11月，叶培忠向天水李官湾村杨世荣等五农户推广草木犀，贷放种籽1石6升。与天水农林机关召开联席会议，商讨柳篱护城淤堤方案，计划可淤水田230亩，造地500亩，建议实施。

11月，傅焕光在南京中央林业实验所举办水土保持训练班，叶培忠应邀受聘任课。

是年，叶培忠将优良保土植物沙棘（醋柳）种植在天水吕二沟，继续进行著名的柳篱挂淤试验，首创将灌木树丛充当柳篱应用沙棘进行水土保持效益的研究。1954年后，柳篱挂淤工程在西北得到大范围推广。

● 1947年（民国三十六年）

1月，鉴于叶培忠在农林部水土保持实验区的业绩，农林部聘任叶培忠为农林专门委员。

4月，叶培忠与郑止善撰写《国产五倍子类之研究》，20世纪50年代末用作教学讲义。

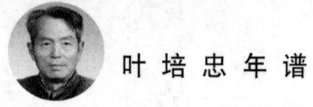

• 1948 年（民国三十七年）

1月，郑止善《五倍子》由正中书局出版沪一版。

是年初，叶培忠收到武汉大学农学院院长叶雅各先生发来聘书，邀请担任武汉大学农学院森林系教授。

2月，叶培忠接美国水土保持局植物资源科第一主任克赖德（Franklin J Crider）博士回信，称叶培忠寄去的天水葛藤可在 Beltsville 地区安全越冬，适宜在恶劣条件下生长，并已在美国西北部地区推广种植。应克赖德要求，叶培忠第二次将天水葛藤种子2磅寄往美国。

3月5日，农林部水土保持实验区同仁为欢送叶培忠全家，在实验区办公室门前摄影留念，叶培忠和夫人蒋文德端坐在正中，16个职工参加摄影。照片上方写着"农林部水土保持实验区同仁欢送叶主任赴京述职摄影纪念三七·三·五于天水"。至此，叶培忠在甘肃天水工作五年。

3月，叶培忠携全家到达武汉，任武汉大学农学院教授，在森林系讲授树木学、造林学、造林学各论、测树学、森林经理学等课程，在农学系讲授气象学、水土保持课程，在园艺系讲授观赏植物栽培学课程。

10月，叶培忠《黄土区水土保持实施办法之研究》刊于《中华农学会报》1948年第189期7~20页。

是年，叶培忠与国际杨树学界开展交流，将杂交的杨树新品种插条7种，寄赠荷兰杨树专家郝夫加根博士。

• 1949 年

1月12日，叶培忠次子叶建民出生。

6月，中国人民解放军武汉军管会接管武汉大学。

9月，叶培忠在武汉大学农学院农学系开设水土保持学课程，并编写教学讲义。

12月，叶培忠参加武汉市举办的高等教育工作者讲习会，按要求参加接受新思想的教育，参与如何提高教学质量的讨论。

是年，叶培忠在武汉大学森林系苗圃开始杉木和柳杉的属间杂交试验研究。

叶 培 忠 年 谱

● 1950 年

1月,叶培忠带领武汉大学农学院森林系 30 余名学生到磨山进行造林学课程实习。

3月至7月,叶培忠给武汉大学农学院森林系讲授测树学。

7月至8月,叶培忠参加由武汉大学、国家贸易部油脂公司和商品检验局组织的两湖桐油产销调查,并撰写调查报告。

7月,叶培忠《引种绿肥和饲料作物》收入中央人民政府农业部编《全国土壤肥料会议汇刊》34～39 页。

9月,陈嵘著《造林学各论 参考资料》由北京中央林业部林业科学研究所刊印,其中 68～98 页收入叶培忠《中国之白杨与白杨育种》。

10月,中国科学院植物分类研究所华东工作站在南京成立,此工作站是在 1934 年 7 月中央研究院建立的动植物研究所基础上,调集了植物分类学家裴鉴等一批科研人员。

10月8日,林垦部、教育部联合召开林业教育会议,决定在南京大学、金陵大学、安徽大学、武汉大学、中山大学等 7 所大学开办学制为 2 年的林业专修科。

10月19日,叶培忠收到中央农业部参事张乃凤来信,拟派毕业于金陵大学园艺系的农业部干部杨琪,到武汉大学向叶培忠学习育苗采种及栽培技术。张乃凤(1904—2007 年),著名土壤肥料学家,浙江湖州南浔人。1926 年入圣约翰大学学习,1927 年秋去美国康奈尔大学农学院留学,1930 年毕业,随后在美国威斯康星大学研究生院获硕士学位。1931 年学成回国,受聘于金陵大学,讲授土壤学和肥料学课程。1935 年到实业部新建的中央农业实验所任技正、土壤肥料系主任,潜心从事土壤肥料研究工作。1950 年任中央农业部参事,1952 年任华北农业科学研究所研究员,1957 年任中国农业科学院研究员和土壤肥料研究所副所长。

12月2日,张乃凤再次来信,邀请叶培忠参加淮河上游勘察。信中说:淮河上游水土保持工作在发展中,我们准备在 1951 年 4、5 月或 7、8 月组织 7、8 个调查队勘察淮河上游,保土植物的采集和研究将占重要地位。届时必须我兄参加,请兄示知在哪几个月最为适宜和方便。最近永定河上游的水土保持,也是一定要做,所以一个人已经不够,希望你可以多训练一个人,准备一人到淮河上游,一人到永定河上游……

 叶 培 忠 年 谱

是年,叶培忠在武汉大学森林系讲授测树学、森林经理学、森林土壤改良等课程。

1951 年

1月,叶培忠荣获武汉大学甲等劳动模范称号。

1月15日,叶培忠响应"抗美援朝"号召,送长女叶勤参军。

1月17日,中国教育工会武汉大学委员会致信祝贺叶培忠当选本校教模。信中说:欣闻您光荣地当选为本校教模,特函祝贺,愿您继续地发扬您高贵的教工精神,让您优良的成绩在群众间得到更繁荣滋长,把新民主主义教育与文化事业不断地向前推进!

3月11日至13日,叶培忠出席武汉市第一届模范教工代表大会,并荣获武汉市乙等模范教工奖状。

3月,叶培忠《中国之白杨与白杨育种法》刊于《新科学》杂志第2卷第3期9~21页。

是年初春,叶培忠带领武汉大学森林系四年级和林业专科30多个学生,在武昌磨山进行造林学课程实习,与同学们同吃、同住、同劳动,爬遍磨山的荒山野岭,开展马尾松造林实习。

是年暑假,叶培忠和胡圣楚带领陈幼敏、何起、高志宏等学生参加湖南省林业厅酃县森林调查,撰写《湖南酃县森林调查报告》。

1952 年

7月4日至11日,教育部召开全国农学院院长会议,拟订高等农林院系调整方案,决定成立北京林学院、东北林学院和华东林学院,保留12个农学院的森林系,在新疆八一农学院增设森林系。

8月,叶培忠编写《橡胶树栽培法》(一、二)作为华南垦殖局橡胶树栽培干部训练班教材,由华南垦殖局刊印,并承担训练班授课任务。

是年暑期,根据林业部的要求,叶培忠受命组队赴华南参加华南垦殖局橡胶树造林地调查、测量和规划工作。在雷州半岛穿梭于原始山林地带,根据调研情况提出若干建设性意见,帮助确定垦荒点位置,制订开垦规划和技术规程等。

9月,全国高等学校院系大调整,根据《全国高等农业学校院系调整及专业

设置方案》，由武汉大学农学院和湖北农学院，以及南昌大学农学院、河南大学农学院、广西大学农学院、中山大学农学院和湖南农学院的部分系科合并成立华中农学院。叶培忠随系转入在武汉的华中农学院任森林系教授。

10月，叶培忠开始编写《植物繁殖学》《温室栽培与管理》。

是年，叶培忠在武汉大学开设《牧草栽培学》课程，坚持在苗圃进行牧草育种栽培和林草混种的试验。

● 1953 年

3月至7月，叶培忠在华中农学院开设水土保持课程，编写《水土保持学教学讲义》。

4月，冯兆林、侯治溥、崔友文、关君蔚、刘大同、徐叔华、叶培忠《第六讲 牧草的栽培》刊于《农业科学通讯》1953年第7期302～306页。

5月3日至7月16日，叶培忠应邀参加由水利部牵头，农业部、林业部、中国科学院、部分高等院校和西北行政委员会有关部门组成的西北水土保持考察团，叶培忠负责地面覆被和保土植物的考察。结束返校后，着手建设牧草标本室和牧草标本园，带领青年教师陈布圣和严杰创立牧草学教研组和研究室。这是叶培忠自1948年离开天水后再次到天水考察研究。

9月，高等教育部委托华中农学院叶培忠招收牧草学研究生，录取了黄文惠、余毓君、肖贻茂、彭启乾。叶培忠开始为研究生讲授牧草栽培学课程，至1954年1月。

9月15日，叶培忠六女叶建林出生。

9月，叶培忠《有计划的培植西北草原发展畜牧业》刊于《新黄河》1953年第9期25～31页。

● 1954 年

2月，中央人民政府政务院批准，将中国科学院植物分类研究所华东工作站与孙中山纪念植物园合并，正式命名为中国科学院南京中山植物园。

3月12日，叶培忠被聘为南京中山植物园规划设计委员会委员，参与中山植物园的规划设计工作。

7月至8月，叶培忠带领陈布圣、严杰和华中农学院牧草学4位研究生赴青海省刚察县三角城种羊场、甘肃陇东进行牧草学生产实习，顺访天水，为甘肃省水土保持训练班及有关单位 100 余人作了多场学术报告。这是叶培忠自 1948 年离开天水后第二次到天水考察研究。

● 1955 年

1月28日，叶培忠当选为湖北省第一届人民代表大会代表，出席会议并发言。针对 1954 年，湖北省遭遇百年未有的洪水灾害，叶培忠就农、林、牧、水利建设提出自己的意见："研究水灾的原因，固然是由于特大的降水量所造成，但是人类对土地没有合理利用，滥伐滥垦及不合理的耕作引起土壤严重的冲刷也是主要原因之一。由于土地误用的结果，造成土壤水分的缺少，使过剩的雨水不受控制循地表流失，给人们带来了洪水的灾害。""为了减少洪水循环性的威胁，确保工农业生产的安全，无疑的要按时完成修堤任务，同时必须在洪水开始发生的地方建筑水库，进行水土保持工作，提倡农、林、牧综合性的经营，保护和恢复山区的植被，以保护土壤不受雨水打击和冲刷，迟缓径流，增加土壤吸收水份的能力，造成无形的蓄水库，使成潜流缓缓流出，不让它迅速集中形成巨大的破坏力，且可减少水中含沙量，以免淤塞河漕，阻碍水流，同时可以改良土壤使它变为肥沃丰产的土壤地。为了加强江汉平原堤防的安全，在有条件的工业城市可用块石砌护坡，在不能砌护坡的地方则必须利用植生加固堤防工程"等。

3月，叶培忠献出祖传《叶氏喉科秘方验证》秘方，武汉市中医学会翻印 30 份，并于付梓前撰写序言。

3月，叶培忠《葛藤栽培法》刊于《华中农业科学》1955 年第 2 期 86～92 页。

7月，《林业科学》创刊。叶培忠《白杨繁殖育种》刊于《林业科学》1955 年第 1 卷第 1 期 37～46 页。

9月，全国进行第二次高等学校院系调整，华中农学院林学系并入南京林学院，叶培忠转任南京林学院林学系教授。由于在华中农学院指导研究生的工作尚未结束，推迟赴南京林学院报到时间。

10月27日，华中农学院与武汉科联等单位联合举办米丘林诞生 100 周年纪念会，会上宣读了田叔民、叶培忠等 3 人的科研论文。

10月28日至31日，叶培忠到北京农业大学出席米丘林诞生一百周年纪念会，提交《杉木和柳杉属间杂交报告》刊于该纪念会论文集。

11月，叶培忠《杉木和柳杉属间杂交的初步报告》刊于《华中农学院院刊》。

11月，华中农学院牧草研究生班肖贻茂《武汉地区的野生牧草》论文刊印，指导教授叶培忠。

12月，叶培忠完成华中农学院牧草学研究生的答辩工作，赴南京林学院报到。临行前将他培育的杉木与柳杉的属间杂交苗2株和对照苗1株带到南京，栽培于温室中。由于叶培忠的离开，华中农学院牧草学专业停办。叶培忠报到后，南京林学院明确其主要任务是担任林木遗传育种学的教学工作，同时负责培养青年教师。

● 1956 年

1月，叶培忠到达南京任南京林学院教授，并创办树木遗传育种教研室和研究室，承担树木育种学的教学和科研工作。

1月18日，江苏省人民委员会邀请叶培忠担任江苏省农业生产高额丰产会议的技术指导。

2月6日，叶培忠应聘担任中国科学院沈阳林业土壤研究所学术委员会委员，协助该所审查科研计划和报告。

2月8日，《竺可桢日记》载：适胡步曾来京看病，与谈庐山植物园业务主任事，他推荐叶培忠，南京林学院不放。

3月至7月，叶培忠编写《树木育种学》讲义，期间赴庐山，带回野生马褂木和中国柳杉树苗扦插繁殖。在南京林学院学生宿舍前的池塘边，自建苗圃，移植从武汉带来的树苗和其他引种及嫁接的植物，保持科学实验的连续性。

3月14日，经南京林学院杨致平、葛冲霄介绍，支部大会讨论通过，同意接受叶培忠为中共候补党员。杨致平（1913—2011年），河南济源人。1938年在延安参加革命工作，同年加入中国共产党。历任延安抗大四分校教员、大队教导员、华东军政大学三团训练处长，三野卫生部组织科长，1949年9月任中共南京市委学区党委组织部长。1951年6月任中共南京市委组织部学校支部工作处处长兼大学党委副书记，1952年任南京工学院党委副书记，1955—1968年历任南京林学院党委书记、副院长。1973年任江苏省农科院副院长。1979—1984年任南京林学院党委副书记、副院长。

8月下旬，叶培忠为南京林学院第一批进修青年教师讲授树木育种学课程。

华南农学院钟伟华和河南农学院的吕国梁、湖南农学院的张全仁、新疆八一农学院的余仲子、四川雅安农学院的段幼萱 5 人到南京林学院进修树木遗传育种，师从叶培忠。钟伟华，中国华南林木遗传育种的主要奠基人。1927 年 3 月生，广东梅县人，先后在中山大学农学院森林系、华南农学院林学系学习，1954 年毕业后留校工作，同年加入中国共产党。1956 年至 1957 年在南京林学院林学系进修，1981 年晋升为副教授，1988 年晋升为教授。曾主持广东英德桥头火炬松种子园、乐昌龙山林场杉木良种基地以及信宜市林科所马尾松高产脂良种基地的技术工作。1992 年起享受国务院政府特殊津贴。曾任中国林学会理事及树木遗传育种专业委员会常委、广东省林学会副理事长及育种委员会主委、广东省林业厅林木良种研究协调小组组长、省林科所学术委员、《广东林业科学》副主编等。在林木遗传育种领域具有系统而坚实的理论基础和丰富的实践经验。先后为本科生、研究生讲授《树木育种学》《树木遗传育种》《森林数量遗传学》等多门课程，主持及参加了多项课题研究并发表相关论文。1985 年荣获中国林学会"如何组织林木良种选育课题"重大建议奖，1986 年参加的项目获林业部三等奖。2008 年《林木遗传育种实践与探索：钟伟华文集》出版。2019 年 5 月 2 日逝世，享年 92 岁。

10 月 15 日，叶培忠被聘为中国科学院植物研究所南京中山植物园兼任研究员，此后坚持每周赴中山植物园工作 1~2 天。

10 月，叶培忠到庐山找到野生马褂木［*Liriodendron chinense*（Hemsl.）Sarg.］，开展采种并在南京引种试验。鹅掌楸属（*Liriodendron*）有两种，一产北美，北美鹅掌楸（*Liriodendron tulipifera* Linn.），一产我国中部，鹅掌楸［*Liriodendron chinense*（Hemsl.）Sarg.］。根据其叶子的形状，中国形象地称之为"马褂树"，而西方则称为"郁金香树"。

11 月 15 日，叶培忠出席在南京召开的农科 8 个专门学会联合举行的遗传学座谈会，并在会上发言。

• 1957 年

1 月至 2 月，叶培忠应邀去天水参与地区自然经济区划工作，顺访天水水土保持科学试验站，这是叶培忠自 1948 年离开天水后第三次到天水考察研究。

1 月，南京林学院叶培忠等完成《几种乔木树种花粉在贮藏期间生活能力的测定》，起止时间 1951 年至 1957 年 1 月。

2 月，南京林学院招收研究生钱世金和进修生景士西，指导教师叶培忠。

3 月 15 日，叶培忠经中共南京林学院支部大会通过，按期转为中共正式党员。

3 月至 7 月，叶培忠受南京大学生物系赵儒林邀请到南京大学兼课，给生物系研究生开设水土保持课程。与校友郑止善合作编写《树木遗传选种》教材，供进修教师参考。

5 月 5 日，南京林学院主办的《南林报》第 3 版刊登段幼萱《学习叶培忠老师的工作精神和作风》、高祖德《年轻辈的榜样——叶培忠教授》。《学习叶培忠老师的工作精神和作风》有这样一句：叶培忠老师这种艰苦朴实的优良作风，正是我们学习的典范。

6 月，中国科学院组织中苏联合水土保持考察队。应黄河水利委员会邀请，叶培忠赴天水水土保持科学试验站，陪同苏联专家考察并指导天水的水土保持科学试验工作。这是叶培忠自 1948 年离开天水后第四次到天水考察研究。

7 月，南京林学院第一批进修青年教师结业，其中张全仁 1959 年又考取南京林学院树木育种研究生班。

9 月，叶培忠开始指导研究生和进修教师吴家坤，并指导南京林学院即将留校的陈岳武、王章荣的毕业论文。

10 月，叶培忠和高祖德、陈幼敏赴福建漳州、龙岩等地考察。因反右运动，被学校提前召回。

10 月，按照高教部和林业部要求，聘请苏联专家在南京林学院举办树木选种进修班，进修班历时 10 个月，1958 年 7 月结束，期间叶培忠任班主任，高祖德任秘书。

10 月，叶培忠《优树和优林分的选择试用指导书》收入江苏省林业厅编《山区营林技术经验交流会议材料汇编》21～31 页。

11 月，叶培忠积极响应中共江苏省委捐款救济灾民的号召，在南京林学院捐献人民币 315 元支援灾民。

11 月 27 日，叶培忠当选为中国园艺学会第二届江苏分会学术理事。

是年，叶培忠开始松树的杂交组配试验。

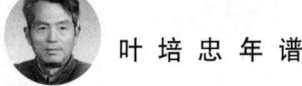
叶 培 忠 年 谱

● 1958 年

4月，叶培忠编著《植物繁殖》由上海科学技术出版社出版。该书内容提要：本书就世界先进的植物繁殖理论，结合我国劳动人民的宝贵经验，以及作者的研究心得和实践经验编写而成。内容包括有性繁殖、无性繁殖和杂交育种等。

7月，叶培忠与中山植物园吴厚钧、伍寿彭，赴杭州植物园、浙江天目山和江西考察，并实地采种选种。

7月，陈岳武从南京林学院林学系毕业后，考取叶培忠教授的研究生。

9月，叶培忠主持华东林业院校编写《树木育种学》(教学参考书)。

9月，朱德委员长到南京视察工作，叶培忠向委员长专门介绍杂交杨树的科研进展和发展远景，并陪同参观中山植物园内杂交杨树林。朱德委员长赞扬他在杨树杂交育种工作中所取得的成绩。

10月，叶培忠《杉木与柳杉属间杂交技术报告》刊于南京林学院林业科学研究所编印《南林学报》1958年第1卷第1期41～51页。

10月，叶培忠在武汉大学进行杉木和柳杉杂交的基础上，再次在南京进行杉木和柳杉杂交，获得属间杂交新种，撰写杉木和柳杉属间杂交的技术报告。

10月9日，为贯彻党的"教育为无产阶级政治服务，教育与生产劳动相结合"的方针，根据江苏省委指示，南京林学院1500名师生，编成8个大队，1个小队，分赴福建、浙江、苏南、苏北、上海等地下放劳动锻炼一年。叶培忠被分配在浙江大队，下放到浙江常山油茶试验场劳动锻炼，与农民同吃同住同劳动，从事幼林抚育、采收茶果等。期间，开展油茶、柏木、杉木、乌桕等优树的选种工作。

10月，《南京林学院学报》创刊。

12月7日，叶培忠被学校紧急召回，出席江苏省林业特产技术经验交流大会，会后协助整编资料和参加江苏省农业丰产总结大会。

● 1959 年

1月5日至9日，在林业部的支持下，南京林学院组织召开华东、华中区7省高等林业院校协作编写教材会议。安徽农学院林学系、福建林学院、温州林学院、浙江天目林学院、南京林学院、湖南林学院、江西共产主义劳动大学林学系、湖北林业专科学校等代表参加会议。成立华东、华中区高等林业院校教材编审委员

会，王心田同志任主任委员。《树木育种学》（教学参考书）由叶培忠担任主编。

1月至2月，叶培忠利用寒假专程到甘肃天水采集一批北方杨树枝条，带回栽种于南京林学院树木园杨树引种区。这是叶培忠自1948年离开天水后第五次到天水考察研究。

是年初，林业部决定在苏联专家的协助下，由南京林学院培养一批树木遗传育种学科的研究生。叶培忠负责制定培养研究生的教学大纲和具体计划。

3月至7月，叶培忠为南京林学院林学系（林四班）讲授树木育种学课程。

4月，叶培忠主编《树木育种学》（教学参考书）完成书稿。郑止善应邀与叶培忠一起承担翻译文稿的审定和修改工作。

6月，叶培忠、高祖德、陈幼敏、陈瑾、王章荣、陈岳武、吴厚钧、伍寿彭《杨树种间远缘杂交育种试验总结报告》刊于南京林学院林业科学研究所编印《南林学报》1959年第2卷第1期25～42页。

9月，经过考核和选拔，南京林学院正式接收树木遗传育种研究生9人，分别来自南京林学院、北京林学院、东北林学院、西北林学院和湖南农学院。他们是黄铨、涂忠虞、孙鸿有、陈岳武、李云章、李伯洲、张全仁、林鑫民、翁俊华（女），因原定苏联专家未到任，研究生班的教育培养工作由叶培忠负责。

12月21日至1960年1月2日，林业部在北京召开全国林业厅局长会议，着重讨论林业的基地化、林场化、丰产化问题。

● 1960年

1月28日，叶勤回家探亲，在南京实现了合家大团圆。

2月，叶培忠参加林业部在北京召开的林业科学技术工作会议。其间，收集了一批杨树枝条，栽培于学校杨树引种区，增加了北方杨树品种，为杨树远缘杂交组合创造了条件。当时，树木园引种国内外杨树有200多个无性系，成为叶培忠杨树育种研究试验的重要基地。

3月，华东华中区高等林业院（校）教材编审委员会编著，叶培忠主编《树木育种学》[华东华中区高等林业院（校）教学用书]由中国林业出版社出版。但由于当时不正常的学术氛围，叶培忠被标识为"摩尔根学派"而遭到批判，致使该书出版印刷后未能发行。

3月至7月，叶培忠为南京林学院树木遗传育种研究生班讲授树木育种学课程。

4月，叶培忠被评为社会主义建设先进工作者，并在表彰大会上作了题为《为祖国社会主义林业奋勇前进》的发言。

4月，叶培忠编著《植物繁殖》由上海科学技术出版社再版。

4月，叶培忠以中国科学院中山植物园、南京林学院育种教研室和南京林业科学研究所名义，组织撰写《杉木和柳杉属间杂交试验的收获》《柳杉品种调查及其栽培》等讲义。该讲义油印，主要用作进修生学习参考。

4月22日，南京林学院主办的《南林报》第7版刊登陈岳武、高祖德《不老松——叶培忠教授》一文。文中开头说："以松树那样坚韧的精神学习米丘林改造大自然的决心，为绿化祖国创造新的树种……叶培忠教授经常这样教导我们，30多年来他自己也是以这种精神进行工作的。"

6月，中国科学院南京中山植物园改制为所、园一体的中国科学院南京植物研究所。

9月，林业部在南京林学院举办"林业干部培训班（林干班）"（1960年9月至1961年7月），叶培忠讲授树木育种学课程。

10月，按照高教部和林业部部署，叶培忠负责在南京林学院举办第一个树木遗传育种进修班，该进修班历时8个月，1961年6月结束。

是年，南京林学院叶培忠等完成《杉及松的选种》，起止时间1956—1960年。

● 1961年

3月，叶培忠带领同事开始较大规模的松树杂交育种的研究试验。在此后十几年里，先后用13种松树选配近30个杂交组合，从中选育出3个优良组合，即黑松×长叶松、黑松×云南松、黑松×混合花粉（湿地松+火炬松+云南松）。

3月至4月，叶培忠为南京林学院林木遗传育种教研组、进修教师做专题报告，介绍丹麦耐森树木育种经验。

5月至6月，叶培忠编写《杉科树木属间杂交初步报告》和《杉木和柳杉属间杂交在林业生产上的经济意义》讲义。

6月，叶培忠编著《植物繁殖》由上海科学技术出版社出版三版。

6月9日，上海《文汇报》第3版上刊登叶培忠《就树木育种谈遗传学问题》。

6月16日，中国林科院林业所所长陈嵘教授致信叶培忠。信中说：久别为念。最近承赠本月九日发行的《文汇报》，内载大著"就树木育种谈遗传学问题"读后深得启发，所内诸友，都有同感。谨此申谢，并祝遗传育种的研究工作更大胜利。

8月，陈岳武研究生毕业，返回树木育种教研室。陈岳武（1935—1985年），湖南津市人。1958年毕业于南京林学院林学系，1961年树木育种学研究生班毕业，获硕士学位，后留校任教。毕生从事树木遗传育种的教学与研究，尤长于杉木良种选育。1966年在福建省创建我国第一代杉木种子园，此后又开展第二代改良实验。用其选育的杉木种苗造林比一般杉木材积增产15%～20%，其中最优家系子代良种增产60%～70%，达到国际先进水平。获1978年国务院科学大会奖、1982年林业部科技进步一等奖、1987年国家科委科技进步一等奖。获林业部有突出贡献中青年专家、全国农林科技推广先进工作者、江苏省和南京市劳动模范称号。主编《树木良种选育方法》。

是年夏，叶培忠带领南京林学院9名研究生到江西庐山作树木自然类型调查实习，并写调查报告。

9月，南京林学院树木育种学教研组编《树木育种学（高等林业院校交流讲义）》（只限学校内部使用）由农业出版社出版。该书是林业、绿化、森林保护专业使用的教科书，为中国树木育种方面第一本系统完整的自编教材。前言说：为了全面介绍作为树木育种学的理论基础——遗传学的实际状况，并用以指导树木育种工作，本书对于遗传学中的摩尔根与米丘林两个学派的观点以及他们在实践中的具体应用，同时作了概括的阐述。本书由叶培忠同志主编，参加编写人员有高祖德、陈幼敏、陈瑾、刘云松及研究生黄铨、陈岳武、李伯洲、张全仁、李云章、翁俊华、孙鸿有、涂忠虞、林愈民等同志。

9月，北京林学院编著《林木育种学》刊印。

10月，叶培忠《就树木育种谈遗传学问题》收入复旦大学遗传学研究所编《遗传学问题讨论集 第1册》177～180页。

12月8日，叶培忠被聘为中国科学院林业土壤研究所兼任研究员，指导落叶松育种研究，并授课。

1962 年

1月，按照高教部和林业部部署，叶培忠负责在南京林学院举办第二个树木遗传育种进修班，该进修班历时7个月，1962年7月结束。

3月至7月，叶培忠向研究生、进修教师传授丹麦耐森树木育种经验。

9月，南京林学院招收树木遗传育种学研究生许涵森、赵汉章，叶培忠担任指导教师。

12月17日至27日，叶培忠出席中国林学会在北京召开的学术年会，受聘担任中国林学会林业委员会委员。

1963 年

2月1日，国务院总理周恩来在华东农业先进集体代表会议和华东农业科学技术工作会议上讲话。就经济、政治、思想的内在关系，国家、集体、个人的相互关系问题，提出八条要求：先集体，后个体；先国家，后个人；先求己，后求人；先责己，后责人；先顾公，后顾私；先为公，后为私；我为全民，全民为我；我为世界，世界为我。认为只要把以上问题的先后次序摆恰当了，就能够正确解决经济、政治、思想的内在关系及国家、集体、个人的相互关系问题。总的精神是先公后私。对于共产党员、党的干部、先进工作者，一般地说，应该要求他们做到先公后私。在有的时候，譬如在作战的时候，还要求他们公而忘私。作为共产党员、党的干部、先进工作者，在日常生活中应该起带头作用、骨干作用和桥梁作用，在做到先公后私方面，也应该起带头作用[52]。

2月，叶培忠代表南京林学院树木育种研究室参加华东农业先进集体代表会议，叶培忠亲耳聆听了周恩来总理的重要讲话并将总理"先集体后个体；先国家后个人；先求己后求人；先责己后责人；先顾公后顾私；先为公后为私；我为全民，全民为我；我为世界，世界为我" 8个原则当作自己的座右铭，严格要求自己。

3月20日，叶培忠用中国柳杉作父本、墨西哥落羽杉作母本，开始属间杂交试验，获得杂交墨杉，后被命名为"培忠杉"，国内商品名为"东方杉"。

5月13日，叶培忠1956年从庐山引种到南京林学院院内的马褂木开花，他从明孝陵的北美鹅掌楸（*Liriodendron tulipifera* Linn.）树上剪取花枝带回学校，

---

[52] 中共中央文献研究室.周恩来年谱 [M].北京：中央文献出版社，1998.

对马褂木的花柱进行授粉。

5月，叶培忠被评为南京林学院积极工作者。

6月，叶培忠《杉木与柳杉属间杂交试验报告》刊于《林业科学》1963年第8卷第3期214～222页。

8月12日，叶培忠与陈岳武合编《杉木的选种方向》讲义。

8月19日，叶培忠出席中国林学会在郑州举办的杨树学术讨论会。会后，叶培忠带领陈岳武和陈震古到天水参观考察，调研刺槐、杂种杨树和水土保持工作。并采伐天水市内一株30多年树龄的刺槐作为进一步研究的解析木，这是叶培忠自1948年离开天水后第六次到天水考察研究。

9月，南京林学院招收施行博为树木遗传育种学研究生，叶培忠担任指导教师。

是年秋，叶培忠和王明庥、黄鹏成、陈天华等带领一班学生赴江西宜春指导小果油茶（Camellia meiocarpa Hu）调查实习，撰写《小果油茶品种类型变异和分类研究》的报告，对小果油茶的类型变异作了分析。小果油茶因与普通油茶的花粉表面纹饰有很大差异，其果实多在寒露季节成熟，又称寒露油茶，是由我国著名的植物分类学的奠基人胡先骕1957年定名的一个新种。后来中山大学张宏达将其归为普通油茶的变种——单籽油茶（Camellia oleifera var. monosperma Chang）。

10月1日，傅焕光手书诗一首赠叶培忠：会同造化育新种，杨树参天优质松。成果人才雨后笋，科研成绩登高峰。平生何事不从容，勤俭和平叶氏风。涉水登山胜健硕，清明神志气犹龙。

10月底，叶培忠5月13日采用马褂木和北美鹅掌楸杂交所结的球果成熟，叶培忠喜采第一批杂交马褂木（L.chinense×L.tulipifera）种子。此品种后来被命名为"亚美马褂木"。

● 1964年

2月27日，叶培忠受中国林学会邀约，到北京参加全国林木良种选育学术讨论会的筹备会议。

是年春，叶培忠将上年柳杉与墨西哥落羽杉杂交、北美鹅掌楸与马褂木杂交收获的种子在花盆中培育，分别得到"杂交墨杉"（12株）和"亚美马褂木"小苗。

5月，叶培忠编写《植物无融合生殖的初步观察》讲义，与陈岳武合著《从

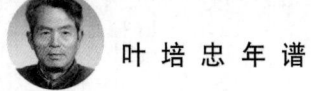

柳杉和杉木性状遗传的规律来看它们发育的历史》和《柳杉与柳杉变种》论文，刊登于《林业科学研究纪要》（林学 4 号）。叶培忠与王明庥、黄鹏成、陈天华及江西省宜春油茶试验林场向坚成、邹怀进等合著《江西宜春地区油茶良种的选育》论文，刊登于《林业科学研究纪要》（林学 8 号）。

6 月 22 日至 7 月 3 日，中国林学会林木良种选育学术讨论会在北京召开，叶培忠为论文审查工作组成员、主席团成员及会议执行主席。他在大会上作了题为《从柳杉和杉木性状遗传的规律来看它们发育的历史》的发言。会后，叶培忠去沈阳中国科学院林业土壤研究所授课，涂忠虞同行。在叶培忠建议下，涂忠虞将朝鲜柳引种到南京，为此后杂交柳树育种研究和苏柳系列品种的获取创造了条件。

8 月 24 日至 9 月 14 日，江西省农林垦殖局研究所和南京林学院树木育种教研室合作，在南昌举办林木良种选育训练班，叶培忠主讲引种与驯化专题。一同参加教学的还有陈岳武、王明庥和陈天华。训练班结束后，前往江西省亟须建立母树林的重点林区调研并现场指导。

8 月至 9 月，中国林业科学研究院副院长郑万钧教授、病理室主任袁嗣令副研究员、南京林学院叶培忠教授、中国科学院林业土壤研究所王战研究员、沈阳农学院张际中教授等，到辽宁省森林经营研究所草河口林场考察红松、落叶松人工林生长及其病虫害防治工作。

9 月，南京林学院招收刘志学为树木遗传育种学研究生，叶培忠担任指导教师。

9 月 21 日至 28 日，叶培忠应邀参加庐山植物园建园 30 周年纪念大会，同时参加中国植物学会在此召开的第一届全国植物引种驯化学术会议。叶培忠为主席团成员之一，并担任论文宣读执行主席。会上，他宣讲论文《树木引种在林业生产上的重要性》，提出树木引种驯化的定义、观点和见解。

8 月，叶培忠、陈岳武《杉木自然类型的研究》刊于《林业科学》第 9 卷第 4 期 297～310 页。

10 月 25 日至 29 日，叶培忠参加在广州广东科学馆召开的中国林学会松树学术讨论会（以马尾松为重点）筹备会，叶培忠担任论文审查委员会委员。

11 月 5 日至 15 日，叶培忠带领陈天华到湖北武昌参加全国油茶科研协作会议。他在会上作《选择是改良油茶品种的根本途径》专题报告，该报告由叶培忠

与黄鹏成、王明庥、陈天华合写，后刊登于《林业科学研究纪要》（林学 15 号）。

是年，叶培忠和陈岳武主持林业部重点科研课题《杉木遗传改良的研究》项目，开始建立杉木种子园的研究和实践，并与福建省洋口林场签订合作协议。此后，陈岳武长期在洋口林场蹲点，当年在道坪工区建成杉木第一代基因库 34 亩。

• 1965 年

2 月，中国林学会编《中国林学会杨树学术会议论文选集》由农业出版社出版，其中 84～96 页收入叶培忠、王明庥、陈岳武、陈瑾、陈天华等《杨树育种的研究》。

3 月中旬，叶培忠再次用中国柳杉花粉在南京工学院（现东南大学）的墨西哥落羽杉上辅助授粉。秋后收获球果 5 个，但种子播种后没有发芽。

3 月 25 日至 4 月 10 日，中国林学会主办的松树学术讨论会在广州召开。叶培忠提交多篇论文，涉及胡杨有性杂交试验小结（叶培忠等）、杂交杨树间性现象（叶培忠）、从柳杉和杉木性状遗传的规律来看它们的发育历史（叶培忠、陈岳武）、柳杉和杉木变种（叶培忠、陈岳武）、植物无融合生殖的初步观察（叶培忠）、《江西宜春地区油茶良种的选育》（南京林学院叶培忠等、江西省宜春油茶试验林场向坚成等）、《几种优良杨树的介绍》（南京林学院叶培忠等、南京中山植物园吴厚钧等）、《杉木优树选择方法的研究》（南京林学院叶培忠等、洋口林场阮益初等，黑龙江林科所陈金典等、武汉植物园梁钟缪等）。

5 月 11 日，叶培忠再次进行中国马褂木和北美鹅掌楸的种间正反杂交［马褂木 × 北美鹅掌楸（*Liriodendron chinese* × *L.tulipifera*），北美鹅掌楸 × 马褂木（*Liriodendron tulipifera* × *L. chinese*）］试验工作，10 月底，再一次采集到杂交种子。

7 月，叶培忠应邀赴庐山植物园讲学并指导科研工作。

9 月，南京林学院招收陈益泰和黄纯珍为树木遗传育种学研究生，叶培忠担任指导教师。

10 月 23 日至 11 月 10 日，叶培忠出席在福建南平召开的全国杉木选种会议，并作《怎样提高杉木的生产率》的发言。

12 月 10 日至 18 日，叶培忠在浙江常山出席全国第三次油茶科研协作会议，并作《油茶科学研究的方向》的报告。

12月,中国科学院植物园工作委员会编《植物引种驯化集刊》(第一集)由科学出版社出版,其中14～23页收入叶培忠《树木引种在林业生产上的重要性》。

● 1966年

2月,中国林学会编《林木良种选育学术会议论文选集》由农业出版社出版,其中1～8页收入南京林学院叶培忠、陈岳武,福建洋口林场阮益初、陈世彬,黑龙江林业科学院陈金典、时兴春,武汉植物园梁钟璆《杉林优树选择方法的研究》143～152页收入南京林学院叶培忠、王明庥、黄鹏成、陈天华,江西省宜春油茶试验林场向坚成、邹怀进等合著的《江西宜春地区油茶良种选育》。

5月21日,叶培忠带领研究生施行博、许涵森、赵汉章、刘志学、陈益泰和黄纯珍,赴南平福建林业学校举办全国杉木良种选育训练班,为南方各省有关科技人员91人培训。其间参观洋口林场的我国第一个杉木种子园。叶培忠和陈岳武为培训班学员讲授杉木遗传改良、良种繁育、母树林建设、种子园建设等技术。

6月10日,福建省南平市科学技术协会举办林业科学讲座,叶培忠以《林木改良的基本因素和方法》为题作了发言,讲稿由福建省南平市科学技术协会刊印。

6月16日,叶培忠从福建返回南京林学院,此时"文化大革命"运动已经开始。他一返校就到树木园苗圃,观察杨树等杂交树种的生长情况。有人因此给他贴大字报说:"我们大家念念不忘的是阶级斗争,而叶培忠念念不忘的是杨树"。

● 1967年

3月5日至12日,叶培忠再次进行柳杉和墨西哥落羽杉的杂交试验。秋天收获用柳杉花粉授粉的球果6个,但次年春天播种后,仍没有发芽。

5月下旬至10月上旬,叶培忠从1963年获得的杂交墨杉苗木中精选5株,剪取嫩枝,在学校的温室沙床上进行短穗扦插,获得一批优良的杂交墨杉苗木。

1968年

3月17日，叶培忠重新进行上年相同的柳杉和墨西哥落羽杉杂交试验，得到柳杉花粉授粉的球果40个。

5月，"文革"造反派抄了叶培忠的家。尽管如此，他还是坚持科研工作不间断。没有助手，就让小儿子叶建民和小女儿叶建林帮忙。

10月，叶培忠与师生一起下放到南京港务局、江宁县东善桥商业干校及句容县下属林场劳动锻炼，与工人、贫下中农开展"四同"生活（同吃、同住、同学习、同劳动）。一边参加劳动，一边进行"斗、批、改"。每两周回校一次，每次回校，叶培忠就直奔校内树木园育种试验地，坚持树木有性杂交和良种繁育工作。

是年，《林木育种用语辞典（中文版）》（日本林木育种协会）刊印。

1969年

5月，南京林学院下放劳动的师生返校。叶培忠将上一年得到的柳杉和墨西哥落羽杉的杂交种子播种，仅获1株小苗，生长情况与1964年所得苗木相同。

10月20日，南京林学院学校工宣队、军宣队和革委会，根据江苏省革命委员会的紧急通知，执行林彪第一号通令，组织师生干部到学校下属林场及附近人民公社，进行战备教育，接受贫下中农再教育，开展"斗、批、改"。叶培忠和师生一起转移到下属林场劳动锻炼。南京林学院下属林场创建于1919年，时为江苏省立第一农业学校所属实习林场，1928年改为中央大学森林系实习林场。抗战期间，林木遭到日寇严重砍伐破坏，房屋被毁。1949年改为南京大学森林系实习林场，1952年南京林学院独立建校后划归其管辖。"文革十年"动乱期间，林场成为学校的"战备"和师生下放劳动基地。从1966—1969年，叶培忠连续4年对培育的杂交马褂木进行测量，数据显示，杂种优势明显。杂种马褂木的高生长比母本马褂木增长83.4%（1966年）、66.7%（1967年）、72.3%（1968年）、42.3%（1969年）；直径生长比母本马褂木增长32.4%（1966年）、8.7%（1967年）、10%（1968年）、13.7%（1969年）。

1970年

3月，小女儿叶建林被分配赴苏北泗阳棉纺厂当工人，叶培忠踏雪送女儿去

集合地。此时,叶培忠 8 个孩子全部离开南京,远赴外地。

7 月,中国科学院机构调整,中国科学院南京植物研究所改称江苏省植物研究所(南京中山植物园)。

8 月 30 日,南京林学院安排叶培忠和同事到苏北沭阳仲湾大队参加"教改小分队"。他考察了沭阳的自然条件,了解当地农民对树木的需求,筹划将杂交杨树在苏北农村推广,鼓励农民种树,并赠送给仲湾大队一卡车树苗(35 种)试种。

● **1971 年**

是年,叶培忠以 1967 年获得的优良杂交墨杉苗木为基础,在学校林场和南京新庄苗圃等地大量扦插繁殖,培育出数千株杂交墨杉苗,为大规模繁殖推广创造条件。

● **1972 年**

4 月 9 日,江苏省革委会教育局批准南京林学院改名为南京林产工业学院。

4 月,南京林产工业学院革委会教育革命组《科学技术资料选编(林学)》刊印,其中收入林学系育种研究室《杨树杂交育种的初步成果》《墨西哥落羽松初步研究》《马褂木的杂交育种试验》《杉木的选种和良种繁育》《水杉的嫩枝扦插试验》,林学系油桐研究组《油桐的自然类型》,林校教育革命组《用树枝培育"920"菌种试验》,林学系毛竹科学研究组《毛竹林的类型》《关于竹类植物开花结实的问题》等 10 篇科技论文,其中《杨树杂交育种的初步成果》《墨西哥落羽松初步研究》《马褂木的杂交育种试验》《杉木的选种和良种繁育》《水杉的嫩枝扦插试验》5 篇论文主要由叶培忠撰写。

7 月至 8 月,叶培忠利用暑期赴甘肃天水,到小陇山的麻沿、李子、太白等林区,指导林业生产实验工作。这是叶培忠自 1948 年离开天水后第七次到天水考察研究。

10 月 16 日至 27 日,中国农林科学院根据全国农林科技座谈会制定的 1972 年重大协作项目"选择和培育速生用材树种的优良品种"的研究任务,在福建省南平市召开了全国林木优良品种科研协作会议,有来自全国 27 个省(自治区、直辖市)林业生产、科研、教学等部门的代表共 170 余人参加会议。会议分析了

我国林业生产和科研战线的大好形势,认真总结和交流了林木良种工作的经验,用大量的事实阐明了林木良种工作的重要性,提高了进一步搞好林木良种工作的决心,制订了"选择和培育速生用材树种的优良品种"的协作计划。叶培忠出席协作会,并作了大会发言,对开展鹅掌楸属种间杂交试验结果首次作了报道,介绍了他利用20世纪30年代引种在南京明孝陵的一棵北美鹅掌楸的花粉与马褂木(鹅掌楸)进行了人工杂交试验,试验结果表明,鹅掌楸属种间杂交有很高的可配性,杂种具有明显的生长优势。

10月4日至18日,第七届世界林业会议在阿根廷首都布谊诺斯艾利斯召开,以梁昌武、吴中伦为首的中国林业代表团出席了会议,回国途中考察了意大利林业,带回一批黑杨派南方型无性系插穗。吴中伦将这些插穗送给中国林业科学研究院、南京林产工业学院、湖北省林业科学研究所引种试验。南京林产工业学院引种的黑杨派南方型无性系有I-63杨、I-69杨、I-72杨、I-214杨4个品系61根插穗。由于旅途耽搁,插穗已开始变色发黑,处于垂死状态。叶培忠在接到这些插穗后,立即组织树木育种教研室部分教师进行抢救。

是年,杂交墨杉苗在南京林产工业学院林场繁殖已达6000株。为推广应用,叶培忠将苗木分送给上海植物园、上海园林科研所和上海林业总站等单位。还赠送武汉100株一年生杂交墨杉小苗,在以后的3~4年间,共为武汉提供杂交苗木600余株。

1973年

是年春,叶培忠带领同事精心培育,当年成活杨树苗49株,株高达2~3米,引种试验获得成功。

8月,南京林产工业学院树木育种教研组编《树木育种学》(试用教材)刊印,叶培忠任主编。

9月16日,叶培忠和陈岳武出席在辽宁省召开的全国杨树良种选育协作会议。与会代表152人来自黑龙江、吉林、河北等全国17个省(自治区、直辖市)的林业科研、生产、教学等单位。

11月,受农林部委托,南京林产工业学院举办全国第一期林木良种技术短训班,学员136人来自14个省(自治区、直辖市)。叶培忠在开学典礼上发言,并指导同事为短训班编写《树木育种学》教材。

12月10日，南京林产工业学院林学系育种组《亚美杂种马褂木的育成》刊于《林业科技通讯》1973年第12期10~11页。文中采用叶培忠从1966—1969年连续4年测得的"亚美杂种马褂木的高生长和径生长与母本的对比表"。

12月，南京林产工业学院林学系树木育种教研组编《树木杂交育种》由农业出版社出版，叶培忠和陈瑾编写。

12月，中国农林科学院情报所《国外林木育种》刊印。

1974年

3月，南京林产工业学院在福建洋口林场举办第二期林木良种技术短训班，学员140人来自全国12个省（自治区、直辖市），叶培忠等承担了培训任务。

4月，江苏省林业科学研究所《林业科技资料》创刊。南京林产工业学院树木育种组《树木引种在林业生产上的应用》刊于1974年第1期11~17页。

5月，以奥田东（京都大学前校长）为团长的日本政府林业代表团一行8人访问南京林产工业学院。叶培忠、马大浦、熊文愈等教授参加座谈会，交流的主要内容有杨树、榆树、马褂木、松、杉、柏的选育情况；杉木、竹子、水杉等繁殖造林；速生丰产林研究情况；国外松的引种情况等。

7月至8月，叶培忠带领王明庥、王章荣、黄鹏成、贺文镕赴庐山考察调研，并参加庐山植物园建园40周年大会。会上，叶培忠做有关树木变异、杂交育种、良种繁殖和林木改良的学术报告。会后，为庐山植物园内松科的云杉属和松属树种做鉴定；与陈封怀合著《庐山植物园针叶树种引种驯化的成果及展望》。返宁时与贺文镕带回柏类、松类、柳杉等多种树木种条，分别在南京林产工业学院和南京中山植物园内培育繁殖。

10月，叶培忠出席在广西玉林举行的全国林木引种驯化科技协作会议。同行的有南京林产工业学院王明庥、南京中山植物园王名金、江苏省林科所涂忠虞等。

11月，由谈勇陪同，叶培忠受邀出席在四川重庆北碚召开的全国油橄榄科技协作会议。与上海市园林局局长程绪珂和上海市农业局林业处处长金国培交流介绍了杂种墨西哥落羽杉培育情况，并赠送每人10棵树苗。此举为上海大规模推广繁殖杂交墨杉（培忠杉）及其产业化奠定了基础。

是年，叶培忠带领刘玉莲、黄鹏成、樊汝汶等教师开展促进楸树结实研究。

经过多年试验,确认楸树为异花授粉植物,并通过种间杂交技术,成功解决楸树不能有性繁殖的难题,使楸树这一优良树种迅速得到扩大栽培。

是年,叶培忠带领林学系同事在学院树木园苗圃进行黑杨派南方型无性系4个品系的引种扩大试验,年底共培育出美洲黑杨及杂种无性系大苗1044株。

● 1975年

1月,南京林产工业学院与江苏省泗阳县人民政府达成协议,确定培忠杉商品名为东方杉,泗阳县为意大利黑杨扩繁的首选试验点。

4月,叶培忠起草《意大利杨树品种I-214等简介及其在我省试种的意见》。同月,叶培忠建议,江苏省林科所涂忠虞向江苏省科委申报科研项目获批。南京林产工业学院和江苏省林科所获得《优良杨树新品种引种试验》2万元重点研究课题经费。

7月,南京林产工业学院林学系树木育种教研组编《树木杂交育种》由农业出版社再印,叶培忠任主编。

7月23日,叶培忠和夫人蒋文德以及江苏省植物研究所的单人骅、周太炎在南京饭店会见了参加中国旅行社港旅第57团的美籍华裔学者、著名植物学家胡秀英女士,交流了有关树木杂交育种的情况。胡秀英回到美国后,在美国哈佛大学阿诺德树木园的期刊"*Arnoldia*"第35卷(1975年第2期)上,发表了题为"*The Tour of a Botanist in China*"《一个植物学者的中国之行》一文,介绍她在中国游览和访问中国植物研究单位的情况。文章介绍了叶培忠的成果:*Yeh, P. C. - Tree breeding, produced Fl of Liriodendron chinense × L. tulipifera and intergeneric hybrids of Cryptomeria × Cunninghamia and Taxodium × Cryptomeria*(叶培忠,树木育种,育成了F1代柳杉属与杉木属的杂交种以及落羽杉属与柳杉属的杂交种)。胡秀英(Shiu-Ying Hu, Holly Hu),国际著名植物学家。香港中文大学中医学荣誉讲座教授、生命科学学院名誉高级研究员、崇基学院资深导师,美国哈佛大学安诺德树木园(Arnold Arboretum)荣休高级研究员。1910年2月12日生于江苏省北部徐州农村袁家洼。1933年毕业于南京金陵女子大学,1937年6月获颁广州岭南大学生物系硕士学位,之后担任四川成都华西协和大学生物系教授达8年之久,并于1946年到美国哈佛大学深造,是首位在哈佛获得植物学博士学位的中国女学生。取得博士学位后,胡秀英受聘于哈佛大学进行

叶培忠年谱

植物学研究。1968年，返港出任香港中文大学崇基学院生物系高级讲师，继续其对香港植物的研究工作。历任南京中山植物园顾问、广州华南农业大学荣誉教授、深圳仙湖植物园顾问。1999年起担任香港中文大学中医学荣誉讲座教授。是冬青科、百合科萱草属、玄参科泡桐属、菊科、兰科等植物研究的世界权威学者。毕生致力于研究植物分类学，采集植物标本超过3万份，发表论文超过160篇，并获"植物学活百科全书"之美誉。2001年，香港特别行政区向胡秀英教授颁授铜紫荆勋章，以表扬其对植物学及中医药研究的卓越贡献。2002年，获颁香港中文大学第一届院士。2012年5月22日，胡秀英教授病逝于香港沙田威尔斯亲王医院，享年102岁。

8月，珠江电影制片厂摄制《庐山植物园》，其中有叶培忠在庐山考察针叶树引种驯化的影像。

8月，叶培忠撰写《松树杂交育种简介》(讲义)，与郑止善合作撰写《松树控制授粉法》(讲义)。

是年夏，叶培忠赴天水，在天水水土保持试验站阎文光站长和于卓德先生陪同下，查看了多处苗圃，了解华北落叶松和刺槐等树木生长情况，讨论试验站的科研及今后的发展等问题。这是叶培忠自1948年离开天水后第八次到天水考察研究。

9月27日，叶培忠在江苏省江都县召开的水杉科技经验交流大会上发言，提议大力推广水杉的嫩枝扦插和栽培繁殖技术。

10月，甘肃省农科院林业研究所《林木引种驯化资料选编》刊印。

12月，叶培忠带领王章荣赴东北沈阳林业土壤研究所，商议筹备全国林木遗传育种会议事宜，后因批林批孔反击右倾翻案风运动，会议停办。

12月，南京林产工业学院林学系育种组《落羽松属的引种和育种》刊于《林业科技资料》1975年第4期6～9页。同期，南京林产工业学院林学系育种组《认真试种I-214等意大利杨树新品种》刊于10～12页，南京林产工业学院林学系育种组《促进楸树结实的探讨》刊于22～23页。

● 1976年

是年初，叶培忠赠送武汉市园林科研所和湖北林业科学研究所10个杨树新品种无性系插条和有关技术资料。

叶培忠年谱

3月29日，中国林业科学研究院施行博致信老师叶培忠。信中说：叶老年纪已高龄，仍还兢兢业业，为党为人民工作，是学习的好榜样……什么时间能去您那儿再学习学习，更觉得是我难忘的了。

4月4日，叶培忠给施行博回信说：从1976年开始，进行侧柏、圆柏、油松等选优工作，对北方林业工作和绿化非常重要。侧柏、圆柏还没有人注意到它们，可是它们的变异类型很多，值得进一步选择优良单株进行无性繁殖、插条或嫁接，很快就可以收到效果。油松是北方很好的材用树种，你所和其他单位曾进行过选优工作，可在过去的基础上继续进行。侧柏、圆柏花期已过，松树快要开花，河北林校、吉林和黑龙江来信要花粉，我一定给你搜集寄去，开展一些探索性试验。今后应注意引种一些适于北方生长的松树、云杉、冷杉、落叶松等以丰富造林和绿化树种。另邮寄上《松树杂交育种简介》和《促进楸树结实的探讨》供作参考。

5月13日，中国林业科学研究院施行博再次致信老师叶培忠说：二次邮来的湿地松、火炬松、海岸松、刚松、北美二针松等松类花粉均按期收到，谢谢您在工作上的支持。叶老可能又利用假日去中山陵、紫金山采收花粉，很是辛苦，对革命工作的这种精神值得学生学习……

10月6日晚10时，中央政治局召开会议，听取华国锋、叶剑英关于粉碎"四人帮"的汇报，与会者赞同对"四人帮"及其帮派骨干采取果断措施，实行隔离审查的决策与行动。

10月13日至22日，叶培忠和陈岳武、贺文铭出席中国农林科学院在湖南靖县召开的全国林木良种选育科技协作会议，会议研讨组织全国范围的林木种源试验，以及优树选择和种子园营建等问题。会后，叶培忠带回一批用作引种繁殖的种条，充实优良林木种质资源。

11月1日至7日，全国第二次水杉、池杉、落羽杉科技协作会议在江苏省扬州地区江都县召开。出席会议的有协作单位湖北、湖南、浙江、安徽、广东、陕西、河南、江苏、上海9个省（直辖市）。邀请单位四川、山东、江西和辽宁4个省，共13个省（直辖市）的科研、教学、生产等66个单位82名代表，到会代表有领导干部、工人、贫下中农和科技人员。会议由江苏省主持，中国农林科学院郑万钧同志、南京林产工业学院叶培忠同志、江苏省革委会农业局和扬州地区革委会，中共江都县委负责同志到会并讲话。同时，扬州地区还召开林业会

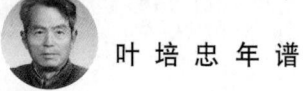

议。郑万钧赞誉"江都县为水杉的第二故乡"这是因为江都在繁殖水杉方面确实做出突出的贡献，仅江都县曹王林园场培育的水杉苗就曾供应销售全国9个省（直辖市），以及本省39个县、市。

11月1日至8日，全国杨树良种普查鉴定会在北京顺义县召开，叶培忠与同行的有同事王明庥、江苏省林科所涂忠虞、泗阳林苗圃王心恒出席。会后，又赴泗阳县杨树引种现场考察指导。

● 1977年

2月，叶培忠撰写《楸树选育繁殖》《促进楸树结实的探讨》讲义。

4月，南京林产工业学院树木育种教研组《油茶资料选编》（南方林木良种培训班参考材料之三）刊印。

9月，叶培忠被评为林业部科学研究先进工作者，到北京出席林业部有关会议。评语是：叶培忠带领团队从1973年获得南方型杨树无性系种条61根，到1977年已繁殖到100多万株苗木，建立各种示范样板林2000亩。杉木种子园技术的研究为国内首创，1965年至1968年建立种子园58亩，1975年又建立1000亩。优树子代测定工作取得成果。

10月22日至26日，叶培忠参加了在江苏省泗阳县召开的、由南京林产工业学院和江苏省林科所主办的江苏省杨树新品种试验科技会议。

10月，南京林产工业学院、江苏省林业科学研究所、泗阳县林苗圃《杨树新品种的繁殖特点及苗木生长》《杨树新品种年生长发育规律的初步研究》《杨树新品种试验林地土壤调查报告》《从根系发育探讨杨树深栽》刊于《林业科技资料》1977年第3期37～43、44～50、51～54、55～57、83～88页。

12月，叶培忠当选为中共江苏省第六次代表大会代表并在会上发言。

12月下旬，叶培忠出席在江苏连云港召开的楸树科研协作会第二次会议，之后楸树科研成果被广泛应用，有力推动了造林事业发展。

● 1978年

3月，叶培忠被评为南京林产工业学院1977年度先进工作者。评语是：克己奉公，热爱党，热爱人民，在历次支援灾区，捐献运动中起带头作用。顶着"四人帮"的破坏干扰，坚持科学研究工作，在"文化大革命"中也从不间断，

并取得显著成绩，如墨西哥落羽杉杂交育种的培育等。工作作风上亲自动手，脚踏实地苦干，勤劳朴实。热心指导青中年教师，培养他们独立工作能力，耐心帮助他们。

3月19日，全国科学大会在北京隆重开幕，南京林产工业学院叶培忠、陈岳武和福建洋口林场刘书金、湖南省靖县排牙山林场方永鑫共同完成的《杉木良种选育技术的研究》获全国科学大会奖。粉碎"四人帮"后，揭批查"四人帮"帮派体系的群众运动取得很大成绩，国内出现了安定团结的政治局面。为制定科学技术的发展规划，表彰知识界的先进单位和先进人物，奖励优秀研究成果，充分调动广大知识分子的积极性、创造性，以便实现党在新时期的总任务，1978年3月18日至31日在北京，中共中央召开了全国科学大会，有6000人参加的开幕会，中共中央副主席、国务院副总理邓小平发表重要讲话，邓小平指出四个现代化的关键是科学技术的现代化，并着重阐述了科学技术是生产力这个马克思主义观点。

4月，叶培忠出席江苏省科学大会，并作大会发言。叶培忠主持《林木杂交育种的研究》项目获江苏省科学大会奖，获奖人依次是叶培忠、王明麻、陈岳武、陈瑾、王章荣、陈天华、黄敏仁、谈勇。

5月，叶培忠和刘玉莲、樊汝汶携滇楸和灰楸花枝赴南通中学考察古楸树，提出保护古楸树的建议，并指导南通中学顾尔如老师授粉，用灰楸和滇楸的花粉与南通中学校内的古楸树杂交300余朵，结实35个。同年9月，获得25个杂交果实。

6月，武汉大学孙祥钟教授写信给叶培忠：4月在南京时，承热情接待，至为感谢。兄以八十高龄，仍对自己研究工作勤奋从事，此种高贵精神，实令人无限敬佩，并向你学习……

8月24日，叶培忠赴黑龙江省牡丹江市参加北方林木育种学术会议，在会上作了2个多小时的学术报告，不幸猝发脑血栓，病倒在讲台上。

9月，福建省科学大会举行，福建省洋口林场、南京林产工业学院树木育种教研组《杉木优树子代测定试验研究》获福建省科学大会奖。

10月，叶培忠、刘玉莲《促进楸树结实的研究》刊于《热带林业科技》1978年第3期17～21页。

10月27日，叶培忠医治无效在南京逝世，享年79岁，骨灰埋葬于南京中

山植物园松柏园。叶培忠、蒋文德育有两男六女，叶建国、叶建民、叶勤、叶俭、叶朴、叶素、叶和平、叶建林。

10月28日，金陵大学同班同学韩麟凤怀念叶培忠，作诗一首：金陵共砚五春秋，叶葛张韩溧阳周。誓将赤县呈苍绿，讲坛菁英传巨献。牡丹江畔兴安眺，翠柏青松遮泪眸。耄耋尚敬千年业，园林神州今岁酬。江阴叶（培忠）、皖南葛（汉成）、鲁东张（文达）、锷北韩（麟凤）、溧阳周（国华）一班五人；当时授业师：美籍罗德民博士、叶雅各教授、李继侗教授、林刚教授；林业为期较长，故称为千年业；赤县、神州指祖国大好河山。

10月30日，福建洋口林场发来唁电：惊悉中共江苏省第六届代表大会代表，南京林产工业学院林学系教授叶培忠同志不幸逝世，我场全体同志表示深切哀悼。叶老为培育林木良种，场校挂钩指导我场林业建设，作出卓越贡献。他的逝世是一大损失。我们一定要化悲痛为力量，继承他的遗志，搞好林业社会主义革命和建设。谨此。请转告其家属表示慰问。洋口林场1978年10月30日

10月31日，下午3时，叶培忠同志追悼会于南京清凉山殡仪馆礼堂举行，国家林业总局等单位，国家农林部副部长罗玉川和国内农林学界诸多专家学者送了花圈。南京林产工业学院党委副书记薛凤鸣代表学校致悼词。之后，叶培忠的骨灰被安葬于南京中山植物园松柏园。《在叶培忠追悼会上的悼词》：中国共产党党员、中共江苏省第六次代表大会代表、中国林学会林业委员、我院树木遗传育种研究室主任、著名的树木遗传育种专家、教授叶培忠同志因患脑血栓病医治无效，于1978年10月27日上午8时15分在南京精神病防治医院逝世，终年79岁。叶培忠同志在患病期间，国家林业总局、中共江苏省委、中共黑龙江省委、东北林业总局、黑龙江省林科院、东北林学院、牡丹江地委等单位以及我院的院系领导和同志们都极为关怀，组织了医护人员和家属进行长时间地紧张地抢救和护理工作。今天我们怀着十分沉痛的心情悼念叶培忠同志。叶培忠同志是江苏省江阴县人，出身于贫农家庭。他长期从事林业科学研究和林业教育工作，为祖国的林业事业做出了突出的贡献。叶培忠同志1927年南京金陵大学毕业后，历任广西柳州林场场长，南京总理纪念植物园筹备助理员，英国爱丁堡皇家植物园研修生，南京总理纪念植物园技术员、技师，长沙高级农校教员，四川农业改进所林业试验场主任、场长，重庆桐油研究所研究员，天水水土保持实验区技正，实验区主任，武汉大学农学院教授。中华人民共和国成立后，历任武汉大学、华中

叶培忠年谱

农学院、南京林学院教授,专门从事树木遗传育种以及水土保持、植物栽培树木分类等科研工作,他曾兼任中国科学院南京研究所的研究员,积极参加庐山植物园、杭州植物园的筹建工作。叶培忠同志是我们党的好党员,是一位有突出贡献的老科学家。1956年加入中国共产党,曾被选为院党代表、中共江苏省第六次代表大会代表、湖北省人民代表、武汉市模范教工。多次被评为先进工作者,多次受到省、院系的表扬。叶培忠同志努力学习马列主义、毛泽东思想,注重改造世界观,积极参加党所领导的各项政治运动,热爱党,热爱社会主义,热爱毛主席、周总理、朱委员长,热爱英明领袖华主席,拥护党的十一大路线,积极参加批判"四人帮"的斗争。我们要学习叶培忠同志热爱党、热爱社会主义、艰苦朴素、平易近人、团结同志、一心为公,全心全意为人民服务的好思想、好品德。我们要学习叶培忠同志忠诚党的教育事业,热爱林业,刻苦"攻关",不为名不为利,勤勤恳恳工作,把一生的全部精力献给林业科学事业的革命精神。叶培忠同志在树木遗传育种方面做了大量的工作。1938年他首先在我国开创了树木人工有性杂交育种工作,1956年在他的积极筹备下,首先在我院成立了树木育种教研室,第一次开设了树木遗传育种课程,在叶培忠同志亲自指导下培养出的研究生,进修生就有好几十人。叶培忠同志带领全组同志做了大量的实验工作,在松树、杉木、柳树、杨树和马褂木等树种的育种方面,取得了显著成效,获得了许多优良品种,为林业建设事业作出了贡献。他几十年如一日,不管严寒酷暑,他总是坚持亲自动手搞科学实验,在"四人帮"横行的日子里,叶培忠同志仍然坚持为党为人民工作,从未间断过他的科研工作。粉碎"四人帮"以后,叶培忠同志更加焕发了革命的青春,今年上半年,积极参加了江苏省科学大会,他经常到全国各地参加学术活动,爬山越岭地进行调查研究工作,大家都劝他,你已近八十高龄的人了不要远走,他总是坚定的回答,你们不要老是替我烦心,为了实现四个现代化,只要革命工作需要,我死在哪里都行,哪里都可以死。这次到牡丹江参加北方树木育种会议,并准备会后到东北原始林区搜集资料。他在会上作了两个多小时的学术报告,在会议结束时不幸患了重病。叶培忠同志和我们永别了,我们党失去了一位好党员,失去一位好教授,大家心情都非常沉痛。我们一定要化悲痛为力量,在以英明领袖华主席为首的党中央领导下,团结一致,深入揭批"四人帮"。努力提高教学质量,加速培养林业科技人才,为实现新时期的总任务,特别是实现林业现代化,攀登林业科学高峰贡献我们的力量。最后,我们

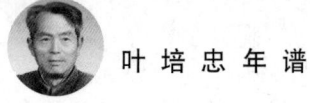

对叶培忠同志的家属表示亲切的慰问。叶培忠同志治丧委员会 1978 年 10 月 31 日

是年，施季森、贾珊、陈惠敏因叶培忠去世，转由陈岳武等人指导。

是年，《树木育种专辑》（第一辑）由云南林学院树木育种教研组在昆明刊印，该辑收集了云南林学院树木育种教研组从 1975—1977 年间工作和学习的部分小结，参加工作的由郑晖、朱之悌、石文玉、林惠斌、陈宝昆、杨本元等。

● 1979 年

10 月，南京林产工业学院林学系遗传教研组《树木的遗传改良》（林业部国营林场干训训练班试用讲义）刊印。

11 月，全国林木良种选育短训班举办，南京林产工业学院树木育种研究室编译《全国林木良种选育短训班讲义——树木育种后代测定》、中国林业科学研究院林业所遗传室《全国林木良种选育短训班讲义——树木群体遗传基础知识与种源试验》、浙江农业大学编《全国林木良种选育短训班讲义——树木育种的田间试验设计及统计分析》（上、下）刊印。

是年，"黑杨派南方型无性系的引种与推广"研究成果获 1979 年林业部科技成果二等奖。杨树是江苏平原农区造林的主栽树种。50 年代引种加拿大杨，60 年代引种推广"大官杨"，幼树生长均较快，但虫害严重，易折干断头，损失较大。1972 年，林业部从意大利杨树研究所获得 6 个黑杨派南方型无性系的插穗 61 根，1973 年由南京林产工业学院培苗 60 多棵，1974 年南京林产工业学院和江苏省林科所、泗阳县多管局等单位共同承担"优良杨树品种引种试验"项目。经过 2 年育苗试验，选出 I-63、I-69、I-72、I-21 共 4 个优良无性系，具有生长迅速、抗病性强等优良性状。1975 年在泗阳苗圃栽植试验，1976 年在全省 7 个地区试验推广，总结提出"三大一深"（大穴、大苗、大株行距、深栽）等栽培措施并建立苗木繁殖基地和新品种采穗圃。1979 年测定试验林，5 年生 I-72 杨平均单株材积（带皮）达到 0.48～0.67 立方米，年平均生长高度 2.65～3.63 米，树围生长 4.7～7.2 厘米，是大官杨的 1.8 倍、毛白杨的 3.3 倍，深受群众欢迎。

● 1980 年

4 月，叶培忠、刘玉莲《促进楸树结实的研究》刊于《南京林产工业学院学

报》1980年第1期116~121页。

5月，南京林产工业学院树木育种研究室编译《树木育种后代测定技术》由南京林产工业学院树木育种研究室、浙江省林业局种苗站刊印。包括第1章 树木育种田间试验设计；第2章 树木后代的测定方法；第3章 遗传力和遗传增益的估算（一）；第4章 遗传力和遗传增益的估算（二）。

7月，南京林产工业学院主编《树木遗传育种学》由科学出版社出版。该书比较系统地叙述了树木育种的遗传学基础，树木遗传改良的原理和方法，遗传品质优良的种子和穗条的繁育，主要用材和经济树种的育种等方面内容。可供林业技术人员、科研及教学人员参考，亦可作为高等林业院校研究生及大学生的教学用书。《前言》：为了适应我国树木遗传育种工作进一步开展的需要由南京林产工业学院主持，东北林学院、北京林学院参加，从1976年夏季开始，进行了本书的撰写、审议、修改工作，于1978年4月最后定稿。在编写过程中和初稿写成后，曾蒙许多科研、教学、生产单位的热情支持和多方面的协助。中国科学院林业土壤研究所，中国林业科学院亚热带林业科学研究所，黑龙江林口县青山林场，广西玉林地区六万林场，福建洋口林场，江苏植物研究所，江苏林业科学研究所，辽宁营口杨树研究所，广东雷州林业局，山东农学院，河南农学院，浙江省常山油茶研究所，广西林业科学研究所，广东林业科学研究所等单位，为本书第十五章、第十六章、第十七章的有关部分提供了稿件和宝贵资料，给予我们很大的帮助。中国科学院华南植物研究所陈封怀教授审阅了第五章，南京农学院马育华教授审阅了第三章、第十三章、第十四章，并提出了许多宝贵意见，中国林业科学院亚热带林业科学研究所所长候治溥同志为第十三章撰写了部分内容，谨此一并致谢。遗传育种有关的知识范围很广，其中有些资料在许多常见的书籍中已有相当详尽的论述，为了避免不必要的重复，对这类资料本书仅述其梗概。本书编写工作是在叶培忠教授的热忱关怀指导下进行的。叶培忠教授是我国树木遗传育种学的先驱者，他于1978年10月27日因病不幸逝世，我们深切怀念他。参加编写人员（按姓氏笔画排列）有王明庥、王章荣、朱之悌、沈熙环、陈瑾、陈天华、陈岳武、吴婷婷、张培果、陆志华、谈勇、黄敏仁。这类书籍的内容涉及面相当广，编者知识有限，经验不足，因此书中错误和安排不当的地方定然很多敬希读者批评指正，以便有机会时予以订正。编者1979年8月

9月，叶培忠、陈岳武、陈世彬、刘大林、林启洋、郑如晃、周材恭、陈汛

叶 培 忠 年 谱

雷等《杉木遗传型 x 环境互作和遗传稳定性的研究 I. 杉木遗传型 x 地点 x 年份互作的分析》刊于《南京林产工业学院学报》1980 年第 2 期 35～46 页。

10 月，美国俄勒冈州大学程剑光教授讲授森林遗传学及林木改良，讲稿由中国林业科学研究院林研所遗传室记录整理刊印。

12 月，叶培忠、陈岳武、陈瑾、阮益初、陈世彬、刘大林、郭木春、林启洋、郑如晃、周材恭、陈汛雷《杉木遗传型 x 环境互作和遗传稳定性的研究 II. 杉木多点子代测定的分析》刊于《南京林产工业学院学报》1980 年第 4 期 23～33 页。

12 月，西北林业学院主编《简明林业词典》由科学出版社出版。其中林木育种部分由南京林产工业学院叶培忠、陈瑾编写。

是年，J. W. Wright《林木遗传学导论（上、中、下）》由北京林学院翻译刊印。

● 1981 年

3 月，叶培忠、陈岳武、阮益初、陈世彬、刘大林、郭木春、林启洋、郑如晃、周材恭、陈汛雷《杉木种子园结实状况的分析》刊于《种子》1981 年第 1 期 41～45 页。

4 月，叶培忠、陈岳武、阮益初、陈世彬、刘大林、郭木春、林启洋《杉木早期选择的研究》刊于《南京林产工业学院学报》1981 年第 1 期 106～116 页。

5 月，叶培忠、陈岳武、陈世彬、刘大林、林启洋《杉木种子园结实状况的分析》刊于《种子》1981 年第 2 期 41～46 页。

7 月，叶培忠、陈岳武、阮益初、陈世彬、刘大林、郭木春、林启洋、郑如晃、周材恭、陈汛雷《杉木种子园遗传效益的估算》刊于《南京林产工业学院学报》1981 年第 2 期 33～48 页。

9 月，《树木选择育种的理论和方法》（林业部林木选择育种训练班讲义）刊印。

10 月，叶培忠、陈岳武、刘大林、阮益初、陈世彬、郭木春、林启洋、郑如晃、周材恭《配合力分析在杉木数量遗传研究中应用》刊于《南京林产工业学院学报》1981 年第 3 期 1～21 页。同期，叶培忠、陈岳武、蒋恕、郭木春、刘大林、康亦强、林启洋、周材恭《杉木种子生活力变异的研究》刊于

22~32页。

12月,《杉木良种选育(第一代种子园)的研究》获林业部科技成果一等奖。完成人有南京林产工业学院叶培忠、陈岳武、蒋恕、朱熙樵、陈瑾、黄敏仁、施季森、谈勇,福建省洋口林场阮益初、陈世彬、刘大林,福建省官庄林场周材恭、郑如晃,福建省永泰县大湖林场陈汛雷、林启洋、善斌;完成单位南京林产工业学院、福建省洋口林场、福建省官庄林场、福建省永泰县大湖林场。该项研究成果:①杉木人工林表型选择的方法、标准及其理论研究;②种子园营建技术、方法和管理的研究;③杉木早期选择及其鉴定技术的研究;④杉木人工群体遗传变异规律的研究及其杉木配合力育种的理论和方法研究;⑤杉木遗传型x环境及其遗传稳定性的研究。创新点试验表明早期选择是可行的,在造林后2~3年进行初选,6~7年时可进行决选,缩短了杉木育种进程。该项研究成果对加速我国杉木良种选育的进程,为早日实现杉木造林良种化具有很大的实践意义,同时在一定程度上丰富了我国林木选择育种的理论和方法。

• 1982年

是年,南京林产工业学院教授张楚宝在《中国林业》1982年第6期撰文《他为我国树木育种事业奋斗终身》介绍叶培忠:叶培忠教授是我国知名的树木育种专家。他一生主要从事树木育种的教学和科研工作。他培育的树木优良品种已在大江南北生根开花,他培育的树木育种科技人才遍布祖国各地……十年动乱期间,叶培忠教授被下放到南京港务局和东善桥等处参加劳动,但仍念念不忘树木育种工作。每逢节假日,别的同志往家里跑,去同家人团聚,叶老却往试验地里跑。他最关心的是新品种幼苗的生长发育情况。节日、假日成了他的科研日……1956年,他在南京林学院讲授"树木育种学",这是我国林学院首次开设这门课程……叶老能循循善诱,帮助青年教师提高业务水平……叶老鼓励他们说:"科学试验是不可能每次都获得成功的,成功了就总结经验,失败了就吸取教训。我们通过杂交授粉,哪怕只得到一粒种子,也是可贵的,说不定就在这一粒种子中蕴藏着我们所期待的优良特性"……他谦虚谨慎,从不夸耀自己。他总是把他主持的树木育种的科研成果看作是教研组全体同志的集体劳动果实。有一次,一篇科研报告发表了,他用稿费给教研组每位同志买了一把修枝剪,一本关于树木育种的新书,还给教研组订了一份报纸……叶老逝世后,他生前向家

叶培忠年谱

人表示,"个人骨灰无需保存,不如作为肥料,使园林植物长得更美好"。他的亲属遵照他的遗愿,将叶老的骨灰分散埋葬在中山植物园铅笔木林下土壤中。铅笔木是叶老生前喜爱的一种引进树种,这里共有79株,正好和叶老在世的年龄巧合……

- **1983 年**

9月,北京林学院朱之悌编《林木遗传学基础》由北京林学院刊印。

10月6日,林业部决定:南京林产工业学院改名为南京林学院,云南林学院改名为西南林学院。

- **1984 年**

6月,北京林学院《林木育种学》刊印,沈熙环主编。

8月,南京林学院树木育种研究室《树木良种选育方法》由中国林业出版社出版。

- **1985 年**

2月,为纪念中国草业科学研究先驱叶培忠先生,经牧草学专家黄文惠建议,《中国草原与牧草》杂志1985年第1期刊登叶培忠《葛藤——大地之医生》。

8月6日,林业部(林教〔1985〕335号)批准,同意将南京林学院改为南京林业大学。

是年,《黑杨派南方型无性系的引种和推广》获国家科委科技进步一等奖。完成单位南京林业大学、江苏省引种推广协作组、湖北省引种推广协作组、湖南省引种推广协作组。通过对200多个杨树无性系进行苗期测定,初选出10个黑杨派无性系。1975年开始在江苏省进行引种区域试验,总结出"大苗、大穴、大株行距和深栽"栽培技术措施,科学地区划了黑杨派无性系在我国适生范围为北纬24～37℃。从1980年起,在山东、安徽、河南、江苏、湖北、湖南、江西、四川、贵州、云南等14省进行大面积推广,栽植杨树近千万亩,产生了巨大的经济效益和社会效益。

1987 年

是年,《杉木第一代种子园研究成果的推广应用》获国家科委科技进步一等奖。完成人陈岳武、黄平江、施季森、刘大林、周材恭、李玉科、张敬源、陈世彬、李寿茂、蒋恕,完成单位南京林业大学、福建省林业厅林木种苗公司、福建省林业厅洋口林场、福建省三明市官庄林场。利用杉木在长期的自然选择和人工栽培条件下形成的群体间和群体内存在主要经济性状遗传的特点,在人工林的不同群体间,按选择方法、入选标准和强度,进行表型优良个体的选择,同时采集其种子进行遗传性优劣的比较和有性配合能力试验,以此为据,进行优中选优。将选中优树,通过设计,进行无性或有性繁殖,建立第一代无性系或实生苗种子园,作为良种繁育基地,大量生产良种用于造林。已推广良种造林 9.3 万公顷,25 年主伐后,可增产木材 280 万立方米,年投资收益率为 165%。

1989 年

4 月,中国农业百科全书总编辑委员会林业卷编辑委员会、中国农业百科全书编辑部编《中国农业百科全书·林业卷(上)》由农业出版社出版。林业卷编辑委员会由梁昌武任顾问,吴中伦任主任,范福生、徐化成、栗元周任副主任,王战、王长富、方有清、关君蔚、阳含熙、李传道、李秉滔、吴博、吴中伦、沈熙环、张培杲、张仰渠、陈大珂、陈岳武、陈燕芬、邵力平、范济洲、范福生、林万涛、周重光、侯治溥、俞新妥、洪涛、栗元周、徐化成、徐永椿、徐纬英、徐燕千、黄中立、曹新孙、蒋有绪、裴克、熊文愈、薛纪如、穆焕文任委员。其中收录的林业科学家有戴凯之、陈嵘、梁希、陈嵘、郝景盛、沈鹏飞、刘慎谔、郑万钧、叶培忠、杨衔晋、吴中伦、马大浦、牛春山、汪振儒、徐永椿、王战、范济洲、徐燕千、熊文愈、阳含熙、关君蔚、秉丘特.G(Pinchot Gifford,吉福德·平肖特)、普法伊尔.F.W.L.(Pfeil, Friedrich Wilhelm Leopold,菲耶勒、弗里德里希·威廉·利奥波德)、本多静六、乔普.R.S.(Robert Scott Troup,罗伯特·斯科特·特鲁普)、莫洛作夫, γ.ф.(Морозов, γ.ф.)、苏卡乔夫.В.Н.(Владимир Николаевич Сукачёв,弗拉基米尔·尼古拉耶维奇·苏卡乔夫)、雷特.A(Alfred Rehder,阿尔弗雷德·雷德尔)。其中第 722 页载叶培忠。

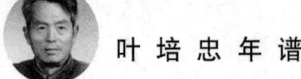

• 1991年

5月,中国科学技术协会编《中国科学技术专家传略——农学编 林业卷1》由中国科学技术出版社出版。其中收入韩安、梁希、李寅恭、陈嵘、傅焕光、姚传法、沈鹏飞、贾成章、叶雅各、殷良弼、刘慎谔、任承统、蒋英、陈植、叶培忠、朱惠方、干铎、郝景盛、邵均、郑万钧、牛春山、马大浦、唐燿、汪振儒、蒋德麒、朱志淞、徐永椿、王战、范济洲、徐燕千、朱济凡、杨衔晋、张英伯、吴中伦、熊文愈、成俊卿、关君蔚、王恺、陈陆圻、阳含熙、黄中立共41人,其中199～214页收入《当代中国树木育种学的先驱者之———叶培忠》。

是年,南京林业大学周济撰文《当代中国树木育种学的先驱者之———叶培忠》。

• 2005年

1月,王章荣等编著《鹅掌楸属树种杂交育种与利用——谨以此书献给我国著名树木遗传育种学家叶培忠教授》由中国林业出版社出版。

4月,《草业科学》2005年第4期91～92页刊登任继周《与林草结合第一人——叶培忠的邂逅》,介绍叶培忠:1954年暑假期间,在青海省海拔3400米的三角城种羊场,我们在此不期而遇……1943年春他参加了以美籍学者罗德民博士为首的西北水土保持考察团,历时数月,采集植物标本2000多号,以禾本科与豆科植物标本为最多,还采集了抗寒耐旱的保土植物种子,计禾本科54种、豆科木本类14种、灌木类10种、其他17种。有目的地大量采集野生牧草种子并开展繁殖研究,叶培忠是我国最早的一人……作为一个林学家,对牧草投入如此持久艰巨的努力,做出这样突出的成绩,而且培养了几位优秀的牧草专家,应是当之无愧的中国林草结合第一人。

• 2009年

8月,中国工程院院士、兰州大学教授任继周为叶培忠诞辰110周年题词:"理论实践,博大精深。林草结合,国内一人"。

8月20日,中国林科院研究员、中国林科院林业研究所前所长黄铨为叶培忠诞辰110周年题词:"学习为师,行为作范"。

8月22日,中国工程院院士、中国园艺学会常务理事、北京林业大学教授陈俊愉为叶培忠诞辰110周年题词:"育树育人,奋斗终身。埋头苦干,实践创

新。恩师叶老的坚韧不拔精神永远是学习的楷模"。

10月20日,《南京林业大学校报》第494期(总第494期)第2版刊登《叶培忠档案》:叶培忠(1899—1978年),江苏江阴人。植物育种学家,中国树木遗传育种学科的创始人,中国植物园植物研究和水土保持科学研究的开拓者和奠基人之一,是中国最早提倡荒山林草结合种植的科学家。1927年2月毕业于金陵大学农学院森林系,获金钥匙奖。1930年被公派去英国爱丁堡皇家植物园研修,1933年任南京总理陵园纪念植物研究课(中山植物园前身)第一任主任。1943年任农林部水土保持实验区技正兼营林股主任。1947年1月,被任命为农林部专门委员。生前是南京林业大学林学系教授和树木遗传育种研究室主任、中国林学会林业委员、中科院南京植物所中山植物园兼职研究员。20世纪40年代,他在中国最早开展了保土植物及水土保持各项试验研究,并成功进行了杂交杨树和杂交牧草的研究。60年代他培育出十多个品系的杨树、松树、杉木、楸树、马褂木等杂交树种,其中以他名字命名的培忠杉(东方杉)是中国首次获美国专利的木本植物新品种。他对中国的林业建设以及树木遗传育种学科的发展作出了杰出贡献。他和陈岳武关于杉木良种选育(第一代种子园)的研究获1978年全国科学大会奖,1982年林业部林业科学技术成果一等奖。中华人民共和国成立后,他培养了一批树木育种和牧草学方面的杰出人才。

10月20日,《南京林业大学校报》第494期(总第494期)第2版刊登4篇回忆文章:王明庥《坚持真理 勤于实践——纪念恩师叶培忠教授》、陈俊愉《忆叶老教诲二三事》、任继周《我与叶老的邂逅》和黄铨《学为人师行为人范》。第3版刊登4篇回忆文章:钟伟华《回忆叶老》、施季森《慈颜勉勤学激励晚辈志》、贺善安《淡泊名利的科学家》、黄委会天水水土保持科学试验站《西北风沙线上的绿色卫士——叶培忠先生在天水农林部水土保持实验区纪事》。在《我们眼中的叶培忠》一文中:王章荣(南京林业大学教授、博士生导师):老师非常重视林木种质资源的收集保存和遗传测定。他充分利用了当时的苗圃和树木园这块宝地,广泛收集了杨树不同树种和无性系,建立了杨树基因库;同时,广泛收集了大量松属树种,建立了松树物种园。同时,还建立许多杂交子代测定林。他经常对我说:"种质资源、育种材料是非常重要的,这是育种人手中的宝贵财富"。"要接触实际,要观察,要实践,要有求知的欲望"。黄敏仁(南京林业大学林木遗传育种学科教授、博士生教师):叶先生一生严谨治学,勤于耕耘,硕

果累累。清晨,太阳还没有升起的时候,在通向林木遗传育种学科苗圃的大路上,一位白发老人手里拎着藤条编织的提篮,篮中装有笔记本、铅笔、放大镜、修枝剪等,这位老人就是我国著名的林木遗传育种学家叶培忠教授。他每天必须做的第一件事,就是观察、记载和抚育由他亲自培育的各种苗木。他对科学的热爱和执着,充分反映了老一辈科学家的崇高品德。韩素芬(南京林业大学教授、博士生导师):我是陈岳武的夫人。岳武是叶老的研究生和助手,他跟随叶老的时间长达二十年。叶老平时总喜欢穿一件灰色中山装,黑布鞋,不知道他的人,看他就是一个很普通的老人,没有一点人们想象中的教授、育种专家的样子。他平时生活也正像他给女儿取的名字那样勤俭朴素。但听岳武讲,一次淮河发大水,叶老刚刚拿到一本专著的稿费,他分文未留就全部捐给灾区,在这方面叶老十分慷慨。另外,他获得稿费从未拿回家,总是作为教研组公用。榜样的力量是无穷的,叶老看似很平常的事给我们很大的启示和教育。陈瑾(南京林学院副教授):在叶老身边工作了20年,深感他以言传身教、吃苦耐劳的精神和事业心为我们做好榜样。教学上他指导青年教师编写教材并上台讲课,科研上他将书本知识应用于实践,手把手地实地操作。他的工作作风非常俭朴,喜欢废物利用,因陋就简,节省了很多科研开支。长期在叶老身边,备受教育、关怀、爱护和信任,使我成长为一名高校老师。陈天华(南京林业大学教授、博士生导师):叶老谆谆告诫我们:由于育种工作可能导致自然变异的幅度变小,使繁殖材料趋向单一化,对于处在复杂环境中的森林,这是危险的。树木育种工作者的责任,在于获得最大限度遗传改良的同时,还要保持和发展种群的多样性,注意不断扩大种群的遗传基础。无论是在山林或者苗圃,人们经常会看到他的身影。他那埋头苦干、不知疲倦的精神至今还深深地刻在我的脑海里。陈益泰(中国林业科学研究院亚热带林业研究所研究员、博士生导师):在叶老逝世30周年的日子里,回忆起老师的谆谆教导和默默奉献,我身上感到有一股暖流。如今,科学技术日新月异,现代生物技术在树木育种研究中的应用,无疑给林木育种水平带来了新的提升,但像叶老那样对科技事业的探求、实干、奉献精神和谦虚、朴实的品德是永远不可缺少的,叶老的精神将永远鼓励着林木育种事业的后来人奋勇向前!

  10月23日至25日,中国林学会林木遗传育种分会、江苏省林学会、江苏省遗传学会和南京林业大学等联合主办的叶培忠诞辰110周年暨林木遗传育种学术研讨会系列活动在南京举行。纪念会上,南京林业大学教育发展基金会成立叶

培忠林木育种奖学基金。

10月，叶培忠《改进西北牧草之途径》刊于《草业科学》2009年第10期1～11页。编者按：2009年是叶培忠诞辰110周年和在天水开拓牧草学研究66周年，为了纪念叶培忠对我国林草研究与教育作出的特殊贡献，学习和继承他对发展西北牧草业的远见卓识，特将他在天水工作时写给农林部的科研报告《改进西北牧草之途径》和黄委会天水水土保持科学试验站撰写的《叶培忠先生在农林部天水水土保持实验区工作回顾》予以发表，以飨读者。

10月，叶和平著《叶培忠》由中国林业出版社出版。

2010年

9月，《遍洒绿荫——叶培忠纪念文集》由中国林业出版社出版。

2011年

10月，《20世纪中国知名科学家学术成就概览：农学卷：第一分册》由科学出版社出版，其中载陈嵘、沈鹏飞、蒋英、陈植、叶培忠、郝景盛、唐耀、郑万钧等。国家重点图书出版规划项目《20世纪中国知名科学家学术成就概览》，以纪传文体记述中国20世纪在各学术专业领域取得突出成就的数千位华人科学技术和人文社会科学专家学者，展示他们的求学经历、学术成就、治学方略和价值观念，彰显他们为促进中国和世界科技发展、经济和社会进步所做出的贡献。农学卷记述了200多位农学家的研究路径和学术生涯，全书以突出学术成就为重点，力求对学界同行的学术探索有所镜鉴，对青年学生的学术成长有所启迪。本卷分四册出版，第一分册收录了54位农学家。348～358页载叶培忠，称叶培忠：植物育种学家、林学家，中国树木遗传育种学科创始人，中国水土保持和牧草学科研究的开拓者和奠基人之一，中国最早提倡荒山林草结合造林的科学家。

2014年

1月，陈锡良编著《中国植物育种学家叶培忠》由文汇出版社出版。

2018年

8月，叶和平、邱海明《中山植物置山中 青翠古杉谷翠青——纪念植物育种学家叶培忠教授诞辰 120 周年》刊于《沈阳农业大学学报（社会科学版）》2018 年第 2 期 129~136 页。

● 2019 年

6 月，南京林业大学档案馆开始策划拍摄叶培忠生平的纪录片，并完成了脚本的撰写。

8 月，叶培忠生平的纪录片摄制组分赴甘肃天水、福建洋口林场、上海川沙、江苏江阴和南京中山植物园等地进行人物采访和实景拍摄。

11 月 8 日，南京林业大学举办叶培忠先生诞辰 120 周年纪念会。会上放映了叶培忠先生纪录片《遍洒绿荫写人生》，其中介绍道：叶培忠先生是我国著名林学家和林业教育家、中国当代树木育种学奠基人、中国水土保持研究开拓者之一，南京林业大学（原南京林学院）林木遗传育种学科创始人。他毕生致力于林木育种研究和教育事业，为我国培养了一大批优秀的科技人才。他在松属、杨属、鹅掌楸属、杉科树种的杂交育种，以及牧草育种等诸多领域开创先河，成就卓著。南京林业大学副校长张红，林木遗传育种分会理事长、东北林业大学原校长杨传平教授和叶老的学生代表王章荣教授等相继在纪念大会上致辞，共同缅怀叶老先生为祖国的林业科教事业发展和林业人才的培养所作出的重大贡献，以及坚持真理、勤于实践的科学态度，教书育人、为人师表的高尚品质，艰苦朴素、克己奉公的精神风范。张红在致辞中说，叶培忠先生将自己的命运与国家经济建设、生态环境治理、林业事业发展的伟大事业紧密相连，是一名对祖国、对人民怀有深厚感情的有志之士，一名为祖国林业事业倾尽所有的林学大家，一名为祖国林业建设事业育才聚才的林界名师。

马大浦年谱

马大浦(自南京林业大学)

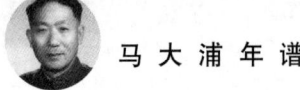

马大浦年谱

● 1902年（清光绪二十八年）

11月，山西农工总局在太原开办山西农林学堂，设立林科，开创中国近现代林业教育的先河。为了林科教学之用，1902年山西农林学堂编印《造林学》教材，由日本人吉田义孝编写，浙江人陶鑫翻译，均为文言文，第一编"绪论"，第二编"本论"，第三编"主论第一部·森林仕立法"，第三编"主论第二部·森林入手法（森林抚育法）"，第四编"森林作业法"。

● 1904年（清光绪三十年）

11月6日，马大浦（Ma Ta-Pu，Ma Dapu），字述之，生于福建省浦城县，祖籍安徽省太湖县。马大浦父亲马仲华，曾任福建省诏安县盐场场长，母亲丁氏。随父亲在福建，入私塾，至1910年。有姐马大岩、兄马大榕、马大福、马大闽。

● 1911年（清宣统三年）

9月，马大浦随祖父马立礼回安徽省太湖县，路经南京与表妹李淑媛订婚，之后到太湖县，在私塾读书，塾师有叶品章、李叔陶、叶雨堂，在这些优师指导下，学习文学，并在县城的第一高等小学肄业。马立礼，安徽太湖人，清道光二十一年生，举人，光绪十八年二月在云南大姚县任知县，光绪二十五年任福建浦城知县，光绪二十七年十二月至二十九年十二月任福建建宁知县，后回乡任安徽滁州来安水口地区厘金局局长，1915年4月17日病逝，享年74岁。

● 1915年（民国四年）

是年，马大浦就读于安徽太湖县第一高等小学。

7月，南京江南高等实业学堂改为江苏省立第一农业学校，内设农、林两科，过探先为校长，陈嵘为林科主任（至1922年），过探先与陈嵘一致认为，林科师生为进行科研实习的需要，应有大面积的林场。过探先（1889—1929年），江苏省无锡人。为1910年赴美庚子赔款生，入康奈尔大学农学院。1915年回国，曾任东南大学、金陵大学农科主任，为中国现代农学教育、科研和学术团体的创立做出奠基性的贡献，因操劳过度于1929年去世。

马大浦年谱

- **1916 年（民国五年）**

    是年，马大浦离开家乡，随岳父李士陶到江宁入学，先入江宁县第一高等小学，1919 年三年学习期满得毕业文凭，成绩为丙字第一名。

- **1919 年（民国八年）**

    是年，马大浦考南京一中未取，入金大附小补习一年有余。

- **1920 年（民国九年）**

    是年，马大浦父赴安庆造币厂工作，马大浦考入安徽省立第一中学，校长杨亮功（在江西曾找过他，他任皖干检察司），在安庆待了一年半，同学有马傲庵、李若虚、周雨衣、张鸣岐、储应时。

- **1921 年（民国十年）**

    是年，马大浦转回南京，仍入金陵大学附中，读到 1926 年，旧制中学毕业。

- **1925 年（民国十四年）**

    10 月，陈嵘回国任金陵大学森林系教授、系主任，担任该职一直到 1952 年，达 27 年之久，期间讲授中国树木概论、造林学原论、造林学本论、造林学各论等课程[53]。

- **1926 年（民国十五年）**

    是年，马大浦入金陵大学，读预科班一年级（1926 年），改新学制预科班。

- **1927 年（民国十六年）**

    是年，马大浦从南京金陵大学预科班毕业（高中毕业），升入金陵大学农学院林科读书。

- **1930 年（民国十九年）**

    2 月，《中华林学会会员录》载：马大浦为中华林学会会员。

---

[53] 中国树木分类学的奠基人——陈嵘[EB/OL].http ://scitech.people.com.cn/GB/25509/47973/50764/3691205.html.

9月，马大浦从金陵大学转入中央大学农学院森林系学习。

• 1931年（民国二十年）

8月，陈植到中央大学农学院森林系任教授，至1933年7月。

• 1932年（民国二十一年）

2月，马大浦从中央大学农学院森林系毕业，被中央大学森林系主任兼江苏省教育林总场（今南京老山林场）场长李寅恭教授派到江苏省教育林总场任技术员，并兼任第一分场第一区主任。

8月，经李寅恭教授介绍马大浦回中央大学农学院森林系，担任陈植教授造林学助教并兼管校内林场。马大浦对林场木本植物进行调查后，撰写《本院植物园树木之种类》一文。

9月，广西大学成立工学院、农学院。

12月，M.L.Anderson 原著，马大浦节译《新法造林》刊于《安徽农学会报》1932年第2期57～62页。

• 1933年（民国二十二年）

2月，陈嵘《造林学概要》（初版，1951年增订6版）。《造林学概要》是以中国的森林地理条件和造林树种为基础编写的，由金陵大学农林科树木学标本室印行。

9月，陈嵘《造林学各论》（9月初版，1953年3月增订5版）一书，广泛搜集分布于我国的主要造林树种共320种，包括针叶树、阔叶树、竹类和椰子类，并详尽地阐述各树种形态特征、生态习性和造林方法，在20世纪30—50年代这部书是中国各大学林学系重要教材和开展造林绿化事业的主要参考文献。

• 1934年（民国二十三年）

6月1日，马大浦、陈谋《南京幕府山木本植物之调查》刊于《中央大学农学丛刊》1934年第1卷第2期205～216页，并出版单行本。陈谋（1903年—1935年4月27日），字尊三，浙江诸暨人，植物学家。陈谋毕业于浙江省立第一中学高中部，后在浙江大学农学院任职。1927年，浙大成立劳农学院，聘请著名植物学家钟观光为教授。钟观光在浙大期间，建立笕桥植物园，技术工作由

马 大 浦 年 谱

陈谋与钟观光长子钟补勤等人负责。之后,陈谋去往南京,在中国科学社生物研究所植物学部从事植物分类学研究,后至中央大学担任森林系助教。1934年6月陈谋和中国科学社吴中伦一起,随外交部调查团一同前往滇缅边境采集植物标本,1935年4月下旬,陈谋在云南墨江采集植物标本时,因奔波劳累,久病成疾,不幸去世,时年32岁,成为中国近现代第一位在植物采集罹难的学者。陈谋遗体随后于墨江入殓。6月中旬陈谋灵柩抬运至昆明,安葬于昆明东郊三公里处。中央大学为陈谋召开追悼会,校长罗家伦亲自主持。1955年,南京林学院郑万钧将新种命名为琅琊榆(*Ulmus chenmoui* Cheng),以纪念被称为中国植物学史上的"拓荒者"陈谋。

1935年(民国二十四年)

4月24日,《时事公报》刊登消息《林垦调查专员钟补勤昨日到甬康瀚于矿马大浦等日内可到》。

10月,马大浦完成对中央大学树木园308种树木系统调查研究,编写《中央大学树木园植物之种类及性质》,刊于《中央大学农学丛刊》1935年第3卷第1期155~190页。

12月,马大浦《浙江之山核桃》刊于《中央大学农学丛刊》1935年第3卷第1期150~154页。同期,马大浦《本校树木园植物之种类及其性质》刊于155~190页。

1936年(民国二十五年)

3月,马大浦赴美国明尼苏达大学农学院林学系深造。

1937年(民国二十六年)

5月17日,四川省政府建设厅《建设周报》1937年第1卷第11期刊行,其中1~14页收入李贤诚《开发綦江铁矿刍议》、15~20页曲仲湘《四川森林之开发》、21~27页周朝阳《四川旱灾之真相及救济办法》、28~29页马大浦《(补白)美国通讯——谈桐油问题》。

6月,马大浦《美国植桐事业最近之发展》刊于《中华农学会报》1937年第161期38~50页;同期,马大浦《美国近年植桐近况》刊于67~68页;马大

浦《美国白杨之育种工作》刊于 68 页。

7月，马大浦从明尼苏达大学农学院森林学专业毕业，获理学硕士学位，导师陈奈（Chaney）。

7月15日《申报》报道：昨日昌兴公司邮船亚细亚皇后轮进口，载有由欧美回国的王文才、高光斗、毛礼锐、马大浦、陈桢、童元羲、黄冀光、张为珂、彭乐善、孙令衔、杨西孟、颜朴生、张青莲等14人，这些同船抵沪的留学生，成为抗战爆发后第一批归国的欧美留学生。

8月，马大浦任广西大学农学院森林系教授兼系主任。

9月，广西大学农学院迁往柳州沙塘。

● 1938年（民国二十七年）

8月，应广西政府邀请，马大浦带领广西大学农学院森林系赵铁生、莫承贤等4名学生到广西上林县大明山开展森林调查。

12月，马大浦《大明山森林调查报告书》刊于《西大农讯》1938年第6期13~23页。

● 1939年（民国二十八年）

8月至10月，马大浦带领广西大学农学院森林系蔡籼星、吴慰中、黄道年、杜洪作、谢福惠等参加广西政府农管处组织对柳江上游四县（融县、三江、龙胜、柳城）开展森林资源调查。完成《柳江上游四县林地之面积及其概况》《柳江上游四县山岭概况》并写有《龙胜县森林调查日记》《三江县森林调查日记》《融县森林调查日记》和《柳城县森林调查记》。黄道年（T. N. Whang），1913年生，广西蒙山人。1941年毕业于广西大学农学院森林系。曾任江西中正大学农学院、广西大学农学院助教、台湾林业试验所技士。中华人民共和国成立后，历任广西大学农学院、广西农学院、广西林学院讲师，广西农学院林学分院副教授、教授。发表有《广西杉木立木材积表的编制》，编著有《广西主要树种材积数表的研制》。1997年9月29日去世。

8月，广西大学被国民政府确立为国立大学，马君武任广西大学校长。

1940 年（民国二十九年）

3月28日，国民政府根据广西教育运动经验制定颁行《国民教育实施纲领》，成为中国教育史上由某一地区实验而影响全国学制的绝无仅有的一例。

7月，广西大学聘潘祖武为理工学院数理学系主任，改聘唐崇礼为化学系主任，马大浦为农学院森林系主任。

8月，马君武在广西大学校长任上病逝，雷沛鸿继任校长。雷沛鸿（1888—1967年），字宾南，广西南宁人，博士，教育家，教育思想家，是中国现代教育史上一位杰出的教育改革家和教育思想家。早年加入中国同盟会。1911年参加广州黄花岗起义。1913年考取公费生赴英留学。1915年入美国俄玄俄州欧柏林大学，专攻政治学，兼攻教育学。1918年获学士学位。次年，入哈佛大学研究院，研究政治学、经济学及法学，1921年获哈佛大学文科硕士学位。曾任广西省教育厅长，创办广西普及国民基础教育研究院和西江学院，出任广西省立第一中学（今南宁二中和南宁三中的前身）的首任校长，曾任广西大学校长和广西教育科学研究所所长。1967年7月21日在广西逝世，终年79岁。主要译著有《英宪精义》《法学史》，主要著作有《广西文化研究一得》《成人教育论丛》《国民基础教育论丛》等。

8月至9月，马大浦继续带领广西大学农学院森林系学生对柳江上游四县（龙胜）开展森林资源调查。完成《广西龙江上游森林之调查》和指导学生黄道年完成《广西两种杉木生长之研究》，并写有《宜山县森林调查记》《思恩县森林调查日记》和《罗城县森林调查记》。

9月11日，经国民政府研究决定，任命胡先骕为国立中正大学校长。

9月（农历八月），马大浦携家眷离开广西，赴江西泰和国立中正大学农学院担任森林系教授兼系主任。

10月31日，国立中正大学举行开学典礼，大学设文法学院（政治、经济、社会教育）、工学院（土木、化工、机电）、农学院（森林、农艺、畜牧兽医）以及教务总务训导三处和研究部、专修班、训练班。农学院院长周拾禄，森林系主任马大浦。国立中正大学农学院森林系招收第一届学生（10名）：陈推诚、蒋学彬（一年级后转入化工系）、朱振文、黄律先、简根源、刘贤炎、萧天锡、潘先芬、彭光德、龚景遂，1944年7月9人从森林系毕业。

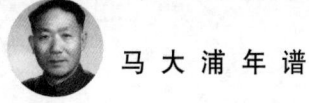 马 大 浦 年 谱

● 1941年（民国三十年）

8月，国立中正大学文法学院增设文史系，同时农学院还增设生物系。生物学系暂设在农学院，主任张肇骞。

9月，国立中正大学农学院森林系招收第二届学生（8名）：罗梦彬、王皖生、欧阳斌若、傅誉茂、谢寿南、黎炎培、金祥麟、常承祺，在杏岭读至三年级，后迁至宁都，1945年7月7人在长胜墟从森林系毕业，王皖生休学一年1946年7月毕业。

10月，马大浦《广西大明山森林之初步调查》刊于《广西农业》1941年第2卷第5期53～67页。

10月，马大浦《广西大明山森林之初步调查》单行本刊印。

12月，马大浦《广西大明山森林调查（续）》刊于《广西农业》1941年第2卷第6期46～52页。

是年，马大浦编写国立中正大学教材《造林学原论参考讲义》《造林学本论讲义》《造林学本论实验讲义》《造林学各论参考讲义》《造林学特论讲义》《造林学本论实用讲义》《造林学计划纲要》7本。

● 1942年（民国三十一年）

3月15日，《正大农学丛刊》创刊于江西泰和，正大农学丛刊编辑委员会编辑，国立中正大学出版组发行，季刊，主要撰稿人有胡先骕、周拾禄、杨惟义、奚元龄、冯言安、马大浦等。马大浦《油桐及其变种之性状与分布》刊于《正大农学丛刊（季刊）》1942年第1卷第1期12～30页。

5月，马大浦《世界森林概观》刊于《中正大学校刊》1942年第3卷第20期3～6页。

6月，马大浦《肥料及地位对于油桐幼年生长之影响》刊于《正大农学丛刊（季刊）》1942年第1卷第2期28～40页。

7月，马大浦《国父的林业主张》刊于《中正大学校刊（旬刊）》1942年第16期3～4页。马大浦《民主主义与森林》《抗战建国与森林》亦刊于《中正大学校刊》（《中正大学校刊》都存在江西省图书馆）。

8月，马大浦《广西柳江上游杉林之调查》刊于《林学》1942年第8期11～23页。

马 大 浦 年 谱

9月，国立中正大学农学院森林系招收第三届学生（8名）：第二年只剩叶绪昌、张光錡、苏世厚、吴述縈（休学一年），1946年7月只有叶绪昌、张光錡、苏世厚3人从森林系毕业。

● 1943年（民国三十二年）

1月，马大浦《油桐及其变种之性状与分布》刊于《全国农林试验研究报告辑要》1943年第3卷第1、2期14页。

3月，马大浦、黄道年《肥料及地位对于油桐幼年生长之影响》刊于《福建农业》1943年第1～3期合刊86～87页。

4月，马大浦《油桐及其变种之性状与分布》刊于《林学》1943年第9号19～40页。

8月，国立中正大学农学院森林系招收第四届学生（13名）：王景祥、耿煊、苏世厚、侯定、吴述縈、韦柳浪、刘焯、李企明、徐卫宗、闵朝章、黄鹤庚、吴小天、熊汉煌。

● 1944年（民国三十三年）

1月，经时任安徽省建设厅厅长储应时同学推荐，马大浦离开中正大学到安徽省立煌县（今金寨县）任安徽学院教授兼安徽省农业改进所所长。马大浦在中正大学农学院期间，编写《植桐学讲义》和《造林学原论》《造林学本论》《造林学各论》《造林学特论》等讲义。储应时（1900—1978年），又名储一石，字翰香，岳西县头陀乡乐道冲人。中国民主同盟中央委员，民盟上海市委员会副主任，上海市人民政府参事室主任。早年储应时与马大浦在安徽安庆一中读中学。1943年9月在安徽省立煌县的安徽省立师范专科学校扩充为安徽省立安徽学院，聘朱拂定为院长，内设中文、外语、数学、史地、政经、法律六系，银行、艺术、师范三个专修科，共有学生550余人。

1月，鲁昭祎继任国立中正大学森林系主任。

9月，国立中正大学农学院森林系招收第五届学生（14名）：李新吾、蒋学良、王俠（三人参加青年军）、吴瑸临（一年级后转校）、希海珍、诸葛俨、杨华芳、王智尧、王逮纲、周同一、夏宗杰（三年级转入）、师旭申、孙舒民、杨鑑旆、李继恩、胡炎汉、袁辉。1948年7月有王逮纲、周同一、夏宗杰、师旭申、

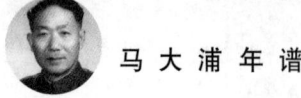

孙舒民、杨鑑旃、李继恩、胡炎汉、袁辉、希海珍、诸葛俨、杨华芳、王智尧 13 人从森林系毕业。

是年，中华林学会增设油桐研究委员会，李德毅、林刚、梁希、程跻云、焦启源、吴清泉、蒋孝淑 7 人任委员，指导全国油桐的科研和生产活动。

● 1945 年（民国三十四年）

1 月，国立中正大学迁往宁都长胜，农学院院长周拾禄兼任森林系主任。

8 月 15 日，日本宣布无条件投降，国立中正大学随即迁往南昌望城岗。

是年冬，黄野萝继任国立中正大学农学院森林系主任。黄野萝（1902—1981 年），土壤学家。江西贵溪人。1926 年毕业于东南大学生物系，1929 年春经南京赴日本留学考入明治工业专门学校，1930 年春转入日本林业试验场学习，1931 年春又转入东京文理科大学重新攻读生物学。1932 年应胡先骕的邀请回国入北平静生生物调查所工作。1933 年得胡先骕资助赴德留学就读于明兴大学，专攻森林土壤学。1937 年曾赴匈牙利森林学院进行研究，1938 年 6 月返回德国，获明兴大学森林土壤学博士学位，9 月赴英国土壤试验站苹果研究所工作，1939 年在法国巴黎学习法文，1940 年 1 月赴美国罗杰斯大学土壤系进行考察和学术交流。应胡先骕的邀请于 1940 年冬由美回国任中正大学教授兼农学院森林系主任。中华人民共和国成立后，1949—1952 年任南昌大学教授、校务委员会委员兼教务长，兼任中国科学院土壤研究所研究员，1953—1981 年先后任江西农学院、江西共产主义劳动大学总校、江西农业大学教授，曾兼任江西农学院副院长（1953—1957），1957 年被划为右派分子（1979 年平反恢复名誉），1954—1958 年当选为中国土壤学会第二届理事会理事，江西省土壤学会第一届理事会理事长。中国民主同盟盟员。二十世纪五六十年代主持红壤利用与改良的研究，初步探明适于初垦红壤的作物及肥料的种类。晚年提出土壤形成过程中存在五种物质运动形式的论点。撰有《从物质运动形式的发展看土壤的形成与发展》《江西丰城熊庄与龚村两地红壤利用调查报告》。

9 月，国立中正大学农学院森林系招收第六届学生（16 名）：第二年只剩王俟、蒋学良、徐松泉、赵彦芳、李新吾、熊大桐、鲁一同、黄景祚、丁道模、陈典义，1949 年 7 月只有鲁一同、黄景祚、丁道模、陈典义、王俟 5 人从森林系毕业。

1946 年（民国三十五年）

1月，马大浦《广西柳江上游杉木之调查》刊于《木业界》1946年新第1期157～159页。《木业界》月刊，1940年3月5日由上海市木业教育促进会创办。

1月，马大浦《昆虫与人生》刊于《新学风》1946年第1期64～69页。

3月，中央大学农学院迁回南京。

9月，国立中正大学农学院森林系招收第七届学生（14名）：蔡之权、龚步青、湛斌、傅耀楣、詹子英、杨希平、余庆缘、罗福康、罗贤璞、杨亚民、杨天行、胡品瑜、吕继绍、张碧岭，1950年7月蔡之权、龚步青、湛斌、傅耀楣、詹子英、罗福康、杨亚民、胡品瑜、吕继绍、张碧岭8人和徐松权、蒋学良、李新吾、赵彦芳4人复学后从森林系毕业，成为中华人民共和国成立后第一届毕业生。

11月，安徽省农业改进所扩编为安徽省农林局，马大浦改任安徽省农林局局长，把全省划为6个农区（淮北、江淮、江南各2个），根据务农区的实际情况，推广小麦和棉花等优良品种，增加了产量和收入。

11月，《安徽农讯》创刊于安徽安庆，安徽省农林局主办，马大浦《本刊之希望》刊于《安徽农讯》1946年创刊号。

1947 年（民国三十六年）

4月1日，安徽省农林局易名为农林处，周可涌任处长。经中央大学农学院森林系主任梁希和李寅恭教授推荐，马大浦回中央大学农学院任森林系教授，并携家眷回到南京。

8月，马大浦《广西柳江上游杉木之调查》刊于《木业界》1947年新第8期181～183页。

8月，国立中正大学农学院森林系招收第八届学生（7名）：祝家声、陶举杰、章英奇、江师竹、李骥、邓凤仪、陈康民，1949年从广西大学农学院森林系转入唐霈，杨希平复学，1951年7月杨希平、祝家声、唐霈、陶举杰4人从森林系毕业。

8月，从美国留学回国的张楚宝、江良游、贾铭钰到国立中正大学农学院森林系任教授。

● 1948 年（民国三十七年）

6 月，马大浦《今年造林运动的趋势》刊于《林业通讯》1948 年第 9 期 2～3 页。马大浦在《今年造林运动的趋势》一文中，呼吁应当在城市附近营造薪炭林，在杉木产地营造用材林，在黄泛区营造护农林，在西北区营造防沙林。马大浦亲自带领大批灾区难民到南京幕府山植树造林，共植树 110 多万株。

8 月，国立中正大学农学院森林系招收第八届学生（6 名）：王春田、纪佩银、邹志清、汪秉超、黄寅初、龙震宁，1949 年由安徽大学转入钟尚华，1952 年王春田、纪佩银、邹志清、汪秉超、黄寅初、钟尚华 6 人从森林系毕业。

是年，马大浦接任中央大学森林系主任。

● 1949 年

是年春，马大浦参加编写《幕府山区南大林场合作造林办法草案》。

4 月，江西南昌望城岗解放。

8 月 8 日，根据南京市军管会文教委员会通知，中央大学改名为南京大学。

8 月 12 日，南京市军管会文化教育委员会决定组织南京大学校务委员会，由梁希、潘菽、张江树、涂长望、钱钟韩、谢安祜、胡乾善、金善宝、干铎、蔡翘、高学勤、胡小石、楼光来、吴传颐、韩儒林、陈鹤琴、熊子容、陈谦（讲师代表）、管致中（助教代表）、傅春台、陈又新（学生代表）21 人组成。梁希、潘菽、张江树、涂长望、干铎、管致中、傅春台 7 人为校务委员会常务委员，梁希为校务委员会主席（11 月，梁希调任中央人民政府林垦部部长后，由潘菽继任校务委员会主席），潘菽为教务长，干铎为校务委员会秘书长，涂长望为二部主任，张江树为理学院院长，钱钟韩为工学院院长，金善宝为农学院院长，蔡翘为医学院院长，高学勤为大学医院院长，胡小石为文学院院长，吴传颐为法学院院长，陈鹤琴为师范学院院长。

9 月，国立中正大学更名为南昌大学，学校仍为国立综合性大学，直属中南教育部领导。牛瑞延任国立中正大学农学院森林系主任。牛瑞延（1912—1982 年），福建崇安县人，1933 年毕业于浙江大学，后赴日本留学。回国后任福建农学院、英式大学、国立中正大学、华中农学院、南京林学院教授，浙江林学院教授、教务科研处处长。长期从事森林经理的教学科研工作。

9 月 5 日，南京市各界人民代表会议成立。

马大浦年谱

10月19日，中央人民政府委员会举行第三次会议，任命梁希为林垦部部长，李范五、李相符为副部长。

是年，干铎任南京大学农学院森林系主任。

是年，马大浦撰写《对农村生产情形及经济情况的认识》《汤泉杂写》《老山的荒废与新生》等文章。

● 1950年

5月，黄舒《森林与新中国经济建设》刊于《科学大众（中学版）》1950年第5期157～160页。

9月，林垦部和教育部联合发出通知，邀请殷良弼、郑万钧、马大浦、陈嵘、邵均等几位教授到北京开会，专门研究林业教育的发展问题。会议由林垦部李范五副部长主持，林垦部部长梁希及教育部副部长韦悫在会上发言，指出林业在国民经济建设中的重要意义，并请各有条件的高等学校在短期内培养出一批急需的林业专门人才。

10月，南京市通过《南京市各界人民代表会议协商委员会组织条例》。

10月10日，南京大学校长周鸿经去职，梁希担任校务委员会主席。

是年，马大浦《苏北沿海林业调查报告》由华东军政委员会农林部苏北林业调查队编印。

是年，马大浦撰写《雨花台烈士陵园土壤情况》《雨花台烈士陵园植树要点》《雨花台烈士陵园突击造林工作总结》《幕府山区南大林场合作造林办法》等系列文章，对南京市郊的绿化提出建议。

● 1951年

1月27日，在南京的九三学社社员在南京市政协会议室举行第一次全体社员大会，出席社员32人，大会宣布成立九三学社南京分社，选举产生九三学社南京分社理事会，通过九三学社南京分社暂行社章草案。推举潘菽、金善宝、干铎、高觉敷、赵九章、钱钟韩、刘开荣、吴在东、顾知微9人为理事，潘菽为主任理事，金善宝为副主任理事。分社下设秘书财务组、组织组、学习组、宣传联络组。马大浦加入九三学社。

2月1日，《新华日报》刊登马大浦送子参军的大幅照片，并报道这一消息。

3月12日晚7时，南京人民广播电台播发马大浦《防护林的功用》。

7月，马大浦继续任南京大学农学院森林系主任，至1952年7月。

是年秋，郑万钧、马大浦带领南京大学农学院森林系三、四年级学生到广西南宁集中，参加华南垦殖调查工作。

是年，马大浦组织起草《南京市一九五一年春季造林工作总结》和《南京市森林保护暂行办法》。

● 1952年

5月，在梁希的建议下，经国务院领导同意，林业部配合教育部，对农林高等院校做了调整，分别在北京、哈尔滨、南京成立3所独立的林学院[54]。1952年5月《教育部关于全国高等学校1952年的调整设置方案》中提出：新设北京林学院、华东林学院、东北林学院。

7月，华东区院系调整委员会决定：南京大学森林系和金陵大学森林系合并，成立华东林学院。

9月23日，林垦部批复：华东林学院院址确定设在南京，定名为南京林学院。南京林学院成立时，教授有郑万钧、李寅恭、陈嵘、干铎、马大浦、李德毅、周蓄源、袁同功、朱大猷9人。朱大猷（1901—1968年），安徽无为县人，1927年毕业于日本北海道帝国大学，先后任浙江大学讲师，金陵大学副教授、教授，南京林学院、浙江林学院教授。长期从事森林经理的教学和科研工作。

9月30日，华东区院系调整委员会转中央教育部通知：华东林学院正式改名为南京林学院。

9月，南京林学院和南京农学院两院院址暂设南京丁家桥，利用南京大学原农学院校舍，成立两校筹建委员会。金善宝为主任委员，靳自重、郑万钧为副主任委员。

11月，九三学社南京分社举行第二次全体社员大会，选举产生九三学社南京分社第二届理事会，选举潘菽为主任委员，金善宝、高觉敷为副主任委员，干铎任秘书长，潘菽、金善宝、干铎、高觉敷、钱钟韩、周拾禄、吴在东、刘开荣、马溶之、许侠农、陈嘉、赵金科、严恺为委员。郑万钧加入

---

[54] 中国科学技术协会编．中国近代林学和林业杰出的开拓者——梁希[M]．北京：中国科学技术出版社．

九三学社。

12月26日，华东军政委员会教育部（通知），华东军政委员会已决定提请中央任命郑万钧为南京林学院副院长，先行到职视事，以利工作。

是年，马大浦带领南京大学森林系师生参加华南橡胶园的调查规划，为在中国北回归线以南的山野林莽开拓植胶事业提供可靠的资料。《橡胶在北纬18°～24°大面积种植技术》1983年获国家科技发明集体一等奖。

● 1953年

1月，马大浦《迎接一九五三年》刊于南京农学院校刊《农业生活》。

4月，在华东军政委员会农林部的组织下，马大浦带领南京林学院高年级学生，对苏北沿海滩涂的变迁、黄河故道林业存在的问题、盐碱地含盐量、地下水位变化规律以及可耕地面积、利用与荒废情况进行广泛深入的调查，并提出有益的意见。

12月，南京林学院设林学系和森林工业系，分别由干铎教授和袁同功教授任主任。

是年，马大浦《森林与新中国经济建设》由江苏省科学技术普及协会出版单行本。

● 1954年

4月，马大浦完成《南京市农委会晓庄林场概况》。

6月，马大浦完成《为实行林业生产计划的造林措施和技术问题》。

7月，黄宝龙毕业留校，担任造林学教研室主任马大浦助教。

12月3日，高等教育部与林业部研究决定：华中农学院林学系于1955学年调整到南京林学院。

12月15日，根据1953年政务院《关于修订高等学校领导关系的决定》，南京林学院归中央林业部直接管理。

● 1955年

4月，高等教育部和林业部批准南京林学院在本年9月迁至太平门外新院址，单独建院，分建筹备工作开始进行。

5月31日，南京市各界人民代表会议协商委员会扩大会议决定，马大浦任南京市各界人民代表会议第一届委员会委员。

6月，郑万钧教授被提名为中国科学院生物学部学部委员。

8月，江苏省委组织部征得中央教育部、组织部的同意，选调南京工学院党委副书记杨致平主持南京林学院党的工作，并兼任行政副院长。

9月1日，南京林学院由南京丁家桥迁至太平门外锁金村新院址办公。南京林学院仍设林学系和森林工业系，分别由干铎教授和袁同功教授任主任。7个教研组发展到17个教研组，包括造林教研组，主任马大浦；森林学教研组，主任熊文愈；树木学教研组，主任郑万钧（兼）；树木育种及森林种苗教研组，主任叶培忠；森林植物病理及森林昆虫教研组，主任袁嗣令；测树及森林经理教研组，主任朱大猷；测量学教研组，主任周蓄源；木材机械加工教研组，主任区炽南；森林利用教研组，代主任张景良；技术基础课教研组，主任袁同功（兼）；生物学教研组，主任李扬汉（兼）；化学教研组，主任李宗岱；数学教研组，主任严春山；体育教研组，主任周名璋；物理教研组，副主任史伯章；俄文教研组，副主任吴起洪；马列主义教研组，主任杨致平（兼）[55]。

9月10日，华中农学院林学系师生，根据高等教育部和林业部通知，调整到南京林学院。

9月12日，南京林学院在太平门外新院址正式上课。

10月，南京林学院成立基建委员会，郑万钧任主任，陈桂陞、李德毅为副主任，基建办主任仲天恽，筹划新院址。

10月，（苏）苏卡且夫（В.Н.Сукачев）等编著、干铎等译《苏联林业科学问题》由中国林业出版社出版，其中收录马大浦《山区森林的经营问题》一文。

● 1956年

1月，江苏省农业高额丰产社代表会议在南京召开，马大浦《关于全省绿化工作的意见》收入《江苏省农业高额丰产社代表会议文件》第59号。

2月9日至16日，九三学社第一届全国社员代表大会在北京举行，九三学社南京分社罗清生、章人钧、郑万钧列席会议。

7月21日，党组织批准马大浦为中国共产党预备党员。

---

[55]南京林业大学校史编写组.南京林业大学校史（1952—1986）[M].北京：中国林业出版社，1989：53.

7月，郑万钧教授任南京林学院院长，干铎教授任副院长。

7月，缪美琴从南京林学院林学系毕业留校，毕业作业《江西省庐山林场柳杉造林设计》（4.5万字），指导教师马大浦教授。缪美琴，南京林学院林学系副教授，造林学教授黄宝龙的夫人。1933年7月生，浙江黄岩人，1956年7月从南京林学院林学系毕业后留校后长期从事林木种苗学的教学和科学研究。1986年11月晋升为南京林业大学副教授。曾获林业部科学技术进步奖二等奖（1988年）、国家标准总局科学技术进步奖二等奖。参编《林木种苗手册》（上、下册），编著《南方苗木培育》等。

8月，南京林学院成立院务委员会。

9月22日，经江苏省委文教部批准，中国共产党南京林学院总支委员会从本学年起正式改为中国共产党南京林学院委员会，杨致平兼任党委书记，巫云华任专职副书记。

是年，马大浦《关于造林技术工作的一些意见》收入江苏省林业局编《江苏省林业技术经验材料汇编（1956年编印）》。

1957年

6月，中共南京林学院党委根据中共中央《关于组织力量，准备反击右派分子进攻的指示》和江苏省委的部署，开展"反右派斗争"。

10月28日，中共南京林学院党委批准马大浦由预备党员转为正式党员，党龄从1957年7月21日算起。

11月，南京林学院林学系主任马大浦教授受中央林业部派遣赴越南农林大学讲授《森林学》1年。

是年，南京林学院马大浦教授等完成《杉树插木造林试验》，起止时间1954—1957年。

1958年

4月25日，林业部在南京林学院召开七省（江苏、浙江、福建、江西、湖南、湖北、河南）林业科学座谈会，确定调一批教师，组成南京林业科学研究所。

5月4日，九三学社南京分社第四次社员大会在南京召开，选举产生九三学社南京分社第四届委员会，干铎为主任委员，金善宝、陈鹤琴、郑万钧为副主任委员。

马 大 浦 年 谱

10月,南京林学院和南京林业科学研究所共同编印出版《南林学报》第1卷第1期。

10月,马大浦完成赴越南农林大学讲学,荣获越南政府颁发的"友谊勋章",回到南京林学院,任林学系主任。

是年,南京林学院马大浦教授等完成《油茶及油桐整地和施肥试验》,起止时间1955—1958年。

● 1959年

1月5日至9日,在林业部领导支持下,南京林学院组织召开华东、华中区7省高等林业院校(系)协作编写教材会议,并成立华东、华中区高等林业院校(系)教材编审委员会,王心田任主任委员。

2月,马大浦获江苏省农业社会主义建设先进代表会议纪念章。

5月,马大浦被江苏省人民政府授予江苏省先进工作者称号。

9月,马大浦任南京林学院林学系主任,至1978年。

11月,华东、华中区高等林学院(校)教材编审委员会编著《造林学》由农业出版社出版,主编马大浦。

12月21日至1960年1月2日,林业部在北京召开全国林业厅局长会议,着重讨论林业的基地化、林场化、丰产化问题。

● 1960年

1月22日,南京林学院举行科学报告会。郑万钧院长主持会议,林业部副部长陈离到会讲话。

2月27日,中国林学会南京分会在南京正式成立,张之宜任理事长,郑万钧、马大浦任副理事长。

是年,干铎、陈植等开始编撰《中国林业技术史料初步研究》。

● 1961年

5月31日,南京市各界人民代表会议协商委员会扩大会议决定,马大浦任南京市各界人民代表会议第二届委员会委员。

7月14日至29日,马大浦到南京林学院食堂工作。

11月7日，根据中央及江苏省委关于甄别工作的指示，中共南京林学院党委对1958年以来被批判的知识分子进行甄别工作。

● 1962年

2月，郑万钧院长调任中国林业科学研究院副院长。

6月，马大浦当选江苏省第三届人民代表大会代表。

9月3日，南京林学院召开第六次党员大会，王心田任党委书记，杨致平任副书记，王心田、杨致平、马大浦、陈桂陞、吴雄、杨克忠、仲天悭7人组成常委会。

10月20日，国务院任命王心田兼任南京林学院院长，马大浦、陈桂陞为副院长。

11月6日，林业部聘请马大浦任高等林业学校林业专业教材编审小组成员兼副组长。

● 1963年

2月，马大浦组织南京林学院教师洪涛、贺文镕、孔宪书、黄鹏成和施自耘等开始编写主要树木种苗研究。

9月7日，南京林学院召开第七次党员大会，王心田任党委书记，杨致平任副书记，王心田、杨致平、马大浦、陈桂陞、吴雄、杨克忠、仲天悭7人组成常委会。

是年，在林业部教育司的统一组织下，马大浦组织全国有关从事造林学教学和研究的同志蕴酿编写全国林业高校统编教材《造林学》。

是年，马大浦、黄宝龙《油桐根系的研究》由南京林学院刊印。

● 1964年

1月，国务院召开全国桐油专业会议，马大浦做《关于油桐栽培的几个技术问题》的学术报告。

8月，干铎主编、陈植修订、马大浦审校《中国林业技术史料初步研究》由农业出版社出版，马大浦在前言中回顾该书的编撰过程。

9月21日至27日，江苏省第三届人民代表大会第一次会议在南京举行，马大浦当选为第三届人大代表。

马 大 浦 年 谱

12月，马大浦、黄宝龙《油桐根系的研究》载于《1964年全国油桐科研协作会议》1~6页。在1964年12月全国油桐会议上，马大浦作了《关于油桐栽培的几个技术问题》的报告，根据他自己几十年来对油桐的研究和实践，系统地阐述了中国发展油桐适宜的地区范围、经营方式、建立和发展油桐林的技术，以及加强油桐栽培技术（包括间作、中耕、修剪、施肥、更新、防治病虫害、收获）指导7个专题。《关于油桐栽培的几个技术问题》作为全国桐油专业会议参考材料之一。

- **1965年**

3月，马大浦《植树造林好处多》刊于《科学画报》1965年第3期49~50页。

是年，马大浦受林业部教育司委托，组织南京林学院、中南林学院、福建林学院教师赴福建、广东、云南、湖南、贵州等地蹲点，进行历时14个月的实地调查，编写南方片《造林学》《森林学》和《森林调查规划》3本教材，后中断。

- **1966年**

1月至5月，根据林业部先后几次指示，杨致平、马大浦、仲天恽、宋宝贤、熊文愈等，先后多次去西南、江西、安徽等地区选择新校址。

1月14日，南京林学院召开第八次党员大会，王心田任党委书记，杨致平任副书记兼监委书记，王心田、杨致平、王香山、宜建兴、张平、仲天恽、尹正斋、吴雄8人组成常委会。

5月，主要树木幼苗图谱研究工作中断。

- **1967年**

12月，南京林学院马大浦教授等完成《马尾松混交树种和下木的研究》，起止时间1966年1月至1967年12月。

- **1971年**

9月，林业部决定，南京林学院领导体制，由原属林业部、江苏省双重领导，改为江苏省领导。

马 大 浦 年 谱

- **1972 年**

4 月 9 日，江苏省革命委员会批复决定将"南京林学院"改名为"南京林产工业学院"，这一决定避免了学校搬迁。

5 月，南京林产工业学院革委会教育革命者组通知，幼苗图谱研究继续。

10 月，马大浦组织黄宝龙、黄鹏成等开始继续主要树木种苗图谱研究。

11 月，江苏省革命委员会作出了"撤销南京林校的建制，并入南京林产工业学院"的决定。

- **1973 年**

11 月 21 日，中共江苏省委通知，李力同志任中共南京林产工业学院革命委员会主任，李明才、仲天惇两同志任副主任。

- **1974 年**

4 月 19 日，南京林产工业学院举行关于"5·16"问题平反大会。李力代表校党委宣布为 84 位同志平反，恢复名誉，挽回影响。其余在所属单位进行平反。

- **1976 年**

1 月，南京林产工业学院《主要树木种苗图谱》书稿交农业出版社。

是年，马大浦组织南京林产工业学院参加《中国主要树种造林技术》编写。

- **1977 年**

5 月，南京林产工业学院林学系造林学教研组编《造林学》由南京林产工业学院林学系刊印。

12 月 24 日至 28 日，江苏省第五届人民代表大会第一次会议在南京举行，马大浦当选为第五届代表。

- **1978 年**

1 月，《中国树木志》编委会《中国主要树种造林技术》由农业出版社出版。从 1973 年底开始，中国农林科学院郑万钧组织力量编写《中国主要树种造林技术》一书，主要是把当时我国林业生产中常用造林树种的造林技术措施总结出来

为生产服务，先后组织全国 200 多个单位、500 多位科技人员，包括省地县林业局、林科所、林场、高等和中等林业院校的同志参加，经过 3 年的努力完成编写并于 1978 年由农业出版社出版。该书编入中国主要树种 210 种，共 169.5 万字，每一树种包括形态特征、分布、生物学特性、各项造林技术、病虫害防治、木材性质和用途等内容，是中国最重要的一部造林专著，可作为中国森林培育学发展的里程碑。《中国主要树种造林技术》历经 3 年完成，获 1981 年林业部科技成果一等奖和全国优秀科技图书奖。

1 月 11 日，中共江苏省委任命马大浦、陈桂陞为南京林产工业学院革命委员会副主任。

1 月，熊文愈任南京林产工业学院林学系副主任，至 1984 年。

1 月，南京林产工业学院恢复招收研究生。

3 月 7 日，南京林产工业学院恢复教师职称评定工作。

4 月 20 日，江苏省林学会在南京玄武湖公园正式恢复。南京林产工业学院、中国农林科学院林化所、省林科所、南京大学生物系、南京市老山林场等单位的理事和有关同志共 23 人，举行理事（扩大）会议。调整第三届理事会，陈和亭任理事长，马大浦、陈桂陞任副理事长。江苏省林学会副理事长、南京林产工业学院革委会副主任马大浦教授主持会议，并传达全国科协代主席周培源和省科协张仲良关于科协工作的讲话精神，本会学术工作委员会主任委员、南京林产工业学院林学系副主任熊文愈副教授传达去年在天津举行的全国林学会学术会议精神，省科委科研单位管理处副处长李志平和省农林局副局长左如桂也到会讲话。

5 月，南京林产工业学院主要树木种苗图谱编写小组《主要树木种苗图谱》由农业出版社出版。

5 月 11 日至 16 日，江苏省科学大会在南京召开，到会代表 2400 多人。省委第一书记、省革委会主任许家屯作《认真贯彻全国科学大会精神，为实现科学技术现代化而奋斗》的报告。马大浦出席江苏省科学大会。

9 月，南京林产工业学院体制隶属关系，由江苏省领导，改为国家林业总局和江苏省双重领导，以国家林业总局为主。

12 月，中国林学会第四届理事会成立，名誉理事长张克侠、沈鹏飞，理事长郑万钧，副理事长陶东岱、朱济凡、李万新、刘永良、吴中伦、杨衔晋、马大浦、陈陆圻、王恺、张东明，秘书长吴中伦（兼），副秘书长陈陆圻（兼）、范济

洲、王恺（兼）、王云樵。

1979 年

2月28日，根据《高等学校暂行工作条例（草案）》规定，学院设学术委员会，由20人组成。马大浦教授任主任委员，陈桂陞教授任副主任委员。

4月，南京林产工业学院《主要树木种苗图谱》编写小组《主要树木种苗图谱》由农业出版社第2次印刷，编写人员马大浦、黄宝龙、黄鹏成。

4月，江苏省林学会召开第四次代表大会，选举第四届理事会，陈和亭任理事长，马大浦、陈桂陞、朱奋吾任副理事长。

4月，《辞海》由上海辞书出版社出版，1979至1981年马大浦先后任《辞海》编委会委员和林学分科主编。

7月26日，林业部党组织转中共中央组织部通知：王心田任南京林产工业学院党委书记，马大浦任南京林产工业学院院长。经林业部党组研究，并与江苏省委协商，任命薛凤鸣、杨致平为南京林产工业学院党委副书记、副院长，彭启、仲天恽、陈桂陞为南京林产工业学院副院长。

1980 年

1月，林业部成立林业部科学技术委员会第一届委员会，至1983年7月。主任委员雍文涛；副主任委员梁昌武、杨天放、杨延森、郑万钧；秘书长刘永良；委员雍文涛、张化南、梁昌武、张兴、杨天放、张东明、杨延森、赵唯里、汪滨、杨文英、吴中伦、陶东岱、王恺、李万新、侯治溥、张瑞林、徐纬英、刘均一、肖刚柔、范学圣、高尚武、贺近恪、关君蔚、黄枢、马大浦、程崇德、梁世镇、董智勇、郝文荣、涂光涵、牛春山、杨廷梓、吴中禄、李继书、任玮、徐国忠、刘松龄、韩师休、黄毓彦、杨衔晋、王凤翥、王长富、王凤翔、周以良、沈守恩、范济洲、余志宏、陈陆圻、邱守思、申宗圻、朱宁武、林叔宜、李树义、林龙卓、徐怡、吴允恭、刘学恩、沈照仁、刘于鹤、陈平安。

6月22日至29日，为了交流学术成果，总结科研经验，找出存在问题，明确主攻方向，进一步加强我国平原绿化科研工作，推动我国平原绿化的发展，中国林学会在江苏省苏州市召开平原绿化学术讨论会。出席会议的有国家部委、各省（自治区、直辖市）林业科研、教学、生产以及新闻、出版等有关单位的代表157人。国家科委、林业部、农垦部、中央气象局等单位也派代表出席会议。会议由中国林学会副理事长、南京林产工业学院院长马大浦教授主持。

是年夏，马大浦参加在河北省石家庄召开的《造林学》审稿会，并担任主审。

是年，上海科学技术出版社聘请马大浦任《中国林业辞典》编辑委员会主任委员，组织南京林产工业学院有关人员编写。

1981年

4月上旬，南京林产工业学院恢复园林绿化专业。

5月，《主要树木种苗图谱》由中国林业出版社出版，署名南京林产工业学院马大浦、黄宝龙、黄鹏成著。

6月13日，国务院学位委员会第二次会议，通过国务院学位委员会学科评议组成员名单。农学评议组有马大浦、马育华、王广森、王恺、方中达、史瑞和、邝荣禄、朱国玺、朱宣人、朱祖祥、任继周、许振英、刘松生、李克雄、李连捷、李曙轩、杨守仁、杨衔晋、吴中伦、吴仲贤、余友泰、邱式邦、汪振儒、沈隽、陈华癸、陈陆圻、陈恩凤、范怀中、范济洲、郑万钧、郑丕留、赵洪璋、赵善欢、俞大绂、娄成后、徐永椿、徐冠仁、黄希坝、盛彤笙、葛明裕、蒋书楠、鲍文奎、裘维蕃、熊文愈、蔡旭、戴松恩。南京林产工业学院马大浦、黄希坝、熊文愈三教授为农业评议组成员。

6月，林业部决定成立林业部学位委员会，由27人组成，主任委员郑万钧，副主任委员梁昌武、马大浦、杨衔晋、吴中伦、戈华、陈陆圻。

6月30日，林业部转发中央组织部文件，任命朱济凡为南京林产工业学院党委书记，免去王心田党委书记职务，改任顾问；任命彭启为党委副书记，免去副院长职务；任命汪大纲为副院长。

9月，由北京林学院主编全国高等林业院校试用教材《造林学》由中国林业出版社出版。该书由北京林学院、南京林产工业学院、东北林学院、内蒙古林学院、福建林学院、华南农学院、安徽农学院、山东农学院、河南农学院9个高校21位在我国具有扎实理论基础和丰富实践经验的教师分工编写，主编孙时轩，副主编陈大珂、沈国舫、黄宝龙，编写人于汝元、王九龄、叶镜中、孙时轩、印佩文、齐明聪、吕士行、李景文、沈国舫、陈乃全、陈大珂、陈幼生、郑文卓、

俞新妥、祝宁、胡东昌、徐燕千、梁玉堂、黄宝龙、舒裕国、蒋建平，审稿人马大浦、张正昆、蔡霖生。该教材更多地吸收了林业发达国家的教材体系和科学研究成果，也在与我国实际相结合方面前进了一大步，是第一部全国通编《造林学》试用教材，共406页，60万余字，此后20年中一直被我国大部分高等农林院校作为《造林学》教材。

9月23日，南京林产工业学院成立学位评定委员会，马大浦任主任，陈桂陞、王大纲任副主任，委员马大浦、陈桂陞、朱济凡、熊文愈、黄希坝、周慧明、梁世镇、区炽南、贾铭钰、张景良、王大纲、王明麻、李传道、吴贯明、吴季陵、程芝、郝文荣、史伯章、孙德祖。

9月，国务院学位委员会举行第二次会议，通过学位委员会学科评议组成员，南京林产工业学院马大浦、黄希坝、熊文愈为农业评议组成员。

10月，马大浦夫人李淑媛去世，享年75岁。

11月3日，国务院批复南京林产工业学院有权授予博士学位的学科专业和指导老师：森林生态学（熊文愈），造林学（马大浦）。国务院首次批准授权南京林产工业学院森林植物学、木材机械加工、林产化学加工、林业机械硕士学位学科。

12月29日，根据国务院学位委员会、教育部通知，南京林产工业学院为首批授予学位的高等院校。

1982年

10月，为纪念中国林学会成立65周年，《中国林学会通讯》1982年第5期专刊《中国林学会成立六十五周年纪念（1917—1982）》出版，刊出纪念文章、诗词等19篇。南京林产工业学院院长马大浦题词：纪念中国林学会成立六十五周年 缅怀我国林学界先行者艰苦创业的不朽功绩 祝愿新中国的林业工作者在新长征中做出更大贡献。

1983年

4月9日至13日，江苏省林学会在南京举行学术年会，会议是在党的十一届三中全会号召全党的工作着重点转移到社会主义现代化建设第一年召开的，出席会议的有来自全省各地教学、科研和生产单位的代表，共160人，其中有知名的林业科学家、教授、工程师、林业行政领导干部、科技工作者及具有一定实践经验的基层林业技术骨干，这是江苏省林业科技战线上规模空前的盛会。

4月22日至30日，江苏省第六届人民代表大会第一次会议在南京举行，马大浦当选为第六届代表并出席代表大会。

6月，马大浦《发展林业 保土安民》刊于《江苏林业科技》1983第3期1～3页。

6月，马大浦、朱济凡《一个建议》刊于《农业经济丛刊》1983年第3期50+46页。10月，该文还刊于《南林学报》1983年第3期30页。

7月，南京林产工业学院马大浦、黄宝龙、黄鹏成著《主要树木种苗图谱》由中国林业出版社第2次印刷。

8月31日，根据林业部《关于南京林校从南京林产工业学院分出问题的批复》，正式通知院内各单位做好交接工作。

10月6日，林业部决定：南京林产工业学院名称恢复为南京林学院，云南林学院改为西南林学院。

11月，《梁希纪念集》由中国林业出版社出版，其中马大浦撰文《缅怀梁师叔五先生的光辉业绩》。

12月，马大浦、朱济凡《中国林学界的一代师表——纪念梁希教授诞辰一百周年》刊于《南林学报》1983年第4期1～4页。

● 1984年

1月13日，国务院批复南京林学院林产化学加工为第二批博士学位点，指导老师黄希坝。

4月12日，林业部副部长刘琨到南京林学院宣布新领导班子成员：名誉院长马大浦、院长王明庥、副院长汪大纲、副院长李德明、党委副书记（代理书记）夏承尧、党委委员马钰琦（女）。

7月，南京林学院成立竹类研究所，周芳纯任所长、书记。

9月，《南林学报》改名为《南京林学院学报》。

9月，王明庥、马大浦、王心田、杨致平、朱济凡《树人树木六十年——纪念郑万钧教授诞辰八十周年》刊于《南京林学院学报》1984年第3期1～5页。

6月，马大浦为浙江林学院学报创刊题词：树木树人。该题词刊于《浙江林

学院学报》1984 年创刊号 6 页。

• 1985 年

1 月,《南京林学院学报》第二届编辑委员会成立,主编王明麻,副主编姚家熹、李传道、李忠正、吴季陵、周济,顾问马大浦、朱济凡,编委王大纲、王传槐、王明麻、王佩卿、邓宏根、史伯童、孙达旺、孙坤龙、刘忠传、华毓坤、朱政德、李传道、李忠正、李泽远、吴贯明、吴季陵、陈幼生、陈桂陞、郑汉业、周芳纯、周济、林昌庚、粟金云、范自强、姚家熹、胡慰苍、梁世镇、黄希坝、程芝、熊文愈。

6 月 26 日,林业部党组决定,夏承尧任中共南京林学院委员会书记,马钰琦任副书记,姚家熹任南京林学院副院长。

8 月 6 日,林业部批准南京林学院更名为南京林业大学。

8 月 30 日,林业部批准南京林业大学成立竹类研究所。

9 月 10 日,南京林业大学隆重举行庆祝首届教师节暨更名为南京林业大学大会。林业部前副部长梁昌武、江苏省副省长杨泳沂到会祝贺。会上向 130 名从事高教 30 年以上(中小学 25 年以上)的教师颁发荣誉证书,马大浦获荣誉证书。

12 月 13 日,中国林学会在郑州召开第六次代表大会,中国林学会授予马大浦从事林业工作 50 年荣誉证书。

• 1986 年

6 月 23 日至 27 日,中国科协第三次全国代表大会在北京召开,大会由严济慈致开幕词,周培源代表中国科协第二届全国委员会向大会做了题为《团结奋斗,为实现"七五"计划贡献才智》的工作报告。会上周培源率先倡导由中国科学技术协会主持编纂《中国科学技术专家传略》。总编纂委员会主任先后由钱三强、朱光亚、周光召同志担任;理、工、农、医四大学科编纂委员会主任委员先后由林兰英、张维、裘维蕃、吴阶平等同志担任;300 余位中国知名科学技术专家、学者、教授和编辑出版人士组成涵盖各分支学科的卷编纂委员会。《中国科学技术专家传略》分为理学编、工程技术编、农学编和医学编,自 1991 年起陆续出版。

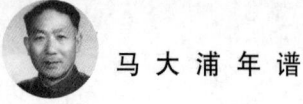

7月,国家学位委员会批准新设木材机械加工、森林植物学、森林保护学3个学科博士学位授予权。新设林业经济、森林采伐运输、森林土壤3个学科硕士学位点。

12月,原南京市副市长、南京农林学院院长、中国农科院院长金善宝教授90岁高龄到南京林业大学参观,并与部分老教授座谈,马大浦参加座谈。

1989年

4月,中国农业百科全书总编辑委员会林业卷编辑委员会、中国农业百科全书编辑部编《中国农业百科全书 林业卷 上》由农业出版社出版。林业卷编辑委员会由梁昌武任顾问。吴中伦任主任,范福生、徐化成、栗元周任副主任。王战、王长富、方有清、关君蔚、阳含熙、李传道、李秉滔、吴博、吴中伦、沈熙环、张培杲、张仰渠、陈大珂、陈跃武、陈燕芬、邵力平、范济洲、范福生、林万涛、周重光、侯治溥、俞新妥、洪涛、栗元周、徐化成、徐永椿、徐纬英、徐燕千、黄中立、曹新孙、蒋有绪、裴克、熊文愈、薛纪如、穆焕文任委员。其中收录的林业科学家有戴凯之、陈嵘、梁希、陈嵘、郝景盛、沈鹏飞、刘慎谔、郑万钧、叶培忠、杨衔晋、吴中伦、马大浦、牛春山、汪振儒、徐永椿、王战、范济洲、徐燕千、熊文愈、阳含熙、关君蔚、秉丘特.G(Pinchot Gifford,吉福德·平肖特)、普法伊尔.F.W.L.(Pfeil, Friedrich Wilhelm Leopold,菲耶勒·弗里德里希·威廉·利奥波德)、本多静六、乔普.R.S.(Robert Scott Troup,罗伯特·斯科特·特鲁普)、莫洛作夫,γ.ф.(Морозов, γ.ф.)、苏卡乔夫.B.H.(Владимир Николаевич Сукачёв,弗拉基米尔·尼古拉耶维奇·苏卡乔夫)、雷特.A(Alfred Rehder,阿尔弗雷德·雷德尔)。其中第385页载马大浦。

4月,中国农业百科全书总编辑委员会林业卷编辑委员会、中国农业百科全书编辑部编《中国农业百科全书:林业卷(下)》由农业出版社出版,其中篇目《造林学》由马大浦、徐燕千、黄宝龙、王九龄编写,刊于772~773页;《油桐》由马大浦、黄宝龙编写,刊于772~773页。

1990年

12月,南京林业大学马大浦、熊文愈、梁世镇、黄希坝、李传道、程芝6位教授获国家教委从事高校科技工作四十年荣誉证书。

马 大 浦 年 谱

● 1991年

5月，中国科学技术协会编《中国科学技术专家传略——农学编 林业卷1》由中国科学技术出版社出版。其中收入韩安、梁希、李寅恭、陈嵘、傅焕光、姚传法、沈鹏飞、贾成章、叶雅各、殷良弼、刘慎谔、任承统、蒋英、陈植、叶培忠、朱惠方、干铎、郝景盛、邵均、郑万钧、牛春山、马大浦、唐燿、汪振儒、蒋德麒、朱志淞、徐永椿、王战、范济洲、徐燕千、朱济凡、杨衔晋、张英伯、吴中伦、熊文愈、成俊卿、关君蔚、王恺、陈陆圻、阳含熙、黄中立共41人，289~299页载《马大浦——为我国林业事业的发展作出重大贡献》。

5月，徐友春主编《民国人物大辞典》由河北人民出版社出版，收录有关人物12000余人。《民国人物大辞典上》第1152页收录马大浦：马大浦（1904—），安徽太湖人，1904年（清光绪三十年）生。1932年，毕业于中央大学农学院。1936年，在美国明尼苏达大学研究院学习，获硕士学位。回国后，历任广西大学、国立中正大学、安徽学院、中央大学教授。中华人民共和国成立后，历任南京林学院（现南京林业大学）教授、林学系系主任、副院长、院长、名誉校长等职。为中国共产党党员。主编有《造林学》《主要树木种苗图谱》等。

● 1992年

6月18日，南京林业大学名誉校长、著名林学家、林业教育家马大浦教授逝世，享年88岁。马大浦与妻子李淑媛育有5个子女，儿子马有均、马有埙、女儿马有荆、马有城、马有基。

6月19日，南京林业大学发布《讣告》：我校名誉校长、著名林学家、林业教育家马大浦教授，长期患病，医治无效，不幸于1992年6月18日在南京逝世，享年八十八岁。马大浦教授，1932年毕业于南京中央大学森林系，1937年在美国明尼苏达大学研究院获硕士学位。回国后，历任广西大学、中正大学、中央大学教授兼系主任、南京林学院教授、主任、院长、南京林业大学名誉校长等职。1950年参加九三学社，1956年加入中国共产党，是国务院学位委员会第一届农学评议组成员，中国林学会第四届副理事长，江苏省第三、五、六届人大代表，江苏省林学会第二、三、四届副理事长。马大浦教授长期从事造林学的教学和研究工作，为我国的林业教育和林业建设事业作出了重要贡献，马大浦教授的逝世是我国林业事业的重大损失。为沉痛悼念马大浦教授，兹定于1992年6月

马 大 浦 年 谱

25日下午3时在南京石子岗殡仪馆举行遗体告别仪式。特此讣告。南京林业大学 一九九二年九月十九日。

6月25日，南京林业大学发布《马大浦教授生平》：我国著名林学家、林业教育家、中国共产党党员、九三学社社员、南京林业大学名誉校长马大浦教授，因病医治无效，于1992年6月18日凌晨5时在南京逝世，享年88岁。马大浦教授（曾用马述之）祖籍安徽省太湖县，1904年11月6日出生于福建省浦城县。1932年毕业于南京中央大学森林系，1937年在美国明尼苏达大学研究院获硕士学位。历任广西大学教授、系主任，中正大学教授、系主任，安徽学院教授兼安徽农业改进所所长、安徽省农林局局长，中央大学教授、系主任，南京大学农学院教授、系主任，南京林学院教授、系主任、副院长、院长，南京林业大学名誉校长。曾任中共南京林学院委员会委员，九三学社江苏分社常委，江苏省第三、五、六届人大代表，国务院学位委员会学科评议组林学分组成员，中国林学会副理事长，江苏省林学会副理事长，《辞海》编委会委员、林学分科主编，《林学辞典》编委会主任委员等职务。1952年马大浦教授响应党的号召，带领学生到广西参加了建立华南橡胶园垦殖调查工作，被评为工作模范。"橡胶树在北纬18～24度大面积种植技术"1983年获国家发明一等奖。1957年赴越南河内农林大学讲学一年，荣获越南政府颁发的"友谊勋章"。马大浦教授长期坚持在第一线从事教学工作，终生严谨治学，在学术上有很深造诣。在几十年的教学生涯中，通过深入林区实地调查，编写了大量的教材。他主编的《造林学》是新中国第一部密切联系林业生产实际，反映中国林业特点的系统而又科学的造林学教科书，对提高林科教学质量发挥了重要作用。他积极从事林业科学研究工作，在造林学、油桐的研究、树木种苗等方面成果显著。先后发表了《油桐及其品种之性状及分布》《肥料及地位对油桐幼年生长的影响》等二十余篇论文。他主编的《主要树木种苗图谱》和参加编写的《中国主要树种造林技术》，在学术上和林业生产上都具有重要价值。《主要树木种苗图谱》是一本对树木学、生态学、种苗学以及森林野外调查都具有重要价值的工具书，与国外同类著作相比，具有一定的独创性。该书从三十年代开始收集资料，直至1978年才问世，体现了一个科技工作者锲而不舍的精神和执着的追求。他以其学术上的卓越成就，受到国内外同行学者的推崇，成为国际上林学方面的知名专家。马大浦教授酷爱林业，长期为中国的林业事业大声疾呼，大力宣传林业事业在国民经济中的地位和作用。早

马大浦年谱

在抗战时期,在其《抗战建国与森林》《民主主义与森林》等文章中,阐述了森林在抗战和民主建国中的地位和作用。抗战胜利后,在《世界森林概况》一文中,极力呼吁人们重视林业资源,禁止任意砍伐之风。中华人民共和国成立后,应南京人民广播电台邀请,作了《防护林的功用》的广播讲话,呼吁人们重视森林的恢复和发展;还撰写系列文章,对绿化工作提出了积极建议,作出了贡献。马大浦教授是南京林业大学的创始人之一。在任南京林学院主要领导期间,他认真贯彻党的教育方针,坚持社会主义办学方向,他强调按教学规律办事,着力抓了师资队伍建设、教材建设和科研工作的开展;他注重规范化教学,主张建立健全学校和各项规章制度,培养良好的校风和学风。任职期间以其渊博的学识和卓有成效的管理,为培养林业建设的高级专门人才、发展林业教育事业作出了不可磨灭的贡献。1984 年马大浦教授退居二线后,仍然发挥余热,为推进林业科学和教育事业的发展,不遗余力。作为林学学科学术带头人,十分注重学术梯队建设,十分关心中青年教师的成长。他不顾年迈多病,继续坚持指导研究生,通过马大浦教授的努力,一支实力雄厚的学术梯队已经形成。马大浦教授热爱祖国,热爱中国共产党,热爱社会主义。1950 年抗美援朝伊始,他以报效祖国的一片赤诚,先后把自己的三子一女送进了军事干部学校及抗美援朝预备大队,受到当时党政军领导的嘉奖。马大浦教授认真学习马列主义、毛泽东思想,坚决拥护党的十一届三中全会以来的路线、方针、政策,在思想上、行动上与党中央保持高度一致。他的一生光明磊落,襟怀坦白;作风民主,平等待人;勤奋好学,诲人不倦;团结同志,顾全大局;艰苦朴素,乐于助人。对革命事业始终勤勤恳恳、兢兢业业。在其生病期间,仍不断关心学校建设与发展,表现了一个共产党员崇高的思想境界。马大浦教授的逝世,使我们失去了一位忠于党的教育事业的老前辈、老科学家,是我国林业科学和教育事业的一大损失,我们将永远怀念他。我们要学习他始终不渝地为共产主义事业奋斗的坚定信念,学习他献身林业科学与教育事业的忘我精神,学习他严肃认真、实事求是的工作作风,学习他高尚的道德情操。我们要化悲痛为力量,继承他的遗志,推进学校的改革和建设,努力搞好学校的各项工作,为发展我国的林业事业而不懈努力。马大浦教授,安息吧!

7 月 10 日,《中国林业报》第 2 版刊登《马大浦教授逝世》:南京林业大学名誉校长、我国著名林学家、林业教育家马大浦教授,因病于 1992 年 6 月 18 日凌晨 5 时在南京逝世,享年 88 年。马大浦教授 1932 年毕业于南京中央大学森

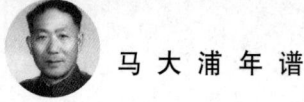

林系，1937年在美国明尼苏达大学研究院获硕士学位。回国后，历任广西大学、中正大学、中央大学教授兼森林系主任、南京林学院教授、系主任、院长，南京林业大学名誉校长等职。1950年参加九三学社，1956年加入中国共产党，是国务院学位委员会第一届农学评议组成员、中国林学会第四届副理事长。

9月，《著名林学家马大浦教授逝世》刊于《南京林业大学学报（自然科学版）》1992年第3期123页。我国著名林学家、林业教育家、南京林业大学名誉校长马大浦教授，因病医治无效，于1992年6月18日在南京逝世，享年88岁。马大浦教授，祖籍安徽省太湖县，1904年11月6日出生于福建浦城县。1932年毕业于南京中央大学森林系，1937年在美国明尼苏达大学研究院获硕士学位。历任广西大学教授、系主任，中正大学教授、系主任，安徽学院教授兼安徽农业改进所所长、安徽省农林局局长，中央大学教授、系主任，南京大学农学院教授、系主任，南京林学院教授、系主任、副院长、院长，南京林业大学名誉校长。1950年参加九三学社，1956年加入中国共产党。曾任中共南京林学院委员会委员，九三学社江苏分社常委，江苏省第三、五、六届人大代表，国务院学位委员会学科评议组林学分组成员，中国林学会副理事长，江苏省林学会副理事长，《辞海》编委会委员、林学分科主编，《林学辞典》编委会主任委员等职务。

• 1993 年

5月25日至28日，中国林学会第八次会员代表大会在福建厦门召开。北京林业大学校长沈国舫当选为第八届常务理事会理事长，刘于鹤（常务）、陈统爱、张新时、朱无鼎副理事长，甄仁德当选为秘书长。中国林学会第八理事会第一次全体会议一致通过吴中伦为中国林学会名誉理事长，授予王庆波、王战、王恺、阳含熙、汪振儒、范济洲、周以良、张楚宝、徐燕千、董智勇为中国林学会荣誉会员称号。会上颁发了第二届梁希奖和陈嵘奖，对从事林业工作满50年的84位科技工作者给予表彰，江苏省林学会有张楚宝、周慧明、李德毅、王心田、陈桂升、朱济凡、马大浦、陈应时、陈植、吴敬立、王承鼎。

• 1994 年

11月，南京林业大学编《中国林业辞典》由上海科学技术出版社出版，《中

国林业辞典》主编马大浦，副主编陈桂陞、郝文荣。编委马大浦、王明麻、王宗淳、王章荣、区炽南、孙祖德、华应熊、华毓坤、朱政德、李泽远、李传道、陈植、陈在廷、陈汝钧、陈桂陞、吴季陵、周慧明、郑汉业、施季森、郝文荣、姜志林、黄希坝、黄宝龙、黄律先、高祖德、张齐生、张景良、张楚宝、贾铭钰、程芝、曾善荣、梁世镇、熊文愈。辞典编辑室主任郝文荣，副主任陈在廷、高祖德、张齐生、王宗淳。

• 1995 年

4 月，蒋南翔著《大学校长忆老师散文选》由湖南文艺出版社出版，其中 333～336 页收录马大浦《缅怀梁师叔五先生的光辉业绩》。

• 1997 年

6 月 26 日，我国著名农业科学家、教育家、九三学社名誉主席、原中国科学技术协会副主席、中国农业科学院名誉院长、中国科学院院士金善宝同志逝世，享年 102 岁。

12 月，马云溪《主编新中国第一本造林学教科书的马大浦》刊于《江淮文史》1997 年第 6 期 114～119 页。

• 1998 年

11 月 5 日，马大浦奖学金基金举行首次颁奖仪式。

12 月 28 日，梁希铜像在南京林业大学落成，江苏省副省长王珉、江苏省委副书记顾浩、南京市委书记王武龙以及国家林业局领导为铜像揭幕。

• 2004 年

10 月，《马大浦文集：纪念马大浦教授诞辰一百周年》由科学技术文献出版社出版，黄宝龙作序。

11 月 11 日，南京林业大学隆重纪念马大浦诞辰 100 周年暨《马大浦文集》赠送仪式。江苏省教育厅、江苏省科技厅、江苏省林业局领导参加这次座谈会。南京林业大学领导陈景欢、万福绪、施季森、曹福亮、张树泉以及马大浦先生生前同事、学生以及马大浦先生家属出席座谈会。座谈会由校党委副书记、副校长万福绪主持。马大浦，著名林学家、林业教育家、中国造林学奠基人。马大浦长期从事林业教育工作，在多所大学工作过。1952年来南京大学农学院任教，先后任校长和名誉校长。在几十年的教学生涯中，编写了大量的教材。1959年，中国林业出版社出版了他主编的《造林学》，这是新中国第一本系统而又科学的造林学教科书。他主编的重要工具书《主要树木种苗图谱》和参加组织编写的《中国主要树种造林技术》，在学术上和林业生产上都具有重要价值。座谈会上，副校长施季森介绍了马大浦先生的生平。校党委书记陈景欢、江苏省林业局副局长葛明宏、江苏省教育厅办公室副主任张策华、马大浦先生的家属马有培、马大浦先生的学生王章荣以及教师代表高捍东、学生代表张灿灿分别从不同的角度、不同的层面缅怀马大浦先生的崇高风范和卓越贡献。座谈会后还举行《马大浦文集》赠送仪式。

2011年

3月2日，《南京林业大学报》（520期）第1版刊登《我校师生沉痛悼念老院长杨致平同志》。本报讯2011年2月14日，中国共产党优秀党员，南京林业大学创建人之一，离休干部杨致平同志，因病医治无效，在南京与世长辞，享年99岁。杨致平同志生病住院期间，学校党政班子给予了极大的关心，校领导多次前往医院看望。杨致平同志遗体告别仪式于2月20日在南京殡仪馆举行。校党委书记封超年致悼词，校长曹福亮主持追悼会。全国人大财经经济委员会副主任委员、原江苏省委书记梁保华，江苏省委原副书记、省纪委书记曹克明，中央党史办主任李忠杰，江苏省委组织部长石泰峰，江苏省教育厅厅长沈健，原广东省副省长游宁丰，原林业部副部长、中国老科协副会长刘于鹤，原江苏省委秘书长叶绪昌等领导发来唁电、送来花圈。国家林业局、中共江苏省委组织部、江苏省委老干部局、江苏省委教育工委、江苏省教育厅、中共济源市委、济源市政府等发来唁电、送来花篮花圈。前来送行的还有南京林业大学全体校领导、各部门和学院主要负责人，以及原南京市委学区党委杨致平同志的老部下。杨致平同志，1913年2月6日生于河南济源。1937年3月，在洛阳参加党领导的革命青年团体——中华民族解放先锋队。1937年底进入延安抗日军政大学四大队学习，1938年4月加入中国共产党。在抗日军政大学学习和工作期间，转战南北，出生入死。1955年9月，经组织批准，杨致平同志调任南京林学院党委书记兼副院长。1958年3月改任南京林学院党委副书记兼副院长。1972年调任江苏省农科院党组副书记兼副院长。1979年5月调任南京林学院党委副书记兼副院长。1984年南京林学院领导班子调整,杨致平同志离职休养,1986年恢复正厅职。2001年享受中央国家机关副部长级医疗待遇。杨致平同志参加革命七十余年,对党忠诚,信仰坚定,热爱祖国,热爱人民,热爱社会主义。杨致平同志一生致力于党的教育事业,是南京林学院创建人之一,为南京林业大学建设发展作出了重要贡献。1955年,杨致平同志受命领导建设南京林学院新校区,带领师生员工进行了长时间的艰苦创业和办学工作。为规划好校园、构建公园式大学,杨致平同志邀请了著名建筑学家杨廷宝规划设计,到现场指导。在短短几年时间里,建成了一所集教学、科研、生活,大学、中学、小学、幼儿教育为一体的崭新校园。离休以后,杨致平同志依然坚持学习马列主义、毛泽东思想、邓小平理论、"三个代表"重要思想和科学发展观,继续关心教育事业,积极为学校发展建言献策。"驱日寇,战顽敌,血染征袍,九死一生垂青史;谨庠序,兴南林,汗洒杏坛,五湖三江尽哀声。"灵堂上的挽联是对杨致平同志一生的真实写照(张武军)。第2版刊登钱一群《忆悼杨老》。

4月10日,《南京林业大学报》(523期)第3版刊登《缅怀杨老》。文中写道:杨院长是一位事业心和责任心很强的人。为使南林免受重大损失,他尽了最大努力。20世纪60年代,面对当时全国刮起农林院校下放风的政治形势,他几次到外省考查校址,坚持办学基本条件不动摇。"文革"后期,解放干部,他从"牛棚"出来不久就时刻思考着南林的前途。考虑南林工科比重大,应视为工科院校,他以个人名义向林业部领导写信建言,得到支持,后经上级批准改名为南京林产工业学院,避免了学校大搬迁的折腾损失。

● 2012 年

10月20日,在庆祝南京林业大学办学110周年暨独立建校60周年华诞之际,马大浦先生铜像揭幕仪式在南京林业大学教学五楼举行。国家林业局副局长张建龙、国家林业局相关司局领导、北京市校友代表、江苏省林业局局长夏春胜、南京森林警官学院党委书记王邱文,南京林业大学校长曹福亮等出席揭幕仪式。马大浦先生是我国著名林学家、林业教育家。1927年考入金陵大学林科,1930—1932年在中央大学农学院森林系学习。1936—1937年在美国明尼苏达大学农学院留学，获得科学硕士学位。1946—1949年任中央大学森林系（南京林业大学前身）主任。1949—1952年任南京大学农学院教授、系主任。1952年开始先后任南京林学院（今为南京林业大学）教授、教研组主任、系主任、副院长、院长、名誉院（校）长。马大浦长期致力宣传林业事业在国民经济中的地位和作用，为中国林业教育事业的发展和培养高级林业专门人才，在造林学、油桐、树木种苗等方面成果显著，对造林学学科建设和促进我国造林事业发展起到积极作用。主编《造林学》，编写重要工具书《主要树木种苗图谱》。

2014年

7月，冯国荣《马大浦：献身林业 潜心教育》刊于《教育与职业》2014年第19期106～107页。

2017年

9月20日，教育部、财政部、国家发展改革委印发《关于公布世界一流大学和一流学科建设高校及建设学科名单的通知》（教研函〔2017〕2号），公布世界一流大学和一流学科（简称"双一流"）建设高校及建设学科名单，南京林业大学被列入一流学科建设高校95所，南京林业大学林业工程学科被列入国家一流学科建设名单，正式进入国家确定的世界一流学科建设行列。

中国林业事业的先驱和开拓者
胡先骕、郑万钧、叶雅各、陈植、叶培忠、马大浦年谱

后 记

书籍是人类进步的历史记忆。我国明代编写过一本启蒙书《增广贤文》，主要讲人生哲学、处世之道。其中有一句：画龙画虎难画骨，知人知面不知心，讲的是画龙、画虎的外形容易，画出内在风骨难；认清人的外貌容易，了解内心活动难。我父亲经常讲：驴马同源，研驴究马，荒谬至极，这就是分类学的意义。树木种类则更多，更应该重视分类学的基础地位。在20世纪中国林业发展史上，树有《中国树木分类学》《中国树木志》，林有《中国森林》，材有《木材学》，这些已成为中国林业科学发展的重要标志和经典著作，而在系统研究中国林业科学和教育的先驱和开拓者则几乎是空白。1984年我考取北京林学院，我父亲说要向陈嵘、梁希、郑万钧学习，这也是我第一次听到他们的名字。

关于中国林业科学教育的先驱和开拓者，不妨先看看傅雷、徐悲鸿、朱家溍之说。

傅雷先生是中国著名的翻译家、作家、教育家、美术评论家。2010年三联书店出版社《傅雷谈艺录》（168页）这样记载，傅雷说："中国学术之所以落后，之所以紊乱，也就因为我们一般祖先只知高唱其玄妙的神韵气味，而不知此神韵气味之由来"。就像我们现在许多人连螃蟹都没吃就谈吃过螃蟹鲜美滋味的体会是一样的，这是学习的大忌，做学问的大忌，做科学研究的大忌。

1955年3月上海出版公司出版的黄苗子著《美术欣赏》一书，黄苗子《记徐悲鸿先生》一文中（第34页）回忆道："1934年我第一次访晤徐悲鸿先生，首先给我留下了至今还很深刻的印象的是画室中的一副对联。那对子是集泰山金刚经的几个大字，气魄十分雄伟，原文是：独持偏见，一意孤行"，这实际是对知识分子的真实写照。在中国林业先驱和开拓者中，许多人都是这样独持偏见，一意孤行的，在这一点上，科学和艺术或许是相通的。

朱家溍、王世襄都是书香门第和学问大家，王世襄《明式家具研究》（香港三联书店，1989年），朱家溍作序；朱家溍《故宫退食录》（北京出版社，1999年），王世襄作序，足见两人之情深。朱家溍为王世襄著《明式家具研究》作的序中这样写道：世襄之所以能完成这样一部皇皇巨著，是因为他具备一些非常难得的条件。所谓难得的条件并不是说他有坚实的文史基础和受过严格的科学训练，因为这只能算是研究我国古代文化必须具备的条件。难得的是他能实事求是，刻苦钻研，百折不挠，以惊人的毅力，扎扎实实地劳动，一点一滴，逐步积累创造为撰写此书所需要的各种条件。

林业遗产是国家宝贵的财富。诚朴雄伟、诚真勤仁，都是一个"诚"字，南京林业大学"团结、朴实、勤奋、进取"的校风，也是一个"诚"字。

天开教泽兮，吾道无穷，讲的是人类开启了教育的恩泽，我们的事业无穷无尽。做学问、做研究，一要渊源，二要天赋，三要坚持，史学方面的研究尤为如此。我们为什么要写中国林业事业的先驱和开拓者年谱？或许是因为他们的人生、他们的研究、他们的学问，为我们开路，成为我们文化自信、科学自信、林业自信、生态自信的基础。南京地铁3号线有一个站叫"林场"，我国林场始于1916年创办的南京老山林场，这也是南京对中国林业建设最初贡献的肯定。

森林利益关系国计民生，至为重大。林业是百年大计，千年大计，林业事业要重视顶层设计、从长计议，不得有半点闪失，不然后果往往难以挽回。中国林业的核心是森林，一切林业工作都是要围绕造林、育林、护林、用林四个主题而开展。

中国在保护生物多样性取得的巨大成就，是在党中央和国务院正确领导下，由林业部门构建的保护体系来完成的。保护生物多样性是林业部门取得的另一个巨大成就和独特成就，是其他部门做不到的。我们要保护生物多样性，更要保护林业自身。没有了林业的保护，生物多样性将会是皮之不存毛将焉附，这个道理大家一定都懂，对林业的致谢和感恩也是他们对自己工作的肯定。

紫金山秀，玄武湖美。胡先骕、郑万钧、叶雅各、陈植、叶培忠、马大浦，这些中国林业事业的先驱和开拓者的名字，就是20世纪中国林业时代的名字。把脉寻根，找到中国林业发展的根本、轨迹和动力，应该研究他们、记住他们、学习他们。

王希群

2020 年 4 月 15 日记于中国林业科学研究院

中国林业事业的先驱和开拓者

王希群　郭保香 ◎ 编著

汪振儒：著名树木生理学家、林业教育家，中国树木生理学的开拓者和奠基人
范济洲：著名森林经理学家、林业教育家
汪菊渊：著名花卉园艺学家、园林学家，中国园林（造园）专业创始人，中国工程院院士
陈俊愉：著名园林学家、园林园艺教育家，世界著名梅花专家，中国工程院院士
关君蔚：著名林业教育家，中国水土保持学科的主要奠基人，中国工程院院士
孙筱祥：著名风景园林教育家和设计师，中国风景园林学科的开拓者
殷良弼：著名林学家、林业教育家，中国近代林业开拓者
李相符：著名社会活动家和林业教育家，北京林学院首任院长

汪振儒 范济洲 汪菊渊 陈俊愉 关君蔚 孙筱祥 殷良弼 李相符年谱

中国林业出版社
China Forestry Publishing House

图书在版编目（CIP）数据

中国林业事业的先驱和开拓者 / 王希群等编著. -- 北京：中国林业出版社，2022.3
ISBN 978-7-5219-1499-3

Ⅰ.①中… Ⅱ.①王… Ⅲ.①林业—先进工作者—年谱—中国 Ⅳ.①K826.3

中国版本图书馆CIP数据核字（2021）第281406号

中国林业出版社·建筑家居分社
责任编辑 李 顺 王思源 薛瑞琦

出　版	中国林业出版社
	（100009 北京市西城区刘海胡同7号）
网　站	http://www.forestry.gov.cn/lycb.html
印　刷	北京博海升彩色印刷有限公司
发　行	中国林业出版社
电　话	（010）83143569
版　次	2022年3月第1版
印　次	2022年3月第1次
开　本	787mm×1092mm　1 / 16
印　张	85.25
字　数	1430千字
定　价	498.00元（全4册）

中国林业事业的先驱和开拓者
汪振儒、范济洲、汪菊渊、陈俊愉、关君蔚、孙筱祥、殷良弼、李相符年谱

编著者

王希群　中国林业科学研究院

郭保香　国家林业和草原局产业发展规划院

集合同志，
　共谋中国森林学术及事业之发达！

　　　　　　　　　　　　　凌道扬
　　　　　　　　　　　1917年2月12日

中国林业事业的先驱和开拓者

汪振儒、范济洲、汪菊渊、陈俊愉、关君蔚、孙筱祥、殷良弼、李相符年谱

前 言

　　北林是我们的母校，我们赞美北林。

　　1985年，正是在我上大学二年级的时候，中华人民共和国成立后高等院校的第二次大量更名，北京林学院更名为北京林业大学，而学院、大学只是个学校的符号而已，这样我们考入北京林学院林业专业，毕业于北京林业大学林学专业。1917年1月9日，蔡元培先生就任北京大学校长演说中讲道："大学者，研究高深学问者也"；1931年12月2日，梅贻琦先生在清华大学校长就职演讲中也讲道："所谓大学者，非谓有大楼之谓也，有大师之谓也"，前者讲的是大学要干什么，后者讲的是大学要怎么干。

　　观日出，觉寰宇。1952年北京林学院在北京西山大觉寺成立，北京林学院成为聚集和培养林业科学大师的地方。我曾听尹伟伦、罗菊春、印嘉祐、王沙生、向师庆、任宪威、董乃钧、关毓秀、王九龄、沈国舫、陈俊愉、汪振儒等诸先生讲述北京林学院首任院长李相符将北京农业大学森林系、河北农学院森林系以及平原农学院部分师生的力量凝聚一起，呕心沥血，在学校和学科体系建设以及引进、培育教师队伍上独具慧眼、不拘一格、力排异议、延揽人才，在他任院长的10年内使北京林学院一跃而跻身于全国重点高等学校的故事，完成了自己的宏大心愿，这充分展示出李相符院长作为一代教育家所独有的睿智。在中国教育史上，像李相符这样的教育家也是不多的。从1969年开始，北京林学院党委书记王友琴在当时的历史条件下，带领教职员工从外迁到回归，于1979年结束了学校十年的动荡，之后他离休了，期间他承担了学校的历史责任，用他自己的话说：北林就是自己的家，教职工和学生就是自己的家庭成员。所有这些都充分显示出学校党政领导的历史担当。

　　汪振儒：著名树木生理学家、林业教育家，中国树木生理学的开拓者和奠基人；

　　范济洲：著名森林经理学家、林业教育家；

汪菊渊：著名花卉园艺学家、园林学家，中国园林（造园）专业创始人，中国工程院院士；

陈俊愉：著名园林学家、园林园艺教育家，世界著名梅花专家，中国工程院院士；

关君蔚：著名林业教育家，中国水土保持学科的主要奠基人，中国工程院院士；

孙筱祥：著名风景园林教育家和设计师，中国风景园林学科的开拓者；

殷良弼：著名林学家、林业教育家，中国近代林业开拓者；

李相符：著名社会活动家和林业教育家，北京林学院首任院长。

殷良弼、范济洲先生是北京市林学会的奠基人，汪菊渊、陈俊愉先生是北京市园林绿化学会（北京市园林学会）的奠基人，同时汪菊渊先生还是北京市园林科学研究所创建者和首任所长。唐代刘禹锡在《陋室铭》写道："山不在高，有仙则名。水不在深，有龙则灵。"汪振儒、范济洲、汪菊渊、陈俊愉、关君蔚、孙筱祥、殷良弼、李相符诸君就是北林之仙、北林之龙。

汪振儒、陈俊愉先生都是世家子弟，偶然的机会使我们之间很熟并成为挚友。2005—2007年我在北京林业大学做博士后工作期间，每年夏秋在北京林业大学卷1楼西边墙角种的牵牛花旁，看着节节盛开的牵牛花，听陈俊愉先生讲引种驯化水杉的故事；讲引种培育梅花、地被菊、月季、金花茶等的故事；讲他从天津到南京，从南京到成都，从上海到丹麦，从丹麦到武汉，从武汉到北京，从北京到云南，再从云南到北京的艰辛历程；讲国花的缘由和评选国花的故事；讲曾勉、章文才、万流一、李相符和威尔逊的故事等等。可以说陈俊愉先生的一生是千方百计、百折不挠的一生，是砥砺前行、波澜壮阔的一生。像我这样能有机会认真听老先生讲述他一生的人，实在为数不多，他还说我们是半个武汉老乡。期间，他问及红花玉兰的研究状况并索要发表新类群的原刊，真没想到他也知道红花玉兰，我从中也感受到了先生的脾气之大，他还把刊登他文章《世界园林的母亲——全球花卉的王国》的《森林与人类》2007年第5期送给了我一本。每次听陈俊愉先生讲后，我就把这些故事讲给同事王香春、蒋细旺听，也成了他们前进的动力，后来王香春离开了北林科技，蒋细旺回到了江汉大学。2007年11月我把这件事写到我的博士后报告《红花玉兰种群生物学的研究》后记中。陈俊愉先生的所讲对我帮助很大，一是完善了我科学系统的研究方法，二是给予了我继续向前的动力。一次，我的女儿安琪见到陈俊愉先生时对他说，梅花爷爷看起来很有厚重感、学术感，陈先生笑着默默允许并送给她了一个小礼物。看来厚重感、学术感成为一个科学家、一个学者的重要标志。我们这段两年多的经历也给我编写陈俊愉年谱提供了他人生详细的轨迹。2005年印嘉祐先生把自己收集整理的李相符生平事迹的一些资料提供给我，说编年谱有用，这为编写李相符年谱提供了一定基础资料。

林业是国家的事业，要认识到中国林业任务的艰巨性、特殊性和复杂性以及林业工作的长期性、规模性、区域性，更需要全国自上而下关注林业、关心林业、支持林业。森林是有生命的，同样也是十分脆弱的，在中国这样一个缺绿少林的国家，更需要全社会对林业长期倍加重视、倍加呵护。1962年2月14日，林业部决定在河北省承德专区围场县建立林业部直属机械林场代表着中国林业的发展方向。1962年11月2日，周恩来总理在谈到林业问题时提出："林业的经营一定要越伐越多，越多越伐，青山常在，永续作业"。青山常在，永续利用，就是我们林业经营的方向。实践证明，因地制宜，通过建设大规模的国有林场，是实现青山常在、永续利用的重要途径。

林场是林业的基本细胞，林业行业要务本务林。森林是林业最大的话语权，也是最响的话语权，一切森林的功能和效益都要从林子谈起。1979年6月16日，《人民日报》刊登罗玉川、马文瑞、刘景范、雍文涛《实事求是不尚空谈——回忆革命事业的实干家惠中权》一文，其中讲道"他（惠中权）一再强调政治工作的保证作用，反对形式主义和夸夸其谈。他说：政治工作要表现在生产上，如果没有林子，那么林业部、政治部也就没有存在的必要了"。林子就是我们的目标、我们的责任，责任就是地位，没有责任就没有地位。20世纪80年代末，我大学毕业参加工作，每到一个国有（国营）林场（包括后来的国家公园、自然保护区、风景名胜区、森林公园、湿地公园等，现在称之为自然保护地，本质上都是功能而异的一个林场而已），几乎个个林场都有大学毕业生，都有专业技术队伍，都有工人队伍，都发挥着重要的作用。他们以场为家，献了青春献终身、献了终身献子孙，体现了崇高精神境界和无私奉献的精神。林场不管怎么改革，都是一个培育森林的生产单位，林场不能失去生产功能。一些国有林场在发展中不能实现青山常在、永续利用，真正的原因是只在口头上讲科学，而在实践中不用科学，不实事求是。到 21 世纪 20 年代，许多林场已经很少有学林的大学生了，林场生产功能已大为减少，这是一个很严重的问题。林场主要有两项工作，一是森林培育，重在提质增效，一是森林保护，重在防火修路，要完成这两项主要工作关键也是靠制度、靠法律、靠投入、靠技术、靠设备、靠人才。森林防火，小火靠防，大火靠控，防在基层，控在体系。因此，必须把国有林场建设作为一项国家长期的事业，把国有林场建成是人人羡慕的地方，这就需要林业专门人才。生态文明、美丽中国、绿水青山，国有林场是脊梁。伟大的革命先行者孙中山先生曾经说："我们讲到了种植全国森林的问题，归到结果，还是要靠国家来经营；要国家来经营，这个问题才容易解决，"这句话绝不是随便说出来的，中国 300 多万平方公里的林地，归到结果，应该主要靠国家来经营。林业发展要靠林场，林业振兴同样要靠林场。2019 年 3 月 9 日，广东省德庆林场正式挂牌成立，进一步指明了中国林业的发展方向。什么是国家公园？国家公园就是由国家直接管理的大林场。中国建立国家公园，不是为了建立一个个公园，而是要建立一个个自然保护地，这个要讲清楚才行。

林业是国家的事业。早在 1928 年 12 月，中国林业事业的先驱者凌道扬完成《建设中国林业意见书》，实际上这是一个中国林业的建设方案，其中在《振兴森林之方法》只讲到一件事，就是建立林业机构及体系。有关意见如下：

一、"振兴森林，为今日国家建设上之一刻不可缓问题，已如上述。然振兴之道，亦有先后本末之不同，非可慢然行之。窃以为我国林业之不兴，由于林政之不讲；林政之所以不讲，又由于林务机关之废弛"。

二、"时至今日，不欲振兴林业则已，苟其欲之，非由中央设一范围广大之林务机关，则主持林政者不特无其专人，且林政之规划亦难有条不紊"。

三、"我国贫弱，于今为烈，欲谋建设，自应急起直追，速设范围广大之中央林务机关，以提倡森林事业，迨此种总机关成立后，再令各省次第增设分机关，裨其普及，庶几森林事业逐渐发达矣。至于中央林务总机关如何组织，如何进行，先进国家，皆随其历史而异，我国当然不能取法一国，应取精且善者而实行之，庶可事半功倍"。

四、"中央林务总机关宜设造林科、保护科、教导科和伐木科四科"。

虽然时间已经过去了90多年，凌道扬先生的意见还是极为可取的。

保护长江，保护黄河，保护全中国。中国林业的任务不亚于国防，振兴林业，任重道远。党中央、国务院历来都十分重视，1991年3月12日，在北京召开的全国植树造林表彰动员大会上，中国共产党中央委员会、中华人民共和国国务院表彰中共广东省委、广东省人民政府"全国荒山造林绿化第一省"，这个表彰在中国林业发展史上具有里程碑式的意义，彰显中共中央、国务院对中共广东省委、广东省人民政府带领全省人民在造林绿化工作中取得的突出成绩认可。经营和管理国家30%陆地的林地，林业作为一个行业部门任之重，责之大。中国国体是有中国特色，中国林业同样应该有中国特色。在基础产业中，农林水，三足鼎立，缺一不可，农第一，水第三，林其间，而林的成果是最难进行确定的，因而更应该受到全社会的高度重视。而在历次机构改革中，林业机构变化是最大的，我国国家林业管理机构先后为林垦部、林业部、农林部、林业部、国家林业局、国家林业和草原局。必须要重视林业机构在国家政权、经济发展、社会稳定、生态安全的基础作用，要能承担起这个重任，政令畅通，需要自上而下有一个长期、稳定、专业、精干、高效、廉洁、服务、完备的强有力林业行政机构才能为之，中国也必须有一个强有力的林业行政机构体系才能承担起国家林业的重任。同样，需要进一步强化森林资源数据保密在国家经济和生态安全中的重要性，要明确什么可以公开、什么不可以公开。林业部门要有担当，更要有自信，要有自我保护意识，林业部门更要加强对林业的自身保护。

中华人民共和国首任林垦部、首任林业部部长梁希先生曾言："林人们，提起精神来，鼓起勇气来，挺起胸膛来，举起手，拿起锤子来，打钟，打林钟！一击不效再击，再击不效三击，三击不效，十百千万击。少年打钟打到壮，壮年打钟打到老，老年打钟打到死，死了，还要徒子徒孙打下去。林人们！要打得准，打得猛，打得紧！一直打到黄河流碧水，赤地变青山！"林钟就是国家林业的警示之钟，我们应该天天敲、月月击、年年打，要世世代代打下去，让林业成为绿水青山、美丽中国和生态文明的最强音。

今朝东风桃李，来日巨木成林。林业教育也是一项长期的事业，有其本身的特殊性和规律性，中国要实现林业自给、木材自足、生态自信，森林是根本，教育是基础。林业机构和林业教育都要务森林这个根本，能为管理和经营好占国土陆地面积约 30%的林地提供人才支持和保障。要管理和经营好这 300 多万平方公里的林地，需要多少林业人才，这是一个多么大的任务，是多么值得骄傲的一件事情。

北林，一个为中国培育林业人才的地方。攀妙峰古道，赏金顶莲花。追寻汪振儒、范济洲、汪菊渊、陈俊愉、关君蔚、孙筱祥、殷良弼、李相符先生的足迹，最后都聚集北林——中国林业大师汇聚地。我们尊敬他们、学习他们、怀念他们，知山知水，树木树人。

北林，我们的母校，我们赞美您！

王希群
2020 年 2 月 25 日于美国西雅图

中国林业事业的先驱和开拓者
汪振儒、范济洲、汪菊渊、陈俊愉、关君蔚、孙筱祥、殷良弼、李相符年谱

目 录

前言

汪振儒年谱 / 001

范济洲年谱 / 051

汪菊渊年谱 / 099

陈俊愉年谱 / 129

关君蔚年谱 / 215

孙筱祥年谱 / 277

殷良弼年谱 / 317

李相符年谱 / 351

后记　　　 / 401

汪振儒年谱

汪振儒(自北京林业大学)

汪振儒年谱

1908 年（清光绪三十四年）

5 月 8 日，汪振儒出生于北京宣武区东部鹞儿胡同。汪振儒（Yen-chieh Wang，WANG CHEN-JU，Wang Y C，Wang Zhenru），曾用名汪燕杰，字轩仲，笔名霍爽、丁乙，祖籍广西桂林。汪振儒祖父汪庆徵，字云臣。父亲汪鸾翔（1871—1962 年，字公岩，号巩庵，广西桂林人，曾任末代皇帝溥仪补习数理化的老师，历任清华大学、河北大学、民国大学中国文学教授，北京美术学院等学校中国画及中国美术史教授，其中 1918 年 9 月至 1928 年 8 月执教于清华大学，是清华校歌词作者。1952 年 6 月被聘任为中央文史研究馆馆员）。母亲纪清蘩（1882—1938 年）。汪振儒兄振武（字健君，1903—1999 年，曲家，自 1923 年起在清华大学任职直至退休）。弟荣强（1912 年生）。弟复强（又名汪振慧，字士佩，1914—2013 年，清华大学 1934 级化学系毕业）。

1909 年（清宣统元年）

8 月，全国招考庚款留学生在北京第一次招考，630 人应考，最后放榜录取 47 人。10 月第一批庚款留美学生赴美，赴美时，另外加上了 3 名贵胄子弟共 50 人，他们所学专业大多是化工、机械、土木、冶金及农、商各科。

1913 年（民国二年）

6 月，编辑者江苏通州孙钺、校订者奉化庄景仲《实用森林学》（高级农学校用）由上海新学会社出版，1926 年 1 月出版五版订正。孙钺（1876—1943 年），字子铁。清光绪二年（1876 年）出生于通州（今南通市城区）。张謇为通州师范规划公共植物园物色筹建人才，经推荐，孙钺负责工程建设。光绪三十一年，植物园改建为博物苑，孙钺继续负责苑务。博物苑作为学校教学的补充，孙钺征集文物、制作标本、编订篇目，内容集历史、美术、自然诸项。博物苑不仅是通师师生课余休息之地，也是汲取知识、拓开眼界、供教学之用的基地。民国元年（1912 年）南通博物苑单独开放，第二年正式设苑主任之职，孙钺出任，他为中国第一所博物馆的建设，为博物馆服务于教学做了大量的工作。其后，孙钺担任通师教师，主授动、植物课，又在南通学院农科兼任讲师，主讲植物病理学。孙钺课堂教学常不用教本，侃侃而谈，深得学生欢迎。孙钺生前的著作颇丰，出版有《用器画》（与人合作编译）《养牛》《养羊》

《造林全书》《日文文法教科书》《植物病理学》。晚年撰写《通植物志》，因病半途而辍，民国32年去世。庄景仲（1860—1940年），字崧甫，别号求我山人，奉化人。诸生。清光绪三十一年（1905）主持上海新学会社，尝为奉化周世棠编著的小学《中国历史教科书》校订，编印农业书籍等，三十四年加入同盟会。宣统二年（1910）在余杭设立杭北林牧公司。辛亥革命杭州光复后，一度出任军政府财政司长，后改任浙江盐政局长。民国十一年（1922）被推为浙江省议会议员、奉化县议会议长。民国16年后，历任浙江省临时政府委员、国民政府首届立法委员、导淮委员会副委员长。著有《农政新书》《螟虫防治法》《求我山人杂著》等。

● **1914 年（民国三年）**

是年，汪振儒入北京宣武区中部北半截胡同旅京江苏小学学习。

● **1919 年（民国八年）**

5月4日，在北京发生了一场以青年学生为主，广大群众、市民、工商人士等中下阶层共同参与的，通过示威游行、请愿、罢工、暴力对抗政府等多种形式进行的爱国运动，是中国人民彻底地反对帝国主义、封建主义的爱国运动，称"五四运动"。

● **1921 年（民国十年）**

8月，汪振儒入北京师范大学附属中学学习。

● **1925 年（民国十四年）**

9月，汪振儒考入清华大学生物系学习。

● **1926 年（民国十五年）**

3月18日，汪振儒参加学生运动受伤，休学半年，出院后继续求学。

● **1927 年（民国十六年）**

8月，汪振儒转入厦门大学生物系学习。

● 1928年（民国十七年）

8月，汪振儒回清华大学生物系学习。

● 1929年（民国十八年）

8月，汪振儒毕业于清华大学生物系，获理学士学位。清华大学的前身清华学堂始建于1911年，1912年更名为清华学校。1928年更名为清华大学，1929年清华大学的第一届毕业生毕业，全校毕业生共81人，其中生物系只有薛芬、汪振儒、容启东3名毕业生，毕业当日举行了植树式。薛芬（1905—1948年），字仲薰，江苏无锡人，早年就读于清华大学生物学系，1929年毕业后留校任教。1935年考取庚子赔款留学名额，1936年赴英国利物浦大学海洋学系攻读博士学位，1938年获哲学博士学位。在英求学期间，薛先生在学习海洋生物学的同时，曾师从世界著名海洋学家普劳德曼教授及丹尼尔博士研习海洋学3年，对于"物理性海洋学"（即今所称"物理海洋学"）已具相当基础。当时正值抗日战争期间，薛先生虽身在异邦，却心系祖国，于1939年辗转回国，投身到四川大后方，在极其艰苦的条件下将所学用于我国的科研教育事业中，在重庆复旦大学生物系任教，1941年始担任系主任，在他的努力下，广揽人才，生物系成为一流系科，学生数居全校第一。1946年随复旦复员回上海，即在担任生物系系主任，同时首创高校海洋学组并任主任，当年招新生20名。1948年，经英国著名科学家李约瑟推荐，薛芬教授获得英国文化委员会提供的1年奖金，以研究教授身份前往英国讲学暨考察。岂料，薛教授多年积劳成疾，在乘船前往英伦途中不幸因心脏病突发而魂归异国他乡，以身殉职，鞠躬尽瘁。容启东（1908—1987年），广东香山县南屏（今珠海市香洲区南屏镇）人，香港出生，容星桥第八子。父亲是清同治十三年（1874）第三批清政府公派留学美国幼童，曾追随孙中山革命，民国时任联美委员会委员。其早年攻读经史，后考入岭南大学附中。民国14年（1925）考入清华大学，1929年毕业以品学兼优留校任教。1935年赴美国入读芝加哥大学研究植物形态学，1937年获博士学位。归国后任西北大学教授、岭南大学教授、生物系主任、教务长、理学院代院长等职。1944年受美国国务院聘请赴美讲学。抗战胜利后任岭南大学理工学院院长兼岭南大学预算、人事委员会委员，参与大学校务决策。1951年应香港大学之聘任该校植物学高级讲师，并兼任植物系主任，国际植物形态学会名誉会员。在国内外科学杂志发表论文多篇，为学术界所重视，又是美国Sigmaxi荣誉学会会员及国际植物形态学学会创办人。1959年被选为崇基学院院长。1963年4月，由香港政府委任一个专责委员会，经过一年多调查考察后建议在香港设立一所联合型大学，即以崇基、新亚、联合三所学院为基本成员，1963年10月香港中文大学成立，为首任副校长，仍兼崇基学院院长。尔后获香港大学授予法学博士学位。1964年被委任香港政府非官守议员，同年被推选为太平绅士，1966年获英女王颁授"O.B.E"勋衔。1975年夏退休，获香港中文大学崇基学院授予名誉校长衔，1987年1月在香港病逝。

9月，经钱崇澍推荐，汪振儒任南京中国科学社生物研究所研究助理，至1930年8月。

1930年（民国十九年）

9月，汪振儒回北京，在清华大学生物系任助教，至1933年8月。

1931年（民国二十年）

4月，汪燕杰《南京玄武湖植物群落之观察》刊于《中国科学社生物研究所论文集》1931年第Ⅵ卷6期39～58页。

5月，粤军退出梧州，广西省政府电请马君武回桂继续主持广西大学校政。马君武回桂后，再成立理学院，并于九月十五日开学，有本、预科学生五百余人。

1932年（民国二十一年）

9月，广西大学工学院、农学院在梧州成立，农学院是广西大学下属3个学院之一，由副校长盘珠祁博士兼任首任院长。

8月28日，汪振儒《读了"中国今日之生物学界"以后》刊于《独立评论》1932年第15号10～15页。

9月，广西大学扩大院系，理学院分设物理、化学、生物三系，农学院设农、林两系，工学院设土木工程系，后又增设机械工程系和矿冶专修科。马君武兼工学院院长，盘珠祁兼农学院院长，马名海兼数理系主任，林炳光为化学系主任，费鸿年为生物系主任，谭锡鸿代理农学系主任，叶道渊为林业系主任，苏鉴轩为土木工程系主任，后来又将数理系分为数学、物理两系，张镇谦为数学系主

任，谢厚潘为物理系主任。

12月，汪燕杰《北京及其附近淡水藻类初报》刊于《清华周刊——自然科学专号》1932年38卷10、11期111～142页。

- **1933年（民国二十二年）**

8月20日，在重庆北碚中国西部科学院召开中国植物学会成立大会，汪振儒为会员[1]、[2]。

9月，汪振儒任梧州广西大学理学院生物系讲师，讲授植物学、植物分类学、植物形态学，还兼授农学院植物生理学课程，至1935年8月[3]。

是年，汪振儒开始对广西大学历年所采集的植物标本进行整理与鉴定。

- **1934年（民国二十三年）**

3月，《中国植物学杂志》创刊号出版。

8月，中国植物学会在江西庐山莲花谷举行第二次年会，宣读论文33篇，选举胡先骕为会长。

10月9日，汪振儒在《广西大学周刊》发表《广西种子植物名录》，记述了裸子植物9科23种，被子植物64科385种[4]，这是现知最早的广西植物名录。

- **1935年（民国二十四年）**

4月，广西大学设立植物研究所，聘请广州中山大学农林植物研究所主任陈焕镛教授兼任所长和广西大学森林系教授、系主任。

8月，中国植物学会在南宁举行第三次年会，汪振儒参加了年会。

9月，汪振儒考取广西的林学公费留学生，赴美国到康奈尔大学（Cornell University）研究生院学习，师从J.N.Spaeth（斯佩思）教授。

12月，汪振儒为Phi Sigma Society会员。

---

[1] 陈德懋.中国植物分类史[M].武汉：华中师范大学出版社，1993：351.

[2] 洪德元，陈之端，仇寅龙.历史催人奋进，未来令人憧憬——纪念中国植物学会成立75周年[J].植物分类学报，2008（4）：439-440.

[3] 中国科学社档案整理与研究（发展历程史料）[M].林丽成，章立言，张剑，编注.上海：上海科学技术出版社，2015：244.

[4] 广西壮族自治区地方志编纂委员会.广西通志：科学技术志[M].南宁：广西人民出版社，1997.

1936 年（民国二十五年）

5月，在美国康奈尔大学由白九思介绍，汪振儒参加书友社。

6月，汪振儒在康奈尔大学研究生院获理学硕士学位，论文题目为《1935年采收树木种子发芽检定的一些成果》（英文）。

7月，汪振儒入美国杜克大学林学院研究生院学习，攻读博士学位。

7月，汪振儒《藻类研究之历史》刊于《中国植物学杂志》1936年第3卷第2期1013～1025页。

1937 年（民国二十六年）

9月，广西大学从梧州迁到桂林，文、法、理、工学院迁至桂林的良丰，而农学院从梧州迁往柳州郊区的沙塘。

1939 年（民国二十八年）

6月，汪振儒在美国杜克大学林学院研究生院获哲学博士学位，博士论文题目为《某些立地因子与幼龄火炬松人工林之间相互影响的研究》（英文）。

7月，沈同、汪振儒、杨遵仪等留学生乘坐柯立芝号轮船归国[5]，经香港时与陈彩琼相识。

8月，汪振儒被马君武先生聘为广西大学农学院森林系教授。

1940 年（民国二十九年）

1月，汪振儒《广西种子植物名录（Ⅰ）》刊于《广西农业》1940年第1卷1期68～77页。

5月，汪振儒在桂林与陈彩琼结婚。

8月，汪振儒兼任广西大学植物研究所主任。同月，汪振儒在柳州由李运华介绍参加三青团。

12月，汪振儒《广西种子植物名录（Ⅱ）》刊于《广西农业》1940年第1卷6期403～415页。

---

[5] 王公，杨舰. 中国抗战时期的营养学研究[J]. 中国科技史杂志，2016，37（2）：162-173.

1941年（民国三十年）

4月，汪振儒《广西种子植物名录（Ⅲ）》刊于《广西农业》1941年第2卷2期134～172页。

6月，汪振儒、钟济新、陈立卿《广西种子植物名录（Ⅳ）》刊于《广西农业》1941年第2卷3期223～230页。

7月，刘业经从广西大学农学院森林系毕业，师从汪振儒教授。

8月，汪振儒、钟济新、陈立卿《广西种子植物名录（Ⅴ）》刊于《广西农业》1941年第2卷4期285～295页。

8月，广西大学农学院森林系主任马大浦辞职赴重庆，汪振儒兼任森林系主任。

9月，钱承绪编《中国之森林》（共171页）由民益书局出版。包括导言、第一编 战前后中国之森林调查与开发、第二编 中国今后森林之发展、结论。

10月，《中华林学会会员录》刊载：汪振儒为中华林学会会员。

10月，汪振儒、钟济新、陈立卿《广西种子植物名录（Ⅵ）》刊于《广西农业》1941年第2卷5期371～428页。

12月，汪振儒、钟济新、陈立卿《广西种子植物名录（Ⅶ）》刊于《广西农业》1941年第2卷6期403～415页。

是年，汪振儒在柳州由李运华介绍委任为三青团干事。

1942年（民国三十一年）

2月，汪振儒、钟济新、陈立卿《广西种子植物名录（Ⅷ）》刊于《广西农业》1942年第3卷1期57～60页。

4月，汪振儒、钟济新、陈立卿《广西种子植物名录（Ⅸ）》刊于《广西农业》1942年第3卷2期121～124页。《广西种子植物名录》共刊出裸子植物9科23种，被子植物64科385种，共73科408种，惜因日寇入侵战祸影响，未能继续发表。

8月，由于广西大学农学院院长童诵之辞职赴重庆，汪振儒兼任农学院院长，发表《研究广西植物刍议》一文。

9月，国民政府交通部、农林部筹办木材公司，委托中央工业试验所木材试验室主任唐燿组织中国林木勘察团，调查四川、西康、广西、贵州、云南五省林

区及木业,以供各地铁路交通之需要,共组织五个分队,结束之后均有报告问世,唐燿为之编写《中国西南林区交通用材勘察总报告》。其中广西分队,主要勘察湘桂铁路广西境内枕木之供应,由广西大学森林系汪振儒教授主持,由蔡灿星、钟济新沿湘桂路勘察恭城、灌县、全县、兴安、灵川、临桂、百寿、永福八县之林木,为时约二月。

11月,汪振儒《中国的苦楝树》刊于《广西省立医学院药品自给研究委员会研究报告》1942年第2期2～3页。

1943年(民国三十二年)

1月,汪振儒《以林业为专业前应有的认识》刊于《西大农讯》1943年复刊第12、13期4～9页。

6月,关毓秀从北京艺文学校中学毕业后,考取北京大学农学院森林系林学专业,后师从汪振儒教授。

1944年(民国三十三年)

8月,广西农学院迁至贵州榕江,汪振儒任广西大学农学院院长,与陈彩琼分别。

1945年(民国三十四年)

3月5日,《竺校长(竺可桢)抗战西迁贵州日记》载:(周一)晨七点起。上午在住处审阅浙大、西大两校教授之国际救济会特种补助金申请书。西大选定甲种六万元有彭光钦、汤躁真、郑建宣、卢鹤绂、汪振儒、李运华、雷瀚等七人;乙种四万元,有顾静徽、骆君骕、翁德齐、涂开舆等四人。浙大因申请人数太多,一律改为四万元。应入选者二十四人,而申请者竟有五十五人。初步入选者有苏步青、陈建功、钱宝琮、王淦昌、王葆仁、贝时璋、谈家桢、郭斌和、叶良辅、陈鸿逵、罗登义、李寿恒、胡刚复、蔡邦华、郑宗海、朱正元、卢守耕、彭谦、吴耕民、吴文晖、何增禄、谭其骧、缪钺、谢幼伟,还需过第二道审查关。江山寿与谢季华来。又庄爱津与其丈夫戴君来谈,戴在粮食部做事。又张默君来。

5月,汪振儒被解除广西大学农学院院长职务,汪振儒与同事任柱明到安化做农业科普讲座,8月离开安化。

8月，广西农学院从贵州榕江搬回柳州，汪振儒任广西大学农学院教授，同月，由马保之介绍，汪振儒任广西农事实验场副场长。

8月，汪振儒在广西大学农学院由李运华介绍加入国民党。

1946年（民国三十五年）

3月，广西大学校长李运华呈请辞职获准，行政院派陈剑修接任广西大学校长。

3月，广西农学院搬回桂林良丰，广西大学农学院院长陆大京辞职，汪振儒继任广西大学农学院院长，并兼任良丰校分部主任，与陈彩琼重聚，任职至1946年7月。

8月，汪振儒被聘为北京大学农学院教授兼森林系主任，至1949年7月[6]。

8月，郝景盛著《林学概论》由上海商务印书馆初版。

1947年（民国三十六年）

7月，关毓秀和董世仁从北京大学农学院森林系毕业获学士学位，同年9月留北京大学农学院森林系，任汪振儒助教一职，后均毕生从事森林经理学和森林生态学教学与科研工作。董世仁，1922年生，河北丰南县人。1947年毕业于北京大学农学院森林系留校任助教。中华人民共和国成立后，历任北京林学院（1985年改称北京林业大学）助教、讲师、副教授、研究员、东北红旗教学试验林场场长、森林生态研究室主任。1948年曾协助汪振儒先生在世界范围内首次开展了近代中国最重大树木发现——水杉的种子发育研究，并合作撰写了《水杉种子及幼苗发育观察》（英文）的研究论文。（苏）巴姆菲洛夫著；董世仁译《森林经理毕业设计指导书及森林经理毕业设计参考资料目录汇编》刊印。

是年暑期，中国植物学会于北平成立中国植物学会京津区分会，选举张景钺、李继侗、殷宏章、罗士苇、刘慎谔等为干事。

10月，中国植物学会京津区分会和在京的各自然科学团体联合举行年会，京津区分会宣读论文7篇，汪振儒参加了筹备[7]。

---

[6] 北京农业大学校史资料征集小组.北京农业大学校史（1905—1949年）[M].北京：北京农业大学出版社，1990.

[7] 中国植物学会简史[J].中国植物学杂志，1950（1）：35-36.

1948 年（民国三十七年）

是年春，汪振儒得到胡先骕的水杉种子，开始对水杉种苗进行系统研究。

5月15日，Hu Hsen-hsu、Cheng Wan-chun "*On the New Family Metasequoiaceaeand on Metasequoia glyptostroboides*，*A Living Species of The Genus Metasequoia Found in Szechuan*"《水杉新科及生存之新种》刊于"*Bulletin of Fan Memorial Institute of Biology n.s.*"《静生生物调查所汇报》新1卷第2期153～161页。胡先骕和郑万钧在该刊发表活化石水杉的研究论文，向世界宣告发现野生水杉，轰动学术界。之后胡先骕将抽印本转送汪振儒。

7月，全国国内各类高等学校共210所，在校生155036人，其中，研究生424人、大学生130715人、专科生23897人。按属性分，国立大学31所、私立大学25所、国立独立学院23所、省立独立学院24所、私立独立学院32所、国立专科学校20所、省立专科学校32所、私立专科学校23所。

10月，中国植物学会和科学社在南京举行10个科学团体联合年会，植物学会宣读论文14篇，汪振儒参加了年会。

9月至12月，汪振儒兼任东北大学理学院植物学教授。

1949 年

1月，WANG Y C，TUNG S J（汪振儒、董世仁）"*Observations on Seed Germination and Seedling Development of Metasequoia glyptostroboides Hu & Cheng*"《水杉种子及幼苗发育观察》刊于北京大学创刊 "*The Chinese Journal of Agriculture*"《中国农业学报》第1卷第1期81～92页。

1月27日，北平《新民报》刊登《北平文化界民主人士拥护毛泽东八项主张（一九四九年一月二十六日）》，汪振儒为30名文化民主人士发起者之一。

5月22日，按照1949年5月北大校务委员会决议，重新组建的院务会议，其成员包括院长、各系主任、教授、副教授、讲师、助教以及学生代表，重组的院务会议召开了第一次会议。院务会议的成员除俞大绂院长外，各系系主任10人，他们是李景均、陈锡鑫、黄瑞纶、周明牂、林传光、李连捷、汪振儒、吴仲贤、熊大仕和应廉耕教授；教授、副教授代表7人，他们是张鹤宇、邢其毅、刘海蓬、汪菊渊、蔡旭、杨昌业、王金铭；讲助代表10人，他们是吴汝焯、申葆和、管政和、夏荣基、周启文、吕启愚、姜秉权、蔡润生、孙珩映、刘曾泽；学生代表 10 人，他们是时玉声、胡永大、刘宗善、赵庆贺、张凤阳、黄天相、俞寿颐、顾方乔、张肇鑫、景梁；院务委员共 37 名。除院长外，经过院务委员酝酿选举产生了院务会议常委会，常委是俞大绂、黄瑞纶、熊大仕、汪振儒、张鹤宇、申葆和、姜秉权、张肇鑫、顾方乔共 9 人。在院务会议领导下，还设立了财务委员会、教务委员会、研究设计委员会、生活福利委员会等。随后，各系都建立了系务会议制度。院、系务会议是解放初期建立起来的最高决策机构作用的领导体制。

7 月 14 日，中国植物学会恢复活动，决定复刊《中国植物学杂志》，汪振儒被推选为主编。

8 月，汪振儒任北京农业大学森林系教授，至 1951 年 1 月。

• 1950 年

2 月，中国植物学会北京区分会参加了华北 12 科学团体联合年会，并在会员大会上推选出 1950 年度理事，当选的会员中，张景钺、王恩多二人负责会计，林镕、韩碧文二人负责文书，简焯坡、殷汝棠二人负责组织，汪振儒为主席。

3 月 3 日，《河北植物志》工作会议第一次会议在万牲园（原农事实验场附设的动物园）前北平研究院历史所会议室举行，吴征镒主持。推选吴征镒、林镕、张肇骞、唐进、汪振儒为常务委员。以中国科学院植物分类研究所为主，有北京农业大学、北京大学、北京师范大学、清华大学参加。会议确定了编写内容与式样，并作了分工，计划两年完成。

• 1951 年

2 月，汪振儒到北京华北人民革命大学政治研究院学习，至 1952 年 10 月。

5 月，郝景盛原著，徐善根修订《林学概论》由商务印书馆出版。

8 月 20 日，《植物生理学通讯》由汤佩松教授创办，第 1 期由北京农业大学农业化学系手刻油印出版。

• 1952 年

5 月，《生物学通报》与《中国动物学杂志》合并改称《生物学通报》，汪振儒继续担任主编，一直到 1988 年改任名誉主编。

8 月，汪振儒《苏联"达尔文主义基础"课程内容介绍》刊于《生物学通

报》1952 年第 1 卷第 1 期 53～55 页。

8 月，教育部、林业部成立北京林学院筹建小组，开始筹建工作，北京农业大学方面的代表有周家帜、殷良弼、汪振儒、兆赖之[8]、[9]。

9 月，汪振儒调任北京林学院教授。

10 月 16 日，北京林学院在北京西山大觉寺召开第一次全院教职工大会，宣布北京林学院正式成立，成立森林经理、森林利用、森林植物、造林 4 个教研组，森林经理教研组主任范济洲、森林植物教研组主任汪振儒、造林教研组主任王林、森林利用教研组主任申宗圻，大会由杨纪高主持。

11 月，北京林学院派王林、齐宗唐、殷良弼、汪振儒、兆赖之等人到肖庄察看校址。

• 1953 年

3 月，汪振儒《为迎接祖国美好的春天而欢呼》刊于《生物学通报》1953 年第 1 期 3～4 页。

5 月，汪振儒《为开好人民代表大会而努力》刊于《生物学通报》1953 年第 3 期 6 页。

7 月 23 日，汪振儒参加北京林学院第一届毕业生典礼全体师生合影。

• 1954 年

9 月，施浒将自己编译的《俄华生物学辞典》赠予汪振儒先生，并题记："汪老师指正 我衷心地感谢由于您的热心指导和帮助才能使这本辞典顺利地完成，愿今后继续在您直接指导下获得更大的成就！当这新学年的开始我谨以此向您献礼！您的学生 施浒 一九五四年九月敬上。"《俄华生物学辞典》1954 年 8 月由群众书店出版。

11 月，汪振儒《季米里亚席夫对光合作用研究的贡献》刊于《生物学通报》1954 年 11 期 1～3 页。

12 月，丁乙《创造性达尔文主义是森林抚育的科学基础（译自英文）》刊于由中国林业出版社出版《林业译丛（第一辑）》1～14 页。

---

[8] 北京林业大学校史编辑部. 北京林业大学校史（1952—1992）[M]. 北京：中国林业出版社，1992.
[9] 北京林业大学校史编辑部. 北京林业大学校史（1952—2002）[M]. 北京：中国林业出版社，2002.

是年，（日）斋腾孝藏《树木生理》由朝仓书店出版。

● 1955 年

4 月 26 日，中国人民政治协商会议北京市第一届委员会第一次会议在中山公园中山堂召开，汪振儒当选为委员。

6 月 15 日，北京林学院第 20 次院务委员会决定成立林学系，任命汪振儒为系主任，陈陆圻为副主任。

● 1956 年

4 月 17 日，北京林学院召开院行政会议，宣布北京林学院十二年规划工作的制定要求及工作程序。第一，成立规划小组。组长杨锦堂；副组长范济洲、陈陆圻；成员有汪振儒、冯致安、宋辛夷、殷良弼；秘书 4 人为郑晖、李天庆、孟庆英、郑均宝。第二，各教研组主任负责领导各教研组的十二年规划工作。在不影响执行教学计划的原则下，学校以制定十二年规划工作为 5 月份的中心工作。各教研组要对教育部十二年规划纲要的基本精神及各项指标进行认真讨论，并在此基础上对学校的十二年规划提出具体意见。第三，规划分为三个阶段：1956—1957 年为第一阶段；1958—1962 年为第二阶段；1963—1967 年为第三阶段。第四，1955 年 5 月 21 日各教研组提出规划，5 月 22 日至 5 月 31 日院规划小组根据各教研组规划制定全院十二年规划。第五，在院十二年规划小组下设林场、植物园、图书、仪器、人事、政治思想教育、体育规划小组，负责该部门十二年规划起草工作。

7 月 4 日，北京林学院第 29 次院务委员会决定撤销林学系，分设造林系及森林经营系，造林系主任为汪振儒，副主任为冯致安（成立城市居民区绿化专业后，补充任命汪菊渊为副主任），森林经营系主任为范济洲，副主任为陈陆圻。

9 月，高教部下发经过修改后的一二级教授名单：汪振儒被评为国家二级教授，是北京林学院唯一的国家二级教授。

10 月 26 日，中国农工民主党北京市委员会通知（56）系组字 0455 号，兹于本年 10 月 24 日批准汪振儒同志为本党党员。同月，中国农工民主党北京林学院小组成立，汪振儒任组长，1986 年、1990 年任第一届、第二届支部主任委员。

是年，张英伯任中国林业科学研究院林业研究所研究员，树木生理生化研究

室主任。张英伯（Chang Ying-Pe），1913年7月26日生，直隶武清（今属天津）人，1932—1937年在北平师范大学上大学，1938年经胡先骕教授招聘到北平静生生物调查所工作，至1940年北平静生生物调查所助理研究员，1940—1946年云南农林植物所和中央研究院工学研究所副研究员，1946—1947年在美国耶鲁大学林学及理工研究院攻读学位，被授予"科学硕士"，1947—1951年在美国密执安大学资源学院及理学研究院，获"木材学硕士"和"哲学博士"学位，论文题目"Anatomy of Wood and Bark in the Rubiaceae Doctora L. Dissertation"，1951—1955年任美国威斯康星大学林产研究所研究员，1956—1984年任中国林业科学研究院林业研究所研究员，树木生理生化研究室主任，1957—1983年兼任中国科学院北京植物研究所研究员。中国林学会第四届理事，中国林学会树木生理生化专业委员会主任。1984年4月10日病逝于北京。从事树皮研究，是中国树皮结构化学研究的创始人。在树木生理学领域中进行了开创性的工作，倡导发展了一门新学科——树木木质部生理学。

• 1957年

1月，《植物生态及地植物学资料丛刊》创刊，汪振儒任编委，1960年停刊。

2月，竺可桢、汪振儒、胡先骕等著《世界文化名人 瑞典博物学家卡尔·林内诞生250周年纪念会》一书由中国科学院出版。

5月，汪振儒《瑞典博物学家林内诞生二百五十周年纪念》刊于《生物学通报》1957年第5期1～3，6页。

5月，汪振儒完成《2.4-D对毛白杨花穗萌动的控制》（手稿）一文。

5月，汪振儒、张正松、招弟合作完成《紫胶虫寄主植物生理研究小结》。

5月31日至6月2日，北京林学院第一次科学报告会召开，各兄弟院校代表及林业部、高教部的负责同志出席了会议，林学院12位同志做了科研报告，共提出论文19篇。会后出版了《北京林学院科学研究集刊》，由刘榕负责编辑。《北京林学院科学研究集刊》目录：王林、迟崇增、王沙生《不同播种期不同抚育次数对栓皮栎幼林生长的影响》1～10页，徐明《核桃的良种选育（1957年5月31日在本院第一次科学研究报告会上报告）》11～32页，高志义《华北松栎混交林区石质山地的土壤和立地条件》33～60页，关君蔚、高志义《妙峰山实验林区的立地条件类型和主要树种生长情况（预报）》61～87页，关君蔚、陈健、李滨生《冀西砂地防护林带防护效果观测报告》88～102页，关君蔚《关于古代侵蚀和现代侵蚀问题》103～115页，陈健《贴地气层温度和湿度的几种特性》116～128页，李驹《拉丁学名的命名及其在科学研究上的重要性》129～140页，马太和《土壤运动形式》141～145页、张正昆《带岭凉水沟的林型和林型起源》146～161页、李恒《云南西北部地区的林型问题》162～172页，于政中《我国森林经理的发展概况》174～185页，申宗圻《压缩木的研究》186～194页，黄旭昌《云杉八齿小蠹生活习性初步观察》195～200页，邓宗文《东北和内蒙古林区森林防火调查研究试验研究简报及对防火措施的意见》201～210页。

8月5日，北京林学院院务会议决定成立科学研究部，汪振儒任研究部主任。

8月，汪振儒《培养造林工程师》刊于《科学大众》1957年第8期376～377页。

9月12日，汪振儒参加世界文化名人瑞典博物学家卡尔·林内诞生250周年纪念会，并做报告。

9月12日，中国人民保卫世界和平委员会等编《世界文化名人瑞典博物学家卡尔·林内诞生250周年纪念会》由中国人民保卫世界和平委员会刊印。林奈（Linnaeus，林内），全名卡尔·冯·林奈（Carl von Linné，1707年5月23日—1778年1月10日），过去译成林内，瑞典自然学者，现代生物学分类命名的奠基人。动植物双名命名法（binomial nomenclature）的创立者，自幼喜爱花卉。曾游历欧洲各国，拜访著名的植物学家，搜集大量植物标本。归国后任乌普萨拉大学教授。1735年发表了最重要的著作《自然系统》"Systema Naturae"，1737年出版《植物属志》，1753年出版《植物种志》，建立了动植物命名的双名法，对动植物分类研究的进展有很大的影响。为纪念林奈，1788年在伦敦建立了林奈学会，他的手稿和搜集的动植物标本都保存在学会。在世界顶级学府美国芝加哥大学内还设有林奈的全身雕像。林奈学会（Linnaean Society）位于英国伦敦皮卡迪利街的伯灵顿宫（Burlington House，Piccadilly，wi.），建于1778年。瑞典博物学家C.von林奈去世后，他生前收集的大量动植物标本及藏书，被J.E.史密斯（James Edward Smith）所收购。1788年史密斯与R.S.古迪纳夫（Samuel Goodenough）和T.马沙姆（T.Mariam）、约瑟夫·班克斯（Joseph Banks）等人共同创立了林奈学会，林奈学会是为了纪念林奈而创建的。1802年林奈学会获

政府授予的皇家许可证,并迁入伯灵顿宫旧址。在该会1858年7月1日举行的一次学术会议上,宣读了C.R.达尔文和A.R.华莱士关于自然选择的联合论文,由此闻名于世。林奈学会曾开展过广泛的科学活动,并集中于研究古北区的植物和动物。

9月13日,《人民日报》刊登《昨日北京七百多个科学家和科学工作者集会 纪念世界文化名人瑞典博物学家林内》:新华社12日讯 世界文化名人、瑞典博物学家卡尔·林内诞生二百五十周年纪念会,今晚在北京共青团中央礼堂举行。七百多名中国的科学家和科学工作者出席了今晚的纪念会。应邀参加纪念会的还有亚洲及太平洋区域和平联络委员会副秘书长何塞·万徒勒里(智利)等人。中国科学院副院长竺可桢在纪念会上致开幕词时说,卡尔·林内(1707—1778)是近代自然科学史上划时代的人物,恩格斯在《自然辩证法》一书中,曾经称十六、十七世纪欧洲近代自然科学萌芽时代为牛顿(1642—1727年)和林内为标志的一个时代。那个时代自然科学最重要的工作,是整理过去所积累的大量材料,使之成一体系。林内竭尽了毕生精力,从事于植物和动物的分类学研究,是近代生物分类学的奠基者。林内在1753年所创的"双名制"拉丁文简洁叙述法,鉴定了数以千计的植物、动物学名,为以后全世界生物学家所采用,从而廓清了过去动植物命名混乱不清的状态。竺可桢说,目前我国正在进行社会主义建设,必须得大规模地从事于全国动植物的普查,这一工作正在期待着分类学家发挥巨大的力量。同时,我们也要学习林内毕生同自然界作斗争的精神。应邀出席纪念会的瑞典驻华大使布克接着讲话,他代表瑞典政府和瑞典人民,感谢中国人民保卫世界和平委员会、中国人民对外文化协会、中国科学院和中华全国自然科学专门学会联合会为纪念卡尔·林内所给予的重视和好意。随后,中国植物学会理事汪振儒介绍了林内事略;中国科学院植物研究所研究员胡先骕和动物研究所研究员寿振黄,也分别介绍了林内对近代植物分类学和对动物学的贡献。寿振黄(1899—1964年),鱼类学家,鸟类学家,兽类学家。中国脊椎动物学研究的开拓者之一,中国科学院动物研究所原动物生态室、脊椎动物室研究员,浙江诸暨人。1920年毕业于南京高等师范学院,1925年毕业于东南大学(即今南京大学)。后就读于美国加利福尼亚大学(伯克利)和斯坦福大学,从事鱼类分类学研究;在霍布金海滨生物研究所研究甲壳类生活史。1926年获得硕士学位。1928年回国,先在清华大学任教,同年参加静生生物调查所的工作,任动物部技师，开创了中国鱼类、鸟类和兽类的研究工作。中国脊椎动物学和中国动物生态学奠基人之一，对中国动物学的创建与发展起到了重要的作用。1962年创建动物生态研究室，为中国动物生态学奠定了基础。寿振黄先生先后发表了100多篇部研究论著。1927年与埃弗曼合作发表的《华东鱼类研究》是中国人发表的第1篇鱼类学研究论文。发表的《铃蛙的体长与体重》（1938）也是中国两栖动物早期有水平的生态学论文。《河北省鸟类志》（1936）专著堪称国际一流水平的论著。1958年出版的《东北兽类调查报告》一书是中国第一部兽类学专著。

10月，汪振儒完成《对于毛白杨插枝生根初步实验分析》（手稿）一文。

10月，许成文《沈阳树木冬态》由科学出版社出版。

12月，汪振儒《杂草种子检索表》在对外贸易部商品检验总局编、上海财经出版社出版的《检疫杂草简易图说 附录1》130～140页刊登。

12月，北京林学院科学研究部《北京林学院科学研究集刊》刊印，刘榕任编辑。

是年，汪振儒任北京林学院图书馆第二任馆长，至1964年。

是年，汪振儒、乐琪等《类生长素物质对华北地区主要用材阔叶树种诱导生根以及对抗盐、抗旱的关系》，汪振儒、万藕湘《树木幼苗在生长期间的几种生理活动与生长的关系》，汪振儒、夏祁延等《树木幼苗生长期间及矿质营养成分的改变情况的研究》在《林业部林业科学研究所研究报告（营林部分）》刊登。

● 1958年

4月，《科学史集刊》第1期创刊，其中刊有竺可桢《发刊词》、席泽宗《纪念齐奥尔科夫斯基诞生100周年》《纪念卡尔·林内诞生250周年纪念特辑》、竺可桢《纪念卡尔·林内诞生250周年》、汪振儒《卡尔·林内（1707—1778）事略》、胡先骕《卡尔·林内对近代植物分类学的贡献》、寿振黄《卡尔·林内对于动物学的贡献》等。

7月，杜律尔原著、胡先骕译《试验的与合成的植物分类学》刊于《科学》1958年3期147～155页。

10月，汪振儒等《缺乏不同矿质元素对油松、侧柏、榉及白蜡四种树苗生长的影响》刊于《林业部林业科学研究所研究报告（营林部分）》1～23页。

12月，北京林学院编订《德汉林业名词》由科学出版社出版，由汪振儒、关毓秀等合译并校审。本书是由北京林学院的同志集体编译，其中参加翻译工作的有沈熙环、李恒、李滨生、关玉秀、徐化成、徐玲、张建凌、郑士锴（郑世锴，编者注）、曾宪嬉9位同志，参加审阅的有朱江户、汪振儒、范济洲3位同志。

12月，高尔捷耶娃等著，北京林学院植物教研组汪振儒、马骥、秦尔昌、万莼湘、董建华译《植物学夏季野外实习》由高等教育出版社出版。

是年，《植物生态学与地植物学资料丛刊》成立第一届编委会，主编李继侗，编委刘慎谔、曲仲湘、仲崇信、汪振儒、阳含熙、吴征镒、吴中伦、林英、侯学煜、崔友文、张宏达、钱崇澍。

● 1959 年

4月，北京林学院《日汉林业名词》由科学出版社出版。北京林学院日汉林业名词编译小组由陈陆圻、孙时轩、徐化成三人负责，于政中、申宗圻、任宪威、李驹、汪振儒、周仲铭、范济洲、马骥、关玉秀、关君蔚、张执中、张增哲、曹毓杰、钟振威参加校订。

9月10日，政协北京市第二届委员会第一次会议召开，汪振儒当选为政协委员。

11月，丁乙译《德国北部冲积区土壤改良的方法》收入中国林业出版社出版的《国外林业施肥经验》20~24页。

12月，北京林学院编订《德汉林业名词》由科学出版社出版，由汪振儒、关毓秀等合译并校审。本书是由北京林学院的同志集体编译，其中参加翻译工作的有沈熙环、李恒、李滨生、关玉秀、徐化成、徐玲、张建凌、郑士锴（郑世锴，编者注）、曾宪嬉9位同志，朱江户、汪振儒、范济洲参加审阅。

● 1960 年

2月，汪振儒任中国林学会第二届理事会理事，至1962年12月。

● 1961 年

8月，南京林学院树木生理生化教研组编《植物生理学（林业、绿化、森林保护、树木生理生化等专业用）》（高等林业院校教学用书）由农业出版社出版，组织编著者吴贯明。吴贯明，1928年10月17日生于江苏省苏州市，是吴贻芳的侄子。1952年毕业于金陵大学农艺系，并留校任教。1955年后在南京林学院任教，长期从事植物生理学的教学和科研工作，1987年晋升为教授。先后任南京林业大学植物生理教研组主任，校、系学术委员会委员，校学位委员会委员，《中国农业百科全书·生物卷》编委会副主编，《南京林业大学学报》编委会委员。长期主持《大袋蛾性外激素的研究》《竹子开花生理的研究》，在学术刊物上多有论著发表。译著有《树木生理与遗传改良》《树木生理生化》《昆虫性外激素》《森林遗传学实验新技术》等。1989年9月23日因车祸不幸逝世，终年61岁。吴贯明是我国树木生理学家，中国林学会树木生理委员会常务理事，南京市政协第七、第八届委员，九三学社社员。曾被划为右派，历经磨难。

是年，汪振儒作为指导导师招收我国第一批树木生理研究生，招收王庆学、王宗汉、陈树元[10]，高荣孚作为助手协助培养第一批研究生。高荣孚，1934年1月生，浙江嘉兴人。植物生理学家，北京林业大学植物生理学教授、博士生导师。1958年毕业于北京大学生物系植物生理专业，分配到北京林学院绿化系植物生理教研组从事教学工作，历任助教、讲师、副教授、教授等职。1990—1996年兼任学校图书馆馆长。1998年7月被聘为国务院参事（2009年3月离任）。长期从事植物生理教学与研究工作。曾任中国植物生理学会常务理事、中国林学会树木生理生化专业委员会常务理事兼秘书长、林业院校图工委副主任等。1961年协助汪振儒教授培养了我国第一批树木生理研究生。1979年主编了林学与园林各专业适用的《植物生理学》教材。1987年又与汪振儒教授一起培养了我国第一个林学（森林生态学）博士毕业生。1993年由国务院学位委员会批准为第五批博士生指导教师。1973年开始参加主持"造林绿化、净化大气"课题研究，1976年被列为农林部项目，并组织全国科研协作组，云南林学院为主持单位，开展全国大气污染与植物关系研究，首先在我国开展氟化物污染生态系统的研究以及以氟污染为主的植物监测工作，1978年获全国科技大会二等奖。在植物生理生态方面研究，涉及从油松叶绿体的亚细胞水平到油松树木个体光合和油松林群体光合及水分交换研究。他在我国开创了用国产元件组装的仪器、用空气动力学方法研究森林光合作用，使生理生态成为森林生态研究室的主要方向。在此

---

[10] 蒋顺福，马履一. 北京林业大学研究生教育50年[M]. 北京：中国林业出版社，2002.

基础上主持完成了稳态气孔计的研制，获1987年林业部科技进步三等奖。1997年以植物生理学课程综合改革获北京市教学研究二等奖。1998年承担教育部理科基地创名牌课程中植物生理学课程项目。他在兼任图书馆馆长期间，领导图书馆工作人员从事文献计量学的研究，对林业科学中的主要学科在1949年以来各种期刊上发表的论文进行较系统的研究，完成了《中国林学的回顾与展望——从林业科技文献看中国林业科技的发展》一书，相关研究项目获得林业部科技进步三等奖。享受国务院特殊津贴。2021年6月12日在清华长庚医院去世，享年87岁。

1962 年

2月，汪振儒任北京市农工民主党第四届委员。

12月17日，政协北京市第三届委员会第一次会议召开，汪振儒当选为委员。

是年，汪振儒招收树木生理研究生张德兰、杨文政。

1963 年

2月，根据中国科协意见，中国林学会召开在京理事会议，决定在常务理事会下设4个专业委员会，即林业、森工、普及委员会和《林业科学》编委会，陈嵘任林业委员会主任委员，郑万钧任《林业科学》编委会主编。《林业科学》北京地区编委会成立，编委陈嵘、郑万钧、陶东岱、丁方、吴中伦、侯治溥、阳含熙、张英伯、徐纬英、汪振儒、张正昆、关君蔚、范济洲、黄中立、孙德恭、邓叔群、朱惠方、成俊卿、申宗圻、陈陆圻、宋莹、肖刚柔、袁嗣令、陈致生、乐天宇、程崇德、黄枢、袁义生、王恺、赵宗哲、朱介子、殷良弼、张海泉、王兆凤、杨润时、章锡谦，至1966年。

6月，克累默尔、考兹洛夫斯基著，汪振儒等译《树木生理学》由农业出版社出版。

10月，中国植物学会在北京召开第七届理事会，汪振儒被选为第七届常务理事。

10月，中国植物生理学会在北京召开成立大会，选举产生第一届理事会，理事长罗宗洛，副理事长汤佩松、殷宏章，常务理事罗宗洛、赵毅、娄成后、崔澂、奚元龄、殷宏章、汤佩松，理事于志忱、石声汉、石大伟、朱健人、刘萃

杰、汪振儒、李中宪、李荫桢、李曙轩、肖翊华、庞士铨、吕忠恕、卓仁松、罗士韦、周百嘉、郑广华、段金玉、胡笃敬、曹宗巽、薛应龙，秘书长崔澂。参加会议的清华同仁有：汤佩松、王伏雄、苏云龙、殷宏章、曹宗巽、梅镇安、胡笃敬、赵修谦、庞士铨、周以良、吴征镒、王希庆、徐仁、娄成后、陈耕陶、罗士韦、祝宗岭、仲崇信、汪振儒 19 位。

是年，《植物生态及地植物学资料丛刊》改名为《植物生态学与地植物学丛刊》复刊，汪振儒任编委。

1965 年

9 月 6 日，政协北京市第四届委员会第一次会议召开，汪振儒当选为委员。

1969 年

11 月，林业部军管会林管字（69）55 号文件《关于撤销北京林学院交云南省安排处理的请示报告》，上报国家计委军代表并国务院业务组，要求在半个月内将全院师生员工及家属 5000 多人遣送到云南，后因广大师生、员工强烈抵制未能实现。

11 月 15 日，驻校军宣队召开大会，向全校师生员工进行搬迁动员，只谈战备疏散，并未传达将学校撤销之事。11 月 28 日至 12 月初，师生员工们分成两批，从北京永定门火车站出发开始南迁。

1970 年

1 月，云南省革委会决定北京林学院师生全部集中丽江，北京林学院迁往玉龙山下的丽江纳西族自治县大研镇西南部的文笔海边建校，更名为丽江林学院。

1971 年

10 月 9 日，云南省革委会批示，同意在下关市（大理市）建校，将校名改为云南林业学院。

1972 年

8 月中旬，云南省革委会科教组也派调查组，听取群众意见。农林部和云南

省革委会经调查研究和协商,决定放弃下关建校的方案,在昆明市附近另选校址,并筹划招生办学。

9月,云南省委批准成立中共云南林业学院领导核心组,任命王友琴为组长、副组长为甄林枫(兼院长,至1978年2月)和杨锦堂,成员还有范子英、张中,并决定11军军宣队撤离,革委会也随之撤销。

1973年

3月,汪振儒随云南林业学院迁至云南昆明市安宁县温泉镇楸木园。

4月,云南林业学院全部从下关迁到昆明市安宁县温泉镇楸木园。

4月30日,杨锦堂致函林业总局科教局:同意汪振儒先生担任第七届世界林业大会文件的整理校对工作。1972年10月4日至18日,第七届世界林业大会在阿根廷首都布宜诺斯艾利斯召开。大会的主题是"当今世界林业的中心问题",农林部副部长梁昌武率中国林业代表团出席会议。

5月至8月,汪振儒完成《对科学研究计划的评价》(J. E. Marshall)一文的翻译工作。

5月16日,汪振儒相继完成《关于资源评价、规划、保护及经营中的遥测技术》(Hellen,Spade,Well)、《加拿大土地清查在土地利用规划中的应用》、《发挥集约经营森林的游憩作用》(Maurice K. Goddard)、《在林业教育发展过程中应扩大个例的深入研究作为主要的手段》(D.H. Kulkani)、《研究植物生长用的太阳辐射记录仪》(K. J. McRecc)等文章的翻译工作。

10月,云南林业学院开始招收工农兵学员,3个专业招生。

1974年

1月,云南林业学院开展"基本路线教育"。

11月,汪振儒等译《用气体交换技术研究陆地生态系统的代谢活动核物》收入由科学出版社出版《植物生态学译丛(第一集)》40～49页。

11月,云南林业学院制订《云南林业学院科技十年发展规划设想》。

1975年

1月1日,汪振儒给陈彩琼的信中谈道:上星期六(12月27日)院组织曾找我去谈关于个人结论的事,定为"政治历史问题",我自己一人不好决定,所以将结论的全文抄下寄上,请你们研究,看是否可以同意,以下是结论的全文:"汪振儒于1940年在广西大学农学院任教期间,经该校三青团干事长李运华委任为三青团干事至1945年,在此期间有发展三青团组织等一般罪恶活动,1944年又于该校参加国民党,系一般党员,现以政治历史问题,予以结论。在无产阶级'文化大革命运动'中,对其反对思想进行批判、教育是应该的,望本人能从中吸取教训,认真改造世界观。"

8月4日,汪振儒将退休表交到林业系,5日范济洲请假去杭州探亲,7日王友琴乘飞机去北京。

8月27日,汪振儒给陈彩琼的信中谈道:关于退休问题,王友琴曾于21日及时来我处面谈,主要意思仍然是叫我暂先不要退休,当时我即向他说,此次退休主要是为了户口问题,怕以后回北京困难,同时还说他人家属粮食关系都已转回北京,只有你的未转,所以更为担心。他对此情况似有了解,不过他说最近最高领导曾说过"老九不能走"的。

1976年

5月11日,汪振儒由昆明到南宁,13日到广西大学农学院,14日到区林科所等,17日到桂林,在广西植物研究所执行科研协作任务。

9月,云南林业学院通知汪振儒办理退休手续,10月退休回到北京。

是年,汪振儒着手采集和研究木兰科植物。

1977年

7月,全国恢复统一高考制度,云南林业学院林业、森林保护、水土保持、林业经济、亚热带经济林、城市园林、木材机械加工和林业机械8个专业共招新生328名。

11月14日,汪振儒致函云南林业学院领导小组核心同志,信中说华国锋及邓小平等中央领导最近多次对科学及教育工作做了重要批示,充分肯定了教育战线在为实现四个现代化培养又红又专的科技人才方面的重要作用,给了我很大鼓舞和鞭策。我院在受中央农林部委托主持召开全国林业专业教材编写会议之际,院领导不因我离校而仍给我参加盛会的机会,是对我的关怀和信任,也受到巨大

的鼓励，因而产生迫切需要重返林业教育战线的要求，以期能以有限的余年继续忠诚党的教育事业，拟请学校批准恢复原来工作，并与有关部门洽商办理应办手续以便早日回到原来工作岗位，以求能为我国的四个现代化做出应有的贡献。但结合个人的实际情况，也望对工作及生活条件给以恰当的安排以利工作，谨将此情况上述，即希核查并给指示为荷。

10月，云南林业学院受农林部国家林业总局委托，在昆明翠湖宾馆召开修订林业专业教学计划会议，各林业院校和农业院校林学系的主要领导及教师代表与会，会议由王友琴、范济洲和陈陆圻主持。会议除了主要议程外，还交流了农林院校的信息。

11月22日，政协北京市第五届委员会第一次会议召开，汪振儒当选为委员、常委。

是年，汪振儒《现代高等植物分类学进展情况》(1~23页)，由广西植物所出版油印本。

● 1978年

2月17日，国务院转发教育部《关于恢复和办好全国重点高等学校的报告》（国发〔1978〕27号）。目前，第一批全国重点高等学校已经确定，共八十八所。其中恢复原有的六十所，新增加的二十八所。它们是：北京大学（及分校）、复旦大学、吉林大学、南开大学、南京大学、武汉大学、中山大学、四川大学、山东大学、兰州大学、厦门大学、云南大学、西北大学、湘潭大学、新疆大学、内蒙古大学（以上为综合大学）；清华大学（及分校）、西安交通大学、天津大学、大连工学院、南京工学院、华南工学院、广东化工学院、华中工学院、重庆大学、同济大学、上海化工学院（及分院）、浙江大学、中国科技大学、长沙工学院、北京航空学院、南京航空学院、西北工业大学、成都电讯工程学院、西北电讯工程学院、北京工业学院、华东工程学院、上海交通大学、哈尔滨船舶工程学院、哈尔滨工业大学、重庆建筑工程学院、北京钢铁学院、东北工学院、中南矿冶学院、华东水利学院、武汉水利电力学院、河北电力学院、华东石油学院、北京化工学院、大庆石油学院、四川矿业学院、阜新煤矿学院、合肥工业大学、吉林工业大学、东北重型机械学院、湖南大学、镇江农业机械学院、大连海运学院、北方交通大学、西南交通大学、上海纺织工学院、西北轻工业学院、湖北建筑工业学院、武汉地质学院、长春地质学院、北京邮电学院、华北农业机械化学院、南京气象学院、武汉测绘学院、山东海洋学院（以上为理工科院校）；北京师范大学、上海师范大学；华北农业大学、云南林学院、江西共产主义劳动大学、大寨农学院；北京中医学院、北京医学院、上海第一医学院、中山医学院、四川医学院；北京外国语学院、上海外国语学院；西南政法学院、北京对外贸易学院；中央音乐学院；北京体育学院；中央民族学院。

4月24日，农林部机构变动，成立国家林业总局，由农林部代管，主要任务是负责全面规划，统筹安排，统一管理造林育林和森林工业工作，罗玉川任国家林业总局局长、党组书记。1979年2月16日，中共中央、国务院决定撤销农林部，成立农业部、林业部，任命罗玉川为林业部部长，雍文涛为副部长。罗玉川（1909—1989年），直隶（今河北）满城人。1930年加入中国共产党。曾任中共满城县工委书记，完满易中心县委书记，晋察冀三地委宣传部部长，冀中四地委书记，冀中行署主任，河北省人民政府副主席。中华人民共和国成立后，历任农业部副部长、党组书记，中共平原省委副书记，平原省人民政府副主席，林业部副部长，农林部副部长兼国家林业总局局长，林业部部长、顾问。是中共八大、十一大、十二大代表，中顾委委员，第三至五届全国人大代表。曾主持草拟了中华人民共和国第一部森林法，1979年2月经全国人大常委会审议通过，正式发布试行。

4月22日至5月16日，教育部在北京召开教育工作会议，云南林业学院核心组组长王友琴在会议上申明北京林学院返京复校的迫切性，发言引起与会者的极大震动和共鸣，纷纷予以同情和支持。

5月，北京林学院在北京组成以杨锦堂为首的复校办公室，成员有陈陆圻、赵川雨、范子英、王慧身等，开始正式进行返京复校活动。

5月4日，汪振儒、范济洲等17名正、副教授联名向农林部、教育部反映本校在云南多年来的遭遇，说明返京复校的理由。

6月7日，国家林业总局以（78）林科字第15号，（78）教计字511号文件上报国务院。

6月，汪振儒担任北京植物学会理事兼学术组副组长。

7月20日，汪振儒、范济洲等23位正、副教授就北京林学院回京办学问题联名向有关领导呈递意见书。

9月，汪振儒在青海西宁高原生物所做报告《漫谈我国植物科学的现代化问题》。

9月12日，云南林业学院恢复招生研究生后录取第一批研究生（77～78级）8名（林木遗传育种续九如、造林学翟明普、杨建平、左永忠、森林经理学吕树英、森林植物学尹伟伦、董全忠、森林保护学秦菀蓉）。

9月，在国家林业总局组织下，云南林业学院在昆明温泉宾馆召开修订林学专业课教学大纲与编写教材工作会议。

9月30日，汪振儒、范济洲、陈陆圻、申宗圻四位教授又联名给叶剑英副主席书写呼吁北京林学院回京复校的请示报告。

10月，中国植物学会第八届理事会在昆明召开，汪振儒当选为中国植物学会第八届副理事长兼秘书长。

10月，中国植物生理学会第二届代表大会在广西举行，选举第二届理事会，理事长罗宗洛，副理事长汤佩松、殷宏章，常务理事罗宗洛、汤佩松、殷宏章、崔澂、娄成后、奚元龄、曾子坚、李曙轩、沈允钢、罗士韦、郭俊彦，理事于志忱、石大伟、刘萃杰、朱健人、李中宪、李荫桢、吕忠恕、肖翔华、汪振儒、匡廷云、罗士韦、郑广华、庞士铨、周百嘉、卓仁松、郭俊彦、胡笃敬、段金玉、高煜珠、曹宗巽、薛应龙、潘瑞炽、倪晋山、夏镇澳、黄宗甄、汤兆达、苗以农、张陆德、张江涛、金津、周嘉槐、胡延玉、王熹、阿吾提阿培孜，秘书长崔澂，副秘书长夏镇澳。汪振儒担任北京市植物生理学会第一、二届理事。

11月，汪振儒翻译《研究植物生长用的太阳辐射记录仪》收入科学出版社出版《植物生态学译丛（第二集）》197～201页。同期，汪振儒译《在天然条件下研究光合作用而进行的辐射测定》收入202～216页。

11月10日至12月15日，中央工作会议在北京召开，12月13日，邓小平在会议闭幕式上作了题为《解放思想，实事求是，团结一致向前看》的重要讲话。

11月29日，国务院下发了国发〔1978〕248号文件《国务院关于华北农业大学搬回马连洼并恢复北京农业大学名称的通知》。

12月18日至22日，中国共产党第十一届中央委员会第三次全体会议在北京召开，全会的中心议题是讨论把全党的工作重点转移到社会主义现代化建设上来。

12月21日至28日，中国林学会在天津召开1978年学术年会，选举产生了中国林学会第四届理事会。名誉理事长张克侠、沈鹏飞，理事长郑万钧，副理事长陶东岱、朱济凡、李万新、刘永良、吴中伦、杨衔晋、马大浦、陈陆圻、王恺、张东明，秘书长吴中伦（兼），副秘书长陈陆圻（兼）、范济洲、王恺（兼）、

王云樵。汪振儒当选为理事,任职至 1982 年 12 月。

12 月 31 日,国家林业总局与教育部联合发文《关于北京林学院迁回北京办学的通知》,批准学校返京办学,并恢复"北京林学院"名称。

● 1979 年

1 月,汪振儒任中国林业科学研究院林业研究所学术委员会委员。

1 月 23 日,经中国林学会常务委员会通过,改聘《林业科学》第三届编委会,主编郑万钧,副主编丁方、王恺、王云樵、申宗圻、成俊卿、关君蔚、吴中伦、肖刚柔、阳含熙、汪振儒、张英伯、陈陆圻、贺近恪、侯治溥、范济洲、徐纬英、陶东岱、黄中立、黄希坝,共有编委 65 人,至 1983 年 2 月。

2 月,在党和国家的亲切关怀下,经国务院批准北京林学院迁回北京办学。

5 月 10 日,国务院正式确认"云南林学院"名称。北京林学院迁回北京办学后,国家教委和国家林业总局批准云南林学院在原校址独立建校,继续办学。

5 月,《北京林学院学报》创刊,汪振儒担任主编,1986 年以后任编委会顾问。

6 月 8 日,北京林学院临时党委及临时行政领导班子组成。王友琴任党委书记、副院长,杨锦堂、王昭同任党委副书记、副院长,郭绍仪、吕素明任副院长。

8 月,汪振儒教授在《森林与人类》杂志编辑部仰杰的陪同下到广东肇庆鼎湖山自然保护区考察。

9 月 30 日,四川大学方文培邀请汪振儒到四川大学讲学,主讲植物发展史。

10 月 11 日至 22 日,农工党在北京召开第八次全国代表大会,汪振儒当选为农工民主党八届中央候补委员。

10 月 12 日至 17 日,中国林学会在北京召开林业科学技术普及工作会议,选举中国林学会第四届科普委员会,汪振儒当选为常委。

11 月 27 日至 12 月 3 日,中国林学会与中国生态学会在昆明联合召开森林生态学术讨论会,成立中国林学会森林生态专业委员会,会议由朱济凡副理事长主持。主任委员吴中伦,副主任委员朱济凡、侯学煜、汪振儒、阳含熙、王战,秘书长蒋有绪,副秘书长冯宗炜、李文华。

12 月,汪振儒任中国林学会第四届理事会委员。

12 月 16 日,汪振儒收到章熊治丧委员会寄的讣告。中华书局古代史编辑室编辑章熊同志 12 月 3 日因病逝世,定于 12 月 19 日下午三点半在八宝山革命公墓小礼堂举行追悼会。章熊是清华大学经济系 1929 级毕业生。

1980 年

1 月 5 日,北京林学院成立学术委员会,主任汪振儒,副主任杨锦堂、陈陆圻、范济洲。

2 月,汪振儒任北京市农工民主党第五届常委。

2 月 1 日,国务院批准成立国务院学位委员会。同年 12 月 1 日国务院批准成立国务院学位委员会第一届委员会,主任委员方毅,副主任委员周扬、蒋南翔、武衡、钱三强,汪振儒为委员。

4 月,汪振儒随中国林业考察团赴美国考察,归国后发表《美国林业教育的一些特点》《美国林业教育管窥》。

4 月 27 日,秦仁昌致函汪振儒谈《中国植物学史》的编写问题,其中谈道:汤(佩松)老认为我们这一代应对中国植物学起着继往开来的作用,特别对新中国成立前的植物学要总结一下,使后来者不致数典忘祖,特别对青年一代也有教育意义,我支持他的意见。

5 月 18 日,汪振儒在北京师范大学参加《生物性通报》编委会,确定第 3 期稿件和初步议论明年选题。

7 月,汪振儒《复刊词》刊登在《生物学通报》1981 年 1 期第 1 页。

9 月中旬至 11 月中旬,汪振儒随林业部雍文涛部长率领的中国林业代表团,对美国、新西兰、澳大利亚林业进行了比较系统的考察。

10 月 11 日,杜梦纲、王汉生、汪振儒、吴中伦、雍文涛、黄枢、黄毓彦、李昌鉴等参观圣赫伦斯大山在 Portland 机场合影,回国后林业部于 12 月 6 日向国务院呈报了《美国、新西兰、澳大利亚三国林业见闻》。

10 月 4 日,汪振儒在北京师范大学参加《生物性通报》编委会会议,确定 1981 年第 1 期计划稿。

1981 年

2 月,汪振儒《生物教学和我国林业的发展》刊于《生物学通报》1981 年 2 期 1~2 页。

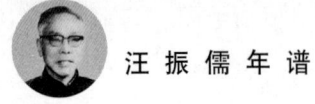

2月，朱惠方、汪振儒、刘东来等译《英汉林业科技辞典》由科学出版社出版。

3月10日，全国政协科学技术组组织报告会"在经济调整中科技问题讲座"，北京林学院汪振儒教授在政协礼堂做了题为《也谈森林的作用问题》的报告，会议由中国科协副主席裴丽生同志主持。

4月19日，在清华大学70周年校庆期间，清华大学第一级（1929年）毕业生在京校友于北京北海仿膳留影纪念，有沈有鼎、杨业治、李泰华、葛春林（霖）、徐世（士）瑚、袁翰青、汪振儒、王淦昌、楼福卿、曾炳钧、张大煜、冯伴琴、王国新、唐德源、付任敢。

5月3日，林业部党组任命阎树文为北京林学院教务长，沈国舫为副教务长。

5月23日，中国植物学会、中国动物学会、中国林学会、中国青少年科技辅导员协会筹委会、中国少年先锋队工作学会、北京市青少年生物爱好者协会联合召开的青少年爱护生物大会在北京举行。一千多名首都青少年、生物课教师、辅导员参加了大会，中国科协、全国妇联、共青团中央、北京市科协的领导同志和著名科学家裴丽生、贝时璋、汤佩松、郑作新、汪振儒、侯学煜、吴中伦、沈国舫等出席了大会，热情鼓励青少年们学习科学知识，培养热爱祖国生物资源的道德风尚。

6月13日，国务院学位委员会第二次会议通过了国务院学位委员会学科评议组成员名单（1981年第一届国务院学位委员会学科评议组成员名单），评议组成员包括10个学科评议组共407名学者、科学家，其中农学评议组有马大浦、马育华、王广森、王恺、方中达、史瑞和、邝荣禄、朱国玺、朱宣人、朱祖祥、任继周、许振英、刘松生、李竞雄、李连捷、李曙轩、杨守仁、杨衍晋、吴仲伦、吴仲贤、余友泰、邱式邦、汪振儒、沈隽、陈华癸、陈陆圻、陈恩凤、范怀中、范济洲、郑万钧、郑丕留、赵洪璋、赵善欢、俞大绂、娄成后、徐永椿、徐冠仁、黄希坝、盛彤笙、葛明裕、蒋书楠、鲍文奎、裘维蕃、熊文愈、蔡旭、戴松恩。

8月，汪振儒、黄伯璇《确切地认识森林的作用——与黄秉维先生商榷》刊于《地理知识》1981年第8期1～4页。

8月，北京林学院成立第一届学位评定委员会，陈陆圻任主席，汪振儒、范济洲任副主席。

8月，北京林学院主编《植物生理学》由中国林业出版社出版。主编王沙生、高荣孚，编写人王沙生、张良诚、吴贯明、高荣孚、董建华。王沙生，树木

生理学家。1931年5月4日出生于湖北省沙市一个商人家庭。6岁时回祖籍江苏省苏州市，1949年在晏成中学高中毕业，1950年夏赴南京参加高考，考入北京农业大学学习2年，1952年被调整到北京林学院森林系学习，1954—1959年在北京林学院林学系任助教，1960年在北京外国语学院留苏预备部学俄语，1960—1964年在苏联莫斯科林学院植物和植物生理教研室学习，获生物学副博士学位，1964—1978年在云南林业学院（现北京林业大学）植物生理教研室任讲师，1978—1986年在北京林学院植物生理教研室任副教授，1979年在林业部委托北京林学院举办的英语培训班学习，1981—1982年应邀赴挪威森林研究所做访问学者进行合作研究，1982—1997年任北京林业大学森林生物学实验中心主任、北京林业大学教授，1995—1998年任林业部树木花卉育种实验室主任，1998年任林业部树木花卉育种生物工程重点开放实验室学术委员会主任。研究证实欧洲云杉死因的国际性难题、探索树木生长发育调控机理、将杨树栽培生理研究推向新的高度、树木抗旱耐盐性新的切入点——根冠关系研究，为发展林业生物科学铺路。

9月，何平考入北京林学院森林生态学硕士研究生，1985年10月批准提前攻读博士学位，指导教师为汪振儒教授。

10月，(英)坎内尔(M.G.R.Cannell)、拉斯特(F.T.Last)著，熊文愈、吴贯明翻译《树木生理与遗传改良》由中国林业出版社出版。

11月3日，国务院批准我国首批博士学位授予单位151个，学科、专业点812个，指导教师1155人；硕士学位授予单位358个，学科、专业点3185个。

11月26日，国务院批准北京林学院为首批具有博士、硕士学位授予权的学校，博士学位授予学科专业为森林经理学和森林生态学，博士生导师汪振儒和范济洲；硕士学位授予学科专业10个。之后，在1982—1984年有近200名学生致信要求报考汪振儒先生的研究生。

12月，中国林学会创办林业科普刊物《森林与人类》(试刊号)发行，汪振儒任主编。

12月，汪振儒《美国林业教育的一些特点》收入在中国林业出版社出版《美国、新西兰、澳大利亚林业考察纪要》50~54页。

12月，汪振儒《美国林业教育管窥》刊于《北京林学院学报》1981年3卷4期47~60页。

是年,《植物生态学与地植物学资料丛刊》成立第二届编委会,主编侯学煜,副主编王献溥、陈昌笃、武吉华,常务编委于拔、曲仲湘、李世英、李来荣、汪振儒、林英、周以良、姜恕,编委方正、王战、阳含熙、刘昉勋、朱彦承、孙祥钟、仲崇信、刘照光、李博、李治基、杜庆、宋永昌、吴中伦、吴征镒、陈庆诚、何绍颐、张宏达、张佃民、张经炜、张振万、卓正大、周光裕、周纪纶、金鸿志、林鹏、郑慧莹、姜汉侨、胡式之、祝廷成、钟章成、章绍尧、黄威廉、韩也良、蒋有绪,编辑金鸿志、宋书如、张昌祥。

● 1982 年

1月,由 P. J. 克累默尔著、汪振儒等译《树木生理专题讲演集》由中国林业出版社出版。

1月31日,汪振儒完成《浅谈首都的植树造林和绿化工作》一文。

2月,安徽农学院林学系78级葛筠、方精云致信汪振儒先生欲报考研究生,并将《生存竞争及其表现形式》一文寄给汪振儒先生。

2月,汪振儒《回顾与前瞻——纪念〈生物学通报〉创刊三十周年》刊于《生物学通报》1982年4期1~3页。同期,汪振儒《森林作用与中国农业现代化》刊于4~5页。

2月16日,中国科学院华南植物研究所彭少麟致函汪振儒先生,希望报考森林生态学生理生态研究方向,理由是:森林生态类型之多超过陆地其他生态系统和海洋生态系统。森林生态系统具有最高的种的多样性,是世界上最丰富的生物资源和基因资源库。地球上一千万个物种大部分与森林相联系。同时,森林在地球这个大的生态系统中,占据着极为重要的位置。因此,森林生态系统的研究,对森林的保护和开发利用,对发挥森林生态系统的效应,对人类创造一个优势的生态平衡环境,无疑都是极为重要的。为此,我热爱这项科学研究工作,并希望能在学术上得到深造和提高,以便能为人类多做些工作和做好工作,于是,我报考你们所招收的研究方向的研究生。

3月,汪振儒《也谈关于森林的作用问题》刊于《山东林业科技》1982年第1期6~12页。

4月,北京林学院1978届研究生毕业,林木遗传育种续九如,造林学翟明普、杨建平、左永忠,森林经理学吕树英,森林植物学尹伟伦。

9月，北京林学院森林生态学专业招收3名硕士研究生：韩兴吉、满荣州、崔目义。

9月18日，汪振儒为北京林学院30周年校庆所作：根深叶茂 本固枝荣 树木树人皆同此理 我院职责在于树人 人强而后林密 任重道远 以此自勉共勉之。

10月5日，中国林学会聘请汪振儒同志为林学会《森林与人类》编辑委员会主编。

10月，中国植物生理学会第三届代表大会在云南举行，选举第三届理事会，理事长殷宏章，名誉理事长汤佩松，副理事长娄成后、沈允钢、崔澂，常务理事殷宏章、汤佩松、娄成后、沈允钢、崔澂、李曙轩、罗士韦、曹宗巽、郭俊彦、夏镇澳、薛应龙、植生所党委（保留名额），理事刘萃杰、肖翊华、庞士铨、卓仁松、汪振儒、石大伟、吕忠恕、段金玉、胡笃敬、匡廷云、高煜珠、潘瑞炽、倪晋山、黄宗甄、汤兆达、苗以农、张陆德、张江涛、金津、周嘉槐、胡延玉、王熹、阿吾提阿培孜、王天铎、吴相钰、山仑、傅家瑞、陈惠民、陶存、陈善坤、吴光南、吴丁、莫家让、曹日强、卢振元、杨业正，秘书长夏镇澳，副秘书长匡廷云、邓楚生（专职）。

1983年

2月，汪振儒《纪念李继侗先生》刊于《植物杂志》1983年第1期41～43页。

3月，朱惠方、汪振儒、刘东来等译《英汉林业科技辞典》（第2版，修订本）由科学出版社出版。

3月12日，政协北京市第六届委员会第一次会议召开，汪振儒当选为委员、常委。

3月，汪振儒加入欧美同学会。

5月，汪振儒《纪念中国植物学会成立五十周年》刊于《生物学通报》1983年4期1～3页。

8月7日，北京遗传学会成立大会及学术报告会在北京师范大学举行。北京市科协学会部部长刘从晋同志、中国遗传学会副理事长胡含研究员出席并讲了话；会上宣读了中国遗传学会第一届理事长李汝祺教授的书面发言，收到中国遗传学会第二届理事长谈家桢教授由上海发来的贺电，他们祝贺北京遗传学会的成立，对学会的今后工作作了指示，并勉励北京的遗传学科技工作者努力为实现四个现代化多作贡献。发来贺信的还有戴松恩、祖德明、汪振儒教授等。本学会挂靠单位北京农业大学副校长刘仪教授也出席了大会。

9月，汪振儒到内蒙古毛乌素沙漠考察沙地的绿化造林。

10月1日至6日，中国植物学会第九届会员代表大会暨五十周年年会在山西省太原市召开，出席这次大会的有来自全国各地的正式代表、特邀代表和列席代表共400多人，副理事长汪振儒教授向大会简要介绍了中国植物学会50年来的历史，半个世纪来，中国植物学会经历了艰难曲折的历程。学会初建时只有105名会员，现在会员已达6540多名。我国植物学经过艰苦的奠基阶段，今天已形成了包括全部分支学科在内的科研和教学体系，在世界植物学中占有相当的地位。学会在推动我国植物学不断向前发展的同时，在长期的科学实践中形成了自己的优良传统：热爱祖国、团结协作、严谨治学、培养后学等等。汪振儒任中国植物学会第九届理事会顾问。

10月26日至31日，中国林学会第二次全国树木生理生化学术讨论会暨树木生理生化专业委员会成立大会在浙江省杭州市举行，张英伯教授报告了大会的筹备经过，汪振儒教授介绍了中国植物学会成立50周年纪念大会情况。

10月，云南林学院改名为西南林学院，1985年搬迁至昆明市白龙寺。2010年3月18日，西南林学院更名为西南林业大学。

10月，汪振儒参加中国林学会学术讨论会。

11月11日，中国科学院植物研究所在北京举行我国著名植物学家钱崇澍诞生一百周年隆重纪念活动，会上王伏雄作了钱老生平事迹报告，他的学生秦仁昌、侯学煜、汪振儒、吴中伦、陈家瑞等热情介绍钱老在我国植物分类学、植物生态学、地植物学和植物生理学等方面的贡献。

11月25日至12月4日，农工党在北京召开了第九次全国代表大会，汪振儒当选为第九届中央委员。

1984 年

1月25日，经北京林学院审查，决定录取马钦彦为1983年森林生态学专业在职博士研究生，指导教师为汪振儒教授，这是我国林业系统录取的第一个博士研究生。

3月，汪振儒任北京市农工民主党第六届常委、北京市科教文委主委。

5月，汪振儒《我国植物生理学的启业人——钱崇澍先生》刊于《植物生理学通讯》1984年第1期64～66页。

5月，汪振儒担任中国林学会树木生理专业委员会主任委员。中国林学会树木生理专业委员会挂靠在中国林业科学研究院林业研究所。1985年后挂靠北京林业大学。

10月，P.史尼斯、R.索卡尔著、汪振儒校订《数值分类学：数值分类的原理和应用》由科学出版社出版。

12月14日，湖南省株洲市中南林学院林学系8102班江泽平写信给汪振儒先生，希望报考汪振儒先生85年硕士研究生，并在信中提出3个问题：①请谈谈森林生态学的现状及发展方向，特别是我国森林生态学的现状及动态，还有哪些工作需要做？在哪些方面还做得不够？因为至今尚未见有关这方面的报道。②现在很多研究工作者都在应用系统生态学的方法，得出了不少数学模型，但应当怎样对这些模型进行评价？③生态学理论的出发点是什么？马克思是从商品的分析入手写出《资本论》。因此，有人认为生态位是生态理论的出发点，不知对不对？

● 1985 年

1月，张健、裘维蕃、汪振儒、吴宝铃《"三个面向"与生物教学》刊于《生物学通报》1985年第1期3～5页。

5月，经全国自然科学名词审定委员会同意，中国林学会成立了林学名词审定工作筹备组，并制定了《林学名词审定委员会工作细则》。

8月5日至9日，全国森林生态学研究生学术讨论会在哈尔滨市东北林学院召开。这次会议是由东北林学院研究生会，北京林学院研究生会共同发起并主办的，东北林学院副院长朱国玺同志，森林生态学家汪振儒教授、王业蘧教授、周以良教授出席了会议并作了讲话或专题学术报告。

8月6日，林业部批准北京林学院、东北林学院和南京林学院改名为北京林业大学、东北林业大学和南京林业大学。

12月，由P.J.克累默尔、T.T.考兹洛夫斯基著，汪振儒、曹慧娟、李天庆、高荣孚、孟庆英、项蔚华、王沙生、朱之悌译，汪振儒校阅《木本植物生理学》一书，由中国林业出版社出版。

12月，汪振儒教授任中国林学会第六届常务理事会顾问，至1988年12月。

● 1986年

1月，汪振儒任北京市科教文委主委。

3月17日上午，汪振儒在北师大参加"三·一八"60周年纪念会，并在刘和珍烈士纪念碑前合影。

3月，李继侗文集编委会《李继侗文集》由科学出版社出版，汪振儒任李继侗文集编委会副主编。

4月25日至30日，在山东济南召开的中国植物学会九届理事扩大会议上决定，聘请汪振儒教授负责组织收集和整理中国植物学史资料，同年7月4日中国植物学会致函北京林学院：聘请汪振儒教授主持编纂《中国植物学史》，请您院大力协助，如果同意，请通知本人。

8月，陈陆圻主编《日汉林业科技词典》由科学出版社出版，汪振儒参加译校工作。

是年，汪振儒任中国农工民主党北京林学院第一届支部主任委员。

● 1987年

1月，汪振儒任中国农工民主党第九届中央委员和中央科教文工作委员会委员。

2月24日，由汪振儒指导的森林生态学博士生何平通过博士论文答辩，这是北京林业大学和我国林业系统第一个获得博士学位的研究生，论文的题目为《光状况对油松叶绿体及针叶特性的影响》，毕业后分配到中南林学院工作。

3月23日，汪振儒为任宪威、姚庆渭、王木林著《中国落叶树木冬态》作序，该书1990年8月由中国林业出版社出版。

4月，北京林业大学成立校学术委员会委员，关毓秀任主任委员，顾正平任副主任委员，汪振儒任校学术委员会委员。同日，北京林业大学成立学位委员会，沈国舫任主任，贺庆棠任副主任。

10月9日，汪振儒完成《对中国植物学发展的展望》手稿。

11月，《中国林学会成立70周年纪念专集（1917—1987）》收入汪振儒《纪念中国林学会成立70周年》一文[11]。

---

[11] 中国林学会. 中国林学会成立70周年纪念专集（1917—1987）[M]. 北京：中国林业出版社，1987：12.

12月16日，汪振儒收到淮南市泉山工农学校殷文波收集的李相符的资料。李相符、李相珪、李相珪等，均是桐城人，乃民初与蔡元培要好的李光炯后代，李氏先祖与张英关系好，均名门望族。

12月25日，中国林学会成立70周年纪念大会在北京举行。国务委员方毅、中国科协名誉主席周培源、林业部部长高德占、中国科协副主席裴丽生等出席大会，大会共同回顾了中国林学会的历史，肯定了中国林学会对我国林业事业的发展所起的积极作用，中国林学会顾问汪振儒参加了大会。

● 1988年

3月，汪振儒《关于"植物学"一词的来源问题》刊于《中国科技史料》1988年1期88页。

4月，汪振儒《林业振兴靠人才》刊于《林业月报》1988年第4期1页。

4月29日，汪振儒收到波兰文有仁的信，信中谈到汪振儒先生对卜弥格所著《中国植物志》一书甚感兴趣一事。该《中国植物志》目前世界上存有3部，一部在波兰克拉克夫雅盖隆大学，一部在华沙国家图书馆，一部在苏联利沃夫。另有一本德文译本在民主德国保存。

5月8日，北京林业大学庆祝汪振儒教授八十大寿。参加人员有：高荣孚、李天庆、何允恒、项蔚华、贝时璋、周克大、张富华、陈树椿、孟庆英、曹慧娟、邢善湘、祁丽君、陈华、康木生、周学权、沈瑞祥、关裕宓、朱之悌、孙跃远、任宪威、火树华、王瑞勤、宋秀莫、卢仁、王昌温、王沙生、李裕久、曲启明、陈彩琼、刘淑敏、戴于龙。

7月5日至8日，全国高等林业院校学报编辑研讨会在北京林业大学召开，北京林业大学学报顾问81岁高龄的汪振儒教授代表学校到会致辞。

10月1日，汪振儒离休，离休证号（林人字离字第0450号），工资级别319.50元。

11月，农工党在北京召开了第十次全国代表大会，汪振儒当选为中央咨监委员。

12月，汪振儒任中国林学会第七届理事会顾问，至1993年12月。

12月20日，汪振儒完成《给清华大学第一级（1929，己巳）同学们的信》。注明已联系到的同学有：王淦昌、王国新、王赣愚、李泰华、沈有鼎、吴景祥、吴庆宣、汪振儒、周国庆、孟广哲、李家光、孟绪锟、施士元、施嘉钟、高缵武、高警寒、唐德源、袁翰青、秦宣夫、张大煜、许孟雄、庄秉钧、曾炳钧、杨业治、葛春林、邬振甫、翟鹤程、楼福卿、陈长济、徐士瑚、齐博缘、冯伴琴、付任敢、冯鹤龄、李健吾、李泰华、孟传昆、章熊（以上大陆），黎东方、马师伊、宋益清、张昌华、赵煦雍（以上台湾）。

● 1989 年

2 月，汪振儒任北京市科教文委顾问。

4 月 4 日，汪振儒收到沈有鼎治丧委员会寄的讣告。中国社会科学院哲学研究所研究员、离休干部沈有鼎同志因病久治无效，于 1989 年 3 月 30 日晚 11 时在北京逝世，享年 80 岁。沈有鼎 1929 年毕业于清华大学哲学系。

4 月，《中国农业百科全书》总编辑委员会林业卷编辑委员会、《中国农业百科全书》编辑部编《中国农业百科全书·林业卷（上）》由农业出版社出版。林业卷编辑委员会由梁昌武任顾问，吴中伦任主任，范福生、徐化成、栗元周任副主任，王战、王长富、方有清、关君蔚、阳含熙、李传道、李秉滔、吴博、吴中伦、沈熙环、张培杲、张仰渠、陈大珂、陈跃武、陈燕芬、邵力平、范济洲、范福生、林万涛、周重光、侯治溥、俞新妥、洪涛、栗元周、徐化成、徐永椿、徐纬英、徐燕千、黄中立、曹新孙、蒋有绪、裴克、熊文愈、薛纪如、穆焕文任委员。其中收录的林业科学家有戴凯之、陈嵘、梁希、陈嵘、郝景盛、沈鹏飞、刘慎谔、郑万钧、叶培忠、杨衔晋、吴中伦、马大浦、牛春山、汪振儒、徐永椿、王战、范济洲、徐燕千、熊文愈、阳含熙、关君蔚、秉丘特.G（Pinchot Gifford，吉福德·平肖特）、普法伊尔.F.W.L.（Pfeil, Friedrich Wilhelm Leopold，菲耶勒、弗里德里希·威廉·利奥波德）、本多静六、乔普.R.S.（Robert Scott Troup，罗伯特·斯科特·特鲁普）、莫洛作夫，γ.ф.（Морозов, γ.ф.）、苏卡乔夫.B.H.（Владимир Николаевич Сукачёв，弗拉基米尔·尼古拉耶维奇·苏卡乔夫）、雷特.A（Alfred Rehder，阿尔弗雷德·雷德尔）。其中第 670 页载汪振儒。

4 月，汪振儒《树木生理学》"Physiology of Trees" 收入于农业出版社出版的《中国农业百科全书·林业卷（下）》620～621 页。

4 月 30 日，清华大学 78 周年校庆，汪振儒组织清华大学 1929 级毕业 60 周年纪念活动。

5月，汪振儒《怎样鉴定古树的年龄？》刊于《生物学通报》1987年5期16页。

6月6日，吴中伦函请汪振儒写纪念钱崇澍先生的文章，其中提道：钱老指导下完成的《南京玄武湖植物群落之观察》一文，是我国早期的植物生态学研究，具有时代意义。

6月27日，汪振儒收到孟广喆治丧委员会寄的讣告。天津市政协常委、中国焊接学会名誉理事、天津大学教授、博士生导师、前中国机械工程学会常务理事、中国焊接学会、天津市工程师学会副主席、天津市工程机械学会副理事长、天津大学校务委员会委员、学位委员会委员孟广喆同志因病医治无效，于1989年6月20日11时40分不幸逝世，享年82岁。

6月，汪振儒、任宪威等到北京松山进行植物调查。北京市林业局主编，任宪威、施光孚、高武等执笔《松山自然保护区考察专集》1990年12月由东北林业大学出版社出版。

7月，汪振儒《关于"植物学"一词的来源问题》刊于《生物学通报》1987年7期1～2页。

9月16日，罗玉川同志遗体告别仪式在京举行，罗玉川同志是1989年9月3日在北京逝世，终年80岁。万里、李先念、姚依林、宋平、王震、田纪云、温家宝、王平、刘澜涛、肖克、余秋里、张爱萍、胡乔木、段君毅、黄华、习仲勋、陈慕华、陈俊生、马文瑞、胡绳等同志，参加了遗体告别仪式，并献了花圈。江泽民、邓小平、杨尚昆、李鹏、陈云、彭真、邓颖超、聂荣臻、乔石、薄一波、宋任穷、王首道、李德生、陆定一、陈丕显、耿飚、姬鹏飞、黄镇、康世恩、程子华、王丙乾、王芳、刘复之、康克清、王恩茂、钱正英等同志，中共中央顾问委员会、中共中央办公厅、全国人大常委会办公厅、国务院办公厅、中组部、林业部、农业部、水利部、中共河北省党政机关、中共满城县委、饶阳县委、河间县委和保定地委、市委、罗玉川同志生前友好送了花圈。各省（自治区、直辖市）林业厅（局）、林业管理局也送了花圈。参加告别仪式并献花圈的还有高德占、刘广运、徐有芳、沈茂成、蔡延松、雍文涛、杨珏、马玉槐、张磐石、张昭、梁昌武、唐子奇、荀昌五、杨天放、张世军、郝玉山、杨延森、汪斌、刘琨、王殿文、刘祺瑞等同志。罗玉川是中国共产党的优秀党员，久经考验的忠诚的共产主义战士，无产阶级革命家，新中国林业建设事业的开拓者和卓越的领导人。

11月，沈国舫主编《林学概论》（高等林业院校干部专修科试用教材）由中国林业出版社出版。

12月，汪振儒任中国林学会第七届理事会顾问。

12月31日，汪振儒收到楼福卿治丧委员会寄的讣告。第七届全国政协委员、中国银行董事会常务董事、原中国银行伦敦分行经理、中国银行顾问楼福卿同志，因病于1989年12月20日在北京逝世。楼福卿是清华大学经济系1929级毕业生。

是年，汪振儒参加全国自然科学名词审定委员会公布的《林学名词》（科学出版社）终审定稿会，是受钱三强主任委员委托的三位专家之一。

● 1990年

10月，汪振儒《生物学通报与爱国主义教育——纪念复刊十周年》刊于《生物学通报》1990年10期2、41页。

10月27日，汪振儒整理完成《家庭背景》一文。

12月，国家教育委员会表彰从事高校科技工作四十年成绩显著的老教授，北京林业大学有汪振儒、陈陆圻、范济洲、陈俊愉、关君蔚、张正昆、马太和、申宗圻、孙时轩、关毓秀、董世仁。

是年，汪振儒任中国农工民主党北京林业大学第二届支部主任委员。

● 1991年

2月，国家教委荣誉证书获得者，北京林业大学有马太和、申宗圻、关君蔚、关毓秀、孙时轩、汪振儒、陈陆圻、陈俊愉、范济洲、董世仁。

5月，由中国科学技术协会组织编辑的《中国科学技术专家传略——农学编 林业卷1》收录《汪振儒——我国树木生理学的奠基者》一文。《中国科学技术专家传略》是1986年由著名科学家周培源在中国科协第三次全国代表大会率先倡导的，由中国科学技术协会主持编纂，该书以记载中国近现代科学技术专家为主线，昭彰他们作出的重大贡献，弘扬他们高尚的道德风范，记述中国近现代科学技术发展史实。中国科学技术协会编《中国科学技术专家传略——农学编 林业卷1》由中国科学技术出版社出版。其中收入韩安、梁希、李寅恭、陈嵘、傅焕光、姚传法、沈鹏飞、贾成章、叶雅各、殷良弼、刘慎谔、任承统、蒋英、陈植、叶培忠、朱惠方、干铎、郝景盛、邵均、郑万钧、牛春山、马大浦、唐燿、汪振儒、蒋德麒、朱志淞、徐永椿、王战、范济洲、徐燕千、朱济凡、杨衔晋、张英伯、吴中伦、熊文愈、成俊卿、关君蔚、王恺、陈陆圻、阳含熙、黄中立。

5月，徐友春主编《民国人物大辞典》由河北人民出版社出版，收录有关人物12000余人。《民国人物大辞典上》第721页收录汪振儒：汪振儒（1908—），曾用名燕杰，北京人，1908年（清光绪三十四年）生。毕业于北京师范大学附属中学。1925年，考入公立清华大学生物系。1926年，参加"三一八"爱国学生运动，被镇压，腿部中弹受伤。1927年，转学私立厦门大学生物系。1928年，又转回公立清华大学生物系继续学习，1929年毕业，获理学士学位；同年，在南京生物研究所当研究助理。1930年，在清华大学生物系任助教。1933年，省立广西大学（梧州）聘为理学院生物系讲师。1935年，赴美国留学，入康乃尔大学林业系当研究生，毕业时获硕士学位。1936年6月，入北卡州迪尤克（Duke）大学林学院从事森林生态研究，1937年，获博士学位，同年7月回国，在省立广西大学（1939年8月改为国立）农学院森林系任教授，后兼任系主任，并兼任广西大学植物研究所主任。1943年，任广西农学院院长。1946年，任北京大学农学院森林系教授兼系主任。1952年，任北京林学院教授，兼院学术委员会主任委员、林业系主任、科研部主任、图书馆馆长。并任中国植物学会副理事长兼副秘书长，中国植物生理学会理事，中国林学会理事。是中国农工民主党党员。还任《生物学通报》《北京林学院学报》《森林与人类》主编及《林业科学》副主编，并任《植物生态学与地植物学资料丛刊》常务编委等。著有《植物生理学》《现代高等植物分类学发展的某些情况》《美国林业教育管窥》。译有《创造性的达尔文主义是森林抚育采伐的科学基础》《德汉林业名词》（与人合作）、《植物学夏季野外实习》（与人合译）、《德国北部冲积区土壤改良的方法》《树木生理学》（与人合译）、《在天然条件下研究光合作用而进行的辐射测定》等。

8月24日，北京植物生理学会和中国植物学会生理专业委员会在北京大学联合召开，大会特邀请汤佩松教授、殷宏章教授、娄成后教授、汪振儒教授及曹宗巽教授到会讲话。

12月,《中国大百科全书》总编辑委员会《生物学》编辑委员会《中国大百科全书·生物学Ⅰ》由中国大百科全书出版社,汪振儒任《生物学》编辑委员会委员。

12月,王沙生、高荣孚、吴贯明《植物生理学》(第2版)由中国林业出版社出版。

● 1992年

7月,汪振儒、张启元《"不惑之年"的思考——纪念〈生物学通报〉创刊40周年》刊于《生物学通报》1992年第7期3、26页。

7月15日,汪振儒为《北京林业大学学报》写的《前言》刊于《北京林业大学学报》1992年S5期3页。

7月15日,汪振儒为北京林业大学植物标本室之作:多识草木之名,林业人基本功。所需基础设施,树木标本室兴。我校建有斯室,创业肇始于零,筚路蓝缕,多人多年艰辛,而今初具规模,教研效果有成。继续向前扩建,使其发挥更好作用,信心满怀未来一片光明。

8月2日,纪念《生物学通报》创刊40周年暨首届《生物学通报》奖励基金颁奖大会在北京师范大学英东楼演讲厅隆重举行,中国科学院生物学部委员裘维蕃、娄成后、汪垒仁、王伏雄、钦俊德和老一辈科学家叶恭绍、沈同、汪振儒、钱燕文等参加大会。

9月,汪振儒任北京林业大学建校40周年校庆组织委员会委员。

● 1993年

4月,何平、高荣孚、汪振儒《光状况对油松苗生长和光合特性的影响》刊于《生态学报》1993年1期92~95页。

5月25日至28日,中国林学会第八次会员代表大会在福建厦门召开。北京林业大学校长沈国舫当选为第八届常务理事会理事长,刘于鹤(常务)、陈统爱、张新时、朱无鼎副理事长,甄仁德当选为秘书长。中国林学会第八届理事会第一次全体会议一致通过吴中伦为中国林学会名誉理事长,授予王庆波、王战、王恺、阳含熙、汪振儒、范济洲、周以良、张楚宝、徐燕千、董智勇为中国林学会荣誉会员称号。会上颁发了第二届梁希奖和陈嵘奖,对从事林业工作满50年的

84位科技工作者给予表彰，有北京市林学会吴中伦、赵宗哲、王兆凤、王长富、范济洲、汪振儒、张正昆。

7月10日，汪振儒担任北京林业大学园林博士生包志毅论文答辩会主持人，包志毅为陈俊愉教授博士生，博士论文题目是《三北野生蔷薇资源及若干蔷薇属植物、滞后荧光和超微弱发光动力学的初步研究》，包志毅系统地考察了华北、东北、西北地区蔷薇植物资源的蕴藏情况，查明了野生蔷薇约有44种、25个变种与变型，约占全国总数一半，这一成果为今后育种和开发利用打下了基础，并将滞后荧光和超微弱发光探测技术运用到蔷薇植物的研究，具有创造性，说明他理论知识比较广泛，扎实。6位评委一致投票，认为该论文内容丰富，涉及面广，准予通过答辩，建议授予包志毅博士学位。

12月，汪振儒收到何平12月16日从英国的来信，信中谈道：这么多年我一直没有脱开光合作用，一直在生理生态领域做工作，这次主要在气体交换、RuPB羧化酶活性、光系统Ⅱ中心蛋白方面做工作，在国内想做这方面的工作，非常不容易……

● 1994年

1月，中国植物学会编、汪振儒任主编《中国植物学史》由科学出版社出版[12]。汤佩松在贺词中说：这部《中国植物学史》，是自古以来我国植物学各方面工作者对这个宝库的开拓调查、采集、开发利用、探研的史篇，也是对其全部旅程的历史见证。

8月，汪振儒《敬贺小平同志九十荣寿》刊于中国农工民主党《前进论坛》1994年第7~8期1页。

● 1995年

7月，汪振儒《岂能"腰斩"植物园》刊于《森林与人类》1994年4期1页。

10月，汪振儒为任宪威任主编《树木学》（北方本）作序，序中这样称赞：这本教材的出版是我国树木学教材编写水平提高的表现，值得庆贺，谨缀数言以为贺。《树木学》（北方本）1997年6月由中国林业出版社出版。

---

[12] 中国植物学会. 中国植物学史 [M]. 北京：科学出版社出版，1994.

1997 年

6月，任宪威主编《树木学（北方本）》由中国林业出版社出版。

1998 年

5月，陈俊愉《祝贺汪振儒教授九秩华诞前后》和洪菊生《贺汪振儒教授九十华诞》刊于《森林与人类》第3期17页和19页。

5月8日，汪振儒教授90大寿。北京林业大学为汪老举行诞辰庆典，来自各地数百名人士汇集在北林宾馆，衷心祝愿这位献身祖国林业事业的老专家、老教授健康长寿，全国人大常委会副委员长蒋正华发了热情洋溢的贺信。

12月，汪振儒获第三届刘业经教授奖励基金（海峡两岸林业敬业奖励基金）。海峡两岸林业敬业奖励基金是在原刘业经教授奖励基金的基础上建立的。刘业经，广西武宣县人，1941年毕业于广西大学森林系，是汪振儒先生的学生，台湾中兴大学森林系教授，曾为培养林业人才和推进林业发展作出了重要贡献。他的学生祁豫生先生为纪念老师的功绩，特于1995年出资设立刘业经教授奖励基金，以奖励在林业中作出重要贡献的教学和科技人员，自1996年起颁奖，2005年更名为海峡两岸林业敬业奖励基金。

1999 年

1月，中国农工民主党《前进论坛》1999年第1期刊登马家麟人物专访——《树木·树人（访汪振儒）》。

2000 年

12月8日，中国科学院地理科学与资源研究所黄秉维医治无效于11时48分辞世，享年87岁。

2002 年

7月，汪振儒《人类认识植物的历史（1）》刊于《生物学通报》2002年第7期54~56页。

8月，汪振儒《人类认识植物的历史（2）》刊于《生物学通报》2002年第8期54~56页。

9月，汪振儒《人类认识植物的历史（3）》刊于《生物学通报》2002年第9期55～57页。

● 2005年

8月，许增华主编《百年人物1905—2005》（中国农业大学百年校庆丛书）由中国农业大学出版社出版，其中第172页收入汪振儒。汪振儒（Wang Zhenru），曾用名汪燕杰，笔名丁乙，祖籍广西桂林，出生在北京市。生于1908年5月8日。树木生理学家、植物学家、林业教育家，中国树木生理学的奠基人。汪振儒于1925年考入清华大学生物系，1927年转入厦门大学生物系，1928年又回到清华大学生物系，并于1929年毕业，获理学学士学位，1929年后任职于南京中国科学社生物研究所、清华大学生物系、广西大学理学院生物系等单位。1935年9月赴美国康奈尔大学林业系深造，用了不到一年的时间即获得理学硕士学位，旋即进入美国北卡罗来纳州杜克大学林学院从事森林生态学的研究，并于1939年6月获得哲学博士学位。1939年9月至1946年8月，他先后担任广西大学农学院教授、森林系主任、植物研究所主任、农学院院长。1946年9月至1949年9月被聘为北京大学农学院教授兼森林学系主任。1949年9月至1952年8月转任北京农业大学森林学系教授。1952年9月调任北京林学院教授，并先后兼任林业系主任、绿化系主任、科研部主任、图书馆馆长、校学术委员会主任等职。此外，他还曾兼任一些社会与学术职务。汪振儒大学毕业后，即从事水生植物群落的研究工作。在清华大学任教期间，他还从事淡水藻类的研究。他在广西大学工作期间，采集了大量的植物标本，为日后的教学与科研工作奠定了基础。抗战胜利后，在担任北京大学农学院教授兼森林学系主任期间，他曾在农学院院址周围开展土壤等立地条件的调查。1947年，他又开展了水杉种子发育的试验与研究。20世纪50年代，他调到北京林学院后，亲自讲授"植物生理学"，并编写出中国第一部适用于林业专业的《植物生理学讲义》，并正式出版了适用于林业院校的教材《植物生理学》，此举具有深远影响。同时，他还组织教师翻译、出版了《树木生理学》和《木本植物生理学》两部巨著。在教书育人方面，汪振儒早在20世纪60年代就培养了多名研究生。20世纪80年代，他又成为中国林学专业第一个博士研究生导师。在他的努力下，北京林业大学的树木生理学学科在全国林业高等院校中处于领先地位。半个多世纪以来，汪振儒除致力于教书育人和科学研究外，还以很大精力从事期刊与辞典的编纂工作。他曾出任《中国植物学杂志》《生物学通报》《北京林学院学报》《北京林业大学学报》的主编。在他的主持下，《北京林业大学学报》于1989年荣获全国高校自然科学学报编辑质量一等奖。他还曾担任《森林与人类》的主编。在他的辛勤耕耘下，《森林与人类》逐步成为颇有影响的普及林业知识的刊物。中国林学会会刊《林业科学》是中国林学界最高的学术刊物，他曾担任副主编。1958年，他与人合译并校审了《德汉林业名词》；1981年，他与人合译了《FAO英汉林业科技辞典》；1983年，他补译了《FAO英汉林业科技辞典》的修订本；1989年，他参加了全国自然科学名词审定委员会公布的《林学名词》的终审定稿工作，是受主任委员钱三强聘请的三位专家之一。另外，他还参加了《日汉林业科技辞典》的译校工作。（刘建平执笔）

2006 年

5月8日，北京林业大学离休教授、农工党党员汪振儒先生98周岁生日，校党委统战部负责人和农工党北林大支部的五位代表前往汪先生家里给老人祝寿。

2007 年

6月，汪振儒先生这样评述陈俊愉先生对观赏园艺的主要贡献：陈俊愉教授，是我国观赏园艺的开拓者，研究梅花60年以上，他的最大贡献是基本摸清了梅之家底（含野梅种质资源和栽培品种），并通过南梅北移的长期研究，使一批抗寒品种能抗 $-19 \sim -35℃$ 低温，可在塞外和关外直至大庆、乌鲁木齐露地生长、开花。

2008 年

4月23日，北京林业大学举办汪振儒先生百岁诞辰座谈会。校党委书记吴斌主持会议，校长尹伟伦发表了讲话，汪振儒先生的同事、学生高荣孚、董世仁、高志义、何平及中国农业大学校友会许增华等参加座谈会[13]。

4月28日，清华大学新闻网刊登：百岁老学长汪振儒、吴宗济返校贺母校97岁生日。4月27日，清华大学迎来了她的97周年华诞，在上万名返校庆贺的校

---

[13] 北京林业大学. 北京林业大学年鉴（2009）[M]. 北京：中国林业出版社，2009：163，171.

友中，有两位特殊的校友，他们是1929年毕业于生物系的汪振儒老学长和1934年毕业于中文系的吴宗济老学长。说他们特殊是因为他俩都是地地道道的"百岁老人"。吴宗济学长刚刚过了百岁寿辰，汪振儒学长也将在5月8日迎来他人生的第101个年头。汪振儒老学长（曾用名汪燕杰）是北京林业大学教授、我国著名林学家。作为清华健在的最早的毕业生，他对清华母校有着非同一般的感情。因为他们父子两代四位都是清华人。汪老的父亲汪鸾翔是清华老校歌的词作者，时任清华高等科国文教员。兄长汪健君1923年起就开始任职清华直至退休。汪老1925年跳级考入清华学校，随着清华改为大学后，他成为清华大学的第一级毕业生，于1929年毕业。弟弟汪复强是清华1938级校友，汪复强今年毕业70周年，也于校庆日返校和38级校友聚会。

5月，《恭贺我刊名誉主编汪振儒教授百岁华诞》刊于《生物学通报》2008年5期4页。

6月24日，汪振儒先生逝世。

7月2日，北京林业大学绿色新闻网刊登：汪振儒先生遗体告别仪式在八宝山举行。今天上午，汪振儒先生遗体告别仪式在北京八宝山革命公墓举行。学校领导、老干部、老教师和师生员工代表胸戴白花，怀着沉痛的心情，在哀乐声中向汪先生深深地鞠躬，表达对这位著名专家的无限怀念。《汪振儒先生生平》：我国著名林业教育家、植物学家、树木生理学家、树木生理学的开拓者和奠基人，中国农工民主党第九届中央委员和中央科教文工作委员，北京市政协第五、六届常委，北京林业大学著名教授汪振儒先生，于2008年6月24日11时50分在北京逝世，享年101岁。汪振儒先生1908年5月8日出生于北京市，祖籍广西桂林，曾用名汪燕杰，笔名丁乙。1929年毕业于清华大学生物系，获理学学士学位；自1929年9月至1935年8月，先后在中国科学社生物研究所、清华大学生物系、广西大学理学院生物系任职或任教；1935年考取公费赴美留学生，1936年6月毕业于美国康奈尔大学林学系，获理学硕士学位；1939年6月毕业于美国杜克大学林学院森林生态学方向，获哲学博士学位，从此与林业结下不解之缘。同年9月回国后被聘为广西大学农学院教授，历任森林系主任、植物研究所主任、农学院院长；1946年9月至1952年8月先后任北京大学农学院、北京农业大学（现中国农业大学）森林系教授、系主任；1952年9月至1989年9月任北京林学院（现北京林业大学）教授，历任林业系主任、森林生态学研究室主任、科研部主任、图书馆馆长、学术委员会主任等职；1981年至1985年任国务院学位委员会农科评议组成员，1989年10月离休。汪振儒先生是我国著名的科学家。他学识渊博，一生淡泊名利，献身科学，在我国林学、森林生态学、植物生理学领域具有极高的学术威望。先生于1983年创建了我国林学第一个博士点，建立了山西太岳森林生态定位站，成为当时国内森林生态科学研究方面极具影响的研究组织。先生开创先河，为全国林业院校编写了第一部《植物生理学讲义》。先生通晓英、德、日、法、俄等多国文字，先后编译了多种辞书，包括《德汉林业名词》《FAO英汉林业科技词典》《日汉林业科技词典》，翻译了包括《树木生理学》在内的多部颇有影响的植物生理学论著。先生重视知识传播，长期担任《生物学通报》《林业科学》等多种科技刊物的主编和副主编，作为主要负责人，创立了《北京林学院学报》并担任主编。汪振儒先生是人民教师的典范，堪称一代宗师。先生潜心育人，把林业教育事业当作毕生的追求，以提携后学为己任，甘为人梯，诲人不倦，培养了我国第一位林学博士，造就出一大批学科带头人和学术骨干。先生热心学会工作，担任各类相关学会的领导工作。自1933年中国植物学会成立，先后担任会员、常务理事、副理事长兼秘书长、理事会顾问等职务。先生长期担任中国植物生理学会理事，曾任中国林学会理事、理事会顾问、中国林学会森林生态专业委员会副主任、中国林学会树木生理专业委员会主任、中国林学会科普委员会常委，为林业科技发展广揽群英、促进学术交流、普及林业知识付出了辛勤的劳动。汪振儒先生是杰出的社会活动家，充满爱国之情，满怀报国之志，为人刚直不阿，追求真理，富于正义感。1926年3月18日他参加了李大钊领导下的北京学生集会，强烈谴责帝国主义炮击大沽口罪行，集会遭到反动军阀镇压，先生腿部中弹受伤。1945年因率领广西大学教授揭发校长压制民主的卑劣行为，被解除了农学院院长职务。抗日战争胜利后，汪先生与许德珩等教授积极参加"反饥饿、反内战"的民主爱国运动，为祖国的解放事业尽赤子之心，获得广泛赞誉。先生历任中国农工民主党第九届中央委员、中央科教文工作委员、北京市政协第五及第六届常委，他十分关心中国的改革开放和社会主义现代化建设，为国家发展、民族振兴和祖国统一，为实现科教兴国战略建言献策，为统一战线和人民政协事业的发展，为建设中国特色社会主义做出了重要贡献。汪振儒先生生命不息，战斗不止，直到晚年仍积极为学校的发展和学科的建设出谋划策。先生离而不休，仍潜心钻研学术，先后发表了《美国林业教育的一

汪振儒年谱

些特点》《美国林业教育管窥》《林业振兴靠人才》等多篇论文。为纪念植物学会成立60周年,他主编《中国植物学史》(1994年出版),引起了强烈反响。直到生命的最后一刻,先生还牵挂着我国林业科研教育事业,体现了一代名师的风范。汪振儒先生的一生是献身科学、追求真理的一生。一个世纪的人生历程,先生见证了中国从贫穷落后的半封建半殖民地的旧社会到人民当家作主的繁荣昌盛的社会主义新中国的巨变,见证了中国植物学、树木生理学、森林生态学的发展历程,也见证了中国高等林业教育从弱到强的发展。他勇于创新,甘于奉献,生活朴素,平易近人。他学识渊博,著书立说,传道解惑,诲人不倦,言传身教,桃李满天下。他用自己的品格和言行深深影响着莘莘学子。汪振儒先生的逝世,是我国教育界、科学界的重大损失,更是北京林业大学的巨大损失。汪振儒先生虽然仙逝了,但是他给我们留下了非常宝贵的精神财富。我们要学习汪先生的崇高品格,学习他爱国爱校、追求真理的高尚情操;学习他热爱自然、坚持真理的人生信念;学习他孜孜不倦、锲而不舍的求学精神;学习他严谨治学、勇攀高峰的科学态度。我们要化悲痛为力量,以先生为楷模,献身教育科技事业,为中华民族的伟大复兴做出应有的贡献。汪振儒先生永垂不朽!

7月4日,清华大学新闻网刊登:清华一级老学长、著名林业教育家汪振儒仙逝 我国著名林业教育家、植物学家、树木生理学的开拓者和奠基人,中国农工民主党第九届中央委员和中央科教文工作委员会委员,北京市政协第五、六届常委,北京林业大学教授汪振儒先生,于2008年6月24日11时50分在北京逝世,享年101岁。清华大学、清华校友总会发唁电表示沉痛哀悼,并派代表出席汪振儒先生遗体告别仪式。

7月,《深切缅怀〈生物学通报〉创始人汪振儒先生》在《生物学通报》2008年7期3页刊登:本刊创始人、名誉主编、我国著名林业教育家、植物学家、树木生理学家、树木生理学的开拓者和奠基人、中国农工民主党第9届中央委员和中央科教文工作委员、北京市政协第5届、第6届常委、北京林业大学著名教授汪振儒先生,于2008年6月24日11:50在北京逝世,享年101岁。

7月,《老主编汪振儒先生走好!》刊于《北京林业大学学报》2008年4期155页。

7月22日,科学网:追忆著名林业教育家汪振儒先生:他培养了几代年轻人。

是年,汪振儒捐赠给北京林业大学图书馆书籍831本。

2012年

3月,印嘉佑《我国树木生理学的奠基者——汪振儒》刊于《中国植物学会会讯》2012年第1期14～18页。

2015年

7月,王洪元任北京林业大学党委书记。

2018年

7月,安黎哲任北京林业大学校长、党委常委、副书记。

12月,王希群《汪振儒年谱——纪念汪振儒先生诞辰110周年》刊于《北京林业大学学报(社会科学版)》2018年第4期第17～29页。

12月7日,为庆祝广西大学建校90周年校庆,广西大学雕塑园开园仪式在育才广场隆重举行,园区由君武园、大师园、时光轴等部分组成,主要作品包括大师级校长雕塑6尊、著名社会科学家雕像9尊、著名自然科学家雕像10尊以及大事记雕塑等,著名自然科学家包括李四光、刘仙洲、施汝为、陈焕镛、卢鹤绂、纪育沣、文圣常、汪振儒、王丕建、竺可桢,他们都是学界泰斗,是广西大学的精神脊梁。

范济洲年谱

范济洲（自浙江大学）

范济洲年谱

- **1912 年（民国元年）**

4 月 15 日，范济洲（字及舟，Fan Jizhou，Fan J Z）生于辽宁省丹东市，祖籍山东省栖霞县。

12 月，（日）铃木外代一《测树学》由崇文阁出版。

- **1925 年（民国四年）**

10 月，（日）铃木茂次著《木材森林材积测定及森林评价法》由东京三浦书店出版。

是年，邓宗文《森林经理学》（东边林科高级中学校）由安东乾盛泰印刷局刊印。

- **1926 年（民国五年）**

3 月，觉生《林业（森林）经理须知》在《西北汇刊》1926 年第 2 卷第 3 期开始连载，至 14 期。《西北汇刊》1925 年 9 月创办于张家口，由西北汇刊社编辑并发行。

是年，范济洲小学毕业后，考入安东林科高中。

- **1927 年（民国六年）**

是年，本多静六原著，徐承镕译述《森林数学》由上海新学会社刊印，介绍测树学，林价计算，林业投资收益计算等。

- **1930 年（民国十九年）**

3 月，张福延《森林经理常识》由首都造林运动委员会印发。

- **1931 年（民国二十年）**

是年，范济洲肄业于奉天省立安东林科高中。

- **1932 年（民国二十一年）**

是年，范济洲先到北平弘达中学理科特别班补习，后考入北平大学农学院森林系。20 世纪 20 年代初，鉴于当时北平公立中学资源已不敷学生升学的需要，东北籍学者吴宝谦（辽宁沈阳人）、陈乃甲（辽宁辽阳人）等人集合了部分北京高师教职员和毕业同学于1922年冬创立了一所私立学校,初名北京弘达学院,其后历经更名为北平特别市弘达中学校、北平私立弘达中学校。抗战爆发后北平沦陷,弘达中学部分校舍被日伪强占,以消极不合作的态度勉强维持办学,不久之后,校长吴宝谦、总务长陈乃甲等人被诬下狱。吴校长在出狱后愤懑成疾,于1944年9月18日去世,后来弘达中学就以九·一八为校庆纪念日,这其中也有纪念九·一八事变东北沦陷之意。吴宝谦去世后,校长由陈乃甲继任。中华人民共和国成立后,1952年弘达中学更名为北京市第三十七中学,1962年再次更名为二龙路学校,1972年更名为北京市二龙路中学,2014年更名为北京师范大学实验二龙路中学。

1935 年（民国二十四年）

4月,（日）本多静六著；徐承熔译《森林数学》（第9版）由上海新学会社出版。

是年,（日）吉田正勇《理论森林经理学》由东京成美学堂出版。

1936 年（民国二十五年）

6月,《国立北平大学农学院第五届毕业同学录》印制。有校长徐诵明,前校长李煜瀛（李石曾）,前校长沈尹默,院长兼农业经济系主任刘运筹（四川巴县）,前院长许叔玑,前院长董时进,秘书马朝汉（河北定县）,教授兼农艺系主任王善佺（四川石柱）,教授兼林学系主任贾成章（安徽合肥）,教授兼农业化学系主任周建侯（四川广安）,教授兼农业生物系主任林镕（江苏丹阳）,教授兼农场主任夏树人（湖北利川）,教授兼林场主任殷良弼（江苏无锡）。有林学系助教白垛（河北通县）、江福利（安徽怀宁）、王世华（河北天津）,林学系助理张九经,林学系练习生董琴甫（河北青县）。林场技士熊德普（河南正阳）、凌珍（安徽怀远）,林场助理王化西（山东安丘）、傅德兆（辽宁安东）。林学系在校同学有魏儒林（河北定县、保定志成中学）、董树枥（河北青县、北平黎明中学）、冯震中（河南辉县、河南省立一中）、吕宝琛（山东夏津、北平北方中学）、卞克昌（山东益都、山东省立高中）、田光炜（山东寿光、山东省立一师）、王津爵（山东费县、山东省立三中）、刘慎孝（山东文登、奉天东边林高中）、阎金祥（山东恩县、山东省立高中）、孙金波（山东武城、山东省立三师）、曹观方（山东恩县、通县潞河中学）、纪人伟（山东蓬莱、北平弘达中学）、韩晋丞（山西浑源、北平弘达中学）、齐济（陕西宜川、陕西铭义中学）、王战（辽宁安东、北平弘达中学）、范济洲（辽宁安东、北平弘达中学）、刘汉昌（黑龙江龙江、黑龙江高等师范）、陈光熙（绥远陶林、绥远省一中）、陈午生（江苏金坛、中央大学林学系）、徐拒沿（安徽潜山、安徽省一中）、陈振东（江西星子、江西省立农专）、陈振威（江西东乡、江西省立农专）、刘松龄（江西萍乡、江西剑声中学）、罗健（湖南长沙、长沙一中）、成陵基（四川江北、上海立达学院）、钟毓（广东梅县、广东省五中）、涂南志（广东蕉岭、蕉岭县中）、王佐仁（广东合浦、广东中大农业）、徐奎发（广东梅县、广东省立五中）、党鸿达（广西北流、北流陵城中学）、张君亮（云南石屏、云南东陆大学预科）。

6月，北平大学农学院林学系毕业生毕业（5名）：冯震中（河南辉县）、王聿爵（伯尊，山东费县）、王战（义仕，辽宁安东）、陈振东（江西星子）、范济洲（及舟，辽宁安东），王战、范济洲留校任助教。

6月，范济洲《本院刺槐林及榆树林生长之现状及比较》刊于北平大学农学院《农学》1936年第3卷第1期48～68页。

9月，国立北平大学农学院林学系成立造林学研究室，教授贾成章、王正，助教江福利，技术员董琴甫，练习生吕绍汉；成立森林经理学研究室，教授周桢，助教范济洲，助理王世华，练习生廉文模；成立木材化学研究室，教授殷良弼，助理张九经。

● 1937年（民国二十六年）

是年，范济洲带领北平大学农学院几名学生从平津转到西安，继续在西北联合大学农学院森林系任助教。

11月15日，西安临时大学正式上课。西安临大国民政府于8月底下令，北平大学、北平师大和北洋工学院组成西安临时大学，由李书华、徐诵明、李蒸、李书田、陈剑翛为临时大学筹委会常委，校址分设西安市城隍庙后街4号、通济坊洋房及东北大学新建校舍、西安临大设6院23系，校长为徐诵明，教育处主任为张贻惠，总务处主任为袁敦礼。农学院设3个系（农学、林学、农化），院长为周建侯。林学系主任为贾成章，教授为殷良弼、周桢、王正、杨权中等，副教授为郁士元，专任讲师为齐植朵，讲师为段兆麟，助教为江福利、范济洲、孙金波等，王战为技士。

1938 年（民国二十七年）

是年，西北联大农学院与武功农林专科学校合并，成立西北农学院，范济洲先后任助教、讲师及副教授。

11 月，为顾及战地青年求学，浙江省国民政府决议筹建省立浙江战时大学，筹备委员谷正纲、阮毅成、黄祖培、许绍棣、伍廷飏、赵曾珏、莫定森、王佶、黄祝民 9 人。

1939 年（民国二十八年）

2 月，省立浙江战时大学正式办公。

5 月，为纪念陈英士，省立浙江战时大学改称浙江省立英士大学，许绍棣为校务委员会主任委员。

1941 年（民国三十年）

10 月，《中华林学会会员录》刊载：范济洲为中华林学会会员。

1942 年（民国三十一年）

5 月，英士大学内迁云和、泰顺，12 月经国民政府行政院决议改为国立英士大学。

1943 年（民国三十二年）

4 月，浙江省立英士大学改称为英士大学。

12 月，周桢、范济洲《秦岭主要林木生长之观察》刊于《西北森林》1943 年第 1 卷第 3～4 期 0，2～63 页。范济洲从 1938 年至 1943 年间，走遍陕西省秦岭山区南坡和北坡的林区，利用教学实习或暑期针对秦岭天然林区进行林木生长的研究。

1945 年（民国三十四年）

1 月，河北省立农学院恢复，设农艺、森林、水利工程三个系。

是年初，范济洲取得公费留学资格，赴美国华盛顿州立大学研究生院攻读森林经理学。

11月，抗日战争胜利后，英士大学迁至永嘉。

• 1946年（民国三十五年）

3月，英士大学奉令移址金华。

• 1947年（民国三十六年）

是年初，范济洲获华盛顿州立大学林学硕士学位，论文题目《林木生长曲线模型分析》，现美国华盛顿州立大学图书馆有存。

是年秋，范济洲回国在西北农学院任教授。

• 1948年（民国三十七年）

4月23日，范济洲与王培华在上海国际大饭店举行婚礼。

是年，范济洲到浙江英士大学任农经系教授。

12月，（日本）铃木外代一《测树学》由崇文阁出版。

• 1949年

3月，河北省立农学院从北平先农坛迁返保定，军管会代表单锡武，森林系主任陈陆圻副教授。

8月25日，英士大学为金华市军管会接管，并解散英士大学，其院系并入浙江大学和复旦大学。

9月27日，根据1949年中国人民政治协商会议第一届全体会议通过的《中华人民共和国中央人民政府组织法》第十八条的规定，1949年10月中央人民政府政务院设置中央人民政府林垦部，主管全国的林业工作，梁希任部长。林垦部设四司一厅：林政司、森林经理司、造林司、森林利用司和办公厅，办公地点北京无量大人胡同。

10月，黄范孝任中央人民政府林垦部森林经理司司长，森林经理司设森林经理科、造林调查设计科和秘书组，职工人数1950年为11人，至1953年初为40人。黄范孝（1896—1969年），森林经理专家，字礼迁，江西宜黄县凤岗镇

范济洲年谱

人。1921年毕业于江西省农业专科学校林学系，被选派公费赴日本留学，在日本中央林业试验场从事研究工作。4年后由日本返回江西省立农专任教，升任该校林学系主任，后任江西庐山林业实验场场长、河南信阳林业试验场场长，不久又回江西任农专校长。抗日战争期间，在广州中山大学林学系任系主任、教授。在江西农专和广州中山大学执教达20余年，编写了大量教材。抗战胜利后，任台湾省林务局技术室主任。1948年上半年，他接到好友梁希的信，要他火速回大陆。他以家父病危告假，匆促回到江西，出任江西农林试验场场长。南昌解放后，他仍任江西农林试验场场长。1949年9月，调中央人民政府林垦部，任森林经理司司长（后改为森林调查设计局，任局长）。1958年被划为右派分子，1960年调贵州省林业厅任高级工程师。他为中国林业发展做了大量工作，1969年因病逝世于贵阳。

● 1950年

10月，《木材材积表（原木 方材 板材 立木）》由东北人民政府林业部刊印。

12月，河北省立农学院校名改为河北农学院。结束军管后，由河北省农林厅厅长张纪光兼任院长，范济洲到河北农学院任森林系教授、主任，教授有白埰、邓宗文，副教授有于溪山、张海泉、张正昆，讲师有孙时轩、关君蔚、孙德恭，助教有齐宗庆、于政中、侯惠宗。

12月，东北人民政府农林部林政局林野调查队成立，标志着中国有了自己的森林调查专业队伍。1953年划归中央林业部调查设计局直接领导，更名为中央林业部调查设计局森林调查第二大队。

● 1951年

2月，范济洲《实用综合型森林测尺的设计》刊于《中国林业》1951年第2卷第2期37～45页。

5月，林垦部颁发《林野调查规格》。其主要内容包括地况调查，有地理位置、地势、气候、林区面积、土地（基岩、土壤）、地利级、地位级、地被物等八项调查标准。

11月5日，中央人民政府委员会第十三次会议决定，将中央人民政府林垦部更名为中央人民政府林业部，其所管辖的垦务工作移交给中央人民政府农业部

负责。部机关仍设四司一厅，未做变动。

是年，河北农学院森林系毕业班在范济洲、孙德恭带领下到松江省（今黑龙江省）小兴安岭带岭实验局实习，参加林区的生产实践。

是年，范济洲参加全国政协组织的土改工作队，在江西省宜春地区新余县（今新余市）鹊桥乡任冷背村土改工作组组长。

• 1952年

是年春，范济洲率河北农学院森林系学生到河北省西部太行山区涞源县白石山地区进行综合调查实习。

5月，北京林学院筹备组成立，唐子奇任组长，殷良弼、范济洲任副组长。

6月，林业部森林调查设计局为普查森林资源，租用民航里-2型飞机，对东北张广才岭林区进行航空摄影。

7月，（苏）莫托维洛夫（Г.П.Мотовилов）著，王月兰译《森林经理学》（第一分册）由中国林业出版社出版。

8月，经教育部批准，北京农业大学森林系、森林专修科和河北农学院森林系，正式合并成立北京林学院。教师有来自北京农业大学的殷良弼、汪振儒、郑汇川、万晋、朱江户教授5人，阎瑞符、王逸清副教授2人，申宗圻、李恒讲师2人，助教11人，教员1人；来自河北农学院的范济洲、陈陆圻、邓宗文、白垛教授4人，张正昆、关君蔚副教授2人，孙时轩、孙德恭讲师2人，助教3人。

9月，林业部森林调查设计局租用民航C-46型飞机，对西北、西南林区进行森林航空调查。

9月，杨纪高到校视事。

10月16日，由北京农业大学森林系与河北农学院森林系合并成立北京林学院，北京林学院召开全院教职工大会，副院长杨纪高宣布成立森林经营、森林工业、森林植物、造林4个教研组，森林经理教研组主任范济洲、森林植物教研组主任汪振儒、造林教研组主任王林、森林利用教研组主任申宗圻以及政治理论课教研组主任朱江户，校址大觉寺。

10月，北京林学院森林经理教研组成立，主任范济洲，教员有于政中、关毓秀等。于政中，奉天金县（现辽宁省金县），1926年1月生，1947年8月考入保

定河北农学院森林系，1951年7月毕业留校任助教，院校合并后历任北京林学院（北京林业大学）助教、讲师、副教授，1987年5月晋升为教授。他1957年4月加入九三学社，1987年1月加入中国共产党，一生从事森林经理教学与科研工作，1991年12月退休，1997年1月6日去世。他曾任森林经理教研组主任、北京市林业顾问团成员，是中国林学会森林经理分会第一届常委，第二、三届副理事长，第四届顾问，是全国高等林业院校试用教材《森林经理学》副主编和教材第二版主编。他十分重视森林经理学科学理论体系的建设。中华人民共和国成立初期，与我国著名森林经理学家范济洲、关毓秀教授等于1952年创立北林的森林经理学科，是该校最强的学科之一，曾聚集着范济洲、关毓秀、于政中、周沛村、董乃钧、唐宗祯等全国著名的森林经理学家，为我国森林经理学科的建设和发展做出了突出贡献。学科点1956年开始招收研究生，1981年首批获硕士、博士学位授予权，1984年荣获国家科委、经委、农委和林业部联合颁发的"全国农林科技推广先进集体"荣誉称号，1989年被评为国家重点学科，1996年被列为国家"211工程"重点建设学科。作为学科带头人之一，他40多年如一日，一直努力奋斗在教学和科研第一线，对工作兢兢业业、认真负责，为森林经理学的建立和发展做出了突出贡献，他主编的《森林经理学》是我国林学的经典教材，退休后还编著了我国第一部《数量森林经理学》（1995）。与此同时，于政中先生十分注重吸收国际先进的森林经理学理论和技术，他先后翻译、出版了日本著名林学家、森林经理学家井上由扶的《森林评价》（1982）、铃木太七的《森林经理学》（1983）、平田种男的《林业经营原理》（1997）以及美国著名林学家J.L.克拉特等的《用材林经理学——定量方法》（1987），对完善我国森林经理学理论和技术体系起到了重要作用。

10月，中国林业编辑委员会编《中国林业论文辑1950—1951》刊印，其中394～405页收录范济洲《实用综合型森林测尺的设计》，406～408页收录干铎《对于范济洲先生〈实用综合型森林测尺的设计〉的几点商榷》。

11月21日，北京林学院开学典礼，林业部副部长李范五到会讲话。

12月，中央人民政府林业部编《林野调查手册》刊印。《林野调查规格》和《林野调查手册》为开展全国森林资源调查奠定了技术规程基础。

12月，《木材材积表》由中国林业出版社出版，这是中国林业出版社出版的第一本书。

 范济洲年谱

● 1953年

1月，张静甫《森林经理学》由上海永祥印书馆出版。

2月，平原农学院杨锦堂、薛楗之等7人调整调入北京林学院。临时校址设在北京市海淀区北安河村西北的大觉寺、普照寺、莲花寺、秀峰寺、响堂等一带寺院。薛楗之（1902—1971年），字栋臣，林业专家，河南省修武县人。1925年毕业于北京农业大学，同年加入国民党，是修武县国民党党部创建人之一，后拒绝清党登记，从此脱离国民党。先后在焦作、洛阳、修武、开封、新乡、安阳、宿县等地小学、中学、师范学校任教师。1945年参加革命工作，历任太行八中教导主任，北方大学农学院教师，华北大学农学院森林专科学校教务科长，平原农学院副教授兼森林专修科主任，北京林学院副教授兼教务处秘书长，中国林业科学研究院副研究员，并担任过森林保护研究室副主任，森林航空化学灭火室主任，中国林学会林业专业委员等职务。

2月，林业部森林经理司改为调查设计局，黄范孝任调查设计局局长，张纪光任副局长。调查设计局设有办公室、森林经理处、测绘处、森林资源调查处、营林调查设计处、政治处、监察室以及计划、财务和复制工程队等单位，编制180人。林业部调查设计局下设森林调查第一大队和第二大队。张纪光（1909—1989年），原名张舒礼，山东省济南市人。1935年北平中国大学毕业，留校任助教，随哥哥张郁光参加"一二·九"学生运动。1936年参加北平文化界救国会，加入中华民族解放先锋队。1937年到鲁西北。1938年初任濮县抗日政府县长，5月任观城县抗日政府县长，8月加入中国共产党。聊城失守后任河北省宁晋县县长，1940年任冀南区第二专署专员。1944年赴延安中央党校学习，次年结业，任冀南区农林局局长。1948年任第二（夏津）专署专员，后任地委副书记、书记。1949年任河北省人民政府委员、农林厅长兼保定农学院（现河北农业大学）院长。1952年起任华北行政委员会农林局办公室主任、副局长。1954年任国家林业部调查设计局副局长，继任造林局局长、部长助理（1957年3月26日—1957年10月18日）。1957年任北京林学院党委书记、副院长（1958年10月—1960年10月任党委书记）。1960年10月任东北农学院副院长。1971年任黑龙江省国营农场管理局局长。1977年任河北省农林科学院顾问。1978年3月任华北农业机械化学院院长、12月任临时党委书记，1979年3月任北京农业机械化学院党委书记（至1982年11月）、院长（至1982年6月），1982年6月离休。根

据张纪光的遗言，他的子女决定出资设立张纪光奖学基金，1998年张纪光奖学金分别在中国农业大学、北京林业大学、东北农业大学、河北农业大学设立。

2月，为适应国家林业建设的需要，中央人民政府林业部决定以东北人民政府农林部林政局林野调查总队为班底，组建两个国家级森林调查队伍，即林业部调查设计局森林调查第一大队和第二大队，其中一大队移驻黑龙江省哈尔滨市，二大队留驻营口。

3月，全国林业调查会议在北京召开，这是第一次专门研究全国林业调查工作的会议，会议确定了"在国有林区有目的有步骤地大力开展森林经理调查，继续完成森林资源调查……"的方针。

7月，李文华从北京林学院毕业，留校森林经理教研室，担任范济洲教授助教。

7月，高等教育部发文，任命杨锦堂为北京林学院副院长。

7月23日，范济洲参加北京林学院第一届毕业生典礼全体师生合影。

9月，北京林学院林业专业分为造林、森林经营2个专业。

10月，北京林学院成立教务处，处长由杨锦堂副院长兼任，殷良弼、范济洲任副教务长。

12月，赵宗哲著《实用测树学》由中华书局出版。赵宗哲（1914—2008年），造林学家，直隶（今河北）满城人。1936年毕业于河北农学院森林系。1956年加入中国共产党。曾任中央大学教员。中华人民共和国成立后，历任北京农业大学副教授，新疆八一农学院副教授、森林系主任，新疆林业科学研究所副所长，中国林业科学研究院林业研究所造林室主任、副研究员、研究员，中国林学会第二届常务理事。发表有《新疆沙漠概况及其改造利用》《我国农田防护林营造经验及经济效益的评述》等论文，著有《实用测树学》《苏联中亚的固沙造林》《农业防护林学》。

● 1954年

3月，全国（第二次）林业调查设计会议在北京召开，梁希部长做了题为《林业调查工作者当前的责任》的报告。在讲到林业调查设计工作的发展方向时指出，林业调查设计是林业建设的基础工作，又是林业工作的尖兵，肩负着林业建设的重要任务，不是可有可无，而是必须搞好。林业调查设计工作随着林业的发展、科学技术的提高，也将得到进一步的发展和提高，要明确地认识到这项工作的重要意义。

3月，中央人民政府林业部调查设计局编《森林经理调查设计规程试行方案》由中国林业出版社出版。

3月25日至4月14日，林业部副部长李范五在北京主持召开林业部调查设计局森林经理第二大队编制的《长白山森林经理施业案》审查会，林业部调查设计局局长刘均一作了长白山森林情况与经营措施的报告，林业部部长梁希作了重要讲话。《施业案》经林业部审查批准后实施。长白山林区森林经理调查，为我国培养了一批专业技术骨干力量，也为我国森林经理事业开辟了一条崭新道路。

4月16日，林业部调查设计局森林航空测量调查大队宣布建队。国家决策将"森林航测"列为苏联援建的156个项目之一，请苏联专家来华援助一两年，在我国大小兴安岭等国有原始林区开展森林航空摄影测量和森林资源航空调查。这样既有利于完成国有原始林区开发建设的基础工作，又能培养我国自己的森林调查设计队伍。为配合苏联援建项目顺利实施，林业部调查设计局森林航空测量调查大队在黑龙江省齐齐哈尔市宣布成立，下设航空摄影、航空调查和地面综合调查3个分队，总人数402人。

5月9日，中国林学会召开常务理事及在京理事联席会议，研究刊行《林业学报》和《中国林学会通讯》及筹备组临时编委会等问题，推选郝景盛、殷良弼、范济洲、张楚宝、周慧明、唐燿、陈嵘7人组成临时编委会。

6月，（苏）谢尔盖耶夫（П.Н.Сергеев）著，华敬灿译《测树学》由中国林业出版社出版。

10月，《中国林学会通讯》第一期出刊。

11月，北京林学院肖庄新址的林业专业楼建成。

12月，（苏）莫托维洛夫（Г.П.Мотовилов）著《森林经理学》由中国林业出版社出版。

1955年

1月，林业部调查设计局制订《森林调查设计规程（试行方案）》《森林经理规程（试行方案）》由中国林业出版社出版，这是中华人民共和国成立后发布的第一部森林调查设计规程和森林经理规程。

1月，范济洲《介绍莫托维洛夫著〈森林经理学〉》刊于《中国林业》1955年第1期42～43页。

4月，中华人民共和国林业部调查设计局《森林调查外业资料汇编》由中国林业出版社出版。

4月，中华人民共和国林业部调查设计局《森林航测资料汇编》由中国林业出版社出版。

7月，北京林学院建立林业系，范济洲任林业系主任，任职至1984年6月。

7月21日，国务院专家工作局发文通知北京林学院，苏联森林经理学教授В.В.巴姆菲洛夫、造林学教授А.Б.普列奥布拉仁斯基、昆虫学教授С.С普洛卓洛夫（未到任）到校任教，并指定В.В.巴姆菲洛夫教授任北京林学院院长顾问[14]。

8月23日，苏联森林经理学教授В.В.巴姆菲洛夫（В.В.Памфилов）、造林学教授А.Б.普列奥布拉仁斯基（А.Б.Преоблаженский）两位专家到校。

9月12日，北京林学院召开了欢迎会，欢迎两位苏联专家到本院工作。苏联专家的主要任务是：第一，协助院长对全院教学做进一步的改革；第二，为造林及森林经理两教研组作顾问工作；第三，协助教研组培训造林及森林经理的研究生及进修生；第四，指导造林及森林经理教研组编写教材，开展科学研究；第五，指导造林及森林经理教研组建立实验室和资料室；第六，指导造林、森林经理教研组改进教学法工作，重点是指导毕业论文及毕业设计。范济洲带领教研室全体教师和全国青年同行认真地向专家学习。

10月，（苏）Н.Л.阿努钦著，王锡暇、沈熙环、周沛村、康宗桢、徐玲、陈燕芬、郑世楷合译《测树学》由中国林业出版社出版。

12月26日，林业部调查设计局第五森林经理大队在西安正式成立。

12月，苏联林业部（集体翻译）《苏联国有林经理及调查规程》由中国林业出版社出版。

是年，林业部调查设计局森林航空测量调查大队航空摄影、航空调查和地面综合调查三个分队独立设队成为三个机构，地面调查队改名为林业部森林综合调查队。

• 1956年

2月，范济洲由林业部部长、九三学社中央副主席梁希介绍加入九三学社。

3月，《林业科学》编委会编委有陈嵘、周慧明、范济洲、侯治溥、唐燿、

---

[14] А.Б.普列奥布拉仁斯基（А.Б.Преоблаженский）为苏联列宁格勒林学院造林学专家、教授。

殷良弼、陶东岱、张楚宝、黄范孝，至1962年12月。

4月17日，北京林学院召开院行政会议，宣布北京林学院十二年规划工作的制定要求及工作程序。第一，成立规划小组。组长杨锦堂；副组长范济洲、陈陆圻；成员有汪振儒、冯致安、宋辛夷、殷良弼；秘书4人为郑晖、李天庆、孟庆英、郑均宝。第二，各教研组主任负责领导各教研组的十二年规划工作。在不影响执行教学计划的原则下，学校以制定十二年规划工作为5月份的中心工作。各教研组要对教育部十二年规划纲要的基本精神及各项指标进行认真讨论，并在此基础上对学校的十二年规划提出具体意见。第三，规划分为三个阶段：1956—1957年为第一阶段；1958—1962年为第二阶段；1963—1967年为第三阶段。第四，1955年5月21日各教研组提出规划，5月22日至5月31日院规划小组根据各教研组规划制定全院十二年规划。第五，在院十二年规划小组下设林场、植物园、图书、仪器、人事、政治思想教育、体育规划小组，负责各部门十二年规划起草工作。

5月，国务院批准北京林学院的全部专业改为五年制。

4月，中华人民共和国林业部调查设计局《森林调查内业资料汇编》由中国林业出版社出版。

7月，北京林学院林业系分为造林、森林经营两大系，造林系设造林和城市居民区绿化两个专业，森林经营系设森林经营专业。

11月，九三学社北京林学院小组成立，成员11人，范济洲任小组长。

是年，林业部调查设计局分为森林调查设计局和造林调查设计局。森林调查设计局设有国有林森林经理处、合作林森林经理处、航空测量综合调查处、技术室、政治处、办公室、复制工程队等单位，编制150人。造林调查设计局设办公室、规划处和设计处，编制50人。

● 1957年

1月，《森林经理》（林业译丛 第七辑）由中国林业出版社出版。

4月，（苏）B.B. 巴姆菲洛夫（В.В.Памфилов）编《森林经理学》（高等学校苏联专家讲义）由中国林业出版社出版。

5月28日，北京林学院院务会议决定，在黑龙江省小兴安岭红星林业局建立实习林场，名为红旗林场，由范济洲、张正昆负责。

5月31日至6月2日，北京林学院第一次科学报告会召开，各兄弟院校代表及林业部、高教部的负责同志出席了会议，林学院12位同志做了科研报告，共提出论文19篇。会后出版了《北京林学院科学研究集刊》。《北京林学院科学研究集刊》目录：王林、迟崇增、王沙生《不同播种期不同抚育次数对栓皮栎幼林生长的影响》1~10页，徐明《核桃的良种选育（1957年5月31日在本院第一次科学研究报告会上报告）》11~32页，高志义《华北松栎混交林区石质山地的土壤和立地条件》33~60页，关君蔚、高志义《妙峰山实验林区的立地条件类型和主要树种生长情况（预报）》61~87页，关君蔚、陈健、李滨生《冀西砂地防护林带防护效果观测报告》88~102页，关君蔚《关于古代侵蚀和现代侵蚀问题》103~115页，陈健《贴地气层温度和湿度的几种特性》116~128页，李驹《拉丁学名的命名及其在科学研究上的重要性》129~140页，马太和《土壤运动形式》141~145页、张正昆《带岭凉水沟的林型和林型起源》146~161页、李恒《云南西北部地区的林型问题》162~172页，于政中《我国森林经理的发展概况》174~185页，申宗圻《压缩木的研究》186~194页、黄旭昌《云杉八齿小蠹生活习性初步观察》195~200页，邓宗文《东北和内蒙古林区森林防火调查研究试验研究简报及对防火措施的意见》201~210页。

11月，林业部批复同意北京林学院造林、森林经营两系合并为林业系，系主任为范济洲，副系主任为孙德恭，在林业专业的基础上，增设森林经营、森林土壤改良、森林保护3个专业。建立城市及居民区绿化系，设绿化专业，李驹任城市及居民区绿化系主任。

12月，北京林学院范济洲教授完成《中国国有林林价的理论研究及林价表的编制》，起止时间1956年3月至1957年12月。

1958年

1月，（苏）A.A.巴依金，H.N 巴郎诺夫《森林经理学原理》由中国林业出版社出版。

1月，中华人民共和国林业部《中华人民共和国国有林经理规程》出版。

4月，北京林学院行政会议决定将森林改良土壤专业改为水土保持专业。

5月，北京林学院增设森林病虫害防治专业。

6月，中华人民共和国林业部森林调查设计局森林经理处编《森林调查员手

册》由中国林业出版社出版。

12月10日，林业部部长梁希逝世。

● 1959年

3月，北京林学院林业系40多名学生分赴甘肃、青海参加沙漠勘察。

4月，北京林学院《日汉林业名词》由科学出版社出版。北京林学院《日汉林业名词》编译小组由陈陆圻、孙时轩、徐化成三人负责，于政中、申宗圻、任宪威、李驹、汪振儒、周仲铭、范济洲、马骥、关玉秀、关君蔚、张执中、张增哲、曹毓杰、钟振威参加校订。

8月，范济州、陈陆圻、孙时轩《科学技术名词解释——林业部分》由科学技术出版社出版。

11月，中国科学院编译出版委员会名词室编订《英汉林业辞汇》由科学出版社出版。

12月，北京林学院编订《德汉林业名词》由科学出版社出版，由汪振儒、关毓秀等合译并校审。本书是由北京林学院的同志集体编译，其中参加翻译工作的有沈熙环、李恒、李滨生、关玉秀、徐化成、徐玲、张建凌、郑士锴（郑世锴，编者注）、曾宪嬉等九位同志，朱江户、汪振儒、范济洲参加审阅。

● 1960年

3月，北京林学院增设林业经济、森林土壤等专业。

是年，林业部三个调查队合并，成立林业部森林综合调查大队。

● 1961年

3月，北京林学院承担林业、森保两个专业17门课程统编教材的任务，其中《森林经理学》由范济洲主持编写。

9月，北京林学院森林经理教研组《测树学》（高等林业院校交流讲义）由农业出版社出版。

● 1962年

1月，北京林学院森林经理教研组编《森林经理学》（高等林业院校交流讲义）由中国林业出版社出版，该书由范济洲主持编写。

6月，北京林学院第三届院务委员会成立，主任委员胡仁奎，副主任委员王友琴、单洪、杨锦堂，委员殷良弼、李驹、汪振儒、范济洲、陈陆圻、陈俊愉、王玉、吴毅、冯致安、申宗圻、朱江户、杨省三、孙德恭、赵得申、赵静、王明、郝树田。

12月5日至7日，北京林学会成立大会暨学术年会召开，出席大会代表70余人，选举第一届理事会，理事会由29人组成，常务理事12人，理事长殷良弼，副理事长王恺、范济洲，秘书长侯治溥。

12月，《北京市林学会1962年学术年会论文摘要》由北京林学会刊印，其中收入北京林学院林业系范济洲、于政中《华北次生林区组织经营问题的初步研究》。

● 1963年

2月，根据中国科协意见，中国林学会召开在京理事会议，决定在常务理事会下设4个专业委员会，即林业、森工、普及委员会和《林业科学》编委会，陈嵘任林业委员会主任委员，郑万钧任《林业科学》编委会主编。《林业科学》北京地区编委会成立，编委陈嵘、郑万钧、陶东岱、丁方、吴中伦、侯治溥、阳含熙、张英伯、徐纬英、汪振儒、张正昆、关君蔚、范济洲、黄中立、孙德恭、邓叔群、朱惠方、成俊卿、申宗圻、陈陆圻、宋莹、肖刚柔、袁嗣令、陈致生、乐天宇、程崇德、黄枢、袁义生、王恺、赵宗哲、朱介子、殷良弼、张海泉、王兆凤、杨润时、章锡谦，至1966年。

9月，北京林学院撤销森林气象专业，气象教研组划归林业系领导。

● 1964年

6月，林业部批准北京林学院专业设置为林业专业、水土保持专业、森林病虫害防治专业、林业经济专业、木材机械加工专业、林产化学工艺专业、林业机械专业、园林专业，共8个专业。

12月，范济洲《第三讲 组织森林经营永续利用的基础》刊于《中国林业》1964年第12期46～48页。

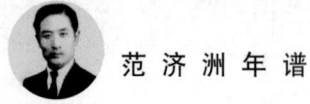

1965 年

7月,北京林学院正式撤销园林系,将园林系教师并入林业系,设园林教研组。

8月,北京林学院增设林业经济系,将原林业系的林业经济专业划出,单独设立。

是年,《北京高等教育志》登载北京市高等院校原三级以上教授,北京林学院汪振儒(二级),范济洲、李驹、汪菊渊、邢允范、殷良弼(以上三级)[15]。邢允范(1897—1974年)山东桓台人。1919年毕业于北京大学工学院土木系。曾任北京铁道学院讲师、教授;日伪时期任北京大学农学院教授、北平临时大学农业工学系教授兼代系主任;中华人民共和国成立后历任农业部农田水利局水利工程队队长、河北农学院教授;1955年任北京林学院教授,讲授《测量学》,1974年病逝于北京;1956年9月12日北京林学院第85次院行政会议讨论决定,将图书室扩大成立图书馆,直属院长领导,馆长由邢允范教授兼任。

1967 年

11月,北京林学院教育方案进行改革:将林业系的17个教研室按专业合并成林业、森林保护、林业经济、水土保持4个专业连队。

是年,周桢《森林经理学》(部定大学用书)由台湾国立编译馆出版。

1969 年

1月9日,林业部军管会发布通知,将林业部直属的吉林林业管理局(包括所属企、事业单位)及中央林业部调查设计局森林调查第二大队、白城子林业机械学校下放吉林省领导,将内蒙古林业管理局(包括所属企、事业单位)下放内蒙古自治区领导。中央林业部调查设计局森林调查第二大队定名为吉林省林业勘测第二大队。

3月4日,林业部军管会发出通知,决定将中央林业部调查设计局西北、中南、华东三个林业设计院和第五、第九森林调查大队下放有关省管理。

7月,林业部军管会决定,将林业部调查设计局森林航空测量调查大队下放到大兴安岭地区加格达奇,并更名为黑龙江省大兴安岭地区林业勘测设计大队。

---

[15] 北京高等教育志编纂委员会. 北京高等教育志(下) [M]. 北京:华艺出版社,2004:1686.

11月,林业部军管会林管字(69)55号文件《关于撤销北京林学院交云南省安排处理的请示报告》,上报国家计委军代表并国务院业务组,要求在半个月内将全院师生员工及家属5000多人遣送到云南,后因广大师生、员工强烈抵制未能实现。11月底,北京林学院全校师生员工分两批下放到云南省的11个林业局劳动锻炼。

12月初,北京林学院抵昆明的林业系森林保护、水土保持专业连队教职工及其家属和六五年级学生被下放到云南红河哈尼族彝族自治州弥勒县江边林业局。

● 1970年

4月至6月,北京林学院除北京留守处部分教职工和搬迁过程中调走的人员外,剩余全校教职工搬迁云南,分布于8个林业局、几十个林场,后集中丽江后,更名为丽江林学院。

● 1971年

10月,丽江林学院更名为云南林业学院。

● 1972年

9月,中共云南省委批准成立中共云南林业学院核心组,王友琴任组长,杨锦堂、甄林枫任副组长。

● 1973年

3月,云南农业大学林学系并入云南林业学院,改称云南林业学院亚热带经济林系。

5月,农林部以农林(林)字第3号文件提出:在"四五"期间内,准确迅速查清我国森林资源,为制定林业方针和各种计划提供科学依据。

10月,云南林业学院开始招收工农兵学员。

12月10日至20日,为进一步落实毛主席"绿化祖国"的伟大号召和"林业要计算覆盖面积,算出各省(自治区、直辖市)、各专区、各县的覆盖面积比例,作出森林覆盖面积规划"的指示,切实加强林业调查规划工作,农林部在湖北省咸宁地区召开了全国林业调查工作会议。参加会议的有27个省(自治区、直辖市）林业局（农林局）的负责同志，林业设计院、调查队的负责同志及林业院校和科研单位的代表，共172人。

● 1974年

6月，广西林业勘测设计队、广西农学院林学系编《森林调查手册》刊印。

11月，中国农林科学院科技情报研究所《国外林业概况》由科学出版社出版，范济洲参加编写。

● 1975年

3月，云南林业学院招收林业专业"社来社去"班，共20人。

● 1977年

1月，全国森林资源清查结果内部刊印。开展森林资源清查，及时掌握全国森林资源的现状和变化，是评价我国自然资源和我国生态状况的主要依据之一，是国家进行宏观决策的重要基础。我国于1973年至1976年，以县为单位，开展了第一次全国森林资源清查，初步查清了全国森林资源现状。农林部部署在内蒙古克一河林业局和湖南省会同县分别开展森林资源清查试点。试点后制定并颁布了《全国林业调查规划主要技术方法》，这次清查侧重于查清全国森林资源现状，除部分地区按林班、小班开展资源调查外，大部分采用了抽样调查方法。

7月，全国恢复统一高考制度，云南林业学院林业、森林保护、水土保持、林业经济、亚热带经济林、城市园林、木材机械加工和林业机械8个专业共招新生328名。

10月，农林部国家林业总局委托云南林业学院在昆明市翠湖宾馆召开修订林业专业教学计划的会议。这次会议是"文化大革命"以来林业高教的一次盛会，各林业院校和农业院校林学系的主要领导及教师代表与会，由王友琴、范济洲和陈陆圻主持，会议除了主要议程外，还交流了农林院校的信息，朝阳农学院已解散，安徽农学院和东北林学院已迁回原址。与会代表一致认为北京林学院回京复校问题必须尽快解决，于是联名上书农林部、教育部，建议云南林业学院（原北京林学院）迁回北京办学。从此开始了迁京复校的一系列酝酿工作。会议期间，还以云南省林学会名义在昆明市护国路云南省科委礼堂举行了学术报告会，与会教授纷纷登台报告最新林业科研成果。这次报告会成为"十年动乱"后中国林学会恢复活动的前奏。

● **1978 年**

1月，黑龙江省大兴安岭地区森林调查规划大队主编《森林调查手册》由农业出版社出版。

4月24日，农林部机构变动，成立国家林业总局，由农林部代管，主要任务是负责全面规划，统筹安排，统一管理造林育林和森林工业工作，罗玉川任国家林业总局局长、党组书记。

4月22日至5月16日，教育部在北京召开教育工作会议，云南林业学院核心组组长王友琴在会议上申明北京林学院返京复校的迫切性。

6月7日，国家林业总局以（78）林科字第15号，（78）教计字511号文件上报国务院。

5月，北京林学院在北京组成以杨锦堂为首的复校办公室，成员有陈陆圻、赵川雨、范子英、王慧身等，开始正式进行返京复校活动。

5月4日，汪振儒、范济洲等17名正、副教授联名向农林部、教育部反映本校在云南多年来的遭遇，说明返京复校的理由。

7月20日，汪振儒、范济洲等23名正、副教授，在得知北京农业大学已获准返京复校的消息后，又联名向有关领导呈递了陈述北京林学院返京复校的意见书。

8月，范济洲、詹昭宁《立地指数综述》刊于《林业科技通讯》1978年第8期21～23页。

9月，范济洲、詹昭宁《立地指数综述（续）》刊于《林业科技通讯》1978年第8期22～23页。

9月12日，云南林业学院恢复招生研究生后录取第一批研究生（77～78级）8名（林木遗传育种续九如，造林学翟明普、杨建平、左永忠，森林经理学吕树英，森林植物学尹伟伦、董全忠，森林保护学秦苑蓉）。

9月30日，汪振儒、范济洲、陈陆圻、申宗圻四位教授又联名给叶剑英副主席书写呼吁北京林学院回京复校的请示报告。

10月，《遥感技术在林业基地规划的应用研究报告》由遥感技术在林业基地

规划的应用试验组刊印,该报告由于政中、范济洲、董乃钧等编写。

12月8日,国家林业总局以(78)林科字第81号文件报国务院,12月10日相关领导批示,同意在妙峰山建校。但经钻探,妙峰山没有水源,所以还得在肖庄原址办学。国家林业总局收到国务院的批示后,立即发出《关于恢复北京林学院并迁回北京办学的通知》,得到通知后复校办公室在北京林学院原址的空地上建起了几十栋木板房。

12月21日至28日,中国林学会在天津召开1978年学术年会,选举产生了中国林学会第四届理事会,范济洲当选为中国林学会第四届理事会理事并任副秘书长。会议决定由杨衔晋、范济洲、江福利、陈陆圻等同志组成中国林学会林业教育学会筹备小组。同时,为团结广大科技人员,推动森林经理工作的开展,在范济洲的倡导下,中国林学会召开了森林经理专业委员会暨森林调查规划学术讨论会,成立森林经理专业委员会,范济洲任主任委员,杨润时、刘于鹤、黄中立任副主任委员。

● 1979年

1月,北京林学院师生员工及其家属分批迁回北京原址。

1月23日,经中国林学会常务委员会通过,改聘《林业科学》第三届编委会,主编郑万钧,副主编丁方、王恺、王云樵、申宗圻、成俊卿、关君蔚、吴中伦、肖刚柔、阳含熙、汪振儒、张英伯、陈陆圻、贺近恪、侯治溥、范济洲、徐纬英、陶东岱、黄中立、黄希坝,共有编委65人,至1983年2月。

2月,在第五届全国人民代表大会常务委员会第六次会议上,林业总局局长罗玉川提请审议《中华人民共和国森林法(试行草案)》,大会予以通过。

2月16日,中共中央、国务院决定撤销农林部,成立农业部、林业部,任命罗玉川为林业部部长,雍文涛为副部长。

2月23日,《中华人民共和国森林法(试行)》公布试行。

2月,在党和国家的亲切关怀下,经国务院批准北京林学院迁回北京办学。2002年贺庆棠在《我看北林的建设和发展》一文中这样写道:这里特别要提到的是,原林业部老部长罗玉川以及以我校王友琴书记为代表的校领导和学校一大批中层干部、专家学者为争取北林返京复校冒了很大风险,作出了艰苦卓绝的努力,最终把北林从云南搬回了北京。没有他们的努力就不会有今天的北林,他们

的功劳将永载北林史册[16]。

2月，林业部召开全国林业调查规划座谈会决定组织进行地位指数表编制技术的研究，确定由林业部调查规划设计院与北京林学院牵头，组成由福建、东北、南京、中南林学院，山西农学院，吉林林科所等单位专家、教授参加的科研协作组。由北京林学院范济洲教授任组长、林业部调查规划局刘于鹤同志任副组长，由林业部调查规划设计院常昆同志起草"科研技术方案"并由负责组织实施。科研协作组成员及工作人员：主持单位林业部规划局（院）、北京林学院。科研协作组成员北京林学院范济洲（组长）、李海文（常务），林业部规划局（院）刘于鹤（副组长）、朱俊凤（常务）、常昆（常务）、詹昭宁（常务）、王光永（常务），福建林学院林杰，福建省林业厅叶瑞玉，吉林林科所尹泰龙，南京林学院林昌庚、吴富桢、东北林学院蒋伊尹、中南林学院成子纯，中国林科院热林所李善淇，黑龙江省森调二大队姜孟霞。福建、云南、四川、广东、广西、贵州、江西、浙江、江苏、安徽、湖北、河南、陕西等省（自治区）的林业勘察设计院（队）。

3月，北京林学会在昌平县召开会员代表大会，选举产生第二届理事会，由39人组成，殷良弼为名誉理事长，范济洲任理事长，王恺、李莉、徐纬英任副理事长。

4月，经国务院批准，林业部调查设计局原建制迁回北京，林业部决定恢复调查规划局，并以这支队伍为基础，扩建为林业部调查规划院。

5月3日至5日，中国林学会副理事长陶东岱、吴中伦、副秘书长范济洲等与中日科学技术交流协会访华团部分团员座谈，会上由西田尚彦介绍"日本林业科技情况"，坂口胜美介绍"日本林业教育方面发展情况"，中日两国科技工作者互相介绍了两国林业科技发展情况，并商谈了互访问题。

6月8日，北京林学院临时党委及临时行政领导班子组成。王友琴任党委书记、副院长，杨锦堂、王昭同任党委副书记、副院长，郭绍仪、吕素明任副院长。

1979年8月至1982年7月，范济洲带领地位指数表编制技术科研实验组，由40多个单位近百余人组成，选择了南方经营历史较悠久、集约条件成熟的主要用材树种杉木为对象，在福建省试点，然后在杉木分布较广的14个省（自治区）进

---

[16] 贺庆棠. 我看北林的建设和发展 [J]. 中国林业教育，2002（5）：8-9.

行观测，完成总报告《杉木地位指数表编制技术与应用方法的研究》。

9月22日，国家农业委员会、农业部、林业部、水利部、农垦部、农业机械部和中央气象局，邀请在京的农业科学家、教育家以及早期从台湾、香港和国外归来从事农业科学、农业教育的爱国知识分子的代表举行茶话会，共庆中华人民共和国成立三十周年，鼓励他们同心同德，为加速实现我国农业现代化作出贡献。党和国家领导人王震、方毅、余秋里、陈永贵、胡耀邦等，在十分热烈的气氛中接见了与会代表并讲话。在会上发言的有中国农业科学院、中国林业科学研究院、农业部、北京农业大学、水利水电科学研究院、北京农业机械化学院、中央气象局、水利部、北京林学院和农业机械化研究院的农业科学家和教育家金善宝、郑万钧、郭春华、沈其益、林秉南、曾德超、王宪钊、张含英、申宗圻、马骥。应邀出席茶话会的农业科学家和农业教育家还有鲍文奎、李竞雄、徐冠仁、程绍迥、郑丕留、娄成后、蔡旭、俞大绂、裘维蕃、李连捷、熊大仕、张心一、朱莲青、邹秉文、王恺、张英伯、吴中伦、范济洲、汪胡桢、覃修典、唐有章、李振宇、陈立、叶桂馨、程刚、席承藩、邓静中、夏世福等，出席茶话会的共181人。

10月19日，林业部党组决定，北京林学院建立临时党委，王友琴任书记，杨锦堂、王昭同、李森为副书记。

12月，范济洲、李海文等《全国杉木专业调查福建试点技术总结》由全国杉木专业调查福建试点办公室刊印。

是年，范济洲、于政中等编《利用遥感技术进行林业区划的研究》由林业部刊印。

• 1980年

1月5日，北京林学院成立学术委员会，主任汪振儒，副主任杨锦堂、陈陆圻、范济洲。

1月，林业部成立林业部科学技术委员会第一届委员会，主任委员雍文涛，副主任委员梁昌武、杨天放、杨延森、郑万钧；秘书长刘永良；委员雍文涛、张化南、梁昌武、张兴、杨天放、张东明、杨延森、赵唯里、汪滨、杨文英、吴中伦、陶东岱、王恺、李万新、侯治溥、张瑞林、徐纬英、刘均一、肖刚柔、范学圣、高尚武、贺近恪、关君蔚、黄枢、马大浦、程崇德、梁世镇、董智勇、郝文

范济洲年谱

荣、涂光涵、牛春山、杨廷梓、吴中禄、李继书、任玮、徐国忠、刘松龄、韩师休、黄毓彦、杨衔晋、王凤翥、王长富、王凤翔、周以良、沈守恩、范济洲、余志宏、陈陆圻、邱守思、申宗圻、朱宁武、林叔宜、李树义、林龙卓、徐怡、吴允恭、刘学恩、沈照仁、刘于鹤、陈平安。

3月24日,《北京日报》第2版刊登《一定要改变北京林业落后的历史,参加全国科协二大的代表范济洲谈北京林业建设》。

6月,范济洲任北京林学院林业系主任,至1984年。

6月16日,北京市科协第二次代表大会召开,出席大会代表615名,大会选举产生由151名委员组成的北京市科学技术协会第二届委员会,二届一次委员会议选出主席、副主席。茅以升当选为主席,王书庄、田夫、任湘、孙洪、刘泽忠、沈克琦、陈绍明、陈绳武、范济洲、林寿屏、金瓯卜、钱伟长、徐剑平、蔡旭、谭壮、戴秀生、范济洲等当选为副主席。

7月10日,《人民日报》刊登《从事森林调查工作的三十三位同志联名呼吁:各级党政领导要采取坚决措施抢救森林》。呼吁书指出:现在全国森林面积确实在普遍下降,问题是严重的。呼吁书说,森林对提供多种工业原料、保障农业丰收、保持水土、调节气候、改善环境、保持生态平衡,有多方面的重要作用。我国是个少林国家,迅速提高森林覆盖率是建设社会主义的需要,也是我国人民多年来渴望以求的事。新中国成立以后,党中央和国务院曾多次号召"绿化祖国""实现大地园林化",要求尽快地把我国森林覆盖率提高到30%左右。现在我们却痛心地看到了相反的情况:我国本来已经很少的森林面积却正在迅速下降之中。这是关系到我们国家、民族和子孙后代切身利益的大事,决不可掉以轻心。当务之急是:落实有关林业政策,严格执行森林法,提高森林经营管理水平,实行以经济办法和科学办法管理林业,大幅度增加营林投资和育林基金,建立以林养林的制度。以保证现有森林资源不再受到破坏。在呼吁书上签名的有北京林学院教授范济洲,中国林业科学院研究员黄中立,林业部调查规划院副总工程师杨润时、易淮清等。

7月27日至8月2日,中国林学会在北京举办林业教育研究会暨林业教育学术讨论会,杨衔晋主持会议。会议选举产生林业教育研究会第一届理事会,杨衔晋任会长,江福利、陈桂陞、陈陆圻、范济洲、楼化鹏、廉子真为副会长。学会挂靠为北京林学院。

8月30日，国家任命雍文涛为林业部部长、党组书记，罗玉川改任林业部顾问。

9月25日，《人民日报》刊登《一位老林学家的呼声——访北京林学会理事长范济洲教授》。呼声中讲道：世界上大多数文明国家，都为自己的国土披上了绿色的服装。有的国家的国土，绿化覆盖率达到70%以上。北京山地占全市总面积的62%，山区的绿化覆盖率只有7.5%，低于世界平均水平，也低于我国全国平均水平。这是著名林学家范济洲教授对记者说的。他认为，这是过去旧社会遗留下来的，也是今天北京建设方针偏重经济，经济中又偏重工业，搞了不少"喧宾夺主"的建设的结果。他认为北京的建设方向要从两个方面当机立断，一是坚决限制重工业、化学工业继续在北京扩建，二是努力植树造林绿化环境，力争在短期内从远山到近山，城里城外，河流两岸全部绿化起来。他主张，在张辛庄的沙滩荒地上，不是造一个化工厂，而是植树造林。他认为，要改变北京的自然环境，条件是相当优越的。第一，有山有水。第二，北京名胜古迹多。第三，林业部、林业科学院等许多研究单位都在北京，专家和技术力量雄厚。他呼吁，为了子孙后代的利益，认真总结经验教训，坚持贯彻中央书记处的四项建议。

11月，林业部调查规划院主编《森林调查手册》由中国林业出版社出版，参加编写工作的有林业部调查规划院、北京林学院、东北林学院、南京林产工业学院、河北林业专科学校和河北沧州南大港农场等单位。第一篇穆信芳、姚运高，第二篇陈学文，第三篇谢兆良、方有清、马建维、唐宗祯，第四篇关玉秀、马建维、董乃钧、陈振杰，第五篇李贻铨、刘寿坡，第六篇蒋有绪，第七篇汪祥森，第八篇李传道、唐祖庭、李周直、王福林等，王洪清、戴凤梅等绘图。

12月3日至9日，中国林学会在北京召开了森林合理经营永续利用学术讨论会，来自全国的172位森林经营、森林经理和林业管理方面的专家、教授和科技工作者参加了会议。会议由中国林学会副理事长朱济凡主持，中国林学会森林经理专业委员会主任范济洲致开幕词。

12月，西北林业学院主编《简明林业词典》由科学出版社出版。其中测树及调查设计部分由北京林学院范济洲编写。全书分林业基础（森林树种、树木生理、森林气象、森林土壤及森林生态），树木育种，种苗造林，防护林，森林经营，森林保护（森林防火、森林病理、森林昆虫、病虫害防治及森林鸟兽），森林调查设计（森林统计、测量及航测、测树及调查设计），木材采运和林产利用

范济洲年谱

（木材及林产化学利用），共九大部分，包括2603个词条及列入有关词条之内的名词847个，约558000字。

● 1981年

4月，国际林业研究组织联盟（International Union of Forest Research Organizations，简称IUFRO）在日本京都市国立京都国际会馆召开第17届大会，为期一周，这次大会是国际林协80年来第一次在亚洲召开的大会，大会的主题是"明日之森林来自今日之研究"，来自73个国家的1300名林业科学家出席了这次会议。范济洲参加会议并利用这次机会与台湾林学界取得联系，向他们介绍祖国的建设成就和有关政策。

6月13日，国务院学位委员会第二次会议通过了第一届国务院学位委员会学科评议组成员名单。农学评议组有马大浦、马育华、王广森、王恺、方中达、史瑞和、邝荣禄、朱国玺、朱宣人、朱祖祥、任继周、许振英、刘松生、李竞雄、李连捷、李曙轩、杨守仁、杨衔晋、吴中伦、吴仲贤、余友泰、邱式邦、汪振儒、沈隽、陈华癸、陈陆圻、陈恩凤、范怀中、范济洲、郑万钧、郑丕留、赵洪璋、赵善欢、俞大绂、娄成后、徐永椿、徐冠仁、黄希坝、盛彤笙、葛明裕、蒋书楠、鲍文奎、裘维蕃、熊文愈、蔡旭、戴松恩。

8月，北京林学院成立第一届学位评定委员会，陈陆圻任主席，汪振儒、范济洲任副主席，范济洲等19人为委员。

11月3日，国务院学位评定委员会决定在北京林学院设立全国唯一的森林经理博士点，范济洲任导师。

12月10日，中国林学会在北京举行森林合理经营永续利用学术讨论会，会议由林学会副理事长朱济凡主持，森林经理专业委员会主任范济洲致开幕词，中国林学会名誉理事长沈鹏飞教授特地从广州发来贺电，并派代表带来他在医院撰写的学术论文。会上研究了今后专业委员会学术活动事宜；增选了委员和常委，一致推举沈鹏飞、杨延森、刘钧一三位同志为名誉主任；成立测树遥感专业组和森林经理及资源管理专业组；讨论了建立森林经理科研协作和永续利用试验点；积极开展学术交流；大力开展森林经理科学普及及宣传活动；会议动议把"森林调查规划"改由林业部调查规划院和森林经理专业委员会联合主办；会议还决定出版《中国森林经理》一书，由黄中立同志任主编，范济洲同志担任顾问。森林

经理专业委员会负责人名单：①测树、遥感学组负责人关毓秀、田景明、董乃钧、李留瑜、周昌祥；②森林经理及资源管理学组负责人于政中、林龙卓、王松龄、陈邦杰。

1982 年

3月22日，北京市劳动模范李景韩副教授、积极分子范济洲、王九龄副教授、卢化义同志及先进集体代表唐宗桢副教授出席在人民大会堂召开的北京市劳动模范、先进集体代表表彰大会。

4月，北京林学院1978届研究生毕业，林木遗传育种续九如，造林学翟明普、杨建平、左永忠，森林经理学吕树英，森林植物学尹伟伦。

6月，（日）井上由扶著，陆兆苏、于政中、荣佩珠、李克志合译《森林经理学》由中国林业出版社出版。

9月21日至26日，中国林学会森林经理专业委员会在长沙举办森林经理学术讨论会，主题为森林合理经营永续利用，范济洲主持会议。

10月，范济洲《略论世界林业教育——纪念北京林学院校庆》刊于《北京林学院学报》1982年第3期1~8页。

11月，中国林学会森林合理经营永续利用学术讨论会论文选集编委会主编《森林合理经营永续利用》由中国林业出版社出版，主编朱济凡、范济洲。其中1~6页收录范济洲《合理经营我国现有森林实现永续利用——森林合理经营永续利用学术讨论会开幕词》。

12月，范济洲当选为中国林学会第五届理事会副理事长。

1983 年

1月，中国林学会林业区划研究会在北京成立，经民主协商选出第一届理事会，董智勇任理事长，副会长张肇鑫、王耕今、侯学煜、吴中伦、范济洲、刘于鹤、张华龄，秘书长王炳勋。

3月，北京林学会在平谷县召开会员代表大会，选举产生第三届理事会，理事29人，范济洲任理事长，高长辉任副理事长（兼秘书长），副秘书长王九龄、黄毓彦、马杏绵、刘振东，常务理事李文杰、李石刚、沈国舫、曹再新、詹昭宁、白泰雪。

6月，范济洲《对我国当前林业教育的看法》刊于《林业教育研究》1983年试刊号10～12页。

6月27日，范济洲教授被批准加入中国共产党。

7月8日，《北京日报》第1102期第2版刊登《著名林业专家范济洲入党》。本报讯，6月27日，71岁的著名林业专家范济洲教授批准加入中国共产党，二十八年的夙愿实现了。他激动地说：我是踏遍青山人未老，要发挥有生之年的余热，为我国林业建设和林业教育做出贡献。范济洲从活生生的现实教育中体会到共产党的英明伟大，1955年，他向党组织递交了入党申请书，1980年再次提出了申请。几十年来，他认真接受党组织的教育帮助，努力按照共产党员的标准去做，为我国森林经营管理的科研和教学工作做出了突出的贡献，被选为中国林学会常务理事、北京林学会理事长。他不顾年事已高，深入远郊区考察，从绿化方针到具体措施提出许多意见和建议。（铁铮）

9月，《森林经理学》由中国林业出版社出版，主编范济洲，副主编于政中，参加编写的有李海文等。

12月，范济洲当选为九三学社第七届中央委员会委员。

是年，Clutter J L, Forston J C, Pienaar L V, Brister G H, Bailey R L "*Timber Management: A Quantitative Approach*" 由 John Wiley & Sons 出版。

是年，范济洲担任九三学社北京林学院支社第三届小组长。

是年，《杉木地位指数表编制技术与应用方法》研究完成。完成单位林业部调查规划院，北京、东北、南京、福建、中南林学院、福建省林业厅、吉林省林业科学研究所、中国林业科学研究院热带林业研究所、黑龙江省森林调查二大队、福建、云南、四川、广东、广西、贵州、江西、浙江、江苏、安徽、湖北、河南、陕西等省（自治区）林业勘察（测）设计院（队）。评价林地质量是开展集约经营用材林的一项基础工作。利用地位指数表评价林地质量和确定用材林生产力等级，具有准确、指标直观、应用简便等优点。为提高我国南方杉木人工用材林的经营水平和编制收获表等其他有关表提供基础依据，进行了杉木地位指数表编制与应用方法的研究。该研究在杉木产区设置标准地2133块，伐取优势木的解析木426株，进行了大量的土壤剖面分析，并对编制杉木地位指数表的主要技术环节和工艺，如指数木的选测、标准年龄和指数级距、导向曲线数学模型的筛选、各地位指数曲线展开方法等，进行了多方案的比较、分析和研究；统一了

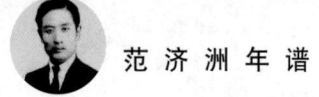

制表标准和程序，编制出各省（自治区）杉木人工林地位指数表，在分析各省（自治区）编表成果的基础上，编制出全国杉木人工林统一的地位指数表，该项研究成果已在福建省建阳县范桥林场进行了试验和检验。

● 1984 年

3月7日，中国林学会森林经理学会（在京）常务理事扩大会议在军事科学院新28楼二楼会议室举行，范济洲、吕军、于政中、关毓秀、刘元本、徐国祯、张桦龄、易淮清、詹昭宁、李海文、朱俊凤、周昌祥、王松龄、曹再新出席，会议由范济洲理事长主持，中国林学会学术部黄伯珍同志出席会议。会议决定，为开好"1984年森林经理学术讨论会"，即现场总结广东省雷州林业局人工林经理经验，在现场研讨森林经营方案并编制新方案，发挥森林经理工作在林业建设中应有的作用。为了取得实效，会议要求雷州林业局做好开会的资料准备工作，会前将总结资料寄发给与会代表，让代表会前看到资料，结合现场实际有针对性的讨论。通过会议把雷州局经验提高一步，借雷州经验，推动全国森林经理的理论与实践工作开展。会议决定成立筹备领导小组，开始筹备工作，会议筹备领导小组成员，组长范济洲，成员于政中、周昌祥、王永安、祁述雄、潘文斗、徐国祯、颜文希、王松龄、曹再新等。

3月，林业部调查规划院主编《森林调查手册》由中国林业出版社再版。

4月，北京林学院党委讨论确定本校12个重点学科和5个重点专业，林业、森林病虫害防治等被列为重点专业。

5月4日，北京市人民政府、市林学会受中华人民共和国林业部和中国林学会委托在北京友谊宾馆召开了颁发1984年劲松奖大会，北京市林学会理事长范济洲教授主持大会，中国科技协会副主席裴继生、林业部副部长董智勇、市长陈希同相继讲话。

6月25日，《中国大百科全书·农业卷》的《中国林业史》条目审稿会在国务院第一招待所召开，吴中伦、梁昌武、范济洲、陈陆圻、朱济凡、张楚宝、周重光、张钧成等参加了会议，会上他们联名倡议成立中国林学会林业史学会，并建立林业文史馆，挂靠北京林学院。

9月20日，第六届全国人民代表大会常务委员会第七次会议通过《中华人民共和国森林法》，自一九八五年一月一日起施行。

12月5日至10日，中国林学会森林经理学会常务理事会在广东省雷州林业局召开森林经理雷州现场学术讨论会，出席会议的有范济洲、刘于鹤、于政中、李海文、徐国桢、易淮清、陈伯贤、陆兆苏、曹再新、周昌祥、王永安，会议由理事长范济洲教授主持。

12月，范济洲《开幕词》刊于《广东林勘设计》1984年第2期1～2页。

是年，范济洲、常昆、李海文等《杉木地位指数表编制技术与应用方法的研究》刊于《林业调查规划》1984年（增刊）1～46页。森林立地质量的高低是影响林木产量的重要因素，评价有林地、宜林地的生产力，掌握和预估不同树种在不同立地条件下的生长潜力，是因地制宜进行造林和因林制宜进行营林的前提。森林生态环境因子或测树特征，是评价立地质量的理论和实践基础。其评定方法有以下几种：根据土壤、水、热条件等环境因子；根据林地植被为基础的林型上的差别；按单位面积上的材积收获量或生长量的差别；按林分树高生长量的差异等等。地位指数法包括数量化地位指数表法则是根据林分优势高的差别评价立地质量，判断森林地位等级和按林木生产力对森林进行分类的一种应用简便、指标明确的定量方法，也是目前世界各先进林业国家常用的方法。评价立地质量和确定森林生产力等级，无论在森林学中，或在造林、营林各个领域都占有重要地位，是林业科学研究和集约经营森林的基础。在选择造林树种，确定造林树种，决定林木培育方向，拟定营林措施，确定主伐年龄、工艺成熟龄、伐龄期、轮伐期，评价森林效益，预估森林经济效益，以及林分改造、更新树种等各项工作中，都需要在立地质量分级的基础上采取最合理的措施。在研究和预估森林生长和收获的工作中，在编制集约经营森林所需要的其他经营数表，如森林生长量表、收获表、间伐量表、林分密度控制图等，也都需要在立地质量分级的基础上进行。因此，研究和编制我国主要树种的地位指数表，是我国逐步实现森林经营集约化和用经济办法管理森林的一项不可缺少的基础工作。这项工作填补了我国林业数表的一项空白。

● 1985年

1月，北京林学院成立第二届学位评定委员会，阎树文任主席，沈国舫、贺庆棠任副主席，范济洲等19人为委员。

1月11日，山西省林业厅邀请林业部、中国科学院、北京林学院、山西大学、山西农业大学、省科委、省科协等单位的专家、教授、学者范济洲、敖匡芝、张正昆、王战、林成谷等50余人，对《山西省中条山历山自然保护区原始森林考察报告》做出评审意见，确认历山林区是华北地区保存下来的唯一的一块原始森林。

2月26日，国务院学位委员会在北京召开第六次会议。会议审议通过了国务院学位委员会第二届学科评议组成员名单，农学评议组有阎龙飞、刘大钧、陈子元、马吉华、王镇恒、卢永根、吕鸿声、李曙轩、刘佩瑛、孙济中、陈振光、范云六、郑丕尧、郑学勤、顾慰连、庞雄飞、李季伦、方中达、朱祖祥、刘更另、刘孝义、汤祊德、李振岐、陈华癸、青长乐、周长海、夏基康、曾士迈、刘崧生、汪懋华、王广森、王锡桐、李翰如、余友泰、沈达尊、邵耀坚、赵天福、董恺忱、熊运章、安民、任继周、李德尚、杨凤、吴常信、张子仪、孟庆闻、骆承庠、孔繁瑶、秦鹏春、冯淇辉、刘福安、杨传任、陈北亨、殷震、蔡宝祥、周以良、阎树文、王明麻、吴中伦、张建国、张仰渠、陈俊愉、邵力平、范济洲、胡芳名、梁子超、蒋建平、熊文愈、薛纪如、朱国玺、黄希瀓、王定选、王恺、史济彦、陈陆圻、梁世镇。

3月，范济洲主编《森林经理文集》由中国林业出版社出版。

6月19日至24日，由北京林学会发起，北方干旱山地造林学术讨论会在北京召开，参加会议的有河北、山西、内蒙古、辽宁、陕西、甘肃、宁夏、山东、河南和北京等省（自治区、直辖市）的教授、专家60余人出席，会议收到学术论文和考察报告22篇。北京林学会理事长范济洲教授主持会议，在会议上他就北方干旱山地造林技术发表重要见解。

7月，中国林学会林业区划研究会在福建省漳州召开第二次学术讨论会，选出第二届理事会，董智勇任会长，张肇鑫、王耕今、侯学煜、吴中伦、范济洲、刘于鹤、张华龄任副会长，秘书长王炳勋。

8月，东北林学院森林经理教研室《测树学》刊印。

8月6日，林业部批准北京林学院、东北林学院和南京林学院改为北京林业大学、东北林业大学和南京林业大学。

9月，范济洲《欢呼国际森林年》刊于《河南林业》1985年第3期8页。

9月18日，范济洲理事长主持召开中国林学会森林经理学会在京常务理事扩大会议，于政中、易淮清、刘元本、徐国祯、陈伯贤、陆兆苏、董乃均、李海

文、李留瑜、穆可培、林杰、曹宁湘、曹再新参加会议。会议决定：①一致同意李海文同志代表森林经理学会出席中国林学会第六次全国会员代表大会；②一致同意王永安、曹再新同志为学会工作奖获得者；③确定1986年第二季度在黑龙江省小兴安岭朗乡林业局召开原始林森林经理现场学术讨论会，并成立筹备领导小组；④一致同意出版不定期刊物《森林经理学会通讯》，编辑部设在长沙林业部中南队；⑤同意印刷《中国林学会森林经理学会会员通讯录》；⑥同意将河北省许达川同志更换董新献同志为本会理事。《雷州会议文集》于九月底出版，与会同志对此文集的迅速出版表示满意。黑龙江省小兴安岭林区朗乡林业局召开原始森林经理现场学术讨论会，结合朗乡林业局现状，研究老局改造中森林经理工作新课题，会议决定成立筹备领导小组，开始筹备会议事宜，会议领导小组主任范济洲，副主任于政中、陈伯贤、姜盆霞、孙奇、曹再新，成员徐国祯、王永安、翁道史、张文信、凌铁奎、罗志超、詹昭宁、周昌祥、李海文、佟景阳、阎玉文。

10月，朱济凡、陈陆圻、梁昌武、吴中伦、周重光、王恺、王战、范济洲、王长富、李万新、朱江户、阎树文等同志联名向中国林学会第六次全国会员代表大会提出关于筹建林业史研究会，并设立林史馆的建议，此建议获得与会代表的赞同。

10月，（德）洛茨（Loetsch, F.）、哈勒（Harrer, K.E.）著，林昌庚、沙琢译校《森林资源清查》由中国林业出版社出版。

12月，汪振儒、范济洲任中国林学会第六届理事会顾问。

1986 年

5月29日，经中国林学会常务理事会讨论，同意建立林业史研究专业委员会，挂靠北京林业大学。

5月，雍文涛《林业建设问题研究》由中国林业出版社出版。

5月，詹昭宁等编译，范济洲审校《森林收获量预报——英国人工林经营技术体系》由中国林业出版社出版。

6月，在范济洲从事森林经理科研、教学50年之际，北京林业大学为范济洲召开庆祝会，充分肯定了他为中国森林经理事业所做的贡献。

6月24日，中国林学会森林经理专业委员会（在京）常务理事扩大会议在

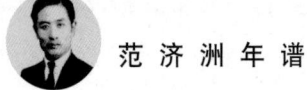

北京林业大学召开。会议由范济洲理事长主持，会议听取王永安同志去黑龙江省筹备朗乡现场学术讨论会情况的汇报和詹昭宁同志作由部资源司组织参观河南省西陕县农民义务规划员，帮助农民兴林致富经验准备工作情况的汇报。

8月，中国林学会在黑龙江朗乡举办森林经理学术讨论会，中国林学会森林经理专业委员会改为中国林学会森林经理分会，选举产生森林经理学会第二届理事会，刘于鹤任理事长，张华龄、于政中、周昌祥任副理事长，范济洲任名誉理事长。

8月，广东省委在东莞召开县委书记会议，建立党政领导造林绿化任期目标责任制和检查制度。全省各县县委书记向省委立下十年绿化广东的"军令状"，省委制定统一的检查和奖惩办法，每年组织一次实地的检查评比活动。对造林绿化有功者，表扬嘉奖，晋升工资；对造林绿化不力者，出示"黄牌"进行警告，提醒注意，检查结果和奖惩名单，公开登报。

8月13日，中国林学会森林经理学会在京常务理事会议在北京林业大学三楼范济洲先生办公室举行，范济洲、刘于鹤、张华龄、于政中、周昌祥、易淮清、李海文、詹昭宁、曹再新出席，会议由范济洲理事长主持，中国林学会学术部黄伯璇同志应邀出席会议。

7月，北京市政府特意成立"北京市市花市树评选领导小组"。

9月，范济洲被授予北京市科协第三届委员会荣誉委员。

• 1987年

1月12日至13日，中国林学会在北京林业大学召开学会筹备会议，正式定名为林业史学会，推选出筹备委员会及负责人，并聘请罗玉川、雍文涛、梁昌武、陈植、朱济凡、史念海为本会顾问。

2月7日至9日，北京林学会召开第四次会员代表大会，出席大会的代表69人。选举产生第四届理事会，理事会由37人组成，常务理事11人，名誉理事长范济洲，顾问高长辉，理事长沈国舫，副理事长王九龄、于志民、詹昭宁、曹再新、黄毓彦，秘书长王九龄（兼）。

3月13日，《人民日报》刊登《首都千家万户谈花议树评绿点红 月季菊花国槐侧柏被评为市花市树》。首都市花市树评选活动牵动着千家万户的心，历时一年半已见分晓。市八届人大六次会议于3月12日通过决定：月季、菊花为市花，

国槐、侧柏为市树。连日来，北京机关、商店、工厂、学校、街道、家庭，处处在谈花议树，评绿点红。著名画家吴作人提议紫薇作市花，认为紫薇最能表现北京人的坚强性格，其夫人肖淑芳却赞成丁香。但多数专家推菊花为首，并引经据典论证菊花傲霜斗雪，最能象征中华民族无畏的刚毅气质。群众则多举月季，赞美她常开不败。首都评选市花市树组织多种活动，广泛征集意见。15万人参加的游园评选使这一活动达到高潮，"花之歌"音乐会为之增添了欢悦的气氛，在42000张选票中，最集中的依次是月季、国槐、菊花和侧柏，北京林业大学教授范济洲提议设双花、双树的建议，得到大家拥护。

4月，北京林业大学学术委员会成立，主任关毓秀，副主任顾正平，委员汪振儒、范济洲、申宗圻、陈俊愉、关君蔚、陈陆圻、冯致安、沈国舫、贺庆棠、朱之悌、徐化成、周仲铭、孙筱祥、陈有民、孟兆祯、董乃钧、廖士义、高志义、阎树文、王礼先、孙立谔、戴于龙、姜浩、符伍儒、刘家骐、王沙生、季健、齐宗庆、罗秉淑，秘书长罗秉淑。

4月，北京林业大学成立第三届学位评定委员会，主任沈国舫，副主任贺庆棠，委员汪振儒、范济洲、申宗圻、陈俊愉、关君蔚、陈陆圻、冯致安、关毓秀、朱之悌、徐化成、周仲铭、孙筱祥、陈有民、孟兆祯、董乃钧、廖士义、高志义、阎树文、王礼先、顾正平、孙立谔、戴于龙、姜浩、符伍儒、刘家骐、王沙生、季健、罗又青、郭景唐，秘书长罗又青、蒋顺福31人。

4月，范济洲《祝〈华东森林经理〉诞生（代发刊词）》刊于《华东森林经理》1987年第1期4页。

6月23日，第六届全国人民代表大会常务委员会第二十一次会议通过《全国人民代表大会常务委员会关于大兴安岭特大森林火灾事故的决议》，会议决定任命高德占同志为林业部部长。之前高德占任中共吉林省委副书记、吉林省省长。1993年3月高德占任中共天津市委书记。

6月30日，中共中央、国务院发布《关于加强南方集体林区森林资源管理，坚决制止乱砍滥伐的指示》。

7月，北京林业大学举行我国林业发展战略研讨会主要议题研讨会，范济洲、关君蔚、陈陆圻、廖仕义等著名专家教授应邀参加会议，并就上述问题发表了各自的意见。

7月，白云庆、郝文康等编《测树学》由东北林业大学出版社出版。

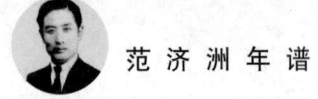
范 济 洲 年 谱

9月，北京林学院编《森林经理学》获林业部优秀教材二等奖。

11月，中国林学会主编《中国林学会成立七十周年纪念专集 1917—1987》由中国林业出版社，其中13～14页收入中国林学会顾问范济洲《展望学会的未来》。

12月8日，中国林学会为团结国内从事林业史研究的学者，发展这一学科，成立林业史学会，第一届理事会选举常务理事15人，组成常务理事会，王继贵、朱堃元、关百钧、华践、陈统爱、陈陆圻、辛业江、李霆、苑文仲、张楚宝、张钧成、徐士格、黄枢、满达夫、熊大桐。聘请罗玉川、雍文涛、梁昌武、董智勇、王长富、汪菊渊、史念海、朱江户、赵树森为顾问，推选陈陆圻为理事长，张楚宝、辛业江为副理事长，张钧成为秘书长，并聘任熊大桐、印嘉佑为副秘书长。

11月，范济洲《展望学会的未来》收入中国林学会编、中国林业出版社出版《中国林学会成立70周年纪念专集》。

12月，汪振儒、范济洲任中国林学会第七届理事会顾问。

12月19日，林业部部长高德占在全国林业厅局长会议上提出加快林业改革的六项措施。

12月25日，中国林学会成立七十周年纪念大会在京举行。国务委员方毅、中国科协名誉主席周培源等领导同志和林业部高德占、罗玉川、雍文涛等同志出席了大会。大会为取得林业重大科技成果的三个项目颁发了首届"梁希奖"；为长期在边远地区和基层工作的同志颁发了"劲松奖"。中国林学会第七届理事会顾问汪振儒、范济洲参加大会。

12月，关毓秀主编《测树学》（全国高等林业院校试用教材）由中国林业出版社出版。关毓秀，又写为关玉秀，1924年11月出生于河北山海关（原辽西省）的一个普通的知识分子教师家庭。我国著名森林经理学家、森林经理学的开拓者、北京林业大学教授。农工民主党员。1943年毕业于北京艺文中学，考取北京大学农学院森林系林学专业，1947年获学士学位，同年9月留任北京大学农学院森林助教。1952年全国高校院系调整后，9月被调至新成立的北京林学院工作，历任讲师、副教授、教授，先后担任北京林学院林学系主任、校学术委员会主任、《北京林业大学学报》副主编、主编、编委会主任、第七届北京市政协委员等职，2013年2月去世，享年90岁。主讲测树学课程和从事森林调查工作，编写我国第一版林学专业适用的《测树学》和《森林调查手册》。在此基础上逐步增添新的内容，1987年正式出版《测树学》教材，为全国林业院校所采用。毕生从事森林经理教学与科研工作，长期担任我国国家重点学科森林经理学科学术带头人，为林业高层次人才的培养和学科建设做了大量实际工作，为发展我国森林经理学培养了大批德才兼备的大学本科生和研究生，为北京林业大学的发展做出了重大贡献，2002年获第七届刘业经教授奖励基金。著有《测树学》《森林调查》和《中国森林资源可持续发展》等教材和专著。

• 1988年

4月16日，《中国林业报》第3版刊登范济洲《谈谈加强我国森林资源管理的问题》。范济洲提出，对于森林资源管理，应注意以下几点：①我国林业发展的总方向必须走集约经营的道路。②必须查清森林资源和掌握森林资源的消长动态。这是一项技术性很强而又复杂工作，是管好森林资源的根本措施。③必须加强森林经理工作。针对林业生产的长期性和基层森林资源特点，如果要达到森林资源的合理管理，实现合理经营和合理利用的要求，必须开展森林经理工作。④必须加强恢复和发展森林资源的工作。我们不能满足于只对现有森林资源的管理。对于不讲采伐方式的天然林区，我们也要加强管理，对老伐区要加强人工更新，以恢复这些林区的森林资源。在广阔林区里，还有许多宜林地，必须加强人工造林，以扩大森林资源。⑤必须加强林业法制。森林资源不仅会因不合理经营管理受到破坏，而且也易发生毁林的犯罪行为和乱砍滥伐的失职行为。为此，必须建立有严格要求的森林法规。我国已公布的《森林法》有点松松垮垮，有人说"像一个宣言，不是法律"。在森林法的指导下，林业部门也应制定各种各样的规章制度。⑥关于林价制度问题。林价含义有二种：狭义的是专指林木山价而言。广义的林价是指对整个林业生产过程中的林地与林木以及林业生产经济效益的评价。对于狭义的林价，不论什么社会制度的国家，都在执行；对于广义的林价，目前执行的只限于资本主义国家。美国和日本的森林经理学家曾对我说，山价数量占木材市场价格数值的60%以上。进一步说，假如营林部门能得到较多山价，除抵偿经营森林的开支和向国家上缴税金外，将为集约经营森林提供大量基金。有了这笔钱，不仅利于基层林场开展永续经营，国家还可以统筹运用多林地区所收的林木山价，向广大造林地区投入资金，以提高育林水平。

7月上旬，林业部部长高德占在参加山东省林业工作会议时，对已经达到部颁平原绿化标准的地区，如何向高标准进军，针对菏泽地区普遍达标的情况，提出了作高标准达标县的七条要求。

7月14日，河北省林学会恢复活动，并在涿县举行为期四天的座谈会，座谈会由省林业局副局长、林学会理事长华践同志主持。北京林业大学教授范济洲应邀到会作了《世界林业发展趋势》的报告。

12月，范济洲当选为第八届九三学社中央参议委员会委员。

• 1989年

2月，范济洲《再谈我国森林资源管理》刊于《林业月报》1989年第2期1~3页。

3月1日，《中华人民共和国野生动物保护法》正式施行。

4月，《中国农业百科全书》总编辑委员会林业卷编辑委员会、《中国农业百科全书》编辑部编《中国农业百科全书·林业卷（上）》由农业出版社出版。林业卷编辑委员会由梁昌武任顾问。吴中伦任主任，范福生、徐化成、栗元周任副主任，王战、王长富、方有清、关君蔚、阳含熙、李传道、李秉滔、吴博、吴中伦、沈熙环、张培杲、张仰渠、陈大珂、陈跃武、陈燕芬、邵力平、范济洲、范福生、林万涛、周重光、侯治溥、俞新妥、洪涛、栗元周、徐化成、徐永椿、徐纬英、徐燕千、黄中立、曹新孙、蒋有绪、裴克、熊文愈、薛纪如、穆焕文任委员。其中收录的林业科学家有戴凯之、陈嵘、梁希、陈嵘、郝景盛、沈鹏飞、刘慎谔、郑万钧、叶培忠、杨衔晋、吴中伦、马大浦、牛春山、汪振儒、徐永椿、王战、范济洲、徐燕千、熊文愈、阳含熙、关君蔚、秉丘特.G（Pinchot Gifford，吉福德·平肖特）、普法伊尔.F.W.L.（Pfeil, Friedrich Wilhelm Leopold，菲耶勒、弗里德里希·威廉·利奥波德）、本多静六、乔普.R.S.（Robert Scott Troup，罗伯特·斯科特·特鲁普）、莫洛作夫，γ.ф.（Морозов, γ.ф.）、苏卡乔夫.В.Н.（Владимир Николаевич Сукачёв，弗拉基米尔·尼古拉耶维奇·苏卡乔夫）、雷特.A（Alfred Rehder，阿尔弗雷德·雷德尔）。其中第102页载范济洲。

12月，国家教育委员会表彰从事高校科技工作40年成绩显著的老教授，北京林业大学有汪振儒、陈陆圻、范济洲、陈俊愉、关君蔚、张正昆、马太和、申宗圻、孙时轩、关毓秀、董世仁。

● 1990 年

1月，北京林业大学主编《测树学（林业专业用）》（全国高等林业院校试用教材）由中国林业出版社出版。

8月17日，高德占部长主持召开林业部部办公会议，专题研究了"七五"期间平原绿化达标问题。

9月，《中国大百科全书·农业卷》出版。全卷共分上、下两册，共收条目2392个，主要内容有农业史、农业综论、农业气象、土壤、植物保护、农业工程、农业机械、农艺、园艺、林业、森林工业、畜牧、兽医、水产、蚕桑15个分支学科。《农业卷》的编委由80余名国内外著名的专家组成，编辑委员会主任刘瑞龙，副主任何康、蔡旭、吴中伦、许振英、朱元鼎，委员马大浦、马德风、方悴农、王万钧、王发武、王泽农、王恺、王耕今、石山、丛子明、冯秀藻、朱元鼎、朱则民、朱明凯、朱祖祥、刘金旭、刘恬敬、刘锡庚、刘瑞龙、齐兆生、吴中伦、许振英、任继周、何康、李友九、李庆逵、李沛文、陈华癸、陈陆圻、陈恩凤、沈其益、沈隽、余友泰、武少文、俞德浚、陆星垣、周明群、张季农、张季高、贺致平、胡锡文、娄成后、钟麟钟、俊麟、侯光炯、侯治溥、侯学煜、柯病凡、范济洲、郑丕留、费鸿年、梁昌武、梁家勉、徐冠仁、高惠民、陶鼎来、袁隆平、奚元龄、郭栋材、常紫钟、储照、曾德超、盛彤笙、粟宗嵩、杨立炯、杨衔晋、黄文沩、黄宗道、黄枢、裘维蕃、熊大仕、熊毅、赵洪璋、赵善欢、蒋次升、蒋德麟、薛伟民、蔡旭、樊庆笙、戴松恩。金善宝、郑万钧、程绍迥、扬显东任顾问。

12月，周国模、范济洲、李海文《同龄林收获调整的最优控制问题探讨》刊于《北京林业大学学报》1990年第4期17~28页。

12月26日，林业部部长高德占在第七届全国人民代表大会常务委员会第十七次会议上做《关于林业工作的汇报》。其中提道：林业是国民经济的重要组成部分，既是一项产业、又是社会公益事业，既属于大农业、又是基础产业和原材料工业，兼有经济效益、生态效益和社会效益。林业是全社会的、全民的事业。特别值得指出的是，广东省委、省政府1985年底作出了"五年消灭宜林荒山，十年绿化广东大地"的决定，全党动员、全民动手，经过五年艰苦奋斗，造林 5000 多万亩*，成为全国第一个实现消灭宜林荒山目标的省，这在我国林业发展进程中具有重要的意义。

是年，《森林调查手册》（森林调查适用技术的调研）获 1990 年林业部科学技术进步奖三等奖，完成人穆信芳、关玉秀、马建维、方有清、谢兆良，完成单位林业部调查规划设计院、北京林业大学、中国林业科学研究院、东北林业大学、南京林业大学。

● 1991年

1 月，J.L. 克拉特、L.C. 弗尔森、L.V. 皮纳尔、R.L. 贝雷著，范济洲、关玉秀、于政中、董乃钧、孟宪宇、沙涿译《用材林经理学——定量方法》由中国林业出版社出版。

5 月，中国科学技术协会编《中国科学技术专家传略——农学编 林业卷 1》由中国科学技术出版社出版。其中载有韩安、梁希、李寅恭、陈嵘、傅焕光、姚传法、沈鹏飞、贾成章、叶雅各、殷良弼、刘慎谔、任承统、蒋英、陈植、叶培忠、朱惠方、干铎、郝景盛、邵均、郑万钧、牛春山、马大浦、唐耀、汪振儒、蒋德麒、朱志淞、徐永椿、王战、范济洲、徐燕千、朱济凡、杨衔晋、张英伯、吴中伦、熊文愈、成俊卿、关君蔚、王恺、陈陆圻、阳含熙、黄中立共 41 人，477～487 页刊载范济洲。

5 月，徐友春主编《民国人物大辞典》由河北人民出版社出版，收录有关人物 12000 余人。《民国人物大辞典上》第 850 页收录范济洲：范济洲（1912—），祖籍山东栖霞，1912 年生于辽宁安东（今丹东）。早年，毕业于辽宁安东林科中学。1936 年，毕业于北平大学农学院森林系。历任北平大学、西北联合大学、西北农学院助教、讲师。1947 年起，任西北农学院、省立河北农业大学、北京林学院教授、北京林业大学教授。1940 年代曾赴美国留学，入华盛顿州立大学林学院研究，获林学硕士学位。中华人民共和国成立后，任北京林学院教授兼林学系主任、校学术委员会副主任。为中国林学会常务理事，北京林学会理事长，北京市科协副主席，中国林业教育研究会副会长，北京市人民政府林业顾问团团长。著有《森林经理学》《国外林业概况》《林业词汇解释》《白榆和洋槐的生长规律》《秦岭主要林木的生长》《综合型森林简易测尺的设计》《树干解析技术的研究》等。译有《测树学》《林业词典》。

---

*1 亩 =1/15 公顷（hm^2）。

范济洲年谱

● 1992 年

2月14日至16日，北京林学会召开第五次会员代表大会，出席大会的代表99人，选举产生第五届理事会，理事会由35人组成，常务理事13人。名誉理事长范济洲、沈国舫，顾问高长辉，理事长于志民，副理事长王九龄、詹昭宁、曹再新、李永庆，秘书长王九龄（兼）。

3月，雍文涛主编《林业分工论——中国林业发展道路的研究》由中国林业出版社出版。雍文涛，曾用名杨一琳，贵州遵义县人。1912年5月生。1926年高小毕业。1928年7月至1929年4月在贵州大学专修科读书。后因军阀混战，家中无力供给而退学，在书店工作3年。1932年到北平、上海求学。1934年8月考入上海暨南大学，同年参加上海文委教师联合会。1935年1月任上海教师联合会宣传部干事，7月至12月在上海闸北任小学教员，11月加入中国共产党。1936年任中学教师，后历任鄂西特委书记，鄂中特委常委，新四军鄂豫挺进纵队政治部代理主任，延安中央党务研究室研究员，天门、汉川地委书记，新四军挺进支队团政委等职，是党的七大代表。解放战争时期，雍文涛历任吉林省工委延边地委书记，延边军分区政委，东满省委吉东分省委副书记兼宣传部部长，吉林省委民运部副部长等职。新中国成立后，雍文涛历任东北人民政府计委秘书长、物资分配局局长、林业部部长、东北财委副主任、林业部副部长、森林工业部副部长，中共中央中南常委兼秘书长、广东省委书记处书记兼广州市委第一书记、市政协主席，国务院文教办公室副主任，中共中央宣传部副部长，北京市委书记，广东省委常委、省委书记，教育部副部长、党组副书记，林业部副部长、党组副书记，林业部部长、党组书记，林业部顾问、党组成员，中央绿化委员会副主任委员，中共中央整党指导委员会委员兼办公室主任，1995年离休。在党的十二次、十三次全国代表大会上，当选为中央顾问委员会委员。他还是第五届全国人大代表，党的第十五次全国代表大会列席人员。1997年9月7日在广州逝世，享年85岁。雍文涛为全面促进林业的发展，全身心投入林业建设，钻研林业，对国有林区、集体林区、国有林场、平原绿化、城市绿化以及资源保护、木材采运、林产工业、综合利用、多种经营，特别是林业理论和现代林业科技、教育工作，都提出了许多重要的指导性意见。1982年他响应党中央关于废除领导干部职务终身制的号召退居二线，但他依然一如既往地关心社会主义事业和林业工作，经常深入实际调查研究，提出了许多重要的建议，撰写的《林业建设问

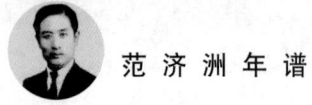

题研究》《林业分工论——中国林业发展道路的研究》成为中国林业政策研究的两部经典著作，提出的林业分工论在实际工作中得到运用。

4月，《林业资源管理》（清原县森林资源和林政管理示范点专辑）1992年第2期出刊，扉页文章：热烈庆贺范济洲教授八十寿辰。

4月15日，北京林业大学为庆贺范济洲教授八十寿辰举行茶话会。

9月，范济洲、孙立成主编《北京林业大学校史》（1952—1992）由中国林业出版社出版。

12月，范济洲当选为九三学社第九届中央委员会中央参议委员会委员。

• 1993 年

5月25日至28日，中国林学会第八次会员代表大会在福建厦门召开。北京林业大学校长沈国舫当选为第八届常务理事会理事长，刘于鹤（常务）、陈统爱、张新时、朱无鼎副理事长，甄仁德当选为秘书长。中国林学会第八届理事会第一次全体会议一致通过吴中伦为中国林学会名誉理事长，授予王庆波、王战、王恺、阳含熙、汪振儒、范济洲、周以良、张楚宝、徐燕千、董智勇为中国林学会荣誉会员称号。会上颁发了第二届梁希奖和陈嵘奖，对从事林业工作满50年的84位科技工作者给予表彰，有北京市林学会吴中伦、赵宗哲、王兆风、王长富、范济洲、汪振儒、张正昆。

• 1997 年

9月25日，《人民日报》（第4版）刊登《雍文涛同志逝世》。新华社北京9月19日电中共中央原顾问委员会委员、林业部部长、党组书记雍文涛同志因病医治无效，于9月7日在广州逝世，享年85岁。刘华清、胡锦涛、田纪云、姜春云、谢非、温家宝、杨尚昆、万里、薄一波、宋任穷、张震、陈俊生、罗干、王兆国、洪学智等同志，以不同方式对雍文涛的逝世表示哀悼，并对其家属表示慰问。

• 2001 年

6月23日，范济洲因病去世。《范济洲生平》：范济洲，祖籍为山东省栖霞县，出生在奉天省安东市（今辽宁省丹东市）。生于1912年4月15日，卒于

范济洲年谱

2001年6月23日，享年89岁。森林经理学家、林业教育家。范济洲于1932年考入北平大学农学院森林系，1936年毕业后留校任助教。1937年至1945年先后在西北联合大学农学院和西北农学院任教。1945年初赴美国华盛顿州立大学研究生院攻读森林经理学，1947年获林学硕士学位。同年秋回国后至1949年先后在西北农学院、浙江英士大学（后合并于浙江大学农学院）任教授。1949年至1952年在河北农学院任教授、森林系主任。1952年北京林学院成立后，他任教授，并先后兼任副教务长及林业系主任等职。他还曾兼任国务院学位委员会林学评议组成员，中国林业科学研究院研究员，九三学社中央委员，林业调查规划科学技术委员会委员，中国林学会第一届至第五届理事、常务理事、副秘书长，北京市高等学校确定与评审教授、副教授职称评审委员会委员兼农林组副组长，北京市科协第二届副主席，北京市政协常委，北京农学院名誉教授，北京市人民政府林业科技顾问团第二届顾问、团长，北京林学会第二、三、四届理事长，《中国农业百科全书·林业卷》森林经理分支学科主编，《北京森林》主编等职。1983年，他加入中国共产党。1985年他被中国林学会授予"中国林业工作五十年以上奖状"，1986年被授予北京市科协第三届委员会荣誉委员，并因"在创建和发展北京市科技协会及其所属团体事业中做出卓越贡献"而获北京市科协颁发的荣誉奖。范济洲长期致力于森林经理人才的培养及森林经理学科的完善和发展。早在大学学习和留学期间即把森林经理作为主攻方向，毕业后从事森林经理的教学和科研工作，专业方向始终未变。他讲过的课程有"测树学""森林经理学""林价计算和林学概论"。他主编了《森林经理学》，该书1987年获林业部优秀教材二等奖。从20世纪60年代开始，他一直认为中国林业的发展必须坚持森林永续利用原则，为我国林业的可持续发展做出了贡献。他所设计的森林调查工具（综合型森林测尺，通称"范氏测杖"）在森林调查中广泛应用，至今在有的测树学著作中还推荐这种测尺；他倡导推动地位指数的研究和应用，填补了评定中国森林生产力技术的空白；他关心中国的林业建设，多次为合理经营中国森林和发展北京地区的林业而献计献策等。范济洲是全国唯一的森林经理学科博士点的导师，他培养的学生遍布全国各省（自治区、直辖市）的森林调查队、科研单位、院校以及林业生产行政部门。他曾发表《秦岭主要树种的生长》《北平地区白榆、洋槐生长的研究》《组织森林经营永续利用的基础》等20余篇论文。范济洲求新务实，刚直不阿。早在学生时代，就积极投入抗日救国爱国学生运动。他不怕艰苦，深入实际，调查研究，吃苦耐劳；他具有敢冒风险的献身精神，为中国森林经理和林业教育事业做出了卓越贡献。

● 2005 年

8月，许增华主编《百年人物1905—2005》（中国农业大学百年校庆丛书）由中国农业大学出版社出版，其中第194页收入范济洲。范济洲（Fan Jizhou），祖籍为山东省栖霞县，出生在奉天省安东市（今辽宁省丹东市）。生于1912年4月15日，卒于2001年6月23日，享年89岁。森林经理学家、林业教育家。范济洲于1932年考入北平大学农学院森林系，1936年毕业后留校任助教。1937年至1945年先后在西北联合大学农学院和西北农学院任教。1945年初赴美国华盛顿州立大学研究生院攻读森林经理学，1947年获林学硕士学位。同年秋回国后至1949年先后在西北农学院、浙江英士大学（后合并于浙江大学农学院）任教授。1949年至1952年在河北农学院任教授、森林系主任。1952年北京林学院成立后，他任教授，并先后兼任副教务长及林业系主任等职。他还曾兼任国务院学位委员会林学评议组成员，中国林业科学研究院研究员，九三学社中央委员，林业调查规划科学技术委员会委员，中国林学会第一届至第五届理事、常务理事、副秘书长，北京市高等学校确定与评审教授、副教授职称评审委员会委员兼农林组副组长，北京市科协第二届副主席，北京市政协常委，北京农学院名誉教授，北京市人民政府林业科技顾问团第二届顾问、团长，北京林学会第二、三、四届理事长，《中国农业百科全书·林业卷》森林经理分支学科主编，《北京森林》主编等职。1983年，他加入中国共产党。1985年他被中国林学会授予"中国林业工作五十年以上奖状"，1986年被授予北京市科协第三届委员会荣誉委员，并因"在创建和发展北京市科技协会及其所属团体事业中做出卓越贡献"而获北京市科协颁发的荣誉奖。范济洲长期致力于森林经理人才的培养及森林经理学科的完善和发展。早在大学学习和留学期间即把森林经理作为主攻方向，毕业后从事森林经理的教学和科研工作，专业方向始终未变。他讲过的课程有"测树学""森林经理学""林价计算和林学概论"。他主编了《森林经理学》，该书1987年获林业部优秀教材二等奖。从20世纪60年代开始，他一直认为中国林业的发展必须坚持森林永续利用原则，为我国林业的可持续发展做出了贡献。他所设计的森林调查工具（综合型森林测尺，通称"范氏测杖"）在森林调查中广泛应用，至今在有的测树学著作中还推荐这种测尺;他倡导推动地位指数的研究和应用,填补了评定中国森林生产力技术的空白;他关心中国的林业建设,多次为合理经营中国森林和发展北京地区的林业而献计献策等。范济洲是全国唯一的森林经理学科博士点的导师,他培养的学生遍布全国各省(自治区、直辖市)的森林调查队、科研单位、院校以及林业生产行政部门。他曾发表《秦岭主要树种的生长》《北平地区白榆、洋槐生长的研究》《组织森林经营永续利用的基础》等20余篇论文。范济洲求新务实,刚直不阿。早在学生时代,就积极投入抗日救国爱国学生运动。他不怕艰苦,深入实际,调查研究,吃苦耐劳;他具有敢冒风险的献身精神,为中国森林经理和林业教育事业做出了卓越贡献。(高瑞霞执笔)

● 2007 年

9月,中国农业大学档案与校史馆编《农大英烈》出版,其中第194页收入《范济洲同志谈李廷槐》。

● 2012 年

4月16日,北京林业大学召开纪念我国著名森林经理学家、林业教育家范济洲教授诞辰百年座谈会,用老一辈共和国绿色建设者的精神激励广大师生,迎接校庆60周年。范济洲教授是我国森林经理学科创始人之一,是我国第一位森林经理学博士导师,是北京林业大学首任林业系主任,为森林经理学科的建立和发展做出了巨大的贡献。范济洲在20世纪60年代就提出了中国林业的发展必须坚持森林永续利用原则,为我国森林经营提供了重要的规范。他设计制作了实用综合型森林测尺(通称范氏测杖)推动了中国森林调查工作的开展;他倡导推动地位指数的研究和应用,填补了评定中国森林生产力技术的空白;他在森林经理学、测树学、森林评价学等方面有很深的造诣,讲授《测树学》《森林经理学》等课程,主编的《森林经理学》(全国林业高等院校教材)获林业部优秀教材奖。

● 2017 年

10月31日,《北林报》第603期第7版刊登北京林业大学教授罗菊春《怀念我的三位老师》。我终生难忘的三位老师是森林经理学科的范济洲、关毓秀与董乃钧。先说范先生,先在河北农学院任教授、森林系主任,1951年全国院系

调整时，他随系迁来了筹建中的北京林学院，并参加建校工作，成为学校第一个系——林业系的主任，并讲授森林经理学。1975年，林业系的两个班学生去楚雄州做森林资源清查，当时范老先生强烈要求参加，我与关毓秀先生怕他身体出问题，一再劝他，但他很坚决要去，后来只好留他在场部做调查材料检查工作。有次，他发现果园点调查表记载的东西不符合规定，将来无法计算与统计，于是当天下午拉着我直奔20多里地外的果园点去做调查。返回时天已黑，没想到山路走的十分困难，我与范先生爬了不到200米就已大汗淋漓，到了坡中部，他走不动了，爬一阵在地上躺一阵，最后他实在不行了，喘着粗气对我说："小罗，你先走吧！别管我了，你不能被狼咬了，我这个老人干不了什么事啦，死了就死了吧，你快走，你不能死，国家需要你！"，我用出吃奶的力气又拖了他一阵，躺地上歇一阵后又拖他一阵，快到山梁时，终于与前来接我们的关毓秀先生接上了头，我俩坐上卡车后就像瘫了一样。关先生是个严格要求自己，关心他人的好老师。他总是把学生每天的实习内容安排得很有序，每天有一个班做生态，另一个班做测树的练习，次日对调。他总是照顾我，遇到雨天，他总是叫我休息，而他负责讲课或做内业。他还特别谦虚，常常问我野外遇到的生态问题。他常常帮学生解决在实际调查中碰到的难题，使学生很受启发。1974年在昆明扳机厂开办全国森调培训班，将各省（自治区、直辖市）的森调队之大队长与中队长招来昆明学习，关先生与董先生都叫我去参加。在学习班的十多天里，关先生是很好的组织者，课程表排得很好，每天晚饭后，他还叫着董先生、讲航片应用的唐宗祯、讲数理统计的符伍儒以及我聊天谈心，我记得说过1955年关先生的肺结核病下了病危通知书，董先生为他写好了悼词；关先生新中国成立后不久参加广西橡胶基地踩点怕碰上土匪的故事……我听了这些故事感受颇多，尤其感到老先生们为了完成国家任务，不知吃过多少苦啊！一些苦中作乐的故事后来我又讲给我的学生听。董乃钧先生虽只比我大6岁，但他是我的老师。他爱护学生又十分关心同志，我无法忘记的一件事是1982年，唐宗祯老师（森林经理学科副教授）在牡丹江镜泊湖林场带学生做毕业论文突然病倒，送回北京到北医三院立马确诊是肝癌晚期。董先生和我去病房看望他，见他那痛苦的表情，我难过极了。董先生拉着我去找医生了解情况，医生一开口就说"你俩是病人家属吧？你们为什么现在才送病人住院？来不及了，最多三个月。"我当时就流泪了，董先生也眼里含了泪珠，说："怪我们没有关心他。"唐老师去世后，我俩撰写"唐先生倒在林

地上"的报告给光明日报时,听医生回忆唐先生最后的时光,董先生十分愧疚的细声说:"我们太粗心了,没有关心他……对不起他呀!"他的话更刺痛了我的心。三位老师都走了,再也见不到他们了,但当我遇到困难时,他们的身影却常出现在我的身边,一次又一次地给了我勇气和信心。亲爱的老师,我会永远不忘记你们的教诲!我会用你们的教导去关心我们的学校,去爱我的学生与身边的同志。

汪菊渊年谱

汪菊渊(自北京市园林局)

汪菊渊年谱

- **1913（民国二年）**

  4月11日，汪菊渊（WANG Ju-yuan），原籍安徽休宁，生于上海市一个中学教师家庭，父亲汪显明毕业于杭州之江大学，曾任上海精心中学数学教师、南京高等师范斋务股股长、上海商科大学事务部主任、行政委员会委员，母亲谢靖海，杭州弘道女中毕业，家庭笃信基督教，父亲曾任上海长老会清心堂长老。其兄汪菊潜（1906—1975年），出生于上海市，铁路桥梁工程专家，中国科学院学部委员，中华人民共和国铁道部原副部长、总工程师、研究员。

- **1927年（民国十六年）**

  是年，汪菊渊由清心中学转入上海东吴大学附属第二中学。

- **1928年（民国十七年）**

  是年，汪菊渊参加东吴大学附属第二中学英文演讲会，获第一名。

- **1929年（民国十八年）**

  5月，汪菊渊《教育消弭战争之势力》刊于《学籁》1929年5月号30~32页。

  8月，汪菊渊从上海东吴大学附属第二中学毕业，考入苏州东吴大学理学院化学系。

- **1931年（民国二十年）**

  7月，汪菊渊赴杭州之江大学参加农村组活动，促进他学农的志愿，返校后转入南京金陵大学农学院农艺系，后改为主修园艺、副修农艺。

- **1932年（民国二十一年）**

  6月，日本京都园林协会（京都林泉协会）成立，重森三玲任会长。

- **1933年（民国二十二年）**

  是年春，汪菊渊与同学结伴赴北平（今北京）游览，参观北海、颐和园等名园，宏伟壮丽的景色使汪菊渊开始对园林产生了兴趣，并研读明代计成著的《园治》重刊本（中国营造学社出版）。

1934 年（民国二十三年）

1 月，Carroll Brown Malone（卡罗尔·布朗·马隆）"*History of the Peking Summer Palaces Under the Ching*"《清朝皇家园林史》1934 年由伊利诺伊大学出版社出版。该书根据美国国会图书馆所存清代著作中关于圆明园、万寿山的案例而著，内收大量圆明园和颐和园旧影及铜版画，被誉为研究中国清朝皇家园林的"圣经"。

是年，汪菊渊从南京金陵大学农学院毕业，获学士学位。毕业之后，汪菊渊由学校推荐到庐山植物园工作，担任技术员。

1936 年（民国二十五年）

是年夏，汪菊渊回母校金陵大学农学院园艺系任助教，回校后不仅阅读英国生物学家、进化论的奠基人查尔斯·罗伯特·达尔文（Charles Robert Darwin，1809—1882 年）的《物种起源》("*On the Origin of Species*" by Means of Natural Selection, or the Preservation of Favoured Races in the Struggle for Life）英文本，还在书店购得俄国地理学家克鲁泡特金（1842—1921 年）的《互助论》"*Mutual Aid: A Factor of Evolution*"，读后深有感受，乃根据克鲁泡特金的一句名言"To struggle is to live"（奋斗就是生活），给自己取了一个别名——"奋生"。

1937 年（民国二十六年）

是年暑期，汪菊渊为了进修，自费到北平静生生物调查所查阅有关观赏植物和植物分类学方面的书籍和标本。

7 月，汪菊渊《生蘺》刊于《农林新报》1937 年第 14 卷第 3～4 期 29～30 页。

12 月，南京沦陷，汪菊渊随金陵大学西迁成都，在园艺系担任普通园艺学和花卉学的教学工作。

1938 年（民国二十七年）

是年暑期，汪菊渊随植物系首上峨眉山采集制作标本近两个月，同时采集球根花卉沙紫百合和几种杜鹃苗准备引种于成都。

9 月，汪菊渊晋升为金陵大学农学院讲师并负责园艺试验场工作。

10 月，（日）冈大路《支那宫苑园林史考（日文）》由满洲建筑协会出版。

汪 菊 渊 年 谱

- **1939 年（民国二十八年）**

    4 月，汪菊渊再上四川峨眉山，首次看到世界知名的珙桐树开花和艳丽无比的常绿杜鹃。

    8 月，国民政府颁布中国高校分系统一课程规定，规定"都市设计"为建筑工程学系的选修课程，第四学年下学期开设，1 学分，要求学生每周实习 6 小时。

- **1940 年（民国二十九年）**

    5 月，辛农（汪菊渊笔名）《峨眉山的观赏植物》刊于《农林新报》1940 年第 17 卷第 16 ~ 18 合期 7 ~ 10 页。

    5 月 27 日，复旦大学教务长、法学院院长孙寒冰教授在日机轰炸时罹难。

    6 月，辛农《峨眉山的观赏植物（续）》刊于《农林新报》1940 年第 17 卷第 19 ~ 21 合期 16 ~ 20 页。

    7 月，辛农《峨眉山的观赏植物》刊于《农林新报》1940 年第 17 卷第 12 ~ 24 合期 2 ~ 5 页。

    8 月 11 日，复旦大学茶业教育委员会在北碚黄桷树复旦大学召开教育委员会第一次会议，由吴南轩、吴觉农、李亮恭（时任垦殖专修科主任）、寿景伟（中茶公司总经理）、陈时皋（中茶公司技术处专员）五人组成，校长吴南轩为主席。

    9 月，复旦大学茶业组和茶业专修科正式设立，并与原有的垦殖专修科和园艺系一起组成复旦大学农学院，由李亮恭担任首任农学院院长。

- **1941 年（民国三十年）**

    3 月，汪菊渊、陈俊愉《有关水仙花鳞茎营养问题的两个相关系数》刊于《农林新报》1941 年第 4 ~ 6 合期 28 ~ 33 页。

    5 月 18 日，复旦大学茶业组科全体同学在北碚黄桷树青年茶社成立复旦大学茶业学会，分总务、交际、学术、康乐、事务、文书六股，1940 级茶业组的王克昌负责总务、张薰华负责学术（张后于三年级上学期转经济系就读）。1942 年 3 月创刊《生草》，至 1944 年共出 6 期。

- **1942 年（民国三十一年）**

    1 月，华西后坝自力园场编《艺园概要（自力园场花卉蔬菜种子目录）》刊印。

是年，汪菊渊晋升金陵大学农学院副教授兼园艺试验场主任。

1943年（民国三十二年）

10月，汪菊渊《谈观赏树木》刊于《农林新报》1943年第20卷第28～30期9～12页。

是年，陈俊愉、汪菊渊、芮吕祉、张宇和编著《艺园概要》由成都园地出版社出版。

1944年（民国三十三年）

是年，汪菊渊任重庆国民政府农林部中央农业实验所成都工作站技士及农林部种子专门委员会（上海）协助工作，又做了菜豌豆品种比较试验等工作。

5月5日，辛农《中国茶区间作物之商榷》刊于复旦大学茶业学会生草基金会出刊《生草》（庆祝校庆节）1944年第6期23，39页。《生草》1944年第6期目录：韩德章《中国茶业经济引论》刊于2～7页，周海龄《东北印度茶叶之制造：生草之品质》刊于8～13页，姚传法、汪发缵《中国茶叶之现代化问题》刊于14～22页，辛农《我国茶区间作物之商榷》刊于23，39页，傅辉琛《茶树育种试验田间规划之商榷》刊于24～27页，张逸宾《茶丛休眠叶之研究（未完）》刊于28～34页，伯蓉《湖南君山茶之介绍》刊于35～38页，陈大容《茶树的几种普通病害》刊于40～43页。《编者的话》刊于1页：我们很感激几位先生为本刊撰述鸿文，使得这一期的内容至为精彩。韩德章先生是本校农业经济教授，姚传法先生是茶叶专修科主任，张逸宾先生来校在茶叶研究室工作已有两年，他们的作品都是很精深的力作，值得读者仔细研究的。傅、陈两先生均毕业于西北农学院，现在研究室工作。本期所载《茶丛休眠叶之研究》是关于茶叶制产及改良有价值的参考资料，但因篇幅有限，未克全载，拟于下期登完，未刊之稿，亦拟下期发表，敬希作者原谅。陆溁先生与朱克贵先生，正为本刊撰有关茶叶制造及栽培的文章，下期决可发表，特此预告。《东北印度茶叶之制造》，是茶组学产制的一个同学的译稿。陆溁（1878—1969年），又名陆涑，陆瀅，字溪莘，号澄溪，清朝武进（今江苏常州）人，江南实业学校毕业。是最早一批涉洋务的茶业专业人士，茶叶史专家，民国茶叶泰斗。著有《陆澄溪自传》。1943年1月到重庆中茶总公司述职，并加入复旦大学农学院茶叶专修科，任茶叶审评教

汪 菊 渊 年 谱

师，后任复旦大学茶叶系教授，茶叶史专家。中华人民共和国成立后曾任江苏省政协委员，江苏省文史馆员。著有《陆澄溪自传》。

9月，汪菊渊《水仙鳞茎生长之研究》刊于《农报》1944年第9卷第25～30期54～57页。

- **1945年（民国三十四年）**

12月，汪菊渊、陈俊愉《成都梅花品种之分类研究》刊于《中华农学会会报》1945第182期1～26页。

10月，汪菊渊《番茄》刊于《田家半月报》1945年第11卷第19～20期7～8页。

- **1946年（民国三十五年）**

1月，汪菊渊《建设吾国园艺事业的展望和途径》刊于《农业推广通讯》1946年第8卷第1期9～16页。

是年，汪菊渊任北京大学农学院园艺系副教授兼院农场主任。

- **1947年（民国三十六年）**

4月1日，北京大学农学院教授汪菊渊著《怎样配置和种植观赏树木》（上海园艺事业改进协会丛刊第三种）由上海园艺事业改进协会出版委员会刊印。

4月1日，北京大学农学院教授汪菊渊著《植物的篱垣》（上海园艺事业改进协会丛刊第六种）由上海园艺事业改进协会出版委员会刊印。

- **1948年（民国三十七年）**

9月，国际风景园林师联合会（国际景观设计师联盟，International Federation of Landscape Architects，IFLA）在英国剑桥大学成立，总部设在法国凡尔赛，现有57个国家的风景园林学会是其会员。IFLA是受联合国教科文组织指导的国际风景园林行业的影响力最大的国际学术最高组织。2005年中国风景园林学会正式加入IFLA，成为代表中国的国家会员。IFLA每年召开一次全球性年会，轮流在亚太区、美洲区和欧洲区进行。

1949 年

5月22日，按照1949年5月北京大学校务委员会决议，重新组建的院务会议其成员包括院长、各系主任、教授、副教授、讲助以及学生代表，重组的院务会议召开第一次会议。院务会议的成员有俞大绂院长，各系系主任李景均、陈锡鑫、黄瑞纶、周明牂、林传光、李连捷、汪振儒、吴仲贤、熊大仕和应廉耕教授10人，教授、副教授代表张鹤宇、邢其毅、刘海蓬、汪菊渊、蔡旭、杨昌业、王金铭7人，讲助代表吴汝焯、申葆和、管政和、夏荣基、周启文、吕启愚、姜秉权、蔡润生、孙珩映、刘曾泽10人，学生代表时玉声、胡永大、刘宗善、赵庆贺、张凤阳、黄天相、俞寿颐、顾方乔、张肇鑫、景梁10人。院务委员共37名。除院长外，经过院务委员酝酿选举产生了院务会议常委会，常委俞大绂、黄瑞纶、熊大仕、汪振儒、张鹤宇、申葆和、姜秉权、张肇鑫、顾方乔共9人。在院务会议领导下，还设立了财务委员会、教务委员会、研究设计委员会、生活福利委员会等。随后，各系都建立了系务会议制度。院、系务会议是解放初期建立的最高决策机构作用的领导体制。

6月，高教会发出指示，要求北京大学农学院的系别应加以调整。为此，北京大学农学院召开第五次院务会议（6月30日）进行了讨论，会议认为本院各系皆有设立之理由，不便合并，应致函校委会申述理由推举汪菊渊、申葆和、张肇鑫三人负责起草报告。这份报告于7月1日拟就上报。

9月，北京大学农学院、清华大学农学院、华北大学农学院合并，改称为北京农业大学，汪菊渊任北京农业大学园艺系副教授。

1950 年

5月1日，北京市人民政府建设局公园科撤销，成立北京市人民政府公园管理委员会，市政府副秘书长李公侠兼任主任，至1953年6月。

6月26日，北京农业大学校委常委会议决定，派出以李连捷、汪菊渊为正副团长由14人组成的西北工作团，支援西北部队农业生产工作，任务是考察西北地区的开垦问题。工作团7月初出发，7月21日到青海西宁，沿青新公路到达柴达木盆地，再沿青藏公路进行考察。经过考察，工作团提出了农林牧三位一体以牧为主、以农为副的开发西北的建议。

是年，经教育部批准，北京农业大学校选派裘维蕃、王洪章、汪菊渊、张荣

臻、赵宗哲 5 人（个别同志因故未报到）参加华北革命大学学习，1951 年 1 月又选派韩德章、应廉耕、王金铭、萧鸿麟、汪振儒、华孟、姜秉权、陈大容 8 人参加华北革命大学学习。

1951 年

3 月，汪菊渊《扫除园艺工作中资产阶级科学的毒素》刊于《中国农业科学》1951 年第 6 期 2～3 页。

8 月 15 日，北京农业大学校委会根据汪菊渊教授的报告："新中国建设展开后，各方面迫切需要造园专业。都市计划委员会希望我们能专设一组，系里都赞成，但设组需要清华建筑系合作。曾经与清华梁思成及周教务长（培源）商洽，已荷同意"。决议"在目前不增加学校负担的条件下，同意园艺系与清华建筑系合作办理造园组"。

9 月，经高教部同意试办造园专业，由汪菊渊带北京农业大学园艺系领助教陈有民及自园艺系中选的 10 名学生在清华大学营建系中正式设立造园组。

是年，汪菊渊与清华大学的吴良镛先生商议设立造园组。

1952 年

3 月 13 日《人民日报》公布《政务院关于统一处理机关生产的决定》。

3 月 14 日，北京农业大学机关生产处理工作组成立，陆近仁为组长，汪菊渊为副组长。

6 月，北京市人民政府成立园林处，吴思行任处长，任职至 1955 年 2 月。

9 月，北京农业大学园艺系又选了第二批 10 名学员为造园组学生。

1953 年

6 月 19 日，北京市人民政府公园管理委员会撤销，成立北京市人民政府园林处，吴思行兼任处长，范栋申为副处长。

7 月，北京农业大学造园专业首批学生毕业（8 人），有张守恒、富瑞华、刘少宗、王璲、吴纯、朱均珍、郦芷若、刘承娴。

8 月，清华大学改为专门性工业大学，造园组迁回北京农业大学自办，1953—1956 年，汪菊渊任北京农业大学造园专业负责人。

1954 年

2月18日，北京市人民政府成立农林水利局，北京市人民委员会第一次会议决定汪菊渊任北京市人民政府农林水利局局长，任职至1964年7月。

5月31日，国务院任命北京市人民委员会农林局局长汪菊渊，副局长杨益民。

1955 年

2月28日，北京市人民政府园林处撤销，成立北京市园林局，刘中华任局长，任职至1964年8月。

1956 年

1月，汪菊渊《建设我国园艺事业之展望与途径》刊于《农业推广通讯》1956年第8卷第1期。

3月17日，北京市1955年度农业劳动模范及先进集体代表大会召开，有北京郊区各区农业劳动模范和先进集体代表481名以及市、区、乡干部总共600人参加了大会，市农林水利局局长汪菊渊作了题为《为实现郊区1956年农林增产计划，提早完成或超额完成第一个五年计划而奋斗》的报告。

6月，北京农业大学造园专业毕业生到济南实习。

8月，高教部正式将造园组定名为"城市及居民区绿化专业"，北京农业大学造园专业调至北京林学院并扩大成立造林系城市及居民区绿化专业。

9月，北京农业大学造园专业学生毕业，毕业生有孟兆祯、李钟馀、唐振辐、许衍梁、范仲文等。

9月，由北京农业大学园艺系原造园专业至北京林学院二年级33名，三年级14名，四年级2名。

是年，汪菊渊当选为北京市第二届人民代表大会代表，同年参加中国民主同盟。

1957 年

5月24日，北京市1956年度农业劳动模范代表大会召开，参加大会的有郊区农业生产各条战线的模范人物467人，市、区、乡部分干部列席会议，会上北京市农林水利局局长汪菊渊作了《想尽一切办法，争取郊区1957年农业大丰收》的报告。

11月，北京林学院成立城市及居民区绿化系，李驹任城市及居民区绿化系主任，汪菊渊、陈俊愉任副主任。李驹（1900—1982年），著名园艺学家，1900年出生于上海，1917年考入法国高等园艺学校，1921年毕业并获园艺工程师资格后，考入法国诺尚（Nogent-sur-Marne）国立高等热带植物学院，获农业工程师称号，1923年回国。他为我国规划设计了多处著名园林、景区，是我国近代公园建设的先驱之一。长期从事植物拉丁学名的搜集、整理和编译工作，著有《苗圃学》等。曾任中国大学法文教授，河南大学、中央大学、上海劳动大学、重庆大学、四川大学、西南农学院教授、园艺系主任，1956年经高教部批准在北京林学院设置城市及居民区绿化系并调李驹任系主任。是中国园艺学会成立发起人之一。

9月，国际公园协会（亦翻译为世界公园协会）成立，汪菊渊率领余森文、程绪珂和李嘉乐等组成的中国第一个园林代表团赴伦敦参加，代表中国向大会致辞，之后到欧洲各国、苏联各加盟共和国参观考察。国际公园协会（又称为世界公园与康乐设施协会，the International Federation of Park and Recreation Administration，简称 IFPRA），是由联合国环境规划署认可的一个非营利性国际组织，总部设在英国伦敦，它的职能是通过世界各国公园、休闲、游憩、文化和其他相关专业团体之间的接触，从而保持国际间的合作与交流。

- **1958年**

8月，北京市第三届人民代表大会举行，汪菊渊当选为第三届人大代表。

- **1959年**

2月，汪菊渊《怎样理解园林化和进行园林化规划》刊于《中国林业》1959年第2期17页。

- **1960年**

是年初，北京市农林水利局改名为北京市农林局，汪菊渊任北京市农林局局长，任职至1964年7月。

3月18日，北京市花木公司改名为北京市园林局花卉管理处。

1962 年

是年，汪菊渊《园林史：第一部分 中国古代园林史纲要》（200 页）由北京林学院刊印。

1963 年

6 月，北京市第四届人民代表大会举行，汪菊渊当选为第四届人大代表。

7 月，汪菊渊《苏州明清宅园风格的分析》刊于《园艺学报》1963 年第 2 期 177～194 页。

是年，汪菊渊参加并主持城市园林绿化 10 年科研规划。

1964 年

2 月，北京林学院《园林史》（上册、中册、下册）油印，上册 108 页、中册 200 页、下册 73 页，作为六〇级园林专业教材。

7 月 29 日至 31 日，北京市园林绿化学会成立大会和第一届年会在北京市中心地区北海公园召开，到会者包括会员和来宾共 150 余人，先由原园艺学会理事长、北京市园林局臧文林副局长报告筹备经过，再请中央建筑工程部城市建设局丁秀局长讲话，最后由北京农林局局长汪菊渊教授就园林绿化科研规划的安排问题作了报告，29 日上午进行了理事选举，选出臧文林为理事长，汪菊渊、陈俊愉为副理事长，理事 17 人。

7 月，汪菊渊《我国园林最初形式的探讨》（北京市园林绿化学会成立大会论文）由北京市园林绿化学会刊印。

8 月，汪菊渊任北京市园林局局长，任职至 1968 年 4 月。

9 月，北京市第五届人民代表大会举行，汪菊渊当选为第五届人大代表。

是年，汪菊渊《园林史：第二部分 外国园林发展史概述》（共 107 页）由北京林学院刊印。

1965 年

7 月，汪菊渊《我国园林最初形式的探讨园艺学报》1965 年第 2 期 101～106 页。

是年，北京市高等院校原三级以上教授，北京林学院汪振儒（二级），范济

洲、李驹、汪菊渊、邢允范、殷良弼（以上三级）[17]。

- **1966 年**

   是年，在中国建筑学会下筹备成立"城市园林绿化学术委员会"。

- **1971 年**

   是年，（日）重森三玲《日本庭园史大系》由日本社会思想社出版。重森三玲（Mirei Shigemori，1896-1975 年），日本冈山县人，大正—昭和时代的造园大师，日本现代枯山水开山之祖，他非园林科班出身，幼年的时候在父亲的影响下，学习池坊流的花道和不味流的茶道。早年专门学习日本绘画及文学，1929 年移居京都，此后开始自学日本园林。重森三玲一生完成了 173 个园林作品，记录着日本传统园林的现代化设计转变过程，成为自学成才的造园巨匠。由日本社会思想社出齐《日本庭园史大系》30 卷，之后又由其子重森完途整理增补 5 册。将日本庭园从上古到现代，依年代叙述周全，更是附上大量测绘图与照片。

- **1972 年**

   是年，汪菊渊任北京市园林局花卉处顾问，至 1979 年。

- **1973 年**

   1 月，George B. Tobey "History of Landscape Architecture：The Relationship of People to Environment"《风景园林史：人与环境》由 Elsevier Publishing Co., Amsterdam 出版。

- **1975 年**

   3 月 12 日，汪菊渊参加孙中山先生逝世五十周年纪念仪式。

- **1977 年**

   9 月，《园林史》（225 页）由云南林学院园林系七五级翻印。
   11 月 22 日，政协北京市第五届委员会第一次会议召开，汪菊渊任政协委员。

---

[17] 北京高等教育志编纂委员会. 北京高等教育志 下 [M]. 北京：华艺出版社，2004：1686.

1978 年

11 月 3 日，北京市园林局上报市基本委员会，申请成立园林专业科研机构——北京市园林科学研究所。

12 月 9 日，全国城市园林绿化工作会议在山东济南召开，期间召开中国建筑学会园林绿化学术委员会成立大会，中国建筑学会秘书长马克勤到会并报告了园林绿化学术委员会的筹备过程和学会的组织及任务，宣布园林绿化学术委员会委员名单。中国建筑学会园林绿化学术委员会成立，主任委员丁秀，副主任委员林西、于林、程世抚、汪菊渊、夏雨、余森文、陈俊愉，委员丁洪、李嘉乐、王侯、李扬文、单士元、刘祥祯、孙筱祥、周家琪、周维权、姚同珍、余树勋、杨鸿勋、赵光华、朱钧珍、俞洪浚、程绪珂、陈克立、陈威、郝耀民、陈从周、张淑清、刘景瑜、王志英、李义、崔生茂、梁范九、李其中、唐建行、朱有玠、陈植、童寯、仲国鎏、刘国照、吴子刚、胡绪渭、姚毓璆、周永年、吴翼、余香荣、黄世珂、王凤亭、陈树华、李世浩、吴泽椿、莫伯治、陈封怀、刘管平、李沛文、张国强、郑福元、宋季渊、毕庶昌、赵佩珺、李泽雏、丁洪兆、胡秀全、胡年治、朱观海、甘伟林、杨雪芝（女）、汤忠皓，由学术委员杨雪芝兼任学术委员会秘书。

1979 年

3 月 2 日，北京市园林科学研究所筹备组成立，成员包括汪菊渊、黄海、孙锦、白秀玲。经过对沙窝、香山技校和龙潭花圃进行调查，分析三处利弊条件，经多方征求意见，最后决定将所址定在龙潭花圃。

4 月 30 日，北京市园林局举办了北京市园林科学研究所成立大会，汪菊渊兼任所长。2014 年 6 月改名为北京市园林科学研究院。

7 月，汪菊渊、李军、胡玉琴《短日照处理"十·一"开花的菊花品种比较试验》刊于《园艺学报》1979 年第 2 期 131～132 页。

8 月，杨百荔等编著、汪菊渊审校《月季花》由中国建筑工业出版社出版。

11 月，汪菊渊任北京市园林局副局长，任职至 1983 年 5 月。

是年，中国建筑学会在南京召开建筑历史与理论学术委员会成立大会，第一届委员会主任委员单士元，副主任委员刘致平、龙非了、莫宗江、陈从周、罗哲文、汪之力、刘祥祯、杨鸿勋、潘谷西、袁镜身，委员单士元、龙庆忠、刘致平、刘祥祯、汪之力、陈从周、罗哲文、杨鸿勋、莫宗江、袁镜身、潘谷西、程敬琪、屠舜耕、于倬云、汪季琦、汪菊渊、祁英涛、杜仙洲、余鸣谦、李竹君、吴焕加、陈志华、楼庆西、吴梦麟、张驭寰、傅守谦、陆元鼎、叶启燊、白佐民、邵俊义、刘先觉、郭湖生、孙儒涧、冯建逵、何修龄、李方岚、孟繁兴、罗小未、喻维国、路秉杰、孙大章、傅熹年、赵立瀛、侯幼彬、张家泰、陶逸钟、张开济、郑孝燮、李梦白、杨道明、张祖刚。

是年，中国科学院自然科学史研究所主编《中国建筑技术史》，其中汪菊渊等《中国建筑技术史（第十一章）园林技术》印发征求意见稿。

● 1980 年

1 月，李开然编著《风景园林设计》由上海人民美术出版社出版。

2 月 22 日，民盟北京市第四次代表大会选举产生中国民主同盟北京市第四届委员会，汪菊渊当选为市委委员。

4 月，应日中农业农民交流协会的邀请，汪菊渊参加中国林学会组织的中国林业技术交流团访问日本，北京林学院陈陆圻副院长任团长。

6 月，汪菊渊《居住区绿化中的几个问题》刊于《城市规划》1980 年第 3 期 29～30 页。

10 月，汪菊渊著《中国古代园林史纲要》由北京林学院园林系刊印。《中国古代园林史纲要》后记：此系汪菊渊教授五十年代讲授《中国园林史》讲义。近年来汪先生正在进行修订，增加一些内容并加以改写，已列入出版计划，但短期难以完成。为了解决目前教学急需，征得汪先生同意，暂将此讲义印行，供同学们听课中参考之用，其中第一章第一节采用汪先生于一九六五年《园艺学报》第四卷第二期发表之《中国园林最初形式的探讨》一文。第五章第三节增加汪先生于一九六二年《园艺学报》第二卷第二期发表之《苏州明清宅院风格的分析》一文。园林系《园林史》课程组　一九八〇年十月

● 1981 年

6 月，汪菊渊《外国园林形式发展概述》刊于《北京林学院学报》1981 年第 1 期 1～42 页。

9 月，汪菊渊《中国盆景艺术》由广州市园林局刊印。

12 月，汪菊渊著《外国园林史纲要》由北京林学院刊印。

12月，汪菊渊《赴日本参观环境绿化情况报导》刊于《园林科技》1981第4期1~11页。

12月4日，为推动中国花卉盆景事业发展，在农业部副部长杜子端、北京市园林局局长汪菊渊教授等的倡导下，中国花卉盆景协会（后更名为中国风景园林学会花卉盆景分会）在北京香山成立。通过协会工作，组织发动全国盆景老艺人、专业盆景工作者、业余盆景爱好者一道振兴中国盆景事业。经首届理事会推选，杜子端担任理事长，汪菊渊、张德华担任副理事长，傅珊仪担任秘书长，袁格方担任副秘书长。

1982年

2月，北京林学院林业史研究室编《林业史园林史论文集》（第一集）（庆祝建校三十周年）由北京林学院林业史研究室刊印。其中32~35页收入汪菊渊《北京明代宅园》；49~61页收入汪菊渊、金承藻、张守恒、陈兆玲、梁永基、孟兆祯、杨赉丽、孙敏贞《北京清代宅园初探》。

是年初，中国建筑学会园林绿化学术委员会向中国建筑学会送交（82）建学园字第1号文《关于召开"中国园林学会成立大会"的请示报告》。

2月，全国城市绿化工作会议在北京召开期间，由中国建筑学会园林绿化学术委员会代理主任委员秦仲方组织召开到会的京津的学术委员会议，传达中国建筑学会（82）建会字第一号文"关于同意成立中国园林学会的批复"。会议决定由秦仲方、牟锋、汪菊渊、陈俊愉、丁洪、程绪珂、吴翼、伦永谦、孙德秀九名同志组成"中国园林学会筹备委员会"。下设临时筹备办公室，由国家城建总局园林绿化局、北京林学院园林系、北京市园林局、北京市园林科研所、天津市园林局各抽一名同志组成。从3月10日起开始筹备工作。

6月28日至30日，中国建筑学会园林绿化学术委员会在河南省鸡公山风景区召开工作会议。会议就学术委员会成立以来的工作总结和《中国建筑学会园林学会会章（草案）》《中国建筑学会园林学会第一次代表大会产生办法和理事选举办法（草案）》等进行讨论，最后通过学术委员会提出的全国园林学会筹备委员会名单（秦仲方、汪菊渊、陈俊愉等15名）。

6月，汪菊渊《选映山红作为我国国花》刊于《植物杂志》1982年第3期27页。

7月，汪菊渊《绿化美化首都的几个基本问题》刊于《北京林学院学报》1982年第2期1~11页。

9月28日召开园林学会筹委会在京、津地区的筹备委员会议，拟定于同年10月底召开"中国建筑学会园林学会"成立大会。

11月，汪菊渊《秋菊品种分类方案》收入《菊花品种分类学术讨论会论文集》1982年21~30页。

12月，汪菊渊《月季花》由中国建筑工业出版社出版。

● 1983年

2月，城乡建设环境保护部干部局、教育局编《城市建设研究班讲稿选编》刊印，其中243~248页收入汪菊渊《城市绿化》、259~274页收入汪菊渊《古代囿苑的历史发展》。出版说明：原国家城建总局于一九八一年曾举办"城市建设领导干部研究班"。在这次研究班上，有关领导和专家们的讲话对城市建设各个方面的问题都作了阐述，对于当前的城市建设工作有一定的参考价值。现将讲稿编辑成书，题名《城市建设研究班讲稿选编》，内部发行，以供广大城市建设工作者参考。

3月，汪菊渊《拾珠拣玉 承前启后》刊于《古建园林技术》1983年第1期3页。

3月12日，政协北京市第六届委员会第一次会议召开，汪菊渊当选为第六届全国委员会委员。

5月，汪菊渊任北京市园林局总工程师，任职至1989年11月。

5月27日至6月6日，汪菊渊作为评审专家参加为期10天的江苏省太湖风景区总体规划评审会。

6月，汪菊渊当选为第六届全国委员会委员。

6月20日，北京市园林局《园林与花卉》试刊。汪菊渊《神山仙岛质疑》刊于《园林与花卉（试刊号）》1983年14~15页。

7月，北京林学院林业史研究室编，汪菊渊、孟兆祯主编《林业史园林史论文集》（第二集 纪念避暑山庄二百八十周年专辑）由北京林学院林业史研究室刊印。汪菊渊《避暑山庄发展历史及其园林艺术》收入《林业史园林论文集（第二集）》1983年1~10页。

10月，姚毓璆编著、汪菊渊审校《菊花》由中国建筑工业出版社出版。

11月15日，中国建筑学会园林学会（对外称中国园林学会）在南京成立。推举秦仲方为理事长，汪菊渊、陈俊愉等为副理事长。

11月15日至17日，经中国科协同意、中国建筑学会批准，在江苏省南京市召开中国建筑学会园林学会（对外称中国园林学会）成立大会，出席第一届中国园林学会会员代表大会的正式代表142名，特邀代表30名，列席代表5名。会议代表讨论并通过学会会章，经无记名投票选举产生学会第一届理事会共56名（台湾地区保留理事一名），推选常务理事17名，秦仲方为理事长，汪菊渊、陈俊愉、程绪珂、甘伟林为副理事长，由甘伟林兼秘书长，经常务理事会提名，学会聘请顾问12名。常务理事会根据会章决定设立组织工作、科普教育、国际学术交流、编辑出版、科技咨询五个工作委员会和城市园林、风景名胜、园林植物、园林经济与管理四个专业学术委员会，并聘任正副主任委员。

● 1984年

1月，张本编著《月季群芳谱》由贵州人民出版社出版，汪菊渊作《序言》。

4月12日至13日，中国园林学会第一届第二次常务理事会在北京召开，会议讨论并决定下列事项：①审定各工作委员会及学术委员会人选，健全学会五个工作委员会及四个专业委员会；②审定各工作委员会的年度计划；③讨论通过《中国园林》编辑出版计划；④讨论决定1984年的学术活动计划；⑤研究学会经费问题（据不完全统计，会员人数5435人）。为了便于学会的日常工作，会议决定聘任本届学会理事杨雪芝为学会副秘书长；聘任本届学会顾问余树勋为《中国园林》主编；聘任本届学会理事陈明松为专职编辑。会议认为编辑出版学刊很重要，一定要努力克服困难，争取下半年出版第一期。《中国园林》编委会由学会编辑出版工作委员会负责组成。会后，学会秘书处给第一届的57名理事颁发证书，同时给12名学会顾问及学会各工作委员会和学术委员会的106名委员发了聘书。1984年中国园林学会国际交流工作委员会主任陈俊愉先生开始和国际风景园林师联盟（IFLA）联系，了解该组织的情况、章程内容，表达了我们有入会的愿望，并与IFLA建立了通讯联系。同年，IFLA的日本代表北村信正先生邀请学会陈俊愉、甘伟林、陈植、孙筱祥四人以观察员身份，参加1985年5月26日至6月4日在日本举行的第23届国际风景园林师会议。

5月，汪菊渊《芍药史话》刊于《世界农业》1984年第5期52～54页。

6月21日，民盟北京市第五次代表大会选举产生中国民主同盟北京市第五届委员会，汪菊渊当选为市委委员。

9月，汪菊渊《自然保护、风景保护和历史园林保护》刊于《风景师》，1984年第3期1~7页。

10月，汪菊渊《菊有绿华》刊于《老人天地》1984第10期23~24页。

是年，汪菊渊参加《中国技术政策》城市建设部分、城市绿化公园部分的撰写工作。

• 1985年

4月，汪菊渊《中国山水园的历史发展》刊于《中国园林》1985年第1期34~38页。

5月，张朝阳《园艺专家话月季——访中国园艺学会副理事长汪菊渊》刊于《中国花卉盆景》1985年第4期2~3页。

6月7日，国务院发布《风景名胜区管理暂行条例》。

10月，汪菊渊《中国山水园的历史发展（续）》刊于《中国园林》1985年第3期32~36页。

12月，汪菊渊《中国山水园的历史发展（续）》刊于《中国园林》1985年第4期16~20页。

是年，汪菊渊任民盟北京市委委员。

是年，中国科技促进发展研究中心、中华人民共和国国家科学技术委员会《中国技术政策：城乡建设》（国家科委蓝皮书第6号）由国家科学技术委员会刊印，汪菊渊参加编制《中国技术政策、城乡建设》中城市绿化和公园部分的撰写工作，获得国家技术政策研究重要贡献奖。

• 1986年

1月，张朝阳《中国园艺学会副理事长汪菊渊谈：发展我国花卉生产首先要摸清国际和国内两个市场》刊于《中国花卉盆景》1986年第1期3页。

4月，汪菊渊《中国山水园的历史发展（续完）》刊于《中国园林》1986年第1期20~23页。

8月，汪菊渊《名花评选感言》刊于《大众花卉》1986年第4期25页。

10月,汪菊渊《建议银杏为首都市树》刊于《绿化与生活》1986年第5期2~3页。

10月,梁思成先生诞辰八十五周年纪念大会编印《梁思成先生诞辰八十五周年纪念文集1901—1986》,其中57页收入汪菊渊《纪念梁思成先生》。

12月,《中外园林专家讲学文集》(第一辑、第二辑)由武汉城市建设学院风景园林研究所刊印。

● **1987年**

4月,汪菊渊《城市生态与城市绿地系统》刊于《中国园林》1987年第1期1~4页。

7月14日,圆明园遗址公园建设委员会成立会在海淀区政府召开,北京市副市长陈昊苏同志宣读1986年4月21日北京市人民政府《关于建立北京市圆明园遗址公园建设委员会》的通知。通知指出:为加强圆明园遗址的保护和管理,加速遗址公园的建设,决定建立圆明园遗址公园建设委员会。委员会由下列人员组成:主任委员陈昊苏,常务副主任委员史定潮,副主任委员汪之力、张还吾、陈向远,委员彭思齐、李准、冯佩之、罗哲文、徐苹芳、赵一恒、赵知敬、赵师愈、张春祥、杜辉、刘饧雄、赵才,顾问白介夫、陆禹、戴念慈、魏传统、侯仁之、吴良镛、张开济、汪菊渊。建设委员会负责组织和指导遗址公园的筹建工作,贯彻市政府的决定,听取各方面的意见,协调各方面的工作关系,募集建园资金,对重大政策性问题提出建议报请市政府审批。

7月,《世界农业》编辑部《名花拾锦》由农业出版社出版,其中27~32页收入汪菊渊《花中皇后——芍药》。

● **1988年**

3月5日,民盟北京市第五次代表大会选举产生中国民主同盟北京市第六届委员会,汪菊渊当选为市委委员。

3月6日,政协六届全国委员会常务委员会第十七次会议通过《中国人民政治协商会议第七届全国委员会委员名单》,汪菊渊为农林界委员。

5月,《中国大百科全书》总编辑委员会《中国大百科全书》(建筑园林 城市规划)由中国大百科全书出版社出版。该卷园林部分由汪菊渊教授主编,撰有园

林史、园林艺术、园林植物、园林工程及园林建筑等方面的条目134条。

5月，（日）冈大路著，常瀛生译《中国宫苑园林史考》1988年由农业出版社出版。

8月，彭春生、朱大保《根艺创作与欣赏》由中国林业出版社出版，汪菊渊写《序言》。

10月，由中国城市科学研究会举办的全国城市环境美学问题研讨会在山东省威海市召开，全国13个省（自治区、直辖市）23个城市的有关专家、学者和城市工作者50多人参加了这次会议。建设部顾问、中国城市科学研究会理事长廉仲同志作了重要讲话，清华大学教授、中国城科会副理事长吴良镛先生和北京市园林局总工程师、教授、中国城科会理事汪菊渊先生在会上作了专题学术报告，中国城科会副秘书长林家宁同志作小结发言。

● 1989年

6月，（美）诺曼·K.布思（Norman K. Booth）著《风景园林设计要素》由中国林业出版社出版。

11月17日至20日，中国风景园林学会第一届理事会在杭州举行，会议选举理事长周干峙，副理事长汪菊渊、陈俊愉、程绪珂、甘伟林、李嘉乐、陈威、胡理琛、杨玉培，秘书长李嘉乐（兼），副秘书长杨雪芝、何济钦、陈明松，常务理事丁洪、王薇、甘伟林、冯美瑞、伦永谦、任秀春、朱有玠、孙筱祥、刘航、汪光焘、汪菊渊、陈威、陈明松、陈俊愉、何济钦、李嘉乐、吴翼、严玲璋、杨玉培、杨雪芝、张国强、张树林、赵旭光、周干峙、周维权、施奠东、胡理琛、黄树业、程绪珂、谢凝高。

11月27日，中国园艺学会成立六十周年暨第六届年会，会议期间。通过新的《园艺学报》编委会。主编沈隽，副主编汪菊渊、李树德，责任编委贺善文、李中涛、罗国光、李曙轩、陈世儒、尹彦、陈俊愉、陈有民、黄济明，编委马德伟、王宇霖、王鸣、王志源、王永健、方智远、刘佩瑛、龙雅宜、孙筱祥、冯国相、关佩聪、庄恩及、庄伊美、朱扬虎、朱德蔚、李光晨、李学柱、李式军、余树勋、吴泽椿、吴德玲、陈杭、陈殿奎、陈力耕、周祥麟、林维申、林德佩、张谷曼、姚毓理、陆秋农、贾士荣、章文才、黄辉白、蒋先明、程家胜、董启凤、葛晓光。

1990 年

4 月，汪菊渊《城市环境（绿化）的生态学与美学问题》刊于《中国园林》1990 年第 1 期 38～41 页。

4 月 21 日，《北京市城市绿化条例》经北京市第九届人民代表大会常务委员会第十九次会议通过，自 1990 年 7 月 1 日起施行。

6 月，中国绿化基金会第二次理事会议召开，万里任基金会名誉主席，黄华任顾问，雍文涛任主席，周南、马玉槐、柴泽民任副主席，于珍、马玉槐、古元、田一农、刘广运、冯军、边疆、孙平化、庄炎林、许乃炯、朱高峰、汪滨、汪菊渊、吴中伦、李焕之、周干峙、周南、周冠五、杨文英、杨纪珂、杨珏、金鉴明、费志融、钮茂生、胥光义、侯学煜、柴泽民、袁晓园、徐柏龄、黄甘英、黄志祥、黄胄、童赠银、蒋毅、焦若愚、雍文涛、谭立明、霍震霆 38 人为理事，秘书长汪滨，副秘书长杨文英、白泰雪（兼办公室主任）。

9 月 18 日至 21 日，纪念紫禁城落成 570 周年古建筑学术讨论会在北京上园饭店举行。国内古建筑及有关学科的权威、专家、学者单士元、侯仁之、张镈、吴良镛、郑孝燮、汪菊渊、于倬云、罗哲文、杜仙洲、余鸣谦等出席了会议。

12 月，吴中伦、汪菊渊《〈中国梅花品种图志〉评介》刊于《中国园林》1990 年第 4 期 13 页。

12 月，周维权著《中国古典园林史》由清华大学出版社出版。作者从宏观的角度出发，把整个古代园林的发展历程分为生成期（殷周秦汉，公元前 11 世纪到公元 220 年）、转折期（魏晋南北朝，公元 220—589 年）、全盛期（隋唐，公元 589—960 年）、成熟期（宋元明、清初，公元 960—1736 年）、成熟后期（清中叶、清末，公元 1736—1911 年）五个大的段落，将三千多年的园林发展史铺陈于统一的框架之中，然后再一一分述，其中甚至打破朝代的束缚，以清初归属于中国园林成熟期的第二阶段，却将清中叶——清末单列为成熟后期。

是年，汪菊渊任北京市园林局技术顾问。

1991 年

2 月，中国城市科学研究会编《城市环境美学研究》由中国社会出版社出版，其中 240 页收入汪菊渊《城市环境的生态学与美学》。

7 月，安怀起《中国园林史》由同济大学出版社出版。

8月，李正明，张杰主编《泰山研究论丛 第4集》由青岛海洋大学出版社，其中308～311页载《汪菊渊同志的发言》。

1992年

1月，《中国大百科全书》总编辑委员会《中国大百科全书》（建筑园林 城市规划）由中国大百科全书出版社再版。该卷园林部分由汪菊渊教授主编。

4月，汪菊渊《我国城市绿化、园林建设的回顾与展望》刊于《中国园林》1992年第1期17～25页。

5月20日，《城市绿化条例》经国务院第104次常务会议通过，自1992年8月1日起施行。

12月，故宫博物院编《禁城营缮纪》由紫禁城出版社出版，其中220～226页收入汪菊渊《故宫御花园》。

1993年

3月1日，中国风景园林学会召开在京（津）常务理事会议，出席会议共16人，常务理事12人、特邀理事3人，名誉理事长秦仲方同志出席会议。会议由理事长周干峙、副理事长汪菊渊同志先后主持，会议主要议题是研究理事会的换届问题，并就学会当前急待解决的几个问题进行了充分的讨论。

11月4日，建设部发布《城市绿化规划建设指标的规定》，自1994年1月1日起实施。

1994年

5月，《花木盆景》杂志第3期开设庆祝创刊10周年专栏。全国人大常委会副委员长陈慕华、国务委员陈俊生、中国花卉协会会长何康、林业部部长徐有芳、副部长祝光耀、农业部部长刘江、中共湖北省委书记关广富、中国风景园林学会花卉盆景分会理事长汪菊渊、中国盆景艺术家协会会长徐晓白为杂志社题词，原中共湖北省顾委副主任李尔重撰文《祝贺花木盆景十周年诞辰》。

6月，中国科学技术协会编《中国科学技术专家传略——工程技术编 土木建筑卷1》由中国科学技术出版社出版。其中收入庄俊、吕彦直、茅以升、陶述曾、汪胡桢、刘敦桢、赵深、张含英、赵祖康、童寯、高镜莹、梁思成、杨廷宝、顾

汪菊渊年谱

康乐、施嘉炀、陈植、余森文、过祖源、吴世鹤、陶葆楷、程世抚、徐以枋、黄文熙、金经昌、张光斗、严恺、刘恢先、汪菊渊、李国豪、任震英、郑孝燮、陈占祥、陈从周、陈干、林秉南、吴良镛、钱宁。其中325~335页载汪菊渊。

1995年

6月8日，中国绿化基金会第三次理事会议召开，名誉主席万里，顾问黄华、王丙乾，主席陈慕华，常务副主席马玉槐，副主席刘琨、刘敏学、迟海滨、李兆基、汪滨、陈彬藩、胥光义、柴泽民，理事（65人）刀国栋、马玉槐、巴音朝鲁、王鸣林、王庭栋、王葆青、王黎之、王剑伟、王涛、尹成友、古元、田一农、刘琨、刘广运、刘希泳、刘敏学、刘平源、孙平化、庄炎林、许乃炯、华福周、吕璋琪、张治明、张延喜、宋培福、李兆基、李延龄、李焕之、陈慕华、陈彬藩、迟海滨、汪滨、汪菊渊、吴博、周干峙、周文智、罗冰生、林克平、林蔚然、杨珏、杨钊、杨文英、杨纪珂、金鉴明、费志融、胥光义、段强、胡大维、贺庆棠、柴泽民、徐是雄、徐柏龄、徐荣凯、梁昌武、黄胄、黄枢、黄志祥、殷介炎、盛华仁、蒋毅、焦若愚、谭立明、霍震霆，秘书长刘琨（兼），副秘书长白泰雪、马全民（兼办公室主任）。

7月7日，中国工程院公布1995年院士增选名单（216名），汪菊渊当选为中国工程院院士，成为风景园林学界第一位院士，时年82岁。

1996年

1月28日，汪菊渊因病在北京逝世，享年83岁。

3月，孟兆祯《恒念吾师创业之艰——悼汪菊渊先生》刊于《北京园林》1996年第1期7页。

3月，《广东园林》1996年第1期48页刊登《著名园林学家汪菊渊先生逝世》。中国风景园林学会名誉理事长、中国工程院院士、著名的园林学家、园林教育家和花卉园艺学家、原北京市园林局局长汪菊渊教授，不幸因病于1996年1月28日1时30分在北京逝世，享年83岁。汪菊渊先生祖籍安徽省休宁县，1913年4月11日生于上海，1934年毕业于南京金陵大学农学院园艺系，同年参加庐山森林植物园建园工作。1936年回母校任教，1938年晋升为讲师，1942年晋升为副教授兼任园艺试验场主任。1946年到北京大学农学院园艺系任教，并兼学院农场主任；1949年转到北京农业大学园艺系任教。1951年到1955年间任北京农业大学园艺系和清华大学营建系造园专业教授；1955年到1964年任北京市农林水利局局长；1964年后任北京市园林局局长；1972年以后，又历任北京市园林局副局长、总工程师和技术顾问等职。他自1956年以来兼任北京林学院城市及居民区绿化系（后改名为园林系）副主任、长期兼任教授并担任研究生导师。

3月，《花木盆景》1996年第3期刊登《沉痛悼念汪菊渊先生》。中国工程院院士、著名的园林学家、园林教育家和花卉园艺学家、北京市园林局技术顾问汪菊渊先生因病抢救无效，于1996年1月28日1时30分在北京不幸逝世，享年83岁。汪菊渊先生祖籍安徽省休宁县，1913年4月11日生于上海市。1934年毕业于南京金陵大学农学院园艺系，同年参加庐山森林植物园建园工作，1936年返回母校任教。1938年晋升为讲师，1942年晋升为副教授兼任园艺试验场主任。1946年于北京大学农学院园艺系任教兼院农场主任。1949年后任北京农业大学园艺系副教授，1951—1955年任北京农业大学和清华大学营建系造园专业副教授、教授。1955—1964年任北京市农林水利局局长；1964—1968年任北京市园林局局长。1972年以来先后任北京市园林局副局长、总工程师和技术顾问等职。他自1956年以来兼任北京林学院城市及居民区绿化系副主任、长期兼任教授并担任研究生导师工作。汪菊渊先生在长期担任北京市农林水利局和园林局主要领导职务期间，曾主持城市园林绿化十年科研规划，对北京市农林建设和园林绿化建设事业做出了重要的贡献。

5月，《中国园林》1996年第2期21页刊登《汪菊渊教授生平简介》：汪菊渊先生是我国著名的园林学家和园林教育家，中国工程院院士。他祖籍安徽省修宁县，1913年4月11日出生于上海市。1934年毕业于南京金陵大学园艺系，主修观赏园艺专业，同年参加庐山森林植物园建园工作，1936年回母校任教。1946年应邀到北京大学农学院园艺系任教；1949年，北京大学农学院、清华大学农学院与华北大学农学院合并，成立北京农业大学，聘请汪先生担任园林系教授。1951年北京农业大学园艺系与清华大学营建系合作，在清华大学创办了我国第一个高等教育的造园专业，汪先生即到清华大学任营建系造园教研组组长、教授，历时两年多。该专业于1954年转回北农大办学。1956年后调整到北京林学院，今为北京林业大学园林学院。1953—1956年，汪先生任教于北京农业大学。1955—1964年间，因国家建设急需，汪先生出任北京市农林水利局局长，同期

内，他还兼任北京林学院城市与居民区绿化系（后称园林系）的副主任、教授；1964—1968 年任北京市园林局局长；1972 年以来先后出任北京市园林局副局长、总工程师和技术顾问等职务。其中，1980—1955 年期间，汪先生还应聘担任北京林业大学园林系兼职教授和硕士研究生导师。汪先生学识渊博，治学严谨，著作甚丰。早在五十年代就撰写了《中国园林史纲要》；除大量论文与著作外，他还主持编纂了《中国大百科全书（建筑 园林 城市规划卷）》园林部分，对建立中国风景园林学科体系作出了重要的贡献。特别是他在晚年还承担了国家建设部园林重要课题《中国古代园林史》的研究，写下了百万余字的鸿篇遗著。汪菊渊先生是园林教育界的一代宗师，他在园艺、园林及史学领域不断探索，造诣甚深。我国许多园林和园艺界知名专家都聆听过他的教诲。他所创办的风景园林学科，已成为与建筑学、城市规划学并列的一门重要学科。在对外交往方面，汪先生精通英语和俄语，曾多次率团出访进行学术交流。1957 年汪先生曾率领新中国第一个园林代表团赴伦敦参加世界公园协会成立大会，并代表中国向大会致辞，为祖国争取了荣誉。汪菊渊先生在中国风景园林学术界享有崇高的声望，是风景园林专业的第一位中国工程院院士。曾先后担任中国风景园林学会副理事长、名誉理事长，中国园艺学会秘书长、副理事长、顾问，中国花卉盆景协会副理事长、理事长，为学会的建设和发展做出了巨大的贡献。汪先生热爱祖国，在历任北京市人大代表，第六、七届全国政协委员期间，积极参政议政，多次提出园林立法等案。汪菊渊先生一生致力于发展中国的风景园林事业和开拓有中国特色的园林学理论体系，为国家培养了大批人才，作出了杰出的贡献。他的渊博学识和谦逊为人，永远是我们学习的榜样。（本刊编辑部）

12 月，《中国农业百科全书》编辑部编《中国农业百科全书·观赏园艺卷》由中国农业出版社出版。《中国农业百科全书·观赏园艺卷》编辑委员会主编陈俊愉，副主编余树勋、王大钧、朱秀珍、徐民生、李树德。其中 428 页收入汪菊渊。

● 2004 年

3 月，苏雪痕编著《植物造景》印行，由汪菊渊生前作序。

9 月，《中国大百科全书》出版社编辑部、《中国大百科全书》总编辑委员会、《建筑·园林·城市规划》编辑委员会编《中国大百科全书：建筑园林城市规划》由中国大百科全书出版社出版，汪菊渊主持编纂《中国大百科全书（建筑、园林、城市规划卷）》园林部分。

2005 年

1月，中国科学技术协会编《中国科学技术专家传略：工程技术编：土木建筑卷（一）》由中国科学技术出版社出版。其中收录庄俊、吕彦直、茅以升、陶述曾、汪胡桢、刘敦桢、赵深、张含英、赵祖康、童寯、高镜莹、梁思成、杨廷宝、顾康乐、施嘉炀、陈植、余森文、过祖源、吴世鹤、陶葆楷、程世抚、徐以枋、黄文熙、金经昌、张光斗、严恺、刘恢先、汪菊渊、李国豪、任震英、郑孝燮、陈占祥、陈从周、陈干、林秉南、吴良镛、钱宁。

8月，中国农业大学百年校庆丛书编委会编《中国农业大学百年校庆丛书——百年人物》由中国农业大学出版社出版，其中第199页收入汪菊渊。汪菊渊（Wang Juyuan），祖籍为安徽省修宁县，出生在上海，生于1913年4月11日，卒于1996年1月28日，享年83岁。花卉园艺学家、园林学家、园林教育家，中国园林（造园）专业的创始人。汪菊渊于1934年毕业于南京金陵大学农学院园艺系，同年参加庐山森林植物园建园工作。1936年返回母校任教，并于1942年晋升为副教授兼任园艺试验场主任。1944—1946年任职于重庆国民政府农林部中央农业实验所成都工作站和农林部科学专门委员会。1946年被聘为北京大学农学院副教授兼农场主任。1949—1951年担任北京农业大学园艺系副教授，1951—1955年出任北京农业大学和清华大学营建系（今建筑系）造园专业副教授、教授、专业负责人，1953—1956年任北京农业大学造园专业负责人。1955年后，他历任北京市农林水利局局长、北京市园林局局长、北京市园林局总工程师等职。此外，他还曾兼任中国园艺学会秘书长、副理事长，中国花卉盆景协会副理事长、理事长，中国建筑学会园林学会副理事长，中国风景园林学会副理事长、名誉理事长等职务。他是第六、七届全国政协委员。1995年当选为中国工程院院士。他多次出国访问、讲学和参加国际学术会议，在国外风景园林学界享有盛誉。汪菊渊是中国风景园林学德高望重的学科带头人，是中国风景园林学界第一位中国工程院院士。1951年，他代表北京农业大学与清华大学吴良镛先生商议并得到建筑学家梁思成的赞同，由两校联合建立造园组，任负责人。他创建了中国风景园林学科，是中国园林（造园）专业创始人。他一生发表了大量学术论著：早在20世纪

50年代,他就撰写了《中国园林史纲要》和《外国园林史纲要》,它们是研究中外园林史较早的范本;他主持编纂了《中国大百科全书·建筑、园林、城市规划卷》园林部分,对建立中国风景园林学科体系做出了重要贡献;80年代,他参加了《中国技术政策、城市建设》中城市绿化和公园部分的撰写工作,获得了"国家技术政策研究重要贡献奖";特别值得一提的,是他晚年还承担了国家建设部园林重要科研课题"中国古代园林历史进展"的研究工作,写下了百万余字的鸿篇遗著。他一生主持和参与了许多重大科研项目、规划设计、工程建设等成果的鉴定,主持硕士和博士研究生论文的评审。当选为中国工程院院士后,他为中国工程院和土木、水利、建筑工程学部的发展献计献策。他的学术成就,为中国风景园林学科基础理论的研究和学科体系的建设做出了重大贡献。汪菊渊是园林教育界的一代宗师,他既精通农艺、园艺、园林,又深入史学领域,博古通今,造诣至深。在教学中,他强调发掘、继承和发展中国风景园林的民族传统,建立具有中国特色的风景园林学科体系。他所创办的风景园林学科,已成为与建筑学、城市规划学并列的一门重要学科。他在北京农业大学工作期间创办的造园专业,现在发展成为北京林业大学园林学院。他积极倡导和创建了中国园艺学会、中国园林学会和中国风景园林学会,先后主持和指导创办了《园艺学报》《园林与花卉》《中国园林》等学会刊物,为学会的建设和发展也做出了巨大的贡献。(高瑞霞执笔)

● 2006 年

1月,黄晓鸾《中国园林学科的奠基人——汪菊渊院士生卒》刊于《中国园林》2006年第1期11~15页。

6月,《汪菊渊先生简介》刊于《广东园林》2006年第28卷第2期46页。

9月,汪菊渊《园林学》收入《风景园林学科的历史与发展论文集》2006年6~9页。

10月,汪菊渊著《中国古代园林史(上)》《中国古代园林史(下)》由中国建筑工业出版社出版。

● 2007 年

6月,《中国园林》2007年第6期3~4页刊登孟兆祯《奠基人之奠基作——赞汪菊渊院士遗著〈中国古代园林史〉》。

汪 菊 渊 年 谱

● 2010 年

5月1日，中国风景园林学会《中国风景园林名家》由中国建筑工业出版社。《中国风景园林名家》入选刘敦桢（1897—1968）、陈植（1899—1989）、程世抚（1907—1988）、汪菊渊（1913—1996）、陈俊愉（1917—）、陈从周（1918—2000）、余树勋（1919—）、朱有玠（1919—）、孙筱祥（1921—）、程绪珂（1922—）、李嘉乐（1924—2006）、周维权（1927—2007）、吴振千（1929—）、孟兆祯（1932—）14人，汇集了记叙、回忆14位中国风景园林界老前辈的文章。书中选入纪念汪菊渊的文章有14篇，黄晓鸾《中国园林学科的奠基人——汪菊渊院士生平》，吴良镛《追记中国第一个园林专业的创办——缅怀汪菊渊先生》，程绪珂、周在春、许恩珠、张文娟、胡永红《重温"城市生态与城市绿地系统"论述》，朱自煊《深切怀念汪菊渊先生》，陈有民、华佩峥《忆汪菊渊老师音容笑貌》，张守恒、陈兆玲《忆汪菊渊老师》，朱钧珍《纪念汪菊渊先生逝世10周年》，刘少宗《怀念汪菊渊老师》，梁永基《忆汪菊渊教授创办园林教育二三事》，杨赉丽《永久的怀念——忆恩师汪菊渊先生》，孟兆祯《师恩浩荡——怀念汪菊渊先生》，唐振缁《纪念我的老师汪菊渊先生》，刘家麒《师恩如海没齿难忘》，张树林《可敬可亲的良师益友——纪念汪菊渊先生逝世10周年》。

● 2011 年

1月，孟兆祯著《孟兆祯文集 风景园林理论与实践》由天津大学出版社出版，其中144页载《恒念吾师创业之艰——悼汪菊渊先生》。

● 2012 年

3月，汪菊渊著《中国古代园林史（上）》（第2版）、《中国古代园林史（下）》（第2版）由中国建筑工业出版社出版。

● 2013 年

12月7日，纪念汪菊渊院士诞辰100周年暨汪菊渊学术思想研讨会在北京林业大学举行。研讨会旨在纪念我国园林专业创始人、中国首位园林学界院士汪菊渊，号召全行业以汪菊渊为楷模，深入研究汪菊渊学术思想，共同为中国风景园林事业的发展努力奋斗。汪菊渊是中国园林（造园）专业的创始人，也是中国风景园林学界第一位中国工程院院士，著名的园林学家、园林教育家和花卉园艺学家。他在建筑学家梁思成等专家的支持下，创建了中国风景园林学科。汪菊渊一生经历丰富，他创建了中国园艺学会、中国园林学会和中国风景园林学会，先后担任中国园艺学会秘书长、副理事长、顾问，中国花卉盆景协会理事长，中国建筑学会园林学会副理事长，中国风景园林学会名誉理事长，中国城市科学研究会理事，中国绿化基金会理事等职务。历任北京市人大代表、市政协委员、全国政协委员，北京市农林水利局局长、北京市园林局局长。汪菊渊也是我国园林教育界的一代宗师，中国许多园林和园艺界知名专家都聆听过他的教诲。自1951年起与清华大学营建系联合试办造园专业，他不仅广招人才，并且任劳任怨，曾一人同时承担六门课程的讲授和实习的繁重任务。他在教学中强调发掘、继承和发展中国风景园林的民族传统，建立具有中国特色的风景园林学科体系，培养了大批优秀风景园林专家和领导人才。他所创办的风景园林学科，已成为与建筑学、城市规划学并列的一门重要学科；他所创办的造园专业，现已发展成为北京林业大学园林学院。他多次出国访问、讲学和参加国际学术会议，为中外风景园林文化交流作出了贡献，在国外风景园林学界享有盛誉。汪菊渊还是我国园林学科理论的奠基人，他全面勾勒了园林学的学科体系，为建设有中国特色的园林学科体系奠定了理论基础，并指明了发展方向。他广泛地收集史料，深入调查研究，进行了系统分析，从形式和内容上划分中国古代园林历史进展，写下了百万余字的鸿篇遗著。他一生主持和参与了许多重大科研项目、规划设计、工程建设、学术论文等学术成果的鉴定，主持硕士和博士论文评审。1995年当选为中国工程院院士后，为中国工程院和土木、水利、建筑工程学部的发展献计献策。汪菊渊的学术成就为中国风景园林学科基础理论的研究和学科体系的建设，作出了重大贡献，为后人留下了宝贵的财富。此次研讨会上，为纪念汪菊渊院士诞辰100周年并使汪菊渊创办的造园专业继续蓬勃发展，北京林业大学园林学院决定成立北林风景园林学科建设专家咨询组，聘请名誉顾问2名、专家委员30名，共同指导北京林业大学风景园林学科的未来发展。本次研讨会由中国风景园林学会、北京市园林绿化局、北京市公园管理中心、北京市园林学会共同主办，北京林业大学、中国园林博物馆承办。

12月，傅珊仪《纪念汪菊渊理事长》刊于《中国园林》2013年第29卷第12期39页。

2021年

8月，汪菊渊《吞山怀谷：中国山水园林艺术》由北京出版社出版。该书系统、全面梳理中国园林史之肇端，188幅高清插图，全彩印刷，裸脊精装，分为上篇和下篇。上篇《中国山水园的历史发展》：第一章：西周素朴的囿，第二章：秦汉建筑宫苑和"一池三山"，第三章：西汉山水建筑园，第四章：南北朝自然（主义）山水园，第五章：佛寺丛林和游览胜地，第六章：隋山水建筑宫苑，第七章：唐长安城宫苑和游乐地，第八章：唐自然园林式别业山居，第九章：唐宋写意山水园，第十章：北宋山水宫苑——艮岳，第十一章：元明清宫苑，第十二章：北京明清宅园，第十三章：江浙明清宅园——文人山水园，第十四章：小结。下篇《中国古代园林艺术传统》：第一章：中国山水园的创作特色，第二章：传统的布局原则和手法，第三章：掇山叠石，第四章：理水，第五章：植物插图索引。

陈俊愉年谱

陈俊愉(自北京林业大学)

 陈 俊 愉 年 谱

● 1917 年（民国六年）

9月21日，陈俊愉（Chen Junyu），祖籍安徽怀宁，生于天津。陈俊愉曾祖父陈尧斋是洋务运动的代表人物，清朝的新疆布政使、天津道台。辛亥革命爆发，陈尧斋毅然辞官，购置小马场的7000多亩土地，随后在此成立务本农业公司，并经营了十多年，兴修水利、发展农业，使这片荒地变成了米粮仓。祖父陈超衡（字卓甫）是安徽淮寺道的道尹、署理中牟知县、代理杞县知县，曾在中牟县县城西街学署设师范传习所、官立高等小学堂并任监督。父亲在市税务局，母亲是大家闺秀，读过私塾，略懂英文。陈俊愉的九爷陈邃衡（1915—2008年），1927—1931年就读于南京金陵中学，1935年后在沪江大学理学院、圣约翰大学医学院理科学习，1940年毕业于圣约翰大学医学院。1951年3月加入中国民主建国会，历任民建中央副主席、名誉副主席，是第七届全国人民代表大会常务委员会委员，第八届全国人民代表大会代表，中国人民政治协商会议第二、三、四、五届全国委员会委员，第六届全国委员会常务委员。

● 1920 年（民国九年）

11月，陈俊愉曾祖父陈尧斋去世。陈尧斋（1854—1920年），名际唐，安徽安庆人。初理地方事务即显示出从政务实的才能，后任甘肃镇迪道，宣统三年五月任甘肃新疆布政使，斯时此地靠内地钱粮接济，而内地财政状况又很不好，不足依靠，陈氏乃力谋自济之道，使藩库贮银大增。1912年清亡后，侨寓天津，主持广仁堂，办理善事。现存《诰授光禄大夫陈公尧斋先生哀诔录·挽联》，由周馥、袁世显、杨寿枏、张勋等编，安徽旅津同乡会1921年春印，铅字仿古线装白纸，余诚格题笺，有清末名人周馥、杨式谷、李经义、梁玉书、张寿镐、汤沛清等几百人的挽诗、挽联。

● 1921 年（民国十年）

是年，陈俊愉祖父陈超衡带领4岁的陈俊愉全家离津南下，在南京娃娃桥2号买地置屋，家里将近20亩的花园，有亭台楼阁、草坪、水池、花架。

● 1922 年（民国十一年）

是年，陈卓甫欲回安徽老家养老，把务本农业公司卖给直隶督军曹锟。

陈俊愉年谱

1935 年（民国二十四年）

7 月，陈俊愉从江苏省南京国立中学毕业，考取金陵大学农学院园艺系。

1940 年（民国二十九年）

1 月，陈俊愉从金陵大学农学院园艺系毕业，获斐陶斐（Phitauphi）金钥匙奖，之后留校任汪菊渊助教。斐陶斐励学会，也称斐陶斐荣誉学会（The Phi Tau Phi Scholastic Honor Society），是民国时期最重要的学术团体之一。斐陶斐即希腊字母 Phi Tau Phi 之音译，用以代表哲学（Philosophia）、工学（Techologia）及理学（Physiologia）。斐陶斐励学会以"选拔贤能、奖励学术研究、崇德敬业、共相劝勉、俾有助于社会之进步"为宗旨，1922 年 5 月 4 日中国斐陶斐励学会第一届大会在上海举行，宣布学会成立，来自交通大学上海学校、东南大学、燕京大学、圣约翰大学、金陵大学和华西协和大学的代表与会。

1941 年（民国三十年）

6 月，汪菊渊、陈俊愉《有关水仙花鳞茎营养问题的两个相关系数》刊于《农林新报》1941 年第 4～6 合期 28～33 页。

10 月，陈俊愉《中国水仙花粉的研究》刊于《农林新报》1941 年 18 卷第 10 期 34～36 页。

10 月，陈俊愉《瓜和豆》由正中书局初版。

是年，贾麟厚、陈俊愉、李家文考取金陵大学农学院园艺系研究生，师从章文才教授。章文才（1904—1998 年），浙江省杭州市人。1927 年毕业于金陵大学农学院，毕业后留校任教。1929 年与管家骥、曾勉等人，在南京发起组织成立中国园艺学会。1931 年应陈嘉庚先生的邀请，赴福建厦门筹办集美农林专科学校并担任校长。1933 年在浙江大学农学院任教，1935 年赴英国伦敦大学研究生院学习，1937 年获博士学位，同年赴美国康乃尔大学学习。1938 年任美国加州大学柑桔系副研究员。1938 年冬回国，任金陵大学教授兼科研部主任。1939 年在四川江津进行柑桔选种，选出甜橙良种鹅蛋柑 26 号、20 号，中华人民共和国成立后被分别命名为锦橙、先锋橙，成为我国甜橙栽培的主要品种。1946 年应于佑任先生的邀请，到陕西武功（杨凌）担任西北农学院院长。1947 年后任金陵大学、岭南大学教授。1950 年任武汉大学教授、园艺系主任。1952 年全国农

陈俊愉年谱

业院校调整后,任华中农学院教授、系主任、科研部主任、副院长、博士生导师等职。1978年以后兼任中国园艺学会第二、三届副理事长,中国柑桔学会首届理事长,国际柑桔学会第四、五届执行委员,湖北省科学技术协会副主席、名誉主席,第五、第六届全国人民代表大会代表,中国民主同盟第四、第五届中央委员,湖北省四届、五届、六届政协副主席。

- **1942年(民国三十一年)**

4月,《中国园艺专刊》出版曾勉《梅花,中国的国花》,由中央大学园艺系出版。

是年,陈俊愉看到时任重庆中央大学教授曾勉先生《梅花,中国的国花》,便写信向曾先生求教,曾勉回信并附赠他索要的文献。

- **1943年(民国三十二年)**

是年,陈俊愉沿着当年陆游走过的梅花飘香之路,和老师汪菊渊一起调查成都的梅花。

7月,陈俊愉从成都金陵大学农学院园艺系研究生毕业,获农学硕士学位,毕业论文题目《二十种柑橘类果树比较形态及杂交育种之初步研究》。之后受聘于四川大学园艺系讲师、农林部农业推广委员会督导专员。

7月,陈俊愉、江菊渊、芮昌祉、张宇和执笔《艺园概要》(园地丛书第一号)由成都外南小天竺街自力园场刊印。

9月,陈俊愉《人与园艺》刊于《农林新报》1943年第20卷第28~30期0~1页;同期,陈俊愉《园艺植物之返老还童现象》刊于20~25页。

- **1944年(民国三十三年)**

6月,陈俊愉《柑橘类果树之细胞观察》刊于《中华农学会报》1944年第177期1~8页。

- **1945年(民国三十四年)**

1月至2月,陈俊愉在成都系统采集梅花标本。

12月,汪菊渊、陈俊愉《成都梅花品种之分类研究》刊于《中华农学会会

报》1945 年第 182 期 1～26 页。

● 1946 年（民国三十五年）

6 月，复旦大学重庆部迁回上海江湾，陈俊愉被聘为复旦大学副教授。

7 月，国民政府教育部选派战后第一批留学生赴欧美留学，在全国设九大考区，录取 148 名，内含中英庚款生 17 名和中法政府交换生 40 名，陈俊愉获选派出国学习的机会。

10 月，武汉大学恢复农学院，农学院设农艺学系和森林学系，叶雅各继任农学院院长和森林学系主任。

● 1947 年（民国三十六年）

7 月，陈俊愉著《巴山蜀水记梅花》（上海园艺事业改进协会丛书 第十五种）由上海园艺事业改进协会出版委员会刊印。

7 月，中共南方局和上海地下党成立中国农业科学研究社，以园艺学家程世抚为名誉社长，程绪珂为社长，会员 700 余人，各地及上海复旦大学建立分社，出版《中华通讯》和《中农月刊》。

8 月，陈俊愉远赴丹麦哥本哈根皇家兽医和农业大学园艺系研究部攻读科学硕士学位。丹麦皇家兽医和农业大学建于 1858 年，是丹麦农业科学、兽医科学、园艺学、林学、乳制品科学和食品科学的科研和教育中心，1863 年增设林学和园艺学，1921 年开设乳制品科学，1961 年园艺科学分为两部分，即生产和建筑，1971 年开设食品科学，2007 年 1 月并入哥本哈根大学，成为哥本哈根大学生命科学学院。哥本哈根大学 1479 年 6 月 1 日建立，是北欧历史最悠久的大学，2007 年 1 月皇家兽医农业大学和丹麦医药大学的归并，哥本哈根大学成为北欧健康和生命科学领域最大的教育机构。

12 月，陈俊愉《瓜和豆》（特教丛刊第十二种）由正中书局出版第 1 版。例言中记，编著时承段抡第先生予以指示，芮昌祉先生校阅，王鑑明先生协助绘图，陈俊愉于成都华西坝金陵大学。

● 1948 年（民国三十七年）

2 月，《通讯：陈俊愉留学丹麦》刊于汉口《教育通讯》1948 年复刊 5 第 8

期 36 ~ 37 页。

9 月，陈俊愉《稷社丹麦分社座谈会记录》刊于上海中华农业促进会《稷社社讯》1948 年第 15 期 18 ~ 19 页。

● 1949 年

5 月 27 日，杨显东任武汉大学农学院院长，任职至 1949 年 9 月，后杨开道继任农学院院长。

7 月，复旦大学农学院成立，设农艺系、园艺系、农业化学系、茶叶专修科及附设农场，农场设作物部、园艺部、农产品制造部及畜产部。严家显任复旦大学农学院院长。

● 1950 年

6 月，陈俊愉从丹麦哥本哈根皇家兽医及农业大学毕业，获花卉专业科学硕士学位（荣誉级）。

7 月，应武汉大学农学院院长杨显东邀请，章文才从香港回到武汉大学农学院工作，任园艺系主任、果树学教授。

11 月，陈俊愉回国，任武汉大学农学院园艺系副教授，主讲花卉学、造园学、观赏园艺学。

11 月，陈俊愉著《菊花与艺菊》由武汉大学农学院附设农事试验场刊印。

12 月 8 日，中南军政委员会批准成立东湖建设委员会，下设东湖风景区管理处，负责东湖的日常管理工作。

● 1951 年

2 月，万流一任东湖风景区管理处副处长。万流一（1907—1978 年），原名竹光，又名实，湖北省汉阳县（今武汉蔡甸）奓山镇万家嘴人。1927 年在县内从事农民运动，同时加入中国共产主义青年团。1941 年参加鄂豫皖边区游击队。1942 年加入中国共产党。1946 年奉派到汉口、上海从事地下工作。1948 年随地下党机关到杭州继续从事革命活动。1949 年 6 月调回武汉，先后在华中局统战部和中南军政委员会办公厅工作。1951 年 2 月任东湖风景区管理处副处长。万流一认真考察东湖的历史遗存，先后主持修建行吟阁、屈原纪念馆和九女墩纪念

陈俊愉年谱

碑,请董必武、宋庆龄、郭沫若、何香凝等党和国家领导人为九女墩和施洋烈士墓等景点撰写碑文和题刻。1954年朱德游览东湖时挥毫题诗,万流一在磨山之巅修建朱碑亭以纪其盛。此后,又继续建成长天楼、鲁迅广场、泽畔客舍、桔颂亭等景点。在东湖风景区建设过程中,万流一倡导"沿湖插柳、有坡皆松",并不断引进梅、桃、樱花、海棠、紫薇、玉兰、桂花、棕榈、月季等名贵树木和花卉,筹办了盆景园、雕塑园,还创办茶场和东湖旅游工艺品加工厂。1954—1957年6月任市建设局、市农林水产局副局长兼东湖风景区管理处处长,主持全市园林绿化工作,先后在汉口堤角创建江北公园,在青山开辟临江公园、青山公园,在关山兴建关山公园,在汉阳兴办龟山公园,在汉口扩建解放公园。1959年3月—1962年1月下放任武汉市第一针织厂副厂长。1962年复任市园林局副局长,主持制定《东湖风景区二十年发展规划》。1963年成立市园林工人学校兼任校长。1964年武汉市园林局设立科研室并在红菱嘴建立科研基地,万流一和科研人员一起,以东湖为家,开展植物栽培、引种优化、植物保护、园林工作机械化等课题研究,有"东湖开拓者"的美誉。1978年3月24日在武汉病故,葬于九峰山。

是年,陈俊愉主持并参与武汉中山公园扩大部分的规划设计和施工。

● 1952年

8月,武汉大学农学院、湖北省农学院整体和中山大学、南昌大学、河南大学、广西大学、湖南农学院、江西农学院的部分系(科)组建成立华中农学院,杨开道任华中农学院筹备处主任,童世光任华中农学院党总支书记、华中农学院筹备处副主任。

9月,章文才任华中农学院园艺系教授、系主任,陈俊愉任华中农学院园艺系教授、系副主任。陈俊愉讲授普通园艺学、园林规划设计、园林建筑等课程。

是年,陈俊愉加入中国民主同盟。

● 1953年

4月14日,中央人民政府高等教育部发文,任命李相符为北京林学院院长。

9月,陈俊愉《中国古代劳动人民对农业生物科学的贡献》刊于《新科学》(季刊)1953年第3期16~38页。

陈俊愉年谱

- **1954 年**

是年,中国科学院植物研究所的一批热血青年黎盛臣、吴应祥、董保华、张应麟、阎振茏、王今维、王文中、谢德森、孙可群、汪嘉熙10人就植物园建设问题上书毛泽东主席,信中提出"首都今后一定要有一座像苏联莫斯科总植物园一样规模宏大、设备完善的北京植物园",此建议受到中央领导的高度重视。

是年,万流一任武汉市建设局、市农林水产局副局长兼东湖风景区管理处处长,主持全市园林绿化工作。管理处请来一些国内知名的园林专家,参与东湖的规划,磨山三面临水孤峰耸翠,地理环境类似西湖孤山,专家们规划在此处建一个规模较大的梅园,万流一题写园名"梅花观止",聘请武汉大学农学院陈俊愉为梅园规划顾问。之后,万流一、陈俊愉、赵守边成为挚友。

- **1955 年**

2月,陈俊愉之子陈秀中出生。陈秀中,北京市园林学校高级讲师,毕业于首都师范大学中文系获学士学位,北京林业大学成人教育学院园林专业第二学历,在职攻读北京林业大学园林学院风景园林规划与设计专业硕士研究生班课程结业。长期从事园林艺术理论、园林史及花文化、盆景与插花、中华赏花理论等方面的教学与科研工作,在北京市园林学校先后主讲园林文学、园林美学、园林概论与园林史、盆景艺术、插花艺术、园林艺术、园林设计基础等课程。陈秀中是北京园林学会会员、中国风景园林学会会员、中国花卉协会梅花蜡梅分会会员、北京市盆景协会理事兼副秘书长、北京市盆景协会小菊盆景专业委员会主任。2008年当选为北京市中等职业学校市级骨干教师,2009年6月北京市盆景协会推选陈秀中为中国北京盆景艺术大师。

- **1956 年**

3月22日,高教部发文,决定将北京农业大学造园专业调整至北京林学院,并改名为城市及居民区绿化专业。

4月,章恢志、陈俊愉、王家恩《鄂东柑橘冻害调查报告》刊于《华中农学院学报》1956年第1期71~83页;同期,陈俊愉、陈吉笙《百分制记分评选法——拟定并掌握柑桔株选标准的一个新途径》刊于84~99页。

8月,高教部正式将造园组定名为"城市及居民区绿化专业",北京农业大

学造园专业调至北京林学院并扩大成立造林系城市及居民区绿化专业，陈有民任教研室主任及校植物园主任，并与从武汉华中农学院调入陈俊愉和从杭州调入孙筱祥先生等一起，建立城市及居民区绿化专业。

11月，中国民主同盟北京林学院小组成立，成员8人，李驹任小组长。

是年，陈俊愉加入中国共产党。

1957年

4月，陈俊愉任北京林学院教授。

11月，北京林学院成立城市及居民区绿化系，李驹任城市及居民区绿化系主任，汪菊渊、陈俊愉任副主任。李驹（1900—1982年），著名园艺学家，1900年出生于上海，1917年考入法国高等园艺学校，1921年毕业并获园艺工程师资格后，考入法国诺尚高等热带植物学院，获农业工程师称号，1923年回国。他为我国规划设计了多处著名园林、景区，是我国近代公园建设的先驱之一。长期从事植物拉丁学名的搜集、整理和编译工作，著有《苗圃学》等。曾任中国大学法文教授，河南大学、中央大学、上海劳动大学、重庆大学、四川大学、西南农学院教授、园艺系主任，1956年经高教部批准在北京林学院设置城市及居民区绿化系并调他任系主任。是中国园艺学会成立发起人之一。

是年，陈俊愉开始梅花引种驯化试验。

1958年

4月6日，《人民日报》刊登陈俊愉《春花遍地开》。

6月，俞德浚《华北习见观赏植物 第一集》由科学出版社出版。

7月，高士其等著《科学小品集 第1集》由科学普及出版社出版，其中59页收入陈俊愉《春花遍地开》。

8月21日，毛泽东同志在中共中央政治局会议（北戴河会议）讲话中指出：要使我们祖国的河山全都绿起来，要达到园林化，到处都很美丽，自然面貌要改变过来。

11月18日，《人民日报》刊登陈俊愉《从绿化到园林化》。

11月28日至12月10日，中国共产党八届六中全会提出要"实现大地园林化。"

 陈 俊 愉 年 谱

• 1959 年

1月，山西省农业建设厅林业局、太原市绿化办公室编写《向园林化迈进》由山西人民出版社出版，其中27～28页收入北京林业学院绿化系副主任陈俊愉《从绿化到园林化》。

2月22日，《人民日报》刊登陈俊愉《新春的奇花——梅》。

3月27日，《人民日报》刊登《向大地园林化前进》。表达了我国人民一定要改造祖国自然面貌的雄心伟志。大地园林化，是绿化祖国的远大目标。所谓大地园林化，就是要在祖国全部国土上，根据全面规划，因地制宜种植各种林木，通过植树造林，逐步地消灭荒山荒地乃至沙漠戈壁，以达到减免自然灾害，调节气候，美化环境，建立起既有利于生产又有益于人们生活的环境。大地园林化的目的，既要改造自然、美化大地，又要大兴山水草木之利，发展生产。因此，对大地园林化的理解，必须具有生产观点，必须认识到大地园林化的生产内容。不仅要求把全部应该绿化的地方有计划地种起树来，而且还要求生产出丰富的林产品，使祖国各地都有丰富的木材、木本油料、果品和其他林副产品，以满足日益增长的国家生产建设和人民生活的需要。因而，实行大地园林化，必须根据不同类型的土地利用规划，建立起用材林、经济林的基地；针对各种自然灾害，营造起必要的防护林；以及栽植出产各种林产品和果品的树种。

3月27日，《人民日报》刊登《提高造林质量，加快绿化速度 林业部召开造林园林化会议布置今年工作》。林业部最近在广东召开的全国造林园林化会议，就加快造林速度，和争取早日实现祖国大地园林化的工作进行了充分的研究和具体部署。会议指出：为了实现大地园林化，首先要加快绿化荒山荒地的速度和提高植树造林的质量。同时，园林化的范围应该面向大地，不能局限于几个点线，那些认为只要美化城乡居民点就算实现园林化的看法是不全面的。实现大地园林化首要目的是改造自然，发展生产。因此，在大地园林化的工作中，必须有明确的生产观点，从生产出发，从全局着眼，因地制宜，注意群众需要和民族特点，并且与发展土特产生产相结合。参加这次会议的有各省（自治区、直辖市）林业部门和林业科学研究单位的代表共160多人。会议从2月20日开始至3月19日结束。会议期间，代表们曾在山区和沿海地区参观了8个县市的造林园林化工作，并交流了经验。

9月，北京林学院陈俊愉带领城市及居民区绿化系56级和57级学生104名

陈俊愉年谱

师生到河南鄢陵和北京黄土岗,拜花农为师,在学校教师指导下,记述并总结了当地老花农的花卉栽培经验,先后出版《鄢陵园林植物栽培》《北京黄土岗花卉栽培》。

9月,程金水考取北京林学院园林植物研究生,师从陈俊愉,成为中华人民共和国成立后园林植物专业的第一位研究生。

12月,北京林学院辽宁建平、河北徐水、北京怀柔下放队著《人民公社园林化规划设计》由中国林业出版社出版。

● 1960年

3月,北京林学院城市及居民区绿化系《鄢陵园林植物栽培》由农业出版社出版,该书从各个方面介绍鄢陵花卉的栽培历史、管理经验与技术。

4月,北京林学院院务会议决定将科学研究部改为科研生产处,下设科研科、生产科、情报资料室,陈俊愉任科研生产处处长,任职至1963年。

● 1962年

4月6日,陈俊愉从南京梅花山和湖南沅江等地采集种子播种选育梅花抗寒品种中有两个品种在北京开花。

4月12日,《北京晚报》刊登陈俊愉《北京露地开梅花》。次年,陈俊愉将北京开花的两个梅花品种分别取名为"北京小梅""北京玉蝶"。

4月,陈俊愉《中国梅花的研究——Ⅰ.梅之原产地与梅花栽培历史》刊于《园艺学报》1962年第1卷3~4期69~78,99~102页。梅花(*Prunus mume* Sieb et Zucc.)是我国原产的著名花木,已有两千年以上的栽培历史。通过有关文献资料的整理分析以及实地的调查研究,本文着重对梅之原产地及梅花栽培历史作一初步探讨。著者认为梅之原产地系以川、鄂山区为中心,梅花的栽培亦由四川开始,大致分五个时期,不断向三面扩展,逐渐增加品种并提高栽培水平和规模。同期,周家琪《牡丹、芍药花型分类的探讨》刊于351~360页。

6月21日,北京林学院第三届院务委员会成立,主任委员胡仁奎,副主任委员王友琴、单洪、杨锦堂,委员殷良弼、李驹、汪振儒、范济洲、陈陆圻、陈俊愉、王玉、吴毅、冯致安、申宗圻、朱江户、杨省三、孙德恭、赵得申、赵静、王明、郝树田。

9月，北京林学院城市及居民区绿化系，北京黄土岗中匈友好人民公社编《北京黄土岗花卉栽培》由农业出版社出版。

12月，陈俊愉《中国梅花的研究——Ⅱ．中国梅花的品种分类》刊于《园艺学报》1962年第2卷第4期337～350，380～381页。文中根据1943年以来在我国主要梅花产区进行品种调查记载的结果，并与梅花品种的历史发展过程相核对，作者认为应在梅花品种分类中，主要根据进化的观点，同时也必须结合园林栽培应用上的需要。这是梅花品种分类的基本原则，也可在其他花卉的品种分类研究中结合具体情况推广应用。在进行梅花品种分类时，作者根据上述原则，用枝条姿态作为梅花品种分类的第一级标准，花型作为第二级标准，再参照其他各级标准，初步提出了中国梅花品种分类系统的建议，并将业已记载、整理的231个梅花品种分别归入此系统中。

12月，中国科学院植物研究所北京植物园主任俞德浚主编《华北习见观赏植物 第二集》由科学出版社出版。该书包括观赏树木、一二年生草花、宿根和球根花卉以及温室花卉四大类。在每类之中各提出常见而较易栽培的观赏植物25种，合共100种。在每种之后，又简介一些同属的近似种类，以供引种栽培的参考。这样，第一、二集两集共系统介绍华北习见观赏植物200种，合计总数则在1000种以上。

1963年

10月16日至27日，中国植物学会30周年年会在北京召开，会议是中国植物学会和中国植物生理学会成立大会同时举行。中国科技情报研究所出版《中国植物学会三十周年年会论文摘要汇编》，其中362～363页收入陈俊愉、张春静、张洁、俞玫《梅花引种驯化试验报告》，363～364页收入陈俊愉、张春静《乌桕引种驯化研究初报》。

11月，中国园艺学会在广州举办年会和果树区划、蔬菜和花卉的资源整理、利用学术讨论会，陈俊愉、梁振强《岩菊——菊花培育的新途径》《北京菊——探讨菊花起源的初步实验成果》收入《中国园艺学会广州年会论文》1963年17～18页。

12月，陈俊愉《评〈华北习见观赏植物〉第二集》刊于《园艺学报》1963年第4期394页。

12月，陈俊愉、张春静、张洁、俞玖《中国梅花的研究——Ⅲ.梅花引种驯化试验》刊于《园艺学报》1963年第4期395～410，449～450页。作者自1957年起先后由江南地区引入梅子，采用直播育苗和定向培育的方法，来进行梅花的引种驯化。具体措施包括良好小气候条件的选择和创造、分期播种、萌动种子的低温锻炼、幼苗短日照处理及"斯巴达"培育等。试验结果说明这些综合措施取得了初步成果——1962年4月起有实生梅苗露地开花，1963年6月起有实生苗结果。

12月，陈俊愉、梁振强《岩菊——菊花培育的新途径》由北京林学院园林系油印。

1964年

1月，北京林学院城市及居民区绿化系正式改名为园林系，将城市及居民区绿化专业改名为园林专业。

7月29日至31日，北京市园林绿化学会成立大会和第一届年会在北京市中心地区北海公园召开，到会者包括会员和来宾共150余人，先由原园艺学会理事长、北京市园林局臧文林副局长报告筹备经过，再请中央建筑工程部城市建设局丁秀局长讲话，最后由北京农林局局长汪菊渊教授就园林绿化科研规划的安排问题作了报告，29日上午进行了理事选举，选出臧文林为理事长，汪菊渊、陈俊愉为副理事长，理事17人。北京林学院陈俊愉、梁振强《介绍一类新型的菊花——岩菊》，陈俊愉、苏雪痕《梅花品种生物性特性的初步研究》，陈俊愉《中国花卉品种研究的成就和展望》作为大会论文由北京园林绿化学会编印。

7月29日，《北京晚报》第1版刊登《本市园林绿化学会今成立》。

9月，陈俊愉、梁振强《菊花探源——关于菊花起源的科学实验》刊于《科学画报》1964年第9期353～364页。

11月7日至14日，在北京市园林局主办菊花展览的配合下，北京市园林绿化学会在北海公园召开菊花学术讨论会，在这次会议上系统讨论菊花品种整理、命名、分类等问题，而以品种分类为研讨的中心，取得若干共同的认议，草拟两个新的分类方案。成都、武汉、天津的园林部门派来6位代表，本地则有专业和业余爱好者30余人出席，陈俊愉参加讨论会。

12月，陈俊愉《北京市园林绿化学会成立》刊于《园艺学报》1964年第4期402页。

1965年

4月，陈俊愉、张春静、张洁《水杉引种驯化试验》收入中国科学院植物研究所北京植物园编、科学出版社出版《植物引种驯化论文集》102～111页。

4月，陈俊愉《北京市园林绿化学会召开菊花学术讨论会》刊于《园艺学报》1965年第1期60页。

5月，由林业部会同教育部、建设部，正式宣布撤销北京林学院园林系园林专业。

7月，北京林学院正式撤销园林系，将园林系教师并入林业系，设园林教研组。

1966年

2月，中国林学会编《林木良种选育学术会议论文选集》由农业出版社出版，其中第74～81页收入陈俊愉、张斅方《楝树引种试验报告》。

3月，陈俊愉、张春静《乌桕的习性及其引种驯化》刊于《生物学通报》1966年第3期9～14页。

6月，陈俊愉《植物的引种驯化和栽培繁殖》收入中国科学院植物园工作委员会编、科学出版社出版《植物引种驯化集刊第二集》1～6页。

7月，陈俊愉、苏雪痕《园林树木快速育苗的原理和方法》刊于《园艺学报》1966年第2期81～88页。

1970年

是年，广江美之助著《日本の梅》由道明寺天满宫文化协会刊印。

1971年

是年，陈俊愉母亲去世。

1973年

是年，陈俊愉开始组织对金花茶进行杂交研究。

1974 年

是年，云南林业学院决定恢复园林系园林专业。

1976 年

10月，陈俊愉终获平反。

1977 年

9月，《园林史》由云南林业学院园林系七五级翻印。

1978 年

12月，在山东济南召开全国城市园林绿化工作会议期间召开中国建筑学会园林绿化学术委员会成立大会，中国建筑学会秘书长马克勤到会并报告园林绿化学术委员会的筹备过程和学会的组织及任务，宣布园林绿化学术委员会委员名单（共69名），由丁秀任主任委员，林西、于林、程世抚、汪菊渊、夏雨、余森文、陈俊愉任副主任委员，由学术委员杨雪芝兼任学术委员会秘书。

1979 年

4月，陈俊愉《关于城市园林树种的调查和规划问题》刊于《园艺学报》1979年第1期49～63页。

是年，陈俊愉任北京林学院园林系主任，任职至1984年12月。

1980 年

1月，林业部成立林业部科学技术委员会第一届委员会，主任委员雍文涛，副主任委员梁昌武、杨天放、杨延森、郑万钧，秘书长刘永良，委员雍文涛、张化南、梁昌武、张兴、杨天放、张东明、杨延森、赵唯里、汪滨、杨文英、吴中伦、陶东岱、王恺、李万新、侯治溥、张瑞林、徐纬英、刘均一、肖刚柔、范学圣、高尚武、贺近恪、关君蔚、黄枢、马大浦、程崇德、梁世镇、董智勇、郝文荣、涂光涵、牛春山、杨廷梓、吴中禄、李继书、任玮、徐国忠、刘松龄、韩师休、黄毓彦、杨衔晋、王凤翯、王长富、王凤翔、周以良、沈守恩、范济洲、余志宏、陈陆圻、邱守思、申宗圻、朱宁武、林叔宜、李树义、林龙卓、徐怡、吴允恭、刘学恩、沈照仁、刘于鹤、陈平安。

1月,《园林树木学》(上册)由北京林学院城市园林系刊印。

5月,《园林树木学》(下册)由北京林学院城市园林系刊印。

5月,中国农学会编《1978年全国农业学术讨论会论文摘要选编》由农业出版社出版,其中145页收入陈俊愉《昆明市1975—1976年冬春期间园林树木冻害调查》、145页收入陈俊愉《昆明市园林树种调查报告》,146页收入陈俊愉《关于昆明市园林骨干树种的选择和应用问题》。

6月,Chen Junyu "Varietal Studies of the Mei Flower (*Prunus mume* Sieb.et Zucc.) of China (Abstract)" 收入 "*Hortscience*" 1980年第15卷第3期517页,"Separate Section, Program & Abstracts" 收入 "77th Annual Meeting ASHS" 440页。

6月,陈俊愉任北京林学院园林系主任,任职至1985年。

7月至8月,陈俊愉作为中国园艺学会代表团成员,应邀参加在美国科罗拉多州立大学召开的美国园艺学会第七十七届年会,会后在加利福尼亚州进行专业参观。

9月,陈俊愉《关于我国花卉种质资源问题》刊于《园艺学报》1980年第3期57~64页。

10月,北京月季协会在陶然亭公园成立,会长朱秀珍,副会长陈于化、杨松林、杨忠英,秘书长江建宇,顾问陈俊愉、陈涛、袁国弼、周家其,名誉会员王侯、付珊仪、姚同玉、虞佩珍、冯兆兰。

10月,陈俊愉、杨乃琴《试论我国风景区的分类和建设原则》由北京林学院园林系刊印。

11月,陈俊愉、刘师汉等编《园林花卉》由上海科学技术出版社出版。

11月,陈俊愉《谈园林植物的类别和发展方向》刊于《城市建设》1981年试刊号23~24,19页。

12月,陈俊愉完成《中国梅花品种分类新系统》手稿。

● 1981年

4月,陈俊愉《中国园艺学会代表团参加美国园艺学会第七十七届年会》刊于《园艺学报》1981年第1期26页。应美国园艺学会的邀请,中国园艺学会选派一个三人代表团,于1980年7月27日至8月1日在科罗拉多州卡林斯堡科罗

拉多州立大学参加美国园艺学会第七十七届年会。代表团由沈隽（团长，中国园艺学会理事长，北京农业大学教授）、李曙轩（副理事长，浙江农业大学园艺系主任、教授）和陈俊愉（副秘书长，北京林学院教授）组成。沈隽应美国农业部贝尔茨维尔农业研究中心之邀于6月15日先期赴美，会后即回国。李曙轩、陈俊愉教授7月25日离京，会后自8月3日至6日在加州参观，8月8日返京，共历时15天。

5月，陈俊愉《哈尔滨市园林绿化树种初步调查分析以及对树种选择的建议》刊于《自然资源研究》1981年第2期30～34页。

6月2日至7日，北京林学院陈陆圻、范济洲、申宗圻、陈俊愉出席林业部在北京召开的林业系统授予学位单位评审工作会议。

7月，陈俊愉《中国梅花品种分类新系统》刊于《北京林学院学报》1981年第2期48～62页。

7月27日至8月5日，陈俊愉在河南鸡公山完成园林植物专业研究生适用讲稿《野生花卉资源采集鉴定》。

7月，贵阳市园林学会第一次代表大会编《国内园林资料选编》刊印，其中151～158页收入北京林学院城市园林系陈俊愉《我国花卉种质资源与育种方向问题》。

8月，北京林学院成立第一届学位评定委员会，陈陆圻任主席，汪振儒、范济洲任副主席，陈俊愉等19人为委员。

10月，《湖北园林》创刊，中国园林学会副理事长陈俊愉为《湖北园林》创刊撰写贺词，刊于创刊号3页；同期，陈俊愉《武汉名花资源的发展》刊于11～15页。

10月，仇春霖著《群芳新谱》由科学普及出版社出版，其中1～2页载陈俊愉《花卉科普第一枝——〈群芳新谱〉序》。

11月3日，国务院批准，北京林学院成为全国首个园林规划与设计和园林植物硕士学位授权点。

● 1982年

2月，在北京召开的全国城市绿化工作会议期间，由园林绿化学术委员会代理主任委员秦仲方召开到会的和京津的学术委员会议，传达中国建筑学会（82）

建会字第一号文"关于同意成立中国园林学会的批复"。会议决定由秦仲方、牟锋、汪菊渊、陈俊愉、丁洪、程绪珂、吴翼、伦永谦、孙德秀九名同志组成"中国园林学会筹备委员会"。下设临时筹备办公室,由国家城建总局园林绿化局、北京林学院园林系、北京市园林局、北京市园林科研所、天津市园林局各抽一名同志组成。从3月10日起开始筹备工作。

2月,陈俊愉《八赞月季》刊于《大自然》1982年第2期56～57页。

2月,陈俊愉《我国国花应是梅花》刊于《植物杂志》1982年第1期31～32页。

3月,北京大学李懋学、北京林学院陈俊愉完成《我国某些野生和栽培菊花的细胞学研究》。

5月,陈俊愉、杨乃琴《试论我国风景区的分类和建设原则》刊于《自然资源研究》1982年第2期2～9页。

5月,经林业部教育司征得北京林学院同意,聘请全国园林学会副理事长、北京林学院陈俊愉教授为武汉城建学院兼职教授。

7月,陈俊愉《美国园林和园林工作的特点》刊于《北京林学院学报》1982年第2期35～42页。

7月,陈俊愉、张秀英、周道瑛、阮接芝、胡年治《西安城市及郊野绿化树种的调查研究》刊于《北京林学院学报》1982年第2期93～128页。

9月至10月,陈俊愉受城乡建设环境保护部的派遣,执行中波科技协议,组成园林考察组赴波兰考察半月。

12月,《大众花卉》创刊,陈俊愉《再谈国花——梅花》刊于《大众花卉》创刊号2页。

12月,陈俊愉《我国的省花和市花》刊于《植物杂志》1982年第6期29～31页。

12月21日至26日,中国林学会第五次代表大会在天津举行,会上颁发了中国林学会科普奖,陈俊愉、刘师汉《园林花卉》获科普三等奖。刘师汉,江西宜丰人,1924年生。1949年6月毕业于南京金陵大学园艺专修科。1952年9月起先后任上海市园场管理处造园科种苗场技术员、业务科苗圃建设负责人、上海北新泾苗圃施工技术员。1957年2月至1979年1月任上海共青苗圃技术员、副主任、主任,园林管理处生产技术科副科长。1979年2月起,先后任上海市园

林局科技教育处副处长、绿化管理处副处长。1983年评定为高级工程师,1994年为教授级高级工程师。1957、1959、1962年三次被评为上海市先进生产(工作)者。九三学社社员,1981年加入中国共产党,曾任中国人民政治协商会议上海市委员会第二、三、四、五、六届委员。20世纪50年代上海新辟三大苗圃,他参与了其中两个的创建工作。长期的工作实践中,一贯注重积累资料,善于总结经验,终生笔耕不止,先后与他人合作编写或编辑的书籍计40余册。有关绿化宣传及科普类书籍有《菊花》《绿篱》《十大名花》《仙人掌及多肉植物》《植树·栽花·种草》《上海绿化集锦》《草坪与地被植物》等;技术教材、技术标准、技术手册类书籍有《园林绿化基础知识》《园林技工教材》《园林植物种植设计及施工》《全国园林主要工种技术标准(其中的育苗工、花卉工、盆景工技术标准)》《花卉盆景实用大典》《城市绿化手册》等。他还参加了《辞海(修订本)》《百科知识辞典》《农村实用手册》等有关园林条目的编写。他与陈俊愉共同主编的《园林花卉》1980年11月出版后,成为当时的畅销书,1982年获中国林学会科学普及三等奖。他与刘美霞等合著的《科学种树》一书,获1984年林业科普作品创作三等奖。他与胡中华、梅慧敏编著的《植树·栽花·种草》一书,1989年获中国林学会第二次全国林业优秀科普作品三等奖。由陈俊愉、程绪珂共同主编《中国花经》自1984年开始历时7年于1990年8月出版,他是撰稿人之一。1994年6月出版《实用养花技术手册》。他1984年初退休后投入《园林》杂志的创办工作,任《园林》杂志社顾问长达九年多,并参与组织"中国十大传统名花评选""上海市市花评选"等活动。1995年12月病逝。

是年,陈俊愉、赵守边《武汉梅花品种及繁殖栽培》由东湖风景名胜区管理处刊印。

是年,C Junyu "*Studies on the Origin of Chinese Florist's Chrysanthemum*" 刊于 "*Ⅱ Symposium on Growth Regulators in Floriculture*" 1982年16~56页。

• 1983年

2月,陈俊愉《要重视发掘利用古树资源》刊于《植物杂志》1983年第1期43页。

2月,城乡建设环境保护部干部局、教育局编《城市建设研究班讲稿选编》刊印,其中282~296页收入陈俊愉《园林树木》。

6月，陈俊愉《梅花和腊梅》刊于《园林与花卉》1983年试刊号11～12页。

9月，《进化论选集》编辑委员会编辑《进化论选集 纪念达尔文逝世一百周年学术讨论会论文选编》由科学出版社出版，其中204页收入李懋学、张敦方、陈俊愉《我国某些野生和栽培菊的细胞学研究》。

10月，李懋学、张敦方、陈俊愉《我国某些野生和栽培菊花的细胞学研究》刊于《园艺学报》1983年第3期199～206+219～222页。

11月15日至17日经中国科协同意、中国建筑学会批准，在江苏省南京市召开中国建筑学会园林学会（对外称中国园林学会）成立大会，出席第一届中国园林学会会员代表大会的正式代表142名，特邀代表30名，列席代表5名。会议代表讨论并通过学会会章，经充分酝酿，无记名投票选举产生学会第一届理事会共56名（台湾地区保留理事一名）。第一届第一次理事会推选常务理事17名。常务理事会推选秦仲方为理事长，汪菊渊、陈俊愉、程绪珂、甘伟林为副理事长，由甘伟林兼秘书长，经常务理事会提名，学会聘请顾问12名。常务理事会根据会章决定设立组织工作、科普教育、国际学术交流、编辑出版、科技咨询五个工作委员会和城市园林、风景名胜、园林植物、园林经济与管理四个专业学术委员会，并聘任正副主任委员。

1984年

2月18日，武汉市人大常委会第七次会议决定，梅花为武汉市花，水杉为武汉市树。梅花之所以能被选为市花，专家分析原因大致有三：一是梅花具有傲霜斗雪、凌寒绽开的风骨；二是武汉的梅园在规模和研究上都在全国名列前茅；三是湖北自古就是梅花的故乡。秦汉时，野生梅就散见于大江两岸，并用于医药。隋唐时，其食用药用价值就受到人们重视。南宋时期，武汉一带居民栽培梅花已很盛行。明清时，武汉黄鹤楼、卓刀泉、梅子山都是赏梅的佳处。以前洪山一带一直有种植梅花的民间习俗，称为"瓶插梅花迎新春"。

4月12日至13日，中国园林学会第一届第二次常务理事会在北京召开，会议讨论并决定下列事项：①审定各工作委员会及学术委员会人选，健全学会五个工作委员会及四个专业委员会；②审定各工作委员会的年度计划；③讨论通过《中国园林》编辑出版计划；④讨论决定1984年的学术活动计划；⑤研究学会经费问题（据不完全统计，会员人数5435人）。为了便于学会的日常工

作，会议决定聘任本届学会理事杨雪芝为学会副秘书长，聘任本届学会顾问余树勋为《中国园林》主编，聘任本届学会理事陈明松为专职编辑。会议认为编辑出版学刊很重要，一定要努力克服困难，争取下半年出版第一期。《中国园林》编委会由学会编辑出版工作委员会负责组成。会后，学会秘书处给第一届的57名理事颁发证书，同时给12名学会顾问及学会各工作委员会和学术委员会的106名委员发了聘书。1984年中国园林学会国际交流工作委员会主任陈俊愉先生开始和国际风景园林师联盟（IFLA）联系，了解该组织的情况、章程内容，表达了我们有入会的愿望，并与IFLA建立了通讯联系。同年，IFLA的日本代表北村信正先生邀请学会陈俊愉、甘伟林、陈植、孙筱祥四人以观察员身份，参加1985年5月26日至6月4日在日本举行的第23届国际风景园林师会议。

4月，陈俊愉《波兰园林掠影》刊于《广东园林》1984年第1期1～8页。

9月，陈俊愉《三十五年来观赏园艺科研的主要成就》刊于《园艺学报》1984年第3期157～159页。

10月11日，国务院办公厅印发国阅〔1984〕57号文件《关于发展花卉生产和出口问题的会议纪要》。

11月1日，中国花卉协会（China Flower Association）在北京正式成立，陈慕华同志任名誉会长，何康同志任会长，国务院办公厅、农业部、林业部、水利部、建设部、经贸部、财政部、国家计委、经济日报社和北京市各指定一位副部级领导兼副会长，刘近民任秘书长，夏佩荣任副秘书长。陈慕华同志讲述组建协会的重要性和紧迫性。何康同志报告了成立协会的目的、宗旨、任务，并布置了当前工作。国务院所属12个部委局和北京市的有关同志出席成立大会。会议决定创办中国花卉协会机关报——《花卉报》。

• 1985年

1月，《武汉园林》创刊，陈俊愉为《武汉园林》创刊作序《发挥武汉优势加速武汉园林建设》刊于16～17页。

1月，《北京园林》创刊，由北京园林编辑委员会编辑，主编孟兆祯。

1月，北京林学院成立第二届学位评定委员会，阎树文任主席，沈国舫、贺庆棠任副主席，陈俊愉等19人为委员。

1月，北京林学院硕士研究生张启翔、汪小兰毕业，论文题目《梅花远缘杂交与抗寒育种》《金花茶系一些植物的花粉形态研究及其对分类的意义》，指导教师陈俊愉。

2月26日，国务院学位委员会在北京召开第六次会议，会议审议通过国务院学位委员会第二届学科评议组成员名单，农学评议组有阎龙飞、刘大钧、陈子元、马吉华、王镇恒、卢永根、吕鸿声、李曙轩、刘佩瑛、孙济中、陈振光、范云六、郑丕尧、郑学勤、顾慰连、庞雄飞、李季伦、方中达、朱祖祥、刘更另、刘孝义、汤祊德、李振岐、陈华癸、青长乐、周长海、夏基康、曾士迈、刘崧生、汪懋华、王广森、王锡桐、李翰如、余友泰、沈达尊、邵耀坚、赵天福、董恺忱、熊运章、安民、任继周、李德尚、杨凤、吴常信、张子仪、孟庆闻、骆承庠、孔繁瑶、秦鹏春、冯淇辉、刘福安、杨传任、陈北亨、殷震、蔡宝祥、周以良、阎树文、王明庥、吴中伦、张建国、张仰渠、陈俊愉、邵力平、范济州、胡芳名、梁子超、蒋建平、熊文愈、薛纪如、朱国玺、黄希瀓、王定选、王恺、史济彦、陈陆圻、梁世镇。

3月，陈俊愉、冯美瑞《哈尔滨城市绿化树种调查报告》刊于《自然资源研究》1985年第1期30～48页。

4月5日，邮电部发行T103《梅花》特种邮票一套6枚及小型张一枚，由程传理设计。邮票与小型张共为梅花绿萼、垂枝、龙游、朱砂、洒金、杏梅、台阁、凝馨八种梅花品种，是北京林学院从200多个梅花品种中推选出来的，最具有代表性的优质品种。

4月，陈俊愉《向集邮者简介梅花》刊于《集邮》1985年第4期4～5页。

5月，《园林树木学》（修订版）由北京林学院城市园林系刊印。

5月，由广东省花卉协会主办的《花卉》创刊，陈俊愉《梅花精神》刊于《花卉》创刊号9～10页。

5月26日至6月4日，在日本神户举行国际风景园林师联盟（IFLA）第23届学术会议，中国风景园林学会派陈俊愉、孙筱祥、孟兆祯参加。

5月，陈俊愉《访美国洛杉矶国家公园》刊于《世界农业》1985年第5期40～41页。

5月，Chen Junyu and Cheng Chuanli "The Plum Flower on Stamps" 刊于 "China Ohilately" 1985年3月号4～5页。

陈俊愉年谱

7月,陈俊愉《植物激素在花卉中的应用》刊于《中国园林》1985年第2期36～39页。

9月,《中国花卉报》社、北京日报等新闻单位开展首都市花市树的讨论,先后收到信稿近3000件[18]。

10月19日,《人民日报》刊登陈俊愉《一树独先天下春——看〈梅花〉邮票有感》。

10月,陈俊愉《艺菊史话》刊于《世界农业》1985年10期50～52页。

11月,陈俊愉《梅花史话》刊于《世界农业》1985年11期50～53+57页。

12月,陈俊愉《二十一世纪的中国城市、绿地与市民》刊于《中国园林》1985年第4期52～53页。

12月10日,由城乡建设环境保护部下达的科研课题《中国梅花品种图志》正式通过鉴定。鉴定会在北京林业大学召开,会议由建设部城市建设管理局甘伟林副局长主持。评议委员有中国园林学会副理事长、北京市园林局总工程师汪菊渊教授,中国科学院学部委员、中国林业科学研究院副院长吴中伦研究员,中国科学院植物园余树勋副研究员和吴应祥副研究员。完成人陈俊愉、赵守边、刘敦娴、王其超、李泽雏、陈耀华、郭力夫、周戎铠、阮接芝、张启翔、梅村、王燕苹,完成单位北京林业大学园林植物研究室、武汉市东湖风景区磨山植物园、武汉市园林科学研究所、无锡市园林技工学校、成都市园林管理局。该项研究是由20世纪40年代起在零散成果的基础上经系统、全面调查,从18个省(自治区、直辖市)的500份记载表格中,拍摄彩照约20000张,基本摸清了我国梅花品种种质资源。该成果以中国梅花品种分类修正新系统为中心,以品种演化趋向为依据,进行品种分类,联系生产实际进行理论分析,编写了《中国梅花品种图志》。该图志汇集了梅花品种研究的成果,它与国内外同类著作相比,有所提高和创新,对其他中国传统名花品种的研究,具有较高的参考价值。

是年,陈俊愉,北村信正译《中国にずける梅花の品种研究》刊于东京《梅》1985年第38期4～10页。

是年,Jun-yu, C. "*Studies on Experiments Searching for the Origin of the Florist*" 刊于 "*Acta Hortic*" 1985年第167期349～361页。

---

[18] 北京市花市树诞生记[N]. 北京晚报,1987-03-12.

陈 俊 愉 年 谱

• 1986 年

7月，陈俊愉《中国梅花的野生类型及其分布》刊于《武汉城市建设学院学报》1986 年第 2 期 1～6 页。

7月，北京市政府成立"北京市市花市树评选领导小组"。12月，市花市树评选领导小组会同北京日报、北京电视台联合召开了工农兵学商等各界代表、专家座谈会，广泛听取意见。从推荐结果和各方面意见看，市花月季居首、菊花为次，市树国槐名列前茅，侧柏为次。

7月 28 日，国务院批准北京林业大学造林学、林木遗传育种、木材学、园林植物为第三批博士学位授予学科专业，沈国舫、朱之悌、申宗圻、陈俊愉、关毓秀、徐化成为博士生指导教师。

8月，陈俊愉《月季花史话》刊于《世界农业》1986 年第 8 期 51～53 页。

9月 23 日至 25 日，中国月季协会筹备会议在北京召开，会议推举夏佩荣为筹备组负责人，夏佩荣作了动员和总结。

10 月，陈俊愉、邓朝佐《用百分制评选三种金花茶优株试验》刊于《北京林业大学学报》1986 年第 3 期 35～43 页。

10 月，姚梅国、迟玉文编著，陈俊愉审校《大丽花》由中国建筑工业出版社出版。

11 月 2 日，中国月季协会筹备组在北京组织召开了中国月季协会第一届一次会议。会议共选出 15 位常务理事，一致推举夏佩荣为会长，朱秀珍、马驰、许恩珠为副会长，孙百龄为秘书长，杨忠英、邸秀荣、秦玉明为副秘书长。

11 月 3 日，中国月季协会在北京成立，中国花卉协会秘书长刘近民和中国月季协会会长夏佩荣出席开幕式并讲话。

12 月，陈俊愉当选为第三届林业部科学技术委员会委员。

12 月，陈俊愉组织金花茶育种与繁育研究协助组编辑《金花茶育种与繁育研究论文及资料汇编》刊印。

是年，中国花卉协会举行了一次较大规模的中国名花评选活动，以陈俊愉为首的 114 位专家组成评委会，收到社会选票 15 万张，结果是梅花居首，牡丹紧随其后。

• 1987 年

1月，北京市市长邀请月季花协会会长、菊花协会会长、市园林顾问团团长、市林业顾问团团长,以及有关专家、著名教授,再次就市花市树评选征求意见,大家一致赞同北京林业大学教授陈俊愉和范济洲提出的以月季、菊花姊妹花作为北京市市花,国槐、侧柏作为兄弟树为北京市市树的建议,认为这个方案既符合大多数人的心愿,又照顾了相当一部分群众的意见。

2月9日,陈俊愉在全国科研工作展览会开幕式上做汇报发言。

2月14日,北京市人民政府向市人民代表大会提交《关于提请确定首都市花市树的议案》。

3月12日,经北京市第八届人民代表大会第六次会议审议通过,确定月季、菊花为北京市花,国槐、侧柏为北京市树。

4月,中国花卉协会在北京中国农展馆举办第一届中国花卉博览会,这是中国花卉史上的创举。

4月,北京林业大学成立第三届学位评定委员会,沈国舫任主任,贺庆棠任副主任,陈俊愉等31人为委员。

4月,陈俊愉《中国梅花品种分类修正新系统的原理与方案》刊于《武汉城市建设学院学报》1987年第1期27～32页。

5月9日,《人民日报》刊登陈俊愉《装点春色 花香远播——观全国首届花卉博览会有感》。

7月,陈俊愉、汪小兰《金花茶新变种——防城金花茶》刊于《北京林业大学学报》1987年第2期154～157页。

7月,《世界农业》编辑部《名花拾锦》由农业出版社出版,其中1～10页收入陈俊愉《一树独先天下春——梅花》,48～53页收入陈俊愉《和平使者——月季》。

9月,北京林业大学硕士研究生吉庆萍毕业,论文题目《有关中国菊花起源的实验与探讨》,指导教师陈俊愉。

9月,张启翔被录取为北京林业大学园林植物专业首位博士研究生,导师陈俊愉教授。

9月,陈俊愉主编并主讲《花卉分类学》由华中农业大学林学系园林专业刊印。

10月,陈俊愉《金花茶育种十四年》刊于《北京林业大学学报》1987年第3期315～320页。

10月，陈俊愉《关于园林建设中的植物造景问题》由北京林业大学园林系刊印。

12月22日，中国花卉协会梅花、蜡梅科研协作组在南京成立，并创刊《梅花、蜡梅通讯》，主编陈俊愉。

12月，《第二十二届国际园艺大会论文摘要选编》由中国园艺学会刊印，其中收入陈俊愉《菊花起源探索》。

是年，陈俊愉开始指导刺玫月季杂交育种，培育月季新品种。

● 1988年

2月，陈俊愉、秦魁杰完成《草花良种繁育技术讲座教材》，作为全国草花良种繁育基地协作组第一次会议的主要教材。

3月，北京林业大学在原园林系基础上成立园林系和风景园林系，苏雪痕、孟兆祯分别任系主任。

4月13日，国家教委、农牧渔业部、林业部联合发文《关于组织高等农林院校重点学科通讯评选小组和进行通讯评选工作的通知》，北京林业大学陈陆圻教授被聘为林业工程通讯评选小组成员，阎树文、陈俊愉、关毓秀教授被聘为林学通讯评选小组成员。

5月，北京林业大学硕士研究生包志毅毕业，论文题目《金花茶砧穗组合的初步研究》，指导教师陈俊愉。

5月，北京林业大学硕士研究生包满珠毕业，论文题目《鄂西南园林植物种质资源及开发利用前景》，指导教师陈俊愉。

6月，陈俊愉、赵守边等编著《梅花与园林》由北京科学技术出版社出版。

8月，南京林业大学主编《新英汉林业词典》由中国林业出版社出版，陈俊愉任分主编。

9月，北京林业大学硕士研究生李树华、盘晓玲、王彭伟毕业，论文题目《梅花盆景的快速成型》《岩生植物选择应用与山石园建设的探讨》《地被菊选育的研究》，指导教师陈俊愉。

9月，Chen Junyu Chinese "Floral Germplam Resources and Their Superioritir" 收入1988年北京 "INTERNATIONAL SYMPOSIUM ON HORTICULTURAL GERMPLASM CULTIVATED AND WILD（Part Ⅲ Ornamental Plants）" 47~52页。

10月，陈俊愉《菊花应用的新天地——北京"地被菊"上街的联想》刊于《中国花卉盆景》1988年10期6～7页。

10月，陈俊愉《祖国遍开姊妹花——关于评选国花的探讨》刊于《园林》1988年1期4～5页。

是年，陈俊愉担任中国民主同盟北京林业大学第二届支部主任委员。

1989 年

1月26日，中国梅花蜡梅协会在北京成立，陈慕华、何康出席会议，选举陈俊愉担任会长，王杰、吴翼、蒋书铭任副会长，陈耀华任秘书长，秘书处设在北京林业大学园林学院。

1月，陈俊愉《园林建设中的植物造景》由北京林业大学园林系刊印。

1月至2月，首届全国梅展在北京举行。

2月16日，《中国日报》刊登 Chen Junyu "Sweet Flowers of Winter"。

4月，陈俊愉等编著《中国十大名花》由上海文艺出版社出版。

4月20日至23日，中国牡丹芍药协会在河南洛阳召开成立大会，陈俊愉当选为会长，王莲英为常务副会长，秦魁杰为秘书长。

6月，陈俊愉《喜见"二梅"报春早——中国梅花、蜡梅协会成立简记》刊于《植物杂志》1989年第3期45页。

6月21日，陈俊愉完成《中国花卉品种分类学》。

7月，北京林业大学硕士研究生骆红梅毕业，论文题目《牡丹品种数量分类的初步研究》，指导教师陈俊愉、王莲英。

7月，中国科学院武汉植物研究所硕士研究生黄秀强毕业，论文题目《莲属种间杂交的细胞遗传学研究》，指导教师陈俊愉、黄国振。

11月17日至20日，中国风景园林学会成立大会在杭州市召开，代表和来宾220余名，秦仲方作《辛勤耕耘六春秋》总结报告；汪菊渊作《中国风景园林学会筹备经过》报告；周干峙作《继承和发展中国风景园林事业》报告；甘伟林作《中国风景园林学会章程》的说明。选举结果，第一届理事长周干峙，副理事长汪菊渊、陈俊愉、程绪珂、甘伟林、李嘉乐、陈威、胡理琛、杨玉培，秘书长由李嘉乐兼，副秘书长杨雪芝、何济钦、陈明松。常务理事会提议经过大会通过，聘请林汉雄、秦仲方为名誉理事长，聘请余森文、郑孝燮、吴良镛、朱畅中、任震英、柳林、汪之力等 23 名顾问。学会分支机构：设立城市绿化、园林植物、风景名胜区、风景园林经济与管理、园林规划设计五个专业学术委员会，及组织、学术、科普教育与编辑出版、国际活动四个工作部。

11 月 23 日至 27 日，中国园艺学会成立六十周年大会暨第六届年会在上海市隆重召开，出席本届会议的代表有新当选的理事 87 名、优秀论文代表 72 名、特邀及列席代表 42 名，共 201 名，上海市代表 37 人也参加了会议。中国科协组织人事部田光华副部长、上海市农委张燕主任、市科协徐正泰副主席、市农科院汪树俊院长到会指导与祝贺。大会开幕式由李树德副理事长主持、第五届理事长沈隽致开幕词并作《中国园艺学会六十周年（1929—1989 年）回顾》报告。许复柒、章文才等园艺界老前辈和陈俊愉教授对我国园艺事业的发展做了回顾和展望。大会选举相重扬同志为中国园艺学会第六届理事长，贺善文、费开伟、李树德、陈世儒、陈俊愉等同志为副理事长，朱德蔚同志为秘书长，陈有民、王以莲同志为副秘书长。

11 月 27 日，中国园艺学会成立六十周年暨第六届年会，会议通过了新的《园艺学报》编委会。主编沈隽，副主编汪菊渊、李树德，责任编委贺善文、李中涛、罗国光、李曙轩、陈世儒、尹彦、陈俊愉、陈有民、黄济明，编委马德伟、王宇霖、王鸣、王志源、王永健、方智远、刘佩瑛、龙雅宜、孙筱祥、冯国相、关佩聪、庄恩及、庄伊美、朱扬虎、朱德蔚、李光晨、李学柱、李式军、余树勋、吴泽椿、吴德玲、陈杭、陈殿奎、陈力耕、周祥麟、林维申、林德佩、张谷曼、姚毓璆、陆秋农、贾士荣、章文才、黄辉白、蒋先明、程家胜、董启凤、葛晓光。

11 月，陈俊愉先生主持研究成果《中国梅花品种图志》获林业部科技进步一等奖，1990 年获国家科技进步二等奖。

11 月，冯述清主编《名花栽培》出版，陈俊愉作序。

12 月，陈俊愉主编《中国梅花品种图志》由中国林业出版社出版。

12 月，《梅协通讯》第一期出版发行。

是 年，Chen Junyu "*Chinese Flora Germplasm Resources and their Superiorities*" 收入 1989 年 "*Chinese Society Horticulture Science. International Symposium Horticulture Germplasm, Cultivated Wild, Part Ⅲ Ornamental Plants*（Beijing：International Academic Publisher）" 47～52 页。

● 1990 年

2月，陈俊愉《梅花漫谈》由上海科学技术出版社出版。

2月18日至22日，《中国梅花品种图志（续志）》科研协作会议在武汉东湖风景区管理局磨山植物园召开，陈俊愉主持。

2月，以日本"梅之会"会长北村信正为团长的"探梅考察团"一行13人到东湖磨山赏梅，并交换梅花品种。

3月，陈俊愉《金茶花基因库建立与繁殖技术》获林业部科技进步一等奖（林科奖证字〔89〕第1-2-1）。

4月，马燕、陈俊愉《我国西北的蔷薇属种质资源》刊于《中国园林》1990年第1期50～51页。

4月6日，我国第一部研究梅花的大型著作《中国梅花品种图志》首发式在北京林业大学举行。《梅花品种图志》由北京林业大学陈俊愉教授主编，它不仅详细记述百余种梅花精品及有关的知识，而且提出科学的梅花品种分类系统。这项研究曾获得第二届全国花卉博览会科技一等奖。全书有170幅彩图，图文并茂，印制精美。

7月，北京林业大学硕士研究生王彩云毕业，论文题目《我国常见露地栽培草花种子生产基地区划布局初探》，指导教师陈俊愉、秦魁杰。

8月，陈俊愉、程绪珂主编《中国花经》由上海文化出版社出版。本书共收集花卉188科772属2354种，147万字，插图1000余幅，分为概论、综论、各论三个部分，是收录花卉最齐全的一本书。

9月，陈有民主编《园林树木学》（全国高等林业院校试用教材）由中国林业出版社出版。陈有民（1926年7月20日—2018年10月18日），辽宁省辽阳市人。1944年考入北平大学农学院园艺系，1948年毕业后留校任教。1956年院系调整，陈有民任北京林学院城市及居民区绿化专业（园林专业）教研室主任及校植物园主任，致力于园林专业的教学工作。1966—1969年在沈阳市科学技术委员会农医处工作；1969—1975年下放农村插队落户；1976—1978年在沈阳市青年公园工作，任工程计划组组长；1978—1981年在沈阳市园林科学研究所任花卉研究室副主任；1981—1993年任北京林学院（北京林业大学）花卉教研室主任。陈有民先后当选为北京市第八届、第九届人大代表和市人大常委会城市建设委员会委员；曾任北京市人民政府第一至六届园林顾问，中国园艺学会副秘书长及观赏园艺专业委员会委员、常务理事，中国风景园林学会理事及园林植物学术委员会委员，北京园林学会常务理事，林业部普通高等林业院校园林专业指导委员会主任，中国林学会咨询委员会顾问，《中国园林》杂志主编等职。主编《园林树木学》，获国家级精品教材、林业部优秀教材二等奖。1992年享受国务院的政府特殊津贴。2013年获中国风景园林学会终身成就奖。

9月，北京林业大学硕士研究生李银心毕业，论文题目《地被菊抗寒、抗旱、耐荫及抗逆性鉴定试验初报》，指导教师陈俊愉。

9月，《中国大百科全书·农业卷》出版。全卷共分上、下两册，共收条目2392个，主要内容有农业史、农业综论、农业气象、土壤、植物保护、农业工程、农业机械、农艺、园艺、林业、森林工业、畜牧、兽医、水产、蚕桑15个分支学科。《农业卷》的编委由80余名国内外著名的专家组成，编辑委员会主任刘瑞龙，副主任何康、蔡旭、吴中伦、许振英、朱元鼎，委员马大浦、马德风、方悴农、王万钧、王发武、王泽农、王恺、王耕今、石山、丛子明、冯秀藻、朱元鼎、朱则民、朱明凯、朱祖祥、刘金旭、刘恬敬、刘锡庚、刘瑞龙、齐兆生、吴中伦、许振英、任继周、何康、李友九、李庆逵、李沛文、陈华癸、陈陆圻、陈恩凤、沈其益、沈隽、余友泰、武少文、俞德浚、陆星垣、周明群、张季农、张季高、贺致平、胡锡文、娄成后、钟麟钟、俊麟、侯光炯、侯治溥、侯学煜、柯病凡、范济洲、郑丕留、费鸿年、梁昌武、梁家勉、徐冠仁、高惠民、陶鼎来、袁隆平、奚元龄、郭栋材、常紫钟、储照、曾德超、盛彤笙、粟宗嵩、杨立炯、杨衔晋、黄文沣、黄宗道、黄枢、裘维蕃、熊大仕、熊毅、赵洪璋、赵善欢、蒋次升、蒋德麟、薛伟民、蔡旭、樊庆笙、戴松恩。金善宝、郑万钧、程绍迥、扬显东任顾问。《园艺》分支编写组主编沈隽，副主编李曙轩、陈俊愉、张宇和。

10月，王彭伟、陈俊愉《地被菊新品种选育研究》刊于《园艺学报》1990年第3期223～228页。

10月，马燕、陈俊愉《培育刺玫月季新品种的初步研究（Ⅰ）——月季远缘杂交不亲和性与不育性的探讨》刊于《北京林业大学学报》1990年第3期18～25+125页。

11月，陈俊愉获国务院政府特殊津贴（政府特殊津贴第〔90〕327004号）。

12月，陈俊愉《改革名花走新路——关于地被菊育种的反思和展望（上）》

刊于《北京园林》1990年第4期2～5页。

12月，陈俊愉《评〈最新英汉园艺词汇〉》刊于《园艺学报》1990年第4期248～308页。谢荣贵编译《最新英汉园艺词汇》（以下简称《词汇》）一书，1989年由四川科学技术出版社出版发行，它是一本丰富多彩的园艺词汇巨著。批阅之余，略加评价，以供读者参考。"园艺"一词，原系外来语。园艺词汇中，更有多种外来因素。在这种情况下，译法不一，纷至杂陈，多年来造成了不少混乱。如何把英文园艺词汇搜集起来，编一部系统而实用的中译名大全，实为当今急务之一。新出版的《词汇》，是谢荣贵高级农艺师在这个领域30多年来长期耕耘、不断积累的成果和总结。在编译这部书的过程中，他曾字斟句酌，多次改稿。应当说，这实在是一本国内最新的、比较完善的、质量较高的英汉园艺词汇专书。

12月，陈俊愉、陈耀华《关于梅花品种形成趋向的探讨》刊于《中国园林》1990年第4期14～16页。

12月，国家教育委员会表彰从事高校科技工作四十年成绩显著的老教授，北京林业大学有汪振儒、陈陆圻、范济洲、陈俊愉、关君蔚、张正昆、马太和、申宗圻、孙时轩、关毓秀、董世仁。

12月，北京林业大学《金茶花基因库建立与繁殖技术》获国家科技进步奖二等奖（林-2-003-001）。完成人陈俊愉、程金水、邓朝佐、李道梅、莫树业、李天庆、曹慧娟、汤忠皓、李富福，完成单位北京林业大学、南宁市园林局新竹苗圃、南宁树木园、南宁市城市建设委员会、广西壮族自治区林业科学研究所、长沙市园林管理处、湖南省林业科学研究所实验林场。金花茶是山茶属内金黄色花朵的一些种类，为珍稀的种质资源。该研究在金花茶原产地生态调查的基础上，模拟金花茶生态环境。在南宁新竹苗圃和南宁树木园各建一基因库，共占地27亩，栽母树1027株，搜集保存了22个种和变种，为迄今我国金花茶资源搜集最齐全、管理和生长、开花最好的两座金花茶基因库。该研究采用精密扫描电镜对金花茶叶片、花粉扫描，发现了各种金花茶花粉的特征差异，为金花茶科学分类、鉴定提供了微观依据。通过对金花茶胚胎发育进程的研究发现，在金花茶胚囊发育期及合子分裂后，有储存淀粉消耗高峰期，说明了早期落果的原因，提出了减少落果的措施。又查明卵细胞受精后，有长达120天的休眠期，指出组培须在受精4个月后进行的内在根据，避免了幼胚离体培养取材的盲目性。此外，

筛选了壮苗壮根一次成苗培养基，缩短了金花茶组织培养时间。

12月28日，北京林业大学博士研究生张启翔通过答辩，成为中国第一个园林博士，论文题目《梅花远缘杂交与抗冻生理研究》，指导教师陈俊愉。

是年，陈俊愉、张启翔《抗旱梅花新品种选育试验简报》由北京林业大学园林系油印，后收入《梅花与蜡梅》。

是年，中国梅花品种的研究——《中国梅花品种图志》获林业部科技进步奖一等奖，完成人陈俊愉、赵守边、刘敦娴、王其超、李泽雏、陈耀华、周戎铠、张启翔、王燕萍、梅村、阮接芝、郭力夫，完成单位北京林业大学、无锡市园林技工学校、武汉东湖风景区磨山植物园、武汉市园林科学研究所、成都园林管理局。

● 1991年

1月，北京林业大学专业技术职务评审委员会成立，主任沈国舫，副主任关毓秀、顾正平，委员米国元、刘家骐、贺庆棠、胡汉斌、周仲铭、朱之悌、乔启宇、申宗圻、孙立谔、董乃钧、陈太山、廖士义、孟兆祯、陈俊愉、苏雪痕、王礼先、阎树文、关君蔚、贾乃光、季健、齐宗庆、高荣孚。

1月，陈俊愉《傲霜斗雪梅报春——〈中国梅花品种图志〉诞生记》刊于《园林》1991年第1期3页。

1月12日，林业部发出《1990年度林业部科技进步奖公报》（林科字〔1991〕9号文件）。《中国梅花品种的研究——中国梅花品种图志Ⅰ》获1990年度林业部科技进步奖一等奖。

2月，陈俊愉出席在杭州植物园举办的第二届中国梅花蜡梅展览及首届西湖梅花节。

3月，中国梅花蜡梅协会在湖北武汉成立中国梅花研究中心，建立中国梅花品种资源圃。

3月，中国梅花蜡梅协会会长、中国梅花研究中心名誉主任陈俊愉《不经彻骨冰霜苦 哪得梅花分外香——中国梅花研究中心成立祝词》刊于《花木盆景》1991年第3期3页。

3月，陈俊愉《改革名花走新路——关于地被菊育种的反思与展望（续前）下篇 地被菊育种简史、现状与展望》刊于《北京园林》1991年第1期8～12页。

3月，吴征镒主编《蔡希陶纪念文集》由云南科学技术出版社出版，其中第

29~31页收入陈俊愉《蔡希陶先生二三事》。

4月,马燕、陈俊愉《培育刺玫月季新品种的初步研究(Ⅱ)——刺玫月季育种中的染色体观察》刊于《北京林业大学学报》1991年第1期52~57+115~116页。

6月,上海市园林局、北京林业大学、中国科学院北京植物园、四川大学、南宁植物园《中国花经》获建设部1991年科技进步二等奖。

6月,马燕、陈俊愉《关于国花问题——在中国风景园林学会杭州分会上的报告》刊于《风景名胜》1991年第6期11~12页。

6月,北京林业大学博士研究生包满珠毕业,论文题目《我国川、滇、藏部分地区野梅种质资源及梅的系统学研究》,指导教师陈俊愉。

7月,马燕、陈俊愉《蔷薇属若干花卉的染色体观察》刊于《福建林学院学报》1991年第2期215~218页。

7月,包志毅、陈俊愉《金花茶砧穗组合的初步研究》刊于《园艺学报》1991年第2期169~172页。

8月,梅花中杏梅种系的品种"送春"由北京引种到赤峰。

9月17日至20日,中国园艺学会第六届第二次理事暨各省(自治区、直辖市)园艺学会秘书长会议在天津召开。出席会议的有本届理事、各省(自治区、直辖市)园艺学会秘书长、青年优秀科技论文获奖者代表及特邀代表共104人。会议收到各地园艺学会交流材料18份。中国科协组织人事部及天津市有关领导到会指导并祝贺。会议分别由李树德、陈俊愉、王汝谦、陈有民同志主持,相重扬理事长致开幕词,名誉理事长沈隽教授在会上讲话。叶荫民同志传达中国科协"四大"会议精神;朱德蔚秘书长汇报第六届理事会近两年的工作情况;会议确定补选叶荫民和吴定华两位同志为副理事长、增补张启翔和孙小武两位青年同志为理事。

10月,马燕、陈俊愉《培育刺玫月季新品种的初步研究(Ⅲ)——部分亲本及杂交种的花粉形态分析》刊于《北京林业大学学报》1991年第3期12~14+105~106页。

10月,马燕、陈俊愉《一些蔷薇属植物的花粉形态研究》刊于《植物研究》1991年第3期69~73+75~76页。

10月,陈俊愉主编《中国梅花品种图志Ⅰ》获第六届全国优秀科技图书二等奖。

11月，陈俊愉《中国梅花品种的研究——中国梅花品种图志Ⅰ》获国家科技进步奖三等奖（林-3-011-01）。

12月，马燕、陈俊愉《几种蔷薇属植物抗寒性指标的测定》刊于《园艺学报》1991年第4期351～356页。

11月，北京林业大学硕士研究生戴思兰毕业，论文题目《探讨栽培菊花起源的杂交试验》，指导教师陈俊愉。

是年，《地被菊新品种》获1991年北京市科技进步奖二等奖，完成人陈俊愉、王香春，完成单位北京林业大学。本成果由北京林业大学与北京石景山区绿化队、宣武区园林局等单位协作完成，1989年由北京市科学技术委员会组织鉴定。从1964年起采用旱菊与8种菊属野生种、半野生种进行远缘杂交、实生选种、芽变选种及辐射诱变，选育出了一批岩菊（地被菊的前身）和三批地被菊新品种，共计46个。通过不断淘劣选优，又选出第四批适于大面积推广应用的"金不换""美矮黄""矮黄""枫红""北林红"等16个优良品种。经测定表明，这些新品种抗寒、耐旱、抗空气污染、耐半荫、耐盐碱、抗病虫害、越夏能力强。栽植1次，能管3～5年。一般管理，即能旺盛生长。植株矮密，花小且多，开花繁茂，给人以美的享受。1990年栽植100万株，获经济效益100万元；1991年栽植300万株，获经济效益300万元。东北、华北和西北地区可用于花坛、花境、花带，亦可散植、丛植。

● 1992年

2月25日至3月25日，梅花蜡梅分会与南京园林局共同举办首届国际梅花蜡梅研讨会，并出版论文集（北京林业大学学报专刊）。

3月，陈俊愉《地被菊新品种选育及栽植的研究》获北京市科技进步奖二等奖（No.1）。

4月，王月新、陈俊愉《几种园艺植物在京津阳台绿化上的应用》刊于《园艺学报》1992年第1期87～88页。

4月，马燕、陈俊愉《部分现代月季品种的细胞学研究河北林学院学报》1992年第1期12～18+93～95页。

4月，马燕、陈俊愉《培育刺玫月季新品种的初步研究（Ⅳ）——若干亲本与杂交种的抗寒性研究》刊于《北京林业大学学报》1992年第1期60～65页。

5月，陈俊愉《图文并茂的力作——评〈仙人掌类及多肉植物〉》刊于《中国花卉盆景》1992年第5期28页。

6月15日，北京林业大学园林植物专业博士研究生马燕申请毕业答辩，论文题目《"刺玫月季"育种的系统研究》，指导教师陈俊愉。

7月，黄秀强、陈俊愉、黄国振《莲属两个种亲缘关系的初步研究》刊于《园艺学报》1992年第2期164～170页。

7月，陈俊愉、包满珠《中国梅（Prunus mume）的植物学分类与园艺学分类》刊于《浙江林学院学报》1992年第2期119～132页。

9月，马燕、陈俊愉《培育刺玫月季新品种的初步研究（Ⅴ）——部分亲本与杂种抗黑斑病能力的研究》刊于《北京林业大学学报》1992年第3期80～84页。

9月5日，北京林业大学园林植物专业博士研究生马燕毕业答辩，论文题目《"刺玫月季"育种的系统研究》，指导教师陈俊愉，答辩委员会主席汪菊渊，评阅人冯午、汪菊渊、朱秀珍。冯午系北京大学生物系教授，朱秀珍系北京月季协会会长。

11月，陈俊愉在《园艺学报》1962年第3～4期《中国梅花的研究——Ⅰ中国梅花的品种分类》在庆祝《园艺学报》创刊30周年优秀论文评选中获二等奖。

12月，陈俊愉、包满珠《中国梅（Prunus mume Sieb.et Zucc.）变种（变型）与品种的分类学研究》刊于《北京林业大学学报》1992年S4期（南京国际梅花学术研究会论文选辑）1～6页。

12月，毛汉书、陈俊愉、王忠芝、马燕《中国梅花品种分类管理信息系统》刊于《北京林业大学学报》1992年S4期23～33页。中国梅花品种分类管理信息系统系以《中国梅花品种图志》为主要资料，以计算机为工具，运用数学方法，对有关梅花品种的文字及图像等资料进行存储、分类、检索、评判，达到为梅花的育种、栽培、评选、应用迅速提供准确，翔实资料的目的。由于在研制过程中采用跨学科综合研究的方法，首先解决对梅花品种性状描述的数量化问题，进一步解决应用计算机对梅花品种进行二元分类、模糊评判等问题，因而该系统能突破传统的资料管理模式，具有动态跟踪、自动分析、高速高效等特点，而且软件质量高，数据准确，结果可靠，使用方便又易于推广，这将使我国梅花资源的管理工作深受其益，有利于对梅花品种的保护、开发、利用，同时也提供了进行国际交流的新手段。

12月，张启翔、刘晚霞、陈俊愉《梅花及其种间杂种深度过冷与冻害关系

的研究》刊于《北京林业大学学报》1992年S4期34～41页。

12月，包满珠、陈俊愉《不同类型梅的花粉形态及其与桃、李、杏的比较研究》刊于《北京林业大学学报》1992年S4期70～73+144页，包满珠、陈俊愉《梅的研究现状及前景展望》刊于《北京林业大学学报》1992年S4期74～82页。

12月，陈俊愉《后记》刊于《北京林业大学学报》1992年S4期146页。

12月，陈俊愉《盼望国花能早日确定》刊于《植物杂志》1992年第6期3～4页。

12月，陈俊愉《关于我国的市花评选——回顾十年成就与问题》刊于《植物杂志》1992年第6期8～9页。

12月，马燕、陈俊愉《中国蔷薇属6个种的染色体研究》刊于《广西植物》1992年第4期333～336页。

是年，陈俊愉《改革名花走新路——关于地被菊育种的反思和展望》收入《中国菊花研究论文集（1990—1992年）》76～78页。

是年，陈俊愉担任中国民主同盟北京林业大学第三届支部主任委员。

是年，《岩石植物引种选择与造景研究》获北京市园林局科技进步一等奖，完成人黄亦工、陈俊愉，完成单位北京市植物园，完成时间1988—1992年。本课题通过对国内有关植物园及高山植被的调查和对国外有关岩石园概况资料的了解，确定了建立具有中国特色的山石园类型。对北京及三北地区的岩石植物生境进行了多次具体考察，确定了选择原则，最后进行广泛引种栽培，通过五年的辛勤工作，收集并引种成功百余种岩石植物。发表20种（其中国外引种6种）岩石植物作为新优地被植物向北京城市绿化推广。

1993年

1月，北京林业大学园林系和风景园林系合并成立园林学院，张启翔任院长。

1月13日上午，林业部举行专家春节慰问座谈会，高德占部长、徐有芳副部长及有关司局的领导同志出席座谈会。汪振儒、吴中伦、王恺等15位专家发言，中国林业科学院陈统爱、吴中伦、徐冠华、王恺、高尚武、王世绩、刘耀麟、张守攻，北京林业大学沈国舫、汪振儒、申宗圻、关君蔚、陈俊愉、朱之悌、廖士义、董乃钧、王礼先、刘晓明，林业部林产工业设计院朱元鼎、樊开凡，林

业部调查规划设计院周昌祥、寇文正,北京林业机械研究所仲斯选等参加座谈会。

1月19日,《中国林业报》第3版刊登陈俊愉《日出江花红胜火 春来江水绿如蓝:园林和林业的关系日益密切》。文中认为:随着时代的发展,园林与林业的关系越来越密切,国家一些风景区实际上是造林最成功的样板。北京林业大学即将成立的园林学院也将成为次于资源管理学院的第二个学院,在培养园林人才方面将发挥更大作用。社会越进步,园林与林业的关系越密切。林业具有多种效益,对人们的经济、生活等方面起着重要的作用。园林是个大主体,它的地位和作用日益突出。目前许多工科院校发展规划园林专业,农科类院校也有观赏园林专业,但园林专业是综合性的和宏观性的专业。宏观上讲,要从环境角度重视园林,这是国际大趋势。因此,园林要同当今国际时代合拍,要求园林科研设计人员具有现代化的设计思想,从园林的性质、功能和宏观上考虑问题。

2月,侯仁之等著,陶世龙编《牌坊·藏医·蒙汗药及其他》由华中理工大学出版社出版,其中第75～82页收入陈俊愉《中国传统梅文化探微》。

4月,马燕、陈俊愉、毛汉书《利用模糊综合评判模型评判月季抗性品种》刊于《西北林学院学报》1993年第1期50～55页。

5月25日,《培育刺玫月季新品种群及野生蔷薇引种试验》通过北京市科委组织的成果鉴定(成果编号99028538),完成人陈俊愉、马燕、包志毅、于宝文、程金水、毛汉书、张启翔、高振华、高凤山、刘晚霞,完成单位北京林业大学园林学院、北京市石景山园林局。该课题为1990年北京市科技计划项目,在1986年开始蔷薇属远缘杂交和种质资源调查搜集的基础上,进行系统的月季杂交育种与蔷薇引种研究。月季杂交育种之亲本,主要选用抗寒、抗旱、抗病等抗逆性强的刺玫类野生蔷薇与中国古老月季品种及现代月季品种杂交,选育出"具有较强抗寒性(至少在北京地区可以露地越冬)及一定的抗旱、抗病虫害能力,且耐粗放管理并开放动人的各色香花"的新品种。预计培育出5～10个月季新品种,繁殖2000株,在北京示范推广。现经3年努力,育成了10个待定新品种,繁殖了近1000株,初步在北京市石景山及北京林业大学校园示范种植。又计划引种评选出"适于北京地区栽植推广的观花兼观果优良野生蔷薇5～10种,繁殖3000株,在北京园林绿地进行栽培示范"。现已引种并开花(部分已结果)的野生种及变种共有8种,繁殖并栽培在北京市石景山区园林绿地、中国医学科学院药用植物园和北京园林大学校园共3200株。推广应用效益情况:刺玫月季作品种，原选出 10 个，1993 年又选出 2 个，1994 年春季在 10 个当中精选其中 2 个，作为特优品种，这 12 个品种现均在大量繁殖中，因根据北京市科委要求，待繁殖至 3 万株时，才准一次推广。故现在仍在增殖过程，预计至 1996 年可以达到指标，完成任务。

7 月 10 日，北京林业大学举行园林博士生包志毅论文答辩会，指导教师陈俊愉教授，汪振儒担任主持人。博士论文题目《"三北"野生蔷薇资源及若干蔷薇属植物（Rosa spp. & cvs.）滞后荧光和超微弱化学发光动力学之初步研究》，包志毅系统地考察了华北、东北、西北地区蔷薇植物资源的蕴藏情况，查明了野生蔷薇约有 44 种、25 个变种与变型，约占全国总数一半，这一成果为今后育种和开发利用打下了基础，并将滞后荧光和超微弱发光探测技术运用到蔷薇植物的研究，具有创造性，说明他理论知识比较广泛，扎实。6 位评委一致投票，认为该论文内容丰富，涉及面广，准予通过答辩，建议授予包志毅博士学位。

7 月，马燕、陈俊愉《培育刺玫月季新品种的初步研究（Ⅵ）——加速育种周期法的初探》刊于《北京林业大学学报》1993 年第 2 期 129～133 页。

9 月，北京林业大学博士研究生王四清毕业，论文题目《地被菊遗传育种研究》，指导教师陈俊愉。

9 月 6 日至 10 日，园艺作物品种改良国际学术讨论会暨桃国际工作会议在北京召开，大会由中国园艺学会、国际园艺学会和意大利罗马果树试验研究所主办，中华人民共和国农业部科技司、国际合作司和农业司协办，主要目的在于交流近年来国际园艺作物品种改良及桃研究领域的成就和信息，增进园艺科学研究的国际交流与合作，促进国际园艺事业的繁荣和发展。参加会议的代表共 350 人，其中有来自美国、英国、法国、意大利、丹麦、波兰、澳大利亚、新西兰、日本、韩国等 23 个国家和地区的国外代表 116 人以及国内 27 个省（自治区、直辖市）的代表 234 人。大会开幕式由中国园艺学会副理事长陈俊愉教授主持。相重扬理事长致开幕词，并代表中国园艺学会对来自不同国家和地区的园艺学家表示热烈欢迎。国际园艺学会会长 Ryozo Sakiyama 先生、联合国粮农组织官员 W.O.Baudoin 先生分别致辞。农业部吴亦侠副部长、中国科协副主席何康先生、中国农科院第一副院长沈桂芳教授分别在开幕式上讲话，并向大会表示祝贺。

9 月，中国菊花研究会、北京市园林局合编《中国菊花研究论文集 1990—1992》刊印，其中 27～29 页收入王四清、陈俊愉《菊花和几种其他菊科植物花

粉的试管萌发》。

10月，马燕、陈俊愉《中国古老月季品种'秋水芙蓉'在月季抗性育种中的应用》刊于《河北林学院学报》1993年第3期204～210页。

10月，马燕、毛汉书、陈俊愉《部分月季花品种的数量分类研究》刊于《西北植物学报》1993年第3期225～231页。

10月，铁铮著《缔造绿色的中国》由中国林业出版社，其中32～42页收入陈俊愉《一剪寒梅》。

11月，《中国梅花品种资源圃的建立》通过武汉市科委组织的成果鉴定（成果编号98005264），完成人陈俊愉、赵守边、王燕频、刘小祥，完成单位中国梅花研究中心。梅花是中国著名传统名花。中国梅花中心已建成包括4系6类18型157个品种，按中国独倡花卉二元分类法布局的中国梅花品种资源圃。它为中国在世界上早日争取获得梅花品种审批登记中心，创造了必要条件。

12月，包满珠、陈俊愉《梅野生种与栽培品种的同工酶研究》刊于《园艺学报》1993年第4期375～378页。

12月，王四清、陈俊愉《菊花和几种其他菊科植物花粉的试管萌发》刊于《北京林业大学学报》1993年第4期56～60页。

1994年

2月10日，由梅花蜡梅分会会长陈俊愉率领21人代表团赴日静冈、东京、横滨等地考察梅花，并在日本梅之会上作专题报告。

2月，包满珠、陈俊愉《中国梅的变异与分布研究》刊于《园艺学报》1994年第1期81～86页。

3月，在第八届全国人大二次会议上，中国花卉协会会长何康联合30名人大代表提出"尽快评选我国国花的建议"，议案组采纳了这一建议，并成立了由全国人大常委会副委员长陈慕华任名誉组长、何康任组长的国花评选领导小组，在全国范围内开展了国花评选活动。

10月，北京林业大学成立第四届学位评定委员会，贺庆棠任主任，胡汉斌、尹伟伦任副主任，陈俊愉等25人为委员。

10月10日，民政部发布施行《关于全国性社会团体委托管理有关问题的通知》（民社发〔1994〕29号）。中国梅花蜡梅协会改称中国花卉协会梅花蜡梅分会（简称"梅花蜡梅分会"），中国牡丹芍药协会更名为中国花卉协会牡丹芍药分会（简称"牡丹芍药分会"），中国月季协会正式更名为"中国花卉协会月季分会"（简称"月季分会"）。

10月14日至16日，中国花卉协会在北京召开中国花卉协会成立10周年庆祝大会暨海峡两岸花卉发展交流研讨会。名誉会长陈慕华、会长何康出席会议并作重要讲话，充分肯定10年来我国花卉业取得的显著成就。王甘杭秘书长在会上宣布52篇论文获奖和70家企业获全国花卉先进企业称号，并颁发了奖牌、证书。

10月，《梅花、蜡梅通讯》改名为《中华梅讯》，主编陈俊愉。

10月，Yan Ma、Junyu Chen "Rosa Resources in China" 刊于 "HortScience" 1994年第29卷第5期483页。

11月，陈俊愉《向爱兰人士推荐兰花新著——〈中国兰花〉》刊于《园艺学报》1994年第4期376页。

11月，北京林业大学博士研究生戴思兰毕业，论文题目《中国栽培菊花起源的综合研究》，指导教师陈俊愉。

11月，北京林业大学硕士研究生胡永红毕业，论文题目《抗寒梅花（*Prunus mume*）育种——梅花杂交、胚培养及胚胎发育的研究》，指导教师张启翔、陈俊愉。

12月，程金水、陈俊愉、赵世伟、黄连东《金花茶杂交育种研究》刊于《北京林业大学学报》1994年第4期55～59页。

是年，陈俊愉《金花茶育种十四年》收入1994年《金花茶育种与繁殖研究》论文集。

是年，陈俊愉完成 "Twenty Years Breeding Research"。

• 1995年

1月，中国科学技术协会编《中国科学技术专家传略——农学编园艺卷1》由中国科学技术出版社出版。其中收录吴耕民、吴觉农、毛宗良、章守玉、胡昌炽、李驹、曾勉、原芜洲、蒋名川、章文才、李沛文、钟俊麟、王泽农、俞德浚、孙云蔚、庄晚芳、陈椽、黄昌贤、李联标、李家文、沈隽、曲泽洲、谭其猛、李曙轩、陈俊愉、邹祖申、吴明珠。

1月，刘青林、陈俊愉《发展有中国特色的花卉业》刊于《花木盆景（花卉园艺)》1995年第1期40～41页。

2月，陈俊愉《我国国花评选前后》刊于《群言》1995年第2期16～18页。

2月，包满珠、陈俊愉《梅及其近缘种数量分类初探》刊于《园艺学报》1995年第1期67～72页。

3月，陈俊愉《〈中国盆栽和盆景艺术〉读后感》刊于《花木盆景（花卉园艺)》1995年第2期24+49页。

6月，北京林业大学博士研究生王香春毕业，论文题目《地被菊新品种区域试验及抗逆性测试》，指导教师陈俊愉；北京林业大学博士研究生赵世伟毕业，论文题目《金花茶抗寒性与引种北移研究》，指导教师陈俊愉、程金水。

6月，中国花卉协会办公室编《抓住机遇，共创明天 1994年海峡两岸花卉发展交流研讨会论文精选》由中国农业出版社出版，其中376～380页收入陈俊愉、刘青林《海峡两岸并肩开发梅花和蜡梅资源刍议》。

9月，陈俊愉《中国梅花研究的几个方面》刊于《北京林业大学学报》1995年S1期1～7页，毛汉书、陈俊愉、王忠芝《中国梅花品种的数量分支分析研究》刊于31～36页，陈俊愉、张启翔、刘晚霞、胡永红《梅花抗寒育种及区域试验的研究》刊于42～45页，刘青林、陈俊愉《梅的研究进展》刊于88～95页，胡永红、张启翔、陈俊愉《真梅与杏梅杂交的研究》刊于149～151页，陈俊愉《后记》刊于185页。

11月，陈俊愉、王四清、王香春《花卉育种中的几个关键环节》刊于《园艺学报》1995年第4期372～376页。

12月31日，陈俊愉完成《中国花卉品种分类学》第一次修改。

是年，陈俊愉著，郭志刚、北村信正译《中国梅花概说》刊于东京《梅》1985年第48期10～14页。

是年，Ma Yan、Chen JunYu（Ma Y、Chen JY、Zhu DeWei）"*A Systematic Study on Breeding Cultivars for Establishing A New Rose Group-rejuvenation Rose Group（Rj.）*"刊于"*Acta Horticulturae*"1995年第404期22～29页。Chen JunYu、Wang SiQing、Wang XiangChun、Wang PengWei（Chen JY、Wang SQ、Wang XC、Wang PW、Zhu DeWe）"*Thirty Years Studies on Breeding Ground-cover Chrysanthemum New Cultivars*"刊于30～36页。Cheng JinShui、Chen JunYu、Zhao ShiWei、Huang LiDong（Cheng JS、Chen JY、Zhao SW、Huang LD、Zhao SW）

"Research in Breeding of Yellow Camellias-A Sum-up Report" 刊于 110～112 页。

• 1996 年

1 月，戴思兰、陈俊愉、李文彬《菊属植物 RAPD 反应体系的建立》刊于《北京林业大学学报》1996 年第 1 期 46～51 页。

2 月，《地被菊杂交育种与区域试验的研究》通过建设部科技司组织的成果鉴定（建科鉴字〔1996〕第 010 号），完成人陈俊愉、王四清、王香春、王彭伟，完成单位北京林业大学，完成时间 1991—1995 年。为了解决我国老（区）、少数民族、边（疆）、穷地区的露地绿化，尤其是在自古很少有室外花卉栽培历史的"三北"地区应用。于 20 世纪 60 年代初期开始利用我国丰富的野生种质资源与早菊进行远缘杂交育种。1987 年起，陈俊愉指导研究生王彭伟利用植株低矮的早菊品种"美矮粉"与野生菊进行杂交，终于培育出了更加优良的地被用的菊花新品种群——地被菊。其后，在王四清博士生等人的共同努力下，经过反复杂交选育，其观赏性状又大大提高，培育出多批地被菊良种。稍后，又指导王香春博士生进行了以"三北"地区为主的全国范围内 24 个试点的大规模的区域试验研究，初步选出了地被菊新优品种的不同适宜地区。由于地被菊适应性强，观赏价值高，效果良好，因而深受人们喜爱，被誉为"骆驼式"的花卉。至今推广应用已达 1000 万株以上，以北京、天津及"三北"地区为主，西至乌鲁木齐、哈密，北达大庆、黑河等地，均可露地越冬。

3 月 1 日，《中国花卉报》第 1 版刊登陈俊愉《"美人"来了——适宜北方地区栽培的梅花》。

5 月，戴思兰、陈俊愉、高荣孚、马江生、李文彬《DNA 提纯方法对 9 种菊属植物 RAPD 的影响》刊于《园艺学报》1996 年第 2 期 169～174 页。

6 月，陈俊愉、戴思兰《几种菊属植物的引种研究》刊于《北京园林》1996 年第 2 期 17～22 页。

6 月，北京林业大学博士研究生刘青林毕业，论文题目《梅花远缘杂交与杂交无性系的研究》，指导教师陈俊愉、田砚亭。

11 月，陈俊愉《中国梅花》由中国海南出版社出版，《中国梅花》记载全国梅花品种总数增至 323 个。

11 月，北京林业大学博士研究生成仿云毕业，论文题目《紫斑牡丹有性生

殖过程的研究》，指导教师陈俊愉、李嘉珏。

12月，戴思兰、陈俊愉《菊属7个种的人工种间杂交试验》刊于《北京林业大学学报》1996年第4期16～22页。

12月，《中国农业百科全书》编辑部编《中国农业百科全书·观赏园艺卷》由中国农业出版社出版。《中国农业百科全书·观赏园艺卷》编辑委员会主编陈俊愉，副主编余树勋、王大钧、朱秀珍、徐民生、李树德。其中38页载《陈俊愉》。

1997年

1月，陈俊愉《从中国选育出更多月季新品来》刊于《花木盆景（花卉园艺）》1997年第1期10～11页。

2月，戴思兰、陈俊愉《中国菊属一些种的分支分类学研究》刊于《武汉植物学研究》1997年第1期27～34页。

3月，刘青林、陈俊愉《世界梅花研究概况》刊于《花木盆景（花卉园艺）》1997年第2期8～10页。

3月，陈俊愉《"二梅"文化与"二梅"开发小议——为祝贺全国第五届梅花蜡梅展览而作》刊于《花木盆景（花卉园艺）》1997年第2期11～12页。

3月21日，《人民日报》刊登陈俊愉《莫到凋时再惜花》。

4月，陈俊愉《莫到凋时再惜花》刊于《河南林业》1997年第2期20页。

6月18日，陈俊愉完成《中国花卉品种分类学》第二次修改。

8月，陈俊愉《园林花卉》（增订本）由上海科学技术出版社出版。

9月，北京林业大学、中国园艺学会《陈俊愉教授文选》由中国农业科技出版社出版。

9月30日，北京林业大学《地被菊杂交育种与区域试验的研究》获林业部1997年度科技进步二等奖。

11月，陈俊愉当选为中国工程院院士，院士证编号（1997）0424。

12月，陈俊愉《莫到凋时再惜花》刊于《风景名胜》1997年第6期40页。

12月25日，由广东园林学会、广东园艺学会、广州市政园林局、广州园林培训中心等单位联合主办，在省科学馆举办专题学术报告会，由我国著名花卉专家、中国工程院院士陈俊愉教授作了题为《国内外花卉科学研究现状及生产开发的现状与展望》的专题学术报告。

● 1998 年

2月，刘青林、陈俊愉《观赏植物花器官主要观赏性状的遗传与改良——文献综述》刊于《园艺学报》1998 年第 1 期 5 页。

2月，《中国生物多样性国情研究报告》编写组《中国生物多样性国情研究报告》由中国环境科学出版社出版，陈俊愉撰写《观赏植物》载 136～140 页。

3月，陈俊愉《二元分类——中国花卉品种分类新体系》刊于《北京林业大学学报》1998 年第 2 期 1～5 页。

3月，赵世伟、程金水、陈俊愉《金花茶和山茶花的种间杂种》刊于《北京林业大学学报》1998 年第 2 期 48～51 页。

3月，陈龙清、陈俊愉、包满珠《论居群观念与花卉分类的关系》刊于《北京林业大学学报》1998 年第 2 期 76～82 页。

5月，陈俊愉《祝贺汪振儒教授九秩华诞前后》刊于《森林与人类》1998 年第 3 期 1 页。

6月，陈俊愉《国内外花卉科学研究与生产开发的现状与展望》刊于《广东园林》1998 年第 2 期 3～10 页。谭广文《愿花城明天更美丽——访我国著名园林教育家、中国工程院院士陈俊愉教授》刊于 32～33 页。

6月，北京林业大学博士研究生陈龙清毕业，论文题目《蜡梅属的物种生物学研究》，指导教师陈俊愉、郑用琏。

7月1日，陈俊愉完成《中国花卉品种分类学》定稿。

8月14日，《中国绿色时报》（园艺专刊）第 1 版刊登陈俊愉《园艺寄语》。

9月24日，中国科协为庆祝成立 40 周年，召开"科学技术面向新世纪"学术年会。学术年会分别设立主会场和 20 个分会场，约有 300 多名来自中国科协所属 160 多个全国性学会和地方科协的专家、学者在会上发言。中国风景园林学会有 6 位专家参加第十四分会场"资源、生态、环境与可持续发展"并在会上发言。当天的会议由学会副理事长李嘉乐先生主持。为庆祝中国科协成立 40 周年，中国科协所属全国性学会的著名专家、学者，按学科领域撰写了一批文章，并编入《科技进步与学科发展》中，该书由中国科协主席周光召主编，全书分上、下册。中国风景园林学会副理事长李嘉乐、常务理事王秉洛、刘家麒等撰写《中国风景园林学科的回顾与展望》编入该书下册。中国工程院资深院士、中国风景园林学会顾问、北京林业大学教授陈俊愉撰写的"中国观赏园艺的世纪回顾与展望"也编入该书下册内。

9月，陈俊愉《中国观赏园艺的世纪回顾与展望》收入《科技进步与学科发展——"科学技术面向新世纪"学术年会论文集》716～720页。

10月，陈俊愉《〈中国花卉品种分类学〉序言》刊于《中国园林》1998年第5期2页。

11月，戴思兰、陈俊愉、李文彬《菊花起源的RAPD分析》刊于《植物学报》1998年11期7页。

11月，中国梅花权威陈俊愉院士及其负责的中国花卉协会梅花蜡梅分会被国际园艺学会命名与登录委员会（ISHS, Commission for Nomen-Clature and Registration）和国际园艺学执行委员会（Executive Committee of ISHS）及其理事会（Council of ISHS）授权，成为梅（*Prunus mume* 含梅花和果梅）的国际登录权威，这是我国首次获得花果的国际登录权。

12月，华中农业大学编《华中农业大学百年校庆校友学术论文集》由华中农业大学刊印，其中355～360页收入包满珠、陈俊愉《中国梅的变异与分布研究》。

• 1999年

1月，陈俊愉完成《花卉科研五十年（1949—1999）》，将花卉科研分成6个期：预备期（1949—1952）、试发期（1952—1957）、初盛期（1958—1964）、中衰期（1965—1978）、恢复期（1979—1989）、发展期（1990—1999）。

1月，北京林业大学教授、中国工程院院士陈俊愉获得国际园艺学会命名与登录委员会及国际园艺学会执行委员会与理事会授权，成为梅这一品种国际的植物登录权威。登录权威的职责是负责在世界范围内对某一类或一种植物进行品种名称的核准和认定。获得名称认定的品种，可在全世界合法地自由流通。

1月20日，《中国绿色时报》第3版刊登陈俊愉《从世界园林之母到全球花卉王国》。

2月，陈俊愉《拥抱"二梅"之春——迎接中华梅花蜡梅事业的春天》刊于《园林》1999年第2期10～11页。

2月，陈俊愉《中国梅花品种之种系、类、型分类检索表》刊于《中国园林》1999年第1期62～63页。

2月，陈龙清、陈俊愉《蜡梅属植物的形态、分布、分类及其应用》刊于《中国园林》1999年第1期74～75页。

3月，陈俊愉《中国梅花品种分类最新修正体系》刊于《北京林业大学学报》1999年第2期1～6页。

3月，刘青林、陈俊愉《花粉蒙导、植物激素和胚培养对梅花种间杂交的作用（英文）》刊于《北京林业大学学报》1999年第2期54～60页。

3月，刘青林、陈俊愉《梅花亲缘关系RAPD研究初报》刊于《北京林业大学学报》1999年第2期81～85页。

3月，陈龙清、陈俊愉、郑用琏、鲁涤非《利用RAPD分析蜡梅自然居群的遗传变异》刊于《北京林业大学学报》1999年第2期86～90页。

3月，刘青林、陈青华、陈俊愉《梅花愈伤组织培养研究初报》刊于《北京林业大学学报》1999年第2期100～105页。

3月30日，《中国绿色时报》第3版刊登于汝元、陈俊愉《女贞》。

6月，赵惠恩、陈俊愉《皖豫鄂苏四省野生及半野生菊属种质资源的调查研究》刊于《中国园林》1999年第3期61～62页。

7月26日，《中国绿色时报》第3版刊登陈俊愉《落实"大地园林化"的宏伟设想》。

8月22日至25日，中国园艺学会成立70周年纪念会暨学术讨论会在我国春城——昆明隆重召开，参加大会的有园艺界的专家、学者共300余人，出席大会的还有韩国园艺学会理事长、日本原园艺学会理事长、澳大利亚、美国等外国专家。大会开幕式由中国工程院院士陈俊愉主持，原农业部部长何康就我国花卉发展作了重要讲话，中国园艺学会理事长朱德蔚致开幕词。

8月，陈俊愉《中国梅花品种分类最新修正体系》收入《中国园艺学会成立70周年纪念优秀论文选编》511～514页。

9月16日，国家林业局司局文件（林人综字〔1999〕132号）国家林业局人事教育司关于在北京林业大学成立国际梅花品种登录中心的通知，同意北京林业大学成立国际梅花品种登录中心。

12月，陈俊愉《观赏植物在中国园林应用中的突出重点与展示多样性问题》收入《中国公园协会1999年论文集》69～71页。

● 2000 年

1月,高俊平、姜伟贤主编《中国花卉科技二十年》由科学出版社出版,顾问江泽慧、陈俊愉、程绪珂、孙自然。该书全面反映了我国花卉园林科技改革开放以来的发展历程和现状、取得的重要成就以及对21世纪的展望。陈俊愉为该书作序,并且该书8~15页收入陈俊愉《跨世纪中华花卉业的奋斗目标——从"世界园林之母"到"全球花卉王国"》、139~146页收入王彩云、叶要妹、陈俊愉、秦魁杰、段然、龚仲幸、余昌明《我国草花良种繁育工作的回顾与展望》、574~585页收入刘青林、陈俊愉《梅花研究的现状与展望》、607~617页收入程金水、陈俊愉《中国金花茶研究的回顾与展望》。

1月,陈俊愉《跨世纪中华花卉业的奋斗目标——从"世界园林之母"到"全球花卉王国"》刊于《花木盆景(花卉园艺)》2000年第1期5~7页。

2月,陈俊愉《梅品种国际登录工作启动在〈梅品种国际登录年报(1999)〉出版新闻发布会上的发言》刊于《中国园林》2000年第1期25~26页。

4月,陈俊愉《〈西方园林与环境〉序》刊于《中国园林》2000年第2期83页。

5月,张艳芳《中国首批国际登录梅花品种六十个》刊于《花木盆景》(花卉园艺)2000年第5期4页。1999年12月《梅品种国际登录年报(1999)》正式出版,并于2000年1月27日在北京林业大学举行出版新闻发布会。这次共登录梅花品种60个,包括三系四类十一型,其中武汉登录45个、南京登录7个、北京登录6个、无锡登录2个。

6月,北京林业大学博士研究生赵惠恩毕业,论文题目《菊属基因库的建立与菊花起源的研究及多功能地被菊育种》,指导教师陈俊愉、洪德元。

7月2日,陈俊愉完成《中国花卉品种分类学》三校稿。

8月17日至21日,由中国园艺学会观赏园艺专业委员会主办,山西省农科院园艺研究所承办的"中国花卉种苗(球)繁育推广研讨会"在太原召开。会议重点就草花和部分花木、球根类的种质资源、育种、繁育与推广等进行研讨,陈俊愉院士和方志远院士作关于中国花卉、园艺作物育种及改良繁育的大会专题报告。陈俊愉主编《中国花卉1首届中国花卉种苗(球)繁育推广研讨会论文集》刊印,其中1~4页收入陈俊愉《中国花卉种、苗、球(根)之育种、良(种)繁(育)与推广》。

9月,陈俊愉《贺百期大庆,祝更大辉煌——祝贺〈园林〉杂志发刊100期

之喜》刊于《园林》2000 年第 9 期 8～9 页。

9 月，陈俊愉主编《中国花卉品种分类学》一书完成初稿。

● 2001 年

1 月，陈俊愉主编《中国花卉品种分类学》由中国林业出版社出版。

1 月，陈俊愉《王冕与其梅花诗画》刊于《北京林业大学学报》2001 年 S1 期 5～7 页。

1 月，陈俊愉、吕英民《从梅品种国际登录谈中华花卉品种国际登录的意义》刊于《北京林业大学学报》2001 年 S1 期 30～34 页。

1 月，陈俊愉《〈中国果树志·梅卷〉读后感》刊于《北京林业大学学报》2001 年 S1 期 50 页。

1 月，吕英民、陈俊愉《关于梅花英文名译法的商榷》刊于《北京林业大学学报》2001 年 S1 期 73～76 页。

1 月，陈俊愉《跋》刊于《北京林业大学学报》2001 年 S1 期 109～110 页。

1 月，陈俊愉《为若干花卉正名》刊于《中国花卉园艺》2001 年第 2 期 4～5 页。

1 月，赵惠恩、陈俊愉《花发育分子遗传学在花卉育种中应用的前景》刊于《北京林业大学学报》2001 年第 1 期 81～83 页。

2 月，陈俊愉《荷韵梅魂画里寻》刊于《花木盆景（花卉园艺）》2001 年第 2 期 52 页。

2 月，陈俊愉《大力宣扬"二梅"花文化 打开梅花蜡梅走向世界的突破口》刊于《花木盆景（花卉园艺）》2001 年第 2 期 5 页。

2 月，陈俊愉《笑迎"二梅"跨入新时代》刊于《园林》2001 年第 2 期 28～29 页。

2 月 17 日至 3 月 15 日，无锡市政府与中国花卉协会梅花蜡梅分会主办、无锡市园林局与所属梅园承办的全国第七届梅花、蜡梅展，在以梅为市花之一的江南风景名城无锡举行，无锡市首届梅花节也同期举办。梅展期间，穿插召开两个国际会议，"国际梅花蜡梅文化研讨会"和"梅国际登录第二届年会"。

2 月，陈俊愉《姊妹花开新世纪 二梅香飘天下春》刊于《中国园林》2001 年第 1 期 71～73 页。

2月，陈俊愉、余树勋、朱有玠、李嘉乐、刘家麒、黄晓鸾、山夫、朱建宁、俞孔坚《关于"移植大树"的笔谈》刊于《中国园林》2001年第1期90～92页。

4月，陈俊愉《提倡多用国产花材》刊于《中国花卉园艺》2001年第8期2～3页。

4月，陈俊愉《〈中国果树志·梅卷〉读后感》刊于《园艺学报》2001年第1期56页。

5月，吕英民、陈俊愉《关于梅花英文名译法的商榷》刊于《中国花卉园艺》2001年10期30～31页。

5月，陈俊愉编《梅国际登录年报 中英对照2000》由中国林业出版社出版。

6月，北京林业大学博士后吕英民出站，报告题目《梅品种国际登录及梅花遗传育种研究》，合作导师陈俊愉。

6月，陈俊愉《简论21世纪中国花卉业的发展前景与"新四化"方向》收入《中国花卉科技进展——第二届全国花卉科技信息交流会论文集》14～19页。

8月，陈俊愉《新形势下中国城镇绿化展望——为实现城镇绿化物种多样性和可持续发展，应加强树种规划与苗圃建设》刊于《北京林业大学学报》2001年S2期140～143页。

8月20日至22日，中国园艺学会观赏园艺专业委员会主办、山东省东营市大王农茂集团公司承办的"首届中国园林树木树种规划苗木繁育研讨会"在山东省东营市大王镇召开，来自全国各地的教学、科研及种苗企业的代表共126人出席。中国工程院资深院士陈俊愉教授、上海风景园林学会理事长严玲璋等20余人做专题报告，与会代表就城镇树种规划、苗圃建设及苗木繁育等问题进行热烈讨论，达成共识并发出《关于加强城镇园林树种规划和苗圃建设保护自然生态环境的倡议书》。

8月，赵惠恩、刘朝辉、胡东燕、董保华、陈俊愉《北京地区行道树发展的思路与对策》刊于《北京林业大学学报》2001年S2期65～67页。

8月，李振坚、陈俊愉、吕英民《木本观赏植物绿枝扦插生根的研究进展》刊于《北京林业大学学报》2001年S2期83～85页。

9月，吕英民、陈俊愉《园艺植物栽培品种国际登录权威系列介绍（一）国际登录权威简介》刊于《中国花卉园艺》2001年17期26～27页。成立于1959

年的国际园艺学会（International Society for Horticultural Science，ISHS），是世界园艺科学工作者的最高级别的国际性领导组织，其宗旨是在全世界范围内提倡和鼓励园艺科学各个分支领域的研究以及园艺科学工作者之间的合作和交流。包含 6 个部门、12 个专业委员会和 93 个工作小组。其中的命名与登录专业委员会（ISHS Commission for Nomenclature and Registration）下设一国际园艺植物栽培品种登录权威系统［International Cultivar Registration Authority（ICRA）system］，负责园艺植物栽培品种的国际命名与登录。

9 月，陈俊愉、刘素华《白花虎眼万年青》刊于《中国花卉盆景》2001 年第 9 期 4 页。

9 月，吕英民、陈俊愉《园艺植物栽培品种国际登录权威系列介绍（二）国际登录权威简介》刊于《中国花卉园艺》2001 年 18 期 20～21 页。

9 月，高俊平，姜伟贤主编《中国花卉科技进展 1998—2001 第二届全国花卉科技信息交流会论文集》，其中 1～6 页收入陈俊愉《简论 21 世纪中国花卉业的发展前景与"新四化"方向》（特邀报告）。

10 月，赵惠恩、陈俊愉《地被菊新品种简介》收入《中国菊花研究论文集（1997—2001）》128～131 页。

10 月，吕英民、陈俊愉《园艺植物栽培品种国际登录权威系列介绍（三）国际登录权威简介》刊于《中国花卉园艺》2001 年 19 期 16～17 页。

10 月，吕英民、陈俊愉《园艺植物栽培品种国际登录权威系列介绍（四）国际登录权威简介》刊于《中国花卉园艺》2001 年 20 期 22～23 页。

10 月，陈俊愉《〈绿色的梦——刘秀晨中外景观集影〉序》刊于《中国园林》2001 年第 5 期 1 页。

11 月，吕英民、陈俊愉《园艺植物栽培品种国际登录权威系列介绍（五）国际登录权威简介》刊于《中国花卉园艺》2001 年 21 期 16～17 页。

11 月，吕英民、陈俊愉《园艺植物栽培品种国际登录权威系列介绍（六）——国际登录权威简介》刊于《中国花卉园艺》2001 年 22 期 10～11 页。

12 月，吕英民、陈俊愉《园艺植物栽培品种国际登录权威系列介绍（七）——国际登录权威简介》刊于《中国花卉园艺》2001 年 23 期 24～25 页。

12 月，陈俊愉《院士的呼吁：关于国花……》刊于《园林》2001 年 12 期 46～47 页。

12月，吕英民、陈俊愉《园艺植物栽培品种国际登录权威系列介绍（八）——国际登录权威简介》刊于《中国花卉园艺》2001年24期20～21页。

12月，安徽省潜山县梅花蜡梅协会成立，陈俊愉院士担任名誉会长。

是年，陈教授自题两句对联："山阻石拦大江毕竟东流去，雪压冰欺梅花依旧笑春风"，后被镌刻在东湖梅园的"一枝春馆"大门两侧。

● 2002年

5月，陈俊愉《重提大地园林化和城市园林化——在〈城市大园林论文集〉出版座谈会上的发言》刊于《中国园林》2002年第3期4页。

6月，陈俊愉《中国菊花过去和今后对世界的贡献》收入《中国菊花研究论文集（2002—2006）》7～12页；陈俊愉《中国菊花往哪里去？——简谈今后菊花工作的主攻方向》13～18页；崔娇鹏、陈俊愉《地被菊研究四十年及今后展望》19～23页。

6月，北京林业大学博士研究生李振坚毕业，论文题目《中国抗寒梅花品种嫩枝扦插及区域试验的研究》，指导教师陈俊愉。

8月，陈俊愉《家庭养花有益身心健康——关于养花能否"致癌"的剖析之一》刊于《中国花卉园艺》2002年15期1页。

8月，陈俊愉《养花弄草益处多——关于养花能否"致癌"的剖析之二》刊于《中国花卉园艺》2002年16期10页。

9月，陈俊愉《重提大地园林化和城市园林化——在城市大园林论文集出版座谈会上的发言》收入《中国科协2002年学术年会第22分会场论文集》13～18页。

9月，陈俊愉《重提大地园林化和城市园林化加》收入《加入WTO和中国科技与可持续发展——挑战与机遇、责任和对策（下册）》658页。

9月，陈俊愉《重提大地园林化和城市园林化——在城市大园林论文集出版座谈会上的发言》刊于《北京园林》2002年第3期3～8页。

9月，吴阶平、季羡林总主编；石元春主编《20世纪中国学术大典 农业科学》由福建教育出版社出版，其中594页载陈俊愉。

10月，陈俊愉《面临挑战和机遇的中国花卉业》刊于《中国工程科学》2002年10期17～20+25。

10月,《中国荷花的过去与未来》——陈俊愉院士在昆明荷展上发言选刊登于《花木盆景（花卉园艺）》2002年10期18页。

11月,陈俊愉《梅花研究六十年》刊于《北京林业大学学报》2002年Z1期228～233页。

11月,陈俊愉《从城市及居民区绿化系到园林学院——本校高等园林教育的历程》刊于《北京林业大学学报》2002年Z1期281～283页。

12月18日,陈俊愉院士代表梅花蜡梅分会与中国园艺学会命名与品种登录委员会签署续任梅品种国际登录权威4年（2003～2007）认证书。

2003年

1月,陈俊愉《"二梅"迎春光 中华新世界》刊于《园林》2003年第1期3页。

1月,陈俊愉、张启翔、李振坚、陈瑞丹《梅花抗寒品种之选育研究与推广问题》刊于《北京林业大学学报》2003年S2期1～5页。

1月,李振坚、陈俊愉《基质和激素处理对梅花品种嫩枝扦插的影响》刊于《北京林业大学学报》2003年S2期23～26页。

1月,吕英民、陈俊愉《梅花垂枝性状遗传研究初报》刊于《北京林业大学学报》2003年S2期43～45+118页。

1月,陈俊愉《第八届中国梅花蜡梅展览——昆明 前言》刊于《北京林业大学学报》2003年S2期48页。由昆明市人民政府与中国花卉协会梅花蜡梅分会联合主办、昆明市园林绿化局承办的中国第八届梅花蜡梅展览定于2003年1月1日在昆明市黑龙潭开幕。

1月,金荷仙、陈俊愉、金幼菊、陈秀中《"南京晚粉"梅花香气成分的初步研究》刊于《北京林业大学学报》2003年S2期49～51页。

1月,张秦英、陈俊愉《梅研究进展》刊于《北京林业大学学报》2003年S2期61～66页。

1月,陈俊愉《跋》刊于《北京林业大学学报》2003年S2期15～116页。

6月,陈俊愉《关于国花兼国树国鸟评选的建议》刊于《园林》2003年第6期29～30+49页。

6月,赵昶灵、郭维明、陈俊愉《植物花色呈现的生物化学、分子生物学机制及其基因工程改良》刊于《西北植物学报》2003年第6期1024～1035页。

6月12日,中国风景园林学会根据建设部城建司转来中央领导同志在汪洋同志《关于加强我国生物物种资源保护会同有关部门专题研究的有关情况和意见》给回良玉同志报告上的批示精神,请陈俊愉院士、李嘉乐教授等有关专家进行研讨,并将研讨情况和意见及建设,中国风景园林学会以〔2003〕景园学字第12号文《关于保护园林植物物种资源及开展园林植物有害生物普查的报告》报送建设部城建司。

6月,李化斓著《淄博风景园林》由齐鲁书社出版,陈俊愉作序。

7月,国家林业局成立国家林业局专家咨询委员会。国家林业局专家咨询委员会主任由国家林业局局长周生贤担任。常务副主任由国家林业局党组成员、中国林科院院长、国际木材科学院院士江泽慧担任。副主任由国务院西部地区开发领导小组办公室副主任、研究员段应碧和全国人大常委会委员、中国工程院院士、中国林科院研究员王涛担任。专家咨询委员会委员沈国舫、卢良恕、石元春、李文华、张新时、石玉林、冯宗炜、任继周、郭予元、关君蔚、王明庥、唐守正、蒋有绪、陈俊愉、马建章、孟兆祯、朱之悌、张齐生、宋湛谦、杨雍哲、胡鞍钢、陈锡文、叶文虎、陈昌笃、陈寿朋、王浩、盛炜彤、彭镇华、董乃钧29人。

9月,陈俊愉《我对评选国花、国树、国鸟的看法》刊于《中国花卉园艺》2003年17期14~16页。

10月29日,国际梅花登录园规划论证会在北京林业大学召开,会议由北京市科学技术协会辛俊兴副主席主持。该园计划在2007年元旦前建成,并在元旦正式开放,同时开办国际梅学术研讨会与梅展,为迎接2008年北京奥运会"鸣锣开道"。

11月,陈俊愉《建议用荷花作为北京奥运发奖用花》刊于《中国花卉园艺》2003年21期11页。

11月,赵惠恩、汪小全、陈俊愉、洪德元(Zhao Huien、Wang Xiaoquan、Chen Junyu、HongDeyuan)《基于核糖体DNA的ITS序列和叶绿体trnT-trnL及trnL-trnF基因间区的菊花起源与中国菊属植物分子系统学研究》"*The Origin of Garden Chrysanthemums and Molecular Phylogeny of Dendranthema in China Based on Nucleotide Sequences of Nrdna Its,Trnt-trnl And Trnl-trnf Intergenic Spacer Regions in cpDNA*"刊于《分子植物育种》2003年Z1期597~604页。

12月,陈俊愉《工程院院士建议关于国花兼及国树、国鸟评选的建议》刊于《园林科技信息》2003 年第 4 期 2～3 页。

12 月，陈俊愉《关于国花兼及国树国鸟的建议》刊于《北京园林》2003 年第 4 期 3～4 页。

12 月，赵昶灵、郭维明、陈俊愉《梅花花色之美的美学浅析》刊于《北京林业大学学报（社会科学版）》2003 年第 4 期 46～48 页。

12 月 26 日，侯仁之、陈俊愉、张广学、孟兆祯、匡廷云、冯宗炜、洪德元、王文采、金鉴明、张新时、肖培根 11 位院士联名给中央写信，提出"关于恢复建设国家植物园的建议"。建议提出："随着全面建设小康社会的不断推进，作为世界植物宝库的中国，理应建立一座具有国际先进水平的国家植物园，以全面搜集和展示中国丰富的植物资源，保护生物多样性，并开展科普教育，提高国民素质。当前，国家社会经济全面发展，中华民族正处于空前盛世。适逢 2008 年奥运会将在北京举行，如果能够在北京建成具有国际先进水平的国家植物园（北京植物园），必将能够向全世界全面展示中国丰富的植物资源及其研究成果，显示我国在可持续发展方面的杰出成就，不断提高国民的文化和科学素质。建立国家植物园的天时地利具备。"

12 月，北京林业大学博士研究生金荷仙毕业，论文题目《梅、桂花文化与花香之物质基础及其对人体健康的影响》，指导教师陈俊愉、金幼菊。

• 2004 年

1 月，晏晓兰著、陈俊愉编、周彬绘《百花盆栽图说丛书：梅花》由中国林业出版社出版。

1 月，陈俊愉《中国花木与盆景的明天》刊于《花木盆景（花卉园艺）》2004 年第 1 期 1 页。

1 月，陈俊愉《梅品种国际登录专页（1）》刊于《中国园林》2004 年第 1 期 37 页。

1 月，陈俊愉《梅品种国际登录的五年——写在〈中国园林〉系统刊登梅国际登录品种彩照专页之前》刊于《中国园林》2004 年第 1 期 50～51 页。

2 月，陈俊愉《梅品种国际登录（2）》刊于《中国园林》2004 年第 2 期 66～67 页。

3 月，陈俊愉《梅品种国际登录（3）》刊于《中国园林》2004 年第 3 期 27 页。

3月，赵昶灵、郭维明、陈俊愉《梅花花色色素种类和含量的初步研究》刊于《北京林业大学学报》2004年第2期68～73页。

3月，陈俊愉、马吉《梅花：中国花文化的秘境》刊于《中国国家地理》2004年第3期52～57页。

3月，赵昶灵、陈俊愉、刘雪兰、赵兴发、刘全龙《理化因素对梅花'南京红须'花色色素颜色呈现的效应》刊于《南京林业大学学报（自然科学版）》2004年第2期27～32页。

3月，科学时报社编《中国院士治学格言手迹》由世界知识出版社出版，其中17页收入陈俊愉《弘扬梅花"只有香为故"和"她在丛中笑"的高尚精神 陈俊愉2003.11.12》。

4月，陈俊愉《梅品种国际登录（4）》刊于《中国园林》2004年第4期27～29页。

4月，占地60亩的北京梅品种国际登录精品园建设启动。

5月，陈俊愉《梅品种国际登录（5）》刊于《中国园林》2004年第5期43～44页。

5月，陈俊愉编《梅国际登录双年报2001—2002》由中国林业出版社出版。

6月，陈俊愉《关于风景园林和观赏植物方面的几个问题》收入《奥运环境建设城市绿化行动对策论文集》8～10页。

6月，北京林业大学博士研究生张秦英毕业，论文题目《抗寒梅花品种区域试验及离体培养的研究》，指导教师陈俊愉、魏淑秋。

6月，北京林业大学硕士研究生孙宪芝毕业，论文题目《北林月季杂交育种技术体系初探》，指导教师赵惠恩、陈俊愉。

7月，C Zhao, W Guo, J Chen, Z Jiang（Changling Zhao、Weiming Guo、Junyu Chen、Zhongchun Jiang）"*Anthocyanins from the Flowers of Prunus mume Sieb. et Zucc.*"刊于"*HortScience*"2004年第39卷第4期771页。

7月，陈俊愉《不能为了钱把祖宗都忘了》刊于《群言》2004年第7期37～38页

7月，陈俊愉《梅品种国际登录（6）》刊于《中国园林》2004年第7期67页。

8月，陈俊愉《忆程老（世抚）教诲数事——自1946年以来的主要启示和感受》刊于《中国园林》2004年第8期2页。程老（世抚）是城市园林规划专

家。自 1946 年我在上海复旦大学任教之时，到上海园场管理处请教以来，长期受益，启发良多。现追忆往事，犹历历在目。仅举其荦荦大者，分项列举，以志不忘：①"风景区"之名的创始人；②城市园林规划的重要性；③强调全国树种区划和城市树种规划的重要性；④观赏植物之栽培应用，要以植物生态和植物生理作重要理论基础；⑤搞园林花卉，要为大多数群众服务，菊花之类的名花，更应大规模露地应用。

8 月，陈俊愉《梅品种国际登录（7）》刊于《中国园林》2004 年第 8 期 58 页。

8 月，陈俊愉《梅品种国际登录（8）》刊于《中国园林》2004 年第 8 期 59 页。

8 月，张启翔主编《中国观赏园艺研究进展 2004》由中国林业出版社出版，其中 1~4 页收入陈俊愉、陈瑞丹、王彩云《我国城市园林建设规划中的生物多样性问题》。

9 月，（美）艾尼瓦逊，托尼罗德；译审陈俊愉，主译包志毅《世界园林乔灌木》由中国林业出版社出版。

9 月，赵昶灵、郭维明、陈俊愉《理化因子导致梅花'南京红'花色色素的颜色变化（英文）》刊于《广西植物》2004 年第 5 期 471~477 页。

9 月，陈俊愉《梅品种国际登录（9）》刊于《中国园林》2004 年第 9 期 48~49 页。

9 月，华海镜、金荷仙、陈俊愉《梅花与绘画》刊于《北京林业大学学报（社会科学版）》2004 年第 3 期 17~19 页。

10 月，陈俊愉《梅品种国际登录（10）》刊于《中国园林》2004 年 10 期 66 页。

10 月，赵昶灵、郭维明、陈俊愉《梅花'南京红'花色色素花色苷的分子结构（英文）》刊于《云南植物研究》2004 年第 5 期 549~557 页。

11 月，国家林业局《关于重奖为林业发展作出重大贡献的科技工作者的决定》公布。决定对为我国林业发展作出重大贡献的"中国可持续发展林业战略研究"项目组和王涛、关君蔚两位院士实行重奖，并分别颁发一次性奖金 50 万元。对唐守正、蒋有绪、宋湛谦、盛炜彤、彭镇华、张宗和、朱之悌、孟兆祯、陈俊愉、董乃钧、马建章、王明庥、张齐生、李文华、张新时、冯宗炜、沈国舫、田大伦、张和民、李丽莎、漆建忠、刘宝华等 22 名为林业发展作出重要贡献的科技工作者给予奖励，每人颁发一次性奖金 10 万元。

11 月，陈俊愉《梅品种国际登录（11）》刊于《中国园林》2004 年 11 期 57 页。

12 月，陈俊愉《以梅花、牡丹作"双国花"的建议》刊于《花木盆景（花卉园艺）》2004 年 12 期 1 页。

12 月，陈俊愉《不要打动物园的主意》收入《中国公园协会 2004 年论文集》50 页。

12 月，李辛晨、陈俊愉、蒋侃迅《北京鹫峰国际梅园规划与建设简介》刊于《中国园林》2004 年 12 期 4 页。

12 月，陈俊愉《梅品种国际登录（12）》刊于《中国园林》2004 年 12 期 52 页。

12 月，赵昶灵、郭维明、陈俊愉《梅花"粉皮宫粉"花色色素的花青苷实质和花色的动态变化（英文）》刊于《西北植物学报》2004 年 12 期 2237 ~ 2242 页。

12 月，陈俊愉《国际梅品种登录工作六年——业绩与前景》刊于《北京林业大学学报》2004 年 S1 期 1 ~ 3 页。

12 月，陈俊愉《以梅花、牡丹做"双国花"的建议》刊于《北京林业大学学报》2004 年 S1 期 20 ~ 21 页。

12 月，赵昶灵、郭维明、陈俊愉《梅花基因组 DNA 提取的方法学研究》刊于《北京林业大学学报》2004 年 S1 期 31 ~ 36 页。

12 月，李振坚、陈俊愉《垂枝梅高位嫁接对提高其抗寒越冬力的影响》刊于《北京林业大学学报》2004 年 S1 期 39 ~ 41 页。

12 月，张秦英、陈俊愉、申作连《不同激素对'美人'梅叶片离体培养的影响及其细胞学观察》刊于《北京林业大学学报》2004 年 S1 期 42 ~ 44，169 页。

12 月，《中国工程院资深院士陈俊愉给国际园艺学会莱斯利博士的一封信（中译）》刊于《北京林业大学学报》2004 年 S1 期 112 ~ 135 页。

12 月，张秦英、李振坚、陈俊愉《梅花品种抗寒越冬区域试验的初步研究》刊于《北京林业大学学报》2004 年 S1 期 51 ~ 56 页。

12 月，王彩云、陈俊愉、Maarten A.Jongsma《菊花及其近缘种的分子进化与系统发育研究》刊于《北京林业大学学报》2004 年 S1 期 91 ~ 96 页。

12 月，赵昶灵、郭维明、陈俊愉《梅花花色研究进展（英文）》刊于《北京林业大学学报》2004 年 S1 期 123 ~ 127 页。

12 月，陈俊愉、张启翔《梅花———一种即将走向世界成为全球新秀的中国传统名花》刊于《北京林业大学学报》2004 年 S1 期 145 ~ 146 页。

12 月，陈俊愉《跋》刊于《北京林业大学学报》2004 年 S1 期 170 ~ 171 页。

● 2005 年

1月，陈俊愉《中国梅花品种图志》（中文）由中国林业出版社出版。

1月，陈俊愉《墙内开花也要墙外香》刊于《生命世界》2005年第1期24～25页。

1月，陈瑞丹、陈俊愉《江南到塞外 梅花的北上之旅》刊于《生命世界》2005年第1期28～35页。

1月，陈俊愉《古梅新花》刊于《生命世界》2005年第1期44页。

1月，陈俊愉《梅品种国际登录（13）》刊于《中国园林》2005年第1期47页；同期，陈俊愉《呼吁及早选定梅花牡丹做我们的"双国花"》刊于48～49页。

2月，陈俊愉、梅村、杨乃琴《迎接武汉"二梅"国内外盛会 全国九届梅花蜡梅展览暨六届国际"二梅"研讨会园林》2005年第2期20页。

2月，赵昶灵、郭维明、陈俊愉《植物花色形成及其调控机理》刊于《植物学通报》2005年第1期70～81页。

2月，陈俊愉《梅品种国际登录（14）》刊于《中国园林》2005年第2期49～50页。

3月，第六届梅花、蜡梅国际学术研讨会在湖北武汉举行，中国工程院院士陈俊愉等5位院士的莅临，来自全国20多个省（自治区、直辖市）的200多位梅花、蜡梅专家、科技人员济济一堂，尽情交流梅花、蜡梅研究的最新进展，利用多种形式展示科研的最新成果。

3月，陈俊愉《新时代的梅花走向何方？》刊于《花木盆景（花卉园艺）》2005年第3期1页。

3月，陈俊愉《居室内外梅花香——浅谈梅花的家庭莳养》刊于《花木盆景（花卉园艺）》2005年第3期24～25页。

3月，陈俊愉《梅品种国际登录（15）》刊于《中国园林》2005年第3期49～50页。

4月，陈俊愉《梅品种国际登录（16）》刊于《中国园林》2005年第4期70～73页。

4月，陈俊愉《为何建议以梅花、牡丹为我国"双国花"》刊于《风景园林》2005年第2期21页。

5月，陈俊愉《一花开得满庭芳——居室内外的月季栽培和欣赏》刊于《花

木盆景（花卉园艺）》2005年第5期24～25页。

5月，陈俊愉《梅品种国际登录（17）》刊于《中国园林》2005年第5期56～57页。

6月，陈俊愉《梅品种国际登录（18）》刊于《中国园林》2005年第6期64～65页。

6月，南京农业大学博士研究生赵昶灵毕业，论文题目《几个梅花品种花色的时空变化、花色苷的分子结构和F3'H克隆的研究》，指导教师陈俊愉、郭维明。

6月，北京林业大学博士研究生王彩云毕业，论文题目《基于分子标记的菊花种质遗传多样性评价与CDS基因的分子进化》，指导教师陈俊愉、Peter B.Visser、阎滋福、Maarten A. Jongsma。

6月，北京林业大学硕士研究生崔娇鹏毕业，论文题目《地被菊抗旱节水性初步研究》，指导教师陈俊愉。

6月，北京林业大学硕士研究生李辛晨毕业，论文题目《树姿变异紫薇的品种选育及古老紫薇调查》，指导教师陈俊愉。

7月，陈俊愉《梅品种国际登录（19）》刊于《中国园林》2005年第7期72～73页。

8月，陈俊愉《梅品种国际登录（20）》刊于《中国园林》2005年第8期56～57页。

8月4日，《科学时报》刊登《关于尽早确定梅花牡丹为我国国花的倡议书》。

9月20日，由中国园艺学会、北京园林学会和上海风景园林学会联合主办，由北京植物园和湖北富田投资有限公司承办的主题为"中国国花与和谐社会"的中国国花评选研讨会在北京植物园展览温室举行。与会的两院院士、专家、学者对国花评选提出建议，并就国花的评选标准、国花的数量和品种、确定国花的时间以及国花与政治、经济、和谐社会的关系等展开讨论。参加会议的有卢良恕、陈俊愉、关君蔚等9位两院院士。国花研讨参会人员突破专业界限，文化部原部长高占祥和一些社会知名人士也应邀参加。与会代表来自上海、湖北、湖南、河南、山东、江苏、浙江、安徽、辽宁以及澳门等地，具有广泛的代表性。许多专家学者对中国工程院院士陈俊愉提出的"一国两花"的设想表示赞同，希望将梅花、牡丹确定为双国花。他们认为，这不但具有覆盖面广、特色相辅相成等学术意义，对于群众认知、两岸统一以及和谐社会的构建都有重要的意义。

9月，赵昶灵、郭维明、陈俊愉《梅花'南京红须'、'南京红'花色的呈现特征（英文）》刊于《广西植物》2005年第5期481～488页。

9月，陈俊愉《梅品种国际登录（21）》刊于《中国园林》2005年第9期72～73页。

9月，陈俊愉《中国菊花过去和今后对世界的贡献》刊于《中国园林》2005年第9期73～75页。

10月12日，《人民日报》（海外版）第7版刊登陈俊愉《欲荐"梅"、"丹"双国花》。

10月，李辛晨、陈俊愉《紫薇树姿变异优株评价及其选种》收入《抓住2008年奥运会机遇进一步提升北京城市园林绿化水平论文集》141～146页。

10月，蔡礼鸿主编，中国柑橘学会、湖北省园艺学会、华中农业大学园艺林学学院编《章文才先生诞辰百年纪念文集 1904—2004》由中国林业出版社出版，其中16～20页收入陈俊愉《中国现代柑橘业之父章文才》。

10月，陈俊愉《梅品种国际登录（22）》刊于《中国园林》2005年10期68～69页。

11月，张秦英、陈俊愉、魏淑秋《梅花在中国分布北界变化的研究》收入《中国园艺学会第十届会员代表大会暨学术讨论会论文集》629～631页。

11月，陈俊愉《梅品种国际登录（23）》刊于《中国园林》2005年11期48页。

12月，陈俊愉《回忆李相符同志》刊于《中国林业教育》2005年S1期21+20页。

12月，陈俊愉《梅品种国际登录（24）》刊于《中国园林》2005年12期56页。

12月，赵昶灵、郭维明、杨清、陈俊愉《梅花南京红须F3′H全长基于gDNA的TAIL-PCR法克隆（英文）》刊于《西北植物学报》2005年12期2378～2385。

12月，金荷仙、陈俊愉、金幼菊《南京不同类型梅花品种香气成分的比较研究》刊于《园艺学报》2005年第6期11～39页。

● 2006年

1月，陈俊愉《梅品种国际登录（25）》刊于《中国园林》2006年第1期82页。

陈俊愉年谱

1月，赵昶灵、郭维明、陈俊愉《梅花'南京红须'花色色素花色苷的分离与结构鉴定（英文）》刊于《林业科学》2006年第1期29～36页。

2月，陈俊愉《梅品种国际登录（26）》刊于《中国园林》2006年第2期84页。

3月，陈俊愉、陈瑞丹《梅品种国际登录专页（27）》刊于《中国园林》2006年第3期78页。

3月，陈俊愉《关于尽早确定梅花、牡丹为我国国花的倡议书》刊于《中国园林》2006年第3期77～78页。文中回顾我国国花评选历史，和1982年提出"一国一花"（梅花），1988年提出"一国两花"（梅花、牡丹）及其后评选过程，然后提出建议以梅花、牡丹为中国双国花的理由，并附62位院士的签名名单。

3月，位于鹫峰国家森林公园中的北京国际梅园首次对外试开放，数百株新植梅花蓓蕾满枝，引来游人啧啧赞叹。这座由陈俊愉倡导并主持建设的名梅植物园，占地约5公顷，是世界上首座展示植物国际登录品种的专门展园，不但展示了他培育的44个梅花抗寒新品种，还展览已完成国际登录的华北、华东、华中、西南、华南等地栽培的优良品种200余个，集中展示了中国梅花栽培的领先水平。

4月，陈俊愉在北京植物园与中国国民党荣誉主席连战会晤时，兴致勃勃地聊起国花问题，连战对他提出的"一国两花"主张深表赞同，希望共同促进国花评选的圆满解决。

4月4日，由中国园艺学会、北京园林学会、北京植物园、中国花卉协会梅花蜡梅分会、北京屋顶绿化协会联合主办的2006年赏梅会在北京植物园梅园举行。

4月18日，中国科学院植物研究所植物园和北京市植物园在植物研究所联合举办北京植物园50周年庆典活动，焦若愚、陈宜瑜、高占祥、康乐等领导和来自80多个植物园的150多名代表、北京植物病理协会的200余名代表及10余家新闻媒体的记者出席。授予1954年10位上书中央提议建立北京植物园的专家"奠基功勋"纪念章和证书；授予11位上书中央，提出恢复国家植物园建设的院士"国家植物园建设"纪念章和证书；对在北京植物园工作40年以上的员工颁发纪念证书。陈俊愉、王文采、冯宗炜等院士参加庆典活动。

4月，陈俊愉、陈瑞丹《梅品种国际登录（28）》刊于《中国园林》2006年第4期92页。

4月，张佐双主编；北京植物园编《植物园研究》由中国林业出版社出版，其中227～230页收入赵世伟、程金水、陈俊愉《金花茶与山茶花的种间杂种》。

6月，陈俊愉，崔娇鹏编著《地被菊——培育与造景》由中国林业出版社出版。

6月，陈俊愉、陈瑞丹《梅品种国际登录（29）》刊于《中国园林》2006年第6期79～80页。

7月，《中国花卉报》为提高办报质量和核心竞争力，更好地服务读者，聘请国内外业界知名专家和企业家作为顾问参与办报，有351位入选首批顾问，有陈俊愉、胡运骅、王莲英、高俊平、陈佐忠、王向荣、布斯曼（荷）、魏应守、王士英、江胜德、吴桂昌、闫大成、余树勋、张树林、王绍仪、包志毅、戴军、林秀德、郑勇平、刘自学、王四清、郎咸白（美）、余长龙、周荣、董保华、蔡仲娟、张启翔、张佐双、李虬、托马斯（美）、赵素敏、李敏、罗宁、林彬（美）、廖学舜。

8月，向其柏、臧德奎、孙卫邦翻译，陈俊愉、方智远、束怀瑞审校《国际栽培植物命名法规（第7版）》由中国林业出版社出版。

8月，陈俊愉、陈瑞丹《梅品种国际登录（30）》刊于《中国园林》2006年第8期83～84页。

9月，陈有民主编《园林树木学》（修订版）由中国林业出版社出版。

9月19日至20日，中国风景园林学会在北京林业大学召开"2006全国风景园林教育大会"，全国共107家单位（含98所院校）、220名代表参加会议。国务院学位办、中国科协、建设部城建司、人事司、公园协会派代表到会祝贺。周干峙、孙筱祥、陈俊愉、孟兆祯等专家教授在会上发言。会议代表一致认为，此次会议及时、重要，在完善风景园林教育体系、构筑核心课程、明确培养目标、建立风景园林师执业制度、培养综合性人才、加强学科团结等方面取得了共识。

9月，陈俊愉《重提大地园林化和城市园林化——在〈城市大园林论文集〉出版座谈会上的发言》收入《风景园林学科的历史与发展论文集》163～166页。

10月，陈俊愉、陈瑞丹《梅品种国际登录（31）》刊于《中国园林》2006年10期82～83页。

10月，金荷仙、郑华、金幼菊、陈俊愉、王雁《杭州满陇桂雨公园4个桂花品种香气组分的研究》刊于《林业科学研究》2006年第5期612～615页。

11月，赵昶灵、杨清、陈俊愉《梅花类黄酮3'－羟化酶基因片段基于基因组 DNA 的简并 PCR 法克隆（英文）》刊于《广西植物》2006年第6期608～616页。

12月，陈俊愉、陈瑞丹《梅品种国际登录（32）》刊于《中国园林》2006年12期85～86页。

12月24日，北京林业大学园林教育55周年庆祝大会举行，来自全国各地的知名校友代表200余人汇聚北京，共述同学情谊，总结多年来园林教育发展经验。建设部城建司副司长曹南燕，国务院学位办副处长欧百钢，中国风景园林学会副理事长甘伟林，北京林业大学党委副书记钱军、副校长陈天全、中国工程院院士陈俊愉、孟兆祯出席大会。

12月，张薇著《〈园冶〉文化论》由人民出版社，陈俊愉作序。

2007年

1月25日，第十届全国梅花蜡梅展在成都市锦江区三圣乡幸福梅林开幕。中国花卉协会梅花蜡梅分会会长、中国工程院资深院士陈俊愉，北京市绿化委员会原主任单昭祥等有关领导，以及来自意大利、新西兰、韩国、美国、中国的梅花蜡梅专家参加开幕式。

1月，张秦英、陈俊愉、魏淑秋、李庆卫《'燕杏'梅栽培适生地和引种试验初步分析》刊于《北京林业大学学报》2007年第1期155～159页。

2月，蔡邦平、张英、陈俊愉、张启翔、郭良栋《藏东南野梅根际丛枝菌根真菌三个我国新记录种（英文）》刊于《菌物学报》2007年第1期36～39页。

3月，陈俊愉、陈瑞丹《梅品种国际登录（33）》刊于《中国园林》2007年第3期85～86页。

3月，陈俊愉《"北京夏菊"神州盛开》刊于《农业科技与信息（现代园林）》2007年第3期48页。

4月3日，《中国绿色时报》（花草园林）第1版刊登陈俊愉《让北京夏菊盛开神州》。

4月12日，《科学时报》刊登陈俊愉《国花评选中的两件大事》。

4月，陈俊愉院士赴新疆农业大学观察梅花区域试验情况，4个品种的梅花在新疆乌鲁木齐市露地栽培成功。

4月，5个抗寒梅花品种在大庆盛开，使梅花北移2000多公里。

5月，陈俊愉《世界园林的母亲——全球花卉的王国》刊于《森林与人类》2007年第5期6~7页。他这样称赞世界著名的植物学家威尔逊（Ernest H. Wilson，1876—1930）：第一，威氏是一位伟大的科学家，威尔逊这类人物，在当时和现在都是值得称道的；第二，通过他长期的采集、观察和深入的研究与感受，威氏对世界的最大贡献是他自己在序言中所称："让1000种以上全新植物在欧美园林中应用、扎根（E.H.Wilson，1913，1929）"，这是实实在在的奉献，更是不折不挠精神和必胜信念的当然结果；第三，我们现在需要威氏这样的人及其工作精神，是威尔逊发现并命名了我们这个"园林之母"和"花卉王国"。

5月，陈瑞丹、陈俊愉《梅村风雪中的美丽：梅》刊于《森林与人类》2007年第5期38~47页。

5月，陈俊愉、陈瑞丹《梅品种国际登录（34）》刊于《中国园林》2007年第5期55~56页。

5月，中国风景园林学会信息委员会编《园林城市与和谐社会》由中国城市出版社出版，其中22~23页收入陈俊愉《园林城市建设中该注意的误区》。

6月，北京林业大学硕士研究生李建平毕业，论文题目《'雪山娇霞'月季组培快繁及树状月季栽培改进刍议》，指导教师陈俊愉。

6月，陈俊愉《推进中国梅产业化的若干关键问题》刊于《北京林业大学学报》2007年S1期1~3页。

6月，张秦英、陈俊愉、魏淑秋《梅花在中国分布北界变化的研究》刊于《北京林业大学学报》2007年S1期35~37页。

6月，蔡邦平、陈俊愉、张启翔、郭良栋、陈瑞丹《梅花根际土壤栽培三叶草的丛枝菌根侵染研究》刊于《北京林业大学学报》2007年S1期38~41页。

6月，李庆卫、陈俊愉、张启翔《河南新郑裴李岗遗址地下发掘炭化果核的研究》刊于《北京林业大学学报》2007年S1期59~61页。

6月，李庆卫、陈俊愉、张启翔《梅学术和产业化发展的回顾与展望》刊于《北京林业大学学报》2007年S1期121~126页。

6月，朱云岳、陈俊愉《梅与菊之异同的比较分析》刊于《北京林业大学学报》2007年S1期159~160页。

6月，陈俊愉《读〈美——香味保健治疗之开发〉有感》刊于《北京林业大学学报》2007年S1期161～162页。

6月，陈俊愉《跋》刊于《北京林业大学学报》2007年S1期164～165页。

6月，99岁的汪振儒先生这样评述：陈俊愉教授，是我国观赏园艺的开拓者，研究梅花60年以上，他的最大贡献是基本摸清了梅之家底（含野梅种质资源和栽培品种），并通过南梅北移的长期研究，使一批抗寒品种能抗-19℃～-35℃低温，可在塞外和关外直至大庆、乌鲁木齐露地生长、开花。

7月，陈俊愉、陈瑞丹《梅品种国际登录（35）》刊于《中国园林》2007年第7期49～50页。

8月，北京林业大学硕士研究生靳璟毕业，论文题目《早花茶用地被菊新品种的选育》，指导教师陈俊愉。

8月，陈俊愉、陈瑞丹《对园林植物引种驯化的再认识》收入《2007年中国园艺学会观赏园艺专业委员会年会论文集》9～11页。

8月，靳璟、陈俊愉《茶用地被菊品种总黄酮与绿原酸含量分析》收入《2007年中国园艺学会观赏园艺专业委员会年会论文集》448～451页。

8月，陈俊愉、陈瑞丹《关于梅花 Prunus mume 的品种分类体系》刊于《园艺学报》2007年第4期1055～1058页。

9月，张启翔、刘青林主编《花凝人生——陈俊愉院士九十华诞文集》由中国林业出版社出版。

9月，陈俊愉、陈瑞丹《梅品种国际登录（36）》刊于《中国园林》2007年第9期79～80页。

9月21日晚，北京林业大学园林学院为中国工程院院士、梅花专家陈俊愉举行90华诞祝寿宴会，建设部副部长、两院院士周干峙，中国园艺学会理事长、中国工程院院士方智远，北京林业大学前校长、中国工程院院士沈国舫，台湾梅花专家裘锦超，中国花卉协会秘书长王殿富，北京市园林局副局长刘秀晨，北京林业大学校长尹伟伦等专家和领导及北京林业大学教授陈有民等上百位陈俊愉的同事、朋友、历届学生参加的生日宴会。

9月，叶皓主编《走进市民学堂5》由江苏文艺出版社出版，其中58～69页收入陈俊愉《漫谈梅花》。

11月，陈俊愉《感怀同年 悼念老友——与冯国楣兄交往的追忆》刊于《中国花卉园艺》2007年21期51～52页。

11月，陈俊愉《中国菊花过去和今后对世界的贡献》收入《2007中国（中山小榄）国际菊花研讨会论文集》6~11页。

12月，陈俊愉、陈瑞丹《梅品种国际登录（37）》刊于《中国园林》2007年12期64~66页。

12月，陈俊愉《〈中国梅花审美文化研究〉序》刊于《南京师范大学文学院学报》2007年第4期188页。

12月，《花卉新品种选育及商品化栽培关键技术研究与示范》获国家科技进步奖三等奖。完成人张启翔、刘燕、陈俊愉、潘会堂、杨玉勇、葛红、赵梁军、陈瑞丹、王四清、罗宁，完成单位北京林业大学、国家花卉工程技术研究中心、昆明杨月季园艺有限责任公司、中国农业科学院蔬菜花卉研究所、中国林木种子公司、中国林业集团公司、中国农业大学。陈俊愉获奖证书（2007-J-202-2-03-R03）。本项目成果属园林植物与观赏园艺学科应用技术领域，是集花卉育种学、花卉栽培学、土壤科学、营养科学、植物生理学于一体的自主创新的综合技术。本项目在抗寒梅花、切花月季、浓香型地被菊和小报春育种方面取得重大突破，率先将中国优良的野生花卉种质资源引入到商品花卉品种培育中，建立了传统育种和现代育种技术相结合的综合育种技术体系。本项目培育出45个适合我国国情的具有我国自主知识产权的花卉新品种，获国际品种登录5个、获新品种授权5个，申请新品种4个，申请专利1项。在商品化生产关键技术攻关方面取得重大进展，系统研发和集成了适宜我国国情的重要商品花卉的标准化生产技术体系，解决了我国花卉生产中的一系列技术难题。项目技术在报奖前后一直稳定应用，年产各类花卉产品4300余万（盆、株、粒），报奖前经济效益合计65300万元，年产值20000万元左右，生产技术推广到云南、山东、广东、北京等我国主要花卉生产区。随着技术的推广应用将普遍提高我国单位面积花卉生产的能力。培育出一批花卉新品种，推广到近20个省（自治区、直辖市），提高了我国花卉品种原始创新的能力。通过技术推广和培训，培养花卉生产技术人员3100余人次，新技术在我国主要花卉企业广泛应用，带动了我国花卉产业整体水平的升级，提高了我国花卉生产的国际竞争力。

● **2008年**

1月，陈俊愉、刘天池《梅花人生——以梅为母八十年简记》刊于《园林》

陈俊愉年谱

2008年第1期12～16页。

4月1日,《中国绿色时报》（花草园林）第1版刊登陈俊愉《清明节正式放假了，我们怎样来迎接它》。

4月,陈俊愉《继承革新迎清明》刊于《中国花卉园艺》2008年第7期11页。

4月,蔡邦平、陈俊愉、张启翔、郭良栋《中国梅丛枝菌根侵染的调查研究》刊于《园艺学报》2008年第4期599～602页。

4月21日,陈俊愉专程到大庆市,观赏迎雪绽放的梅花,欣然写下"南梅北移,两千公里;大庆怒放,天下奇观"。

5月,陈俊愉编《梅品种国际登录双年报（英文）》由中国林业出版社出版。

5月,陈俊愉编《梅品种国际登录双年报 汉英对照 2005—2006（英文）》由中国林业出版社出版。

6月,陈俊愉《〈梅文化论丛〉读后感》刊于《南京师范大学文学院学报》2008年第2期68页。

7月,蔡邦平、陈俊愉、张启翔、郭良栋《梅根际丛枝菌根真菌三个中国新记录种（英文）》刊于《菌物学报》2008年第4期538～542页。

8月,陈俊愉在《〈城市大园林〉发行座谈会上的书面发言》刊于《中国园林》2008年第8期48～49页。

9月23日,《中国绿色时报》第4版刊登陈俊愉《〈中国竹类图志〉三原则彰显科学性》。

11月5日,中国老教授协会在北京友谊宾馆举行颁奖会暨《老教授纪念改革开放30周年》大会,45位老教授、老专家荣获中国老教授协会第四届"科教兴国贡献奖""老教授事业贡献奖"。其中10位获奖者荣获"科教兴国贡献奖":绕月探测工程总设计师孙家栋院士和长征三号系列运载火箭总设计师、总指挥、国际绕月探测工程副总设计师龙乐豪院士;以78岁高龄亲赴汶川抗震一线救治伤员的著名骨科专家卢世璧院士;在高教园地辛勤耕耘的著名固体力学家、清华大学黄克智院士;著名国学专家、北京大学袁行霈教授;以92岁高龄之身带领团队在教学科研中取得杰出成绩的著名化学家、南开大学申泮文院士;为开拓我国神经外科领域作出创新性贡献的著名神经外科专家王忠诚院士;主持上海世博会中国馆和北京奥运羽毛球馆等建筑设计的建筑设计大师、华南理工大学何镜堂

院士；我国园林植物与观赏园艺学科的主要带头人、北京林业大学陈俊愉院士；油画教育家、中央美术学院闻立鹏教授。35位获得"老教授事业贡献奖"。

12月，陈俊愉《园林十谈》刊于《园林》2008年12期14～17页。

12月，陈俊愉、梅村《梅花，中国花文化的秘境》刊于《园林》2008年12期114～115页。

12月，张秦英、陈俊愉《我国园林植物研究及景观应用的几个方面》刊于《农业科技与信息（现代园林）》2008年12期49～51页。

● 2009年

1月，蔡邦平、陈俊愉、张启翔、郭良栋《梅根际丛枝菌根真菌五个中国新记录种（英文）》刊于《菌物学报》2009年第1期73～78页。

2月，李振坚、陈瑞丹、李庆卫、陈俊愉《生长素和基质对梅花嫩枝扦插生根的影响林业科学研究》2009年第1期120～123页。

3月26日，《人民日报》（海外版）第8版刊登陈俊愉《国花最好选双花》。他主张以梅花、牡丹作为中国的国花，理由有四：一、梅花、牡丹均原产于中国，栽培历史悠久，在1987年上海主办的"中国传统十大名花评选活动"中就荣登榜首。梅花、牡丹在中国享有极高的知名度，人人皆识，深受男女老少所喜爱。二、我国地域辽阔，横跨热带、亚热带、温带，而梅花自然分布于珠江和长江流域，牡丹主要分布在黄河流域。两者一南一北，共同覆盖了大部祖国疆域。三、梅为乔木，牡丹为灌木，代表了两种生活型。既可单独成景，又可彼此配合。在花期上，梅在冬春之交，牡丹则为春夏之际，两者衔接，整个春天，都能增色添香。四、在花文化上，梅花代表中华民族不畏强暴、坚忍不屈的精神和勤劳勇敢、艰苦奋斗的品质。而牡丹则雍容华贵、富丽堂皇，反映出人民希望更加繁荣富强的美好愿望。以两者为双国花，体现出"两个文明"一起抓，各有侧重，相得益彰。

4月，北京林业大学博士研究生蔡邦平毕业，论文题目《中国梅丛枝菌根真菌多样性研究》，指导教师陈俊愉、郭良栋。

4月26日下午，受《中国名城》杂志社委托，周武忠教授专程到北京林业大学，拜访92岁高龄的陈俊愉教授，并以名花名城为题进行了访谈。

5月，陈俊愉、陈瑞丹《中国梅花品种群分类新方案并论种间杂交起源品种

群之发展优势》刊于《园艺学报》2009年第5期693～700页。

6月，北京林业大学博士研究生周杰毕业，论文题目《关于中国菊花起源问题的若干实验研究》，指导教师郭维明、陈俊愉。

7月，周杰、姜良宝、陈俊愉、陈瑞丹《抗寒棕榈繁殖的研究》刊于《安徽农业科学》2009年21期9964～9966+10261页。

8月，陈俊愉《初读英版新书〈从中国花园获得的厚礼〉》刊于《中国花卉盆景》2009年第8期2～3页。

8月，周杰、陈俊愉《十一份不同地理居群野菊的ISSR分析》刊于《北方园艺》2009年第8期200～203页。

8月，陈俊愉《在重大庆祝之年展望中国园林前进之路——纪念达尔文诞生200年》和《物种起源》出版150年、五四运动90周年和中华人民共和国成立60周年》收入《中国观赏园艺研究进展2009》10～13页。

9月，房伟民、郭维明、陈俊愉《嫁接提高菊花耐高温与抗氧化能力的研究》刊于《园艺学报》2009年第9期1327～1332页。

9月，北京林业大学博士研究生李庆卫毕业，论文题目《川、滇、藏、黔野梅种质资源调查和梅花抗寒品种区域试验的研究》，指导教师陈俊愉。

10月20日，《南京林业大学报》（总第494期）刊登陈俊愉《忆叶老教诲二三事》。文中讲道：叶培忠教授是我老师（已故汪菊渊院士）的老师。叶老生活节俭，工作出色，尤能吃苦耐劳，坚忍不拔。我虽未直接听过他的课堂教学，却多次到他家拜访请教，面聆指示，更常随他在南京林学院（现南京林业大学）校园各处看望叶老所做林木杂交育种的亲本与子代。他在校园各处一面指点树枝，一面讲解授粉组合、年代与后代表现预测。回想起来，这种临时的、现场的、无拘无束的教学所给我的启发和教益实在太大也太多了！就让我称其为"中国式课堂外教学"吧！我接受叶老这种方式的教学，少说也有七、八次，主题和中心大同小异，多与植物遗传育种和推广有关。

12月，南京农业大学博士研究生房伟民毕业，论文题目《嫁接对菊花抗逆性影响及切花菊栽培技术研究》，指导教师郭维明、陈俊愉。

● 2010年

1月，陈俊愉听到褚有政在安徽铜陵天门龙山村建设"铜陵梅花主题公园"

设想后,在北京寓所"梅菊斋"题写"铜陵梅园"四字予赠。

1月,吴良镛《关于园林学重组与专业教育的思考》刊于《中国园林》2010年第1期第26卷第1期27~33页。该文认为:中国园林学有着深厚的历史积淀,在当代城乡人居环境建设中发挥着重要作用,并取得了巨大成就。但面对当前愈加严重的环境与资源问题,传统的园林学需要展拓和重组。以奥姆斯特德、麦克哈格对西方园林学的展拓和发展为鉴,并结合吴良镛对建筑学扩展和对人居环境科学架构的思考,为中国园林学展拓和重组提供了基本的方法论。提出了园林学重组的几个基本原则,即:面向人居环境、以生物学为基础、以生态学为纲、以多学科为整体架构、以发展人居环境设计为手段等,并着重强调园林学的发展要以解决实际问题为导向,面对新形势,应努力建立综合的"地景学"。

1月,陈俊愉、周武忠《中国名花与城市文化——陈俊愉院士访谈录》刊于《中国名城》2010年第1期48~52页。

1月,房伟民、郭维明、陈俊愉、姜贝贝《苗龄对切花菊精云花芽分化与品质的影响》刊于《南京农业大学学报》2010年第1期49~53页。

2月,第十二届梅花展览暨第七届梅花国际学术研讨会在上海举行,陈俊愉参加研讨会。同时,梅花蜡梅分会成立二十周年纪念会在上海举行,选举产生第五届理事会,陈俊愉院士任名誉会长,张启翔任会长,李庆卫任副会长兼秘书长。

2月,陈俊愉《中国梅花蜡梅协会20年》刊于《北京林业大学学报》2010年S2期2页。

2月,陈俊愉《序》刊于《北京林业大学学报》2010年S2期7~8页。

2月,陈俊愉《梅品种国际登录12年——业绩与展望》刊于《北京林业大学学报》2010年S2期1~3页。迄今,已出版5本年报(双年报),国际登录381个中外品种(中国为主),中英文对照,全球发行。

2月,李庆卫、陈俊愉、张启翔、李振坚、李文广《大庆抗寒梅花品种区域试验初报》刊于《北京林业大学学报》2010年S2期77~79页。

2月,李庆卫、陈俊愉、张启翔《梅学术和产业化进展》刊于《北京林业大学学报》2010年S2期198~202页。

5月1日,中国风景园林学会《中国风景园林名家》由中国建筑工业出版社出版。《中国风景园林名家》入选刘敦桢(1897—1968)、陈植(1899—1989)、程世抚(1907—1988)、汪菊渊(1913—1996)、陈俊愉(1917—)、陈从周

陈 俊 愉 年 谱

（1918—2000）、余树勋（1919—）、朱有玠（1919—）、孙筱祥（1921—）、程绪珂（1922—）、李嘉乐（1924—2006）、周维权（1927—2007）、吴振千（1929—）、孟兆祯（1932—）14 人，汇集记叙、回忆 14 位中国风景园林界老前辈的文章。其中 54～59 页收入陈俊愉《忆程老（世抚）教诲数事——自 1946 年以来的主要启示和感受》。

5 月，张启翔主编《园林植物资源与园林应用》由农业出版社出版，其中 3～10 页收入陈俊愉、陈瑞丹《中国梅花品种群分类新方案并论种间杂交起源品种群之发展优势》。

5 月，国际风景园林师联合会（International Federation of Landscape Architects，IFLA）第 47 届世界大会在中国苏州召开，这是 IFLA 首次在中国大陆地区举办。

6 月，陈俊愉《本刊顾问陈俊愉院士来信》刊于《农业科技与信息（现代园林）》2010 年第 6 期 67 页。

7 月，陈俊愉《关于观赏乔灌木之迁地驯化问题》收入《中国观赏园艺研究进展（2010）》11～14 页。

11 月，蔡邦平、陈俊愉、张启翔、郭良栋《武汉春、秋季的梅根际丛枝菌根真菌群落变化的研究》收入《中国植物园》（第 13 期）21～27 页。

11 月，周杰、陈俊愉《中国菊属一新变种》刊于《植物研究》2010 年第 6 期 649～650 页。

11 月，陈俊愉《和〈中国园林〉共度这 25 年》刊于《中国园林》2010 年第 11 期 10～11 页。

12 月，陈俊愉《我所知道的丹麦"小美人鱼"》刊于《园林》2010 年第 12 期 8～11 页。

12 月，《新型地被菊育种研究（Taihang's Galaxy）》通过成果验收。完成人赵惠恩、陈俊愉、张启翔、胡枭、杨德艳、刘文超，完成单位北京林业大学，完成时间 2002 年 8 月至 2010 年 12 月。Taihang's Galaxy（太行之银河）是在系统收集国内菊属遗传资源和评价的基础上，选择了分布于太行山区悬崖峭壁上的两个极其抗旱、株型独特、分枝密集、枝条或柔软或纤细的我国特有种为亲本开展的属间杂交育种的成果。该成果不仅解决了困扰美国菊花育种界 80 多年的育种难题，而且开创了利用我国特有遗传资源赶超国际先进花卉育种的先河。该品种既是非常良好的盆栽花卉，又可能适宜全球温带城市屋顶、边坡等多种园林绿地广泛绿化应用。该自然悬垂菊花品种已获美国植物品种专利授权，其专利号为PP21105P2。

● 2011年

1月，姜良宝、陈俊愉《"南梅北移"简介——业绩与展望》刊于《中国园林》2011年第1期46～49页。

3月17日，北京林业大学第七届学术委员会成立大会暨第一次全体会议召开，学术委员会聘请尹伟伦院士为名誉主任，沈国舫、陈俊愉、孟兆祯3位院士为顾问，邬荣领教授为特聘委员。

4月，陈俊愉《风景园林的新时代 祝贺"风景园林学"被批准为国家一级学科》刊于《风景园林》2011年第2期18页。

5月，陈俊愉《"风景园林"的新生——祝贺被批准为国家一级学科》刊于《中国园林》2011年第5期9～10页；同期，吴良镛《关于建筑学、城市规划、风景园林同列为一级学科的思考》刊于11～12页。

6月，北京林业大学硕士研究生黄晓雪毕业，论文题目《北京引种抗寒棕榈的抗寒性初步研究》，指导教师陈瑞丹、陈俊愉。

8月，陈俊愉《103位院士签名赞同"双国花"（梅花、牡丹）——这一创举对我国评选国花现状说明了什么？》刊于《中国园林》2011年第8期50～51页。

8月，蔡邦平、陈俊愉、张启翔、郭良栋《重庆地区梅根际丛枝菌根真菌多样性研究》收入《中国观赏园艺研究进展2011》556～559页。

8月，陈俊愉《我国国花评选问题及其合理解决途径》收入《中国观赏园艺研究进展》10～11页。

10月17日，中国风景园林学会"终身成就奖评选委员会"在学会秘书处召开评审会议，一致同意授予陈俊愉、余树勋、朱有玠、孙筱祥、程绪珂、吴振千、孟兆祯、谢凝高、甘伟林9位候选人"终身成就奖"。会议决定：本届"终身成就奖"暂不设奖金，可设立奖杯等纪念物。朱有玠，1919年4月出生于浙江黄岩，民国34年（1945年）毕业于金陵大学农学院园艺系，曾任浙江柑桔园艺试验场技士。1952年加入中国农工民主党。先后任南京市城市建设局园林管理处设计科副科长,市园林设计研究所副所长、所长,中国风景园林学会常务理事。主持设计的"南京市园林药物园蔓园及花径区",获1984年国家优秀设计奖和1985年国家科技进步三等奖,并参与编写《六朝园林初探》和《中国民族形式园林创作方法的研究(园冶)综论》等。1989年被收入《中国林业名人词典》,并被建设部命名"设计大师"称号,2015年6月8日去世。

10月,陈俊愉获中国观赏园艺终身成就奖。中国观赏园艺终身成就奖是由中国园艺学会观赏园艺专业委员会、国家花卉工程技术研究中心联合评选的,用以表彰为我国观赏园艺学科发展和观赏园艺事业作出重大贡献的园林工作者。评委会撰写的颁奖词简要概括了陈院士的重大贡献:想当初壮志少年,求学海外,历经半生荣辱,坚贞不屈,开中国植物品种国际登录之先河;四十年致力菊花起源探索,传花经,著梅志,攻难关,用尽千方百计;而如今学界泰斗,誉满中华,育得满园桃李,孜孜以求,创我国梅花北移两千公里之奇迹;七十载潜心传统名花研究,为国花,志未酬,心依旧,依然百折不挠。

● 2012年

1月,蔡邦平、董怡然、郭良栋、陈俊愉、张启翔《丛枝菌根真菌四个中国新记录种(英文)》刊于《菌物学报》2012年第1期62~67页。

2月,梅花蜡梅分会授予陈俊愉院士中国梅花蜡梅终身成就奖。

2月,陈俊愉《从梅国际品种登录到中国栽培植物登录权威规划》刊于《北京林业大学学报》2012年S1期1~3页。

2月,李庆卫、吴君、陈俊愉、李振坚、朱军《乌鲁木齐抗寒梅花品种区域试验初报》刊于《北京林业大学学报》2012年S1期50~55页。

2月,姜良宝、陈俊愉《皖南、赣北地区梅野生资源调查》刊于《北京林业大学学报》2012年S1期56~60页。

2月,蔡邦平、陈俊愉、张启翔、郭良栋、黄耀坚《梅根系丛枝菌根真菌AFLP分析》刊于《北京林业大学学报》2012年S1期82~87页。

2月,王彩云、陈瑞丹、杨乃琴、陈俊愉《我国古典梅花名园与梅文化研究》刊于《北京林业大学学报》2012年S1期143~147页。

2月,杨亚会、李庆卫、陈俊愉《梅学术和产业化研究进展》刊于《北京林业大学学报》2012年S1期164~170页。

3月，由中国工程院资深院士、梅国际品种登录权威陈俊愉教授主编《中国梅花品种图志》，入选新闻出版总署第三届"三个一百"原创出版工程。此书的特色和优点突出表现在：第一，长期有恒，精益求精。陈老写梅书，已有很久的历史。早在1947年，他就用文言文写了第一部梅花专著《巴山蜀水记梅花》。65年来，已有《梅花漫谈》《中国梅花品种图志》（1989）、《中国梅花》《中国梅品种登录年报（双年报）》（5本，中英双语）等主编或专著出版。第二，与时俱进，不断求新。在他的著作中，一贯倾注着继承革新的精神。像关于梅花分类的体系，从1947年的8类到今天的11个品种群，已改革创新了多次。终于有了今天的既符合国际规定，又体现民族特色（二元分类）的品种分类体系。第三，理论实际，紧密联系。他带头调查研究中国梅种质资源，不论原产地、变种、变型或栽培品种，足迹遍及直辖市与各省（自治区、直辖市）。有的甚至多次调查研究，终于纠正错误，补足缺憾。第四，研究与基因库、品种资源圃建立相结合，尤其是永久性的武汉梅品种资源圃。没有该圃之建设和管理，就写不出专著与合著。

5月31日，中国风景园林学会领导向陈俊愉等老先生颁发中国风景园林学会终身成就奖。陈晓丽理事长等学会领导看望了荣获中国风景园林学会终身成就奖的陈俊愉、余树勋、孙筱祥三位老先生，向他们颁发荣誉证书。陈晓丽理事长高度赞扬老先生们为我国风景园林事业的发展和科研、教学与实践贡献了毕生的精力，是行业的骄傲、青年人的楷模。一同前往看望的还有北京林业大学党委书记吴斌、园林学院院长李雄、书记张敬以及中国科学院植物研究所北京植物园常务副主任、博士生导师王亮生研究员、北京园林学会秘书长徐佳等。

6月，北京林业大学硕士研究生景珊毕业，论文题目《地被茶菊花期改良育种研究》，指导教师李庆卫、陈俊愉。

6月8日，陈俊愉院士逝世，党和国家领导人胡锦涛、温家宝等发来唁电。

6月11日，《中国绿色时报》刊登铁铮《著名花卉院士陈俊愉与花长辞》。为中国花卉操劳、奔波了一辈子的中国工程院资深院士陈俊愉，6月8日10时58分与花长辞，享年95岁。陈俊愉院士是我国著名的园林学家、园艺教育家、花卉专家。他1940年毕业于金陵大学园艺系及园艺研究部。曾任四川大学园艺系讲师、复旦大学农学院副教授。1950年他在丹麦哥本哈根皇家农业大学园艺研究部获荣誉级科学硕士，连毕业典礼都顾不上参加，历尽千辛万苦，回到祖国

陈俊愉年谱

的怀抱。他曾在武汉大学、华中农业大学任教。1957年，他开始在北京林学院（现北京林业大学）任教，投身梅花品种驯化研究，40多年后他成了梅品种国际登录权威。他曾任该校园林系教授、系主任，中国风景园林学会副理事长、中国园艺学会副理事长、中国花协梅花蜡梅分会会长、国务院学位委员会第一、第二届林科评议组成员等。陈俊愉一生爱国、爱民，爱梅、爱生。他从20世纪80年代起，积极倡导一国两花（梅花、牡丹）。他用梅花精神，系统研究了中国梅花。他创立了花卉品种二元分类法，对中国野生花卉种质资源有深入的分析研究，开创了花卉抗性育种新方向，选育梅花、地被菊、月季、金花茶等新品种70多个，在金花茶育种及基因库建立、菊花起源及地被菊选育以及蔷薇、月季的引种、育种等方面，取得了丰硕的成果，获得了多次重大奖励，带来了巨大的生态效益、经济效益和社会效益。陈俊愉院士一生培养了大批园林专业人才，是我国最早的园林花卉硕士生导师、博士生导师。他著述甚多，著有《巴山蜀水记梅花》等书籍，主编出版了中国第一部大型梅花专著《中国梅花品种图志》，主编了《中国花经》《园林花卉》以及多部研究生和本科生教材，曾担任《中国大百科全书·农业卷》园艺分支副主编、《中国农业百科全书·观赏园艺卷》编委会主任。他笔耕不辍，撰写了百余篇论文。

6月12日上午10时，陈俊愉先生遗体告别仪式在八宝山革命公墓梅厅举行。中共中央总书记胡锦涛、国务院总理温家宝以及党和国家领导人习近平、李克强、朱镕基、李长春、张高丽、吴官正、刘延东、李源潮等都送了花圈。中国工程院、住建部、国家林业局以及来自全国各地园林、林业行业和梅花界同仁参加了追悼会和纪念活动。中国花卉协会会长江泽慧敬献了花篮，副会长姜伟贤、秘书长刘红一行参加了陈俊愉先生的遗体告别仪式，对陈俊愉院士的逝世表示沉痛哀悼，并对其家属表示慰问。《陈俊愉教授生平》：我国著名园林植物与观赏园艺学家、园林教育家、中国工程院资深院士、北京林业大学教授陈俊愉先生因病于2012年6月8日10时58分逝世，享年95岁。陈俊愉（1917—2012年），安徽安庆人，中共党员、民盟盟员、丹麦归侨。1917年9月，陈俊愉先生出生于天津，1921年随家南下，定居南京。1940年毕业于金陵大学园艺系。曾任四川大学园艺系讲师、复旦大学农学院副教授。1950年毕业于丹麦哥本哈根皇家农业大学园艺研究部，获荣誉级科学硕士。同年7月回国，先后担任武汉大学副教授、教授，华中农业大学园艺系教授兼系副主任，北京林业大学园林系教授兼系副主任、主任，曾兼任中国风景园林学会副理事长、国务院学位委员会第1-2届林科评议组成员、原林业部科学技术委员会委员、中国花卉协会梅花蜡梅分会会长等职务。1998年11月，陈俊愉先生及其领导的中国花卉协会梅花蜡梅分会被国际园艺学会授权为梅（含果梅）品种国际登录权威，成为获此资格的第一位中国专家。陈俊愉先生作为两院院士中唯一一位园林花卉专家，被人们亲切地称为"梅花院士"，为我国传统名花研究和花卉事业发展倾注了大量心血。他主编了《中国花经》《中国梅花品种图志》《中国农业百科全书·观赏园艺卷》及《中国花卉品种分类学》等著作，创立了花卉品种二元分类法的中国学派。他长期从事中国野生花卉种质资源研究，开创了花卉抗性（野化）育种新方向，并选育出梅花、地被菊、月季、金花茶等新品种70多个。作为园林植物专业第一位博士生导师，他投身园林教育半个多世纪，倾心育人，桃李满天下。他的逝世，是中国花卉园艺界的重大损失。

6月11日，《北林报》第474期第1版刊登《陈俊愉院士生平》。陈俊愉（1917—2012），安徽安庆人，中共党员、民盟盟员、丹麦归侨。著名园林植物与观赏园艺学家、园林教育家、中国工程院资深院士、北京林业大学教授、博士生导师。1917年9月，陈俊愉先生出生于天津，1921年随家离津南下，定居南京。他自幼喜爱花草树木，中学毕业时坚定报考了金陵大学园艺系。1940年在金陵大学毕业后留校担任园艺系助教，自此开始从事他梦寐以求的园艺研究。抗战期间，陈先生随金陵大学西迁至盛产梅花的成都，后任四川大学园艺系讲师，完成了《巴山蜀水记梅花》的研究。1947年，担任复旦大学农学院副教授，不久又考取了公费留学生，赴丹麦攻读花卉园艺学。1950年，毕业于丹麦哥本哈根皇家农业大学园艺研究部，获荣誉级科学硕士。同年7月，他毅然携妻带女回国，投身祖国的建设事业，先后担任武汉大学副教授、教授，华中农学院园艺系教授、系副主任。1957年借调北京林学院（现北京林业大学），后留任北京林学院园林系教授、系副主任、院科研生产处处长，兼任中国科学院北京植物园研究员。1979年后任园林系主任、名花研究室主任。曾兼任中国风景园林学会副理事长、中国园艺学会副理事长、国务院学位委员会第一、二届林科评议组成员、林业部科学技术委员会委员等职务。1969年陈先生随学院被下放到云南，直至1979年恢复正常工作。虽然当时面临资料遗散、图片丢失，选育的梅花抗寒品种也被付之一炬的窘境，但是凭着空前的热情，他组织全国各地的梅花专家

陈俊愉年谱

协作,仅用6年时间就完成了武汉、南京、成都、昆明等全国各地梅花品种的普查、搜集、整理,并进行了科学分类。他主编的《中国梅花品种图志》于1989年问世,这是中国,也是世界上第一部全面系统介绍中国梅花的专著,为展示中国独有的奇花并获得世界的承认奠定了学术基础。1991年,他主持的"中国梅花品种的研究———《中国梅花品种图志》"获国家科技进步三等奖、林业部科技进步一等奖及第6届全国优秀科技图书二等奖。1992年,他的论文《中国梅花的研究———中国梅花品种的分类》被中国园艺学会评为《园艺学报》30周年优秀论文。1996年,他出版了《中国梅花》,系统完成了中国梅花品种的研究。1998年11月,陈先生及其领导的中国花卉协会梅花蜡梅分会被国际园艺学会授权为梅(含果梅)品种国际登录权威,成为获此资格的第一位中国专家。从此,国际园艺协会不仅正式确认梅是中国独有的奇花,而且以梅花的汉语拼音"Mei"作为世界通用名称。2010年,他又出版了中英双语版《中国梅花品种图志》。陈先生不仅是"梅花院士",也对我国的其他传统名花研究倾注了大量心血。从1958年起,他对菊花起源展开研究并进行人工杂交,弄清菊花的栽培起源,完成了《菊花起源》书稿。1992年,他选育的地被菊新品种获北京市科技进步二等奖。1990年,他主持的"金花茶基因库建立和繁殖技术研究"获国家科技进步二等奖及林业部科技进步一等奖。1994年"金花茶等珍稀濒危花卉种质资源之保护与利用"获中华绿色科技银奖。作为国际梅花登录权威,陈俊愉先生开创了中国植物品种国际登录之先河。他主编了《中国花经》《中国农业百科全书·观赏园艺卷》及《中国花卉品种分类学》等著作,创立了花卉品种"二元分类"的中国学派。他长期从事中国野生花卉种质资源研究,开创了花卉抗性(野化)育种新方向,并选育出梅花、地被菊、月季、金花茶等新品种70余个。他为评选中国国花不遗余力,为弘扬中国花文化作出杰出贡献。陈先生是当今中国园林植物与观赏园艺学界泰斗,更是一位倍受尊敬的园林教育家,是中国园林植物与观赏园艺学科的开创者和带头人。作为园林植物专业第一位博士生导师,他投身园林教育半个多世纪,倾心育人、桃李满天下。其中,博士25人次,硕士31人次,本科生无计其数。他的学生多已是教授、研究员和高级工程师,成为我国园林事业的中坚力量。2011年陈先生荣获中国观赏园艺终身成就奖、中国风景园林学会终身成就奖,2012年获中国梅花蜡梅终身成就奖。《中国梅花品种图志》(2010)获2012年新闻出版总署"三个一百"原创图书奖。1991年,陈先生成为国务院第一批政府特殊津贴获得者。1997年，陈先生当选为中国工程院院士。1999年，荣获全国归侨、侨眷先进个人称号。

6月12日，由北京市公园管理中心、北京植物园、中国花协梅花蜡梅分会主办的陈俊愉先生追思会在北京植物园举行。北京市公园管理中心、北京植物园、中国花协梅花蜡梅分会的相关人士，全国各地曾师从于陈俊愉院士的硕士生、博士生代表及陈俊愉院士的生前好友参加追思会。参会者共同缅怀了陈俊愉先生爱国、博学、宽厚、勤奋、执着的人格魅力和严谨的治学精神。陈俊愉先生一生致力于花卉尤其是梅花的研究，经过多年努力，终于使"南梅北移"，将梅花生长线向北、向西推进上千公里。他的弟子评价："梅花在我国大江南北的成功种植，足以体现陈先生的梅花精神。"不仅如此，他在其他花卉研究方面也取得了重大成果。陈俊愉先生一生都把事业和工作放在第一位，为了科研不辞辛苦，每天繁忙，笔耕不辍。参加追思会的人员通过回忆陈俊愉先生生前的工作细节，对他无比勤奋的科研精神进行了高度评价。陈俊愉先生是园林教育家，是中国园林植物与观赏园艺学科的开创者和带头人，是园林植物专业第一位博士生导师。他投身园林教育事业50多年，倾心育人，桃李满天下。他的学生大多已是教授、研究员和高级工程师。陈俊愉先生一直教育学生"踏实做事，认真做人""千方百计""百折不挠"是他鼓励学生克服困难时用得最多的词。一位弟子回忆："陈先生不管多忙，对于学生的论文和各种学术报告，从文字到标点符号都要认真修改。"据北京市公园管理中心的负责人介绍，陈先生培养的学生业务能力、动手能力、创新能力都很强。对花卉事业挚爱一生，对园林教育满怀热情，"做人是智慧的，人生是完美的。"在陈俊愉院士追思会上，他的弟子这样评价。

6月，金荷仙、刘尧、刘青林《中国工程院资深院士、本刊顾问陈俊愉先生逝世》刊于《中国园林》2012年第6期69页。为中国花卉事业操劳、奔波了一辈子的中国工程院资深院士、本刊顾问陈俊愉先生，因病于2012年6月8日上午10时58分与花长辞，享年95岁。党和国家领导人胡锦涛、温家宝、李长春、习近平、李克强、刘延东、李源潮、张高丽、朱镕基、吴官正等对陈俊愉院士的逝世表示悼念，对其家属表示慰问。中央组织部、中国工程院、教育部、国家林业局、北京林业大学、中国林业科学研究院、中国风景园林学会等几百家单位发来唁电并送花圈，对陈先生的逝世表示哀悼。

8月，李庆卫、张启翔、陈俊愉《基于AFLP标记的野生梅种质的鉴定》刊于《生物工程学报》2012年第8期981~994页。

8月，《中国园林》2012年第8期《纪念陈俊愉先生》专栏，其中有王绍增《主编心语》、余树勋《痛失挚友陈俊愉》（5页）、王其超、张行言《怀念恩师陈俊愉院士》（6~7页）、黄国振《永远的怀念》（8页）、余善福《永远的怀念——追忆陈俊愉先生对我的教诲》（9~10页）、苏雪痕《忆恩师对我的培养》（11~12页）、李嘉珏《深切怀念恩师陈俊愉先生》（13~15页）、刘秀晨《永留梅香在人间——记陈俊愉院士》（16~17页）、陈秀中《梅花院士的梅花精神》（18~19页）、张启翔《花凝人生香如故——深切怀念陈俊愉院士》（20~22页）、马燕《待到山花烂漫时——纪念我的恩师陈俊愉先生》（23~24页）、王彩云《宗师的风范 伟大而平凡》（25~27页）、李树华《尊师教诲感染，学生受用终生》（28页）、俞孔坚《春风好雨 师道温润——我亲历的陈俊愉先生》（29~30页）、成仿云《先生永驻我心中》（31~32页）、金荷仙《不忘春风教，长怀化雨恩——怀念严师慈父陈俊愉先生》（33~34页）、包志毅《回忆恩师陈俊愉院士》（35页）、邵权熙、李惟、贾麦娥《梅馨书香留人间——怀念陈俊愉院士》（36~37页）、赵世伟《他的日程表上没有假日——怀念园林花卉专家陈俊愉先生》（38页）、胡永红《斯人已去，精神永存——追忆园林植物与观赏园艺学家陈俊愉先生》（39页）、陈瑞丹《永远的怀念》（40~41页）、李庆卫《梅花北移的理论与实践——纪念陈俊愉院士》（42~45页）、戴思兰《中国菊花的魅力》（46~48页）、陈龙清《蜡梅科植物研究进展》（49~53页）。

9月，陈俊愉主编，陈俊愉、王彩云、赵惠恩、周杰著《菊花起源》（汉英双语）由安徽科学技术出版社出版。

2013年

4月，《20世纪中国知名科学家学术成就概览·农学卷·第三分册》由科学出版社出版。国家重点图书出版规划项目《20世纪中国知名科学家学术成就概览》，以纪传文体记述中国20世纪在各学术专业领域取得突出成就的数千位华人科学技术和人文社会科学专家学者，展示他们的求学经历、学术成就、治学方略和价值观念，彰显他们为促进中国和世界科技发展、经济和社会进步所做出的贡献。农学卷记述了200多位农学家的研究路径和学术生涯，全书以突出学术成就为重点，力求对学界同行的学术探索有所镜鉴，对青年学生的学术成长有所启迪。本卷分四册出版，第三分册收录了43位农学家。其中86~97页成俊卿、205~215页关君蔚、230~237页陈俊愉等。

6月8日，在中国工程院院士、中国园林界一代宗师、北京林业大学教授陈俊愉先生逝世一周年的日子，北京林业大学举办"花凝人生——陈俊愉学术思想研讨会"，缅怀这位中国园林植物与观赏园艺学科的开创者与带头人爱国奉献的精神，号召全行业以陈俊愉为楷模，为实现美丽"中国梦"而努力。

6月，《农业科技与信息（现代园林）》2013年第6期刊登《纪念陈俊愉院士逝世一周年暨学术思想研讨会》专辑。包括刊首语包满珠《花凝人生》（1页）、王早生《在纪念陈俊愉院士逝世一周年暨学术思想研讨会上的讲话》（2~3页）、陈晓丽《在纪念陈俊愉院士逝世一周年暨学术思想研讨会上的讲话》（4~5页）、吴斌《在纪念陈俊愉院士逝世一周年暨学术思想研讨会上的讲话》（6页）、刘秀晨《永留梅香在人间——记陈俊愉教授》（7~9页）、王秉洛《引领学科巨匠 启迪德智导师——深切缅怀陈俊愉先生》（10~11页）、苏雪痕《陈先生教书育人的启迪》（12~13页）、程金水《陈先生金花茶研究的小故事》（14~15页）、杨赉丽《在纪念陈俊愉院士逝世一周年暨学术思想研讨会上的发言》（16页）、梁永基《在纪念陈俊愉院士逝世一周年暨学术思想研讨会上的发言》（17~18页）、张启翔《对陈先生学术思想的体会》（19~20页）、何济钦《在纪念陈俊愉院士逝世一周年暨学术思想研讨会上的发言》（21~22页）、吴桂昌《在纪念陈俊愉院士逝世一周年暨学术思想研讨会上的发言》（23~24页）、马玉《梅落风骨在 人去志犹存——陈俊愉院士园林职业教育思想体系回顾》（25~26页）、俞孔坚《在纪念陈俊愉院士逝世一周年暨学术思想研讨会上的发言》（27~28页）、俞善福《在纪念陈俊愉院士逝世一周年暨学术思想研讨会上的发言》（29~30页）、包满珠《在纪念陈俊愉院士逝世一周年暨学术思想研讨会上的发言》（31~32页）、包志毅《在纪念陈俊愉院士逝世一周年暨学术思想研讨会上的发言》（33~34页）、金荷仙《不忘春风教 长怀化雨恩——怀念严师慈父陈俊愉先生》（35~36页）、蒋晔《在纪念陈俊愉院士逝世一周年暨学术思想研讨会上的发言》（37~38页）、尤传楷《陈先生与安徽园林事业的发展》（39页）、邵权熙《在纪念陈俊愉院士逝世一周年暨学术思想研讨会上的发言》（40页）、彭少辉《一个晚辈眼中的园林大师》（41~42页）、张俊卫、包满珠《梅花研究进展》(43~45页)、张思娜、黄莹姗、丘波《梅花在梅州园林造景中的应用》(46~51页)、余金保、宫庆华、王峰、孙琴、林楠、徐建林、王文华《中山陵园植梅史考》(52~57页)、程杰《论梅花的"清气""骨气"和"生气"》(58~63页)、许联瑛《中国名人与北京梅花》(64~69页)、林雁《九重恩诏锡嘉名——林逋谥号之驳正》(70~76页)、刘青林《陈俊愉院士学术思想初探》(77~79页)、陈秀中《待到山花烂漫时,他在丛中笑——回忆父亲热心支持我研究梅花文化几件事》(80~86页)、何相达《"一国两花"与"中国梦"》(87~89页)、李化斓《怀念恩师陈俊愉先生——写在陈俊愉先生逝世一周年之际》(90~93页)。

12月,蔡邦平、陈俊愉、张启翔、郭良栋《云南昆明梅花品种根围丛枝菌根真菌多样性研究》刊于《北京林业大学学报》2013年S1期38~41页。

是年,杨乃琴辑《梅花院士——陈俊愉先生纪念集》由中国数图出版传媒集团荣誉出版。

● 2014年

1月,邱海明著《中国植物育种学家叶培忠》由文汇出版社出版,其中316~317页收入陈俊愉《追忆叶老教诲二三事》。

1月,刘先银著《梅花香自苦寒来——陈俊愉传》由江苏人民出版社出版。封面题记:他是中国观赏园艺学界泰斗,中国工程院资深院士,北京林业大学园林学院教授,中国园林植物与观赏园艺学科的开创者和带头人。他创造了中华梅花北移之奇迹,创立了进化兼顾实用的花卉品种二元分类法,开创了中国植物品种国际登录之先河,从而,树立了梅品种在国际植物登录的权威。这意味着规范梅品种的合法名称将由中国人来完成。他以花铭志,七十载潜心传统名花研究,弘扬中华灿烂文化,为评选中国国花不遗余力。他荣获中国观赏园艺终身成就奖,中国梅花研究终身成就奖,是一位倍受尊敬的园林教育家。

3月,已故中国工程院院士、北京林业大学教授陈俊愉主编《中国梅花品种图志》获中国新闻出版领域的最高奖——中国出版政府奖图书奖提名。《中国梅花品种图志》是世界上第一部全面系统介绍中国梅花的专著。该书以梅花品种为中心,搜集、整理中国梅花品种,将国外的品种也收录其中。书中介绍了每个品种的形态、花期、花色、结果状况、生态习性、亲本、育成者及国际登录者等有关该品种的详细信息，配有精美的彩色图片，向读者充分展示了不同梅花品种的观赏特色。此前，该书曾获国家科技进步三等奖、林业部科技进步一等奖、第六届全国优秀科技图书二等奖、新闻出版总署"三个一百"原创图书奖。2010年出版了中英双语版，中国出版政府奖每三年评选一次，旨在表彰和奖励国内新闻出版业的优秀出版物、出版单位和个人。

4月，中央电视台科教节目制作中心凤凰出版传媒集团联合打造"大家丛书"入选新闻出版总署"向全国青少年推荐的百种优秀图书"《梅花香自苦寒来——陈俊愉传》出版发行。

4月1日，中华梅园项目启动。响水湖长城景区位于怀柔区渤海镇，镇党委、政府对中华梅园项目十分重视，多次进行论证，和中华社会文化发展基金会签署了《战略合作协议书》。

9月21日，中华社会文化发展基金会梅花基金正式启动北京怀柔响水湖长城中华梅园建设。

● 2015年

4月，陈俊愉《通过远缘杂交选育中华郁金香新品种群》收入《美丽大丰 球宿花开——中国球宿根花卉2015年会论文集》108页。

4月，陈俊愉《通过远缘杂交选育中华郁金香新品种群》刊于《农业科技与信息（现代园林）》2015年第4期327页。

7月，陈俊愉、程绪珂《花花世界（中国花经节编）》收入《大匠之门北京画院专题资料汇编》211～226，210页；陈俊愉、程绪珂《富贵神仙品（中国花经节编）》收入《大匠之门北京画院专题资料汇编》229～247，227～228页。

9月，雷燕、李庆卫、李文广、景珊、陈俊愉《2个地被菊品种对不同遮光处理的生理适应性》刊于《浙江农林大学学报》2015年第5期708～715页。

9月，陈俊愉《鄢陵花卉·序》刊于《农业科技与信息（现代园林）》2015年第9期658～660页。

9月21日，纪念陈俊愉院士诞辰98周年暨陈俊愉园林教育基金成立大会在北京林业大学学研中心A座13层垂花门广场举行。以已故著名花卉专家陈俊愉院士名字命名的陈俊愉园林教育基金会在北京成立，这是我国第一个面向全国园林和观赏园艺专业教育和青年科技工作者设立的永久性定向奖励基金。基金面向

全国农林高校，奖励品学兼优的园林、园艺专业在校全日制普招本科生、脱产学习的研究生及40周岁以下的青年教师，激励他们刻苦钻研、锐意进取，推进我国园林园艺事业发展。基金管理办公地点设在北京林业大学园林学院，由29人组成的基金会管理委员会和由11人组成的基金评审委员会，基金会管理委员会由北京林业大学副校长张启翔担任主任，李雄、王平担任副主任，李庆卫担任秘书长；基金评审委员会由北京林业大学李雄教授担任主任、福建农林大学校长兰思仁和华中农业大学副校长高翅教授担任副主任委员。陈俊愉院士的夫人杨乃琴教授代表陈俊愉院士的家属感谢捐助单位和个人。

11月，蔡邦平、陈俊愉、张启翔、郭良栋、黄耀坚《应用AFLP分析梅根系与其根围土壤丛枝菌根真菌DNA多态性差异》刊于《菌物学报》2015年第6期1118～1127页。

12月，蔡邦平、陈俊愉、张启翔、郭良栋《北京梅花根围丛枝菌根真菌的群落组成与季节变化（英文）》刊于《北京林业大学学报》2015年S1期66～73页。

● 2016年

1月，陈有民主编《园林树木学》（第2版）由中国林业出版社出版。

● 2017年

2月13日，纪念陈俊愉先生诞辰100周年特别梅展暨陈俊愉与中国名花研究学术研讨会在合肥举办，会议旨在弘扬陈俊愉先生的梅花精神，促进中国名花研究，推动中国风景园林事业的发展，从而为践行生态文明，建设美丽中国作出贡献。会议由中国花卉协会梅花蜡梅分会、中国园艺学会观赏园艺专业委员会、合肥市林业和园林局共同主办，合肥植物园承办，《中国园林》杂志社、安徽省风景园林学会和合肥市风景园林学会协办，中国风景园林学会为支持单位。

4月1日，梅花文化与陈俊愉学术研讨会暨陈俊愉百年诞辰座谈会在北京植物园举办。北京林业大学教授、中国花卉协会梅花蜡梅分会会长张启翔、北京市公园管理中心总工程师李炜民、北京园林科学研究院总工程师、中国花卉协会梅花蜡梅分会副会长赵世伟、北京植物园党委书记齐志坚、北京植物园园长贺然以及来自各地的陈俊愉弟子、梅花专家、学者、生产者，陈俊愉的亲属等近40人参加活动。

9月，杨乃琴、陈秀中、金荷仙编《梅花人生：陈俊愉院士百年诞辰纪念文集》中国林业出版社出版。

9月21日，值陈俊愉先生百年诞辰之际，为纪念伟大的陈俊愉先生，弘扬、继承先生的优良品格，学校举行纪念陈俊愉先生百年诞辰的学术报告会。大会由北京林业大学、中国风景园林学会、中国园艺学会和中国花卉协会主办，由北京林业大学园林学院等17家单位联合承办。来自全国各地园林和观赏园艺教育、科研、生产实践和管理的企事业单位代表，陈俊愉先生家属和弟子代表、行业媒体代表以及学生代表200余人参会。校党委书记王洪元在开幕式上致辞。致辞中说，纪念陈俊愉先生对办好北林、办好北林园林学院和风景园林学科具有重大意义。陈先生有一个美称，叫"梅花院士"，他却自谦为"百花之仆"，陈先生九十载人生与中国花卉的命运紧紧相连，七十年事业为中国百花的繁荣呕心沥血，他为花奉献、为花奔忙，为花憔悴、与花同艳。他的爱国奉献、潜心致学、教书育人、为园林事业奋斗终身的高尚品格和光辉事迹，值得认真学习、继承和发扬。我们纪念陈俊愉先生，要学习他赤子报国，无私奉献的爱国情怀。1950年，从丹麦获得硕士学位后，先生历尽千辛万苦，克服重重阻碍，毅然携妻带女回国，投身祖国的建设事业。尽管在工作中几经坎坷沉浮，辗转云南十载，先生却不畏艰难，坚守信念，始终把爱党爱国铭记于心。在老人家89岁高龄时，他还走进党课教室，认真地告诉入党积极分子"做人、成家、干事业、为国家"是他的人生信条。我们纪念陈俊愉先生，要学习他事业为重，执着追求的拼搏精神。1979年，辗转10年之后，陈先生回到北京，当时已是62岁高龄，面临资料遗散、图片丢失，选育的梅花抗寒品种也被付之一炬的窘境，他凭着空前的热情，组织全国各地的梅花专家协作，仅用6年时间就完成了全国各地梅花品种的普查、搜集、整理和科学分类。1989年，72岁的陈先生主编的《中国梅花品种图志》问世，这是世界上第一部全面系统介绍中国梅花的专著，为展示中国独有的奇花并获得世界的承认奠定了学术基础。1996年，79岁的陈先生出版《中国梅花》，系统完成了中国梅花品种的研究。1997年，80岁的陈先生当选为中国工程院院士，成为中国园林花卉界唯一一名院士。1998年，81岁的陈先生被国际园艺学会授权为梅品种国际登录权威，成为获此资格的第一位中国专家。而直到陈先生病重住院，他还在医院为即将出版的《菊花起源》做最后的校注。陈先生终其一生为园林，充分体现了一名共产党员对祖国、对人民无限热爱的赤子之心。我们纪念

陈俊愉先生，要学习他潜心致学、勇于创新的学术风范。陈先生是当今中国园林植物与观赏园艺学界泰斗，是中国园林植物与观赏园艺学科的开创者和带头人。这位老人用半个世纪的奋斗终结了一个自然现象——自古梅不过黄河。如今梅花不但飘香大江南北，而且开始推广到北欧、北美及世界各地。陈先生在园林植物品种分类体系中独创的"二元分类"学术思想，为中国花卉资源整理、分类研究、结合应用指明了方向；陈先生提出了"传统名花产业化""中国名花国际化""世界名花本土化"的战略思想，志在把中国从"花卉资源大国"变成"花卉强国"；陈先生率先为我国"双国花"的评选呼吁呐喊，提高了社会大众对花卉的关注度，极大促进了花卉产业文化的繁荣与发展。我们纪念陈俊愉先生，就是要学习他教书育人、诲人不倦的崇高师德。陈先生是一位倍受尊敬的园林教育家，作为园林植物专业第一位博士生导师，他投身园林教育半个多世纪，倾心育人、桃李满天下。他的学生多已是教授、研究员和高级工程师，成为我国园林事业的中坚力量。作为一名教师，陈先生勤于治学，也重在育人。他在《九十感言》中第一条就说："教书先要教人，要把爱国主义教育贯彻到教学和科研中去"。他身体力行，也一直是这样做的。2007年，90岁高龄的陈先生给500名林大新生做入学讲座，老先生坚持站着讲了四个小时，从"仁义礼智信、德智体美劳"十个方面给学生上了大学第一课，得到学生们的热烈反响。为弘扬和传承陈先生的精神和学术思想，其家属和弟子翻译、整理、出版了《中国梅花图志（英文版）》《纪念陈俊愉院士百年诞辰集》《中国乃世界花园之母》三套图书，在大会开幕式上发布。

6月，Chen Junyu "*China Mei Flower（Prunus mume）Cultivars in Colour Focuses on Mei Cultivars in China*"《中国梅花品种图志（英文版）》由中国林业出版社出版。

9月，威尔逊著，包志毅主译，陈俊愉译审《中国乃世界花园之母》由中国青年出版社出版。

● 2019年

6月10日，陈俊愉院士梅花精神研讨会在北京林业大学园林学院举办。北京林业大学副校长李雄，国家花卉工程技术研究中心主任张启翔，党委宣传部、园林学院党政领导班子成员、园林植物学科教师及学生代表出席会议。副校长李雄高度评价了陈俊愉先生爱国奉献、潜心致学、教书育人、为园林事业奋斗终身的高尚品格和光辉事迹。他指出，陈俊愉先生九十载人生与中国花卉的命运紧紧相连，七十年事业为中国百花的繁荣呕心沥血，他为花奉献、为花奔忙，为花憔悴、与花同艳。我们今天学习、传承和发扬陈俊愉精神，就是要学习陈俊愉先生赤子报国、无私奉献的爱国情怀；事业为重、执着追求的拼搏精神；潜心致学、勇于创新的学术风范；教书育人、诲人不倦的崇高师德，为中国风景园林事业的发展共同努力。

9月21日至12月22日，为缅怀陈俊愉先生辉煌的学术成就、创新的学术精神、笃实的教育理念，中国园林博物馆举办"只留清气满乾坤——陈俊愉院士园林成就展"。9月21日，陈俊愉院士诞辰102周年之日，"只留清气满乾坤——陈俊愉院士园林成就展"在中国园林博物馆开幕，陈俊愉院士家属陈秀禾女士、陈秀伍女士、陈天力先生、刘列平先生、陈瑞丹女士等16人；国务院参事刘秀晨先生、北京市公园管理中心张亚红副主任、国际园艺生产者协会副主席张启翔教授、北京林业大学园林学院王向荣院长、苏雪痕教授、中国风景园林学会贾建中秘书长，陈俊愉院士的学生代表、生前友人，部分生前合作单位的代表，以及在京高校学生等150余人参加开幕活动。展览旨在缅怀陈俊愉先生辉煌的学术成就、创新的学术精神、笃实的教育理念。分为"梅菊情缘 以花铭志""勤育百花 守正出新"与"香溢四海 大家风范"三个部分，展出了陈俊愉院士的手稿、笔记、题词、著作、藏书以及相关图片和视频等资料三百余件（套），多数书稿、笔记和题词为首次对公众展出。本次展览由中国园林博物馆、北京林业大学、中国风景园林学会共同主办，北京林业大学园林学院、中国花卉协会梅花蜡梅分会、中国园艺学会观赏园艺专业委员会、《中国园林》杂志社、合肥植物园等单位协办。

关君蔚年谱

关君蔚（自北京林业大学）

关君蔚年谱

- **1917年（民国六年）**

    5月23日，关君蔚（Guan Junwei），原名关枢，满族，出生于辽宁省沈阳市，排行三，上有一哥一姐。祖父关恩祥，隶属于正蓝旗；父关海清中举后被保送京师大学堂深造，毕业后任沈阳高等师范学校校长。

- **1919年（民国八年）**

    10月22日，董莉生。

- **1920年（民国九年）**

    是年，关枢入私塾。

- **1924年（民国十三年）**

    是年。关枢父关海清病逝。关海清（1881—1924年），字果忱，辽宁省沈阳县人。毕业于京师大学堂，攻读文学、教育、法政、经济诸学科，兼通英、日、俄三国语言文，因学业优秀，被奖以举人衔，并授内阁中书职。1909年（宣统元年）回原籍办学，任奉天高等学堂监督兼师范、法政学堂教员。清朝末年，官至花翎二品衔补用知府。1912年（民国元年）春，任奉天法政学堂监督。他勤于治校，极力扩充名额，四年之间毕业生达3000人以上。1916年春，被委任军民两署秘书，仍兼奉天外国语专门学校校长。1918年3月，被任命为外交部特派奉天交涉员，兼奉天关监督。1922年（民国十一年）为配合"新学制"的实行，奉天省教育厅特设教科书编审处，关海清任总纂，谢荫昌任副总纂，并拟定了编审大纲、编审规程和办事规则。在总纂和副总纂的领导下，教科书编审处根据新学制的总体要求和各类学校以及各学科的具体特点，进行各科教科书的编写与审定。关海清作为总纂遵照代省长王永江的指令，在编写通行教科书的同时，又注重在编写一些奉省乡土教材中，酌量增添职业教育内容，从而加强了职业教育，同时注意国民学校与预科中学与师范教材的衔接，使各科形成教材体系，进而使学制改革得以顺利实施。

- **1926年（民国十五年）**

    是年，关枢以同等学历进入沈阳市立第三小学读高小。

1928 年（民国十七年）

是年，关枢考入奉天省立第一高级中学。

1931 年（民国二十年）

9月18日，日本在中国东北蓄意制造并发动侵华战争，"九·一八事变"爆发，奉天省立第一高级中学解散。

1932 年（民国二十一年）

是年夏，关枢转入奉天省立第二工科，攻读采矿冶金本科。

1934 年（民国二十三年）

是年，关枢从奉天省立第二工科毕业，考入日本南满洲铁道株式会社熊岳城农事试验场技术培训班，改学园艺。

1936 年（民国二十五年）

是年，关枢从熊岳城农事试验场技术培训班毕业后在熊岳城农事试验场从事园艺温室技术工作。

9月，关枢考取"满洲国"公费留日东京农工大学。东京农工大学（とうきょうのうこうだいがく，Tokyo University of Agriculture and Technology），前身为1874年日本内务省设立劝业寮内藤新宿派出所农事修学场和蚕业试验科，1890年至1935年为东京帝国大学（今东京大学）农学部，1935年迁往府中独立办校东京农工大学，1949年改为新制东京农工大学，2004年升为日本国立大学。

是年，关枢从新京（长春）留日学生预备学校毕业，赴日本东京农工大学林学科学习。

1940 年（民国二十九年）

3月，任承统拟定《勘定水土保持实验区之调查计划大纲》，开创中国的试验研究和观测工作。任承统（1898—1973年），山西省忻县人，水土保持学家，中国水土保持科学研究的主要奠基人。1920年考入南京金陵大学林科，1923年金陵大学毕业。1922—1927年，任承统与李德毅、沈学礼等，随美国罗德民博士进行科学研究，为了研究来源及防治方法，历时6年，1923年在河南、陕西、山西等地调查森林植被与水土流失的关系，1924—1925年在山西进行水土流失的试验，1926年在山东进行雨季径流和水土流失的研究。1933年9月1日黄河水利委员会成立，下设林垦组，1940年该组扩大为林垦设计委员会，任承统任常务委员兼总干事。他们在西北经过3年勘查后，认为水土保持为西北建设之根本。凌道扬和任承统于1943年4月在《林学》上联名发表《西北水土保持事业之设计与实施》，推动了以防止冲刷、保持农田、涵养水源、改进水利等工作。1940年后，他在黄河中游调查渭河流域森林、水利及土壤侵蚀情况，与凌道扬、黄希州等在甘肃着手筹办土壤侵蚀试验示范工作。1940年3月，他拟定了《勘定水土保持实验区之调查计划大纲》，开创中国的试验研究和观测工作，创建早期的水土保持实验区，提出了比较系统的水土保持治理措施并组建水土保持管理机构，为水土保持事业做出了重要贡献。

● 1941年（民国三十年）

3月，关枢从日本东京农工大学林学科毕业，获技术士。之后回国，改名为关君蔚。根据《日本技术士法》（1957年5月20日，第124号法律），该法所称"技术士"，是指接受第十四条的登录，使用技术士名称，就科学技术（从事人文科学工作的除外）方面需要具备高等专门应用能力，可以承担计划、研究、设计、分析、试验、评价或指导关于此等业务（在其他法律中，对其所进行的业务受到限制者除外）的工作者。

● 1942年（民国三十一年）

5月，关君蔚受聘为伪华北行政委员会教育总署直辖编审会实业组编审兼秘书，编辑农业职业学校教材。

7月，关君蔚被聘为北京大学农学院森林系副教授，主讲森林经理、防砂工学、测树学和木材化学等课。

● 1943年（民国三十二年）

4月，国民政府行政院组织农林部、水利委员会、甘肃省建设厅等有关单位，成立西北水土保持考察团，邀请罗德民为行政院顾问共同考察。参加该团考察的国内水土保持工作者有张乃凤、蒋德麒、梁永康、傅焕光、叶培忠、冯兆麟、章元义、陈迟。该团从四川出发,到双石铺、宝鸡、天水、西安、荆峪沟、大荔、黄龙山、泾阳、六盘山、华家岭、兰州、西宁、湟源、三角城、永昌等地,历时7个多月,行程1万余公里,沿途对有关水土流失现象、水土保持群众经验、土地利用及其对水土流失的影响等方面,都做了调查和记载,并拍摄了照片。考察途中,罗德民三次去天水,帮助筹建了农林部天水水土保持实验区,指导该区拟定了工作计划、选择试验场地、设计布置试验项目,举办了为期1个月的西北水土保持讲习班。同时还拟定了中国开展水土保持工作的设想,起草了《农林部渭河上游水土保持十年计划方案》。考察结束后,罗德民发表了《西北水土保持考察报告》。根据罗德民的建议,1943年曾从美国运来一批仪器设备,在天水实验区开展实验工作,并派遣有关科技人员去美国进修,为黄河流域开展水土保持科学研究起了奠基作用。

6月1日,关君蔚《植物荷尔蒙实例》刊于《每月科学》1943年第6期12页;同期,关君蔚、洪运生《农艺增产》刊于27页。时关君蔚任新生农艺社社长。

7月,关君蔚、洪运生《农艺增产》刊于《每月科学画报》1943年第3卷第7期28页。

8月,奇昶、洪运生、关君蔚《种植山芋的利益》刊于《每月科学画报》1943年第3卷第8期28页。

10月,沛公、洪运生、关君蔚《玉米栽培杂话》刊于《每月科学画报》1943年第3卷第10期28页。

11月,克英、关君蔚《羊乳与乳用羊》刊于《每月科学画报》1943年第3卷第11期28页。

是年,关君蔚和董莉在北平结婚。

● 1944年(民国三十三年)

5月,关君蔚《我的童年与科学》刊于北京《国民杂志》1944年第4卷第5期32~33页。

6月,关君蔚《漫画与木刻:望组长;画图》刊于北京《新少年》1944年第4卷第6期4页;同期。关君蔚、白石《少年科学讲座:水电故事》刊于

19~22页。

9月,《每月科学画报》1943年第3卷第9期32页刊登《关君蔚:现任教育总署编审会编审》。

• 1945年(民国三十四年)

3月,新生农艺社《新农业》月刊创刊,关君蔚任主编,地址北京市内五区草厂大坑三十二号。

8月,关君蔚《我和子万(王子万)》刊于《新农业》1945年第1卷第6期15页。

是年,沦陷区日伪"北京大学农学院"中国籍教员教授(15人):蒋丙然(院长兼农化系主任)、贺俊峰(农艺系主任)、白埰(林学系主任)、张贽(畜牧系主任)、彭望恕、曲泽州、唐荃生、夏元瑜、钟仕楫、赵国珍、周文彬、邢允范、张聘三、萧鸿麟、贾玉钧;副教授(6人):贾振雄、杨兆丰、关君蔚、王敬串、付伯纯、王寿櫺。

8月,日本宣告无条件投降。民国教育部在北平设立的学校用以甄审沦陷区的大学生,北平临时大学补习班即主要由该校改组而来,即该校原理学院改组为第一分班,文学院为第二分班,法学院为第三分班,农学院为第四分班,工学院为第五分班,医学院为第六分班,又将(伪)北京师范大学列为第七分班,(伪)北京艺术专门学校为第八分班。关君蔚被北京大学第四分班续聘为副教授。北平大学复校后,负责接收北平临时大学补习班第一、二、三、四、六分班;第五分班改为北洋大学北平部,后于1947年也并入北平大学。1946年,北平师范大学复校后,改称北平师范学院,接收北平临时大学补习班第七分班。

12月,晋冀鲁豫边区政府决定组成以杨秀峰为主任的北方大学筹备委员会。

• 1948年(民国三十七年)

3月,席成藩《华南红壤之合理利用与水土保持》刊于《土壤》1948年第7卷第1期27~32页。

是年,联合国粮农组织《世界土壤保持》"*Soil Conservation—International study*"由美国华盛顿:联合国粮农组织农业研究(第4册)刊印,其中中国部分由蒋德麒编著。蒋德麒,江苏省昆山县公桥镇人,1908年10月24日生,有

关君蔚年谱

蒋德龙、蒋德麒、蒋德麟兄弟三人。1927年中学毕业后入南京金陵大学农学院学习农艺。1931年到陕西关中地区的永寿、草滩一带,调查荒地的利用和改良。1933年又到陕西筹办"西北农事试验场"。1934年大学毕业后,曾任上海银行西安分行农业课主任兼陕西棉产改进所技士,在关中进行推广改良棉种和棉花产销合作工作。1936年任全国稻麦改进所技士,在南京、开封、宿县等地从事推广改良小麦工作。1937年他去美国明尼苏达大学研究院学习,1938年毕业获得农学硕士学位,之后绕道香港回国,到中央农业实验所任职,负责战区安置难民工作。他先后调查了陕北、关中、川北荒地,还专程去陕、甘、宁边区延安考察荒地开垦,并参观了抗大、鲁艺学院等。1940年他在陕西筹办改良作物品种繁殖场(后改为西北农业推广繁殖站)兼任主任。1943年参加西北水土保持考察团,在陕、甘、青考察。1944—1945年常驻天水,兼任农林部水土保持实验区技正,协助实验区进行试验研究。1947年,他第二次赴美参加扬子江(长江)三峡建设工程设计,并到联合国粮农组织参加《世界土壤保持》(中国水土保持部分)的编辑工作。此后,他利用生活费的节余和打零工的收入,到美国东部、中西部、西南部30多个州考察了水土保持;收集了美国各州农业、水土保持试验站,径流试验场,保土植物种苗试验场等单位的大量有关水土保持的资料,寄回祖国,1949年2月回国。中华人民共和国成立后,蒋德麒任华东农业科学研究所农业技师兼土壤系副主任、主任,在南京进行水土保持耕作试验,协助安徽省建立大别山林区管理处和筹建山东省鲁中南山区水土保持试验点。为了实现开发西北,根治黄河的志愿,他于1953年申请调到西安,任黄委会西北工程局农业技师,负责水土保持科研管理工作。1957年被调到郑州黄河水利委员会水利科学研究所水土保持研究室任农业技师兼主任,从事有关黄河中游水土保持的试验工作。1957—1958年,参加中国科学院黄河中游水土保持综合考察队,在陕、晋、甘、宁地区进行考察。1963年,他在参加全国农业科技会议期间,主持讨论编制了《全国农业科学技术发展规划》中的水土保持一项,为后来的水土保持科学技术的发展提供了蓝图。1964年为了加强黄河中游水土保持工作的领导,国务院水土保持委员会在西安设立黄河中游水土保持委员会,他被调任该委员会科技处农业技师,协助科技管理工作。1971—1990年历任陕西省水土保持局技术科工程师、革委会副主任、总工程师、教授级高级工程师、陕西省水电局副总工程师,主要负责全局、全省水土保持科学技术的管理和指导工作。此外,他还积极参加各种学术和社会活动，曾任第二届全国人民代表大会代表，第五、六届全国政协委员，九三学社西安分社委员会委员，陕西省水利学会常务理事，中国水利学会泥沙专业委员会副主任委员，中国农业工程学会理事、顾问等。任《中国大百科全书》农业卷编委会委员和《中国农业百科全书》水利卷水土保持分支学科副主编。1985年被推选为中国土壤肥料研究会学术顾问，1988年被聘为世界水土保持学会名誉会员，1990年7月退休，仍担任中国水土保持学会名誉理事长、黄委会黄河志学术顾问、陕西省水土保持勘测规划研究所高级学术顾问等职。1994年去世。

● 1949年

7月，关君蔚被聘为河北农学院森林系副教授，在河北农学院首开水土保持课程。

是年夏，关君蔚和董莉的女儿关念林出生，林巧稚医生接生。

10月1日，中央人民政府林垦部成立。

12月，关君蔚拟任林垦部造林科科长，未就。

12月，陈恩凤撰《水土保持学概论》（复旦大学丛书）由商务印书馆出版。陈恩凤（1910—2008年），江苏省句容县人，中国共产党党员，九三学社资深社员，我国著名土壤学家、农业教育家和社会活动家，我国土壤学学科主要奠基人之一，沈阳农业大学土壤农化学科创始人。1933年毕业于南京金陵大学农学院，1935—1938年在德国利康尼斯伯格大学（Konigsberg University）留学，获理学博士学位；1938年回国后任中央地质调查所土壤研究室技师；1940年任中国地理研究所副研究员；1943年任复旦大学农学院教授、农艺系主任；1952年全国高等学校院系调整，他随复旦大学农学院师生一道来到沈阳农学院，任沈阳农学院土壤农化系主任；1954年起兼任中国科学院林业土壤研究所（现为中国科学院沈阳应用生态研究所）研究员；1957年任沈阳农学院副院长；1978年任沈阳农学院院长；1945年参与组建中国土壤学会，历任理事、常务理事、副理事长、顾问等职；1957年创办中国土壤学会刊物《土壤通报》并任主编；1963年领导组建沈阳市及辽宁省土壤学会并历任理事长及名誉理事长。他多次参加国际学术活动，推进中外学术交流，他完成一批重点科研课题，其研究成果多次获得省部级科技进步奖。

1950 年

2月21日，经中共中央华北局批准，河北省委组织部调保定市市长李泽民任河北农学院院长，关君蔚被聘为河北农学院森林系副教授。

8月，河北省宛平县（北京市门头沟区）百花山下的清水田寺村遭受山洪泥石流袭击，关君蔚副教授闻讯前往调查。

8月，黄文熙《黄河流域之水土保持》（早期黄河研究资料丛编）由美丰祥印书馆出版。

8月，原著者黄文熙、翻译者陈湛恩《黄河流域之水土保持》（黄河研究资料汇编第五种）由中华人民共和国水利部南京水利实验处出版。

是年，关君蔚率河北农学院学生参加河北省西部的沙荒造林，在冀西沙荒造林局的领导下，参加无极、新乐、藁城等县的沙荒造林和治理水土工作。

1951 年

9月，在河北省农学院林学系关君蔚副教授的指导下，采取谷坊工程与造林封山相结合的措施，对清水小区田寺村东沟2250亩进行水土保持综合治理，效果显著。

1952 年

5月，冀西沙荒造林局与河北农学院副教授关君蔚及冀西沙荒造林局陈安吉等5人，到磁河上游的灵寿县调查山区森林资源概况、封山育林经验、水土流失程度及荒山造林应有措施等，写出了灵寿山区发展林业考察总结报告。

9月至11月，华北行政委员会农林局邀请中国科学院研究员郝景盛、河北农学院森林系副教授关君蔚、张海泉及该局林牧处干部4人，组成华北林业勘察团，赴绥远省、察哈尔省、平原省、山西省、河北省进行勘察，写出了《华北区林业勘察报告》，针对草原农牧区、山区、河川平原区、沿海区、沙区的自然条件、气候特点、主要自然灾害、林业现状等情况提出了发展林业的意见。

10月16日，由北京农业大学森林系与河北农学院森林系合并为北京林学院，北京林学院召开全院教职工大会，副院长杨纪高宣布成立森林经营、森林工业、森林植物、造林4个教研组，校址大觉寺。北京林学院在制订林业专业教学计划时，水土保持已被纳入为重点专业课程之一，关君蔚调入北京林学院任副教授,继续主讲这门课程。

• 1953 年

4 月,冯兆林、侯治溥、崔友文、关君蔚、刘大同、徐叔华、叶培忠《第六讲 牧草的栽培》刊于《农业科学通讯》1953 年 07 期 302～306 页。

6 月,关君蔚《开展山区生产工作的几点体会》刊于《中国农报》(半月刊)1953 年第 12 期 186～189 页。

7 月,黄河水利委员会水土保持查勘第一队《无定河流域水土保持查勘报告》(1～3 册)由黄河水利委员会水土保持勘测队刊印。

7 月 23 日,关君蔚参加北京林学院第一届毕业生典礼全体师生合影。

8 月,冯兆林、侯治溥、崔友文、关君蔚、刘大同、徐叔华《特来沃颇利耕作法通俗讲座 第七讲 实行草田轮作中的几个具体问题》刊于《农业科学通讯》1953 年 08 期 353～356 页。

11 月,东北行政委员会农业局特产处编《山地果园水土保持及山平地栽培情况调查报告》由中华书局出版。

是年,关君蔚任北京林学院造林、森林改良土壤教研室主任。

是年,关君蔚《华北五省防护林调查研究报告》由华北行政委员会刊印。

是年,关君蔚先生专程到永定河,开展流域调查研究。

• 1954 年

1 月,关君蔚《第十讲 从北方山区生产展望特来沃颇利耕作法》刊于《农业科学通讯》1954 年第 1 期 44～47 页。

6 月,关君蔚《"组织起来,提高生产"推行草田耕作制》刊于《生物学通报》1954 年第 6 期 7～9,49 页。

7 月,西北水土保持考察团编《西北水土保持考察团工作报告》由考察团刊印。

12 月,《黄河综合利用规划技术经济报告参考资料》(水土保持)由黄河规划委员会刊印。

是年,关君蔚申请加入中国共产党。

1955 年

1月23日至2月6日，由全国科联农林学科各专业学会联合组织的北京西山造林问题学术讨论会在京召开，在京工作的中国林学会40余名专家出席，毛庆德、侯治溥、关君蔚、李继侗4人，分别对北京西山的生态环境、立地条件、造林技术措施和加强西山造林试验研究等问题作了专题报告，及时地配合市委、市政府提出三年（1955—1957年）绿化小西山的规划。

7月，《林业科学》"Scientia Silvae Sinicae"由中国林学会和林业部林业科学研究所共同主办，中国林业出版社出版。

7月，《林业科学》1955年第1期128～129页刊登《全国科联农林学科1955年学术讨论会林学会总结报告》。1955年2月5日专题讨论林学会的专题讨论会：北京西山造林问题，出席48人，暂限于北京分会会员。报告和讨论时间，共分四天进行。专题内容分四部分。第一部分：北京西山过去造林情况和设计问题，报告人北京农林局毛庆德。第二部分：北京西山既往造林试验概述，报告人林业科学研究所侯治溥。第三部分：北京市京西矿区划分农林牧区和林业工作上的意见，报告人北京林学院关君蔚。第四部分：北京西山的森林生态，报告人北京大学生物系李继侗。

10月，关君蔚、王林、殷良弼《北方岩石山地划分农林牧区的意见》刊于《林业科学》1955年第2期1～10页。

1956 年

2月，关君蔚《保持水土多造林》由中国林业出版社出版。

9月，慈龙骏从北京林学院毕业，考入北京林学院森林改良土壤专业研究生班学习，师从关君蔚，主攻森林改良土壤学。

10月，（苏）格拉西莫夫（И.П.Герасимов）等著，叶蒸、刘华训译《现代侵蚀地形与水土保持》由科学出版社出版。

12月，М.Н.札斯拉夫斯基《黄河及永定河流域土壤侵蚀情况有关研究土壤侵蚀规划和开展水土保持工作的几个问题》由水利部农田水利局刊印。

1957 年

4月，北京林学院关君蔚副教授等完成《不同结构林带的防护效果》，起止

时间 1956 年 11 月至 1957 年 4 月。

5 月 24 日，国务院举行第 49 次全体会议，通过《水土保持暂行纲要》并决定设立全国水土保持委员会，负责领导全国水土保持工作。任命陈正人为主任委员，傅作义、梁希、竺可桢、刘瑞龙为副主任委员，罗玉川、李范五、张林池、何基沣、冯仲云、魏震五、屈健、马溶之为委员。

6 月，中国科学院黄河中游水土保持综合考察队编辑《山西西部水土保持调查报告》由科学出版社出版。

8 月，（苏）哈利托诺夫《森林草原地带森林的水土保持利用》由中国林业出版社出版。

11 月，北京林学院造林、森林经营两系合并为林业系，设林业专业的基础上，增设森林经营、森林土壤改良、森林保护 3 个专业。

11 月，国务院水土保持委员会《水土保持名词统一解释（草稿）》由河南省水利厅水土保持局刊印。

12 月 4 日至 21 日，国务院水土保持委员会召开全国第二次水土保持会议，会议决定要在高校设立水土保持专业，由北京林学院承担。

12 月，北京林学院科学研究部《北京林学院科学研究集刊》（1957 年）刊印。《北京林学院科学研究集刊》目录：王林、迟崇增、王沙生《不同播种期不同抚育次数对栓皮栎幼林生长的影响》1～10 页，徐明《核桃的良种选育（1957 年 5 月 31 日在本院第一次科学研究报告会上报告）》11～32 页，高志义《华北松栎混交林区石质山地的土壤和立地条件》33～60 页，关君蔚、高志义《妙峰山实验林区的立地条件类型和主要树种生长情况（预报）》61～87 页，关君蔚、陈健、李滨生《冀西砂地防护林带防护效果观测报告》88～102 页，关君蔚《关于古代侵蚀和现代侵蚀问题》103～115 页，陈健《贴地气层温度和湿度的几种特性》116～128 页，李驹《拉丁学名的命名及其在科学研究上的重要性》129～140 页，马太和《土壤运动形式》141～145 页，张正昆《带岭凉水沟的林型和林型起源》146～161 页，李恒《云南西北部地区的林型问题》162～172 页，于政中《我国森林经理的发展概况》174～185 页，申宗圻《压缩木的研究》186～194 页，黄旭昌《云杉八齿小蠹生活习性初步观察》195～200 页，邓宗文《东北和内蒙古林区森林防火调查研究试验研究简报及对防火措施的意见》201～210 页。

12月，国务院山区生产规划办公室编《山区生产规划资料汇编 第2辑》由国务院山区生产规划办公室刊印，其中183～200页收入北京林学院关君蔚、王林、殷良弼《北方岩石山地划分农林牧区的意见》。

是年，关君蔚受聘为中国科学院沈阳林业土壤研究所兼职研究员，至1966年。

是年，全国林业大专院校专业委员会成立水土保持专业委员会，关君蔚作为主任委员，主持研究并制定专业、课程设置和教学大纲等，并主持全国林业大专院校水土保持专业教材编审委员会的工作。

● 1958年

4月，北京林学院行政会议决定将森林改良土壤专业改为水土保持专业。

4月，水利电力部黄河水利委员会编《水土保持》（上下册）由科学普及出版社出版。

5月，国务院水土保持委员会办公室《中国土壤侵蚀图及其有关资料》刊印。

6月，国务院水土保持委员会办公室《水土保持技术措施》（水土保持丛书）由水利电力出版社出版。

7月，А.С.科兹缅科（А.С.Козменко）著，叶蒸、丁培榛翻译，刘东生审校《水土保持原理》由科学出版社出版。

8月，中国科学院黄河中游水土保持综合考察队编《黄河中游黄土高原地区的调查研究报告 第一号 黄河中游黄土高原的自然、农业、经济和水土保持土地合理利用区划》由科学出版社出版。

10月，关君蔚《荒山造林》由中国林业出版社出版。

11月，中国林业出版社编《园林化规划参考资料》（内部资料）由中国林业出版社出版。

12月，关君蔚《关于石质山地编制立地条件类型表及造林类型工作几点意见》收入林业部造林设计局编、中国林业出版社出版《编制立地条件类型表及设计造林类型》（造林技术设计资料汇编 第二辑）26～92页。

是年，经过五年的调查研究，在北京市门头沟区西斋堂村建立了国内第一个水土保持工作站，它的建立为治理永定河山峡水土流失，预防泥石流灾害发挥了重要作用。

是年，关君蔚主编，毛培琳、陈燕芬合编《大地园林化规划设计》刊印。

● 1959 年

1月，中国科学院黄河中游水土保持综合考察队编《黄河中游黄土高原地区的调查研究报告 第四号 水土保持水利措施》由科学出版社出版。

2月，辛树帜《我国水土保持的历史研究（初稿）》刊于《科学史集刊》1959年第2期31～72页。

4月，北京林学院《日汉林业名词》由科学出版社出版。北京林学院《日汉林业名词》编译小组由陈陆圻、孙时轩、徐化成三人负责，于政中、申宗圻、任宪威、李驹、汪振儒、周仲铭、范济洲、马骥、关玉秀、关君蔚、张执中、张增哲、曹毓杰、钟振威参加校订。

4月，中国科学院黄河中游水土保持综合考察队编《黄河中游黄土高原地区的调查研究报告 第三号 黄河中游的农业》由科学出版社出版。

4月，中国林业出版社编《大地园林化 第一辑》由中国林业出版社出版。

4月，中国林业出版社编《大地园林化 第二辑》由中国林业出版社出版。

6月，科学史集刊 第2期出刊，其中收入辛树帜《我国水土保持的历史研究（初稿）》。辛树帜（1894—1977年），著名农业教育家、生物学家和农史学家。1894年8月8日生于湖南省临澧县，1977年10月24日卒于陕西省西安市。1919年毕业于武昌高等师范生物系，1924年赴英国伦敦大学和德国柏林大学专攻植物分类学。1927年回国后，历任中山大学生物系教授和系主任、国立编译馆馆长、西北农林专科学校校长、中央大学教授兼主任导师、兰州大学校长等职。1949年后任西北农学院院长、中国动物学会副理事长。30年代主要从事生物学研究，曾组织生物采集队首次在广东北江瑶山、广西大瑶山等地采集了3万号植物标本以及上万号鸟类、兽类、爬虫类和两栖类标本；建立了中山大学动物、植物标本室；标本中以辛氏命名的生物新种有20多种。50年代起主要致力于中国古代农业科学遗产的整理研究，曾系统地提出整理古农书的建议，倡导建立了西北农学院的古农史研究室。著有《中国果树历史的研究》(1962)、《易传分析》(1958)、《禹贡新解》(1964)、《中国水土保持历史的研究》(1964)等，并主编《中国水土保持概论》(1982)。

6月，布拉乌捷克著，何永杰译《水土保持林的栽种》由科学出版社出版。

8月，中国科学院黄河中游水土保持综合考察队编《黄河中游黄土高原地区的调查研究报告 第二号 畜牧生产与水土保护》由科学出版社出版。

8月，中国科学院黄河中游水土保持综合考察队编《黄河中游黄土高原地区的调查研究报告 第五号 黄河中游的林业》由科学出版社出版。

9月，华东华中区高等林学院（校）教材编审委员会编著《水土保持学（初稿）》由中国林业出版社出版。

12月，北京林学院、辽宁建平、河北徐水、北京怀柔下放队著《人民公社园林化规划设计》由中国林业出版社出版。

● 1960年

2月，北京林学院科学研究部编《华北地区山地造林问题研究报告汇编》刊印，其中50～66页收入关君蔚、邓选秀《华北荒山立地条件类型的研究及苏联林学学说的应用》。

2月，北京林学院科学研究部编《固沙造林研究报告汇编2》刊印，其中1～32页收入关君蔚《陕西榆林地区飞机播种沙蒿成效总结》。

3月，北京林学院增设林业经济、水土保持等专业。

● 1961年

8月28日，国务院水土保持委员会撤销，同年11月21日又予以恢复。

10月，北京林学院森林改良土壤教研组编《水土保持学》由农业出版社出版，由关君蔚、崔连山、高志义、李滨生、龙静宜、王礼先、张增哲、伍荔梨、张式玉、王斌瑞、沈佩中、刘海涛等编写。

● 1962年

1月，北京林学院森林改良土壤教研组编《水土保持学》（高等林业院校交流讲义）由中国林业出版社出版。该书是在关君蔚的主持下编写。

4月27日，《光明日报》第2版刊登关君蔚《华北荒山造林问题》。

8月，关君蔚《甘肃黄土丘陵地区水土保持林林种的调查研究》刊于《林业科学》1962年第4期268～282页。

12月，《北京市林学会1962年学术年会论文摘要》由北京林学会刊印，其中收入北京林学院林业系森林改良土壤教研组关君蔚《华北荒山造林的区划问题——华北石质山地油松橡栎林区区划工作中的几个问题》《北京市门头沟田寺村石洪治理的经验和问题》。

● 1963 年

2月14日，中国林学会1962年学术年会提出《对当前林业工作的几项建议》，建议包括：①坚决贯彻执行林业规章制度；②加强森林保护工作；③重点恢复和建设林业生产基地；④停止毁林开垦和有计划停耕还林；⑤建立林木种子生产基地及加强良种选育工作；⑥节约使用木材，充分利用采伐与加工剩余物，大力发展人造板和林产化学工业；⑦加强林业科学研究，创造科学研究条件。建议人有：王恺（北京市光华木材厂总工程师）、牛春山（西北农学院林业系主任）、史璋（北京市农林局林业处工程师）、乐天宇（中国林业科学研究院林业研究所研究员）、申宗圻（北京林学院副教授）、危炯（新疆维吾尔自治区农林牧业科学研究所工程师）、刘成训（广西壮族自治区林业科学研究所副所长）、关君蔚（北京林学院副教授）、吕时铎（中国林业科学研究院木材工业研究所副研究员）、朱济凡（中国科学院林业土壤研究所所长）、章鼎（湖南林学院教授）、朱惠方（中国林业科学研究院木材工业研究所研究员）、宋莹（中国林业科学研究院林业机械研究所副所长）、宋达泉（中国科学院林业土壤研究所研究员）、肖刚柔（中国林业科学研究院林业研究所研究员）、阳含熙（中国林业科学研究院林业研究所研究员）、李相符（中国林学会理事长）、李荫桢（四川林学院教授）、沈鹏飞（华南农学院副院长、教授）、李耀阶（青海农业科学研究院林业研究所副所长）、陈嵘（中国林业科学研究院林业研究所所长）、郑万钧（中国林业科学研究院副院长）、吴中伦（中国林业科学研究院林业研究所副所长）、吴志曾（江苏省林业科学研究所副研究员）、陈陆圻（北京林学院教授）、徐永椿（昆明农林学院教授）、袁嗣令（中国林业科学研究院林业研究所副研究员）、黄中立（中国林业科学研究院林业研究所研究员）、程崇德（林业部造林司副总工程师）、景熙明（福建林学院副教授）、熊文愈（南京林学院副教授）、薛楹之（中国林业科学研究院林业研究所副研究员）、韩麟凤（沈阳农学院教授）。

2月，根据中国科协意见，中国林学会召开在京理事会议，决定在常务理事会下设4个专业委员会，即林业、森工、普及委员会和《林业科学》编委会，陈

嵘任林业委员会主任委员,郑万钧任《林业科学》编委会主编。《林业科学》北京地区编委会成立,编委陈嵘、郑万钧、陶东岱、丁方、吴中伦、侯治溥、阳含熙、张英伯、徐纬英、汪振儒、张正昆、关君蔚、范济洲、黄中立、孙德恭、邓叔群、朱惠方、成俊卿、申宗圻、陈陆圻、宋莹、肖刚柔、袁嗣令、陈致生、乐天宇、程崇德、黄枢、袁义生、王恺、赵宗哲、朱介子、殷良弼、张海泉、王兆凤、杨润时、章锡谦,至1966年。

3月,关君蔚《有关水土保持林的几个问题——在黄河流域水土保持科学研究工作会议上的发言》刊于《黄河建设》1964年第2期19～21页。

7月,北京林学院编《水土保持原理》由北京林学院刊印。

12月20日,黄河流域水土保持科学研究会议在郑州召开,根据国家科委批文,组成西北黄土区水土保持科学研究协作小组,成员名单如下:组长赵朋甫(黄委会副主任),副组长张耕野(中科院西北生物土壤研究所副所长)、蒋德麒(黄委会水科所工程师);组员王书馨(中科院西北生物土壤研究所工程师)、王正非(中科院林业土壤研究所副研究员)、王木宗(内蒙古自治区水利厅水土保持局局长)、刘足征(山西省水保所副所长)、任承统(中国农业科学院陕西分院技正)、关君蔚(北京林学院副教授)、安师斌(西北农学院讲师)、吕本顺(黄委会水土保持处工程师)、李远芳(山西省水利厅水土保持局工程师)、罗来兴(中科院地理研究所副研究员)、姬应祥(甘肃省水利厅水土保持局副局长)、袁隆(河南省水利厅农田水利局局长)、崔应昆(中国农业科学院助理研究员)、张宗祐(地质部水文地质工程地质研究所工程师)、程增杰(陕西省水利厅水土保持处副处长)、贾振岚(黄委会水土保持处技术科科长),秘书贾振岚、刘万铨。

是年,关君蔚参与了国家"1963—1972年科学技术发展规划"。

1964年

2月,关君蔚《有关水土保持林的几个问题——在黄河流域水土保持科学研究工作会议上的发言》刊于《人民黄河》1964年第2期19～21页。

6月,林业部批准北京林学院专业设置为林业专业、水土保持专业、森林病虫害防治专业、林业经济专业、木材机械加工专业、林产化学工艺专业、林业机械专业、园林专业8个专业。

10月,关君蔚《黄河中游地区营造水土保持林的方法》刊于《中国林业》

1964年第10期48～51页。

12月，河北省农学会林业专业学会在官厅林场召开了"水库防护林营造技术座谈会"，北京林学院关君蔚副教授出席了会议并作了学术报告。

是年，中国林学会组织科技人员张海泉、关君蔚等20多人，编写出一套《林业科学技术普及展览挂图》，共54张。

● 1966年

是年，北京林学院编《水土保持原理》（水保三年级用）由北京林学院刊印。

● 1969年

11月，林业部军管会林管字〔69〕55号文件《关于撤销北京林学院交云南省安排处理的请示报告》，上报国家计委军代表并国务院业务组，要求在半个月内将全院师生员工及家属5000多人遣送到云南，后因广大师生、员工强烈抵制未能实现。

11月底，北京林学院全校师生员工分两批下放到云南省的11个林业局劳动锻炼。

12月初，北京林学院抵昆明的林业系森林保护、水土保持专业连队教职工及其家属和六五年级学生被下放到云南红河哈尼族彝族自治州弥勒县江边林业局。

● 1970年

4月至6月，北京林学院除北京留守处部分教职工和搬迁过程中调走的人员外，剩余全校教职工搬迁云南，分布于8个林业局、几十个林场，后集中丽江后，更名为丽江林学院。

● 1971年

2月上旬，由新华社国内部农村组编发，《人民日报》连续两天以整版篇幅分别报道了陕西省绥德县韭园沟、米脂县高西沟村和山西省河曲县曲峪村等7个水土保持综合治理典型，客观地反映了开展水土保持的必要性和取得的成绩，对统一认识，鼓舞群众开展水土保持是个推动。

10月，丽江林学院更名为云南林业学院。

● 1972 年

9 月 10 日至 11 月 20 日，云南林业学院关君蔚、云南农业大学李时荣开展滇东北小江流域"泥石流"调查工作，共计 70 天，外出约占 40 天，以老干沟和蒋家沟两条泥石沟为重点，并由小江流入金沙江的合流点沿小江上溯至发源地清水海作了路线调查。

是年，昆明农林学院林学系李时荣、北京林学院林业系关君蔚《滇东北小江流域"泥石流"调查报告（初稿）》内部油印。

● 1973 年

12 月，关君蔚等云南林业学院林业系师生共 80 多人，采用开门办学的形式，参加了云南省昆明市安宁县的林业规划工作。在县、公社各级党委的领导下，完成了温泉公社的林业规划任务。

是年，关君蔚副教授在景洪县蔓奎生产队附近测定反映冲刷量的样地。

● 1975 年

8 月，云南林业学院教务处编辑《云南林学院科研成果汇编》刊印，其中 1～12 页收入林业系关君蔚《泥石流是可以预见的，也是可以治理的》；13～18 页收入云南林学院关君蔚、云南农业大学李时荣《滇东北小江流域"泥石流"调查报告》；45～49 页收入林业系森改教研组关君蔚、测量教研组韩熙春《单张航测象片成图在土地利用规划工作中的应用》。

12 月，云南林业学院、陕西省水土保持局《水土保持林》（水土保持科技丛书）由水利电力出版社出版。

● 1977 年

8 月，中央在山西运城召开全国林业工作会议，关君蔚参加会议。

● 1978 年

1 月，云南林业学院等编《森林调查手册》由农业出版社出版。

3 月 18 日至 31 日，中共中央、国务院在北京人民大会堂隆重召开全国科学大会，关君蔚著《石洪的运动规律及其防治途径的研究》获奖并被指名参加大会。

10月27日至11月5日，中国林学会与中国土壤学会在杭州联合召开"第二次森林土壤"学术讨论会，会议由郑万钧副理事长主持。会上成立了"森林土壤专业委员会"，主任宋达泉，副主任张万儒，委员石家琛、刘寿坡、关君蔚、李昌华、李贻铨、周重光、罗汝英、林伯群、卢俊培、郭景堂、赵其国、许光辉、程仕文、程伯容、张宪武、张献义、赖家琮。

11月25日，新中国成立以来的第一个重点林业生态工程——三北防护林体系建设工程启动，云南林学院关君蔚任"三北"防护林体系建设工程技术顾问。

是年，关君蔚承担"六五"期间重点攻关课题"宁夏西吉黄土高原水土流失综合治理的研究"。

• 1979年

1月23日，经中国林学会常务委员会通过改聘《林业科学》第三届编委会，主编郑万钧，副主编丁方、王恺、王云樵、申宗圻、关君蔚、成俊卿、阳含熙、吴中伦、肖刚柔、陈陆圻、张英伯、汪振儒、贺近恪、范济洲、侯治溥、陶东岱、徐纬英、黄中立、黄希坝，至1983年2月。

5月，北京林学院关君蔚、河北林学院于溪山完成《关于西柏坡和岗南水库林业工作的建议》。

6月，关君蔚《四千年前"巴比伦文明毁灭的悲剧"不允许在二十世纪的新中国重演》刊于《北京林学院学报》1979年第1期1~8页；同期，关君蔚《石洪的运动规律及其防治途径的研究》刊于9~29页。

7月，应青海省林学会邀请，北京林学院关君蔚到青海讲学，先后考察了西宁、湟源、互助、民和、乐都部分地区，并和青海省农科院和青海省农林局部分林业干部进行了座谈，讲授了"青海省东部的三北防护林建设问题"。

9月，关君蔚《关于我国热带资源开发在水土保持方面的几个问题》刊于云南热带作物研究所《热带作物科技》1979年第3期。

9月，关君蔚《青海省东部山区防护林体系建设的几点体会》刊于《青海农林科技》1979年第3期。

9月，北京林学院水土保持专业招收硕士研究生朱金兆。

9月，华南热带作物科学研究院科技情报研究所编《农垦部 中国热带作物学会热带资源开发利用科学讨论会论文集》刊印，其中78~82页收入北京林学院关君蔚《关于我国热带资源的开发利用在防护林和水土保持方面的几个问题》。

10月12日至17日,中国林学会在北京召开林业科学技术普及工作会议,推举第四届普及工作委员会,会上交流经验,制定计划,健全组织机构,制定科普工作条例。会议由中国林学会副理事长、科普工作委员会主任委员陈陆圻主持。科普工作委员会由80位委员组成,主任委员陈陆圻,副主任委员程崇德、常紫钟、李莉、高尚武,常务委员王恺、汪振儒、肖刚柔、陈致生、关君蔚、关百钧、孟宪树、吴博。

10月,中国林业科学研究院科技情报研究所《中国林业科技三十年1949—1979》中国林业科学研究院科技情报研究所刊印,其中110~133页收录关君蔚《我国防护林体系的形成和发展》。

是年,北京林学院编《水土保持原理》重新修订刊印。

是年,关君蔚《黄土高原水土保持林体系和农林牧综合发展方针的建议》收入水利部黄土高原委员会编《黄土高原水土保持资料汇编》。

● 1980 年

1月,北京林学院成立水土保持系,关君蔚任系主任,至1985年。

1月,朱济凡、关君蔚等《甘肃省河西地区防护林体系建设考察报告》收入《中国林业专辑》1980年28~33页。该文还收入董智勇、王战主编《朱济凡文集》1993年246~255页。

1月,林业部成立林业部科学技术委员会第一届委员会,主任委员雍文涛,副主任委员梁昌武、杨天放、杨延森、郑万钧;秘书长刘永良;委员雍文涛、张化南、梁昌武、张兴、杨天放、张东明、杨延森、赵唯里、汪滨、杨文英、吴中伦、陶东岱、王恺、李万新、侯治溥、张瑞林、徐纬英、刘均一、肖刚柔、范学圣、高尚武、贺近恪、关君蔚、黄枢、马大浦、程崇德、梁世镇、董智勇、郝文荣、涂光涵、牛春山、杨廷梓、吴中禄、李继书、任玮、徐国忠、刘松龄、韩师休、黄毓彦、杨衍晋、王凤翥、王长富、王凤翔、周以良、沈守恩、范济洲、余志宏、陈陆圻、邱守思、申宗圻、朱宁武、林叔宜、李树义、林龙卓、徐怡、吴允恭、刘学恩、沈照仁、刘于鹤、陈平安。

3月,关君蔚《"巴比伦文明毁灭的悲剧"不许重演》刊于《中国科技史料》1980年第1期81~88页。

3月，肖龙山编著《农田防护林》由内蒙古人民出版社出版，其中关君蔚撰写《写在前面》。

4月21日，水利部在山西省吉县召开的"水土保持小流域治理座谈会"上，拟订了《小流域治理办法（草案）》。29日，水利部正式发布了这个《办法》，规定了小流域治理的规划、管理、养护和利用及有关政策等。

5月，《中国科技史料》编委会《中国科技史料 第1辑》出版，其中81～88页收入关君蔚《巴比伦文明毁灭的悲剧不许重演》。

6月，北京林学院任命关君蔚为水土保持系系主任，至1984年。

8月，北京林学院森林土壤改良组编《水土保持林》刊印。

8月，为推动水土保持工作的开展，水利部委托黄委会代为编辑出版《水土保持》杂志创刊（双月刊）。1982年《水土保持》更名为《中国水土保持》。

8月30日，安徽省林学会邀请参加中国科协赴皖西考察的北京林学院水土保持专家关君蔚副教授到合肥作水土保持方面的学术报告。

9月27日和10月4日，中国社会科学院经济研究所和《经济研究》编辑部在北京召开了生态平衡和生态经济学问题座谈会。中国社会科学院副院长兼经济研究所所长许涤新同志主持讨论会。参加座谈的有石山（中国科学院副秘书长）、阳含熙（中国科学院自然资源考察委员会委员）、朱则民（国家农委委员）、王长富（中国林业科学院林业经济研究所所长）、王耕今（中国社会科学院农业经济研究所副所长）、关君蔚（北京林学院水土保持系主任）、蒋有绪（中国林业科学院林业研究所生态研究室主任）、程福祜（《经济研究》编辑部）、孙鸿敞（中国社会科学院农业经济研究所）、马世骏（中国科学院动物研究所副所长）、杨均（中国农业科学院农业经济研究所负责人）、黄振管（国务院环境保护办公室）、何乃维（中国社会科学院农业经济研究所）、王前忠（中国农学会）等同志。中国科学院植物研究所研究员侯学煜同志因故未能到会，送来了书面发言。关君蔚同志发言：富能源问题是我国国民经济发展的关键，这不仅是工业现代化必须解决的问题，而且也是农业现代化和人民生活上必须解决的问题。人们的烧饭、取暖，都必须有相应数量的燃料（能源），柴、米、油、盐、酱、醋、茶开门七件事，烧柴占第一位。如按10亿人口，2亿户计算，每户每年耗煤1吨，则为2亿吨，占我国年产能源总量的1/3以上。这样大的数量，在短时期内还不能，也不应该用石油、煤炭来解决。

12月，根据钱学森同志的建议，受中国系统工程学会委托，在兰州举行的"西北地区农业现代化学术讨论会"期间，由石山、陶鼎来、关君蔚、叶永毅、陈冒笃、陈传康、张沁文、扬挺秀、许秉钊、丁福忱等30人发起，成立农业系统工程研究会，受到大家拥护，踊跃报名入会，报名的有100多人。

1981 年

1月，关君蔚《巴比伦文明毁灭的悲剧不允许在中国重演》刊于《中国林业》1981年第1期12～14页。

1月，关君蔚《发展"生物能源"是实现农业现代化的关键》刊于《水土保持》1981年第1期1页。

1月15日，《人民日报》刊登关君蔚等《发展燃料林是实现农业现代化的关键》。

1月，全国农业现代化会议在兰州召开，关君蔚发表《发展燃料林是实现农业现代化的关键》一文，引起轰动；在全国农业资源展览会的土地资源部分中，他主持"山区建设和水土保持"，成为农业展览馆长期保存部分，并曾在日本展出。

5月，关君蔚《发展燃料林 解决农村能源问题》刊于《中国林业》1981年第5期24～25页。

8月，北京林学院成立第一届学位评定委员会，陈陆圻任主席，汪振儒、范济洲任副主席，关君蔚等19人为委员。

是年，关君蔚被聘为北京林学院教授。

1982 年

3月，关君蔚《水土流失地区的土地利用规划》刊于《北京农业科技》1982年第3期33～42页。

3月，中国科学院农业现代化研究委员会编《论农业现代化》由中国学术出版社出版，其中第113～115页收入关君蔚《黄土高原水土保持林体系和对农林牧综合建设方针的建议》。

5月，关君蔚《前事不忘，后事之师——从442次客车失事看水土保持科学的重要性》刊于《水土保持通报》1982年第2期26～29页。

5月25日，国务院决定成立全国水土保持工作协调小组。协调小组由水电部部长钱正英、国家计委副主任吕克白、国家经委副主任李瑞山、农牧渔业部副部长何康、林业部部长杨钟组成，钱正英任组长，办公室设在水电部，负责日常工作，原属国家农委领导的黄河中游水土保持委员会改由水电部领导。协调小组的任务是：研究和贯彻水土保持工作的方针政策，督促各地执行水土保持工作的有关法规、条例，组织交流防治水土流失的经验，协调较大范围的水土保持查勘规划和科学研究，研究解决水土保持工作中的重大问题。

6月3日，国务院向全国颁布《水土保持工作条例》。《条例》有水土保持的预防、治理、教育及科学研究、奖励与惩罚等共32条。其规定水土保持工作的方针是：防治并重，治管结合，因地制宜，全面规划，除害兴利。

11月，辛树帜、蒋德麒主编《中国水土保持概论》由农业出版社出版，这是第一部比较全面扼要地反映我国水土保持的专著，主要内容有绪论、我国历史上的水土保持、水土流失情况、水土保持规划、水土保持措施等。1973年，由原西北农学院院长辛树帜与陕西省水土保持局总工程师蒋德麒共同发起，并主持编写工作。全书分6章，分别由朱士光、马宗申、巨仁、关君蔚、刘万铨执笔，朱士光协助蒋德麒进行统稿，西北水保所王书欣和西北农学院冯有权参加了讨论。

12月，中国林业出版社编《森林与水灾》由中国林业出版社出版，其中第22～39页收入关君蔚《长江洪灾与森林》。

● 1983年

5月，关君蔚《山区建设和水土保持》刊于《四川林业科技》1983年第2期11～21页。

7月，关君蔚当选第二届林业部科学技术委员会委员，至1986年12月。

5月22日至29日，林业部在吉林省召开了东北西部、华北东部农田防护林建设现场会。参加会议的有黑龙江、辽宁、内蒙古、北京、河北、宁夏和吉林7省（自治区、直辖市）的林业厅（局）长、19个地（盟、市）、46个县（旗、市）分管林业的党政领导，91个地（盟）、县（旗）的林业局局长和部分技术干部，还邀请国家计委及有关新闻、宣传、科研等单位的代表共206人。会议首先参观了吉林省榆树、德惠、农安、乾安四县的18个农防林建设现场，并观看了机械造林表演。会议后期在乾安县交流了经验，有11个单位的代表在大会上发了言，三北防护林建设局副局长刘文仕同志作了题为《三北地区农田防护林建设情况》的报告。刘文仕，1927年出生于河北省丰宁县，曾任河北承德地区专署林业局局长、河北省塞罕坝机械林场第一任场长；1978年林业部决定建立三北防护林建设局，1979年刘文仕被调至位于宁夏银川的国家三北防护林建设局任副局长一职，并从此定居银川；退休后被返聘为三北局专家顾问。

是年冬，中国科学院黄土高原综合科学考察队正式成立。该队由中国科学院自然资源综合考察委员会牵头，参加单位有中国科学院北京地理所、西北水保所、西北植物所、地质所、水文地质所、沙漠所、能源所、成都地理所、遥感所、交通部综合运输所、黄土高原七省（自治区）有关水保科研教学单位，以及西北农大、陕西师大、西安交大、兰州大学、地矿部、黄委会、黄河中游治理局等，参加考察的共有50个单位，长期坚持工作的150余人。考察队由中国科学院综考会副主任张有实任队长。《黄土高原地区综合治理开发的考察研究》课题，是国家计委1983年向中国科学院提出的任务，1985年列为"七五"期间（1986—1990年）国家重点攻关课题。考察范围以黄河流域黄土高原地区为主，同时包括海河流域的黄土高原地区，面积共74万平方千米。

是年，为表彰关君蔚对水保事业的贡献，国务院全国水土保持协调小组授予关君蔚"全国水土保持先进个人"的光荣称号。

● 1984年

1月13日，国务院批准北京林学院水土保持第二批博士学位授予学科专业，关君蔚为博士生指导教师。

7月18日，中国林学会成立水土保持专业筹备委员会，阎树文任主任委员，刘文仕、高志义任副主任委员，委员共36人。

7月，关君蔚、王礼先、孙立达、张洪江、叶干楠《泥石流预报的研究》刊于《北京林学院学报》1984年第2期1～16页。

8月，关君蔚《绿化太行山 贡献于我国四化大业》刊于《河北林业》1984年第4期8～10页。

9月，北京林学院编《水土保持原理》由北京林学院水土保持系刊印。

10月20日，全国政协农业组《关于陕、甘、青三省种草种树情况的调查报告》。全国政协农业组于八、九月间组织调查组赴陕、甘、青三省了解种草种树的情况。调查组成员有：农业组组长蔡子伟，组员钟辉，北京林学院教授关君蔚，农牧渔业部高级畜牧师黄文惠，本会委员、兰州草原生态研究所所长任继周。调查组8月6日由京出发，先了解了甘肃中部干旱地区定西专区和河西走廊的武威、张掖、酒泉三个专区，然后翻过挡金山口进入柴达木，在青海活动了十天，最后到达陕北延安。一路上，看了十几个县、十多个科研单位和二十多个乡以及种草种树、发展畜牧的典型单位，访问了一些农民家庭。总的印象是：三省的各级领导对于胡耀邦总书记"种草种树，发展畜牧，改造山河，治穷致富"的号召，思想明确，态度坚决，成绩很大，形势喜人，我们很受教育，很受鼓舞（后略）。

12月7日，解明曙同志被录取为北京林学院水土保持专业首位博士研究生，导师关君蔚教授。

是年，在国务院学位委员会会议上，关君蔚作为学科代表，就在全国设立水土保持学科的必要性、可行性作了汇报，经学位委员会批准，中国的水土保持学科终于建立。

● 1985 年

1月，北京林业大学成立第二届学位评定委员会，阎树文任主席，沈国舫、贺庆棠任副主席，关君蔚等19人为委员。

3月，中国水土保持学会（Chinese Society of Soil and Water Conservation），由国家体改委批准成立，同年加入中国科学技术协会成为其团体会员。

4月，关君蔚、姚国民《土耳其林业、水土保持见闻》刊于《北京林学院学报》1985年第1期85～93页。

5月，经全国自然科学名词审定委员会同意，中国林学会成立林学名词审定工作筹备组，并制定《林学名词审定委员会工作细则》。第一届林学名词审定委员会顾问吴中伦、王恺、熊文愈、申宗圻、徐纬英；主任陈陆圻；副主任侯治溥、阎树文、王明庥、周以良、沈国舫；委员于政中、王凤翔、王礼先、史济彦、关君蔚、李传道、李兆麟、陈有民、孟兆祯、陆仁书、柯病凡、贺近恪、顾正平、高尚武、徐国祯、袁东岩、黄希坝、黄伯璿、鲁一同、董乃钧、裴克；秘书印嘉祐。

6月8日，关君蔚加入中国共产党。

10月14日至19日，由中国科学院与国际山地综合开发中心（Internation Center for Integrated Mountian Development 即 ICIMOD），联合组织的兴都库什—喜马拉雅地区流域治理国际学术讨论会（Internation Workshop on Watershed Management in The Hindu Kush Himalaya Region），在四川省灌县柳河宾馆及成都市锦江宾馆召开，关君蔚"The Problem of Soil and Water Conservation in the Southwest of China"《中国西南的水土保持问题》收入《喜马拉雅—兴都库什开发治理国际会议论文集》。

12月，《泥石流预测和预报的研究》通过了林业部科技司成果鉴定，完成人关君蔚、叶干南、王礼先、齐宗庆、张洪江、王振中，完成单位北京林业大学，完成时间1980年1月至1985年5月。泥石流是水土流失发展到严重阶段的特殊表现形式，其特点是突然发生，来势凶悍，运动时间短，破坏力大，常造成毁灭性灾害。我国山区占国土面积的2/3以上，尤其是随我国社会主义现代化建设的开展，山区的建设和开发，尤其是交通、工矿城乡建设等方面如何防治泥石流，保障生命，在国际上防治泥石流尤其是预防和预报泥石流也都成为泥石流研究工作的"热点"所在。本项研究成果是以泥石流预测的诸因素基础，进行动态监测跟踪预报，并已不同程度上应用于生产。在技术手段上，长期以来都要在严酷（陡峭山、暴雨、雷电等）的自然条件下进行多项、多点同时观测，而本项研究成果是预测和动态监测跟踪为基础，如能按需（预测有泥石流发生危险而且危害严重的少数沟道）布点，较之以往盲目平均布点可以减少设备和成本至千百分之一；而与盲目随机布点相比，则能将效率提高几个数量级，是因害设防落在实处的科学基础。进而根据遥测土体水分动态，辅之以土压、土体张力的变化就可以形成长期监测，动态跟踪分区分级的预报系统，再进一步，佐之以遥控摄像定时显示储存，则可提高精度和质量。从1982年开始随研究工作的进展，不同程度的试用于北京市、河北承德地区、山西离山、宁夏西吉、云南东川、四川汶山、甘肃祁连山等地泥石流频发地区，都已收到实效。关键技术及创造点：①根据泥石流是处于固体径流超饱和状态的急流，迫使放弃多年通用的以稳定平流为基础的谢才公式 $[V=C \cdot (RJ)^{(1/2)}]$ 及其补充修改公式用于泥石流的理论基础，进而以土体水分动态是关键因子，就必须形成降水只是间接因素，这是涉及基本理论的突破和提高。②对固体径流物质和水的异质体又制约于水力和重力形成的紊流,理论推导不易,迫使建立起以实测分析为基础的"固体径流物质收支平衡"为理论基础,是理论上创新。用于生产所必需的土体水分埋测仪试制成功,是此项研究工作的关键技术,当前国内仍处于领先地位。而此关键技术的解决,就促成了泥石流的长期监测动态跟踪分区分级的预报系统。从而使泥石流成为不是不可抗拒的自然灾害,不仅可以治理,而且可以预测、预报和预防。这是此项科学研究的创造点所在。"泥石流预报的研究"成果不同程度地被全国多个地区所应用,如北京、承德、宁夏西吉、四川汶山、甘肃的祁连山等地泥石流频发地区都收到一定效果。泥石流具有突发性、历时短、破坏力极大,常对工厂、矿区等形成毁灭灾害。根据"泥石流预报研究"成果对可能发生泥石流的沟道,且又对生产设施和人民生命财产有严重威胁的泥石流发生地段,有重点地因害设防,并予以积极的治理。避免了人力、物力浪费,使有限的资金投入到真正需要防治的沟道。

12月,关君蔚等《"三北"防护林体系建设工程》刊于《中国百科年鉴》编辑部编、中国大百科全书出版社《中国百科年鉴(1985)》。

是年,关君蔚《山区建设和水土保持》获1985年度全国农业区划委员会优秀成果一等奖。

是年,甘肃省林业厅禹贵民副厅长与北京林学院关君蔚教授在河西考察半月,1986年在河西地区召开林业建设会议,考察组提出:首要任务是发展祁连山林业建设,保住青龙;其次是加强沙区治理,锁住黄龙;再次是加强农田防护林建设和发展经济林,发展绿龙。

是年,关君蔚《山区建设和水土保持》获全国农业区划委员会一等奖。

1986年

4月10日,国务院办公厅转发了中共中央书记处农村政策研究室和全国水土保持工作协调小组《关于加强黄河中游地区水土保持工作的报告》,要求陕西、甘肃、山西、青海、河南省和宁夏、内蒙古自治区人民政府以及国务院各有关部门认真研究执行。

5月26日至29日,经国家体制改革委员会和全国科协批准,中国水土保持学会在北京召开第一次全国代表大会,讨论通过学会《中国水土保持学会章程》,选举产生第一届理事会。杨振怀任理事长,董智勇、陈耀邦、阎树文、张有实、

杨文治任副理事长,阎树文(兼)秘书长,高博文为副秘书长;常务理事有丁泽民、关君蔚、阎树文、陈耀邦、何乃维、吴书琛、杨振怀、杨景尧、杨文治、张岳、张有实、张增哲、高博文、高志义、高继善、徐朋、曹廷甫、董智勇、霍信璟。名誉理事长钱正英、蒋德麒,名誉理事张含英、张心一、陈恩凤、阳含熙、屈健、方正三、吴以敩。

9月至10月,应中国水土保持学会邀请,日本林业技术协会常务理事尾山正之和日本农林技术指导役东三郎教授由北京林学院教授关君蔚陪同,到围场县塞罕坝机械林场、隆化县十八里汰林场、秦皇岛北戴河和遵化东陵林场、沙石峪等地参观考察。

12月,关君蔚当选第二届林业部科学技术委员会委员。

是年,关君蔚《关于农村林业在中国几个问题的探讨》收入《国际农村学术会议论文集》。

● **1987 年**

3月,第一届林学名词审定委员会正式成立,顾问吴中伦、王恺、熊文愈、申宗圻、徐纬英,主任陈陆圻,副主任侯治溥、阎树文、王明庥、周以良、沈国舫,委员于政中、王凤翔、王礼先、史济彦、关君蔚、李传道、李兆麟、陈有民、孟兆祯、陆仁书、柯病凡、贺近恪、顾正平、高尚武、徐国祯、袁东岩、黄希坝、黄伯璿、鲁一同、董乃钧、裴克,秘书印嘉祐。

4月,北京林业大学学位委员会成立,主任关毓秀,副主任顾正平,委员汪振儒、范济洲、申宗圻、陈俊愉、关君蔚、陈陆圻、冯致安、沈国舫、贺庆棠、朱之悌、徐化成、周仲铭、孙筱祥、陈有民、孟兆祯、董乃钧、廖士义、高志义、阎树文、王礼先、孙立谔、戴于龙、姜浩、符伍儒、刘家骐、王沙生、季健、齐宗庆、罗秉淑,秘书长罗秉淑。

4月,北京林业大学成立第三届学位评定委员会,主任沈国舫,副主任贺庆棠,委员汪振儒、范济洲、申宗圻、陈俊愉、关君蔚、陈陆圻、冯致安、关毓秀、朱之悌、徐化成、周仲铭、孙筱祥、陈有民、孟兆祯、董乃钧、廖士义、高志义、阎树文、王礼先、顾正平、孙立谔、戴于龙、姜浩、符伍儒、刘家骐、王沙生、季健、罗又青、郭景唐,秘书长罗又青、蒋顺福。

6月3日至6日,中国林学会举行水土保持专业委员会成立大会暨"三北"

防护林体系工程建设学术讨论会,参加会议的代表共69人,陈陆圻、王恺、关君蔚、贺庆棠、高尚武等出席会议。由各省(自治区、直辖市)有关单位推荐的37人组成第一届委员会,经过全体委员选举,高志义任主任委员,刘文仕、李一功任副主任委员,常委共11人,水土保持专业委员会挂靠单位为北京林业大学,关君蔚为委员。

7月,北京林业大学举行我国林业发展战略研讨会,范济洲、关君蔚、陈陆圻、廖仕义等著名专家教授应邀参加,并就上述问题发表各自的意见。

11月,关君蔚被中国科学技术学会评为"中国林学会学会先进工作者"。

11月,田方、林发棠等主编《论三峡工程的宏观决策》由湖南科学技术出版社出版,其中247~248页收入刘东生、关君蔚、汪受衷、方宗岱《长江水资源开发和保护重点在上游而不在三峡》。

11月,关君蔚等《参加大兴安岭灾区恢复生产重建家园考察的几点体会和建议》刊于中国林业出版社出版的《大兴安岭特大火灾区恢复森林资源和生态环境考察报告汇编》。

12月,《宁夏西吉黄土水土流失综合治理的研究》获中国林学会第一届梁希奖,主要完成人阎树文、关君蔚、孙立达、孙保平、姜仕鑫、王秉升,同年获林业部科技进步一等奖。

1988年

3月,黄河水土保持志编委会编辑室《水土保持志资料汇编 第一辑》由陕西省水土保持志编委会办公室刊印。

8月,黄河水土保持志编辑室、陕西水土保持志办公室《水土保持志资料汇编 第二辑》刊印。

8月,关君蔚《水土保持原理》由北京林业大学水保系刊印。

10月,《黄河水土保持志》编辑室《黄河水土保持大事记(初稿)》刊印;1990年12月,《黄河水土保持志》编辑室《黄河水土保持大事记(送审稿)》刊印。

12月,张洪江、关君蔚《大兴安岭特大森林火灾后水土流失现状及发展趋势》刊于《北京林业大学学报》1988年S2期33~37页。

12月,关君蔚《山区建设和水土保持》刊于《贵州林勘设计》1988年第2期1~8页。

是年，《宁夏西吉县黄土地区水土流失综合治理的研究》获1988年国家科学技术进步二等奖，完成人阎树文、关君蔚、孙立达、孙保平、姜仕鑫、王秉升、郭干文、杨万栋、杨保田，完成单位北京林业大学、西吉水土流失综合治理科学试验基地县办公室、宁夏农业科学院林业科学研究所、宁夏林业厅林业站、宁夏农业厅农业技术推广站、宁夏水利厅水土保持站、宁夏畜牧厅草原站。成果对全县水土资源进行评价和规划设计，提出农、林、牧等生产用地结构的最佳优化方案，确定了全县各类型区综合治理水土流失的技术措施与发展方向。综合治理以林草建设为突破口，解决群众急需燃料为核心，把生物工程与农业措施结合起来构成控制水土流失的综合防护体系。在林草配置上，依据植物的生物学特性，种间种内的关系与立地条件，实行乔、灌、草立体配置模式，以最大限度地控制水土流失。林种配置采取以"水保三料林"为主体，与水保用材林、水源涵养用材林、川道区农田防护林相结合。对全县水库、塘坝的淤积量进行了测量调查，取得大量数据，利用计算机软件包 SPSS 对数据进行统计分析，采用逐步回归方法建立小流域年土壤流失量的数学模型，有较高的预报精确度。经综合治理，已使全县基本形成一个良性循环的人工生态系统。

● 1989 年

是年，关君蔚主编教材《水土保持原理》被林业部评为1989年优秀教材。《水土保持原理》于1966年出版，1979年重新修订。

4月，《中国农业百科全书》总编辑委员会林业卷编辑委员会、《中国农业百科全书》编辑部编《中国农业百科全书·林业卷（上）》由农业出版社出版。林业卷编辑委员会由梁昌武任顾问。吴中伦任主任，范福生、徐化成、栗元周任副主任，王战、王长富、方有清、关君蔚、阳含熙、李传道、李秉滔、吴博、吴中伦、沈熙环、张培杲、张仰渠、陈大珂、陈跃武、陈燕芬、邵力平、范济洲、范福生、林万涛、周重光、侯治溥、俞新妥、洪涛、栗元周、徐化成、徐永椿、徐纬英、徐燕千、黄中立、曹新孙、蒋有绪、裴克、熊文愈、薛纪如、穆焕文任委员。其中收录的林业科学家有戴凯之、陈焘、梁希、陈嵘、郝景盛、沈鹏飞、刘慎谔、郑万钧、叶培忠、杨衔晋、吴中伦、马大浦、牛春山、汪振儒、徐永椿、王战、范济洲、徐燕千、熊文愈、阳含熙、关君蔚、秉丘特.G（Pinchot Gifford，吉福德·平肖特）、普法伊尔.F.W.L.（Pfeil, Friedrich Wilhelm Leopold，

菲耶勒、弗里德里希·威廉·利奥波德），本多静六、乔普 .R.S.（Robert Scott Troup，罗伯特·斯科特·特鲁普），莫洛作夫，γ.ф.（Морозов，γ.ф.），苏卡乔夫 .B.H.（Владимир Николаевич Сукачёв，弗拉基米尔·尼古拉耶维奇·苏卡乔夫），雷特 .A（Alfred Rehder，阿尔弗雷德·雷德尔）。其中第 126 页载关君蔚。

6 月，关君蔚《关于农用林业在中国几个问题的探讨》刊于《泡桐与农用林业》1989 年第 2 期 65~70 页。

9 月，关君蔚被国家教委、人事部、全国教育工会授予 1989 年全国优秀教师光荣称号。

11 月 1 日至 5 日，第四次河流泥沙国际学术讨论会在北京举行，包括中国在内的共有 29 个国家和地区的专家学者 285 人出席会议，大会收到论文 208 篇，水利部杨振怀部长担任大会组委会主席，关君蔚《中国水土保持类型特点的研究》收入《第四次河流泥沙国际学术讨论会论文集》。

11 月，林学名词审定委员会编《林学名词（全藏版）》（全国自然科学名词审定委员会公布）由科学出版社出版；林学名词审定委员会编《林学名词（海外版）》（全国自然科学名词审定委员会公布）由科学出版社出版。

12 月，王礼先《林业文献检索与利用》由武汉大学出版社出版。

12 月，关君蔚《关于"生态林业工程"项目的补充说明和建议》刊于《林业问题》1989 年第 2 期 205 页。

12 月，中国水土保持学会长江水土保持局《举国上下 共论长江——为了祖国和人类的未来》，其中 172~175 页收入关君蔚《嘉陵江上游林区探索纪实——兼论水源涵养林的重要性》。

是年，北京林业大学主持的攻关课题"宁夏西吉黄土高原水土流失综合治理的研究"获 1988 年国家科技进步二等奖，主要完成人阎树文、关君蔚、孙立达、孙保平、姜仕鑫、王秉升。

是年，"关于大兴安岭北部特大火灾区恢复森林资源和生态环境考察报告"获 1989 年林业部科学技术进步奖二等奖，主要完成人杨延森、吴中伦、曾昭顺、沈国舫、冯宗炜、关君蔚、袁嗣令、王在德、何希豪。

• **1990 年**

2 月，关君蔚《关于"八五"国家科技攻关计划预选项目"生态林业工程"

的补充说明和建议》刊于《中国林业》1990 年第 2 期 26～29 页。

5 月,（捷）里德尔（Otakar Riedl）、D. 扎卡尔（Dusan Zachar）等著,王礼先、洪惜英等译《森林土壤改良学》由中国林业出版社出版。

7 月,林业部长防办刘孟龙、关君蔚教授到重庆铜梁视察,提出了长防林"加快发展,注重质量,提高成效"的重要建议。

7 月 31 日,《中国林业报》刊登关君蔚《论长江流域防护林体系建设的迫切性》。

8 月 31 日,《中国林业报》刊登关君蔚《饮水思源》。

9 月,关君蔚《水土保持原理》由北京林业大学水保系刊印。

9 月,关君蔚《中国的"绿色革命"》刊于《中国林业》1990 年第 9 期 20 页。

9 月,《中国大百科全书·农业卷》出版。全卷共分上、下两册,共收条目 2392 个,主要内容有农业史、农业综论、农业气象、土壤、植物保护、农业工程、农业机械、农艺、园艺、林业、森林工业、畜牧、兽医、水产、蚕桑 15 个分支学科。《农业卷》的编委由 80 余名国内外著名的专家组成,编辑委员会主任刘瑞龙,副主任何康、蔡旭、吴中伦、许振英、朱元鼎,委员马大浦、马德风、方悴农、王万钧、王发武、王泽农、王恺、王耕今、石山、丛子明、冯秀藻、朱元鼎、朱则民、朱明凯、朱祖祥、刘金旭、刘恬敬、刘锡庚、刘瑞龙、齐兆生、吴中伦、许振英、任继周、何康、李友九、李庆逵、李沛文、陈华癸、陈陆圻、陈恩凤、沈其益、沈隽、余友泰、武少文、俞德浚、陆星垣、周明群、张季农、张季高、贺致平、胡锡文、娄成后、钟俊麟、侯光炯、侯治溥、侯学煜、柯病凡、范济洲、郑丕留、费鸿年、梁昌武、梁家勉、徐冠仁、高惠民、陶鼎来、袁隆平、奚元龄、郭栋材、常紫钟、储照、曾德超、盛彤笙、粟宗嵩、杨立炯、杨衔晋、黄文沩、黄宗道、黄枢、裘维蕃、熊大仕、熊毅、赵洪璋、赵善欢、蒋次升、蒋德麟、薛伟民、蔡旭、樊庆笙、戴松恩。金善宝.郑万钧、程绍迥、扬显东任顾问。《农业工程》分支编写组主编张季高,副主编关君蔚、贾大林,成员司徒淞、许燮谟、郑梦林。

10 月 20 日,水利部海河水利委员会与北京市水利局联合主持的庄户沟小流域综合治理试点验收鉴定会在汤河口水土保持试验站召开。海河水利委员会副主任张挺,市水利局副局长刘汉桂,著名的水土保持专家、北京林业大学教授关君蔚,中共怀柔县委书记陈瑞钧、副县长周长安等参加了大会。

关 君 蔚 年 谱

10月,《水能兴邦——四川"三江"水电综合考察文集》刊印,其中99～100页收入关君蔚《参加"三江"水电综合考察的几点体会》。

11月30日至12月5日,中国地理学会山地研究委员会、长江流域开发研究会和四川省地理学会联合主办的长江流域开发和山地灾害防治学术交流会在成都召开,四川省政协主席、原省委书记杨超同志和中国地理学会秘书长瞿宁淑研究员,中国水土保持学会常务理事关君蔚和来自长江流域12个省(自治区、直辖市)以及京、粤、晋等省(直辖市)的科研、教学、生产和主管部门的108位专家学者出席了会议。与会代表就长江流域山地开发,长江经济走廊的建设,长江流域水土流失、泥石流、滑坡、旱涝等自然灾害的发生、发展、成灾和分布规律以及防治对策,山地开发与灾害防治的相互关系等问题进行了广泛的交流和讨论。与会人员从山地生态系统的观点出发,提出长江流域开发仍以三角洲地带为依托,向中、上游发展、积极开发干流和各主要支流,上、中、下游结合,生态、经济、社会结合,建设长江流域经济走廊,加强物质和文化交流,促进整个长江流域经济发展。根据长江流域生态系统发展中出现的主要问题及其对经济建设的影响,论证了防护林体系建设在长江流域生态建设中的主导作用,建立结构优化的长江流域防护林体系是保持水土、解决长江流域生态问题的根本措施。会议论证了在长江流域进行水土流失、泥石流、滑坡预测预报和监测的迫切性和可行性,并提出了建立长江流域监测系统的设想和预测预报的理论方法。会议系统地总结了长江流域山地开发与灾害防治的经验,交流了城镇和风景区泥石流、滑坡防治的成功经验,为今后长江流域的开发与整治提出了建设性的意见。搞好长江流域的开发与整治工作,对我国经济发展全局有着举足轻重的意义。同时认为,长江流域经济发展的优势在山地,潜力在山地,问题在山地,希望在山地,对长江流域的山地开发必要要有灾害防治工作的保障,二者必须同步进行,协调发展,有机结合。会议呼吁举国上下都来关心、支持和促进长江流域的山地开发与灾害防治工作,优化长江流域山地系统的结构与功能,使长江流域更加繁荣昌盛,为我国国民经济建设做出更大的贡献[19]。

11月,北京林业大学关君蔚、陈俊愉获国务院政府特殊津贴。

11月,银春台、陈国春《中国长江中上游防护林体系》,其中1～3页载《长江防护林体系是一项宏伟的生态控制系统工程——北京林业大学教授关君蔚的演讲》。

---

[19] 崔鹏. 长江流域山地开发与灾害防治学术讨论会在蓉召开 [J]. 人民长江,1991 (6):47.

11月9日，林业部科技委和林业部科技情报中心组织召开90年代林业科技发展展望研讨会，关君蔚参加会议。

11月，国务院大兴安岭灾区恢复生产重建家园领导小组专家组《大兴安岭特大火灾区恢复森林资源和生态环境考察报告汇编》由中国林业出版社出版，其中收入关君蔚、张洪江《参加大兴安岭灾区恢复生产重建家园考察的几点体会和建议》。

12月，国家教育委员会表彰从事高校科技工作四十年成绩显著的老教授，北京林业大学有汪振儒、陈陆圻、范济洲、陈俊愉、关君蔚、张正昆、马太和、申宗圻、孙时轩、关毓秀、董世仁。

• 1991年

1月，北京林业大学专业技术职务评审委员会成立，主任沈国舫，副主任关毓秀、顾正平，委员米国元、刘家骐、贺庆棠、胡汉斌、周仲铭、朱之悌、乔启宇、申宗圻、孙立谔、董乃钧、陈太山、廖士义、孟兆祯、陈俊愉、苏雪痕、王礼先、阎树文、关君蔚、贾乃光、季健、齐宗庆、高荣孚。

3月，董智勇、沈国舫、刘于鹤、关百钧、魏宝麟、关君蔚、沈照仁、徐国忠、王恺、李继书、陈平安、林风鸣、张华令、孔繁文、广呈祥、黄枢、蒋有绪、周仲铭、吕军、杨福荣、黄鹤羽、廖士义、侯知正《90年代林业科技发展展望研讨会发言摘要》刊于《世界林业研究》1991年第1期1~21页。

5月，中国科学技术协会编《中国科学技术专家传略——农学编 林业卷1》由中国科学技术出版社出版。其中收入韩安、梁希、李寅恭、陈嵘、傅焕光、姚传法、沈鹏飞、贾成章、叶雅各、殷良弼、刘慎谔、任承统、蒋英、陈植、叶培忠、朱惠方、干铎、郝景盛、邵均、郑万钧、牛春山、马大浦、唐燿、汪振儒、蒋德麒、朱志淞、徐永椿、王战、范济洲、徐燕千、朱济凡、杨衔晋、张英伯、吴中伦、熊文愈、成俊卿、关君蔚、王恺、陈陆圻、阳含熙、黄中立。488~503页收入关君蔚。

6月29日，《中华人民共和国水土保持法》由第七届全国人大常委会第20次会议通过并颁布施行。它的颁布与实施，标志着我国水土保持事业步入了一个新的法制阶段，是水土保持事业发展的里程碑，对防治水土流失、发展农业生产和其他各项建设事业，均具有重大意义。

10月，中国科学技术协会学会工作部《中国科学技术协会第四次全国代表大会学术活动论文汇编》刊印，其中294～297页收入关君蔚《关于我国水土保持学科体系的展望》。

11月，中国林学会编《沙产业专辑》由中国科学技术出版社出版，其中34～37页收入关君蔚、王贤《浅谈我国的沙产业》。

是年，关君蔚《绿色给祖国和人类带来希望》刊于《森林与人类》1991年特刊19～20页。

● 1992年

1月，关君蔚《中国的绿色革命》刊于《生态农业与合作经济》1992年第1期8～11页。

1月11日，中国林学会在北京科学会堂召开《森林与人类》创刊十周年座谈会，应邀参加会的有林业部副部长蔡延松，老科学家黄秉维、吴中伦、汪振儒、阳含熙、关君蔚，中国科协、中宣部、国家科委、国家新闻出版署、中国科普作家协会、中国科技期刊编辑学会、中国记协、中国生态学会的有关领导以及在京编委，各大报新闻记者。《森林与人类》杂志1981年12月创刊，全国唯一的林业科普性一级刊物，坚持"立足林业，面向社会"的办刊方针，及时反映读者需要，形成了"活、广、新"的办刊特色。

2月，中共陕西省委政研室、陕西省绿化委员会、陕西省林业厅、陕西省林学会编《跨世纪的陕西生态环境建设：跨世纪的陕西生态环境建设研讨会讨论文集》刊印，其中16～18页收入关君蔚《治水在治山，治山在治穷（发言提纲）》。

3月，黄元、朱逸民《我国著名林学和水土保持学家水土保持教育事业的老前辈关君蔚教授》刊于《水土保持通报》1992年第3期67页。

5月，中国水土保持学会在北京召开第二次全国会员代表大会，选举产生第一届理事会。杨振怀任理事长，刘广运、陈耀邦、周文智、阎树文、张有实任副理事长，阎树文兼秘书长，张岳、祝光耀、杨景尧、黄元（专职）为副秘书长，常务理事丁泽民、王礼先、刘广运、刘枢机、仝琳琅、关君蔚、阎树文、何乃维、陈耀邦、杨文治、杨振怀、杨景尧、周文智、张有实、张岳、郑宝宿、祝光耀、高志义、徐朋。名誉理事长钱正英、蒋德麒、董智勇，名誉理事张含英、陈恩凤、

关君蔚年谱

阳含熙、屈健、方正三、吴以敩、高博文、张增哲、高继善、曹廷甫、霍信璟。

5月，阎树文《水土保持科学理论与实践》由中国林业出版社出版，其中 1～3 页收入关君蔚《关于我国水土保持学科体系的展望》。

11月10日，北京林业大学成立水土保持学院，王礼先任院长，任职至1996年。王礼先，湖北武汉人，1934年1月生，中共党员，1957年毕业于北京林学院造林专业，留校任教。1979年赴奥地利留学，在维也纳农业大学林学系攻读研究生，1981年获农学博士学位，成为我国第一位在国外获得水土保持学科博士学位的学者。回国后，历任讲师、副教授、教授，主讲"水土保持工程学"与"流域综合治理"。1988—1992年担任北京林业大学水土保持系主任，1993—1996年担任水土保持学院首任院长。1989年1月—1990年12月，他三次受聘于国际侵蚀与泥沙研究培训中心，担任教授，讲授"水土保持流域治理"。1990年9月，受聘于亚太地区农村林业培训中心（泰国），讲授"农地林业与水土保持"。1992年2月起任第三、四届国务院学位委员会学科评议组成员。1996年6月起任全国高等农林院校环境生态类专业教学改革研究项目总负责人，该项目获全国优秀教学成果一等奖。1993年2月，经我国政府推荐，王礼先教授被联合国防治荒漠化公约谈判委员会聘为由15人组成的"国际防治荒漠化公约多学科顾问组"成员。

10月，铁铮著《缔造绿色的中国》由中国林业出版社，其中22～31收入关君蔚《拯救大地的灵魂》，32～42页收入陈俊愉《一剪寒梅》，43～49页收入申宗圻《爱的奉献》。

• 1993年

4月，经民政部批准，中国治沙暨沙业学会成立，学会名誉理事长刘恕，理事长董智勇，副理事长李建树、朱俊凤、朱震达、高尚武、关君蔚、夏训城，秘书长朱俊凤。

4月，崔鹏、关君蔚《泥石流起动的突变学特征》刊于《自然灾害学报》1993年第1期53～61页。

7月，张洪江、关君蔚《土地利用线性规划结果的影子价格计算与敏感性分析》刊于《自然资源学报》1993年第2期184～192页。

8月1日，国务院总理李鹏以第120号令发布施行《中华人民共和国水土保

持法实施条例》，该条例包括总则、预防、治理、监督、法律责任、附则共35条。

12月，关君蔚、王贤、张克斌《建设林草 科学用水 增强综合防灾能力——从"5·5"强沙尘暴引出的思考》刊于《北京林业大学学报》1993年第4期130～137页。

12月23日，国务院以国函〔1993〕167号文批复国家计委与水利部，"原则同意"《全国水土保持规划纲要》。在这个规划纲要中，黄河流域的子午岭、六盘山被列为国家重点防护区，晋陕蒙接壤地区被列为国家重点监督区，河口镇到龙门区间21条支流被列为国家级重点治理区，治沟骨干工程被列为国家重点建设工程项目；全国每年治理任务4万平方千米中，黄河流域需完成1万平方千米。

- 1994年

3月，姚云峰、王礼先、关君蔚《论旱作梯田生态系统》刊于《干旱区资源与环境》1994年第1期116～12页。

4月，关君蔚、李中魁《持续发展是小流域治理的主旨》刊于《水土保持通报》1994年第2期42～47页。

8月，王礼先、张忠、陆守一、谢宝元《流域管理信息系统》由中国林业出版社出版。

10月，关君蔚《现代农业科学的发展要建立在保持水土的盘石基础上》刊于《学会》1994年第10期15页。

11月3日，由16位国内外知名专家组成中国防治沙漠化高级智囊团，林业部部长徐有芳向他们颁发了"中国防治沙漠化协调小组、国际防治沙漠化公约中国执行委员会高级顾问"聘书。16位知名专家是中国科学院的朱震达研究员、刘东生院士、孙鸿烈院士、张新时院士、陈述彭院士、徐冠华院士，中国科协的刘恕教授，中国林科院的高尚武研究员，北京林业大学的关君蔚教授、王礼先教授，国家科委的李晓林高级农艺师，农业部的李守德高级畜牧师，国家环保局的金鉴明教授级高工，水利部的郭廷辅教授级高工，林业部的董智勇教授级高工、慈龙骏研究员。

- 1995年

4月，关君蔚《中国的绿色革命》刊于《学会》1995年第4期1页。

6月，田裕钊、刘恕、关君蔚《沙区开发势在必行 但要慎之又慎——沙漠治理专家学者笔谈》刊于《林业与社会》1995年第3期6~10页。

7月，王礼先主编《水土保持学》由中国林业出版社出版。

7月7日，中国工程院院士增选名单公布，其中农业、轻纺与环境工程学部有：山仑、马建章、方智远、石玉林、任阵海、任继周、伦世仪、向仲怀、旭日干、刘筠、关君蔚、汤鸿霄、李光博、李泽椿、辛德惠、汪懋华、沈国舫、沈荣显、郁铭芳、周翔、赵法箴、袁业立、袁隆平、顾复声、殷震、唐孝炎、黄耀祥、梅自强、傅廷栋、曾士迈、曾德超、管华诗。

8月4日至12日，海河委员会在北京市门头沟召开海河流域水土流失重点地区综合调查会议，由孙英副主任主持，参加会议的有水电部农水司水保处、北京林业大学水土保持系及北京、河北、山西等省（自治区、直辖市）共87人。根据水电部确定的任务，请北京林业大学水土保持系主任关君蔚教授等5人分别讲述了有关水土流失地区综合调查的内容和方法。

● 1996 年

4月，卢良恕与刘志澄、沈国舫、关君蔚、蒋建平等中国工程院西南资源"金三角"发展战略与对策研究项目组到四川宜宾、泸州、乐山、攀枝花、凉山等地考察，形成《攀西川南地区农业发展战略与对策报告》。

5月，关君蔚主编《水土保持原理》由中国林业出版社出版。

5月，关君蔚《序》刊于《北京林业大学学报》1996年S1期2页。

5月，关君蔚《中国的绿色革命——试论生态控制系统工程学》刊于《生态农业研究》1996年第2期6页。

8月，关君蔚《北京的水土保持》刊于《北京水利》1996年第4期2页。

● 1997 年

1月16日至18日，中国水土保持学会小流域综合治理专业委员会第三次会议暨学术会议召开，中国工程院院士关君蔚教授亲临会议指导并作讲话。

5月，《北京林业大学学报》出版《关君蔚院士与水土保持学科建设专辑（纪念关君蔚院士诞辰80周年）》1997年第19卷增刊。其中第3~5页胡汉斌《发扬关君蔚教授爱国敬业精神 为祖国水土保持事业多做贡献》、第6~13页沈国舫《关君蔚先生帮我迈开了第一步》、第 14 页方华荣《纪念关君蔚院士诞辰 80 周年》、第 15～22 页刘洪恩《记早期关君蔚先生以林为主的水土保持学术思想》、第 23～33 页裴保华等《忆关君蔚老师对我们的教导》、第 34～42 页王九龄《我国立地类型和造林设计研究的先驱——关君蔚院士》、第 43～45 页杨雨行《谈谈关君蔚先生是怎样教书育人的》、第 46～103 页高起江《关君蔚先生的楷模作用激励我在事业中进取》、第 104～185 页余新晓《略论关君蔚教授的森林水源涵养理论及其指导意义》、第 186～189 页关君蔚《开展山区生产工作的几点体会》(该文原载《中国农报》1953 第 12 期)、第 190～196 页关君蔚《试论我国的淡水资源》、第 197～198 页王选珍《关君蔚院士简历》。

9 月，中共中央宣传部、全国绿化委员会联合召开座谈会，认真学习贯彻江泽民总书记和李鹏总理关于生态环境建设的重要批示。会议强调，要深化对生态环境建设在实现社会经济可持续发展中的重要地位和作用的认识，倡导全民大力植树造林、治理水土流失、建设生态农业，全面推进我国生态环境建设和国土绿化进程。中宣部副部长徐光春主持座谈会，国家科委、解放军总后勤部、共青团中央、全国妇联、人民日报、新华社的负责同志以及有关专家徐冠华、周友良、袁志发、南振中、袁纯清、华福周、关君蔚等出席座谈会。

9 月，北京大学中国持续发展研究中心，东京大学生产技术研究所编《可持续发展 理论与实践》由中央编译出版社出版，其中 84～198 页收入关君蔚《试论老、少、边、穷地区的稳定温饱是我国可持续发展的基础和特点》。

11 月，中国工程院卢良恕与何康、洪绂曾、黄宗道、沈国舫、关君蔚、余让水、刘志澄等联名向国家计委、农业部、国家农业综合开发办公室、林业部、国家科委等部门提出《关于在四川攀西内陆干热河谷区建设 52 万亩优质南亚热带果品商品基地的建议》。

• 1998 年

6 月，张光斗到中国工程院向王淀佐、沈国舫副院长正式提交《中国可持续发展水资源战略研究》项目的立项申请书，两位副院长都表示赞同，并答应将向宋健院长汇报，经宋院长同意后可作为工程院的咨询项目向国务院报告。正式提交的项目申请是由钱正英、张光斗、陈明致、林秉南等人建议的，建议人钱正英和张光斗担任项目负责人，钱正英任组长，张光斗任副组长，项目组成员还包括

文伏波、石元春、石玉林、卢良恕、卢耀如、关君蔚、刘昌明、陈明致、林秉南、张宗祜、张蔚榛、胡海涛、钱易、黄秉维、潘家铮、陈志恺和徐乾清,其中陈志恺和徐乾清当时是院外专家,其余都是中国工程院院士。项目拟定于1999年初正式启动,计划在6月召开一次中间成果交流会,8月底之前提出课题报告,2000年6月在院士大会上提出总报告,也以此作为正式完成项目的标志。

9月,崔鹏主编《海峡两岸山地灾害与环境保育研究 第1卷》,其中1~11页收入关君蔚、张洪江《山区建设和可持续发展》。

10月,董智勇等著《中国生态林业理论与实践》由中国科学技术出版社出版,其中132~142页收入关君蔚《生物生产事业的革命——"生态控制系统工程学"简介》。

10月29日至11月2日,在中共陕西省委、陕西省人民政府的支持下,中国工程院、中国农学会、中国水利学会、中国林学会、中国水土保持学会、中国生态学学会及陕西省农业厅、陕西省农学会在西安市召开黄土高原综合治理与农业可持续发展讨论会。卢良恕、山仑、任继周、关君蔚等20余位院士、专家学者就涉及黄土高原综合治理的许多领域做了专题学术报告。与会代表分成两个小组讨论并通过向中央提出的"关于加快黄土高原综合治理,促进农业可持续发展的建议"。

12月,关君蔚《淡水资源和农村可持续发展的动态监测》刊于《中国农业资源与区划》1998年第6期20~24页。

12月,关君蔚《防护林体系建设工程和中国的绿色革命》刊于《防护林科技》1998年第4期6~9页。

● 1999年

4月,关君蔚《长江洪水的启示》刊于《决策与信息》1999年第4期10~11页。

5月,国家林业局宣传办公室编《'98洪水聚焦森林》由中国林业出版社出版,其中138~144页收入关君蔚《长江洪水的启示》。

10月,"西北五省区干旱、半干旱区可持续发展的农业问题"咨询组张新时、石玉林、刘东生、张广学、程国栋、关君蔚、山仑、佘之祥、许鹏、王西玉、慈龙骏、史培军、李凤民、韩存志、潘伯荣、孙卫国、陈仲新、屠志方、董

建勤《关于新疆农业与生态环境可持续发展的建议》刊于《中国科学院院刊》1999年第5期336～340页。

11月，全国"三北"地区沙棘资源建设工作会议召开，中国工程院院士、北京林业大学教授关君蔚就此评价："利用沙棘治理砒砂岩的成功，表明治理黄河的泥沙问题和黄土高原的环境问题找到了钥匙。"

11月，关君蔚《我国绿色革命的希望》刊于中国林业出版社《绿色里程 老教授论林业》1～11页。

● 2000年

3月31日，在国家林业局人事教育司、中国林业教育学会联合召开的西部地区生态环境建设人才培养专题座谈会上，中国工程院院士关君蔚发言《农林教育要走向基层》。他提出，西部开发实际是西部的可持续发展和建设。西部要大力引进人才，更要重视培养当地人才。培养当地人才应是今后农林教育发展的方向。到底是培养城市的干部下乡，还是培养永久的不走的干部？我到过一些老少边穷地区，那里的年轻人自学外语能过关，有的还考了托福，他们缺乏的是一个学习的机会。若把这些人给培养出来，当地的发展就大有希望。我想办一个试点，也想改一件事情，不是让学生到学校上课，而是导师下去指导，我觉得在暖气和空调下是培养不出什么林业人才的，农林教育只有走向基层才会大有作为。

4月，关君蔚《西部建设和我国的可持续发展》刊于《世界林业研究》2000年第2期4～5页。

3月，关君蔚《序》刊于《水土保持研究》2000年第7卷第3期1页。

6月，关君蔚著《运筹帷幄，决胜千里：从生态控制系统工程谈起（院士科普）》由暨南大学出版社和清华大学出版社联合出版。本书凝聚了关君蔚院士对我国生态建设的新思考，总结了他对生态建设多年研究的新思想，提出了我国生态建设的新思路，可以更好地指导我国乃至世界生态建设的理论与实践。

7月24日至8月1日，中国工程院院士关君蔚一行先后到新疆维吾尔自治区和田、库尔勒、昌吉、石河子等地考察新疆林业建设。

12月，关君蔚《荒漠化与沙漠化的名称与概念的讨论——关于"荒漠化（desertification）"的由来及其防治》刊于《科技术语研究》2000年第4期9～10页。

● 2001年

1月，关君蔚《回顾与展望我国的水土保护》刊于《大自然》2001年第1期2页。

2月，关君蔚《台湾纪行》刊于《中国林业》2001年第3期2页。

3月，关君蔚《新疆的资源环境和可持续发展》收入《西部大开发，建设绿色家园学术研讨会论文集》160～162页。

3月，关君蔚《台湾纪行——海峡两岸山地灾害与环境保育的体会》收入《西部大开发，建设绿色家园学术研讨会论文集》254～258页。

4月17日，"森林植被与水的科学问题论坛"在中国林业科学研究院科技报告厅举行，论坛由国家林业局党组成员、全国政协人口资源环境委员会副主任、院长江泽慧教授组织，蒋有绪院士倡议，国家林业局科技司司长祝列克主持。会议邀请中国科学院、教育部、气象局、水利部等部门所属研究单位和大学近30名知名院士和专家学者，其中包括"两院"院士沈国舫、唐守正、蒋有绪、王涛、张新时、冯宗炜、关君蔚，北京林业大学校长朱金兆、中国林业科学研究院副院长张守攻、中国气象科学院副院长王春乙等专家。

6月，关君蔚《试以山东东营为例——黄河下游减灾防灾和可持续发展问题》收入《2001年减轻自然灾害学术研讨会论文集》13～22页。

7月，关君蔚《心系老区 一心向党》刊于《森林与人类》2001年第7期11页。

8月1日至3日，国家林业局、中国治沙学会考察组赴辽宁治沙考察，先后参观考察辽宁的重风沙区彰武、阜新两县及省固沙造林研究所等5个防沙治沙典型。考察后全国人大农业与农村委员会主任委员、中国治沙学会名誉理事长高德占对辽宁提出殷切厚望，希望辽宁在全国13个受风沙危害的省（自治区、直辖市）中率先遏制住本地区的沙化，率先使能治理的沙地得到治理。全国政协委员、中国治沙学会理事长蔡延松，中国工程院院士、中国治沙学会高级技术顾问关君蔚，中国治沙学会副理事长兼秘书长朱俊凤，国家林业局计财司副司长郝燕湘，国家林业局治沙办公室副主任胡培兴，国家林业局退耕还林办公室副主任柏章良及全国人大农业与农村委员会赵鲲为考察组成员。

9月，关君蔚、张洪江《我国景观生态控制系统工程动态跟踪监测预报的探索》收入《中国科协2001年学术年会分会场特邀报告汇编》333～338页。

9月，关君蔚、朱金兆《减灾防灾和可持续发展》收入《21世纪新北京生态

生物学学术研讨会论文汇编》5～12页。

是年,关君蔚被评为北京市先进工作者。

● 2002年

2月7日,中国防治荒漠化专家新一届顾问组在国家林业局成立,国家林业局决定:聘请王涛、王鹰、王礼先、石玉林、田均良、关君蔚、刘恕、孙鸿烈、李晓林、李留瑜、陈述彭、张新时、金鉴明、徐冠华、郭廷辅、彭镇华、慈龙骏、蔡延松、翟盘茂、鞠洪波等20人为新一届中国防治荒漠化高级专家顾问组成员。

2月,关君蔚《铸造"生命皇冠"的绿色明珠》刊于《高校招生》2002年第2期1页。

6月17日,全国绿化委员会、人事部、国家林业局、中共中央宣传部在人民大会堂联合召开大会,隆重表彰在防沙治沙工作中做出突出贡献的集体和个人。全国人大常委会副委员长邹家华、全国政协副主席赵南起出席表彰会。人事部副部长戴光前宣读了全国绿化委员会、人事部、国家林业局关于表彰全国防沙治沙先进集体、先进个人的决定;全国绿化委员会副主任、中国人民解放军总后勤部副部长周友良宣读了授予石光银同志治沙英雄的决定。10位全国防沙治沙标兵个人为:关君蔚、白俊杰、殷玉珍、唐臣、牛玉琴、万恒、石述柱、白春兰、刘铭庭、王中强;10个全国防沙治沙标兵单位为:内蒙古自治区赤峰市人民政府、内蒙古自治区通辽市林业局、陕西省榆林市人民政府、陕西省榆林市榆阳区补浪河乡英雄女民兵连、宁夏回族自治区中卫县人民政府、青海省共和县沙珠玉乡人民政府、新疆维吾尔自治区和田地区行政公署、新疆生产建设兵团农四师六十三团、中国科学院新疆生态与地理研究所策勒沙漠研究所、中国人民解放军93808部队;北京市延庆县林业局等100个单位荣获全国防沙治沙先进集体、北京市张春华等100名同志荣获全国防沙治沙先进个人。

6月,关君蔚《关于:"生态灾难"和我国的可持续发展》收入《中国科协2002年减轻自然灾害研讨会论文汇编之十三》15～19页。

6月15日,由中国治沙暨沙业学会、中国生态学学会联合主办的纪念世界防治荒漠化和干旱日研讨会在北京召开。国家林业局副局长李育材、祝列克出席会议并讲话。会议由中国治沙暨沙业学会理事长蔡延松和中国生态学学会李文华

院士主持。中国工程院院士、中国科学院生态环境中心研究员冯宗炜,中国工程院院士、中国林科院研究员王涛,中国工程院院士、中国科学院研究员李文华,中国工程院院士、北京林业大学教授关君蔚在研讨会上发言。

7月,中国退耕还林政策与管理技术国际研讨会在北京举行,由国家研究机构和地方政府合作开展、国际组织支持的我国退耕还林政策案例研究项目已取得重要进展,一系列在广泛深入调研基础上形成的政策建议和管理技术论文及研究报告将于近期正式对外发布。来自各国际组织和驻华使馆的代表与我国政府有关部委和地方政府的官员、国家政策研究和科学研究机构的专家学者共30余人出席会议。中国科学院院士阳含熙、中国工程院院士关君蔚、冯宗炜等著名专家到会并发言,来自研究项目案例试点县的代表介绍项目在当地的研究过程和相关成果。

10月11日,《中国绿色时报》第4版整版刊登铁铮《探索终生》一文,介绍关君蔚。

10月29日至30日,水利部在北京召开全国沙棘生态建设工作座谈会,这是新世纪召开的第一次全国沙棘工作会议,会议的主要任务是总结交流沙棘生态建设与开发经验,分析存在问题,研究对策措施,明确目标任务,部署下一阶段工作安排与打算。全国政协副主席钱正英、水利部副部长陈雷、中国科学院院士阳含熙、中国工程院院士关君蔚以及国家计委、水利部有关司局领导、黄委等流域机构以及有关省(自治区)和沙棘产品生产单位代表100多人参加了会议。

11月,关君蔚《中国水土保持学科体系及其展望》刊于《北京林业大学学报》2002年第6期273~276页。

● 2003年

1月22日至23日,中国非公有制林业发展研讨会在北京召开。会议以党的十六大精神为指针,围绕"促进中国非公有制林业健康发展"这一主题,研究非公有制林业在整个林业发展进程中的重要作用,分析当前非公有制林业发展面临的新形势、新问题,探讨非公有制林业发展的新政策、新机制和新模式,旨在鼓励支持和引导广大民营企业家参与到推动林业跨越式发展的大潮中来。国家林业局副局长李育材、雷加富,原中央农村政策研究室主任杜润生,国务院发展研究中心副主任陈锡文、中国科学院院士阳含熙、冯宗炜、唐守正,中国工程院院士

关君蔚等出席研讨会并发言。

1月23日,国家林业局局长周生贤,副局长李育材,局党组成员、中国林科院院长江泽慧等领导,代表局党组先后走访慰问了关君蔚、陈俊愉、孟兆祯、王涛、蒋有绪、唐守正等林业系统在京的中国工程院和中国科学院院士。

2月,关君蔚《传播沙棘科技信息 促进生态环境建设事业的发展——〈国际沙棘研究与开发〉创刊词》刊于《国际沙棘研究与开发》2003年第1期3页。

3月1日,《中国水土保持科学》创刊,并成立《中国水土保持科学》第一届编委会,名誉主任委员杨振怀,名誉副主任委员张有实,主任委员关君蔚,副主任委员王礼先、朱金兆、刘震、吴斌、李锐、夏敬源、崔鹏。《中国水土保持科学》主编关君蔚,常务副主编王礼先,副主编朱金兆、刘震、吴斌、李锐、夏敬源、崔鹏,编辑部主任王礼先。

4月3日至4日,《中国可持续发展林业战略研究》(战略卷)、(保障卷)和(森林问题卷)专家研讨及审定会在北京香山召开,国家林业局党组成员、项目专家领导小组组长、中国林业科学研究院院长江泽慧向与会专家通报项目进展情况;《中国可持续发展林业战略研究》(战略卷)、(保障卷)和(森林问题卷)3部分22个专题负责人和执笔人逐一汇报专题主要成果;卢良恕、李文华、石元春、沈国舫、冯宗炜、张新时、关君蔚、唐守正、陈锡文、王涛、蒋有绪、张齐生、宋湛谦、段应碧、杨雍哲等40多位领衔院士和资深专家以及各专题负责人和主要执笔人员出席会议,并提出富有建设性的意见和建议。

4月,中国工程院农业、轻纺与环境工程学部《中国区域发展战略与工程科技咨询研究》由农业出版社出版,其中18~22页收入沈国舫、张洪江、关君蔚《云、贵、川资源"金三角"地区的生态环境建设战略探析》。

6月17日,北京林业大学关君蔚获全国防沙治沙标兵称号,该奖项由全国绿化委员会、人事部和国家林业局联合颁发。

7月14日,《人民日报海外版》刊登铁铮《关君蔚院士纵论我国荒漠化防治》。

7月,为了深入贯彻落实《中共中央 国务院关于加快林业发展的决定》精神,充分发挥专家在实施六大林业重点工程、推进林业五大转变、实现林业跨越式发展进程的重大决策咨询作用,进一步完善科学、民主决策机制,国家林业局成立专家咨询委员会,主任周生贤,常务副主任江泽慧,副主任王涛,专家咨询委员会委员沈国舫、卢良恕、石元春、李文华、张新时、石玉林、冯宗炜、任继周、郭予元、关君蔚、王明庥、唐守正、蒋有绪、陈俊愉、马建章、孟兆祯、朱之悌、张齐生、宋湛谦、杨雍哲、胡鞍钢、陈锡文、叶文虎、陈昌笃、陈寿朋、王浩、盛炜彤、彭镇华、董乃钧等29人。

8月，关君蔚《水资源和土地资源如何利用都与草原畜牧业有着千丝万缕的联系》收入《全国草原畜牧业可持续发展高层研讨会论文集》21~22页。

8月，关君蔚《从探索景观生态系统工程的需要——重读"系统工程"的札记》收入《中国治沙暨沙产业研究——庆贺中国治沙暨沙业学会成立10周年（1993—2003）学术论文集》18~26页。

9月，关君蔚《我国水土保持科学的新阶段》收入《全面建设小康社会——中国科协二〇〇三年学术年会农林水论文精选》477~483页。

9月3日，《光明日报》刊登王光荣、刘君《林区，敲响人才警钟——来自东北林区的报告》，其中中国工程院资深院士、北京林业大学教授关君蔚在一次人才专题座谈会上曾为此动情地说："我今天内疚于心，我把学生培养出来了，让他们去支援国家边疆建设，他们都去了，但现在没有人去管他们。下面的林业技术干部工作、生活条件都很差，我觉得我对不起他们。"

11月，中国老教授协会林业专业委员会张久荣研究员、关君蔚院士等18位林业老教授、研究员，在首都绿化委员会办公室（市林业局）主任（局长）宋希友同志和副主任（副局长）甘敬同志陪同下，参观考察北京市第一道和第二道绿化隔离地区绿化建设情况。各位专家和学者对北京的绿化隔离地区绿化建设给予了高度评价与肯定，认为绿化建设标准高、规模大、精品多，这是北京向现代化大都市迈进的重大举措，对举办绿色奥运、建设生态城市将起到极其重要的作用。同时老教授们积极为首都绿化建设献计献策，尤其是对即将全面实施的第二道绿化隔离地区绿化建设提出了宝贵的意见：①要按照国际化大都市和"新北京，新奥运"的要求，全市统筹规划，合理布局，加快绿化林业建设。②注重多树种栽植，特别要加大乡土树种栽植比例，优化空间配置，努力营造城市自然森林景观。③林业建设要与经济建设相结合，生态与富民相结合，发展生态经济型林业或绿色产业，实现生态效益与经济效益、社会效益的统一。④加大科技含量，加强养护管理，确保绿化成果。

12月26日，国家林业局专家咨询委员会第一次全体会议在北京召开。全国绿化委员会副主任、国家林业局局长、专家咨询委员会主任周生贤在会上强调，成立专家咨询委员会，发挥专家在林业工作中的咨询作用，是国家林业局贯彻落实党和国家科教兴国、人才强国战略和《中共中央 国务院关于加快林业发展的决定》、全国林业工作会议精神，加快推进林业历史性转变和跨越式发展的战略决策，也是新形势下进一步完善林业工作科学民主决策机制，推进科教兴林和依法治林两件大事取得新突破的重要举措。国家林业局专家咨询委员会于今年7月25日成立，33位院士、专家成为首批委员。专家咨询委员会的主要任务是对林业重点工程建设、林业产业结构调整、林业体制改革、科教兴林、依法治林、林业信息化建设、林业国际交流与合作等林业可持续发展中的重大课题，开展调查研究，向国家林业局提出意见和建议；对国家林业局指定和实施的重大政策、法律法规及中长期发展规划与计划提出咨询建议；对全国林业重大技术攻关、开发、推广、改造和技术引进项目及重大工程项目的确定、实施提供咨询论证。专家咨询委员会副主任段应碧及沈国舫、卢良恕、李文华、张新时、冯宗炜、郭予元、关君蔚、王明庥、唐守正、蒋有绪、陈俊愉、张齐生、宋湛谦、杨雍哲、胡鞍钢、陈锡文、叶文虎、陈昌笃、陈寿朋、盛炜彤、彭镇华、董乃钧等25位专家围绕加快林业发展，就建立林业重点工程建设评估体系、完善森林经营投资机制、加强森林经营工作和发展竹产业、花卉产业等，提出重要建议。

2004 年

6月，关君蔚《关于全国农林院校教育改革的几点建议》收入《2004年全国学术年会农业分会场论文专集》11～12页。

9月13日，为了弘扬老教授、老专家的奉献精神，发挥他们在全面建设小康社会和"科教兴国"中的重要作用，中国老教授协会在北京友谊宾馆隆重举行第三届"科教兴国贡献奖"和第三届"老教授事业贡献奖"颁奖大会，向卢良恕院士、关君蔚院士、曲格平教授、张仃教授、钟南山院士和戚发轫院士等6位在"科教兴国"中作出突出贡献的老教授、老专家颁发第三届"科教兴国贡献奖"，向毛昭晰等29位为老教授事业作出重大贡献的已退休的老同志授予"老教授事业贡献奖"。关君蔚，男，满族，1917年5月生于辽宁省沈阳市。1941年毕业于日本东京农工大学。1942—1947年，任北京大学农学院森林系副教授，1949—1952年任河北农学院森林系讲师、副教授。1953年起在北京林学院和北京林业

关君蔚年谱

大学任教，历任副教授、教授，教研室主任、水土保持系主任。1984年建立我国水土保持学科，任博士生导师。1995年当选为中国工程院院士。他是我国水土保持学科的奠基人之一，长期致力于我国水土保持教学和科研，主持创办了中国高校第一个水土保持专业和水土保持系。1979年开始参与我国"三北"防护林建设工程，组织举办多期高级研讨班。他在山区建设、防护林体系理论等研究领域取得重要成果，发表130多篇学术论文，出版《水土保持原理》《我国防护林体系及林种》《生态控制系统理论》等专著。他取得的科研成果曾获全国科学大会奖，并有多项成果获省部级奖和国家奖。2003年被评为"全国治沙标兵"。撰写的《我国水土保持科学的新阶段》论文被评为中国科协学术年会农林水优秀论文。

9月，《山西水土保持科技》2004年第3期刊登中国工程院院士关君蔚教授题词。

10月26日，全国政协副主席、农工党中央常务副主席李蒙主持召开"三峡库区及长江中上游生态、环境保护和工程建设问题"座谈会。中国工程院院士关君蔚，北京林业大学水土保持学院副院长张洪江，中国工程院院士、中国水科院教授级高级工程师韩其为，中国工程院院士魏复盛，中国科学院院士张新时出席座谈会并作交流发言。

是年，东南亚发生海啸后，关君蔚完成《我国的红树林和海岸防护林》报告，呼吁为我国万里海疆构筑起结构合理功能完善的绿色屏障，得到了温家宝总理的重要批示。

11月22日，林业科技重奖颁奖大会暨全国林业人才工作会议在北京人民大会堂隆重召开。中共中央政治局委员、国务院副总理、全国绿化委员会主任回良玉在全国绿化委员会副主任、国家林业局局长周生贤陪同下亲切接见与会代表。回良玉向获得林业科技重奖的"中国可持续发展林业战略研究"项目组代表、项目专家领导小组组长江泽慧颁奖，向获得林业科技重奖的中国工程院院士王涛、关君蔚颁奖。国家林业局关于重奖为林业发展作出重大贡献的科技工作者的决定，对为我国林业发展作出重大贡献的"中国可持续发展林业战略研究"项目组和王涛、关君蔚两位院士实行重奖，并分别颁发一次性奖金50万元。对唐守正、蒋有绪、宋湛谦、盛炜彤、彭镇华、张宗和、朱之悌、孟兆祯、陈俊愉、董乃钧、马建章、王明麻、张齐生、李文华、张新时、冯宗炜、沈国舫、田大伦、张和民、李丽莎、漆建忠、刘宝华等22名为林业发展作出重要贡献的科技工作者

给予奖励,每人颁发一次性奖金 10 万元。

12月,陆彩荣、王光荣主编,光明日报科技部编《高端视角 两院院士纵论社会热点》由光明日报出版社出版,其中 52~53 页收入关君蔚《荒漠化防治一靠科技二靠法制》。

是年,联合国工业发展组织中国投资与技术促进处,绿色产业专家委员会编《绿色产业科技论坛论文集》14~16 页收入关君蔚《管窥绿色革命》。

2005 年

1月5日,中国治沙暨沙业学会第二届第五次常务理事会议在北京召开。会议总结中国治沙暨沙业学会 2004 年的工作,提出 2005 年的工作重点,审议批准 2004 年申请入会的会员共 136 人。国家林业局副局长祝列克、中国治沙暨沙业学会名誉理事长高德占、董智勇出席会议并讲话。中国治沙暨沙业学会理事长蔡延松主持会议。学会高级学术顾问、中国工程院院士关君蔚、冯宗炜及在京常务理事 40 多人参加会议。

1月,关君蔚《我国的红树林和海岸防护林》收入《第二届中国(海南)生态文化论坛论文集》50~52 页。

3月9日,温家宝总理在关君蔚院士《我国红树林和海岸防护林》一文上作出重要批示,回良玉副总理 3 月底在海南就沿海防护林建设进行专门调研,并指出:"此事抓得很好。沿海防护林是我国生态建设的重要内容,是海啸和风暴潮等自然灾害防御体系的重要组成部分。望进一步明确任务,突出重点,采取有力的措施,切实把沿海的绿色屏障建设好。"

5月26日,回良玉副总理对卢良恕、关君蔚院士等六位同志《关于绿色农业科学研究与示范基地建设的建议》作了"绿色农业的研究和示范工作,是探索以新的发展模式和新的经营理念来促进农业发展,提高农产品竞争力的实践"的重要批示。

7月,慈龙骏等著《中国的荒漠化及其防治》由高等教育出版社出版。这是中国林业科学研究院首席科学家慈龙骏教授与 20 多位在防治荒漠化学科前沿的科学家和基层专家一道,系统地总结他们长期从事荒漠化防治工作的研究成果而撰写的科学专著,资深院士关君蔚、院士蒋有绪、国务院参事盛炜彤为之写了书评。

关君蔚年谱

7月，浙江省青田县方山乡龙现村"传统稻鱼共生农业系统"——我国首个全球重要农业文化遗产保护项目启动。按照联合国粮农组织的定义，全球重要农业文化遗产是"农村与其所处环境长期协同进化和动态适应下所形成的独特的土地利用系统和农业景观。这种系统与景观具有丰富的生物多样性，而且可以满足当地社会经济与文化发展的需要，有利于促进区域可持续发展。"为了保证这一项目的实施，有关部门在浙江召开了"全球重要农业文化遗产保护项目'稻鱼共生系统'启动研讨会"，北京林业大学关君蔚院士、中国科学院地理科学与资源研究所李文华院士等国内外专家学者参加研讨。

7月18日，《中国绿色时报》刊登铁铮、李香云《胜过水泥浆砌防堤 长期未受应有重视——关君蔚院士谈红树林》。关君蔚院士提出：红树林未能受到应有的重视，和我国过去曾经有过的林业价值取向有一定的关系。在很长一段时间里，林业的发展基本以生产木材为主，其他林产品都被排到次要位置，更不用说产材量不高的红树林了。在沿海地区，保护人民生活和生产安全的防护工程有多种类型。在海运事业发展的同时，沿海城市也在超限度发展。印度洋海啸的出现，可以说是自然界给人类社会的一个黄牌警告。为发展经济，沿海地区圈地养殖珍珠、对虾等，不重视红护林的保护与建设，导致现存红树林甚少。他认为，发展经济与保护红树林并不矛盾。运用现代科学技术，合理建设与保护红树林海岸防护林，不仅不会影响经济的发展，而且可以促进当地经济的发展。红树林是两栖动物的栖息乐园，用红树林建成防护林体系后，其网格之间也可用来培育适宜生长的经济物种。他强调，在东南沿海建设防护林体系工程，必须突破长期以来以"汀线"为界的习惯。要下大力气保护好现有红树林，同时启动红树林的重建和新建技术措施研究，给红树林的发展以必要的科技支撑。

7月20日，国家林业局邀请中国科学院、中国工程院以及来自有关高等院校、科研院所的22名院士、资深专家在京就生态建设"相持阶段"林业发展举行研讨会。国家林业局在根据对大量监测数据结果的科学分析和对国内外林业发展阶段认真研究的基础上，做出了我国生态建设正处于"治理与破坏相持阶段"的重要判断。为明确相持阶段林业发展的战略目标、建设任务和具体对策，以及为中央决策和制定《林业发展"十一五"和中长期规划》提供科学依据，国家林业局专门邀请有关院士、资深专家就"相持阶段"林业发展举行研讨会，请院士、专家们出谋划策。王涛、李家洋、张新时、蒋有绪、洪德元、李小文、关君蔚、李文华、王明庥、张齐生、任继周、孙九林、孟兆祯13位院士以及杨雍哲、陈昌笃、陈寿朋、盛炜彤、彭镇华、慈龙骏、刘世荣、董乃钧等资深专家结合自己的研究领域就生态建设"相持阶段"林业发展进行深入研讨。与会院士专家认为，提出我国生态建设处于"治理与破坏相持阶段"的重要判断，凝聚了广泛共识，既是科学的，也是审慎的。相持阶段的判断内涵丰富、科学准确、依据充分、符合实际。我国是一个正在迅速崛起的发展中国家，林业是一个相对落后的行业，我们必须进一步加大工作力度，加快林业发展。

8月，许增华主编《百年人物1905—2005》（中国农业大学百年校庆丛书）由中国农业大学出版社出版，其中第232页载关君蔚。

8月31日，由国家林业局经济发展研究中心在京组织召开"黑龙江省大兴安岭森林资源价值评价及纳入绿色GDP核算研究评价"会议。国家林业局张建龙副局长出席会议并作重要讲话。与会代表强调了绿色GDP核算对促进建设和谐型社会的重要意义。同时指出当前绿色GDP核算还存在方法统一问题，需要进一步加强研究。中国工程院资深院士关君蔚发表重要学术见解。会议强调大兴安岭地理区位特殊性及其森林资源保护对国家乃至世界的生态安全的重要性。以大兴安岭林区作为绿色GDP核算的案例地区具有重要的研究价值，对促进大兴安岭森林资源保护具有重要作用。

9月，国家林业局邀请中国科学院、中国工程院、中国社科院、国务院政策研究室、中国林科院、北京林业大学等科研院所的有关院士和资深专家，就"中国林业相持阶段区域发展战略研究"总论大纲细目进行研讨。国家林业局党组成员、中国林科院院长江泽慧主持会议。王涛、张新时、关君蔚、唐守正、蒋有绪、冯宗炜、孙九林、洪德元、宋湛谦、张齐生等院士及杨雍哲、盛炜彤、董乃钧、李周等资深专家出席会议并发言。各位院士、专家围绕深化林业管理体制改革、加强林业可持续经营、开发生物质能源、提高林业自主创新能力和增加"相持阶段"风险分析等问题进行深入探讨，提出很多富有建设性的意见和建议。

9月20日，首届"中国国花与和谐社会"学术研讨会在北京植物园召开。与会的两院院士、专家、学者对国花评选提出建议，并就国花的评选标准、国花的数量和品种、确定国花的时间以及国花与政治、经济、和谐社会的关系等展开讨论。参加会议的有卢良恕、陈俊愉、关君蔚等9位两院院士。国花研讨参会人员突破了专业界限，文化部原部长高占祥和一些社会知名人士也应邀参加。与会

代表来自上海、湖北、湖南、河南、山东、江苏、浙江、安徽、辽宁以及澳门等地,具有广泛的代表性。许多专家学者对中国工程院院士陈俊愉提出的"一国两花"的设想表示赞同,希望将梅花、牡丹确定为双国花。他们认为,这不但具有覆盖面广、特色相辅相成等学术意义,对于群众认知、两岸统一以及和谐社会的构建都有重要的意义。

10月,张庆良主编《永远的红树林》由南方出版社出版,其中37～39页收入关君蔚《我国的红树林和海岸红树林》。

10月20日至22日,全国23所农林高校的90位专家学者聚集在北京林业大学,探讨新时期中国高等林学专业高素质创新人才的培养。有关部门负责人表明,我国林业基层单位人才严重缺乏。在新的办学形势下,如何加强林学教学、培养林业急需的人才,是当前迫切需要解决的问题。关君蔚院士回顾了林业和高等林业教育发展的历史,阐述了林业在生态建设和国民经济中的地位,对林学专业的人才培养、科学研究提出了建议和构想。

12月,关君蔚、张洪江、李亚光、王栋、尚海龙《北京林业大学关君蔚工作室与社科院社会学研究所长景天魁博士的座谈纪要》刊于《西部林业科学》2005年第4期129页。

2006年

1月,中国水土保持学会在北京召开第三次全国会员代表大会,鄂竟平任理事长,刘震、魏殿生、李昌健、李锐、朱金兆任副理事长,吴斌为秘书长,黄元为常务副秘书长,牛崇桓、曾宪芷、彭世琪、黄铁青、岳金山为副秘书长,常务理事朱金兆、刘震、许发辉、李周、李锐、李昌健、李效栋、吴斌、吴章云、佟伟力、余新晓、汪习军、张翼、郭索彦、黄元、鄂竟平、蔡强国、黎云昆、魏殿生。关君蔚任第三届名誉理事长。

1月7日,国家林业局召开专家咨询委员会全体会议,听取各位院士、专家对"十一五"期间林业发展的意见和建议。国家林业局局长、专家咨询委员会主任贾治邦在会上提出,专家咨询委员会是国家林业局最高层次的决策咨询机构,要充分发挥院士和专家参谋和咨询的作用,充分发挥他们的智慧和才能,努力推进新时期林业决策的科学化、民主化。国家林业局党组成员、中国林科院院长、专家咨询委员会常务副主任江泽慧主持会议。专家咨询委员会副主任王涛,专家咨询委员会委员沈国舫、卢良恕、张新时、石玉林、冯宗炜、郭予元、关君蔚、唐守正、蒋有绪、陈俊愉、马建章、张齐生、宋湛谦、杨雍哲、陈昌笃、陈寿朋、王浩、盛炜彤、彭镇华、董乃钧等院士和专家出席会议。

4月24日，《中国绿色时报》刊登铁铮《关君蔚院士建言——北京要未雨绸缪预防泥石流》。中国工程院资深院士、北京林业大学教授关君蔚建议，加强北京地区泥石流预报工作。这一建议已得到北京市的高度重视，有关部门已经做好部署，力争在雨季前深入检查山区各区县的泥石流预防体系和设施。关院士称，首都近20年来林地面积骤增，但林龄均处于幼年。2008年北京奥运会之际，恰逢夏季，万一暴雨集中，幼林失稳，发生泥石流则损失巨大。他建议有关部门务必于今年雨季前深入检查山区各区县预防体系和设施，为2008年北京奥运会的顺利举行早打基础。

4月，为落实王岐山市长及牛有成副市长关于中国工程院院士、北京林业大学教授关君蔚致回良玉副总理关于应注意防范泥石流灾害的信件的批示精神，北京市园林绿化局召开专家咨商会，邀请关君蔚、吴斌、余新晓、马履一、朱清科、谢宝元、高甲荣等有关专家进行座谈。专家指出，随着山区经济的发展，以前的数据已经不能很好地适应现在的情况。万一发生泥石流灾害，其损失是无法估量的。2008年奥运会召开在即，为此，必须做好以下几项工作：一、应用历史资料，分析原有的数据资料；二、立即组织专业技术人员对泥石流灾害区现状进行调查，摸清底数；三、加强宣传，对泥石流灾害区的居民宣传泥石流的危险性，以及如何避险；四、建立预警体系，制定各层面的应急预案。

6月17日至19日，中国林学会灌木分会成立大会暨学术研讨会在北京林业大学成功召开，来自国家和20个省（自治区、直辖市）的70多名专家学者、政府官员、企业家等各界人士参加会议，中国林学会灌木分会选举产生70名分会委员会委员，并召开第一次分会委员会全体会议，选举产生分会委员会常委24名。会议选举陈晓阳教授担任中国林学会灌木分会第一届委员会主任委员，副主任委员有江泽平、蔡建勤、甘敬、贺康宁、赵雨森、杨俊平、李昆、孙保平。中国林学会灌木分会秘书处设在中国林科院林业所，江泽平研究员兼任秘书长，李清河、胡涌、邓少春为副秘书长。北京林业大学关君蔚教授等作了大会主报告。

10月20日，《科学网》刊登《中国工程院院士关君蔚：水资源完全够用，关键是节水防污》。关君蔚认为：我国的淡水资源能够满足20亿人的生活用水，

包括国家发展用水。关键是要滴水归田，每一滴水都要珍惜。现在是用得太浪费！太对不起子孙！现在国际上关注的环境问题，一个是二氧化碳等温室气体的排放控制，另一个就是水污染与水自给问题。温室气体的排放及流动可以说是没有边界的，不可能靠一个国家完全解决，而大江大河在我国国境内源远流长，关君蔚认为，解决水的问题靠我们自己就可以解决。

• 2007 年

1月，铁铮、方若枔《水土保持·生态控制系统工程学家 中国工程院资深院士关君蔚教授》刊于《中国水土保持科学》2007 年第 1 期 2 页。

2月13日，国家林业局召开专家咨询委员会会议，专题讨论林业在应对气候变暖中的作用问题。来自中国科学院、中国工程院、中国林科院、北京林业大学的 10 位专家作了发言。关君蔚认为，这个问题抓得晚了一点，过去早就该抓。从工业发展、经济发展角度讲可以定量，生物、生态方面定不了量。定性是根本的，定量是验证定性对错的工具。林业固碳要重点提出今后的发展趋势。

6月21日，国家林业局与西藏自治区政府在北京联合召开高级专家研讨会，邀请两院院士等专家对《我国高海拔地区原生植被保护与恢复战略研究》进行论证，为我国高海拔地区原生植被保护与恢复献计献策。国家林业局副局长祝列克、西藏自治区原党委书记阴法唐、西藏自治区副主席甲热·洛桑丹增出席会议并讲话。中国工程院院士关君蔚、刘更另、冯宗炜、尹伟伦，中国科学院院士蒋有绪，国务院参事盛炜彤，中国林科院院长张守攻等出席会议。

6月17日，由科技部支持、中国林业科学研究院牵头负责的国家科技基础性工作专项"库姆塔格沙漠综合科学考察"项目在中国林业科学研究院启动。中国科学院院士郑度、张新时、蒋有绪，中国工程院院士关君蔚、尹伟伦，科技部发展计划司巡视员申茂向，科技部基础研究司综合与基础性工作处处长周文能、调研员傅小锋，国家林业局科技司司长张永利、计划处处长杨锋伟，中国科学院南京地理与湖泊研究所研究员王苏民及中国林业科学研究院院长、首席科学家张守攻、副院长蔡登谷、首席科学家慈龙骏等出席启动会。

7月9日，为全面贯彻防沙治沙大会精神，落实温家宝总理提出的"科学防沙治沙、综合防沙治沙、依法防沙治沙"的方针，国家林业局召开防沙治沙专家座谈会，请专家为防沙治沙建言献策，以推进防沙治沙工作又好又快发展。专家们认为，我国已采取的一系列防沙治沙政策措施取得明显成效，对改善民生发挥了重要作用，但目前的防沙治沙形势依然严峻，仍是制约我国经济社会可持续发展的首要生态问题，加快治理，刻不容缓。国家林业局副局长祝列克主持座谈会。中国工程院院士沈国舫、关君蔚、王涛、任继周，中国科学院院士冯宗炜、李文华，中国科协研究员刘恕，中国地质科学院研究员韩同林，北京林业大学教授卢欣石等参加座谈。

9月，关君蔚著《生态控制系统工程》由中国林业出版社出版。

10月，《中国水土保持科学》第二届编委会成立，顾问山仑、文伏波、石玉林、关君蔚、刘东生、刘昌明、孙鸿烈、张有实、张新时、李文华、杨振怀、沈国舫、郑度、赵其国、徐乾清、袁道先、钱正英，主任委员鄂竟平，主编王礼先，副主编刘震、朱金兆、吴斌、李锐、夏敬源、崔鹏、魏殿生。

12月29日，关君蔚因病逝世，享年91岁，关君蔚和董莉育有一女一儿关念林和关烽。《中国工程院院士关君蔚先生生平》：中国工程院院士、北京林业大学著名教授、国际知名水土保持学家、我国水土保持学科的开拓者和奠基人、中国共产党优秀党员、全国优秀教师关君蔚先生，因病医治无效，于2007年12月29日15时35分不幸在北京逝世，享年91岁。关君蔚院士，满族，1917年5月出生于辽宁省沈阳市。1940年毕业于日本东京高等农林学校林学科。1942年至今，先后在北京大学农学院、河北大学森系、中国科学院沈阳林业土壤研究所、北京林业大学等单位工作，历任讲师、副教授、研究员、教授、博士生导师等职，1957年受聘为中国科学院兼职研究员，1995年当选为中国工程院院士。先后任中国林学会第二届、第五届理事会理事，中国水土保持学会第一届理事会常务理事等职。他的一生，是执着追求、献身水土保持事业的一生，是呕心沥血、培育人才的一生，是为祖国、为人民无私奉献的一生。关君蔚院士1941年怀着赤诚的报国之心，从日本辗转回国，投身祖国的科学研究和教育事业。他白手起家，创立了富有特色的中国水土保持事业，创办了我国第一个水土保持专业，创建了具有当代中国特色的水土保持科学体系。他始终坚持"知山知水，树木树人"的教育理念，把精彩的论文写在祖国大地上，培养了大批水土保持高级专业技术人才。他高瞻远瞩、精心策划，带动并培养了一支实力雄厚、结构合理的水土保持学术梯队，为构建和发展具有中国特色的水土保持事业做出了卓越贡献。关君蔚院士1984年创建了我国水土保持学科，取得了全国第一个水土保持博士点，培养博士研究生数十人。他多次前往四川、甘肃、宁夏等地实地考察，69岁高龄时还登上3800米的祁连山北坡，考察山地泥石流、滑坡情况，研究森林固坡作用。他为全国水土保持科技、教育工作者树立了光辉的榜样，堪称忠诚党的教育事业的典范和楷模。关君蔚院士是我国林业和水土保持学界德高望重的学术泰斗。他始终坚持理论与实践紧密结合，在实践中总结和提炼水土保持科学规律，奠定了我国水土保持和防护林体系建设的理论基础，用现代科学理论构建了生态控制系统工程学，为我国水土保持事业的发展做出了不可磨灭的重大贡献。关君蔚院士是我国水土保持理论的创造者和实践者。他60多年如一日，为中国水土保持事业鞠躬尽瘁、死而后已。他坚持深入荒山秃岭、荒漠戈壁，致力于生态环境脆弱的老、少、边、穷地区的生态环境改善和广大农民的脱贫致富。1981年四川洪灾后，在长江能否变成黄河的争论中，关君蔚院士明确指出"长江存在的问题比黄河严重"。在他的倡导下，1982年重庆市率先提出建设重庆市防护林体系建设规划，推动了长江中下游防护林体系建设一期工程总体规划工作。这一规划于1988年通过国家计委审查正式纳入计划开始实施，进而为沿海和全国防护林体系建设奠定了坚实基础。他长期担任"三北"防护林建设工程的顾问，为构建绿色屏障提供了技术支撑。2006年，他为北京市山区的生态环境建设与山地灾害防治出谋划策，提出了加强北京地区泥石流预报的建议，得到了有关部门的高度重视，回良玉副总理做了亲笔批示。耄耋之年，他依然整日为事业操劳，直到生病住院以前，还坚持参与工作、著书立说。关君蔚院士在我国水土保持领域具有极高的学术威望，提出了许多重大理论和观点。他主编了农林院校全国第一部水土保持教材《水土保持学》，主编了高等农林院校教材《水土保持原理》等多部教材和专著，主笔编写了《中国大百科全书》和《中国农业百科全书》中的有关"水土保持"条目。他撰写的专著《山区建设和水土保持》1985年获全国农业区划委员会一等奖。他撰写了《生态控制系统工程》一书，倾尽最后心血，给后人留下了宝贵的精神财富。关君蔚院士科教成果丰硕，对水土保持事业做出了杰出贡献，获得了众多荣誉和重大奖励。1979年获全国首届科学技术大会奖，先后被评为全国和北京市优秀教师、全国及北京市水土保持先进个人，2004年获国家林业局首批林业科技重奖。他淡泊名利，不为荣誉所累，体现了老一辈科学家的高尚品质和人格魅力。关君蔚院士严以律己，理想信念坚定，对党的事业无比忠诚。他政治上始终和党保持高度的一致，用党员的标准严格要求自己，充分发挥了党员的先锋模范带头作用，是北京林业大学优秀共产党员的杰出代表。关君蔚院士学识渊博，治学严谨，一丝不苟，为人豁达。讲课理论联系实际，充满激情，极富感染力，深受学生欢迎与尊敬。作为博士研究生导师，他为人师表、言传身教、教书育人、诲人不倦。他十分关心青年学生的成长，为学生举办讲座，指导学生开展科技活动，给学生讲做事做人的道理。他学为人师、行为世范，赢得了学生的爱戴。他高风亮节的师德风范，教育和影响了一代又一代青年。关君蔚院士在生命的最后时刻，还牵挂着学校的发展、牵挂着水土保持事业。他将毕生的精力献给了我国水土保持事业和党的教育事业，他是我国水土保持领域的领军人物和一代宗师。关君蔚院士的逝世，是我国教育界、科学界的重大损失，更是北京林业大学的巨大损失。关君蔚院士虽然离去了，但他给我们留下了十分宝贵的精神财富。我们要化悲痛为力量，继承他的遗志，以他为榜样，献身事业，"知山知水、树木树人"，把山河妆成锦绣、将国土绘成丹青，为建设生态文明，做出我们应有的贡献。关君蔚院士永垂不朽！

● 2008 年

1月7日，《中国绿色时报》第1版刊登铁铮《各界人士痛别关君蔚院士》。关君蔚院士早被人们所熟悉的笑容，永远定格在2007年12月29日。这位为中国林业和水土保持事业做出卓越贡献的老院士走完了自己绚烂的人生之路，留给后人的是无限的哀思和学习的榜样。1月4日，关君蔚院士遗体告别仪式在北京八宝山革命公墓举行。国务院总理温家宝，国务院副总理回良玉，全国人大常委会副委员长、中国科协主席韩启德，国务委员陈至立，全国人大常委会原副委员长、中国科协名誉主席周光召，国家林业局局长贾治邦等送了花圈，对关君蔚院士的逝世表示沉痛哀悼。教育部、科技部、水利部、国家林业局、中国工程院、中国科学院等200多家单位发唁电，送花圈、挽联，对关君蔚院士的逝世表示哀悼，并对其亲属表示慰问。4日一大早，各界人士就从四面八方赶往北京八宝山革命公墓。国家林业局副局长李育材、中国工程院副院长旭日干、中国工程院原副院长沈国舫、原林业部副部长刘于鹤、蔡延松等赶到八宝山革命公墓，向关君蔚院士做最后的告别。在京林业系统各单位的代表和北京林业大学师生员工近千人胸戴白花，怀着沉痛的心情，在哀乐声中向关老深深地鞠躬，表达对这位著名专家、优秀导师的无限缅怀。不少人从深圳、内蒙古、河北等地专程赶来为关老送行。享年91岁的关君蔚院士是国际知名水土保持学家、我国水土保持学科的开拓者和奠基人。他科教成果丰硕，获得了众多荣誉和重大奖励，在我国水土保持领域具有极高的学术威望，是我国林业和水土保持学界德高望重的学术泰斗。他白手起家，创立了富有特色的中国水土保持事业，创办了我国第一个水土保持专业，主编了农林院校全国第一部水土保持教材《水土保持学》，创建了具有中国特色的水土保持科学体系，组建了全国第一个水土保持博士点，培养博士研究生数十人。他始终坚持"知山知水，树木树人"的教育理念，把精彩的论文写在祖国大地上，培养了大批水土保持高级专业技术人才。他带动并培养了一支实力雄厚、结构合理的水土保持学术梯队，为构建和发展具有中国特色的水土保持事业作出了卓越贡献。

9月，关君蔚主编《傅焕光文集》由中国林业出版社出版。

2012年

10月16日，关君蔚水土保持基金设立，旨在表彰在水土保持领域取得突出成绩的学生、教师、校友和社会人士，弘扬关君蔚院士的精神，培养更多的优秀水土保持人才，促进水土保持事业的发展。关君蔚院士是著名水土保持学家，水土保持教育的开拓者。他长期致力于中国水土保持、防护林体系的教学和科研，创办了中国高等林业院校第一个水土保持专业和水土保持系，建立了具有中国特色的水土保持学科体系。他长期深入实际，在山区建设、泥石流治理、防护林体系理论基础等研究领域取得了重要成果，指导了生产实践，为中国水土保持事业的发展做出了突出的贡献。

2013年

4月，《20世纪中国知名科学家学术成就概览·农学卷·第三分册》由科学出版社出版。国家重点图书出版规划项目《20世纪中国知名科学家学术成就概览》，以纪传文体记述中国20世纪在各学术专业领域取得突出成就的数千位华人科学技术和人文社会科学专家学者，展示他们的求学经历、学术成就、治学方略和价值观念，彰显他们为促进中国和世界科技发展、经济和社会进步所做出的贡献。农学卷记述了200多位农学家的研究路径和学术生涯，全书以突出学术成就为重点，力求对学界同行的学术探索有所镜鉴，对青年学生的学术成长有所启迪。本卷分四册出版，第三分册收录了43位农学家。其中86~97页成俊卿、205~215页关君蔚、230~237页陈俊愉等。

● 2015年

6月，于光远著《于光远经济论著全集 第9卷》204~205页收录北京林学院关君蔚、河北林学院于溪山《关于西柏坡和岗南水库林业工作的建议》（一九七九年五月）。

● 2017年

5月19日，北京林业大学举行"缅怀先辈 传承精神 推动发展"——纪念关君蔚院士诞辰100周年座谈会，缅怀已故中国工程院院士、我国水土保持教育事业的奠基者和创始人关君蔚。出席座谈会的领导、嘉宾有孙鸿烈院士、李文华院士、崔鹏院士，以及中国林科院、水利部水土保持司、北京市水务局、北京市门头沟区水务局、中国水土保持学会、北京碧水源科技股份有限公司等单位主要负责人，北京林业大学党委书记王洪元、党委副书记全海、副校长王玉杰，北京林业大学原校长朱金兆、原党委书记吴斌以及来自社会各界的校友和水土保持学院党政负责人、师生代表等80多人。王洪元的讲话中讲道：关君蔚先生是我校优秀教授、中国工程院院士、著名水土保持学家，也是我国首位水土保持学科博士生导师和国家政府特殊津贴享受者，是我国水土保持教育事业的奠基者和创始人。关先生将自己的一生奉献给了我国水土保持教育事业，创建了具有中国特色的水土保持学科体系，培养了大批水土保持研究和科技人才。他九十多年的人生历程中，充满了信念、追求、奉献、担当。他学问渊博、成就卓著，却虚怀若谷、低调谦和；他受人尊崇，桃李满园，却求真务实，朴实无华。中国水土保持学会副理事长吴斌教授在讲话中讲道：关先生是中国水土保持学科的奠基人、开拓者和杰出的教育家，为我国水土保持事业做出了巨大贡献。是中国水土保持学会第一、第二届常务理事，第三届名誉理事长，是中国水土保持学会的倡导者和推动者。我们今天纪念关先生，就是要缅怀他为水土保持学科建设、水土保持事业发展做出的卓越贡献，追思学习他执着追求、甘于奉献的崇高精神，激励后人不断推动水土保持事业发展，为国家生态文明建设做出更大的贡献。

5月20日，在关君蔚院士诞辰100周年之际，北京林业大学举办以"水土

保持 绿色发展 美丽中国"为主题的水土保持与荒漠化防治高峰论坛。来自全国各地水土保持领域的专家相聚北京林业大学，弘扬关君蔚院士的博大学术思想，分享我国水土保持与荒漠化防治学术前沿动态与科技成果，深入研讨推进水土保持事业的新思路、新理念、新举措。

5月，宋吉红编《人生之旅旅之人生——纪念关君蔚院士诞辰100周年》由中国林业出版社出版。

5月，王玉杰、宋吉红著《水土保持人才培育探索——关君蔚院士百年诞辰纪念教改文集》由中国林业出版社出版。

2019年

5月20日，北京林业大学水保学院举办关君蔚精神研讨会，校党委副书记全海高度评价了关君蔚院士为我国水土保持事业、防护林建设、泥石流预测研究等方面做出的卓越贡献。

孙筱祥年谱

孙筱祥(自北京林业大学)

孙筱祥年谱

- **1921年（民国十年）**

  5月29日，孙筱祥（Sun Xiaoxiang），笔名孙晓翔，出生于杭州萧山浦阳镇小湖孙上村（现为桃北新村）。

- **1935年（民国二十四年）**

  是年，孙筱祥就读于浙江丽水碧湖（现丽水市莲都区碧湖镇）的浙江省联合初中。

- **1938年（民国二十七年）**

  是年秋，孙筱祥跟孙多慈学习素描、水彩、油画，成为孙多慈老师的得意门生。孙多慈（1913—1975年），又名韵君，安徽寿县人，画家，1931年7月考入中央大学美术系，1935年毕业。1948年任台湾师范大学艺术学院教授，后任院长，1975年病逝于美国洛杉矶。

- **1939年（民国二十八年）**

  是年春，孙筱祥考取浙江省立临时联合高级中学，由于日本侵略军进犯，联高解散，他在高中三年级只读了3个月。民国二十六年（1937年）12月24日，浙江杭州沦陷，学校搬离杭州。民国二十七年（1938年）6月，浙江省政府决议将南迁的浙江省立杭州高级中学、浙江省立杭州初级中学、浙江省立杭州师范、浙江省立杭州女子中学、杭州民众教育实验学校、嘉兴中学和湖州中学等7所省立中等学校合并组成"浙江省立临时联合中学"，校址设丽水县碧湖镇。民国二十八年（1939年）6月，省立联中奉命分为各自独立的"浙江省立临时联合高级中学""浙江省立临时联合初级中学""浙江省立临时联合师范学校"三所学校，"浙江省立临时联合高级中学"校址设碧湖，民国三十四年（1945年）9月抗日战争胜利，年底联高全部迁回杭州，恢复校名为"浙江省立杭州高级中学"。1951年杭州市立中学并入，并改名为"浙江省杭州市第一中学"，1988年复名"浙江省杭州高级中学"。

- **1942年（民国三十一年）**

  是年，孙筱祥考取浙江大学龙泉分校农学院农学系。1942—1944年间，孙

筱祥在浙江大学龙泉分校的芳野剧艺社担任舞台设计。日本侵华后，全国沿海各大学多已西迁，浙江大学也已迁到广西宜山，校长竺可桢考虑到东南各省青年学生因战乱所造成的困难而不能升学的很多，于是在1939年1月提出在浙东设立分校，5月浙江大学正式成立"浙东分校设计委员会"，决定校名为"浙东分校"，8月中旬分校筹备工作宣告结束，分校成立后一个学期改名为"浙江大学龙泉分校"，设文、理、工、农四个学院，包括中国文学、外国语文、史地、数学、物理、化学、生物、电机、化工、机械、土木、农艺、农化、园艺、蚕桑、病虫害、农经等17个系，1946年初全部复员回杭。

● 1943年（民国三十二年）

8月，孙筱祥转学至农业化学系（农业化学系和理学院的化学系一起上化学课）。

● 1944年（民国三十三年）

2月，朗焚（孙筱祥笔名）《牧歌》刊于黎明出版社出版（重庆）《黎明（青年文艺）》1946年第1卷第1期。

7月，孙筱祥完成浙江大学龙泉分校两年的课程学习，到贵州湄潭浙江大学农学院（贵州总校）就读三、四年级。孙多慈写信推荐孙筱祥到重庆跟从徐悲鸿大师继续学画，希望到中央大学美术系学习。同时，浙江大学龙泉分校的教务处长朱重光教授，与徐悲鸿大师是小学同学，也为孙筱祥写了一份推荐信给徐悲鸿，并为孙筱祥办好了由浙大农学院转学到重庆中央大学美术系学习的转学证书。1944年夏天，孙筱祥由于转学未成从重庆回浙江大学园艺系学习。朱重光，号一洲，江苏宜兴人，20世纪20年代毕业于德国汉诺威大学，是中国的水利航运专家，曾任浙江大学教授和教务长，交通部大连海港管理局总工程师。朱重光夫人王祖蕴（号林遗，中国最早的女建筑师之一），其子朱洪元为理论物理学家，中国科学院高能物理研究所研究员，中国科学院学部委员。

10月，孙筱祥回到浙江大学园艺系学造园。孙筱祥后来回忆，当时搞观赏园艺的多不会画画，这提醒了他自己，园林如果不与文学艺术相结合，是没有出路的。

是年，孙筱祥开始担任浙江大学湄潭剧团的导演，特别是1946—1949年在杭州浙江大学任助教期间，他导演《白毛女》《寄生草》《裙带风》《升官图》4部话剧，均在杭州市公演。

孙 筱 祥 年 谱

● 1946年（民国三十五年）

3月，朗焚《草台戏子》刊于黎明出版社出版（遵义）《黎明（青年文艺）》1946年第1卷第2期32～43页，该文还刊于《骆驼文丛》1946年第3期2～7页。

4月，朗焚《风信子开花的时候（诗歌）》刊于《骆驼文丛》1946年第4期41页。

5月4日，朗焚《泪的人生和艺术》刊于《黎明（青年文艺）》1946年第1卷第3～4期66～73页。

6月，浙江大学农学院由贵州湄潭迁回杭州，在原址浙江省杭州市华家池重建校园。

8月，孙筱祥从浙江大学农学院园艺系（主修造园学）毕业，获农学士学位。孙筱祥毕业后留校，在浙江大学农学院园艺系任花卉学、造园学助教兼园艺场技士。

● 1947年（民国三十六年）

1月，朗焚《草台戏子》刊于《骆驼文丛》1947年新1第1期5～8页。

● 1949年

5月3日，中国人民解放军解放杭州。

5月6日，为护校迎解放而迁入大学路浙江大学本部的浙江大学农学院学生迁回华家池。

6月初，浙江大学农学院护校迎解放的应变委员会宣告结束。

6月6日，解放军杭州市军事管制委员会决定对浙江大学实行军事接管，并派出军代表林乎加、副军代表刘亦夫到校进行接管。

8月，马寅初任浙江大学校长。孙筱祥任浙江大学农学院助教、讲师（至1955年）。

7月27日，杭州市军管会公布成立浙江大学校务委员会，其中农学院刘潇然、蔡邦华为校务委员会委员，刘潇然为常务委员并任副主任委员。同时，杭州市军管会公布学校新的校、院、处领导人名单，任命蔡邦华为浙江大学农学院院长。下午，校务委员会公布任命各系主任名单，其中关于农学院的有农艺学系主任萧辅、园艺学系主任吴耕民、农业化学系主任朱祖祥、植物病虫害学系主任陈鸿逵、农业经济学系主任熊伯蘅、蚕桑学系主任夏振铎、森林学系主任邵均。

• 1950 年

9 月，中华人民共和国成立后浙江大学农学院第二次招生，孙敏、林孟勋、任萱、姚秀缙、余家珂、樊光华、朱成珞考取浙江大学农学院园艺学系。

是年，孙筱祥任杭州西湖风景建设小组组长（1950—1955 年）。

• 1951 年

9 月，中华人民共和国成立后，清华大学吴良镛先生和北京农业大学汪菊渊先生预见到中国社会主义城市建设的需要，在梁思成先生的支持下，向国家教委提出成立造园专业的建议。由清华大学营建系和北京农业大学园艺系共同创办造园专业，设在北京农业大学园艺系。由汪菊渊先生带领助教陈有民及自园艺系中选的 10 名学生在清华大学营建系中正式设立"造园组"，这是中国教育史上前所未有的园林专业的创始。

11 月，根据教育部在北京召开的全国工学院院长会议精神，全国高等学校进行院系调整，浙江大学改办成多科性工业大学，原所属其他学院分别独立建院、合并或停办。

是年，中华人民共和国成立后第一个植物园——杭州植物园开始筹建，杭州市政府邀请多名专家研讨总体规划，成立专家组，由孙筱祥负责《杭州植物园总体规划图》。

是年，孙筱祥任杭州都市计划委员会委员（1951—1955 年）。

• 1952 年

7 月，教育部在北京召开全国农学院院长会议，讨论高等农业教育的方针和任务，提出农林院校的调整方案和专业设置草案。

8 月，浙江大学农学院园艺系森林造园教研组成立，孙筱祥任主任（1952 年 8 月至 1956 年 7 月），并讲授制图与绘画课程。

9 月 18 日，浙江大学院系调整方案下达，浙江大学农学院设立政治辅导处、教务处、总务处三个处，进行系科设置调整，将森林系并入哈尔滨农学院，畜牧

兽医系、农业化学系并入南京农学院，农业经济系并入北京农业大学，四系学生及部分教师随之调并有关学校或机构；同时安徽大学、金陵大学、南京大学三校的园艺系师生调入本院。浙江大学农学院独立成为浙江农学院，并于1952年10月1日正式宣布成立[20]。

12月，浙江农学院成立，吴植椽兼院长，孟加、丁振麟为副院长。

12月，孙筱祥编写《观赏园艺学》由浙江农学院刊印。

是年，孙筱祥历时1年完成《杭州西湖风景规划及西湖风景建设大纲》。

1953年

是年，杭州市建设局开始对植物园进行规划工作，邀请中国科学院陈封怀教授来杭指导，浙江大学农学院孙筱祥协助设计。经专家们的精心构思，反复讨论，由孙筱祥执笔，9月30日绘制出第一张《杭州植物园总体规划图》。

9月，孙筱祥被北京农业大学新成立的造园专业借调一年（1953年9月至1954年7月），主讲花卉学课程和园林艺术课程（L.A.），孙筱祥首次将园林艺术从造园学中单列出来，可以说是中国园林艺术理论体系的开创者。

1954年

7月7日，孙筱祥当选为杭州市人民代表大会代表（当选证书154号）。

7月12日，杭州市人民政府第一届第一次人民代表大会召开，孙筱祥代表参加会议。

8月，朱成珞从浙江大学农学院园艺学系毕业。

是年，孙筱祥到南京工学院建筑系（现东南大学建筑学院）研究生班进修建筑设计一年，受教于著名的建筑学家刘敦桢（1897—1968年）、杨廷宝（1901—1982年）、童寯（1900—1983年）等人。

是年，孙筱祥完成《杭州花港观鱼公园设计》。

1955年

是年，孙筱祥从南京工学院建筑系进修完后，到北京农业大学任造园专业讲师。

---

[20] 浙江农业大学校史编写组编. 浙江农业大学校史 1910—1984[M]. 杭州：浙江农业大学刊印，1988：99.

1956 年

1月,在陈焕镛、何椿年等科学家倡议下,中国科学院决定在广州地区建立华南植物园,得到广东省委、广州市委的支持。由著名的植物分类学家陈焕镛教授任所长的华南植物研究所负责。

3月22日,高教部决定将北京农业大学造园专业调整至北京林学院,并改名为城市及居民区绿化专业。

7月,孙筱祥调北京林学院任讲师,并任中国科学院北京植物园造园组导师(1956—1962年)。

11月26日,在华南植物研究所正式召开华南植物园筹备会议,筹委会主任委员杜国庠(哲学家、中国科学院中南分院院长),副主任委员朱光(广州市市长)、丁颖(农学家)、陈焕镛(植物分类学家)、张肇骞(植物分类学家)主持会议。出席会议的筹委会成员还有张宏达(植物学家)、黄昌贤(园艺学家)、黄云耀(党政领导)、郭俊彦(植物生理学家)、陈封怀(植物学家)、俞德浚(植物学家)、朱志松(林学家)、吴印禅(植物学家)等以国内各地的数十名专家参加会议[21]、[22],总体规划由北京林学院孙筱祥编制,1966年植物园初步建成,隶属于中国科学院华南植物研究所,主要从事华南热带植物的收集、引种、驯化、栽培和繁殖工作。"文化大革命"期间,先后改为"经济作物试验场"和"药物种植试验场",园内园林作物大多荒芜。1974年恢复为华南植物园[23]。

是年,孙筱祥完成《杭州植物园(分类园)》《中国科学院北京植物园(南、北园)总体规划及木兰牡丹园设计》和《北京林学院植物园设计》。

1957 年

12月3日,北京林学院院务会议决定成立植物园规划委员会,李相符任主任。

是年,孙筱祥任北京林学院园林设计教研室主任(1957—1987年)。

是年,花港观鱼公园的规划设计参加中国建筑科学院在苏联首都莫斯科举办的一次展览,园中翠雨厅的照片后来被选作封面刊登在苏联的《星火》杂志上。

---

[21] 樊积龄.华南植物园建园记.见:政协广州市天河区委员会《天河文史》编委会编印.天河文史(第6期)[M].广州:政协广州市天河区委员会刊印,1997:34-39.
[22] 潘述江.龙洞琪琳尽芳菲——记前进中的华南植物园.见:政协广州市天河区委员会《天河文史》编委会.党的光辉耀天河·总第2期[M].广州:政协广州市天河区委员会刊印,1991:73-82.
[23] 广州市地方志编纂委员会编.广州市志(卷三)[M].广州:广州出版社,1995:545.

孙筱祥年谱

同年，花港观鱼公园的规划设计还参加在英国利物浦举办的国际公园与康乐设施成立大会的展览。花港观鱼公园得以入选参加这两次展览，目的都是通过两个有巨大影响力的国家，向世界展示新中国的建设、发展和在风景园林事业中所取得的成就。从花港观鱼公园开始，奠定了孙筱祥的著名造园理论"三境论"。"生境"，即自然美和生活美的境界。"画境"，即游人在园林中看到和听到的视觉和听觉形象美及其布局美的境界。"意境"，即理想美和心灵美的境界。

● 1958 年

1月24日，北京林学院植物园规划委员会会议研究通过植物园设计初步方案。

7月，孙筱祥《青草茸茸》收入高士其等著《科学小品集第1集》61~62页。

8月30日至9月1日，澳大利亚"城市景观学术会议"在悉尼召开，孙筱祥应邀做题为《城市必须充满大自然的生趣》的学术演讲，其中提出：城市风景规划必须把大自然的生趣与文化艺术的传统融为一体。

是年，孙筱祥《中国风景名胜区》和《中国园林艺术》收入城乡建设环境保护部干部局、教育局编城乡建设环境保护部刊印《城市建设研究班讲稿选编》275~281和297~303页。

是年，孙筱祥开始《北京植物园规划设计》，历时2年完成。

是年底，北京林学院植物园建设初具规模。

● 1959 年

5月，《建筑学报》1959年第5期封面为杭州花港观鱼公园金鱼园手绘效果图（孙筱祥教授手绘）。孙筱祥、胡绪渭《杭州花港观鱼公园规划设计》刊登于《建筑学报》1959年第5期19~24页，该文十分详细地介绍了花港观鱼公园的创作过程和设计思想。著名风景园林专家，杭州市园林文物局局长、总工程师施奠东认为，花港观鱼公园是20世纪50年代由孙筱祥先生设计、胡绪渭先生施工建成的，是东西方园林文化相交融和传承创新的划时代经典之作。

是年，孙筱祥自1956年开始历时3年完成《华南植物园总体规划设计》。

● 1960 年

1月，北京林学院植物园编《北京林学院观赏植物名录》刊印。

3月，中共浙江省委决定，将浙江农学院、天目林学院、舟山水产学院合并，成立浙江农业大学。

1961 年

10月，北京林学院园林设计教研组《园林规划设计学（第一、二、三、四分册）》（函授用）刊印。

是年，孙筱祥主持完成《厦门万石植物园规划设计》。厦门园林植物园，俗称"万石植物园"，是福建省第一个植物园，是鼓浪屿—万石山风景名胜区的重要组成部分，集植物景观、自然景观、人文景观于一体。

1962 年

4月，孙筱祥《中国传统园林艺术创作方法的探讨》刊登于《园艺学报》1962年第1期79～88页。

1964 年

4月，孙筱祥《中国山水画论中有关园林布局理论的探讨》刊登于《园艺学报》1964年第1期63～74页。

7月，朱成珞《避暑山庄的植物配置（北京市园林绿化学会成立大会论文）》（16开11页）由北京市园林绿化学会编印。

1965 年

7月1日，杭州市植物园正式成立。

1966 年

是年，在中国建筑学会下筹备成立城市园林绿化学术委员会，后因"文化大革命"而一度中断。

1969 年

3月，正值"文化大革命"高潮，孙筱祥第二次被关进牛棚，被要求交代10条错误。

- **1973 年**

1 月，孙筱祥《城市绿化对环境保护作用》刊于《环境保护》1973 年第 1 期 28～33 页。

11 月，孙筱祥《植物对环境的保护作用》刊登于《科学实验》1973 年第 11 期 9～10 页。

- **1974 年**

是年，孙筱祥任中国城市雕塑艺术委员会委员，中国建筑学会会员，中国园艺学会理事。

是年，孙筱祥借调到建设部城建总局中国城市规划研究院担任园林研究室主任（1974—1975 年）。

- **1976 年**

7 月，云南林业学院园林系《园林规划设计学》（第一、二、三册）刊印。

- **1978 年**

12 月 9 日，中国建筑学会园林绿化学术委员会再度成立，丁秀任主任委员，林西、于林、程世抚、汪菊渊、夏雨、余森文、陈俊愉任副主任委员，孙筱祥任委员。

12 月 25 日，《光明日报》（1978 年 12 月 25 日）刊登《八百年名园换新颜——记北京北海公园纪念建园八百周年》，北京林学院园林系副教授孙筱祥、故宫博物院副院长单士元、国家文物管理局文物处负责人罗哲文还先后作了《北海造园艺术》《北海建筑艺术》《北海文物》的报告，详细介绍北海公园历史沿革以及其造园艺术的特点。

- **1979 年**

1 月 28 日至 2 月 5 日，国务院副总理邓小平正式访问美国，1 月 31 日中美双方签订科技合作协定和文化协定。

4 月 15 日，云南林业学院（北京林学院）被停止了 20 多年的职称评定得到恢复，申宗圻、任玮 2 人晋升为教授，孙时轩、任宪威、于政中、关毓秀、阎树文、朱之悌、王沙生、李滨生、董乃钧、周家琪、孙筱祥、鲍禾、郝树田13人晋升为副教授。

• 1980年

4月，孙筱祥《城市园林绿地定额与环境保护》刊登于《园艺学报》1980年第1期51～58页。

4月，孙筱祥《北海宫苑的园林艺术》刊登于《文物》1980年第4期13～22页。

5月，孙筱祥《城市园林绿地规划布局与环境保护》收入中国农学会编武汉出版社出版《1978年全国农业学术讨论会论文摘要选编》144页。

12月，孙筱祥《城市园林绿地系统布局与环境保护》刊登于《园艺学报》1980年第4期49～54页。

是年，孙筱祥受聘为林业部全国高等林业院校园林专业教材编审委员会副主编，至1987年。

是年，孙筱祥任北京市科学技术委员会园林行业高级技术职称考评委员会委员，至1982年。

• 1981年

7月，孙筱祥《哭费公教授》收入正棠、玉如著《费巩传：一个爱国民主教授的生与死》200页[24]。《哭费公教授》：铺天乌云家何处，满怀温情爱孺子，要开人间地狱门，三山未摧身先殪，四海那堪泣哀鸿，一腔义愤斥蛇虫，欲放世上主人翁，长使青年哭费公。一九七九年二月 注：三山指新中国成立前压在人民头上三座大山。

9月，国家建委根据1979年1月31日中国国务院副总理和美国副总统沃尔特·蒙代尔（Walter Mondale）共同签署的《中美政府五年文化交流协定》中第五项《国家天然公园与历史古迹》中的协定，选派"中国风景园林专家访美代表团"赴美考察，北京林学院孙筱祥被选为该团代表。9月3日至24日由国家城市建设总局副总局长秦仲方同志率领的中国风景园林专家代表团到美国进行了3周的访问，代表团在美期间访问了纽约、华盛顿等10个城市，参观了多处公园、

---

[24]正棠，玉如著.费巩传：一个爱国民主教授的生与死[M].，北京：生活.读书.新知三联书店，1981：200.

植物园、娱乐区及历史文化古迹。代表团成员有：秦仲方（国家城市建设总局）、顾琼（沈阳市规划设计研究院）、孙筱祥（北京林学院）、柳尚华（国家城市建设总局）、张延惠（浙江省建设厅）、郑孝燮（国家城市建设总局城市规划局）、李正（无锡市城市建设局）。郑孝燮，著名城市规划专家、古建筑保护专家。1916年2月2日生于奉天（今辽宁）。1938—1942年中央大学建筑系，获工学学士学位，1943—1949年在重庆、兰州和武汉等地从事建筑设计、城市规划业务，1949年8月受梁思成先生邀请到清华大学建筑系任教，1949—1952年任清华大学建筑系讲师、副教授，1952—1957年任重工业部基本建设局设计处副处长、建筑师，1957—1965年任城市建设部城市规划局、建筑工程部城市规划局、国家建委城市规划局、国家计委城市局建筑师，1965—1966年任《建筑学报》主编，1971—1973年任中国建筑科学研究院建筑师，1973—1980年任城市建设研究所顾问，1980年后任国家城市建设总局城市规划局、城乡建设环境保护部城市规划局和建设部城市规划司技术顾问、中国城市规划设计研究院高级技术顾问。1978—1982年任全国政协第五届委员会副主任委员，兼任城市建设组副组长。1983—1987年任全国政协第六届委员会委员，兼任经济建设组副组长。1988—1993年任全国政协第七届委员会委员，兼任提案委员会副主任。是中国建筑学会第五、六届常务理事，中国城市科学研究会第一届常务理事，国家文物委员会委员，中国建筑学会城市规划学术委员会第三届委员会主任委员、第四届委员会顾问、中国城市规划学会顾问。第三届全国人大代表，第五、六届全国政协委员。对城市建筑规划的理论、中国古代城市建筑历史及古建筑环境艺术有较深的研究。对中国历史文化名城、文物及风景资源的保护做出贡献，是国家历史文化名城保护专家委员会副主任，城市规划专家，设置中国历史文化名城主要倡议人之一。撰有《历史文化名城关于保护区风貌的若干问题》《谈文物保护和历史文化名城的风貌分区问题》《卢沟桥镇一些古迹的探考》《古都城建构．中国瑰宝》《中国中小古城布局的历史风格》《留住我国建筑文化的记忆》《征程拾韵：郑孝燮诗词选》《政协履职风采郑孝燮：一份沉甸甸的责任》。2017年1月24日在北京逝世，享年101岁。李正（1926—2017年），字勉之，江苏无锡人，国家一级注册建筑师、高级工程师、教授，无锡园林建筑大师。1949年毕业于杭州之江大学建筑系，留校任教。之后辗转于浙江大学、同济大学、苏南工专等校任职。1958年调回家乡无锡工作，曾任无锡市城市建设局园林管理设计室主任，局总工程师，无锡

市建设委员会总建筑师等职。主要作品有愚山谷（1959年建成）、杜鹃园（1981年建成，1984年获国家级优秀设计奖）、蠡园层波叠影景区（1982年建成，1984年获城乡建设部优秀设计奖）、吟苑（1985年建成，1988年获江苏省优秀设计一等奖）、黄埠墩（1982年建成，获江苏省优秀设计奖）、蠡湖波声月色（1983年建成，获无锡市优秀设计奖）、中日友好园（1992年建成，1993年获无锡市优秀设计一等奖）、太湖仙岛（1996年建成）、双虹园（1998年建成）、城中公园（改造，1997年竣工）、寄畅园（修复，1999年竣工，2000年国家文物局审核鉴定）、古梅寄石圃（2001年建成）、宜兴张公洞、薛福成故居东园（1996年修复）、东林书院西园（2002年建成）、咏园、扬新苑、横山顶上吟风阁等。汪自力、王俊著《李正治园——一个建筑师的园林畅想》（中国建筑工业出版社，2013年），简要地介绍了李正先生在无锡的园林设计。

10月，孙筱祥参加黄山风景区评审会议时完成纪念之作《黄山》。

11月，孙筱祥著《园林艺术及园林设计》（讲义）由北京林学院城市园林系刊印。

11月3日，国务院批准北京林学院园林规划设计为硕士学位授予学科专业，孙筱祥担任园林规划设计学科硕士研究生项目负责人。

• 1982年

1月，深圳市委、市政府领导在梧桐山参加义务劳动，市委书记梁湘提议在梧桐山规划建设风景植物园。

6月，孙筱祥《中国风景名胜区》刊登于《北京林学院学报》1982年2期（庆祝建校三十周年园林专刊）12～16页。同期，孙筱祥《美国的国家公园》刊登于43～49页。"国家公园"一词最早出现在程其保《游华盛顿记略》，该文刊于《清华大学学报》（自然科学版）1915年第4期55～56页。程其保（1895—1975年），著名教育学家，原名深，字稚秋，1895年出生，江西南昌人，1914年入清华学校高等科，在求学期间，与同学创办周末半日学校，热衷于乡村社会教育。

是年，孙筱祥任北京林学院园林规划设计教授。

是年，孙筱祥任园林设计研究室主任，完成《深圳仙湖植物园选址、总体规划及仙湖水库初步设计》。

孙筱祥年谱

• 1983 年

2 月，城乡建设环境保护部干部局、教育局编《城市建设研究班讲稿选编》刊印，其中 275 ~ 281 页收入孙筱祥、陈俊愉《中国风景名胜区》。

3 月，由北京林学院园林系孙筱祥教授组成设计组，设计的总体规划内提出将"梧桐仙洞"庙宇恢复，更名"梧桐别院"。1984 年 2 月 18 日深圳植物园总体规划方案获深圳市政府通过。

3 月，国际大地规划与风景园林师联合会东方分会在香港召开第三届分会年会，主题是"亚洲城市的爆炸"，特邀本人在大会做《人造环境必须充满大自然的生趣》的学术报告（英文论文：Sun Xiao Xiang, "The Built Environment Should be Rich with the Pleasures of Wild Nature"，发表在"IFLA YEAR BOOK"1985/86）。

3 月，世界自然保护联盟和国际教育基金会委托美国哈佛大学设计研究生院，在哈佛大学召开有 26 个国家的 120 名世界各国大地规划著名学者、专家参加的"国际大地规划教育学术会议"（The World Conference Education for Landscape Planning），会议认为"Landscape Planning"主要涉及"土地利用、自然资源的经营管理、农业地区的发展与变迁、大地生态、城镇和大都市景观"。孙筱祥在会议上做学术报告"The Aesthetics and Education of Landscape Planning in China"《中国的大地规划美学及其教育》，建议将 LA（一般的 Landscape Design, Landscape Planning, Landscape Management）全译为"大地与风景园林规划设计学"[25]，被选拔为世界大地规划学科中首席"国际教育与实践典范"，从此被国际风景园林界誉为"中国现代风景园林之父"。

3 月，哈佛大学和"国际大地规划教育学术会议"联合举办"孙筱祥教授个人中国山水画展"，展出几十幅绘画作品。

3 月，"The National Park Service Newsletter COURIER"第 28 卷第 5 期首页刊登"NPS Opens Relationship with China and India"一文，其中有 1981 年孙筱祥随中国代表团参加访美的照片。由国家城市建设总局副总局长秦仲方同志率领的中国风景园林专家代表团于 1981 年 9 月 3 日至 24 日到美国进行 3 个星期的访问。代表团在美期间，访问纽约、华盛顿等 10 个城市，参观多处公园、植物园、娱乐区及历史文化古迹。

4 月，孙筱祥《江苏文人写意山水派园林》刊登于《广东园林》1983 年第 1

---

[25] 赵纪军著. 中国现代园林历史与理论研究 [M]. 南京：东南大学出版社，2014：113-114.

期 1～13 页。

6 月 20 日，北京市园林局《园林与花卉》试刊。孙筱祥《杭州"花港观鱼"的设计构想（上）》刊于《园林与花卉（试刊号）》1983 年 20～21 页。

9 月，王向荣、胡洁分别从同济大学建筑系、重庆建筑工程学院建筑系毕业，考取北京林业大学园林规划设计硕士生，师从孙筱祥。

11 月 15 日至 17 日，经中国科协同意、中国建筑学会批准，在江苏省南京市召开中国建筑学会园林学会（对外称中国园林学会）成立大会，第一届第一次理事会推选常务理事 17 名，常务理事会推选秦仲方为理事长，汪菊渊、陈俊愉、程绪珂、甘伟林为副理事长。

是年，教育部委托孙筱祥拟定《教育部属高等学校园林规划设计专业攻读硕士学位研究生培养方案》。

● 1984 年

3 月 6 日，北京林学院园林系教授孙筱祥、副教授郦芷若赴香港参加国际大地与风景园林规划设计师联合会（IFLA）在香港召开主题为"亚洲城市爆炸"的国际学术会议，会议特邀孙筱祥教授作主题演讲，题为"人工环境必须洋溢大自然的生趣"。孙教授在演讲中讲道："香港是金碧辉煌的牢笼，是混凝土的丛林，它不是一处生态良性的宜居城市，而是一个生态环境不良的超级市场……"他的精彩演讲在会后被各国代表公认为是最杰出的。

是年，中国园林学会国际交流工作委员会主任陈俊愉先生开始和国际风景园林师联盟（IFLA）联系，了解该组织的情况、章程内容，表达了我们有入会的愿望，并与 IFLA 建立了通讯联系。同年，IFLA 的日本代表北村信正先生邀请学会陈俊愉、甘伟林、陈植、孙筱祥 4 人以观察员身份，参加 1985 年 5 月 26 日至 6 月 4 日在日本举行的第 23 届国际风景园林师会议。

是年，孙筱祥《"百花齐放"：中国园林艺术》"*Let A Hundred Flowers Blossom! Classical Gardens in China*"收入伯格塔·利安德编辑由中国对外翻译出版公司和联合国教科文组织出版的《中国文化专辑 文化——世界人民》51～60 页。

是年，孙筱祥完成《北京丰台区公园设计》。

1985年

1月，孙筱祥《保护森林的一个重要对策——积极发展森林旅游业》刊登于《科技进步与对策》1985年第1期32～34页。

3月21日，澳大利亚风景园林师学会1985年"国家城市进化学术会议"召集人罗宾·埃德蒙（Robin Edmond）先生致函孙筱祥先生，邀请他出席在悉尼召开主题为"城市进化"（The Evolution of the City）的学术会议，并作为主旨报告人，8月30日至9月1日孙筱祥先生作为3名外国贵宾之首席主旨学术报告人，作题为《城市须有山林水趣之乐》的主旨学术报告。

4月，孙筱祥《风景名胜区的保护与规划》刊登于《中国园林》1985年第1期53～56页。

5月27日至6月1日，IFLA在日本东京及神户召开第23届学术年会。中国园林学会派陈俊愉、孙筱祥、孟兆祯参加。孙筱祥在会上作了题为"The Essence of the Heritages of Chinese Classical Garden–the Art of the Ideal Landscape School of Scholar's Gardens"《中国古典园林的精华——文人写意山水园林艺术》的学术报告。由于该文发表，西方园林界才知道日本古典自然山水园林原来是师承中国的。在这次会议上，卡尔·斯坦尼兹教授结识孙筱祥先生，并于同年6月10日致信邀请他出席将要在波士顿举行的国际大地建设行业教育学术会议。

7月，由澳大利亚风景园林师学会和澳大利亚历史园林协会（the Australian Garden History Society）组织并得到澳大利亚国家设计艺术委员会（Design Arts Board of the Australia Council）的奖金支持，孙筱祥先生应邀在澳大利亚各州的首府巡回讲学。他考察了澳大利亚的5个州12所城市的风景园林，并受邀在悉尼大学（University of Sydney）、新南威尔士大学（University of New South Wales）、布里斯班大学（University of Brisbane）、阿德来得大学（University of Adelaide）、西澳大学（University of Western Australia）、昆士兰大学（University of Queensland）、昆士兰理工大学（Queensland University of Technology）、塔斯马尼亚大学（University of Tasmania）、堪培拉大（University of Canberra）、默多克大学（Murdoch University）等15所大学讲学并举办个人画展。其间，在悉尼大学的讲座题为"Study on the Aesthetic Idea of the Design Method of the Chinese Traditional Ideal Landscape School&the Inheritance of the Modern Landscape Design"《中国传统写意园林设计方法的美学思想和当代

园林设计成果研究》（7月11日），和"Contemporary Chinese Landscape"《现代中国的风景》（7月18日）。从这两个讲座的题目可见，孙筱祥先生不但较早让海外了解中国传统园林的造园艺术精神，还传播了中国现代园林的造园思想和成就。

8月6日，林业部批准北京林学院、东北林学院和南京林学院改名为北京林业大学、东北林业大学和南京林业大学。

9月，孙筱祥获得西澳CURTIN理工大学"海登·威廉荣誉客座教授奖"。澳大利亚原西澳理工大学建筑与规划学院院长听了孙筱祥教授的这篇大胆精彩的报告后，颇为欣赏，立即到孙筱祥教授的房间拜访他，交谈了一个小时，然后又立马坐火车到广州参观孙筱祥教授1958年设计的华南植物园。他回到学校后，马上向该校"海登·威廉荣誉客座教授奖"管理委员会提名孙筱祥为1985年WALT的"海登·威廉荣誉客座教授奖"获得者候选人，并聘请孙教授到该校建筑学院讲学。该奖要求被授予者需达到所从事学科的世界最高水平，至今为止，风景园林学科该荣誉教授奖只有孙筱祥一人获得。

是年，由朱成珞（排名第五名）等完成的《大气污染质量标准的植被学基准的研究》获1985年度国家科技进步奖二等奖。

● 1986年

3月，孙筱祥教授在国际大地规划教育学术会议上作特邀报告并举办个人画展。在会上，孙筱祥教授以从事风景园林教育、科研和设计40年的经验提出，一个优秀的造园师（Garden designer）必须是一个著名的诗人以及一个优秀的画家。

3月24日至26日，联合国"IUCN（世界自然保护联盟）"及"EXXON"委托《国际风景规划教育学术会议》在美国哈佛大学举行，有26个国家80多名专家参加的"国际大地规划教育学术会议"，孙筱祥教授为大会特邀所作学术报告被选拔为"大地规划"学科两名国际教育典范之一，著者由此以中国现代LANDSCAPE ARCHITECTURE之父闻名于国际风景园林界。

6月，王向荣通过硕士学位论文答辩，论文题目《镜泊湖风景名胜区总体规划》，获得硕士学位。

7月，Sun Xiaoxiang "The aesthetics and education of landscape planning in China" 刊于 "Landscape and Urban Planning" 1986年13卷481～486页。

9月，山东济南百脉泉公园坐落在明水汇泉路中段北侧，1986年5月动工兴建，1989年9月建成开放，占地面积20万平方米，水域面积10余万平方米。公园布局由著名园林专家孙筱祥先生设计，园名由已故著名书法大师舒同题写。

12月，孙筱祥被推选为林业部第三届科学技术委员会委员，至1992年。

12月21日，《人民日报》刊登中国科学院学部委员郑作新、海南大学教授林英、华东师范大学教授周本湘、北京林业大学教授孙筱祥、南京大学教授赵儒林、贵州农学院副教授周政贤等18人《十八位科学工作者联名呼吁：自然保护区建设要多听专家意见 违反自然规律的蠢事须坚决制止》。

是年，由胡肄慧、朱成珞等完成的《北京东南郊环境污染调查及其防治途径研究》获1986年度国家科技进步三等奖。

是年，孙筱祥著《园林艺术及园林设计》由北京林业大学城市园林系刊印。

是年，孙筱祥主持完成《林业部江苏省大丰县麋鹿野生种群再建保护区规划》。

● 1987年

3月，孙筱祥《山水画与园林——中国山水画论中有关园林布局的理论》和《蘅皋蔚雨生机满 松嶂横云画意迎——北海宫苑的园林艺术论析》收入宗白华著江苏人民出版社出版《中国园林艺术概观》45~65页和297~312页。

4月，孙筱祥任北京林业大学第三届学位学术委员会委员、评定委员会委员。

4月，孙筱祥、胡洁、王向荣《古隆中诸葛亮草庐及自然村模拟区规划设计构想》刊登于《中国园林》1987年第3期40~44+39页。

5月29日，孙筱祥在美国俄亥俄州首府自己生日完成画作《霸王别姬》。

10月，孙筱祥、胡洁、王向荣《古隆中诸葛亮草庐及卧龙岗酒店模拟设计》刊登于《中国园林》1987年第3期40~44+39页。

11月28日，林业部同意北京林业大学增设风景园林专业。

是年，孙筱祥被美中著名学者交换计划委员会选拔为当年五名中国著名学者之一，受美国国家科学院、国家社会科学委员会、国家学术团体委员会联合邀请，由俄亥俄大学聘任至宾夕法尼亚大学、普杜大学、伊利诺伊大学等5所著名大学讲学并举办个人画展。

是年，由陈灵芝、黄银晓、林舜华、朱成珞等完成的《京津地区生态系统特征与污染防治生态环境》获1987年度中国科学院科技进步奖一等奖。

1988年

3月3日，北京林业大学党委会决定在园林系的基础上分设风景园林系和园林系，孟兆祯任风景园林系主任，孙筱祥任风景园林系学术委员会主任（1988—1991年）。

3月，丁文魁主编由同济大学出版社出版的《风景名胜研究》一书220～231页和565～570页分别刊登孙筱祥《中国风景名胜资源的保护和规划》和《美国国家公园考察报告》。

6月，由于在农业技术政策研究中，北京林业大学沈国舫做出突出贡献，王九龄、刘文蔚、陈陆圻做出积极贡献；在城市建设技术政策中，孙筱祥、梁永基做出积极贡献，荣获国家科委、国家计委、国家经委联合颁发的表彰证书。

是年，深圳仙湖植物园先期论证规划，孙筱祥任总设计师、孟兆祯任总建筑师，白日新、黄金铸任总结构师，主要设计人员杨赉丽、梁伊任、何昉、曹礼昆、唐学山[26]。

1989年

2月15日，《孙筱祥教授介绍"现代国际风景园林事业的进展"》刊登于《风景园林》1989年第1期39～40页。

9月至1990年2月，孙筱祥受美国哈佛大学设计研究生院聘任为客座教授讲学半年，并获得该院红领带奖殊荣（中国至今只有孙教授一人获此奖）。同时由哈佛大学设计研究生院组织，受美国弗杰尼亚大学、华盛顿大学、露易丝安娜大学、加州大学伯克利分校、加州工业大学、俄勒冈大学、州立波托兰大学、宾夕法尼亚大学、拉特格斯新泽西州立大学、伊利诺伊大学等10所著名大学联合邀请巡回讲学并举办个人画展。期间，孙教授系统提出"五条腿走路"的园林教育模式：第一条腿，首先要成为一个诗人；第二，成为一名画家；第三，必须是一名园艺学家；第四，是一名生态学家；第五，还必须是一位杰出的建筑师。

10月4日，在俄勒冈大学作了题为 "*Twentieth Century Landscape Architecture*

---

[26] 何昉主编. 深圳勘察设计25年·风景园林篇[M]. 北京：中国建筑工业出版社，2007.

in China: *Western Influences on Chinese Traditions*"《20世纪的中国风景园林：西方对中国传统的影响》的讲座，主要是介绍花港观鱼公园融合西方现代自然风景式园林艺术手法的创新道路。

11月17日至20日，中国风景园林学会第一届理事会在杭州举行，会议选举理事长周干峙，副理事长汪菊渊、陈俊愉、程绪珂、甘伟林、李嘉乐、陈威、胡理琛、杨玉培，秘书长李嘉乐（兼），副秘书长杨雪芝、何济钦、陈明松。常务理事丁洪、王薇、甘伟林、冯美瑞、伦永谦、任秀春、朱有玠、孙筱祥、刘航、汪光焘、汪菊渊、陈威、陈明松、陈俊愉、何济钦、李嘉乐、吴翼、严玲璋、杨玉培、杨雪芝、张国强、张树林、赵旭光、周干峙、周维权、施奠东、胡理琛、黄树业、程绪珂、谢凝高，办事机构设在北京。

11月27日，中国园艺学会成立六十周年暨第六届年会，会议期间，通过新的《园艺学报》编委会。主编沈隽，副主编汪菊渊、李树德，责任编委贺善文、李中涛、罗国光、李曙轩、陈世儒、尹彦、陈俊愉、陈有民、黄济明，编委马德伟、王宇霖、王鸣、王志源、王永健、方智远、刘佩瑛、龙雅宜、孙筱祥、冯国相、关佩聪、庄恩及、庄伊美、朱扬虎、朱德蔚、李光晨、李学柱、李式军、余树勋、吴泽椿、吴德玲、陈杭、陈殿奎、陈力耕、周祥麟、林维申、林德佩、张谷曼、姚毓理、陆秋农、贾士荣、章文才、黄辉白、蒋先明、程家胜、董启凤、葛晓光。

12月9日，《爱达荷州人报》"*The Idaho Statesman*"的《拂晓》"*Day break*"版，以《一个诗的园林——中国园林师为博伊西市植物园设计乐园》为题进行报道孙筱祥先生。

是年，孙筱祥任北京林业大学学报第三届编委会常务编委。

● 1990年

1月，受美国爱达荷州博伊西市聘请设计中国文人园林"诸葛亮草庐"，并在现场指导施工。美国爱达荷州首府博伊西市（Boise）的爱达荷植物园（Idaho Botanical Garden）聘任孙筱祥为该园设计面积1.0公顷的中国古典文人园林——诸葛亮草庐园，并在现场指导工作。孙筱祥自1989年开始在美国工作期间历时1年多时间完成《爱达荷州首府博伊西市（Boise，Idaho）爱达荷植物园内中国诸葛亮草庐园林设计》。

孙筱祥年谱

4月,孙筱祥《有关风景园林专业国内外动态》刊登于《中国园林》1990年第1期13～14+20页。

4月,爱达荷植物园新闻简报报道孙筱祥建造中国园林的情况,题目为《进度报导——正在建设中的百年传统园林区!》和《我们多么幸运请来了孙博士》。

9月21日,孙筱祥在美国芝加哥完成画作《鸢尾》。

11月11日,孙筱祥在美国芝加哥完成画作《瓶花》。

● 1991年

11月15日,孙筱祥在美国芝加哥完成画作《菊韵》。

12月,孙筱祥退休[27]。

● 1992年

1月28日,建设部侯捷部长和其他副部长参加挂靠建设部的四个学会(建筑、土木工程、城市规划、风景园林)举办的春节茶话会,向到会的专家教授拜年,回国不久的孙筱祥教授在座谈会上谈了风景园林事业对人类社会的重要意义。

1月,甘伟林、王泽民《让世界人民共赏中国园林艺术》"Inviting the World People to Enjoy the Art of the Chinese Landscape Together"(英文)刊于《中国园林》1992年第1期58～63页。中国园林艺术是我国文化艺术宝库中的珍品,也是人类文化艺术百花园里的一簇芬芳的花。中国园林在中华大地上经过漫长的发展过程而形成自己独特的艺术风格,成为世界上独立的造园体系,这早已为国际园林界人士所重视,无数来华观光考察的国外朋友更为能亲身体验享受中国园林艺术之美而赞不绝口。千百年来,我国的造园活动一直是在相对封闭的状况下走着自己的发展道路,同国际的联系交往甚少。20世纪80年代,改革开放的绚丽阳光,带来了我国园林事业的蓬勃发展,不仅国内的造园活动空前繁荣,而且走出了在国外进行造园活动的道路。在这个时期,我国通过参加重大的国际博览会、展览会,友好城市的交往以及同一些国家或地区的官方或私人承包造园等各种方式,在国外建造了若干不同风格的中国园林,促进了文化艺术的交往,增进了中外人民之间的友谊,受到国际上很高的评价,也取得了良好的经济效益。在开拓国外造园活动这项新兴事业的过程中,中建园林建设公司应运而生,并且做

---

[27] 北京林业大学校史编辑部.北京林业大学校史[M].北京:中国林业出版社,1992:403.

出了自己应有的贡献。文中介绍了建设的 28 个园林工程项目。

6 月 5 日，联合国环境与发展大会通过了《联合国生物多样性公约》（简称《公约》）。1992 年 6 月 11 日，我国代表在巴西里约热内卢签署了该公约，11 月初，我国人大常委会审议并批准了我国参加《联合国生物多样性公约》。

7 月，孙筱祥《风景·园林美学》刊于《中国园林》1992 年第 2 期 14～22 页。

10 月 1 日，北京林业大学汪振儒、范济洲、张正昆、陈陆圻、阎树文、陈谋询、孙时轩、王斌瑞、孙立达、王九龄、徐化成、沈熙环、王沙生、孙筱祥获 1992 年享受 100 元档政府特殊津贴专家。孙筱祥，男，汉族，北京林业大学教授，浙江省人，1921 年 5 月出生，1946 年毕业于浙江大学，现从事园林专业，1949—1955 年浙江大学农学院助教、讲师，1955—1956 年北京农业大学讲师，1956—1992 年北京林学院（北京林业大学）讲师、副教授、教授。林业部科技委委员，1985 年获专业须达世界最高水平的西澳理工大学海登荣誉教授称号。1986 年在美国哈佛的国际风景规划教育学术会议上，论文被列为两名国际教育典范之一。1989 年受哈佛研究生院聘任获红领带讲学殊荣。

12 月，孙筱祥《孙筱祥教授谈风景园林学科的发展》刊登于《中国园林》1992 年第 4 期 44～45+20 页。

是年，孙筱祥完成《杭州植物园内竹景园设计》。

● 1993 年

11 月 28 日至 30 日，中国风景园林学会第二次全国会员代表大会在江苏省苏州市举行，周干峙继续担任理事长，程绪珂、李嘉乐、柳尚华、甘伟林、陈威、吴翼、胡理琛、杨玉培、张树林、孙筱祥、孟兆祯为副理事长。

是年，完成《青岛市太平山中央公园规划设计》《北京中央音乐学院高山流水园设计》。

● 1994 年

4 月 10 日，中国风景园林学会理事长周干峙会见国际风景园林师联合会会长 George L Anagnostopoulos 先生和第一副会长、亚洲地区分会会长陈宁波先生。建设部城建司副司长柳尚华、王秉洛，中国风景园林学会副理事长李嘉乐、孙筱祥、张树林和秘书长杨雪芝，以及部外事司和外交部有关同志，他们就中国风景园林学会加入国际风景园林师联合会一事进行讨论。

4月，Xiaoxiang Sun "*The City Should be Rich in The Pleasures of Wild Nature——A Traditional Aesthetic Concept of China for Urban Planning*" 刊于 "*Ekistics*" 1994年61卷22～28页。

是年，完成《海南岛兴隆森林公园内园中园及花园酒家红豆山庄的水上花园和酒家建筑设计》。

• 1995年

1月15日，杨紫、夕冉《老骥伏枥志千里——记建设部建设规划研究所风景园林总设计师孙筱祥》刊于《城乡建设》1995年第1期39～40页。

2月，孙筱祥《对当前风景园林事业的政策与跨世纪人才培养的建议》刊于《学会》1995年第2期2页。

10月21日至24日，IFLA在泰国曼谷召开第32届国际学术年会，孙筱祥作为大会特邀嘉宾并作了题为 "*Tourism Development and Its Gains and Losses on Natural，Historical Environment and Culture in Modern China：And What Should We Do Study from These Lessons*"《现代中国发展旅游业对自然环境、历史与文化环境改变的影响之"得"与"失"：我们如何从这些"经验"与"教训"中学习》的学术报告，还作为大会国际专家总结小组首席发言人。在此次会议上，他共获得3个奖杯。

是年，孙筱祥等完成《北京植物园（科学院）牡丹玉兰园设计》《海南岛三亚市红树林水景迷园规划》《海南岛海口市万绿园（1000亩）总体规划》《海南省海口市金牛岭公园、金牛瀑布景区及北大门景区园林造景及工程设计》《安徽合肥市琥珀潭石林峡谷公园规划》。

• 1996年

3月，孟兆祯《恒念吾师创业之艰——悼汪菊渊先生》刊于《北京园林》1996年第12卷第1期7页。其中写道：汪先生深知师资是教育之本。为了全面提高教学质量，同时也为了促成专家归队，他先后从国内外聘请宗维城、孙筱祥、金承藻、李驹、陈俊愉、周家琪、余树勋等先生来校任教。于是各种专业课都有名师执教，奠定了学科教学之根基。我们学科的综合性很强，正是由于有这

样全面、综合的师资队伍才可能培养出数以千计的专业人才。

9月5日至7日，中国风景园林学会第二届第三次常务理事扩大会在北京召开。学会名誉理事长秦仲方，副理事长孙筱祥、孟兆祯、程绪珂、李嘉乐、张树林，常务理事周维权、谢凝高、王秉洛等先后发言，主要讨论：在可持续发展战略下，学会要结合风景园林的实际问题，贯彻"科教兴国"的精神；抓住风景园林发展的机遇，使城市园林绿化和风景名胜区持续发展，永续利用风景资源，清除封建迷信等对风景名胜区的污染；要宣传环境建设的重要性，在经济建设的同时要加强环境建设，风景园林要与城市规划等结合开展研究等。

12月，《明天"明珠"更璀璨——孙筱祥教授纵论鸭河口库区风景园林规划》收入王皓著《王皓新闻作品选 特写通讯》第253页。

● 1998年

7月17日，杰弗里·杰里科（Geoffrey Jellicoe）爵士去世。杰弗里·杰里科1900年生，被认为是英国景观设计学发展史上最具影响力的人物之一，是"英国景观学会的生命和灵魂"。1960年他被正式委任为首届IFLA主席；1979年授勋成为爵士；1994年获得英国皇家园艺学会最高奖——维多利亚荣誉勋章。在近70年的职业生涯中，杰里科爵士创造了无数的代表作，他始终深信花园应该与更广阔的景观联系起来，坚信景观与潜意识的内在联系，这意味着他的作品具有鲜明的当代意义，正如他所说：景观设计是"所有艺术之母"。

9月8日至10日，国际风景园林师联合会中央分会（即欧洲分会）在希腊召开"艺术与风景园林"的学术会议，特邀孙筱祥先生为大会主旨发言人（Keynote Lecturer），作了题为"Art: An Aesthetic Theme in Chinese Scholar's Gardens"《艺术：中国文人园林的美学主题》的主题演讲。

11月，陈谭清、林大利、陈广湖《梧桐山下的崛起——深圳仙湖植物园建园15周年》一书中讲道：1983年3月9日又书面向市政府请示，建议将植物园易址，改建仙湖植物园。1983年5月2日，市委书记梁湘同志，副市长罗昌仁同志，北京林学院孙筱祥、杨赍丽等教授以及市园林公司和植物园的领导再次到大坑塘（深圳林场辖地）进行调研。在听取了孙筱祥教授关于植物园易址的汇报后，梁湘书记说您（指孙筱祥教授）博学多才，就照您的意见办吧[28]。

---

[28] 陈谭清主编.深圳仙湖植物园建园十五周年纪念文集[M].北京：中国林业出版社，1998：6.

1999 年

2月,李嘉乐、刘家麒、王秉洛《中国风景园林学科的回顾与展望》刊于《中国园林》1995 年第 1 期 40～42 页。

11 月 24 日至 26 日,中国风景园林学会在上海举行第三届理事会,孙筱祥当选为常务理事。

2000 年

3月,孙筱祥《北海宫苑的园林艺术》收入苏天钧主编北京出版社出版《北京考古集成 1 综述》294～301 页。

2001 年

5 月 29 日,来自北京及全国园林界的人士齐聚北京林业大学园林学院,庆祝孙筱祥教授 80 岁寿辰,孙筱祥教授个人画展也同时在园林学院开幕。

2002 年

6 月 24 日至 26 日,中国风景园林学会第三届第二次理事会暨学术研讨会在武汉召开。大会进行学术研讨,李嘉乐、孙筱祥、孟兆祯、谢凝高、胡运骅、严玲璋等同志分别在大会演讲。

12月,孙筱祥《风景园林(LANDSCAPE ARCHITECTURE)从造园术、造园艺术、风景造园——到风景园林、地球表层规划》刊于《中国园林》2002 年第 4 期 7～13 页。

2003 年

7 月 9 日,《关于公布建设部专家委员会第(一)批名单的通知》(建科〔2003〕137 号):风景园林专家委员会下设风景园林专家组,北京林业大学园林学院孙筱祥教授为风景园林专家组成员。

2004 年

1月,中国科学院西双版纳热带植物园委托孙筱祥教授与中国科学院植物所北京植物园朱成珞教授共同承担一个全世界最大的热带植物园的规划设计。它的总

面积为2万亩，其中丘陵起伏，沟壑纵横；有不同朝向、相对高差在100～150m的沟谷。露地展示的植物，已经有6000种。任务是：①大门景区园林设计项目105亩；②百花园设计项目300亩；③西双版纳热带植物园总体规划2万亩。

是年，孙筱祥教授在西双版纳植物园做总体规划和景区设计时亲赴现场勘查。2004—2006年，孙筱祥完成的中国科学院西双版纳热带植物园总体规划，以及大门景区、西部孔雀湖百花园和棕榈园景区现已建成，创作构思独具一格，赢得国内外广泛的反响与好评。

● 2005年

2月，孙筱祥《现代城市园林绿地生态系统工程与城市可持续发展（选登）》刊登于《风景园林》2005年第1期3～8页。

4月，孙筱祥《现代城市园林绿地生态系统工程与城市可持续发展》刊登于《河南风景园林——学术论文集（第三期）》2005年4月14～19页。

4月，孙筱祥《艺术是中国文人园林的美学主题》刊登于《风景园林》2005年第2期22～25。

6月，孙筱祥《第一谈：国际现代Landscape Architecture和Landscape Planning学科与专业"正名"问题》刊登于《风景园林》2005年第3期12～14页。

8月，孙筱祥《第二谈：园林中观赏植物审美观的历史演变》刊登于《风景园林》2005年第4期10～12页。

10月13日，孙筱祥《建生态系统良好的园林城市》刊于《中国建设报》。

11月1日，《中国绿色时报》刊载铁铮撰写的《孙筱祥：缺少绿色的城市难以可持续发展》的文章。

是年，孙筱祥访问英国皇家园林学会，并赠画。

● 2006年

1月11日，中国风景园林学会理事长周干峙在北京中国科技会堂宣布：中国风景园林学会已正式加入国际风景园林师联合会（IFLA），成为全球风景园林师大家庭的新成员。这对我国风景园林学界和国际风景园林学界都具有重要意义，它将推动我国风景园林学科的发展，扩大其国际影响力，为国内企业参与国际合作和交流提供更多机会。

2月，孙筱祥的两件绘画作品被中国书画研究院评定为"传世金奖"，并授予"中华金奖艺术名家"荣誉称号。

2月，孙筱祥《第三谈：创建生物多样性迁地保护植物园与人类生存生态环境可持续发展的重大关系》刊登于《风景园林》2006年第1期12～15页，该文为《中国科学院西双版纳热带植物园（XTBG）》总体规划的《前言》。

3月，风景园林专业被列入了教育部公布的2006年高考新增专业名单。风景园林本科专业的重新设立，是继2005年国务院学位委员会批准设立风景园林专业硕士以来的又一件大事，将使风景园林专业人才的培养体系更加完善，有利于我国风景园林事业的健康、快速发展。北京林业大学、南京林业大学等高校于2006年起开始招收风景园林专业本科生。

4月8日，在北京林业大学园林学院主办的"2006年园林学院教育发展研讨会"上，孙筱祥作了《关于建立与国际接轨的大地与风景园林规划设计学科的建议》的专题演讲。

4月，孙筱祥《第四谈：关于建立与国际接轨的"大地与风景园林规划设计学"学科，并从速发展而建立"地球表层规划"的新学科的教学新体制的建议》刊登于《风景园林》2006年第2期10～13页。

9月，《中国园林》出版（2006年22卷增刊）《风景园林学科的历史与发展论文集》，汇编了学术界围绕风景园林学科体系、历史、发展和前景等方面中国风景园林学会形成的一些文件和在《中国园林》学刊上发表的文章。孙筱祥《风景园林（LANDSCAPE ARCHITECTURE）从造园术、造园艺术、风景造园——到风景园林、地球表层规划》刊登于2006年9月《中国园林（增刊）·风景园林学科的历史与发展论文集》87～93页。同期，108～110页刊登俞孔坚、李迪华《〈景观设计：专业学科与教育〉导读》，111～116页刊登王秉洛、陈有民、刘家麒、李嘉乐、孙筱祥《对"〈景观设计：专业学科与教育〉导读"一文的审稿意见》，141～146页刊登孟兆祯《园林建设顾误录》和《园林建设顾误再谈》等。

9月18日，中国风景园林学会在北京林业大学召开"2006全国风景园林教育大会"，全国共107家单位（含98所院校）、220名代表参加会议。国务院学位办、中国科协、建设部城建司、人事司、公园协会派代表到会祝贺。周干峙、孙筱祥、陈俊愉、孟兆祯等专家教授在会上发言。会议代表一致认为，此次会议及时、重要，在完善风景园林教育体系、构筑核心课程、明确培养目标、建立风

景园林师执业制度、培养综合性人才、加强学科团结等方面取得共识。孙筱祥作了"地球表层空间与大地规划、现代城市园林绿地生态系统工程和人类生存空间可持续发展及其人才培养"的专题报告,内容刊登于9月28日《中国花卉报》《中国风景园林教育面面观》中。

是年秋,孙筱祥总结了丰富的人生经历,撰写了《为人处世治学》的小品文,把社会人分为26种,提出了如何律己、如何自爱自救、如何为人和如何治学等人生经验,体现了智者和哲人的博大情怀!

10月,国庆节期间,孙筱祥在香山北京植物园科普馆举办《孙筱祥教授艺术作品展览》时,徐悲鸿大师的夫人、徐悲鸿纪念馆馆长廖静文女士应邀参观,当场给孙筱祥的园林与绘画作品写了长篇的赞扬评论,认为孙筱祥的作品使她感动不已,钦佩之至,是祖国的骄傲。并当场收藏孙筱祥的3幅绘画作品。

12月27日,广东风景园林学会2006年年会举办的风景园林科技论坛上,孙筱祥作了《大地规划及地球表层空间联合国宏观控规与建设和谐世界——人类生存空间的可持续发展》的主题报告。

2007年

1月16日,学会在北京召开第三届第八次常务理事会,讨论和通过学会2006年工作总结及2007年工作计划要点。与会同志对北京大学教授俞孔坚否定、诋毁中国传统园林的观点提出批评。

1月29日,北京林业大学教授孙筱祥、孟兆祯分别撰写文章,驳斥北京大学教授俞孔坚"景观学"及其否定、诋毁中国传统园林的观点[29]。

5月,中国风景园林学会信息委员会编中国城市出版社的《园林城市与和谐社会》20~21页刊登孙筱祥《建生态系统良好的园林城市》。

9月21日,孙筱祥教授参加北京林业大学园林讲堂的系列活动并作了讲座,讲座的题目是《大地规划及地球表层空间联合国宏观控规与建立和谐世界——人类生存空间的可持续发展》。

12月,王绍增、林广思、刘志升《孤寂耕耘 默默奉献——孙筱祥教授对"风景园林与大地规划设计学科"的巨大贡献及其深远影响》刊登于《中国园林》2007年第12期27~40页。文中称:孙筱祥教授是一位博学多才的杰出学者。

---

[29] 中国风景园林学会2007年大事件, 2013-03-27, http://www.chsla.org.cn/Column/Detail?Id=659&_MID=1100008.

他不但是著名的造园大师、园艺学家、植物生态学家、建筑师和大地规划师，青年时代在浙江大学还是著名话剧导演（1946—1949年），写过很多诗，书、画、篆刻等方面堪称全能。该文分艺术天赋、园林设计实践与理论、中国古典园林艺术理论的继承与创新、城市园林绿地系统规划理论、大地规划理论、东西方风景园林学的交流、学科教育理论与实践、道德情操和结语9个部分，对1946年以来孙筱祥教授在风景园林学科的实践和研究进行了系统总结。

● **2008年**

3月20日，《中国花卉报》刊登孙筱祥等的发言《园林界人士热议"观念交锋"》。

4月，孙筱祥《现代城市园林绿地生态系统工程与城市可持续发展》刊登于2008年4月《风景园林 人居环境 小康社会——中国风景园林学会第四次全国会员代表大会论文选集（上册）》6～25页。

● **2010年**

5月1日，中国风景园林学会《中国风景园林名家》由中国建筑工业出版社出版。《中国风景园林名家》入选刘敦桢（1897—1968）、陈植（1899—1989）、程世抚（1907—1988）、汪菊渊（1913—1996）、陈俊愉（1917— ）、陈从周（1918—2000）、余树勋（1919— ）、朱有玠（1919— ）、孙筱祥（1921— ）、程绪珂（1922— ）、李嘉乐（1924—2006）、周维权（1927—2007）、吴振千（1929— ）、孟兆祯（1932— ）14人，汇集了记叙、回忆14位中国风景园林界老前辈的文章。

6月1日，南京林业大学胡来宝完成硕士论文《孙筱祥园林设计思想及风格研究》，导师赵兵。论文称：孙筱祥教授是一位博学多才的杰出学者。他不但是著名的造园大师、园艺学家、植物生态学家、建筑师，还是大地规划师，在中国现代园林发展过程中有着重要的地位。

11月，孙筱祥《恭贺〈中国园林〉创刊25周年》刊登于《中国园林》2010年第11期13～14页。

12月，孙筱祥《我们应如何对待1860年英法联军，1900年八国联军毁灭人类文明的罪证"圆明园遗址公园"》刊登于《中国园林》2010年第12期30～34页。

是年，在 23 届国际风景园林师联合会总理事会上，孙筱祥被授予杰出贡献奖。

● 2011 年

1 月，孙筱祥《园林师》收入余闲著，武汉出版社出版《志向胜经》83 页。

3 月 8 日，国务院学位委员会、中华人民共和国教育部关于印发《学位授予和人才培养学科目录（2011 年）》的通知，目录中将学科门类从 12 个调整为 13 个，新增加了艺术门类，一级学科从 89 个增加至 110 个。"风景园林学"新增为国家一级学科，设在工学门类，可授工学和农学学位。

4 月 26 日，孙筱祥教授及夫人朱成珞在广东园林学会副理事长兼秘书长彭承宜、广州园林学会常务理事沈虹、广东园林杂志主编周琳洁等人陪同下访问华南植物园。华南植物园主任黄宏文、副主任魏平，以及相关部门负责人和科研人员热情接待孙教授一行，并陪同参观园区园艺景观设施。

5 月 27 日至 29 日，北京林业大学园林学院举办学术讲座、孙筱祥个人成就展览等形式，向中国著名的风景园林大师表示敬意和祝贺。活动期间，孙筱祥教授以"中国传统园林艺术的继承和创新"为题，通过当代重大事件和风景园林设计作品的总结介绍，向广大师生传达了对中国在风景园林设计方面思路的看法，强调了他关于风景园林师法自然的理念，观点个性鲜明、独树一帜，具有浓烈的人文主义和中国古典主义气息。

5 月 29 日，中国现代风景园林专业奠基人之一、著名风景园林专家、北京林业大学教授孙筱祥先生迎来自己 90 岁的寿辰。寿宴在北京林业大学附近的郭林酒楼二层寿宴厅隆重举行。国家住建部城建司的副司长李如生、中国风景名胜区协会副会长曹南燕、中国工程院院士孟兆祯、北京林业大学的领导、国际风景园林师联合会（IFLA）副会长、美国、日本风景园林领域的著名学者都参加寿宴。中国工程院院士孟兆祯先生向尊敬的老师深深地鞠了一躬，祝贺他 90 岁生日，并献上了一幅自己亲笔书写的对联。上面写着：人生从兴偶得趣，花港观鱼永流芳。孙筱祥即席发言，他说，我原来以为自己是个做学问的人，进入二十一世纪以来，我现在发现，我不适合做学问了，因为我知道的越来越少，不懂的越来越多，我不是在哗众取宠。所以我想了一个解决的方法，我把学者翻译成 student，而不是 scholar，因为 student 见人就问，早上问、中午问、晚上问，哪里都问，I am order student of modern landscape in the world（众笑）。做学者，大家都跑了，我觉得做学生其乐无穷，大家在一起，三人行必有我师。好了，我不能多说了，因为我是 student。

5月，张启翔《关于风景园林一级学科建设的思考》刊于《中国园林》2011年第27卷第5期16～17页。文中认为：风景园林二级学科至少应包括以下几个方面：①风景园林规划与设计，②园林植物，③风景园林历史理论与遗产保护，④园林工程，⑤园林建筑。

6月，孙筱祥著《园林艺术及园林设计》由中国建筑工业出版社出版。本书以作者1986年在北京林业大学印制的风景园林教学讲义《园林艺术及园林设计》为最终蓝本翻印。本讲义在1953年、1962年、1981年在本校作为校内讲义曾有过铅印本，是北京林业大学和我国风景园林（规划设计）教育30年未变的经典讲义，也是国内此类教科书编订时最重要的参照文献。

6月25日，戴安妮·孟斯、杜婉秋《孙筱祥教授：风景园林专业的先驱》刊于《风景园林》2011年第3期20～21页。同期，《孙筱祥教授风景园林设计实践作品选登》刊于25～29页。

9月，胡洁、孙筱祥著《移天缩地：清代皇家园林分析》由中国建筑工业出版社出版。该书以图文并茂的形式介绍帝王宫苑的艺术特征，文人园林的艺术特征，古典文人园林对北海神山仙岛（琼华岛后山）的艺术影响，清代帝王宫苑中仿造的文人园林与江南文人园林及帝王宫苑传统园林艺术的比较，学习中国园林艺术优秀传统，创作具有时代精神风貌的新型园林等内容。

10月28日至30日，中国风景园林学会2011年会在南京林业大学举办，中国风景园林学会将2011年度学会"终身成就奖"授予陈俊愉、余树勋、朱有玠、孙筱祥、程绪珂、吴振千、孟兆祯、谢凝高、甘伟林9人。孙筱祥终身成就奖颁奖词：他是中国风景园林规划设计的著名教育家，他编写的《园林艺术与园林设计》，至今仍是风景园林规划设计专业的重要教材。他培养了一批又一批中国风景园林规划设计的杰出人才。他既是风景园林设计大家，又集绘画、建筑、园艺等学科知识于一身。他主持规划杭州植物园、华南植物园、厦门万石植物园等一批国内有影响的植物园。他设计的杭州花港观鱼公园，开创了运用传统园林理论，建设现代公园的先河。他，就是北京林业大学教授、我们敬爱的、现年90高龄的孙筱祥先生。

2012 年

1 月，孙筱祥到景东县参与景东亚热带植物园园址考察。

5 月 4 日，为了将景东亚热带植物园建设成为一个高水平高起点，而又立足实际少有遗憾的植物园，邀请北京林业大学教授孙筱祥先生作为总体顾问主持项目规划设计工作，西双版纳热带植物园"景东亚热带植物园"项目工作组组长殷寿华一行 3 人，专程到北京林业大学与孙筱祥先生一起进行景东亚热带植物园的概念规划工作，经过 20 多天的共同协作完成《景东亚热带植物园总体概念规划草案》。

2013 年

11 月，施奠东与孙筱祥、朱成珞夫妇游览杭州三潭印月、花港观鱼等地。

12 月 25 日，孙筱祥《中国山水画论中有关园林布局理论的探讨》刊于《风景园林》2013 年第 6 期 18～25 页。同期，孙筱祥《生境·画境·意境——文人写意山水园林的艺术境界及其表现手法》刊于《风景园林》26～33 页。孙筱祥《风景园林（LANDSCAPE ARCHITECTURE）从造园术、造园艺术、风景造园——到风景园林、地球表层规划》刊于《风景园林》34～40 页。

12 月 25 日，孟兆祯《向孙筱祥教授致以学子的敬礼》刊登于《风景园林》2013 年第 6 期 4～5 页。

2014 年

7 月 5 日，中国风景园林学界泰斗孙筱祥教授荣获杰里科奖庆典在北京林业大学学研中心隆重举办。国际风景园林师联合会（IFLA）前任主席戴安妮女士、中国工程院院士孟兆祯教授、中国风景园林学会理事长陈晓丽女士、北京林业大学党委书记吴斌教授以及多位住建部领导、中国风景园林学会理事、院校党政领导与风景园林行业代表，共计 40 人左右受邀参加了此次庆典。孙筱祥获杰佛理·杰里科爵士奖颁奖词：来自中华人民共和国的孙筱祥教授是风景园林行业的首要奖项——杰佛理·杰里科爵士奖当之无愧的获得者！孙筱祥对中国第一代现代风景园林人有着不可忽视的影响。他在风景园林规划设计和研究以及园林教育这些方面都有着超于我们所了解的成就，孙筱祥的终身成就是我们每个人学习的榜样，他是今年国际风景园林师联合会的杰佛理·杰里科爵士奖当之无愧的获得者！杰弗瑞·杰里科爵士金质奖是景观界的世界最高奖项之一，是为健在的风景园林师而设的最高荣誉，其目的在于肯定获奖者一生的成就，即为造福社会和环境而设计的独一无二并有长期影响力的作品，为推进风景园林事业发展而做出的贡献。迄今为止，在世界范围内仅有八位风景园林界的领军人士获此殊荣。杰弗理·杰里科爵士奖自2005年开始每四年颁发一次，2010年IFLA世界理事会把颁奖改为每年一次。

12月，周向频著《中外园林史》（中国建材工业出版社出版）一书中介绍《著名的风景园林学家孙筱祥教授》。《中外园林史》一书记述从公元前5000年至今的中外园林发展历程，内容分为古代和现代两部分。通过大量的图表、注释，点面结合，既较为全面地涵盖了世界园林发展的多处地域与多种类型，又针对典型案例从设计层面进行重点分析。本书编写采取以园林属性为线索的分类写作结构，通过将中外园林统一论述，从纵向发展及横向比较中深入剖析园林的本质与特征，并关照影响造园的历史、社会、文化背景等，使读者在全面了解中外园林发展历程的同时，学习园林设计的思想与方法，思考园林设计与建造背后的时代及文化因素并探寻园林艺术的内在规律。

● 2015年

5月15日，浙江大学教育基金会孙筱祥风景园林教育基金成立大会暨园林教育高峰论坛在浙江大学紫金港校区举行。我国风景园林学科的奠基人、浙江大学风景园林专业创始人孙筱祥先生及中国工程院孟兆祯院士一同出席成立大会。为了铭记孙筱祥对我国风景园林教育事业及浙江大学园林学创立所作出的杰出贡献，浙江风景园林专业校友主动发起成立"浙江大学教育基金会孙筱祥风景园林教育基金"，以此来支持和推进我国风景园林学科的长远规划、发展建设与创新之路。会议由浙江大学农业与生物技术学院、浙江大学风景园林校友会、浙江大学园林研究所共同承办。

5月16日，孙筱祥带领家人回到老家杭州萧山浦阳镇，在镇党委书记劳伟刚的陪同下，参观了桃北新村的新农村建设，在老宅前回忆起过往的点点滴滴。面对优美的湖光山色，他即兴挥墨，创作书法作品——南朝梁文学家丘迟的《与陈伯之书》，抒情怀意。之后，孙筱祥教授和夫人朱成璐专程到浙江大学档案馆参观。

10月29日，《中国园林》创刊三十周年纪念座谈会在北京林业大学学研中心A座13层垂花门成功举行。《中国园林》部分顾问、顾问编委、编委、名誉主编、特约编辑、中国风景园林学会领导同仁，北京林业大学园林学院部分师生、《中国园林》杂志社全体成员、风景园林新青年、《风景园林》媒体同仁等参加座谈会。孙筱祥教授参加座谈交流并为《中国园林》创刊30周年题词：春发其华 秋收其实。

● 2016年

4月25日，浙江大学罗卫东副校长率档案馆胡志富副馆长等一行，专程奔赴北京开展风景园林大师孙筱祥教授的名人档案征集工作，25日上午罗卫东副校长一行抵达孙筱祥教授家中，为他庆贺九十五寿辰。

5月，张立生著《走向奥维耶多·谢学锦传》由中国科学技术出版社出版，其中32～33页中《在进步学运中度过大学时代》这样记载：湄潭校区的女同学几乎全都加入了剧团。谢学锦通过这个剧团做了大量的群众工作，把许多人都团结到进步力量这边来了。这时候，有很多进步的书籍传进了浙大校园。谢学锦就是在这时读到了斯诺的《西行漫记》和许多英国诗。他接触人的面比较广，其中有一位叫孙筱祥的，画画得非常好，他为了见徐悲鸿挑一担行李从浙江一直走到重庆，把自己的画给徐悲鸿看。徐悲鸿对孙筱祥还挺欣赏，但是徐悲鸿劝他你还是不要再学画了，你学画将来也许没饭吃，你还是念书去，还是去学一门技能。我相信画画你自学也能学得很好，这样孙筱祥就考进了浙大园艺系。他非常穷，一个钱也没有，穿一双草鞋，没有袜子，光着脚，谢学锦送了他几双袜子。谢学锦知道孙筱祥很有经验，登门拜访他，请他出来演戏。孙筱祥先是拒绝，但最终还是答应了。剧团演出的第二出戏是夏衍的《一年间》，主要的布景就是地主的客厅，要布置得富丽堂皇。谢学锦找到孙筱祥一起跑到乡下去寻找布景材料，最终找到一座荒废了的古庙。古庙虽然破破烂烂，但有好几扇雕花的门。他们将其卸下来，扛回学校，再把它一刷，撒上金粉，做地主的客厅背景。幕一开，一个金碧辉煌的客厅展现在观众面前，漂亮极了，全场为之轰动。剧团举办篝火晚会，朗诵普希金的长诗《茨冈》，表演由真人演出的"皮影"，还演一出何其芳的《预言》，剧团在浙大附中找了一个小女孩，她很漂亮，而且还能跳舞，让她来表演，由孙筱祥朗诵何其方的《预言》，汪容拉小提琴，配音乐。演出非常成功。谢学锦，勘查地球化学家，中国勘查地球化学的开拓者和奠基人，1923年5月21日生于北平。父亲谢家荣是我国著名的矿床学大师、国内外知名的石油地质学家和经济地质学家，母亲吴镜侬早年毕业于北京女子师范大学，擅长绘画和音乐。家庭中浓厚的学术和艺术氛围给了谢学锦一生以重大的影响。

● 2017年

5月19日，孙筱祥和夫人朱成珞参观杭州西湖。

6月29日，云南省委常委、昆明市委书记、滇中新区党工委书记程连元在北京拜访中国现代风景园林专业奠基人之一、北京林业大学园林学院教授孙筱祥及其夫人朱成珞，就昆明市建设国家植物博物馆相关规划设计工作进行深入交流。昆明市人民政府聘请孙筱祥为中国国家植物博物馆规划建设总顾问，孙筱祥亲自赴昆明进行现场勘查并指导国家植物博物馆选址工作，于2017年7月完成有关中国国家植物博物馆选址方案的书面意见。

7月，云南省昆明市人民政府聘请孙筱祥教授出任国家植物博物馆规划建设总顾问。

8月，孙筱祥教授到昆明完成国家植物博物馆实地踏查和书面选址意见。

9月20日，教育部、财政部、国家发展改革委印发《关于公布世界一流大学和一流学科建设高校及建设学科名单的通知》（教研函〔2017〕2号），公布北京林业大学被列入一流学科建设高校（95所），北京林业大学林学、风景园林学两个学科被列入国家一流学科建设名单，正式进入国家确定的世界一流学科建设行列。

● 2018年

5月4日，孙筱祥于2018年5月4日12时15分不幸逝世，享年97岁。孙筱祥一生完成花港观鱼、杭州植物园、仙湖植物园、北京植物园、华南植物园、美国爱达荷州植物园中国园、西双版纳植物园、海南金牛岭公园、厦门植物园等规划与设计15个，所著《园林艺术与园林设计》为风景园林学科的经典教材，在国外发表英文论文8篇，国内发表中文论文30篇。

5月5日，《杭州日报》第4版刊登消息："中国园林之父"孙筱祥去世。

5月14日，上午10点，孙筱祥先生遗体告别仪式在八宝山兰厅举行。北京

 孙筱祥年谱

林业大学党委书记王洪元,中国风景园林学会名誉理事长、北京林业大学教授孟兆祯院士,学会原副理事长、国务院参事刘秀晨,中国风景园林学会理事长陈重,秘书长贾建中等来自全国各地风景园林行业同仁,孙先生生前好友、同事、学生等 100 余人参加了告别仪式。《孙筱祥先生生平简介》:孙筱祥(笔名孙晓翔),1921 年生于浙江省萧山县(今属杭州市)。1946 年毕业于浙江大学农学院园艺系,主修造园学并获农学学士学位;1954—1955 年,在东南大学(即当时南京工学院)建筑系刘敦桢教授研究生班进修建筑设计一年;曾师从孙多慈教授,徐悲鸿大师学习油画多年。孙筱祥是北京林业大学知名教授、园林教育家、享誉中外的风景园林规划设计大师。作为中国现代风景园林与人居大地规划设计学的主要创始人与奠基人,孙筱祥先生几十年如一日致力于风景园林教育事业,授业了代代的莘莘学子,桃李满天下。其设计思想已在我国的风景园林领域广为传播,是培养了众多杰出人才的著名教育家。孙先生为国内外著名大学开设的课程包括:园林艺术、大地规划、风景园林规划设计、居民区及其园林绿地规划、城市园林绿地系统规划、风景名胜资源保护及开放旅游规划、环境园艺与观赏园艺学、花卉学、中国园林史、绘画、大型风景园林规划设计项目创作等。孙先生所著的《园林艺术与园林设计》教材,是中国该学科的经典教材。孙先生集专业造园大师、教育家、画家、花卉园艺家、生态学家、建筑师、城市设计师与大地规划师于一身。1985 年,孙筱祥教授荣获澳大利亚西澳 CURTIN 理工大学的"海登威廉荣誉教授奖"殊荣(此奖项要求获奖人在本人从事学科 Landscape Architecture 中居世界最高水平),并受该大学之邀讲学一学期。同时期,孙教授获澳大利亚政府"设计艺术委员会"奖金,和澳大利亚五个州、十二所城市的邀请访问、考察风景园林并受特邀在悉尼大学、新南威尔斯大学、阿德来得大学、西澳大学、昆士兰大学、布里斯班大学、塔斯马尼亚大学、堪培拉大学、莫达克大学等十五所著名大学巡回讲学并举办个人画展。1987 年,经"美中学术交流委员会(CSCPRC)"选拔,由美国国家科学院、美国国家社会科学研究委员会、美国学术团体委员会联合邀请,作为 1986—1987 年"美中著名学者交换计划"中,五名中国著名学者之一,由美国俄亥俄州立大学聘任并组织至宾夕法尼亚大学、普渡大学、伊利诺伊大学、密歇根州立大学等五所著名大学讲学并举办个人画展。1989—1990 年,孙筱祥教授受美国哈佛大学设计研究生院聘任为客座教授半年,讲学并举办个人画展,并获得美国哈佛大学设计研究生院国际闻名的"红

孙筱祥年谱

领带奖",至今仍为唯一获此殊荣的中国人。同时期,由哈佛大学设计研究生院组织,由美国弗吉尼亚大学、华盛顿大学、露伊丝安娜大学、新泽西州立大学、伊利诺伊大学、宾夕法尼亚大学、俄勒冈大学、波托兰大学、加州工业大学、加州大学柏克利分校等十所著名大学联合邀请巡回讲学及举办个人画展。孙先生对促进中国现代风景园林在国际风景园林界中与日俱增的影响力作出了长期杰出的贡献。早自1983年起,先后近二十年,作为唯一的中国代表,历任国际风景园林师联合会(IFLA)总理事会中国个人理事。曾六次作为国际风景园林师联合会特邀嘉宾或主旨演讲人作学术报告。1986年孙先生在联合国自然保护联盟及教育基金会委托哈佛大学设计研究生院举办的由26个国家80多名国际著名专家参加的"国际风景园林与人居大地规划教育学术大会",作为大会特邀嘉宾之一所作的英语学术报告,被选拔为风景园林学科中第一名最杰出国际教育典范。孙先生因此以"中国现代风景园林之父"闻名于国际风景园林界。1985年"国家城市规划学术大会"在澳大利亚悉尼召开,特邀孙先生作为三名外国贵宾之首席"主题"学术报告人,作题为《城市须有山林水趣之乐》的学术演讲,此英文论文发表于1994年希腊雅典出版的"EKISTICS"《人类群居学》杂志。孙先生所著论文《风景园林从造园术、造园艺术、风景造园到风景园林、地球表面规划》发表于2002年《中国园林》杂志,被选入第一届中国科学期刊论文榜中全国共99篇优秀论文之一。孙先生曾多次获得国际、国内学术荣誉,2011年荣获由中国风景园林学会颁发的首届"中国风景园林学会终身成就奖";2010年荣获由国际风景园林师联合会(IFLA)颁发的"国际风景园林师杰出贡献奖";2014年荣获由国际风景园林师联合会(IFLA)颁发的杰弗里·杰里科爵士金质奖,这是国际风景园林师的最高荣誉,目前世界范围内共有7人获得,中国仅孙先生一人获得。被誉为中国风景园林界泰斗的孙筱祥先生,从事风景园林和大地规划设计七十年,走遍了中国大地的山山水水,设计了多个极具影响力,保护物种和改善人居环境的植物园或公园。早在20世纪50年代初,孙先生规划设计的西湖花港观鱼和杭州植物园,开创了运用传统园林理论建设现代中国园林的一代新风,引领了现代西湖风景园林艺术风格的形成,成为我国当代园林的经典之作。历年来孙先生的园林设计创作还包括1956年,杭州植物园《分类园》;1956年,中国科学院北京植物园(南、北园)总体规划及木兰牡丹园设计;1956年,前北京林业大学植物园设计;1959年,华南植物园总体规划设计;1960年,前海南省万宁县海南植物园规划设计；1961年，厦门万石植物园规划设计；1982年，深圳仙湖植物园选址、总体规划及仙湖水库初步设计；1990年，美国爱达荷州博伊西市爱达荷植物园的中国古典文人园林"诸葛亮草庐园"。2004—2006年，孙先生完成的中国科学院西双版纳热带植物园总体规划，以及大门景区、西部孔雀湖百花园和棕榈园景区现已建成，创作构思独具一格，赢得了国内外广泛的反响与好评。2012—2013年，应中国科学院西双版纳植物园的再次聘请，孙先生完成了中国科学院景东亚热带植物园的总体规划工作。2017年，昆明市人民政府聘请孙先生为中国国家植物博物馆规划建设总顾问，孙先生亲自赴昆明进行现场勘查并指导国家植物博物馆选址工作，于2017年7月完成了有关中国国家植物博物馆选址方案的书面意见。多年来，孙筱祥先生曾任中国风景园林学会副理事长；建设部风景名胜专家顾问；国际风景园林师联合会总理事会中国个人理事；北京林业大学风景园林与人居大地规划设计研究室主任；浙江农业大学园艺系森林与造园教研室主任；杭州都市计划委员会委员，杭州市西湖风景建设组组长；北京林业大学深圳市北林苑景观规划设计院首席顾问、总设计师；中国科学院西双版纳热带植物园总设计师、总顾问和北京植物园顾问；海口市园林规划设计研究院名誉院长兼总园林师，海口市人民政府园林绿化顾问及总园艺师等30多项国内外风景园林领域重要职务。

● 2019年

1月17日，《风景园林网》公布《2018年中国风景园林十大新闻人物》，孙筱祥名列其中。2018年5月4日，中国风景园林界泰斗、北京林业大学教授孙筱祥先生逝世，享年97岁。孙筱祥是我国最著名的植物规划与设计专家，1952年起从事植物园规划设计，一生完成了大量保护物种和改善人居环境的植物园，包括杭州植物园、仙湖植物园、北京植物园、华南植物园、西双版纳植物园、厦门植物园、美国爱达荷州植物园中国园等等。他留下的"三境论""五脚说"对园林行业影响深远，所著《园林艺术与园林设计》教材，自1962—1992年30年间为该学科的经典教材，是中国现代风景园林规划设计学科之创始人与奠基人。

10月，《风景园林》2019年第10期《深切缅怀孙筱祥先生专题》，刊有王向荣《刊首语——怀念孙筱祥先生》《孙筱祥先生逝世周年追思会》、朱成骆《生如夏花，逝如秋叶——孙筱祥先生逝世周年追思会感言》、孟兆祯《难忘的孙筱祥先生》、施奠东《深切怀念恩师孙筱祥先生》、刘秀晨《诗人、画家、园艺家、生态学家和建筑师,一个园林巨匠终生的追求——记孙筱祥教授》、张树林《传承与创新的楷模——怀念敬爱的孙筱祥先生》、张佐双《怀念北京植物园造园导师孙筱祥先生》、李炜民《一代宗师》、胡洁《怀念导师孙筱祥先生》、何昉《纪念孙筱祥先生》。

殷良弼年谱

殷良弼(自中国农业大学)

殷良弼年谱

- **1894年（清光绪二十年）**

　　11月1日，殷良弼（Yin Liangbi），号梦赉，出生于江苏省无锡市石塘镇糜巷桥村。

- **1901年（清光绪二十七年）**

　　是年，殷良弼入私塾。

- **1903年（清光绪二十九年）**

　　8月，《钦定京师大学堂章程》规定，大学分科如下：政治课、文学课、格致科、农学科、工艺科、商务科、医术科。农学科之目四：农艺学、农业化学、林学、兽医学。

- **1905年（清光绪三十一年）**

　　是年，殷良弼入小学。

- **1907年（清光绪三十三年）**

　　1月，（日）林学博士合河太郎校阅，大西鼎编著《实用森林利用学》（上卷）由六盟馆发行。

- **1912年（民国元年）**

　　殷良弼考入苏州省立第二农校。

- **1914年（民国三年）**

　　1月，（日）上村胜尔编著《实用森林利用学》（下卷）由成美裳书店发行。

　　2月，农科大学改组为北京农业专门学校，以"教授农业高等学术，养成专门人才"为办学宗旨，并增设林学科，校长路孝植邀请时任山西省立农业专科学校校长的程鸿书来校创办林学科并任首任教务主任。

　　7月，北京农业专门学校设置林学科，开始招生，殷良弼以同等学历考入北京农业专门学校林科，同班有殷良弼、徐承铭、贾成章、叶道渊、周祯、程跻云、洪昌谊、林渭访等。

9月，北京农业专门学校建实习林场，划龙王庙附近及南北岸土山（今玉渊潭公园）作为造林地及苗圃。

1916年（民国五年）

6月，《国立北京农业专门学校校友会杂志》（年刊）创刊，由北京农业专门学校校友会编辑部编辑、发行。殷良弼《参观天坛林艺试验场笔记》刊于1916年第1期343～346页。

1917年（民国六年）

4月15日，北京农业专门学校毕业班分两组赴山东、日本参观，其中吴耕民、殷良弼二人赴日参观到达东京。

5月，殷良弼《余之林业趋势观》刊于《国立北京农业专门学校校友会杂志》1917年第2期74～81页。同期，殷良弼《连年生长与平均生长之关系》刊于171～175页。

7月，北京农业专门学校林学科第一期学生毕业（14名）：殷良弼（梦赉，江苏无锡）、王渭箬（四川巴县）、尹巨崧（峻生，江西上犹）、涂鸣（一仲，湖北黄陂）、周治昭（文辉，贵州邛水）、马元恺（子俊，湖北利川）、汤敏（成永，江苏武进）、程定一（靖轩，陕西蓝田）、刘炳铨（薪甫，江苏崇明）、苏诚（正持，广西邕宁）、孙铭垣（君粲，江苏崇明）、汪和耕（和胼，浙江嘉兴）、朱燕年（敬濂，浙江海宁）、杨龙保（夔伯，江苏吴县）。1917年毕业生名单，列农学科第一名者为吴耕民，毕业考试分数为九十三点三分，列林学科第一名者为殷良弼、成绩为八十五点六分。因成绩优异，毕业后吴、殷二人即奉教育部训令派赴日本实习，定时二年。主要目的是在日本各农事试验场、林场、农科大学等处进行实习。吴耕民主要实习"土壤肥料、作物、园艺、养畜及化学、病虫害"等，殷良弼实习"造林、森林经营和森林利用"等。

1918年（民国七年）

3月10日，《集美师范校歌》公布：闽海之滨，有我集美乡；山明兮水秀，胜地冠南疆。天然位置，惟序与簧；英才乐育，蔚为国光。泉漳士聚一堂，师中实小共提倡。春风吹和煦，桃李尽成行。树人需百年，美哉教泽长。"诚毅"二

殷 良 弼 年 谱

字中心藏,大家勿忘,大家勿忘!

4月,殷良弼《轮伐期解》刊于《殖产协会报》1918年第2卷90~102页。

6月,北京农业专门学校林学科毕业生(17名):符明晋(锡蓍,江西新建)、徐家基(少初,贵州贵筑)、滕国梁(栋之,江苏盐城)、李树荣(芳林,京兆顺义)、李兆洛(凫川,京兆通县)、王猷(汉池,湖北黄陂)、徐承镕(陶齐,贵州铜仁)、朱国典(法章,湖北江陵)、杨赞蔚(毓崃,四川新津)、贾成章(佛生,安徽合肥)、郭本浚(巨川,湖南湘阴)、范庚圭(星来,浙江杭县)、韦可德(恩溥,广西横县)、昌云骞(湖北沔阳)、朱文梁(栋之,江苏盐城)、黄秉中(干卿,湖北钟祥)、魏云藻(鲁芹,四川永川)。

6月,殷良弼《吉林之森林》刊于《国立北京农业专门学校杂志》1918年第3期86~94页。

• 1920年(民国九年)

2月,殷良弼《拱热式干馏炭灶》刊于《殖产协会报》1920年第3卷167~172页。

4月,陈嘉庚先生初识叶渊之后,即于当年5月1日、5月3日、5月14日连书三函寄叶渊,竭力劝说叶渊出任集美学校校长一职。

7月,叶渊就任集美学校校长、校董、校董事会主席等职。叶渊(1889—1952年),字贻俊,号采真,安溪县参山村人。1905年起,就读于福建高等学堂(今福州一中)。1917年毕业于北京大学法科经济门,获法学士学位。1918年29岁的叶渊被任命为"闽南护法军"第三旅参谋长、(南安)洪濑留守司令。1919年被地方军阀杨持平任命为安溪县知事(县长),两个月后又被免职。1920年7月至1934年2月,叶渊就任集美学校校长、校董、校董事会主席等职长达14年之久,为集美学校的发展、壮大,立下汗马功劳。中华人民共和国成立后,叶渊从香港赴沪,出任集友银行上海分行经理。1952年9月17日病逝于上海。其继室林金凤,子美生、鹭生等携骨灰回到厦门,安放在林金凤中山公园西门外小楼房的中厅,直至1984年才归葬安溪家乡。

8月,殷良弼从日本东京帝国大学农学部毕业回国,受聘回母校(北京农业专门学校)任教员。

10月,(日本)在山林局林业试验场殷良弼《森林化学工业之新事业》刊于

《殖产协会报》1920年第4期学艺专栏31～39页。

● 1921年（民国十年）

2月，福建私立集美学校成立，简称集美学校。《集美学校校歌》改为：闽海之滨，有我集美乡；山明兮水秀，胜地冠南疆。天然位置，惟序与黄；英才乐育，蔚为国光，泉漳士聚一堂，师中水商共提倡。春风吹和煦，桃李尽成行。树人需百年，美哉教泽长。"诚毅"二字中心藏，大家勿忘，大家勿忘！

6月，北京农业专门学校林学科毕业生（14名）：周恺（悌君，浙江青田）、陈问篪（竹筠，湖北安陆）、卢会澜（孟涛，湖北蕲水）、周桢（邦垣，浙江青田）、张锦云（铁香，湖北沔阳）、史国华（南轩，陕西户县）、沈道（叔良，江苏泰县）、严慕光（镜如，湖北鄂城）、罗家楷（云南盐丰）、黄沛霖（浩卿、湖北汉川）、熊寿春（体仁，湖北蕲水）、吴宝英（瑶圃，浙江浦江）、闵百川（汇源、吉林吉林）、蒙增英（广西桂平）。

9月，殷良弼《供热式炭灶之制炭干馏试验》刊于《中华农学会报》1921年第3卷第2号34～41页。

● 1922年（民国十一年）

2月，北京农业专门学校编辑《新农业》第1卷第1期创刊。

6月，北京农业专门学校林学科毕业生（13名）：程跻云（霄羽，安徽婺源）、洪昌谊（宜之，安徽怀远）、刘定汉（稼夫，江西彭泽）、汪宪章（湖南安乡）、郑云鹏（振霄，浙江浦江）、彭昭茂（介生，湖北汉川）、王兴序（雁伍，安徽霍山）、张克勋（信民，湖北汉川）、林熊华（渭访，浙江临海）、刘楷（时范，江西兴国）、熊兴垣（湖南安乡）、王则仁（揆百，湖北当阳）、高振华（河南洛阳）。

● 1923年（民国十二年）

1月27日，陈嘉庚在新加坡写信给集美学校校长叶渊，指点他在天马山与美人山麓择地开办和提前聘请教师。

3月，北洋政府教育部将北京农业专门学校改为北京农业大学，以"改进农业及农民生活，培养各种农业专门人才，期与农民通力合作，蔚成农村立国"为新的办学宗旨，殷良弼继续受聘北京农业大学教员。

 殷良弼年谱

1924 年（民国十三年）

是年秋，殷良弼转聘为浙江省立农业专门学校教员。1910 年 9 月浙江农业教员养成所成立，所长陆家鼐，1912 年改名为浙江中等农业学堂，1912 年改名为浙江甲种农业学校，1913 年 7 月陈嵘任校长，增添森林科一班，1915 年 7 月陈嵘辞职，1924 年秋浙江甲种农业学校升格为浙江省立农业专门学校，设农学、森林二科，许璇任校长。

1925 年（民国十四年）

2 月，福建私立集美学校在天马山麓办农林部，著名爱国华侨陈嘉庚出资创办福建省厦门集美农林学校，特聘请殷良弼任教授兼校长（主任）。殷良弼欣然就任，鼎力筹建，并亲自主持创办天马山林场，期间提出坚持"办好林业教育，必先办好林场"边学边干的方针，开闽南农林教育之先声。

3 月，殷良弼著《中等林学大意》（新学制农业教科书）由上海中华书局印行。

6 月 20 日，叶渊校长与叶道渊主任（数月前从德国柏林回国的北京农业大学森林系主任）前往天马山筹划福建私立集美学校建筑事宜，并首先主持开辟苗圃和栽种果树林木，建筑校舍和延聘教师。叶道渊（1891—1969 年），字贻哲，安溪人。早年毕业于北京农业大学，后留学德国，获林学博士学位。回国后婉辞中国农业银行的高薪聘请，应集美学校董事会之邀，出任集美高级农林学校校长。数年中为学校奠定了良好基础，培养出一批农、林业人才，深得陈嘉庚赏识。曾先后任中央大学、浙江大学、广西大学等校林学系教授兼系主任，培养大批林业人才。在广西大学工作期间，因病辞去教职，后应广西省政府之聘，出任省政府农林顾问。抗日战争期间，主持江西省政府公路植树委员会工作。民国 31 年出任福建省政府农林顾问兼农林公司总经理。民国 34 年当选为国民参政员，在重庆国民参政会上抨击国民政府弊政，主张国共合作。抗日战争胜利后辞去农林公司总经理职务，回厦门定居，后移居新加坡。

1926 年（民国十五年）

3 月 11 日，集美农林部正式开学，新生招收甲种农林第一组四个班，学生 130 多名，27 日举行开学式。

6 月，国立北京农业专门学校林学科毕业生（13 名）：陈时森（广东文昌）、

李荣培（少竹，云南嵩明）、唐昭勋（湖南晃县）、章桂森（企林，浙江汤溪）、孟昭骏（伯良，安徽泗县）、周作梅（黑龙江绥化）、钱定勋（景超，贵州贵阳）、金立三（安徽霍山）、唐先芹（巨源，湖南芷江）、黄维炎（广东梅县）、刘章（贵州龙里）、陈鼎荣（广东梅县）、黄明性（理堂，山西浑沅）。

1927 年（民国十六年）

3 月，遵照陈嘉庚的意见，集美学校，进行学校体制的重大改变，各部改组为校，农林学校以叶道渊为主席委员，彭家元、殷良弼、黄鹏飞、陈诵尧为委员。

是年秋季，叶道渊辞职，殷良弼继任农林学校主席委员兼林科主任[30]。

是年，《集美学校校歌》改为：闽海之滨，有我集美乡，山明兮水秀，胜地冠南疆。天然位置，惟序与黉，英才乐育，蔚为国光。全国士聚一堂，师中实小共提倡。春风吹和煦，桃李尽成行。树人需百年，美哉教泽长。诚毅二字中心藏，大家勿忘，大家勿忘！

1928 年（民国十七年）

2 月，集美各校废止委员制，恢复校长制。聘张灿为师范学校校长，杨孙赞为中学校长，苏师颖为女子中学校长，冯立民为水产航海学校校长，黄绶铭为商业学校校长，殷良弼为农林学校校长，叶维奏为男子小学校长，陈淑华为幼稚园主任。

6 月，国民政府改北京为北平，实行大学区制，将北京国立九校合并组建国立北平大学，农业大学旋即改为国立北平大学农学院。

6 月，殷良弼编、梁希校《中等林学大意》（大学院审定）由上海中华书局印行。

12 月，集美农林学校校长殷良弼辞职，复聘叶道渊充任，开办农林专科，招收初中毕业生入学，肄业年限定为四年。

1929 年（民国十八年）

7 月，浙江省建设厅委任殷良弼为建设厅技士。

10 月，《中华林学会会员录》刊载：殷良弼为中华林学会会员。

11 月，浙江省建设厅调委殷良弼为浙江省立第四林场场长，即亲赴浙东一带勘察山林，组织规划设计，指导建立苗圃、营造森林。

---

[30] 林斯丰主编.集美学校百年校史 1913—2013[M].厦门：厦门大学出版社，2013：68-69.

殷良弼年谱

● 1931年（民国二十年）

1月，安徽省政府建设厅委任殷良弼为建设厅秘书处科员。

1月，许少初《森林利用学》由上海新学会社刊印。

7月，殷良弼再度受母校北平大学农学院之聘任教授，兼林场主任，主持开垦罗道庄北平大学农学院北门外荒地，建立苗圃，培养苗木；选择洋槐、国槐、榆树、油松、侧柏等适生树种，营造大片森林，成为平西的风景区，是为北京附近大面积营造人工林之首创。

7月，"七·七"事变后平津6所大学奉命迁往内地。北平大学、北京师范大学和天津北洋工学院迁往西安，合并成立西安临时大学，后改称西北联合大学。殷良弼毅然离家，只身随校西迁，到西北联合大学农学院任教授。

是年，何敬真任集美高农教务主任。1933—1934年任集美高农校长。何敬真（1902—2004年），福建漳浦人，1931年毕业于金陵大学农学院。1944—1945年赴美国学习水土保持和草原管理。曾任厦门集美农校校长，先后在私立铭贤学院、四川大学任教，1946年晋升为教授。1953年调入华南热带作物学院、研究院从事教学和科研工作。先后任热作系主任、热作所所长、广东植物学会副理事长、国家农垦部科技委副主任。中国热带作物科研与教学事业的创始人之一。主持或指导过多项热带作物栽培研究课题。主持的热带作物引种试种课题，1975年获广东省科学大会奖。1983年获中国农学会坚持农业科学工作50年以上的农业专家表彰。1991年享受国务院颁发的政府特殊津贴。

● 1932年（民国二十一年）

1月，殷良弼《视察省立第二林场之报告》刊于《浙江省建设月刊》1932年第5卷第7期12～16页。

5月15日，中国林学会在北平大学农学院召开成立大会，出席会议达百余人，会议选举贾成章教授为执行委员，执行委员还有王正、周桢、殷良弼、蒋兆钰、韩家咏、李兆洛等，另外还选举王毓瓒等5人为后补执行委员。

5月，《北平大学一览》刊登《林学系课程指导书》。第一学年《有机化学》一学期每周讲授三小时，共六学分，本系一年级必修，内容为研究有机化学之原理方法，以及各种普通有机化合物之来源、制法、反应、用途等；《气象学》全年每周讲授两小时，共四学分，本系一年级必修，内容为考究气象之原理，讲

明外界之现象，推测变化之定则，并研及气象对于动植物之影响与其应用之方法等；《森林植物学》全年每周讲授两小时，实习两小时，共六学分，本系一年级必修，内容为讲授本国及世界森林植物之分布，及本国与外国输入之树种之性状，生理适地及其繁殖方法等，参考书类由教授指定之；《高等数学》全年每周讲授两小时，共四学分，本系一年级必修，内容为微积分之原理与方程式之内容，包括各种曲线之关系，并微积分对于他种科学之用途兼及多级微分与重复积分；《测量学（乙）》全年每周讲授两小时，实习三小时，共六学分，本系一年级必修，内容为讲授平面测量（上）普通原理，及器械之构造与使用方法，及器械之构造与使用方法，实习测竿、平板罗针、水准测量及普通面积计算方法；《植物生理学》全年每周讲授两小时，实习两小时，共六学分，内容为植物生理之普通原理，分为营养、生长、运动三大部；《德文（初级）》全年每周讲授三小时，共六学分，本系一年级必修（学英文者除外），内容注重练习简单文词之构造及阅览浅近德文文字；《土壤学（一）》全年每周讲授两小时，实习两小时，共六学分，本系一年级必修，内容为讲授岩石之分类及其化学成分。第二学年《造林学》全年每周讲授两小时，实习两小时，共六学分，本系二年级必修，内容为讲授树木生长与其环境之关系，并森林构成更新及繁殖诸原理，实习播种育苗及一切造林前业各事项，参考书由教授指定之；《森林保护学》全年每周讲授两小时，共四学分，本系二年级必修，内容讲授病、虫、鸟、兽及天然、人为诸害，与其防御治疗诸方法，参考书由教授指定之；《森林利用学》全年每周讲授两小时，共四学分，二年级必修，内容为讲授木材内部组织，森林主副产物之伐采、运搬、制造及其保存方法参考书由教授指定之。《测树学》全年每周讲授两小时，实习三小时，共六学分，本系二年级必修，内容为讲授三角测量及其地形描写之理论，及其机械之使用方法，实习经纬仪地形之测定及其绘画法。《经济昆虫学》全年每周讲授两小时，实习两小时，共六学分，本系二年级必修，内容关于经济之重要昆虫种类及防治原理方法；《测树学》全年每周讲授两小时，下学期每周实习两小时，共五学分，本系二年级必修，内容为讲授林木材积测算之原理方法，测树器械之使用，材积收获表制定法，及年龄与生长之检定法，实习伐倒木立木及森林材积之检定与生长之检定，参考书由教授指定之；《土壤学（二）》全年每周讲授两小时，实习两小时，共六学分，本系二年级必修，内容为土壤化学及微生物学；《德文（高级）》全年每周讲授三小时，共六学分，本系二三年级

必修（学英文者除外），内容为注重训练阅览德文科学书籍。第三学年《造林学》全年每周讲授两小时，实习两小时，共六学分，本系三年级必修，内容为讲授森林抚育及作业诸原理及方法，实习修枝、除伐、疏伐及各种造林法等，参考书由教授指定之。《林价算法及森林较利学》全年每周讲授两小时，共四学分，本系三年级必修，内容为教授林地及林价计算上之理论及方法，并考定各种作业法之损益之方法，参考书由教授指定之。《森林经理学》全年每周讲授三小时，共六学分，本系三年级必修，内容为讲授本科目之理论部分，参考书由教授指定之。《森林工学》全年每周讲授两小时，共四学分，本系三年级必修，内容为讲授材料学、土木工学、桥梁林道及防砂工学之理论，并旁及应用力学，参考书由教授指定之。《树病学》全年每周讲授两小时，共四学分，本系三年级必修，内容为讲授树木病害之性质、原因及其防治方法，参考书由教授指定之。《林产制造》全年每周讲授两小时，实习两小时，共六学分，本系三年级必修，内容为讲授森林副产物之采集制造方法并实习之，参考书由教授指定之。《经济学》全年每周讲授三小时，共六学分，本系三年级必修，内容为讲授经济学之基本原理及主要学说。第四学年《森林经理》全年每周讲授三小时，共六学分，本系四年级必修，内容为讲授本科目之应用部分，参考书由教授指定之。《林政学》全年每周讲授两小时，共四学分，本系四年级必修，内容为讲授森林事业对于国家社会及人生之关系，并注意于限制维持保护奖励及发达之方策等，参考书由教授指定之。《林业经济》全年每周讲授两小时，共四学分，本系四年级必修，内容为讲授土地资本劳力分配诸原理与森林企业之关系，参考书由教授指定之。《森林管理》全年每周讲授两小时，共四学分，本系四年级必修，内容为讲授管理森林业务上之各种组织，参考书由教授指定之。《狩猎学》全年每周讲授两小时，共四学分，本系四年级必修，内容为讲授关于狩猎之制度，枪弹射击，可猎动物之种类与习性，猎犬之种类与驯养等。《法学通论》全年每周讲授两小时，共四学分，本系四年级必修，内容以本系四年级必修，内容以研究法学之必要的准备为限度，与其各分科之共通系统之知识。《农学大意》全年每周讲授两小时，共四学分，本系四年级必修，内容为讲授农业上应有之知识。（注）各科目之后未说明参考书者为与其他各系共同必修之科目。

10月，王正、贾成章、殷良弼等教授率学生赴北京潭柘寺进行森林调查。

11月5日，北平大学农学院毕业同学会召开第一次会议，主席由贾成章教

授担任，贾成章、徐承熔、徐天彝、殷良弼、刘运筹、韩家永、董时进、杨汝南、陈文敬、季士俨、金邦正 11 人当选为干事。

是年，殷良弼《林产制造学》由北平大学农学院刊印。

● 1933 年（民国二十二年）

是年，北平大学农学院殷良弼编《森林管理学》（农民教育万有文库）由商务印书馆刊印。

● 1934 年（民国二十三年）

10 月，殷良弼编、梁希校《中等林学大意》（大学院审定）由上海中华书局印行 19 版。

10 月，利川马元恺《林产制造学》（增订四版）由上海新学会社出版。

11 月 9 日，北平大学农学院教授兼农业经济系主任许璇猝发脑出血逝世，终年 59 岁。许璇（1876—1934 年），字叔玑，浙江省瑞安人。我国著名农业经济学家、农业教育家。1913 年 7 月毕业于日本东京帝国大学农科，获农学士学位。1913 年 8 月任北京大学农科教授兼农场场长。历任北京农业专门学校代理校长、北京农业大学校长、北平大学农学院院长。1924 年 1 月任浙江省立甲种农校校长。历任浙江公立农业专门学校校长、第三中山大学农学院农业社会系主任、浙江大学农学院院长、浙江省农民银行筹备处主任兼浙江省合作人员养成所所长。1924 年至 1934 年期间连任中华农学会会长、理事长。著有《粮食问题》《农业经济学》等，是我国农业经济学科的开创者。

11 月 11 日，许璇学生刘运筹、殷良弼、贾成章、徐承熔、朱延晟、何养苞、杨汝南等，谨以清酌笾馐之仪，致祭于我许叔玑夫子大人之灵而言曰：呜呼！唯我夫子，恭俭温良，毕生为学，勿厌勿忘。三岛归来，执教上庠，诲人不倦，讲学有方；悯予小子，同侍门墙，廿年风雨，时聚一堂。昊天不吊，斯道中丧！追念先德，能不心伤！嗟我夫子，学术文章，永传不朽，千古流芳！嗟我夫子，鲁殿灵光，清风亮节，山高水长！今来祭公，凭吊竚望，神归何处？四顾茫茫！生刍一束，布奠倾觞；公如有知，来格来尝。哀哉尚飨！

 殷良弼年谱

1935 年（民国二十四年）

7 月上旬，北平大学农学院暑期派专家教授出洋考察农业教育设施，农业化学系主任教授周建侯，专任教授夏树人、殷良弼等 3 人同赴日本考察。

7 月 10 日，北平大学农学院确定二十四年度续聘的教授和副教授名单。教授（18 人）：虞振镛、周建侯、金树章、王益滔、贾成章、汪厥明、夏树人、王正、殷良弼、周桢、傅葆琛、林镕、汪德耀、王志鹄、蹇光达、易希陶、刘翌叔、刘伯文；合聘教授（3 人）：虞宏正、王谟、徐佐夏；副教授（3 人）：马朝汉、陈文敬、陈朝玉。

10 月，《农学月刊》创刊于北京，北平大学农学院农学月刊社编辑并出版，主编为陈贻尘，每期均约请该院著名教授担任分组编辑顾问。《农学月刊》第 3 卷第 2 期分组编辑顾问有农艺组：虞振镛、汪厥明、陈文敬、舒联莹；森林组：贾成章、王正、周桢、殷良弼；农政组：刘运筹、贾成章、王益滔、虞振镛；园艺组：夏树人、陈文敬、董时厚；农业生物组：金树章、林镕、易希陶、汪德耀；畜牧兽医组：崔步瀛、李静涵、亨德、虞振镛；农业化学组：周建侯、殷良弼、虞宏正、刘伯文；土壤肥料组：周建侯、王志鹄、蓝梦九、吴屏；农业经济组：刘运筹、王益滔、傅葆琛、李景汉。

是年至 1936 年，北平大学农学院组织日本林业视察团，由夏树人、王益滔、殷良弼、周桢 4 人参加，指导者为殷良弼。

1936 年（民国二十五年）

3 月 15 日，殷梦赉《相思树之播种法及其种子之发芽促进问题》刊于北平大学农学院两广同学会《南岭锄声》1936 年第 1 卷第 1 期 6～12 页。

7 月，《中华林学会会员录》刊载：殷良弼为中华林学会会员。

7 月，北平大学农学院聘定下一学年的教师名单。教授（21 人）：虞振镛、贾成章、周建侯、王益滔、金树章，刘运筹、邹德高、汪厥明、夏树人、林镕、汪德耀、周桢、王正、殷良弼、虞宏正、王志鹄、刘伯文、易希陶、傅葆琛、陈朝玉（副）、王谟（合聘）；讲师（1 人）：赵铨；助教（15 人）：张文曦、陈兰田、王育才、范保奎、江福利、罗登义、季士俨、杨汝南、唐杰侯、陈午生、王世华、赵安云、卢国栋、王淑贞、宾赞禹。农艺系主任教授虞振镛由于应聘南京国民政府实业部，担任该部渔牧司司长，该系主任一职，于 1936 年 11 月聘请该

系教授夏树人暂代。

9月,北平大学农学院林学系成立造林学研究室,教授贾成章、王正,助教江福利,技术员董琴甫,练习生吕绍汉;成立森林经理学研究室,教授周桢,助教范济洲,助理王世华,练习生廉文模;成立木材化学研究室,教授殷良弼,助理张九经。

11月14日,《国立北平大学农学院二十五年度第三次院务会议录》载:出席者夏树人、贾成章、周建侯、刘运筹、金树章、殷良弼、姚鎏、周桢、刘伯文、邹德高、林镕;主席刘运筹,纪录邹德高。

12月15日,本院二十五年度第二次院务会议录:本院导师制度应如何推行案议决:以系为标准。各系之各年级由专任教授分任导师,兹推定负责者如次。林学系一年级王正,二年级周桢,三年级贾成章,四年级殷良弼。

● 1937年(民国二十六年)

7月,抗日战争爆发,北京大学农学院迁至西安,并入改组后的西北联合大学,后来西北联大农学院又与陕西武功县的西北农林专科学校合并改组为西北农学院,殷良弼随校西迁,但其家属仍滞留在北京。

9月10日,北平大学、北平师范大学、北洋工学院三所大学和北平研究院迁至西安,组成西安临时大学。殷良弼随北平大学西迁后任西安临时大学教授。

10月11日,国民政府教育部长王世杰发布《西安临时大学筹备会组织规程》,以教育部、北平研究院、北平大学、北平师范大学、北洋工学院、东北大学、西北农林专科学校、陕西省教育厅等代表组成筹备委员会。王世杰兼任主席。

10月18日,西安临时大学正式成立。

11月10日,西安临大农学院在西安时设于西安通济坊,设有农学、林学、农业化学三系。周建侯教授任农学院院长,汪厥明教授任农学系主任,教授有易希陶、夏树人、王益滔、陆建勋、李秉权;贾成章教授任林学系主任,教授有殷良弼、周桢、王正;刘伯文教授任农业化学系主任,教授有虞宏正、王志鹄、陈朝玉,副教授罗登义等。

殷 良 弼 年 谱

● 1938年（民国二十七年）

4月3日，国民政府教育部发布训令：北平大学、北平师范大学及北洋工学院，原联合组成西安临时大学，现为发展西北高等教育，提高边省文化起见，拟令该校逐渐向西北陕甘一代移布，并改称西北联合大学，周建侯教授被任命为西北联合大学农学院院长，任职至1938年7月。殷良弼任西北联合大学农学院教授。

7月，教育部指令西北联大改组为西北大学、西北工学院、西北师范学院、西北农学院和西北医学院五所独立的国立大学。

7月中旬，国民政府教育部命令：西北联大农学院与西北农林专科学校合组为西北农学院。北平大学农学院由汉中迁至陕西武功，河南农学院畜牧系由郑州迁到陕西，与西北农林专科学校合并，改称西北农学院，辛树帜改任院长。原西北联大林学系主任贾成章任西北农学院森林学系主任。

● 1939年（民国二十八年）

7月，北平大学在平任课之农学院教授名录：周建侯、贾成章、王益滔、林镕、汪德耀、杨震文、路葆清、陈文敬、夏树人、金树章、汪厥明、殷良弼、周桢、王正、虞宏正、李静涵、王志鸽、易希陶、刘伯文、邹德高、陈朝玉、姚鎏、刘运筹、李景清。

7月，西北技艺专科学校成立，设森林科，招收初中毕业生，五年毕业。曾济宽任校长，教师由西北农学院调任，殷良弼被调任西北技艺专科学校教授兼教务主任及森林科主任，负责教育行政管理职务，教授有殷良弼、袁义生、江福利、秦亚文等。

7月，《国立西北技艺专科学校概览》刊印，曾济宽题写书名。

9月，西北农学院院长辛树帜辞职，原西北联大筹备委员会委员周伯敏任西北农学院院长。周伯敏（1893—1965年），陕西泾阳人。系于右任外甥，毕业于复旦大学，曾任于右任秘书、陕西省一中训育主任、国民党南京市党部常委、陕西省党部主任委员。1935年11月，国民党召开第五次全国代表大会，周伯敏当选为中央执行委员会委员。1937年2月26日免去周学昌省府委员兼教育厅厅长职务，由周伯敏接任。1939年2月西北农学院院长辛树帜辞职，国民政府教育部部长陈立夫派周伯敏担任院长，1944年周伯敏离任，不久调任国民党贵州省党部主任委员。1945年5月，国民党召开第六次全国代表大会，再次当选中央执行委员会委员。1949 年 6 月在上海参加 53 位国民党立法委员起义。后为上海市政协委员。

1941 年（民国三十年）

10 月，《中华林学会会员录》刊载：殷良弼为中华林学会会员。

1942 年（民国三十一年）

1 月，《国立西北技艺专科学校校刊》在甘肃兰州发行，月刊，西北技艺专科学校编辑委员会编辑、出版，馆址位于兰州西果园，本刊的主要撰稿人是曾济宽、季士俨、殷良弼、江福利、舒联莹、克让、刘邦宁、宋荣昌等，本刊设置校闻、法令等栏目，介绍西北技艺专科学校成立五年来之概况，及学校各科概况，报告学校各项活动和计划，刊有会议摘要、调查研究消息、教育部训令等。

12 月，殷良弼《西北森林之管理问题》刊于西安西北研究社编辑《西北研究》1942 年第 5 卷第 6 期 1~9 页。

1943 年（民国三十二年）

3 月，西北技艺专科学校校长曾济宽到渝出席三民主义青年团第一届全国团员代表大会，校务由教务主任殷良弼代理。

3 月，《西北森林》（季刊）在兰州创刊，江福利任主编，殷良弼撰写《发刊词》，由西北技艺专科学校森林学会编行。《发刊词》：稽古雍梁，原为沃壤。维今秦陇，竟尔童荒。究其因，虽头绪万千；穷其原，乃森林废败。故谈林政者，每以西北为羞耻也。总裁尽筹硕刊，远瞩高瞻：以西北为建国之根，定造林为兴农之始。仁政无敌，草风必偃，憩荫将满。绿野堪期。同人等愧治林学，益增奋勉。爰乃发行本刊，藉尽绵薄，以探讨学理为目标，以复兴森林为职责。他山攻磋，端待贤明。付梓仓皇，诸希鉴谅！《西北森林》出版至 1944 年 12 月第 2 卷第 4 期。

3 月，殷良弼著《中等林学大意》（新学制农业教科书）由上海中华书局印行十七版。

7 月，殷良弼《毕业与力行》刊于《国立西北技艺专科学校校刊》1943 年第 16~18 期封面~1 页。

是年夏，殷良弼带领人员赴陇南洮河、白龙江、西汉水流域，考察森林资源，并写出开发这一带森林资源的报告，上报重庆国民政府。

10月，《中华林学会会员录》刊载：殷良弼为中华林学会会员。

12月，殷良弼《西北森林之管理问题》刊于《西北森林》1943年1卷3～4期64～73页。

1944年（民国三十三年）

7月，殷良弼题词《学问之道日新月异》刊于《国立西北技艺专科学校校刊》1944年第29～30期2页。

1945年（民国三十四年）

9月2日，日本投降的签字仪式在停泊于东京湾的美国战列舰"密苏里"号上举行。自此中国人民经过艰苦卓绝的浴血奋战，打败了穷凶极恶的日本军国主义侵略者，赢得了近代以来中国反抗外敌入侵的第一次完全胜利。同日，西安市举行各界群众庆祝抗战胜利，举行火炬提灯游行。

9月，田培林任西北农学院院长，任职至12月。殷良弼回到西北农学院任教授，兼农林试验总场副场长。

12月，应于佑任邀请，章文才到陕西武功（杨凌）担任西北农学院院长。

12月，殷良弼《西北森林之管理问题》刊于《西北森林》1943年第1卷第3～4期64～73页。

1946年（民国三十五年）

10月，北京大学在北平复学，在原国立北平大学农学院院址重建农学院。

是年，西北农学院设立农林试验总场，下设总务组、技术组，及农场、林场、园艺场、畜牧场、上海示范农场、农业加工室和病害防治室。

1947年（民国三十六年）

2月，章文才辞去西北农学院院长职务，到南京任金陵大学园艺系教授。

8月，英士大学迁至浙江金华，殷良弼受汤吉禾校长之聘任英士大学教授，兼森林系主任。徐季丹任英士大学农学院院长，任职1947—1949年。徐

季丹（1898—1954年），原名徐陟，浙江省江山县人。农学家、农业教育家。徐季丹少年时期曾在浙江农业学校学习。1924年毕业于国立北京农业大学农学科。1926年赴法国留学。1930年回国后先后在广西大学农学院、浙江大学农学院、河北省立农学院、福建省研究院任教授，并任英士大学农学院教授兼院长。1949年北京农业大学成立后，他任教授兼农学系主任、校务委员会委员。

● 1948年（民国三十七年）

6月，在太岳林区管理委员会（1942年中共太岳行署岳北专署设立的林业专管机构）的合作下，北方大学农学院以经济植物系为基础，创建森林专科学校，学校于6月16日正式成立，校址选在富有教学标本与实验场所的灵空山圣寿寺（山西省沁源县），专业有森林化学、森林管理、林产品制造，原定学制为3年，彭尔宁任校长，太岳林区管理委员会主任韩殿元兼任名誉校长。

● 1949年

5月，浙江金华解放，殷良弼被任命为英士大学校务管理委员会委员，兼总务长和秘书长。

8月25日，由于校名是纪念陈英士，英士大学被金华军管会解散，殷良弼北上到华北大学农学院任教。

12月，华北大学农学院森林专科学校奉命迁至河北省宛平县（今北京市海淀区，当时简称为金山森林专科学校）北安河村的秀峰寺、响堂。

12月21日，北京农业大学校务委员会决定，建立北京农业大学森林系、森林专修科、林业训练班教学行政委员会（即妙峰山教学行政委员会）殷良弼为主任。

12月30日，北京农业大学召开第三次校委会，确定各系主任、各研究所所长及各委员会人选。植病研究所所长戴芳澜，农化研究所所长汤佩松，昆虫研究所所长刘崇乐，农业生物研究室主任乐天宇，农艺系主任徐季丹，园艺系主任陈锡鑫，森林系主任殷良弼，兽医系主任熊大仕，昆虫系主任刘崇乐，农化系主任黄瑞纶，农业机械系主任王朝杰，图书馆馆长周明牂，分校主任罗新。畜牧系、植病系、土壤系主任待协商，农业经济系主任缓设。

1950年

3月,华北大学农学院森林专科学校完成搬迁,由北京农业大学接办,并增设林业干部训练班,殷良弼教授兼任森林专修科及林业干部训练班主任,彭尔宁任副主任,4月17日在新址开学,至1951年7月完成学业,毕业后大部分被分配到北京市、河北省、山西省以及内蒙古自治区等地林业部门,少数留校或在林业部所属单位。殷良弼在北京农业大学森林专修科及林业干部训练班先后开设造林学、森林利用学、林产制造学、森林工程学、木材学、木材工业、伐木运材及工程、理水防沙、造园学、林业史、林业法规管理、森林学、狩猎学、热带林业14门课程。

6月,中央人民政府委员会第八次会议通过的《中华人民共和国土地改革法》规定:没收和征收的山林、桑田、果园、荒地及其他可分土地,应按适当比例,折合普通土地统一分配之。大森林、大荒山等均归国家所有,由人民政府管理经营之。没收和征收土地时,坟墓及坟场上的树木一律不动。

8月,中华全国科学技术普及协会(简称全国科普协会)成立,殷良弼被选任林业学组副主任委员。

9月,林垦部和教育部联合发出通知,邀请殷良弼、郑万钧、马大浦、陈嵘、邵均等几位教授到北京开会,专门研究林业教育的发展问题。会议由林垦部李范五副部长主持,林垦部部长梁希及教育部副部长韦悫在会上发言,指出林业在国民经济建设中的重要意义,并请各有条件的高等学校在短期内培养出一批急需的林业专门人才。

10月8日,林垦部、教育部联合召开林业教育会议,决定在南京大学、金陵大学、武汉大学、中山大学、四川大学的农学院和北京农业大学、西北农学院7所高等院校,设置森林专修科,学制二年,设造林、森林经营和森林利用三组。随后,在安徽大学、浙江大学、广西大学的农学院、东北农学院、山东农学院、平原农学院也开办森林专修科。

10月9日,教育部发出在部分大学举办森林专修科的通知。

是年,殷良弼编《实用伐木运材及工程学》由北京农业大学森林学系刊印。

1951年

2月,全国林业工作会议召开之际,陈嵘、沈鹏飞、殷良弼等教授倡议,重

殷良弼年谱

建林学会组织，以团结全国林业教育科技工作者，开展学会活动，促进林业建设事业的发展。

2月，中国林学会成立，选举第一届理事会，理事长梁希，副理事长陈嵘，秘书长张楚宝，副秘书长唐燿，常务理事王恺、邓叔群、乐天宇、陈嵘、沈鹏飞、张昭、张楚宝、周慧明、郝景盛、梁希、唐燿、殷良弼、黄范孝。

3月29日，北京农业大学新校务委员会名单公布：孙晓村（校长）、沈其益（教务长）、熊大仕（秘书长）、戴芳澜（植病研究所所长）、汤佩松（农化研究所所长）、徐季丹（农艺系主任）、周家炽（植病系主任）、陈锡鑫（园艺系主任）、张仲葛（畜牧系代主任）、殷良弼（森林系主任）、叶和才（土壤系主任）、刘崇乐（昆虫系主任）、黄瑞纶（农化系主任）、王朝杰（农机系主任）、王毓瑚（农经系代表）、周明烊（图书出版委员会主任、图书馆馆长）、高惠民（农村工作委员会）、俞大绂、陆近仁、孙文荣、张荣臻、阎隆飞、冯炳昆（工会代表）、于船（兽专）、梁正兰（大一部）、吕鹤鸣、张珍（学生会代表）。

8月，北京农业大学校务委员会决定，将森林专科学校与新成立的森林专修科合并，由郑汇川及殷良弼、彭尔宁分别任正、副主任。郑汇川（1897—1964年），山东长山人。光绪二十三年（1897年）生。1918年毕业于山东省公立农业专门学校；1919年赴日本留学，1923年毕业于北海道帝国大学农学部林学科；归国后任青岛农林事务所技术员；1926年任山东大学农学院林学系教授；1927年任京师大学校农科教授，1928年任北平大学农学院林学系教授兼系主任；1930后历任山东省实业厅技正、山东省建设厅技正兼农林组主任及科长等职。日伪时期曾历任山东省粮食局局长、华北政务委员会农务总署农产局长、山东省建设厅厅长等职。1949年被聘请为华北大学农学院教授兼气象观测站主任。1952年北京林学院成立后，他被聘为林场副主任。1962年退职。1964年8月病逝。

8月31日，中国召开中央人民政府政务院第100次政务会议。会议审议通过《中央人民政府政务院关于扩大培植橡胶树的决定》，开启了一场新的绿色革命，它将要改变世界橡胶分布版图，改写世界生物界权威论断，开创世界天然橡胶种植史全新的一页。

9月，政务院决定在广西营造橡胶园。教育部、林垦部商定，邀请农大森林系与土壤系师生、华北农研所、中国科学院、清华大学、燕京大学、辅仁大学等的造林、土壤、植物、气象等方面的有关专家参加橡胶宜林地调查工作。

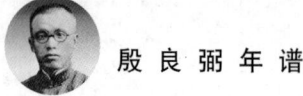

9月28日，按照中央要求，北京农业大学派出森林、土壤系三年级学生和部分教师，由森林系主任殷良弼教授、土壤系主任叶和才教授带领，殷良弼、郑汇川、叶和才、贺子静4位教授，8名讲师、助教及三年级学生共28人参加，南下广东，开展橡胶宜林地的勘测调查，1952年7月返校。

• 1952年

5月，北京林学院筹备组在北京成立，唐子奇任组长，殷良弼、范济洲任副组长。

7月，高等教育部全国农学院院长会上拟定高等农学院系调整方案，决定筹建北京林学院、华东林学院和东北林学院。

8月，经教育部批准，北京农业大学森林系、森林专修科和河北农学院森林系，正式合并成立北京林学院。教师有来自北京农业大学殷良弼、汪振儒、郑汇川、万晋、朱江户教授5人，阎瑞符、王逸清副教授2人，申宗圻、李恒讲师2人，助教11人，教员1人；来自河北农学院范济洲、陈陆圻、邓宗文、白垛教授4人，张正昆、关君蔚副教授2人，孙时轩、孙德恭讲师2人，助教3人。

10月16日，由北京农业大学森林系与河北农学院森林系合并成立北京林学院，北京林学院召开全院教职工大会，副院长杨纪高宣布成立森林经营、森林工业、森林植物、造林4个教研组，森林经理教研组主任范济洲、森林植物教研组主任汪振儒、造林教研组主任王林、森林利用教研组主任申宗圻以及政治理论课教研组主任朱江户，校址大觉寺。

11月1日，北京林学院派出王林、齐宗唐到北京农业大学联系联合建校事宜。北京农业大学由陆近仁教务长接待，商谈了联合建校问题并决定次日到肖聚庄查看校址。

11月2日，北京林学院派出王林、齐宗唐、殷良弼、汪振儒、兆赖之等到肖聚庄共同察看了校址。

11月21日，北京林学院开学典礼，林业部副部长李范五到会讲话。

• 1953年

2月，平原农学院部分教师和干部，也被调整并入北京林学院。临时校址设在北京市海淀区北安河村西北的大觉寺、普照寺、莲花寺、秀峰寺、响堂等一带寺院。

殷 良 弼 年 谱

3月2日，由李相符院长主持召开第一次建校委员会会议。出席会议的有杨纪高、殷良弼、王林、关君蔚、马骥、汪振儒、王玉、齐宗唐、王自强。会议宣布建校委员会工作范围及职权为：第一，审查、研究山下及山上新建及修缮一切事宜（山上为大觉寺校本部、山下为新校址肖聚庄）。第二，审核新建及修缮计划、预算、总结，呈请院长批准施行。第三，监督、检查、验收新建及修缮的一切工程。殷良弼为选定和筹建教学、科研基地，亲自奔走，在北京西山、妙峰山一带考察山林，在学校先后接管的北京海淀区秀峰寺、响堂、杨家花园、九王坟、寨尔峪、金山寺、莲花寺、普照院、大觉寺等寺庙的房屋和山场，建立北京林学院试验林场的过程中，又做了大量的工作，并积极支持到东北林区选辟原始林实习基地。

7月12日，中国林学会常务理事会决定增设陈嵘为副理事长，唐耀为副秘书长，原候补理事殷良弼，唐耀改选为常务理事。

7月23日，殷良弼参加北京林学院第一届毕业生典礼全体师生合影。

7月，中央人民政府政务院颁发《关于发动群众开展造林、育林、护林工作的指示》。

10月，北京林学院成立教务处，处长由杨锦唐副院长兼任，殷良弼、范济洲任副教务长。殷良弼兼林场主任，张正昆、郑汇川任副主任。

• 1954年

5月9日，中国林学会召开常务理事及在京理事联席会议，研究刊行《林业学报》及《中国林学会通讯》和筹组临时编委会等问题，推选郝景盛、殷良弼、范济洲、张楚宝、周慧明、唐耀、陈嵘7人组成临时编委会，10月《中国林学会通讯》第一期出刊。

6月30日，北京林学院迁校筹备工作开始，成立迁校委员会，李相符任主任，成员申宗圻、殷良弼、马骥、郑汇川、陈志奎、苗倬、张敬仲、王玉、张学恒、王春岩、王自强，负责组织将学校从西山大觉寺迁往肖庄（海淀区清华东路），经过5个月的努力，于1954年12月中下旬从大觉寺按计划分批地迁到新校址。

• 1955年

4月，（苏）纳乌莫夫（В.М.Наумов）著，郭垣等译《森林利用学》由中国

林业出版社出版。

5月,关君蔚、王林、殷良弼《北方岩石山地划分农林牧区的意见》刊于《林业科学》1955年第2期1~10页。

7月,《林业科学》创刊,成立《林业科学》编委会,殷良弼被选任编委会委员。

10月,殷良弼当选北京市海淀区人民代表。

12月27日,《中华人民共和国林业部关于颁发国营造林技术规程的指示》,(55)林造字第二十号 一九五五年十二月二十七日。为了提高造林技术,保证造林质量,本部根据苏联先进科学,结合我国的多年成功经验,在苏联专家谢尔盖也夫同志的具体帮助下,制定《国营造林技术规程》,现在颁发各省(自治区)希认真贯彻执行。特将执行《国营造林技术规程》的有关问题指示如下:一、各省(自治区)林业厅(局)应即将《国营造林技术规程》转发到各专、县及基层营林单位,要求在今冬明春的造林工作中,开始按照规程办事。同时将规程分发给山区的农(林)生产合作社,作为农业合作化高潮中指导林业生产的依据,使它成为加速绿化,保质保量的武器。二、我国地区广阔,规程中的技术规定,是术语全国性的原则要求,因此各地区在认真执行中,必须结合当地具体情况进行。在造林工作实践中,若有技术上带普遍性,关键性,代表性和科学的,进步的,以及有必要加入本规程的创造或经验,可将具体情况和意见,报送本部,以便将来再作补充。三、过去本部所发的造林规程草案,和各省(自治区)自行拟定的造林规程(包括方案、条例、办法、细则等),应一律废止。四、各省(自治区)林业厅(局)应组织林业系统干部,工人学习讨论《国营造林技术规程》,并且将规程作为林校、培训班的主要教材之一,使干部、工人、学生人手一册,都了解规程的内容和各项技术规定的道理。部长 梁希

• 1956年

1月16日,《中华人民共和国林业部关于颁发国营苗圃育苗技术规程的指示》,1956年1月16日。为了改进育苗技术,提高苗木产量和质量,本部根据苏联先进科学结合我国的多年经验,在苏联专家谢尔盖也夫同志的具体帮助下,制定了《国营苗圃育苗技术规程》,希各省(自治区)认真贯彻执行。特将执行《国营苗圃育苗技术规程》的有关问题指示如下:一、各省(自治区)林业

厅（局）应将《国营苗圃育苗技术规程》分别转发到各专、县及基层营林单位，要求在今春的育苗工作中，开始按照规程办事。同时将规程分发到若干农（林）生产合作社，作为教育群众开展合作社育苗，保证苗木供应，加速绿化的武器。二、我国地区广阔，规程中的技术规定，是术语全国性的原则要求，因此各地区在认真执行中，必须结合当地具体情况进行。在育苗工作实践中，若有带普遍性，关键性的技术措施和科学的，进步的创造或经验，可将具体情况和意见，报送本部，以便修改规程时，加以补充。三、过去本部所发的育苗规程草案，和各省（自治区）自行拟定的育苗规程（包括方案、条例、办法、细则等），应一律废止。四、各省（自治区）林业厅（局）应组织林业系统干部，工人（特别是经营所、林场、苗圃职工）学习讨论《国营造林技术规程》，并且将规程作为林校、培训班的主要教材之一，使干部、工人、学生人手一册，都了解规程的内容和各项技术规定的道理。部长 梁希

2月，林业部制定《国营苗圃育苗技术规程》《造林调查设计规程》《国营造林技术规程》《绿化规程》由中国林业出版社出版，当年每本发行量都超过100万册。

3月，《林业科学》成立编委会，编委陈嵘、周慧明、范济洲、侯治溥、唐燿、殷良弼、陶东岱、张楚宝、黄范孝，至1962年12月。

4月17日，北京林学院召开院行政会议，宣布北京林学院十二年规划工作的制定要求及工作程序。第一，成立规划小组。组长杨锦堂，副组长范济洲、陈陆圻，成员有汪振儒、冯致安、宋辛夷、殷良弼，秘书4人为郑晖、李天庆、孟庆英、郑均宝。第二，各教研组主任负责领导各教研组的十二年规划工作。在不影响执行教学计划的原则下，学校以制定十二年规划工作为5月份的中心工作。各教研组要对教育部十二年规划纲要的基本精神及各项指标进行认真讨论，并在此基础上对学校的十二年规划提出具体意见。第三，规划分为三个阶段：1956—1957年为第一阶段；1958—1962年为第二阶段；1963—1967年为第三阶段。第四，1955年5月21日各教研组提出规划，5月22日至5月31日院规划小组根据各教研组规划制定全院十二年规划。第五，在院十二年规划小组下设林场、植物园、图书、仪器、人事、政治思想教育、体育规划小组，负责该部门十二年规划起草工作。

9月，林业部批复同意北京林学院成立函授部，殷良弼被任命为函授部主

任，具体负责筹办。

12月，殷良弼当选为北京市海淀区第二届人民代表。

● 1957 年

是年初，梁希介绍殷良弼参加九三学社，任九三学社北京林学院直属小组组长。

4月，殷若男受叔祖父殷良弼的影响，加入了九三学社，成了九三学社在江苏南通发展的第一批社员。

6月，（苏）普罗坦斯基（В.В.Протанский），（苏）绥罗马特尼柯夫（С.А.Сыромятников）著；陈陆圻等译《森林利用学 上》由中国林业出版社出版。

6月，（苏）В.В.普罗坦斯基，С.А.绥罗马特尼柯夫著；陈陆圻、阎树文、申宗圻译等译《森林利用学 中》由中国林业出版社出版。

6月，（苏）普罗坦斯基（В.В.Протанский），（苏）绥罗马特尼柯夫（С.А.Сыромятников）著；陈陆圻等译《森林利用学 下》由中国林业出版社出版。

11月29日，河北省人民委员会批准承德专署建立"河北省承德塞罕坝机械林场"，面积38257公顷，其中天然林393公顷，宜林地34944公顷。

12月，关君蔚、王林、殷良弼《北方岩石山地划分农林牧区的意见》收入国务院山区生产规划办公室编《山区生产规划资料汇编 第2辑》183～200页。

是年，北京林学院《森林利用学》（第1册）由北京林学院刊印。

● 1958 年

6月，殷良弼当选为北京市海淀区第三届人民代表。

是年，北京林学院《森林利用学》（第2册）由北京林学院刊印，殷良弼主持编写。

● 1959 年

12月21日至1960年1月2日，林业部在北京召开全国林业厅局长会议，着重讨论林业的基地化、林场化、丰产化问题，提出林业生产基地化、林业经营林场化、林木培育速生丰产化（简称"三化"）的方针，为我国林业建设指明了方向。

是年，殷良弼被评为北京林学院先进工作者。

是年，殷良弼撰写《北京林学院校史简介》。

1960 年

11 月中旬，河北省林业工作会议在保定地区易县召开，林业部副部长兼党组副书记惠中权参加会议，提出要在河北北部建立大型机械林场，承德专署林业局局长刘文仕更是直接建议，建议把机械林场建在围场县的坝上地区。

12 月，殷良弼当选为北京市海淀区第四届人民代表。

1961 年

7 月至 8 月，林业部国营林场管理总局副总局长刘琨，从河北省张家口市的张北、康保、崇礼等县到承德市的隆化、围场县考察国营林场，得知大脑袋小机械林场条件艰苦，要下马。

10 月，刘琨受命带领部规划设计院工程技术人员及省、地区林业负责人到塞罕坝勘查。

11 月，北京林学院森林工业系《森林利用学（上册、下册）》（高等林业学院交流讲义）由农业出版社出版。

1962 年

1 月 13 日，刘琨写给惠中权副部长关于建立部直属承德塞罕坝机械林场，意见如下：①建成大片用材林基地，生产中、小径级用材；②改变当地自然面貌，保持水土，为改变京津地带风沙危害创造条件；③研究积累高寒地区造林和育林的经验；④研究积累大型国营机械化林场经营管理经验。

2 月 14 日，林业部下达文件《关于河北省承德专区围场县建立林业部直属机械林场的通知》（林造国惠字第 12 号），将原来隶属于围场县的阴河林场、大唤起林场和承德塞罕坝机械林场合并，正式成立林业部直属的塞罕坝机械林场。确定塞罕坝机械林场建场的四项任务：①建成华北大面积用材林基地，生产中小径级用材；②改变当地自然气候，保持水土，为改变京津地带风沙危害创造条件；③研究积累高寒地区大面积造林和育林的经验；④研究积累大型国有机械林场经营管理的经验。

5月，河北省将塞罕坝机械林场和阴河、大唤起3个场交林业部建立"中华人民共和国林业部承德塞罕坝机械林场"，升格为县建制单位。

6月16日至7月5日，林业部在北京召开华东、中南、西南三大区所属各省（自治区、直辖市）林业工作会议，讨论南方各省区森林遭到严重破坏的问题，提出制止破坏、扭转局面、发展林业的具体措施，并决定各省（自治区、直辖市）林业厅（局）建立国营林场管理机构，直接管理大型林场。

6月，北京林学院第三届院务委员会委员成立，主任委员胡仁奎，副主任委员王友琴、单洪、杨锦堂，委员殷良弼、李驹、汪振儒、范济洲、陈陆圻、陈俊愉、王玉、吴毅、冯致安、申宗圻、朱江户、杨省三、孙德恭、赵得申、赵静、王明、郝树田。

7月，林业部、河北林业厅和承德行署经研究决定承德地委委员、农业局局长王尚海任塞罕坝机械林场党委书记，专署林业局局长刘文仕任林场场长，丰宁县县长王福明任副场长，林业部派工程师张启恩任副场长，围场县委派出了十几名优秀的区委书记、县局长上坝任职，林业部还从全国18个省（自治区、直辖市）派遣了127名大中专生上坝支援。国家计委1964年2月24日以〔64〕计林字0425号文正式批复1963年10月10日林业部报送的经再次修改的《塞罕坝机械林场设计任务书》。王尚海，山西省五台县人，1932年生，抗日战争时期在热河一带开辟根据地，担任游击队长。之后，曾任围场县孟滦区委书记，围场县委组织部部长、县委副书记。中华人民共和国成立后曾担任围场县委书记、承德专署担任农业局局长，1962年任河北省塞罕坝机械林场第一任党委书记，1989年病逝。刘文仕，河北省丰宁县人，1927年6月生，1945年入党，曾在村里担任民兵连长、村支书，1947年任区委组织委员、区长、区委书记，23岁任共青团丰宁县委书记，28岁任共青团承德地委书记，1957年任河北承德地区专署林业局局长，1962年任河北省塞罕坝机械林场第一任场长，1978年林业部决定建立三北防护林建设局，1979年被调至位于宁夏银川的国家三北防护林建设局任副局长，并从此定居银川；退休后被返聘为三北局专家顾问，继续关注三北防护林建设工作。2018年8月10日在银川逝世，享年93岁。

11月2日，周恩来总理指示："林业的经营要合理采伐，采育结合，越采越多，越采越好，青山常在，永续利用。"

12月5日至7日，北京林学会成立大会暨学术年会召开，出席大会的代表

70 余人，选举第一届理事会，理事会由 29 人组成，常务理事 12 人。理事长殷良弼，副理事长王恺、范济洲，秘书长侯治溥。

• 1963 年

2 月，根据中国科协意见，中国林学会召开在京理事会议，决定在常务理事会下设 4 个专业委员会，即林业、森工、普及委员会和《林业科学》编委会，陈嵘任林业委员会主任委员，郑万钧任《林业科学》编委会主编。《林业科学》北京地区编委会成立，编委陈嵘、郑万钧、陶东岱、丁方、吴中伦、侯治溥、阳含熙、张英伯、徐纬英、汪振儒、张正昆、关君蔚、范济洲、黄中立、孙德恭、邓叔群、朱惠方、成俊卿、申宗圻、陈陆圻、宋莹、肖刚柔、袁嗣令、陈致生、乐天宇、程崇德、黄枢、袁义生、王恺、赵宗哲、朱介子、殷良弼、张海泉、王兆凤、杨润时、章锡谦，至 1966 年。

4 月，北京林学院殷良弼、赵望斗两同志当选北京市海淀区人民代表。

11 月 27 日至 29 日，殷良弼在北京市海淀区工人俱乐部参加北京市海淀区第五届人民代表大会。

12 月 10 日至 30 日，林业部在北京召开全国国营林场工作会议。决定：国营林场贯彻执行"以林为主，林副结合，综合经营，永续作业"的方针，逐步发展为采育造综合经营、永续作业的林业企业。

• 1964 年

3 月，林业部同意北京林学院设教务长和总务长职位，由杨锦堂副院长兼教务长、任命殷良弼、陈陆圻为副教务长，王玉为副总务长。

7 月，张广图任北京林学院副院长，任职至 1979 年（北京林学院党委常委、副院长张广图同志 1979 年 3 月 20 日在北京逝世，终年七十岁）。

• 1965 年

1 月，中华人民共和国副主席董必武得知沈秘书（1915—2010 年，江苏泰兴人）的战友、曾为新四军第五师干部的张广图在北京林学院任副院长时，非常高兴，当即挥毫抄录曾在海南作的《椰林》诗赠送给张广图，以示鼓励。《椰林》诗：海畔椰林一片青，叶高撑盖总亭亭。年年抵住台风袭，干伟花繁子实馨。董

殷良弼年谱

必武是"延安五老"中的一位。"延安五老"是1937年1月至1947年3月,中共中央驻于延安时,中央领导和全体机关干部对徐特立、吴玉章、谢觉哉、董必武、林伯渠五位德高望重的老同志的尊称。

11月12日,国家副主席董必武创作七言绝句《为林学院补壁》:秃岭荒山须覆盖,海滨河坝要经营。环村尽有空闲地,树木栽培志士争。利在将来常被忽,效生左近会当寻。君如岁植十株树,甘载将成一片林。

是年,北京市高等院校原三级以上教授,北京林学院有汪振儒(二级),范济洲、李驹、汪菊渊、邢允范、殷良弼(以上三级)[31]。

1966年

4月,北京林学院殷良弼、赵望斗两同志当选北京市海淀区人民代表。

1967年

12月24日,林业部军管会决定:将河北省赛罕坝机械林场、雾灵山实验林场、内蒙古自治区白狼实验林场、山西孝文山实验林场、吉林省马鞍山实验林场、安徽省老嘉山机械林场、河南省开封机械林场、甘肃省张掖机械林场、连城实验林场和小陇山实验林业局下放给所在省(自治区)领导。

1976年

9月,汪秉全编订《英汉木材工业词汇》由科学出版社出版,殷良弼参加编写。

1978年

2月17日至19日,北京林学会召开第二次会员代表大会,出席大会的代表97人。选举第二届理事会,理事会由39人组成,常务理事15人。名誉理事长殷良弼,理事长范济洲,副理事长王恺、李莉、徐纬英,秘书长刘振东。

11月3日,国家计委以计字〔1978〕808号文正式批准三北防护林体系建设工程;11月25日,国务院以国发〔1978〕244号文向三北地区各省(自治区、直辖市)批转了三北工程规划。

12月,殷良弼当选为中国林学会第四届理事会理事。

---

[31] 北京高等教育志编纂委员会编. 北京高等教育志 下 [M]. 北京:华艺出版社,2004:1686.

是年，殷良弼担任九三学社北京林学院支社第二届小组长。

• 1979 年

11 月 2 日，国务院批准成立了由有关部委和省（自治区、直辖市）领导组成的三北防护林建设领导小组，并决定成立"国家林业总局西北华北东北防护林建设局"，地址设在宁夏银川。

• 1980 年

7 月 27 日至 8 月 2 日，中国林学会在北京召开林业教育学术讨论会，同时正式成立中国林学会林业教育研究会。会议由筹委会主任杨衔晋同志致开幕词，陈陆圻同志代表会议领导小组致闭幕词，会议期间选举成立中国林学会林业教育研究会，由 51 名理事组成第一届理事会。会长杨衔晋，副会长江福利、陈桂升、陈陆圻、范济洲、楼化蓬、廉子真，秘书长范济洲（兼），秘书罗又青，顾问沈鹏飞、郑万钧、殷良弼。

是年，北京农业大学老工友朱祥（河北省三河县人）去世，享年 104 岁。北京农业大学在京校友乐天宇、殷良弼、马世骏、贾振雄、贾慎修、纪人伟、熊德普、张仲葛、王茂勋等为之举行追悼大会。

• 1982 年

9 月 5 日，殷良弼为中国林学会成立六十五周年纪念亲笔题词：绿化祖国。

10 月 16 日，中华人民共和国农牧渔业部农垦局举行新闻发布会，农垦局局长赵凡宣布：被世界植胶界公认为只适宜在北半球北纬 17 度以南生长的巴西三叶橡胶树，已经在我国大面积北移种植成功，最高种植纬度达到了北纬 24 度，这是世界橡胶种植史上的奇迹，成果由国家授予科学发明一等奖。

12 月 16 日，殷良弼在北京与世长辞，享年 88 岁。《殷良弼教授生平》：殷良弼，号梦赉。江苏无锡人，生于 1894 年。1914 年以同等学历考入北京农业专门学校林科，1917 年 7 月毕业，是我国高等林科第一期毕业生。由于学习成绩优异，经学校推荐，被北洋政府教育部选派赴日本东京帝国大学（今东京大学）农学部林学科学习，主攻林产化学和木材工艺，并研习森林工程、森林治水、森林艺术及森林生产等学科。1920 年 8 月学成回国，即受聘回母校北京农业专门

殷良弼年谱

学校任教员。1923年北洋政府教育部将北京农业专门学校改为北京农业大学，继续受聘任教员。1924年转聘到浙江省立农业专门学校（即浙江大学农学院前身）任教员。1925年任厦门集美农林学校教授兼校长。1928年受浙江省建设厅之聘任该省第四林场场长。1931年7月，再度受聘回母校任教授，兼林场主任。1937年后受聘为西安临时大学、西北联合大学农学院教授。1938年任西北农学院教授。1939年任西北技艺专科学校教授兼教务主任及森林科主任，负责教育行政管理职务。1945年回到西北农学院任教授，兼农林试验总场副场长。1947年受聘为英士大学教授，兼森林系主任。1949年5月被任命为校务管理委员会委员，兼总务长和秘书长。当年7月到华北大学农学院任教。中华人民共和国成立后，就任北京农业大学森林系主任、教授。1950年兼任华北大学农学院森林专修科及林业干部训练班主任。1952年起任北京林学院第一任教务长、教授。1957年任北京林学院函授部主任。1952年北京林学院成立后30年间，先后历任教务长、副教务长、函授部主任、系主任等职。1982年12月16日在北京去世。他为林业教育事业献出了毕生精力，在我国林业教育发展历史的每一个时期，都留下了他的足迹，是我国高等林业教育的开拓者之一。著有《中等林学大意》《林产制造学》《实用伐木运材及工程》《森林利用学》《木材工业词典》等。

12月26日，中国林学会第五次全国会员代表大会召开，会议对为繁荣我国林业科学和教育事业做出重大贡献，向还健在的老一辈科学家、教育家致以崇高的敬意；对已故的林学家凌道杨、姚传法、梁希、陈嵘、李相符、朱惠方等前辈表示深切的怀念；对刚去世的林学家殷良弼教授表示沉痛的哀悼。

• 1985年

11月，北京林学院主编《森林利用学》由中国林业出版社出版，主编陈陆圻，副主编柯病凡、申宗圻。

• 1988年

是年，中国人民政治协商会议江苏省无锡市委员会文史资料研究委员会《无锡县文史资料 第8辑 人物专辑1》刊印，其中94~106页收入沈克明《林业学专家殷良弼》。

• 1991年

5月，中国科学技术协会编《中国科学技术专家传略——农学编 林业卷1》由中国科学技术出版社出版。其中收入韩安、梁希、李寅恭、陈嵘、傅焕光、姚传法、沈鹏飞、贾成章、叶雅各、殷良弼、刘慎谔、任承统、蒋英、陈植、叶培忠、朱惠方、干铎、郝景盛、邵均、郑万钧、牛春山、马大浦、唐燿、汪振儒、蒋德麒、朱志淞、徐永椿、王战、范济洲、徐燕千、朱济凡、杨衔晋、张英伯、吴中伦、熊文愈、成俊卿、关君蔚、王恺、陈陆圻、阳含熙、黄中立。其中第123～134页收入殷良弼。

5月，徐友春主编《民国人物大辞典》由河北人民出版社出版，收录有关人物12000余人。《民国人物大辞典上》第1249页收录殷良弼：殷良弼（1894—1982），号梦赉，江苏无锡人，1894年10月（清光绪二十年九月）生。8岁，入私塾。11岁，进小学读书。16岁，毕业后，在家乡任小学教员。1912年秋，由亲戚资助考入苏州省立第二农校。1914年秋，以同等学历考入京师大学堂，学习林学，1917年8月毕业。因学习成绩优异，被学校选派赴日本留学，为东京帝国大学农学部林学科研究生，攻读森林化学。1920年，学成回国。1923年，任教于北京农业大学，除授课外，并为学校筹设苗圃，培养苗木，自行造林；同时，还在南口等地建成两个分场。1931年，北京农业大学改组为北京大学农学院，任教授兼林场主任。他一面进行教学和科学研究，一面开拓林场事业。修葺前清皇室遗产钓鱼台，布置庭园，饲养动物，成为京西风景区，将林场迁入办公；同时在钓鱼台内开辟陈列室、研究室、木材干馏室、榨油室、松脂试验地。另外还接管原教育部薛家山造林地，开辟薛家山分场，开垦学校北门外荒地，建成河北苗圃。1937年7月，抗日战争爆发，北京大学农学院迁往西安，并入改组后的西北联合大学，后来西北联大农学院又与陕西省武功县的西北农林专科学校合并改组为国立西北农学院，他随校西迁。1947年8月，赴浙江金华任英士大学教授兼森林系主任。1949年8月，调到华北大学农学院任教授。1950年，该院与北京大学农学院、清华大学农学院合并创建北京农业大学时，参加组建工作，就任北京农业大学森林系主任。1952年，北京林学院成立时，任建院筹备小组副组长、教授，兼任该院的第一任教务长。1957年该院成立函授部时，亲自参加筹备工作，并担任函授部主任，曾加入九三学社。是中国林学会发起人之一，并当选为中国林学会一、二、三届理事会常务理事、北京林学会首届理事

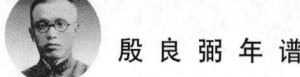

殷良弼年谱

长。曾两次被推选为学校的先进工作者和北京市海淀区人民代表。"文化大革命"期间，受到冲击。1980年，曾联合林学界人士给中共中央写信，对林业建设提出多项建议。1982年12月16日，病逝于北京。终年88岁。编著有《中等林学大意》《林产制造学》《实用伐木运材及工程学》等。

1993 年

9月，林印《殷良弼教授植槐今犹在》刊于《中国林业教育》1993年第4期39页。

2005 年

8月，中国农业大学百年校庆丛书编委会编《中国农业大学百年校庆丛书——百年人物》由中国农业大学出版社出版，其中第89页收入殷良弼。殷良弼（Yin Liangbi），字梦赉，江苏省无锡市人。生于1894年11月1日，卒于1982年12月16日，享年88岁。林学家、林业教育家，中国近现代林业事业的开拓者之一。殷良弼于1914年考入北京农业专门学校林学科，1917年以第一名的考试成绩毕业，成为北京农业专门学校林学科首届毕业生及中国高等林业教育第一期毕业生。由于学习成绩优异，经学校推荐，他与吴耕民（农学科第一名）被北洋政府教育部选派赴日本东京帝国大学农学部学习，入林学科，主攻造林、森林经营、森林利用等，1920年学成回国后被母校聘为教员。1925年出任福建省厦门私立集美农林学校教授兼校长。1931年至1937年再次被母校（北平大学农学院）聘为教授兼林场主任。1937年后历任西安临时大学农学院教授、西北农学院教授、西北技艺专科学校教授兼教务主任及森林科主任、浙江英士大学农学院教授兼森林系主任、总务长及秘书长等职。1949年7月，他到华北大学农学院任教授。北京农业大学成立后，他参加建校工作并任教授兼森林学系主任。1952年后，他历任北京林学院教授、函授部主任、教务长、系主任等职。殷良弼一生教书育人，献身林业科学，培养了几代林业科学人才，为中国林业教育事业做出了重要贡献。他认为，林学是一门实践性很强的学科，欲办好林业教育，必先办好林场。因此，他于1925年主持创办天马山林场。1931年，他在母校北平大学农学院主持开垦罗道庄农学院北门外荒地，建立苗圃，培育苗木；选择洋槐、国槐、榆树、侧柏、桧柏、油松等适生树种，营造大片树林，成为平（京）

西的风景区，此为北京市大面积营造人工林之首。抗战时期，树木遭到严重破坏，现仅留存下来的北京市阜成门外钓鱼台以西玉渊潭公园的大片洋槐林，就是当年他亲手营造起来的。他还争取到当时教育部的同意，将西山薛家山林场划归北平大学农学院林场接管，经过整顿，兼做学生实习用地，成为全国提倡植树造林的楷模。继而，又增建老山分场和南口分场。北京林学院成立后，他亲自在北京西山、妙峰山一带考察山林，在学院先后接管的北京市海淀区秀峰寺、响堂、杨家花园、九王坟、寨尔峪、金山寺、莲花寺、普照院、大觉寺等寺庙的房屋和山场，建立北京林学院试验林场的过程中，他又做了大量的工作，并积极支持到东北林区开辟原始林实习基地。殷良弼是中国多所农林院校的创办人之一，先后参与创建厦门私立集美农林学校、西北技艺专科学校和北京林学院。尤其是厦门私立集美农林学校的创建，开闽南农林教育之先河。自1949年7月到华北大学农学院之日起，他就加入社会主义林业教育事业的开拓者行列。他担任各种教育管理职务，长达50余年。而且，不论担任何种职务，他都尽心竭力，素以治学严谨、事必躬亲著称。（刘建平执笔）

● **2011年**

1月，陶玉德主编《中国粮油人物志》由河南大学出版社出版，其中142～145页收入《殷良弼：妙峰山林场"守护神"》。

李相符年谱

李相符（自四川大学）

李相符年谱

● 1905 年（清光绪三十一年）

12月4日，李相符（Li Xiangfu），曾用名李士腴，笔名林中，生于安徽省桐城（今枞阳）官埠镇。汪振儒约殷文波帮助收集李相符的资料，1987年12月16日汪振儒收到淮南市泉山工农学校殷文波收集的李相符的资料，资料称李相符、李相若、李相珪、李相任等，均是桐城人，乃民国初年与蔡元培要好的李光炯后代，李氏先祖与张英关系好，均为名门望族。李相若（化名季湘），农工民主党党员。李相珪，曾留学日本，著有《追忆审讯日俘桥本一郎》《李光炯先生的一生》。李相任（字若伊），安徽桐城人，金陵大学农学院毕业，先后任桐城县端本小学教员、桐城县公立宏实小学教员，镇江黄墟农村改进区干事，湖北棉业改良委员会试验总场职员，安徽省霍丘县政府建设科科长。

● 1912 年（民国元年）

是年，李相符在安徽桐城读私塾，至1914年。

● 1914 年（民国三年）

是年，李相符住安徽桐城堂叔李光炯家，除了学习"四书""五经"外，并阅读历史、地理，还读到《史记》《三国志》等古籍。此时期李光炯以安徽教育界领导者的身份，参加反对安徽军阀的运动，对李相符的思想影响至深。李光炯（1870—1941年），名德膏，晚号晦庐老人，安徽南乡（今属枞阳县）人，光绪举人，著名教育家。李光炯之父李云村曾任宣城教谕，1902年随吴汝纶赴日本考察教育。回国后，协助吴在安庆创办桐城中学堂。1903年应聘在湖南高等学堂任教，后与卢光浩在长沙创办安徽旅湘公学。不久，校址迁至芜湖，易名安徽公学。校内聚有很多革命志士，成立反清革命组织岳王会，为安徽早期传播革命思想的重要场所。1911年光复后任安徽都督府秘书长。1921年任安徽省立一师校长，面对军阀对进步势力和革命学生的肆行镇压，他不避凶险，仗义执言，他与光明甫、刘希平成为五四和大革命时期安徽教育界的中坚。晚年专注于职业教育，特别是乡村教育。1927年在家乡创办宏实小学。1938年避乱入四川，1941年春客卒于成都。抗战胜利后，遗骸归葬故里，修李光炯先生墓。著有《屈赋说》《国策札记》《阮嗣宗诗注》《阮嗣宗同时诸人事略考》《楞严经科会》等书。李相珏（字璋如，1901—1981年），李光炯之女，枞阳镇人。

李 相 符 年 谱

芜湖第二女子中学肄业,曾代表全校学生到北京,因而参加五四运动。后考入北京女子师范大学,拜入鲁迅门下,受到鲁迅的赏识,后来追随鲁迅转到北京师范大学。大学毕业,回到芜湖二女中任教导主任。民国十八年(1929 年)与余光烺结婚,迁居南京,遂在金陵大学任教。不久,她发表了《我国春秋时代的文化》的论文,社会人士予以很高的评价,晋升为副教授。她先后在金陵大学、齐鲁大学、四川大学中文系讲授中国古典文学。中华人民共和国建立前夕,堂兄李相符进行地下革命活动,她和余光烺冒生命危险为之掩护,晚年任江苏省文史研究馆馆员。父母均殁于成都,她扶柩回乡安葬。父德膏的著作向不存稿,经她搜罗,编成《晦庐遗稿》一书。李相珏之兄李相钰,清华大学肄业,21 岁病卒。

1917 年（民国六年）

是年,李相符考入安徽桐城(今枞阳)县立中学。

1919 年（民国八年）

是年秋,李相符转入安徽芜湖市,在安徽省立第一甲种农校蚕桑科学习。

1922 年（民国十一年）

是年,李相符考入山东农业专门学校蚕桑科学习。

1924 年（民国十三年）

10 月,山东农业专门学校《醒农月刊》第三十期出版,记载校友会为纪念该校校庆 18 周年而举办运动会的消息。10 月 18 日为本校 18 周年纪念日,由运动部发起运动会,以助校庆。请省会运动家数人为评判员。上午 8 时 30 分起,至下午 4 时止,有铁球、铁饼、标枪、跳远、跳高、三级跳远、二百米低栏、篮球、百米、二百米、四百米、八百米、一千五百米赛跑等共计 13 项。齐绪会、何自道、李士腴分获一、二、三名[32]。

---

[32] 山东农业大校史编委会编.山东农业大学史（1906—2006）[M].泰安:山东农业大学电子音像出版社,2006:18.

李 相 符 年 谱

● **1925 年（民国十四年）**

6 月 17 日下午，济南市民成立雪耻会，到会者五十余团体，共三百余人，鞠思敏、李郁亭、陈雪南当选为总务委员；胡觉、李容甫、王雨三、范予遂、郝惊涛、庄振华当选为交际委员；徐宝琦、王翔千、王子壮、刘巍为文书委员；吴石英、张道村、张士材、陆茂丰、高冰秋、王玉环、朱全砾、王子容为宣传委员；田泮生、秦茂轩、张安轩、杜荔堂、秦凤仪、刘仲英为经济委员；李士腴、朱子枢、王仲裕、郑子瑜、刘旭初、庄龙甲、张序伦、芮双、何冰如、李梦符为调查委员[33]。

6 月，李相符由于参加反军阀运动，在济南无法存身，只好从山东农业专门学校肄业，离开济南。

● **1926 年（民国十五年）**

2 月，李相符同王步文等人留学日本，考入日本北海道帝国大学，开始留学生涯。入学不久，在留学生和华侨中开展活动，王步文等成立中国国民党北海道支部，李相符担任主任委员，与日本劳农党支部联系，参与当地庆祝"五一"国际劳动节的政治活动。王步文（1898—1931 年），字伟模，安徽岳西人。从事党的地下工作时曾化名朱华、王华、王自平，1898 年 1 月 15 日出生于安徽省岳西县资福村。1918 年求学安庆，积极投身于五四运动，是安徽早期学生运动领导人之一。1923 年参加社会主义青年团，同年加入中国共产党。1926 年 2 月留学日本，是中共东京特别支部负责人之一，1927 年 2 月回国。先在上海中共中央组织部工作，后历任上海总工会青年部长、中共安徽省临时委员会委员兼怀宁中心县委书记、中共中央巡视员、中共安徽省委宣传委员、代理省委书记、省委书记，是土地革命时期中共安徽党的主要领导之一。1931 年 4 月因叛徒出卖，在芜湖柳春园被捕，5 月 31 日就义于安庆。著有《社会学辞典》。

● **1927 年（民国十六年）**

2 月，李士腴《社会民主党的新农业政策》刊于《中华农学会报》1927 年第 54 期 13～22 页。

4 月，国内发生"四一二"反革命政变，这种形势的教育更进一步树立了李

---

[33] 上海社会科学院历史研究所编.五卅运动史料 第 3 卷 [M].上海：上海人民出版社，2005：141-142.

李相符年谱

相符对中国共产党的信任与向往，认识到只有中国共产党才能领导中国人民完成反帝、反军阀、反封建的历史任务。当年秋季，公开发表反对蒋介石南京政府的声明，并宣布自行解散北海道国民党支部。

- **1928年（民国十七年）**

是年春，李相符赴日本东京与中国共产党总支取得联系，经总支书记王哲民同志介绍，加入中国共产党，旋即回到北海道帝国大学，发展了组织，与几位党员建立了中国共产党支部，并任支部书记。

是年，李相符通过北海道帝国大学的中国留学生会开展革命活动，创办刊物《真面目》，并在此刊物上发表《马克思主义与文化》等进步文章，因此受到日本当局的监视，后被迫停刊。

- **1929年（民国十八年）**

是年春，李相符从北海道帝国大学林科毕业，到东京目黑林场作实习生，同时进行革命工作，负责中国共产党外围组织"中国留学生社会科学研究会"的工作，有会员200余人，遍及日本各地。

10月3日，日本政府与国民党政府驻日本大使馆相勾结进行了一次大搜捕，使中共组织受到一次大破坏。是日晨，李相符被捕，在拘留所内被扣押90天。

- **1930年（民国十九年）**

是年，李相符被送入东京地方法院市个谷监狱，一直未传讯。

- **1931年（民国二十年）**

1月至2月，李相符被传讯2次，后托安徽同乡王庭梅保释出狱。出狱后，住东京郊外束中野，恢复了临时组织，并推举史殿昭为代理书记，派刘新源回国联系中国共产党组织关系。

3月至4月，李相符从日本潜行回国，住上海徐家汇，与失去联系的党组织取得联系，担任由潘梓年领导的上海左翼文化总同盟的执行委员，创办了进步刊物《世界与中国》。之后分别在西安、武汉、河南、四川、南京和香港等地从事党的地下革命活动。

李相符年谱

11月，李相符为了掩护革命活动，在上海劳动大学任教授，与孙晓邨、周康文等共同创办进步刊物《世界与中国》。《世界与中国》11月1日创刊于上海，由世界与中国报社出版，陈高慵、孙晓村主编。因该刊言论激进，于1932年遭租界当局查封。第1卷以季刊的形式仅出版1期，从第2卷起以月刊形式出版。

是年，李相符《林学概要》《农业经济学》由上海劳动大学出版部刊印。

● 1932年（民国二十一年）

1月，上海劳动大学在"一·二八"事变中毁于日军炮火。春天，党中央军委派李相符去陕西西安在地下省委搞军事工作，住在杨虎城任职的绥靖公署军械处长唐哲民家，公开的身份是西安市高中及省农业中学校教员。同时担任中共陕西省委宣传部部长，负责筹建省委宣传机关。

● 1933年（民国二十二年）

是年春，中共陕西省委决定，命李相符建立地下宣传机构，受陕西省委孟用潜及贾拓夫同志领导。是年陕西省委的杜洪叛变，党组织受到破坏，于是省委决定李相符南下武汉，在此过程中，李相符与党组织失去联系。

7月，李德毅任浙江大学农学院院长兼森林系教授，至1936年4月。

9月，李相符赴杭州市，应浙江大学农学院之聘，任森林学教授。1933级浙江大学农学院森林学教师名单有朱大猷、孙章鼎、李相符、李益年、李文周、李明慎、周光荣。

● 1934年（民国二十三年）

8月，李相符因与浙江大学农学院院长李德毅政见不同，离开杭州到武汉大学农学院任教授，直到1938年。

是年，李相符《造林学讲义》《林政管理学讲义》由浙江大学出版部刊印。

● 1935年（民国二十四年）

9月17日，武汉大学从300多名考生中录取20名正取生及10余名备取生开办农业简易班，在武昌徐家棚棉场开始上课。

李 相 符 年 谱

● 1936 年（民国二十五年）

4 月，竺可桢任浙江大学校长，吴福祯任浙江大学农学院院长。

6 月，四川大学农学院增设园艺系、植物病虫害系，李驹、朱健人任园艺系、植物病虫害系主任，园艺系筹建人毛宗良教授兼任农学院教授，李驹主讲庭院设计课程。李驹在四川大学农学院期间，除了任教之外，还同时从事园林设计和文物古迹的整修设计工作。尤其在 1938—1948 年兼任成都市公园设计委员会委员时期，先后设计了成都少城、南郊公园、新都桂湖公园、博济医院等公园和私家庭园、墓园、校园等，结合公园设计实践，探索培养园林专业人才所需设置的学科内容。中华人民共和国成立后，1951 年李驹兼任成都市建设计划委员会委员和成都文物古迹整修委员会委员，主持设计和整修成都人民公园、劳动人民文化宫、杜甫草堂和昭觉寺等。

8 月，武汉大学与平汉铁路管理局续订技术合作协定，其中规定平汉铁路沿线所有各处农林场苗圃，自该年度起均交由武汉大学接收代管并整理扩充。

10 月 9 日，武汉大学农学院在鸡公山、武昌县、沙湖三处设立办事处，武汉大学第 287 次校务会议通过《代管平汉路农林场委员会章程》草案，并推定叶雅各、李相符等 7 人为代管平汉铁路农林场委员会委员，其中以叶雅各为主任委员，李相符为场务主任。

● 1937 年（民国二十六年）

是年初，武汉大学农学院校舍破土动工，同时代管占地 3 万亩的平汉路林场，李相符负责林场工作，并编辑出版学术刊物《平汉农林》。

6 月，武汉大学农业简易班首届 20 名学生在完成 2 年学业之后顺利毕业，留有《国立武汉大学农业班首届毕业同学录》。李相符教授题词：给简易班毕业同学 大地太荒野了，需要的是我们去开垦，朋友哟，千万不要抛下你们的锄头！相符于鸡公山下 一九三七、四。

8 月，《平汉农林》创刊，旨在发展改造平汉铁路沿线千余公里的农林事业。主要登载专栏介绍、推进平汉农林事业，提高沿线农林科学知识和民众知识的文章。同时也报道农林场场务消息。栏目有卷头话、农林讲座、工作消息、特载。林中《卷头话：写在"平汉农林"发刊之前》刊于《平汉农林》1937 年第 1 卷第 1 期 0 ~ 1 页。李相符《武汉大学代管平汉路农林场之过去与将来（待续）》

刊于《平汉农林》1937年第1卷第1期1~5页。

9月，严家显获明尼苏达大学昆虫学博士学位回国，王星拱校长亲自签发聘书，聘严家显为农学院教授，时年31岁。严家显与著名学者叶雅各、李先闻、杜树材、李相符一起，成为武汉大学农学院的五大教授。

9月，林中《卷头话：要从实践上表现我们的工作成绩》刊于《平汉农林》1937年第1卷第2期0~1页。李相符《武汉大学代管平汉路农林场之过去与将来（续）》刊于《平汉农林》1937年第1卷第2期1~6页。

10月，林中《卷头话：我们如何管理工人？》刊于《平汉农林》1937年第1卷第3期0~1页。李相符《武汉大学代管平汉路农林场之过去与将来（续）》刊于《平汉农林》1937年第1卷第3期1~5页。

10月，武汉八路军办事处成立。抗日战争爆发后，中共中央派董必武到武汉成立八路军办事处，李相符与董必武取得联系。李相符公开身份是武汉大学教授，兼任平汉铁路局农林总场场长（驻地在河南省鸡公山）。此时又通过周新民认识了当时任第一战区长官司令总政治部主任李世璋先生，李相符取得豫南7、8个县民运专员的名义，并组建了抗日武装。同时李相符还兼任第五战区文化工作团委员职务。

10月，李相符与钱俊瑞同志领导的第五战区文化工作团撤到湖北襄樊。

11月，林中《卷头话：如何使附近居民成为森林的保护者？》刊于《平汉农林》1937年第1卷第4期0~1页。李相符《为什么要间伐，和怎样实行间伐？作为训练本场林工的一课》刊于《平汉农林》1937年第1卷第4期1~5页。

11月中旬，日本侵略军攻占上海，南京危在旦夕。

11月，第一战区长官司令李宗仁批准，李相符与钱俊瑞同志领导创立鄂豫边区抗日根据地，并成立鄂豫边区抗日工作委员会。

12月，林中《卷头话：工作的自觉性》刊于《平汉农林》1937年第1卷第5期0~1页。李相符《苏维埃联邦的林业及木材业》刊于《平汉农林》1937年第1卷第5期17~20页。

12月，范文澜和齐光同志从河南回到随县，通知李相符说："通过党组织调查，恢复他的中共党组织关系。但为了开展统战工作，尚不必公开中共党员身份，工作可直接向陶铸与钱瑛二位请示。"

12月中旬，李相符在鸡公山铁路农林试验场，即武汉大学农学院学生实验

基地成立豫南民运专员办事处，李相符任专员，公开身份是武汉大学教授，兼任平汉铁路农林总场场长，同时兼任第五战区文化工作团委员。

1938 年（民国二十七年）

2 月，豫南民运办事处宣传组在鸡公山成立，李相符任主任，指导员冯珍、唐然（二人为夫妻），地下党齐光任书记，其成员多为共产党员。豫南民运负责豫南 16 个县（含信阳、驻马店、南阳）的抗日宣传和训练抗日骨干。

7 月至 8 月，董必武通过武汉大学教授、河南鸡公山林场场长李相符的关系，以办园林试验农场为掩护，在鸡公山举办武装训练班，训练鄂、豫边区党政干部。董必武指示训练班的领导人，要大搞武装，要广泛发动群众，争取一切可以争取的抗日力量，造成全国的抗战形势，同日本帝国主义进行持久战。学员毕业后，分配在农村，发动农民，开辟敌后根据地。10 月底，武汉失守后，鸡公山训练班结束，学员全部转到大洪山打游击。从此，鸡公山和大洪山地区成为抗日游击战争根据地。

8 月，武汉办事处派总务科长齐光到豫南民运专员李相符处工作，并担任中共豫南特委军事部长。李相符经周恩来、叶剑英、董必武报中共中央批准，发展为"特别共产党员"，李相符后担任鄂豫边区抗敌工作委员会政治部副主任，并参与了在应城、信阳等地组织一批抗日武装的工作[34]。

10 月，武汉八路军办事处撤离武汉。

10 月，武汉沦陷前，鸡公山一度是武汉外围抗战文化的重要基地，在风景名山中表现十分突出。鸡公山抗战文化基地的形成肇始于东北中学迁址鸡公山，抗战全面爆发后，随着河南大学的迁来和豫南民运指导专员办事处的设立以及抗敌剧社的到来，鸡公山迎来了抗战文化重镇发展的高峰。

10 月，武汉沦陷不久，第五战区司令长官部所在地襄阳、樊城一带受到日本侵略军的严重威胁，在这种紧张形势下，战区司令长官李宗仁很快接受了钱俊瑞同志和一些爱国民主人士的建议，批准成立了"第五战区豫鄂辖区抗敌工作委员会"，委员会下设立游击总指挥部和政治指导部两个平行机构。李宗仁任命国民党随县地区的专员石毓灵担任游击总指挥，任命爱国民主人士李范一、李相符分

---

[34] 中国抗日战争军事史料丛书编审委员会. 中国抗日战争军事史料丛书 八路军新四军驻各地办事机构 [M]. 北京：军事科学出版社，2016：14.

别担任政治指导部正、副主任，许子威为秘书长，陶铸同志受聘为特别顾问[35]。

11月，李范一、李相符等领导创立鄂豫边区抗日根据地，成立鄂豫边区抗日工作委员会。

11月，李先念任中共豫鄂边区省委军事委员会副主任、军事部长，1939年初率领160余人的新四军独立游击大队自竹沟南下，进入豫鄂边区，深入敌后，会合和聚集中共领导的零散武装力量，独立自主地开展起敌后游击战争。在李先念到达鄂豫边区之前，信阳地区的党组织和信阳县县长李德纯合作，共同组织了一支武装力量。蔡韬庵也有一支二百多人的队伍。李范一、李相符等人组织了第五战区豫鄂边区抗敌工作委员会，给了五师很多支持和帮助[36]。

是年，1931年由浙江劳动大学出版部刊印的李相符《造林概要》《农业经济学》和1934年由浙江大学出版部刊印李相符《造林学讲义》《林政管理学讲义》由武汉大学农学院一同刊印。

● 1939年（民国二十八年）

2月，李先念同志率新四军一部进入豫鄂边敌后，为打击日寇创造了条件。进而在武汉外围，建立了广大的抗日民主根据地。李相符在抗敌委员会辛勤地工作，经受了锻炼，参与为党培养出大批干部投入火热的抗敌斗争中。

是年春，国共合作破裂，李宗仁下令解散鄂豫边区抗日工作委员会，并令李范一、李相符离开大洪山，此时李相符患有溶血性黄疸病，党组织同意他去重庆治病，后又转至成都。李范一，字少伯，1891年生，湖北应城城关人。幼时家贫，父早丧，由叔祖及舅父资送私塾就读。10岁能文，13岁中秀才，乡人咸称"神童"。旋入两湖书院，与董必武等相善，接受民主革命思想，加入中国同盟会。武昌首义，被编入学生军，颇受黄兴器重，拟留部任用。为求深造，获公费留学美国哥伦比亚大学。先学经济，后改习无线电。毕业后曾在美一家无线电器制造厂工作。1924年应召回国，后参加北伐，任国民革命军总司令部交通处处长。北伐胜利后，先后任南洋公学（今上海交通大学）校长、国民政府军事委员会交通处处长、军事交通技术学校校长、建设委员会无线电管理处处长等职。1928年11月任安徽省政府委员兼建设厅厅长。1931年调任陕西省政府委员兼教

---

[35] 唐滔默.关于陶铸同志的片断回忆[N].人民日报，1989-11-30.
[36] 星火燎原的红色华章——豫鄂边抗日根据地述略[N].河南日报，2015-8-11.

李相符年谱

育厅厅长。1932年5月任交通部电政司司长。曾筹建国际无线电台,参与筹建中国第一座广播电台。后因对交通部某要员购买电机设备舞弊不满,愤然辞职。1933年2月任湖北省政府委员兼建设厅厅长。因修筑鄂西公路之事与省政府主席张群意见不合,被南京政府宣布解职。1935年秋携家择居应城汤池,致力于农村改进实验事业。"七七事变"后,在汤池举办湖北省农村合作人员训练班。1937年12月任训练班第一期班主任。1938年10月湖北省第一届临时参议会参议员。1939年冬第五战区鄂豫边区抗敌工作委员会副主任兼任政治指导部主任,1941年省政府主席陈诚欲令其再任湖北省建设厅厅长,遭拒绝。抗日战争胜利后,随省府返迁武汉。武汉解放前夕,在中共地下组织帮助下,避开特务搜寻,到武汉大学和学生一起迎接解放,并组织人员保护电厂、纱厂。1949年6月被武汉军事管制委员会聘任为高级参议兼汉口第一纺织股份有限公司经理。9月赴京参加全国政治协商会议。中央人民政府成立后,任燃料工业部副部长。1955年调任石油工业部副部长。先后担任第一、二、三、四届全国人民代表大会代表。1976年4月30日因病医治无效,在北京逝世。

4月,由于国民党搞摩擦,宣布解散该抗敌工作委员之后,李相符被迫离开豫鄂边区前往重庆,在红岩村中共中央南方局驻地见到董必武同志。李相符本来准备去延安,因溶血性黄疸病复发,党组织把他留下来治病。

7月,王善佺任四川大学农学院院长,任职至1942年8月。王善佺(1895—1988年),农学家、棉花育种学家、农业教育家,中国棉花育种学科的先驱者之一,四川省石柱县人。1916年清华学校高等科毕业后留学美国,1919年、1920年分获佐治亚大学农学学士、细菌学硕士。1920年秋回国任南通学院教授兼教务长(任棉业第一讲座)。1921年应聘到北京高等师范任教担任植物课程。1922年任南京东南大学教授,一直任教到1927年。1927年国民革命军北伐东征打下南京,东南大学停办。1928年春任江西农业专门学校农科主任教员。同年秋应浙江大学之聘,任浙大劳农学院作物学教授,浙江大学劳农学院开办湘湖农场时,兼任农场主任。这时东南大学改为中央大学,1928—1930年任中央大学农学院院长。后应聘北平大学农学院担任农学系主任。1934年回到南通学院在农科任教授兼棉场总技师,后任江苏省棉业改进处副处长(处长由行政专员兼任),一直到1937年日本侵略者进逼上海时,到四川大学农学院任农艺系主任,后农学院长,在川大任教一直到1944年。1944年秋离开川大到华西农业推广繁殖站任专员，稍后到云南大学任部聘教授。一年之后又回成都任四川省农业改进所任副所长，1948年秋继任所长，一直到成都解放。1950年1月，留任四川省农业改进所所长。同年7月，调任西南军政委员会农林部副部长。1953年西南农林部撤销后，调任重庆市农林水利局局长。1959年1月又调任四川省农业厅副厅长。主要论著有《棉花纯系选种》《东南大学农科棉作研究报告》《棉花品级鉴定学》（译著）《植物地理学》（译著）《北平大学农学院棉作研究简报》《棉作畸形病及芽切病之研究》《棉作试验新法之商榷》《棉作分枝习性之新解》《棉作抗风雨力之研究》《美棉抗风雨性状之新发见》《中国棉作病理之研究》《农艺系棉作试验研究简报》等。他最早从美国引进棉花新品种，进行中美棉远缘杂交育种工作，先后培育出两个棉花优良品种，并和学生冯泽芳一起将亚洲棉品种划成24种类型，这是我国最早对亚洲棉形态作出的科学分类。

8月，李相符住重庆枣子岗垭423号。

● 1940年（民国二十九年）

是年初，李相符与夫人李琼仪到成都三大学联合医院治病。1937年，抗日战争爆发，同属教会学堂的金陵大学、齐鲁大学、金陵女子文理学院、燕京大学和华西协合大学五所大学在成都华西坝汇集，其中华大、中大、齐大组成"三大学联合医院"。

3月，陶铸到成都，曾约李相符同赴延安。由于李相符病体未愈，且夫人怀有身孕，故未能同行。

8月，李相符应四川大学农学院之聘，任森林系教授。在四川省主席刘文辉支持下，创办《大学月刊》及《青年园地》等刊物，并开办进步书店。

11月，彭家元任四川大学农学院院长，任职至1949年底。

● 1941年（民国三十年）

2月，豫鄂挺进纵队奉中央军委命令整编为新四军第五师，李先念任师长兼政治委员，任质斌任政治部主任。在豫南、鄂中李先念曾和李范一、李相符、李德纯、孙耀华、蔡韬庵等为代表的进步人士开展真诚合作，李范一、李相符等人组织第五战区豫鄂边区抗敌工作委员会，给了第五师很多支持和帮助。

3月，李相符应聘到四川大学农学院森林系任教授。

3月20日,四川大学农学院新农林刊社《新农林》创刊,李相符任四川大学农学院新农林刊社名誉社员。

3月,李相符《为何实行总理的树林政策》刊于《植树节专刊》1941年(专刊)17~32页。

3月,中共派代表华岗经成都到西康和刘文辉联系,做川西地方实力派的统战工作。四川大学森林系教授李相符是中共老党员,直接和中共南方局董必武联系。华岗自川康赴昆明后,就由李相符和刘文辉联系。李相符又联系杨伯恺、马哲民等进步教授一起和刘文辉以及其驻蓉办事处主任邵石痴交往。按照党中央"发展进步势力,争取中间势力,孤立顽固势力"的策略方针,推动成立以西康省主席刘文辉为社长,有中共党员、著名教授、文化界知名人士及地方实力派共30余人参加的政治团体"唯民社"。

3月19日,中国民主同盟在重庆秘密成立,当时的名称是"中国民主政团同盟",李相符当选为中国民主同盟第一届中央委员,他在学生中成立民主青年协会,领导了反对国民党独裁,反美,支持声讨"一二一""校场口事件"等大规模示威运动。

9月18日,《光明报》在香港创刊,光明报社编辑发行,原拟在内地出版,由于"皖南事变"后国民党当局加强对进步新闻事业的控制,改在香港编印发行,1941年12月太平洋战争爆发后停刊。

10月,杨伯恺、李相符、田一平等在四川大学创办《大学月刊》,宣传民主宪政,推动大后方的民主运动。

10月,《中华林学会会员录》刊载:李相符为中华林学会会员。

● 1942年(民国三十一年)

1月,成都唯民社《大学》第1卷第1期出刊,编辑陈中凡、黄宪章、李相符等。林中《科学之新方向的展望》刊于《大学》1942年第1卷第1期56~62页。

2月,李林中《关于现时农业之技术问题》刊于《大学》1942年第1卷第2期72~74页。

3月,李林中《环境与进化的关系:从植物生态方面之一考察》刊于《大学》1942年第1卷第3期40~43页。

4月,林中《对当前科学教育的观感》刊于《大学》1942年第1卷第4期

22～25 页。

5 月，李林中《中国农业问题之过去现在及将来》刊于《大学》1942 年第 1 卷第 5 期 30～43 页。

6 月，林中《第二次世界大战欧洲战争之发展过程》刊于《大学》1942 年第 1 卷第 6 期 20～32 页。

● **1944 年（民国三十三年）**

2 月，李相符介绍西康文教厅秘书赵锡骅加入中国民主同盟。

9 月，由"中国民主同盟"为首联合其他民主党派，在华西坝举行"时事座谈会"，出席人员有张澜、鲜英、李相符、潘光旦、周新民、罗隆基、章伯钧等著名爱国民主人士以及当时尚未公开投靠国民党的青年党首领李璜、常燕生等，还有在华大的国际友人加拿大共产党员文幼章、革命人士吴耀宗、金大（金陵大学）的陈中凡、沈志远，燕大（燕京大学）的沈体兰等专家教授及其他知名人士。

10 月，在李相符同志（中共南方局专派党员，民盟中委，川大教授）直接领导下，经金大"现实文学社"负责人谢道炉邀请，成都各大学革命社团负责人在望江楼举行会议的基础上，通过成立"青年民主宪政促进会"，并由各校地下党员如金大王煜、华大刘盛舆和彭塞、川大黄文清等存文殊院举行会议发起，吸收各大学革命社团部分领导核心和骨干成员，秘密组成党的地下外围组织"成都民主青年协会"（简称"民协"）。

11 月，中国民主同盟四川省支部在成都正式成立。李璜、李相符、杨伯恺、张志和、马哲民、沈志远、田一平、杨叔明、宋连波 9 人为委员，李璜为主任委员兼组织委员会主任，张志和、李相符为组织委员，田一平为秘书主任，马哲民为宣传委员会主任，并建立邛崃、南充、江油、大邑、内江等 10 余个县分部。李相符任《青年园地》半月刊的社长。

11 月 1 日，《大学》出版第 3 卷第 9、10 期合刊，为革新特大号，《大学》调整编委会，由陈中凡、黄宪章、马哲民、杨伯恺、李相符、薛愚、邓初民、陈家芷、沈志远组成，沈志远任主编。并再次扩大特约撰稿人队伍，达到 72 人之多。新增加千家驹、石西民、张友渔、许涤新、孙起孟、郭沫若、茅盾等，差不多囊括了当时文化教育界的知名人士。

是年秋，王晶经中共地下党员、四川大学教授李相符和著名民主人士刘清扬介绍，进入美国新闻处成都分处图片部工作。

● 1945年（民国三十四年）

3月，校际组织"朝明学术研究社"（简称"朝明社"）成立，民盟省支部委员杨伯恺（中共）、李相符（中共、川大教授）分别担任政治、学术指导，著名学者教授沈志远（民盟）、马哲民（民盟）、彭迪先（民盟）、吴耀宗、文幼章、沈体兰等任顾问，社员100余人，骨干多数是"盟员"，其中有的是中共党员或民协成员。

4月11日，中国民主同盟四川省负责人李相符、杨伯恺、田一平及成都文化界120余人发表《成都文化界对时局献言》，提出立即结束国民党党治、尽速召开真正能代表民意的普选国民大会、释放一切爱国政治犯等10项主张。

10月1日至12日，中国民主同盟在重庆上清寺"特园"召开临时全国代表大会，即第一次全国代表大会，四川、西康、云南、广东、贵州、广西、重庆以及西北各地推选代表63人出席，实到48人，代表盟员约3000人。张澜、沈钧儒、黄炎培、章伯钧、罗隆基、左舜生、陶行知、潘光旦、刘王立明、史良、邓初民等出席大会。大会的中心议题是讨论建立一个什么样的国家的问题，认真研究毛泽东在《论联合政府》一文中所提出的设想与中国现实之可能。据此，大会通过《政治报告》《临时全国代表大会宣言》《中国民主同盟纲领》三个文件。大会增选叶笃义、董时进、蒋匀田、何公敢、陶行知、刘王立明、孙宝毅、闻一多、邓初民、杨子恒、刘清扬、辛志超、杜斌丞、范朴斋、柳亚子、史良、马哲民、李公朴、冯素陶、罗子为、楚图南、陈此生、李相符、沈志远、李章达、杨伯恺、李文宜、李伯球、罗涵先、曾庶凡、刘子周、罗忠信、刘泗英等33人为中央委员，连同原有中央委员33人，共有中央委员66人。推选张澜、沈钧儒、章伯钧、黄炎培、史良、张君劢、左舜生、罗隆基、梁漱溟、张东荪、张申府、杜斌丞、陶行知、朱蕴山、潘光旦、马哲民、周鲸文、蒋匀田等18人为中央常务委员，并推选张澜为中央常务委员会主席，左舜生为秘书长。

11月5日，100多名盟员在成都慈惠堂召开会议，成立民盟四川省支部委员会，会议由张澜主席监选，选举产生民盟四川省支部第一届委员会，选出李璜、李相符、杨伯等、张志和、马哲民、沈志远、田一平、杨淑明、宋涟波9人为委员，李璜为主任委员兼组织委员会主任，张志和、李相符为组织委员，田一平为秘书主任，马哲民为宣传委员会主任，杨叔明为国内关系委员会主任，宋连波为国外关系委员会主任。其中担任主委的李璜和杨叔明、宋连波均是青年党成员。

11月11日，成都市各大中学学生代表会在华西大学广场举行声援大会，组织宣传和慰问受伤学生等各种形式的声援活动，文化界著名人士叶圣陶、李相符、马哲民、沈志远等52人发表《慰问市中同学书》。

● 1946年（民国三十五年）

1月1日，民盟华西大学区分部成立，民盟省支部委员李相符为充实民盟基层骨干，通过各校党组织和民协组织动员一批党员和民协成员参加民盟。在华大先后参加民盟的有华西经济研究所助教朱懋庸（兼任川大经济系讲师），经济系助教胡永襄（中共、民协），学生刘琦行（中共）、岑本钧（民协），为充实民盟基层骨干，通过各校党组织和民协组织动员一批党员和民协成员参加民盟。

3月12日，四川大学图书馆大楼的墙壁贴出一版名为"新民主"的壁报，壁报署名发行人张烂（指张澜），主编狸像狐（指李相符）、盆地现（指彭迪先）、逃达蓉（指陶大镛）。时任四川大学教授李相符、彭迪先和陶大镛，因多次公开发表演说，支持学生爱国运动，谴责国民党的内战、独裁政策，遂为特务分子所不容，特务分子采用偷贴壁报、启事等方式污蔑教授，由于教授们、进步社团和学生与特务分子们坚决斗争，最终取得了胜利，川大三教授事件斗争的胜利，推动了成都地区爱国民主运动的发展，这就是"三教授事件"。

7月，李相符被四川大学解聘，转移到民盟南京总部工作。

8月16日，生活教育社、育才学校、社会大学全体师生上午九时，在重庆和平路管家巷廿八号古圣寺，举行陶行知先生追悼大会，除生活教育社、育才、社大全体师生工友外，来宾有鲜特生、史良、吴玉章、邓初民、周新民、李相符、张友渔、谢仲谋、端木蕻良、宣缔之、周游、傅钟、胡仁、周文，及战时儿童保育会、中国民主教育事业协进会、中国农村经济研究会四川分会、中共四川省委、民盟市支部等个人、团体、机关，共1300多人，主席史良、主祭邓初民，陪祭黄次咸、吴玉章、马侣贤、鲜特生、廖意林、杨维保、徐永培、张德荣（育才工友）等，花圈、挽联、诔词，共四百多件。陶行知先生于1946年7月25日突患脑出血逝世，终年55岁。

9月，李相符离开成都前与田一天、杨佰恺、漆鲁鱼成立民盟特别小组，直接受"重庆"领导。

9月，李相符到南京，与周新民、李子宜转入民盟总部工作，并任民盟中央青年工作委员会副主任。

9月，《光明报》在香港复刊，为旬刊，出版至1947年7月第22期。

● **1947年（民国三十六年）**

2月2日，《解放日报》刊登：南京讯：廿五日中央大学举行"一．二五"大游行周年纪念（按：该校曾于去年同日举行拥护政协游行示威），到同学三千余人，并邀各党派代表出席演讲，中大教授多人亦出席。会议首由学生自治会主席致辞，略谓：政协成功为全国人民的希望，不幸政协决议全未实行。"一．二五"游行为中大从保守走向民主的划期，今后当为全国学生民主运动先锋。

3月6日，在国民党警察的监视下，周新民、罗隆基、李相符、李文宜、冯素陶等代表民盟在南京梅园新村30号开始接收工作。

3月7日，中共代表团团长董必武率中共代表团最后一批工作人员离开梅园新村，返回延安。

3月14日至19日，民盟开始举行一届中常会第十九次会议，会议决议设立政治计划委员会，研究有关当前重大政治问题，总会设上海，负责人黄炎培、沈钧儒、章伯钧、罗隆基，北平分会张东荪、潘光旦，南京分会何公敢、周新民、李相符，重庆分会邓初民、郭则沉、彭大魁，香港分会沈志远、李伯球、千家驹。

9月，国民党宣布解散中国民主同盟，李相符被监禁2个月。10月底，李相符潜上海，转赴香港。

12月31日，香港达德学院举办的除夕联欢大会，可以说是在港的我国著名民主人士和著名作家、学者的一次大聚会，周新民、萨空了、罗子为、茅盾、陈此生、王绍鏊、陈劭先、章伯钧、连贯、翦伯赞、陈其瑗、陈汝堂、侯外庐、柳亚子、李相符、张文、郭沫若、沈钧儒、杨伯恺、陈柏龄、徐坚等参会。

● **1948年（民国三十七年）**

1月5日至19日，中国民主同盟一届三中全会在香港告士打道50号和成银行宿舍三楼召开，沈钧儒、章伯钧、朱蕴山、周鲸文、周新民、柳亚子、邓初民、何公敢、刘王立明、李文宜、杨子恒、李伯球、沈志远、李相符、冯素陶、罗子为、陈此生、罗涵先等出席会议，无法出席的史良、吴晗、楚图南、李章达、郭则沉、邱哲、韩兆鹗、黄艮庸、范朴斋、张云川、辛志超分别由沙千里、千家驹、周新民、萨空了、杨伯恺、云应霖、郭翘然、罗子为、周鲸文、王深林、王却尘代表。民盟南方总支部、西北总支部，上海、重庆、云南、福建支部和港九、马来亚支部的12名代表列席。李相符任民盟总部组委会副主任（此时受中共特派员连贯同志领导）。

3月，《光明报》再度在香港复刊新第1卷第1期，停刊于1949年9月第4卷第12期，为半月刊。中国民主同盟机关刊物。社长梁漱溟，总编辑俞颂华，督印人和总经理萨空了。

6月，郭因到香港找到中共党员孙起孟、周新民，并由周新民、李相符介绍加入民盟。

5月，李相符《略论一年来的学生运动》刊于《光明报》1948年新1第5期6~9页。

6月，李相符《学生运动的新浪潮（附照片）》刊于《光明报》1948年新1第8期10~13页。

8月16日，《光明报》1948年新1第12期3~5页李相符《三个前提与五项原则：我对于新政协共同施政纲领的意见》。文章称：政治，应确认"新民主主义"为各革命阶级统一战线的临时联合政府之最高的施政原则。经济，必须有一套适合于这个政治制度的新民主主义的经济政策。军事，巩固与扩大人民解放军，保卫民主联合政府的政权，防御外国侵略势力。文化教育，明确民族的、科学的、大众的文化为纲领中文化与教育方针的最高原则。外交，彻底反对国际的侵略者，保持世界和平，互相尊重国家的独立与平等地位，互相增进国家与人民的友谊和利益。

8月，李相符《武装我们的思想》刊于《华商报》1948年第709期7页。

10月，《中华论坛丛刊》创刊，出版第1期，编辑李伯球。

11月，周新民、李相符、罗子为《民盟总部被迫解散一周年的回忆》刊于《光明报》1948年新2第6期2~7页。

11月，李相符《向你们学习》刊于《中华论坛丛刊》1948年第2期12页。

12月，李相符《被困在梅园新村的日子（续）》刊于《光明报》1948年新2

第 7 期 12～13 页。

12 月，李相符《被困在梅园新村的日子（续）：一个特务的小故事》刊于《光明报》1948 年新 2 第 8 期 16～17 页。

• 1949 年

1 月，李相符、萧华清从香港经武汉转到北平（民盟总部已先期到达北平）。

1 月，李相符《迎接民主胜利年：迎接人民的新中国元年》刊于《光明报》1949 年新 2 卷第 9 期 2 页。

4 月，南京解放。

5 月 4 日，李相符以民盟中央青年工作委员会副主任名义出席第一次全国青年代表大会。

6 月，民盟总部派中央委员李相符为特派员，到南京整理盟务，成立民盟南京市盟务整理委员会，叶雨苍任主任委员。7 月，名称仍称民盟南京市支部临时工作委员会，叶雨苍任主任委员[37]。

7 月 1 日，中国共产党成立 28 周年，中共中央华中局、华中军区、中原临时人民政府、武汉市军管会、中共武汉市委、市政府、中共湖北省委、湖北省人民政府等直属机关代表 1500 多人集会纪念，民主人士李相符、马哲民、唐午园、李伯刚、张难先等应邀参加，中共中央华中局负责人在会上报告了华中局的工作方针，号召全体党员干部努力学习马克思列宁主义和毛泽东思想。

9 月 21 日，中国人民政治协商会议第一次全体会议在北平正式开幕，出席代表 662 人，代表中国共产党、各民主党派、各人民团体、人民解放军、各地区、各民族以及国外华侨。中国民主同盟正式代表张澜、沈钧儒、章伯钧、张东荪、罗隆基、史良、周新民、楚图南、丘哲、周鲸文、费孝通、李相符、李文宜、胡愈之、辛志超、刘王立明 16 人，候补代表叶笃义、罗子为 2 人，共 18 人组成代表团出席大会，张澜、沈钧儒等代表在大会上发言，并表示要与全体代表竭诚合作。

9 月 29 日，在中国人民政治协商会议第一届全体会议上通过的《中国人民政治协商会议共同纲领》第三十四条规定林业政策：保护森林，并有计划地发展林业。

---

[37] 中国民主同盟江苏省委员会编.江苏民盟六十年[M].北京：群言出版社，2017：9.

9月30日，李相符、管文蔚、布克担任中央人民政府委员会选举第三组监票人。

9月30日，乐天宇、费振东、涂治担任中央人民政府委员会选举第十六组监票人。

10月1日，中央人民政府林垦部成立，管理全国林业经营和林政工作。

10月19日，中央人民政府政务院任命梁希为林垦部部长，李范五、李湘符为副部长。"中央人民政府林垦部"牌子挂在北京无量大人胡同一个小四合院的门口。林垦部有工作人员27人，部长梁希、副部长李范五、李相符，工作人员周慧明、张楚宝、王云樵、李继书、肖继六、范立宾、王士本、沙荫昌、张效良、刘篆青、陈晓原、张庆孚、黎侠、王洪瑞，从华北调入林垦部的工作人员有王林、佟新夫、张国楷、凌大燮、黄伯培、潘志刚、李维绩、陈学文、翟中兴、靳紫宸。

11月，李相符撰写《小规模造林法》（新中国百科小丛书）由生活、读书、新知三联书店在上海出版。

11月15日，民盟一届中央委员会第四次全体（扩大）会议在北京召开，参加会议的除中委、候补中委外，还有地方民盟组织负责人共92人。会议通过了《政治报告》《盟务讨论总结报告》《地方盟务总结》《中国民主同盟盟章》等文件，会议增选了中央委员千家驹、于邦齐、申保文、田一平、成柏仁、李敷仁等47人，连同原有中央委员（原有中委66人，因殉难、病故、退盟等原因减少23人，尚有43人），共90人，选举候补中央委员王文光等33人。毛泽东约集民盟与会人员谈话，勉励大家开展批评自我批评，加强团结。会期36天，12月20日结束。李相符为任中央委员。

12月27日、民盟在北京举行一届五中全会，选举张澜为民盟中央主席，沈钧儒为副主席。原"中国民主同盟总部临时工作委员会"宣告结束。会议决定设立中央政治局，主席张澜，副主席沈钧儒，张澜、沈钧儒、章伯钧、张东荪、黄炎培、罗隆基、马叙伦、彭泽民、史良、周新民、潘光旦、周鲸文、李章达、丘哲、胡愈之、沈志远、杨明轩、高崇民、许广平、郭则沉、李相符、楚图南、李文宜、吴晗、曾昭抡、邓初民、杨伯恺等27人为常委。

1950 年

1月6日，民盟中常会第十二次会议举行，出席中常委张澜、沈钧儒、章伯钧、彭泽民、罗隆基、史良、李文宜、潘光旦、郭则沉、楚图南、张东荪、周新民、沈志远、周鲸文，总部各处室正副主任费振东、季方、萨空了、刘王立明、沙千里等列席，一致表示诚挚接受与切实执行六中全会所制订的全部决议案。并通过两项重要人事调整案：①组委会主任周新民同志辞职照准，推胡愈之同志继任，副主任李相符同志免职，推曾昭抡同志继任；②秘书处主任章伯钧同志辞职照准，推徐寿轩同志继任。

2月，《中国林业》1950年1卷2期刊登梁希、李范五、李相符《中央人民政府林垦部部长关于吉林及内蒙古等地连续发生森林火灾通报》。严肃通报对吉林省延边专区乃至吉林省人民政府存在的放任群众放火烧荒行为给予的严厉批评，通告指出"吉林延边专区今春186次山火中，有132次是由于开荒烧荒造成的。这是由于某些干部的片面群众观点或恩赐观点，只看到群众眼前利益或局部利益，忽视了群众长久利益与全面利益，因而对于'山坡地不开荒烧荒'的政策未严格贯彻执行。又有一些区干部认为群众烧地场子是为了春耕生产，是群众利益问题，如严格执行山地不开荒不烧荒，群众会有意见的。另一方面，吉林省人民政府在护林防火布告上对'群众在平地开荒，经区政府批准，允许在一定范围内放火烧荒'的规定，也是防火工作上的一个极大的漏洞"。

6月1日至9日，教育部召开第一次全国高等教育会议，提出改造高等学校的方针和高等教育的建设方向。会议提出要调整院系，进行专业设置教学改革。林垦部部长梁希先后向周恩来、陈云、李先念、薄一波等党和国家领导人建议，为发展我国的林业事业要建立3所林学院，得到中央领导的支持。

10月1日至12日，中国民主同盟在重庆特园召开临时全国代表大会，即第一次全国代表大会。大会增选叶笃义、董进时、蒋匀田、何公敢、陶行知、刘王立明、孙宝毅、闻一多、邓初民、杨子恒、刘清扬、辛志超、杜斌丞、范朴斋、柳亚子、史良、马哲民、李公朴、冯素陶、罗子为、楚图南、陈此生、李相符、沈志远、李章达、杨伯恺、李文宜、李伯球、罗涵先、曾庶凡、刘子周、罗忠信、刘泗英等33人为中央委员，连同原有中央委员33人，共有中央委员66人。李相符兼文教委员会副主任。

10月28日，李相符参加中国共产党中央委员会委员、中央政治局委员、中央书记处书记任弼时同志送灵和吊唁活动。

10月，梁希、李相符、李范五《中央人民政府林垦部关于秋冬季农业工作指示》刊于《福建省人民政府公报》1950年第10期94～95页。

● **1951年**

3月，李相符《小规模造林法》（新中国百科小丛书）由生活、读书、新知三联书店再版（上海3版）。

11月5日，中央人民政府委员会第十三次会议决定，将中央人民政府林垦部更名为中央人民政府林业部，其所管辖的垦务工作移交给中央人民政府农业部负责。林业部统一领导全国的林业建设和国营木材生产、木材管理工作。李相符被任命为林业部副部长，任职至1952年8月7日。

● **1952年**

2月22日，梁希、李范五、李相符给周恩来和陈云写了《关于1951年全国森林火灾情况的报告》。

2月16日，中央人民政府委员会副主席、中国人民解放军总司令朱德在林业部梁希部长的陪同下，视察西山绿化情况，朱老总一边听梁希部长汇报，一边说："西山绿化政治意义重大。因国际观瞻的需要，要赶快绿化小西山。应由华北、北京主管部门作为重要任务之一，颁发决定，制定计划，提前完成。"并语重心长地对梁希部长说："请你赶快抓紧绿化西山，在我有生之年还要看到西山绿化呢！"

3月，根据政务院制定的评级标准，行政级别评级工作中，其中根据评级标准，政务院各部副部长评定为行政六级的有28人，评定为行政七级的有32人，评级为行政五级的有11人。其他评级为行政三级与行政四级的分别为4人和3人，评级为行政八级的有5人。行政七级有陈其瑗（内务部副部长）、陈龙（公安部副部长）、王绍鳌（财政部副部长）、雷任民（贸易部副部长）、钟林（重工业部副部长）、刘鼎（重工业部副部长）、陈维稷（纺织工业部副部长）、张琴秋（纺织工业部副部长）、杨卫玉（轻工业部副部长）、王新元（轻工业部副部长）、李范一（燃料工业部副部长）、石志仁（铁道部副部长）、王诤（邮电部副部长）、吴觉农（农业部副部长）、杨显东（农业部副部长）、张林池（农业部副部长）、

李相符年谱

李相符（林业部副部长）、张含英（水利部副部长）、施复亮（劳动部副部长）、毛齐华（劳动部副部长）、丁燮林（文化部副部长）、韦悫（教育部副部长）、曾昭伦（教育部副部长）、苏井观（卫生部副部长）、孙起孟（人事部副部长）、李任仁（华侨事务委副主任委员）、李铁民（华侨事务委副主任委员）、庄希泉（华侨事务委副主任委员）、吴有训（中国科学院副院长）、范长江（新闻总署副署长）、叶圣陶（出版总署副署长）、陈克寒（出版总署副署长）。梁希（林垦部部长）为行政五级，李范五（林业部副部长）为行政六级。

6月29日，全国正面临教学改革和院系调整的形势，而当时学习林业的学生很少，且师资、教材也严重不足。基于此，詹昭宁和同学费廷瑞讨论起学校教改的前途，并给林垦部梁希部长写了一封信，反映学校的实际情况，提及林业学科调整之建议。

7月3日，梁希部长给两位校友亲笔回信，肯定了他们的想法和建议，并鼓励师生们团结一致，以肩负伟大建设之责任。《梁希部长的回信》：昭宁、廷瑞同学：六月二十九日来信收到，所提问题很好。证明了你们对祖国经济建设的重视与关怀。表示谢意。七月四日将在北京召开的农学院院长会议上，首先是解决院系调整问题，可能初步在华北、东北、华东三个大区成立林业学院，以便集中力量，培养林业人才。想你们得到此消息，当然会欢迎的。课程我们正在准备收集苏联先进经验，翻译一部分教材，不过这一工作是艰巨的，必须集中各方面的力量来进行。如果只从我们过去的旧教材中，选择若干删掉若干，还是不能解决基本问题，所以必须费更大力量从基本上加以解决，那就得要逐步地使其走上合理化。院系调整后师资也可能调整。至于领导方面，则不是业务部门直接领导才办得好，而是教育部门如何更加密切联系，业务部门更加协助教育部门解决若干业务实际问题。这个问题，中央教育部在预备会议上已经提出来了。总之，这次会议会解决你们希望很久的若干问题。希望更加努力，团结全体师生，把学校办得更好，业务技术学得更实际，政治理论提得更高，以便将来肩负伟大建设的责任。详情会后将有公报，不赘。此复　敬礼　梁希　七、三

7月4日至11日，教育部召开全国农学院院长会议，拟订高等农林院系调整方案，决定成立北京林学院、东北林学院和华东林学院，保留12个农学院的森林系，在新疆八一农学院增设森林系。

8月11日，中央人民政府委员会第十七次会议通过和批准免职的各项名单，

免去李相符现任中央人民政府林业部副部长职。

8月中旬，教育部、林业部成立北京林学院筹建小组，开始筹建工作。筹建小组成员由四方面代表组成，教育部代表有周钟岐、彭钟武、周启文，林业部代表有张楚宝、王林，北京农业大学代表有周家帜、殷良弼、汪振儒、兆赖之，河北农学院代表有田苏、范济洲、孙德恭、齐宗唐。林业部指定林政司司长唐子奇主持北京林学院的筹建工作，具体工作由齐宗唐、潘章杰在王林领导下负责实施。

9月23日，北京农业大学森林系全体教师于北京农业大学（阜成门外罗道庄）参加课程改革学习。由陈致生任学习核心组组长，兆赖之任副组长。陈致生，四川开县人，1923年12月2日生。1942—1946年在重庆中央大学农学院森林系学习（1945年8月正式加入"新青社"），1946年4月—1947年4月在晋察冀边区政府任科员、翻译、兵工厂技术员，1947年4月—1951年2月任华北新华社翻译、东北林业总局车辆厂科员、科长、厂长（1947年7月加入中国共产党），1951年2月—1958年任林业部科长、副处长（期间1952年11月—1953年3月任北京林学院党支部书记），1958年任中国林业科学研究院林业科学技术情报室主任、1964年2月任中国林科院林业科技情报研究所所长，1964年夏到东北搞"四清（清政治、清经济、清组织、清思想）"，1971年下放到江西省木材所工作，1978—1981年1月任中国林业科学研究院外事处处长，1981年11月—1982年12月任中国林科院林业科技情报研究所所长，1982年12月—1985年12月任中国林学会专职副理事长兼秘书长，1985年12月离休，2017年4月15日去世。兆赖之（原名王兆一），1926年3月生，吉林德惠人，中共党员，1945—1949年北京大学农学院森林系学习，期间参加青年学生运动。1949年毕业后在北京农业大学、北京林学院（1969年南迁改名云南林业学院）任教，从事教学管理和林学教学科研工作，改革开放后调浙江林学院任教，后离休。2003年8月去世。

9月26日，林业部梁希部长在北京农业大学对参加课改的教师、学生作了报告。其主要内容为三方面。第一，北京林学院的领导关系；第二，北京林学院的办学方针；第三，北京林学院的办学任务。梁希部长归纳说："北京林学院由教育部领导，林业部尽力帮助。办学方针是理论联系实际，教育配合需要，科学服务于政治。任务是培养各级林业教师，培养专、县级林业人才及林业科研人才。要面向全国"。梁希部长指示很明确，使参加学习的教师、学生深受鼓舞。之后，学生也住进北农大参加学习。

李 相 符 年 谱

9月，杨纪高到学校视事，任校建委员会主任。杨纪高，河北安新人，1915年11月生，1938年毕业于抗日军政大学，曾任晋县民运部长、县委书记，冀南地委组织部部长，冀中区六地委组织部部长，蓟县县委书记，冀东区十五地委秘书长，东北人民政府林务局秘书主任，森林工业总局副局长，东北人民政府林业部秘书长，北京林学院党支部书记（1953年3月—1954年3月）、副院长（1954年3月—1955年5月），对外贸易部出口局副局长、山西农学院副院长（1957年10月）、开封师范学院副院长（1968年经开封师范学院革委会批准，开封师范学院院部革命领导组成立，杨纪高任组长）等职，1984年6月4日去世。

10月16日，由北京农业大学森林系与河北农学院森林系合并成立北京林学院，北京林学院召开全院教职工大会，副院长杨纪高宣布成立森林经营、森林工业、森林植物、造林4个教研组，森林经理教研组主任范济洲、森林植物教研组主任汪振儒、造林教研组主任王林、森林利用教研组主任申宗圻以及政治理论课教研组主任朱江户，校址大觉寺。

10月16日，王林任北京林学院造林教研室主任。王林（1904—1975年），安徽合肥人。1928年毕业于东北农林专科学校。1937年毕业于北平大学农学院森林系。曾任北京大学农学院林场技术员、华北造林会推广科技士、晋察冀边区政府农林实验场技士、苗圃主任、华北人民政府农林部林牧处林业科科长。中华人民共和国成立后，历任林垦部造林司造林处处长、林业部林业干部学校教育长，1952年起任北京林学院教授兼总务长、造林教研室主任、中国林学会第一至三届理事。1950年加入中国共产党。从事造林学的教学与研究。1965年在北京引种新疆薄壳核桃良种，获得成功，后推广到华北地区。与张海泉合编有《怎样进行封山育林》。

10月25日，林伯渠、徐特立同志到西山大觉寺北京林学院参观，徐特立为全院师生作报告并与全院师生座谈。林伯渠、徐特立是"延安五老"中的两位，"延安五老"是1937年1月至1947年3月，中共中央驻于延安时，中央领导和全体机关干部对徐特立、吴玉章、谢觉哉、董必武、林伯渠五位德高望重的老同志的尊称。

11月19日，农业部召开三校联合建校会议，北京林学院派王林、齐宗唐二人参加会议。

11月21日，北京林学院在大觉寺举行开学典礼，林业部副部长李范五到会讲话，杨纪高作报告。

11月，中共北京市委组织部派陈致生同志（林业部干部）任中共北京林学院第一届支部委员会书记，任职至1953年3月。

12月，为了加强学校的领导，林业部即推荐知名教授李相符为北京林学院院长，杨锦堂为副院长。

12月10日，中华人民共和国高等教育部任命杨纪高为北京林学院副院长。

1953年

1月，李相符到北京林学院视事。

1月13日，政务院文教委员会所提出的文教工作方针，即"整顿巩固、重点发展、提高质量、稳步前进"。李相符要求全院教职员工要积极贯彻中央提出的文教工作方针，并要顾全大局、战胜困难、艰苦奋斗、团结建院。随即建立健全组织、建立各项规章制度、组织教师学习已翻译出来的苏联教学计划、教学大纲，要求教师千方百计先把课程开出来。

1月18日，《人民日报》公布《政务院提请中央人民政府委员会第二十一次会议批准任命的各项名单》：杨纪高任北京林学院副院长，曾任东北人民政府林业部森林工业总局副局长。

2月28日，北京林学院成立建校委员会，李相符任主任。

3月2日，由李相符主任主持召开第一次建校委员会会议。出席会议的有杨纪高、殷良弼、王林、关君蔚、马骥、汪振儒、王玉、齐宗唐、王自强。会议宣布建校委员会工作范围及职权为：第一，审查、研究山下及山上新建及修缮一切事宜（山上为大觉寺校本部、山下为新校址肖庄）。第二，审核新建及修缮计划、预算、总结、呈请院长批准施行。第三，监督、检查、验收新建及修缮的一切工程。

3月12日，北京林学院院务委员会决定，李相符负责全面工作，重点抓教学方面的工作。

3月19日，北京林学院党支部召开支部大会，改选支部委员会，新的党支部由7人组成，杨纪高任支部书记。

4月14日，中央人民政府高等教育部发文，任命李相符为北京林学院院长。

5月27日至6月8日，民盟在北京举行一届七中全会（扩大）会议，确定

以积极参加国家文教建设为民盟当前的中心工作。会议通过罗隆基所作的《工作报告》、章伯钧《盟务报告》、史良《关于张东荪叛国罪行的报告》、高崇民《关于修改盟章的说明》，会议修改通过《中国民主同盟盟章》，增选章伯钧、罗隆基、马叙伦、史良、高崇民为副主席。主席张澜；副主席沈钧儒、章伯钧、罗隆基、马叙伦、史良（女）、高崇民；张澜、沈钧儒、章伯钧、黄炎培、罗隆基、马叙伦、彭泽民、史良（女）、周新民、潘光旦、周鲸文、李章达、丘哲、胡愈之、沈志远、杨明轩、高崇民、许广平（女）、郭则沉、李相符、楚图南、李文宜（女）、吴晗、曾昭抡、邓初民等25人常务委员，秘书长胡愈之。

7月23日，李相符参加北京林学院第一届毕业生典礼全体师生合影并讲话。

7月，北京林学院第一届毕业生森林系本科任宪威、火树华、周沛村、裴保华、郑均宝、徐化成、李文华、高志义、阎树文、唐宗桢、韩熙春、王希蒙、郑世锴、沈熙环等留校，期间李相符院长多次谈到要把教书育人作为林业高等院校的主要任务，林业教育要有必需的教育场所，林业教育要与生产实际相结合，要重点建设实验林场和实习林场，要把专业一流的毕业生留校并培养作为未来的教师队伍。

9月18日，中央人民政府委员会第28次会议在北京召开，会议并通过和批准了各项任免案。中央人民政府任命通知书（府字第5735号）兹经中央人民政府委员会第二十八次会议通过任命李相符为北京林学院院长 特此通知 主席 毛泽东 一九五三年九月十八日 中华人民共和国中央人民政府之印

9月，北京林学院林业专业分为造林、森林经营2个专业。

10月15日，北京林学院院章起草委员会成立，李相符任主任。

10月，高教部召开关于研究北京文教区建设计划会议，会议决定：将清华园京包铁路以东的肖聚庄（今肖庄）一带安排北京林学院、北京农业大学、北京农业机械化学院建校，其中北京农业机械化学院在东，北京农业大学在中间，林学院在西面。李相符院长得知后立即向高教部提出购地要求：根据北京林学院发展远景，面积不要少于1000亩土地（66.6公顷）。但后来高教部提出的院校土地分配没有达到1000亩，林学院的建校委员会认为不能同意。李相符院长就直接打电话给周恩来总理汇报，说我们林业院校从长远发展至少也要1000亩地等。而与此同时，北京农业大学也认为他们学校被夹在林学院和农机学院之间没有前途，另找地方建校了。同年，清华大学与东侧农田相邻的北京林学院正在进行快

速建设，林学院用地较为紧张，正考虑向西扩展。于是清华大学在进行校园规划和东扩的过程中，与正在伺机西扩的北京林学院产生了用地纠葛："正当新校址加速建设之际，清华大学向高教部反映意见，提出铁路以东为清华大学规划用地。李相符院长再次到高教部说明购地经过并向清华大学做了说明，因有周恩来总理对北京都市计划委员会的指示，故清华大学收回了意见"[38]。

● 1954 年

3月9日，根据朱德的指示，北京市政府制定《关于绿化北京西山的计划》报送中央，获得批准，10月完成《小西山绿化设计方案》。

4月10日，中共北京市委高校党委批准成立中共北京林学院第一届总支委员会，党总支书记杨纪高，委员杨锦堂、张仲敬、谷世芳、张学恒、王慧身、白秀玲。

6月30日，北京林学院迁校筹备工作开始，成立北京林学院迁校委员会，李相符任主任，成员申宗圻、殷良弼、马骥、郑汇川、陈志奎、苗倬、张敬仲、王玉、张学恒、王春岩、王自强，负责组织将学校从西山大觉寺迁往肖庄（海淀区清华东路），经过5个月的努力，于1954年12月中下旬从大觉寺按计划分批地迁到新校址。

7月，北京林学院第二届毕业生林业本科王沙生、朱之悌、董乃钧、沈国舫等留校。

10月5日，中共中央在《关于重点高等学校和专家工作范围的决议》指定6所学校为全国性重点大学，包括中国人民大学、北京大学、清华大学、哈尔滨工业大学、北京农业大学、北京医学院。

10月27日至11月12日，第二次全国高等农业教育会议在北京召开，李相符院长出席了会议。

11月29日，李相符院长以"方针、任务、培养目标"及"全面学习苏联，正确联系中国实际"为中心内容，向全院教职员工传达了农林教育会议精神，布置由各教研组分别组织2~3次讨论，结合检查教学，提出今后改进改进意见。

11月，北京林学院肖庄新址的林业专业楼建成。

11月30日，中央人民政府林业部改称为中华人民共和国林业部，作为国务院组成部门，继续主管全国林业建设和木材生产。

---

[38] 北京林业大学校史编辑部编. 北京林业大学校史[M]. 北京：中国林业出版社，2002：92-93.

12月，北京市委批准《北京市人民政府关于绿化北京西山的计划》，做出"三年绿化西山"的决定，并上报中央。

• 1955 年

1月，北京林学院由西山大觉寺迁往肖庄，李相符院长组织李驹等教授论证行道树，最终确定行道树为银杏。

3月，李相符组织北京林学院54级七个班的学生进行道旁两行银杏树的栽植，当时银杏树树高3~4米，胸径10~20厘米。

7月，北京林学院在林学专业、森林专修科的基础上建立了林业系。

7月，北京林学院第三届毕业生林业本科王九龄、齐宗庆等留校，梁玉堂考取造林学研究生、张昂和、曹宁湘考取森林经理学研究生，张新时分配到新疆学院农林系。张新时，山东高唐人，1934年6月出生于河南开封。1951—1955年先后在北京农业大学森林系、北京林学院森林系学习，1955—1978年先后任新疆学院农林系森林教研室主任，新疆八一农学院林学系森林学教研室主任、林学系主任。1979—1981年在美国康奈尔大学生态系任客座研究员，后在该校学习并获博士学位。1986年回国后，历任中国科学院植物研究所研究员、所长，国家自然科学基金委员会副主任，北京师范大学教授，1991年当选中国科学院学部委员，是第八、九、十届全国政协常委，曾任国际地圈——生物圈计划（IGBP）中国委员会常务理事、中国植物学会理事长等，获1988年和2011年国家自然科学奖二等奖、2006年国家科技进步奖二等奖等多个奖项。张新时是我国植物生态学领域的引领者之一，长期从事植被地理研究。他创建了数量植被生态学、全球变化生态学、草地生态学等基础理论和范式，以及1:100万植被图和数字化1:100万植被图。张新时院士是中国数量植被生态学和国际信息生态学的创始人，建立了中国第一个植被数量生态学实验室，选拔和培养了一批杰出的学术带头人，创建了IGBP认可的全球15条全球变化陆地样带中的两条（中国东北样带和中国东部南北样带），实现了中国全球变化样带研究从无到有、由国内走向国际的重大跨越，为我国生态学的学科发展和人才培养作出了重大贡献！2020年9月24日（当地时间）在美国西雅图因病逝世，享年86岁。

7月21日，国务院专家工作局发文通知北京林学院，苏联森林经理学教授В.В.巴姆菲洛夫、造林学教授А.Б.普列奥布拉仁斯基、昆虫学教授С.С普洛卓

洛夫到校任教,并指定 B.B.巴姆菲洛夫教授任北京林学院院长顾问。

8月23日,苏联森林经理学教授 B.B.巴姆菲洛夫(В.В.Памфилов)、造林学教授 А.Б.普列奥布拉仁斯基(А.Б.Преоблаженский)两位专家到校。

9月12日,北京林学院召开欢迎会,欢迎两位苏联专家到本院工作。当时苏联专家的主要任务是:第一,协助院长对全院教学做进一步的改革;第二,为造林及森林经理两教研组作顾问工作;第三,协助教研组培训造林及森林经理的研究生及进修生;第四,指导造林及森林经理教研组编写教材,开展科学研究;第五,指导造林及森林经理教研组建立实验室和资料室;第六,指导造林、森林经理教研组改进教学法工作,重点是指导毕业论文及毕业设计。

是年,北京林学院开始招收研究生19名,其中招收造林学研究生10名(李宏开、文传禹、周达、李若璋、梁淑群、邹铨、黄荣之、陶栋玮、梁玉堂、胡芳名),森林经理学研究生9名(张昂和、曹宁湘、陆尧森、郝祖渊、舒裕国、陆兆苏、张达立、陆静英、徐国祯)。

● 1956年

1月14日至20日,中共中央在北京召开全国知识分子会议,周恩来在会上作了《关于知识分子问题的报告》。报告向全党、全国人民发出了"向科学进军"的号召。20日,毛泽东主席到会讲了话。他指出,技术革命、"文化革命",没有知识分子是不成的,中国应该有大批知识分子。

1月24日,《人民日报》第1版(第2755期)刊登《中国人民政治协商会议第二届全国委员会单位委员补缺名单和特邀委员增选名单》,李相符(中国民主同盟)为中国人民政治协商会议第二届全国委员会单位委员补缺名单。马大浦、李相符、邓叔群、李沛文、易见龙(1956年1月全国政协二届二次会议增补)。

2月2日,《人民日报》第3版刊登《出席中国人民政治协商会议第二届全国委员会第二次全体会议委员名单》,其中中国民主同盟:千家驹、史良(女)、田一平、吴景超、沈钧儒、沙彦楷、辛志超、李相符、周新民、周鲸文、林仲易、罗隆基、胡一声、胡愈之、徐寿轩、高一涵、高崇民、章伯钧、郭则沉、郭翘然、杨子廉、潘光旦、邓初民、罗子为(请假)、贾子群(请假)。(注)张澜委员逝世,中国人民政治协商会议第二届全国委员会常务委员会第十二次会议协商决定补李相符为委员。

2月9日至20日，中国民主同盟第二次全国代表大会在北京举行。在2月21日举行的二届一中全会上，沈钧儒正式当选为民盟中央主席，章伯钧、罗隆基、马叙伦、史良、高崇民为副主席，丘哲、叶笃义、刘清扬、吴晗、李文宜、李相符、沈志远、辛志超、周新民、周鲸文、陈望道、胡愈之、徐寿轩、马哲民、许杰、许广平、郭则沉、郭翘然、彭泽民、曾昭抡、华罗庚、费孝通、闵刚侯、黄炎培、黄药眠、杨明轩、楚图南、潘大逵、潘光旦、邓初民、钱端升、萨空了、韩兆鹗33人为常务委员，秘书长胡愈之。

2月25日，由李相符院长向全院教师传达周恩来总理1月24日《关于知识分子问题的报告》，引起了到会教师的极大震动。

3月1日，团中央和林业部在延安隆重召开五省（自治区）青年造林大会，号召全国青年积极响应毛主席、党中央发出的"绿化祖国"的号召。

5月，国务院批准北京林学院的全部专业改为五年制。

7月，北京林学院林业系分为造林、森林经营两大系。造林系设造林和城市居民区绿化两个专业，森林经营系设森林经营专业。

7月，北京林学院第四届毕业生造林本科向师庆、冯林等留校。

7月4日，中共北京林学院党总支召开党员大会改选党总支委员会，李相符任中共北京林学院第二届党总支书记，宋辛夷、梁少克任党委副书记，李相符、杨锦堂、宋辛夷、梁少克、谷世芳、张家信、李韶川、王林、王凤彩为党委常委。选举产生了梁少克、宫波、李中诚、陈泽彬、张家信为监委委员，梁少克任监委书记。

7月，（苏）A.B.普列奥布拉仁斯基编、北京林学院翻译室造林组译《造林学》（上册）由中国林业出版社出版。

7月底，《北京林学院十二年规划》定稿。

9月12日，北京林学院院务会议决定，将妙峰山林场、院部苗圃和新建植物园3个单位合称林场，李相符院长直接领导，王林总负责。王林兼任场长，郑汇川任副场长，下分3个单位：（一）妙峰山实习林场主任王林，王筱林讲师为专职副主任，（二）苗圃主任由孙时轩讲师兼任，配备技术员2人（大专毕业生），（三）植物园（含校园）主任由陈有民讲师兼任，配兼职技术员（由教研组助教兼）。妙峰山实习林场15000亩，苗圃300亩，植物园规划土地面积207亩。

9月10日，毛主席在视察密云水库时，对水库指挥部领导和县委书记阎振峰说："这里的山也好，水也好，就是很多山还是光秃秃的，这就不好了，你们几年能把它绿化了？"阎振峰说："五年能行，快一点用三年。"毛主席说："我看二十年能完成就不错。不能小看这个问题。绿化不经过长期的艰苦奋斗，是不可能实现的。要实事求是，尽较大努力去干好这件大事。"按照毛主席指示，水库拦洪后，原参与建水库的两万名民工留下种树。如今水库周边茂密的林木，大多是那时种下的。

是年，（苏）А.Б.普列奥布拉仁斯基编《造林学教学法参考资料汇编》由北京林学院刊印。

是年，北京林学院编《北京林学院苏联专家报告集 第1册》刊印。

1957年

1月11日，中共北京林学院党组织改建为党委，李相符任党委书记，宋辛夷、李绍川任副书记（1957年4月中共北京市委正式批复），李相符任职至1958年9月。

3月，杨锦堂任北京林学院副院长兼代党委书记。

4月29日，吴运铎给北京林学院全体师生作"把一切都献给党"的报告。吴运铎（1917—1991年），新四军兵工事业的创建者和新中国兵器工业的开拓者，新中国第一代工人作家，被誉为中国的"保尔·柯察金"。祖籍湖北省武汉市汉阳县，出生于江西省萍乡市安源煤矿。1938年参加新四军，1939年加入中国共产党，开始从事地下组织活动，后在兵工厂为了研发枪弹，他四次负重伤，浑身上下有200多处炸伤，4根手指被炸断，左眼被炸瞎，一条腿被炸断。1949年12月，组织送吴运铎到苏联去诊治眼睛。在莫斯科，《钢铁是怎样炼成的》作者奥斯特洛夫斯基的夫人听到了吴运铎的英雄事迹，特地到医院看望他。1951年10月，吴运铎被中央人民政府政务院和全国总工会授予全国特等劳动模范称号，将他誉为中国的"保尔·柯察金"。并参加十一国庆典礼。1952年吴运铎出版自传体小说《把一切献给党》出版，鼓舞了一代代青年人。1953年至1955年，吴运铎赴苏联学习两年，回国后任重工业部第一研究所所长，1963年任五机部机械研究院副总工程师，1979年后任五机部科学研究院副院长、顾问等职。2009年9月10日，吴运铎被评为100位为新中国成立作出突出贡献的英雄模范人物之一。

4月,（苏）B.B.巴姆菲洛夫（В.В.Памфилов）编《森林经理学》（高等学校苏联专家讲义）由中国林业出版社出版。

5月31日至6月2日,北京林学院第一次科学报告会召开,各兄弟院校代表及林业部、高教部的负责同志出席了会议,林学院12位同志作了科研报告,共提出论文19篇。会后出版了《北京林学院科学研究集刊》。《北京林学院科学研究集刊》目录：王林、迟崇增、王沙生《不同播种期不同抚育次数对栓皮栎幼林生长的影响》1～10页,徐明《核桃的良种选育（1957年5月31日在本院第一次科学研究报告会上报告）》11～32页,高志义《华北松栎混交林区石质山地的土壤和立地条件》33～60页,关君蔚、高志义《妙峰山实验林区的立地条件类型和主要树种生长情况（预报）》61～87页,关君蔚、陈健、李滨生《冀西砂地防护林带防护效果观测报告》88～102页,关君蔚《关于古代侵蚀和现代侵蚀问题》103～115页,陈健《贴地气层温度和湿度的几种特性》116～128页,李驹《拉丁学名的命名及其在科学研究上的重要性》129～140页,马太和《土壤运动形式》141～145页、张正昆《带岭凉水沟的林型和林型起源》146～161页、李恒《云南西北部地区的林型问题》162～172页,于政中《我国森林经理的发展概况》174～185页,申宗圻《压缩木的研究》186～194页,黄旭昌《云杉八齿小蠹生活习性初步观察》195～200页,邓宗文《东北和内蒙古林区森林防火调查研究试验研究简报及对防火措施的意见》201～210页。

7月,北京林学院第五届毕业生造林本科王礼先等留校。

7月,（苏）А.Б.普列奥布拉仁斯基编、北京林学院翻译室造林组译《造林学》（下册）由中国林业出版社出版。

10月,张纪光任北京林学院副院长兼代党委书记。

11月,北京林学院造林、森林经营两系合并为林业系,设林业专业,内含森林经营、森林土壤改良、森林保护3个专门化。

12月3日,北京林学院院务会议决定成立植物园规划委员会,李相符任主任。

● 1958年

1月24日,北京林学院植物园规划委员会研究通过植物园初步设计方案。

2月8日,北京林学院杨锦堂副院长向全体师生传达中共中央、国务院关于对"右派分子"的处理规定。

2月11日，第一届全国人民代表大会第五次会议通过，将森林工业部和林业部合并为林业部。

2月13日，北京林学院行政会议研究了对59名右派分子的处理意见。

4月，北京林学院行政会议决定将森林改良土壤专门化改为水土保持专门化。

5月，北京林学院增设森林病虫害防治专业。

6月7日，李相符院长向北京林学院全体学生作关于贯彻总路线的报告。

6月21日，李相符院长向北京林学院全体师生员工作《1958—1963年跃进规划》的报告。

7月12日，毛泽东同志在会见非洲青年代表团时的谈话中指出：一个国家获得解放后应该有自己的工业，轻工业、重工业都要发展，同时要发展农业、畜牧业，还要发展林业。森林是很宝贵的资源。

8月21日，毛泽东同志在中共中央政治局会议（北戴河会议）讲话中指出：要使我们祖国的河山全都绿起来，要达到园林化，到处都很美丽，自然面貌要改变过来。

8月21日，林业部决定北京林学院郑文卓、黄旭昌、郑世锴、白永寿、冯林和东北林学院石明章、卢广弟、何则恭、黄庸、马成伟各5名教师支援内蒙古林学院工作。冯林，1933年5月生，广东鹤山人。1956年毕业于北京林学院。1958年支援内蒙古后成为内蒙古林学院建校之初最早的教师之一，研究方向为森林生态，曾任内蒙古林学院教授，内蒙古农业大学教授，内蒙古生态学会的第一、二、三、四届副理事长、林业部科学技术委员会第二、三、四、五届委员、国际林业联合会会员、国家林业局陆地生态系统研究科学委员会委员、内蒙古防沙治沙协会科技委员会委员、中国生态定位站学术委员会委员，1983年被推选为内蒙古自治区人大代表，1987当选为自治区人民代表大会常务委员会委员，1998年受聘为内蒙古自治区政府参事。主讲《气象学》《森林学》《营林学》《森林生态学》《森林生态经济学》。在内蒙古根河林业局创建了内蒙古第一个森林生态系统定位观测研究站，培养7名硕士生，主持和参与5项国家和自治区科研项目。《中国林木种子区标准》获国家技术监督局科技进步二等奖。《内蒙古中西部次生林经营和基础理论研究》获林业部技术进步三等奖，主持林业部大兴安岭森林生态定位研究。撰写多部专著，任《内蒙古森林》主编，《北方次生林经营》副主编，参编《北方次生林经营》《中国森林》《中国森林生态系统定位

李 相 符 年 谱

研究》《中国生态林业理论与实践》等13部专著，撰写了近百篇学术论文。2016年6月10日去世。

10月，王希蒙支援宁夏建设。王希蒙，女，1930年6月1日生，山东蓬莱人，1953年毕业于北京林学院林学专业，1955年毕业于哈尔滨外语中专科学院，任北京林学院助教、讲师、苏联专家翻译。1958年10月25日宁夏回族自治区成立后，从全国各地、中央机关和高等院校抽调一大批各行各业的专业干部和科技人员支援宁夏建设，王希蒙支援宁夏后任宁夏农学院教师、宁夏农学院园林系副主任、主任、副院长、森林昆虫学副教授、教授。长期从事森林昆虫学教学和科研工作，兼任中国昆虫学会理事，宁夏昆虫学会理事长，宁夏农业环保学会副理事长，宁夏翻译协会常务理事，宁夏林学会副理事长。译著有《森林学》《森林经理学》《森林昆虫学》，《苏联专家论文集》（一）、（二）（合译）。曾参加全国统编教材《森林昆虫学》两版本和《中国森林昆虫》两版本的编写工作。主编《西北地区果树病虫害防治》《国际林协、东北亚森保会议译文集》《宁夏昆虫名录》《西北森林害虫及防治》《森林有害生物研究进展》等。对不同树种对天牛抗性的研究取得突破性进展，研究处于国内领先水平。获宁夏回族自治区科技进步二等奖一项，三等奖三项，获自治区科协优秀论文奖一篇，区林学会优秀论文奖三篇。40余年来发表论文50余篇，译文50余篇，撰写科普论文30余篇。宁夏回族自治区森林昆虫学的学科带头人。1979年被评为自治区先进工作者、自治区"三八红旗手"、全国"三八红旗手"。1993年享受政府特殊津贴。

10月7日，中共北京林学院党总支召开第三次党代会，审议并通过了上届工作报告及今后工作决议，动员全体党员为完成下放任务而奋斗。选举产生了新一届党的常务委员会，张纪光任中共北京林学院党委书记，委员为王玉、李韶川、李兆民、李志增、李相符、陈俊愉、凌靖、许静、张纪光、张崙、杨锦堂、杨先、谢宪举。张纪光任职至1960年10月。10月22日至27日，林业部在北京召开林业教育改革会议，研究制订高等林业教育改革方案，李相符参加会议。

11月6日，毛泽东同志在中央领导人、大区负责人和部分省市委书记参加的会议（郑州会议）讲话中指出："要发展林业，林业是个很了不起的事业。同志们，你们不要看不起林业。林业，森林，草，各种化学产品都可以出。所以，苏联那个土壤学家讲，农林牧要结合。你要搞牧业，就必须要搞林业，因为你要搞牧场。这个绿化，不要以为只是绿而已，那个东西有很大的产品。森林这个东西是多年生，至少是二十五年生，这是南方；在北方，要四十年到五十年。我们将来种树也要有一套，也是深耕细作，养鱼，养猪，种树，种粮"。"要园林化，还有个园田化。园田化就是耕作地，园林化就是耕作地和林业地合起来"。

11月12日至12月4日，中国民主同盟第三次全国代表大会在北京举行，大会选举产生第三届中央委员会委员152人，候补委员38人。在12月5日举行的三届一中全会上，沈钧儒当选为民盟中央主席，杨明轩、马叙伦、史良、高崇民、胡愈之、邓初民、陈望道、吴晗、楚图南为副主席，千家驹、王德滋、田一平、刘清扬、华罗庚、吴鸿宾、李文宜、李相符、汪世铭、沈兹九、辛志超、周建人、周新民、金岳霖、徐寿轩、张国藩、梁思成、许杰、许崇清、童第周、闵刚侯、黄炎培、闻家驷、萨空了和作为"反面教员"的章伯钧等35人为中央常务委员会委员，闵刚侯担任秘书长。

12月10日，中华人民共和国林业部部长、全国人民代表大会代表、中国人民政治协商会议全国委员会常务委员、中华人民共和国科学技术协会副主席、九三学社副主席梁希先生因患肺癌，经医治无效，在北京逝世。梁希部长治丧委员会成立，周恩来、王震、邓子恢、刘成栋、李四光、李范五、李相符、李济深、李烛尘、李维汉、沈钧儒、严济慈、季方、竺可桢、陈叔通、陈其尤、罗玉川、金善宝、周培源、周骏鸣、茅以升、郑万钧、俞寰澄、涂长望、马叙伦、徐萌山、习仲勋、郭沫若、许德珩、张克侠、张庆孚、贺龙、彭真、惠中权、傅作义、黄炎培、雍文涛、廖鲁言、潘菽为治丧委员会委员。梁希，著名林学家，林业教育家和社会活动家，原名曦，1883年12月28日生于浙江吴兴县（现湖州市）。梁希幼年，勤奋好学，聪颖过人，16岁中秀才。青年时期，追求进步，在"武备救国"思想影响下，投笔从戎，进浙杭武备学堂。1906年被选送日本留学，一年后考入士官学校学习海军，与同乡陈英士加入了孙中山建立的同盟会。1911年辛亥革命爆发，他回国参加浙江湖属军政分府新军训练工作。之后又回日本士官学校仍习海军。1913年身为班长的梁希因处罚违纪日本学生受侮，愤然改习自然科学，进入东京帝国大学农学部林科。1916年学成回国，先在奉天（今辽宁）安东（今丹东）鸭绿江采木公司任技师，后应聘为北京农业专门学校林科主任。1923年自费前往德国德累斯顿隆克逊森林学院研究林产化学，1927年回国在原校（1926年已改为北京农业大学）任教授兼森林系主任。1929年受聘为浙江大学农学院森林系主任，兼浙江省建设厅技正。1931年春中央大学校

长朱家骅请他任中大农学院院长，他到院一个月，挂冠而走，回浙大任教，1933年因不满浙大排挤农学院院长之举而辞职。应中央大学农学院邹树文院长之邀，到中大森林系任教授兼系主任，直到1949年南京解放。1935—1941年他被选为中华农学会理事长。1941年被选为部聘教授，1947年被选为中国科学工作者协会南京分会首届理事长。1948年当选中央研究院院士。1949年4月20日南京解放前夕，梁希应中共中央邀请，绕道香港赴北平参加首届新政治协商会议筹备工作。8月中央大学改名南京大学，梁希任校务委员会主席。中华人民共和国成立后，梁希被任命为中央人民政府林垦部（1951年改为林业部）部长，1955年当选为中国科学院学部委员。1958年12月1日病逝北京。梁希的主要业绩是培养了大批林业科技人才，在中国首创了林产制造化学，传播了新的林业科学理论，提出了全面发展林业、绿化全中国的林业建设方向，把中国林业建设推到一个新阶段。梁希还先后担任过中华农学会理事长、全国科普协会主席、中国林学会理事长、第一届全国人大代表、中国科协副主席、九三学社副主席等职。梁希从1916年始，从事林业教育30多年，讲授森林利用学、林产制造化学、木材学和木材防腐学等课程，他先后创建了浙大和中大的林化实验室，1937年他在重庆领导了木材学实验室、森林化学实验室和中央林业实验所林产利用组实验室。在他苦心经营下，森林化学实验室在当时国内首屈一指。新中国成立后，林业大发展，梁希深感林业人才缺乏，1952年院系调整，在他建议下，经国务院领导同意，在北京、哈尔滨、南京成立了3所林学院，并在13个农学院扩大了森林系，增加了招生名额，至1958年，全国独立的林学院已有11所，农学院中的森林系有19个，在校师生3万多人，而1950年初，全国森林系学生不到100人。任林业部长期间即提出"普遍护林、重点造林、合理经营森林和采伐利用森林"的方针和全面营造各林种的计划，宗旨是"全面造林、彻底消灭荒山，绿化全中国"。他的一整套全面发展林业的指导性意见，经中央同意在全国推行，使50年代全国林业工作出现了新局面。梁希从事林产制造化学、森林利用学的教学和科研工作40多年，他首先使"林产制造化学"成为一门独立的学科，首创了森林化学实验室，进行了松树采脂、樟脑制造器具、桐油种子分析和桐油抽脂、木材干馏、木精定量、木素定量等大量试验研究。他编写了许多讲义，其中《林产制造化学》是他花一生心血写成的60多万字的教科书，但他治学严谨，不愿草率付印，直到他去世后，才由他的学生在1983年整理出版，堪称林业科学巨著。

是年，北京林学院编《妙峰山教学试验林场设计说明书 上》《妙峰山教学试验林场设计说明书 下》刊印。

是年，北京林学院万晋教授调往河南农学院工作。万晋（1896—1973年），河南罗山人，农业教育家、林业与水土保持学家，测树学专家。1912年考入开封河南留学欧美预备学校（现河南大学）；1918年以公费留学资格入美国耶鲁大学攻读林学；1924年获耶鲁大学林学硕士学位，5月回国任北京大学农学院教授；1925年转任河南省立农业专门学校教授兼校长。1931年担任河南大学农学院森林系教授兼系主任（后兼任院长）、教授，黄河水利委员会林垦处处长，重庆农本局调正处处长，河南救济分署技正兼技术室主任，上海善后管理委员会技正，中华林学会、中国水利工程学会、中国植物学会、中国水土保持学会会员等。中华人民共和国成立后，被聘为北京农业大学森林学系教授。1952年全国高校进行院系调整后，任北京林学院测树学教授，讲授《测树学》。1958年回到家乡河南省，调入河南农学院担任教授之职。编著有《青冈二元材积表》《陕甘森林情形视察报告》，译有《林分与林木生长》《测树学》等林学名著。

是年，北京林学院白埰教授调往山西林业学校工作。白埰（1899—1968年），字幼亭，林学家、林业教育家。直隶省通州（今北京市通州区）人。1919年毕业于北京农业专门学校林学科，历任京汉铁路局林场技士、青岛市农林事务所技士、北平大学农学院森林系讲师等职。日伪时期曾担任沦陷区的"北京大学"农学院教授兼林学系主任。抗日战争胜利后历任北平临时大学第四分班教授兼森林系主任、河北省立农学院教授兼森林系主任、山西省立农业专科学校教授等职。1952年北京林学院成立后被聘为树木学教授。长期致力于林学的教学与研究工作，在《树木学》方面有较深的造诣。讲授《造林学》《树木分类学》《测树学》《森林立地学》《森林利用学》《树木学》等多门课程。主要论著有《豫南森林植物之调查及其标本的采制》《豫南及胶澳区森林植物之造林及生态的研究及其天然植物社会之比较》《青岛森林调查报告》等，编译《森林立地》《森林植物学表》。

是年，北京林学院徐明教授调往天目山林学院工作。徐明（1905—1975年），浙江嘉善人，1932年毕业于金陵大学，1947年毕业于美国路易斯爱那州立大学农学院，获农学硕士学位。回国后曾任四川中国乡村建设学院（1945年成立，院长由平教会干事长晏阳初兼任，1951年被接管改名川东教育学院，

李相符年谱

1952年院系调整并入西南师范学院）教授。中华人民共和国成立后，任重庆敦义农工学院（1950年停办）、南昌大学农学院、安徽大学农学院教授。1952年北京林学院成立后被聘为造林学教授。1958年6月浙江天目山林学院成立，徐明调天目山林学院任教授，讲授《造林学》，著有《浙江桉树的引种驯化问题》等论文。

● 1959年

3月22日，《中共中央关于在高等学校中指定一批重点学校的决定》。指定下列16个高等学校为全国重点学校：北京大学、清华大学、北京工业学院、中国人民大学、天津大学、北京航空学院、复旦大学、上海交通大学、北京农业大学、中国科学技术大学、西安交通大学、北京医学院、上海第一医学院、华东师范大学、北京师范大学、哈尔滨工业大学。

4月，李相符任第三届全国政协委员。期间在"反右倾"运动中受到批判，李相符进行了5次检查。

4月12日，《人民日报》第2版刊登《中国人民政治协商会议第三届全国委员会委员名单》，其中中国民主同盟（40名）：寸树声、千家驹、双清、邓初民、史良（女）、关梦觉、沈钧儒、沙彦楷、辛志超、杜光预、杜孟模、李文宜（女）、李相符、陈中凡、陈望道、吴富恒、吕季方、谷霁光、林仲易、林植夫、罗隆基、周新民、胡愈之、高一涵、高崇民、唐哲、章伯钧、萧华清、冯友兰、冯素陶、闵刚侯费孝通、黄执中、杨一波、杨子廉、杨明轩、闻家驷、潘光旦、谢高峰、萨空了。

8月28日，中共中央决定增加4所高等学校为全国重点学校：中国人民解放军军事工程学院、中国人民解放军军事电信工程学院、中国医科大学、中国人民解放军第四军医大学。

9月，李相符不再担任北京林学院党委书记。

10月，北京林学院主编《森林昆虫学》由农业出版社出版，李相符作序（1959年8月1日），其中写道：我认为这是我国目前第一本较为系统的全面联系中国实际的森林昆虫学。当然，由于作者们都是青年教师，经验和知识的积累还有待于丰富，本书又是第一次的尝试，对某些问题的提出以及一些问题的探讨，在深度上及着眼点上，可能还有些缺点。然而，我很欢喜看到达本书，它为

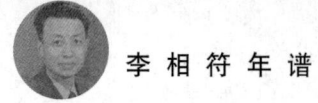

我国森林昆虫学的教学研究工作树立了榜样。

10月16日，北京林学院校庆日，越南留学生团廷海受越南驻华大使委托，向北京林学院致送贺词，并转送胡志明主席赠李相符院长的友谊纪念章。

● 1960年

7月，北京林学院毕业生林业本科贺庆棠、罗菊春、白俊义等留校。李相符说：自己都没学习好，怎么能去教学生呢！毕业生留校除了政治思想外，专业水平和外国水平很重要。

7月16日，北京林学院召开苏联专家回国欢送会，李相符参加。

10月22日，中共中央决定再增加44所全国重点大学，使原有的全国重点高等学校和新增加的全国高等学校达64所，北京林学院被列为全国64所重点高等院校之一。《中共中央关于增加全国重点高等学校的决定》（中共中央文件中发〔1960〕868号酉字）

一九五九年三月中央决定设置全国重点高等学校，是在高等教育事业大发展中，为了保证一部分学校能够培养较高质量的科学技术干部和理论工作干部，更有力地提高我国高等学校的教育质量和科学水平。由于两年来高等学校大量增加，中央原定二十所重点高等学校的数量感到太少，为了更有力地促进我国高等教育事业和支援新建高等学校的工作，中央决定再增加一批全国重点高等学校。全国重点底等学校的专业设置不宜过多，各校之间要有适当分工，学校的发展规模不宜过大，应该加以控制，以便集中力量，迅速达到提高质量的目的。

一、原有的全国重点高等学校（校名前画有☆的）和新增加的全国重点高等学校共六十四所，名单如下：

1. 综合大学十三所

☆中国人民大学、☆北京大学、☆复旦大学、☆中国科学技术大学吉林大学、南开大学、南京大学、武汉大学、中山大学、四川大学、山东大学、山东海洋学院、兰州大学

2. 工科院校三十二所

☆清华大学、☆上海交通大学、☆西安交通大学、☆天津大学、☆哈尔滨工业大学、大连工学院、东北工学院、南京工学院、华南工学院、华中工学院、重

庆大学、西北工业大学、合肥工业大学、☆北京工业学院、☆北京航空学院、北京石油学院、北京地质学院、北京邮电学院、北京钢铁学院、北京矿业学院、北京铁道学院、北京化工学院、唐山铁道学院、吉林工业大学、大连海运学院、华东水利学院、华东化工学院、华东纺织工学院、同济大学、武汉水利电力学院、中南矿冶学院、成都电讯工程学院

3. 师范院校二所

☆北京师范大学、☆华东师范大学

4. 农林院校三所

☆北京农业大学、北京农业机械化学院、北京林学院

5. 医药院校五所

☆北京医学院、☆上海第一医学院、☆中国医科大学、北京中医学院、中山医学院

6. 外语学院一所

北京外国语学院

7. 政法、财经学院三所

国际关系学院、北京政法学院、北京对外贸易学院

8. 艺术学院一所

中央音乐学院

9. 体育学院一所

北京体育学院

10. 军委所属院校三所

☆哈尔滨军事工程学院、☆第四医科大学、☆通讯工程学院

二、全国重点高等学校是我国高等教育的主要骨干，办好这些学校，对于迅速壮大我国科学技术队伍和理论，队伍具有重要意义。因此，在高等教育工作中，集中较大力量办好全国重点高等学校，这应作为中央教育部、中央各主管部门和各省（自治区、直辖市）党委共同的首要的职责。除了必须首先办好上述的全国重点高等学校以外，中央各主管部门和各省（自治区、直辖市）还应在自己所属学校中，指定本部门、本地区的重点高等学校，并把这些学校努力办好。

三、全国重点高等学校招生，应保证新生具有较好的政治条件、文化水平和健康水平。

四、全国重点高等学校的名单，供内部掌握，不公开宣布。

附：中华人民共和国教育部关于全国重点高等学校暂行管理办法

11月，王友琴任北京林学院党委书记兼副院长。王友琴，山东省益寿县段村（现青州市高柳镇北段村）人。1916年10月生，1937年参加抗日救亡工作，1938年10月加入中国共产党并参加革命工作。抗日战争时期，历任村党支部书记，区委书记，中共蒲台县委书记、县大队政委，中共垦区地委委员、组织部部长。解放战争时期，历任中共渤海区委党校党委副书记、中共惠民地委委员、组织部部长。中华人民共和国成立后，历任中共中央西南局组织部办公室主任、干部管理处处长，中共中央西南局农村工作部干部管理处处长，中华人民共和国林业部人事司副司长，森林工业部干部管理教育司副司长，林业部干部教育管理司司长，林业部森林调查局局长。1960年10月任北京林学院党委书记、副院长。"文革"期间，学院迁至云南，改称云南林业学院，任云南林业学院党委书记。1979年学院迁回北京，复任北京林学院党委书记（至1980年9月）。1979年12月当选为云南省第五届人民代表大会代表。1982年12月离休。2012年8月24日在北京去世。2002年为纪念北林建校五十周年王友琴作诗《校庆感言》：北林华诞五十年，亲耕学院三十春，漫长岁月多感慨，浩劫之年扣心弦。遣散云南八九处，山川隔绝心相连，欣聚丽江校重建，好景不长又动乱，改迁下关非心意，暂安生息待来年。智谋逢时得天助，定点昆明楸木园，人才汇集增专业，北林改名唤西南。全国招生有侧重，科研上马遥感先，旭日东升乌云散，回京复校众心愿。万人大学校园美，昔日诺言终实现，离休安度献余热，育人健身乐天年。2016年10月崔万增撰写《王友琴书记百年诞辰的怀念》（2016年10月16日北京林业大学老干部管理处《流金岁月》18期）一文。

1961年

2月，中共北京林学院党委对李相符做出处理决定：撤销党委常委职务，并建议撤销北京林学院院长职务。

2月22日，胡仁奎任北京林学院院长，任职至1966年12月。胡仁奎（字梅亭，1901.4—1966.12），山西省定襄县人，1926年10月加入中国共产党。1919

李相符年谱

年在县立中学任教。1925年考入北京大学数学系，1931年"九一八"事变后参加北大学生南下示威团。1932年大学毕业后先后在西安、运城、临汾、青岛、北平等地中学任教。1937年至1945年任晋察冀边区行政委员会副主任。解放战争期间，受中共中央委派，在重庆、南京等地从事党的地下工作。1949年中华人民共和国成立后，先在中央情报部工作，后任天津对外贸易管理局副局长、中央人民政府对外贸易部办公厅主任和对外贸易部对外贸易管理总局局长，1953年1月海关总署与对外贸易管理总局合并，任对外贸易部海关总署副署长、海关管理局副局长。1961年4月调任北京林学院院长，"文化大革命"中遭迫害，于1966年12月29日含冤病逝，享年65岁。1979年中共中央为胡仁奎平反昭雪。新华社1979年1月12日北京电：北京林学院原院长、党委常委胡仁奎同志因受林彪、江青一伙的迫害，于一九六六年十二月二十九日在北京含冤病逝，终年六十五岁。今年一月十二日下午在北京八宝山革命公墓礼堂举行了胡仁奎同志骨灰安放仪式。

● 1962年

4月，中共北京林学院党委对李相符的处理进行甄别，经中央批准的结论是：原决定李相符同志有严重"右倾"思想，列为重点批判和撤销党委常委职务的处分是错误的，应予取消。

7月29日至31日，中共北京林学院第四届党代会举行，选举于同惠、王友琴、王玉、田绿萍、兆赖之、李相符、李剑、胡仁奎、吴毅、孙德恭、许静、张中、冯致安、单洪、杨锦堂、赵德申、赵望斗、赵瑞恒、谢宪举19人为院党委委员，选举王友琴为党委书记，单洪、许静为副书记。

10月16日，北京林学院建院十周年院庆，李相符填词《渔家傲》如下：秋林红染西山色，难忘大觉旧时宅，十年星霜无休歇，红专结，踏遍兴安黄河泽。红旗漫卷迎校节，桃李成荫映秋月，一肩担荷新林业，记师说，青蓝永久相和谐。

11月9日，人民日报第二版载《国务院举行全体会议通过任免名单》：新华社8日讯　10月20日国务院全体会议第一百一十七次会议通过的任免名单如下：任命胡仁奎为北京林学院院长，王友琴、单洪为副院长；杨先晋为东北林学院副院长；王心田为南京林学院院长，马大浦、陈桂升为副院长；免去李相符的北京林学院院长职务；郑万钧、王心田的南京林学院副院长职务。

12月17日至27日，中国林学会在北京举行学术年会，这次年会是中国林学会成立以来一次较盛大的学术会议，参加这次年会的有来自全国各省（自治区、直辖市）林学会的代表共300余人。会议选举中国林学会第三届理事会，李相符当选为中国林学会第三届理事会理事长，陈嵘、乐天宇、郑万钧、朱济凡、朱惠芳任副理事长，吴中伦任秘书长，陈陆圻、侯治溥任副秘书长。常务理事会设林业、森工、普及和《林业科学》编委会4个专业委员会，陈嵘任林业委员会主任，由76位委员组成；朱惠芳任森工委员会主任，由32位委员组成；李相符任科学技术普及委员会主任，由76位委员组成；《林业科学》主编郑万钧，编委会由83位委员组成。

1963年

2月14日，中国林学会1962年学术年会提出《对当前林业工作的几项建议》，建议包括：①坚决贯彻执行林业规章制度；②加强森林保护工作；③重点恢复和建设林业生产基地；④停止毁林开垦和有计划停耕还林；⑤建立林木种子生产基地及加强良种选育工作；⑥节约使用木材，充分利用采伐与加工剩余物，大力发展人造板和林产化学工业；⑦加强林业科学研究，创造科学研究条件。建议人有：王恺（北京市光华木材厂总工程师）、牛春山（西北农学院林业系主任）、史璋（北京市农林局林业处工程师）、乐天宇（中国林业科学研究院林业研究所研究员）、申宗圻（北京林学院副教授）、危炯（新疆维吾尔自治区农林牧业科学研究所工程师）、刘成训（广西壮族自治区林业科学研究所副所长）、关君蔚（北京林学院副教授）、吕时铎（中国林业科学研究院木材工业研究所副研究员）、朱济凡（中国科学院林业土壤研究所所长）、章鼎（湖南林学院教授）、朱惠方（中国林业科学研究院木材工业研究所研究员）、宋莹（中国林业科学研究院林业机械研究所副所长）、宋达泉（中国科学院林业土壤研究所研究员）、肖刚柔（中国林业科学研究院林业研究所研究员）、阳含熙（中国林业科学研究院林业研究所研究员）、李相符（中国林学会理事长）、李荫桢（四川林学院教授）、沈鹏飞（华南农学院副院长、教授）、李耀阶（青海农业科学研究院林业研究所副所长）、陈嵘（中国林业科学研究院林业研究所所长）、郑万钧（中国林业科学研究院副院长）、吴中伦（中国林业科学研究院林业研究所副所长）、吴志曾（江苏省林业科学研究所副研究员）、陈陆圻（北京林学院教授）、徐永椿（昆明农林学院教

授)、袁嗣令(中国林业科学研究院林业研究所副研究员)、黄中立(中国林业科学研究院林业研究所研究员)、程崇德(林业部造林司副总工程师)、景熙明(福建林学院副教授)、熊文愈(南京林学院副教授)、薛楹之(中国林业科学研究院林业研究所副研究员)、韩麟凤(沈阳农学院教授)。

6月27日,吴运铎给北京林学院全体师生作革命传统教育报告。

7月,李相符任中国林业科学院副院长。

10月20日,李相符因病医治无效在北京逝世,终年58岁。李相符,中国著名林学家、林业教育家。安徽省湖东县(今安徽省枞阳县)人。生于1905年,卒于1963年10月20日,终年58岁。1924年毕业于山东农业专门学校,1925年赴日本留学,1929年毕业于东京帝国大学林科。1928年在日本东京参加中国共产党,1931年回国后历任上海劳动大学、浙江大学、武汉大学、四川大学等校教授,在此期间,还任上海左翼文化总同盟执委、第五战区豫鄂边区抗日工作委员会委员兼政治部副主任。在1946年以后,任民盟中央委员、香港民盟总部组织部副部长、民盟华中区特派员等职。中华人民共和国成立后,历任全国政协委员、中央人民政府林垦部副部长、中央人民政府林业部副部长。1953年任北京林学院院长,1962年12月被选为中国林学会第三届理事会理事长,1963年任中国林业科学院副院长。

• 1981年

4月,鄂豫边区革命史编辑部编《战斗在鄂豫边区2 回忆录之一》由湖北人民出版社出版,其中45~56页收录李相符《抗敌工作委员会》。

• 1983年

6月,方仲伯编《李公朴纪念文集》由云南人民出版社出版,其中204~205页收录李相符《我们没有眼泪,只有仇恨》。

• 1984年

4月,《董必武林业文选》由中国林业出版社出版。文选集董必武1964—1966年间发表的"大办林业,以适应国民经济建设的需要""关于植树造林的几点设想""植树造林工作应当注意解决的几个问题""在东北、内蒙古视察林业时

的诗作""对江汉平原植树的意见""同湖北省林业领导小组负责同志和林业办公室工作人员的谈话""植树造林绿化大地是后方驻军常年工作之一""公路绿化是长期事业,种树观点要贯彻到道班""致交通部、林业部召开的全国公路绿化经验交流会议的贺词""关于植树造林问题给中共中央中南局第一书记陶铸同志的信""关于后方驻军植树造林及学生植树造林问题给广西壮族自治区党委书记韦国清同志的信""植树诗——为北京林学院而作"等有关林业建设方面的讲话、建议、通信和诗词20篇。

● **1989年**

12月,《成都文史资料》1989年第4辑(总第25辑)刊印,其中1~24页收入李实育《统战工作和民主运动的杰出战士李相符教授》。

● **1990年**

7月,中国人民政治协商会议西南地区文史资料协作会议编《抗日民族统一战线在西南》(抗战时期的大西南丛书)由四川人民出版社出版,其中177~190页载《抗日民主运动战士李相符教授》。

● **1991年**

5月,徐友春主编《民国人物大辞典》由河北人民出版社出版,收录有关人物12000余人。《民国人物大辞典上》第499页收录李相符:李相符(1905—1963年),安徽桐城人,1905年(清光绪三十一年)生。1929年毕业于日本北海道帝国大学林科。回国后,曾任浙江大学教授。抗日战争期间,任第五战区文化工作委员会委员、抗敌工作委员会政治指导部副主任,四川大学教授,《唯民》周刊、《青年园地》社社长。1944年参加中国民主同盟,同年,组织成都市民主青年协会。抗日战争胜利后,任民盟中央委员兼组织委员会副主任委员。1949年出席中国人民政治协商会议第一届全体会议。中华人民共和国成立后,历任林业部副部长、北京林学院院长、中国林学会第三届理事长、民盟第一至三届中央常委。1954年12月当选为中国人民政治协商会议第二届全国委员会委员。1959年4月当选为中国人民政治协商会议第三届全国委员会委员。1963年逝世。终年58岁。著有《小规模造林法》。

12月，金其恒、范泓《统战群英》（安徽著名历史人物丛书）由中国文史出版社出版，其中103～112页载博民《一位杰出的统一战线工作者——李相符传略》。

• 1992 年

1月，李闻二烈士纪念委员会编辑《人民英烈——李公朴 闻一多先生遇刺纪实》（民国丛书）由上海书店出版社出版，其中265页收录李相符《我们没有眼泪，只有仇恨》。

• 1995 年

9月，王慧身《李相符与北京林学院》刊于《中国林业教育》1995年第5期5页。

12月，安庆市地方志编纂委员会《安庆地区志》由黄山书社出版。其中第二十三篇（人物）载：李相符（1905—1963年），桐城县人。早年留学日本帝国大学。曾任浙江大学、武汉大学、四川大学教授，中国民主同盟中央委员兼组织委员会副主委、华中区特派员，从事爱国民主运动。1949年出席中国人民政治协商会议第一届全体委员会议。中华人民共和国成立后任民盟中央常委、林垦部副部长、林业部副部长、北京林学院院长。

• 2005 年

12月4日，李相符同志诞辰100周年纪念会在北京林业大学隆重举行。参加纪念会的单位有国家林业局、民盟中央、民盟北京市委、民盟北京市海淀区委、中国林科院、中国林学会、北京林业大学等各界人士约140人出席纪念会。民盟中央宣传部部长张冠生、国家林业局人事教育司司长马安全、北京林业大学校党委书记吴斌、校长尹伟伦、中国林业科学研究院副院长金旻等领导同志及北京林业大学教授、青年学生代表和李相符同志的女儿李元研究员在纪念会上发言。纪念会由北京林业大学校党委副书记周景同志主持。北京林业大学校长尹伟伦指出，李相符院长主持学校工作期间，正处在万事开头难的阶段，他兢兢业业，带领全校师生克服一系列困难，使学校在短期内取得飞速发展，跻身于北京八大院校之列，为今后的发展和壮大奠定了坚实的基础。中国林业科学研究院分党组成员、副院长金旻在纪念会上发言说：今天，是新中国全国林业事业的主要开拓者、组织者、领导者之一,我国著名的社会活动家、林业教育家李相符先生诞辰100周年纪念日。我们在这里隆重集会,共同纪念这位新中国林业科技教育工作的奠基人和先驱。

12月,《中国林业教育》2005年第S1期纪念《纪念李相符专刊》。其中有:吴斌《发扬北林光荣传统 办人民满意的大学》(3～4页)、《前言》(5页)、尹伟伦《办好绿色学府 再铸北林辉煌——纪念李相符同志诞辰100周年》(5～6页)、《李相符同志简介》(6页)、张梅颖《追忆相符先生与民盟》(7～8页)、张观礼《中国林业教育的先驱》(8页)、《我们永远怀念他——写在中国林学会原理事长李相符同志诞辰100周年》(9～10页)、周景、李芳《创业知微彰 发展显精神——纪念李相符同志诞辰100周年》(10～12页)、胡泽民《霜叶红于二月花——缅怀我校首任院长李相符教授》(12页)、陈晓阳《缅怀李相符同志 以科学发展观为指导 辩证地处理好学校发展中的若干关系》(13～14页)、李元、李亨《木落知风劲 云开见山高——纪念父亲李相符诞辰100周年》(14～20页)、陈俊愉《回忆李相符同志》(21+20页)、廖士义《忆李相符院长》(22～23页)、齐宗庆《循循善诱 严格要求——缅怀李相符院长》(23～24页)、冯致安《纪念李相符同志诞辰100周年》(25～26页)、李景韩《回忆李相符院长》(26页)、潘章杰《陈年旧事忆故人——纪念老院长李相符100周年诞辰》(27～28页)、陈有民《怀念李相符老院长》(28页)、王慧身《李相符与北京林学院》(29～34页)、杜剑虹《忆李相符院长》(35～36页)、张纯祥《缅怀李相符院长》(37～38页)、刘榕《一封1990年的来信》(38页)、董好孟、曹仓波《对李相符院长的点滴回忆》(39页)、王治生、董好孟《我心目中的李院长》(40页)、田阳、铁铮《在李相符精神的感召下书写绿色篇章》(41～42页)、李东才《陶大镛和李荫祯所知的李相符》(42～44页)、黄中莉《缅怀李相符同志进一步推进我校民主党派工作》(45～46页)、董金宝《李老精神激励着我》(46～48页)、林雁双《留得芳香桃李间——在纪念李相符诞辰的日子里》(49～50页)、陈晓龙《纪念李相符诞辰100周年》(51～52页)、王慧身《追忆李相符院长座谈会纪要》(53～54页)、李东才《纪念李相符同志诞辰百年》(54页)、李东才《人生——纪念李相符同志诞辰百年》(55～56页)、李相符《我的自传》(57～62页)、印嘉祐、李明珠《李相符教授生平大事纪年》(63～64+52页)。刊登《李相符同志简介》。李相符(1905—1963),曾用名李

李相符年谱

士腴，安徽省桐城（今枞阳）人。李相符同志是我国著名的社会活动家和林业教育家、中国共产党优秀党员、中国民主同盟的创始人之一。他曾担任全国政协第一、二、三届委员，中央人民政府林垦部副部长，北京林学院（现北京林业大学）首任院长、第二任党总支书记、第一任党委书记，中国林业科学院副院长，中国林学会理事长等重要职务。

● 2006 年

3月，李元、李亨《回忆父亲李相符追求真理的一生》刊于《江淮文史》2006 年第 2 期 90～102 页。

● 2012 年

10月16日，北京林业大学建校60周年庆祝大会在国家体育馆举行，教师代表沈国舫院士在讲话中讲道：在这个庆典的时候，我们自然要缅怀当年决策组建北京林学院的老领导、老前辈的，缅怀以李相符教授、胡仁奎同志为首的一批老院长、老校长们，缅怀以汪振儒、郝景盛、范济洲、申宗圻、关君蔚、陈俊愉为代表的一大批已故的老教授们，同时也要感谢一大批仍还健在的为建设这个北京林业大学而辛勤出过力的老教师们和老职工的。你们前仆后继的努力奠定了今日北京林业大学取得辉煌业绩的基础，我们将永远感谢你们！

中国林业事业的先驱和开拓者
汪振儒、范济洲、汪菊渊、陈俊愉、关君蔚、孙筱祥、殷良弼、李相符年谱

后 记

我见过多位年谱中所写中国林业事业的先驱和开拓者的后代以及许多同仁，他们几乎都问这样一个问题：写这个年谱，有什么意义？首先我感谢所有关心这本年谱中的人，并且十分感谢读年谱的人，因为现在书有人读就是对作者最大的慰藉。

我在孩提时期，父亲经常给我讲到戴松恩（美国康奈尔大学细胞学博士）、马闻天（法国巴黎阿尔夫尔兽医学校兽医学博士）、王栋（英国爱丁堡大学畜牧学博士）、盛彤笙（德国柏林大学获医学博士、汉诺威医学院兽医学博士）、李继侗（美国耶鲁大学森林学博士）等先生，并且多次讲到李继侗先生并甚为赞许，他说李继侗先生是把国家的事放在心里，把国家的事当国家的事来办。1984年我报考北京林学院或多或少是受李继侗先生事迹的影响，并对我后来所做的工作也产生了很大的影响。

没有记录，就没有发生，记录对历史是多么重要，中国林业的事是多么重要。中国林业事业或者中国林业科学教育的先驱和开拓者，不是随随便便就可以当的，而是用他们自己的一生或者生命在中国林业发展的道路上铸成的，是用生命来诠释的，他们已经不再单独是一个人，而是一个事业、一座丰碑。看到他们的名字，就看到了林业发展的道路，厘清了林学发展的轨迹。关于中国高等教育人才培养的质与量问题，2005年7月29日，钱学森问道："这么多年培养的学生，还没有哪一个的学术成就，能够跟民国时期培养的大师相比。为什么我们的学校总是培养不出杰出人才？"这就是"钱学森之问"。这样的问题也只有像钱学森这样的先生才敢问。而在这22年之前的1983年5月27日，中华人民共和国首批博士学位授予大会在北京人民大会堂举行，授予中华人民共和国培养的马中骐、谢惠民、张荫南、冯玉琳、童裕孙、王建磐、于秀源、黄朝商、徐功巧（女）、徐文耀、白志东、赵林城、李尚志、范洪义、单墫、苏淳、洪家兴、李绍宽18位英才博士学位。据说，首批博士学位授予大会后，时任复旦大学校长苏步青先生说了一句让人意想不到的话："这么多博士怎么办？"这就是"苏步青之说"。这样的话也只有像苏步青这样的先生才敢说。

根据1949年9月27日中国人民政治协商会议第一届全体会议通过的《中华人民共和国中央人民政府组织法》第十八条的规定，1949年10月设置中央人民政府林垦部，主管全国的林业工作，部长梁希。林垦部设置林政司、造林司、森林经营司、森林利用司和办公厅"四司一厅"，四个司均有一个"林"字，这是林业之本。林业是和自然打交道，园林是和人文打交道，产品是不一样的。术业有专攻，虽然之间有些相互渗透，但林业要做林业的事，园林要做园林的事，但林业的事要比园林的事大得多、长远得多，不然就不会在林学院设置林业和园林两个专业，而是只设一个专业就行了，两者都应该受到重视，但林业的园林化危害是极大的。汪振儒、范济洲、汪菊渊、陈俊愉、关君蔚、孙筱祥、殷良弼、李相符8位教授，涉及森林生态学、森林经理学、风景园林学、园林植物学、水土保持学、森林利用学、林业教育学诸业，术业有专攻，专攻有所成。1948年3月20日毛泽东同志在《关于情况的通报》中告诫："政策和策略是党的生命，各级领导同志务必充分注意，万万不可粗心大意。"林业是国家的大事，是一个十分慎重的事情，一些刚毕业的学生或没有林业专业知识背景的人就做国家林业的建设与发展规划，这样不行，就像要实习医生给病人做大手术一样，是要死人的。规划也一样，要么不行，要么实施不了，林业要有林业的专业思维，园林要有园林的专业思维。规划设计要分级管理，能有国有林场自己设计的项目必须由国有林场自己设计，因为他们最熟悉自己的情况，也便于后来的实施与管理，更利于发挥林场技术人员的积极性和提高林场的综合能力。国有林场应该成为林业建设和国家造林的主体，这样中国的造林绿化事业和生态建设就容易得多了。近些年来，国有林场造林设计、造林施工、森林经营方案编制还要向社会招标，这是一个极为荒唐的事，问题就出在管理的设计上，这种管理的设计不符合林业生产的规律。我们一位林业老专家对我说："现在一些脱离实际、脱离一线由一些娃娃们编的许多规划、规程、标准、设计已经成为制约林业发展的桎梏，基层单位不执行不行，执行又执行不了。许多技术规程应该组织基层林场编写，而不是由林业院所和大专院校编写"。林业是一个实践性很强的行业，一些规范、标准由一些没有直接从事过林业实践的人编写，不知道有多少规范、标准能在林业实践中得到应用，不能把大量的标准、规范弄成没人看、没法用而又限制事业发展的搁置品。

在已有文献中，称为林学泰斗的有胡先骕、陈嵘、凌道扬、汪振儒；称为一代宗师的有胡先骕、陈嵘、梁希、邓叔群、李继侗、郑万钧、汪菊渊、叶培忠、陈植、吴中伦、陈俊愉、关君蔚、孙筱祥。我也有自己的老朋友，到目前为止，称我是他们老朋友的也有四人：湖北省林木种苗管理站老技工黄典远，北京林业大学教授汪振儒、陈俊愉，中国林业科学研究院研究员洪涛。他们四人都已经作古，但我为能有这样的老朋友感到荣幸，因为他们在世时用自己的经历、用自己的言行、用自己的成就影响着我、激励着我。对老朋友应该是有交代的。我在读博士期间，黄典远2003年5月去世，我写了纪念文章《我的师傅》刊登在2006年8月4日《中国绿色时报》上，以纪念一个普通的人，纪念像他一样为中国林业建设事业奉献一生去世的师傅们。

天下兴亡，匹夫有责。我们选择把林业作为我们的职业，作为我们自己的饭碗，我们就应该热爱林业，应该讴歌林业，我们为此奋斗，从不停息。1998年10月北京林业大学校庆日，我去看望教我们土壤学的向师庆教授，他问：工作成绩如何？我答：工作成绩一般。工作没干好，都是老师没教好。他接着说：希群，是的，作为一名教师，学生工作没干好，教师确实有重要责任，逃不过干系。1988年我们大学毕业后，一直得到大学老师们的指导和帮助。我们感谢北林，这个给我们知识、给我们爱、给我们力量的地方。我们要努力工作，努力奋斗，不然我们拿什么奉献给您，我们的母校。

森林利益关系国计民生，至为重大。西山苍苍，东海茫茫，这句是汪振儒先生的父亲汪鸾翔老先生1923年前后所写《清华校歌》的第一句，讲的是位置。有法有令，政令畅通，育林护林，守土有责，有职有权，担当重任，这就是中国林业的位置。宋代陆游曾写道：位卑未敢忘忧国。2022年是中国林科创办120周年和北林建校70周年，通过年谱，我们可以看到汪振儒、范济洲、汪菊渊、陈俊愉、关君蔚、孙筱祥、殷良弼、李相符，他们把国家的事放在心里，热爱祖国、学风正派、脚踏实地、坚持不懈、潜心致学、勇于进取，取得了前人没有的成就，为中国林科的延续和林业的发展做出了突出贡献。胡适先生1956年在美国纽约也说过："有几分证据，说几分话。有七分证据，不能说八分话"。人生多磨砺，学者当自强。一个人总得有点精神，有了精神，人才会活得硬气、志气，有了精神，人才会活得幸福、快乐，如水杉历经劫难生生不息、松树傲骨峥嵘坚韧挺拔、柏树四季常青庄严雄伟、梅花斗寒傲雪铁骨冰心。

2019年11月23日，著名诗人流沙河（余勋坦）在四川成都因病去世，我仍然记得小时候曾熟背他的诗《理想》，开头的四句是：

理想是石，敲出星星之火；

理想是火，点燃熄灭的灯；

理想是灯，照亮夜行的路；

理想是路，引你走到黎明。

这种理想，就是一种精神。振兴中华、振兴林业，就是我们的理想、我们的初心，在中国林业发展的大道上，是这些中国林业事业的先驱和开拓者点燃了前进的火炬，并且为我们一直照明，我们在这样的大道上前进，不会跌倒，也少走弯路。1988年7月我从北京林业大学毕业，父亲对我说：林业是"五个一工程"，林业是一个事业、一门知识、一项技术、一段历史、一种文化，好好工作，不枉一生。是的，人这一生，要走大道，大道越走越宽阔。正是沿着这样的中国林业大道，我们一直在前行！

王希群

2021年10月16日于中国林业科学研究院

中国林业事业的先驱和开拓者

唐燿 成俊卿 朱惠方 柯病凡 葛明裕 申宗圻 王恺年谱

王希群 傅峰 刘一星 王安琪 郭保香 ◎ 编著

唐　燿：著名木材学家，木材解剖学家，中国木材学的开拓者

成俊卿：著名木材学家，中国现代木材科学和中国林业科学研究院木材标本馆主要奠基人

朱惠方：著名木材学家、林业教育家，中国木材科学研究的开创者

柯病凡：著名木材学家，安徽农业大学木材科学与技术专业奠基人和学科带头人

葛明裕：著名木材学家，中国木材学首位博士生指导教师

申宗圻：著名木材学家，中国木材科学教育和现代木材科学的主要奠基人

王　恺：著名木材工业专家，中国木材工业主要奠基人、开拓者

中国林业出版社
China Forestry Publishing House

图书在版编目（CIP）数据

中国林业事业的先驱和开拓者 / 王希群等编著. --
北京：中国林业出版社，2022.3
ISBN 978-7-5219-1499-3

Ⅰ.①中... Ⅱ.①王... Ⅲ.①林业—先进工作者—年
谱—中国 Ⅳ.①K826.3

中国版本图书馆CIP数据核字（2021）第281406号

中国林业出版社·建筑家居分社
责任编辑 李 顺 王思源 薛瑞琦

出　版	中国林业出版社 （100009 北京市西城区刘海胡同7号）
网　站	http://www.forestry.gov.cn/lycb.html
印　刷	北京博海升彩色印刷有限公司
发　行	中国林业出版社
电　话	(010) 83143569
版　次	2022年3月第1版
印　次	2022年3月第1次
开　本	787mm×1092mm　1 / 16
印　张	85.25
字　数	1430千字
定　价	498.00元（全4册）

中国林业事业的先驱和开拓者
唐燿、成俊卿、朱惠方、柯病凡、葛明裕、申宗圻、王恺年谱

编著者

王希群　中国林业科学研究院

傅　峰　中国林业科学研究院木材工业研究所

刘一星　东北林业大学

王安琪　旅美学者

郭保香　国家林业和草原局产业发展规划院

集合同志，
　　共谋中国森林学术及事业之发达！

　　　　　　　　　　　　　凌道扬
　　　　　　　　　　　　1917年2月12日

中国林业事业的先驱和开拓者
唐燿、成俊卿、朱惠方、柯病凡、葛明裕、申宗圻、王恺年谱

前 言

  木是五行之一，钻木取火、燧木取火、精卫衔木等，都是来源于中国古代的神话传说，说明木在人类文明产生和发展中具有重要作用。木材加工是人类文明产生的重要标志，不同时代都有代表性的产品，不少木材产品（木器）也代表了当时的最高艺术成就，如山西应县木塔就是最具代表性的。在中国历史上，大约在公元前450年的春秋时期有个木匠，姬姓，公输氏，名般（班），鲁国人，由于孜孜学艺、砥志研思、勇于实践，拥有了高超技艺，被誉为木匠鼻祖，人们称他为鲁班，是工匠精神的代表性人物之一，但像鲁班这样的人，不管在任何时代、任何地方、任何单位都是很少的。保加利亚革命领袖格奥尔基·季米特洛夫（Georgi Dimitrov Mikhailov，1882—1949年）有一句名言：邮票是国家的名片。为了展示中国古代科技成就，树立古代科学家的丰碑，中国邮政从1955年开始有计划地发行《中国古代科学家》系列邮票，展示他们尊重实践、学以致用、亲自实验、虚心学习、精益求精、艰苦奋斗、不怕困难的精神，正是这种顽强的精神、崇高的气节，维系着生生不息的中华民族。唐燿、成俊卿、朱惠方、柯病凡、葛明裕、申宗圻、王恺正是具有这种精神和气节的科学家。从1955年8月25日到2002年8月20日，中国邮政共发行16位有着突出科技成就的古代科学家邮票4套共20枚，另发行小型张4枚。2019年8月24日中国邮政又发行《鲁班》邮票1套2枚、小型张1枚。鲁班，我们木匠的鼻祖，登上了国家的名片。

  百花齐放，万木争荣。中国林业事业经过百年的积淀，已经有了相当的发展，而林业是百年工程、千年工程，更需要把握历史发展的脉搏，秉承百年历史积淀，再创林业发展的辉煌。材料、信息和能源是现代科学技术的三大支柱，材料科学技术的发展在人类历史上具有重要的地位，人类对材料的认识和利用的能力，决定着社会的形态和人类生活的质量。木材是国家经济建设和人民生活不可缺少的可再生绿色资源，广泛运用于建筑装饰、家具制造、制浆造纸以及国防建设等各领域，是国民经济的重要组成部分。木材学是研究木材构造、性质和用途的一门学科，为林学的一个分支学科。20世纪初以来，唐燿等在我国率先开展木材科学的研究工作并为建立中国木材科学奠定了基础。而后，随着社会进步和经济发展的需要而得到了迅速、全面的发展，才有了今天木材科学和木材加工的繁荣。

唐　燿：著名木材学家，木材解剖学家，中国木材学的开拓者；

成俊卿：著名木材学家，中国现代木材科学和中国林业科学研究院木材标本馆主要奠基人；

朱惠方：著名木材学家、林业教育家，中国木材科学研究的开创者；

柯病凡：著名木材学家，安徽农业大学木材科学与技术专业奠基人和学科带头人；

葛明裕：著名木材学家，中国木材学首位博士生指导教师；

申宗圻：著名木材学家，中国木材科学教育和现代木材科学的主要奠基人；

王　恺：著名木材工业专家，中国木材工业主要奠基人、开拓者。

胡先骕发现唐燿是有故事的。1931年唐燿应胡先骕之邀赴北平静生生物调查所工作，并指定其从事中国木材学的研究，这件事在中国木材学研究史上具有里程碑的意义。1936年12月，唐燿著、胡先骕校《中国木材学》由商务印书馆出版，成为中国木材学形成的重要标志。1939年9月，经济部中央工业实验所在四川北碚创立经济部中央工业试验所木材试验室，是中国第一个木材试验室，唐燿任主任，自此木材试验室成了中国木材学家的摇篮。1979年3月，唐燿在《木材科研工作五十年》一文中说："有人称赞我是木材专家，我的回答是：我钻得还不够，如在国外已有40多年历史的木材超微观构造研究，它和木材材性试验的关系是我们从事木材解剖学的一个新的领域，这在我国还是一个空白"。可以看到一个科学家的高尚情操和对问题的深度思考。1985年9月，他的继任者成俊卿主编《木材学》由中国林业出版社出版，将木材学的研究推到了另一个高点，期间花费了近50年的时间。

《考工记》（据考证成书于春秋齐景公年间）中说："天有时，地有气，材有美，工有巧，合此四者，然后可以为良"，这是我国古人对木材工艺最早的智慧总结和价值判断，其中既蕴含着人与自然和谐的共生关系，也揭示着天人合一的基本内涵。1937年1月中国工业化思想史上的重要代表性人物、中央工业实验所所长、中央大学机械系兼职教授顾毓瑔在《工业中心》第6卷第1期1~2页发表《编辑者言：我们如何为中国工业服务》一文中写道："我们工作的态度，是为工业界服务，工作的主旨，是协助工业考验工业原料，改进制造技术，鉴定工业产品，不管是手工业或是工厂工业，都是我们服务的对象。他们的问题，都是我们访问研究的材料"。他在文中最后说："工业研究与试验，是工业建设的唯一有力的工具，亦是工业进步的唯一可靠的途径。无论工厂工业及手工业，都需要这个工具，都必须取这条途径。我们愿意将这个工具，贡献于中国工业，并愿以服务之态度，来导中国工业走上这条途径"。

中国要从制造大国向制造强国转变，必须培育更多大国工匠，大力弘扬工匠精神。发展要靠积累，科学技术的发展尤为如此，木材科学发展到今天，全球范围内木材标本、世界范围内木材大数据和木材在人类文明发展历程中的作用及产品展示代表着木材科学发展的水平，木材结构、木材工业、木业经济和木文化是木材科学研究永恒的主题。没有无源之水、无本之木，了解我国木材科学先哲的足迹，把握木材科学研究的脉搏，沿着木材科学发展的趋势，站在世界木材科学研究和发展的高台上，不断地发现问题，不断地解决问题，探索科学问题和解释科学规律，把木材科学研究从一个高度推到另一个高度，不断开辟木材科学研究与应用新的领域，这是木材科学研究和发展永恒的道路。

《我爱你中国》是电影《海外赤子》的一首经典插曲，1979年由瞿琮作词、郑秋枫作曲，歌词的最后一句：我要把美好的青春献给你，我的母亲、我的祖国。是的，一代人有一代人的奋斗，一个世纪有一个世纪的担当，中国木材科学的世纪七星，唐燿、成俊卿、朱惠方、柯病凡、葛明裕、申宗圻、王恺，他们这些中国林业事业的先驱和开拓者已经做到了，他们把一切献给了祖国，献给了党，献给了人民，献给了林业事业，成为现代科学家的丰碑，正如1965年美国《音乐之声》中 Edelweiss 中所唱的那样：Bless my homeland forever！我们向他们致敬，向他们学习。

1960年之后唐燿名写为唐耀，他说自己由火光变成了日光，由主动光变成了被动光；1937年之后朱会方开始使用朱惠方名，朱惠方、朱会方、朱慧芳并用，特此说明。

王希群
2020年3月15日于中国林业科学研究院

中国林业事业的先驱和开拓者
唐燿、成俊卿、朱惠方、柯病凡、葛明裕、申宗圻、王恺年谱

目 录

前言

唐　燿年谱 / 001

成俊卿年谱 / 053

朱惠方年谱 / 081

柯病凡年谱 / 109

葛明裕年谱 / 145

申宗圻年谱 / 169

王　恺年谱 / 199

后记　　　 / 247

唐燿年谱

唐燿（自中国科学院昆明植物研究所）

 唐燿年谱

● 1905年（清光绪三十一年）

1月6日，唐燿、唐耀（Yao Tang, Tang Y），字曙东，生于江苏省江都县（今扬州市），祖籍安徽省泾县榔桥唐村。唐燿祖父唐士坚；父亲唐棣华，泾县秀才；母亲朱氏。

7月，（日）宫崎辰之允《清国林业及木材商况视察复命书》由农商务省山林局出版（明治三十八年七月）。

● 1908年（清光绪三十四年）

是年，（日）桥本秀久《南满洲木材商况调查书》由农商务省山林局印行。

● 1910年（清宣统二年）

是年，美国林产品实验室（Forest Products Laboratory，缩写FPL）建立，位于威斯康星州麦迪逊市，是美国林务局（US Forest Service）的重点实验室，主要工作是应用先进的科研成果来提高木材的利用率，通过资源的高效可持续利用，来促进森林和林业经济的健康发展。美国林产品实验室是世界上馆藏量最大的研究木材标本馆之一（木材标本收藏量超过103000号标本，隶属2700属；腊叶标本近29000份，占木材标本量的40%；光学显微切33000余片）。标本馆利用馆藏标本开展解剖学研究并且在鉴定工作中作为对照凭证。木材解剖研究中心不断增加新的标本，修订更新木材名称和满足美国及世界各国的木材鉴定的需求。现在标本馆已进行数字化，建立了庞大的数据库，包括每种木材和腊叶标本信息，为美国和世界木材行业提供服务。

● 1914年（民国三年）

1月，《中国森林和木材供应》刊印。

● 1918年（民国七年）

8月，（日）三浦伊八郎《木材化学》由丸善株式会社出版。

● 1923年（民国十二年）

8月，唐燿考取南京东南大学理学院植物系。

是年,南满洲铁道株式会社总务部调查课《我国木材需给及满洲木材》由南满洲铁道总务部调查课刊印。

• 1926 年(民国十五年)

1 月,商务印书馆创办综合性科技期刊《自然界》,主编周建人,《自然界》首次明确提出科学的中国化的口号,并以此为宗旨,秉持科学本土化的理念,进行科学本土化传播的实践。《发刊旨趣》中说:科学上的理论和事实,须用本国的文字语言为适切的说明,须用我国民所习见的现象和固有的经验来说明;还须回转来用科学的理论和事实来说明我国民所习见的现象和固有的经验。说明科学必须民族化和本土化的重要意义。

4 月,唐燿《我国矿产在世界上之地位》刊于《自然界》1926 年第 4 期 299～303 页。

• 1927 年(民国十六年)

是年春,唐燿从南京东南大学理学院植物系(理科生物系)毕业,期间受到东南大学生物系教授胡先骕指导。

5 月,美国芝加哥大学动物学博士、教授纽曼(Dr.H.H.Newman)著,唐燿译《比较解剖学上之天演观》刊于《科学》1927 年第 12 卷第 5 期 584～593 页。

• 1928 年(民国十七年)

是年,唐燿在扬州中学担任生物教员,自编教材、开设实验课,时吴征镒为该校学生。《吴征镒自定年谱》载:1931 年,15 岁。夏,跳考江苏省立扬州中学读高中。"九·一八"事变,写下古风一首《救亡歌》。受唐燿(字曙东)先生鼓励,立志攻生物学。这里可能吴征镒记载有误,时间应该是 1930 年。

3 月,原著者菩罗克,翻译者徐璞《木材》(商业丛书)由商务出版社出版。

7 月 18 日,静生生物调查所委员会成立,由中基会周诒春、任鸿隽、翁文灏、丁文江与尚志学会陈宝泉、王文豹、江庸、祁天赐及范源濂弟范旭东组成,负责对重要事务做出决定。第一次会议在北平南长街 22 号中基会事务所举行,除江庸和丁文江外，其余委员均出席。会议通过《静生生物调查所委员会章程》《静生生物调查所计划及预算》，推举任鸿隽为委员会主任，翁文灏为书记，王文豹为会计等。秉志提议胡先骕任植物部主任。会议主席说明，秉志不在北平时，由胡先骕代行所长职权。会议决定，静生生物调查所成立日期为10月1日。秉志（1886.4.9—1965.2.21），动物学家。满族，生于河南开封，原名翟秉志。1908毕业于京师大学堂。1913年、1918年先后获美国康奈尔大学学士和博士学位。美国SigmaXi科学荣誉学会会员。1948年当选为中央研究院院士。1955年被选聘为中国科学院学部委员。曾历任南京高等师范学校、东南大学、厦门大学、中央大学、复旦大学教授，中国科学社生物研究所和静生生物调查所所长，中国科学院水生生物研究所、动物研究所研究员。中国近代生物学的一代宗师，近代动物学的主要奠基人。1915年与留美同学组织了中国最早的群众性学术团体"中国科学社"，并刊行中国最早的学术刊物《科学》。1922年8月18日创办我国第一个生物系——南京高等师范学校生物系。1922年与胡先骕、杨铨（杏佛）共同建立我国第一个生物学研究机构——中国科学社生物研究所。1928年与植物学家胡先骕创建了北平静生生物调查所。中国动物学会创始人之一，并任第一届理事长。为中国培养了王家楫、伍献文、欧阳翥、卢于道、张孟闻、张宗汉等大批生物学家。研究领域广泛，在昆虫学、神经学、动物区系分类学、解剖学、形态学、生理学及古动物学等领域均有许多开拓性工作，对进化理论深有研究。晚年从事鲤鱼实验形态学的研究。秉志的代表性学术论文及专著有《咸水蝇生物学的研究》《白鼠上颈交感神经大形细胞之生长的研究》《江豚内脏之解剖》《中国白垩纪之昆虫化石》《鲤鱼解剖》和《鲤鱼组织》等。他博学多才，善诗文，留下诗作近200首，厦门大学何厉先生代为批点编次，在秉志百年诞辰时，由中国动物学会印成专集出版。曾当选为河南省人大代表及第一、二、三届全国人民代表大会代表。

10月1日，静生生物调查所成立典礼在石驸马大街83号举行。中基会董事会职员、尚志学会职员、静生生物调查所委员会委员、该所职员、北平博物会职员、各学校生物教授等中外宾客50余人出席。静生生物调查所设动物部和植物部，分别由秉志、胡先骕任主任。植物部成员有唐进、汪发缵、李建藩、冯澄如、张东寅等。

唐燿年谱

● 1930年（民国十九年）

7月5日，中央工业实验所成立，隶属国民政府实业部，所长徐善祥。徐善祥（1882—1969年），字凤石，上海人，获耶鲁大学理学学士学位和哥伦比亚大学哲学博士学位。曾任中央大学、东吴大学教授，中央工业试验所所长，国民党政府实业部技监。中华人民共和国成立后，历任商务印书馆董事、上海市科技协会会长，中国最早设计接触法制硫酸设备的专家，并完成上海新业硫酸厂建设，对推动中国化学工业的发展起了重要作用。著有《英汉化学新字典》《定性分析化学》《中国油漆之研究》。曾主编民国新教科书（数理化）10种。

● 1931年（民国二十年）

1月1日，唐燿与扬州中学附属小学教师曹觉结婚。

2月，胡先骕邀唐燿赴北平工作，蜜月未满，便只身北上到静生生物调查所工作。自此，唐燿走上了一条探索木材的奥秘、开拓中国木材学的道路。

9月25日，天津博物院改称河北第一博物院，院长严智怡，并身兼河北省教育厅厅长之职，创刊《河北第一博物院半月刊》，每期四版，半月出一期，各版均采用图文并茂之形式。严智怡（1882—1953年），中国近代博物馆事业开拓人。字慈约，天津市人，早年受业于著名教育家张伯苓。1903年留学日本，1907年毕业于东京高等工业学校。1913年任直隶商品陈列所所长，主张收集民族、民俗实物材料。1915年出席巴拿马万国博览会，考察美国教育与博物馆后，携回印第安人民俗文物多种，把征集民俗文物的范围扩及国外。1916年组织天津博物院筹备处。1922年任该院院长，兼天津公园董事会会长。1925年任天津广智馆董事会董事、董事长。1928年天津博物院改为河北第一博物院，仍为院长，努力推进院务，扩充陈列，发行院刊，使博物馆初具规模。同时竭力倡导保护地方文化古迹，多次组织河北各县古物遗迹调查及植物标本采集。1935年3月在天津病逝。

是年，国际木材解剖学家协会（International Association of Wood Anatomists，IAWA）成立，是木材科学领域重要的国际学术组织，长期致力于全球木材解剖学及木材科学与技术的发展与进步。

1932 年（民国二十一年）

6月15日，唐燿著 "Timber Studies of Chinese Trees Ⅰ: Timber Anatomy of Rhoipteleacea"《中国木材志（一）：穗果木科木材解剖之研究》刊于《静生生物调查所汇报》1932年第3卷第9号。

7月4日，Y. TANG（唐燿著）"Timber Studies of Chinese Trees Ⅱ: Identification of Some Important Hardwoods of Northern China By Their Gross Structure Ⅰ"《中国木材志（二）：华北阔叶树材之鉴定（Ⅰ）》刊于《静生生物调查所汇报》1932年第3卷第13号。

9月，《河北第一博物院半月刊》由河北第一博物院在天津主办，出第一期，半月刊，此刊于抗战爆发后不久停刊，期间曾数次更改刊名，1932年11月25日出版29期时，改称《河北第一博物院半月刊画报》，1933年9月第49期起改名为《河北第一博物院画报》，1935年1月第80期起改名为《河北博物院画报》，1937年7月停刊，共出140期。严智怡《发刊词》：本院乃普通之博物院，而非专门之博物院，其天职，盖在阐明文化，发扬国光，以辅助学校教育社会教育之不逮，所负之使命至重且大也。夫欲文化之普及，非宣传不为功，欲广宣传，必以印刷品为唯一利器。本刊刊行之主旨，盖在普及文化教育，并以引起一般人士对于博物院之注意而已。本刊内容，分自然科学与历史学术两大纲，于文化教育以及社会需要之知识，罔不力事灌输，并竭力征求中外古今学者之著作，广为发表，以为社会与文化沟通之枢纽，尤力避枯燥之弊，务以增加读者兴趣为归。惟就内容门类言，其界限固极广泛，而本院所定标准，务摈糠秕，专采精英，择别既严，取材自非易易，敝同人等，力本绵薄，鸟能臻于美备，倘荷海内学者不吝教言，时加匡正，则本院之幸，亦社会之幸也，若夫覩是刊而兴起，惠然来观，是尤本院所最欢迎希冀者矣，第一期编次既就，将付手民，爰志数语于简短。

11月24日，唐燿著 "Timber Studies of Chinese Trees Ⅲ: Identification of Some Important Hardwoods of South China By Their Gross Structure Ⅰ"《中国木材志（三）：华南阔叶树材之鉴定（Ⅰ）》刊于《静生生物调查所汇报》1932年第3卷第17号253～338页和附图。

11月25日，《河北第一博物院半月刊》第29期，改名《河北第一博物院半月刊画报》。

12月，工商部与农矿部合并成为实业部。工商部中央工业试验所更名为实业部中央工业试验所。

12月，《静生生物调查所第四次年报》14～15页载：唐燿君专攻中国木材之研究及其在经济上之价值，本年将自中国各地采集之大批木材加以鉴别者计有117属，172种，其中22属为裸子植物，此外制成切片约500张，木材显微镜照片100余张，木材比重上之研究数十种。唐君复作中国珍奇木材之研究如 *Rhoipetelea chiliantha* Diels et Hand.（马尾树）及 *Bretschneidera sinensis* Hemsl.（南华木）等。

是年，国民政府中央工业试验所木材试验室在南京建立了一个木材标本馆。

是年，广西农学院林学分院木材本室由谢福惠教授创立，收藏木材标本计针叶树材8科19属，阔叶树材95科295属，1000余种。

• 1933年（民国二十二年）

2月，唐燿《对于实业部拟创立造纸厂评议》刊于《科学的中国》1933年第2期11～13页。

3月，唐燿《对于实业部拟设造纸厂之意见》刊于《浙江省建设月刊》1933年第3期36～248页。

3月16日，Y. TANG（唐燿著）"*Timber Studies of Chinese Trees Ⅳ: Anatomical Studies and Identification of Chinese Softwoods Ⅰ*"《中国木材志（四）：中国裸子植物各属木材之研究（一）》刊于《静生生物调查所汇报》1933年第3卷第13号。

4月，唐燿《对于实业部拟创立造纸厂评议》刊于《农业周报》1933年第2卷第17期4～6页。

6月，唐燿《中国木材问题》刊于《科学的中国》1933年第1卷第12期13～16页。唐燿《中国之木材问题》还刊于《农业周报》1933年第2卷第14期9～14页。

7月，唐燿《木材识别法》刊于《科学》1933年第17卷第7期1049～1079页。

10月，唐燿《木材识别法（续第17卷第7期）》刊于《科学》1933年第17卷第10期1659～1696页。

是年，唐燿当选为国际木材解剖学家协会会员。

是年，（日）关谷文彦《木材工艺学》由东京养贤堂出版。

是年，（日）北岛君三《树病学及木材腐朽论》由东京养贤堂出版。

唐　耀　年　谱

● 1934 年（民国二十三年）

3 月，《中国植物学杂志》创刊，由中国植物学会编行。唐耀《中国木材问题》刊于《中国植物学杂志》第 1 卷第 1 期 36～40 页，该文论述中国进口木材（分北美、日本、南洋、印度、苏联及欧洲等地）的种类、性能等；同期，唐耀著《评印度商用木材》刊于 99～103 页。

3 月，唐耀《对于实业部创立造纸厂之评议》刊于《中华农学会报》1934 年第 122 期 35～37 页。

是年春，中央工业实验所林械组成立材料试验室，林祖心任室主任，开始木材及其他材料试验研究。林祖心（1905—1971 年），年轻时在比利时沙城大学学习航空机械，回国后在南京国民政府实业部任技师兼任中央工业试验所材料试验室主任。1937 年中工所西迁重庆，林祖心未随单位西迁，在中央陆军军官学校（其前身为著名的黄埔军校）特别训练班任交通教官。1942 年初，林祖心任卡拉奇专员，参与了闻名于世的中印空中航线"驼峰航线"。中华人民共和国成立后，1958 年被任命为福建省交通厅科学研究所（即福建省交通科学技术研究所前身）所长。

3 月 16 日，唐耀《中国木材志（四）·中国裸子植物各属木材研究（一）》刊于北平静生生物调查所印行《静生生物调查所汇报》（第 4 卷第 7 号）。该文记载裸子植物 41 种 24 属 6 科，大部分仅根据一号标本记载树径、产地、材性、树皮及工艺性质，是用放大镜和显微镜的观察。

8 月，《中山文化教育馆季刊》创刊于上海，由中山文化教育馆编辑，中山文化教育馆出版物发行处发行，胡先骕《树木学和木材学之研究与国民经济建设》刊于《中山文化教育馆季刊》1934 年创刊号 252～255 页。

9 月，唐耀《输入外材之研究（附有关木材识别上及材性上之重要典籍举隅）》刊于《中国植物学杂志》1934 年第 1 卷第 2 期 169～199 页。

是年，苏联 С.И. 瓦宁（С. И. Ванин）著《木材学》教科书出版，成为世界上第一部木材学教科书。该书第 3 版（1949 年出版）由申宗圻、黄达章、白同仁译，1958 年由中国林业出版社出版。斯蒂芬·伊万诺维奇·瓦宁（Stepan Ivanovich Vanin, S. I. Vanin），苏联科学家，著名森林植物病理学家和木材学家，被认为是苏联森林植物病理学的奠基人。瓦宁 1891 年 1 月 11 日生于俄罗斯梁赞州车里雅宾斯克（Kasimovsky, Ryazan Oblast, Ruslan）。1902—1909 年在教区学校和卡西莫夫完成小学教育，并在卡西莫夫中学机械学校完成中学教育。1910

唐燿年谱

年进入圣彼得堡林学院（林业研究所）学习，并在 A S Bondartsev 教授的指导下，在圣彼得堡帝国植物园中央植物病理站实习，1914 年完成了一本寄生虫和危害木材的第一本书，1915 年毕业并获得学士学位。之后在著名林学家 G F 莫洛佐夫的指导下完成研究并取得了最高工程师文凭。1917—1919 年在圣彼得堡帝国植物园中央植物病理站担任研究人员，1919 年担任站长助理，1919 年 3 月调到沃罗涅日农学院工作，他开始讲授农业和森林植物病理学课程同时进行科学研究，1922 年回到列宁格勒林学院担任助教一直到教授，1924 年担任植物病理系和木材科学系主任，1930 年领导并创办了单独的木材科学系。1931 年他汇集 10 年的研究成果编写了第一本《森林植物病理学（Forest Phytopathology）》科教书，1934 年出版了《木材学》，在木材科学实验中，他研究了木材的物理、机械和化学特性，特别是高加索和卡里米亚的乔木和灌木的木材。1935 年瓦宁在没有经过论文答辩而基于一系列科学著作而被授予农学博士学位。1938 年他和 S E Vanina 发表了一系列古代世界家具的文章，他还在《Natura》上发表了关于古埃及和巴比伦的花园和公园的论文。他一生写了 140 多篇论文、专著、教材，很多作品多次修订和重新出版，被翻译成多国文字。他是苏维埃社会主义共和国功勋科学家，并获得斯大林奖。1950 年 2 月 10 日猝然去世。

8 月 10 日，唐燿《中国木材图（续第 69 期）》刊于《河北第一博物院半月刊》1934 年第 70 期 2 页。

8 月 25 日，唐燿《中国木材图（续第 70 期）》刊于《河北第一博物院半月刊》1934 年第 72 期 2 页。

9 月 10 日，唐燿《中国木材图（续第 71 期）》刊于《河北第一博物院半月刊》1934 年第 73 期 2 页。

9 月 25 日，唐燿《中国木材图（续第 72 期）》刊于《河北第一博物院半月刊》1934 年第 74 期 2 页。

10 月 10 日，唐燿《中国木材图（续第 73 期）》刊于《河北第一博物院半月刊》1934 年第 75 期 2 页。

10 月 20 日，唐燿《中国木材图（续第 74 期）》刊于《河北第一博物院半月刊》1934 年第 76 期 2 页。

11 月 8 日，Y. TANG（唐燿）"*Timber Studies of Chinese Trees* Ⅴ: *Preliminary Study on the Weight of Some Chinese Woods*"《中国木材志（五）：中国木材重量之初

步研究》刊于北平静生生物调查所《静生生物调查所汇报》1934年第5卷（植物）第4号。

11月10日，唐燿《中国木材图（续第75期）》刊于《河北第一博物院半月刊》1934年第77期2页。

11月25日，唐燿《中国木材图（续第76期）》刊于《河北第一博物院半月刊》1934年第78期2页。

12月10日，唐燿《中国木材图（续第78期）》刊于《河北第一博物院半月刊》1934年第79期2页。

12月25日，唐燿《中国木材图（续第79期）》刊于《河北第一博物院半月刊》1934年第81期3页。

● 1935年（民国二十四年）

1月，唐燿《木材形体学之名词》刊于《中国植物学会汇报》1935年第1卷第4期428～441页。

1月10日，唐燿《中国木材图（续第80期）》刊于《河北第一博物院半月刊》1935年第85期3页。

1月20日，唐燿《中国木材图（续第81期）》刊于《河北第一博物院半月刊》1935年第86期3页。

是年春，秉志、胡先骕向美国洛氏基金会推荐，申请奖学金，该会副主席东亚部主任甘氏亲往静生生物调查所加以考察，认为唐燿木材试验室成绩优良，允为赞助赴美继续研究。

5月，唐燿《木材解剖术》刊于《中国植物学会汇报》1935年第2卷第1期554～563页。

8月，《科学》1935年第19卷第8期1330页刊登《唐燿将赴美研究木材》。

8月，Y. TANG（唐燿著）"A Preliminary Study on the Identification of the Economic Woods of China"《中国经济的木材的初步鉴定》刊于中山大学农林植物研究所"Sunyatsenia"《中山专刊》1935年第3卷第1号。

是年秋，唐燿获得美国洛氏基金会的奖学金，赴美国康涅狄格州纽黑文的耶鲁大学（Yale University）留学。在耶鲁大学，唐燿跟随20世纪国际木材解剖学大师Samuel J. Record（1881—1945年）教授学习木材解剖学、森林利用学等课

程，攻读博士学位。

是年，唐燿完成《中国木材研究》论文（英文）7 篇，编著《中国木材学》。

是年，T. A. MCELHANNEY AND ASSOCIATES "*CANADIAN WOODS THEIR PROPERTIES AND USES*"《加拿大木材的性能和用途》刊印。

● 1936 年（民国二十五年）

9 月，唐燿《国产木材之利用》刊于《中国植物学会杂志》1936 年第 3 卷第 3 期 1137~1154 页。

12 月，唐燿著《中国木材学》由商务印书馆出版，《中国木材学》约 50 万字，记载我国 300 余种 217 属木材的分类及材性。胡先骕先生对此评价很高，在《中国木材学》序中写道："唐君燿，自民国二十年，即锐意于中国木材之研究，四年以来，筚路蓝缕。举凡典籍材料之搜罗，均已蔚然可观。其在本所用英文发表之论文，计有华北重要阔叶树材之鉴定，华南重要阔叶树材之鉴定，中国裸子各属于木材之初步研究等重要之专刊。在任何文字中，中国木材之有大规模科学的研究，实以此为嚆矢。以是世界上之以木材为专门研究之学者，均极赞许之。异日，倘唐君之《中国木材图志》"*A Mannal of Chinese Timbers*"，全稿完成，其裨益于中国之森林及工程上当更大也。

● 1937 年（民国二十六年）

1 月，唐燿《国产木材之利用》刊于《科学》1937 年第 1 期 16~33 页。该文还刊于《工业中心》1937 年第 1 期 15~24 页和《地理教育》1937 年第 2 卷第 2 期 34 页。

3 月，唐燿当选为美国科学学会会员。

6 月至 9 月，唐燿利用暑期访问美国、加拿大的林产研究所。

11 月，实业部中央工业试验所西迁重庆，更名为工商部中央工业试验所，所地址位于重庆沙坪坝对岸的盘溪镇。

● 1938 年（民国二十七年）

6 月，唐燿在耶鲁大学获得博士学位，指导教师 Samuel J. Record，博士论文题目 "*Systematic Anatomy of the Woods of the Hamamelidaceae*"《金缕梅科木材系

统解剖的研究》。唐燿在导师 Samuel J. Record 的允许下，选锯了 1000 多属木材标本，得到中华教育文化基金会的资助，利用暑假访问英、德、法、瑞士、意大利等国的有关大学、图书馆和研究机构，先后拍摄近 1219.2 米的文献资料。

6 月至 1939 年 7 月，唐燿获中基会奖学金，自 8 月开始在欧洲进修一年。

6 月 15 日，经济部训令（汉秘字第 1447 号），令中央工业试验所技正顾毓珍、张永惠、杜春宴、罗致睿、唐燿充任该所油脂试验室及化学分析室、纤维试验室、胶体试验室、电气试验室、材料试验室主任。经济部部长翁文灏。

7 月，唐燿在静生生物调查所津贴月薪 80 元。

7 月，静生生物调查所与云南省教育厅和云南大学合办云南农林植物研究所。

9 月至 12 月，唐燿在英国参观林产研究室。

● 1939 年（民国二十八年）

1 月至 2 月，唐燿到英国访问牛津大学森林研究所。

1 月，中央技艺专科学校（简称中央技专）创建，校长刘贻燕。同年秋招生。设有皮革科、造纸科、农产制造科、纺织染科和蚕丝科。开办初期因校舍不足，学校将蚕丝科委托南充蚕丝职业学校代办，皮革科委托成都华西大学化学系代办。其余各科均办在乐山。

2 月，高维乃《木材与化学工业》（化学工业小丛书第十一种）由中华书局出版。

3 月至 6 月，唐燿在德国参观林业研究所、材料试验所、航空研究院、威廉最高科学院；在法参观各木材研究机关及木材专科学院；在瑞士参观工业大学等机构。

7 月 7 日，唐燿由欧返抵香港，7 月 16 日赴沪探亲。回国之前，唐燿得到中华教育文化基金会的资助，访问英、德、法、瑞士、意大利等国的有关大学和研究机构，并得到 4000 英尺* 文献资料，1939 年整装归国，他将数年来收集的资料、木材标本共 19 箱（重约 2 吨）托运香港，1941 年 10 月运抵四川乐山。

8 月底，唐燿自欧洲回到上海，稍事停留即往香港，旋经滇越铁路到达昆明，于黑龙潭云南农林植物研究所拜访胡先骕，并与在农林所的前静生生物调查所同仁们相聚。

---

* 1 英尺 =30.48 厘米（cm）。

9月2日，唐燿由沪启程，经海防于9月22日由昆明飞往重庆，在中央工业试验所开展工作。工业试验所为唐燿配备两名助教，嘱其在北碚筹设中央工业试验所木材试验室。

9月，经济部中央工业实验所在四川北碚创立经济部中央工业试验所木材试验室，是中国第一个木材试验室，负责全国工业用材的试验研究，唐燿任静生生物调查所与经济部工业试验研究所在四川乐山合办的木材试验研究室（1942年改称木材试验馆）主任，任职至1949年12月。

12月，（日）本间一男著《木材工艺法》由工业图书株式会社出版。

• 1940年（民国二十九年）

1月，经济部中央工业试验所《木材试验室特刊》在四川创刊，由顾毓琼、唐燿创办，唐燿任主编，经济部中央工业实验所木材试验室农产促进委员会发行，月刊，属于林业刊物，1945年3月停刊，共出版29号。唐燿《建树中国林产工业应有之动向》刊于经济部中央工业试验所《木材试验室特刊》1940年第1期3~18页。

2月，《木材试验室特刊》1940年第2期出刊，共14页，唐燿、陈学俊、郭鸿翱《中国木材研究之基本问题》刊于2~12页。

3月，《木材试验室特刊》1940年第3期出刊，共9页，唐燿《中央工业试验所木材试验室计划纲要》刊于1~8页。

3月，《木业界》创刊于上海，上海市木业教育促进会出版委员会编印。馆址位于上海爱多亚路上海市木业促进会，1940年底停刊，1946年7月复刊。《发刊词》：敬爱的全体先进和亲爱的全体从业弟兄们：今天，《木业界》创刊号在充满感谢，充满希望，充满惶恐，这几种交织着的情绪下面，和大家相见了。本刊今天能和大家相见，首先得感谢许多热心赞助的先进们！在全民族为着生死存亡而艰苦奋斗着的今天，在上海变成孤岛已经两年多的今天，我们可敬爱的先进们，不但不因为持久的战争降低了他们的热情，不但没有被孤岛环境磨折了他们的意志，而且能够把眼光看得更远大，把视野放得更辽阔，热心捐助了许多钱，从事本业教育的促进使本刊今天能够以"切磋学术，发表经验，交换意见，沟通消息"的姿态和全体从业弟兄们相见，这不但将成为本业发扬的开端，而且将成为整个民族经济向前发展的征兆。本刊终于在今天开始和大家相见了。敬在这见面时，愿寄其满腔热烈的希望；希望本刊成为全体从业弟兄们自我教育的学校；

希望全木业界——从本市的到全国的，因为有了本刊而消除了几世纪来的隔阂，打成一片，合力负起民族经济的建设任务。是的，这些希望，不是能够凭空实现的，必须经过大家的始终的艰苦努力，方才能够实现。我们每一个木业的从业弟兄们的学识经验，由于本国文化程度的一般落后，所以都很有限和贫乏，可并不是一些也没有；从今天开始，应当尽量把所知的随时在本刊发表，自然也能够有切磋发扬的效果。全体从业弟兄们如果能够在本刊上时常交换意见，一定都会得亲亲切切，互助合作，那末，力量的积集，便是事业成就的起点哩。千百年来散漫沉寂的木业界中出现了本刊，这好比黑漫漫的长夜里点起了第一支烛光，惶恐的情绪是难免的。这不是说将因此而战慄，却是说大家应当怎样诚惶诚恐，忍耐细心地负起责任来，做下去。横在我们的面前，是条艰苦崎岖的长路。光明是一定来临的，但也许等着我们去追寻。我们所处是各动荡激变的大时代，因之本刊所负也将是有着非常使命的重任，这只有在本业先进们的经常指导和全体从业兄弟们的通力合作下，本刊方能生存滋长而且也一定会生存滋长的。这些是本刊在交织着情绪下面创刊时所要说的几句话，努力吧！亲爱的全体从业弟兄们！

4月，《木材试验室特刊》1940年第4期出刊，共14页，唐燿《中国林产实验馆计划书草案》刊于1～13页。

3月，唐燿《论川康木材工业》刊于《建设周报》1940年第23～26期82～152页。该文还刊于《科学世界》1940年第10卷第3期263～267页。

4月，唐燿《设立中国木材试验室刍议》刊于《科学》1940年第24卷第4期297～303页。《设立中国木材试验室刍议》提出设立该室之目的有数端：一、促进并辅助有关林业之公私机关，进行大规模吾国现有森林之调查和发展；二、调查吾国现在木业之情况，并征集伐木锯木等之方式及其用具，木材干燥法及一切有关木材之制造品，以便厘定名称并改良土法；三、进行中国商用木材及可供开发主要林木各种材性上之试验与研究；四、根据调查及试验与各国成例，改良旧式木工业之制造、处理、应用上各问题，并协助新式木工业之发展。

5月，唐燿《中国林业问题》刊于《新经济半月刊》1940年第3卷第10期18～20页。

5月30日，胡先骕给重熙的信。前函言宗清事，想已入览。近彼又来函，渎援硬谓桂先生营私，语意亦至不逊，时日未到，即索五月薪。渠私人卖家具款亦向骕索付，可谓不明事理已极。已去函诰诫，彼任性如此，恐无法相处矣。划

唐耀年谱

头款已办好否,盼即寄下以应急需,并请函黄绍绪寄我一稿费详账为盼。得唐曙东函,云彼须在沪购照相用具、一部分仪器书籍,曾作数函奉托,尚未见复,不知是否因社务事冗,抑嫌曙东絮烦,或不谙人情?曙东缺点甚多,然努力工作之情,殊堪佩仰。吾在国家兴建立场,宜不吝相助,且木材研究仍为静生之事业,尚望为骕为之帮助也。彼现有充分经费,惟颇缺助理人,彼甚需工科毕业生为助,尚望特为留意。如有此项优等毕业生,有志于研究而不图近利者,请特为介绍,如有长于中英文而愿任编辑之人,彼亦乐用之也。专此,即颂 近祉 先骕拜启 五月卅日[1]。刘咸(1901—1987年),字重熙,笔名观化、汉士等。江西都昌人。著名生物学家、人类学专家,复旦大学人类学教授。早年就读于江西省立第一中学。1925年毕业于东南大学生物学系,留校任助教。后任台湾清华大学生物系讲师。1928年留学英国牛津大学,修人类学,1932年获硕士学位。曾入选英国皇家学会人类学会会员、巴黎国际人类学院院士、国际人类考古学会议中国委员。回国后,任山东大学生物系教授兼系主任,从事体质人类学研究。1935年任中国科学社编辑部部长,主编《科学》。1945年任上海临时大学教务长。1946年任暨南大学教授,兼人类学系主任、理学院院长。1949年5月上海解放后担任复旦大学社会学系主任、人类学教授。1952年任复旦大学生物学系人类学教研室教授。后兼任上海人类学会理事长、中国民族学会顾问、上海自然博物馆顾问、《中国动物学》杂志主编等。1987年9月23日因病去世,享年86岁。刘咸曾将收集的高山族民俗文物400多件(套)全部捐赠复旦大学。著有《动物学小史》《印度科学》《海南黎族起源之初步探讨》《岭南从猿到人发展史》《猿与猴》等教科书和著作。

6月,《木材试验室特刊》1940年第5、6期出刊,共19页,唐耀《木材之力学试验》刊于1~18页。

6月,中央工业实验所木材试验室遭日军轰炸。

7月,唐耀《中国林产促进讲话(绪言)》刊于《农业推广通讯》1940年第2卷第7期16~17页。

7月8日,胡先骕给重熙的信。重熙仁弟惠鉴:前函述及陈封怀薪金,计已达览。自七月份起,辅仍聘唐曙东为本所(静生)兼任技师,月薪百元。七月份

---
[1] 周桂发,杨家润,张剑.中国科学社档案整理与研究·书信选编[M].上海:上海科学技术出版社,2015:126.

款拨到即以百元送予其夫人，如能代为先筹百元送去，尤感。盖其夫人近方生产，费去五百余金，经济十分窘迫也。六月廿四日，北碚被炸，中工所全部被焚，曙东之衣物文稿全部被毁，国外所抄之文献亦被毁一部，可谓惨矣。专此，敬颂 近祺 先骕拜 七月八日 [2]。

7月10日，胡先骕给重熙的信。重熙仁弟惠鉴：六月十七日手书拜悉。唐曙东疏于人事，脯所素悉，彼在社呵斥传达事，骕此次在渝即曾告诫？尊函所言种切当再告彼，惟尚乞念彼人本不坏，而在同门中又为最能努力学问之人，此次在渝所遭又酷，务请在可能范围内尽力为之帮忙为荷。此函到沪时，宜之度已南下，渠此次之行纯应秉师之招，如秉师不能设法为之筹得旅费，则彼将无办法矣。中正事先尚无确讯，仲吕所言彼亦曾函告，信否不可知，此事骕无所容心。滇所得各方补助，前途至为光明。此外一方既有种苗公司之组织，一方黄野萝又能在美集得巨资回国，经营农林事业。故除非各方推挽，必须骕为桑梓服务，骕亦无须自寻麻烦也。然苟骕终回赣者，则至迟一二年后必办理学院，仍盼吾弟能回赣相助也。李羽笙已赴沪，曾晤见否？余容后详。即颂 近祺 骕拜启 七月十日 致秉师一笺，乞转交为荷 [3]。

7月，唐燿《中国林产促进讲话》刊于《农业推广通讯（1939年）》1940年第7期7~18页。

8月，中央工业实验所木材试验室室迁至乐山，曹觉到木材试验室担任工作人员。

8月，《木材试验室特刊》1940年第7、8期出刊，共23页，唐燿《影响木材力学性质诸因子》刊于1~22页。

10月，《木材试验室特刊》1940年第9、10期出刊，共18页，唐燿《木材力学试验指导》刊于1~17页。

11月，《木材试验室特刊》1940年第11期出刊，共12页，唐燿《建树（简述）吾国航空用木材事业刍议》刊于1~11页。

12月，《木材试验室特刊》1940年第12期出刊，共23页，唐燿《林产利用术语释义（1940年草案）》刊于1~19页。

---

[2] 周桂发，杨家润，张剑. 中国科学社档案整理与研究·书信选编[M]. 上海：上海科学技术出版社，2015：129.

[3] 周桂发，杨家润，张剑. 中国科学社档案整理与研究·书信选编[M]. 上海：上海科学技术出版，2015：130.

12月,经济部中央工业试验所《木材试验室特刊》(第一卷,民国二十九年出版)由经济部中央工业试验所木材试验室刊印,由顾毓琼、唐燿主编,包括《建树中国林产工业应有之动向》第1号、《中国木材研究之基本问题》第2号、《中央工业试验所木材试验室计划纲要》第3号、《中国林产实验馆计划书草案》第4号、《木材之力学试验》第5号、《建树吾国航空用木材事业刍议》第6号、《林产利用术语释义》第6号。

是年,唐燿编译《林产利用术语释义》(经济部中央工业试验所《木材试验室特刊》)由经济部中央工业试验所木材试验室、农产促进委员会刊印。

● 1941年(民国三十年)

1月,《木材试验室特刊》1941年第13期出刊,共21页,唐燿《技术丛编(一)》刊于1~21页。

2月,抗日战争开始后,中华林学会中断活动,在姚传法等的倡议下,在大后方的林学界人士在重庆召开中华林学会第五届理事会,姚传法为第五届理事会理事长,梁希、凌道扬、李顺卿、朱惠方、姚传法为常务理事,傅焕光、康瀚、白荫元、郑万钧、程复新、程跻云、李德毅、林祐光、李寅恭、唐燿、皮作琼、张楚宝为理事。中华林学会名誉理事长:蒋委员长、孙院长、孙副院长、陈部长伯南。名誉理事:于院长、戴院长、翁部长咏霓、张部长公权、陈果夫先生、陈部长立夫、吴一飞先生、朱部长骝先、吴鼎昌先生、林次长翼中、钱次长安涛、邹秉文先生、穆藕初先生、胡步曾先生[4]。

2月,唐燿奉农林部派代农林部中央林业试验所简任技正兼副所长辞未就。

3月,《木材试验室特刊》1941年第14、15期出刊,共21页,唐燿《中国木材用途之初步记载(一)》刊于第14期1~11页,唐燿《木材之干燥》刊于第15期12~17页。

4月,《木材试验室特刊》1941年第16期出刊,共15页,唐燿《记美国林产研究所》刊于1~13页。

4月,唐燿《中国木材初志(上)松柏材类》刊于《工业中心》1941年第8卷第3、4期38~44页。

---

[4] 中国第二历史档案馆.中华民国史档案资料汇编[第五辑·第二编·文化(二)][M].南京:江苏古籍出版社,1998:455.

5月，《木材试验室特刊》1941年第17、18期出刊，共22页，唐燿《木材之水分》刊于第17期1~12页，唐燿《中国木材物理性质试验报告一：青杠含水量之分析》刊于第18期13~19页。

7月，《木材试验室特刊》1941年第19、20期出刊，共40页，唐燿《1.木材之收缩，2.中国木材物理性质试验报告二：青杠收缩之研究》刊于1~40页。

7月，唐燿《建树中国林产工业应有之动向》刊于《全国农林试验研究报告辑要》1941年第1卷第5期136~137页。

8月10日，胡先骕复任鸿隽函，告知在四川乐山开辟木材实验馆之唐燿，应当得到静生所之津贴。其中提道：唐燿为静生成就最大之一人。

9月，《木材试验室特刊》1941年第21、22期出刊，共28页，唐燿《木材之密度及比重》刊于第21期1~20页，唐燿《中国木材物理性质试验报告Ⅲ：青杠比重之初步试验》刊于第22期21~25页。

9月，唐燿《论川康木材工业》刊于南京《科学世界》1941年第10卷第5期263~267页。

10月，《中华林学会会员录》刊载：唐燿为中华林学会会员。

10月，姚传法、唐燿《中国林学研究之展望》在《林学》1941年第7号8~10页刊登。文中提出：我国林业教育多年来始终为农业教育之附属品，事关利用全国土地1/2之森林，迄今仍无一所专科学校或林学院，农林二者性质不同，农林教育之宗旨与方法各异，中华林学会之历届年会均有决议案送请教育部以筹设林科大学或大学林学院，均被搁置。已有之林业专门人才，必宜善为利用，确加保障；将来之林业人才，必宜从速造就，以符"百年树人"之明训。今日应为国家找人才，不应任专家随便找事，应为国家造就人才，不应任青年随便读书。彻底改造全国森林教育，俾有独立之系统，视全国林业之环境，分区设立林科大学或大学林学院，提高师资，充实设备，精分课目，以造就适应时代之林业专门人才，并树立森林教育之中心。

10月，唐燿讲演，余继泰记《抗战期间中国木材利用问题》（应中华自然科学社嘉定分会学术讲演）刊于《林学》1941年第7期33~37页。

10月，唐燿《中国木材初志》刊于《全国农林试验研究报告辑要》1941年第1卷第5期135~136页。

10月7日,唐燿寄存于香港华南植物所书籍,标本共19箱,经仰光由渝运抵乐山。

12月,《木材试验室特刊》1941年第23、24期出刊,共23页,唐燿《木材之防腐剂》刊于1~23页。

12月,经济部中央工业试验所《木材试验室特刊》(第二卷,民国三十年出版)由经济部中央工业试验所木材试验室刊印,由顾毓琼、唐燿主编,包括《技术丛编(一)》第13号、《中国木材用途之初步记载(一)》第14号、《木材之干燥》第15号、《记美国林产研究所》第16号、《木材之水分》第17号、《中国木材物理性质试验报告——青杠含水量之分析》第18号、《木材之收缩》第19号、《中国木材物理性质试验报告二：青杠收缩之研究》第20号、《木材之密度及比重》第21号、《中国木材物理性质试验报告Ⅲ：青杠比重之初步试验》第22号、《木材之防腐剂》第23号。

● 1942年（民国三十一年）

2月,唐燿《木材试验室概况》刊于《工业中心》1942年第1、2期1~8页。

3月,《木材试验室特刊》1942年第26期出刊,1~10页收录克拉克著,唐燿译《植物细胞壁之结构》。

3月,《木材试验室特刊》第25、26、27期出刊,共51页。

6月,《木材试验室特刊》第28、29期出刊,共30页,唐燿《1.木材之韧性,2.国产木材韧性研究之一：两峨产阔叶材之初步记载》刊于经济部中央工业试验所《木材试验室特刊》第3卷第2期(28、29号合订本)1~30页。

6月,唐燿《中国木材研究之基本问题》刊于《新生路月刊》1942年第5、6期11~17页。

7月,《木材试验室特刊》1942年第3卷第30期出刊,共18页,唐燿《国产木材工作应力之初步检讨(一)》《林木研究文献》刊于第3卷第30期1~2页。

8月,在中央工业试验所的协助下,唐燿在乐山购下灵宝塔下的姚庄,将中央工业试验所木材试验室扩建为木材试验馆,唐燿任馆长。根据实际的需要,唐燿把木材试验馆的试验和研究范畴分为八个方面：①中国森林和市场的调查以及木材样品的收集,如中国商用木材的调查；木材标本、力学试材的采集；中国林区和中国森林工业的调查等。同时,对川西、川东、贵州、广西、湖南的伐木工业和枕木资源、木材生产及销售情况，为建设湘桂、湘黔铁路的枕木供应提供了依据。还著有《川西、峨边伐木工业之调查》《黔、桂、湘边区之伐木工业》《西南木业之初步调查》等报告，为研究中国伐木工业和木材市场提供了有价值的实际资料。②国产木材材性及其用途的研究，如木材构造及鉴定；国产木材一般材性及用途的记载；木材的病虫害等。③木材的物理性质研究，如木材的基本物理性质；木材试验统计上的分析和设计；木材物理性的惯常试验。④木材力学试验，如小而无疵木材力学试验；商场木材的试验；国产重要木材的安全应力试验等。⑤木材的干燥试验，如木材堆集法和天然干燥；木材干燥车间、木材干燥程序等的试验和研究。⑥木材化学的利用和试验，如木材防腐、防火、防水的研究；木材防腐方法及防腐工厂设备的研究；国产重要木材天然耐腐性的试验。⑦木材工作性的研究，如国产重要木材对锯、刨、钻、旋、弯曲、钉钉等反应及新旧木工工具的研究。⑧伐木、锯木及林产工业机械设计等的研究。

8月，《木材试验室特刊》1942年第3卷第31、32期出刊，共33页，唐燿、屠鸿远《国产重要木材之基本比重及计算出之力学抗强》刊于2~30页。

8月，姚传法、唐燿《从中国森林谈到中国木材问题》刊于《林学》1942年第1~4页。

8月，唐燿《中国商用木材初志》刊于经济部中央工业试验所《木材试验室专报》1942年第1号1~55页。

8月，国民政府交通部、农林部筹办木材公司，委托中央工业试验所木材试验室主任唐燿组织中国林木勘察团，调查四川、西康、广西、贵州、云南五省林区及木业，以供各地铁路交通之需要，共组织五个分队，结束之后均有报告问世，唐燿为之编写《中国西南林区交通用材勘察总报告》。川康队由柯病凡担任，负责勘察青衣江及大渡河流域之森林及木业，注重雅安一带电杆之供应，及洪坝等森林之开发。曾就洪雅、罗坝、雅安等地调查木材市场，就天全之青城山勘察森林；复经芦山、荥经，过大相岭抵汉源，勘察大渡河及洪坝之森林，更经富林，由峨眉返乐山。行程1700余里*，共历时69日。西南队由王恺担任，勘察赤水河流域附近之森林，都柳江（都江、榕江、融江）一带之林木，以及桂林、长沙等地木业市场。其由乐山出发，沿长江而下，调查宜宾、叙永、古蔺、赤水、合江等地之森林及木业；复由贵阳乘车至都匀，经墨充步行转黄山勘察森

---

*1里=500米（m）。

林，更乘车往独山，起旱至三都（三合都江），沿都江乘船赴榕江；路行至黎平、从江（用从下江）、榕江三县交界之增冲、增盈勘察森林，调查伐木；再沿榕江下行，经从江、三江至长安镇，调查木业。抵融县后，曾由贝江河溯流而上，至罗城三防区之饭甑山，勘察森林，调查该区伐木状况后，折返融县，沿融江经柳城至柳州，乘车至桂林，调查该二地之木业情况；复乘湘桂路往湖南之衡阳，转粤汉路往长沙，调查木业，沿湘江，经洞庭湖边境至常德，转桃源之辄市调查木业。此行经过四省，历时约四月。黔桂分队：系王启无担任，勘察黔东、桂北一带之林木；并就广西罗城北部之天然林作较详细之勘察。其沿清水江而下，勘察林木，在剑河之南哨以上，发现大片原始林，在锦屏之小江口、八卦河、平路、隅里、稳洞、偏坡（湖南）、远口、岔初、中林、鳌鱼嘴、楼梯坡等苗寨墟市，勘察杉木；更由黎平之蹲硐、扫硐、八洛，而入广西之福禄、长安等地，由融江转入寺门河，抵罗城，详勘罗城北部森林一月。然后由罗城北部之杆岗，越九万山，复入贵州之从江，勘察榕江北部寨高以上之林区。惜该时适值苗变，未能深入。总计此行，经3000里以上，历时近三月。广西分队，主要勘察湘桂铁路广西境内枕木之供应，系由广西大学森林系汪振儒教授主持，由蔡灿星、钟济新沿湘桂路勘察恭城、灌县、全县、兴安、灵川、临桂、百寿、永福八县之林木，为时约二月。湖南分队：主要勘察湘桂及粤汉两路间三角形地带内枕木之供应，系由中山大学蒋英教授主持，由林锡勋往祁阳、零陵、道县、永明、江华六县，由曾昭钜往宜章、临武、蓝山、嘉禾、桂阳、郴州六县勘察。

9月，唐燿《中国木材标准化之商榷》刊于南京《科学世界》1942年第11卷第5期273～278页。

是年，中央技艺专科学校校长周原枢聘请唐燿兼任乐山的中央技艺专科学校教授，讲授木材造纸、林产制造、木材化学等课程，期间唐燿编写《木材力学试析》《木材力学试验指导》讲义。

12月，经济部中央工业试验所《木材试验室特刊》（第三卷，民国三十一年出版）由经济部中央工业试验所木材试验室刊印，由顾毓琼、唐燿主编，包括《川西伐木业之调查》第25号、《植物细胞壁之结构》第26号、《木材力学抗强在维持饱和度下调整之方法》第27号、《木材之韧性》第28号、《国产木材韧性研究之一》第29号、《国产木材工作应力之初步检讨（一）》第30号、《国产重要木材之基本比重及计算出之力学抗强》第32号。

12月，唐燿、屠鸿远《国产重要木材基本比重及计算出之力学抗强等级表》刊印。

是年，唐燿以从美寄回的资料标本扩建"木材试验馆"。唐燿一方面参考国外带回的图纸，并借用武汉大学迁到乐山的部分机电设备，解决了木材试验设备；另一方面组织人力赴峨边、峨眉采集木材标本。木材试验馆先后取得42种国产木材的韧性、121种国产重要木材的基本比重和力学抗强、中国西部重要商品材及其材性、中国木材的基本收缩率、乐山5种木材的平均含水量、8种国产木材的天然抗腐性等一大批科研成果。

● 1943年（民国三十二年）

1月，昆明泰山实业公司编印的《工程学报》创刊，季刊，出版1943年第1期，由陈克诚编辑，四川乐山文化印书馆刊印，昆明泰山实业公司发行。

1月，唐燿《林木研究通俗讲座（六）：森林与国防》刊于《农业推广通讯》1943年第5卷第1期81~84页。

3月，唐燿《水土保持讨论特辑（上）：林木研究通俗讲座（八）：现阶段中之林业建设》刊于《农业推广通讯》1943年第5卷第3期45~47页。唐燿《水土保持讨论特辑（上）：林木研究通俗讲座（八）：吾国森林调查之回顾与前瞻》刊于《农业推广通讯》1943年第5卷第3期47~48页。

4月，姚传法、唐燿《森林与国防》刊于《林学》1943年第9号14~16页。

4月，唐燿、刘晨《林木研究通俗讲座（九）：木材的新用途》刊于《农业推广通讯》1943第4期35~41页。

4月10日，唐燿《林木研究文献》刊于《林木》1943第4期1~2页。

5月下旬，英国李约瑟博士为调查战时中国各地科研情况，对四川西南部进行访问。在乐山的五天内参观了武汉大学、中央技专和中央工业试验所的木材试验室。

6月，唐燿、王恺《林木研究通俗讲座（十一）：吾国战后十年内工程建国上所需木材之初步估计》刊于《农业推广通讯》1943年第5卷第6期44~48页。同期，唐燿、王恺《林木研究通俗讲座（十一）：中国木材储量及伐木量之初步估计》刊于48~50页。

7月1日，《静生生物调查所汇报》新1卷1号在战时地址中正大学所在地

（江西泰和杏领村）印行，卷号从新1卷1号起重新编序，胡先骕撰写前言。Yao Tang（唐燿著）"Systematic Anatomy of the Woods of the Hamamelidaceae"《金缕梅科木材系统解剖的研究》刊于《静生生物调查所汇报》1943年新1卷1号8～63页。

7月，唐燿、柯病凡《林木研究通俗讲（十二）：数种航空兵工用材产量之记载》刊于《农业推广通讯》1943年第5卷第7期60～61页。

7月，唐燿《木材与工程》刊于《工程学报（昆明）》1943第1卷第3期53～54页。

9月，唐燿《木材之干燥》刊于《农业推广通讯》1943年第9期49～52页。

9月，唐燿《国产重要木材基本比重及计算出之力学抗强（松柏材或软材）》刊于中国工程师学会衡阳分会《工程》1943年第16卷第3期77～78页。

10月，唐燿《林木研究通俗讲座（十五）：木材与工程》刊于《农业推广通讯》1943第5卷第10期28～30页。

10月，唐燿《国产木材天然耐腐性记载（一）：乐山区之数种重要木材》刊于经济部中央工业试验所《木材试验室特刊》第3卷第34期。

12月，唐燿《木材之工作性》刊于经济部中央工业试验所《木材试验室特刊》第3卷第36期。

12月，唐燿、屠鸿远《吾国西部产重要商用材及其材性简编》刊于经济部中央工业试验所《木材试验室特刊》第3卷第37期。

12月，唐燿、屠鸿远《技术丛刊（二）》刊于经济部中央工业试验所《木材试验室特刊》第3卷第38期48～63页。

12月，《木材试验室特刊》1943年第33～38期出刊，共68页。

12月，经济部中央工业试验所《木材试验室特刊》（第四卷，民国三十二年一月至十二月出版）由经济部中央工业试验所木材试验室刊印，由顾毓琼、唐燿主编，包括《乐山区木材平衡含水量之记载》第43号、《乐山区木材天然防腐性之记载》第44号、《黔贵湘边区之伐木工业》第45号、《木材之工作性》第46号、《吾国西部产重要商品材及材性简编（附计算出工作应力表）》第47号、《技术丛编（二）》第48号。

12月，唐燿著《中国西南林区交通用材勘查总报告》（44页）由交通部林木勘查团、农林部林木勘查团刊印。

1944年（民国三十三年）

2月，（日）厚木胜基《木材化学及化学的应用》由诚文堂新光社出版。

3月，唐燿《十年来中国木材研究之进展》刊于《农业推广通讯》1944年第3期11～13页。

4月，唐燿《林木研究通俗讲座（二十一）：木材化学近年来在国内外之进展》刊于《农业推广通讯》1944年第6卷第4期33～36页。

7月，唐燿《林木研究通俗讲座（二十三）：林木研究文献（三十二年四月）》刊于《农业推广通讯》1944年第6卷第7期40～42页。

8月，唐燿《编订中国木材规范刍议》刊于《农业推广通讯》1944年第8期63～64页。

8月，唐燿《十年来中国木材研究之进展》刊于《科学》1944年第27卷第7～8期47～50页。

8月，唐燿《中国木材材性之研究（一）：木荷》刊于经济部中央工业试验所《木材试验室特刊》1945年第4卷第39期。文中载：本文材料，系中国木业公司四川分公司所赠，由技士王恺在四川峨边沙坪林区所采得。力学试机，系借武大材料实验室进行。收缩试验、比重测定，系由屠技士鸿远主其成、已故助理员王华世佐其事，历时二载以上；纤维及导管之测定有助理研究员成俊卿佐其事；从事力学试验者由助理研究员何定华、何天相（协助分配试材）助理工程员张定邦及武大机械系学生多人；协助整理力学试验结果者有屠鸿远、整理比重者有柯技士病凡、制表绘图者有魏亚、李先荫等，校对则有柯病凡、魏亚任其劳。本文自试材之采集、锯制、分配、试验及整理，前后历时三载，惟以战时人力物力之种种困难，苟非各方之协助及本馆工作人员之热忱从事，则此草创之作，尚难睹其成也。

9月，唐燿《中国木材材性之研究（二）：丝栗》刊于经济部中央工业试验所《木材试验室特刊》1944年第4卷第40期58～92页。

9月，唐燿、樊文华《尿素木之研究与进退》刊于《海王》1944年第17卷第11期84～86页。

10月，唐燿《国产木材基本收缩率之初步记载（一）》刊于经济部中央工业试验所《木材试验室特刊》1944年第4卷第41期93～96页。

11月，唐燿《手刨手锯初步之研究：中工木材馆》刊于经济部中央工业试验所《木材试验室特刊》1944 年第 4 卷第 42 期 97 ～ 100 页。

12 月，唐燿《技术丛编（三）》刊于经济部中央工业试验所《木材试验室特刊》1944 年第 4 卷第 43 期 101 ～ 118 页。

12 月，《木材试验室特刊》1944 年第 39 ～ 43 期出刊，共 135 页。唐燿《本刊之回顾与前瞻》刊于 2 ～ 4 页。

• 1945 年（民国三十四年）

1 月，《木材试验室特刊》第 44 期出刊。

1 月，唐燿《本刊之回顾与前瞻》刊于唐燿、顾毓琼主编经济部中央工业试验所《木材试验室特刊》1945 年第 5 卷第 45 期 1 ～ 3 页。

10 月，经济部派唐燿前往东北参加工业试验所接收东北大陆科学院，辞未就。

12 月，唐燿《中国木材材性之研究（一）：木荷》"Properties of Chinese Timbers Ⅰ Muho：Schima crenata Korth"刊于《经济部中央工业试验所木材试验室专报》第 2 号 1 ～ 55 页。

12 月，经济部中央工业试验所《木材试验室特刊》（第五卷，民国三十三年至三十四出版）由经济部中央工业试验所木材试验室刊印，由顾毓琼、唐燿主编，包括《中国木材材性之研究（一）：木荷》第 39 号、《中国木材材性之研究（二）：丝栗》第 40 号、《国产木材基本收缩之初步记载（一）》第 41 号、《手刨手锯初步之研究》第 42 号、《技术丛编（三）》第 43 号。

12 月，唐燿《经济部中央工业试验所木材试验馆著作品》刊于《经济部中央工业试验所木材试验室专报》1945 年 4 页。

12 月，唐燿《中国木材材性之研究（二）：丝栗》刊于《经济部中央工业试验所木材试验室专报》第 3 号 8 ～ 42 页。

是年，唐燿著《经济部中央工业试验所木材试验馆五年来工作概况及成效二十九年至三十三年》（经济部中央工业试验所木材试验馆工作报告）由经济部中央工业试验所刊印。

是年，经济部中央工业试验所《木材试验室特刊》改名为《木材技术汇报》后没能继续刊行。

唐燿年谱

● 1946年（民国三十五年）

6月，唐燿、屠鸿远《木材天然耐腐性及平衡含水量之记载》刊于《农业推广通讯》1946年第6期20～22页。

9月，（英）Beaulieu. A. E. 著，王承运译《实用木材学》在《木业界》1946年新第3期开始连载，至1948年新2第8期共连载20余期。

6月15日，胡先骕致函韩安，催促落实合作采集经费，及商讨如何将木材试验馆由经济部改隶农林部。竹坪所长吾兄勋鉴：六月十日手书并悉，冯、吕二君俸津均已收到。江西、云南两省采集队均整装待发，而贵所采集费迄未拨下，坐视好采集季节之消失，至为可惜。吾兄果诚意合作采集者，望于得此函后，即日将采集费分别电汇庐园与滇所，至以为祷。吾兄欲邀唐曙东来贵所任顾问，兼木材系主任甚佳。弟意宜商之左舜生，请其与陈启天部长商酌，将整个木材试验馆由经济部拨归农林部，则一切设备材料图书皆可移转，庶唐君多年心血所积不至因来贵所而抛弃也。木材试验馆之成立，静所曾有所协助，而陈部长又为东南大学毕业生，弟可为此事作函分致左、陈二公。彼二人同党，应更易商量也。不知兄意如何？专此候复，敬颂 台祺 弟胡先骕拜启 六月十五

6月20日，韩安复函胡先骕，告知采集经费已分别汇出。步曾吾兄惠鉴：拜读六月十五日大函，祗悉种切。前遵雅嘱，于五月廿日将赣、滇二处合作采集费各五百万分别汇出；一汇九江牯岭庐山植物园；一汇昆明云南农林植物研究所，此刻定克收到。本所具万分诚意与贵所合作，一切事宜自当遵约履行，祈勿疑念。至聘唐曙东事，已上书左部长，请与陈部长磋商，能将木材试验馆由经济部拨归农林部，尤为欣幸。备请分神代向两部长进言，以便促成，至深拜感。唐君本人意见如何，亦乞代征询。迩绥 韩安拜 六月廿日

是年，唐燿加入中国植物学会。

● 1947年（民国三十六年）

1月，唐燿《木材的新利用》刊于《雷达》1947年第79期7页。

2月，唐燿《木材新制品》刊于《木业界》1947年新2第2期28页。

2月，唐燿《木材新制品（续）》刊于《木业界》1947年新2第3期54页。

7月，唐燿当选国际木材解剖学学会常务理事。《科学》1947年第29卷第7期215页刊登《国内消息：唐燿博士——荣誉》。国际木材解剖学会——为世界

唐 燿 年 谱

性之专业学会，成立于1931年，有专门会员百余人，隶属三十余国。近据英国牛津大学该会秘书宣布，经两次复选，吾国唐燿博士已当选为该会下届理事，任期三年，谓是吾国参与国际学术之一荣誉。据悉唐氏从事吾国木材研究已十余载，现任主办经济部中工所木材试验馆于乐山云。

9月，张英伯《滇西数种木荷属分类与木材解剖之研究》（国立中央研究院工学研究所研究报告第二号）由国立中央研究院工学研究所刊印。

是年，Alexander L. Howard "*Trees in Britain and Their Timbers*"《英国的树与木材》由 Country Life Ltd 出版。

● 1948年（民国三十七年）

1月，唐燿《木材之干燥》刊于《木业界》1948年新2第5期99～101页。

3月，唐燿《中国之森林资源》刊于《思想与时代》1948第53期21～34页。

3月，唐燿《中国主要林区之分布》刊于《木业界》1948年新2第7期147页。

4月，Yu, C. H. "*Anatomy of the Commercial Timbers of Kansu*"《甘肃商品木材解剖》刊于 *Bot.Bull.Acad.Sin.* 1948年第2卷第2期127～130页。喻诚鸿（Yü Cheng-Hung, Yu, C. H., 1922—1993年）。江西南昌人。1944年8月毕业于西北农学院森林系，获学士学位。同年9月在四川乐山中央工业试验所木材试验馆任助理工程师，至1947年5月，其间曾任中学教师。1947年6月至1950年9月在上海中央研究院植物研究所森林生态室任助理员，从事木材解剖工作。1950年10月至1958年12月在北京中国科学院植物分类研究所（1953年改名为植物研究所）工作，先任助理研究员，1956年获四等科学奖金，1957年升为副研究员。1951年10月加入九三学社。1959年1月至1962年2月在兰州中国科学院兰州农业物理所（后改名为生物土壤所）工作，研究经济植物罗布麻。1962年3月调至华南植物研究所，帮助开展形态解剖学领域的研究，当时挂靠在植物分类研究室，下设形态研究组。喻诚鸿先生1979年任华南植物所情报研究室主任。1980年华南植物所建立形态室，喻诚鸿先生兼任形态室主任。1981年2月任华南植物所副所长。1982年升为研究员。1984年3月起任广东省五、六届政协常委，九三学社广东省委员会第一、二届副主任。

是年，（日）田中胜吉《木材干燥论》（订正版）由丸善社出版。

是年，安徽大学农学院林学系木材标本室设立，收藏木材标本约4572号，857属，专门研究安徽木材和东南亚木材。

• 1949年

5月，中央林业实验所华北林业试验场合并到华北农业科学研究所，成立华北农业科学研究所森林系。

9月27日，中国人民政治协商会议第一届全体会议一致通过，中华人民共和国采用公元纪年。

9月27日，中国人民政治协商会议第一届全体会议通过的《中华人民共和国中央人民政府组织法》第十八条的规定，于1949年10月设置中央人民政府林垦部，主管全国的林业工作。

9月29日，中国人民政治协商会议第一届全体会议通过《中国人民政治协商会议共同纲领》第三十四条规定，林业的方针是："保护森林并有计划地发展林业"。

11月，松本文三著、孟宪泰译《木材干燥法》由青岛中纺公司编辑委员会印行。

12月16日，乐山解放，唐燿怀着喜悦的心情，与妻子曹觉"箪食壶浆，以迎王师"。

是年，H. P. Brown, A. J. Panshin, and C. C. Forsaith *Textbook of Wood Technology* 由 McGraw Hill Book Company 出版。

• 1950年

1月，木材试验馆由乐山专署接管，唐燿留任木材试验馆负责人，又被选为乐山县首届人民代表大会代表，同时被任命为川南人民政府公署财经委员会委员。

1月27日，乐山县人民政府函聘唐曙东（唐燿）为乐山县各界人民代表会议代表。

3月，唐燿出席西南军政委员会农林部召开的农业生产会议。

4月，云南农林植物研究所转属中国科学院，更名为中国科学院植物分类研究所昆明工作站。

7月，唐燿曾草就向中央林垦部乐山中央工业实验所木材试验馆工作报告。

7月，经中央人民政府财经委员会批准，乐山木材试验馆隶属中央林垦部，并改名为中央林垦部西南木材试验馆，该馆于1952年5月迁至重庆化龙桥，同年12月下旬，奉中央林业部令迁北京。

7月5日，中央人民政府林垦部（林利字第31号）通知乐山木材馆改称中央林垦部西南木材试验馆。

7月21日，川南行政公署通知，根据政务院41次会议，任命唐燿为川南行署财政委员会委员。

8月，唐燿应邀参加西南军政委员会农林部农业生产会议，在林业组宣读《西南林业建设商榷》。

10月，国立中央技艺专科学校更名为国立乐山技艺专科学校，隶属于西南军政委员会义教部，校址仍在乐山岷江东岸。1952年10月撤销乐山技专，校名改称重庆纺织专科学校；次月，校名更改为四川纺织工业学校，并交由西南纺织管理局领导。

10月，唐燿起草《中国木材研究专业之过去和展望》。

11月20至26日，林垦部在北京召开全国木材会议，决定统一调配木材，管理木商，合理使用木材，并讨论1951年木材生产与分配问题。

12月，唐燿完成《木材试验馆十年来工作概况（1939—1950）》。

● 1951年

2月26日，中国林学会正式宣告成立，成立中国林学会第一届理事长，理事长梁希，副理事长陈嵘，秘书长张楚宝，副秘书长唐燿，常务理事王恺、邓叔群、乐天宇、陈嵘、张昭、张楚宝、周慧明、郝景盛、梁希、唐燿、殷良弼、黄范孝，理事王恺、王林、王全茂、邓叔群、乐天宇、叶雅各、李范五、刘成栋、刘精一、江福利、邵均、陈嵘、陈焕镛、佘季可、张昭、张克侠、张楚宝、范济洲、范学圣、郑万钧、杨衔晋、林汉民、金树源、周慧明、梁希、郝景盛、唐燿、唐子奇、袁义生、袁述之、黄枢、程崇德、程复新、杰尔格勒、黄范孝。

5月，梁世镇、区炽南、张景良《国产针叶树材构造研究》由南京大学林业系利用组刊印。梁世镇（1916—1996年），木材学家。湖北省沙市人，1916年5月7日生。1945年毕业于中央大学农学院，获农学硕士学位。同年10月赴英国，在阿伯丁大学专攻木材学，1948年毕业，获博士学位。1948—1954年任南京大学副教授，并先后兼任该校林业专修科主任。1955—1958年在苏联列宁格勒林学院专修木材干燥学。1959—1960年任南京林学院教务长。1960—1984年任南京林学院林工系教授，并曾兼任该系系主任和木材加工专业博士研究生导师。还担任过国务院学位委员会第二、三届学科评议组成员、中国林学会木材工业学会理事。梁世镇早期从事木材细微构造的研究，曾发表《川西175种木材之细微构造》《国产针叶树材细微构造》《论落叶松木材细微构造的变异性》等研究报告，对中国木材学的发展起了推动作用。1949年后从事木材干燥研究工作，1957年翻译出版苏联《木材干燥学》，1960年编写出版了中国第一部《木材干燥学》；1964年编著出版了《木材水热处理》，1981年主编出版了《木材干燥学》。先后发表了《木材过热蒸汽干燥的理论与实践》《论木材干裂势》《论红木的胀缩及其与高温快速干燥的关系》等论文。主持研究出常压过热蒸汽干燥木材的技术，1982年获国家科委、国家农委科技成果推广一等奖。主编有《木材水热处理》。

8月17日，《人民日报》第1版第1条刊登中央人民政府政务院总理周恩来签署的《中央人民政府政务院关于节约木材的指示》。随着生产建设事业的逐渐开展，木材需要量亦迅速大量增加。但我国现有森林面积原不敷需要，加以森林区偏僻，运输困难，因而形成目前木材供不应求的状况。而另一方面，许多公营企业、机关、部队、学校和团体，在使用木材上，却又存在着严重的浪费和不合理的现象。为保证建设需要，除责成各级人民政府大力发动群众进行护林造林工作，以求逐渐增加木材供应量外，对木材采伐和使用，全国必须厉行节约，防止浪费。为此，特作如下指示：一、各级人民政府财政经济委员会，应根据国家缺乏木材的情况，严格审查各需要木材单位的计划，严禁虚报多领；对工程建筑计划，亦应根据木材的来源，进行严格审查，决定批准与否，以避免计划批准了，但因为木材供应不上、又使计划落空的错误，从而招致不应有的损失。二、各需要木材的部门，经国家统一计划调拨到的木材，除贸易部门外，一律不得转让或出售，违者依法论处；其有剩余木材时，应报请省以上财政经济委员会处理。三、地方人民政府除国家布置伐木任务应予完成外，不得再用采伐木材方式，解决地方财政问题，违者依法论处。四、任何公营企业、机关、部队、团体和学校，不得以任何理由用任何名义采伐木材和经营买卖木材生意，违者依法论处。五、各公营企业、机关、部队、团体和学校的一切工程建筑，应将需用木材

数量,切实核减至最低标准;非迫切需要的,应缓用或少用;可以其他材料如竹头、水泥、砖、石等代替的,应不用或减用。六、使用木材应本节约原则,力求经济合理:禁止大材小用、长材短用、优材劣用;提倡在不妨害工程安全的条件下,适当利用杨木、桦木、柳木和陈材、废材(例如矿场推行收回矿柱运动)。七、枕木、电杆和某些土木工程用材,应逐渐进行防腐,延长木料使用年限。八、造纸原料,应尽量利用竹头、芦苇或其他纤维植物;利用木材作原料的纸浆厂,不论新设或恢复和扩大旧厂,均须报经中央人民政府轻工业部会同中央人民政府林垦部批准,始得实行。九、在习惯上使用木材、木炭当作燃料的地区,除应积极推广种植薪炭林外,如当地煤源并不缺乏,应提倡逐步改用煤炭燃料,并禁止将良好的成材木料劈作燃料出售。十、奖励研究利用废材和用其他材料代替木材的发明和发现,胶合板是节省木材的一种好的利用形式,应在适当地点奖励恢复和设立胶合板厂。鼓励营造生长迅速的各种林木(如杉木、桉树、泡桐、白杨、洋槐等)。十一、各级人民政府各主管部门和监察机关,应经常注意检查各公营企业、机关、部队、团体和学校使用木材的情况,对节用木材有成绩的,予以表扬奖励;对违反本指示第二、三、四等项规定及其他有浪费木材行为的,予以惩处。十二、凡使用木材较多的单位,应由各该单位负责人员,根据本指示,召开会议,进行检讨,对今后节用木材问题,作出具体决议,规定检查制度,并对干部和工人进行教育,发动他们把节约和合理使用木材,订入爱国公约,使节约木材成为群众性的工作。总理 周恩来 一九五一年八月十三日

8月17日,《人民日报》发表社论《坚决制止浪费国家木材资源的行为》。木材问题,现在已成为全国的重要问题之一。中央人民政府政务院特为此发布了节约木材的指示,号召全国人民认真节约木材,坚决反对一切浪费木材的现象。这个指示是切合时宜的。因为木材是国家生产建设的重要资源之一,我们现时的情形是需要日广,资源不足,而浪费严重。各种浪费木材的现象,如不及时纠正,将对国家建设工作造成极为不良的后果。浪费木材资源的现象,目前最主要的有两个方面:第一是某些地方机关乱伐森林,第二是某些机关、部队以木材作为机关生产的主要对象。地方政府以滥伐森林为方法来解决地方财政问题,对国家木材资源是最大的威胁。从地方财政的要求出发,他们往往对所辖林区在国家布置的采伐任务之外,又大量加以采伐,有的地区的采伐量甚至比国家布置的任务大三倍以上。有的地区公开提倡"大力砍伐、大力经营来开发财源";有的

地区公开向上级请求，允许他们采伐"财政材"；有的地区为了从木材上获取暴利，不惜滥用行政权力，对私有林的木材以低价强制收购，然后以高价卖出，造成农民大批砍伐森林的现象；有的地区为了向需要木材的工矿交通部门索取高价，竟使某些矿山发生停工待料的现象。对木材资源另一个大的威胁，是某些机关、部队、学校，为了机关生产，大规模地做木材生意。他们凭借着国家赋予它们的权力，采取了许多非法的措施。如把国家调拨给它们自用的木材私自以高价出卖；如以建筑为名作木材买卖；如利用军政机关的便利，由东北等地贩卖木材入关；甚至为了获取厚利，勾结非法私商，在购买许可证和调拨运输车辆等方面，通同作弊。有些单位公然在市场上抢购和囤积木材，造成木材市价波动，木材市场陷于非常混乱的局面。在这种情况下，真正需要木材的单位反而不容易得到木材，这对于建设事业是十分有害的。发生这些严重现象的主要原因，是有些同志对木材问题有许多糊涂思想。第一个糊涂思想是认为中国木材资源十分充足，可以取之不竭，用之不尽，根本就没有考虑过木材不足的问题。实际上，根据一般的研究，任何国家的森林面积必须占有国土面积百分之三十以上，还要分布适当，才能减免天然灾害，并在木材的供应上满足国家的需要。但我国森林面积仅占国土面积的百分之五，且多分布在偏僻地区，交通不便，开发困难，因而木材供应特感缺乏。再过几年之后，随着国家建设的进展，需要木材的数量，必然比现在要大大增加。如果我们对国家现时仅有的一些森林资源，不能厉行节约，而是随意浪费，滥加砍伐，对于我们国家今后工业建设上木材需要，是断然无法满足的。中国农业之所以不断发生水旱之灾，也正是森林不足的结果。第二个糊涂思想是只看到局部利益，没有看到整体利益。他们只看到砍伐木材和买卖木材是解决地方财政和机关生产的有效方法，而没有看到这样做已经和正在对国家造成了严重的恶果。例如北京市是木材买卖者得利最大的城市之一，木材堆积甚多，但有些必需木材的厂矿，却得不到木材的供应。以中国木材资源之不足，需要量之大，对于现有的木材资源应特别加以爱护，应尽量使之用于重要的方面，用最经济合理的方法，为整个国家经济建设服务。很显然，地方财政和机关生产的利益，若同整个国家经济建设的利益比较，是十分渺小的。我们不应该为了某些地方和某些机关目前的小的利益，而危害国家整体的和长远的利益。局部利益应服从整体利益，眼前利益应服从长远利益。第三个糊涂思想是不重视国家关于木材的法令。机关、部队、团体经营木材买卖是非法的，政府早有明文规定。但有些同志并不遵守这个规定，他们只图赚钱，把国家法令置于脑后。一九五〇年一月五日政务院财政经济委员会发出了关于分配给各单位之使用木材均不得出卖的通知，一九五〇年一月六日，政务院财政经济委员会又发出过关内各部及所属企业今后不得在东北采购木材的通知，一九五一年四月二十七日政务院财政经济委员会又发布了关于木材供应及收购问题的决定。所有这些法令，均未被严格遵守，这是完全不应当的。有些同志以政府允许机关部队从事"土产交流"为借口，认为经营木材买卖仍是合法的。须知"木材"非一般"土产"，而且政府早有规定，不能以此为非法贸易辩护。当然做这些违法贸易的干部中，并不是全都知道法律的。有些人是明知故犯，他们以为"赚钱反正是为公，犯点法，没关系。"于是理直气壮地从事木材买卖。另外有些人则是对自己业务有关的各种法令，素来采取不闻不问的态度，于是糊里糊涂地犯了法令。这两种人虽然表现形式不一样，其犯法则一。为了停止一切在木材问题上违反法令的现象，对于那些不遵守法令的人应给以适当的处分。政务院在节约木材的指示中，一再强调"违者依法论处"的原则，是完全必要的。反对浪费木材，是一个紧急的斗争任务。有关地区的党政领导机关，应根据政务院关于节约木材指示的精神，首先在干部中进行思想教育，展开思想批评，务使所有干部都能了解我国木材资源缺乏的情况及森林对国家经济建设的重要性，反对狭隘的局部观点，制止一切违法乱纪的行为，把政务院这一指示贯彻到实际的行动中去。当日《人民日报》还刊登了《北京永茂公司违法经营木材贸易 木材联合检查组已对该公司进行检查》《奉政务院指示 成立木材联合检查组 暂以北京为中心进行检查》《东北森林工业管理工作混乱 木材不合规格好坏不分造成许多浪费 用材部门只知要红松而不主动利用杂木的现象也应纠正 反对浪费木材，反对滥伐林木！》《西南各地滥伐木材损失很大 林业机关和各有关部门应及时制止 反对浪费木材，反对滥伐林木！》。

11月5日，中央人民政府委员会第十三次会议决定，将中央人民政府林垦部更名为中央人民政府林业部，其所管辖的垦务工作移交给中央人民政府农业部负责。

11月，唐燿应邀参加中央人民政府林业部第一届木材会议。

是年，J. H. Jenkins *"Canadian Woods Their Properties and Uses"*《加拿大木材的性能和用途》出版。

唐 燿 年 谱

● 1952 年

10 月，国立乐山技艺专科学校撤销，校名改称重庆纺织专科学校。次月，校名更改为四川纺织工业学校，并交由西南纺织管理局领导。唐燿1942—1958 年在乐山中央技艺专科学校兼任教授期间，编写《木材力学试析》《木材力学试验指导》讲义，讲授木材造纸、林产制造、木材化学等课程。

11 月，顾宜孙、杨耀乾《木材结构学》（大学丛书）由商务印书馆出版。

12 月，西南木材试验馆迁北京，改隶林业部，与中央人民政府林业部林业科学研究所（筹）合并，唐燿调北京任中央人民政府林业部林业科学研究所研究员兼副所长。随迁人员包括唐燿、李源哲、汤宜庄、张寿和、曹觉、张寿槐、罗良才、徐连芳、赖羑光、陈孝泽、李元江、崔竞群、徐耀龙 13 人。

是年，西北农学院木材标本室设立，室主任汪秉全教授（兼），收藏木材标本计3000 余件，达 1089 种。

是年，东北林学院木材标本室设立，收藏木材标本约 100 科 350 属 976 种，专门研究商用木材。

● 1953 年

1 月 1 日，中央人民政府林业部林业科学研究所成立，陈嵘任所长，第一副所长陶东岱（林业部造林司副司长），第二副所长唐燿（中央林垦部西南木材试验馆负责人）。

2 月 21 日，中央人民政府林业部林业科学研究所召开全体人员大会，宣布中央人民政府林业部林业科学研究所（中林所）正式成立，会上由参加筹备工作的王宝田报告筹建工作，陈嵘所长宣布林业所办所方针、任务和组织机构，业务上设置林业系（负责人侯治溥）、木材工业系（负责人唐燿副所长兼）、林产化学系（负责人贺近恪）以及编译委员会。

3 月，中国科学院植物分类研究所昆明工作站更名为中国科学院植物研究所昆明工作站。

7 月 12 日，中国林学会在林业部召开常务理事和在京理事联席会议，决定增设副理事长和副秘书长各一人，常务理事二人，并选举陈嵘为副理事长，唐燿为副秘书长。原候补理事殷良弼、唐燿经改选为常务理事。会议将通讯处移至北京万寿山中央林业科学研究所内。

8月7日，中国林学会由中央林业部移于中央林业部林业科学研究所。7月18日起陈嵘所长，唐燿副所长为中国林学会常务理事，侯治溥为北京分会的筹委。

11月，唐燿《东北桦木利用问题》刊于《中国林业》1953第11期20~21页。

11月，郑止善编著《木材保存学》由永祥印书馆出版。

1954 年

11月13日，中央林业部林业科学研究所召开林业研究座谈会，郑万钧、邓叔群、沈鹏飞、干铎、邵均、李范五等林业部、高教部领导等30人代表19个部门参加座谈会，会议形成《为组织全国力量从事林业科学研究草议》。

1955 年

5月，喻诚鸿、李云编《中国造纸用植物纤维图谱》由科学出版社出版。

10月，A. A. 耶曾柯-郝墨列夫斯基等著，喻诚鸿译《木材解剖与双子叶植物的生态进化》（科学译丛）由科学出版社出版。

12月22日，中华人民共和国文化部、中国文字改革委员会《关于发布〈第一批异体字整理表〉的联合通知》，把"燿"作为"耀"的异体字。

1956 年

1月，魏亚、黄达章、白同仁《对发展我国木材科学的初步意见》刊于《科学通报》1956年第2期81~82页。文章中提出：随着国民经济建设的飞速发展，木材用量正以空前的速度在日益增长，因此节约与合理利用木材已为科学工作者面临着的重大任务。

2月，唐燿加入九三学社。

3月，林业部林业科学研究所唐燿《关于我国木材研究远景规划问题的商榷》刊于《科学通报》1956年第4期53~80页。

3月，《林业科学》编委会产生，编委陈嵘、周慧明、范济洲、侯治溥、唐燿、殷良弼、陶东岱、张楚宝、黄范孝，至1962年12月。

5月12日，全国人民代表大会常务委员会第40次会议决定，成立中华人民共和国森林工业部。

9月,国务院第七办公室批准林业科学研究所分为林业与森工两个研究所。

9月22日,森林工业部第13次部务会议决定成立森林工业科学研究所,任命李万新为筹备处主任。

12月,喻诚鸿《木材解剖在植物分类研究中的意义》刊于《植物学报》1956年第5卷第4期411~425页。

● 1957 年

1月,(苏)别列雷金(Л. М. Перелыгин)著《木材学实验指南》由中国林业出版社出版。

是年初,唐燿草就《木材科学技术方面工作报告》。

3月14日,森林工业部森林工业科学研究所成立。

4月29日,唐燿在国家经委及计委召开的"林业和森林工业问题座谈会"上发言。

6月,唐燿《怎样合理使用木材》刊于《科学大众(中学版)》1957年第6期267~269页。

7月,唐燿参加了森林工业部北欧森林考察团,访问了苏联、芬兰、瑞典、挪威、民主德国等有关木材研究机构。

9月2日,唐燿奉调至中国科学院工作。

● 1958 年

2月,В. Е. 维赫罗夫、唐燿《苏联木材构造及工艺性质与生长条件关系的研究总结》刊于《植物学报》1958年第2期97~122页。

2月,谢福惠《广西木材初步识别》由森林工业出版社出版。谢福惠,木材解剖专家,广西大学木材学科创建者、奠基人之一,广西大学林学院木材标本馆创建人。1915年2月生,壮族,广西贵港市人。1941年毕业于广西大学农学院,留学校任教,曾任广西农学院林学系木材解剖教研室主任。1987年离休,2015年11月去世,享年91岁。主要研究木材解剖、木材识别及木材性质与用途,擅长木材解剖与识别,完成的专著与教材有《广西木材初步识别》《木材树种识别材性及用途》《广西木材识别与利用》《广西木材手册》《广西木材性质汇编》《广西珍贵木材(第一集)》《木材树种简易识别》《木材学》《木材商品学》等。曾任第三届全国人大代表，第六届全国政协委员。

是年，福建林学院木材学实验室创建，1972年重建，收藏木材标本65科163属307种，重要收藏福建主要商品材近300种。

是年，北京林学院森林工业系木材标本室建立，1958年北京林学院成立森林工业系，由木材加工教研组负责木材标本收集，学校于1969年迁往云南，标本大量散失。1979年迁回首都，重新建室。收藏木材标本计针叶树材7科33属119种，1637块；阔叶树材99科341属732种，5343块，供教学、科研之用。

1959年

2月，九三学社昆明分社筹委会召开第三次社员大会，成立昆明分社委员会，在第一次分社委员会上推选曲仲湘任主任委员、刘尧民为副主任委员兼秘书长。

4月23日，国家科委批准成立中国科学院昆明植物研究所，任命吴征镒为所长（兼北京植物所副所长），蔡希陶、浦代英为副所长。设有植物分类研究室、资源化学研究室、植物生理研究室、昆明植物园、西双版纳热带植物园、大勐笼热带森林生物地理群落定位观察站、丽江高山植物园和元江引种站。同年，开始建设西双版纳热带植物园，正式选定园址于勐腊县勐仑镇。

7月，中国科学院昆明植物所木材研究室设立，中国科学院调唐燿任昆明植物研究所研究员。木材研究室工作人员唐燿研究员（木材构造与材性和利用），唐致勤（木材制片）。本室重要收藏中国裸子植物各属木材：其中，四川木材261种、海南木材321种，云南热带及亚热带木材、美洲木材1000余属。

7月5日，唐燿等《木材解剖学名词译名商榷 世界木材解剖学会提出的建议》刊印。

7月，唐燿《木材解剖学名词译名商榷：世界木材解剖学会提出的建议》刊于《科学》1959年第3期188～196页。

9月，唐燿《木材解剖学名词译名商榷：世界木材解剖学会提出的建议（续）》刊于《科学》1959年第4期241～246页。

是年秋，中国科学院调唐燿至云南昆明植物研究所工作，组织关系转入九三昆明分社。

是年，广东省林科所木材标本室建室，收藏木材标本4130号，共1030属2322种。其中广东、海南木材960种，其他省木材372种，国外木材90种（北

美、中非为主，南洋材、南美材少数）。专门研究广东木材材性和东南亚进口木材。

● 1960 年

1月，中国科学院广西植物研究所编《广西野生经济植物手册（木材类）》由中国科学院广西植物研究所刊印。

7月，九三、民盟、民进、农工四个民主党派中央在北京举行全国会议，九三学社昆明分社社员曲仲湘、唐燿、李清泉、李枢、杨貌仙赴北京参加由四个民主党派中央联合举行的全国会议，受到党和国家领导人的接见。

是年夏，中国科学院领导张劲夫到云南昆明植物研究所视察，提出要植物所搞代食品，由研究室秘书周俊组织冯国楣、唐燿等写成《橡子》一书，1963年4月科学出版社出版发行，该书由周俊、冯国楣主编。

是年，云南省林科院林产工业研究所木材标本室设立，收藏云南木材标本约80科180属500种。

● 1961 年

8月，九三学社昆明分社第二届委员会成立，主任委员曲仲湘（兼组织部部长），副主任委员刘尧民（兼秘书长）、方国瑜，委员方国瑜、李清泉、卢俊（兼宣传部部长）、曲仲湘、刘尧民、李枢、李清泉、李榆仙、诸宝楚、唐燿、潘炳猷、戴丽三。

9月，南京林学院木材学及木材水热处理教研组编《木材学》（高等林业学院试用教科书）由农业出版社出版。

● 1962 年

10月，朱振文《河南省十一种主要针阔叶树种木材物理力学性质的试验研究——油松、华山松、穗子榆、五角枫、青冈、水曲柳、桦木、白榆、椴树、旱柳、泡桐》刊于《河南农学院学报》1962年第2、3期45～59页。朱振文（1918—1982年），江西大余人，1940考入中正大学森林系首届，1944年毕业并留校任助教，讲授森林利用学等课程，1948年夏到大余中学任教，不久赴农林部东江水土保持试验区赣州工作站任技正。1950年春回南昌大学任教，1952年10月全国高等院校调整，他随森林系转入华中农学院林学系晋升为讲师，1955年8月部分院系再度调整，到河南农学院林学系，1979年12月晋升为副教授，

唐耀年谱

任森林利用学教研室主任。发表论文30多篇，主持《沙兰杨、意大利杨和加杨木材材性与利用研究》获1978年河南省科学大会科研成果奖，曾任《中国木材学》副主编并参与审稿工作，他的《木材构造》入选北京林学院《森林利用学》，翻译《木材采伐作业机械（俄文）》和《美国木材试验方法（英文）》。

是年，中国科学院植物研究所报告昆明分所学术委员会成员：吴征镒、蔡希陶、唐耀、冯国楣、段金玉、曲仲湘、朱彦丞、林镕、秦仁昌、陈焕镛、黄鸣龙、殷宏章、李庚达。

● 1963 年

3月19日，《竺可桢日记》载：竺可桢牙痛，曲仲湘与植物所唐耀午后到昆明翠湖看望。

8月，九三学社昆明分社召开第四次社员大会，选举产生第二届昆明分社委员会。方国瑜、卢濬、刘尧民、曲仲湘、李枢、李清泉、李瑜仙、唐耀、潘炳猷、诸宝楚、戴丽三11人当选为委员。在二届一次委员会上，推选曲仲湘为主任委员，方国瑜、刘尧民为副主任委员，刘尧民兼秘书长。

10月，中国植物学会编《中国植物学会三十周年年会论文摘要汇编》由中国科学技术情报研究所出版，其中刊载唐耀《中国壳斗科木材系统解剖的初步研究》《略论木材解剖学近半个世纪以来在国内外的进展及研究方向》和《云南热带材及亚热带材》。

12月，唐耀当选为云南省第三届人大代表。

● 1966 年

8月，云南的"文化大革命"运动进入了高潮，昆明植物研究所里的重点是浦代英、吴口口、蔡口口，浦代英是卓琳的姐姐，名列单位运动榜首，游街、顶高帽、胸挂黑牌，手摇小旗，高唤打到自己。浦等人是主角，唐耀是配角。挨打最厉害的是浦代英和唐耀，唐因为没有喊万岁，周俊下来问他为什么不喊？他说人怎能活到万岁，他不懂这是历朝历代留下的崇高称号。可他看到自己苦心研究一生的几百块木材烧毁，被人抛弃时，却落下了伤心的泪水[5]。

是年，唐耀开始云南热带材及亚热带材研究。

---

[5] 著名木材学家唐耀二十周年祭[Z]，2018.

是年，唐燿完成《云南热带材及亚热带材》书稿，43万字，图79幅，包括60种161属木材的系统解剖的原始记载。

● 1968年

是年，Franz F. P. Kollmann，Wilfred A. Côté Jr."*Principles of Wood Science and Technology I Solid Wood*"由Springer-Verlag Berlin and Heidelberg Gmbh & Co. K，Springer-Verlag Berlin and Heidelberg Gmbh & Co. Kg出版。

● 1970年

是年，国际木材解剖学杂志（IAWA Bulletin）创刊。由国际木材解剖学家协会（International Association of Wood Anatomists）主办，季刊，至1979年。

● 1973年

10月，唐燿著《云南热带材及亚热带材》由科学出版社出版。《云南热带材及亚热带材》首次揭示云南丰富的热带、亚热带木材的奥秘，为合理利用祖国这一宝贵财富提供了科学依据。云南林业学院徐永椿教授写信称：此书"写出了新的水平，不但在热带材方面做了许多工作，提供了完整的比较系统的材料，也对热带树木分类、生态、林木组成和木材使用方面的问题，将自己的心得，从不同方面表达出来……感谢你的著作。它为我们今后搞业务工作的同志，做出了新的榜样"。

是年，唐燿编写《木材解剖学》一书，讲述木材解剖的基本理论和操作方法。

● 1975年

是年，日本农林省林业试验场木材部编《世界の有用木材300种——性质とその用途》由日本木材加工技术协会出版。

是年，E. W. Kuenzi，Franz F. P. Kollmann，A. J. Stamm "*Principles of Wood Science and Technology: II Wood Based Materials*"由Springer-Verlag Berlin and Heidelberg Gmbh & Co. K，Springer-Verlag Berlin and Heidelberg Gmbh & Co. Kg出版。

唐耀年谱

● **1977 年**

12 月，唐耀当选为云南省第五届人民代表大会代表。

● **1978 年**

3 月，唐耀当选为中国人民政治协商会议第五届全国委员会委员。

是年，唐耀在昆明为纪念中国林学会成立七十周年题词：合理经营、永续利用。

是年，朱振文译《杨树木材的性质及采伐利用》由河南农学院园林系木材利用组刊印。

● **1979 年**

3 月，唐耀完成《我从事木材科研工作的回忆》。

6 月，国家科委批准云南昆明植物研究所主办《云南植物研究》学报。吴征镒任主编，蔡希陶任副主编，王灵昭、冯国楣、冯耀宗、曲仲湘、朱彦丞、李锡文、张敖罗、周俊、段金玉、徐永椿、唐耀、臧穆等组成第一届编委会，由吕春朝任编辑。

12 月，唐耀当选为中国林学会第五届理事会理事（1982 年 12 月）。

● **1980 年**

2 月，九三学社昆明分社举行第五次社员大会，大会选举产生昆明分社第三届委员会。委员马光辰、方国瑜、卢濬、曲仲湘、任玮、李枢、李清泉、李榆仙、张以文、诸宝楚、唐耀、秦瓒、潘炳熀；常务委员马光辰、方国瑜、曲仲湘、李枢、李清泉、唐耀、秦瓒；主任委员曲仲湘，副主任委员方国瑜、李清泉、秦瓒，秘书长李清泉（兼）。

9 月，Carl De Zeeuw, A. J. Panshin "Textbook of Wood Technology: Structure, Identification, Properties, and Uses" 由 McGraw-Hill College 出版。

12 月，Timell T E. "Karl Gustav Sanio and the First Scientific Description of Compression Wood" 刊于 "IAWA Bull" 1980 年第 1 卷第 4 期 147～153 页，系统地介绍了卡尔·古斯塔夫·桑里奥和他的科学贡献。1860 年，著名德国植物学家卡尔·古斯塔夫·桑里奥（Karl Gustav Sanio）在研究欧洲赤松管胞长度的变异时，发现管胞长度存在径向和轴向的变异规律，通常称之为 Sanio 规律，至今在研究针叶材管胞长度变异还是在他的研究范围之内，卡尔·古斯塔夫·桑里奥被认为是木材解剖学的奠基人。

是年，唐耀完成《中国裸子植物及木材解剖》，该书记载裸子植物120种，隶33属11科。根据300多号木材标本，论述主要内容包括主要工业用材的名称、鉴定、材性、用途、现代裸子植物分类、有关化石的鉴定等。新著从宏观上总结国内外有关研究成果，通过木材解剖的比较研究，探讨我国裸子植物各属的发展演变及其木材的特征。原论文记载裸子植物41种，隶24属6科，大部分仅根据一个标本记载树径、产地、材性、树皮及工艺性质，是用放大镜和显微镜观察的。

是年，国际木材解剖学杂志（IAWA Journal）创刊。

● 1981 年

8月，唐耀《木材科研工作五十年》刊于《中国科技史料》1981年第4期47～55页。他在该文中说：有人称赞我是木材专家，我的回答是："我钻得还不够，如在国外已有40多年历史的木材超微观构造研究，它和木材材性试验的关系是我们从事木材解剖学的一个新的领域，这在我国还是一个空白"，这也正反映了唐耀先生在木材科学研究领域的学识博大精深之处。

是年，中山大学生物系植物研究室建立，何天相教授主持木材解剖，收藏木材标本约1800号，有250余属，1000余种。重要收藏海南岛、广东、云南等地一部分木材；菲律宾、澳大利亚、美国等一部分木材。

● 1982 年

5月，《云南林业》1982年第2期20～21页刊登《愿留青翠荫后人——访著名木材学专家唐耀教授》。

是年，唐耀编译，肖绍琼校《木材解剖学基础》由云南林学院刊印，全书10万余字，分上、下两篇，上篇扼要阐述木材的结构，下篇介绍木材解剖的记述及木材解剖学的名词解说。

● 1983 年

1月，唐耀《云南西双版纳的热带珍贵用材》刊于《云南林学院学报》1983年第1期1～5页。

6月,九三学社昆明分社曲仲湘、唐耀、赵丛礼当选为中国人民政治协商会议第六届全国委员会委员。

9月,为适应云南省政治、经济形势发展的需要,九三学社成立云南省工作委员会,主任委员曲仲湘,副主任委员方国瑜、李清泉、卢濬、郑玲才(兼秘书长),委员方国瑜、马光辰、卢濬、曲仲湘、任玮、李枢、李清泉、李榆仙、张以文、郑玲才、诸宝楚、唐耀、秦瓒、潘炳猷。

是年,唐耀《我从事木材科研工作的回忆》由中国科学院昆明植物研究所刊印。《我从事木材科研工作的回忆》包括前言、从家世谈个性和求学经历、从中学教师到科研机构、我怎样从事木材研究的准备工作、我在四川创办木材研究事业的回忆、中华人民共和国成立后我从事木材研究的一些工作、五十年来从事专业研究的一些经验和体会以及附件(简历及从事木材研究的经历、著作品目录)。

● 1984 年

2月,何天相《中国木材解剖文献评论(1931—1981年)》由中山大学刊印。何天相(1916—1997年),木材解剖学家,广东中山人,1938年毕业于广东省立勷勤大学教育学院博物地理系,曾任中山大学农学院讲师、中央研究院植物研究所助理研究员。中华人民共和国成立后,历任中国科学院实验生物研究所助理研究员,华南农学院、广东林学院、中南林学院副教授,广东农林学院副教授、教授,中山大学教授,是国际木材学家协会终身会员。发表有《大叶桉的生长轮》《广东壳斗科木材的宏观结构及其与分类分布的关系》等论文,编著有《华南阔叶树木材识别》《木材细胞壁超微结构》《木材解剖学》3部,其中《木材解剖学》获得1979年广东省科学大会奖。

9月,(德)F. F. P. 科尔曼等著《木材学与木材工艺学原理 人造板》由中国林业出版社出版。该书由(德)F. F. P. 科尔曼,(美)E. W. 库恩齐, A. J. 施塔姆著(Kollmann, Franz F. P., Kuenzi, Edward W., Stamm, Alfred J. "*Principles of Wood Science and Technology*"(下册 人造板)译出,杨秉国译,梁世镇校。

10月,唐耀加入中国共产党。

12月,九三学社云南省工作委员会在昆明召开第四次社员代表大会,正式宣布成立九三学社云南省委员会,主任委员曲仲湘,副主任委员李清泉、卢濬、郑玲才、赵丛礼,秘书长陈辅德,常务委员马光辰、卢濬、任玮、曲仲湘、朱瑞

麟、刘清和、孙剑如、何大章、李枢、李清泉、杨绍廷、陈辅德、郑玲才、赵丛礼、唐耀、诸宝楚、黄学伦。

是年,《杰出的木材学家:中国科学院昆明植物研究所教授唐耀同志事迹》刊于《中国林学会通讯》1984 年 16 页。

是年,中南林学院木材标本室设立,收藏木材标本计针叶树 21 属,阔叶树 240 属。重要收藏海南标本(1965 年),湖南新增标本——莽山 150 种、张家界 50 种、桑植 20 种、通道 300 种、城步 30 种。

• 1985 年

2 月,何天相《华南阔叶树木材识别》由中国林业出版社出版。

• 1986 年

1 月,谢红《生是花爱是花的蜜——记我国著名木材学家唐耀教授和他的妻子》刊于《家庭》1986 年第 2 期 7～9 页。

• 1988 年

是年春,《云南植物研究》第二届编委会成立。吴征镒任主编,周俊任副主编,冯国楣、冯耀宗、曲仲湘、朱维明、许再富、孙汉董、李恒、李锡文、杨崇仁、肖常斐、张敖罗、陈宗莲、赵树年、胡忠、段金玉、姜汉侨、徐永椿、唐耀、黄冠鋆、裴盛基、薛纪如、臧穆为编委,黄冠鋆为编辑部主任,岳远征、刘艾琴为编辑。

7 月,九三学社云南省第二届委员会在昆明召开,主任委员刘邦瑞,副主任委员赵丛礼、青长庚,唐耀任第二届委员会顾问。

• 1989 年

9 月,罗良才《云南经济木材志》由云南人民出版社出版。该书分上、下两篇,上篇记述云南经济木材的特征和利用,包括云南重要用材树种 66 科 169 属 303 种和变种。每种木材记载的内容包括:别名、树木及分布、宏观构造、微观构造、主要物理力学性质、加工性质和利用七部分。下篇记述"木材主要用途分类",供用材部门参考。全书附显微照片 738 张,珍稀木材原色照片 94 张,帮助读者识别木材。

1990年

9月，中国林业人名词典编辑委员会《中国林业人名词典》（中国林业出版社）唐燿[6]：唐燿（1905—），木材学家。安徽泾县人，出生地江苏江都，字曙东。1927年毕业于东南大学植物学系，1938年毕业于美国耶鲁大学研究院植物学系，获哲学博士学位。1937年被授予美国科学研究会会员。曾任北平静生生物调查所研究员、经济部中央工业实验所木材试验室主任、乐山中央技术专科学校教授。中华人民共和国成立后，历任林业部林业科学研究所研究员、副所长，森工系主任，中国科学院昆明植物研究所研究员。1956年加入九三学社。1984年加入中国共产党。是第五、六届全国政协委员，1942年中华林学会常务理事，中国林学会第一届副秘书长。发表有《华北阔叶树材之鉴定》等论文，著有《中国木材学》《云南热带材及亚热带材》《中国裸子植物及其木材解剖》等。

1991年

5月，中国科学技术协会编《中国科学技术专家传略——农学编 林业卷1》由中国科学技术出版社出版。其中收入韩安、梁希、李寅恭、陈嵘、傅焕光、姚传法、沈鹏飞、贾成章、叶雅各、殷良弼、刘慎谔、任承统、蒋英、陈植、叶培忠、朱惠方、干铎、郝景盛、邵均、郑万钧、牛春山、马大浦、唐燿、汪振儒、蒋德麒、朱志淞、徐永椿、王战、范济洲、徐燕千、朱济凡、杨衔晋、张英伯、吴中伦、熊文愈、成俊卿、关君蔚、王恺、陈陆圻、阳含熙、黄中立共41人。其中，第300～312页收录唐燿。

6月，何天相《中国木材解剖学家初报》刊于《广西植物》1991年第11卷第3期257～273页。该文简单地介绍我国六十年以来各位木材解剖学家个人所取得的科研、教学的成果以及结合实际的经验。在诸位学者中，有分别率先的，有承先启后的。他们互相支持、相互促进、为弘扬中国木材解剖科学共同努力。该文记述了终身从事木材研究的（唐燿、成俊卿、谢福惠、汪秉全、张景良、朱振文）；因工作需要改变方向的（梁世镇、喻诚鸿）；偶尔涉及木材构造的（木材科学：朱惠方、张英伯、申宗圻、柯病凡、蔡则谟、靳紫宸；木材形态解剖：

---

[6] 中国林业人名词典编辑委员会. 中国林业人名词典[M]. 北京：中国林业出版社，1990：276-277.

王伏雄、李正理、高信曾、胡玉熹）；近年兼顾木材构造的（刘松龄、葛明裕、彭海源、罗良才、谷安根），最后写道展望未来（安农三杰：卫广扬、周鉴、孙成志；北大新星：张新英；中林双杰：杨家驹、刘鹏；八方高孚：卢鸿俊、卢洪瑞、郭德荣、尹思慈、唐汝明、龚耀乾、王婉华、陈嘉宝、徐永吉、方文彬、腰希申、吴达期）；专题人物（陈鉴朝、王锦衣、黄玲英、栾树杰、汪师孟、张哲僧、吴树明、徐峰、姜笑梅、李坚、黄庆雄）。该文写道：唐耀老先生以其顽强的意志、刻苦的精神，开辟了我国木材构造的系统研究，为国家首创木材的科学试验机构（1939—1949）。唐老在六十年来著述甚丰，其《中国木材学》《云南热带及亚热带木材》《金缕梅科木材之系统解剖》等，诚为我国木材解剖文献的精华。目前唐老正在编著的《中国木材属志》如果付梓出版，则更应永垂青史！

• 1993 年

3 月，中国农业百科全书总编辑委员会《中国农业百科全书·森林工业卷》由农业出版社出版。该书根据原国家农委的统一安排，由林业部主持，在以中国林业科学研究院王恺研究员为主任的编委会领导下，组织 160 多位专家教授编写而成。全书设总论、森林工业经济、木材构造和性质、森林采伐运输、木材工业、林产化学工业六部分，后三部分含森林工业机械，是一部集科学性、知识性、艺术性、可读性于一体的高档工具书。《中国农业百科全书·森林工业卷》编辑委员会顾问梁昌武，主任王恺，副主任王凤翔、刘杰、栗元周、钱道明，委员王恺、王长富、王凤翔、王凤翥、王定选、石明章、申宗圻、史济彦、刘杰、成俊卿、吴德山、何源禄、陈桂陞、贺近恪、莫若行、栗元周、顾正平、钱道明、黄希坝、黄律先、萧尊琰、梁世镇、葛明裕。其中收录森林利用和森林工业科学家公输般、蔡伦、朱惠方、唐耀、王长富、葛明裕、吕时铎、成俊卿、梁世镇、申宗圻、王恺、陈陆圻、贺近恪、黄希坝、三浦伊八郎、科尔曼 F. F. P.、奥尔洛夫，C.ф、柯士，P.。其中 360～361 页刊载唐耀。唐耀（1905— ）中国著名木材学家，号曙东，安徽省泾县人。1905 年 1 月 6 日出生于江苏省江都县（今扬州市）。1927 年毕业于东南大学理学院，获理学学士。1931-1935 年担任静生生物调查所研究员。1935 年赴美国留学，并考察美、德、法、加拿大等国的林产工业，1938 年获美国耶鲁大学研究院哲学博士。1939 年回国后，历任原中央工业实验所技正，原乐山中央技术专科学校教授，中央林业部林业科学研究所

副所长、研究员，中国科学院昆明植物研究所研究员。唐耀是中国木材解剖学的主要开创者。中华人民共和国成立前，曾两度筹建中国木材实验馆。早在30年代初，就从事木材解剖研究，科学论著《华北阔叶树材之鉴定》《华南阔叶树材之鉴定》和《中国工业用材之鉴定》的发表，引起国内外科学界的重视，被选为世界木材解剖学会和美国科学研究会会员。1936年出版《中国木材学》，为中国第一部木材学专著，记载217属300余种的木材解剖特征，约50万字。该书系统总结前人研究成果，理论联系实际，为中国木材的研究奠定基础。他从事中国木材学的研究工作50余年来，先后发表论文、专著90余篇（部）。主要论著除上述《中国木材学》等外，还有《金缕梅科木材系统解剖研究》《中国商用木材初志》《中国木材材性之研究（一）木荷、（二）丝栗》《云南热带材及亚热带材》等。

5月25日至28日，中国林学会第八次会员代表大会在福建厦门召开，会上颁发了第二届梁希奖和陈嵘奖，对从事林业工作满50年的84位科技工作者给予表彰，有云南省林学会许绍楠、徐永椿、唐耀等。

1994 年

11月，何天相编著《木材解剖学》由中山大学出版社出版。

1995 年

1月6日，中国科学院昆明植物所党政领导为唐耀先生90华诞举行祝寿会。

1998 年

6月6日，唐耀因病去世，享年93岁。唐耀与曹觉育有8个儿女。中国科学院学部委员秦仁昌，对唐耀的工作给予高度评价：唐耀同志是我国杰出的木材学家，五十年来一贯从事于我国建筑和工业木材的研究工作，发表了许多有系统的重要著作，奠定了我国木材科学的基础，受到国内外学者的赞许。他的主要成就有以下四个方面：一、对我国主要经济木材结构的研究进行了深入细致的工作，出版了多种有系统的木材解剖专著，对我国丰富的森林木材种类的生物学特征做了详细的解剖研究，对于各种树木种类的亲缘关系和进化过程的研究提供了基本资料，对用材树的选择提供了标准。二、通过物理力学试验摸清了我国主要木材的力学性质和安全系数，对木材合理使用提供了科学依据，减低了木材利用

中的浪费现象。三、三十年代他在国外搜集了有关木材研究的大量文献资料和木材样品标本,为我国建立木材学的研究工作的体制,提供了必要条件,有利于我国木材科学研究赶超国际水平。四、他培养了一批科学干部,使我国木材学的研究工作后继有人。

12月,《云南统一战线》刊登《他把一生献给了祖国的木材研究事业》。我国木材学的开拓者,著名的木材学家唐耀,在经历了93年的人生旅程后,于今年6月6日因病与世长辞。唐先生的一生,曲折坎坷,遭受了许多磨难和风霜,但他始终追求真理,不畏艰险和劳苦,孜孜不倦地为我国木材学研究事业而奋斗,为我国木材学的创立和发展做出了突出的贡献,奠定了我国木材科学的基础。唐耀1905年出生于江苏省江都县,其父英年早逝,其母含辛茹苦把他抚养大。由于母亲对他的教育十分严格,使他从小就养成了勤俭好学、不怕困难、勇于进取的性格。1927年春,唐耀毕业于南京东南大学理科植物系,后到江苏扬州中学任生物教员。1930年,北平静生生物调查所胡先骕邀请唐耀北上从事中国木材解剖学的研究,从此,唐耀走上了从事木材学研究的道路。青年时代的唐耀,面对疮痍满目的祖国,便立下了为中国人争光,建立中国自己的木材解剖学的志向和理想。为此,他把全部精力都投入到木材学的研究事业中。1932年至1935年,唐耀完成了《中国木材研究》论文(英文)7篇,编著出版了中国第一部木材学专著《中国木材学》。该书由商务印书馆出版,约50万字,记载了我国300余种,217属木材的分类及材性。1935年秋,唐耀获得美国洛氏基金会的奖学金,赴美国耶鲁大学留学,1938年,他以优异的成绩获得了美国耶鲁大学研究院的博士学位,其博士论文《金缕梅科木材系统解剖的研究》也被收入耶鲁大学的博士论文集。在美国留学期间及毕业后的一段时间里,唐耀把精力都集中在学习和参观考察上。他先后参观了美国、加拿大的一些林产研究所。尔后,又到欧洲的英、法、德、瑞、意等国的林产研究机构及木材、森林研究单位考察学习。1939年夏天,唐耀怀着一颗赤诚的爱国之心,带着重约两吨共19箱木材研究标本和资料,历经几个国家的周转终于回到了祖国。当时的中国正遭受日本帝国主义的蹂躏,加之国民党的黑暗统治,到处兵荒马乱。在极其艰难的条件下,唐耀于1939年9月,在四川北碚草创了中国第一个国家级的木材研究机构"中工所木材试验室",开展我国木材材性的研究。然而,在半殖民地半封建社会的旧中国,一个科学家要实现自己的科学梦是何等的艰难。中华人民共和国成立

后，党和政府对唐耀开创的木材研究机构十分重视，把它扩建为"西南木材试验馆"。1952年，根据国家发展的需要，西南木材试验馆迁到北京，合并筹建为林业部中央林业科学研究所。唐耀任副所长、森工系主任及研究员。为了新中国的社会主义建设，唐耀一心扑在木材学的研究上，他不辞劳苦，从北到南，几乎走遍了祖国的大小林区，翻越了无数的崇山峻岭。他的一项项木材学的科研成果，解决了我国工业建设中使用木材上遇到的许多难题，同时也避免了许多木材利用中的浪费现象。1959年，唐耀调到中科院昆明植物研究所工作。在云南这个植物王国里，他如鱼得水，成果倍出。在植物所工作期间，他先后出版了《云南热带材及亚热带材》《中国裸子植物及木材解剖》《木材解剖学》等近百万字的著作，同时还发表了许多学术论文，他的这些著作和论文，奠定了我国木材学的基础，受到了国内外学者的赞许。唐耀还为国家培养了许多木材研究人员，其中有的后来成为我国知名的木材学家，如何天相、王恺、屠鸿远等。他把一生都献给了祖国的木材学研究事业。在他的家里，到处是木材的标本和研究木材的资料，他把这些视为他的生命，十分珍惜。十年浩劫期间，他被戴上了反动学术权威的帽子，受到残酷打击和迫害，他的妻子、儿女也遭受株连，甚至被毒打，但他横眉冷对，宁折不屈，没有落一滴泪。但当他看到自己苦心研究一生的几百块木材标本被人烧毁、被抛弃时，痛心疾首，落下了痛苦的泪水。"四人帮"被粉碎后，唐耀迎来了科学的春天，他仿佛青春焕发，更加惜时如命，不知疲倦地忘我工作，把全部身心都倾注在木材学的研究事业上，为了祖国科学事业的发展，发挥了最后的一点光和热。唐耀在他的一篇回忆文章中结合自己的亲身经历总结道："在中国，只有在中国共产党的领导下，我国的科学事业才能名副其实地得到蓬勃发展"。唐耀于1956年加入九三学社，曾先后担任九三学社昆明分社第二、三届委员，九三学社云南省工作委员会委员，九三学社云南省第一届委员会常务委员，第二届名誉顾问。并当选过全国政协第五、六届委员会委员，云南省第三、第五届人大代表。他的一生，是奋斗的一生，他为科学事业而攀登的精神，为祖国繁荣昌盛而献身的精神，永远值得我们学习。

● 2003年

8月，胡宗刚《唐耀与中国木材学研究》刊于《中国农史》2003年第3期27~33页。

12月，李家寅、聂岳《中国木材学的奠基者唐耀》收入扬州市政协文史和学习委员会编《扬州文史资料》2003年第23辑115～120页。

2004年

7月，牟宝恒《他把一生献给了祖国的木材研究事业——忆九三社员，著名木材学家唐耀》。

2008年

10月28日，中国科学院昆明植物研究所迎来70周年华诞。昆明植物所在70年的发展历程中，以"原本山川、极命草木"的创新理念和精神，经由几代人的科学实践与心智发展而凝聚合成，进一步凝练和升华了"献身科学，无私奉献；协力创新，再铸辉煌；和衷共济，革故鼎新；自强不息，引领未来"的优秀传统、意志品格和思想境界。中国老一辈植物学家胡先骕、蔡希陶、严楚江、郑万钧、汪发缵、俞德浚、陈封怀、唐耀、冯国楣、周俊、孙汉董和生物化学家彭加木等曾先后在该所任职或工作，辛勤耕耘在云南这片植物王国的神奇的红土地上，写下了光辉的篇章。

2011年

10月，《20世纪中国知名科学家学术成就概览：农学卷：第一分册》由科学出版社出版，其中载陈嵘、沈鹏飞、蒋英、陈植、叶培忠、郝景盛、唐耀、郑万钧等。国家重点图书出版规划项目《20世纪中国知名科学家学术成就概览》，以纪传文体记述中国20世纪在各学术专业领域取得突出成就的数千位华人科学技术和人文社会科学专家学者，展示他们的求学经历、学术成就、治学方略和价值观念，彰显他们为促进中国和世界科技发展、经济和社会进步所做出的贡献。农学卷记述了200多位农学家的研究路径和学术生涯，全书以突出学术成就为重点，力求对学界同行的学术探索有所镜鉴，对青年学生的学术成长有所启迪。本卷分四册出版，第一分册收录了54位农学家。

2014年

12月8日至14日，首届上海木文化节在上海尊木汇国际艺术广场举行，上海木文化博物馆同期开馆。上海木文化博物馆，坐落在宝山区沪太路 2695 号，场馆面积 13000 平方米，是国内唯一以木文化为主题的博物馆，集名木科普、木雕艺术、家具建筑、文化传播于一体，有机地将原生态名木文化与木雕工艺相融合，引导一种尊木爱木，木尽其用、可持续发展的价值观。

• 2016 年

6 月，张在军著《发现乐山：被遗忘的抗战文化中心》由福建教育出版社出版。其中第九章刊载"唐燿与中国第一个木材研究馆"以及"第二节 唐燿开拓中国木材学"和"第三节 木材试验馆创建始末"。

• 2017 年

8 月，云南省老科技工作者协会编《科技楷模：云南省杰出科技专家传略（二）》由云南科技出版社出版。其中 199～204 页刊登《"木"倚"才"而成"材"——中国木材学的创始人和奠基者唐燿》。

• 2019 年

3 月 21 日，姜笑梅研究员和殷亚方研究员访问中国科学院昆明植物研究所，参观了植物标本馆与木材标本馆，重点了解木材标本与切片的保存与利用现状。22 日拜访了唐燿先生的儿子唐致沪先生，与唐致沪先生一起回顾了其父生前工作经历，表达了中国林业科学研究院木材工业研究所拟溯源木材所的历史，宣传唐燿先生对中国木材学所做的开创性工作的意愿，希望亲属提供更多的资料。唐致沪先生当场拿出其父在耶鲁大学博士毕业及父母亲在云南的照片。

成俊卿年谱

成俊卿（自中国林业科学研究院）

成 俊 卿 年 谱

- **1915 年（民国四年）**

11 月 14 日（农历十月八日），成俊卿（CHENG Junqing, CHENG Chün-Ching）生于四川省江津县。

- **1931 年（民国二十年）**

是年，成俊卿从四川江津白沙镇区立高等小学校小学毕业。

- **1933 年（民国二十二年）**

是年，成俊卿从四川江津白沙镇区立高等小学校附设商科初中简易班初中毕业。

- **1935 年（民国二十四年）**

6 月，省立安徽大学农学院创立。

11 月，四川大学农学院农林系分为农艺系和森林系，由木材学专家程复新教授担任森林系主任。程复新（1894—1956 年），林学家，山东东平人。1917 年毕业于燕京大学理科。1931 年毕业于美国纽约州立林学院，获林学硕士学位。1948 年加入中国民主同盟。曾任浙江大学、四川大学教授兼森林系主任。中华人民共和国成立后，历任四川大学农学院院长（1950 年 1 月—1956 年 8 月），四川省农林厅、林业厅厅长，中国林学会理事、四川省林学会第一届理事长，四川省科普协会第一届主席。著有《台湾之森林》《中国木本植物学名解》，编有《中国木材识别检索表》。

- **1937 年（民国二十六年）**

是年，成俊卿从四川江津中学（四川江津第一中学）三十班毕业。

- **1938 年（民国二十七年）**

9 月，成俊卿考取四川大学农学院森林系。

- **1939 年（民国二十八年）**

9 月，四川省立遂宁高级农业职业学校创建。1940 年秋，遂宁高级农业职

业学校增设森林科，招生一个班，1950年2月遂宁农校并入川北遂宁师范学校，1953年8月该校森林科合并组建四川省灌县林业学校。

9月，国民政府经济部中央工业试验所在重庆北碚创建木材试验室，负责全国工业用材的试验研究，这是中国第一个木材试验室。编印《木材试验室特刊》，每号刊载论文一篇，至1943年底，共出版29号，其作者主要有唐燿、王恺、屠鸿达、承士林等。

● 1940年（民国二十九年）

6月，中央工业试验所木材试验室毁于日机轰炸，8月木材试验室迁至乐山。

● 1942年（民国三十一年）

7月，成俊卿从四川大学农学院森林系毕业，获农学士学位。

8月，在中央工业试验所的协助下，唐燿在乐山购下灵宝塔下的姚庄，将中央工业试验所木材试验室扩建为木材试验馆，唐燿任馆长。根据实际的需要，唐燿把木材试验馆的试验和研究范畴分为八个方面：①中国森林和市场的调查以及木材样品的收集，如中国商用木材的调查；木材标本、力学试材的采集；中国林区和中国森林工业的调查等。同时，对川西、川东、贵州、广西、湖南的伐木工业和枕木资源、木材生产及销售情况，为建设湘桂、湘黔铁路的枕木供应提供了依据。还著有《川西、峨边伐木工业之调查》《黔、桂、湘边区之伐木工业》《西南木业之初步调查》等报告，为研究中国伐木工业和木材市场提供了有价值的实际资料。②国产木材材性及其用途的研究，如木材构造及鉴定；国产木材一般材性及用途的记载；木材的病虫害等。③木材的物理性质研究，如木材的基本物理性质；木材试验统计上的分析和设计；木材物理性的惯常试验。④木材力学试验，如小而无疵木材力学试验；商场木材的试验；国产重要木材的安全应力试验等。⑤木材的干燥试验，如木材堆集法和天然干燥；木材干燥车间、木材干燥程序等的试验和研究。⑥木材化学的利用和试验，如木材防腐、防火、防水的研究；木材防腐方法及防腐工厂设备的研究；国产重要木材天然耐腐性的试验。⑦木材工作性的研究，如国产重要木材对锯、刨、钻、旋、弯曲、钉钉等反应及新旧木工工具的研究。⑧伐木、锯木及林产工业机械设计等的研究。

8月,成俊卿任四川省乐山县中央工业试验所木材试验室技助,后任助理研究员,至1945年。

1945年(民国三十四年)

9月,四川省立遂宁高级农业学校校长蓝正平聘成俊卿任森林科主任,成俊卿讲授除测量学以外的全部林业课程,至1947年。蓝正平,四川荣昌人,四川大学农学院农艺学系毕业。

1946年(民国三十五年)

1月25日,国民政府教育部作出决定,重建安徽大学,由教育部直接管辖,称安徽大学,同时立即成立安徽大学筹备委员会,朱光潜、陶因、高一涵、叶云龙、杨亮功、章益、刘真如、张忠道、汪少伦、程演生、刘英士和王培仁为筹备委员,任命朱光潜为筹委会主任,陶因兼任筹委会秘书。

7月,安徽大学陶因致信兰州西北农业专科学校校长齐坚如,希望回皖任安徽大学农学院院长。

11月,安徽大学在安庆恢复并改省立为国立,齐坚如由兰州西北农业专科学校回安徽,任安徽大学农学院首任院长。齐坚如多方延揽人才,申请经费,创立农学、森林和园艺三个系,聘请杨著诚、吴清泉、沈寿铨等知名专家任系主任,并建立苗圃、农场和畜牧场,同时创建木材工业实验室,聘请柯病凡、李书春先生来皖开展国防用材试验工作。

5月7日和11日,国民政府即决定继续选派自费留学生出国,并组织全国性的公费留学生考试选派工作,先后公布《自费生留学考试章程》和《公费生留学考试章程》,决定本年度无论公费生还是自费生均须通过留学考试合格,方可出国。

11月,《教育部三五年度自费留学考试录取名单》公布:森林(8名):陈启岭、袁同功、黄中立、阳含熙、葛明裕、黄有稜、成俊卿、王业遽。

1947年(民国三十六年)

12月,成俊卿兼任四川农业改进所技佐,至1948年。

1948 年（民国三十七年）

是年，成俊卿赴美国西雅图华盛顿大学（University of Washington）林学院攻读林产工业专业。

9月12日，上海《申报》刊登一则消息称：安徽大学校长杨亮功今夏在京（指南京），新聘大批教授，计有方重、陈顾远、樊映川、孙华等，该校定于9月20日开学，27日上课。

1949 年

4月22日，人民解放军进入安庆，并接管安徽大学。

10月，许杰任安徽大学校长，至1954年2月。

13日，安徽大学开始招收数学、物理、化学、土木工程、农艺、森林、园艺7系新生及插班生，考区设在芜湖、安庆、合肥、南京4处。

12月，安徽大学从安庆迁往芜湖，与安徽学院合并，恢复校名安徽大学，正式成立校务委员会，委员有许杰、靳树鸿、刘乃敬、吴锐、吴遁生、齐坚如、詹云青、黎洪模等12人，许杰任校务委员会主任委员。

12月16日，乐山解放。

1950 年

1月，木材试验馆由中国共产党四川省乐山专员公署接管。

7月，乐山木材试验馆隶属政务院林垦部，并改名为政务院林垦部西南木材试验馆。

1951 年

7月，柯病凡在安徽大学农学院森林系内筹建成立森林利用组，卫广扬从安徽大学农学院森林系毕业，留校任柯病凡助手。成俊卿到安徽大学农学院后，卫广扬担任成俊卿助手。

10月，成俊卿从美国西雅图华盛顿大学林学院毕业，获林学硕士学位，论文题目《华南主要树种的木材解剖》。

11月8日，成俊卿回到广州，之后任安徽大学农学院副教授，至1956年。成俊卿先后编写《木材学》《木材干燥》《木材防腐》《胶合板》4门课的教材，这是我国较早较完整的木材科学教材。

是年，安徽大学农学院树木标本室建立。

• 1952 年

2月，成俊卿编《木材防腐学》油印。

10月，成俊卿副教授编著《薄木层板与层板胶》由安徽大学农学院油印。

12月，中央人民政府政务院林垦部西南木材试验馆13人从四川迁北京并入中央人民政府林业部林业科学研究所筹委会。

• 1953 年

6月，安徽大学林学系林产利用组《上海之木材工业》刊于《技术丛刊》1953年第1号。

9月，成俊卿摘译《木材构造图》由安徽大学农学院刊印。

10月，为适应安徽农业发展的需要，高等教育部决定安徽大学农学院在芜湖独立建院，成立安徽农学院，干仲儒同志任首任院长、党委书记。

11月，成俊卿《华东重要木材识别之初步研究》（研究报告 第一号）由安徽大学林学系林产利用组刊印。

• 1954 年

1月，安徽大学林学系林产利用组《一九五四年级上海实习总结》刊于《技术丛刊》1954年第2号。

5月，安徽大学林学系林产利用组《东北森林工业实习总结》刊于《技术丛刊》1954年第3号。

6月，成俊卿、卫广扬《华东松属木材解剖性质及用途之研究》（研究报告第二号）由安徽农学院林学系林产利用组刊印。

• 1955 年

是年，成俊卿摘译《木材构造图》（第一次修订）由安徽农学院林学系林产利用组刊印。

1956 年

2月，成俊卿《木材解剖在被子植物发育研究中的任务》由安徽农学院森林利用教研组刊印。

8月，成俊卿借调至林业部林业科学研究所任研究员、木材工业研究室负责人。1956—1960年期间，成俊卿仍兼授安徽农学院林学系木材学课程。

9月，成俊卿《国产主要乔木树种木材检索表（根据肉眼及10X放大镜下所见的特征）》（研究报告 第4号）由安徽农学院林学系林产利用组刊印。9月22日，森林工业部第13次部务会议决定成立森林工业科学研究所，任命李万新为筹备主任，张楚宝、唐燿、成俊卿、黄丹、贺近恪为委员，成俊卿任木材构造及性质研究室负责人。

12月，喻诚鸿《木材解剖在植物分类研究中的意义》刊于《植物学报》1956年第5卷第4期411～425页。

12月，安徽农学院成俊卿副教授等完成《中国裸子植物材解剖性质及用途的初步研究》，起止日期1956年12月至1964年10月。

是年，成俊卿《国产主要乔木树种木材检索表》由安徽农学院森林利用教研组刊印。

1957 年

3月，成俊卿、卫广扬《针叶树材解剖性质记载要点和说明》刊于《植物学报》1957年第6卷第1期53～72页。

6月，《安徽农学院学报》创刊，干仲儒撰写《把科学研究建立在实践的基础上——代发刊词》。

1958 年

7月，林业科学研究所、森林工业科学研究所材性研究室木材构造组编《中国重要裸子植物材的识别》由中国林业出版社出版，该书由成俊卿编著。

10月，中国林业科学研究院成立，成俊卿任中国林业科学研究院森林工业科学研究所研究员、材性室副主任。

11月，Л. M. 别列雷金著《简明木材学》由中国林业出版社出版。

1959年

7月，成俊卿《针叶树材解剖性质的记载要点和说明》刊于《林业实用技术》1959年42期12页。

7月7日，成俊卿、周崟《长白落叶松管胞长度的变异研究》（研究报告森工部分第3号，中国林业科学研究院森林工业科学研究所木材材性研究室）由中国林业科学研究院科学技术情报室刊印。

8月，成俊卿《选用坑木的依据和树种》刊于《林业实用技术》1959年43期9页。

12月，《安徽农学院林学系森工系研究报告汇编》（第一辑）由安徽农学院林学系森工系刊印，其中33～39页收录成俊卿、柯病凡、徐全章、柴修武、唐汝明、叶呈仁《安徽主要经济木材的材性及用途》。

是年，成俊卿、周崟《长白落叶松管胞长度变异的研究》（森林工业研究报告3号）由中国林业科学研究院刊印。

1960年

1月，森林工业科学研究所成俊卿、胡荣、张寿和、张文庆完成《北京地区木材平衡含水率及其变异的研究》，起止时间1957年4月至1960年1月。课题研究了北京地区主要用材（针阔叶材14种，竹材1种）的平衡含水率，并就其有关因子（如树种、部位、解锯法、试件大小及放置场所等）亦即变异性进行探讨。结果表明：木材平衡含水率的变异与其试样取自心、边材、锯制方向、尺寸大小、树种等的变异均很小，在实际应用上可不予考虑。平衡含水率主要决定于空气状况，除以相对湿度的影响为主外，温度也起一定作用。已达气干状态的试样，再经过1年，即可获得木材平衡含水率，无须长时间。北京地区的木（竹）材平衡含水率，室内和室外的均值分别为9.4%和11.3%（约9%和11%），最大为13%和16.1%，最小为6.2%和7%。

2月，成俊卿任中国林学会第二届理事会理事。

3月，中国林业科学研究院将森林工业科学研究所改为木材工业研究所，并将森林工业科学研究所的林化研究室与上海林产试验室合并，在南京成立林产化学工业研究所。

3月，成俊卿、何定华、陈嘉宝、周崟、孙成志著《中国重要树种的木材鉴

别及其工艺性质和用途》由中国林业出版社出版。何定华，河南南阳人，1918年6月20日生，1986年加入中国共产党。1942年毕业于西北农学院森林系。曾任四川乐山木材试验馆研究助理员、技士。中华人民共和国成立后，历任中国林业科学研究院木材工业研究所助理研究员、副研究员、研究员，木材加工研究室主任。主持完成我国红松、水曲柳、落叶松等21种木材干燥基准试验，主要针叶树和软阔叶树材高温干燥工艺研究。与他人合撰发表有《东陵冷杉等成材高温炉干基准的研究》等论文。2009年12月28日去世。

8月2日，成俊卿、李源哲《福建速生丰产杉木的木材构造及其物理力学性质的初步试验研究》（研究报告 代号：035）由中国林业科学研究院科技情报室刊印。

是年，成俊卿、李源哲、文善静完成《合理选用木材、扩大树种利用报告》。

是年，木材工业研究所成俊卿、何定华、李源哲完成《红松和水曲柳的板材干缩研究》，起止时间1959—1960年，试验结果说明红松、水曲柳不同宽度和厚度以及不同角度的板材干缩变化的规律，并据此列出了两种木材宽度10～30cm，厚度1.5～7cm各种尺寸板材的干缩余量表，供木材加工用材部门的参考，以及今后制定标准的基本数据。另外，本文尚总结了各国研究木材干缩产生的原因，和影响木材干缩的因子，并提供今后进行其他种木材干缩余量的测定方法。

● 1961年

是年始，成俊卿赴除新疆、西藏外的重要林区采集标本，采集约2000种成熟干材的4000号木材标本。中国林业科学研究院木材标本馆是在1928年成立的北平静生生物调查所与1939年成立的中央工业试验研究所木材试验室基础上建立起来的。经过几代人的努力和90多年的积累，已建成储藏量中国第一、亚洲第一的木材标本馆。截至2021年5月，中国林业科学研究院木材标本馆共保藏国内外木材标本36000余号，约9638种，隶1954属，260科；木材切片36000余片，约1500种，隶570属，136科；腊叶标本6000余号。初步建成数字化木材标本馆，已完成421种木材标本数字化工作。木材标本产地包括国内木材标本来自全国所有地区（包括台湾地区），保存有正号标本1块，副号标本若干；国外木材标本来自全世界80多个国家和地区，包括亚洲、非洲、拉丁美洲、欧洲、大洋洲等地区的濒危木材及珍贵木材。木材标本分类及管理：阔叶树木材标本按哈钦松（Hutchinson）分类系统排列，针叶树木材标本按郑万钧分类系统排列；同时保存4套名录检索卡片，即科名卡、属名卡、产地卡、号码卡；标本基本信息在"中国林科院木材标本查询系统"中均可查询，查询信息包括：中文名、拉丁名、科属名、英文名、别名、产地、标本号、标本柜号、木材物理力学加工特性、木材宏微观构造特征、木材宏观照片、木材微观三切面照片等。

是年，木材工业研究所成俊卿、杨家驹完成《阔叶树材粗视构造的鉴别特征》，起止时间1960—1961年。研究采用低倍显微照片42张，依1957年公布的国际木材解剖家协会名词语汇以阐明阔叶树材粗视构造。其内容有生长轮、管孔、轴向薄壁组织、木射线、波痕、其他特征、化学鉴别、物理特性及次要特征等。

● 1962年

3月，成俊卿、李源哲、孙成志《人工林及天然林长白落叶松木材材性比较试验研究》刊于《林业科学》1962年第7卷第1期18～27，102～103页；同期，成俊卿、杨家驹《阔叶树材粗视构造和鉴别特征》刊于35～44，98～101，104～110页。

6月，成俊卿、胡荣、张寿和、张文庆《北京地区木材平衡含水率及其变异的研究》刊于《林业科学》1962年第7卷第3期193～203页。

12月，成俊卿、鲍甫成、孙成志《长白落叶松木材导湿性与木材构造—纹孔托位置的关系》刊于《中国林业科学研究院研究报告·森工》[研究报告森工（62）2号，中国林业科学研究院木材工业研究所木材材性研究室]由中国林业科学研究院科学技术情报室刊印。

是年，木材工业研究所成俊卿、孙成志、李秾完成《中国松属树种的木材解剖特性与木材归类的研究》，起止时间1961—1962年。研究除参考国外根据树木的外部形态及木材的显观构造进行研究外，增加木材的外部特征及物理力学性质，以结合生产上的需要为主，而进行归类研究。利用现有松属材料进行粗视（16种）和显微（25种）构造及主要物理力学性质（17种）的比较研究，将人所共知的软木松和硬木松两大类，进一步把我国20余种松木分为6类，即五针松类、广东松类、白皮松类、油松类、海南松类及南方松类。

1963 年

2月，根据中国科协意见，中国林学会召开在京理事会议，决定在常务理事会下设4个专业委员会，即林业、森工、普及委员会和《林业科学》编委会，陈嵘任林业委员会主任委员，郑万钧任《林业科学》编委会主编。《林业科学》北京地区编委会成立，编委陈嵘、郑万钧、陶东岱、丁方、吴中伦、侯治溥、阳含熙、张英伯、徐纬英、汪振儒、张正昆、关君蔚、范济洲、黄中立、孙德恭、邓叔群、朱惠方、成俊卿、申宗圻、陈陆圻、宋莹、肖刚柔、袁嗣令、陈致生、乐天宇、程崇德、黄枢、袁义生、王恺、赵宗哲、朱介子、殷良弼、张海泉、王兆凤、杨润时、章锡谦，至1966年。

6月，成俊卿、李源哲、孙成志《东北林区人工林与天然林红松木材材性的比较研究》刊于《林业科学》1963年第8卷第3期195～213页。

是年，成俊卿、孙成志、李秾《中国松属树种的木材解剖特性与木材归类的研究》由中国林业科学研究院木材工业研究所刊印《中国林业科学研究院研究报告·森工》(63)9号。

是年，成俊卿与朱惠方一起组织制定《木（竹）材性研究纲要10年规划》，强调木材化学性质和木材细胞壁亚微观结构研究的重要性。

1964 年

3月，中国科学院林业土壤研究所黄达章主编《东北经济木材志》由科学出版社出版。

是年，成俊卿、柯病凡主编《安徽木材（第一辑）》由安徽农学院林学系刊印，由成俊卿、柯病凡、唐汝明、卫广扬、徐全章编写。柯病凡（1915—1995年），湖北应城人。1941年毕业于西北农学院森林系。历任黄河水利委员会技术员，中央工业试验所木材试验馆助理研究员，安徽大学、安徽农学院（安徽农业大学前身）讲师、副教授、森林工业系主任、林学系主任、教授（一级），兼任《安徽农业大学学报》编委会主任委员，林业部科学技术委员会委员、顾问，《中国大百科全书·农业卷》编委会委员，安徽省林学会副理事长，中国林学会理事等职。是安徽农业大学木材科学与技术专业奠基人和学科带头人，先后撰写并发表有关木材物理力学及解剖学方面的论文40余篇；与人合著有《安徽木材》《木材学》《中国主要木材物理力学性质》（国家标准）、《木材物理力学试验方法》

《森林利用学》(国家高等林业院校通用教材)、《山西中条山木材志》及合译《木材学》等著作。

是年,成俊卿译《木材解剖学名词语汇》由国际木材解剖学家协会名词委员会、中国林业科学研究院木材工业研究所刊印。

1965 年

5月20日,《成果公报》1965年总第19期公布中国林业科学研究院木材工业研究所成俊卿、杨家驹《阔叶树材粗视构造的鉴别特征》成果。利用肉眼和10倍放大镜鉴别木材,对木材生产和使用单位在现场鉴别木材具有现实意义。本文内容有:①生长轮——环、散及半环孔材;②管孔——排列、穿孔、内含物、数目和大小;③轴向薄壁组织——显明度及分布;④木射线——宽度、聚合射线、高度和数目;⑤波痕;⑥其他特征——正常轴向树胶管、髓斑、内涵韧皮部和树皮;⑦化学鉴别法;⑧物理特征——气味、滋味、材色、光泽、纹理、结构、花纹、荧光观象、重量、硬度等;⑨次要特征——油细胞或黏液细胞、异细胞射线、径向树胶管或乳汁管等。

5月20日,《成果公报》1965年总第19期公布中国林业科学研究院木材工业研究所成俊卿、何定华、李源哲《红松和水曲柳的板材干缩研究》成果。利用红松、水曲柳作材料,测定两个树种板材的干缩。内容包括:一、木材干缩理论;二、红松及水曲柳板材干缩试验两大部分。结论为:①红松干缩率比水曲柳小;②水曲柳木材中的水分移动比红松困难,即干燥较难;③木材含水率约在20%范围内与干燥的关系成正比;④宽弦锯板比窄弦锯板干缩小;⑤宽生长轮的水曲柳与窄生长轮比,密度和干缩率较大。

5月20日,《成果公报》1965年总第19期公布中国林业科学研究院木材工业研究所成俊卿、胡荣、张寿和、张文庆《北京地区木材平衡含水率及其变异的研究》成果。研究木材在某一气候状态下,特别是在天然状态下的平衡含水率或稳定含水率,在木材干燥和使用上具有重要的意义。因为在建筑方面彻底气干的木材用得很多,特别是长江流域和川南地区,一般室内均无空调设备者更是如此。除研究北京地区内主要用木、竹材15种的平衡含水率外,还试图探讨与含水率有关的某些因子。结论是:①试样大小以采用7.5厘米×2.5厘米×2.5厘米或20厘米×2.5厘米×5厘米为宜;②室内平均平衡含水率(9%)比室外者

（11%）低；③影响平衡含水率的主要因子，首先是相对湿度，第二是温度。

7月20日，成果公报1965年总第21期中国林业科学研究院木材工业研究所成俊卿、孙成志、李秾《中国松属树种的木材解剖特性与木材归类的研究》。本文系国内研究商品材分类最早者，将我国最常见的松属树种（31种）分为五针松、广东松、白皮松、油松、海南松和南方松6类。文内记载了松属树种的分布、分类系统、木材宏观和微观构造、材性和用途、木材归类及讨论等项。在讨论中提出湿地松的拉丁名的更正问题；黄山松不应并入台湾松内；白皮松兼具硬木松和软木松的性质而为中间类型。

9月20日，成果公报1965年总第21期公布中国林业科学研究院木材工业研究所成俊卿、周崟《长白落叶松管胞长度的变异研究》成果。采集东北林区主要树种之一的长白落叶松（现称黄花落叶松）3株，测定管胞长度在不同部位上的变异。①年龄与管胞长度：由髓心向外增加长度，60年后增长很慢。②树高与管胞长度：由0.0米起向上增加至13.3米处达到最大，往后减短；1.3米处的管胞长度更接近全树的平均数。③早、晚材管胞长度的差异：晚材管胞比早材管胞长18%。④管胞长度在各方向上的差异：东、西、南、北方向上的差异很小。⑤株间差异不及株内不同部分的差异大。⑥采集标本时，宜在5～9米间干材或1.3米以上采伐，勿在树基或树梢；远离髓心，勿近树皮。

9月20日，成果公报1965年总第21期公布中国林业科学研究院木材工业研究所成俊卿、李源哲、孙成志《东北林区人工与天然林红松木材材性的比较研究》成果。在草河口红松人工林和立地条件类似的敦化红松天然林内，各选伐4株，作木材构造和物理力学性质的比较试验研究，以揭示不同营林方式的红松材性及其在株内的变异。①人工与天然红松林的木材解剖特性和物理力学性质比较，人工林红松比天然林直径生长快4倍，高生长约快3倍；管胞较长较大；若就相应年轮相比则更重更强。②同高度不同部位上的木材解剖特性和物理力学性质比较，从髓心向外增加。③同部位不同高度上的木材解剖特性和物理力学性质比较，1.3～11.3米之间管胞长度增加，木材密度减小。④年轮的年龄与密度的关系，密度随年龄而增加，不与年轮宽度相关。⑤人工营造红松林能促进其林木生长，并提前成熟。

是年，成俊卿率队去海南岛考察热带森林并采集热带树木标本，中南林学院黄玲英参加。

1968 年

12 月,成俊卿、孙成志、李秾《中国松属树种的木材解剖特性与木材归类的研究》[研究报告森工(63)9 号,中国林业科学研究院木材工业研究所木材材性研究室]由中国林业科学研究院科学技术情报室刊印。

1977 年

8 月 8 日,中国农林科学院颁发木材工业研究所印章。

8 月 19 日,"中国农林科学院林业筹备所"暂定为"中国农林科学院森林工业研究所",并启用"印章"。

是年,成俊卿、李秾编成《中国木材及树种名称》,该书以树木分类系统为基础,按木材特性和用途的异同,将全国近 1000 种用材树种(隶 101 科、约 350 属),归并为商品材 380 类。该书不仅简化木材的基础研究工作,并大大地方便木材合理利用和树种代用的推广工作。

是年,成俊卿开始组织编著《木材学》。

1978 年

12 月,成俊卿任中国林学会第四届理事会理事。

是年,成俊卿、李秾《中国木材及树种名称》由中国林业科学研究院刊印并发至有关单位参考。

是年,成俊卿《安徽主要商品材原木识别检索表》由安徽农学院刊印。

是年,成俊卿组织制订《1978—1985 年木材性质重点科研规划》,成俊卿提出添置先进仪器设备,重点研究木材细胞亚微观结构、非破损检验理论和方法、木材学理论、浸提物成分、木质素、半纤维素等,并且非常重视规划的实施。

1979 年

1 月 23 日,经中国林学会常务委员会通过,改聘《林业科学》第三届编委会,主编郑万钧,副主编丁方、王恺、王云樵、申宗圻、关君蔚、成俊卿、阳含熙、吴中伦、肖刚柔、陈陆圻、张英伯、汪振儒、贺近恪、范济洲、侯治溥、陶东岱、徐纬英、黄中立、黄希坝,至 1983 年 2 月。

成俊卿年谱

6月,西北农学院林学系主编,汪秉全编著《陕西木材》由陕西人民出版社出版。该书引用了中国林业科学研究院木材工业研究所等单位的材性试验结果,林学系的材性试验由汪秉全、赵志才、安培钧、李光洁、刘绪森、李锦梅等同志完成。汪秉全(1916—1993年),木材学专家,安徽芜湖人,九三学社社员。1941年毕业于中山大学农学院森林系,曾任南京中央林业实验所技士,湖南省立农业学校林科讲师。1949—1950年进修于英国爱丁堡大学。回国后历任西北农学院林学系、西北林学院教授,陕西省第六届人民代表大会代表。长期从事木材学的教学和研究工作。编著有《木材识别》《陕西木材》《英汉木材工业词汇》《木材科技词典》等。其中《陕西木材》1979年获陕西省人民政府科技成果三等奖。论文《中国阔叶材管孔式类型的研究》的观点和研究方法受到同行青睐。在中国首届教师节将10000元稿费捐赠给学校用作奖学金基金,受到师生称赞。

9月,成俊卿、杨家驹、刘鹏、卢鸿俊编著《木材穿孔卡检索表(阔叶树材微观构造)》由农业出版社出版。

10月,中国林业科学研究院科技情报研究所《中国林业科技三十年1949—1979》由中国林业科学研究院科技情报研究所刊印,中国林业科学研究院作序,其中408～417页收录成俊卿、李源哲、周崟《木材性质的研究》。

● 1980年

6月,成俊卿主编《中国热带及亚热带木材:识别、材性和利用》由科学出版社出版。

12月,Timell T E. "Karl Gustav Sanio and the first scientific description of compression wood"刊于"IAWA Bull"1980年第1卷第4期147～153页,系统地介绍了卡尔·古斯塔夫·桑里奥和他的科学贡献。1860年,著名德国植物学家卡尔·古斯塔夫·桑里奥(Karl Gustav Sanio)在研究欧洲赤松管胞长度的变异时,发现管胞长度存在径向和轴向的变异规律,通常称之为Sanio规律,至今在研究针叶材管胞长度变异还是在他的研究范围之内。卡尔·古斯塔夫·桑里奥被认为是木材解剖学的奠基人。

是年,成俊卿《中国热带及亚热带木材:识别、材性和利用》获1980年林业部科技成果一等奖。完成人成俊卿、李秾、孙成志、杨家驹、张寿槐、刘鹏,完成单位中国林科院木工所,完成时间1963—1976年。我国森林树种十分丰富,

绝大部分分布在南方十三省（自治区）。《中国热带木材亚热带木材》概指产自南方十三省（自治区）——广东（包括海南）、广西、福建、台湾、湖南、湖北、江西、安徽、江苏、浙江、四川、云南、贵州林区的重要用材树种而言。全书涉及用材树种470种，隶281属90科，阔叶树材占90%，就商品材而言，基本上包括了全国重要木材的特性和用途，个别北方有的商品材也在属中加以介绍。每种木材记载采用"木材志"方式，包括名称、树木及分布、木材粗视构造、木材显微构造、木材物理力学性质、木材加工性质和木材利用七个部分。最后专章介绍"木材主要用途"，共分二十一大类，大类下又分小类，根据各项用途对材质的要求，列出最适宜、适宜和所利用的树种。使用时即可以按树种查用途，也可以按用途找树种。本书所用的物理力学数据大部分是自己试验，少数参考了其他资料；木材方面增加了性质和用途一部分来自生产上的调查研究，另一部分根据木材特性自己确定。本专著（约100万字，包括木材显微照片975幅）是首次对我国南方主要用材树种的木材构造、材性及利用进行了比较全面的研究，对合理开发和利用南方森林资源将起到很大作用，对于进一步从事木材科学研究和教学也具有重要意义。

是年，成俊卿完成《木材构造图》。

1982 年

9月，成俊卿、蔡少松著《木材识别与利用》由中国林业出版社出版。

是年，木材工业研究所《木材名鉴》由中国林业科学研究院木材工业研究所制作刊印。

1983 年

3月，《林业科学》第四届编委会成立，主编吴中伦，副主编王恺、申宗圻、成俊卿、肖刚柔、沈国舫、李继书、徐光涵、黄中立、鲁一同、蒋有绪，至1986年1月。

3月，成俊卿《泡桐属木材的性质和用途的研究（一）》刊于《林业科学》1983年第1期57～63，114～116页。

5月，成俊卿《泡桐属木材的性质和用途的研究（二）》刊于《林业科学》1983年第2期153～167页。

5月,成俊卿被选为中国人民政治协商会议第六届全国委员会委员。

6月,成俊卿等《泡桐属木材的性质和用途的研究(三)》刊于《林业科学》1983年第3期284~291,339~340页。

7月,成俊卿《泡桐属木材的性质和用途的研究》发表后被摘译成英文,作为中国参加国际林联(IUFRO)会议的研究论文。该文试材树种齐全,试验内容广泛和深入,是迄今研究泡桐材材性最为完整的材料。

10月,汪秉全编著《木材识别》由陕西科学技术出版社出版。

● 1984年

6月,成俊卿《泡桐属木材的性质和用途的研究》刊于《泡桐》1984年(试刊号)1~42页。

6月,刘松龄编著《木材学》由湖南科学技术出版社出版。刘松龄,中南林学院教授,江西省人,1915年7月出生,1937年毕业于北平大学农学院。中华人民共和国成立后历任湖北农学院、湖南农学院、中南林学院副教授、教授。主讲森林利用学、木材学,并从事科研工作,开创奠定了湖南木材学的基础。"银杉木材构造和性质的研究"填补了银杉木材研究的空白,银杉是第三纪孑遗树种,为我国所独有,这项研究还对植物进化及地史变迁的探索有重大意义。

● 1985年

9月,成俊卿主编《木材学》由中国林业出版社出版。《木材学》由成俊卿主编,李正理、张英伯、吴中禄、鲍甫成、柯病凡、李源哲、申宗圻等30多位专家合著的中国第一部木材学方面的权威性专著。全书共7篇,32章,178万字。其中前4篇论述树木的形成、木材的构造、化学性质、物理性质及力学性质;后3篇论述与现实生产极为密切的木材缺陷、木材材性改进和中国重要木材(521种)的解剖特征和用途。第1篇木材构造:1.1树木生长与构造;1.2植物细胞壁;1.3木材构造与识别;1.4木材花纹;1.5木材构造与性质和用途的关系。第2篇木材化学性质:2.1木材细胞壁的化学成分;2.2木材浸提成分;2.3木材的化学性质;2.4树皮的化学成分;第3篇木材物理性质:3.1木材与水分;3.2木材密度;3.3木材热学性质;3.4木材电学性质;3.5木材声学性质;3.6木材透气性质。

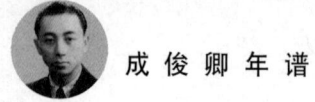

第 4 篇木材力学性质：4.1 基本概念；4.2 木材抗压强度；4.3 木材抗拉强度；4.4 木材抗弯强度；4.5 木材冲击韧性；4.6 木材顺纹抗剪强度和扭曲强度；4.7 木材硬度和耐磨性；4.8 材料抗劈力和握钉力；4.9 木材容许应力；4.10 木材物理力学性质变异的分析。第 5 篇木材缺陷：5.1 天然缺陷；5.2 生物危害缺陷；5.3 干燥及加工缺陷；第 6 篇木材材质改进：6.1 木材干燥；6.2 木材防腐；6.3 木材改性；6.4 材质改进与营抚措施。第 7 篇中国重要木材：7.1 主要商品材的特征和用途；7.2 商品木材主要用途。

• 1986 年

2 月，《林业科学》第五届编委会成立，主编吴中伦，常务副主编鲁一同，副主编王恺、申宗圻、成俊卿、肖刚柔、沈国舫、李继书、蒋有绪，至 1989 年 6 月。

8 月，成俊卿《中国壳斗科商品材识别的研究》刊于《林业科学》1986 年第 4 期 373～379，449～450 页。

• 1987 年

9 月，中国林业科学研究院木材工业研究所孟宪树、成俊卿、何定华、周明、祖勃荪、齐维钧、郭玉兰《泡桐、杨树等速生树种材性和利用的研究》通过成果鉴定。我国木材资源不足、发展速生丰产林和木材综合利用是我国林业的两项基本政策。速生树种泡桐、杨树是北方广为造林树种，预计 2000 年年生产能力将达 3000 万立方米商品材，因此杨、桐等速生材的材性和利用是极为重要的问题。本课题研究 8 种泡桐的基本性质，杨木的窑干基准，杨木做建筑材的防腐和杨木、泡桐制造单板、胶合板、刨花板、中密度纤维板的工艺，为速生材杨木、泡桐利用提供良好基础。

12 月 25 日，在北京举行的中国林学会成立 70 周年纪念大会上，由国务委员方毅、中国科协名誉主席周培源、林业部部长高德占等为荣获第一届"梁希奖"的代表颁奖。《木材学》获中国林学会第一届梁希奖，主要完成人成俊卿、李正理、吴中禄、鲍甫成、柯病凡、李源哲、申宗圻；《木材学》1988 年 9 月还获得中国新闻出版署第四届全国优秀科技图书一等奖。

1988 年

3月6日，成俊卿被选为中国人民政治协商会议第七届全国委员会委员。

6月，成俊卿著《中国热带及亚热带木材——识别、材性和利用》由科学出版社出版，李秾、孙志成、杨家驹、张寿槐、刘鹏等参加编著，全书涉及南方（包括西南）13个省（自治区、直辖市），记述树种470种（隶90科281属），附显微图片近一千幅。

12月，成俊卿、李源哲、周崟、陆熙娴《我院木材科学研究的概况》收入1988年《汇编论文》209～218页。

1989 年

7月，《林业科学》第六届编委会成立，主编吴中伦，副主编王恺、刘于鹤、申宗圻、冯宗炜、成俊卿、肖刚柔、沈国舫、李继书、栾学纯、鲁一同、蒋有绪，至1993年7月。

10月，钱或境、陈欣省《推荐一部木材科学理论的权威性专著——木材学》刊于《林业科技》1989年第5期63～64页。文中写道：木材是人类从古到今，从生产到生活，都离不开的主要产品。因之，受到世界各国的普遍关注，并逐渐形成了一门科学——"木材学"。相继出版了许多著作，如美国1934年版《木材学教科书》、1937年版《木材结构和性质》；德国1936年版《木材技术》、1968年版《木材技术》《木材学与木材工艺学原理》；英国1955年版《木材构造》；日本1978年版《木材应用基础》；苏联1949年版《木材学》、1954年版《木材构造》等。

12月，中国林业科学研究院林业研究所、中国林业科学研究院木材工业研究所《泡桐属植物的种类分布及综合特性的研究》获林业部1989年科技进步二等奖，主要完成人员竺肇华、成俊卿、黄雨霖、陈章水、熊耀国、陆新育、周明、鲍甫成、洪德元、徐光远、纪成操、苌哲新、胡荣、李跃林、张文庆、刘启慎、白同仁、廖淑芬、李源哲、韩世民、相亚民、卞祖娴、刘鹏、杨家驹。该项研究以泡桐属为对象，比较系统和全面地摸清全国泡桐的种类资源和分布规律，将泡桐属分为9种2变种，并发现三个新种，提出泡桐是属于热带、亚热带起源的树种的新见解；在泡桐生长与土壤条件关系的研究方面，首次提出定量指标，探讨农桐间作条件下的水肥动态规律，从土壤角度阐明合理的农桐间作的群落结

构;针对泡桐生长的特殊性,提出"接干形率"新概念,并编制出多种材积表,完成三种泡桐立木生长的预测,全面研究泡桐属树种木材的解剖特性、理化特性和工艺性质,为泡桐的合理开发和科学利用提供了依据。关键技术及创新点:①找出了泡桐分类的关键形态特征以及造成泡桐分类混乱的原因,纠正了国内外学者在分类方面的错误,为泡桐分类编出了实用性很强的检索表,发现二个新种,提出了泡桐良种区划。②深入分析了泡桐属于东南亚热带、热带区系成分,纠正了过去不少人认为是暖温带起源的错误认识,为南方广大地区发展泡桐提供理论依据。③推导出泡桐生长预测模式。编制了高精度的立木材积表、生长过程表等。通过对树形及立木材积组成结构的研究,为生产上制定了合理经营管理措施。④发现泡桐具有两种不同类型的木纤维。宽年轮的木纤维比量比窄年轮的为高,生长越快的木材,造纸质量越高,还发现桐材的共振性和声辐射品质比制小提琴和钢琴音板的鱼鳞云杉还高,通过与40种木材对比,泡桐木材的导热系数最小,是理想的隔热、电绝缘材料,纠正了过去对桐材的许多错误认识,以上重要发现为泡桐木材的合理开发打下了基础。

• 1990 年

4月,成俊卿《材尽其用》刊于《绵阳农专学报》1990年第1期20~22页。文中写道:木材利用应该是"材尽其用",成俊卿先生从木材科学的范畴揭示材尽其用中的一些问题。并提出改革意见。用材中存在的问题:目前的用材中存在很多不合理的现象。主要表现在人们未考虑"适材适用"问题。①木材供应与用材要求脱节;②用材单位图省事而随意用材;③优材劣用现象普遍存在;④防虫防腐处理不普遍,引起白蚁、菌类严重危害木材;⑤"片面性""一刀切"等主观主义思想作风在林业建设和木材利用上有害无益;⑥由于树木的名称不统一,很多人没有树木分类知识,用材部门缺乏识别木材的技能,产生名实混淆用材不当等问题;⑦部分木材加工人员缺乏木材知识,用材不当而影响产品质量,降低经济效益;⑧盲目进口外材造成浪费。用材不合理的原因:①我国林业教育存在问题;②木材基础科学研究未得到应有的重视;③在木材利用方面缺少严格的政策和法规,或有规不循。最后提出了建议:①改革林业教育。这是根本的和首要的问题;②统一树木名称,制定商品材及其材质等级标准;③各省应调查研究本省区的木材资源的材质和用途;④造林树种应适当多样化;⑤积极利用

成俊卿年谱

木材加工剩余物；⑥加速木材改性研究；⑦制定政策要严肃，执法要严格。另外，应严格禁止木材市场的不正之风。木材市场价格开放是否有好处，应认真研究，使之有利于林业的发展。农村中发展乡镇企业是对的，但也有"靠山吃山""自找出路"等危害林木的严重现象。他们往往从自身利益出发，不顾森林与水源、土壤、农业、生态、风景等的关系，进行有害的"开发"。如果说人民公社、大炼钢铁、"文化大革命"等是对森林的几次大浩劫，那么能不能说林业承包制是再一次失误？这是值得很好研究的问题，望能引起有关部门的重视。

9月，中国林业人名词典编辑委员会《中国林业人名词典》（中国林业出版社）成俊卿[7]：成俊卿，木材学家。四川省江津人。1942年毕业于四川大学农学院森林系，曾任中央工业试验所技佐、助理研究员，四川省立遂宁高级农业学校林科主任。1951年获华盛顿州立大学林学院林学硕士学位。回国后，历任安徽大学副教授，安徽农学院副教授。1956年任中国林业科学研究院材性研究室副主任、主任、研究员。是《林业科学》副主编，《木材工业》杂志副主编，第六届全国政协委员，中国林学会第二、四届理事。长期从事木材学的教学与研究工作，专长于木材构造的研究。通过对600多种木材材性的研究，制订出"木材志"的记载方案和我国商品材的分类；在杉木和柏科等针叶树材中发现"髓斑"；研究证明长白落叶松人工林比天然林生长快，强度也大，纠正了认为针叶树材生长快强度就低的论点；在泡桐材的研究中发现有两种不同形态的木纤维。发表有《中国壳斗科商品材识别的研究》《泡桐属木材的性质和用途的研究》等论文。著有《中国热带及亚热带木材识别、材性和利用》，1980年林业部科技成果一等奖。主编《木材学》。

1991年

3月，（美）AJ潘欣等著，张景良、柯病凡等译《木材学》由中国林业出版社出版。张景良（1917—2005年），木材学家，湖北枣阳人。1956年加入中国民主同盟。1938年湖北汉阳高级工业学校肄业，1943年西北农学院森林系毕业。曾任中央林业实验所技佐、技士。中华人民共和国成立后，历任湖北农学院森林系讲师，华中农学院森林系讲师。1955年起历任南京林学院（1985年改称南京林业大学）

---

[7] 中国林业人名词典编辑委员会. 中国林业人名词典 [M]. 北京：中国林业出版社，1990：66-67.

成俊卿年谱

讲师、副教授、教授、森林工业系副主任，2005年3月11日去世。与他人合撰发表有《安徽琅琊山五种阔叶树木材物理力学性质》《中南区杉木物理力学性质试验报告》《江西、湖南马毛松木材物理力学性质试验报告》《华东九种阔叶树木材物理力学性质试验》等论文，主编高等林业院校试用教科书《木材学》。

5月，中国科学技术协会编《中国科学技术专家传略——农学编 林业卷1》由中国科学技术出版社出版。其中收入韩安、梁希、李寅恭、陈嵘、傅焕光、姚传法、沈鹏飞、贾成章、叶雅各、殷良弼、刘慎谔、任承统、蒋英、陈植、叶培忠、朱惠方、干铎、郝景盛、邵均、郑万钧、牛春山、马大浦、唐燿、汪振儒、蒋德麒、朱志淞、徐永椿、王战、范济洲、徐燕千、朱济凡、杨衔晋、张英伯、吴中伦、熊文愈、成俊卿、关君蔚、王恺、陈陆圻、阳含熙、黄中立共41人。其中成俊卿刊载于第477～487页。

6月，何天相《中国木材解剖学家初报》刊于《广西植物》1991年第11卷第3期257～273页。该文简单地介绍我国六十年以来各位木材解剖学家个人所取得的科研、教学的成果以及结合实际的经验。在诸位学者中，有分别率先的，有承先启后的。他们互相支持、相互促进、为弘扬中国木材解剖科学共同努力。该文记述了终身从事木材研究的（唐燿、成俊卿、谢福惠、汪秉全、张景良、朱振文）；因工作需要改变方向的（梁世镇、喻诚鸿）；偶尔涉及木材构造的（木材科学：朱惠方、张英伯、申宗圻、柯病凡、蔡则谟、靳紫宸）；木材形态解剖的（王伏雄、李正理、高信曾、胡玉熹）；近年兼顾木材构造的（刘松龄、葛明裕、彭海源、罗良才、谷安根），最后写道展望未来（安农三杰：卫广扬、周鉴、孙成志；北大新星：张新英；中林双杰：杨家驹、刘鹏；八方高孚：卢鸿俊、卢洪瑞、郭德荣、尹思慈、唐汝明、龚耀乾、王婉华、陈嘉宝、徐永吉、方文彬、腰希申、吴达期）；专题人物（陈鉴朝、王锦衣、黄玲英、栾树杰、汪师孟、张哲僧、吴树明、徐峰、姜笑梅、李坚、黄庆雄）。该文写道：成俊卿教授一生献身于我国木材的构造研究，成绩斐然。他一方面从构造出发，广泛调查、参考性质，厘定用途，在地方林业单位的组织下，深入林区，作出了木材调查的技术指导。另一方面，他领导研究室同志，进行广义的木材材性研究，同时培养学生取得丰硕成果。时至今日，在成教授的杰出著述中可以推荐：《中国裸子植物材的解剖性质和用途》《中国热带及亚热带木材》《木材学》（主编），杉木、长白落叶松、红松以及中国壳斗科木材等学术论文。假如成教授主编的《中国木材志》早

成俊卿年谱

日出版,则对我国社会主义的四化建设赋有重大价值。

11月25日,成俊卿立下遗嘱:在我去世后,不通知任何亲属及我家乡的政府机构;在我去世后,我的全部财产及我的著作由中国林业科学研究院木材工业研究所负责整理,并交给材性研究室。

11月26日,成俊卿因患白血病医治无效,在北京逝世,终身未娶,享年76岁。成俊卿先生,四川江津人,出生于1915年11月14日(农历十月初八),是我国著名的木材学家,我国现代木材科学和中国林业科学研究院木材标本馆主要奠基人之一。1942年毕业于四川大学森林系。1951年在美国西雅图华盛顿大学林学院获林学硕士学位,同年回国。历任安徽农学院副教授,中国林业科学研究院木材工业研究所研究员,中国林学会第二、四届理事。是第六、七届全国政协委员。获首批国务院政府特殊津贴,著述、主编或合著的有关木材学论著有《木材学》《中国木材志》《中国热带及亚热带木材》等43篇(部)。成俊卿先生毕生致力于木材科学研究,推动我国木材科学的发展。

12月10日,《中国林业报》第1版刊登《著名木材学家成俊卿逝世》。中国人民政治协商会议全国委员会委员、著名木材学家、中国林业科学研究院木材工业研究所研究员成俊卿先生,于1991年11月26日在北京逝世,享年76岁。成俊卿先生1915年出生于四川省江津县。1942年毕业于四川大学农学院,1948年就读美国西雅图华盛顿州立大学林学院获硕士学位。1951年回国后,一直从事木材学和木材工业研究,在木材解剖、木材识别、木材材性等方面取得大量研究成果;编撰《木材学》等权威性著作,为开拓我国木材学研究领域做出了突出贡献。成俊卿先生赤诚爱国,一贯拥护中国共产党,热爱社会主义。他为人正直,实事求是,艰苦朴素,终身致力于科技事业,临终前将自己的财产全部捐献给了他毕生为之奋斗的木材工业研究事业。

● 1992年

3月,成俊卿、杨家驹、刘鹏著《中国木材志》由中国林业出版社出版。本书主要两部分。第一部分是"木材的特性和利用",每种木材的记载内容包括树种名称、树木及分布、木材粗视构造、木材显微构造、木材加工、工艺性质和木材利用。从"科"到"种"各级分类单位的排列按各自拉丁学名的字母顺序。第二部分是"木材主要用途",该书根据木材主要用途将木材分13大类,大类下又

 成俊卿年谱

分若干小类，并按各项用途对材质的要求列出最适宜、比较适宜和可用的商品材。其目的是使读者既可根据树种查找木材用途，也能根据木材用途选择适用的树种（木材）。

4月，《林业科学》1992年2期刊登《悼念〈林业科学〉副主编成俊卿研究员》。我国著名木材学家、全国政协委员、中国林业科学研究院研究员成俊卿先生，因病于1991年11月26日在北京逝世，享年76岁。成俊卿先生1915年生于四川省江津县。1942年毕业于四川大学农学院森林系，获农学学士学位。1945年7月起，任重庆前中央工业试验室技佐及助理研究员，1945年9月起，任四川省立遂宁高级农业学校森林科主任，1947年12月起，在四川省农业改进所督导室做林业技术工作。1948年赴美国留学，就读于华盛顿州立大学林学院林产工业系，1951年获硕士学位。1951年11月回国后，任安徽大学副教授，1956年调林业部中央林业科学研究所任研究员，先后担任木材工业研究室负责人，森林工业研究所筹备组成员，中国林业科学研究院木材工业研究所材性室副主任、主任等职，并兼任《林业科学》第三至六届编辑委员会副主编，中国林学会木材科学学会顾问，中国林业出版社特约编审等，是中国人民政治协商会议第六、七届全国委员会委员。成俊卿先生在木材学研究中成绩卓著，共发表专著15本，论文数十篇。他在50年代初发表的《中国裸子植物解剖性质和用途》专著，首次系统总结出我国裸子植物的解剖特征。他首先发现裸子植物木材中存在"髓斑"，补充和修正了权威著作对此特征的论述。他在原木及木材识别方面的多种论著，如《针叶树材解剖性质记载要点和说明》《阔叶树材粗视构造的鉴别特征》《木材穿孔卡片检索表（阔叶树材微观部分）》以及《木材识别和利用》等均具有重要的学术价值。他在木材归类和木材志方面的著作，如《中国木材及树种名称》《中国热带及亚热带木材》《中国木材志》等，也反映出了他的独具特色学术创见，在木材学界产生了深远的影响。其中，《中国热带及亚热带木材》曾获1980年林业部科技成果一等奖；由他主编的《木材学》，1987年获中国林学会首届梁希奖；他主持的泡桐材的研究为当今最完善的同类研究，与林木培育组合成的《泡桐属植物种类分布及其综合特征》成果，获1989年林业部科技进步二等奖。成俊卿先生的突出贡献，还表现在他作为我国木材学领域的学术带头人之一，在此领域研究方向的制定，骨干队伍的形成和物质技术条件的创立都发挥了卓越的决策和组织作用。成俊卿先生在兼任《林业科学》副主编期间，对审定稿件认真

负责，一丝不苟，为办好刊物，他积极提建议、想办法，也做了重要贡献。成俊卿先生热爱中国共产党，热爱社会主义祖国，光明磊落，实事求是，平易近人，艰苦朴素。他的逝世，是我国木材科学界的重大损失。《林业科学》编辑委员会1991年12月

1993年

3月，中国农业百科全书总编辑委员会《中国农业百科全书·森林工业卷》由农业出版社出版。该书是根据原国家农委的统一安排，由林业部主持，在以中国林业科学研究院王恺研究员为主任的编委会领导下，组织160多位专家教授编写而成。全书设总论、森林工业经济、木材构造和性质、森林采伐运输、木材工业、林产化学工业六部分，后三部分含森林工业机械，是一部集科学性、知识性、艺术性、可读性于一体的高档工具书。《中国农业百科全书·森林工业卷》编辑委员会顾问梁昌武，主任王恺，副主任王凤翔、刘杰、栗元周、钱道明，委员王恺、王长富、王凤翔、王凤翥、王定选、石明章、申宗圻、史济彦、刘杰、成俊卿、吴德山、何源禄、陈桂陞、贺近恪、莫若行、栗元周、顾正平、钱道明、黄希坝、黄律先、萧尊琰、梁世镇、葛明裕。其中收录森林利用和森林工业科学家公输般、蔡伦、朱惠方、唐燿、王长富、葛明裕、吕时铎、成俊卿、梁世镇、申宗圻、王恺、陈陆圻、贺近恪、黄希坝、三浦伊八郎、科尔曼，F. F. P.、奥尔洛夫，C.φ、柯士，P.。

12月，杨家驹、卢鸿俊、高永发编著《国外商用木材拉汉英名称》由中国林业出版社出版。

1994年

10月，周崟、姜笑梅著《中国裸子植物材的木材解剖学及超微构造》由中国林业出版社出版。

1997年

2月5日，《中国主要木材名称》（GB/T 16734—1997）由国家技术监督局批准，1997年9月1日实施，起草人中国林业科学研究院木材工业研究所成俊卿、李秾、姜笑梅、刘鹏、张立非。

成 俊 卿 年 谱

● **2010 年**

1月，姜笑梅、程业明、殷亚方《中国裸子植物木材志》由科学出版社出版。《中国裸子植物木材志》介绍了裸子植物的定义、形态及结构特点及其分类地位、分类系统，世界及中国范围内科、属、种的分布；裸子植物木材结构及其鉴定特征；记载了中国142种主要裸子植物商品材（隶9科38属）的结构特征、物理力学性质及加工性能与用途。在国内首次以国际木材解剖学家协会（IAWA）于2004年发布的《IAWA针叶树材识别显微特征一览表》为记载术语和代码。《中国裸子植物木材志》对每个树种均记载了木材名称、树木及分布、木材构造、木材物理力学性质、加工性质和用途，每个树种均附有木材的显微结构照片，部分树种附有地理分布图。此外。《中国裸子植物木材志》还将IAWA出版的《IAWA针叶树材识别显微特征一览表》的中文翻译（含图版）列为附录。

● **2013 年**

4月，《20世纪中国知名科学家学术成就概览·农学卷·第三分册》由科学出版社出版。国家重点图书出版规划项目《20世纪中国知名科学家学术成就概览》，以纪传文体记述中国20世纪在各学术专业领域取得突出成就的数千位华人科学技术和人文社会科学专家学者，展示他们的求学经历、学术成就、治学方略和价值观念，彰显他们为促进中国和世界科技发展、经济和社会进步所做出的贡献。农学卷记述了200多位农学家的研究路径和学术生涯，全书以突出学术成就为重点，力求对学界同行的学术探索有所镜鉴，对青年学生的学术成长有所启迪。本卷分四册出版，第三分册收录了43位农学家。其中86~97页成俊卿、205~215页关君蔚、230~237页陈俊愉等。

● **2015 年**

11月19日，《成俊卿先生诞辰一百周年座谈会》在中国林业科学研究院木材工业研究所木结构会议室隆重召开。座谈会由中国林科院木材工业研究所木材构造与利用研究室主办，中国林科院木材工业研究所常务副所长吕建雄、中国林科院原常务副院长张久荣、中国林科院首席专家鲍甫成和张寿槐、柴修武、杨家驹、刘鹏、姜笑梅等老专家，以及木材工业研究所木材力学与木结构室主任任海青、木材物理与干燥室主任周永东等相关部门与研究室职工和研究生代表40余人参加。

12月30日,王建兰《深切缅怀成俊卿先生——纪念著名木材学家成俊卿先生诞辰100周年》刊于《中国老教授协会林业专业委员会通讯》2015年第4期52~60页。

● **2016年**

1月20日,《中国绿色时报》第4版刊登王建兰《与木为伴一世清馨(背影)——深切缅怀我国木材学开拓者、木材解剖学家成俊卿》。

朱惠方年谱

朱惠方（自中国林业科学研究院）

朱惠方年谱

- **1902 年（清光绪二十八年）**

  12 月 18 日，朱惠方（Zhu Huifang），曾用名朱会芳，字艺园，生于江苏省丹阳县。

- **1915 年（民国四年）**

  是年，朱会芳考入江苏省立第三农业学校，并补习物理、化学、日语等课程。

- **1919 年（民国八年）**

  是年，朱会芳从江苏省淮阴农校毕业，入同济大学德文预习班，准备到德国留学。

- **1922 年（民国十一年）**

  是年，朱会芳考入明兴大学（Ludwig-Maximilians-Universität München，今慕尼黑大学），后转普鲁士林学院。

- **1925 年（民国十四年）**

  是年，朱会芳毕业于慕尼黑大学林学院，获得林学学士学位。之后到奥地利维也纳垦殖大学研究院攻读森林利用学。

- **1927 年（民国十六年）**

  8 月，国民政府通过北伐攻克杭州，在浙江高等学校原校址成立国立第三中山大学，学校下设文理、工、劳农三个学院，其中工学院由浙江公立工业专门学校改组而成、劳农学院由浙江公立农业专门学校改组而成。

  8 月，朱会芳从奥地利维也纳垦殖大学研究院森林利用专业毕业。同年回国，任教于浙江大学劳农学院，任副教授。

  是年，朱会芳加入中华农学会。

- **1928 年（民国十七年）**

  3 月，浙江省政府委员会主席何应钦令朱会方为浙江省第一造林场场长，朱会方请辞获批。朱会方任浙江大学教授兼林学系主任。

4月1日，中华民国大学院浙江大学定名为浙江大学。

7月1日，浙江大学称浙江大学，下设文理、工、农三个学院。

9月，朱会芳《改进大学林业教育意见书》刊于《农林新报》1928年7～9期。《改进大学林业教育意见书》对林业教育提出"教育方针当侧重于培养森林管理人才，基本学习科目应含有自然学科、经济学科与工程学科"，指出"林学为应用学科，始手于教做合一之要旨"，并建议林业职业化与军事化。

12月，朱会芳《川康森林与抗战建国》刊于《农林新报》1928年第10～12期2～34页。《川康森林与抗战建国》一文根据当时中国森林现状，强调了森林在抗战建国之中作为一种重要战略物资的重要性。特别指出木材在军用器材如飞机、枪托、火药上的实用价值。同时可用于国防交通建设，如枪托、船舶、电杆、支柱、木炭等。提出要调查研究，加强经营管理，增进公私有林的发展，进一步强调，以上三点，如果没有严密的组织，仍旧是没有森林行政。森林行政乃是命令监督技术三种业务配合起来的，要能运用合理行政，才能推动，而林业才有发展的一日。总之，川康森林，不仅是川康紧要问题，就是中国前途的幸福，亦系乎此。

● 1929年（民国十八年）

3月，浙江大学农学院《农业丛刊》创刊，杭州笕桥农学院文牍处编辑。朱会芳《落叶层与森林上之关系》《农业丛刊（杭州）》1929年第1卷第1期68～76页。

8月15日至24日，为切实勘察三门湾是否可以开辟商埠，并调查三门湾辟埠呈请人许廷佐资产是否确实，信用是否昭著，国民政府工商部、建设委员会、浙江省政府分别派定金秉时、洪绅、陆凤书、朱会芳四人为专员从事调查，先是四人于8月14日赴埠会集，15日及16日考察该呈请人所创办之益利汽水厂、洽和冰厂及冷藏堆机，16日傍晚陪同该呈请人许廷佐赴三门湾一带切实履勘，24日回沪并完成会勘及调查结果。

9月，朱会芳任北平大学农学院教授、林学系主任。

是年夏，朱会芳受中华农学会派遣出席日本农学大会，同时考察了日本林业与林政现状。回国后曾感慨"中国大学的农林系教师多由国外，于本国农林实际情况向皆默然，若不从研究入手，谋彻底解决，似难与国外争雄而谋国家经济之发展"。

 朱惠方年谱

10月,《中华林学会会员录》载:朱会芳为中华林学会会员。

是年,1929级浙江大学农学院园艺学教师有梁希、朱会芳、章祖纯、郭枢、沈待春、王兆泰。

• 1930年(民国十九年)

是年,朱会芳(德国普鲁士林科大学学士)任金陵大学农学院教授、森林系主任。

• 1931年(民国二十年)

3月,朱会芳《中国造纸事业与原料木材》(未完)刊于《农林新报》1931年第8卷第8期7~9页。

3月,朱会芳《中国造纸事业与原料木材》(续)刊于《农林新报》1931年第8卷第9期2~4页。

12月11日,《农业周报》1931年第1卷第33期42页刊登《农界人名录:朱会芳》。朱会方,字艺园,江苏丹阳人,年二十九岁。德国普鲁士林业大学毕业,奥地利垦殖大学研究院研究。曾任第三中山大学农学院专任教员,浙江大学农学院副教授,北平大学农学院教授。现任金陵大学林科教授。

• 1933年(民国二十二年)

3月,朱会芳《东三省之森林概况》刊于《农林新报》1933年第10卷第8期6~12页。

10月,朱会芳《森林与水之关系》刊于《农林新报》1933年第10期589~591页。

• 1934年(民国二十三年)

3月,朱会芳《提倡国产木材的先决问题》刊于《广播周报》1934年第12期18~21页。

11月,朱会芳完成中国中部木材的强度试验,测试的树种达74种之多,其中针叶树材9种,阔叶树材65种。

11月,朱会芳、陆志鸿《中国中部木材之强度试验》刊于《中华农学会报》

1934年第129、130期78~109页。朱会芳就撰文论述中国造纸业与原料开发前景，提倡在荒芜山地植树造林，其间伐材可供造纸。之后金陵大学农学院朱会芳、中央大学工学院陆志鸿著《中国中部木材之强度试验》（中央大学工学院专篇之一）由台湾中央大学出版组刊印单行本。陆志鸿（1897—1973年），字筱海，嘉兴人。1915年赴日留学入东京第一高等学校预科、本科，1920年以优异成绩免试升入东京帝国大学工学部，研究金属采矿，1923年撰毕业论文《浮游选矿》，获日本学术界赏识，后应三井公司聘，在三池煤矿任职一年。1924年回国任教于南京工业专门学校。1927年，中央大学设工学院，将南京工业专门学校并入，遂改任中央大学土木系教授，主授工程材料、力学及金相学等课。同时创设材料学及金相学试验室，对研究、检验我国国防工业和民用工业的材料与产品的用途具有重大的作用。1937年抗日战争爆发，志鸿督率员工将试验室迁移重庆。为避日本侵略军飞机空袭，亲自设计开辟地下试验室，坚持从事材料学与金相学的研究及教学工作。期间曾赴滇边考察矿产，去川西南指导灰渣水泥制造，去自流井（今自贡市）试验从盐卤中提炼纯镁等。1945年秋参与接受台湾大学，1946年任台湾大学校长，1948年夏改任台湾大学机械系教授，从此潜心从事研究与教学。其重要著作有《工程力学》《材料力学》《材料强度学》《建筑材料学》《金属物理学》《工程材料学》《最小二乘法》等，所编纂的《嘉兴新志》（上编已付梓，下编佚）是一部用近代观点记载嘉兴状况的地方文献。1973年5月4日病逝于台北。台湾大学为纪念陆志鸿而建志鸿馆，塑有半身铜像。

是年，朱会芳、陆志鸿《材料试验法》（中央大学工学院专篇之三）由台湾中央大学出版组刊印。

• 1935年（民国二十四年）

1月1日，朱会芳演讲、姚开元记录《世界木材之需给概况》刊于《台湾中央大学日刊》1935年第1354期2196~2198页。

1月2日，朱会芳演讲、姚开元记录《世界木材之需给概况（续）》刊于《台湾中央大学日刊》1935年第1355期2201~2202页。

1月，朱会芳《提倡国产木材的先决问题》刊于《农林新报》1935年第12卷第2期2~5页。

2月，朱会芳《中国木材之硬度研究》刊于《金陵学报》1935年第5卷第1

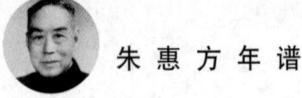

期 1～34 页。

3 月，朱会芳《世界木材之需给概观》刊于《农林新报》1935 年第 12 卷第 8 期 5～9 页。该文还刊于《江苏月报》1935 年第 4 期 32～36 页。

8 月，朱会芳《木材之需给概观》刊于《农林新报》1935 年第 12 卷第 8 期 5～9 页。

是年，朱会芳完成中国木材硬度之试验，共测试的树种达 180 种，按测得硬度之大小，分成甚软、软、适硬、硬、甚硬 5 个等级。

● 1936 年（民国二十五年）

1 月，朱会芳《木材利用上之防腐问题》刊于《广播周报》1936 年第 67 期 45～49 页。该文还刊于《农林新报》1936 年第 1 期 44～48 页。

3 月，朱会芳《竹材造纸原料之检讨》刊于《农林新报》1936 年第 8 期 5～8 页。该文认为竹材在中国分布面广，产量高，4～5 年生即可使用，是一种优良的造纸原料。文章指出要利用竹材造纸，除应选择适宜的竹种外，还应开展大面积集团造林，以保证原料的持续供应。

3 月，朱会芳著《竹材造纸原料之检讨》由金陵大学农学院刊印。

7 月，《中华林学会会员录》刊载：朱会芳为中华林学会会员。

11 月 1 日，四川省林学界佘季可、杨靖孚发起组织四川林学会在成都举行成立大会，选出佘季可、刁群鹤、陈全汉、程复新、杨靖孚、秦齐三、邬仪、谢开明、何知行等为执行委员，还有 5 名候补委员、5 名监察委员、2 名候补监委。

11 月，金陵大学农学院开始迁移工作，朱会芳负责迁校工作，农学院人员及图书仪器标本 175 箱随校本部一起迁到成都华西坝华西大学。

● 1937 年（民国二十六年）

3 月 12 日，《四川林学会会刊》编辑部出刊《四川林学会会刊·成立纪念号》，杨靖孚题发刊词。

4 月 11 日，四川林学会举行有 80 余人参加的临时会员大会，对四川省的林政、林业、林学进行研讨，并向四川省政府提出《推进四川实施纲要建议书》。

7 月，抗日战争全面爆发，11 月南京中央大学随国民政府内迁重庆。

7 月 24 日，金陵大学教授朱会芳到陕西调查林木。

7月，《西北农专周刊》1937年第2卷第1期15页刊登《金陵大学教授朱惠芳先生来陕调查核桃林》。

10月24日，四川林学会在成都召开会员大会，改选佘季可、程复新、陈德铨、邬仪为理事，佘季可为常务理事，另选出候补理事3人、监事5人、候补监事3人。

1938年（民国二十七年）

2月，金陵大学师生分批抵达成都，并于3月1日在华西大学开学。成都华西大学也是一所教会大学，该校占地300余亩*，校舍巍峨壮丽，皆为美国教会捐建，风格颇似南京金陵女子文理学院内的建筑。金陵大学迁至华西大学后，所有办公楼、教学楼、图书馆、实验室等，均与华西大学共同使用。由章之汶任农学院院长，朱惠芳代理森林系主任。期间朱惠芳率队到川西和西康地区，调查森林资源，完成中国中部木材的强度试验。

3月，金陵大学在华西坝正式开学。

7月7日，朱惠方《四川森林问题之重要及发展》刊于《四川林学会特刊·抗战建国周年纪念集》1938年特刊号41~50页。记载《四川林学会会员名单》共87人，其中中华林学会职员录还列有成都分会理事名单：李荫桢、朱惠方、佘季可、程复新、邵均、朱大猷、张小留、蒋重庆、刘讽吾、安事农、韩安。

7月，朱惠方、陆志鸿《中国中部木材之强度试验》由金陵大学农学院森林系刊印。

7月，朱惠方《中国木材之硬度研究》《大渡河上游森林概况及其开发之刍议》《木材利用上之防腐问题》《四川森林问题之重要及其发展》《推进四川油桐生产方案之拟议》《木材的先决问题》《世界木材之需给概视》《竹材造纸原料之检讨》由金陵大学农学院森林系刊印。

7月，朱惠方、王一桂《列强林业经营之成功与我国林政方案之拟议》由金陵大学农学院森林系刊印。

9月至10月，朱惠方应成都商界人士王剑民等之邀，率考察组深入大渡河上游的汉原、越雋、泸定等县，以大渡河为中心，东起汉原之羊腊山，西迄泸定县之雨洒坪，更及临河南北之山脉，对地势、植物生态与环境、森林之变迁进行考察。

---

* 1亩=1/15公顷（hm^2）。

1939年（民国二十八年）

2月，王一桂、朱会芳《增进四川油桐生产方策之拟议》刊于《建设周刊》1939年第8卷第6期1~11页。

2月，朱会芳《松杉轨枕的强度比较试验》刊于《金陵学报》1939年第9卷第1、2期63~84页。

3月31日，朱惠方《造林运动盛》刊于《农林新报》（森林专号）1939年第16卷第6~8期1~2页；同期，朱惠方《大渡河上游森林概况及其开发之刍议》刊于10~36页。

4月，朱惠方著《大渡河上游森林概况及其开发之刍议》（森林调查丛刊蓉字捌号，26页）由金陵大学农学院森林系刊印。此书详细报告了以大渡河为中心，东起汉源之羊脑山，西迄泸定之雨洒坪，及临河之南北山脉，而侧重王岗坪、大洪山数处的森林资源调查，并对森林的种类、面积、地理位置、海拔高度、生长状况以及可开发程度、经营保护方法等都有极其精细的描述，极有助于了解当时这一地区森林资源的实际状况，有助于我们正确对待今天森林资源的变化、合理保护和开发利用森林资源。

6月，朱惠方《四川全省茶业之鸟瞰》刊于《新四川月刊》1939年第1卷第6期25~28页。

9月，国民政府经济部中央工业试验所在重庆北碚创建木材试验室，负责全国工业用材的试验研究，这是中国第一个木材试验室。编印《木材试验室特刊》，每号刊载论文一篇，至1943年底，共出版29号，其作者主要有唐燿、王恺、屠鸿达、承士林等。

是年，金陵大学农学院推广委员会成员：主席章之汶，副主席管泽良，书记汪正琯，委员王绶、包望敏、朱惠方、郝钦铭、乔启明、章文才、欧阳苹。

1940年（民国二十九年）

3月，朱惠方《改进大学林业教育意见书》刊于《农林新报》1940年第17卷第7~9期1~2页，其中指出：林业学校应负有教做合一的使命。

4月，朱惠方《川康森林与抗战建国》刊于《农林新报》1940年第17卷第10~12期1~5页。

6月，中央工业试验所木材试验室毁于日机轰炸。

8月，木材试验室迁至四川乐山。

1941年（民国三十年）

2月，中华林学会在重庆的一部分理事和会员集会，决定恢复中华林学会活动。经过讨论，修改会章，改组机构。选举姚传法、梁希、凌道扬、李顺卿、朱惠方、傅焕光、康瀚、白荫元、郑万钧、程复新、程跻云、李德毅、林枯光、李寅恭、唐燿、皮作琼、张楚宝17人为理事，其中姚传法、梁希、凌道扬、李顺卿、朱惠方5人为常务理事，姚传法为理事长。

3月，朱惠方主编，吴中伦著《青衣江流域之森林》（森林资源丛著）由金陵大学农学院森林系刊印。

3月，朱惠方《木栓》（林产利用丛书，11页）由金陵大学农学院森林系刊印。

5月，朱惠方著《西康洪坝之森林（中国森林资源丛著）》（蓉字报告No13，155页）由金陵大学农学院森林系刊印。

5月，朱惠方《大渡河上游森林概况及其开发之议》刊于《全国农林试验研究报告辑要》1941年第1卷第3期92～93页。

5月，南京金陵大学教授朱惠方考察烟袋、朵洛、八窝龙等乡。

5月，南京金陵大学教授朱惠方考察洪坝后所著的《西康洪坝之森林》一书记载：洪坝一村，计有村民35户，考所属种族，概有3种。土著原为康人，计17户，汉人6户。

5月，朱惠方著《西康洪坝之森林》（中国森林资源丛书，142页）由金陵大学农学院森林系刊印。

6月，朱惠方《西康洪坝之森林》刊于《全国农林试验研究报告辑要》1941年第1卷第6期157～158页。

7月，在农林部林业司司长、林学家李顺卿的主持下，重庆国民政府农林部成立中央林业实验所，任命韩安为所长，邓叔群为副所长。

8月，国民政府交通部、农林部筹办木材公司，委托中央工业试验所木材试验室主任唐燿组织中国林木勘察团，调查四川、西康、广西、贵州、云南五省林区及木业，以供各地铁路交通之需要，共组织5个分队，结束之后均有报告问世，唐燿为之编写《中国西南林区交通用材勘察总报告》。其中川康队由柯病凡担任，参加人有柯病凡、朱惠方、陈绍行等人，负责勘察青衣江及大渡河流域之森林及木业，注重雅安一带电杆之供应，及洪坝等森林之开发。曾就洪雅、罗坝、雅安等地调查木材市场，就天全之青城山勘察森林；复经芦山、荥经，过大相岭抵汉源，勘察大渡河及洪坝之森林，更经富林，由峨眉返乐山。行程1700余里，共历时69日。其调查报告称：洪坝杉木坪为赖执中占有，洪坝各支沟森林为赖执中等私有。川康勘查团1942年8月15日由乐山出发，10月5日抵达九龙之冰东，6日到达洪坝，7日由洪坝至大杉木坪……洪坝森林后又经福中木业公司采伐，经营4年，因缺乏伐木器具而停止，所伐木材约10万立方尺，多数丢弃，少数原条及枋墩运往乐山出售。

9月，朱惠方《木栓》刊于《全国农林试验研究报告辑要》刊于1941年第1卷第5期137页。

10月，《中华林学会会员录》载：朱惠方为中华林学会会员。

● 1942年（民国三十一年）

8月，在中央工业试验所的协助下，唐燿在乐山购下灵宝塔下的姚庄，将中央工业试验所木材试验室扩建为木材试验馆，唐燿任馆长。根据实际的需要，唐燿把木材试验馆的试验和研究范畴分为八个方面：①中国森林和市场的调查以及木材样品的收集，如中国商用木材的调查；木材标本、力学试材的采集；中国林区和中国森林工业的调查等。同时，对川西、川东、贵州、广西、湖南的伐木工业和枕木资源、木材生产及销售情况，为建设湘桂、湘黔铁路的枕木供应提供了依据。还著有《川西、峨边伐木工业之调查》《黔、桂、湘边区之伐木工业》《西南木业之初步调查》等报告，为研究中国伐木工业和木材市场提供了有价值的实际资料。②国产木材材性及其用途的研究，如木材构造及鉴定；国产木材一般材性及用途的记载；木材的病虫害等。③木材的物理性质研究，如木材的基本物理性质；木材试验统计上的分析和设计；木材物理性的惯常试验。④木材力学试验，如小而无疵木材力学试验；商场木材的试验；国产重要木材的安全应力试验等。⑤木材的干燥试验，如木材堆集法和天然干燥；木材干燥车间、木材干燥程序等的试验和研究。⑥木材化学的利用和试验，如木材防腐、防火、防水的研究；木材防腐方法及防腐工厂设备的研究；国产重要木材天然耐腐性的试验。⑦木材工作性的研究，如国产重要木材对锯、刨、钻、旋、弯曲、钉钉等反应及新旧木工工具的研究。⑧伐木、锯木及林产工业机械设计等的研究。

9月，朱惠芳《橡胶述略》刊于《农林新报》1942年第7～9期3～17页。

10月，朱惠芳《中国木材之硬度研究》刊于《全国农林试验研究报告辑要》1942年第2卷第4、5期81～82页；同期，朱惠芳《松杉轨枕之强度比较试验》刊于82页。

是年，朱惠芳《橡胶述略》（金陵大学林产利用丛书）由金陵大学农学院刊印。

● 1943年（民国三十二年）

3月，《朱会友惠方任中林所副所长》刊于《中华农学会通讯》1943年第27期22～23页。

6月，邓叔群辞去中央研究院林业实验研究所副所长职务，朱惠方任副所长。在此期间，朱惠方曾兼任川康农工学院教授、农垦系主任。

● 1944年（民国三十三年）

1月，朱惠方《木材工艺讲座（一）：中国木材工艺之重要与展望》刊于《农业推广通讯》1944年第6卷第1期71～73页。

2月，朱惠方著《成都市木材燃料之需给（农林部中央林业实验所 研究专刊第2号）》（63页）由中央林农业实验所刊印。

4月，朱惠方《木材工艺讲座（二）：林间制材工业（上）》刊于《农业推广通讯》1944年第6卷第3期46～47页。

4月，朱惠方《成都市木材燃料之需给》刊于《林学》1944年第11号23～134页。

4月，朱惠方《木材工艺讲座（三）：林间制材工业（下）》刊于《农业推广通讯》1944年第6卷第4期37～39页。

8月，朱惠方《人造板工业》刊于《农业推广通讯》1944年第8期26～29页。

● 1945年（民国三十四年）

4月，朱惠方《木材利用之范畴与进展》刊于《林讯》1945年第2卷第2期封2，3～7页；同期，朱惠方《胶板工业》刊于13～20页。

10月，朱惠方《复员时木材供应计划之拟议》刊于《林讯》1945年第2卷第5期封2，3~7页。

11月15日，罗宗洛（台湾大学第一任校长，任期1945.8—1946.7）正式接收台北帝大，台湾大学成立，该接收日成为台大的校庆纪念日。

是年冬，国民党政府教育部派朱惠方到长春，组建长春大学农学院，任教授兼院长。

1946年（民国三十五年）

7月，国民党政府教育部决定在吉林省长春市设立长春大学，委任黄如今为校长，接收伪校15所，于民国三十五年七月二十日正式成立。教务训导及总务三处及主要负责人：教务长张德馨，训导长张焕龙，总务长官辅德，文学院长徐家骥，理学院长强德馨，法学院长刘全忠，农学院长朱惠方，工学院长孙振先，医学院长郭松根。

10月，国民政府接收在长春的"满洲建国大学""新京大同学院""新京医科大学""新京工业大学""新京法政大学""新京畜产兽医大学"等原满洲国的14所高校，合并组建长春大学，归教育部管辖。长春大学分设文、理、法、农、工、医六个学院。农学院设农艺、森林、畜牧、兽医以及农业经济系，朱惠芳任院长。

1947年（民国三十六年）

4月，朱惠方、董一沈著《东北垦殖史 上卷》（长春大学农学院丛书）由徒文社出版。

8月，林渭访教授任台湾大学农学院森林系主任，任职至37年10月。根据《台湾大学组织规程》第十四条：学系（科）置主任一人，办理系（科）务；第十七条：学系（科）主任与研究所所长，由各学系（科）与研究所组成选任委员会，选任新任系（科）主任与所长，报请学院院长转请校长聘兼之；第十七条：系（科）主任、所长应具备副教授以上资格，系（科）主任、所长任期以三年为原则。

9月，《林产通讯》创刊于台北，半月刊，由台湾省政府农林处林产管理局秘书室编辑，发表林产专业论著，颁布有关林业的训令、法规、章则，刊有会议记录和工作调查报告、林业局工作概况和大事记要。栏目有命令类、公告类、业务类、消息类、论著类、文艺类等。

1948 年（民国三十七年）

2月6日至3月12日，应台湾省林产管理局、林业试验所之邀，中央大学森林系梁希教授与长春大学农学院院长朱惠方教授一行到台湾调查5周，足迹遍及台湾各林场及山林管理所。台湾林业试验所所长林渭访、台湾大学林学系主任王益滔等随同考察。离台前，梁希教授与朱惠方教授联名提出《台湾林业考察之管见》受到台湾林业界的高度重视，并随即在4月10日举行了中华林学会台湾分会成立大会，选出林渭访、徐庆钟、邱钦堂、黄范孝、唐振绪、王汝弼、黄希周、胡焕奇、唐瀚等为理事。

2月16日，梁希、朱惠方《林学权威梁希、朱惠方二教授应邀来台》《梁朱两教授题诗八仙山》刊于《林产通讯》1948年第2卷第4期14页。

3月27日，南京市中央大学梁希教授及长春市长春大学朱惠方院长，应邀来台考察林业与木材工业五周（2月6日至3月12日），本日向本局提出报告《台湾林业视察后之管见》，由之可窥台湾光复初年林业之若干现象及面临之疑难杂症，均曾寻求各方纾解之道。奉邀人员尚有陈嵘、皮作琼、姚传法三位，以各有要务不可分身前来。

3月，《林业人员公宴梁希、朱惠方两教授》刊于《台湾省林业试验所通讯》1948年第30期7页。

4月，台湾省政府农林处林产管理局出版委员会编《台湾林产管理概况》（中华民国三七年植树节专刊）收入梁希、朱惠方《台湾林业视察后之管见》。《台湾林业视察后之管见》涉及台湾省林业的经营管理、造林护林、采伐利用，内容翔实，例证充分，体现了梁希严谨求实的科学态度，由林产管理局刊印发至所属各林场。

4月，梁希、朱惠方《台湾林业视察后之管见》刊于《林产通讯》1948年第2卷第7期4～18页，对台湾省林业之经营管理、造林护林，采伐利用提出详尽建议，深受重视。梁希《台湾游记》（诗38首）刊于40～42页。

10月，经梁希推荐，长春大学农学院院长朱惠方教授任台湾大学农学院森林系主任，任职至1954年7月。朱惠方教授在任期间，主持森林利用研究室，1948—1949年讲授《森林利用学》，1949—1954年讲授《木材性质》和《木材利用》。

11月，长春大学农学院合并到东北农学院。

1949 年

1月,傅斯年随中央研究院历史语言研究所迁至台北,并兼台湾大学校长。台湾大学森林系主任朱惠方教授深感我国应仿效德、日等林业先进国家设置实验林,并因之前日本东京帝国大学附属台湾演习林地理条件优越和具有热、温、寒等垂直森林带,因此极力向傅斯年校长争取设置实验林。

2月,长春大学解体,其文、理、法三个学院后来并入中国共产党领导的东北大学(今东北师范大学);医学院分离出来,后并入解放军军医大学(今吉林大学白求恩医学部);农学院并入沈阳农学院(今沈阳农业大学);工学院并入沈阳工学院(今东北大学)。

5月,台湾大学校长傅斯年聘自美国学成的王子定为台湾大学森林系副教授,自上海来台主持台湾大学森林系造林研究室。

7月1日,在傅斯年校长及朱惠方主任多方奔走下,台湾大学实验林管理处在南投县竹山镇设立,首任主任由森林系主任朱惠方兼任,对完善台湾林业教育起到重要作用。

8月29日,滕咏延任台湾大学实验林管理处处长。

8月,台湾大学校长傅斯年聘请在台纸公司林田山林场服务的周桢教授,主持森林经理学研究室。至此,森林学系造林、经营、利用三主科具备,组织架构初成。

是年,朱惠方当选为台湾省林学会理事。

1950 年

1月,木材试验馆由中国共产党四川省乐山专员公署接管。

7月,乐山木材试验馆隶属政务院林垦部,并改名为政务院林垦部西南木材试验馆。

1951 年

3月,朱惠方《解决本省轨枕用材问题之刍议》刊于《台湾农林通讯》1951年第2、3期。

6月,台湾大学农学院森林系杨庆澜毕业,论文 "The Anatomical Characteristics of Popular Bambooculms of Formoss",指导教授朱惠方。谢文昭、许经邦毕业,论

文《桂竹纤维原料之制纸试验（曹达法与亚硫酸法之品质比较研究）》《孟宗竹纤维原料的制纸试验（曹逹法与亚硫酸法之品质比较研究）》，指导教授朱惠方、金孟武。

1952 年

1 月，朱惠方《中国木材之需给问题》刊于《台湾农林通讯》1952 年第 1 期。

3 月，朱惠方《中国木材之需给问题》刊于《台湾林业月刊》1952 年第 3 期。

6 月，台湾大学农学院森林系黄国丰、游星辉、陈源长、赖木林毕业，论文《樟楠鸟心石及九芎之抗弯与冲击比较试验》《台北市木材市况调查》《台湾铁道枕木之抗弯弹性冲击等之比较试验》《台湾防风林之现状与其树种之商榷》，指导教授朱惠方。陈天潢毕业，论文《樟、楠、鸟心石、九芎等之抗压、抗拉与劈制性试验》，指导教授朱惠方、黄绍幹。于湘文毕业，论文《硫酸盐法柳杉制浆初步试验》，指导教授朱惠方、金孟武。

12 月，中央人民政府政务院林垦部西南木材试验馆 13 人从四川迁北京并入中央林业部林业科学研究所（筹）。

1953 年

6 月，台湾大学农学院森林系蔡丕勋毕业，论文《台湾矿材使用价之研究》，指导教授朱惠方。

1954 年

6 月，台湾大学农学院森林系刘宣诚毕业，论文《处理材与未处理材之强度试验比较》，指导教授朱惠方。

8 月，朱惠方教授辞台湾大学农学院森林系主任职务，以交换教授身份到美国纽约州立大学林学院从事研究工作，同时考察美国的林产利用和木材加工工业，任纽约州立大学教授。

8 月，周桢教授任台湾大学农学院森林系主任，任职至 1955 年 7 月。

11 月，台湾公布《林学名词》，朱惠方（主任委员）、王子定、李亮恭、李须卿、李达才、林渭访、周桢、邱钦堂、陶玉田、黄希周编辑。

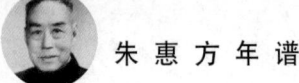

朱惠方年谱

● 1955 年

6月，台湾大学农学院森林系林子贯、李宗正毕业，论文《红桧的机械性质》《台湾造纸树种的纤维形态》，指导教授朱惠方。

● 1956 年

1月，中国科学院名词编译委员会名词室编译《英汉林业词汇》第一版由科学出版社出版。

9月22日，森林工业部第13次部务会议决定成立森林工业科学研究所，任命李万新为筹备主任，张楚宝、唐燿、成俊卿、黄丹、贺近恪为委员。成俊卿任木材构造及性质研究室负责人。

11月1日，《文汇报》刊登《留美学生郑衍琳 朱惠方 李著璟 季麟征 马蕴珠回国》。

11月2日，《森林学专家朱惠方等六人从美国返抵广州》。新华社广州2日电 在美国纽约州立大学担任森林学教授的我国森林学专家朱惠方和留美学生共六人，在10月31日返抵广州，受到当地政府的热烈欢迎和接待。森林学专家朱惠方先后在浙江大学、金陵大学、北京大学任教，在长春大学农学院任过院长，1949年，在台湾大学任教，1954年去美国。在这次回国的留学生中，李著璟专长土木工程和工程力学，1952年他在得克萨斯大学获得硕士学位以后，曾担任过数学工作和桥梁工程师。邓衍琳和他的夫人钟韵琴1945年同在纽约哥伦比亚大学学习，从1946年起到今年10月间，邓衍琳在联合国出版司任专员，钟韵琴也曾在联合国新闻部人民团体联络司当了四年的专员。季麟征是在洛杉矶大学研究细菌学的。马蕴珠原是台湾的中学教师，1952年由台湾到美国印第安纳州玛丽学院攻读社会学，以后又在莱奥勒大学从事研究工作。森林学专家朱惠方对新华社记者说，他回国时在旧金山受到美国移民局的多方阻拦，一位移民局的官员企图打消他返回祖国的愿望，花言巧语地说"不要回去，你有困难我们会帮助你。"朱惠方拒绝说我一点困难都没有，不需要你们的"帮助"。郑衍琳，我和朋友们听到祖国要在今后十二年内赶上世界的先进科学水平，感到无比兴奋。

12月22日，中央下发《一九五六至一九六七年科学技术发展远景规划纲要(修正草案)》，这是第一个中长期科技规划，对我国各项科技事业的发展产生了

极其深远的影响。林业科技发展规划列于第 47 项，即扩大森林资源，森林合理经营和利用。

• 1957 年

3 月 14 日，林业部林业科学研究所木材工业室与林产化学工业研究室联合成立森林工业科学研究所，李万新任所长。研究所下设木材性质研究室，朱惠方、成俊卿任室主任、副主任。

7 月 22 日，国务院批准科学规划委员会成立专业小组，全国共设 34 个小组，其中 25 组为林业组。林业组组长邓叔群（中国科学院真菌植病研究室主任）、副组长张昭（林业部部长助理）、郑万钧（南京林学院副院长）、周慧明（森林工业局林产工业局副局长），成员王恺（北京光华木材厂总工程师）、朱惠方（森林工业局森林工业研究所研究员）、刘慎谔（中国科学院林业土壤研究所副所长）、李万新（森林工业局森林工业研究所）、齐坚如（安徽农学院教授）、侯治溥（林业部林业科学研究所副研究员）、陈嵘（林业部林业科学研究所所长）、陈桂陞（南京林学院教授）、秦仁昌（云南大学教授）、韩麟凤（林业部经营局副总工程师），秘书组设在林研所。

8 月，王子定接任台湾大学森林系主任。

是年，朱惠方加入九三学社。

• 1958 年

10 月，中国林业科学研究院成立，朱惠方、成俊卿任中国林业科学研究院森林工业科学研究所木材性质研究室主任、副主任。

• 1959 年

11 月，朱惠方编《英汉林业词汇》由科学出版社出版。

• 1960 年

2 月，朱惠方当选中国林学会第二届理事会理事。

2 月 5 日至 15 日，中国林业科学研究院在北京召开了 1960 年全国林业科学技术工作会议。参加这次大会的有来自全国各省（自治区、直辖市）的林业厅、

科学研究机关、高等院校和中等林校、工厂、林场及人民公社等16个单位、330位代表，朱惠方参加会议。

3月，成俊卿、何定华、陈嘉宝等著《中国重要树种的木材鉴别及其工艺性质和用途》由中国林业出版社出版。

11月30日，朱惠方《中国经济木材之识别》（第一篇·针叶树）（中国林业科学研究院木材工业研究所研究报告，共114页）[森工60（28号）]由中国林业科学研究院木材工业研究所材性研究室刊印。研究起止时间1958—1960年，本篇针叶树材为中国经济木材识别的一部分，内容分一般材性、巨观特征及显微特征，对于每种学名、别称、树木性状以及用途均附加记录，同时每种又有不同断面的显微图版，以便对照参证。

● 1962年

4月，朱惠方、李新时《数种速生树种的木材纤维形态及其化学成分的研究》刊于《林业科学》1962年第7卷第4期255～267页。

12月，《北京市林学会1962年学术年会论文摘要》由北京林学会刊印，其中收录中国林科院木材研究所朱惠方《数种速生树种的纤维形态和化学成分的研究（拟宣读）》。

12月17日至27日，中国林学会在北京举行学术年会，这次年会是中国林学会成立以来一次较盛大的学术会议，参加这次年会的有来自全国各省（自治区、直辖市）、市林学会的代表共300余人。会议选举中国林学会第三届理事会，李相符当选为中国林学会第三届理事会理事长，陈嵘、乐天宇、郑万钧、朱济凡、朱惠方任副理事长，吴中伦任秘书长，陈陆圻、侯治溥任副秘书长。常务理事会设林业、森工、普及和《林业科学》编委会4个专业委员会，陈嵘任林业委员会主任，由76位委员组成；朱惠方任森工委员会主任，由32位委员组成；李相符任科学技术普及委员会主任由76位委员组成；《林业科学》主编郑万钧，编委会由83位委员组成。朱惠方任中国林学会第三届理事会森工委员会主任。

是年，中国林科院木材工业研究所朱惠方完成《阔叶树材显微识别特征记载方案》，起止时间1960—1962年。阔叶树材显微识别，不外乎基于单细胞（如管胞、木纤维及薄壁细胞等）及多数细胞愈合后所形成的复合体（如导管）；其形状大小和配列，随各树种，各式各样，形成不同类型，因而对于木材识别造成有利条件。木材显微特征的用途，不止用于个别种的识别，也可用于药用植物、木本纤维、木制商品鉴定，还可用于矿产上古植物遗体的考证。

● 1963 年

2月14日，中国林学会1962年学术年会提出《对当前林业工作的几项建议》，建议包括：①坚决贯彻执行林业规章制度；②加强森林保护工作；③重点恢复和建设林业生产基地；④停止毁林开垦和有计划停耕还林；⑤建立林木种子生产基地及加强良种选育工作；⑥节约使用木材，充分利用采伐与加工剩余物，大力发展人造板和林产化学工业；⑦加强林业科学研究，创造科学研究条件。建议人有：王恺（北京市光华木材厂总工程师）、牛春山（西北农学院林业系主任）、史璋（北京市农林局林业处工程师）、乐天宇（中国林业科学研究院林业研究所研究员）、申宗圻（北京林学院副教授）、危炯（新疆维吾尔自治区农林牧业科学研究所工程师）、刘成训（广西壮族自治区林业科学研究所副所长）、关君蔚（北京林学院副教授）、吕时铎（中国林业科学研究院木材工业研究所副研究员）、朱济凡（中国科学院林业土壤研究所所长）、章鼎（湖南林学院教授）、朱惠方（中国林业科学研究院木材工业研究所研究员）、宋莹（中国林业科学研究院林业机械研究所副所长）、宋达泉（中国科学院林业土壤研究所研究员）、肖刚柔（中国林业科学研究院林业研究所研究员）、阳含熙（中国林业科学研究院林业研究所研究员）、李相符（中国林学会理事长）、李荫桢（四川林学院教授）、沈鹏飞（华南农学院副院长、教授）、李耀阶（青海农业科学研究院林业研究所副所长）、陈嵘（中国林业科学研究院林业研究所所长）、郑万钧（中国林业科学研究院副院长）、吴中伦（中国林业科学研究院林业研究所副所长）、吴志曾（江苏省林业科学研究所副研究员）、陈陆圻（北京林学院教授）、徐永椿（昆明农林学院教授）、袁嗣令（中国林业科学研究院林业研究所副研究员）、黄中立（中国林业科学研究院林业研究所研究员）、程崇德（林业部造林司副总工程师）、景熙明（福建林学院副教授）、熊文愈（南京林学院副教授）、薛楹之（中国林业科学研究院林业研究所副研究员）、韩麟凤（沈阳农学院教授）。

2月，朱惠方等33位专家、教授，致书全国科协、林业部、国家科委并报聂荣臻、谭震林副总理，就当前林业工作提出7个方面的建议。其中节约使用木材，充分利用森林采伐与木材加工剩余物，大力发展人造板和林产化学工业，由

朱惠方等几位专家草拟。

4月，朱惠方《阔叶树材显微镜识别特征记载方案研究报告》[研究报告森工63（1）中国林业科学研究院木材工业研究所材性研究室]由中国林业科学研究院科学技术情报室刊印。

• 1964 年

1月，中国林科院木材工业研究所朱惠方、纺织工业部纺织科学研究院苏锡宝完成成果《马尾松作原料制造粘胶纤维的研究》，起止时间1962年8月至1964年1月。本研究对马尾松的材性与制浆工艺进行一系列的试验，最后经中型制浆及小型纺丝试验。试验结果阐明：①广东南北马尾松从纤维形态观察是制浆的利用标准，从原料化学成分而论，含量上各有差异，从各龄级纤维形态及树脂含量等考虑，得出了幼年材（10年生）亦适于制浆利用的可能性。②通过预水解硫酸盐法六段漂白的工艺路线，可制出 r-纤维素含量高及树脂含量低的纤维浆粕。其各项化学指标符合普通粘胶纤维浆粕的要求，从而肯定了所制定的工艺路线是合适的，制浆试验并指出了加强预水解及蒸煮的工艺条件是提高浆粕反应能力的有效措施。③马尾松浆粕在纺丝过程中粘胶正常，过滤性能良好，从丝的质量和外观来看，马尾松浆粕是一种良好的纤维原料。

8月，朱惠方、腰希申《国产33种竹材制浆应用上纤维形态结构的研究》刊于《林业科学》1964年第4期33～53页。朱惠方、腰希申首次提出竹子维管束分为断腰型、紧腰型、开放型、半开放型四种类型。

10月，中国林业科学院木材工业研究所朱惠方、纺织科学研究院化纤组苏锡宝《马尾松用作粘胶纤维原料的研究》（中国林业科学院木材工业研究所研究报告第57号）由中国林业科学研究院刊印。

是年，台湾大学森林系成立森林研究所，硕士班开始招收研究生，分为造林、林产、森林经理及树木学4个组。

12月，朱惠方当选中国人民政治协商会议第四届全国委员会委员。

• 1965 年

5月20日，《成果公报》1965年总第19期刊登中国林业科学研究院木材工业研究所成俊卿、杨家驹《阔叶树材粗视构造的鉴别特征》成果。

6月20日，《成果公报》1965年总第20期刊登中国林业科学研究院木材工业研究所朱惠方《阔叶树材显微识别特征记载方案》成果。木材的显微识别近30年来有极大的进步，但在记载方面各国学者所采用的识别特征有所差异，名称定义亦未尽统一。著者就阔叶树材研究中有关显微识别特征摘要汇编，以供进行显微识别的参考。

9月，朱惠方、苏锡宝著《用马尾松作原料制造粘胶纤维（科学技术研究报告0541）》（23页）由中华人民共和国科学技术委员会出版。

1968年

是年，朱惠方下放到广西邕宁县砸板中国林科院"五七"干校劳动。

1973年

是年，朱惠方申请自费回京，整理散乱的标本、图片和资料。

1977年

2月，朱惠方主编《英汉林业词汇》（第2版）由科学出版社出版。本书修订后增收新词约8000条，共约1.9万条。词条按英文字母顺序排列。内容包括树木学、森林生态学、造林学、林木育种、森林经营。

1978年

3月8日，朱惠方当选中国人民政治协商会议第五届全国委员会常务委员。

3月，《塑合木材的研究》获1978年科学大会奖。完成人朱惠芳、孙振鸢、夏志远、蒋硕健，完成单位中国农林科学院森林工业研究所、中国农林科学院木材工业研究所，起止时间1965—1978年。塑合木材是木材改性的方法之一。杨木通过塑合改性，比重、硬度、抗压、韧性等均有显著增高，且这些性能还可以按用途的不同要求，通过塑合工艺条件的控制，予以适当调整。此外塑合材加工性能良好，且易于胶接和着色上漆。主要研究内容：①研究确定合适的浸渍单体和浸渍液配方。②研究浸渍工艺条件，确定合理的浸渍工艺参数。③研究聚合工艺条件，确定合理的升温曲线和聚合时间。

6月13日到7月28日，朱惠方亲赴浙江、江西、广西三省（自治区）调查芦竹生长状况，为造纸工业开辟新的原料，调查报告《纸浆原料——芦竹调查》在1978年12月5日《光明日报》刊出，1983年又被上海市职工业余中学高中语文课本收录。

9月17日，朱惠方先生因患癌症，医治无效，在北京逝世，终年76岁。朱惠方（1902—1978年），木材学家。江苏丹阳人。1927年毕业于奥地利垦殖大学研究院森林利用专业。曾任北平大学农学院、金陵大学教授，长春大学农学院院长、教授，台湾大学农学院森林系主任、教授。1954年赴美国，任纽约州立大学林学院研究员。1956年回国。历任中国林业科学研究院木材工业研究所副所长、研究员，中国林学会第二届理事、第三届副理事长。是第五届全国政协常委。曾主持速生树种塑合材的研究，为用材林速生树种的加工利用提供了依据。撰有《中国经济木材之识别》（第一篇·针叶树林）及《国产三十三种竹材制浆应用上纤维形态结构的研究》等论文。编有《英汉林业词汇》，主编有《英汉林业科技词典》。

10月6日，《人民日报》刊登《政协常委会委员、中国林学会副理事长朱惠方先生追悼会在京举行》。朱惠方先生追悼会，九月二十七日上午在北京八宝山革命公墓礼堂举行。邓小平、乌兰夫、方毅、陈永贵、谭震林、许德珩、童第周、周培源、裴丽生、茅以升、齐燕铭等同志，以及朱惠方先生生前友好，送了花圈。政协全国委员会、中共中央统战部、九三学社、全国科协、国家科委、农林部、国家林业总局、中国林学会、中国农学会、中国农业科学院、中国林业科学院等，也送了花圈。参加追悼会的有：陈永贵、童第周、裴丽生、李霄路、孙承佩、张克侠、郑万钧、陶东岱等同志和朱惠方先生生前友好，以及中国林业科学研究院科研人员、职工，共三百人。追悼会由农林部副部长、国家林业总局局长罗玉川主持，国家林业总局副局长、中国林业科学研究院党组书记梁昌武致悼词。悼词说，朱惠方先生是江苏省丹阳县人，早年留学德国、奥地利，回国后，曾在浙江大学、金陵大学、长春大学、台湾大学任教授。一九五四年从台湾去美国纽约州立大学任教授。一九五六年，他响应敬爱的周总理的号召，毅然回到祖国，参加社会主义建设，历任中国林业科学研究院木材工业研究所副所长、中国林学会副理事长，曾当选为中国人民政治协商会议第四届全国委员会委员、第五届全国委员会常务委员。朱先生是九三学社社员。朱先生是对祖国对人民怀有深厚感情的一位专家。在旧中国，他亲眼看到帝国主义对中国的侵略和压迫，旧社会的贫困和灾难，殷切渴望有一天中国能富强起来。全国解放时，他正在台湾任教，当听到毛主席在天安门庄严宣告新中国成立了，心情非常激动，下定决心要返回祖国大陆。他冒着种种危险，冲破重重难关，设法从台湾取道美国，在美国工作一段时间后，终于回到祖国大陆。他的这种爱国主义精神，受到了党和人民的尊重。朱先生回国后，十分重视自己的思想改造，努力学习马列和毛主席的著作。他热爱祖国，热爱伟大领袖毛主席和敬爱的周总理，坚决拥护党的领导，执行党的各项方针政策，在历次政治运动中都站在毛主席革命路线一边。他对林彪、"四人帮"的倒行逆施无比痛恨。以英明领袖华主席为首的党中央粉碎"四人帮"后，他心情舒畅，精神焕发，冒着酷暑亲自到浙江、广西、江苏和上海等地调查芦竹，为祖国的造纸事业开辟新的原料来源，得到了中央和有关部门的重视和好评。就在他患病入院期间，还不断向他的助手们询问工作进行的情况，交代病好出院后的开会事宜，真正做到了生命不息、战斗不止。朱先生从事教学和科研工作五十多年，是我国林业科学、教育界的老前辈。他对林业人才的培养作出了积极的贡献，他在木材解剖、纤维形态方面有较高的造诣。他对青年人的学习总是循循善诱，诲人不倦。他十分重视木材学的基础理论研究，写了《中国经济木材的识别（针叶树材部分）》《国产三十三种竹材的纤维测定》等著作，还编著了《英汉林业辞汇》，组织有关单位编译了联合国的《林业科技辞典》。悼词说，让我们化悲痛为力量，紧密团结在以华主席为首的党中央周围，高举毛主席的伟大旗帜，为加速发展我国科研事业，为建设四个现代化的社会主义强国而贡献一切力量。

12月，《中国林业科学》刊登《朱惠方副理事长逝世》1978年第4期76页。

1979年

1月2日，《浙江日报》刊登中国科学研究院副院长朱惠方遗作《大力种植芦竹，发展纸浆原料生产（附短评：解决造纸原料的重要途径）》。

1980年

是年，朱惠方主编《英中日林业用语集》由日本农林统计协会出版。

1981年

2月，朱惠方、汪振儒、刘东来等译《英汉林业科技词典》由科学出版社出版。

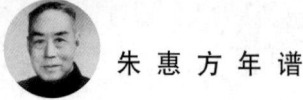
朱惠方年谱

1982 年
9月，铭辑《朱惠方》刊于《森林与人类》1982年第3期31～32页。

1990 年
9月，中国林业人名词典编辑委员会《中国林业人名词典》（中国林业出版社）朱惠方[8]：朱惠方（1902—1978 年），木材学家。江苏丹阳人。1957年加入九三学社。1927年毕业于奥地利垦殖大学研究院森林利用专业。曾任浙江大学农学院讲师、北平大学农学院教授、金陵大学农学院教授、长春大学农学院院长、教授，台湾大学农学院森林系主任、教授，美国纽约州立大学林学院研究员。1956年回国，任中国林业科学研究院木材工业研究所副所长、研究员。是中国林学会第二届理事，第三届副理事长。全国政协第四届委员、第五届常务委员。主持研究的"速生树种塑合材"，获1978年全国科技大会奖。撰写研究报告《中国经济木材之识别》（第一篇·针叶树林）及《国产三十三材制浆应用上纤维形态结构的研究》等论文。编有《英汉林业词汇》，主编有《英汉林业科技词典》。

1991 年
5月，中国科学技术协会编《中国科学技术专家传略——农学编 林业卷1》由中国科学技术出版社出版。其中收入韩安、梁希、李寅恭、陈嵘、傅焕光、姚传法、沈鹏飞、贾成章、叶雅各、殷良弼、刘慎谔、任承统、蒋英、陈植、叶培忠、朱惠方、干铎、郝景盛、邵均、郑万钧、牛春山、马大浦、唐燿、汪振儒、蒋德麒、朱志淞、徐永椿、王战、范济洲、徐燕千、朱济凡、杨衔晋、张英伯、吴中伦、熊文愈、成俊卿、关君蔚、王恺、陈陆圻、阳含熙、黄中立共41人。215～224页刊载朱惠方。朱惠方，木材学家，在木材学的研究中，密切联系国家经济建设的需要，适应国情和森林资源结构的变化，及时提出新的科研任务。他在木材材性与工业利用的结合方面做了许多开拓性的工作，是中国木材科学的开创者之一。他在林业教育工作中，一贯倡导"教做合一"，培养了几代林业与木材工业的科技人才。

6月，何天相《中国木材解剖学家初报》刊于《广西植物》1991年第11卷

---

[8] 中国林业人名词典编辑委员会.中国林业人名词典[M].北京：中国林业出版社，1990：74.

第 3 期 257~273 页。该文记述了终身从事木材研究的（唐耀、成俊卿、谢福惠、汪秉全、张景良、朱振文）；因工作需要改变方向的（梁世镇、喻诚鸿）；偶尔涉及木材构造的（木材科学：朱惠方、张英伯、申宗圻、柯病凡、蔡则谟、靳紫宸）；木材形态解剖的（王伏雄、李正理、高信曾、胡玉熹）；近年兼顾木材构造的（刘松龄、葛明裕、彭海源、罗良才、谷安根），最后写道展望未来（安农三杰：卫广扬、周鉴、孙成至；北大新星：张新英；中林双杰：杨家驹、刘鹏；八方高孚：卢鸿俊、卢洪瑞、郭德荣、尹思慈、唐汝明、龚耀乾、王婉华、陈嘉宝、徐永吉、方文彬、腰希申、吴达期）；专题人物（陈鉴朝、王锦衣、黄玲英、栾树杰、汪师孟、张哲僧、吴树明、徐峰、姜笑梅、李坚、黄庆雄）。该文写道：朱老教授在木材的解剖著述中，构思深远，文字简洁，例证颇丰，图表亦多，显微照相日臻完善。

1993 年

3 月，中国农业百科全书总编辑委员会《中国农业百科全书·森林工业卷》由农业出版社出版。该书根据原国家农委的统一安排，由林业部主持，在以中国林业科学研究院王恺研究员为主任的编委会领导下，组织 160 多位专家教授编写而成。全书设总论、森林工业经济、木材构造和性质、森林采伐运输、木材工业、林产化学工业六部分，后三部分含森林工业机械，是一部集科学性、知识性、艺术性、可读性于一体的高档工具书。《中国农业百科全书·森林工业卷》编辑委员会顾问梁昌武，主任王恺，副主任王凤翔、刘杰、栗元周、钱道明，委员王恺、王长富、王凤翔、王凤翥、王定选、石明章、申宗圻、史济彦、刘杰、成俊卿、吴德山、何源禄、陈桂陞、贺近恪、莫若行、栗元周、顾正平、钱道明、黄希坝、黄律先、萧尊琰、梁世镇、葛明裕。其中收录森林利用和森林工业科学家公输般、蔡伦、朱惠方、唐燿、王长富、葛明裕、吕时铎、成俊卿、梁世镇、申宗圻、王恺、陈陆圻、贺近恪、黄希坝、三浦伊八郎、科尔曼，F.F.P.、奥尔洛夫，C.ф、柯士，P.。

2004 年

8 月 6 日，国际木文化学会《缅怀朱惠方先生——采访朱惠方之女朱家琪女士》。

朱惠方年谱

● 2005 年

8月，中国农业大学百年校庆丛书编委会编《中国农业大学百年校庆丛书——百年人物》由中国农业大学出版社出版。朱惠方（Zhu Huifang），曾用名会芳，字艺园，江苏省丹阳县人。生于1902年12月18日，卒于1978年9月17日，享年76岁。木材学家、林业教育家，中国木材科学的开拓者之一。朱惠方于1922年考入德国明兴大学（今慕尼黑大学），后转入普鲁士林学院，1925年毕业后进入奥地利维也纳垦殖大学研究院攻读森林利用学。1927年回国后在浙江大学劳农学院任教。1929年至1930年出任北平大学农学院教授。1930年后历任金陵大学农学院教授兼森林系主任、中央林业实验所副所长、长春大学农学院教授兼院长、台湾大学森林系教授兼系主任等职。1954年夏，他以交换教授身份到美国纽约州立大学林学院从事研究工作，同时考察了美国的林产利用和木材加工工业。1956年，他积极响应周恩来总理的号召，回到了祖国大陆，任中国林业科学研究院林业研究所材性室主任、木材工业研究所副所长。1962年12月至1978年9月任中国林学会第三届理事会副理事长。朱惠方毕生从事木材资源合理开发利用的研究。从20世纪30年代初开始，他在近半个世纪的历程中一直致力于木材性质基础理论的研究，为木材资源的合理开发利用和开发造纸原料来源做出了重要贡献：①1934年11月，他完成了中国中部木材的强度试验，测试的树种有74种，其中针叶树材9种、阔叶树材65种。1935年，他又完成了中国木材硬度试验，测试的树种达180种，按测得硬度的大小，分为甚软、软、适硬、硬、甚硬5个等级。②1934年初，他撰文论述中国造纸业与原料开发前景，提出在荒山植树造林，其伐材可供造纸的主张。1936年，他又撰文阐述竹材造纸问题。此外，他对芦竹制粘胶纤维、富强纤维、人造板等也颇有研究，为中国速生树种木材、竹材在人造板、造纸与纤维工业中的利用提供了科学依据。③1936年至1951年，他曾在多篇论文中对林产品的综合开发和高效利用问题进行探讨，提出很多建设性意见。④1938年以后，他根据实地考察，得出云杉、冷杉的树材是造纸的优良原料的结论。⑤1948年，他和梁希在考察台湾林业后，联名撰文对台湾的森林资源特点及开发途径有颇为详尽的论述。他深知木材解剖性质是木材的基本性质，只有充分掌握木材的特性，才能合理利用。⑥1960年，他完成"中国经济木材的识别：针叶树材"（包括7科28属64种）的研究，此项研究为中国经济木材的重要成果，对中国针叶树材的解剖研究的规范化起到了重要作用。朱惠方在林业园地耕耘了半个多世纪,前30年主要从事林业教育事业,培养了一批又一批的林业专门人才;后20年主要致力于木材科学的基础理论研究,在木材解剖和木竹材纤维形态等方面有较高的造诣,成就卓著。在林业教育工作中,他一贯主张"教做合一"。(刘建平执笔)

柯病凡年谱

柯病凡(自安徽农业大学)

1915 年（民国四年）

11月8日，柯病凡（P. F. Ko, Ke Binfan），出生于湖北省应山县长岭区桃园村柯家冲（广水市马坪镇柯家冲）一教师家庭，柯病凡父亲柯烈悟，柯病凡有弟柯品凡、柯洞凡。柯烈悟（1887—1984年），中国同盟会会员。1904年考入应山县立高等小学，1908年入德安府中学。辛亥革命后，在家乡教书。1911年考入武昌高等师范学校数学系，1921年毕业后在鄂豫两省中小学任教数十年，历任湖北省立第二中学、第三中学、私立先进中学教员。1943年，为了打破日伪对沦陷区文化的控制，帮助失学青年求学，于应、信、随三县交界处办起应山县初中，并担任首任校长直至抗战胜利，是应山县立中学（广水一中前身）主要创办人。中华人民共和国成立后，柯烈悟任武昌群化中学数学、物理教员。1950年3月任湖北省文物整理保管委员会研究员，1953年6月被聘任为湖北省人民政府文史研究馆馆员。

1924 年（民国十三年）

3月，柯病凡在湖北省应山县长岭区桃园村柯家冲读私塾，至1928年12月。

1926 年（民国十五年）

9月18日，金月清生于安徽省望江县。

1927 年（民国十六年）

9月，安徽省政府开始筹建安徽大学，校址安庆。

1928 年（民国十七年）

4月，省立安徽大学在安庆成立，刘文典任校长，任职至1929年1月。

1929 年（民国十八年）

3月，柯病凡在湖北武昌湖北省立第二小学读书，至1930年12月。

1931 年（民国二十年）

2月，柯病凡在湖北武昌湖北省立第一中学读书，至1937年7月。

- **1933 年（民国二十二年）**

    是年，李顺卿任省立安徽大学农学院筹备主任，至 1935 年 7 月。

- **1934 年（民国二十三年）**

    7 月，李顺卿任省立安徽大学校长，任职至 1938 年 3 月。

- **1935 年（民国二十四年）**

    6 月，省立安徽大学农学院创立。

- **1936 年（民国二十五年）**

    是年，省立安徽大学农学院设森林系。

- **1937 年（民国二十六年）**

    9 月，省立安徽大学农学院设森林系招收首届学生。

    9 月，柯病凡从湖北省立第一中学（武昌）毕业后，考入西北农学院森林系。

- **1939 年（民国二十八年）**

    9 月，国民政府经济部中央工业试验所在重庆北碚创建木材试验室，负责全国工业用材的试验研究，这是中国第一个木材试验室。编印《木材试验室特刊》，每号刊载论文一篇，至 1943 年底，共出版 29 号，其作者主要有唐燿、王恺、屠鸿达、承士林等。

- **1941 年（民国三十年）**

    7 月，柯病凡从西北农学院森林系毕业，到黄河水利委员会任技术员，至 1942 年 7 月。

- **1942 年（民国三十一年）**

    8 月，在中央工业试验所的协助下，唐燿在乐山购下灵宝塔下的姚庄，将中央工业试验所木材试验室扩建为木材试验馆，唐燿任馆长。根据实际的需要，唐燿把木材试验馆的试验和研究范畴分为八个方面：①中国森林和市场的调查以及

 柯 病 凡 年 谱

木材样品的收集，如中国商用木材的调查；木材标本、力学试材的采集；中国林区和中国森林工业的调查等。同时，对川西、川东、贵州、广西、湖南的伐木工业和枕木资源、木材生产及销售情况，为建设湘桂、湘黔铁路的枕木的供应提供了依据。还著有《川西、峨边伐木工业之调查》《黔、桂、湘边区之伐木工业》《西南木业之初步调查》等报告，为研究中国伐木工业和木材市场提供了有价值的实际资料。②国产木材材性及其用途的研究，如木材构造及鉴定；国产木材一般材性及用途的记载；木材的病虫害等。③木材的物理性质研究，如木材的基本物理性质；木材试验统计上的分析和设计；木材物理性的惯常试验。④木材力学试验，如小而无疵木材力学试验；商场木材的试验；国产重要木材的安全应力试验等。⑤木材的干燥试验，如木材堆集法和天然干燥；木材干燥车间、木材干燥程序等的试验和研究。⑥木材化学的利用和试验，如木材防腐、防火、防水的研究；木材防腐方法及防腐工厂设备的研究；国产重要木材天然耐腐性的试验。⑦木材工作性的研究，如国产重要木材对锯、刨、钻、旋、弯曲、钉钉等反应及新旧木工工具的研究。⑧伐木、锯木及林产工业机械设计等的研究。

8月，柯病凡任中央工业试验所木材试验馆（乐山）助理研究员、副工程师，至1947年12月。

8月，国民政府交通部、农林部筹办木材公司，委托中央工业试验所木材试验室主任唐燿组织中国林木勘察团，调查四川、西康、广西、贵州、云南五省林区及木业，以供各地铁路交通之需要，共组织五个分队，结束之后均有报告问世，唐燿为之编写《中国西南林区交通用材勘察总报告》。川康队由柯病凡担任，有柯病凡、朱惠方、陈绍行等人，负责勘察青衣江及大渡河流域之森林及木业，注重雅安一带电杆之供应，及洪坝等森林之开发。曾就洪雅、罗坝、雅安等地调查木材市场，就天全之青城山勘察森林；复经芦山、荥经，过大相岭抵汉源，勘察大渡河及洪坝之森林，更经富林，由峨眉返乐山。行程1700余里，共历时69日。其调查报告称：洪坝杉木坪为赖执中占有，洪坝各支沟森林为赖执中等私有。川康勘查团1942年8月15日由乐山出发，10月5日抵达九龙之冰东，6日到达洪坝，7日由洪坝至大杉木坪……洪坝森林后又经福中木业公司采伐，经营4年，因缺乏伐木器具而停止，所伐木材约10万立方尺，多数丢弃，少数原条及枋墩运往乐山出售。

1943年（民国三十二年）

5月，柯病凡《林木研究通俗讲座（十）：青衣江流域之木业简报》刊于《农业推广通讯》1943年第5卷第5期36～39页。

5月30日，柯病凡《青衣江流域木业之初步调查》刊于《中农月刊》1943年第4卷第5期54～68页。

6月，柯病凡《天全青城山之森林》刊于南京《科学世界》1943年第12卷第6期325～336页。

7月，唐燿、柯病凡《林木研究通俗讲座（十二）：数种航空兵木材产量之记载》刊于《农业推广通讯》1943年第5卷第7期60～61页。

8月，柯病凡《林木研究通俗讲座（十三）：天全森林副产业之调查》刊于《农业推广通讯》1943年第5卷第8期42～43页。

1944年（民国三十三年）

1月，柯病凡《天全伐木工业调查》刊于《中农月刊》1944年第5卷第1期99～104页。

1月，柯病凡《林木研究通俗讲座（十八）：天全青城山之森林（一）》刊于《农业推广通讯》1944年第6卷第1期68～70页。

2月，柯病凡《天全森林副产业之调查》刊于《全国农林试验研究报告辑要》1944年第4卷第1、2期20～21页。

2月，柯病凡《林木研究通俗讲座（十九）：天全青城山之森林（二）》刊于《农业推广通讯》1944年第6卷第2期55～58页。

3月，柯病凡《天全伐木工业调查》刊于《中农月刊》1944年第5卷99～104页。

4月，柯病凡《天全青城山之森林》刊于《林学》1944年第3卷第1号85～97页。

7月，柯病凡《天全伐木工业概况》刊于《西康经济季刊》1944年第8期146～150页。《西康经济季刊》创刊号1942年7月1日在康定发行，西康经济研究社编辑兼发行，杨仲华主编。

是年，柯病凡完成《楼管台森林之调查报告》。

是年，柯病凡、张兴创完成《小陇山森林之调查报告》。后来，张兴创完成

《小陇山森林与社会》刊于 1944 年第 5 卷第 12 期。

1945 年（民国三十四年）

2 月 3 日，美国著名的植物学家塞缪尔·詹姆斯·雷科德（Samuel James Record）去世。"Samuel James Record Identification of the Economic Woods of the United States, Including a Discussion of the Structural and Physical Properties of Wood" 1912 年出版，该书为木材识别方法的经典著作。塞缪尔·詹姆斯·雷科德是美国著名的植物学家，1881 年 3 月 10 日出生于美国印第安纳州克劳福德斯维尔，1903 年毕业于沃巴什学院（Wabash College），1904 年到美国林务局工作（期间 1905 年获得耶鲁大学林学硕士学位，1906 年获得瓦巴什大学第二个硕士学位），1907 年任阿肯色州国家林务局局长。1910 年回到耶鲁大学林学院，1917 年任林产品教授（1930 年瓦巴什大学授予他荣誉博士学位），不久就在耶鲁大学开设热带林业新课程，这成了他研究的主题，1924 年在《热带美洲木材》一书中发表了对美洲热带木材的广泛调查结果，后来再版时与罗伯特·赫斯合著《新世界木材》（1934 年）。1925 年创办了《热带森林》杂志，一直编辑到去世。1939 年被任命耶鲁大学林学院院长。他通过美洲各地的实地考察（最著名的是伯利兹、危地马拉、洪都拉斯、哥伦比亚和美国各地）以及来自世界各地的帮助，收集了约 41000 份已鉴定的木材标本，这些标本最初在耶鲁，1969 年被转移到美国林务局林产品实验室。根据他的建议，1930 年国际木材研究会议在伦敦举行，成立了国际木材解剖学会，他担任协会第一任秘书长，是国际木材解剖学家协会的创始人。他著作甚丰，并编写了两本经典教科书，一本是 "Identification of the Economic Woods of the United States"《美国经济木材的鉴定》（1912 年），另一本是 "Mechanical Properties of Wood"《木材的机械性能》（1914 年）。1945 年 2 月 3 日去世。

8 月，柯病凡《陕甘青林区及木材产销概况》刊于《中农月刊》1945 第 6 卷第 8 期 53～71 页。

8 月，柯病凡《西北之森林与木业》刊于《新西北月刊》1945 年第 9 卷第 7、8、9 期合刊。

1946 年（民国三十五年）

1 月 25 日，国民政府教育部决定恢复安徽大学，并改省立为国立。

4月24日，安徽大学筹备委员会在南京召开会议，决定前省立安徽大学的校舍财产均由国立安徽大学接收使用；根据安徽省的需要，安徽大学的院系设置为：①文学学院，设中国文学系、外语语文系、政治系、经济系、教育系；②理学院，设数学系、物理系、化学系、生物系；③农学院，设农艺系、森林系，附设茶叶专修科。

7月，安徽大学陶因致信兰州西北农业专科学校校长齐坚如，希望其回皖任安徽大学农学院院长。

9月，陶因任安徽大学校长，任职至1948年7月。安徽大学农学院在安庆成立。

10月，陶因任命齐坚如为安徽大学农学院院长，任职至1949年12月。

11月，安徽大学在安庆恢复并改省立为国立，齐坚如由兰州西北农业专科学校回安徽，任安徽大学农学院首任院长。齐坚如多方延揽人才，筹措经费，创立农学、森林和园艺三个系，聘请杨著诚、吴清泉、沈寿铨等知名专家任系主任，并建立苗圃、农场和畜牧场。

1947年（民国三十六年）

是年，齐坚如在安徽大学农学院建立木材材性实验室，聘请柯病凡、李书春先生来皖开展国防用材试验工作。

1948年（民国三十七年）

1月，柯病凡到安徽安庆任安徽大学农学院讲师，至1949年4月。

5月，柯病凡《森林火灾之起因与防除》刊于《中农月刊》1948第9卷第5期26~34页。

9月12日，上海《申报》刊登一则消息，称"安徽大学校长杨亮功今夏在京（指南京），新聘大批教授，计有方重、陈顾远、樊映川、孙华等。该校订于本月20日开学，27日上课"。

是年，齐坚如教授购买首批120种日本树种木材标本，同时创建木材工业实验室，聘请柯病凡、李书春先生到安徽大学农学院开展国防用材试验工作，并由柯病凡负责安徽大学农学院木材工业实验室（木材标本馆），建成在国内外知名的对教学、科研有价值的木材标本馆。

1949 年

4月22日，中国人民解放军进入安庆，并接管安徽大学。同日，柯病凡到芜湖安徽大学林学系任讲师，参加革命。

5月15日，安徽大学校长杨亮功在时任台湾省主席陈诚的帮助下，乘飞机离开大陆，前往台湾。

6月，中国人民解放军南京军事管制委员会派靳树鸿为首席军代表、黎洪模为副代表和工作人员郑玉林、朱全（徐静斐）4人接管安徽大学。之后选举产生的安徽大学新的校务委员会，张效良为主任委员，齐坚如等为常委。

8月11日，安徽大学农学院召开"清点会议"，推定齐坚如院长、吴清泉主任、杨著诚主任、叶百举主任及丁星北、柯病凡两先生为清点总负责人。

10月，许杰任安徽大学校长，至1954年2月。10月13日，安徽大学开始招收数学、物理、化学、土木工程、农艺、森林、园艺7个系新生及插班生，考区设在芜湖、安庆、合肥、南京4处。

12月，安徽大学从安庆迁往芜湖，与安徽学院合并，恢复校名安徽大学，正式成立校务委员会，委员有许杰、靳树鸿、刘乃敬、吴锐、吴遁生、齐坚如、詹云青、黎洪模等12人，许杰任校务委员会主任委员。军代表靳树鸿任校秘书长，学校的党政事务工作直接由秘书处负责；刘遒敬为教务长，黎洪模为主委办公室主任秘书，张浩然为会计主任。安徽大学农学院森林系有教授2人（齐坚如、吴请泉），讲师1人（柯病凡），助教3人（刘世骐、李书春、张明轩）。

1950 年

3月15日，安徽大学成立了师生员工代表大会筹备委员会，推请吴遁生、赵伦彝、陶秀、吴锐、刘道敬、靳树鸿、程季平、朱长生8人为委员，负责筹备召开代表大会民主管理学校。

5月，华东区安徽大学农学院森林系入册的教职员，有教授4人（齐坚如、吴清泉、陈雪尘、吴曙东），讲师2人（柯病凡、丁应辰），助教3人（李书春、张明轩、刘世琪）。

6月18日，安徽大学教工会委员会成立，杨演等11人当选执行委员，柯病凡等6人当选候补委员，朱遂等7人当选监察委员。

6月21日，成立招生委员会，由许杰、刘道敬、靳树鸿、郑启愚、齐坚如、

黄叔寅、吴遁生、张明时、马客谈9人组成。

6月，安徽大学农学院组成大别山森林调查组，由陈雪尘、柯病凡负责。

6月，安徽大学1950学年度教职工名册森林学系：吴清泉教授兼系主任及林专科主任，齐坚如兼系教授，陈雪尘兼林场主任，吴曙东教授、徐长康副教授兼工程组主任；讲师有柯病凡、周平、丁应辰，助教有李书春、刘世琪、徐大名、黄绪伦（兼工程组技师）；林业专修科：徐明教授、陈应福兼任讲师。

7月，安徽大学聘齐坚如任森林学系主任、陈雪尘任林场主任。

7月25日，安徽大学成立暑期留校学生学习工作辅导委员会，聘张明时教授为主任委员，詹云青、齐坚如教授为副主任委员，时佩铎等16人为委员。

9月，安徽大学聘吴清泉兼任森林系主任。

是年，柯病凡、金月清结婚。

● 1951年

4月，中国林学会芜湖分会筹委会成立大会，筹委会由皖南行署农林处和安徽大学森林系等单位19人组成，齐坚如教授为常务理事长，吴清泉任秘书长，吴曙东、柯病凡、朱祖翼、阚文藻、陈雪尘、刘世骐6人为常务理事。

7月，柯病凡长女柯锦华出生。柯锦华，1982年7月安徽大学哲学系本科毕业，获学士学位，1985年6月安徽大学哲学系研究生毕业，获哲学硕士学位，1990年7月毕业于中国社会科学院研究生院哲学系，获哲学博士学位。1985年7月至1987年10月在安徽大学哲学系任教。1990年8月后任《中国社会科学》杂志社编审、哲学编辑室主任、哲学社会科学部主任。无党派人士，自2003年起任第十、十一、十二届全国政协委员，2016年受聘国务院参事。2006年享受国务院政府特殊津贴。

7月，卫广扬从安徽大学农学院森林系毕业，柯病凡在安徽大学农学院森林系筹建成立森林利用组，卫广扬留校任柯病凡助手。

9月，安徽大学教务长刘遒敬辞职，许杰聘齐坚如教授为教务长；同时撤销秘书处、改设总务处，秘书处之人事、文书两部门转由主委办公室领导，聘詹云青任总务长，靳树鸿辞去秘书长职务专任政治教育委员会主任，主抓党的时事政治学习和思想工作。

11月8日，成俊卿回到广州，之后到芜湖任安徽大学农学院副教授，卫广

扬担任成俊卿助手,成俊卿任职至 1956 年。成俊卿先后编写了木材学、木材干燥、木材防腐、胶合板 4 门课的教材,这是我国较早较完整的木材科学教材。

11 月,安徽大学 1951 年度第一学期教职员工名册森林学系:吴清泉教授兼系主任及林专科主任、齐坚如教授兼教务长,教授陈雪尘、吴曙东,副教授徐长康、成俊卿,讲师有柯病凡、周平,助教刘世琪、李书春、张明轩、徐炤、黄绪伦兼工程组技师、卫广扬;林业专修科教授徐明。

11 月,华东军政委员会教育部批准柯病凡为副教授。

是年,安徽大学农学院建立木材标本室,柯病凡负责,创设森林利用课程组,成俊卿、柯病凡负责。

是年,柯病凡《木材学》(讲义)由安徽大学农学院油印。

• 1952 年

3 月 25 日,《人民日报》刊登《安徽大学森林系主任吴清泉检讨对待批评的错误态度保证努力改造的思想》。

7 月,柯病凡次女柯秀华出生。

9 月,安徽大学农学院在芜湖成立,设林学系。

10 月,柯病凡任安徽大学(芜湖)林学系副教授。

是年秋,根据全国农林院系调整方案,安徽大学农学院森林系易名为林学系,森林专修科易名为林学专修科。安徽大学农学院由教务长齐坚如代管,同时担任安徽大学教师职称评审委员会主任,吴东儒、张定荣、叶钟文、张涤华、柯病凡等 8 位同事被教育部批准为副教授。

12 月,政务院林垦部西南木材试验馆 20 多人从四川迁北京并入中央林业部林业科学研究所(筹)。

12 月,柯病凡带领安徽大学农学院林学系利用组教师到上海实习。

是年,柯病凡、刘世骐完成《皖西大别山森林调查总结(潜山、岳西)》。

• 1953 年

10 月,为适应安徽农业发展的需要,高等教育部决定安徽大学农学院在芜湖独立建院,成立安徽农学院,干仲儒同志任首任院长、党委书记。安徽农学院设林学系,吴清泉任主任。

12月，柯病凡《中国重要木材力学性质简表》刊印。

是年，柯病凡《材性学》（讲义）由安徽大学农学院油印。

● 1954 年

2月，奉政务院命令，撤销安徽大学校名，分别成立安徽农学院和安徽师范学院（芜湖）。干仲儒任安徽农学院院长，任职至1956年5月。

4月，柯病凡任安徽农学院（合肥）林学系、森工系副教授，先后兼林学系、森工系主任。

8月，安徽省政府决定安徽农学院由芜湖迁至合肥西门外新校址办学。

8月，柯病凡三女柯蕾出生。

9月，安徽农学院由芜湖迁至合肥，干仲儒任安徽农学院党委书记，任职至1955年7月。

12月，建筑工业部建筑技术研究所译《木材物理力学试验方法》由建筑工程出版社出版。

是年，柯病凡《木材学》（讲义）由安徽农学院林学系油印。

是年，柯病凡《材性学》（木材学讲义）由安徽农学院林学系油印。

是年，柯病凡《木材物理和力学性质》（讲义）由安徽农学院林学系油印。

● 1955 年

1月，柯病凡《芜湖市商用木材平衡含水量的研究（1954—1955）》（研究报告 第3号）由安徽农学院林学系森林利用教研组刊印。

5月1日，经安徽省人民委员会文教办字第一号文件批准，芜湖分会改为中国林学会合肥分会，筹委会由安徽省林业厅、安徽农学院、合肥林校等单位的21人组成。林业厅副厅长聂皓为筹委会主任委员，林学系主任吴清泉、教授齐坚如、合肥林校校长贾治忠为副主任委员，魏思远为秘书长，管辖全省学会工作。

● 1956 年

7月，柯病凡长子柯曙华出生。

8月，林业部林业科学研究所借调成俊卿任研究员、木材工业研究室负责人，1956—1960年仍兼授安徽农学院林学系木材学课程。

9月22日，森林工业部第13次部务会议决定成立森林工业科学研究所，任命李万新为筹备主任，张楚宝、唐燿、成俊卿、黄丹、贺近恪为委员。成俊卿任木材构造及性质研究室负责人。

是年，柯病凡完成《安徽主要针叶树材生材含水率、容重和干缩率变化的研究》。

是年，安徽农学院柯病凡副教授等完成《我国主要建筑用材在建筑设计上允许力的试验研究》。

• 1957年

6月，柯病凡任中国人民政治协商会议安徽省委员会委员，至1986年4月。

7月，《安徽农学院学报》创刊，干仲儒撰写《把科学研究建立在实践的基础上——代发刊词》。同期，柯病凡《安徽习见树木木材物理性质的研究》刊于《安徽农学院学报》1957年第1期81～97页。《安徽农学院学报》编委会由干仲儒、王泽农、齐坚如、沈文辅、吴清泉、金国粹、郑体华、段佑云、胡式仪、柯病凡、陈橡、张佐文、杨著诚、杨演、赵伦彝和黎洪模16人组成，主编齐坚如，副主编沈文辅、郑体华。

7月，安徽农学院柯病凡副教授完成《安徽习见树木物理性质之研究》，起止时间1948年4月至1957年7月。

12月，苏联森林工业部编《木材物理力学试验方法》由科学出版社出版。

12月，安徽农学院柯病凡副教授完成《合肥市木材平衡含水量之研究》，起止时间1956年至1957年12月。

• 1958年

6月，森林工业科学研究所、安徽农学院柯病凡《皖南马尾松木材的物理力学性质》刊于《安徽农学院学报》1958年第2期7～18页。

7月，安徽农学院柯病凡编《皖南杉木的物理力学性质》（研究报告第十一号，11页）由中国林业出版社出版。

9月，曾希圣以安徽省委第一书记兼任安徽大学校长，至1962年3月。

10月，中国林业科学研究院成立，成俊卿任中国林业科学研究院木材工业研究所研究员、材性室副主任。

是年，柯病凡《安徽黄山松、金钱松及柳杉三种树种木材力学性质》（森林工业科学研究所、安徽农学院合作研究报告）刊印。

是年，柯病凡《制材学》（讲义）由安徽农学院油印。

• 1959 年

9月，安徽农学院在森林利用的基础上招收首届"木材加工"专业学生。

10月，安徽农学院成立森林工业系，设木材加工和林产化工两个专业，柯病凡任森林工业系主任。

12月，《安徽农学院林学系森工系研究报告汇编》（第一辑）由安徽农学院林学系森工系刊印，其中33～39页收录成俊卿、柯病凡、徐全章、柴修武、唐汝明、叶呈仁《安徽主要经济木材的材性及用途》。

• 1960 年

6月，柯病凡《安徽黄山松、金钱松及柳杉三树种的木材物理力学性质》刊于《安徽农学院学报》1960年77～86页。

• 1961 年

11月，柯病凡完成《木材与电学》的翻译工作。

12月4日，安徽省林学会在合肥举行第一次会员代表大会，从225名会员中推选64名代表出席会议，会议审议通过安徽省林学会章程（草案），批准学会会员选举产生的由21人组成的安徽省林学会第一届理事会。安徽省林业厅副厅长聂皓担任理事长，齐坚如、吴清泉、柯病凡、杨著诚为副理事长，魏健为秘书长，魏思远、余厚敏为副秘书长。学会下设造林、森工、果树等专业学组，并根据会员分布情况建立了安徽省林业厅、林科所、安徽农学院、农科院、合肥林校5个分会以及合肥市园林管理处花卉专业组。

• 1962 年

1月，安徽农学院上报农业部、教育部、安徽省教育厅，担任培养研究生导师名单，林学系齐坚如（森林学）、柯病凡（木材学）。

4月29日，安徽农学院公布各系成立系务委员会。林学系柯病凡为主任委员；

蔡其武、舒裕国、余厚敏为副主任委员；李湘南、吴清泉、齐坚如、吴曙东、陈雪尘、周平、刘世琪、张明轩、黄绪伦、梁绍信、张鹤松、李宏开16人为委员。

9月7日，柯病凡同志任安徽农学院林学系主任。

11月，中国林业科学研究院情报室《"中国重要树种的木材物理力学性质"的内容简介》由《林业科技通讯》1962年第21期12页刊载。

11月，国家科委林业组要求安徽农学院林学系负责和参加1963—1972年林业科学技术发展规划项目，作为负责单位的项目1项（主要工业用材强度和影响材质因子的研究），作为参加单位的项目内容12项（主要为木材物理化学方面）。

● 1963年

2月，安徽农学院林学系主任柯病凡与学院副院长杨演、教务长王泽农作为代表去北京参加全国农业科学技术工作会议。

● 1964年

3月，《安徽农学院学报》出版第6期，《安徽农学院学报》编委会换届产生第二届编委会，由王泽农、王炬之、吴曙东、郑玉林、段佑云、胡式仪、柯病凡、倪有煌、徐长康、陈家祥、陈橡、陈自在、杨演、杨著诚、赵伦彝、黎洪模16人组成，主编杨演，副主编王泽农。

4月，柯病凡《木材物理力学性质研究的概况》由安徽农学院油印。

是年，成俊卿、柯病凡主编，著者成俊卿、柯病凡、唐汝明、卫广扬、徐全章《安徽木材（第一辑）》（安徽农学院林学系）由安徽农学院林学系木材加工教研组刊印。

● 1965年

1月，安徽农学院第一次招收研究生。

4月，安徽农学院向高等教育部报告1965年录取茶叶生化研究生柯德兴、木材学研究生陈炳南。

5月，安徽省林学会在合肥召开第二届理事会，选举产生由15人组成的安徽省林学会第二届理事会，理事长为汪制钧，副理事长为柯病凡、周树德，秘书长为杨霭庭，副秘书长为侯健尧。

1966 年

11 月 25 日,安徽省革命委员会批复农学院迁到滁县琅琊山林场、凤阳原畜牧兽医系两处。

1967 年

12 月,安徽农学院柯病凡副教授完成《安徽省木材物理力学性质的研究》,起止时间 1956 年 1 月至 1967 年 12 月。

1968 年

12 月 6 日,根据安徽省革命委员会的决定,安徽农学院搬迁到农村办学,并且分拆成宿县紫芦湖总院、滁县分院和凤阳分院,安徽农学院正式搬离合肥,总院和两个分院分别在宿县紫芦湖、凤阳、滁县沙河集,其中林学系被分到滁县琅琊山林场。

1970 年

6 月,安徽农学院部分专业下迁到滁县沙河集,成立安徽农学院滁县分院,设林学系,至 1981 年 2 月撤销。

1972 年

11 月,柯病凡、卫广扬等在泾县马头林场开展湿地松调查和材性研究。

1973 年

1 月,安徽农学院滁县分院林学系翻译组《林业译丛》(1973 年 1 期)由安徽农学院滁县分院教育革命组油印。

7 月,安徽农学院滁县分院林学系翻译组《林业译丛(木材物理力学研究专辑)》(1973 年 2 期)由安徽农学院滁县分院教育革命组油印。

1974 年

7 月,柯病凡、唐汝明、李尚银、卫广扬、徐全章《安徽生长的湿地松材性的研究》刊于安徽农学院滁县分院《科研报告》1974 年第 1 号 1~17 页。

1975 年

1月，安徽农学院滁县分院林学系森林工业研究室完成《中国主要木材用途的调查——安徽部分的调查总结》报告。

6月，柯病凡、唐汝明、李尚银、卫广扬、徐全章《安徽生长的湿地松材性的研究》刊于安徽农学院滁县分院《一九七四年科研报告（合订本）》，林学系森林工业研究室《木材物理力学的试材采集方法（1974）（木材物理力学研究专辑）》刊于同刊。

11月，《国外松参考资料汇编：第18辑》由广东省林业科学研究所刊印，其中91～107页收录柯病凡、唐汝明、李尚银、卫广扬、徐全章《安徽生长的湿地松材性的研究》。

是年，柯病凡《法家路线促进我国古代林业科学的发展》刊印。

1977 年

是年，成俊卿、李秾编成《中国木材及树种名称》，该书以树木分类系统为基础，按木材特性和用途的异同，将全国近1000种用材树种（隶101科、约350属），归并为商品材380类，不仅简化了木材的基础研究工作，并大大地方便了木材合理利用和树种代用的推广工作。

是年，柯病凡、唐汝明、李尚银、卫广扬、徐金章完成《静曲极限强度及其弹性模量实验方法的初步研究》。

是年，柯病凡被评为安徽省先进教育工作者。

1978 年

3月19日，全国科学大会在北京隆重开幕，柯病凡到北京参加全国科学大会。

4月7日，张靖武、杨启瑞、刘维岳、印绳之、樊效先、彭执圭、吕之民7位党员干部写信给中共中央副主席邓小平，中央政治局委员、国务院副总理王震，军委秘书长罗瑞卿，农林部副部长何康，并抄呈安徽省委书记万里，要求部队归还安徽农学院原在合肥的校舍、土地。其后，陆续有干部、教师向上级写信，要求将学校搬回合肥原址集中办学。

8月22日，安徽农学院党委常委会决定：成立安徽农学院木材加工研究室，隶属林学系，柯病凡兼任研究室主任。

10月，柯病凡晋升为教授；刘世骐、李书春晋升为副教授。

10月10日，省革委会革办发37号文件通知：安徽农学院于今年10月份迁回合肥原址办学。安徽农学院迁回合肥，设林学系。

12月，柯病凡当选为中国林学会第四届理事会理事。

1979年

4月，安徽省林学会在合肥召开第三届代表大会暨学术年会。大会选举产生由51人组成的第三届理事会，常务理事13人，聂皓为理事长，柯病凡、杨霭庭、夏云峰、蔡其武为副理事长，杨霭庭兼任秘书长，方介人、李宏开、刘拔群为副秘书长。理事会研究决定建立学术鉴定委员会，负责安徽省林学会学术成果鉴定工作。

4月，安徽农学院党委决定恢复出版《安徽农学院学报》和成立学报编辑委员会，主编杨演，副主编黎洪模、王泽农、段佑云、陈橡、柯病凡、吴信法，委员王焕晰、陈自在、余厚敏、李光恒、金国粹、胡式仪、赵伦彝、倪有煌、郭月争、董龙歧、葛钟麟。

6月，柯病凡到山西中条山林区考察。

9月，安徽农学院教授柯病凡、李书春以及讲师卫广扬到武宁县考察杉松（台湾松与马尾松的一个杂交类型）资源，得出的结论为：干形通直，尖削度小，材质中等，同分布区域内其他硬木松比较，树脂含量少，易油漆、胶接、防腐和滞火处理；体积干缩系数虽大，但其差异干缩小（1:6）；纹理直行，干燥时不开裂、不翘曲；切削容易，加工面光洁，木材品质优良，为海拔900米以下山区很有发展前途的造林树种。1980年始采集种子繁育，分别在九江地区林科所和武宁县进行造林试验工作，以期在生产上应用。

1980年

2月，林业部聘柯病凡同志为全国高等林业院校木材机械加工专业教材编审委员会委员。

6月，成俊卿《中国热带及亚热带木材：识别、材性和利用》由科学出版社出版。

7月，柯病凡《提高林木材质的途径》刊于《安徽农学院学报》1980年第2期34～44页。

8月，安徽省农学院院党委发文：柯病凡同志任安徽农学院林学系主任。

12月，国家技术监督局批准《木材物理力学试验方法》（GB 1927-1943-80）。标准由中国林业科学研究院木材工业研究所李源哲、张文庆、云南省林业科学研究所罗良才、中国科学院沈阳林业土壤研究所白同仁、安徽农学院柯病凡、西北农学院汪秉全、东北林学院戴澄月、四川省建工局建筑研究所蒋奋令完成。

12月，Timell T E. "*Karl Gustav Sanio and the First Scientific Description of Compression Wood*" 刊于 "*IAWA Bull*" 1980年第1卷第4期147～153页，系统地介绍了卡尔·古斯塔夫·桑里奥和他的科学贡献。1860年，著名德国植物学家卡尔·古斯塔夫·桑里奥（Karl Gustav Sanio）在研究欧洲赤松管胞长度的变异时，发现管胞长度存在径向和轴向的变异规律，通常称之为Sanio规律，至今在研究针叶材管胞长度变异还是在他的研究范围之内，卡尔·古斯塔夫·桑里奥被认为是木材解剖学的奠基人。

1981年

2月，安徽省省长办公会议决定安徽农学院在滁县和凤阳的两个分院全部回迁合肥。至此，下迁办学有10年历史的林学系回归合肥原址。

6月，柯病凡、李书春（《中条山树木志》著者）到山西中条山林区考察。

11月，国务院批准安徽农学院全国首批木材科学与技术硕士学位授予点，柯病凡为硕士研究生指导教师，招收木材学研究生熊平波、桂永全、徐从建。

12月28日，安徽省人文局文件通知：柯病凡任林学系主任。

1982年

5月，安徽农学院公布各系学位评定分委员会组成，林学系学位评定分委员会主席柯病凡，副主席舒裕国，委员刘世骐、李书春、周平、彭镇华、李宏开。

6月，柯病凡、李书春、徐从建到山西中条山林区考察，采集试材、腊叶标本等。

7月，柯病凡《节子对马尾松木构件抗弯强度及抗弯弹性模量的影响》刊于《安徽农学院学报》1982年第2期11～21页。

10月，中国林业科学研究院木材工业研究所主编《中国主要树种的木材物理力学性质》由中国林业出版社出版，柯病凡参加编写。

12月，柯病凡当选为中国林学会第五届理事会理事。

12月，卫广扬、唐汝明、龚耀乾、周师勉《安徽木材识别与用途》由安徽科学技术出版社出版。该书选取主要用材树种65科266种。其选择原则是：产于安徽省但在长江中、下游以及江南地区有大量分布的树种；产量少但为速生优质而又有发展前途的树种及珍贵孑遗树种。全书共分主要树种木材特征的记述、原木和木材识别检索表、木材性质明细表和木材自然耐腐性分级、商品材名称和价格分类、名词解释等部分。书末附有树皮照片261张，木材横切面（放大15倍）照片171幅及中名、拉丁名索引。

● 1983年

3月，《山西省中条山森林资源调查（一）木材与腊叶标本采集名录》由山西省中条山森林经营局、安徽农学院林学系刊印。

5月，山西省林业厅项目"山西中条山主要树种木材解剖特征及重要物理力学性质"下达。

7月，柯病凡、李书春、卫广扬《再论黄山松的定名问题》刊于《安徽农学院学报》1983第2期1～7页。

7月，柯病凡任第二届林业部科学技术委员会委员。

9月，中国农业年鉴编辑委员会编《中国农业年鉴》（1982年）452页载《林业成果》：《国家标准木材物理力学试验方法的制订》，完成单位及主要人员：中国林业科学研究院木材工业研究所李源哲、张文庆，云南省林业科学研究所罗良才，中国科学院沈阳林业土壤研究所白同仁，安徽农学院柯病凡，西北农学院汪秉全，东北林学院戴澄月，四川省建工局建筑研究所蒋奋令。该标准共17项，是在试材采集方法、木材分配方法、顺纹抗拉强度试验和抗剪强度试验、木材抗弯弹性模量及硬度测定方法、木材干缩、密度和湿胀性试样形状尺寸的确定、简化含水率的测定和冲击韧性计算的改变等。

12月，安徽省林学会在合肥召开"全省林业发展战略目标可行性论证会"，邀请省科委、科协、林业厅、农业区划研究所、各行署林业局，以及有关教学、科研、生产等单位的教授、专家和科技工作者57人出席会议。会议由学会副理事长柯病凡教授主持，林业厅副厅长吴天栋同志致开幕词。

1984 年

2 月,安徽农学院齐坚如、吴曙东、吴清泉、柯病凡四位教授入选林业部组织编撰的《中国林业人名词典》。

3 月,安徽农学院学校二级机构领导班子调整,潘祖跃任林学系主任。

6 月 30 日,安徽省林学会第四届会员代表大会在合肥召开,大会选举理事长吴天栋、常务副理事长聂皓、副理事长柯病凡、刘世骐、于光明,名誉理事长马长炎,学会顾问杨霭庭,秘书长方介人。

6 月,安徽省林学会举办科普讲座,安徽农学院柯病凡讲授马尾松栽培技术。

8 月,安徽省教育厅批准,安徽农学院成立林产工业研究所。

10 月,安徽农学院通知干部任职:潘祖跃兼任林产工业研究所副所长,邬树德任林产工业研究所副所长。

11 月,安徽农学院木材科学与技术硕士学位研究生徐从建毕业,论文题目《中条山山杨木材解剖物理力学性质及其变异的研究》,指导教师柯病凡。

11 月,武宁县林业技术推广站和安徽农学院柯病凡教授决定联合对武宁杉松的木材物理性质进行测定,并将材质测定列入林业技术推广站 1985 年的科研项目。

11 月,安徽农学院木材科学与技术硕士学位研究生熊平波、桂永全毕业,论文题目分别是《营林措施与木材性质关系的研究:杉木初植密度和间伐强度对木材性质的影响》《枫香树木交错纹理及其变异》,指导教师柯病凡。

11 月,柯病凡到东北林学院主持木材加工专业木材干燥、人造板硕士研究生毕业答辩。

11 月,安徽农学院调整各系学位评定委员会分会,林学系:主席柯病凡;副主席潘祖跃;委员刘世骐、李书春、周平、舒裕国、李宏开、彭镇华、蒋振球。

1985 年

2 月,安徽省教育厅通知:聘请柯病凡为安徽省高校学位评审委员会委员。

4 月,林业部聘请柯病凡同志为中国木材标准化技术委员会基础标准分技术委员会委员。

5 月,经全国自然科学名词审定委员会同意,中国林学会成立林学名词审定工作筹备组，并制定《林学名词审定委员会工作细则》。第一届林学名词审定委员会顾问吴中伦、王恺、熊文愈、申宗圻、徐纬英；主任陈陆圻；副主任侯治溥、阎树文、王明庥、周以良、沈国舫；委员于政中、王凤翔、王礼先、史济彦、关君蔚、李传道、李兆麟、陈有民、孟兆祯、陆仁书、柯病凡、贺近恪、顾正平、高尚武、徐国祯、袁东岩、黄希坝、黄伯璠、鲁一同、董乃钧、裴克；秘书印嘉祐。

6月，柯病凡到南京林学院主持木材加工专业硕士研究生毕业答辩。

7月，柯病凡、李书春、刘秀梅（《中条山树木志》著者）、张述银、柯曙华、潘建到山西中条山林区考察，采集试材、腊叶标本等。

9月10日，安徽农学院隆重庆祝我国第一个教师节，向任教和在学校工作35年以上的教职工颁发荣誉证书并表彰先进教师，柯病凡均在列。

9月，《木材学》由中国林业出版社出版。《木材学》由成俊卿主编，李正理、张英伯、吴中禄、鲍甫成、柯病凡、李源哲、申宗圻等30多位专家合著的中国第一部木材学方面的权威性专著。全书共7篇，32章，178万字。前4篇论述树木的形成、木材的构造、化学性质、物理性质及力学性质；后3篇论述与现实生产极为密切的木材缺陷、木材材性改进和中国重要木材（521种）的解剖特征和用途。

10月，北京林学院主编《森林利用学》（全国高等林业院校试用教程，林业专业用）由中国林业出版社出版，陈陆圻主编，柯病凡任副主编。

12月，柯病凡当选为中国林学会第六届理事会理事。

是年，柯病凡参与国家标准《木材物理力学性质试验方法》的修订。

● 1986年

3月9日，柯病凡教授光荣加入中国共产党，介绍人蔡其武和江泽慧。

4月，柯病凡教授受聘安徽省高等学校教师职务学科评议组成员。

6月，安徽农学院木材科学与技术硕士学位研究生徐有明、张述银毕业，论文题目分别为《中条山油松木材解剖特征、物理力学性质变异及其相互关系的研究》《辽东栎材性的综合研究Ⅱ：木材性质相互关系的研究》，指导教师柯病凡。

6月，柯病凡受聘《木材工业》编委。

6月4日，柯病凡主持由安徽省科学技术委员会、林业厅组织的安徽省怀宁县林业局《马尾松人工林立体整枝技术的研究》成果鉴定。

8月，林业部董智勇副部长到安徽农学院看望柯病凡，并拨款40万元支持其实验室购买科研仪器。

12月，柯病凡任第三届林业部科学技术委员会委员。

是年，柯病凡《怎样防止木材的胀缩、挠曲和开裂》刊于《安徽林业科技》1986年（增刊）。

是年，《安徽林产工业》创刊。

● 1987 年

1月，为庆祝《安徽农学院学报》创刊三十周年，安徽农学院学报编委会在1987年除夕举行座谈会，院长沈和湘教授主持会议。编委会主编柯病凡教授回顾和总结学报创刊三十年来所走过的曲折道路。他说，我院学报在我国社会主义改造基本完成、社会主义建设取得重大胜利的1957年创刊，后因遇到国民经济三年严重困难，在1960年停刊。1964年，国民经济经过调整后恢复。

2月，柯病凡教授受聘安徽经济委员会、安徽省高级工程师评审委员会林业专业组成员。

3月，柯病凡受聘全国自然科学名词审定委员会林学名词审定委员会委员。

3月，柯病凡转为中国共产党正式党员。

4月，《安徽农学院学报》编委会成立第四届学报编委会，主编柯病凡，副主编沈和湘、王泽农、段佑云、陈橡、吴信法、何世勋，编委王焕晰、米太岩、余厚敏、陈自在、陆艾五、郑林宽、金国粹、胡式仪、赵伦彝、倪有煌、郭月争、葛钟麟、董龙歧。

8月，柯病凡、郭树德、李筱莉、周学辉、吴晔到山西省中条山林局给技术人员举办木材加工、林化产品的讲座与培训，并对中条山林区考察。

9月，柯病凡任东北林业大学我国首届木材学博士李坚、陆文达博士研究生毕业答辩委员会主席。

10月，广西林学院木材学硕士研究生钟媛、李英建来安徽农学院林产品研究所进行硕士研究生毕业论文答辩，柯病凡教授任答辩委员会主席。

12月，《木材学》获中国林学会第一届梁希奖，主要完成人成俊卿、李正理、吴中禄、鲍甫成、柯病凡、李源哲、申宗圻。

12月，柯病凡、王妍妍、刘金生、张友鑫、肖厚勤《杉松的生长和材质研究》刊于《安徽农学院学报》1987年第4期1~8页。

12月，《中国主要树种木材物理力学性质的研究》通过了林业部科教局组成的成果鉴定。完成人：李源哲、张文庆、柯病凡、朱振文、汪秉全、罗良才、白同仁、安培钧，完成单位：中国林业科学研究院木材工业研究所、安徽农学院、河南农学院、西北农学院、云南省林业科学院，起止时间1953—1986年。我国幅员辽阔，经济用材树种繁多，对主要树种木材的物理力学性质研究，是我国林业科学的一项必不可少的基础内容。从1953年起，中国林业科学研究院木材工业研究所与有关科研机构和农林院校，按统一的试验方法，对各林区及各木材生产基地的主要树种进行适当规划，分区分工协作研究，经过二十多年的努力，共积累了342个树种的木材物理力学试验数据。编成《中国主要树种的木材物理力学性质》，由中国林业出版社于1982年出版。书中列入了我国主要树种的年轮宽度、晚材率、密度、干缩系数、抗弯弹性模量、抗弯、顺纹抗压、顺纹抗剪、横纹抗压、顺纹抗拉、冲击韧性、硬度、抗劈力等各项物理力学性质指标，并列出主要木材用途和各主要地区商品材名称。研究成果为工矿、建筑、国防等部门提供了木结构设计的基本数据；为优良造林树种选择、木材科学加工和合理利用提供了基本的科学依据；也为林业及木材科学研究及教学提供了基础资料。木材物理力学试验方法，大部分采用国际通行的方法。其中有些试验方法因各国不全一致的，本研究根据我国情况通过试验研究，采用较科学的方法，对顺纹抗拉和顺纹抗剪强度试验方法进行了改进，具有自己的特色。以此项研究主要成果为基础研究制订了国家标准GB 1928-1980《木材物理力学试验方法》共18项标准，1980年颁布实施；为国家标准GB J-5《木结构设计规范》及工矿、军工部门计算工程用材的容许应力提供基本数据，为用材部门就地取材，扩大树种利用、节约代用提供科学依据，为木材加工工业及科研、教学提供科学依据。

12月25日，在北京举行的中国林学会成立70周年纪念大会上，由国务委员方毅、中国科协名誉主席周培源、林业部部长高德占等为荣获第一届"梁希奖"的代表颁奖，首届梁希奖获奖项目和获奖人：《公元2000年我国森林资源发展趋势的研究》（黄伯璠、华网坤、王永安、徐国祯、曹再新）、《木材学》（成俊卿、李正理、吴中禄、鲍甫成、柯病凡、李源哲、申宗圻）、《宁夏西吉黄土高原水土流失综合治理的研究》（阎树文、关君蔚、孙立达、孙保平、姜仕

鑫、王秉升)。

是年,《全国高等林业院校、系教授、研究员人员名录》中木材学(9人),有北京林业大学申宗圻,东北林业大学葛明裕、彭海源、戴澄月,南京林业大学张景良,中南林学院刘松龄,西北林学院汪秉全,安徽农学院林学系卫广扬、柯病凡;森林利用学(2人),有北京林业大学陈陆圻,西北林学院李天笃;林产化学加工(16人),有北京林业大学姜浩,南京林业大学王传槐、王佩卿、孙达旺、李忠正、余文琳、张晋康、张楚宝、周慧明、黄希坝、黄律先、程芝,西北林学院吴中禄,福建林学院袁同功、葛冲霄,安徽农学院林学系周平;林业机械(13人),有北京林业大学顾正平,东北林业大学王禹忱、王德惠、朱国玺、任坤南、许其春、李屺瞻、李志彦、裴克,南京林业大学汪大纲、周之江,内蒙古林学院沈国雄,安徽农学院林学系张明轩;木材采伐运输(10人),有东北林业大学王德来、史济彦、关承儒、李光大、张德义,南京林业大学祁济棠、姚家熹、贾铭钰,中南林学院许芳亭,内蒙古林学院卢广第;木材加工(11人),有北京林业大学赵立,东北林业大学朱政贤、江良游、余松宝、陆仁书,南京林业大学区炽南、李维礼、吴季陵、陈桂陞、梁世镇,中南林学院郑睿贤;林区道路与桥梁工程(3人),有东北林业大学王汉新、王博义、胡肇滋。

1988 年

5月至6月,安徽农学院林产工业研究所柯病凡教授、邬树德、江泽慧副教授三人,随国家机械电子工业部组织的测试木材仪表考察团赴美国、加拿大考察,考察了解加拿大和美国的科学研究。

6月,安徽农学院木材科学与技术硕士学位研究生徐有明、吴晔毕业,论文分别为《油松木材解剖特征物理力学性质的变异及其相互关系的研究》《木材介电性质的研究》,指导教师柯病凡。

9月,《木材学》获中国新闻出版署第四届全国优秀科技图书一等奖。

1989 年

1月,中国林学会第七次全国会员代表大会在西安召开,在会上举办了第二次从事林业建设50年以上的科技工作者表彰活动,受表彰的98位林业科技工作者:易淮清、王权、杨润时、吴绪昆、敖匡之、程崇德、王恺、肖刚柔、徐纬

英、高尚武、关君蔚、陈陆圻、阳含熙（北京）；陈安吉（河北）；曹裕民（山西）；王峰源、辛镇寰、吴凤生、林立、黄自善、朱国祯、盛蓬山、博和吉雅（内蒙古）；马永顺、王凤煮、王治忠、邓先诚、杨魁忱、傅德星、魏砚田、孙学广、张凤岐、胡田运、宫殿臣、于世海（黑龙江）；王建民、韩师宣、卢广勋、齐人礼、徐文洲（辽宁）；于泳清、太元燮、牛觉、王庭富、冯际凯、宋延福、李真宪、张嘉伦、林书勤、宫见非（吉林）；董日乾、薛鸿雄、魏辛（陕西）；王见曾、汉㬢、乔魁利、张汉豪、赵瓒统、高廷迭、龚得福（甘肃）；李含英（青海）；李树荣、宫运多、梅林（宁夏）；杨文纲、胡韶（四川）；李永康、黄守型（贵州）；任玮、曹诚一（云南）；贾铭玉、梁世镇、熊文愈、景雷（江苏）；邓延祚、吕自煌、吴茂清、郝纪鹤、柯病凡、曹永太、徐怀文、周平、东承三（安徽）；王藩（江西）；向鑫、刘承泽、李贻格、黄景尧、蒋骥、解奇声、陈贻琼、郭荫人、石明章（湖南）；刘炎骏（广东）；李治基、黄道年、谢福惠（广西）。

4月，柯病凡、王妍妍《木材抗弯强度及抗弯弹性模量试验方法的研究》刊于《安徽农学院学报》1989年第1期1～10页。

5月，柯病凡、彭镇华参加国家机械电子工业部组团赴英国、西德考察高分子木质材料及遗传工程测试仪器。

5月，安徽省林学会第五届会员代表大会在青阳县召开，选举产生第五届理事会，理事长吴天栋、副理事长柯病凡、刘世骐、于光明、梅安淮，秘书长方介人。大会收到专题论文24篇，并颁发省林学会首届学术奖、科普奖、建议奖和学会工作奖。

9月，《中国林学会木材科学学会第一届学术研讨会》（文集）刊印，其中收录柯病凡、王妍妍、刘金生、张友鑫、肖厚勤《杉松的生长和材质研究》（9页）。

9月，柯病凡教授受聘中国林学会木材科学学会顾问。

11月，林学名词审定委员会编《林学名词（全藏版）》（全国自然科学名词审定委员会公布）由科学出版社出版；林学名词审定委员会编《林学名词（海外版）》（全国自然科学名词审定委员会公布）由科学出版社出版。

12月与1990年1月，《安徽农学院学报》复刊十周年，安徽农学院学报编委会先后举行两次座谈会，100多位老、中、青年专家、教授参加座谈会。院党

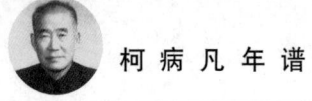

委副书记、院长沈和湘教授做会议总结,副院长李彦勇教授和学报编委会主编柯病凡教授分别主持座谈会。

● 1990 年

1月16日,《商品木材微机检索系统》通过成果鉴定,主要完成单位上海市计算技术研究所,研究人员柯病凡、王景寅、江泽慧、苏厚勤。该系统是一项综合木材学和计算机技术的计算机应用成果。它由两部分组成:①符合国情并按照推荐国际标准的木材解剖特征识别代码体系及我国主要材种的数据,②可供实用的"商品木材微机检索系统"。经鉴定认为,该成果在国内处于领先地位,在IAWA标准体系及聚类算法的模式识别方法应用于木材识别方面,达到了80年代国际先进水平。该软件应用系统可在木材加工、研究、贸易、交通、轻工和物资等部门推广应用,可产生明显的经济、社会效益。

1月,柯病凡、彭镇华《在西德和英国考察木质材料及遗传工程测试仪表小结》刊于《安徽林产工业》1990年第1期1～8页。

3月,柯病凡、吴诚和《林学家傅焕光》收入安徽农学人物编写委员会、安徽人民出版社出版《安徽农学人物选编》177～183页。

6月,柯病凡到西北林学院主持木材专业硕士研究生毕业答辩。

7月,柯病凡、江泽慧、张述银、王景寅、苏厚勤《中国主要商品木材微机识别的研究》刊于《安徽农学院学报》1990年第2期79～91页。

7月,柯病凡《提高学术水平 扩大科技交流》刊于《安徽农学院学报》1990年第2期3页。

9月,任海青从安徽农学院茶叶系机械制茶专业本科毕业之后,考取森林利用学院木材学专业硕士研究生,导师柯病凡和江泽慧。

10月,《中国大百科全书·农业卷》出版。全卷共分上、下两册,共收条目2392个,主要内容有农业史、农业综论、农业气象、土壤、植物保护、农业工程、农业机械、农艺、园艺、林业、森林工业、畜牧、兽医、水产、蚕桑15个分支学科。《农业卷》的编委由80余名国内外著名的专家组成,编辑委员会主任刘瑞龙,副主任何康、蔡旭、吴中伦、许振英、朱元鼎,委员马大浦、马德风、方悴农、王万钧、王发武、王泽农、王恺、王耕今、石山、丛子明、冯秀藻、朱元鼎、朱则民、朱明凯、朱祖祥、刘金旭、刘恬敬、刘锡庚、刘瑞龙、齐兆生、吴中伦、许振英、任继周、何康、李友九、李庆逵、李沛文、陈华癸、陈陆圻、陈恩凤、沈其益、沈隽、余友泰、武少文、俞德浚、陆星垣、周明群、张季农、张季高、贺致平、胡锡文、娄成后、钟麟钟、俊麟、侯光炯、侯治溥、侯学煜、柯病凡、范济洲、郑丕留、费鸿年、梁昌武、梁家勉、徐冠仁、高惠民、陶鼎来、袁隆平、奚元龄、郭栋材、常紫钟、储照、曾德超、盛彤笙、粟宗嵩、杨立炯、杨衔晋、黄文洋、黄宗道、黄枢、裘维蕃、熊大仕、熊毅、赵洪璋、赵善欢、蒋次升、蒋德麟、薛伟民、蔡旭、樊庆笙、戴松恩。金善宝、郑万钧、程绍迥、扬显东任顾问。

9月，中国林业人名词典编辑委员会《中国林业人名词典》（中国林业出版社）柯病凡[9]：柯病凡，木材学家，湖北应山人。1941年毕业于西北农学院森林系。曾任中央工业试验所木材试验馆助理研究员、副工程师，安徽农学院讲师。中华人民共和国成立后，历任安徽大学副教授，安徽农学院教授、林学系主任。1986年加入中国共产党。是中国林学会第四、五、六届理事，安徽省林学会第一、二、三、四、五届副理事长。合编有《森林利用学》，合著有《木材学》，是国家标准《木材物理力学试验方法》主要制订人之一。

12月，柯病凡被授予国家教育委员会颁发的高校科技工作者40年成绩显著荣誉奖。

12月，柯病凡同志荣获中国木材标准化技术委员会颁发的荣誉证书。

• 1991年

3月，（美）潘欣（Panshin, A. J.）、泽尤（Zeeuw, C. de）著，张景良、柯病凡、陈桂陞译《木材学》由中国林业出版社出版。该书是美国各林业院校的主要教科书，也是近年来世界各国木材学研究的重要参考书籍，自1940年问世以来定期修订，此译本为该书的第四版译本（美国麦克格拉·希尔书籍公司McGraw-Hill Book Company 1980年纽约、汉堡、伦敦等英文版），内容丰富、简明扼要，阐述清晰，着重论述了木材构造、识别和性质的基本概念，并涉及与生产实际有关的木材性质和用途。

5月3日，国家技术监督局批准《木材物理力学试材采集方法（GB/T 1927-1991）》《木材物理力学试材锯解及试样截取方法（GB/T 1929-1991）》《木材物理

---

[9] 中国林业人名词典编辑委员会. 中国林业人名词典[M]. 北京：中国林业出版社，1990：235.

力学性质试验方法（GB 1992-91）》《木材吸水性测定方法（GB/T 1-1991）》《木材湿胀性测定方法（GB/T 2-1991）》《木材年轮宽度和晚材率测定方法（GB/T 1930-1991）》《木材干缩性测定方法（GB/T 1932-1991）》《木材顺纹抗压强度试验方法（GB/T 1935-1991）》《木材顺纹抗剪强度试验方法（GB/T 1937—1991）》《木材顺纹抗拉强度试验方法（GB/T 1938-1991）》《木材横纹抗压试验方法（GB/T 1939-1991）》《木材硬度试验方法（GB/T 1941-1991）》《木材抗劈力试验方法（GB/T 1942-1991）》《木材横纹抗压弹性模量测定方法（GB/T 1943-1991）》，这些标准由中国木材标准化技术委员会归口。本标准由中国林业科学研究院木材工业研究所负责起草，由安徽农学院、四川省建筑科学研究院、中国科学院沈阳应用生态研究所、四川省林业科学研究院、云南省林业科学院参加起草。本标准主要起草人有李源哲、张文庆、张松琴、柯病凡、倪士珠、曾其蕴、罗良才、卢莹、张松琴等。《木材物理力学性质试验方法（GB 1992-91）》获1993年国家技术监督局科技进步二等奖。

6月，何天相《中国木材解剖学家初报》刊于《广西植物》1991年第11卷第3期257~273页。该文记述了终身从事木材研究的（唐耀、成俊卿、谢福惠、汪秉全、张景良、朱振文）；因工作需要改变方向的（梁世镇、喻诚鸿）；偶尔涉及木材构造的（木材科学：朱惠方、张英伯、申宗圻、柯病凡、蔡则谟、靳紫宸；木材形态解剖：王伏雄、李正理、高信曾、胡玉熹）；近年兼顾木材构造的（刘松龄、葛明裕、彭海源、罗良才、谷安根），最后写道展望未来（安农三杰：卫广扬、周崟、孙成至；北大新星：张新英；中林双杰：杨家驹、刘鹏；八方高孚：卢鸿俊、卢洪瑞、郭德荣、尹思慈、唐汝明、龚耀乾、王婉华、陈嘉宝、徐永吉、方文彬、腰希申、吴达期）；专题人物（陈鉴朝、王锦衣、黄玲英、栾树杰、汪师孟、张哲僧、吴树明、徐峰、姜笑梅、李坚、黄庆雄）。该文写道：柯病凡关于引种湿地松的构造，观察仔细，测量很多；至于黄山松物种，能够从多方面论证其特点。柯教授于1983年曾招收攻读木材学理论研究的硕士学位研究生。

8月，王景寅、苏厚勤、顾立峰、张卫国、柯病凡《聚类算法在计算机木材识别系统中的应用》刊于《计算机工程》1991年第4期21~29页。

10月，上海市计算机学会第三届年会优秀论文评选揭晓，柯病凡参加、由上海市计算技术研究所完成的《商品木材微机检索系统》获上海科学院科技进步二等奖。

10月，柯病凡享受国务院政府特殊津贴。

11月28日，柯病凡填写的《干部履历表》中主要社会成员有二弟柯品凡、内弟金国粹、同事成俊卿，足见情谊之深。

● 1992年

2月，柯病凡《江淮地区造林树种及其商品材的性质和用途》刊于《安徽林业科技》1992年第1期1～6页。

4月，柯病凡参加、上海市计算技术研究所完成的《商品木材微机检索系统》获上海市科技进步三等奖。

6月，柯病凡被评为安徽农学院优秀共产党员。

7月，安徽农学院木材科学与技术硕士学位研究生费本华、刘盛全毕业，论文题目分别为《铜钱树木材解剖特征、物理力学性质变异及其相互关系的研究》《刺楸树木材解剖特征、物理力学性质变异及其相互关系的研究》，指导教师柯病凡。

9月，加拿大哥伦比亚大学木材学教授白瑞特来访，进行木材学、林产工业方向交流。

12月，《中国主要树种木材物理力学性质的研究》荣获林业部科技进步二等奖。《中国主要树种木材物理力学性质的研究》主要完成人：李源哲、张文庆、柯病凡、朱振文、汪秉全、罗良才、白同仁、安培钧，完成单位：中国林业科学研究院木材工业研究所、安徽农学院、河南农学院、西北农学院、云南省林业科学院。我国幅员辽阔，经济用材树种繁多。对主要树种木材的物理力学性质研究，是我国林业科学的一项必不可少的基础内容。从1953年起，中国林业科学研究院木材工业研究所与有关科研机构和农林院校，按统一的试验方法，对各林区及各木材生产基地的主要树种进行适当规划，分区分工协作研究，经过二十多年的努力，共积累了342个树种的木材物理力学试验数据。编成《中国主要树种的木材物理力学性质》一书，由中国林业出版社地1982年出版。书中列入了我国主要树种的年轮宽度、晚材率、密度、干缩系数、抗弯弹性模量、抗弯、顺纹抗压、顺纹抗剪、横纹抗压、顺纹抗拉、冲击韧性、硬度、抗劈力等各项物理力学性质指标，并列出主要木材用途和各主要地区商品材名称。研究成果为工矿、建筑、国防等部门提供了木结构设计的基本数据；为优良造林树种选择、木材科学加工和合理利用提供了基本的科学依据；也为林业及木材科学研究及教学提供了基础资料。木材物理力学试验方法，大部采用国际通行的方法。其中有些试验方法因各国不全一致的，本研究根据我国情况通过试验研究，采用较科学的方法。对顺纹抗拉和顺纹抗剪强度试验方法进行了改进，具有自己的特色。1982年《中国主要树种的木材物理力学性质》出版，印数8000册，已售完。以此项研究主要成果为基础研究制订了国家标准GB 1928-1980《木材物理力学试验方法》共18项标准，1980年颁布实施；为国家标准GB J-5《木结构设计规范》及工矿、军工部门计算工程用材的容许应力提供基本数据，为用材部门就地取材，扩大树种利用、节约代用提供科学依据。为木材加工工业及科研、教学提供科学依据。本研究成果为我国木材生产、管理、调拨、木材加工利用、造林树种选择、栽培措施的制订提供了科学依据，为有关的木材国家标准和木结构设计规范的制订提供了科学基础。

12月，安徽农学院学报在1992年全国高等农业院校学报质量评比中获二等奖，柯病凡同志对提高该刊质量作出了贡献，特发此证。农业部教育司、全国高等农业院校学报研讨会。

12月，沈和湘任安徽农业大学校长，任职至1994年5月。

• 1993年

12月，《木材物理力学性质试验方法（GB 1927-1973-91）》荣获1993年度国家技术监督局科学技术进步二等奖。《木材物理力学性质试验方法（GB 1927-1973-91）》完成人：李源哲、张文庆、柯病凡、倪士珠、罗良才、曾其蕴、张松琴，完成单位：中国林科院木工所、安徽农学院、四川省建筑科学院、中国科学院沈阳生态研究所、四川省林业科学研究院、云南省林业科学院。该标准包括：木材物理力学试材采集方法；木材物理力学试验方法总则；木材物理力学试材锯解及试样截取方法；木材年轮宽度和晚材率测定方法；木材含水率测定方法；木材干缩性测定方法；木材吸水性测定方法；木材湿胀性测定方法；木材顺纹抗压强度试验方法；木材抗弯强度试验方法；木材抗弯弹性模量测定方法；木材顺纹抗剪强度试验方法；木材顺纹抗拉强度试验方法；木材横纹抗压试验方法；木材冲击韧性试验方法；木材硬度试验方法；木材抗劈力试验方法；木材横纹抗压弹性模量测定方法。其中14项等效或参照采用了国际标准，4项参照采用了国外先进标准。修订主要内容：木材物理力学试材的取样和试样数量；木材力学试验

的加荷速度；木材含水率测定方法；速生木材的试样尺寸；木材抗弯弹性模量测定方法；木材顺纹抗剪试验方法；木材干缩性测定。该标准达到国际先进水平。

7月，安徽省林学会第六届会员代表大会在滁州市召开，选举产生第六届理事会。理事长张玉良，副理事长柯病凡、于光明、梅安淮、余绍荣，秘书长方介人。会议受中国林学会委托，表彰安徽省从事林业科技工作50年的柯病凡等4位会员。

8月，74卷《中国大百科全书》（第一版）全部出齐，覆盖社会科学、文学艺术、自然科学、工程技术等66个学科，共收77859个条目，约12568万字，这是中国人编纂的第一部综合性百科全书。

9月，中国科学院学部委员、中国林业科学研究院吴中伦到安徽农学院林学系进行学术交流。

10月，中国林业科学研究院、安徽农业大学签署《关于加强木材学学科合作协议书》。

12月，中华人民共和国新闻出版署授予柯病凡同志荣誉证书：您在编纂出版《中国大百科全书》工作中作出重要贡献，特授予荣誉证书，以示表彰。

是年，安徽农学院成立木材科学研究所。

● 1994年

1月24日，安徽农学院《安徽主要商品材名称、性质及用途的微机检索研究》通过成果鉴定，主要完成人员江泽慧、柯曙华、任海青、柯病凡。该研究主要用于木材贸易、木材加工、司法部门、林业、植物学、人类学、历史学、古生物学及考古学解决学术和生产上的问题。主要研究成果：①针叶树材微机检索特征数据盘20份；②阔叶树材微机检索特征数据盘119份；③运用FOXBASE+语言编制安徽主要商品材微机识别系统一套，对推广运用微机检索商品材名称、性质及用途，对我国及安徽省合理地利用木材资源、提高木材使用价值、保护和发展珍稀树种具有重要意义。在特征编码和程序编制上，阔叶树林在国内首先采用国际通用的IAWA阔叶树材特征编码，并自行设计针叶树材特征编码一套。

8月，安徽农学院林学系更名安徽农学院森林利用学院。

8月，柯病凡、訾兴中、江泽慧《棠梨木材的材性和用途》刊于《安徽农学院学报》1994年第3期353～357页。

11月，柯病凡、江泽慧、王传贵、柯曙华、刘盛全、费本华、任海青《珍稀及待开发树种材性及用途的研究》刊于《安徽农学院学报》1994年第4期381～428页。同期，江泽慧、柯病凡、柯曙华、任海青《安徽主要商品材性质及用途的微机检索研究》429～440页，该文从安徽重要商品木材、珍稀和待开发树种中挑选139种针、阔叶材。阔叶树材根据IAWA国际标准编制特征数据盘，针叶树材自行创制特征编码标准，经检测效果满意，研究在国内外木材学领域内首次使用FOXBASE+关系数据库，可按科、种名，部分解剖特征或用途检索其他重要信息，也可对其自身进行保护、修改或增删，实现了木材鉴定的微机化、自动化。

12月，《琅琊山珍贵树种木材性质和用途》通过了安徽省教委的成果鉴定。完成人訾兴中、江泽慧、柯病凡、王传贵、柯曙华、费本华、刘秀梅、刘盛全、任海青，完成单位安徽农学院，起止时间1991年1月至1993年3月。成果对产自琅琊山的乔木树种，根据国家标准和世界科学组织的有关规定，通过野外调查、木材构造（宏观和微观）观测、木材化学成分分析、木材物理力学性质测试、木材电学热学性质测试、木材加工性质和用途的研究，弄清了其中11个树种的树木形态、生长习性及其木材性质和用途，丰富了木材学中有关阔叶树材的学术论述，为充分开发利用这些树种提供科学根据，对促进石灰岩地区和江淮地区的林业建设具有重大的指导意义。

12月，《世界林业研究：短周期工业用材林木材性质研究（第一集）》1994年17（专）311～318页；柯病凡、王传贵、柯曙华《短周期工业试材采集方法的建议》刊于319～321页；柯病凡、江泽慧、王传贵、柯曙华、费本华、刘盛全、任海青《杉木速生材与非速生材的木材物理力学性质》刊于322～330页。

• 1995年

1月，柯病凡、柯曙华、柯洞凡、马志强著《山西中条山木材志》由科学出版社出版。由于中条山木材资源的原始资料缺乏，是一块未开垦的处女地，需要深入林区，实地调查、测试、研究。早在1979—1988年的十几年时间里，柯病凡便先后五次（包括三次暑假时间），带队深入中条山林局管辖的分属八个县区的林区，每日身背干粮、早出晚归，不顾已是七十多岁高龄，历尽艰辛，采集了二百多个中条山主要树种的试材，为中条山树木的分布和材质的研究，以及中条山木材志的撰写奠定了坚实可靠的基础。该书通过实地调查、测试，系统地记述

柯病凡年谱

中条山林区49科89属219种（其中7新亚种和变种）树木的分布、木材通性、显微结构、物理力学性质、加工性质及用途等。它将对我国华北、西北及华中林业的整体发展，林木材质的改良和木材加工工业的提高有着重要作用。如果将木材各项性质编制数据库输入微机内，便可以快速鉴定树木名称、查询木材性质及用途，方便实用，对生产实际有着积极的指导意义。

1月24日，柯病凡因病去世。柯病凡与金月清育三女一男，柯锦华、柯秀华、柯蕾和柯曙华。

1月26日，中国共产党安徽农学院森林利用学院总支委员会、森林利用学院发布《讣告》。中国共产党优秀党员、安徽省第二、三、四、五届政协委员、我国著名木材学家、安徽农学院森林利用学院教授柯病凡同志，因病医治无效，于一九九五年元月二十四日二十二时在省立医院逝世，享年八十岁。柯病凡教授，湖北省广水市人，1915年11月8日生。1941年7月毕业于西北农学院森林系，获农学学士学位。中华人民共和国成立前先后在黄河水利委员会天水水土保持试验区、经济部中央工业试验所木材试验馆、安徽大学农学院任技术员、助理研究员、讲师等职务。中华人民共和国成立后，一直在安徽大学林学系、安徽农学院林学系、森工系任教，1952年在安徽大学林学系任副教授，1978年被聘为教授。曾任安徽农学院森工系主任、林学系主任，安徽省林学会副理事长，中国林学会理事，国际木材解剖学会会员，全国林业高教教材编写委员会委员，林业部科技委员会委员、顾问，《安徽农学院学报》主编等职，享受国务院特殊津贴。柯病凡教授一生热爱党，热爱社会主义祖国，忠于党的教育事业，对党有深厚的感情，认真学习马克思主义理论，坚持四项基本原则，拥护党的改革开放政策，在各种政治风浪中，坚持共产主义信念不动摇，经过近半个世纪对党的执着追求，于1986年3月光荣加入中国共产党，实现了他终身的夙愿。柯病凡教授长期从事木材学、森林利用学、林学等教学、研究工作，在林学、木材科学领域成果卓著，是我国木材学奠基人之一，享有崇高的威望，主编并参加起草《中华人民共和国国家标准木材物理力学试验方法（1927-1943-91）》，参加编写《木材学》《中国主要树种的木材物理力学性质》《安徽木材》及翻译《木材学》等专著多部，担任《森林利用学》统编教材副主编，发表《安徽习见树木木材物理性质的研究》《提高林木材质的途径》等论文30余篇，承担国家"八五"攻关"短周期工业材材性试验方法的研究"等课题多项，经过十余年的潜心专研，逝

世前完成《山西中条山木材志》,填补国内空白,为我国木材科学留下了宝贵财富。柯病凡教授逝世前仍坚持在教学科研第一线,几十年如一日,兢兢业业、孜孜不倦,把毕生的精力投入到教学和科研上,长期担任研究生导师,培养的学生遍及海内外,多数成为我国林业建设的主要领导者和业务上的骨干。因成绩突出,1978年应邀出席全国科学大会,受到党和国家领导人的亲切接见,为我国林业教育和科学研究事业做出了卓越贡献。柯病凡教授胸怀坦荡,为人正直,严于律己,大公无私,治学严谨,生活俭朴,平易近人,有着强烈的事业心和责任心,时刻关怀青年教师的成长,是一位受人尊敬的良师益友。他的逝世,使我国木材科学界坠落了一颗泰斗,是我国林业教育事业的重大损失。柯病凡教授永垂不朽!中国共产党安徽农学院森林利用学院总支委员会、森林利用学院 一九九五年元月二十六日

3月,经国家教育委员会批复同意,安徽农学院更名为安徽农业大学。

3月,安徽农学院森林利用学院更名安徽农业大学森林利用学院。

● 1998年

9月,安徽农业大学木材加工专业更名木材科学与工程专业恢复招生。

是年,《中国主要人工林树种木材性质研究》获林业部科技进步一等奖。《中国主要人工林树种木材性质研究》完成单位及主要人员有:中国林业科学研究院木材工业研究所、安徽农业大学、东北林业大学、中南林学院、南京林业大学、北京林业大学、中国林业科学研究院林产化学工业研究所、华中农业大学,鲍甫成、江泽慧、管宁、姜笑梅、陆熙娴、方文彬、李坚、彭镇华、秦特夫、柴修武、费本华、陆文达、徐永吉、柯病凡、骆秀琴。该成果为国内8个科研院所和高等院校的60多名木材学、加工学和林学专家经过5年奋力攻关取得丰硕成果,包括10项重要研究结果,5项关键技术,3项创新,3部论著,在理论上对木材科学的发展有很高的学术价值。在实践上对我国工业人工林的发展有重要指导意义。揭示了主要人工林树种和部分天然林树种的幼龄材与成熟材在解剖性质、化学性质、物理性质、力学性质上的特点及其差异规律,得出木材主要力学性质和密度为成熟材优于幼龄材,且在统计上表现出差异显著性;揭示了主要针叶树种的人工林木材与天然林木材在解剖性质、化学性质、物理性质、力学性质上的特点和差异规律,得出多数性质在统计上差异不显著,且差异不规律;得出各种栽

培措施对材性影响随树种的不同和材性项目的不同而各异,并不存在一定的规律,且多数没达到统计上的差异显著性;揭示了主要人工林树种木材性质在不同遗传结构层次上的变异规律,得出在种源层次上,种源内个体材性差异、种源间差异显著;揭示了木材密度、微纤丝角、管胞长度与宽度、管胞壁厚和胞壁率等在木材生长过程中的变异模式,建立了材性早期预测数学模型。

是年,《木材学》获国家林业局科学技术进步奖三等奖,完成人成俊卿、鲍甫成、柯病凡、李源哲、申宗圻,完成单位中国林业科学研究院木材工业研究所、安徽农业大学、北京林业大学、中国林业出版社。

1999 年

12月,《中国主要人工林树种木材性质研究》荣获国家科技进步二等奖,主要完成人鲍甫成、江泽慧、管宁、姜笑梅、陆熙娴、方文彬、李坚、彭镇华、秦特夫、柴修武、费本华、陆文达、徐永吉、柯病凡、骆秀琴。

2000 年

12月28日,国务院学位委员会下达第八批博士和硕士学位授权学科、专业名单,安徽农业大学"木材科学与技术"获博士学位授予权。

2004 年

6月,安徽农业大学森林利用学院更名安徽农业大学林学与园林学院。

2006 年

10月30日,木材网(www.mucai.org.cn)再访安徽农业大学木材解剖专家卫广扬教授,问:成俊卿先生、柯病凡先生是您的老师,他们除了在学习上教育过您之外,精神上有什么感染您的地方?答:首先他们的敬业精神非常强,"文化大革命"运动高潮的时候,柯病凡先生坚持每天晚上阅读两个小时的专业书。平时不论寒暑,每天坚持上班八小时,雷打不动。成俊卿先生"文革"时候下放在广西,五七干校劳动,但是他在广西还写两本《广西木材识别》。从这两位老师的身上我感觉到他们作为科学工作者的敬业精神非常感人。第二是为事业发展的执着精神,长期以来我们没有专项科研经费,但科研工作从未间断,是柯先生与林科院合作分点经费，以及我们与业务部门合作弄点经费，取得不少研究成果。第三做学问的严谨态度和做人的道德品质都是不错的。例如，精心保管和爱护仪器设备。公私分明，成先生只会私挪公用，绝对不会占公家便宜。合作分工的任务按期完成上报，绝不拖拉。这些方面都让我受到教育和感染。

● 2015 年

10 月，《柯病凡文集》由中国林业出版社出版。《柯病凡文集》收集柯病凡先生 53 年的教学科研工作期间，发表及出版的期刊论文、专著、所获奖项、人才培养、手书讲义、研究报告及翻译文献等资料。

10 月 20 日，纪念柯病凡先生诞辰 100 周年座谈会暨《柯病凡文集》首发仪式在合肥稻香楼宾馆举行。全国政协人口资源环境委员会副主任、国际竹藤中心主任、安徽农业大学原党委书记、原校长江泽慧教授，安徽省政协副主席赵韩，国际竹藤中心常务副主任费本华，安徽省林业厅厅长程中才，安徽省教育厅副厅长李和平，安徽林业职业技术学院院长欧阳家安，安徽农业大学校领导宛晓春、程备久、李恩年等出席仪式。柯病凡先生生前友好、同事及学生代表，兄弟院校代表，安徽农业大学有关部门负责人，林学与园林学院党政负责人和退休及现任教师代表、学生代表等参加仪式，程备久主持仪式。柯病凡是我国著名的木材学家，曾任安徽农业大学森林工业系主任、林学系主任，是安徽农业大学木材科学与技术专业奠基人和学科带头人，在木材解剖、木材构造与性质、木材物理力学、木材材性变异和林木材质改良等方面学术成就卓著，在毕其一生的教学工作中，立德树人，培养了一大批木材科学高层次人才，为我国木材科学的发展做出了巨大贡献。

葛明裕年谱

葛明裕（自东北林业大学）

 葛 明 裕 年 谱

- **1913 年（民国二年）**

  2月7日，葛明裕（Ge M Y, Ge Mingyu），出生于江苏南京市。葛明裕父亲葛文翰，秀才，曾在南京国民政府任职。母亲葛陈秀芝。祖父葛增祥，清末秀才。

- **1920 年（民国九年）**

  8月，葛明裕入南京第八国民小学读书，至1923年7月。

- **1923 年（民国十二年）**

  9月，葛明裕入南京第二高等小学读书，至1925年7月。

- **1925 年（民国十四年）**

  9月，葛明裕入南京青年会中学读书（初中），至1928年1月。南京青年会中学建于1913年，1952年并入南京市第五高级中学。

- **1927 年（民国十六年）**

  4月，开封中山大学宣告成立。河南省政府决定将河南公立农业专门学校、中州大学、河南公立法政专门学校合并成立开封中山大学，徐谦任校长，设四科，即农科、文科、理科和法科，农科下设农艺系、森林系，学制四年，邹秉文为农科主任。

  11月28日，开封中山大学举行开学典礼。农科主任由郝象吾担任，农艺系主任由郝象吾兼任，森林系主任为万晋。万晋（1895—1973年），字康民，河南罗山县人。我国著名的农业教育家、林业与水土保持学家。1912年考入河南留学欧美预备学校，成为第一届英文班学生，1918年以公费留学资格赴美留学，获得美国耶鲁大学林学硕士学位。回国后曾任北京大学农学院教授。1927年8月开始长期执教于河南大学农学院，并担任农学院院长等职。

- **1928 年（民国十七年）**

  9月，葛明裕入南京成美中学读书（高中），至1930年7月。成美学堂由安徽无为人周寄高先生1901年在南京创办，1911年更名为成美学校，1917年改为四年制中学（附设高小），更名为成美中学（迁入升州路与评事街口的基督教威

斯理堂办学）。1956 年 8 月，经南京市政府批准，改私立成美中学为公立并命名为南京市第二十四中学。2013 年，第二十四中学与第二十八中学合并更名为南京市第五初级中学。

1930 年（民国十九年）

8 月，第五中山大学校务会议决定，将校名改为河南大学，呈民国河南省政府核示。

9 月 7 日，河南省第三届议会议决，批准将第五中山大学改名为河南大学，张仲鲁任校长。改农、文、理、法、医五科改为 5 个学院，共 16 个系。河南大学农学院下设农艺系、森林系、园艺系、畜牧系，并有农事试验场、农业推广部等附属单位。农学院院部设在开封繁塔寺。郝象吾教授出任第一任河南大学农学院院长。农艺系主任为陈显国，园艺系主任为王陵南，森林系主任为万晋。

是年，葛明裕在南京成美中学读书由父亲代填表参加国民党预备党员。《关于葛明裕参加国民党问题的审查结论》：本人没有参加任何活动，不按国民党党员对待。

1932 年（民国二十一年）

8 月，葛明裕考入河南大学农学院森林系。

1935 年（民国二十四年）

7 月，葛明裕从河南大学农学院森林系毕业，留校任助教，月薪 260 元。
是年，葛明裕加入中华农学会、中华林学会。

1936 年（民国二十五年）

10 月，《河南大学农学院院刊》创刊，河南大学校长刘季洪撰发刊词。葛明裕《开封树木之初步调查》刊于《河南大学农学院院刊》1936 年第 1 期（创刊号）296～306 页。

10 月 15 日，葛明裕与石学娟在南京结婚。

1937 年（民国二十六年）

4 月，葛明裕《雪对于森林的影响》刊于实业部中央农业实验所农报社编印

葛 明 裕 年 谱

《农报》1937年第4卷第14期14～15页。

• 1939年（民国二十八年）

9月，国民政府经济部中央工业试验所在重庆北碚创建木材试验室，负责全国工业用木材的试验研究，这是中国第一个木材试验室，试验室编印《木材试验室特刊》，每号刊载论文一篇。

• 1940年（民国二十九年）

是年，河南省农业改进所和河南大学合作开展嵩山森林资源调查，由河南省建设厅第一科科长姚长虞，河南省农业改进所所长沈鲁生等5人，和河南大学林学系主任李达才博士、教师栗耀岐、孟守真、葛明裕、郭学云和森林系学生黄守型、王子衡、崔炎寿、刘国瑞、黄甲臣等20余人组成的河南省嵩邙勘测队，队长李达才，经过两个月的实地勘测，写出《嵩山勘测报告书》。李达才（1902—1959年），江西省安福县人，1918年东渡日本求学，先入日本高等学堂就读，毕业后升入东京帝国大学农学部，攻读森林经理学。1929年学成回国，任河南省建设厅技正及湖口林场场长。1930年，他出任江西省农业专门学校教授兼主任。1931年被聘为北平大学农学院林学系教授。此后，他历任江西省立农业专门学校教务主任、河北省立农学院森林系主任、河南大学森林系主任、广西大学农学院教授、云南大学农学院教授等职。1947年，李达才应聘为台湾省立农学院教授兼森林系主任。此时，他认为台湾林业事业发达，颇有发展前景，因而举家到台湾定居，专心从事林业教育事业。后来，他还兼任教务主任和演习林场主任。1958年他被授予资深教授荣誉奖，以表彰他在林业教育上的突出贡献。

• 1941年（民国三十年）

10月，《中华林学会会员录》刊载：葛明裕为中华林学会会员。

• 1942年（民国三十一年）

8月，葛明裕晋升为河南大学副教授。

8月，在中央工业试验所的协助下，唐燿在乐山购下灵宝塔下的姚庄，将中央工业试验所木材试验室扩建为木材试验馆，唐燿任馆长。根据实际的需要，唐燿把木材试验馆的试验和研究范畴分为八个方面：①中国森林和市场的调查以及木材样品的收集，如中国商用木材的调查；木材标本、力学试材的采集；中国林区和中国森林工业的调查等。同时，对川西、川东、贵州、广西、湖南的伐木工业和枕木资源、木材生产及销售情况，为建设湘桂、湘黔铁路的枕木的供应提供了依据。还著有《川西、峨边伐木工业之调查》《黔、桂、湘边区之伐木工业》《西南木业之初步调查》等报告，为研究中国伐木工业和木材市场提供了有价值的实际资料。②国产木材材性及其用途的研究，如木材构造及鉴定；国产木材一般材性及用途的记载；木材的病虫害等。③木材的物理性质研究，如木材的基本物理性质；木材试验统计上的分析和设计；木材物理性的惯常试验。④木材力学试验，如小而无疵木材力学试验；商场木材的试验；国产重要木材的安全应力试验等。⑤木材的干燥试验，如木材堆集法和天然干燥；木材干燥车间、木材干燥程序等的试验和研究。⑥木材化学的利用和试验，如木材防腐、防火、防水的研究；木材防腐方法及防腐工厂设备的研究；国产重要木材天然耐腐性的试验。⑦木材工作性的研究，如国产重要木材对锯、刨、钻、旋、弯曲、钉钉等反应及新旧木工工具的研究。⑧伐木、锯木及林产工业机械设计等的研究。

3月10日，国民政府决定将河南大学改为国立河南大学，校名由国民党元老于右任题写。至此，河南大学成为拥有文、理、工、农、医、法六大学院的综合性大学。

• 1943年（民国三十二年）

3月，葛明裕《中国木本植物分科检索表》刊于《国立河南大学学术丛刊》1943年第1期148～155页；同期，葛明裕《杨柳科柳属Salix习见树种检索表》刊于156～157页。

• 1945年（民国三十四年）

10月，葛明裕任河南大学农学院副教授。

• 1946年（民国三十五年）

5月7日和11日，国民政府即决定继续选派自费留学生出国，并组织全国

葛 明 裕 年 谱

性的公费留学生考试选派工作，先后公布《自费生留学考试章程》和《公费生留学考试章程》，决定本年度无论公费生还是自费生均须通过留学考试合格，方可出国。

7月1日，江苏省建设厅派葛明裕、黄质夫两人筹设、勘察原江苏省立林业试验场，江苏省立林业试验场总场在徐州恢复，纵衍森任场长。1947年初江苏省立林业试验总场从徐州迁到句容茅山。

11月，《教育部三五年度自费留学考试录取名单》公布，森林（8名）：陈启岭、袁同功、黄中立、阳含熙、葛明裕、黄有稜、成俊卿、王业遽。

● 1947年（民国三十六年）

9月，葛明裕赴美留学，在美国西雅图华盛顿大学（University of Washington，简称UW）林学院学习，导师B. L. Grandal，期间加入美国林产利用研究会（American Forest Products Research Society，FPRS）。

● 1948年（民国三十七年）

6月，民国教育部决定将河南大学全体师生从开封迁到苏州吴县，校长姚从吾。姚从吾（1894—1970年）中国历史学家。原名士鳌，字占卿，号从吾，中年以后以号行，河南襄城县人。1917年，考入北京大学文科史学门。1920年夏毕业后，又考上北京大学文科研究所国学门研究生，由北京大学选派赴德国柏林大学留学，专攻历史方法论、匈奴史、蒙古史及中西交通史。1929年，任波恩大学东方研究所讲师。1931年，任柏林大学汉学研究所讲师。1934年夏回国，受聘为北京大学历史系教授，主讲历史方法论、匈奴史、辽金元史及蒙古史择题研究等课程。1936年，兼历史系主任。1937年抗日战争爆发后，任西南联合大学历史系教授。1946年9月，任河南大学校长。1949年初去台湾，受聘为台湾大学历史系教授，并创办辽金元研究室。1958年4月，当选为台湾"中央研究院"人文组院士。1970年4月15日病逝。

10月，葛明裕获美国华盛顿大学研究生奖学金，除免缴学费外，每月有生活补助金110美元，至1949年12月。之后，得到国家的生活补助费，至回国。

● **1949 年**

是年，东北林务管理局编纂《木材水运法》（东北林业丛书）由东北林务管理局印行。

● **1951 年**

2 月，东北森林工业总局《木材工作手册》由东北森林工业总局刊印。

3 月，葛明裕获美国华盛顿大学林学院森林学硕士学位之后回国，4 月 15 日到达广州。

7 月，葛明裕任浙江大学农学院森林专修科教授。

是年，《东北产主要木材力学强度表》由东北科学研究所出版。

● **1952 年**

7 月，高等教育部全国农学院院长会上拟定高等农学院系调整方案，决定筹建北京林学院、华东林学院和东北林学院。

7 月，东北农、林学院设置林工系，杨衔晋任林工系主任，任职至 1956 年 5 月。

10 月，东北人民政府公布成立东北林学院的决定，在浙江大学农学院森林系和东北农学院森林系基础上建立，同时将黑龙江农业专科学校森林科并入，暂与东北农学院合署。葛明裕随浙江大学农学院森林系教师一起调到东北林学院，任林工系木材机械加工教授。

● **1953 年**

3 月，经高等教育部（55）农崔字第 187 号文件批复同意暂按东北农、林学院院务委员会章程（草案）执行，并批准东北农、林学院院务委员会名单（委员 67 名）。主任委员刘成栋（院长），副主任委员王禹明（副院长）、刘德本（副院长），委员丁以、于元辅、于增新、王垫、王世林、王金陵、王长富、王景文、王业遽、王庆镐、白清平、白云庆、石明章、田蕴珠、史伯鸿、任炎、江良游、余友泰、邵均、何万云、佟多福、李述、李屹瞻、李景华、甘晓崧、沈昌蒲、吴克騆、吴承祜、吴琨、郁晓民、周陛勋、周恩、周重光、夏定海、俞渭江、梁蕴华、孙秉辉、孙凤舞、陈朝栋、许振英、张立教、张国英、张得义、崔敬萍、程云川、黄祝封、黄季灵、焦连柱、焦殿鹏、曾善荣、杨衔晋、杨鼎新、杨秋荪、

邹宝骧、葛明裕、赵怀珍、滕顺卿、迟继我、刘文龙、刘克济、韩殿业、谭贵厚、庞士铨、钟家栋。任炎、焦连柱兼秘书。

1954 年

4月17日，东北农林学院区分部召开成立大会。

5月，东北办事处《木材商品知识讲义》由中央人民政府林业部木材调配总局印行。

是年，《细木工机械化制造学讲义》（木材机械加工专业适用）由东北林学院刊印。

1956 年

5月11日，东北林学院院长公布院务委员会名单和各系、教研组各负责人名单。东北林学院成立院务委员会（委员40名），刘成栋任第一届院务委员会主任委员，王禹明、任炎任副主任委员，委员杨衔晋、邵均、王长富、刘文龙、孙秉辉、葛明裕、江良游、白心泉、梁蕴华、石明章、张德义、李屹瞻、曾善荣、赵怀珍、魏荩忠、宋成格、徐聪冠、张子英、李秋、黄丹、李述、铁广庆、郭庆余、宋元卿、王业蘧、韩殿业、吴柳凡、周陞勋、白云庆、周以良、林伯群、张培杲、邵力平、裴克、赵德通、张建国、焦振家。

5月，东北林学院举办木材研究班。

7月，应苏联、芬兰、瑞典、挪威和民主德国的邀请，在森林工业部刘成栋（刘达）副部长的率领下，王恺和周慧明、唐燿、葛明裕、黄希坝以及翻译毕国昌、李光达前往以上5国参观学习木材综合利用的新经验，前后共费时一月有余，收获丰富。结合我国国情林情，确定了我国木材发展思路：以人造板为主，人造板中又以纤维板为主。考察组经向林业部党组和中共中央农村工作部领导汇报后，得到同意。随后，即在伊春建设工厂，引进瑞典年产1.8万吨硬质纤维板的设备一套，又在北京木材厂制造自行设计的设备，全国各地也纷纷建立年产几千立方米的工厂。

7月3日，王长富任东北林学院森林工业系主任，葛明裕、江良游、梁蕴华任副主任，任职至1957年4月8日。

11月，葛明裕加入中国民主同盟并当选哈尔滨市民盟第一届委员。

12月,东北林学院葛明裕教授、彭海源讲师等完成科技成果《木材耐火处理》,起止时间1956年1月至12月。

• 1957年

1月,(苏)Л.М.别列雷金(Л.М.Перелыгин)著,林凤仪等译《木材构造》由中国林业出版社出版。

1月,Л.М.别列雷金著,彭海源译《木材学实验指南》由中国林业出版社出版。

1月,《东北林学院学报》创刊。学报编委会由邵均、杨衔晋、葛明裕、王业蘧、江良游、石明章、王长富、周陛勋9人组成。

4月8日,东北林学院森林工业系分为采伐运输机械工业系和木材加工工业系。王长富任采伐运输机械工业系主任,梁蕴华任副主任,葛明裕、江良游任木材加工工业系任副主任。

4月,葛明裕当选哈尔滨市第二届政协委员。

• 1958年

4月,《葛明裕代表的发言》(哈尔滨市教育工会副主席、哈尔滨东北林学院教授)刊于工人出版社编辑《中国工会第八次全国代表大会纪念刊》第409～411页。

8月21日,林业部决定东北林学院石明章、卢广弟、何则恭、黄庸、马成伟5名教师支援内蒙古林学院工作。石明章,1917年生,河南尉氏人,1944年毕业于四川大学森林系,任北京大学农学院助教。1948年赴美国华盛顿州立大学伐木工程专业学习(西雅图)获林科硕士学位。1950年回国后任东北林学院副教授。1958年8月21日林业部决定支援林学院到内蒙古林学院工作。9月内蒙古林学院设置林学系、森林采伐运输工业系、林产加工工艺系,任森林采伐运输工业系副主任。1965年10月参加林业部组织的《森林采伐学》和《贮木场生产工艺与设备》(全国高等林业院校统编教材)编写工作。1972年调到中南林学院任副教授。发表《择伐时集材索道勘测设计简易方法的探讨》《适用技术在我国南方木材采运中的发展》《雷州林业局在经营热带林方面的成就》《试论森林采运与森林可持续经营》《无害于环境的森林采运方法》等论文,1997年出版专著《森林采运工艺的理论与实践》(中国林业出版社)。

9月，葛明裕当选哈尔滨市民盟第二届常委。

11月，Л.М.别列雷金著，章群等译《简明木材学》（1958年一版一印）由中国林业出版社出版。

• 1959年

8月17日，东北林学院第二届院务委员会成立，刘成栋任主任委员，王禹明、贾其敏、王若平任副主任委员，委员刘成栋、王禹明、贾其敏、王若平、任炎、张子良、杨衔晋、韩殿业、李秋、李述、刘文龙、吴锡中、李屹瞻、张禹柱、王长富、梁蕴华、张德义、张健、周重光、白云庆、周陞勋、邵力平、葛明裕、江良游、刘吉相、吴柳凡、孙新、彭海源、白心泉、许永丰、魏荩忠、郭庆余、何泽洪、邬玉辉、李忠昇。

9月，华东华中区高等林学院校教材编审委员会编著《胶合板制造学初稿》由中国林业出版社出版。

11月，葛明裕当选哈尔滨市第三届政协委员。

• 1960年

1月，葛明裕、严俊、芦莨成、冯德宝、郭妹敏《造纸废液酚甲醛合成树脂胶初步研究报告》由东北林学院木工系人造板教研组刊印。

2月，东北林学院王禹明、贾其敏副院长，杨衔晋、葛明裕教授，周重光、王长富副教授一行6人到北京参加林业高等教育工作会议。

11月，《东林研究报告》收录人造板教研组葛明裕《木素在胶合剂中应用初步研究报告（六种胶合剂制造工艺条件及其胶合性能试验简报）》《马来反映在木材识别中的应用》《耐火涂料初步研究报告》《红外线单板干燥初步报告》4篇。

是年，葛明裕《胶合材料学》（东北林学院教材）由东北林学院刊印。

• 1961年

2月28日，哈尔滨市民盟三届一次会议举行，选举常务委员11人，张柏岩为主任委员，程云川、葛明裕为副主任委员，傅世英为秘书长。

6月，东北林学院《木材陆运》（高等林业院校试用教科书）由农业出版社出版。

11月，东北林学院《木材机械加工工艺》（高等林业院校试用教科书）由农业出版社出版。

● 1962 年

5月，葛明裕当选哈尔滨市第四届政协委员。

7月7日，东北林学院成立学报编委会，刘成栋、杨衔晋、葛明裕、王长富、周重光、李屺瞻为委员，石绍业为编辑，决定出版不定期刊物《东北林学院学报》。

8月30日，东北林学院按照《高教六十条》组成第三届院务委员会（委员28名），王禹明任第三届院务委员会主任委员，贾其敏、杨衔晋任副主任委员，委员刘成栋、王禹明、王若平、贾其敏、杨衔晋、周重光、周陛勋、白云庆、王长富、梁蕴华、张德义、葛明裕、江良游、刘文龙、刘鸿宾、李屺瞻、刘吉相、吴柳凡、何泽洪、郭庆余、韩肇连、李国栋、李述、李秋、刘志喜、铁广庆、韩殿业。

12月，葛明裕被选为中国林学会第三届理事会理事。

是年，东北林学院葛明裕、彭海源、戴澄月、乔玉娟完成研究成果《白蜡油真空干燥方法的初步研究》，起止时间1961—1962年，成果后来刊登在1965年国家科委《成果公报》总第16期。

● 1963 年

6月14日，黑龙江省、哈尔滨市民盟举行追悼会，悼念全国人大常委会副委员长、全国政协副主席、中国民盟副主席沈钧儒先生。省、市党政机关，省、市政协，省、市各民主党派、各人民团体送了花圈和挽联。追悼会在民盟市委副主任葛明裕介绍沈钧儒先生事迹后，由民盟省委副主任邵均致悼词。

7月，葛明裕、彭海源、宋宗琳、戴澄月、乔玉娟、郑志芳《木材石蜡油真空干燥方法的初步研究》刊于《东北林学院学报》1963年第2期105～114页。

7月，葛明裕、彭海源、戴澄月、乔玉娟完成科技成果《木材石腊油真空干燥方法》，葛明裕、彭海源、戴澄月、乔玉娟、郑志芬、宋宗琳《木材石蜡油真空干燥法》由东北林学院刊印。

12月8日，哈尔滨市民盟举行四届一次会议，选举常务委员9人，葛明裕为主任委员，市卫生局副局长韩柄南、傅世英为副主任委员，傅世英为秘书长（兼）。

1964 年

3月，黄达章主编《东北经济木材志》由科学出版社出版。该书是根据中国科学院林业土壤研究所木材研究室（前属中国科学院土木建筑研究所）多年来对东北木材的实验研究和调查结果编成的。此外有关协作单位也提供了一部分数据，同时也引用了苏联有关远东地区的某些资料。就树种而论，包括大、小兴安岭及长白山三大原始林区绝大部分的乔木经济树种，计针叶树11种，阔叶树42种，共53种。

8月，东北林业总局《木材工作手册》刊印。

9月23日，经黑龙江省第三届人民代表大会第一次会议在哈尔滨市举行，葛明裕被选为出席第三届全国人民代表大会的代表。

10月6日，葛明裕当选为第三届全国人民代表大会代表。

12月21日至1965年1月4日第三届全国人民代表大会第一次会议在北京举行，葛明裕参加会议。

12月28日，东北林学院林产化学系并入木材加工系并改称木材利用系，葛明裕任木材利用系主任、江良游任副主任。

1966 年

3月10日，东北林学院调整院务委员会，成立第四届院务委员会（委员26名），王禹明主任委员，贾其敏、杨衔晋任副主任委员，委员王禹明、贾其敏、杨衔晋、刘世珍、蒋松年、周重光、周陞勋、王长富、梁蕴华、葛明裕、江良游、吴柳凡、彭海源、李屹瞻、刘鸿宾、韩殿业、张健、白心泉、何泽洪、刘吉相、王堃、韩肇连、张志荣、刘志喜、郑慧如、李国栋。

1967 年

是年，东北林学院葛明裕教授、彭海源讲师等完成成果《木材石蜡干燥法》，起止时间1956年1月至1967年。

1973 年

10月，东北林学院、北京林学院、南京林产工业学院联合编《木材干燥》刊印。

1974 年

12 月，东北林学院、北京林学院、南京林产工业学院联合编《胶合材料学》刊印。

1975 年

6 月，东北林学院学术委员会成立，委员 26 人，主任委员王若平，副主任委员王昭同、杨衔晋、刘文龙、李荣久、葛明裕。

是年，东北林学院林工系完成科研成果《扩大胶合板用材树种的研究》，并获 1978 年黑龙江省科学大会成果奖。

1977 年

8 月 24 日，东北林学院木材加工系与林产化学系合并改称林产工业系，葛明裕任林产工业系主任、李庆章任副主任。

1978 年

12 月，葛明裕被选为中国林学会第四届理事会理事。

是年，国务院批准东北林学院木材学和木材加工与人造板工艺两个硕士点。

1979 年

10 月，葛明裕任东北林学院林产工业系主任，任职至 1983 年 12 月 27 日。

11 月，葛明裕《国外无胶胶合科学研究的进展情况》收入《中国林学会胶粘剂与人造板二次加工学术讨论会材料》。

12 月 22 日，东北林学院调整学术委员会，委员 53 人，主任委员杨衔晋，副主任委员葛明裕、周重光、王长富、刘吉相、周以良。

12 月 26 日，黑龙江省第五届人民代表大会常务委员会由省五届人大二次会议选举产生，葛明裕当选为黑龙江省第五届人民代表大会常务委员会委员。

是年，葛明裕《国外无胶胶合科学研究的进展报告》刊于 1979 年《东林报告》。

是年，葛明裕《木材改性》（东北林学院教材）由东北林学院刊印。

● 1980 年

4月,东北林学院白心泉、李世达、周以良、葛明裕在黑龙江省民盟第四次代表大会上当选为中国民主同盟黑龙江省委员会委员。

11月29日至12月6日,中国林学会在福州召开木材综合利用学术讨论会,会议期间成立中国木材工业学会,选举出第一届理事会理事39人,王恺任理事长,申宗圻、吴博、韩师休任副理事长,陈平安任秘书长,李永庆任副秘书长,葛明裕当选为理事。

是年,江苏省木材公司《东北原木树种鉴别检索表》刊印。

● 1981 年

6月13日,国务院学位委员会第二次会议通过第一届国务院学位委员会学科评议组成员名单。农学评议组有马大浦、马育华、王广森、王恺、方中达、史瑞和、邝荣禄、朱国玺、朱宣人、朱祖祥、任继周、许振英、刘松生、李竞雄、李连捷、李曙轩、杨守仁、杨衔晋、吴仲伦、吴仲贤、余友泰、邱式邦、汪振儒、沈隽、陈华癸、陈陆圻、陈恩凤、范怀中、范济洲、郑万钧、郑丕留、赵洪璋、赵善欢、俞大绂、娄成后、徐永椿、徐冠仁、黄希坝、盛彤笙、葛明裕、蒋书楠、鲍文奎、裘维蕃、熊文愈、蔡旭、戴松恩。

9月,东北林学院主编《刨花板制造学》(木材机械加工专业用)由中国林业出版社出版。该书主编陆仁书(东北林学院),副主编赵立(北京林学院)、郑睿贤(中南林学院)、华毓坤(南京林产工业学院)。

9月,东北林学院主编《胶粘剂与涂料》(木材机械加工专业用)由中国林业出版社出版。主编东北林学院李兰亭,编写人员东北林学院李兰亭、张广仁,南京林产工业学院乌竹香,福建林学院施权录。

11月3日,国务院学位委员会批准东北林学院葛明裕、戴澄月、彭海源教授为木材学硕士生指导教师。

11月,东北林学院主编《纤维板制造学》(木材机械加工专业用)由中国林业出版社出版。

是年,东北林学院第一届学位委员会成立,由15人组成,主席杨衔晋,副主席周以良、修国翰。参加国务院学位评定委员会学科评议成员有杨衔晋、葛明裕、周以良、梁蕴华、朱国玺。

是年，葛明裕辞去政协黑龙江省委员会第四届常务委员。

• 1982 年

1 月，东北林学院主编《胶合板制造学》（木材机械加工专业用）由中国林业出版社出版。

2 月，《东北主要木材资料选编》刊印。

6 月，葛明裕、李坚《尿素和木材工业》刊于《现代化工》1982 年第 6 期 72 页。

8 月，刘正南、郑淑芳、邵玉华编著《东北木材腐朽菌类图志》由科学出版社出版。

12 月，东北林学院主编《林业机械》（木材机械加工专业用）由中国林业出版社出版。

• 1983 年

3 月，葛明裕、彭海源、戴澄月、李坚《加热法制造木塑复合材的研究》刊于《林业科学》1983 年第 1 期 64～72 页。本文论述了通过选择能产生正、负极性基的烯类单体苯乙烯与顺丁烯二酸酐，以等克分子比混合浸注木材，经适度加热反应，放出热量，自行聚合生产木塑复合材的方法。这种木塑复合材的力学强度、体积稳定性均较素材有显著改善，是木材改性和提高速生树种材质的一种好方法。

4 月 22 日，葛明裕当选为黑龙江省第六届人民代表大会常务委员会委员。

6 月，东北林学院主编《储木场生产工艺与设备（木材采运机械化专业用）》（高等林业院校教材）由中国林业出版社出版。

7 月，东北林学院主编《木材装卸与场内运输机械（木材采运机械化专业用）》由中国林业出版社出版。

12 月 5 日，国务院学位委员会第五次会议讨论通过第二批博士和硕士学位授予单位名单，并于 1984 年 1 月 13 日经国务院批准，东北林学院木材学为博士学位授予学科专业，葛明裕为木材学博士生指导教师。

12 月，北京林学院主编《木材学》（全国高等林业院校试用教材木材机械加工专业用）由中国林业出版社出版。该教材由北京林学院、东北林学院和中南林学院共同编写，编写人有黄玲英、张景良、龚跃乾、葛明裕、申宗圻、戴澄月、彭

海源、王琬华、徐永吉等，申宗圻任主编。黄玲英（1934—），副教授，女，土家族，湖南省永顺县人。1956年湖南农学院毕业，曾任中南林学院木材研究室主任，国际木材解剖学家协会会员。中国林学会木材科学分会常务理事。合著有《海南木材》《中国主要木材的物理力学性质》等6部，其中《湖南主要木材构造和性质》获1978年湖南省科技大会奖，《银杉木材构造和性质的研究》获1986年省科技进步二等奖。论文有《水青树、马褂木木材构造和化学性质的研究》等多篇。

是年，葛明裕《木素在胶合剂中应用初步研究报告》刊印。

是年，东北林学院确定木材真空干燥研究项目，内容包括研制设备和工艺试验，由葛明裕主持。

● 1984 年

9月，李坚考取东北林学院木材学博士生，指导教师葛明裕，1987年10月8日通过博士答辩获得博士学位，论文题目《木质材料的界面特性与无胶胶合的研究》。

是年，葛明裕主编《木材改性工艺学》（东北林学院讲义）刊印。

● 1985 年

3月，彭海源、崔永志、孙铁华、葛明裕《速生杨木增硬处理初报》刊于《东北林学院学报》1985年第1期144～149页。

3月，甘雨时、孙学先编《东北木材识别要点》刊印。

5月15日至22日，黑龙江省第六届人民代表大会第三次会议召开，葛明裕为黑龙江省第六届人民代表大会常务委员会委员。

8月6日，经林业部批准，东北林学院更名为东北林业大学。

9月，陆文达考取东北林业大学在职博士研究生，指导教师葛明裕。

11月，葛明裕等著《木材加工化学》由东北林业大学出版，戴澄月、彭海源参加编写。

12月，中国林学会第23号文件决定，对从事林业工作50年以上健在的林业科技工作者（包括离、退休）给予表彰。黑龙江省获奖者有葛明裕、迟金声、薛德痈、陶庸、宋嘉仁、徐占仁、李守龙、刘恒心、高宪斌、常永禄、周陛勋、任德全12人。

1986 年

6 月，葛明裕加入中国共产党，介绍人李坚。

6 月，李坚、陆文达、刘一星、葛明裕《体视显微术在木材组织学中的应用》刊于《东北林业大学学报》1986 年第 3 期 92～98 页。

12 月，陆文达、李坚、刘贵生、葛明裕《木素热降解机理的研究》刊于《东北林业大学学报》1986 年第 A_3 期 54～59 页。

1987 年

10 月，李坚通过东北林业大学博士论文答辩，获木材学博士学位，论文题目《木质材料的界面特性与无胶胶合的研究》，指导教师葛明裕。

12 月，刘贵生、李坚、陆文达、葛明裕《用红外光谱法识别红松、落叶松木材微细碎料初探》刊于《东北林业大学学报》1987 年第 6 期 33～38 页。

12 月，陆文达通过东北林业大学博士论文答辩，获木材学博士学位，论文题目《兴安落叶松干燥过程材性变化的研究》，指导教师葛明裕。

是年，李坚、葛明裕完成《木质材料的界面特性与无胶胶合技术研究》，起止时间 1985—1987 年。

是年，《全国高等林业院校、系教授、研究员人员名录》中木材学（9 人），有北京林业大学申宗圻，东北林业大学葛明裕、彭海源、戴澄月，南京林业大学张景良，中南林学院刘松龄，西北林学院汪秉全，安徽农学院林学系卫广扬、柯病凡；森林利用学（2 人），有北京林业大学陈陆圻，西北林学院李天笃；林产化学加工（16 人），有北京林业大学姜浩，南京林业大学王传槐、王佩卿、孙达旺、李忠正、余文琳、张晋康、张楚宝、周慧明、黄希坝、黄律先、程芝，西北林学院吴中禄，福建林学院袁同功、葛冲霄，安徽农学院林学系周平；林业机械（13 人），有北京林业大学顾正平，东北林业大学王禹忱、王德惠、朱国玺、任坤南、许其春、李屺瞻、李志彦、裴克，南京林业大学汪大纲、周之江，内蒙古林学院沈国雄，安徽农学院林学系张明轩；木材采伐运输（10 人），有东北林业大学王德来、史济彦、关承儒、李光大、张德义，南京林业大学祁济棠、姚家熹、贾铭钰，中南林学院许芳亭，内蒙古林学院卢广第；木材加工（11 人），有北京林业大学赵立，东北林业大学朱政贤、江良游、余松宝、陆仁书，南京林业大学区炽南、李维礼、吴季陵、陈桂陞、梁世镇，中南林学院郑睿贤；林区道路

与桥梁工程（3人），有东北林业大学王汉新、王博义、胡肇滋。

• 1988 年

是年，中国林业科学研究院科技情报研究所《国外林业技术 胶合剂和木材改性》刊印。

• 1989 年

3月1日，国务院学位委员会学科评议组53个评议分组名称公布，其中有农学组林学评议分组、森工评议分组，葛明裕为森工评议分组成员。

3月，陆文达、葛明裕《汽蒸处理对落叶松木材化学性质的影响》刊于《东北林业大学学报》1989年第1期50～57页。

4月25日，中国林学会木材科学学会成立大会暨第一届学术讨论会，葛明裕当选为第一届理事。

5月，陆文达、葛明裕《汽蒸处理对落叶松木材物理性质的影响》刊于《东北林业大学学报》1989年第2期41～47页。

10月，李坚、葛明裕《用碳水化合物作胶结剂及成板动力学的研究》刊于《东北林业大学学报》1989年第5期66～71页。

是年，陆文达、葛明裕、孙品完成研究成果《落叶松木材材性及加工利用》，合作单位黑龙江省林科院木工所。

• 1990 年

2月，李坚、葛明裕《氢氧化钠溶液预处理提高胶结强度机理的研究》刊于《东北林业大学学报》1990年第1期80～87页。

6月，国务院学位委员会学科评议组第四次会议在北京召开，林学、森工评议分组20名委员参加会议，葛明裕参加会议。

9月，中国林业人名词典编辑委员会《中国林业人名词典》（中国林业出版社）葛明裕[10]：葛明裕（1913—），木材学家。江苏南京人。1935年毕业于河南大学农学院森林系，1948年获美国华盛顿州州立大学研究院林学硕士学位。1956年加入中国民主同盟，1986年加入中国共产党。曾任河南大学农学院讲师、副

---

[10] 中国林业人名词典编辑委员会. 中国林业人名词典 [M]. 北京：中国林业出版社，1990：311.

教授，浙江大学农学院教授。1952年起任东北林学院（1985年改称东北林业大学）教授。是第三届全国人大代表，中国木材工业学会第一届理事。国务院学位委员会第一届农学评议组成员，中国林学会第三、四届理事。长期从事木材学的教学与研究工作，发表有《马来反应在木材识别上的应用》《加热法制造木塑复合材的研究》等论文，主编有《木材加工化学》。

12月17日至21日，国家教委、国家科委联合召开全国高等学校科技工作会议，会上对取得突出成绩的高等学校科技工作先进集体和先进科技工作者进行表彰。其中东北林业大学国家教委荣誉证书获得者有王业遽、王金生、王博义、李世达、李景文、吴柳凡、陈大珂、周以良、萧前柱、彭海源、葛明裕、裴克。

12月，国务院学位委员会和国家教育委员会公布新的授予博士、硕士学位和培养研究生的学科、专业目录。在调整归类后的学科专业中，"木材加工""林业机械"改称为"木材加工及人造板工艺"和"林业与木工机械"，归属"工学"门类的"林业工程"；木材学也由"农学"门类的"林学"划归到"林业工程"类。

● 1991年

1月，中国木材标准化技术委员会第二届委员会第一次全体会议在苏州市召开，会议选举林业部副部长蔡延松为主任委员，陈人杰、孙丕文、范银甫为副主任委员，王恺任顾问，孙建国、陈志民分别任正副秘书长。

2月，国家教委、国家科委联合表彰的高等学校、科技工作先进集体先进科技工作者名单公布，国家教委荣誉证书获得者有东北林业大学王业遽、王金生、王博义、李世达、李景文、吴柳凡、陈大珂、周以良、萧前柱、彭海源（女）、葛明裕、裴克。

6月，何天相《中国木材解剖学家初报》刊于《广西植物》1991年第11卷第3期257~273页。该文记述了终身从事木材研究的（唐耀、成俊卿、谢福惠、汪秉全、张景良、朱振文）；因工作需要改变方向的（梁世镇、喻诚鸿）；偶尔涉及木材构造的（木材科学：朱惠方、张英伯、申宗圻、柯病凡、蔡则谟、靳紫宸）；木材形态解剖的（王伏雄、李正理、高信曾、胡玉熹）；近年兼顾木材构造的（刘松龄、葛明裕、彭海源、罗良才、谷安根），最后写道展望未来

（安农三杰：卫广扬、周鉴、孙成至；北大新星：张新英；中林双杰：杨家驹、刘鹏；八方高孚：卢鸿俊、卢洪瑞、郭德荣、尹思慈、唐汝明、龚耀乾、王婉华、陈嘉宝、徐永吉、方文彬、腰希申、吴达期）；专题人物（陈鉴朝、王锦衣、黄玲英、栾树杰、汪师孟、张哲僧、吴树明、徐峰、姜笑梅、李坚、黄庆雄）。该文写道：葛明裕教授早在美国留学。回国后从事木材化学方面涉及木材构造与材性研究，招收（1984）攻读木材构造与材性的博士学位研究生，这是我国木材学方面最早的一位博士生导师。此外，有关葛老教授的著述如此，《Msule 反应与木材识别》（1960）、《体视显微术与木材组织学》（1986）。编写"木材的化学性质"（入选北京林学院主编的《木材学》，1983），主编《木材加工化学》（有五章，1985，东北林业大学版），从而在我国开辟了一门新的学科。

1992 年

12 月，国务院学位委员会办公室委托或会同航空航天部、机电部与电子工业总公司、卫生部、农业部、林业部、国家中医药管理局、医药管理局，进行或完成了"航空与宇航技术""计算机科学""基础医学""公共卫生与预防医学""中医学""中西医结合医学""药学""林学""林业工程"等一级学科博士、硕士学位授权点的研究生教育和学位质量的检查和评估工作。

1993 年

3 月，中国农业百科全书编辑委员会《中国农业百科全书·森林工业卷》由农业出版社出版。该书根据原国家农委的统一安排，由林业部主持，在以中国林业科学研究院王恺研究员为主任的编委会领导下，组织 160 多位专家教授编写而成。全书设总论、森林工业经济、木材构造和性质、森林采伐运输、木材工业、林产化学工业六部分，后三部分含森林工业机械，是一部集科学性、知识性、艺术性、可读性于一体的高档工具书。其中列入的中国森林利用和森林工业科学家有公输般、蔡伦、朱惠方、唐耀、王长富、葛明裕、吕时铎、成俊卿、梁世镇、陈桂陞、申宗圻、王恺、陈陆圻、贺近恪、黄希坝。其中 73 页载葛明裕。葛明裕（1913—）中国现代木材学家、林业教育家。江苏省南京市人，1913 年 2 月 17 日生。1935 年毕业于河南大学农学院森林系，1947 年赴美留学，1948 年在华

盛顿州州立大学获硕士学位。1951年回国后任浙江大学教授,1952年以来任东北林学院即现东北林业大学教授,曾兼任林工系系主任。曾任中国林学会第三、四届理事,国务院学位委员会森工学科评议组成员,林业部学位委员会委员,中国木材工业学会理事。葛明裕是中国高等林业院校木材机械加工专业的奠基人。他在木材保护学、木材加工化学、木材解剖学、木材改性工艺学等领域有深入的研究。50年代,他在中国最先提出木材染色、木材真空干燥、木材滞火等多项研究课题;并将马来反应用于木材识别上。他的《石蜡油木材真空干燥方法》《缓冲容量及其对脲醛树脂胶胶凝时间的影响》《加热法制造木塑复合材》《东北次生林生材含水率与木材酸碱性质》《东北经济用材的pH值》等项研究,均具有相当学术价值。他先后发表学术论文十多篇,出版教材和专著《木材加工化学》《木材改性工艺学》。

5月25日至28日,中国林学会第八次会员代表大会在福建厦门召开,会上颁发了第二届梁希奖和陈嵘奖,对从事林业工作满50年的84位科技工作者给予表彰,有黑龙江林学会葛明裕等9人。

6月,陆文达主编《木材改性工艺学》由东北林业大学出版社出版。

6月,刘一星通过东北林业大学博士论文答辩,题目是《木材表面视觉物理量与视觉环境学特性》,指导教师葛明裕。

8月,刘一星、李坚、王金满、葛明裕《木材材色与森林地理分布的关系》刊于《东北林业大学学报》1993年第4期33～38页。

9月22日,东北林业大学林产工业系改名林产工业学院。

• 1994 年

6月,王金满通过东北林业大学博士论文答辩,题目是《短周期工业材材性变异与材质早期预测的研究》,指导教师李坚、葛明裕。

7月,葛明裕《建造全国性网状森林带的设想》刊于《东北林业大学学报》1994年第4期92～94页。该文以我国山脉的自然分布为依据,指出了其具有定向规律及大致构成网格状排列的特征。提出了实现建造全国性网状森林状带的可行性和对策。对建立这样一种林带的一些造林树种也进行了讨论。

1995 年

3 月，葛明裕《倡议大植纪念树》刊于《森林与人类》1995 年第 15 卷第 2 期 9 页。

9 月，《东北林业大学学报》1995 年第 5 期 127 页刊登《木材学家——葛明裕教授》。

1996 年

4 月 16 日，《中国林业报》刊登《葛明裕教授倡议：栽植结婚纪念树》。近日，东北林业大学教授葛明裕向全社会呼吁：改革人们以往结婚时大操大办的习俗，提倡另一种有意义的活动——栽植结婚纪念树。

6 月，段新芳通过东北林业大学博士论文答辩，题目是《木材表面涂饰性的研究》，指导教师李坚、葛明裕。

1997 年

4 月 24 日，国务院学位委员会第十五次会议通过《关于 1997 年博士和硕士学位授权审核工作的意见》，在附件三"按一级学科进行博士学位授权审核的一级学科名单"中，代码 0829，一级学科名称林业工程。

6 月，方桂珍通过东北林业大学博士论文答辩，题目是《非甲醛系试剂与木材交联反应机理的研究》，指导教师李坚、葛明裕。

2001 年

是年，东北林业大学林产工业学院改名材料科学与工程学院。

2009 年

6 月，李坚、葛明裕《木材科学研究》由科学出版社出版。该书重点阐述国内外在木质环境学、木材的功能性改良、木材物理力学性质的综合分析及木材无损检测等有关木材科学与技术领域中新的研究成果，同时深入浅出地趣谈木材科学知识和木材加工利用中的一些疑难问题，进而使读者明了木材相关知识、木材性质评价、木材功能改良和木材检测和新方法、新技术。

2011年

6月15日,《东北林业大学报》载《献身林业绿树常青德高望重桃李芬芳——我校著名木材学家葛明裕教授迎来百岁寿辰》。6月1日是我校著名木材学家葛明裕教授百岁寿辰。学校领导杨传平、陈文斌、曹军、胡万义、赵雨森,老领导李坚、刘宝林,民盟省委副主委杨永道,葛明裕先生的亲属、学生、同事等与葛老先生欢聚一堂,共同庆祝先生百岁寿辰。庆祝仪式由党委副书记、纪委书记陈文斌主持。她在主持讲话时说,葛明裕教授走过的百年历程,是立场坚定,政治高尚的一百年,是胸襟坦荡、磊落光明的一百年,是教书育人、桃李遍地的一百年,更是值得东林人骄傲铭记、自豪咏赞的一百年。

2013年

9月5日,葛明裕在黑龙江中医药大学附属医院逝世,享年101岁。《葛明裕教授逝世》:葛明裕教授,我国木材科学界的泰斗,著名木材科学家、教育家,江苏南京市人,1913年生。1935年毕业于河南农业大学森林系,留校工作后历任助教、讲师、副教授。1948年到美国华盛顿州立大学研究生院留学,获硕士学位。1951年初冲破重重阻力,放弃在美国攻读博士学位良机,毅然回归,报效祖国。回国后曾任浙江大学教授,东北林学院林产工业系主任等职,是东北林业大学木材机械加工专业的创始人,退休前为东北林业大学木材学博士生导师,中国林学会木材科学学会顾问。葛明裕先生曾任中国木材工业学会理事、中国林学会木材科学学会顾问、中国民主同盟黑龙江省委员会顾问、黑龙江省第五、六届人大常委会委员、第三届全国人大代表、林业部学位委员会委员、国务院学位委员会学科评议组成员、民盟哈尔滨市第四届主任委员,曾为哈尔滨市民盟组织的建设和发展以及哈尔滨市的统战工作做出了卓越贡献。1983年12月成为我国第一位招收木材学专业攻读博士学位研究生的导师。

9月7日早晨8点,葛明裕教授告别仪式在哈尔滨市西华苑丁香厅举行。出席告别仪式的领导有民盟黑龙江省委副主委杨永道、中共哈尔滨市委统战部常务副部长杨国民、民盟哈尔滨市委副主委姚书元、秘书长刘祥玉,东北林业大学在家的领导党委书记吴国春、校长杨传平、副校长曹军、党委副书记胡万义、党委副书记、副校长孙正林、副校长李斌、李顺龙、党委副书记、纪委书记陈文慧,中国工程院院士李坚,还有东北林业大学学校办公室、统战部、离退处、民

葛 明 裕 年 谱

盟东北林业大学委员会等部门的领导,材料科学与工程学院的领导、教师、研究生,以及葛老在哈尔滨、南京的亲属和生前友好出席。《悼词》:尊敬的各位领导、同仁、来宾、亲朋好友:今天,我们怀着十分沉痛的心情,在这里举行告别仪式,深切悼念和追思我国木材科学界的泰斗,著名木材科学家、教育家,我们的恩师葛明裕教授。葛明裕教授,江苏南京市人,1913年生,1935年毕业于河南农业大学森林系,留校工作后历任助教、讲师、副教授。1948年到美国华盛顿州立大学研究生院留学,获硕士学位。1951年初冲破重重阻力,放弃在美国攻读博士学位良机,毅然回归,报效祖国。回国后曾任浙江大学教授,东北林学院林产工业系主任等职,是东北林业大学木材机械加工专业的创始人,退休前为东北林业大学木材学博士生导师,中国林学会木材科学学会顾问。先生曾任中国木材工业学会理事、中国林学会木材科学学会顾问、中国民主同盟黑龙江省委员会顾问、黑龙江省第五、六届人大常委会委员、第三届全国人大代表、林业部学位委员会委员、国务院学位委员会学科评议组成员、民盟哈尔滨市第四届主任委员,曾为哈尔滨市民盟组织的建设和发展和哈尔滨市的统战工作做出了卓越贡献。1983年12月成为我国第一位招收木材学专业攻读博士学位研究生的导师。先生退休之后,从来也没有闲适地休息,他一直在关心着国家的命运、关心着学校的建设和发展,并经常为市政的发展、为学校的建设提出许多有益的建议。忆往昔,先生为木材学、木材保护学、木工胶黏剂等方面的教学、研究和人才培养,默默地工作了七十年,倾注了他的全部精力。春风化雨般地培养了一大批莘莘学子,他们已经脱颖而出,成为栋梁之材,可谓:桃李不言,下自成蹊;先生淡泊名利,对于荣誉和待遇,总是礼让他人,仁善为先,虚怀若谷,真可是:高山可以远眺,大海容纳百川;先生凝重事业,几十年如一日,在木材科学园地上辛勤耕耘,诲人不倦;学风严谨,思维敏捷,学术内涵丰富,对科学与治学的信念坚定,称得为:孜孜不倦,创新高远;葛明裕先生的学品和人品,诚信与博爱,历经百年春华秋实,已经成为我们数以千、万计学子心中的一座巍然耸立的丰碑,一面永不褪色的旗帜,一支燃烧不熄的火炬,永远值得后人铭记和学习。他将永远活在我们的心中!安息吧,葛明裕教授。

申宗圻年谱

申宗圻（自北京林业大学）

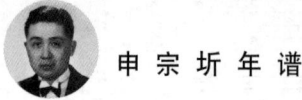 申宗圻年谱

- **1917 年（民国六年）**

9 月 17 日，申宗圻（Zhen Z Y，Shen Zongqi）生于北京，祖籍江苏苏州。申玮（1888—1980 年），申宗圻父亲，字子振，1908 年从苏州考入国民政府邮政总局（北京），后任贵阳、安徽等地邮政局局长，1948 年在北平退休，申玮原配王佩珍（1886—1937 年，清末民初书法大家王雍熙之女），继室王世英（1913—1971 年），育 4 男 1 女，申宗圻排行老二。申子振宅位于苏州西百花巷 31 号，建于 20 世纪 30 年代，主体建筑是一幢青砖二层西洋楼，由建筑师屠文杰设计，2004 年 12 月，西百花巷申宅被列为苏州市第二批控保建筑名录。

- **1924 年（民国十三年）**

是年，申宗圻在京师公立第四小学校（现北京师范大学京师附小）上学。

- **1930 年（民国十九年）**

是年，申宗圻在北平外国语学校上中学。

- **1935 年（民国二十四年）**

是年，申宗圻考入南京金陵大学医学预科。

- **1937 年（民国二十六年）**

7 月 7 日，卢沟桥事变发生，抗日战争全面展开，申宗圻辍学滞留在家乡。

- **1938 年（民国二十七年）**

是年，申宗圻到成都继续学业，转入金陵大学应用植物系学习。

- **1939 年（民国二十八年）**

9 月，国民政府经济部中央工业试验所在重庆北碚创建木材试验室，负责全国工业用材的试验研究，这是中国第一个木材试验室。

- **1940 年（民国二十九年）**

7 月，申宗圻毕业于金陵大学应用植物系，获理学学士学位，之后任四川省

申宗圢年谱

农业改进所技士。

是年,《木材试验室特刊》在四川创刊,由唐燿主编,经济部中央工业实验所木材试验室农产促进委员会发行,月刊,每号刊载论文一篇,至1943年底共出版29号。

1942年(民国三十一年)

8月,在中央工业试验所的协助下,唐燿在乐山购下灵宝塔下的姚庄,将中央工业试验所木材试验室扩建为木材试验馆,唐燿任馆长。根据实际的需要,唐燿把木材试验馆的试验和研究范畴分为八个方面:①中国森林和市场的调查以及木材样品的收集,如中国商用木材的调查;木材标本、力学试材的采集;中国林区和中国森林工业的调查等。同时,对川西、川东、贵州、广西、湖南的伐木工业和枕木资源、木材生产及销售情况,为建设湘桂、湘黔铁路的枕木的供应提供了依据。还著有《川西、峨边伐木工业之调查》《黔、桂、湘边区之伐木工业》《西南木业之初步调查》等报告,为研究中国伐木工业和木材市场提供了有价值的实际资料。②国产木材材性及其用途的研究,如木材构造及鉴定;国产木材一般材性及用途的记载;木材的病虫害等。③木材的物理性质研究,如木材的基本物理性质;木材试验统计上的分析和设计;木材物理性的惯常试验。④木材力学试验,如小而无疵木材力学试验;商场木材的试验;国产重要木材的安全应力试验等。⑤木材的干燥试验,如木材堆集法和天然干燥;木材干燥车间、木材干燥程序等的试验和研究。⑥木材化学的利用和试验,如木材防腐、防火、防水的研究;木材防腐方法及防腐工厂设备的研究;国产重要木材天然耐腐性的试验。⑦木材工作性的研究,如国产重要木材对锯、刨、钻、旋、弯曲、钉钉等反应及新旧木工工具的研究。⑧伐木、锯木及林产工业机械设计等的研究。

8月,申宗圢任中央林业实验所技士。

9月,申宗圢《藤桐之初步调查》刊于《农林新报》1942年第7~9期20~23页。

1943年(民国三十二年)

9月,申宗圢《瓜玉橡胶》刊于《农林新报》1943年第20卷第31~33期3~5页。

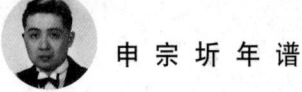 申宗圻年谱

● 1944 年（民国三十三年）

7 月，申宗圻《世界林界名人介绍》刊于《林讯》1944 年第 1 卷第 1 期 29～30 页。

7 月，申宗圻任金陵大学农学院讲师。

10 月 28 日，《中央日报》刊登《农林部考选农业人员赴美实习》招生广告。

12 月，国民政府教育部在重庆、昆明、贵阳、成都、西安、兰州、建阳七地同时举行考试，共有 1824 人报考，各科录取人数为实科类 201 名，其中农科 39 名通过考试，申宗圻被派往美国耶鲁大学林学院进修木材科学与工艺专业。

● 1945 年（民国三十四年）

3 月，国民政府农林部森林组留学生乘飞机由重庆到叙州，再转机印度加尔各答，然后到华盛顿。农林部森林组留学生有陶玉田、周映昌、杨衔晋、郑止善、周太炎、贾铭钰、陈桂陛、江良游、邓先诚、张楚宝、申宗圻、杨敬溶，后到岑保波，一共 14 人。

5 月，申宗圻到美国耶鲁大学（Yale University）林学院进修。

11 月，申宗圻《新疆产橡皮草之初步观察》刊于《农林新报》1944 年第 21 卷第 25～30 期 14～16 页。

● 1946 年（民国三十五年）

1 月，申宗圻《新疆之橡皮草——国产天然橡胶之新资源》刊于《农业推广通讯》1946 年第 1 期 43～44 页。

8 月，申宗圻从耶鲁大学林学院毕业，获理硕士学位，之后由美国随俞大绂一起回国到北京大学农学院，俞大绂任北京大学农学院院长，申宗圻任北京大学农学院讲师。

9 月，北京大学农学院改聘广西大学农学院院长汪振儒教授为森林系主任。

10 月，北京大学在北平复学，在原北平大学农学院院址重建农学院，申宗圻任北京大学农学院森林系讲师。

是年，申宗圻与朱淑仪在北平结婚。

申 宗 圻 年 谱

● 1948年（民国三十七年）

4月23日，《北大、清华等四院校九十位教授驳斥吴铸人报告》，申宗圻签名。4月19日国民党北平市党组主任委员吴铸人在"纪念周"中讲演，北大、清华等四院校90位教授驳斥吴铸人报告。吴铸人（1902—1984年），字梦燕，别号寿金，安徽盱眙县（现属江苏）人，北京大学生物系毕业。1924年在北京参加中山主义实践社，继入中国国民党。1927年任国民党直隶省党部委员兼青年部部长，并任私立北京大同中学校长。1928年任河北省党务指导委员会训练部部长。1930年留学英国，入牛津大学，获农业经济硕士学位。1935年任江苏省政府经济视察员。1936年后任中央政治学校附设蒙藏学校主任、香港辅仁书院院长、军委会委员长侍从室第三处第九组组长、中央训练团党政训练班高级班通讯处处长。1945年5月当选为国民党第六届候补中央委员。1946年当选为北平市党部主任委员。1948年当选为"行宪立法委员"。1948年底去台湾。著有《各国农业金融》《三民主义经济及经济政策》等。

12月30日，军事管制委员会文化接管委员会决定北京大学农学院师生转移到良乡。31日，俞院长等教职工学生整理仪器、图书。当晚，由解放军准备大车20辆，由张鹤宇、白山带领乘车到丰台，转乘火车，于1月1日和2日分两批到达良乡。到达良乡的教师有俞大绂院长，李景均、陈锡鑫2位系主任，汪菊渊、冯兆林副教授，姜秉权、华孟、陈道、申宗圻讲师，还有讲员、助教8人，他们是：卢宗海、涂长晟、夏荣基、申葆和、孙文荣、周启文、刘仪、吴汝焯，职员有董维朴，学生有虞佩玉、刘鹤时、杨一清、叶辰瀛，还有从城里自己来良乡的汪国益，附属小学教师严以宁、张文英，另外还有汪菊渊、陈锡鑫、姜秉权、申葆和的家属7人，工友6人。到良乡的人员总计38人。

● 1949年

1月31日，北平和平解放。

3月25日，中共中央机关和中国人民解放军总部由河北省平山县迁到北平。

9月29日，北京大学、清华大学、华北大学三所大学的农学院合并，组建成新中国第一所多科性、综合性的新型农业高等学府北京农业大学，申宗圻任北京农业大学森林系讲师。

1950 年

是年，华北大学农学院原设在山西灵空山的森林专科学校，迁至河北省宛平县（今北京海淀区）北安河村的秀峰寺、飨堂，由北京农业大学接办，并增设林业干部训练班，殷良弼兼任森林专修科及林业干部训练班主任，申宗圻任讲师，讲授木材学。

1951 年

2 月，申宗圻《胶合板扭曲的原因与改善方法》刊于《中国林业》1951 年第 2 期 46～47 页。

8 月，申宗圻《一种优良的木材防腐剂》刊于《化学世界》1951 年 2 页。

1952 年

5 月，北京林学院筹备组成立，唐子奇任组长，殷良弼、范济洲任副组长。

7 月，高等教育部全国农学院院长会上拟定高等农学院系调整方案，决定筹建北京林学院、华东林学院和东北林学院。之后成立北京林学院行政机构，教务长由杨锦堂副院长兼任，副教务长为殷良弼、范济洲，教务处设秘书协助教务长工作，由兆赖之担任。院长办公室主任张敬仲，副主任李兆民。总务长王林（兼），因王林还担任造林教研组主任并主讲造林学，故总务处日常领导工作由王玉负责。王玉任总务处主任。殷良弼兼林场主任，张正昆、郑汇川任副主任。各教研组主任为：森林经理教研组主任范济洲、森林植物教研组主任汪振儒、造林教研组主任王林、森林利用教研组主任申宗圻、政治理论课教研组主任朱江户。

11 月，申宗圻《木材是怎样干燥和收缩的？》刊于《科学大众（中学版）》1952 年第 11 期 338～340，343 页。

1953 年

2 月，杨锦堂、李相符先后到北京林学院视事。

4 月 14 日，中央人民政府高等教育部发文，任命李相符为北京林学院院长。

4 月 25 日，北京林学院基层工会委员会成立。陈陆圻任工会主席，申宗圻任工会副主席。

6 月 1 日，北京林学院第一次全体工会会员大会，张敬仲作工会会章的报

告，陈陆圻因教学工作需要不再任职，工会主席由申宗圻担任，副主席由张敬仲兼任。

• 1954 年

7月，北京林学院迁校筹备工作开始，成立北京林学院迁校委员会，主任为李相符院长，成员申宗圻、殷良弼、马骥、郑汇川、陈志奎、苗倬、张敬仲、王玉、张学恒、王春岩、王自强。

• 1955 年

7月，北京林学院正式建立林业系，范济洲任系主任。

10月，（苏）尼基琴（В. М. Никитин）著，天津大学化学系译《木材与纤维素化学》由高等教育出版社出版。

• 1956 年

是年，北京林学院获得科研项目34项，其中14项科研项目获得初步成果，包括申宗圻《压缩木研究（一）》。

• 1957 年

5月，（苏）А. С. 谢尔盖耶娃（А. С. Сергеева）著，北京林学院申宗圻、西北农学院建中心译《木材与纤维素化学》由中国林业出版社出版。

6月，（苏）В. В. 普罗坦斯基，С. А. 绥罗马特尼柯夫著，陈陆圻、阎树文、申宗圻译《森林利用学》（上册、中册、下册）由中国林业出版社出版。

12月，北京林学院科学研究部《北京林学院科学研究集刊》刊印，其中186～194页收录申宗圻《压缩木研究（一）》。

• 1958 年

3月，林业部批复同意北京林学院增设木材机械加工及林产化学两专业，于暑期招生，同意北京林学院增设森林工业系。

5月，（苏）瓦宁（С. И. Ванин）著，申宗圻、黄达章、白同仁、魏亚、周以恪、彭海源、孙新合译《木材学》（苏联高等教育部批准为森林工业学院教科

 申宗圻年谱

书）由中国林业出版社出版。本书根据（苏）瓦宁（С. И. Ванин）教授著，1949年苏联国家森林工业和造纸出版社出版《木材学》第三版译出。第一、二、三章译者申宗圻，第四、五章译者黄达章、白同仁、魏亚，第六、七章译者周以恪，第八章译者彭海源，第九章译者孙新。所有各章最后由北京林学院申宗圻同志校核整理。斯蒂芬·伊万诺维奇·瓦宁（Stepan Ivanovich Vanin，S. I. Vanin），苏联科学家，著名森林植物病理学家和木材学家，被认为是苏联森林植物病理学的奠基人。瓦宁1891年1月11日生于俄罗斯梁赞州车里雅宾斯克（Kasimovsky, Ryazan Oblast, Ruslan），1902—1909年在教区学校和卡西莫夫完成小学教育，并在卡西莫夫中学机械学校完成中学教育。1910年进入圣彼得堡林学院（林业研究所）学习，并在A S Bondartsev教授的指导下，在圣彼得堡帝国植物园中央植物病理站实习，1914年完成了一本寄生虫和危害木材的第一本书，1915年毕业并获得学士学位。之后在著名林学家G F莫洛佐夫的指导下完成研究并取得了最高工程师文凭。1917—1919年在圣彼得堡帝国植物园中央植物病理站担任研究人员，1919年担任站长助理，1919年3月调到沃罗涅日农学院工作，他开始讲授农业和森林植物病理学课程同时进行科学研究，1922年回到列宁格勒林学院担任助教一直到教授，1924年担任植物病理系和木材科学系主任，1930年领导并创办了单独的木材科学系。1931年他汇集10年的研究成果编写了第一本《森林植物病理学》"Forest Phytopathology"科教书，1934年出版了《木材学》，在木材科学实验中，他研究了木材的物理、机械和化学特性，特别是高加索和卡里米亚的乔木和灌木的木材。1935年瓦宁在没有经过论文答辩而基于一系列科学著作而被授予农学博士学位。1938年他和S E Vanina发表了一系列古代世界家具的文章，他还在"Natura"上发表了关于古埃及和巴比伦的花园和公园的论文。他一生写了140多篇论文、专著、教材，很多作品多次修订和重新出版，被翻译成多国文字。他是苏维埃社会主义共和国功勋科学家，并获得斯大林奖。1950年2月10日猝然去世。

8月，北京林学院任命陈陆圻为森林工业系主任，申宗圻为副系主任，任职至1963年2月。

8月，陈陆圻、申宗圻、汪师孟《科学技术名词解释：林业部分（森林利用学）》由科学出版社出版。

1959 年

4月，北京林学院编订《日汉林业名词》由科学出版社出版，《日汉林业名词》由陈陆圻、孙时轩、徐化成负责，于政中、申宗圻、任宪威、李驹、汪振儒、周仲铭、范济洲、马骥、关玉秀、关君蔚、张执中、张增哲、曹毓杰、钟振威参加校订。

1960 年

2月26日至28日，北京林学院第二次科学报告会举行，报告会共宣读论文14篇，申宗圻宣读《压缩木轴瓦》。

2月，申宗圻当选为中国林学会第二届理事会理事。

是年，夏美君考取北京林学院木材学研究生，师从申宗圻。

1961 年

3月，申宗圻主持项目"压缩木在工业中的应用"。

1963 年

2月14日，中国林学会1962年学术年会提出《对当前林业工作的几项建议》，建议包括：①坚决贯彻执行林业规章制度；②加强森林保护工作；③重点恢复和建设林业生产基地；④停止毁林开垦和有计划停耕还林；⑤建立林木种子生产基地及加强良种选育工作；⑥节约使用木材，充分利用采伐与加工剩余物，大力发展人造板和林产化学工业；⑦加强林业科学研究，创造科学研究条件。建议人有：王恺（北京市光华木材厂总工程师）、牛春山（西北农学院林业系主任）、史璋（北京市农林局林业处工程师）、乐天宇（中国林业科学研究院林业研究所研究员）、申宗圻（北京林学院副教授）、危炯（新疆维吾尔自治区农林牧业科学研究所工程师）、刘成训（广西壮族自治区林业科学研究所副所长）、关君蔚（北京林学院副教授）、吕时铎（中国林业科学研究院木材工业研究所副研究员）、朱济凡（中国科学院林业土壤研究所所长）、章鼎（湖南林学院教授）、朱惠方（中国林业科学研究院木材工业研究所研究员）、宋莹（中国林业科学研究院林业机械研究所副所长）、宋达泉（中国科学院林业土壤研究所研究员）、肖刚柔（中国林业科学研究院林业研究所研究员）、阳含熙（中国林业科学研究院林业研究

所研究员)、李相符(中国林学会理事长)、李荫桢(四川林学院教授)、沈鹏飞(华南农学院副院长、教授)、李耀阶(青海农业科学研究院林业研究所副所长)、陈嵘(中国林业科学研究院林业研究所所长)、郑万钧(中国林业科学研究院副院长)、吴中伦(中国林业科学研究院林业研究所副所长)、吴志曾(江苏省林业科学研究所副研究员)、陈陆圻(北京林学院教授)、徐永椿(昆明农林学院教授)、袁嗣令(中国林业科学研究院林业研究所副研究员)、黄中立(中国林业科学研究院林业研究所研究员)、程崇德(林业部造林司副总工程师)、景熙明(福建林学院副教授)、熊文愈(南京林学院副教授)、薛楹之(中国林业科学研究院林业研究所副研究员)、韩麟凤(沈阳农学院教授)。

是年初,根据中国科协意见,中国林学会召开在京理事会议,决定在常务理事会下设4个专业委员会,即林业、森工、普及委员会和《林业科学》编委会,陈嵘任林业委员会主任委员,郑万钧任《林业科学》编委会主编。《林业科学》北京地区编委会成立,编委陈嵘、郑万钧、陶东岱、丁方、吴中伦、侯治溥、阳含熙、张英伯、徐纬英、汪振儒、张正昆、关君蔚、范济洲、黄中立、孙德恭、邓叔群、朱惠方、成俊卿、申宗圻、陈陆圻、宋莹、肖刚柔、袁嗣令、陈致生、乐天宇、程崇德、黄枢、袁义生、王恺、赵宗哲、朱介子、殷良弼、张海泉、王兆凤、杨润时、章锡谦,至1966年。

6月21日,北京林学院第三届院务委员会成立,主任委员胡仁奎,副主任委员王友琴、单洪、杨锦堂,委员殷良弼、李驹、汪振儒、范济洲、陈陆圻、陈俊愉、王玉、吴毅、冯致安、申宗圻、朱江户、杨省三、孙德恭、赵得申、赵静、王明、郝树田。

6月,在国家计委、经委和科委联合举办的全国工业新产品展览会上,申宗圻与有关单位协作,"试制的压缩木锚杆"获国家计划委员会、国家经济委员会和国家科学技术委员会联合颁发的"新产品"二等奖。申宗圻与有关单位协作,试制成长1.30米,直径为3.8厘米的压缩木锚杆,用作煤矿井下巷道的支撑材料,代替坑柱。锚杆插入预先在岩石顶棚中钻好的略大于3.8厘米的孔眼中,因吸湿而反弹,但又受到岩石孔壁的限制,不能充分膨胀开来,起到了挤紧作用,由于锚杆的全长整体地被抱紧,从而发挥了木材顺纹理方向的抗拉伸强度的优越性,阻止了岩层间的错位导致冒顶。

12月,申宗圻当选为中国林学会第三届理事会理事。

12月，全国木材水解学术会议在北京举行，参加会议的有13个省份43个单位的40位正式代表和30位列席代表。会议共收到学术论文、研究报告等55篇，包括稀酸水解、浓酸水解、水解液生物化学加工、糠醛、木素利用等方面。这次会议比较全面地检阅了我国木材水解和一部分农副产品水解科学研究工作的成果，总结交流了经验，申宗圻参加会议。

● 1964 年

5月，《压缩木锚杆》由煤炭部技术司在焦作矿务局组织压缩木锚杆鉴定会，《压缩木锚杆》由北京市木材厂、焦作矿务局、北京林学院、北京煤炭研究所共同完成。其中，北京林学院申宗圻完成压缩木锚杆生产工艺，列入林业部、煤炭部举行锚杆鉴定会资料。压缩木锚杆是用普通木材（如杨木）经过一定工艺热压加工制成的一种锚杆，在井下安装后，吸收潮湿空气（或淋水）在钻孔中整根杆体膨胀，挤紧钻孔，起到整体锚固的作用。压缩木锚杆既有端部锚固作用，又有全长整锚固的特点。研究起止时间1961年3月至1964年5月，试验地点焦作矿务局王封矿、演马庄矿等。

6月，在国家计委、经委和科委联合举办的全国工业新产品展览会上，申宗圻主持的"压缩木在工业中的应用"研究成果用于军工、纺织工业，提高功效减少消耗，列为1964年工业新产品。压缩木应用于轧钢轴瓦和煤矿巷道锚杆，对于提高产量，节约原材料，效果显著。

● 1965 年

2月，（苏）П. Н. 胡赫良斯基（П. Н. Хухрянский）著，申宗圻译《木材压缩与弯曲》由农业出版社出版。

8月9日至17日，中国林学会在上海召开我国第一次木材加工学术会议，参加这次会议的有科研、院校、设计、工厂、情报和使用等单位的代表共58人。大会收到的论文、研究报告共80篇。包括木材性能、制材、木材干燥、细木工、木材防腐、胶合板和胶合剂、纤维板、塑料板、厚纸板等方面。在会上宣读学术论文，讨论有关学术研究方面的问题，明确今后的任务和方向，参观木材加工厂和万吨水压机。

是年，申宗圻《压缩木在工业上的应用》获1965年国家经委、纺织部、二

机部奖励，这是北京林学院成立以来获得的第一个省部级奖。

• 1969 年

11月，林业部军管会林管字（69）55号文件《关于撤销北京林学院交云南省安排处理的请示报告》，上报国家计委军代表并国务院业务组，要求在半个月内将全院师生员工及家属5000多人遣送到云南，后因广大师生、员工强烈抵制未能实现。

11月，北京林学院迁往玉龙山下的丽江纳西族自治县大研镇西南部的文笔海边建校，更名为丽江林学院。由于人员流动，仪器设备、图书资料、标本等损失惨重。

• 1972 年

4月，北京林学院迁到云南下关市（大理市），更名为云南林业学院。

是年，申宗圻组织多位教师与东北林学院、中南林学院、南京林产工业学院等院校的教师，在上海编写木工专业7门主要课程的教材（内部发行），为1973年学校部分恢复招生做了教学用书的准备。

• 1973 年

10月，云南林业学院开始招收工农兵学员。

• 1977 年

7月，全国恢复统一高考制度，云南林业学院林业、森林保护、水土保持、林业经济、亚热带经济林、城市园林、木材机械加工和林业机械8个专业共招新生328名。

12月12日至16日，中国人民政治协商会议第四届云南省委员会第一次全体会议在昆明举行，申宗圻作为特邀代表参加会议。

• 1978 年

9月30日，汪振儒、范济洲、陈陆圻、申宗圻四位教授又联名给叶剑英副主席书写呼吁北京林学院回京复校的请示报告。

12月，申宗圻当选为中国林学会第四届理事会理事。

• 1979 年

1月23日，经中国林学会常务委员会通过，改聘《林业科学》第三届编委会，主编郑万钧，副主编丁方、王恺、王云樵、申宗圻、关君蔚、成俊卿、阳含熙、吴中伦、肖刚柔、陈陆圻、张英伯、汪振儒、贺近恪、范济洲、侯治溥、陶东岱、徐纬英、黄中立、黄希坝，至1983年2月。

4月15日，云南林业学院确定晋升教授2人（申宗圻、任玮），副教授13人（孙时轩、任宪威、于政中、关毓秀、阎树文、朱之悌、王沙生、李滨生、董乃钧、周家琪、孙筱祥、鲍禾、郝树田），讲师114人（含亚热带经济林系12人）。

9月，北京林学院木材学招收硕士研究生马华武、欧年华。

11月，北京林学院申宗圻《人造板表面加工技术小组讨论情况的汇报》收录《中国林学会胶粘剂与人造板二次加工学术讨论会材料》。

• 1980 年

1月，林业部成立林业部科学技术委员会第一届委员会，主任委员雍文涛；副主任委员梁昌武、杨天放、杨延森、郑万钧；秘书长刘永良。委员雍文涛、张化南、梁昌武、张兴、杨天放、张东明、杨延森、赵唯里、汪滨、杨文英、吴中伦、陶东岱、王恺、李万新、侯治溥、张瑞林、徐纬英、刘均一、肖刚柔、范学圣、高尚武、贺近恪、关君蔚、黄枢、马大浦、程崇德、梁世镇、董智勇、郝文荣、涂光涵、牛春山、杨廷梓、吴中禄、李继书、任玮、徐国忠、刘松龄、韩师休、黄毓彦、杨衔晋、王凤翥、王长富、王凤翔、周以良、沈守恩、范济洲、余志宏、陈陆圻、邱守思、申宗圻、朱宁武、林叔宜、李树义、林龙卓、徐怡、吴允恭、刘学恩、沈照仁、刘于鹤、陈平安。

8月，北京林学院任命申宗圻为森林工业系主任，任职至1984年9月。

8月，张翔、申宗圻《木材材色的定量表征》刊于《林业科学》1990年第26卷第4期344～352页。

11月，（美）A. A. 莫斯勒米（A. A. Moslemi）著，申宗圻、诸葛俊鸿、陆仁书译《碎料板》由中国林业出版社出版。

11月29日至12月6日，全国木材综合利用学术讨论会在福州召开，会议

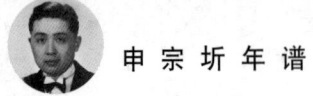 申 宗 圻 年 谱

由王恺副理事长主持。会议期间成立中国林学会木材工业学会，王恺任理事长，申宗圻、吴博、韩师休任副理事长，陈平安任秘书长，李永庆任副秘书长。

● 1981 年

6月2日至7日，北京林学院陈陆圻、范济洲、申宗圻、陈俊愉出席林业部在北京召开的林业系统授予学位单位评审工作会议。

8月，北京林学院成立第一届学位评定委员会，陈陆圻任主席，汪振儒、范济洲任副主席，申宗圻等19人任委员。

11月3日，北京林学院木材科学与技术学科获国务院首批硕士学位授予权，申宗圻为木材学硕士生指导教师。

● 1982 年

1月9日，林业部党组决定陈陆圻同志代理北京林学院院长。

6月，北京林学院研究生欧年华、马华武通过硕士论文答辩，题目分别为《木材表面的化学特征——自由基的形成与变化》和《影响酚醛树脂胶合质量的分析》，指导教师申宗圻。

9月5日至8日，中国林学会在山东省泰安市召开第三次制材学术讨论会。来自北京、上海等14个省（自治区、直辖市）的林业高等院校、科研、设计、出版、木材工业管理部门和企业的教授、专家、工程师等各方面代表65人参加会议。会议由中国林学会副理事长王恺同志主持。会上以"进一步提高锯材质量和出材率"为中心进行了深入的讨论，通过学术讨论和生产实践经验的交流，与会同志对我国制材工业当前主要矛盾有了统一认识，明确了解决制材质量和出材率的关键所在。

10月2日，北京林学院陈陆圻代院长、申宗圻教授参加林业部组织的中国林业教育科技考察团赴联邦德国考察、访问。

12月21日至26日，中国林学会第五次全国会员代表大会在天津市召开，共280多位代表参加会议。中国林学会副理事长王恺主持开幕式，陶东岱副理事长致开幕词。会议选举理事长吴中伦，副理事长李万新、陈陆圻、王恺、吴博、陈致生，秘书长陈致生（兼），副秘书长杨静。

1983年

3月,《林业科学》第四届编委会成立,主编吴中伦,副主编王恺、申宗圻、成俊卿、肖刚柔、沈国舫、李继书、徐光涵、黄中立、鲁一同、蒋有绪,至1986年1月。

12月,北京林学院主编《木材学》(全国高等林业院校试用教材木材机械加工专业用)由中国林业出版社出版。《木材学》是依据高等林业院校木材机械加工专业教学大纲,由北京林学院、南京林产工业学院、东北林学院和中南林学院共同编写的。全书共分十章,分别由黄玲英(第一章)、张景良(第二章和第三章中阔叶树材部分以及第九章)、龚跃乾(第三章中的针叶树材部分以及第十章的一部分)、葛明裕(第四章)、申宗圻(第五、六、七章)、戴澄月(第八章中的木材防腐部分)、彭海源(第八章中的木材滞火处理部分)、王蜿华、徐永吉(第十章的大部分)等同志负责撰稿,经过大家共同审订,最后由申宗圻同志负责整理完成。

1984年

1月,应中国林业科学研究院邀请,北京林学院范济洲、申宗圻2位教授担任中国林业科学研究院第二届学术委员会委员。

3月,欧年华、申宗圻、侯贵、徐广智《用ESR研究木材中的自由基》刊于《林业科学》1984年第1期50~56页。

6月,申宗圻《立木中冻裂形成的机理》刊于《北林译丛》1984年第1期1~8页。

11月,A. A. Moslemi(莫斯勒米ＡＡ)著,申宗圻、诸葛俊鸿、陆仁书译《碎料板》由中国林业出版社第二次印刷出版。

1985年

5月,经全国自然科学名词审定委员会同意,中国林学会成立林学名词审定工作筹备组,并制定《林学名词审定委员会工作细则》。第一届林学名词审定委员会顾问吴中伦、王恺、熊文愈、申宗圻、徐纬英;主任陈陆圻;副主任侯治溥、阎树文、王明庥、周以良、沈国舫;委员于政中、王凤翔、王礼先、史济彦、关君蔚、李传道、李兆麟、陈有民、孟兆祯、陆仁书、柯病凡、贺近恪、顾

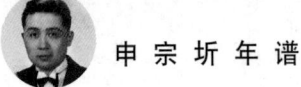

正平、高尚武、徐国祯、袁东岩、黄希坝、黄伯璠、鲁一同、董乃钧、裴克；秘书印嘉祐。

8月，北京林学院成立第二届学位评定委员会，阎树文任主席，沈国舫、贺庆棠任副主席，申宗圻等19人任委员。

10月31日至11月4日，中国林学会木材工业学会在云南昆明召开第二次会员代表大会，代表74人，选举第二届理事会44人，王恺任理事长，韩师休、申宗圻、吴博任副理事长，陈平安任秘书长，李永庆、丁美蓉任副秘书长。同时，举行了新技术革命对我国木材工业影响的展望学术讨论会。

• 1986年

2月，《林业科学》第五届编委会成立，主编吴中伦，常务副主编鲁一同，副主编王恺、申宗圻、成俊卿、肖刚柔、沈国舫、李继书、蒋有绪，至1989年6月。

7月28日，国务院批准北京林业大学造林学、林木遗传育种、木材学、园林植物为第三批博士学位授予学科专业，沈国舫、朱之悌、申宗圻、陈俊愉、关毓秀、徐化成增列为博士生导师。北京林业大学木材学博士生招收方向：①木材的材性与加工工艺的研究；②木材物理与力学性质；③材性与木材生长；④木材保护与改性。

• 1987年

3月，林学名词审定委员会正式成立。由吴中伦、王恺、熊文愈、申宗圻、徐纬英任顾问委员，陈陆圻任主任委员，侯治溥、阎树文、王明麻、周以良、沈国舫任副主任委员。该委员会成立后，对1986年6月由筹备组组织有关专家拟定的第一批《林学基本名词（草案）》进行了初审和修订，经广泛征求意见后形成了第二稿。1987年底，各学科组又经认真研究提出第三稿，并于1988年4月召开二审会议再次进行审议修改。1989年1月三审定稿并上报，全国自然科学名词审定委员会对上报稿进行了复审，于1989年3月批准公布。该批名词是林业科学的基本词，共分为造林、森林保护、森林管理、水土保持、园林、林业工程、木材加工及林产化学加工九大类，涉及28个分支学科，共2219条。采用规范的林学名词，是我国统一科技名词术语工作的一个部分。批准公布经过国家审

定的名词术语,对于林业科学研究、教学、新技术推广以及国内外学术交流有着积极意义。

3月,北京林业大学一九八七年招收博士学位研究生招生专业目录公布,当年计划有8个学科专业招生(造林学、森林生态、森林经理、林木遗传育种、园林植物、木材学、水土保持),指导教师有沈国舫、汪振儒、徐化成、范济洲、朱之悌、陈俊愉、申宗圻、关君蔚8位教授(研究员)和高荣孚副教授。

4月,北京林业大学成立第三届学位评定委员会,主任沈国舫,副主任贺庆棠,委员汪振儒、范济洲、申宗圻、陈俊愉、关君蔚、陈陆圻、冯致安、关毓秀、朱之悌、徐化成、周仲铭、孙筱祥、陈有民、孟兆祯、董乃钧、廖士义、高志义、阎树文、王礼先、顾正平、孙立谔、戴于龙、姜浩、符伍儒、刘家骐、王沙生、季健、罗又青、郭景唐31人,秘书长罗又青、蒋顺福。

5月23日至27日,由林业部组织的全国高等林业院校部级优秀教材评审会在北京召开,林业部聘请有关林业高等院校及科研、出版单位的19位专家、学者,组成1987年部级优秀教材评奖委员会,申宗圻主编《木材学》教材,1987年获全国高等林业院校部级优秀教材二等奖。

8月,申宗圻随北京林业大学访问团到美国访问。

8月,北京市教育工会与中共北京市委教育部、市高教局联合出版《烛花集》,110~115页收入高等院校教书育人先进工作者的事迹和经验。其中有北京林业大学森工系的《呕心沥血、教书育人——申宗圻教授教书育人的先进事迹》等经验。12月25日,在北京举行的中国林学会成立70周年纪念大会上,由国务委员方毅、中国科协名誉主席周培源、林业部部长高德占等为荣获第一届"梁希奖"的代表颁奖。由成俊卿、李正理、吴中禄、鲍甫成、柯病凡、李源哲、申宗圻编著《木材学》获首届梁希奖。《木材学》不仅为木材的合理利用、节约利用、综合利用提供了科学依据,还为木材良种选育、适地适树栽培,优质速生丰产林的培育提供科学依据,对促进充分合理利用木材资源、提高营林建设的水平有重大价值。

是年,《全国高等林业院校、系教授、研究员人员名录》中木材学(9人),有北京林业大学申宗圻,东北林业大学葛明裕、彭海源、戴澄月,南京林业大学张景良,中南林学院刘松龄,西北林学院汪秉全,安徽农学院林学系卫广扬、柯病凡;森林利用学(2人),有北京林业大学陈陆圻,西北林学院李天笃;林产

 申宗圻年谱

化学加工（16人），有北京林业大学姜浩，南京林业大学王传槐、王佩卿、孙达旺、李忠正、余文琳、张晋康、张楚宝、周慧明、黄希坝、黄律先、程芝，西北林学院吴中禄，福建林学院袁同功、葛冲霄，安徽农学院林学系周平；林业机械（13人），有北京林业大学顾正平，东北林业大学王禹忱、王德惠、朱国玺、任坤南、许其春、李屺瞻、李志彦、裴克，南京林业大学汪大纲、周之江，内蒙古林学院沈国雄，安徽农学院林学系张明轩；木材采伐运输（10人），有东北林业大学王德来、史济彦、关承儒、李光大、张德义，南京林业大学祁济棠、姚家熹、贾铭钰，中南林学院许芳亭，内蒙古林学院卢广第；木材加工（11人），有北京林业大学赵立，东北林业大学朱政贤、江良游、余松宝、陆仁书，南京林业大学区炽南、李维礼、吴季陵、陈桂陞、梁世镇，中南林学院郑睿贤；林区道路与桥梁工程（3人），有东北林业大学王汉新、王博义、胡肇滋。

● 1988年

9月，申宗圻《纪念森工系建系三十周年——加快教改科研步伐》刊于《北京林业大学学报》1988年第3期1~2页。

10月25日，《北林报》（第37期）刊登《教育为的是明天——申宗圻教授一席谈》。申宗圻谈道：生产是为今天，科技是为明天，教育是为后天，因此，决不能只顾短期的利弊得失，而是要用长远的眼光看待教育。他还谈道：我们还要教育学生对国家怀有使命感，继承和发扬艰苦奋斗的精神，用所学的知识为改革开放服务，而不只是为了个人的前途。

● 1989年

5月26日至29日，中国木材工业学会第三次全国会员代表大会在湖南衡阳召开，参会代表64人，收到论文19篇，会议审议第二届理事会工作报告，选举产生第三届理事会和常务理事会；举行了以"提高木材合理利用、节约利用、综合利用效益"为主题的学术讨论会；讨论并通过了"关于充分合理利用我国木材资源"和"关于我国人造板工业发展战略"的两个建议。

7月，《林业科学》第六届编委会成立，主编吴中伦，副主编王恺、刘于鹤、申宗圻、冯宗炜、成俊卿、肖刚柔、沈国舫、李继书、栾学纯、鲁一同、蒋有绪，至1993年7月。

申宗圻年谱

9月11日至13日，中国林学会木材科学学会第一届代表大会、理事会和学术讨论会在东北林业大学（哈尔滨）召开，参会代表47人，收到论文40余篇，申宗圻任木材科学学会首届理事长。近十年来，木材科学研究已和许多学科交叉渗透，出现了一批有价值、水平高的学术论文。学术内容包括木材构造、计算机在木材构造和标本管理上的应用；木材物理、力学、化学性质和木材保护资源的合理利用，并指出今后应通过技术改造和新技术成果来提高木材综合利用率。

11月，林学名词审定委员会编《林学名词（全藏版）》（全国自然科学名词审定委员会公布）由科学出版社出版；林学名词审定委员会编《林学名词（海外版）》（全国自然科学名词审定委员会公布）由科学出版社出版。

● 1990年

6月，李华、申宗圻《杨木单板的表面改性与胶合效应》刊于《林业科学》1990年第3期247～253，290页。

6月，周清华通过北京林业大学硕士论文答辩，题目是《木材表面润湿性与胶合性能关系和探讨》，指导教师申宗圻。

8月，张翔、申宗圻《木材材色的定量表征》刊于《林业科学》1990年第4期344～352页。

9月，张文杰被录取为北京林业大学木材学专业首位博士研究生，导师申宗圻教授。

9月，中国林业人名词典编辑委员会《中国林业人名词典》（中国林业出版社）申宗圻[11]：申宗圻（1917—）男，江苏苏州人。1940年毕业于金陵大学农学院森林系。1945年留学美国耶鲁大学。1946年回国，任北京大学农学院讲师。中华人民共和国成立后，历任北京农业大学农学院讲师，北京林学院、北京林业大学教授、森林工业系主任。中国林学会第二、三、四届理事，中国林学会第五届木材工业分会副理事长。从1956年起，先后与第二机械工业部、北京市第二棉纺厂、北京煤炭科学研究院、北京市木材厂等有关单位合作，研制成功压缩木磨球、压缩木织布木梭、压缩木锚杆。曾发表《木材的压缩》等论文，主编全国高等林业院校试用教材《木材学》。

12月，国家教育委员会表彰从事高校科技工作四十年成绩显著的老教授，

---

[11] 中国林业人名词典编辑委员会.中国林业人名词典[M].北京：中国林业出版社，1990：159-160.

北京林业大学有汪振儒、陈陆圻、范济洲、陈俊愉、关君蔚、张正昆、马太和、申宗圻、孙时轩、关毓秀、董世仁。

• 1991年

1月，北京林业大学专业技术职务评审委员会成立，主任沈国舫，副主任关毓秀、顾正平，委员米国元、刘家骐、贺庆棠、胡汉斌、周仲铭、朱之悌、乔启宇、申宗圻、孙立谔、董乃钧、陈太山、廖士义、孟兆祯、陈俊愉、苏雪痕、王礼先、阎树文、关君蔚、贾乃光、季健、齐宗庆、高荣孚。

6月，何天相《中国木材解剖学家初报》刊于《广西植物》1991年第11卷第3期257～273页。该文记述了终身从事木材研究的（唐耀、成俊卿、谢福惠、汪秉全、张景良、朱振文）；因工作需要改变方向的（梁世镇、喻诚鸿）；偶尔涉及木材构造的（木材科学：朱惠方、张英伯、申宗圻、柯病凡、蔡则谟、靳紫宸）；木材形态解剖的（王伏雄、李正理、高信曾、胡玉熹）；近年兼顾木材构造的（刘松龄、葛明裕、彭海源、罗良才、谷安根），最后写道展望未来（安农三杰：卫广扬、周鉴、孙成至；北大新星：张新英；中林双杰：杨家驹、刘鹏；八方高孚：卢鸿俊、卢洪瑞、郭德荣、尹思慈、唐汝明、龚耀乾、王婉华、陈嘉宝、徐永吉、方文彬、腰希申、吴达期）；专题人物（陈鉴朝、王锦衣、黄玲英、栾树杰、汪师孟、张哲僧、吴树明、徐峰、姜笑梅、李坚、黄庆雄）。该文写道：申宗圻教授在木材学的教学活动中，重视物理，力学性质，在科研上偏于木材改性试验。申教授曾在1987年开始招收攻读木材学的博士研究生，并被选为中国林学会木材科学学会理事长（1989—）。

10月15日至18日，中国林学会木材科学学会1991年年会暨第三次学术研讨会在西北林学院召开。全国20个省（自治区、直辖市）的教学、科研、生产和业务部门共47位代表参加会议。著名木材学家、木材科学学会理事长、北京林业大学申宗圻教授及中国林科院、北京林业大学、东北林业大学、南京林业大学、中南林学院、西北林学院等老一辈木材学专家，各省属林学院及农业院校林学系的中年专家、学者和一批年青的木材科学工作者等出席会议。日本国京都大学木质科学研究所教授则元京特邀到会。

10月1日，申宗圻被国务院批准，享受政府特殊津贴。

1992 年

5月，申宗圻离休。

1993 年

1月13日，林业部举行专家春节慰问座谈会，出席座谈会的有中国林业科学院陈统爱、吴中伦、徐冠华、王恺、高尚武、王世绩、刘耀麟、张守攻，北京林业大学沈国舫、汪振儒、申宗圻、关君蔚、陈俊愉、朱之悌、廖士义、董乃钧、王礼先、刘晓明，林业部林产工业设计院朱元鼎、樊开凡，林业部调查规划设计院周昌祥、寇文正，北京林业机械研究所仲斯选等，汪振儒、吴中伦、王恺等 15 位专家发言。

3月，中国农业百科全书总编辑委员会《中国农业百科全书·森林工业卷》由农业出版社出版。该书根据原国家农委的统一安排，由林业部主持，在以中国林业科学研究院王恺研究员为主任的编委会领导下，组织 160 多位专家教授编写而成。全书设总论、森林工业经济、木材构造和性质、森林采伐运输、木材工业、林产化学工业六部分，后三部分含森林工业机械，是一部集科学性、知识性、艺术性、可读性于一体的高档工具书。《中国农业百科全书·森林工业卷》编辑委员会顾问梁昌武，主任王恺，副主任王凤翔、刘杰、栗元周、钱道明，委员王恺、王长富、王凤翔、王凤翥、王定选、石明章、申宗圻、史济彦、刘杰、成俊卿、吴德山、何源禄、陈桂陞、贺近恪、莫若行、栗元周、顾正平、钱道明、黄希坝、黄律先、萧尊琰、梁世镇、葛明裕。其中收录森林利用和森林工业科学家公输般、蔡伦、朱惠方、唐燿、王长富、葛明裕、吕时铎、成俊卿、梁世镇、申宗圻、王恺、陈陆圻、贺近恪、黄希坝、三浦伊八郎、科尔曼，F.F.P.、奥尔洛夫，C.ф、柯士，P.。申宗圻（1917— ）中国现代木材学家、林业教育家。江苏省苏州市人。1917年9月17日生。1940年毕业于金陵大学应用植物系，获理学学士学位。到1944年，先后任四川农业改进所、中央林业实验所技士，金陵大学讲师。1945年赴美国耶鲁大学林学院林产学科进修。1946年回国后任北京大学农学院讲师。1949年任北京农业大学讲师。1952年起任北京林学院（1985年改称北京林业大学）森林工业系副教授、教授，1979—1983年兼任森林工业系系主任。曾任中国林学会第二、三届理事，林业部科技委委员。现任《林业科学》副主编，中国林学会木材工业学会副理事长和木材科学学会理事长。

申宗圻年谱

申宗圻长期从事木材学教学与科研,尤对木材性质和木材改性有深入研究。他与有关单位合作研制成功压缩木磨球、压缩木织布梭、压缩木锚杆,获1964年国家科委、经委、计委联合颁发的新产品二等奖。1983年和1986年先后被评为北京市先进工作者和高教系统教书育人先进工作者。他主编的全国高等林业院校试用教材《木材学》(中国林业出版社,1983年)获北京林业大学优秀教材一等奖。

8月,《林业科学》第七届编委会成立,主编吴中伦,常务副主编沈国舫,副主编王恺、申宗圻、刘于鹤、肖刚柔、陈统爱、顾正平、唐守正、栾学纯、鲁一同、蒋有绪,至1997年10月。

9月,申宗圻主编《木材学》(第2版)由中国林业出版社出版。

• 1996年

5月10日,刘业经教授奖励基金首次在京颁奖,中国林科院研究员王恺、北京林业大学教授申宗圻、东北林业大学教授周以良、南京林业大学教授李忠正、西藏农牧学院教授陈晓阳、西北林学院教授杨忠岐6位杰出的科研和教学人员成为这项基金的首届获奖者。其中,申宗圻教授是中国木材科学教育和现代木材科学的主要奠基人之一,也是我国首批森林工业院系的创始人之一和我国压缩木技术研究的先驱。刘业经教授奖励基金,是台湾祁豫生先生为纪念恩师中兴大学教授刘业经先生而创立,2005年基金更名为海峡两岸林业敬业奖。

• 1997年

11月,《林业科学》第八届编委会成立,主编沈国舫,常务副主编唐守正、洪菊生,副主编王恺、刘于鹤、申宗圻、肖刚柔、陈统爱、郑槐明、顾正平、蒋有绪、鲍甫成,至2003年2月。

是年,张文杰通过北京林业大学博士论文答辩,题目是《木质刨花板中刨花与加工变量的互补效应》,指导教师申宗圻。

• 1998年

9月,《木材科学家申宗圻教授》刊于《北京林业大学学报》1998年第5期封2。

申宗圻年谱

是年,《木材学》获国家林业局科学技术进步奖三等奖,完成单位中国林业科学研究院木材工业研究所、安徽农业大学、北京林业大学、中国林业出版社,主要完成人成俊卿、鲍甫成、柯病凡、李源哲、申宗圻。

• 1999 年

9月8日,国家林业局党组成员江泽慧专程赶往北京林业大学看望教师代表,并借此向全国林业行业各级各类院校的教师、教育工作者致以节日的问候,期间走访著名木材专家申宗圻教授。

12月,《中国科学技术专家传略·农学编·林业卷2》由中国科学技术出版社出版,申宗圻入选。《中国科学技术专家传略》分为理学编、工程技术编、农学编和医学编,第二期工程已经出版12卷13册,563万字,记载了1921—1935年间出生的中国现代杰出的科学技术专家744名,其中第26~30页载申宗圻。

• 2004 年

1月13日,国际木文化学会记者在申宗圻先生家中进行了专访(专访记者王悦、李莉、林良交、志愿者严亚明)。

申宗圻在谈到对林业的理解及其包含的内容时说:早期林业的发展不如农业快。因为树木的生长需要一个比较长的时间。人是从森林中走出来的,从最早的钻木取火、用木材来盖房子,到现在人们家里面还在使用木地板,买家具也都买比较高级的实木家具,可以说人们对木材的利用已经有很长的历史。另外,木材可以自然分解,来自天然,最后还是回到自然,不用担心木头到处堆积。它是最早的天然原料,直到现在人们都离不开它。木材最早用来盖房子、做工具,到后来用于做燃料、造纸,现在人们甚至用木材来做人造丝。木浆是造纸的最好原料,但也存在一个缺点,就是木浆造的纸用久了容易发脆、变碎。这是因为木材中存在的木素容易降解的缘故。发展到现在,要提倡多种树。没有林业就没有农业、没有森林就不能有木材,所以林业是一个最长久的专业。同学们从林业大学毕业后,要知道"什么是林业"?如果连"什么是林业"都不知道,那就不应该了。至于"什么是林业",我觉得可以引用美国第一任林业局局长的话进行了概括。"林业"就是通过最合理、明智的利用,达到保护、发展林业的全过程,其中包括造

林、经理等。虽然现在国家鼓励种植人工林,但是我们要清楚小树是不能代替大树所起的作用。比如说,工厂里一千个孩子不能代替一千个老师傅进行生产。林业不仅仅要用数量,还要有质量,因此林业的内容非常丰富。不仅是利用,还有育种、保护等。林业不光是利用森林资源,还要保证林业的可持续发展。

申宗圻在回忆一下早期的林业教育情况时说:新中国成立前林学院是农学院的一个系,规模较小,地位不高。新中国成立后林学院脱离农学院而独立存在。新中国成立前学林的人都归在农学院,一般,农学院中都有林学系。大概在1952年前后,林学院纷纷建立。新中国成立前老一辈林业学者也不少,其中最著名的是中国首任林业部部长梁希、金陵大学(现南京大学)树木学专家陈嵘先生。老一辈的人中一部分人是在日本留学,一部分人是在德国,另一部分人是在美国,20世纪初就到国外去念书了。比如,在日本的以梁希为代表,他在校时主要研究林业化学。在美国留学的有陈嵘、韩安、凌道扬和国民党农业部林业司司长李顺卿。他们学成回国后,国家没有对他们做出合理的安排。他们中大部分做了官,有的教书,也有的改了行。那时候的林业教育主要做树木分类,它不需要特殊的仪器设备、主要是采集标本,植树鉴定,这部分在国际上都很有名气。哈佛大学植物园每年给中国学校津贴,让他们帮助自己采集标本。当期的林业主要分造林、经理、利用三大类,不像现在分得那么细,大部分的学生这三方面都要学,与农学院的稻、麦、棉不同。当时有外国的教师在中国教书,例如美国水土保持专家罗德·梅科(音译),他在中国教书的同时,积累了丰富的经验,把中国的梯田等引入了美国,康奈尔大学农学系主任拉夫(音译)都曾在中国教书,也教了不少中国学生,诺贝尔文学奖得主 Pearl Buck(赛珍珠)《大地(The Good Earth)》的丈夫也曾经来到中国吉林大学教授农业经济,还在中国农村地区进行了一些调查活动。

申宗圻在谈到木材科学与技术专业的特点时说:木材科学与工程专业是永久的、最好的专业,是最合理地利用森林资源,达到保护环境,维护生态平衡的全过程。其研究的是天然的资源,木材永远不会被淘汰,而且森林可以美化环境,净化空气。木材是最古老的资源,其应用于各行各业,其再生性是其他材料代替不了的。随着人类对木材的研究逐步深入,其开发研究领域也越来越广,人们对木材的综合利用越来越高,木材将带给我们无穷的好处。

申宗圻谈到对木材科学的教与学时说:现在的学生学的知识都太单薄,基础

申宗圻年谱

都不扎实。打好基础很重要,因此学习必须要有教学计划,既要学的多又要学的好。要在短时间内,学习到更多的知识,就需要打好坚实的基础。老师教的是已有的知识,智慧只能靠自己去发展。老师在教学的过程中,要激发学生的智慧,让学生举一反三。老师再好,也不可能知道所有的知识,所以启发学生的本身的智慧是很重要的。有些老先生讲课的时候只传授一些概要,有些年轻老师觉得讲得不全,还不如自己讲得好。我认为,学生跟着老师讲的学,学得再好也只能达到老师的水平。教育的关键是要让学生受到启发,能够自己找书,自己看书,学会自己钻研。老师可以多讲一些书外的知识,书上已有的内容可以让学生自己去看。老师教出来的学生应该青出于蓝。他认为,基础课很关键,必须挑有经验的教师。我念大学一年级的时候,所有课程的老师都是最好的老师,因为这些老师都比较有经验,同样的一个概念,他们可以用一句话说得很清楚。我从电台里听到这样的一件事:北大数学研究所的所长问学生什么是代数。他说代数就是用一个符号代替一群数字。他之所以能用一句话把代数的概念准确地表达出来,是因为他把这个知识学得很透彻。只有把厚书能念薄,薄书能念厚,才算把书念通了。学习有一个时间的限制,一般是四年或者五年,因此必须确定灵活的教学计划。即规定最基础的课程,按照社会需要确定其他的专业课程。等四年毕业后,学生都是社会需要的人才。根据社会需要,确定必修课,制定灵活的教学计划,才能培养出人才。比如说,我们学木材的人,不学"树木学",我觉得这是不对的。因为树木是木材的载体,有关木材的很多知识都来源于树木学,所以我觉得我们应该学一些树木学的知识。如果你可以把什么是木材说得很清楚,就证明你是学通了。什么是"材"?"材"是一定尺寸的东西。人才和木材、钢材一样,必须具备一定的规格尺寸,只有具备了一定的道德品质和学识才能称之为人才。虽然我们把 timber\log 等都叫作木材,但是他们都有自己不同的规格尺寸。我们培养一个人,不是把这个人养大了就可以了,还要让他具备一定的品德、素质。什么是"学问"?就是学了,再提问。学生必须把知识学通学透才能提出问题解决问题。中国学生有一个普遍的问题就是不爱提问。老师讲完了问,大家会了吗?讲台下没有人回应。这和外国学生有很大的差异。外国学生会积极地问老师问题。之所以可以提的出问题,这说明他对学习的内容已经了解到了一个深度,解决了一个问题必然出现另一个问题。正是如此,科学技术才能不断进步。

申宗圻在回忆早期的主要林业院校的创建过程及相关人物时说:提道中国的

申宗圻年谱

林业教育,就要提到张钧成先生。张钧成先生的一生就是一部林业教育史,编写了林业教育史,从事全面林业教育,于2001年因病去世。他的生平在北林50周年校庆上有介绍。唐耀编写了中国最早的一本木材学,题目叫《中国木材学》,商务印刷馆出版。唐耀从东南大学毕业后,在北京静生生物研究工作。当时的所长钱崇树,是一位植物学家。他和他的同事一起从事包括树木、植物、草本在内的分类工作。其中代表人物有郑万均、吴中伦等,在所里做采集员。后来,吴中伦先生还曾担任过中国林业科学院的院长。中华人民共和国成立前没有林学院,新中国成立以后,梁希担任了第一任林业部部长,然后才有林学院。同一时期,还有一位专家叫作陈嵘,从事树木学研究。梁希与陈嵘是同辈,也是好朋友,两个人书信来往都是作诗,非常有意思。林业教育始于新中国成立后。1952年成立的北京林学院、东北林学院、南京林学院是中国正式林业教育的开始。所以说,当时的农业发展要比林业快。当时林学院规模很小,只是农学院的一个小系。新中国成立前金陵大学可能是最早有农林专业的大学。那时候北京大学没有农学院,北京有一个北京农业大学。后来北京农业大学改成了北平农业大学。刚成立时,林学系没有分那么多专业,主要分造林、经理、利用三大类。分类很粗放,说明当时林业很不发达。学生使用的教材大多是学习日本的教材,比如,森林利用学、林产制造学、森林经理学等。很多林学专业术语也是学习日本的,如细胞等术语。1941年底到1942年初,中央林业研究所成立于重庆歌乐山。首任研究所所长是韩安,号竹坪。韩安留学美国加利福尼亚大学林学系,回国后当了官,和冯玉祥很接近。抗日战争时期,南京被日本占领,中央大学搬迁到重庆沙坪坝,梁希是林学系主任。韩安把利用组搬到了沙坪坝。手底下有几员大将,有张楚宝、周慧明、周光荣等。1943年,梁希把林业利用组带到了中央大学。当时林学系规模很小,分造林组、经理组和利用组等几个组。利用组领导人物是朱惠方,曾留学德奥帝国。早期学林的人也不少。韩安,他去留学时还扎着辫子,正值李鸿章办洋学的时候。1935年唐耀在静生生物研所的时候编写了《中国木材学》,其中介绍了木材分类、木材解剖、木材力学等很多方面的东西。其间,唐耀去了美国耶鲁大学向当时该校林学院院长(一位研究木材解剖的专家)学习木材学。耶鲁大学林学院的历史很悠久,而且只招研究生,不招本科生。去美国耶鲁大学留学的还有李顺卿,后来当了国民党农林部林业司司长。朱惠方从金陵大学辞职,到中央林业研究所任副所长。当时研究的都是一般的林业,如造

申宗圻年谱

林、经理等。真正接触近代林业是从那时以后。耶鲁大学是美国最早创办林学院的学校,而且自创办开始就是研究生院,是美国最好的林业院校。最早美国搞利用是从防腐做起,如用木材做枕木、电杆等。木材防腐协会是美国最早的林业协会。美国林产研究所也是从做防腐开始的,到现在有100多年历史了。我1965年去的时候,正值美国林产研究所建所75周年。当时的研究所所长叫Henter,也是搞木材防腐的。他和耶鲁大学植物利用学家Gualtier合作写了一本《木材防腐学》,于1931年出版。1923年到1924年在耶鲁大学学习的还有万晋,回国后做了国民党的官。当时还有一些在德国学习林业的人。但回国之后都当了国民党的官而没有从事本专业。在这之后,才有了真正分搞木材各专业的。汪振儒先生是其中最具代表性的人物。汪先生是广西人,自清华大学毕业后,从广西去了美国,1941年"珍珠港事件"时回国。北京林学院的前身是北京大学农学院。在此之前,北京大学从来没有农学院。当时北京大学的校长是胡适。胡适极力主张要办一个农学院。他说要把林学院办成像北京协和医科大学一样,可以培养博士研究生。1946年,北京大学农学院成立,院长是俞大绂。同年,清华大学也成立了农学院。后来清华大学农学院变成了国际关系学院。当时清华大学农学院院长是生理学家汤培生。北京大学农学院是院长是植物病理学家俞大绂。成立农学院必须要有基础。1935年清华大学成立农业研究所,为成立农学院培养人才。当时的所长是植物病理学家戴芳澜,他领导了一大帮知名学者。有后来去北京大学农学院当院长的俞大绂、清华大学农学院院长汤培生、楼承厚(音)等。北京大学农学院成立时,我跟着俞大绂老师等人来了北京。当时只有森林系,汪振儒先生做了系主任。1949年中华人民共和国成立后,华北大学乐天宇提倡学习苏联。他把北京大学农学院、清华大学农学院和华北大学农学院合并为北京农业大学,自己做了校长。我1943年调回金陵大学担任助教,当时正值国民党统治时期,招收国费留学生。当时,我也想报名,但是刚刚到学校就报名留学觉得有些不好意思,所以就没有去报名。学校里另一位老师李阳翰去报名了,他也给我报了名。后来我们经过考试,考了树木学,森林利用学以及外语,一共11个人被录取了,我也是其中之一。因为我是在外国语学校上的中学,因此外语考试没有问题。我们是1944年去的美国,抗战胜利以后,1946年就回来。留学的所有费用都是国家承担。现在,我们的专业总是爱改名字,这点不好。外国人很认名字,一旦改名,就不承认你。比如"同仁堂"的药,要是不叫"同仁堂"了,在

 申宗圻年谱

国外就没有市场了。以前,我们出口胶合板,"祥泰"是当时很有名的牌子,就应该一直用这个名字,一改名就没有人认识了。再如北京大学直到现在还沿用旧时"PK"大学。北林以前有一位教授叫冯建豪,从广州中山大学分配过来,在北京林业大学学习,当时我是系主任。1956年,由华南工学院造纸系毕业。在"文革"中,冯建豪夫妇没有参加活动,在家中学习,有时候也会找我切磋一些问题。"文革"结束后,冯建豪去美国缅因大学学造纸。我国最早一批学习造纸的留学生基本上都是去的是缅因大学,这所大学的造纸系很有名,毕业后回华南工学院,后又去弗吉尼亚大学深造。冯建豪留学期间认识了马来西亚华侨韩大卫。韩大卫在日本读硕士,在美国读博士,是弗吉尼亚大学的副教授。他非常想来中国,后来联系到了我,希望能来中国。他自费来中国后,由中国负责他食宿。欧年华去美国后,一去不返。他先去在弗吉尼亚大学读了硕士,后去了南加州攻读博士学位。听说弗吉尼亚大学办了博士后流动站就回了弗吉尼亚大学,毕业后一直没有回国。南京还没解放,朱惠方从东北去台湾,在台大学习了几年,后又去了美国,一年后回国。Sukey通过冯建豪联系到了我。他提出要来中国。我跟他说他自己出路费来中国,由学校负责他食宿。他一个人来了中国,来了三个星期。我要求他讲三个星期的课。他讲自己写的那本书"Water in wood"里的内容。Sukey的系主任通过Sukey问我他能不能来中国。我曾经看过他的文章,觉得可以让他来讲讲细胞解剖,就让他来了。他也来了三星期,讲了三星期的课。他在美国很有名气,是一个林业研究所的所长。他来中国的时候,已经快退休了。有人说能请到他来,我的本事不小。前前后后邀请过很多外国专家来学校讲学,对我们的学习、研究、教育工作很有帮助。

● 2005 年

2月20日,申宗圻逝世。申宗圻与朱淑仪育有二子,申功迈、申功诚。《申宗圻教授生平》:我国著名木材学家、教授、博士生导师,北京林业大学创建人之一申宗圻先生,于2005年2月20日16时30分在北京不幸逝世,享年88岁。申宗圻,男,祖籍江苏苏州,1917年9月生于北京。1940年毕业于南京金陵大学应用植物系,获理学学士学位。1940—1944年先后任四川省农业改进所技士和金陵大学农学院讲师。1945年赴美国耶鲁大学林学院进修木材科学与工艺。1946年8月回国,相继在北京大学农学院、北京农业大学任讲师。1952年后历

申宗圻年谱

任北京林学院（1985年改称北京林业大学）讲师、副教授、教授，并当选为第一届工会主席。1958—1983年任北京林学院森林工业系副主任、主任。曾任中国林学会第二、三届理事，中央林业部科学技术委员会委员，中国林学会木材工业学会第一、二届副理事长和木材科学学会首届理事长，《林业科学》编委会第六、七、八届副主任。申宗圻教授还是全国高等林业院校木材加工专业教材编审委员会副主任委员。1985年，经国家教委批准为我国木材学学科首位博士生导师。申宗圻教授从事木材科学的教学与研究60多年，为发展我国木材科学培养了大批德才兼备的大学本科生和研究生。1952年起他积极参加北京林学院建校工作，1958年他积极参与了北京林学院森林工业系的筹建和完善工作，是我国第一批森林工业本科教育院系的创始人之一。"文化大革命"中期（1972年），他组织部分教师与东北林学院、南京林学院和中南林学院的同行在上海共同编写了木工专业7门主要专业课程的教材，为1973年恢复招生准备了教学用书，同时也为"文革"后全国林业院校统编教材奠定了基础。申宗圻教授为我国木材学学科和森林工业教育的发展，呕心沥血，勤恳工作。他先后选派15名教师出国进修或深造，还先后邀请了多位外籍教授来校做短期讲学，对提高我校森林工业的学术水平，起到了很好的作用。申宗圻教授早在50年代初，就在我国率先选题"木材改性研究"，以期补充我国珍贵硬质木材短缺问题。他与第二机械工业部所属单位合作，试制成功了高密度球磨机用木质磨球，用于生产特殊化学产品。嗣后，又与北京国棉二厂试制成功压缩木织布木梭，替代了当时极为短缺的青冈栎木梭。此外，用压缩木制成矿井巷道锚杆代替坑柱的研究，于1964年曾获国家计委、经委和科委联合颁发的"新产品"二等奖。压缩木磨球、压缩木梭和压缩木锚杆的研制成功不仅减少了对珍贵硬质木材的需求，而且解决了当时军工、纺织工业生产的难题，也对保护我国森林资源起到了积极作用。申宗圻教授发表过《木材材色的定量特征》等数十篇论文和《木材与纤维化学》《木材学》《木材压缩与弯曲》《碎料板》等译著。他还参与撰写了《中国大百科全书·农业卷》《中国农业百科全书·森林工业卷》有关条目和《森林利用学教材》。他主编的高等院校统编教材《木材学》（1983年新版，1993年第二版，修订本）曾获学校优秀教材一等奖。由于对林业事业的杰出贡献，1996年被授予首届台湾刘业经教授基金奖。申宗圻教授还于1983年和1986年先后被评为北京市先进工作者和高教系统教书育人先进工作者。申宗圻教授治学严谨、学识渊博，成为中国现代木材

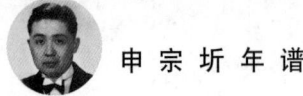 申宗圻年谱

学主要奠基人之一，半个多世纪以来他为中国木材学科与高等教育事业，为北京林业大学森林工业教育的发展做出了巨大贡献。他为人正直、热情，工作兢兢业业、克己奉公，他忠于党的教育事业，为人师表，教书育人，桃李满天下，是当代著名的林学家和木材科学家。

● 2007 年

是年，北京林业大学申宗圻木材奖设立。申宗圻先生是我国木材学科奠基人之一，其学生欧年华博士为纪念申宗圻先生对木材学科发展的成就，弘扬治学精神，表达敬爱之情而设立，用以奖励木材学科优秀论文。

● 2009 年

11 月，《木材科学家申宗圻教授》刊于《中国林业教育》2009 年第 27 卷增刊第 2 期 5 页。

● 2010 年

5 月 20 日，克力宝胶粘剂公司向北京林业大学申宗圻木材奖捐赠 10 万元，借以弘扬我国木材学科奠基人之一的申宗圻先生的治学精神和促进木材学科的发展。

王恺年谱

王恺(自中国林业科学研究院木材工业研究所)

王 恺 年 谱

- **1917 年（民国六年）**

  11 月 14 日，王恺（Wang K., Wang Kai），字锡命，生于湖南省湘潭县。

- **1936 年（民国二十五年）**

  7 月，王恺从长沙岳云中学毕业。

  9 月，王恺考取西北农学院森林系。

- **1937 年（民国二十六年）**

  8 月，王恺、冯钟粒、赵钻统、陈桂陞、毛庆德《太白山实习学生致校长函（一）》刊于《西北农专周刊》1937 年第 2 卷第 4 期 21 页。同期，赵钻统、陈桂陞、王恺、冯钟粒、毛庆德《太白山实习学生致校长函（二）》刊于 21～22 页。

- **1939 年（民国二十八年）**

  9 月，国民政府经济部中央工业试验所在重庆北碚创建木材试验室，负责全国工业用材的试验研究，这是中国第一个木材试验室。试验室编印《木材试验室特刊》，每号刊载论文一篇，至 1943 年底共出版 29 号。该刊刊登木材、林业生产研究论文、木材应用试验分析报告、重要木材用途简表、不同地区重要商用材及其材性简编、林产术语释义、技术丛编等。

  10 月，上海木业股份公司艾中全和上海木业界上层人士李宜椿、蔡和璋、曹楚宝、忻元爵等人发起创立上海市木业教育促进会。艾中全，学名宗潜，上海市川沙县养正村人，生于 1909 年，1938 年 10 月在上海加入中国共产党，从事统战工作，组建上海木业股份公司等为上海地下党筹措党费。1949 年 5 月 27 日上海解放后，任军管会贸易处代理部主任，9 月调任华东贸易部对内业务处处长；1955 年调任商业部物价局副局长、局长；1982 年离休，1983 年 3 月又经国务院任命为国务院物价小组办公室副主任，1985 年 2 月辞职，2006 年 11 月 9 日去世，享年 89 岁。

- **1940 年（民国二十九年）**

  3 月，为了进行爱国抗日的宣传教育，使沦落在孤岛上的木业界有识之士和

王　恺　年　谱

广大木业职工振奋精神，团结起来，争取光明的到来，艾中全以上海市木业教育促进会出版委员会的名义，亲自主持创办了中国木材行业的第一本刊物《木业界》。3月5日出版《木业界》创刊号中确定的办刊宗旨："希望本刊是全木业最忠实的朋友，希望本刊是全体从业弟兄们最自由的园地，希望本刊成为全体从业兄弟们自我教育的学校，希望全木业界——从本市的到全国的，因为有了本刊而消除了世纪来的隔阂打成一片，合力负起民族经济的建设任务"。"千百年散漫沉寂的木业界中出现了本刊，这好比黑漫漫的长夜里点起第一支烛光……横在我们面前是条艰苦而崎岖的长路，光明是一定会来临的，但也许等着我们去追寻，我们所处是个动荡激变的大时代，因之本刊所负也将是有着非常使命的重任。"24页一月一人介绍张效良。张毅（1883—1936年），字效良，上海南汇县沙渡庙人。清光绪七年（1881年），其父在南市董家渡开设福隆久记木行，为上海知名木行之一。光绪三十二年，他追随上海近代建筑业的创始人杨斯盛，捐资组织上海水木公所。光绪三十四年，联合顾兰洲、江裕生等捐资创办水木公学。宣统元年当选为上海水木公所董事。宣统三年当选为上海水木公所董事长。承建的主要工程有中汇银行大厦（新中国成立后曾为上海博物馆）、东方旅社（现市工人文化宫）、大上海电影院、广慈医院（今瑞金医院）、模范村住宅群、公和祥码头、其昌栈以及"内外棉"系统的一批厂房。五四运动期间，他所主持的水木公所，连续在《申报》上发表声明，号召建筑界"万众一心，坚持到底"，并捐款支持学生。民国十九年，水木公所改组为上海市营造厂同业公会，张毅被推选为主席委员。民国二十五年，中国建筑展览会在上海举行，张毅被推举出任副会长。民国二十五年6月1日去世，年仅54岁，8月29日黄炎培在追悼会上演讲称张毅"公正、热心、切实、和平、精干、眼光远大、勇敢"。

6月，中央工业试验所木材试验室毁于日机轰炸。

8月，中央工业试验所木材试验室迁至乐山。

9月，王恺毕业于西北农学院森林学系，获农学学士学位。看到中央工业试验所木材试验室招聘广告，王恺应聘任中央工业试验所木材试验室森林利用研究生。

6月19日，中央工业试验所木材试验室与王恺签订《聘书草约》（第3号）森林利用研究生，木材试验室8月2日复函接受。

12月5日，《木业界》第一次停刊，共出版10期，发表文章280多篇。

● 1941年（民国三十年）

3月，王恺《西京市木材业之初步调查（中央工业试验所木材试验室调查报告）》刊于《中央银行经济汇报》1941年第3卷第6期35～42页。

6月，王恺《嘉定市木业之调查》刊于《中行经济汇报》1941年第3期11～12页。

7月，王恺《中国西南林区之初步比较》刊于《农业推广通讯》1941年第3卷第7期38～42页。

10月，《中华林学会会员录》刊载：王恺为中华林学会会员。

11月，王恺《成都市木材业之初步调查》刊于《经济汇报》1941年第4卷第11期63～74页。

12月，王恺《乐山木材业之初步调查》刊于《工业中心》1941年第9卷第3、4期1～9页。

12月30日，王恺《陕西核桃品种之初步研究》刊于中华自然科学设编行《科学世界》（战时版，双月刊）1941年第10卷第6期395～406页。

● 1942年（民国三十一年）

1月，王恺《成都市木材业之初步调查》刊于《经济部中央工业试验所研究专报》1942年第133期1～10页。

1月，王恺《伐木制材报告（一）：川西伐木工业之调查》刊于《木材试验室特刊》1942年第3卷第25期3～21页。

7月，王恺《木材的好坏》刊于《农业推广通讯》1942年第7期。

7月，王恺《论吾国之锯木工业》刊于《科学世界》1942年第11卷第4期193～198页。

8月，王恺《峨边沙坪伐木工业之调查》刊于《工业中心》1942年第3、4期1～8页。

8月，王恺、刘晨《西京市木材调查之摘要》刊于《农业推广通讯》1942年第8期。

8月，在中央工业试验所的协助下，唐燿在乐山购下灵宝塔下的姚庄，将中央工业试验所木材试验室扩建为木材试验馆，唐燿任馆长。根据实际的需要，唐燿把木材试验馆的试验和研究范畴分为八个方面：①中国森林和市场的调查以及

王　恺　年　谱

木材样品的收集，如中国商用木材的调查；木材标本、力学试材的采集；中国林区和中国森林工业的调查等。同时，对川西、川东、贵州、广西、湖南的伐木工业和枕木资源、木材生产及销售情况，为建设湘桂、湘黔铁路的枕木的供应提供了依据。还著有《川西、峨边伐木工业之调查》《黔、桂、湘边区之伐木工业》《西南木业之初步调查》等报告，为研究中国伐木工业和木材市场提供有价值的实际资料。②国产木材材性及其用途的研究，如木材构造及鉴定；国产木材一般材性及用途的记载；木材的病虫害等。③木材的物理性质研究，如木材的基本物理性质；木材试验统计上的分析和设计；木材物理性的惯常试验。④木材力学试验，如小而无疵木材力学试验；商场木材的试验；国产重要木材的安全应力试验等。⑤木材的干燥试验，如木材堆集法和天然干燥；木材干燥车间、木材干燥程序等的试验和研究。⑥木材化学的利用和试验，如木材防腐、防火、防水的研究；木材防腐方法及防腐工厂设备的研究；国产重要木材天然耐腐性的试验。⑦木材工作性的研究，如国产重要木材对锯、刨、钻、旋、弯曲、钉钉等反应及新旧木工工具的研究。⑧伐木、锯木及林产工业机械设计等的研究。

8月，国民政府交通部、农林部筹办木材公司，委托中央工业试验所木材试验室主任唐燿组织中国林木勘察团，调查四川、西康、广西、贵州、云南五省林区及木业，以供各地铁路交通之需要，共组织五个分队，结束之后均有报告问世，唐燿为之编写《中国西南林区交通用材勘察总报告》。其中西南队由王恺担任，勘察赤水河流域附近之森林，都柳江（都江、榕江、融江）一带之林木，以及桂林、长沙等地木业市场。其由乐山出发，沿长江而下，调查宜宾、叙永、古蔺、赤水、合江等地之森林及木业；复由贵阳乘车至都匀，经墨冲步行转黄山勘察森林，更乘车往独山，起旱至三都（三合都江），沿都江乘船赴榕江；路行至黎平、从江（用从下江）、榕江三县交界之增冲、增盈勘察森林，调查伐木；再沿榕江下行，经从江、三江至长安镇，调查木业。抵融县后，曾由贝江河溯流而上，至罗城三防区之饭甑山，勘察森林，调查该区伐木状况后，折返融县，沿融江经柳城至柳州，乘车至桂林，调查该二地之木业情况；复乘湘桂路往湖南之衡阳，转粤汉路往长沙，调查木业，沿湘江，经洞庭湖边境至常德，转桃源之辄市调查木业。此行经过四省，历时约四月。

10月，王恺《陕西核桃品种之初步研究》刊于《全国农林试验研究报告辑要》1942年第2卷第4～5期71页。

是年，王恺任中央工业试验所木材试验室技士。

- 1943年（民国三十二年）

2月，王恺《林木研究通俗讲座（七）：中国木材工业及木材用途的初步观察》刊于《农业推广通讯》1943年第5卷第2期24~26页。

6月，唐燿、王恺《林木研究通俗讲座（十一）：吾国战后十年内工程建国上所需木材之初步估计》刊于《农业推广通讯》1943年第5卷第6期44~48页。同期，唐燿、王恺《林木研究通俗讲座（十一）：中国木材储量及伐木量之初步估计》刊于48~50页。

7月，王恺《中国西南林区之初步比较》刊于《农业推广通讯》1943年第5卷第7期38~42页。

8月，王恺《西南木业之初步调查》刊于《林木勘查团专报》1943年第8期1~12页。

10月，王恺《西南木业之初步调查》刊于《中农月刊》1943年第4卷第10期52~66页。

11月，王恺《成都市木材业之初步调查》刊于《农业推广通讯》1943年第11期40~48页。

12月，王恺《林木研究通俗讲座（十七）：西南木业之初步调查（川南、贵阳、桂林、长沙）》刊于《农业推广通讯》1943年第5卷12期72~82页。

12月，王恺《伐木制材报告（三）：黔、桂、湘边区之伐木工业》刊于《木材试验室特刊》1943年第33~38期18~28页。该期为《木材试验室特刊》停刊号。

是年，国民政府经济部决定公费派送王恺到美国密执安大学深造，继续攻读木材技术科学。

- 1944年（民国三十三年）

3月13日，《中央日报》刊登王恺《吾国森林资源与工业》。

7月，王恺《西南木业初步调查报告》刊于《湖南省银行经济季刊》1944年第7期243~258页。

8月，王恺赴美国密执安大学林学院研究生部学习。

12月,王恺《吾国森林资源》刊于《农报》1944年第9卷第7～12期合刊141～142页。

• 1945年（民国三十四年）

9月,王恺毕业于美国密执安大学林学院研究生部,获木材工艺硕士学位,论文题目"*A Preliminary Study on Staypak Master Thesis*"《压缩木的初步研究》。

11月至1947年6月,王恺在美国林产品研究所、加拿大林产品研究所及有关木材加工工厂参观、考察。

• 1946年（民国三十五年）

7月15日,抗日战争胜利后,艾中全同志从西南返回上海,《木业界》续刊。

• 1947年（民国三十六年）

7月,王恺由旧金山乘美国总统号游轮回国,任上海中央工业实验所工程师兼木材工程实验室主任。

10月10日,《林业通讯》（创刊号）9页载：本所业经聘请中央工业实验所木材试验馆副主任王恺为木材工艺系名誉技正,协助办理木材加工厂事宜。

• 1948年（民国三十七年）

6月,王恺、刘晨、魏亚《中国重要针叶材》刊于《木业界》1948年新第2卷第8期178～180页。

8月,王恺、刘晨《中国重要阔叶树》刊于《木业界》1948年新第2卷第9期1～19页。

8月30日,《木业界》第二次停刊,共出版21期,发表文章240多篇。

9月,王恺《木材之热性质》刊于《热工专刊》1948年第3期11～19页。

12月,王恺《上海市之软木工业》刊于《工业月刊》1948年第12期24～24页。

• 1949年

1月31日,北平和平解放。

3月25日，中共中央机关和中国人民解放军总部由河北省平山县迁到北平。

4月，王恺、戴昌年《伐木用斧之研究》刊于实业部中央工业试验所发行《工业中心》1949年第3、4期11～17页。

1950年

3月，王恺从上海中央工业试验所调到北京中央直属修建处工作。

5月4日，北京光华木材厂建厂。王恺受党中央办公厅的委托，负责在中央供给部供给木工厂的基础上创建北京光华木材厂，担任第一任厂长兼副总工程师，亲自主持北京"十大建筑"所需主要木制品的生产与多项新产品的试制和投产。同年，兼任北京农业大学森林系教授。

8月，王恺《造船用的木材》刊于《生产与技术》1950年第5卷第4期56～57页。

11月15日，《木业界》以上海市木材业同业公会筹备委员会名义复刊。

11月20日至26日，林垦部在北京召开第一次全国木材会议，梁希部长主持会议。会议讨论了统一调配木材，管理木商，木材合理利用等问题并取得一致认识。北京光华木材厂王恺参加了会议。

1951年

2月26日，中国林学会正式宣告成立，成立中国林学会第一届理事长，理事长梁希，副理事长陈嵘，秘书长张楚宝，副秘书长唐燿，常务理事王恺、邓叔群、乐天宇、陈嵘、张昭、张楚宝、周慧明、郝景盛、梁希、唐燿、殷良弼、黄范孝，理事王恺、王林、王全茂、邓叔群、乐天宇、叶雅各、李范五、刘成栋、刘精一、江福利、邵均、陈嵘、陈焕镛、佘季可、张昭、张克侠、张楚宝、范济洲、范学圣、郑万钧、杨衔晋、林汉民、金树源、周慧明、梁希、郝景盛、唐燿、唐子奇、袁义生、袁述之、黄枢、程崇德、程复新、杰尔格勒、黄范孝。

2月28日至3月8日，林垦部在北京召开第一次全国林业业务会议，确定林业工作的方针和任务是：普遍护林，重点造林，合理采伐和合理利用。并决定筹备开发大兴安岭林区。

2月，由政务院委托林垦部李范五副部长在北京珠市口惠中饭店召开全国木材节约会议，王恺应邀参加并做了《近年来木材利用的新发展》专题发言。

王 恺 年 谱

5月,《木业界》停刊,共出版7期,发表文章70多篇。《木业界》自1940年3月创刊,先后经历日寇侵略、国民党统治和解放初三个不同历史时期,共出版38期,发表在"评论""史料专辑""木业研究""同人园地""特约专稿""茶会"等专栏各类文章近600篇。

8月13日,中央人民政府政务院发布我国第一个指导木材节约代用工作的纲领性文件——《中央人民政府政务院关于节约木材的指示》(政财字第一三五号),全国各级行政部门和广大人民对木材节约因此有了初步认识,并在具体行动上取得了一定效果。为使该项工作制度化、长期化,成立以谭震林副总理领导的"木材节约七人小组",成员包括计委主任王光伟、物资部部长李人俊、经委负责人李哲人、中国林科院木材所朱介子副所长、谭副总理秘书吕尹波和在光华木材厂总工程师王恺负责有关事项。

8月17日,《人民日报》第1版第1条刊登中央人民政府政务院总理周恩来签署的《中央人民政府政务院关于节约木材的指示》。随着生产建设事业的逐渐开展,木材需要量亦迅速大量增加。但我国现有森林面积原不敷需要,加以森林区偏僻,运输困难,因而形成目前木材供不应求的状况。而另一方面,许多公营企业、机关、部队、学校和团体,在使用木材上,却又存在着严重的浪费和不合理的现象。为保证建设需要,除责成各级人民政府大力发动群众进行护林造林工作,以求逐渐增加木材供应量外,对木材采伐和使用,全国必须厉行节约,防止浪费。为此,特作如下指示:一、各级人民政府财政经济委员会,应根据国家缺乏木材的情况,严格审查各需要木材单位的计划,严禁虚报多领;对工程建筑计划,亦应根据木材的来源,进行严格审查,决定批准与否,以避免计划批准了、但因为木材供应不上、又使计划落空的错误,从而招致不应有的损失。二、各需要木材的部门,经国家统一计划调拨到的木材,除贸易部门外,一律不得转让或出售,违者依法论处;其有剩余木材时,应报请省以上财政经济委员会处理。三、地方人民政府除国家布置伐木任务应予完成外,不得再用采伐木材方式,解决地方财政问题,违者依法论处。四、任何公营企业、机关、部队、团体和学校,不得以任何理由用任何名义采伐木材和经营买卖木材生意,违者依法论处。五、各公营企业、机关、部队、团体和学校的一切工程建筑,应将需用木材数量切实核减至最低标准:非迫切需要的,应缓用或少用;可以其他材料如竹头、水泥、砖、石等代替的,应不用或减用。六、使用木材应本节约原则,力求经济合理：禁止大材小用、长材短用、优材劣用；提倡在不妨害工程安全的条件下，适当利用杨木、桦木、柳木和陈材、废材（例如矿场推行收回矿柱运动）。七、枕木、电杆和某些土木工程用材，应逐渐进行防腐，延长木料使用年限。八、造纸原料，应尽量利用竹头、芦苇或其他纤维植物；利用木材作原料的纸浆厂，不论新设或恢复和扩大旧厂，均须报经中央人民政府轻工业部会同中央人民政府林垦部批准，始得实行。九、在习惯上使用木材、木炭当作燃料的地区，除应积极推广种植薪炭林外，如当地煤源并不缺乏，应提倡逐步改用煤炭燃料，并禁止将良好的成材木料劈作燃料出售。十、奖励研究利用废材和用其他材料代替木材的发明和发现，胶合板是节省木材的一种好的利用形式，应在适当地点奖励恢复和设立胶合板厂。鼓励营造生长迅速的各种林木（如杉木、桉树、泡桐、白杨、洋槐等）。十一、各级人民政府各主管部门和监察机关，应经常注意检查各公营企业、机关、部队、团体和学校使用木材的情况，对节用木材有成绩的，予以表扬奖励；对违反本指示第二、三、四等项规定及其他有浪费木材行为的，予以惩处。十二、凡使用木材较多的单位，应由各该单位负责人员，根据本指示，召开会议，进行检讨，对今后节用木材问题作出具体决议，规定检查制度，并对干部和工人进行教育，发动他们把节约和合理使用木材订入爱国公约，使节约木材成为群众性的工作。总理 周恩来 一九五一年八月十三日

　　8月17日，《人民日报》发表社论《坚决制止浪费国家木材资源的行为》。木材问题，现在已成为全国的重要问题之一。中央人民政府政务院特为此发布了节约木材的指示，号召全国人民认真节约木材，坚决反对一切浪费木材的现象。这个指示是切合时宜的。因为木材是国家生产建设的重要资源之一，我们现时的情形是需要日广，资源不足，而浪费严重。各种浪费木材的现象，如不及时纠正，将对国家建设工作造成极为不良的后果。浪费木材资源的现象，目前最主要的有两个方面：第一是某些地方机关乱伐森林，第二是某些机关、部队以木材作为机关生产的主要对象。地方政府以滥伐森林为方法来解决地方财政问题，对国家木材资源是最大的威胁。从地方财政的要求出发，他们往往对所辖林区在国家布置的采伐任务之外，又大量加以采伐，有的地区的采伐量甚至比国家布置的任务大三倍以上。有的地区公开提倡"大力砍伐、大力经营来开发财源"；有的地区公开向上级请求，允许他们采伐"财政材"；有的地区为了从木材上获取暴利，不惜滥用行政权力，对私有林的木材以低价强制收购，然后以高价卖出，造

王恺年谱

成农民大批砍伐森林的现象；有的地区为了向需要木材的工矿交通部门索取高价，竟使某些矿山发生停工待料的现象。对木材资源另一个大的威胁，是某些机关、部队、学校，为了机关生产，大规模地做木材生意。他们凭借着国家赋予它们的权力，采取了许多非法的措施。如把国家调拨给它们自用的木材私自以高价出卖；如以建筑为名作木材买卖；如利用军政机关的便利，由东北等地贩卖木材入关；甚至为了获取厚利，勾结非法私商，在购买许可证和调拨运输车辆等方面，通同作弊。有些单位公然在市场上抢购和囤积木材，造成木材市价波动，木材市场陷于非常混乱的局面。在这种情况下，真正需要木材的单位反而不容易得到木材，这对于建设事业是十分有害的。发生这些严重现象的主要原因，是有些同志对木材问题有许多糊涂思想。第一个糊涂思想是认为中国木材资源十分充足，可以取之不竭，用之不尽，根本就没有考虑过木材不足的问题。实际上，根据一般的研究，任何国家的森林面积必须占有国土面积百分之三十以上，还要分布适当，才能减免天然灾害，并在木材的供应上满足国家的需要。但我国森林面积仅占国土面积的百分之五，且多分布在偏僻地区，交通不便，开发困难，因而木材供应特感缺乏。再过几年之后，随着国家建设的进展，需要木材的数量，必然比现在要大大增加。如果我们对国家现时仅有的一些森林资源，不能厉行节约，而是随意浪费，滥加砍伐，对于我们国家今后工业建设上木材需要，是断然无法满足的。中国农业之所以不断发生水旱之灾，也正是森林不足的结果。第二个糊涂思想是只看到局部利益，没有看到整体利益。他们只看到砍伐木材和买卖木材是解决地方财政和机关生产的有效方法，而没有看到这样做已经和正在对国家造成了严重的恶果。例如北京市是木材买卖者得利最大的城市之一，木材堆积甚多，但有些必需木材的厂矿，却得不到木材的供应。以中国木材资源之不足，需要量之大，对于现有的木材资源应特别加以爱护，应尽量使之用于重要的方面，用最经济合理的方法，为整个国家经济建设服务。很显然，地方财政和机关生产的利益，若同整个国家经济建设的利益比较，是十分渺小的。我们不应该为了某些地方和某些机关目前的小的利益，而危害国家整体的和长远的利益。局部利益应服从整体利益，眼前利益应服从长远利益。第三个糊涂思想是不重视国家关于木材的法令。机关、部队、团体经营木材买卖是非法的，政府早有明文规定。但有些同志并不遵守这个规定，他们只图赚钱，把国家法令置于脑后。一九五〇年一月五日政务院财政经济委员会发出了关于分配给各单位之使用木材均不得出卖的通知，一九五〇年一月六日，政务院财政经济委员会又发出过关内各部及所属企业今后不得在东北采购木材的通知，一九五一年四月二十七日政务院财政经济委员会又发布了关于木材供应及收购问题的决定。所有这些法令，均未被严格遵守，这是完全不应当的。有些同志以政府允许机关部队从事"土产交流"为借口，认为经营木材买卖仍是合法的。须知"木材"非一般"土产"，而且政府早有规定，不能以此为非法贸易辩护。当然做这些违法贸易的干部中，并不是全都知道法律的。有些人是明知故犯，他们以为"赚钱反正是为公，犯点法，没关系。"于是理直气壮地从事木材买卖。另外有些人则是对自己业务有关的各种法令，素来采取不闻不问的态度，于是糊里糊涂地犯了法令。这两种人虽然表现形式不一样，其犯法则一。为了停止一切在木材问题上违反法令的现象，对于那些不遵守法令的人应给以适当的处分。政务院在节约木材的指示中，一再强调"违者依法论处"的原则，是完全必要的。反对浪费木材，是一个紧急的斗争任务。有关地区的党政领导机关，应根据政务院关于节约木材指示的精神，首先在干部中进行思想教育，展开思想批评，务使所有干部都能了解我国木材资源缺乏的情况及森林对国家经济建设的重要性，反对狭隘的局部观点，制止一切违法乱纪的行为，把政务院这一指示贯彻到实际的行动中去。当日《人民日报》还刊登了《北京永茂公司违法经营木材贸易 木材联合检查组已对该公司进行检查》《奉政务院指示 成立木材联合检查组 暂以北京为中心进行检查》《东北森林工业管理工作混乱 木材不合规格好坏不分造成许多浪费 用材部门只知要红松而不主动利用杂木的现象也应纠正 反对浪费木材，反对滥伐林木！》《西南各地滥伐木材损失很大 林业机关和各有关部门应及时制止 反对浪费木材，反对滥伐林木！》。

1952 年

7月，高等教育部全国农学院院长会上拟定高等农学院系调整方案，决定筹建北京林学院、华东林学院和东北林学院，并建立相应的木材工业专业。

12月，政务院林垦部西南木材试验馆20多人从四川迁北京并入中央林业部林业科学研究所（筹）。

是年，王连增任北京光华木材厂党委书记，齐庆祥常务副厂长，王恺兼任厂长。

王 恺 年 谱

1953 年

是年,王恺被定为工程师一级,月工资 345 元。

11 月,郑止善编著《木材保存学》由上海永祥印书馆出版。郑止善(1913—1990 年),江苏武进人,1936 年毕业于金陵大学,后赴美国俄勒冈州大学获硕士学位。先后任浙江大学、东北林学院、浙江农学院副教授,浙江林学院副教授、教授。长期从事木材科学与技术的教学与科研工作,著作有《除虫菊》(正中书局,1944)、《五倍子》(正中书局,1945 年)、《木材气干法》(商务印书馆,1953 年)、《木材窑干法》(上海永祥印书馆,1954 年)、《变性木材(增订本)》(商务印书馆,1956 年)、《木材弯曲技术》(科学技术出版社,1956 年)、《木材介质电热技术》(森林工业出版社,1957 年)、《木材保存学(增订本)》(科学技术出版社,1957 年)、《锯屑利用》(郑止善编译,中国林业出版社,1959 年)、《胶合木结构技术》(郑止善编译,科学技术出版社,2010 年)。

12 月,北京光华木材厂成立党总支,王连增任总支部书记。

1955 年

是年,北京光华木材厂总工程师王恺获北京市劳动模范称号。

1956 年

1 月,魏亚、黄达章、白同仁《对发展我国木材科学的初步意见》刊于《科学通报》1956 年第 2 期 81~82 页。文章中提出:随着国民经济建设的飞速发展,木材用量正以空前的速度在日益增长,因此节约与合理利用木材已成为科学工作者面临着的重大任务。

1 月,党中央发出了"向科学进军"的号召,随后国务院成立了科学规划委员会,调集有关专家学者共同起草制定了《1956—1967 年全国科学技术发展远景规划》(简称"十二年科学规划"),林业小组包括邓叔群、郑万钧、周慧明、侯治溥和王恺共 5 人。

7 月,应苏联、芬兰、瑞典、挪威和民主德国的邀请,在森林工业部刘成栋(刘达)副部长的率领下,王恺和周慧明、唐燿、葛明裕、黄希坝以及翻译毕国昌、李光达前往以上五国参观学习木材综合利用的新经验,前后共费时一月有余,收获丰富。结合我国国情林情,确定了我国木材发展思路:以人造板为主,人造板中又以纤维板为主。经向部党组和中共中央农村工作部领导汇报后，得到同意。随后，即在伊春建设工厂，引进瑞典年产1.8万吨硬质纤维板的设备一套，又在北京木材厂制造自行设计的设备，全国各地也纷纷建立年产几千立方米的工厂。

9月22日，森林工业部第13次部务会议决定成立森林工业科学研究所，任命李万新为筹备主任，张楚宝、唐燿、成俊卿、黄丹、贺近恪为委员。

1957年

2月，光华木材厂总工程师王恺当选为北京市建材系统北京市人大代表。

3月14日，中国林业科学研究院森林工业科学研究所成立，李万新兼任所长，任职至1963年4月。

3月，郑止善编著《木材保存学（增订本）》由科学技术出版社出版。

7月22日，国务院批准科学规划委员会成立专业小组，全国共设34个小组，其中25组为林业组。林业组组长邓叔群（中国科学院真菌植病研究室主任）、副组长张昭（林业部部长助理）、郑万钧（南京林学院副院长）、周慧明（森林工业局林产工业局副局长），成员王恺（北京光华木材厂总工程师）、朱惠方（森林工业局森林工业研究所研究员）、刘慎谔（科学院林业土壤研究所副所长）、李万新（森林工业局森林工业研究所）、齐坚如（安徽农学院教授）、侯治溥（林业部林业科学研究所副研究员）、陈嵘（林业部林业科学研究所所长）、陈桂陞（南京林学院教授）、秦仁昌（云南大学教授）、韩麟凤（林业部经营局副总工程师），秘书组设在林研所。

1958年

8月，光华木材厂副厂长、总工程师王恺当选为北京市建材系统北京市人大代表。

是年，A. H. 皮索斯基著，江良游等译《制材学》由东北林学院刊印。江良游（1910—1993年），木材加工学家。安徽寿州（今寿县人）。1941年毕业于中央大学森林系，在重庆国民政府农林部工作。1945年入耶鲁大学进修，次年回国，曾任中正大学副教授。中华人民共和国成立后，历任浙江大学副教授，东北林学院、东北林业大学教授兼森林工业系副主任，从事制材学的教学与研究。发表有《划线下锯技术及其实现现代化问题》《木材综合利用问题》等论文。合译有（苏）A. H. 皮索斯基《制材学》、（美）威利斯顿《制材技术》。

● 1960 年

2 月，王恺任中国林学会第二届理事会常务理事。

8 月，光华木材厂副厂长、总工程师王恺《谈木材的综合利用》刊于《前线》1960 年第 15 期 8 页。

12 月，光华木材厂副厂长、总工程师王恺当选为北京市建材系统北京市人大代表。

● 1961 年

7 月 11 日，光华木材厂副厂长兼总工程师、高级知识分子木材加工专家王恺加入中国共产党。

7 月，光华木材厂召开第一次党代表大会，彭德昆代表上届党委作报告，大会选举产生由 17 名委员组成的新党委以及监委，并决定本次党代表大会选举的党委会为第一届委员会，彭德昆任党委书记。

● 1962 年

12 月，王恺任中国林学会第三届理事会常务理事。

12 月，《北京市林学会 1962 年学术年会论文摘要》由北京林学会刊印，其中收录北京光华木材厂王恺《论木材的综合利用》。

● 1963 年

是年初，根据全国科协的意见，召开在京理事会议，决定在理事会下分设四个专业委员会，即林业、森工、普及和《林业科学》编委会。陈嵘任林业委员会主任委员，郑万钧任《林业科学》编委会主编。森工委员会由 38 名委员组成，主任朱惠方，副主任王恺。《林业科学》北京地区编委会成立，编委陈嵘、郑万钧、陶东岱、丁方、吴中伦、侯治溥、阳含熙、张英伯、徐纬英、汪振儒、张正昆、关君蔚、范济洲、黄中立、孙德恭、邓叔群、朱惠方、成俊卿、申宗圻、陈陆圻、宋莹、肖刚柔、袁嗣令、陈致生、乐天宇、程崇德、黄枢、袁义生、王恺、赵宗哲、朱介子、殷良弼、张海泉、王兆凤、杨润时、章锡谦，至 1966 年。

4 月 10 日，国家计划委员会、国家经济委员会和林业部召开首次全国木材节约会议，制定《木材节约利用试行条例（草案）》。国务院于 1963 年 9 月 23 日批转下达执行。

5 月，南京林学院木材学及木材水热处理教研组编《木材学》由农业出版社出版。

9 月，中国土壤学会森林土壤组组织《第一次森林土壤学术讨论会》在沈阳召开，王恺主持会议，参会 100 余人，收到论文 91 篇。

12 月，中国林学会在北京举办全国木材水解学术讨论会，王恺主持会议。

- **1965 年**

8 月 9 日至 17 日，中国林学会在上海召开木材加工学术会议，会议由中国林学会常务理事、森工委员会副主任王恺总工程师主持。

是年，王恺、刘广茂、王加祥等《跨长 25 米无金属胶合木桁架试制报告研究报告》由国家科委出版。

是年，王恺等《纸质装饰塑料贴面板生产工艺研究报告》由国家科委出版。

- **1966 年**

4 月，南京林学院《木工识图》由农业出版社出版。

- **1968 年**

是年，Franz F. P. Kollmann, Wilfred A. Côté Jr. "Principles of Wood Science and Technology I Solid Wood" 由 Springer-Verlag Berlin and Heidelberg Gmbh & Co. K, Springer-Verlag Berlin and Heidelberg Gmbh & Co.Kg 出版。

- **1972 年**

11 月，北京市建材工业局党委批复，王恺任北京市木材工业公司总工程师。

- **1973 年**

5 月 21 日，北京市建材工业局党委批复同意光华木材厂新一届党委成立，党委委员 24 人，常委 8 人，郎冠英任党委书记，唐澄、王松岩任党委副书记。

8 月 20 日，北京市革命委员会批复同意建材工业局成立北京市木材工业研究所，开展木材工业的研究工作，该所属事业单位，编制定为 100 人，今年内可发展到 40 ~ 50 人，王恺任北京市木材工业研究所所长。

1974 年

是年，王恺、李永庆等《日本塑料建筑材料生产技术考察报告》由北京科学技术文献出版社出版。

1975 年

7 月，陆禹任北京光华木材厂党委书记，任职至 1977 年。

是年，E. W. Kuenzi，Franz F. P. Kollmann，A. J. Stamm "*Principles of Wood Science and Technology：Ⅱ Wood Based Materials*" 由 Springer-Verlag Berlin and Heidelberg Gmbh & Co.K，Springer-Verlag Berlin and Heidelberg Gmbh & Co.Kg 出版。

1978 年

3 月，王恺主持"纸质装饰塑料贴面板的研制"获 1978 年全国科学大会奖。

9 月 22 日至 28 日，中国林学会在黑龙江齐齐哈尔举办制材技术现代化学术讨论会，王恺主持会议。

12 月，中国林学会第四届理事会召开，名誉理事长张克侠、沈鹏飞，理事长郑万钧，副理事长陶东岱、朱济凡、李万新、刘永良、吴中伦、杨衔晋、马大浦、陈陆圻、王恺、张东明，秘书长吴中伦（兼），副秘书长陈陆圻（兼）、范济洲、（兼）、王云樵。

12 月，陈陆圻、王恺任中国林学会第四届理事会评奖工作委员会主任和副主任。

1979 年

1 月 23 日，经中国林学会常务委员会通过，改聘《林业科学》第三届编委会，主编郑万钧，副主编丁方、王恺、王云樵、申宗圻、关君蔚、成俊卿、阳含熙、吴中伦、肖刚柔、陈陆圻、张英伯、汪振儒、贺近恪、范济洲、侯治溥、陶

东岱、徐纬英、黄中立、黄希坝,至 1983 年 2 月。

6月5日至11日,中国林学会在成都举办森林病害学组暨第一次森林病害学术讨论会,成立森林病害专业小组,推选袁嗣令、李世光、任玮、李传道、赵震宇、陈守常、景耀、贺正兴、谌谟美、郭秀珍、王庄、刘世骐、周仲明、沈瑞祥、狄原勃、邵力平、高雅为委员,推选北京农业大学陈延熙教授为名誉主任委员,会议由副理事长王恺总工程师主持。

10月,王恺调任中国林业科学研究院木材工业研究所所长,任职至1983年4月。

10月,中国林业科学研究院科技情报研究所《中国林业科技三十年1949—1979》由中国林业科学研究院科技情报研究所刊印,其中397～407页收录王恺、林凤鸣《我国木材工业科技工作的回顾与建议》。

10月12日至17日,中国林学会在北京召开林业科学技术普及工作会议,产生第四届普及工作委员会。会上交流经验,制定计划,健全组织机构,制定科普工作条例。会议由副理事长、科普工作委员会主任委员陈陆圻主持。科普工作委员会由80位委员组成。主任委员陈陆圻,副主任委员程崇德、常紫钟、李莉、高尚武,常务委员王恺、汪振儒、肖刚柔、陈致生、关君蔚、关百钧、孟宪树、吴博。

11月,中国林学会在上海举办胶黏剂及人造板表面处理第二次加工学术讨论会,王恺主持会议。

是年,中国林业科学研究院学术委员会成立,郑万钧任主任委员,陶东岱、吴中伦、王恺任副主任委员。

• 1980 年

1月,林业部成立林业部科学技术委员会第一届委员会,主任委员雍文涛;副主任委员梁昌武、杨天放、杨延森、郑万钧;秘书长刘永良。委员雍文涛、张化南、梁昌武、张兴、杨天放、张东明、杨延森、赵唯里、汪滨、杨文英、吴中伦、陶东岱、王恺、李万新、侯治溥、张瑞林、徐纬英、刘均一、肖刚柔、范学圣、高尚武、贺近恪、关君蔚、黄枢、马大浦、程崇德、梁世镇、董智勇、郝文荣、涂光涵、牛春山、杨廷梓、吴中禄、李继书、任玮、徐国忠、刘松龄、韩师休、黄毓彦、杨衔晋、王凤翥、王长富、王凤翔、周以良、沈守恩、范济洲、余

志宏、陈陆圻、邱守思、申宗圻、朱宁武、林叔宜、李树义、林龙卓、徐怡、吴允恭、刘学恩、沈照仁、刘于鹤、陈平安。

3月15日，中国科学技术协会第二次全国代表大会在北京召开，中国林学会选举吴中伦、王恺、陈陆圻、杨衔晋、陈桂陞、朱容6位代表出席会议。吴中伦、陈陆圻当选为中国科协第二届全国委员会委员。

4月2日至8日，为了贯彻中国科协第二次全国代表大会的精神，总结交流学会工作经验，修改中国林学会会章和奖金条例，明确学会今后工作方针任务，中国林学会在北京召开了中华人民共和国成立以来第一次学会工作会议。出席会议的有全国各省（自治区、直辖市）林学会的领导和工作干部以及有关单位的代表共70余人。中国林学会理事长郑万钧，副理事长陶东岱、李万新、吴中伦、陈陆圻、王恺，北京林学院党委书记王友琴、中国林业科学研究院副院长杨子争等同志出席和参加会议。

4月24日至5月21日，应美国内政部长和爱达荷州州长、密西西比州州长的邀请，以林业部部长罗玉川同志为团长的中国林业代表团一行12人首次赴美参观访问，从此开启了改革开放后中美林业合作之序幕。先后参观访问了内政部、农业部、爱达荷州、华盛顿州、俄勒冈州、密西西比州、爱达荷大学、华盛顿州立大学、密西西比州立大学以及惠好公司、中密度纤维板厂、林业试验站、森林防火研究中心等30多个单位。代表团广泛接触了政府部门和地方各界人士，结交了许多朋友，做了一些友好工作，初步考察了美国林业情况，并和有关单位探讨了林业科技合作的途径。林业部科技司司长吴博，木材学家王恺、陈桂陞等参加访问，美籍华人许忠允在美国农业部林务局南方研究院接待了代表团，成为改革开放以来中美木材科学科技合作的核心开创者，1981年第一次来到祖国大陆开始交流与合作，40年来累计在美国交流中国学者100多位，并先后来华指导工作80余次。许忠允（Hse C Y, Chung-yun Hse, Chung Y. Hse），男，1935年2月出生于台湾，著名木材学家，国际木材科学院资深院士。1957年台湾中兴大学获森林学学士学位，1959—1961在台湾林务局工作，1961年赴美留学，1963年获路易斯安娜大学林学硕士学位，1973年获华盛顿大学木材学博士学位。1967年硕士毕业后就职于美国农业部林务局南方研究院，曾任美国农业部林务局南方研究院首席研究员，联合国粮农组织和开发计划署专家，国际林联第五学部"胶合利用"学科组组长、美国林产品协会中南分会主席等。1973年获美国农业部最高科研创新奖，1994年获中国林业国际合作奖，2012年获美国木材科学技术协会杰出贡献奖，2001年获中华人民共和国国家外国专家局友谊奖，2013年获中华人民共和国国际科学技术合作奖。2021年11月12日在美国去世，享年87岁。

11月29日至12月6日，中国林学会在福建省福州市举办木材工业学会成立暨木材综合利用学术讨论会，王恺主持会议。会议期间成立中国林学会木材工业分会（简称木工学会），秘书处挂靠中国林科院木材工业研究所，选举出第一届理事会理事39人；王恺任理事长，申宗圻、吴博、韩师休任副理事长，陈平安任秘书长，李永庆任副秘书长。

12月，王恺、寇庆德《家具的新时代》刊于《家具》1980年第1期21～23页。

是年，王恺任中国林业科学研究院副院长。至此，中国林业科学研究院郑万钧、吴中伦、王恺三位德高望重的领导被称为林科院"三老"。

● 1981年

1月，北京市木材工业研究所《北京木材工业》（季刊）创刊。

2月，王恺《看芬兰·想我国 展望八十年代的家具工业》刊于《家具》1981年第1期2～4页。

3月13日，《光明日报》刊登王恺《积极发展木材综合利用》。

3月23日至4月7日，中国林学会受林业部委托在北京组织召开联合国工业发展组织人造板和家具工业讨论会，会议是联合国工业发展组织与我国外经部、林业部共同商定，经国务院批准在我国召开的一次国际学术性会议，会议由中国林学会副理事长王恺主持。

6月13日，国务院学位委员会第二次会议通过第一届国务院学位委员会学科评议组成员名单。农学评议组有马大浦、马育华、王广森、王恺、方中达、史瑞和、邝荣禄、朱国玺、朱宣人、朱祖祥、任继周、许振英、刘松生、李竞雄、李连捷、李曙轩、杨守仁、杨衔晋、吴中伦、吴仲贤、余友泰、邱式邦、汪振儒、沈隽、陈华癸、陈陆圻、陈恩凤、范怀中、范济洲、郑万钧、郑丕留、赵洪璋、赵善欢、俞大绂、娄成后、徐永椿、徐冠仁、黄希坝、盛彤笙、葛明裕、蒋书楠、鲍文奎、裘维蕃、熊文愈、蔡旭、戴松恩。

8月，北京木材工业研究所《北京木材工业》创刊，季刊为木材工业专业技术性刊物，主要刊载木材工业和家具工业的研究报告（包括调研和考察报告）、技术革新成果、经验介绍、造型设计及综述评论和有针对性的译文等文章。报道重点为提高人造板的技术水平，改进产品质量，增加数量，发展新技术应用及新产品研制方向；其次是大力介绍国内外家具工业发展动向，刊登家具设计、科研和生产中取得的新成就以及行业中节能、节水、环保等方面的经验。供木材工业系统的科技人员、技术工人以及广大用户参阅。

10月，Wang K "Chinese Processing Sector Advances" 刊于 "World Wood" 1981年第22卷第10期20~24页。

11月21日至26日，中国林学会林业经济学会在北京召开。全国木材理论价格学术讨论会。参加这次会议的有科研、教学、生产单位的代表40余名，国务院价格研究中心、国家农委、中国社会科学院农业经济研究所、财贸物资经济研究所、国家物价总局、国家物资总局也派代表参加会议。会议收到学术论文70多篇。

12月，王恺、寇庆德《现代家具的设计与生产》刊于《现代化杂志》1981年第7期13，16~17页。

● 1982年

8月，中国林业科学研究院第一届学位评定委员会成立，郑万钧任主任委员，李万新、吴中伦、王恺任副主任委员。

9月5日至8日，中国林学会在山东省泰安市召开第三次制材学术讨论会。来自北京、上海等14个省（自治区、直辖市）的林业高等院校、科研、设计、出版、木材工业管理部门和企业的教授、专家、工程师等各方面代表65人参加会议。会议由中国林学会副理事长王恺同志主持。会上以"进一步提高锯材质量和出材率"为中心进行了深入的讨论，通过学术讨论和生产实践经验的交流，与会同志对我国制材工业当前主要矛盾有了统一认识，明确了解决制材质量和出材率的关键所在。

10月5日，中共林业部党组转中共中央组织部通知，郑万钧同志为中国林业科学研究院名誉院长，杨文英同志为党委书记，黄枢同志为院长，王庆波同志为党委副书记、副院长，王恺和侯治溥同志为副院长。

10月25日至31日，中国林学会木材工业分会在上海市召开首次木材工业污染问题学术讨论会。参加会议的有来自10个省（自治区、直辖市）的36个科研、教学和生产单位的代表 67 人，中国林学会副理事长、中国林业科学研究院副院长、中国林学会木材工业分会理事长王恺同志参加并主持会议。参加这次会议的还有中国林学会理事、林业部科技司司长吴博，上海木材工业公司经理张兴远等。会议在讨论中许多代表都提出，随着木材工业特别是人造板工业的迅速发展，木材工业污染问题日益增加，产生的污水、噪音、粉尘和有害气体污染环境，危害人民健康。

12 月 21 日至 26 日，中国林学会第五次全国会员代表大会在天津市召开，中国林学会副理事长王恺主持开幕式，陶东岱副理事长致开幕词，会议选举理事长吴中伦，副理事长李万新、陈陆圻、王恺、吴博、陈致生，秘书长陈致生（兼），副秘书长杨静。

12 月，《林业科学》编委会成立，主编吴中伦，副主编王恺、申宗圻、成俊卿、肖刚柔、沈国舫、李继书、徐光涵、黄中立、鲁一同、蒋有绪，至 1985 年 12 月。

是年，日本木材保存协会编著《木材保存学》由文教社出版。

• 1983 年

1 月 13 日，中共林业部党组通知中国林科院，院党委由杨文英、黄枢、王庆波、王恺和侯治溥 5 名委员组成，杨文英同志为党委书记，黄枢同志为院长、王庆波同志为党委副书记。

1 月 7 日至 15 日，国家计划委员会、国家经济委员会、林业部、国家物资局、中国包装总公司在北京召开全国木材节约代用会议。

3 月，陈陆圻、王恺任中国林学会第四届理事会评奖工作委员会主任和副主任，王恺任学术工作委员会主任，熊文愈、蒋有绪、朱容、黄伯璠任副主任。

4 月，Wang K.，Zhu H. M."Developing China's Wood Panel Lndustry"刊于"World Wood"1983 年第 24 卷第 4 期 4～15 页。

8 月，中国林业科学研究院第二届学位评定委员会成立，黄枢任主任委员，吴中伦、王恺、侯治溥任副主任委员。

10 月，王恺、朱焕明《印度人造板工业的简况（考察报告）》由中国林业科学研究院刊印。

12 月，王恺《木材利用的新时代》刊于《森林与人类》1983 年第 6 期 27～29 页。

12月，中国林学会成立学术工作委员会，委员会共35人，主任委员王恺，副主任委员熊文愈、蒋有绪、朱容、黄伯培。

1984年

3月，王恺任中国林业科学研究院第二届学术委员会委员。

5月28日至30日，中国林学会木材工业分会在北京召开木材供需问题学术讨论会，王恺主持会议。

8月，王恺《我国的木材工业》刊于《森林与人类》1984年第4期3～8页。

8月1日至4日，全国林业出版工作会议在北京召开，会议决定聘请王恺、吴中伦、陈陆圻、王战、汪菊渊、王长富、阳含熙、刘学恩为中国林业出版社特约顾问。

9月9日至12日，中国林学会木材工业分会和中国铁道学会材料工艺委员会在安徽屯溪联合举办木材保护学术讨论会，王恺主持会议。

9月，（德）F. F. P. 科尔曼等著《木材学与木材工艺学原理 人造板》由中国林业出版社出版。该书由（德）F. F. P. 科尔曼（Kollmann, Franz F. P.），（美）E. W. 库恩齐（Kuenzi, Edward W.），A. J. 施塔姆（Stamm, Alfred J.）著"*Principles of Wood Science and Technology*"（下册 人造板）译出，杨秉国译，梁世镇校。

10月21日至26日，中国林学会林木情报专业委员会筹备组在湖南株洲举办林业情报专业委员会暨林业科技情报学术讨论会，王恺主持会议。中国林学会成立林业情报专业委员会，沈照任任主任委员，关百钧、李光大任副主任委员。

1985年

2月，王恺、侯知正《中国的木材供需问题》刊于《林业经济》1985年第1期8～15页。文章认为：长期以来，我国的木材需求量大于供给量，供需矛盾相当尖锐，导致了不少地区森林资源过量采伐。根据到20世纪末全国工农业年产值在1980年基础上翻两番的战略目标要求，经济建设进入高速度发展的时期需要增加的木材供给量，如何才能得到满足，是当前急待研究解决的重大课题。

4月19日至21日，江苏省木材工业学会1985年学术年会在南京林学院举行，来自全省各市、县的80多名代表出席会议，中国林学会副理事长、中国林科院副院长王恺同志特邀到会作指导。

5月，经全国自然科学名词审定委员会同意，中国林学会成立林学名词审定工作筹备组，并制定《林学名词审定委员会工作细则》。第一届林学名词审定委员会顾问吴中伦、王恺、熊文愈、申宗圻、徐纬英；主任陈陆圻；副主任侯治溥、阎树文、王明庥、周以良、沈国舫；委员于政中、王凤翔、王礼先、史济彦、关君蔚、李传道、李兆麟、陈有民、孟兆祯、陆仁书、柯病凡、贺近恪、顾正平、高尚武、徐国祯、袁东岩、黄希坝、黄伯璿、鲁一同、董乃钧、裴克；秘书印嘉祐。

10月31日至11月4日，中国林学会木材工业分会在云南昆明举办木材工业学会第二次会员代表大会暨新技术革命对我国木材工业影响的展望学术讨论会，王恺主持会议。会议选举王恺任木材工业学会第二届理事会理事长，王恺任理事长，韩师休、申宗圻、吴博任副理事长，陈平安任秘书长，李永庆、丁美蓉任副秘书长。

12月，中国林学会第六次全国会员代表大会在郑州召开，河南省委常委、副省长秦科才，省科协副主席蒋家樟，中国农学会副会长方悴农，林业部副部长董智勇出席会议并讲话。王恺主持开幕式，李万新致开幕词。吴中伦作五届理事会工作报告，陈陆圻作修改会章的报告。选举第六届理事会，理事长吴中伦，副理事长王恺（常务副理事长）、王庆波、冯宗炜、陈陆圻、吴博、周正、陈统爱，秘书长唐午庆。

12月，王恺任中国林学会第六届理事会学术工作委员会主任，蒋有绪、沈国舫、陈统爱、唐午庆、朱容任副主任。

• 1986年

2月26日，中共林业部党组会议决定，增补陈统爱、缪荣兴、甄仁德、刘永龙、罗湘五同志为中共中国林业科学研究院委员会委员，免去王恺同志中共中国林业科学研究院委员会委员。

2月28日，林业部任命陈统爱、缪荣兴为中国林业科学研究院副院长，免去王恺的副院长职务。

2月，王恺、林凤鸣《我国木材综合利用的现状和前瞻》刊于《林产工业》1986年第1期15~21页。

2月，《林业科学》第五届编委会成立，主编吴中伦，常务副主编鲁一同，

副主编王恺、申宗圻、成俊卿、肖刚柔、沈国舫、李继书、蒋有绪,至1989年6月。

5月,王恺、王金林《杨树资源的加工利用问题》刊于《林业科技通讯》1986年第4期1～4页。

6月,王恺、侯知正《我国木材工业产品结构变化的展望》刊于《绿色中国》1986年第3期2～7页。该文还收录于《报刊资料选汇(工业经济)》1986年第7期183～189页。文章认为:合理的木材工业产品结构是林业部门经济结构合理化的基础,是选择林业发展战略目标的重要内容。木材工业产品结构的变化必然会引起林业部门经济结构和林业发展战略目标的变化,因而,对木材工业产品结构变化的展望是林业发展战略研究中的重大课题。

7月,Wang K,Huang Y. W. "*MDF Output Expands with China's Economy*" 刊于 "*World Wood*" 1986年第27卷第4期42～43页。

7月,中国林业科学研究院木材科学研究所硕士研究生张奕、许伟毕业,论文题目分别为《石膏木质刨花板生产工艺的初步研究》《石膏棉秆刨花板生产工艺的初步研究》,指导教师王恺、李源哲。

9月,《中国建筑技术政策》由中国建筑工业出版社出版,王恺、于夺福、丁美蓉《论建筑木材的合理利用》收入《中国建筑技术政策》。

10月,《新技术革命对木材工业影响的展望:中国林学会木材工业学会论文集(1)》由《林产工业》编辑部出版发行,王恺《新技术革命与我国木材工业》收入《中国林学会木材工业学会论文集(1)》1986年1～3页。

12月,王恺、王金林《杨树资源的加工利用问题》刊于《新疆林业》1986年第6期6～8页。文章认为,适时地开发杨树资源的加工利用,是解决我国木材短缺、保证杨树集约栽培和持续发展的急待解决的一个重大问题。

12月,王恺、许伟、张男男《中密度纤维板的应用技术问题》收入《中国林学会刨花板应用技术学术讨论会》论文集。

1987年

4月,《木材工业》创刊,王恺任主编。王恺《团结奋斗,繁荣木材工业科学技术——发刊词》刊于《木材工业》1987年第1期1～2页。同期,王恺、王金林《杨树资源的加工利用问题》刊于39～45页。《发刊词》中写道:《木材工业》杂志是在新技术革命的形势下,为发展我国木材加工工业,应中国林学会木材工业学会第二次会员代表大会和广大会员及科技工作者的迫切要求创办的。本刊将面向经济建设,围绕木材工业发展的方针、政策和面临的重大战略课题,本着"百家争鸣"的方针,各抒己见,共同探索其对策、方案和措施,供国家决策咨询;同时及时反映我国木材科学和木材工业的科研成果和水平,报道有关的学术活动,介绍国内外有关最新成就,交流国内外重要市场信息等,以促进木材科学及木材工业的科技进步,推动木材的充分合理利用。

4月,王恺、张奕《石膏刨花板生产新工艺》刊于《林产工业》1987年第2期15~18页。

7月,王恺《中密度纤维板的应用技术问题》刊于《北京木材工业》1987年第2期1~10页。

12月,王恺、张奕《矿渣刨花板———一种新型的水泥刨花板》刊于《木材工业》1987年第4期26~29页。

7月,《国家重要领域技术政策研究》荣获国家科学技术进步奖一等奖。国家科委、国家计委、国家经委自1981年起,组织全国各地方、各部门的技术专家、经济专家、管理专家,对国家多个重要领域的技术政策进行研究,并自1983年以来相继制订了能源、交通运输、通信、农业、消费品工业、机械工业、材料、建材、城市建设、村镇建设、住宅建设、环境保护国家十二个重要领域的技术政策。这些重要的技术政策在1985年编制"七五"计划时被作为指导性文件。1986年国务院发布12项技术政策要点,作为国家对技术和经济发展进行宏观指导的政策性规定。经过三年多的试行和实施,这些政策已取得了较大的实际效益。其中王恺主持制订的《木材综合利用技术政策》,受到国家科委、计委、经委有突出贡献的表彰。

● 1988年

2月2日至3日,中国林科院第三届学术委员会第一次会议在北京召开。会议由学术委员会主任委员陈统爱主持。第三届学术委员会成员李文华、裘维藩、侯学煌、李连捷、吴中伦、黄枢、李继书、李石刚、吴博、邱守思、徐化成、周正、王恺、侯治溥、刘于鹤、陈统爱、洪菊生、马常耕、张万儒、盛炜彤、王世绩、蒋有绪、陈昌洁、竺兆华、肖江华、方嘉兴、卢俊培、赖永棋、刘德安、王

华缄、杨民胜、成俊卿、何乃彰、董景华、王培元、王定选、宋湛谦、金锡侏、唐守正、朱石麟、施昆山、曾守礼、王棋等 43 人。李文华、曾守礼、王棋、王定选等同志请假未参加会议。学术委员会主任委员刘于鹤,副主任委员吴中伦、陈统爱,常务委员刘于鹤、吴中伦、陈统爱、王恺、侯治溥、黄枢、洪菊生,秘书吴金坤。刘于鹤主任委员作了第二届学术委员会的工作总结。

3 月,王恺退休。

4 月,中国林学会常务副理事长、中国林学会木材工业分会理事长王恺《国外杨树速生丰产用材林及其加工利用》刊于《木材工业》1988 年第 1 期 1～7 页。

6 月 10 日至 16 日,中国科协根据江苏省 50 多位专家、学者发出的"赶快防治虫害,保护松林资源"的紧急呼吁,特委托中国林学会组织裘维藩、邱式邦、王恺等 25 位专家对江苏省的南京市、镇江市、江浦县以及南京中山陵等地的 12 个林地进行了现场考察,并提出建议:①加强对这种毁灭性病害的检疫工作;②把松材线虫病的防治工作提高到执法的高度上,坚持下去;③及时彻底地清除林间病死树。

7 月 16 日至 19 日,由山东林学会林产工业专业委员会举办的《山东省木材工业专家报告会》在青岛市北海宾馆举行,参加会议的代表共 56 名。中国林科院原副院长、中国林学会副理事长王恺、山东省林业厅原副厅长、山东林学会副理事长朱洪德等出席会议并分别讲话。

8 月,中国林业科学研究院第三届学位评定委员会成立,刘于鹤任主任委员,吴中伦、陈统爱任副主任委员,王恺任委员。

9 月,第 18 届国际杨树会议在北京召开,与会的五大洲 24 个国家的 132 位代表以极大兴趣进行学术交流和实地考察,这次会议带来世界各国发展杨树的大量新信息,对我国杨树发展起到巨大推动作用。透过这个窗口向国人介绍世界各国杨树发展概况和主要领域发展新动向,以及客观地分析我国杨树发展现状,是很有必要的。中国杨树委员会秘书长、中国林科院副研究员郑世锴、中国林科院研究员王恺、副研究员陈绪和,北京林业大学教授黄竞芳、副教授沈瑞祥以及中国林科院情报所副编审丁蕴一等撰文。

9 月,Wang K. et al. "*The Processing and Utilization of Poplar Wood in China. Theses of China's Section*" 收入 "*International Poplar Commission 18th Session*,

Poplar Comrnission of China" 1988 年 1～20 页。

10 月 27 日,中国林科院建院三十周年纪念会在北京举行,林业部部长高德占、副部长沈茂成、原副部长张昭、荀昌五、杨珏、杨天放、梁昌武、刘琨,科技司司长吴博,林科院刘于鹤、陈统爱、缪荣兴、甄仁德、李万新,吴中伦、刘学恩、王恺、侯治溥等领导同志和老同志,各所、局、中心,院各处(室)的负责同志以及职工代表共 80 余人参加会议。会议由副院长陈统爱主持,院长刘于鹤在会上首先讲话。

11 月,王恺、陈平安、张维钧《开源节流并举是促进我国林业发展的战略措施》收录中国林学会学术部《林业发展战略文集》1988 年 25～28 页。

12 月 27 日,林业部机关和部在京直属单位召开表彰大会,赵尚武、王自强、王恺、王蔚百、逮文秀、谢宗政、金彩萱、楼化蓬、江心、张通 10 名离退休老干部获"老有所为精英奖"。

● 1989 年

1 月 8 日至 12 日,中国林学会第七次全国会员代表大会在陕西省西安市召开,来自全国 30 个省(自治区、直辖市)的会员代表、特邀代表和列席代表共 181 名出席大会。开幕式由第六届理事会副理事长吴博同志主持,第六届常务副理事长王恺同志致开幕词。林业部副部长徐有芳、陕西省常务副省长徐山林、中国农学会副会长胡恒觉分别代表林业部、陕西省和兄弟学会到会并讲话。大会选举理事长董智勇,副理事长吴博(常务)、刘于鹤、沈国舫、周正、王明麻、冯宗炜、朱国玺,秘书长唐午庆,推选吴中伦为名誉理事长,汪振儒、范济洲、王战、阳含熙、徐燕千、王恺、陈陆圻、周以良、张楚宝、王庆波为顾问。

1 月,在中国林学会第七次全国会员代表大会上举办了第二次从事林业建设 50 年以上的科技工作者表彰活动,受表彰的 98 位林业科技工作者是:易淮清、王权、杨润时、吴绪昆、敖匡之、程崇德、王恺、肖刚柔、徐纬英、高尚武、关君蔚、陈陆圻、阳含熙(北京);陈安吉(河北);曹裕民(山西);王峰源、辛镇寰、吴凤生、林立、黄自善、朱国祯、盛蓬山、博和吉雅(内蒙古);马永顺、王凤煮、王治忠、邓先诚、杨魁忱、傅德星、魏砚田、孙学广、张凤岐、胡田运、宫殿臣、于世海(黑龙江);王建民、韩师宣、卢广勋、齐人礼、徐文洲(辽宁);于泳清、太元燮、牛觉、王庭富、冯际凯、宋延福、

李真宪、张嘉伦、林书勤、宫见非（吉林）；董日乾、薛鸿雄、魏辛（陕西）；王见曾、汉煨、乔魁利、张汉豪、赵瓒统、高廷迭、龚得福（甘肃）；李含英（青海）；李树荣、宫运多、梅林（宁夏）；杨文纲、胡韶（四川）；李永康、黄守型（贵州）；任玮、曹诚一（云南）；贾铭玉、梁世镇、熊文愈、景雷（江苏）；邓延祚、吕自煌、吴茂清、郝纪鹤、柯病凡、曹永太、徐怀文、周平、乐承三（安徽）；王藩（江西）；向鑫、刘承泽、李贻格、黄景尧、蒋骥、解奇声、陈贻琼、郭荫人、石明章（湖南）；刘炎骏（广东）；李治基、黄道年、谢福惠（广西）。

2月，中国林学会木材工业分会理事长王恺《展望我国木材工业新产品的发展》刊于《全国新产品》1989年第2期9～10页。

2月，王恺、陈绪和《世界人造板生产技术的新进展》刊于《世界林业研究》1989年第1期35～39页。

3月，王恺《国外杨树速生丰产用材林及其加工利用》收入诸葛俊鸿主编《速生林木的综合利用》第1～7页。

4月，王恺、陈平安《充分合理利用我国木材资源的若干建议》刊于《木材工业》1989年第1期26～28页。同期，王恺、陈绪和《世界人造板生产技术的新进展》刊于35～39页；王恺、肖亦华《重组木国内外概况及发展趋势》刊于40～43页。

4月，王恺、陈平安《展望我国木材工业新产品的发展》刊于《林产工业》1989年第2期9～10页。

4月，王恺、陈绪和《世界人造板生产技术的新进展（续）》刊于《木材工业》1989年第2期38～44页。

7月，《林业科学》第六届编委会成立，主编吴中伦，副主编王恺、刘于鹤、申宗圻、冯宗炜、成俊卿、肖刚柔、沈国舫、李继书、栾学纯、鲁一同、蒋有绪，至1993年7月。

10月，王恺、丁美蓉《我国木材工业科技工作的进展》刊于《林产工业》1989年第5期4～9页。

11月，林学名词审定委员会编《林学名词（全藏版）》（全国自然科学名词审定委员会公布）由科学出版社出版；林学名词审定委员会编《林学名词（海外版）》（全国自然科学名词审定委员会公布）由科学出版社出版。

• 1990 年

4 月，王恺、张奕《积极开发木质复合材料，优化木材资源高效利用》刊于《木材工业》1990 年第 1 期 19～21 页。

4 月，王恺《竹材在土木建筑工程上的应用》刊于《竹子研究汇刊》1991 年第 1 期 1～12 页。

4 月，王恺、袁东岩《积极利用农业剩余物，大力发展人造板生产》刊于《木材工业》1990 年第 4 卷第 2 期 35～40 页。

6 月 25 日至 30 日，吴中伦、王恺、王定选同志参加国务院学位委员会学科评议组第 4 次会议，并在 29 日受到江泽民、李鹏等党和国家领导人的接见。

6 月，陈平安、王恺、侯知正《从世界发展趋势初探我国木材节约战略》刊于《世界林业研究》1990 年第 3 期 19～27 页。文章认为：实行开源与节流并举的方针，在不增或少增原木采伐量的前提下，大力节约木材，充分合理利用木材资源，是适合我国国情的最现实、最有效的措施，也是解决我国林业"两危"的重大战略对策。

9 月，中国林业人名词典编辑委员会《中国林业人名词典》（中国林业出版社）王恺[12]：王恺（1917—），木材加工专家。湖南湘潭人。1962 年加入中国共产党。1940 年毕业于西北农学院森林学系。1945 年毕业于美国密执安大学林学院研究生部，获木材工业硕士学位。1946 年被学位美国科学研究会会员。曾任中央工业试验所技士。中华人民共和国成立后，历任北京市光华木材厂厂长、总工程师、北京市木材工业公司总工程师、北京市木材工业研究所所长、中国林业科学研究院木材工业研究所所长、中国林科院副院长、高级工程师。是中国林学会第一、二、三届常务理事、第四、五届副理事长、第六届常务副理事长，中国林学会木材工业分会第一、二届理事长，国务院学位委员会第一、二届学科评议组成员，第三届全国人大代表。先后研制成纺织用胶合木滚筒、压缩木打梭棒、胶合枪托等产品。1950 年负责筹建北京光华木材厂。主持研制的纸质装饰塑料贴面板和钙塑装饰板，获 1978 年全国科学大会奖。合撰有《跨长 25 米无金属胶合木桁架试制》等论文。

9 月，《中国大百科全书·农业卷》出版。全卷共分上、下两册，共收条目 2392 个，主要内容有农业史、农业综论、农业气象、土壤、植物保护、农业工

---

[12] 中国林业人名词典编辑委员会. 中国林业人名词典 [M]. 北京：中国林业出版社，1990：36.

程、农业机械、农艺、园艺、林业、森林工业、畜牧、兽医、水产、蚕桑 15 个分支学科。《农业卷》的编委由 80 余名国内外著名的专家组成，编辑委员会主任刘瑞龙，副主任何康、蔡旭、吴中伦、许振英、朱元鼎，委员马大浦、马德风、方悴农、王万钧、王发武、王泽农、王恺、王耕今、石山、丛子明、冯秀藻、朱元鼎、朱则民、朱明凯、朱祖祥、刘金旭、刘恬敬、刘锡庚、刘瑞龙、齐兆生、吴中伦、许振英、任继周、何康、李友九、李庆逵、李沛文、陈华癸、陈陆圻、陈恩凤、沈其益、沈隽、余友泰、武少文、俞德浚、陆星垣、周明群、张季农、张季高、贺致平、胡锡文、娄成后、钟麟钟、俊麟、侯光炯、侯治溥、侯学煜、柯病凡、范济洲、郑丕留、费鸿年、梁昌武、梁家勉、徐冠仁、高惠民、陶鼎来、袁隆平、奚元龄、郭栋材、常紫钟、储照、曾德超、盛彤笙、粟宗嵩、杨立炯、杨衔晋、黄文沣、黄宗道、黄枢、裘维蕃、熊大仕、熊毅、赵洪璋、赵善欢、蒋次升、蒋德麟、薛伟民、蔡旭、樊庆笙、戴松恩。金善宝、郑万钧、程绍迥、扬显东任顾问。《森林工业》分支编写组主编陈陆圻，副主编王恺、黄希坝，成员丁振森、王凤翔、史济彦、齐宗唐、顾正平、葛冲霄。

11 月 9 日，林业部科技情报中心召开"90 年代林业科技发展展望"研讨会，木材工业专家、教授级高工王恺和李继书发言认为：如果林业行业林产工业不发达就不是完整的林业。林产工业要走出低谷必须靠科学技术，木材加工行业要开发新产品。在上海木材工业不景气的情况下，上海扬子木材厂搞新产品开发，年利润达 100 万元。90 年代木工应适应原料结构的发展，如小径材的开发，竹材以及农业加工和收获剩余物将是我国木材工业的三大原料。

● 1991 年

1 月，中国木材标准化技术委员会第二届委员会第一次全体会议在苏州市召开，会议选举林业部副部长蔡延松为主任委员，陈人杰、孙丕文、范银甫为副主任委员，王恺任顾问，孙建国、陈志民分别任正副秘书长。

3 月，董智勇、沈国舫、刘于鹤、关百钧、魏宝麟、关君蔚、沈照仁、徐国忠、王恺、李继书、陈平安、林凤鸣、张华令、孔繁文、广呈祥、黄枢、蒋有绪、周仲铭、吕军、杨福荣、黄鹤羽、廖士义、侯知正《90 年代林业科技发展展望研讨会发言摘要》刊于《世界林业研究》1991 年第 1 期 1～21 页。

3 月 20 日，《中国绿色时报》刊登王恺《刨花板和纤维板应用技术亟待开发》。

4月，王恺、袁东岩《九十年代我国木材工业展望》刊于《木材工业》1991年1期1～5页。

5月，徐友春主编《民国人物大辞典》由河北人民出版社出版，收录有关人物12000余人。《民国人物大辞典上》第51页收录王恺：王恺：(1917—)，湖南湘潭人，1917年生。1940年9月，毕业于西北农学院林学系，获学士学位。毕业后，入四川乐山中央工业试验所木材试验室任技佐、技士、技正。1944年8月，赴美国密执安大学林学院学习，获木材工业硕士学位。1945年11月，在美国林产品研究所、加拿大林产品研究所及有关木材加工厂参观、考察。1947年7月，在上海中央工业试验所任工程师兼木材工程实验室主任。1950年5月，在北京市光华木材厂先后任厂长、总工程师，并兼任北京农业大学林学系教授。1953年至1964年，曾任北京市历届人大代表。1964年，当选为第三届全国人大代表。中国共产党党员。1972年11月，任北京市木材工业公司总工程师。1973年10月，任北京市木材工业研究所所长。1979年5月，调任中国林业科学研究院木材工业研究所所长。后任中国林业科学研究院副院长，中国林学会副理事长，中国林学会木材工业分会理事长等职。还任国家科委林业组组员，国家科委发明评选委员会农林评选小组组员，国家学位委员会森工学科评议组召集人，林业部科学技术委员会委员。

5月，中国科学技术协会编《中国科学技术专家传略——农学编 林业卷1》由中国科学技术出版社出版。其中收入韩安、梁希、李寅恭、陈嵘、傅焕光、姚传法、沈鹏飞、贾成章、叶雅各、殷良弼、刘慎谔、任承统、蒋英、陈植、叶培忠、朱惠方、干铎、郝景盛、邵均、郑万钧、牛春山、马大浦、唐燿、汪振儒、蒋德麒、朱志淞、徐永椿、王战、范济洲、徐燕千、朱济凡、杨衔晋、张英伯、吴中伦、熊文愈、成俊卿、关君蔚、王恺、陈陆圻、阳含熙、黄中立共41人。其中477～487页刊载王恺。

6月，王恺、白雪松《国外小径原木加工与利用现状及进展》刊于《世界林业研究》1991年第3期69～75页。

11月13日，《中国绿色时报》刊登王恺、白雪松《小径原木的利用倍受重视》。

1992年

7月，管宁、王恺《速生丰产用材林的培育、材性和加工利用展望》刊于

《木材工业》1992年2期2～6，28页。

9月14日至19日，中国林学会木材科学学会第四次学术研讨会在呼和浩特市内蒙古林学院召开，来自全国高等林业院校、科研单位、木材公司等19个单位41名代表出席会议。学会名誉会员、日本国京都大学木质科学研究所教授则元京博士和日本国奈良县林业试验场研究员小林好纪博士应邀到会，并分别做了题为《用力学模型分析化学处理木材的振动特性》和《利用微波加热对原木的木材整形》的专题讲演。

11月，中国林业科学研究院第四届学术委员会成立，陈统爱任主任委员，吴中伦、洪菊生任副主任委员，王恺等任委员。

• 1993 年

1月9日，《中国绿色时报》刊登王恺《林木资源必须与加工利用紧密结合》。

1月13日，林业部举行专家春节慰问座谈会，出席座谈会的有中国林业科学院陈统爱、吴中伦、徐冠华、王恺、高尚武、王世绩、刘耀麟、张守攻，北京林业大学沈国舫、汪振儒、申宗圻、关君蔚、陈俊愉、朱之悌、廖士义、董乃钧、王礼先、刘晓明，林业部林产工业设计院朱元鼎、樊开凡，林业部调查规划设计院周昌祥、寇文正，北京林业机械研究所仲斯选等，汪振儒、吴中伦、王恺15位专家发言。

3月，中国农业百科全书总编辑委员会《中国农业百科全书·森林工业卷》由农业出版社出版。该书根据原国家农委的统一安排，由林业部主持，在以中国林业科学研究院王恺研究员为主任的编委会领导下，组织160多位专家教授编写而成。全书设总论、森林工业经济、木材构造和性质、森林采伐运输、木材工业、林产化学工业六部分，后三部分含森林工业机械，是一部集科学性、知识性、艺术性、可读性于一体的高档工具书。《中国农业百科全书·森林工业卷》编辑委员会顾问梁昌武，主任王恺，副主任王凤翔、刘杰、栗元周、钱道明，委员王恺、王长富、王凤翔、王凤翥、王定选、石明章、申宗圻、史济彦、刘杰、成俊卿、吴德山、何源禄、陈桂陞、贺近恪、莫若行、栗元周、顾正平、钱道明、黄希坝、黄律先、萧尊琰、梁世镇、葛明裕。其中收录森林利用和森林工业科学家公输般、蔡伦、朱惠方、唐燿、王长富、葛明裕、吕时铎、成俊卿、梁世镇、申宗圻、王恺、陈陆圻、贺近恪、黄希坝、三浦伊八郎、科尔曼，F.F.P.、

奥尔洛夫，C.ф、柯士，P.。

4月，王恺、袁东岩《高新技术在木材工业中的应用》刊于《木材工业》1993年1期2～6页。

5月25日至28日，中国林学会第八次会员代表大会在福建厦门召开。北京林业大学校长沈国舫当选为第八届常务理事会理事长，刘于鹤（常务）、陈统爱、张新时、朱元鼎选为副理事长，甄仁德当选为秘书长。第八届理事会第一次全体会议通过吴中伦为中国林学会名誉理事长；授予王庆波、王战、王恺、阳含熙、汪振儒、范济洲、周以良、张楚宝、徐燕千、董智勇为中国林学会荣誉会员称号。

8月，王恺、陈广琪《近年来刨花板工业发展动态》刊于《建筑人造板》1993年3期27～29，33页。

8月，《林业科学》第七届编委会成立，主编吴中伦，常务副主编沈国舫，副主编王恺、申宗圻、刘于鹤、肖刚柔、陈统爱、顾正平、唐守正、栾学纯、鲁一同、蒋有绪，至1997年10月。

10月，中国林学会木材工业分会四届一次理事会在天津举行，会议选举产生19位常务理事，理事长由王恺先生担任。

1994年

2月，王恺、陈绪和《面向21世纪的木材工业》刊于《木材工业》1994年1期5页。

5月，王恺《木质纤维复合材料——一种有发展前景的复合材料》刊于《木材工业》1994年2期4页。

10月，王恺、吴双《中国木材工业用砂带的现状与展望》刊于《林业科技通讯》1994年10期10～11页。

10月7日，《中国绿色时报》刊登王恺《爱我中华 自强不息》，文中最后写道：如今，我虽已年近八旬，但我是一个中共党员，应该始终不渝地在党的召唤下自强不息，为我国木材工业的发展奋斗终身。

1995年

1月，王恺、林凤鸣《我国城市国营木材加工企业发展问题的探讨》刊于

《木材工业》1995年1期5页。

4月,中国林学会木材工业分会理事长、全国木材行业著名专家王恺先生被聘为北京林业大学兼职教授。

9月,中国林学会木材工业分会《面向21世纪我国人造板工业发展问题研讨会》在北京召开,王恺、林凤鸣《面向21世纪,建立有中国特色的可持续发展的人造板工业体系》收入论文集1~8页,王恺、丁美蓉《我国人造板工业原料资源问题》收入论文集100~103页。

12月8日,《林业"九五"计划和2010年远景目标草案》审议论证会在北京召开,审定委员会由全国政协委员、林业部科技委副主任蔡延松担任主任委员,全国政协委员、中国科学院院士、中国工程学院院士张新时,全国政协委员、林业部科技委常委黄枢,全国人大环资委委员、中国工程院院士王涛,国务院参事高尚武,中国林学会木材工业分会理事长王恺,以及北京林业大学校长贺庆棠,林业部规划院院长周昌祥,中国林科院副院长熊耀国,林业部林产工业规划设计院总工程师陈坤霖13名高级专家、学者担任委员。

12月,王恺、林凤鸣《面向21世纪,建立有中国特色的可持续发展的人造板工业体系》刊于《世界林业研究》1995年6期1~7页。

● 1996年

1月,王恺、林凤鸣《面向21世纪,建立有中国特色的可持续发展的人造板工业体系》刊于《木材工业》1996年1期1~5页。

5月,王恺、李永庆《家具工业的新时代》刊于《家具与环境》1996年第5期4~5页。

5月,王恺主编《木材工业实用大全:胶粘剂卷》由中国林业出版社出版,《木材工业实用大全》共12卷。

5月10日,刘业经教授奖励基金首次在北京颁奖,中国林科院研究员王恺、北京林业大学教授申宗圻、东北林业大学教授周以良、南京林业大学教授李忠正、西藏农牧学院教授陈晓阳、西北林学院教授杨忠岐6位杰出的科研和教学人员成为首届获奖者。刘业经教授奖励基金,是台湾祁豫生先生为纪念恩师中兴大学教授刘业经先生而创立。2005年基金更名为海峡两岸林业敬业奖。

9月,王恺《竹材在土木建筑工程上的应用》刊于《北京木材工业》1996年

3期6页。

9月，王恺、曹志强《世界中密度纤维板发展态势》刊于《木材工业》1996年5期18～22页。

9月24日，《中国绿色时报》刊登王恺、叶克林《试论建立我国发达的人造板工业体系》。

● 1997年

1月，王恺《祝贺〈木材工业〉创刊十周年》刊于《木材工业》1997年1期1页。

3月，王恺、王天佑、叶克林、丁美蓉《我国中密度纤维板的发展问题》刊于《建筑人造板》1997年1期10页。

3月，叶克林、王恺《再论我国中密度纤维板发展问题》刊于《木材工业》1997年3期3页。

9月，王恺、傅峰《当代木材加工技术发展态势》刊于《木材工业》1997年第5期4页。

10月28日至31日，中国林学会木材工业分会五届一次理事会暨学术研讨会在河北省正定县召开。参加本次会议的理事和专家来自全国20个省（自治区、直辖市）81个单位，共计105名代表。中国林学会理事长、林业部副部长刘于鹤，中国林学会副理事长、中国林业科学研究院副院长张久荣，河北省林业厅副厅长曲宪忠和正定县县长仵增刚等领导到会祝贺并讲话。王恺当选为中国林学会木材工业分会五届理事长。

11月，《林业科学》第八届编委会成立，主编沈国舫，常务副主编，副主编唐守正、洪菊生，副主编王恺、刘于鹤、申宗圻、肖刚柔、陈统爱、郑槐明、顾正平、蒋有绪、鲍甫成，至2003年2月。

● 1998年

1月，侯知正、王恺《2010年我国木材供需基本达到平衡问题的探讨》刊于《木材工业》1998年1期5页。

1月，王恺主编《木材工业实用大全：刨花板卷》由中国林业出版社出版。

9月，王恺主编《木材工业实用大全：木材干燥卷》由中国林业出版社出版。

9月，王恺主编《木材工业实用大全：涂饰卷》由中国林业出版社出版。

12月，王恺著《木材工业实用大全：家具卷》由中国林业出版社出版。

● 1999年

1月，王恺《面向21世纪，中国木材工业的发展初探》刊于《木材工业》1999年1期3页。

3月25日，《中国绿色时报》刊登王恺、熊满珍《对我国实施天然林保护工程后解决木材供需问题的探讨》。

5月，王恺、熊满珍《新形势下我国的木材供需问题》刊于《林产工业》1999年第3期3～6，13页。针对我国大面积禁止天然林采伐，木材供应减少而木材需求增加的新形势，详细分析了国内外木材供应新情况。在此基础上提出解决我国木材供需矛盾的最佳战略应是立足国内，开源与节流为主，适量进口木材为辅，即利用木材可再生的特点，大力营造和科学培育工业人工林，持续有效地发展木材综合利用，加强木材节约和非木材可再生资源的代用，并在国家外汇承受力和国际木材市场允许的情况下适量进口木材。

5月，王恺主编《木材工业实用大全：制材卷》由中国林业出版社出版。

6月，王恺、傅峰《当代木材加工技术发展趋势》刊于《中国林业》1999年第6期2页。

9月，王恺著《英汉木材工业辞典》由中国标准出版社出版。《英汉木材工业辞典》编写人员，主编王恺，副主编陈绪和、袁东岩，编者王华滨、王志同、王恺、叶克林、汤宜庄、孙振鸢、杨虹、杨家驹、余松宝、陈绪和、祖勃荪、袁东岩、钱大威、管宁。

11月26日，《中国绿色时报》刊登王恺、管宁《木材代用莫入误区》。

12月12日至13日，由中国家具协会和中国环境标志产品认证委员会主办的"21世纪中国家具产业绿色产品市场推广发展研讨会"在北京召开，中国林业科学研究院原副院长兼总工程师王恺发言：有人统计过，人一生大约百分之八十多的时间在家庭中生活，和居室打交道，就必然有一个安全和健康的问题。木材是地地道道的绿色产品，但是在人们利用的时候，侵害人体健康的问题就出来了。比如说锯木屑、加工噪音、胶粘剂、游离甲醛等。现在发达国家的产品开发，除了讲究经济效益、社会效益和生态效益以外，还特别强调一个环保敏感性。环保是大势所趋,从这个意义上来说,这个会开得很及时,很有现实指导意义,将对我们国家在家具的环保问题上大大地推进一步。

• 2000年

1月,王恺、管宁《森林资源保护和社会产品材料结构优化》刊于《木材工业》2000年第1期3~4,7页。

1月,王恺、管宁《我国木材的节约与代用问题》刊于《林产工业》2000年第1期4~6页。文中认为:在森林资源严重不足,急需保护的背景下,木材代用受到新的关注。对我国社会产品材料结构的落后和木材加工利用中的严重浪费进行分析,认为应在大力发展人工用材林的同时强调木材节约,而笼统强调木材代用,在重要的利用方向上排除木材利用,提倡以不可再生材料代替木材是不可取的。

5月,王恺、丁美蓉、潘海丽《21世纪我国木材工业展望》刊于《林产工业》2000年第3期3~6页。文章就面向21世纪我国木材工业发展前景的一系列重要问题,如正确认识木材和木材工业,我国木材工业的原料结构、工业布局、产品结构、生产技术、环境保护和企业管理,以及加入WTO后的影响等进行分析,表明应坚持走可持续发展的道路。

6月,张会平、晓闻《林业老专家谈木材及人造板在建筑业的应用》刊于《建筑知识》2000年第3期9~10页。

7月,王恺、袁东岩、丁美蓉《我国建筑业木材应用中的几个问题》刊于《建筑技术》2000年第7期473~475页。文中认为:我国目前人均年木材消费仅0.22立方米(发展中国家为0.47立方米),为此应挖掘木材资源的利用潜力,即提高木材资源利用水平,提高人工林单产和优化树种结构,发展非木材人造板。坚持木材合理利用、节约利用应成为一项长期的技术政策。

8月21日,为更好地开发西北,缓解当地的木材供需矛盾,由王恺先生带队的中国林学会木材工业分会专家组对内蒙古自治区伊克昭盟进行了调研,之后在呼和浩特市内蒙古农业大学汇集全国人造板行业的专家、企业家召开了沙生灌木和农业剩余物人造板技术开发和推广研讨会。

11月7日至9日,由中国林学会木材工业分会、中国林业杂志社和浙江省嘉善县人民政府联合举办中国林学会木材工业分会庆祝成立20周年和新世纪初我国木材工业发展问题学术研讨会在浙江省嘉善县召开,中国林学会木材工业分

会理事长王恺认为：当前木材工业面临的挑战主要有以下几个方面：第一，森林资源严重匮乏。目前我国可供采伐利用的森林资源约为14亿立方米，年均木材总耗约2.5亿立方米，人均年耗木材0.22立方米，仅相当于世界人均年耗木材0.65立方米的34.8%。天然林资源保护工程实施后，大量天然林禁伐，天然林砍伐量将从1997年的1853万立方米减少到2003年的1102万立方米，减幅达41%。大口径的木材和常用的椴木、水曲柳等名贵木材将大大减少。与此同时，木材资源浪费现象仍然十分严重。由于中国木材工业总体水平不高，木材综合利用率只有60%，与先进国家的80%至90%相去甚远。第二，从国际上看，国际建筑规范委员会主张在21世纪提高多项标准，如房屋空间应该加大，木材阻燃标准应该提高，且世界环境保护组织对环保方面的要求也将更高。第三，技术进步缓慢，技术创新机制不健全。

● 2001年

1月，王恺、傅峰、丁美蓉《我国西北地区的木材供需问题》刊于《木材工业》2001年第1期3～5页。

4月，由中国老年人体育协会等单位主办的第五届全国健康老人和由国家林业局主办的二〇〇〇年国家林业局健康老人评选活动评选揭晓，国家林业局的唐子奇、乔书林、王仲伦、王恺、张健民被评为全国健康老人，梁昌武、杨珏、张瑞林等37名同志被评为国家林业局健康老人。

5月，王恺、管宁《生态建设与木材工业》刊于《中国林业》2001年第5期3页。

7月22日至24日，中国林学会木材工业分会西北地区第二届委员会在陕西杨凌西北农林科技大学召开。会议选举产生第二届委员会委员。来自西北五省（自治区）和内蒙古农业大学林业工程学院等十几家企事业单位的30多位代表参加会议。中国林学会木材工业分会理事长王恺出席会议并作学术报告。

● 2002年

1月，王恺、管宁《我国木材资源战略转移的技术支撑》刊于《木材工业》2002年第1期3～5页。文中认为：我国紧迫的木材资源从天然林向人工林的战略转移需要强有力的技术支撑，该技术支撑应解决的主要问题和成功构筑此技

术支撑值得考虑的基本要点，建议成立一个重大研究开发项目。

6月，王恺、汤宜庄、刘燕吉编《木材工业实用大全：木材保护卷》由中国林业出版社出版。

7月，王恺、于夺福编《木材工业实用大全：人造板表面装饰卷》由中国林业出版社出版。

10月，王恺、王天佑编《木材工业实用大全：纤维板卷》由中国林业出版社出版。

12月，王恺、傅峰《我国人造板工业发展展望》刊于《人造板通讯》2002年第12期3~5页。

● 2003年

1月，王恺、袁东岩《木材工业与林业跨越式发展》刊于《木材工业》2003年第1期1~4页。

3月，王恺主编《木材工业实用大全：木材卷》由中国林业出版社出版。

3月，王恺主编《木材工业实用大全：木制品卷》由中国林业出版社出版。

6月，王恺、丁美蓉《我国人造板工业的现状与展望》刊于《监督与选择》2003年第6期8~9页。

● 2004年

1月，王恺、王申《从木材中呼吸森林的气息》刊于《森林与人类》2004年第1期52~53页。

2月，王恺、赵荣军、潘海丽《展望我国木结构建筑复苏后的前景》刊于《中国林业产业》2004年第2期12~15页。

5月，王恺、潘海丽《话说竹木筷子》刊于《中国林业产业》2004年第5期30~33页。

6月18日，《中国绿色时报》刊登王恺、段新芳《再认识木材节约》的文章。文章提出实行木材全面节约应包括下列四个方面的内容：①产品设计时的木材节约利用，指在满足产品功能需求的前提下，选用适宜的木材树种，以最经济的规格和科学结构设计产品，实现最大限度地节约木材。②木材加工时的综合利用，指对以木材为原料的产品，采用多层次加工，延长产业链，并要注意原材料

的保管及各个加工环节，降低原材料的消耗，以获取木材的最大综合利用率和最大经济效益。③本着循环经济的理念和木材的特性，不断开拓废旧木材的回收复用，特别是纸和纸制品的循环利用。④木材改性的增值利用，指对木材应用方面的一些弱点，利用现代科技进行改性处理，以延长其使用年限，如防腐、防虫处理等，或赋予木材其他的功能，如阻燃性、耐久性和抗菌性等，或提高木材表面美学效果，如漂白、染色处理等，实现木材的增值利用。

● 2005 年

3月，王恺《中国近代木材工业的回顾》刊于《木材工业》2005年第2期1～3页。

● 2006 年

1月，王恺《木材对人体健康的保健功效和危害（1）——木材对人体健康的保健功效》刊于《林产工业》2006年第1期65～67页。正确合理选择木材树种，积极发挥木材的保健功效，努力减少木材加工时粉尘对人体的危害，这是一项既体现以人为本，至关人体健康，又是充分发挥木材潜在的天然优异性能，抑制其有害性，提高木材产品的利用价值和拓展利用途径的重要科研课题。有关这一课题，过去研究较少，诸多信息散见在有关中外文献和资料中，有的则属民间传说。王恺先生多年来，就有关资料初步开展了挖掘、调查和搜集整理，迄今已编写了三方面内容的报告，即：一、木材对人体健康的保健功效；二、世界人体保健木材初探；三、木材加工中粉尘对人体健康的危害；总题目为木材对人体健康的保健功效和危害。

3月，王恺、丁美蓉、陆熙娴、潘海丽《木材对人体健康的保健功效和危害（2）——世界人体保健木材初探》刊于《林产工业》2006年第2期57～59页。

3月23日，《中国绿色时报》刊登《鼓励使用 高效利用 科学代用——解读木材节约代用》一文，其中王恺提出实行木材全面节约应包括以下四个方面内容：一是产品设计环节。在满足产品功能需求的前提下，选用适宜的木材树种，以最经济的规格和科学结构设计产品，实现最大限度节约木材。二是木材加工环节。对以木材为原料的产品，采用多层次加工，延长产业链，并注意原材料的保管及各个加工环节，降低原材料的消耗，以获取木材的最大综合利用率和最大经济效益。三是本着循环经济的理念和木材的特性，不断开拓废旧木材的回收复用，特别是纸和纸制品的循环利用。四是木材改性的增值利用。对木材应用方面的一些弱点，利用现代科技进行改性处理，以延长其使用年限，如防腐、防虫处理等，或赋予木材其他的功能，如阻燃性、耐久性和抗菌性等，或提高木材表面美学效果，如漂白、染色处理等，实现木材的增值利用。他还就我国开展木材节约代用提出几点建议：一是针对当前我国木材浪费情况，采用各种群众喜闻乐见的形式，广泛开展节约木材的宣传活动，提高全民爱木、用木和节木意识，特别是青少年和生产企业、用材大户和流通组织。二是编制木材节约专项规划，明确目标、重点和政策措施。出台《木材经营加工监督管理条例》等重要文件，完善有关法规和标准。三是制定有关激励政策，促进木材节约。国家从林业政策上应该向有利于节约木材的产业倾斜，并在财政、税收、金融等渠道给予扶持；适时宣传表扬节约木材的先进单位、企业和个人，并宣传推广其事迹。四是加快推广和研究急需的实用木材节约技术，开展有关信息沟通。五是建立健全木材节约责任制和监督检查机构，以保证各项规划、法规、标准的实施。

5月，王恺、丁美蓉、陆熙娴、潘海丽《木材对人体健康的保健功效和危害（2）——世界人体保健木材初探（续）》刊于《林产工业》2006年第3期56～59页。

7月，王恺、丁美蓉、陆熙娴、潘海丽《木材对人体健康的保健功效和危害（2）——世界人体保健木材初探（续2）》刊于《林产工业》2006年第4期58～59页。

9月，陆熙娴、龙玲、王恺、丁美蓉《木材对人体健康的保健功效和危害（3）——木材加工中粉尘对人体健康的危害》刊于《林产工业》2006年第5期57～59页。

11月，陆熙娴、龙玲、王恺、丁美蓉《木材对人体健康的保健功效和危害（3）——木材加工中粉尘对人体健康的危害（续）》刊于《林产工业》2006年第6期66～69页。

11月9日，王恺同志因病在北京逝世，享年89岁。《王恺同志生平》：王恺，国家一级工程师，教授级高工，著名木材工业专家，我国木材工业主要奠基人、开拓者之一，北京市劳动模范。1917年11月14日，出生于湖南省湘潭县。1940年毕业于西北农学院森林学系。1945年获美国密执安大学林学院木材工艺

王 恺 年 谱

硕士学位。学成归国后，任中央工业试验所工程师兼木材工程试验室主任、上海扬子木材厂厂务主任、总工程师。中华人民共和国成立后，他作为国家一级工程师先后任北京市光华木材厂厂长、总工程师、北京市木材工业公司总工程师、北京市木材工业研究所所长。1962年加入中国共产党，1964年当选第三届全国人民代表大会代表。1979年调入中国林科院，先后任中国林科院木材工业研究所所长、中国林科院副院长。他曾任中国林学会第一至三届常务理事和第四、五届副理事长及第六届常务副理事长，国务院学位委员会第一、二届学科评议组成员，中国林学会木材工业分会第一至五届理事长、第六届名誉理事长。在他倡导下，1986年创办《木材工业》杂志，并任主编。他还兼任南京林业大学、西北林学院教授等职。1988年3月退休。他长期从事木材工业的组织领导和科学研究工作，主张科研与生产相结合，是我国木材工业界公认的权威。他在扬子木材厂研制成质量超过英商的优质胶合板、压缩木梭等纺织器材以及装配式房屋和跨度30英尺的胶合木梁等木材工业产品，在上海木业界、造船业、建筑业、纺织业有很大影响。中华人民共和国成立后，他受中央办公厅委托，负责创建了新中国第一代木材加工厂——光华木材厂，并担任第一任厂长兼总工程师，亲自主持北京"十大建筑"所需主要木制品的生产与多项新产品的试制和投产。光华木材厂的建成，对我国木材工业向着现代化发展起到了极大的示范推进作用。"文化大革命"中，他克服重重困难，建成了北京市木材工业研究所。任光华木材厂厂长期间，他与中国林科院木材工业研究所合作，在人造板胶粘剂及表面加工技术方面进行了新的探索，研制的脲醛和酚醛树脂胶粘剂大大提高了胶合板质量，研发的航空胶合板和船舶胶合板填补了国内空白。其中"航空胶合板生产技术""纸质装饰塑料贴面板的研制"获1978年全国科学大会奖。他积极为国家科技发展战略献计献策，为开创我国木材工业做出了重要贡献。他对森林资源的合理、综合利用进行了深入系统的研究，不断拓宽了木材工业研究领域，提出了许多宝贵的意见和建议，并取得丰硕成果。1956年他提出了木材工业应以木材的综合利用为主、综合利用以人造板为主、人造板以纤维板为主的方针；提出了工厂逐步实现无木屑、无刨花、无碎料、无树皮的"四无"设想，使木材综合利用向深层次发展。他呼吁树立木材合理利用、综合利用和节约利用三者结合的整体观念，阐明开发利用竹材和农业剩余物（包括沙生灌木等）作为木材工业的第二、第三资源的观点，对新中国木材工业的发展有重要的指导意义。调任中国林

王　恺　年　谱

科院木材工业研究所后，他致力于林业科研工作的组织领导，参与国家技术政策制定、重大科研成果审评、国务院学位委员会学科评议，为国家林业科技方面的重大决策提供了依据。1986年写的《新技术革命与我国木材工业》一文，指出了中国木材工业的发展方向和任务，至今仍有重要的指导意义。他参加制订的《国家十二个重要领域技术政策》获1988年国家科技进步一等奖，其中他主持制定的《木材综合利用技术政策》得到原国家科委、计委、经委有突出贡献的表彰。他是一位德高望重、深受爱戴的良师，在欧美、东亚等国家和我国台湾省享有崇高的声誉。他注重培养研究生和青年人才、倾心育人，筹设木材工业青年科技奖，对后辈学者关怀有加、鼓励提携，许多青年学者得到了他学术上的帮助。他一生为振兴木材工业而呕心沥血，1988年退休后仍然笔耕不辍，多有文著发表，主持编纂了《中国农业大百科全书·森林工业卷》《木材工业实用大全》（共12卷）两部巨著和《英汉木材工业词典》，对"中国人能否自己解决需要的木材问题""我国如何实现由世界人造板大国成为强国""木材对人体保健和危害"等重大和热点问题给出了答案。为表彰他的功绩，1988年林业部授予他"老有所为精英奖"。他1994年担任中国老教授协会农业专业委员会副会长，1996年担任林业专业委员会第一任主任，期间由他主编的《中国国家级自然保护区》获国家图书奖提名奖，2000年中国老教授协会授予他"科教兴国贡献奖"，王恺同志将奖金全部捐赠中国老教授协会林业专业委员会。他热爱祖国、热爱科学、献身林业、奋斗不息的精神以及对科学的执着追求、严谨的治学态度和一丝不苟、注重实践的工作作风，永远是我们学习的楷模。他的去世是我国木材工业界的重大损失。王恺同志安息！

11月16日，《中国绿色时报》第1版刊登《我国著名木材工业专家王恺同志逝世》。我国木材工业主要奠基人、开拓者之一，著名木材工业专家王恺同志，2006年11月9日上午8时15分，因病于北京逝世，享年89岁。王恺遗体告别仪式11月15日在北京八宝山革命公墓举行。国家林业局领导贾治邦、李育材、赵学敏、江泽慧、杨继平、雷加富、祝列克、张建龙分别敬献花圈。江泽慧还致电表示深切慰问和哀悼，祝列克代表局党组前往悼念。前往悼念的还有全国政协委员、原林业部副部长刘于鹤。王恺，1917年出生于湖南省湘潭县，1940年西北农学院毕业，1945年获美国密执安大学硕士学位，同年归国，任中央工业试验所工程师。中华人民共和国成立后，先后任北京光华木材厂厂长、北京

王恺年谱

木材工业研究所所长。1962年加入中国共产党。1964年当选为第三届全国人大代表。1979年调入中国林科院,曾任中国林科院副院长、中国林学会常务副理事长、《木材工业》杂志主编等职。1988年退休。王恺为我国木材工业界公认权威,长期从事木材工业的组织领导和科研工作。中华人民共和国成立初期,受中共中央办公厅委托,创建了新中国第一代木材加工厂——北京光华木材厂,曾任厂长兼总工,主持北京"十大建筑"所需主要材料的生产和新产品试制工作。任北京木材工业研究所所长期间,与中国林科院合作研发的航空、船舶胶合板填补了国内空白。他提出的木材工业应以木材综合利用为主、综合利用以人造板为主、人造板以纤维板为主的方针和工厂应实现无木屑、无刨花、无碎料、无树皮的设想及所著《新技术革命与我国木材工业》,至今仍具指导意义。他主持编纂了《中国农业大百科全书·森林工业卷》《木材工业实用大全》《英汉木材工业词典》等,倡导创办了《木材工业》杂志。其研究成果"航空胶合板生产技术""纸质装饰塑料贴面板的研制"获1978年全国科学大会奖。参加制订的《国家十二个重要领域技术政策》获国家科技进步一等奖,主持制定的《木材综合利用技术政策》贡献突出,获国家科委、计委、经委联合表彰。获原林业部"老有所为精英奖"、中国老教授协会"科教兴国贡献奖"。王恺毕生治学严谨,执着追求,德高望重,为开创我国木材工业作出了重要贡献,深受他人爱戴和尊敬。

11月,《林业科学》2006年第11期刊登《原〈林业科学〉副主编王恺先生逝世》。

11月,《木材工业》2006年第6期刊登《王恺先生生平》。

12月,《家具》2006年第6期刊登《著名木材工业专家王恺先生逝世》。著名木材工业专家,我国木材工业主要奠基人、开拓者之一,中国林业科学研究院原副院长,正高级教授王恺先生,于2006年11月9日8时15分在北京不幸逝世,享年89岁。

12月,《中国人造板》2006年12期刊登《沉痛悼念著名木材工业专家中国林学会木材工业分会名誉理事长王恺先生》。著名木材工业专家,我国木材工业主要奠基人、开拓者之一,中国林业科学研究院原副院长,中国林学会木材工业分会第一至五届理事长、第六届名誉理事长,教授级高级工程师王恺先生,于2006年11月9日8时15分在北京不幸逝世,享年89岁。王恺先生长期从事木材工业的组织领导和科学研究工作,为我国木材工业的科技创新、行业进步和企业发展做出了巨大的贡献,是我国木材工业界公认的权威,在国内外都享有崇高的威望,他的逝世是我国木材工业的巨大损失。

2007 年

10月19日,《中国绿色时报》开始连续刊登王恺口述、赖雪莹整理的《往事杂记》。编者按:已故著名木材工业专家王恺先生,是我国木材工业的泰斗,曾担任中国林业科学研究院副院长。早年留学美国,1959年作为国家一级工程师及北京市光华木材厂总工程师参加了人民大会堂、中国历史博物馆、全国农业展览馆等十大建筑的木构件和木制品制造,其中人民大会堂内的大会厅吊顶和墙面,采用他主持研制的蓝色网纹塑料贴面板,被周恩来总理誉为"秋水共长天一色"的好产品。退休后,他仍担任中国林学会常务副理事长兼木材工业分会理事长,80多岁后还应邀到国内很多林业科研院校讲学,而且笔耕不辍,多有文著发表。老年时,他忆起往事常常兴奋不已。2006年,他因病第三次住院,儿子王首、儿媳赖雪莹前去看他时,他希望他们能把他的一些往事记录下来,让后人知道他这代人成长的艰辛。儿媳赖雪莹是他的学生,对王老非常敬重。尊王恺先生的嘱咐,赖雪莹用了二三个月的时间记下了他这篇口述:《往事杂记》。文章出来后,送到他的病榻前,他仔细地审阅后露出满意的笑容。正当儿子儿媳积极地联系有关报纸发表此稿时,王恺先生却因一个不太大的手术术后应激反应导致出血不止,最终,没能看到他这篇《往事杂记》的发表,就与世长辞了。今经赖雪莹夫妇的同意,本报自即日起将择选《往事杂记》里的部分篇章(字句略有改动)陆续刊发,一来以此文悼念已经仙逝的王恺先生;二来希冀对后来人有所启示。

2008 年

3月10日,《中国绿色时报》王恺口述、赖雪莹整理的《往事杂记》连载结束。编后语:由已故著名木材专家王恺先生生前口述、其儿媳赖雪莹女士整理的《往事杂记》今天全部结束,我们用了几个月的时间连载了这篇文章。这些朴实简单的文字记录了这位老木材工业专家平凡而有不乏传奇色彩的一生。像那个时代所有知识分子一样,王恺的命运曾随着国家的命运起伏而有不同的波澜,呈现不同的色彩；也像在那个时代党和国家所培养出来的科技工作者一样，王恺先生把祖国的需要、人民的需要视为自己的人生目标和方向，不慕权，不嗜利，唯有在自己的岗位上兢兢业业地工作、学习，为国家、为人民尽一份力，并以此作为衡量自己人生价值的标准。这是值得我们学习的。一个人，无论身在何方，无论身处何位，也无论做什么工作，可能都不很重要，重要的是你的心里是否装着祖国和人民的利益，是否能在自己的岗位上把工作做好。

2011 年

6月，王申《怀念父亲——"洋木匠"王恺》刊于《中国林业产业》2006 年第 6 期 28，44 ~ 45 页。

2019 年

8月1日，《中国绿色时报》刊登刘露霏《以治旱兴林初心为中国木业立"命"——追忆中国木材工业奠基人王恺》。文中说道：在长沙岳云中学读书时，一次放映《人道》无声电影，他担任配音讲解，目睹西北大旱、哀鸿遍野、民不聊生的悲惨景况，哽咽地说不出话来。血气方刚的王恺决定学水利，将来整治旱灾以救农民。这时，从英国留学归来的石声汉博士又介绍，西北地区缺少森林，是旱灾频繁发生的根本原因，治旱先兴林。王恺受到很大启迪，毅然选择报考了西北农林专科学校（西北农学院、西北农林科技大学前身），立志务林。

中国林业事业的先驱和开拓者
唐燿、成俊卿、朱惠方、柯病凡、葛明裕、申宗圻、王恺年谱

后 记

什么是木材？木材是植物产品，木是基础，材是目标。成俊卿先生提出木材利用应该是"材尽其用"。

2019年6月25日，中国林业科学研究院木材工业研究所所长傅峰到我处一叙，我们就中国林业事业的先驱和开拓者年谱编写进行了探讨。我在中国林业事业的先驱和开拓者年谱编写过程中，由于专业知识的限制对木材科学的认识是有很大局限的，有点班门弄斧，经过他的提及，尤其是王恺先生，谈话时间虽然不长，但使我对中国林业事业的先驱和开拓者的认识有了新的认识，可以说是质的飞跃，这次谈话促成了我们共同完成这本年谱的编写，年谱由十卷变成了十一卷，当然没有他后来负责的精神也就没有这本年谱。年谱的编写还得到北京林业大学申功诚，东北林业大学田刚，安徽农业大学刘盛全、柯曙华，中国林业科学研究院木材工业研究所姜笑梅、闫昊鹏、殷亚方、马青以及唐致沪、朱家琪、朱昌延、朱昌颐、王介一、丁美蓉等的帮助。

年谱中写到提及的人物都是我国木材科学工作者甚至林业科学工作者应该了解的或必须了解的，其中唐燿、成俊卿、朱惠方、柯病凡、葛明裕、申宗圻、王恺先生是20世纪中国木材学研究的杰出代表，他们的一生贯穿了20世纪中国木材学发展的全过程。

虽然木材科学也属于林学的一部分，但受到人们认识的影响，总觉得木材研究和制造不属于科学，而属于技术。在林业高等院校中，林学属于农科，归林学系，木材学属于工科，归森工系。实际上，木材学研究既有理科的内容，也有工科的内容，既有纯理论的问题，又有技术的问题，两项都不可偏废，都需要强有力的支撑。唐燿、成俊卿、朱惠方、柯病凡、葛明裕、申宗圻、王恺先生都是木材标本室（馆）的建设者，从基础做起，没有他们基础的工作，中国木材学研究很难取得今天的成就。学习历史、研究历史，必须有自己的历史观，没有历史观就不是一个合格的史学工作者，史学研究需要天赋，更重要的是需要刻苦，中国木材科学发展史也是如此。收集这本年谱的资料难度是很大的，同时也使我学习了木材科学的系统知识。

山高月小，水落石出。唐耀、成俊卿、朱惠方、柯病凡、葛明裕、申宗圻、王恺先生，这些林业事业的先驱和开拓者都有一个共同的特点：一生潜心木材科学研究，虽历经艰辛，但衷心不改。他们十年、几十年事一事，一心一意，终成成就。他们脚踏实地、艰苦奋斗，他们的人生就是一个学科、一个专业、一个行业的成长史、发展史，筚路蓝缕、砥砺前行，为中国木材科学技术发展奠定了坚实的基础。

中国著名作家沈从文晚年专著《中国古代服饰研究》一书，填补了中国物质文化史上的一页空白。看着这本书，想到沈从文不折不从，星斗其文；亦慈亦让，赤子其人，想到做科学研究，也有点像做服装，做时装的，变化得快，做正装的，变化得慢，但社会上时装和正装都是需要的，而真正的科学研究很大程度像做正装，十年、几十年如一日，踏踏实实，正正派派，几十年的努力才能出一个像样的成果，像《中国树木分类学》《中国树木志》《中国主要树种造林技术（1978年版）》《中国木材学》《木材学》《中国森林》《中国森林土壤》《中国森林昆虫（第1版、第2版）》《中国乔、灌木病害》《森林气象学》等，这是往往是有钱也难办到的，而是需要一批科学家和科技工作者默默工作才能完成。我们能够在先哲们开辟的道路上继续前进，这是最好不过的事了。

森林利益关系国计民生，至为重大。通过他们的年谱，我们可以看到他们这些先哲们在中国木材科学发展中所做的工作。我们只有努力、努力、再努力，一心一意，加倍工作，才能无愧于党和国家对我们的培养，无愧于父母对我们的养育之恩，无愧于组织和友人对我的特别关爱，无愧于生活在这个波澜壮阔的时代。

王希群

2021年4月15日于中国林业科学研究院